U0332217

《广播电视技术发展史》编委会名单

广播电视技术发展史

History of Radio and Television Broadcasting Technology

主　编　刘剑波

副主编　李鉴增　李　栋
史　萍　姜秀华
金立标　杨盈昀

中国传媒大学出版社

·北京·

编者前言

广播问世已逾百年，电视也有近百年的历史，其技术经历了不同的发展阶段，发生了翻天覆地的革命性变化。近年来，学界和业界发表和出版了不少关于广播电视史的论文和著作，这些论文和著作视角不尽相同，有些是从传播学的角度论述广播电视的起源及其传播效果和社会影响的变迁，有些是以事件为主线讨论广播电视事业的发展历程，有些则是将广播电视看作一种媒体，研究它的发展过程以及对人类社会发展的作用。目前为止，鲜见纯粹针对广播电视技术发展史进行的研究和出版的著作。广播电视技术的发展日新月异，需要我们回过头去，认真梳理其发展脉络、深入研究其发展轨迹，从而探索发现其发展规律、全面把握其发展趋势。作为国内广播电视领域的最高学府，完成这一工作是历史赋予中国传媒大学的责任和使命，编撰一部具有学术性、权威性的《广播电视技术发展史》，我们责无旁贷。

最早提出这一动议的是已故的著名广播技术专家李栋教授，他于2016年对“广播发射机与接收机技术发展研究”进行了立项，虽然因为个人从事研究领域的缘故把题目限定在广播技术范畴，但其思想和目标也都是要就纯粹的技术发展史来梳理脉络、发现规律。2022年初，以周铜山老院长为首的老一辈广院工科专家强烈呼吁，接续完成李栋教授提出的这一项工作意义重大、使命光荣。经过认真筹备，本书的编委会于2022年5月正式成立。编委会在第一次全体会议暨专家研讨会上，讨论确定了面向整个广播电视技术领域，编撰一部全面完整的《广播电视技术发展史》，并组织最强的团队集体参与、共同完成。

从以上编撰背景不难看出，本书的定位，是编写一部以广播电视技术的历史发展为线索、梳理技术发展脉络、描述技术发展轨迹、探索技术发展规律的“广播电视技术发展史”，这既区别于以描述国内重大事件为主线、以分析社会影响为重点的“中国广播电视事业发展史”，又不同于重点介绍系统架构和技术原理的“广播电视系统组成与技术原理”教材，更不同于以术语定义、概念描述和名词解释为主要内容的“广播电视技术百科”词条。本书的编撰，要从史学的视角，以时间轴为坐标，在重点介绍广播电视技术发展史上的历史脉络、重要人物、重大成就、重要事件、标志性变革、关键技术、核心设备和典型应用的基础上，史论结合，阐述其重要影响和历史意义，揭示其思想方法和发展规律，力求图文并茂、通俗易懂，实现知识性与趣味性、科学性与系统性、历史性与现实性的统一，以帮助读者更好地认识历史，把握规律，开拓未来。

为此，编委会要求所有的撰稿人，在编撰过程中应遵循以下基本原则：

1.完整性原则

结构完整、内容完整，编撰纲目全面覆盖广播与电视两个领域，完整包含采编制作、存储播出、传输覆盖、接收呈现等技术系统。

2.系统性原则

每一版块应尽量包括广播电视技术发展的历史脉络、重要人物、重大成就、重要事件、标志性变革、关键技术、核心设备和典型应用等，注重内容的系统性，帮助读者全面系统地了解广播电视技术发展的方方面面。

3.学术性原则

所谓学术性，是指要以严谨的治学态度、严肃的史学观和严格的学术规范来编写内容，提倡从史学视角提炼关键技术、标志性变革，保证内容的学术性，在经过考证的同时，用通俗语言进行叙述。要避免故事性描写，更不能采用“戏说历史”“演绎历史”的叙事手法。这里并不是提倡讲深奥的技术、难懂的术语和晦涩的公式，与通俗性和可读性并不矛盾。

4.准确性原则

准确表述内容，切忌模棱两可，所述内容必须是学界业界公认的、经得起时间考验和反复推敲的。对于学界业界尚有争论的内容，可以罗列诸家之说。主要学术观点、年代和重要数据，应有参考文献作为引用依据，避免粗制滥造、以讹传讹，避免臆想推测、出现低级错误。

5.可读性原则

在遵循学术性原则、使用规范语言的同时，尽可能做到图文并茂、通俗易懂、雅俗共赏、老少咸宜。

6.逻辑性原则

编撰过程应该思维清晰、连贯、周密，具有条理性和规律性，构建起严谨、和谐的逻辑结构。叙述时，要层次清晰，有条有理，考虑好先说什么后说什么，一层一层如何衔接，确保行文的逻辑性。

7.充分性原则

要论证充分，以理服人。最常用的方法是归纳论证，即用对事实的科学分析和叙述来证明观点，或用基本的史实、科学的调查、精确的数据来证明观点。

8.简洁性原则

文字书写规范，语言描述准确、精练、简洁，具有高度的概括性。

9.独立性原则

对于引用、借鉴他人的知识成果要标明出处，以免引起知识产权纠纷和不必要的争端。

从2022年5月正式启动，至2024年5月全书完稿，历时两年，共有近30位撰稿人参与了本书的编撰工作。其间，编委会按照预定计划先后召开了6次全体会议，完成了全书的框架确定、样例研讨、风格统一、进度协调、修改调整、统稿定稿等工作，几位副主编分头精心组织、持续推进，确保了完成进度和编撰质量。

本书分为总体技术篇、制播技术篇、传输覆盖篇和终端技术篇4个部分，共23章。其中，第一、二章由史萍执笔，第三章由史萍、应泽峰、亓泽鲁、赵菲共同编写，第四章由李彬执笔，第五章由杨盈昀执笔，第六、七章由胡泽、王孙昭仪共同编写，第八、九章由张亚娜、何颖玺、陈依杨共同编写，第十章由杨宇、陈爽文共同编写，第十一章由张俊执笔，第十二章由杨盈昀执笔，第十三章由姜秀华执笔，第十四章由金立标、张乃谦共同编写，第十五章由孙象然、张乃谦共同编写，第十六章由胡峰、尹航共同编写，第十七章由帅千钧、苗方共同编写，第十八章由李彦霏执笔，第十九章由杨盈昀执笔，第二十章由杨刚执笔，第二十一章由杨盈昀、胡峰、苗方、李彦霏共同编写，第二十二章由胡泽、王孙昭仪共同编写，第二十三章由杨盈昀执笔。车晴教授担任主审，负责对本书进行学术把关。

本书的编写得到了众多专家学者的大力支持和帮助，尤其是迟泽准先生、刘万铭先生多次指导，提出了许多合理的建议和中肯的意见，王亚明先生、国以钧先生、范宏军先生、杨寅先生、张维先生、杨祥先生、王旭芳女士也曾参与研讨，在此一并表示衷心的感谢。同时，由于广播电视技术的发展“历程长、变化大、速度快”，涉及的技术内容种类繁多、体系复杂，本书在编写过程中难免存在疏漏和不足之处，欢迎广大读者批评指正。

谨以本书向中国传媒大学70周年校庆献礼！

《广播电视技术发展史》编委会

2024年5月31日

序　一

《广播电视技术发展史》一书付梓之际，编委会邀请我为其作序。

作为一名在广播电视技术一线奋斗了40多年的科技工作者，我有幸亲历了改革开放以来中国广播电视事业的光辉奋进史，见证了我国广播电视技术从20世纪跟跑、21世纪初并跑到新时代领跑的全过程。翻看着厚厚的书稿，那些熟悉的场景、鲜活的案例都浮现在眼前，心潮澎湃，欣然命笔。

在人类历史的长河中，信息传播始终扮演着至关重要的角色。自古以来，人们不断地寻求更有效的手段来分享知识、思想和所见所闻。广播电视的出现，不仅改变了信息传播的速度和广度，更深刻地影响了文化、政治、经济乃至每一个人的日常生活。

广播电视技术发轫于20世纪初期，其发展历程，如同一部波澜壮阔的史诗，既有萌芽的曙光，又有发展的洪流，更有创新的浪潮。

它始于电磁波的探索，如同种子在土壤中孕育，悄然间孕育出广播电视的雏形；它兴于技术的突破，如同溪流汇聚成江河，推动了从声音广播到电视广播、从黑白电视到彩色电视的跃升；它旺于数字化的浪潮，如同大海拥抱了江河，让广播电视的画质更清晰、音质更纯净，服务更个性化；它盛于网络化的融合，如同星辰照亮了夜空，打破了时空的界限，让广播电视的传播无处不在，无所不及。广播电视技术以其独特的魅力，不断推动着传媒行业的进步，为人们带来丰富多彩的视听盛宴。

对于我国而言，广播电视技术的发展不仅仅是技术进步的缩影，更是国家现代化进程的重要组成部分。新中国广播电视发展70多年来，前辈们筚路蓝缕、同辈们开拓创新、后生才俊勇挑重担，几代人共同努力，全面推动了中国广播电视行业的科技进步，使得中国广播电视的总体技术达到了国际领先水平。近年来，随着新一代信息技术的快速发展，我国广播电视发展又迎来了新一轮重大技术革新和转型升级，融合媒体制播、高效协同覆盖、高清超高清呈现、沉浸式视听体验、人工智能生成内容等新方式、新手段，让广播电视服务能够更加便捷、高效、安全和智能。

“欲知大道，必先为史”。

广播电视技术的发展，有其自身的规律，也有其内在的逻辑。全面梳理广播电视技术发展的脉络，深入分析广播电视技术发展的动因，是为了更好地发现广播电视技术发展的规律，进而更准确地把握广播电视技术发展的趋势。感谢参与《广播电视技术发展史》编撰工作的众多作者为此做出的辛勤努力，希望该书的出版能够对广大读者了解广播电视技术的发展历程有所帮助，更期待它能激发莘莘学子对于广播电视技术领域的深入研究和不懈探索。

今年正值中国传媒大学建校70周年，衷心祝贺母校七秩华章、永续荣光！也衷心祝愿广播电视科技事业蒸蒸日上、再铸辉煌！

是为序。

丁文华

2024年5月26日于深圳

序　二

广播电视的出现，深刻地改变了人们的信息获取和娱乐方式，也改变了无数人的生活和职业轨迹，因而被誉为20世纪以来最具影响力的传媒形式之一。近年来，随着新技术的快速涌现和更新迭代，增强现实、虚拟现实、元宇宙、人工智能等技术的应用带来了新的发展趋势。然而，广播电视技术的原理是这些新概念和新技术的基础，技术的进化源自相应的基础理论的支撑，并且是通过一代代的开发者和使用者积累的经验和教训得来的。

为此，中国传媒大学信息与通信工程学院特意编写了这本书，旨在全面系统地探索、回顾广播电视技术的演进历程。子曰：温故而知新，可以为师矣。重温广播电视这一划时代技术的发展史，对下一代传媒领域的开拓，将起到不可或缺的借鉴作用。

广播电视技术拥有超过1个半世纪的发展历史，前一百年的发展速度较为缓慢，记忆中一台黑胶唱片的留声机甚至可以祖传三代。直至20世纪80年代，数字化和半导体技术的迅猛发展推动了广播电视技术的根本变革。进入21世纪之后，互联网的诞生更使信息传播手段从单一化转变为多样化，广播电视技术犹如脱胎换骨，应用技术的更新速度呈现指数级的增长趋势。

近40年来，广播电视技术的发展是以“高质量”和“多样化”两个坐标轴相辅相成、不断进化的。“高质量”依托数字化得以实现，具体体现在超高清、低成本、小型化等方面；而“多样化”的实现，则依靠的是互联网和云技术等高新技术的加持。这两个进化坐标详介如下：

一是数字化推动了声音和图像质量的不断提高。

1982年以数字录音CD为代表，声音记录率先迈入数字化时代，随后，数字化视频设备也不断翻新。1995年家用数字录像机DV上市并进入了普通消费者家庭。半导体技术的飞速发展促成了设备的小型化和低成本化。在传输方面，21世纪前10年，模拟方式被数字广播和数字电视所取代；电视实现了高清、超高清4K和8K清晰度，声音出现了HiRes Audio、杜比ATMOS等新技术。这些新技术给观众带来了更加真实的沉浸感体验。如今，一部智能手机就能够实现4K电视的拍摄，而价格只是40年前的百分之一。

二是互联网技术促使信息传播手段实现了多样化。

互联网技术的崛起改变了节目的制作和传播手段，用户需求也发生了翻天覆地的变化。过去，电台或电视台定点播出节目，听众、观众无法根据自己的要求，在需要的时间获取想要的信息。正因为这样，作为神奇的“时间机器”，录音机、录像机曾风靡一时，进入千家万户。然而，互联网、云技术的普及彻底颠覆了传统的流程。传播手段从“单方向”变为“双方向”“多方向”，甚至“无方向(无所不在)”。

不管技术如何进化，基础理论的研究始终是技术发展的重要基石。例如，被CD激光唱片所利用的PCM脉冲编码调制技术的原理，或者数字录像设备采用的里德-所罗门编解码的理论，早在20世纪60年代就已问世。然而，CD的商品化是在1982年，刚出来时售价十几万美元的D1数字录像机也是在同一年制定了标准。从理论发展到产品这20年的时间，实际上是半导体技术、磁性记录技术、激光技术和其他各种元器件技术以及精密加工技术的进化，理论得以走向应用。因特网从基础理论的研究到应用普及的时间跨度就更久了，它的起源甚至可以追溯到19世纪后半期的摩斯电报原理。不难看出，基础理论研究对于技术的演进至关重要。由此可见，基础理论在技术发展中的关键作用，需要加以重视。研究者也需要保持超前理念，以提供超前理论支持并经过时间的验证。因此，研究者需要致力于基础理论方面取得更多的突破，以推动技术的可持续发展。

广播电视专业产品的应用研发模式也发生了翻天覆地的变化：一是从“单机”演变成“软件、系统”；二是应用技术的研发从比较单一的技术为主导，演变为研发者可以从众多技术模式中选择符合自己需求的部分，从而进入了多种技术和应用模式共存的时代。在产品研发、生产过程中，生产者可以很容易地接受每个用户的单独定制，甚至用户可以一起参与系统设计。

研发主力的变迁，也是特别值得一提的。早期的发明主要来自欧美，20世纪80年代，日本在产品和应用研发方面也一度领先。随着网络化时代的到来，中国的研发力量逐渐进入主流行列。改革开放政策促使各级电视台、教育机构以及家庭娱乐领域对应用广播电视技术的需求不断攀升。大型国际体育赛事等盛会，也为中国的广电人提供了大显身手的机会。1990年北京亚运会是一个重要的里程碑。国内的厂家从研发电脑字幕机开始，发展成研发非线性编辑机，进而挑战网络化电视制作和播出系统的设计及开发。在2004年雅典奥运会上，中央电视台与索尼、索贝合作研发的，取代传统磁带工作流程的“网络制播系统”，首次被用于体育赛事的电视制作和播出；4年后，在2008年举办的北京奥运会上，中央电视台全面实现了体育赛事的高清化网络制播，成为国际领先的标杆。

综上所述，正是由于用户开始参与研发与设计，并且可选择的技术和应用变得越来越五花八门，这就需要更多的人，特别是决策人员深刻理解广电技术的发展史。我也有幸成为过去40年来国内外广电技术历史发展的见证人，对以上的论述感触颇深。

感谢参加写作的各位老师将多年的研究和教学成果汇集于此，也感谢为本书的完成提供珍贵资料的业界专家们。期待本书的内容能够给大家带来启发，也期待从年轻的读者中能够涌现出本书“续编”的作者。

迟洋佳

2024年5月20日于东京

目　录　CONTENTS

总体技术篇 01

制播技术篇 02

传输覆盖篇 03

终端技术篇 04

总体技术篇

第一章

广播电视技术的起源

第一节 ｜ 电磁波的发现

一、引言

电磁波(electromagnetic wave)是电磁场随时间和空间变化而产生的波动现象，是电磁场的一种运动形态。电磁场由交变的电场和磁场组成，变化的电场产生磁场，变化的磁场产生电场，电场和磁场同相振荡且互相垂直，在空间以波的形式移动，就形成了电磁波。

电磁波的发现是近代科学史上的一座里程碑，具有划时代的意义。电磁波理论的应用极大地推动了科技的发展，使电报、电话、广播、电视、雷达、移动通信、卫星通信、光纤通信、导航、遥感等得以实现，并为探索宇宙空间和研究微观世界提供了重要手段。

二、电和磁

电磁波是在19世纪80年代被发现的，但人们对于电磁现象的观察和认识早在公元前就开始了。公元前600年前后，古希腊人发现通过摩擦琥珀可以吸引羽毛，用磁铁矿石可以吸引铁片。在中国，早在两千多年前的汉朝，人们就发现了天然的磁石特性，并利用磁石特性制成了世界上最早的指示方向的仪器，叫作司南。公元1600年，英国人威廉・吉尔伯特(William Gilbert)发表了物理学史上第一部系统阐述磁学的著作《论磁》，对于磁石的各种基本性质做了系统的定性描述。吉尔伯特认为地球本身就是一个巨大的磁体，有南北两个磁极，并提出磁性物质具有同性磁极相斥、异性磁极相吸的性质。吉尔伯特还认为琥珀等物体摩擦后能吸引轻小物体的力与磁力或其他力不同，他将其命名为“电”(electric)，这个名称一直沿用至今。吉尔伯特的研究为电磁学的产生和发展奠定了基础，电磁学中磁通势的单位就是以吉尔伯特的名字来命名的。

此后的200多年中，人们对于电和磁有了更多的认识和了解。17世纪60年代，德国人奥托・冯・格里克(Otto von Guericke)发明了摩擦起电机；18世纪20年代，英国人斯蒂芬・格雷(Stephen Gray)发现了导体和绝缘体的区别；18世纪40年代，美国科学家本杰明・富兰克林(Benjamin Franklin)提出了正电、负电的概念，荷兰科学家马森布洛克(Musschenbrock)发明了莱顿瓶，为贮存电荷找到了一种方法；1785年，法国物理学家查利・奥古斯丁・库仑(Charles-Augustin de Coulomb)提出了著名的库仑定律，即在真空中两个静止点电荷之间的相互作用力与距离平方成反比，与电量乘积成正比，作用力的方向在它们的连线上，同名电荷相斥，异名电荷相吸。库仑定律的建立使电磁学研究从定性走上了定量的道路，从而使电磁学真正成为一门科学。为纪念库仑，电荷量的单位即以其姓氏命名。在这一时期，人们也关注到了电荷与电流的关系。1780年前后，意大利动物学家路易吉·伽伐尼(Luigi Galvani)在解剖青蛙实验中发现，用两根不同的金属棒同时去碰青蛙大腿时，青蛙的肌肉会发生收缩，这说明有电的存在。意大利物理学家亚历山大·伏打(Alexander Volta)注意到了伽伐尼的发现，进而发明了第一个直流电源——伏达电池。电池的发明，提供了产生恒定电流的电源，使电学从静电走向动电，为19世纪电学实验的发展提供了重要工具，从此电学进入了飞速发展时期。1826年，德国物理学家乔治·西蒙·欧姆(George Simon Ohm)在大量实验的基础上提出了欧姆定律，即在同一电路中，通过某段导体的电流跟这段导体两端的电压成正比，跟这段导体的电阻成反比。欧姆定律使与电流相关的物理量可以测定和推出。为了纪念欧姆，人们将电阻的单位定为“欧姆”。

三、电磁感应

19世纪之前，电和磁一直是毫无关系的两门学科。然而，自然界中的一些电磁现象却表明电和磁之间似乎存在某种关联。为了寻找电与磁之间的联系，丹麦物理学家汉斯·克里斯蒂安·奥斯特(Hans Christian Ørested)做了大量实验。1820年，奥斯特在课堂上为学生们做了一次即兴实验，在实验中首次发现通电导线周围的小磁针发生了偏转，这说明电流周围存在磁场，这是电与磁之间存在联系的首个证据。电流的磁效应的发现，建立了电与磁的联系，开辟了物理学的新领域——电磁学。为了纪念奥斯特，1934年起，磁场强度的单位命名为“奥斯特”。在奥斯特实验的启发下，法国物理学家安德烈-玛丽·安培(André-Marie Ampère)对电流的磁效应进行了进一步研究，发现可以用右手来表示电流方向与其磁场方向之间的规律，这就是安培定则或右手螺旋定则。接着安培又发现了电流的相互作用规律，即电流方向相同的两条平行载流导线互相吸引，电流方向相反的两条平行载流导线互相排斥。1827年安培将其在电磁方面的研究编著成书，出版了《电动力学现象的数学理论》，这是电磁学史上一部重要的经典论著。为了纪念安培在电磁学上的杰出贡献，电流的单位以他的姓氏“安培”命名。

自从奥斯特发现电流的磁效应后，就有很多物理学家试图寻找它的逆效应，提出了磁能否产生电的问题，其中就包括英国物理学家、化学家迈克尔·法拉第(Michael Faraday)，见图1-1。法拉第认为，电和磁是一对和谐的对称现象，既然电可产生磁，那么磁也应该能产生电。经过10年探索，法拉第于1831年发现了电磁感应现象，即变化的磁通量可以产生感应电动势，当穿过闭合电路的磁通量发生变化时，闭合电路中就会产生感应电流。1851年，法拉第在《论磁力线》一文中完整地表述了电磁感应定律：当导线垂直切割磁力线时，导线中就会产生电流，电流的大小与其所切割的磁力线的数量成正比。电磁感应定律揭示了电、磁之间的相互联系和转化，对电磁场理论的建立具有重大意义。更为重要的是，法拉第首次明确提出了场的概念，认为电力和磁力都是通过力线传递的，力线布满空间，形成场。此后，场就成了认识电磁现象必不可少的组成部分。可以说，法拉第是电磁场理论的奠基人。

图1-1　迈克尔·法拉第(1791-1867)[①]

① 迈克尔·法拉第[EB/OL].[2024-07-22].https://encyclopedia.thefreedictionary.com/Michael+Faraday.

四、电磁波

法拉第的电磁感应定律以及场的概念提出后，人们看法不一，也有不少非议。原因之一是法拉第理论的严谨性不够。法拉第虽然在实验方面有着常人所不及之处，堪称实验大师，但他数学功力不足，无法用严谨的数学语言来描述自己的理论，只能以直观形式来表达，这就影响了人们对其理论的认可。不过，当时英国有一位年轻人却对法拉第的理论产生了浓厚兴趣，这位年轻人就是詹姆斯·克拉克·麦克斯韦(James Clerk Maxwell)，见图1–2。麦克斯韦潜心研究了法拉第关于电磁场方面的理论，敏锐地意识到力线思想的宝贵价值，但同时也看到法拉第在定性表述上的弱点。于是，这个刚刚毕业的年轻人决定用严谨的数学语言来描述法拉第的电磁场理论。1855年麦克斯韦发表了第一篇关于电磁学的论文《论法拉第的力线》，首次为法拉第的力线概念赋予了数学形式。1862年他又发表了论文《论物理的力线》，这篇论文不再是对法拉第观点的单纯数学描述，而是做了重大的引申和发展，特别是文中引入了位移电流的概念。这是继法拉第电磁感应定律之后的一项重大突破，也是建立电磁波理论的基础。1865年麦克斯韦发表了他第三篇关于电磁学的论文《电磁场的动力学理论》。在该论文中，他首次系统地列出了麦克斯韦方程组，又应用之前提出的位移电流概念，推导出电磁波方程，从理论上预言了电磁波的存在。最令人振奋的是，方程所描述的电磁波的波速等于光波的波速，于是他得出结论：光波是按照电磁定律传播于电磁场的电磁扰动，也就是说，光波是电磁波的一种形式。这揭示了光现象和电磁现象之间的联系。1873年，麦克斯韦将这些理论的论证和推导结论整理成册，出版了科学名著《电磁学通论》，系统、全面、完美地阐述了电磁场理论，这一理论成为经典物理学的重要支柱之一，也被物理学界公认为物理学史上的重大里程碑。为了纪念这位伟大的物理学家，国际上将磁通量的单位命名为麦克斯韦，简称麦，符号为Mx，定义为：如果磁场的磁感应强度为1高斯，则在垂直于它的平面上，每平方厘米面积中所通过的磁通量为1麦克斯韦。

图1–2　詹姆斯·克拉克·麦克斯韦(1831–1879)①

麦克斯韦从理论上预言了电磁波的存在，而用实验证实电磁波存在的是德国青年物理学家海因里希·鲁道夫·赫兹(Heinrich Rudolf Hertz)，见图1–3。赫兹早在少年时代就被光学和力学实验所吸引，在柏林大学读书期间，师从物理学教授赫尔曼·冯·亥姆霍兹。1878年夏天，亥姆霍兹提出了一个物理竞赛题目，要求用实验方法验证电磁波的存在，以验证麦克斯韦的理论。从那时起，赫兹就着手进行这一重大课题的研究，但由于缺乏实验仪器，开始几年并没有取得进展。1886年10月，赫兹用放电线圈做火花放电实验，偶然发现近旁未闭合的绝缘线圈中有电火花跳过，他立刻意识到这可能是电磁共振。随后他根据电容器经由电火花隙会产生振荡的原理，设计出一套电磁波发射器和检测器，如图1–4所示。通过反复改变导体的形状、介质的种类、放电线圈与感应线圈之间的距离等，他终于验证了电磁波的存在。1887年11月5日，赫兹在一篇题为《论在绝缘体中电过程引起的感应现象》的论文中，总结了这个重要发现。接着，赫兹还通过实验确认了电磁波是横波，具有与光波类似的特性，如反射、折射、衍射等，同时证实了在直线传播时，电磁波的传播速度与光速相同，从而全面验证了麦克斯韦电磁理论的正确性。此外，赫兹还进一步完善了麦克斯韦方程组，使其更加优美、对称。1888年1月，赫兹将这些成果总结在《论动电效应的传播速度》一文中，在全世界科学界引起轰动，这一年也成为近代科学史上的一座里程碑。至

① History of radio[EB/OL].[2024–07–22]. https://encyclopedia.thefreedictionary.com/History+of+radio.

此，由法拉第开创、麦克斯韦理论分析、赫兹实验验证的电磁理论才算最终完成，赫兹也由此成为近代史上最伟大的物理学家之一。为了纪念他的功绩，人们将频率的单位命名为“赫兹”，简称“赫”。

图1-3　海因里希・鲁道夫・赫兹(1856-1894)[①]

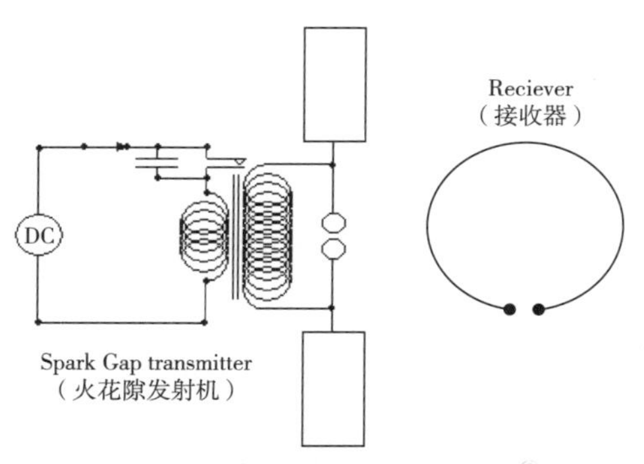

图1-4　赫兹的实验仪器装置[②]

赫兹的实验不仅证实了电磁波的存在，更为重要的是为后人开启了无线电通信技术的新纪元。遗憾的是，赫兹英年早逝，于1894年因病离世，时年不到37岁，他未能看到由自己的发明所引发的无线电通信技术的迅猛发展以及广播和电视的诞生。

本节执笔人：史萍

第二节　无线电通信技术的发明

一、引言

无线电通信是指通过无线电波来传递信息的通信方式，能传输文字、声音、图像、数据等。电磁波包括无线电波、远红外线、红外线、激光、可见光、紫外线、X射线、伽马射线等，其中，由电流产生的电磁波称为无线电波，其频率范围从3kHz到3 000GHz左右，对应的波长范围是100km到0.1mm左右。无线电通信技术利用了电磁波的特性，即导体中电流的变化会在周围空间产生交替变化的磁场和电场，这种交替变化以光速在空间移动。利用这一特性可实现无线电通信，即通过调制将信息加载到无线电波上，当电波通过空间传播到达接收端时，电波引起的电磁场变化又会在导体中产生感应电流，通过解调即可将信息从电流的变化中提取出来，这样就达到了信息传递的目的。与有线电通信相比，无线电通信既不依靠电线，也不依赖空气媒介，因此不需要架设传输线路，也不受通信距离限制，机动性好。

无线电通信技术作为人类的一项重要发明，对生产生活产生了重大影响，即便是在网络发达的今天，无线电通信仍然活跃在各个领域，并未被取代。为这一发明作出重大贡献的主要有三个人，他们分别是美籍塞尔维亚物理学家尼古拉・特斯拉(Nicola Tesla)、俄国物理学家亚历山大・斯塔帕诺维奇・波波夫和意大利无线电工程师伽利尔摩・马可尼(Guglielmo Marconi)。这三位发明家各自从不同角度对无线电通信技术展开研究，均取得了突破性成果。

二、特斯拉的无线电通信技术

赫兹用实验证实了电磁波的存在，引起了整个科学界的轰动，大量科学家开始加入对电磁波的研究和实验，由此开启了无线电通信技术的新纪元。

在众多研究者中，美籍塞尔维亚物理学家尼古拉・特斯拉被认为是无线电通信技术的最早发明人。1893年，特斯拉在美国密苏里州圣路易斯首次公开展示了无线电通信。在为费城佛兰克林学院以及全国电灯协会做的报告中，他描述并演示了无线电通信的基本原理。特斯拉是交流电的发明者，他利用高频交流电实现了电磁波的发射。在发射端，他将高频交流电经变压器升压后通过天线和地线将电磁波发射出去。在接收端，通过天线和地线将电磁波接收下来，天线和地线之间有一个线圈，可以将信号耦合到下一级。特斯拉发明的系统已

①② Invention of radio[EB/OL].[2024-07-22]. https://encyclopedia.thefreedictionary.com/Invention+of+radio.

经包含了电子管发明之前无线电通信系统所包含的所有基本要素。1897年，特斯拉在美国获得了无线电技术的发明专利，这是世界上第一个关于无线电方面的专利。1904年，美国专利局将其专利权撤销，转而授予了另一位无线电通信技术的发明人伽利尔摩·马可尼。不过，1943年，在特斯拉去世后不久，美国最高法院又重新认定特斯拉的专利有效。

三、波波夫的无线电通信技术

1888年，赫兹发现电磁波的消息传到了俄国，吸引了俄国物理学家亚历山大·斯塔帕诺维奇·波波夫的注意。波波夫开始对电磁波展开研究，最初他的兴趣是研究雷暴和闪电等大气现象造成的电磁反应，希望能借助电磁反应进行气象预报。1894年，波波夫制成了一套无线电发射、接收系统。发射部分基本上是赫兹实验中使用的装置，即电池、振荡线圈和火花隙。接收部分使用的是改进后的金属屑检波器和电铃、电池、电磁敲击装置等，如图1–5所示。当有电磁波发射时，金属屑检波器测到电磁波后电阻迅速减小，电铃就会被接通而发出声音。随后波波夫又发明了一种天线装置，将检波器的一端与天线连接，另一端接地，显著提高了接收灵敏度。他利用这种装置检测到了数公里以外大气中的放电，这是人类首次利用天线接收到自然界的无线电波，这套装置也被他称为“雷电记录仪”。

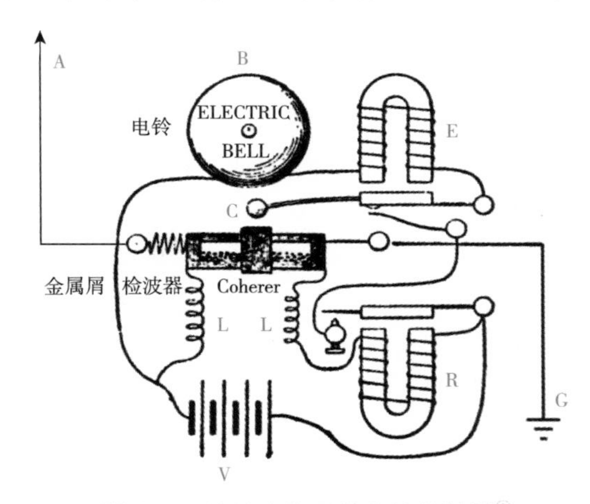

图1–5　波波夫的无线电接收装置①

1895年5月7日，波波夫在圣彼得堡召开的俄国物理化学协会年会上，宣读了论文《金属屑同电振荡的关系》，并演示了他所发明的无线电发射、接收系统。这一天后来被俄国定为“无线电日”，俄国人认为波波夫才是无线电的发明人。1896年1月，俄国物理化学协会刊物《电》发表了波波夫的论文《金属屑同电振荡的关系》，引起了全球学术界的关注。1896年3月24日，波波夫和助手雷布金在俄国物理化学协会的年会上，正式演示了用无线电传递莫尔斯电报码。当时，雷布金负责拍发信号，波波夫负责接收信号，通信距离是250米。俄国物理学会分会会长佩特罗司赫夫基教授把接收到的电报字母逐一写在黑板上，最后得到的报文是：“海因里希·赫兹(HEINRICH HERTZ)”，这是波波夫在向前辈致敬。这份电报也是世界上第一份有明确内容的无线电报。不过遗憾的是，当时波波夫并没有为自己发明的装置申请专利。

1897年，波波夫在克伦施塔特进行无线电实验，可靠的通信距离达到640米。1898年，波波夫和俄国海军一起进行了相距10公里的海岸和军舰之间的通信实验。在这次实验中，波波夫发现金属物体会对电磁波产生反射。30多年以后，根据金属物体对电磁波产生反射的原理制造的雷达问世。1900年初，波波夫使电台的通信距离增加到45公里。同年，俄国海军在波波夫的指导下，在波罗的海中的高戈兰岛设立了无线电站，和芬兰沿海城市科特卡之间实现了无线电通信。这个电台后来多次协助救援触礁的军舰和受困的渔民。还是1900年，波波夫的无线电系统在巴黎国际博览会上赢得了金牌。

四、马可尼的无线电通信技术

另一位无线电通信技术的发明者是意大利电子工程师伽利尔摩·马可尼。相较于特斯拉和波波夫，马可尼的起步要晚一些。1894年，在赫兹去世几个月后，马可尼了解到赫兹几年前所做的实验，由此受到启发，产生了创建长距离无线电报的想法，并开始进行大量的实验。马可尼在实验中仿照波波夫的做法，在接收机上加装了天线，通信距离由室内扩大到了花园里。在实验中马可尼发现检波器工作不够稳定，就开始对检波器进行改进。他用镍粉和银粉代替金属屑，镍粉可以增大磁性，

① A.S.Popov Central Museum of Communications［EB/OL］.［2024–07–22］. https://www.radiomuseum.org/museum/rus/a.s.–popov–memorial–museum–saint–petersburg/.

银粉可以增大导电性。检波器的结构是在管子中装两块银质极板，极板之间的空隙中装满镍粉和银粉。实验结果表明，改进后检波器的稳定性有明显提升。另外，马可尼还引入了调谐回路，使通信距离扩大到1英里。1895年8月，马可尼发明了地线，并且注意到天线架设高度对通信距离的重要影响。至此，马可尼的无线电技术已经包含了除放大器以外的全部要素：振荡、调谐、天线、地线、检波等，如果应用到无线电报系统，就可以构成一个完整的无线电报系统。1896年马可尼在英国演示了这套装置，并获得了这项发明的专利权。

马可尼非常幸运，在英国他遇到了英国邮政总局的首席工程师威廉·亨利·普利斯(William Henry Pulis)。普利斯对无线电新技术的发展非常了解，他在马可尼的事业发展过程中发挥了巨大作用。在普利斯的力荐之下，马可尼得到了英国政府的资助，从而可以进一步开展实验。1896年9月，在普利斯的安排下，马可尼在英格兰南部威尔特郡的索尔斯伯里平原进行了无线电信号实地收发实验，通信距离为1.75英里。1897年3月，马可尼的实验通信距离扩大到4英里，同年5月扩大到9英里。所有这些实验使用的电功率都很小，高压电流是用一个普通的鲁木阔夫线圈产生的，另外高频振荡器和接收机的一端都接了架空电容天线。图1-6是在1897年5月13日的一次演示期间，英国邮局的工程师们正在检查马可尼的无线电设备。位于中间位置的是发射机，其下方是使用粉末检波器的接收机，顶部是支撑天线的柱子。

图1-6　1897年5月13日，工程师们在检查马可尼的无线电设备[①]

1897年5月6日，马可尼进行了横跨布里斯托海峡的无线电实验，实验中使用了临时搭建的固定天线，收端和发端相距3英里，实验取得成功。5月18日，马可尼又用风筝分别在两岸把天线升高到250英尺，相距8.7英里，实验同样获得成功。本次实验的意义重大，50年后，英国政府在实验地竖起了一块纪念碑。1897年7月，马可尼在英国伦敦注册了无线电报与信号公司，该公司于1900年更名为马可尼无线电报公司。1898年马可尼在英国姆斯福特开设了一个无线电设备厂，这是全球首家专门制造无线电器材的公司。随后，马可尼在英格兰南端的怀特岛的艾伦湾建立了一座无线电台，名字叫尼特无线电站。马可尼以此为基地开展了一系列著名的通信实验。1898年，马可尼应法国政府邀请，开始建立横跨英吉利海峡，连接英法两国的无线电通信系统。1899年夏天，英吉利海峡两岸成功实现了无线电报联络，通信距离为45公里。1900年4月26日，马可尼的“调谐共振电报技术”获得了英国专利。

随着实验的展开，马可尼逐渐意识到，电磁波有可能“绕过”地球曲面的阻挡传到更远的地方。这个想法如果能够实现，将会对无线电通信技术的应用产生深远影响。为实现这一想法，马可尼做了大量准备工作。他在英国康沃尔海岸的波特休架设了发射台，使用在加拿大纽芬兰临时设置的接收站完成信号接收。为了实现远距离传输，马可尼将发射功率提高至25千瓦。此外，马可尼还设计了一个由多个天线组成的扇形发射天线系统。实验是在1901年12月初开始的，到了12月12日，当信号从英国康沃尔海岸的波特休发出后，在加拿大纽芬兰的圣约翰斯临时接收站清晰地接收到了信号。这一天也成为具有历史意义的一天，马可尼用他的实验证明了无线电波不受地球表面弯曲的影响。1902年，加拿大政府出资1.6万英镑，让马可尼在格拉斯湾建立一个大功率发射台。1902年12月，相距超过3 000公里的英国和加拿大之间第一次正式进行了洲际无线电通信。此后不久，马可尼又在美国的科德角进行了另一次远距离通信实验。1903年春天，纽约的记者已经可以将新闻稿件通过无线电

① Guglielmo Marconi [EB/OL]. [2024-07-22]. https://encyclopedia.thefreedictionary.com/Guglielmo+Marconi.

报发送到大洋彼岸的欧洲了。1907年10月，马可尼开辟了英国和加拿大之间的横跨大西洋的商业无线电报通信业务。1909年，因对无线电报的改进，马可尼和布劳恩共同获得本年度的诺贝尔物理学奖。

马可尼一生致力于无线电技术的研究和应用，他不仅对无线电报系统进行了重大改进，使传输距离、传输效果都得以大幅提升，更重要的是将无线电技术推向了实用化和商业化，为无线电技术的发展和应用作出了杰出贡献。

本节执笔人：史萍

第三节　声音广播的诞生

一、引言

广播泛指将一个信号源发出的信号通过无线或有线方式同时传输到多个终端的信息传播方式。广播信息传输可以是“一点对多点”，也可以是“点到面”。[①]

声音广播是广播的一种类型，专指传输声音信号的广播。根据传输介质的不同，声音广播分为有线广播和无线广播两种类型。有线广播通过导线传输声音信号，无线广播通过无线电波传输声音信号。

声音广播的诞生是人类科技进步的产物，也是社会进步的重要标志，它开启了电子媒介时代，对信息传播、文化交流、娱乐方式、社会及经济发展等都产生了深远影响，也为电视的诞生起到了先导作用。

二、声音广播的起源

最早的声音广播是有线广播，是利用导线或电话线来传输声音信号。1880年，俄国人奥霍罗维奇(Okhorovich)研制成功用导线把剧院里的音乐节目传输出去的播音设备。1890年夏天，在美国萨拉托加的大联盟旅馆，有人通过有线电话欣赏了在麦迪逊广场花园举行的音乐会。1893年，匈牙利人西奥多·普斯卡(Theodore Puskas)在布达佩斯将700多条电话线连接起来，定时播报新闻，被称为“电话报纸”。这就是有线广播的雏形。但这一做法并没有得到进一步的推广应用，因为当时的电报电话公司认为，电话的个人通信功能足以使公司获利，所以没有在“广播”功能上继续发展。

无线电报技术出现后，人们自然联想到，既然无线电波可以传送文字，是否也可以传送声音呢？这个问题引起了很多科学家的兴趣，其中就包括美国匹兹堡大学物理学教授、出生于加拿大的雷金纳德·奥布里·费森登(Reginald Aubrey Fessenden)。费森登早年曾是爱迪生实验室的技术员，后来还担任过西屋电器公司的工程师。当时流行的无线电报系统用的是火花隙式发射机，产生的电波是短暂、不连续的。费森登意识到，这种方式虽然可以传送电报的莫尔斯码，却不适合传送由声音转换而来的音频信号，因为音频信号频率较高，而且是连续变化的，必须用连续的高频无线电波传送。基于这一想法，费森登提出了著名的发明专利：幅度调制理论，即在发射端将声音信号加载到连续的高频无线电信号上，让无线电信号的幅度随声音信号的变化而变化，在接收端通过检测无线电信号的幅度变化再将声音信号检取出来。

费森登想通过实验证实自己的想法。当时产生连续无线电波的方法还没有出现，费森登就采用了一种变通的方法来产生近似连续的高频无线电波。他和助手设计了一个可以每秒中断10 000次的干扰器，将其连接到火花隙式发射机中，用以提高火花频率，使产生的无线电波接近于高频连续信号。1900年12月23日，费森登和助手使用接入干扰器的火花隙式发射机进行了声音传送试验，发射机电路如图1-7所示，其中调制器是一个插入天线引线的石棉覆盖的炭麦克风。试验中发射天线和接收天线的高度为15米，相距1 600米。这次试验使用的检波器没有记载，但费森登在1902年以后使用的是电解溶液检波器，如图1-8所示。这次试验基本成功，但噪声较大，有些失真，这是因为火花隙式发射机产生的无线电波是按指数衰减振荡的，用调制技术对其进行解调必然会带来噪声。尽管如此，这次试验仍然意义重大，这是人类第一次通

① 史萍. 广播[DB/OL].(2023-05-20)[2024-07-22]. https://www.zgbk.com/ecph/words？SiteID=1&ID=109685&SubID=81257.

过无线电波传输了可理解的语音。

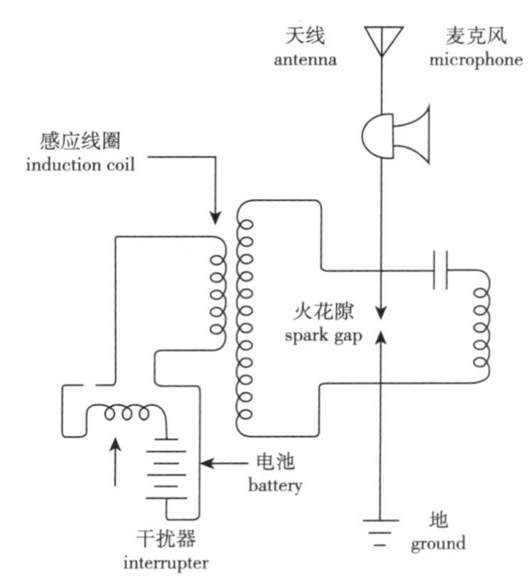

图1-7 费森登试验中使用的火花隙式发射机①

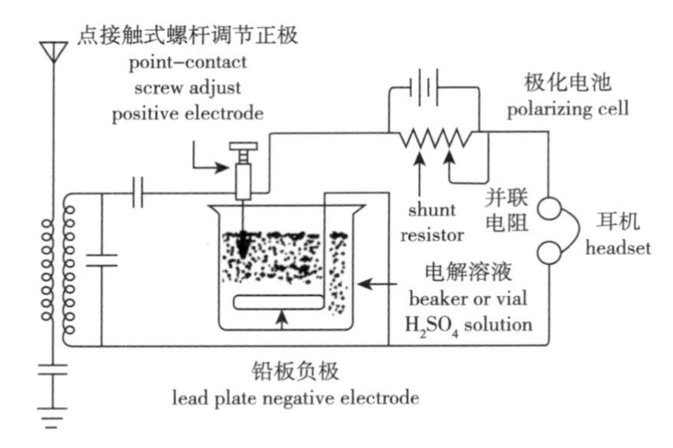

图1-8 费森登的电解溶液检波器②

接下来的工作就是找到一种可以产生高频连续无线电信号的方法。费森登认为可以利用高频交流发电机产生这种信号，为此，他委托通用电气公司生产一台50~100千赫的高频交流发电机。然而，等通用电气公司交货时，费森登发现完全无法满足他的要求，于是他不得不自己动手改造这台设备。经过努力，终于在1906年秋天开发出一台工作频率为50千赫、输出功率为500瓦的高频交流发电机，如图1-9所示。后来的机器工作频率达到200千赫，功率高达250千瓦。至此，最为关键的问题已经解决了，费森登可以用纯正的高频连续无线电波传送声音信号了。

图1-9 费森登早期的高频交流发电机③

1906年12月24日平安夜，费森登在美国马萨诸塞州的一个叫勃兰特罗克的海边小渔村开始播出他精心安排的无线电广播节目。费森登先用留声机播放了一段亨德尔的音乐，然后自己用小提琴演奏了一首平安夜的经典老歌，接下来他的太太诵读了《圣经》中的部分段落。最后，费森登宣布本次播音结束，并祝听众圣诞快乐，希望听众写信告诉他是在什么地方收听到的广播。这就是世界上第一次无线电声音广播。由于当时还没有收音机，能够有幸收听到的人主要是大西洋航船上的无线电报务员。可以想象，当音乐声突然在耳机中响起，那些习惯了冷冰冰的莫尔斯电码的船员有多么惊讶。图1-10是费森登和同事在勃兰特罗克广播台工作时的场景。

费森登的这次无线电广播非常成功，听众来信证明，远在数百英里之外的听众也收到了信号。这次广播也被公认为是无线电声音广播诞生的标志，费森登本人也被誉为无线电广播之父。不过，受限于当时的技术水平，无线电声音广播还难以实用化，真正使其进入实用阶段的是电子管的发明。

图1-10 费森登(右)和同事在勃兰特罗克广播台(1906年)④

①②③ BELROSE J S. Reginald Aubrey Fessenden and the birth of wireless telephony [J]. IEEE Antennas and Propagation Magazine, 2002, 44(2): 38–47.

④ Radio's digital future [EB/OL]. [2024-07-22]. https://www.britannica.com/topic/radio/Radios-digital-future#ref1123927.

三、电子管和晶体管的发明

电子管是一种电子器件，在早期的无线电通信系统中起到滤波、放大等作用。由于电子管中参与工作的电极被封装在一个真空容器内，因此也称为真空管。在无线电广播发展史中，电子管的发明至关重要。

电子管的发明受到了“爱迪生效应”的启发。1883年，世界著名发明家托马斯·阿尔瓦·爱迪生(Thomas Alva Edison)在研究如何延长电灯泡寿命时曾做过一个小实验。他在真空电灯泡内部碳丝附近安装了一小截铜丝，希望铜丝能阻止碳丝蒸发。实验中他不经意发现，没有连接在电路里的铜丝，却因接收到碳丝发射的热电子而产生了微弱的电流。爱迪生虽然对这一发现申请了专利，但认为这一发现没有什么实用价值，因此没有引起重视。这个现象后来被称为“爱迪生效应”。

使“爱迪生效应”有了实用价值的是英国物理学家和工程师约翰·安布罗斯·弗莱明(John Ambrose Fleming)。弗莱明曾在爱迪生电灯公司担任工程师和顾问，在光度学、电气测量、低温下材料性能的研究等方面均有贡献。从1899年起，弗莱明担任马可尼无线电报公司顾问。1904年，弗莱明在寻找更加可靠的无线电检波器时，想到了“爱迪生效应”。他制作了一个在灯丝与其四周有金属圆筒的灯泡，取代了之前使用的无线电报机中的金属粉末检波器，这就是最早的真空二极管。实验结果表明，这一装置比当时其他类型的检波器效率都要高。弗莱明以“热离子阀(thermionic valve)”为名，为这一技术申请了专利，真空二极管在英文中被称为valve就源于此。

与此同时，还有一位年轻人专注于研究无线电检测装置，他就是美国科学家李·德·福雷斯特(Lee de Forest)。1899年秋，马可尼在纽约市做了一场科普性无线电演示，刚从耶鲁大学毕业的李·德·福雷斯特闻讯赶来参观，并有幸与马可尼进行了简短交谈。马可尼告诉他，通过提高检波器的灵敏度可以提高无线电收发性能。正是与马可尼的这次谈话，使李·德·福雷斯特对无线电检测技术产生了浓厚兴趣，并立志要做出一番成就。但直到1904年弗莱明发明真空二极管时，李·德·福雷斯特在检波器方面仍没有取得进展。1906年，他在复现弗莱明的二极管实验过程中，在灯丝与金属屏板之间加了一个导线。没想到正是这根小小的导线，使李·德·福雷斯特发明了真空三极管。当时，李·德·福雷斯特发现，当导线装入真空管之后，只要把一个微弱的变化电压加在它身上，就能在金属屏板上接收到更大的变化电流，其变化规律与加在导线上的电压变化完全一致，这正是电子管的放大作用。后来，李·德·福雷斯特又把导线改用栅栏状的金属网，栅极这个名称即由此而来。就这样，具有放大功能的真空三极管诞生了。所谓三极管，是指有三个电极，即阴极(灯丝)、阳极(金属屏板)和控制栅极。1907年，李·德·福雷斯特向美国专利局申请了真空三极管的发明专利。图1-11是李·德·福雷斯特在1908年制作的真空三极管。

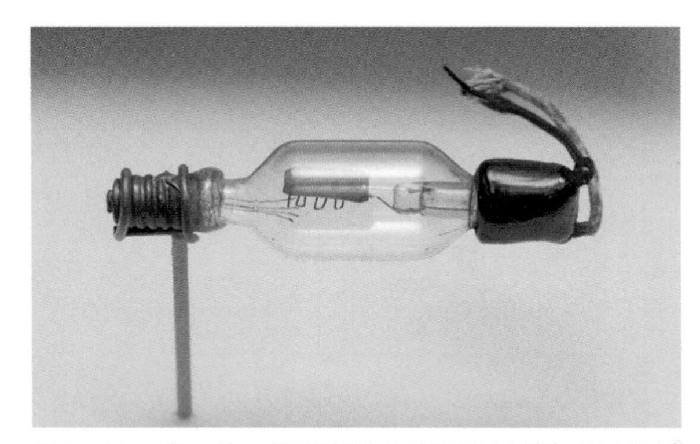

图1-11 李·德·福雷斯特的真空三极管(1908年)①

初期的三极管真空度较低，管内存在稀薄的空气，虽然放大倍数很大，但工作不稳定，实用性较差。后来，通用电气公司的欧文·朗缪尔(Irving Langmuir)改进了一种水银真空泵，可以把电子管中的空气抽出，使真空度变得很高。1912年，美国电报电话公司和通用电气公司也都制造出了高真空度的三极管，才使三极管走上实用阶段。

1915年，德国物理学家沃特·赫尔曼·肖特基(Walter Herman Schottky)在三极管的基础上又发明了四极管，即在三极管的阳极和控制栅极之间加进了帘栅极。三极管各极之间的分布电容较大，特别是栅极和阳极之间。这就造成工作频率越高，栅极、阳极之间分布电容的容抗就越小，从而限制了三极管在高频的应用。肖特基在阳极和控制栅极之间

① Lee de Forest[EB/OL].[2024-07-22].https://encyclopedia.thefreedictionary.com/Lee+de+Forest.

加入帘栅极之后，因帘栅极的屏蔽作用，使控制栅极和阳极之间分布电容所造成的不利影响大大减小，因而提高了工作频率上限，同时放大系数也显著增加。然而，由于帘栅极的加入，四极管会产生二次发射效应，导致电子管的阳流减小。为了克服二次发射效应，肖特基在1919年又发明了五极管，即在阳极和帘栅极之间又加了一个电极，称为抑制栅极。抑制栅极通常处于零电位，因此二次发射的电子会重新返回阳极而到达不了帘栅极。

肖特基发明四极管和五极管后，相继出现了六极管、七极管、八极管、九极管、对管、复合管等，构成了庞大的电子管家族。其中从四极管到九极管所增加的电极都是栅极，目的都是改善在特定应用场合的性能，它们统称为多栅管。

电子管，特别是真空三极管的发明具有划时代的意义，它为通信、广播、电视、计算机等技术的发展铺平了道路，并奠定了近代电子工业的基础。然而，电子管易碎且体积庞大，使用起来很不方便。

1945年"二战"结束后不久，美国贝尔实验室成立了一个固态物理小组，目的是寻找可以替代电子管的材料。小组由物理学家威廉·布拉德福德·肖克莱(William Bradford Shockley)担任组长，成员有约翰·巴丁(John Bardeen)、沃尔特·豪泽·布拉顿(Walter Houser Brattain)等人。在研究过程中，他们发现在某些半导体材料的表面加上电压时，可以控制其内部的电流。这个发现为晶体管的发明奠定了基础。1947年12月23日，巴丁和布拉顿在实验中成功地制造出第一个具有放大功能的点接触型晶体管。随后，肖克莱又发明了一种具有层状结构的晶体管，称为结型晶体管。结型晶体管比点接触型晶体管更加可靠和实用，成为现代电子工业中不可或缺的元件。

晶体管的发明对现代电子工业产生了深远的影响，使得电子设备得以小型化、高效化和低成本化，极大地推动了信息技术的快速发展。肖克莱、巴丁和布拉顿也因为他们的杰出贡献而共同获得了1956年的诺贝尔物理学奖。图1-12是肖克莱、巴丁和布拉顿在贝尔实验室(1948年)，图1-13是贝尔实验室1947年12月23日发明的第一个晶体管的复制品。

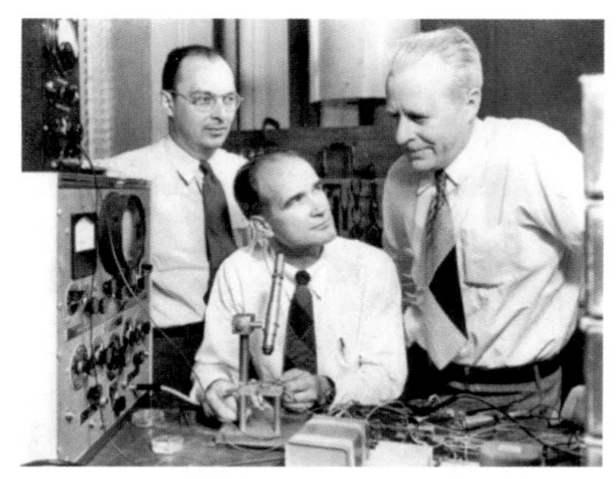

图1-12　肖克莱、巴丁和布拉顿在贝尔实验室(1948年)[①]

图1-13　贝尔实验室1947年12月23日发明的第一个晶体管的复制品[②]

四、收音机的出现

收音机是一种声音广播接收装置，其作用是将天线接收到的高频信号经检波(解调)后还原成音频信号，再通过耳机或喇叭变成声波。

最早的收音机是矿石收音机(crystal sets)。早在1874年，德国物理学家卡尔·费迪南德·布劳恩(Karl Ferdinand Braun)就发现某些金属硫化物矿石具有单向导电的特性，实际上，这些矿石是天然的半导体材料。印度物理学家阿加迪什·钱德拉·博斯(Jagadish Chandra Bose)是第一个使用矿石晶体作为无线电波检测器的人，他从1894年左右开始使用方铅矿检波器接收微波。1906年，美国科学家格林利夫·惠蒂尔·皮卡德(Greenleaf Whittier Pickard)发明了一种硅晶体矿石检波器，并于当年获得了该

① William Shockley[EB/OL].[2024-07-22]. https://encyclopedia.thefreedictionary.com/William+Bradford+Shockley.

② John Bardeen[EB/OL].[2024-07-22]. https://encyclopedia.thefreedictionary.com/John+Bardeen.

技术的发明专利。1907年，美国物理学家路易斯·温斯洛·奥斯汀(Louis Winslow Austin)获得了由碲和硅矿石晶体组成的检波器专利。1908年，日本电工实验室的工程师鸟潟右一(Wichi Torikata)获得了由锌铁矿和斑铁矿晶体组成的检波器专利。从1906年到1920年，矿石检波器成为很多早期无线电接收机的核心部件。

1910年前后，随着无线电广播的逐渐兴起，人们开始使用矿石检波器制作矿石收音机。矿石收音机实际上就是一种没有放大电路的无源收音机，主要由天线、调谐回路和矿石晶体检波器组成，如图1-14所示。天线用于接收无线电波并将其转换为感应电流，调谐回路从感应电流中选择出特定频率的高频信号送给矿石检波器，矿石检波器从高频信号中分检出音频信号，然后通过耳机转换成声音。矿石收音机无须电源，结构简单，深受无线电爱好者的青睐，至今仍有不少爱好者喜欢自己组装制作。但因矿石收音机没有信号放大功能，所以接收性能比较差，只能在信号较强的环境中工作，并且也只能通过耳机收听。图1-15是20世纪20年代的美国一家人用矿石收音机收听广播节目。

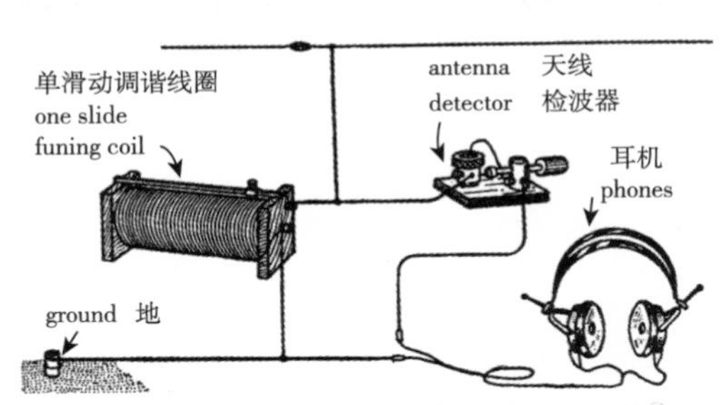

图1-14　矿石收音机电路图(1922年)[①]

图1-15　美国家庭用矿石收音机收听广播节目(20世纪20年代)[②]

真正使无线电声音广播快速发展且进入实用阶段的是电子管的发明，特别是高真空电子管的问世。由于电子管可以使电波接收更容易且信号放大功能更强，因此很快被用于收音机中，由此出现了电子管收音机。与此同时，一些关键的接收机电路也相继被提出。

1912年前后，美国电子工程师埃德温·霍华德·阿姆斯特朗(Edwin Howard Armstrong)发明了再生电路，这种电路利用正反馈(也被称为“再生”)可以实现对输入信号放大数百倍的效果。收音机使用再生电路后，就可以获得足够强的信号去推动扬声器发出声波，而不再依赖耳机。通过进一步的研究，阿姆斯特朗还发现，当正反馈超过一定程度时，真空管将进入振荡状态，因此也可以用作连续波无线电发射机。1913年底，阿姆斯特朗申请了再生电路的专利。1914年10月6日，阿姆斯特朗获得专利授权。同一时期，三极管发明人李·德·福雷斯特、通用电气公司的朗缪尔和德国人亚历山大·迈斯纳(Alexander Meissner)也各自独立发明了再生电路。

1918年，阿姆斯特朗发明了著名的超外差电路，大大提高了无线电接收机的灵敏度和选择性。超外差电路的关键特征是将调谐回路选择的输入射频信号与本机振荡器产生的高频信号一起送入混频器，产生一个差频信号，即中频信号。中频信号随后被放大和检波，得到音频信号。由于本机振荡器产生的高频信号频率与调谐回路的谐振频率同步改变，因此，不论调谐回路选择的射频信号频率为多少，混频器输出的中频信号频率都是固定的。在固定的中频频点上，相对更容易取得足够高且稳定的增益，而且在中频取得较高增益所需要的功耗比在射频取得同样增益所需要的功耗要低得多。除了阿姆斯特朗之外，法国无线电工程师吕西安·莱维(Lucien Lévy)以及李·德·福雷斯特、费森登等人也在同一时期先后发明了超外差电路。

超外差收音机最初的设计需要多个调谐旋钮，并使用了9个真空电子管，过于复杂和昂贵。阿姆斯特朗与美国无线电公司(Radio Corporation of America，RCA)的工程师合作，开发了一种更简单、

①② Crystal radio [EB/OL]. [2024-07-22]. https://encyclopedia.thefreedictionary.com/Crystal+radio.

成本更低的产品。1924年初，RCA公司在美国市场推出了超外差收音机Radiola系列，并很快获得了成功。Radiola系列在当时的无线电声音广播领域具有重要地位，它们带动了公众对无线电广播的兴趣，并促进了家用无线电接收机市场的发展，对无线电广播的推广起到了关键作用。

电子管收音机相较于矿石收音机在性能方面有了大幅度的提升，因此从20世纪20年代开始逐渐取代了矿石收音机。不过，电子管收音机的缺点也很明显，即体积大、耗电多、寿命短，这在一定程度上影响了收音机的普及。真正使收音机普及起来的是晶体管。晶体管问世后，由于其体积小、耗电少、可靠性高，很快就取代了收音机中的电子管。1954年，美国里吉西公司生产出第一台便携式晶体管收音机TR-1，如图1-16所示，标志着晶体管技术开始进入商业应用阶段，也开启了收音机的小型化和便携化时代。随后，德国、日本、苏联、荷兰等国都相继开始研制和大规模生产晶体管收音机。

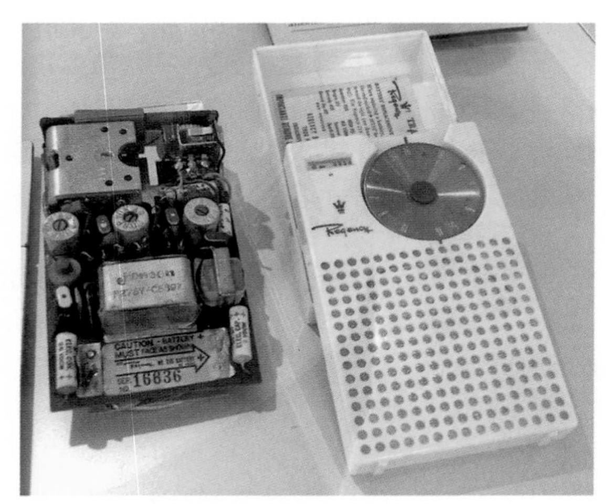

图1-16　在德国博物馆展出的TR-1电路板和外壳①

五、声音广播的早期发展

早期的无线电广播电台主要是实验电台，用于开展技术试验或进行产品宣传。加拿大人费森登和美国人李·德·福雷斯特是创建早期实验电台的突出代表。1906年12月24日，费森登在马萨诸塞州用自己的电台和发射机完成了世界上第一次无线电声音广播。1907年至1910年，李·德·福雷斯特利用电弧发射机进行了一些最早的实验性娱乐广播。1915年夏天，李·德·福雷斯特获得实验电台许可证，呼号为2XG，电台位于他在纽约高桥的实验室里。1916年10月，德福雷斯特恢复了他在1910年暂停的娱乐广播，这时已经可以使用性能优越的真空电子管设备了。广播内容主要是播放唱片，也有一些他自己公司的产品广告。1916年11月，李·德·福雷斯特首次以无线电广播的方式播报了美国第33届总统选举的得票数字，这被称为美国第一次新闻广播。

这一时期也出现了一些定期播出的私人电台。1909年，查尔斯·大卫·赫罗尔德(Charles David Herrold)在加利福尼亚州的圣何塞市开始试验音频无线电传输；1912年，他开始定期播出娱乐节目。1916年，美国西屋电器公司的工程师弗兰克·康拉德(Frank Conrad)在他位于宾夕法尼亚州的车库里安装了一套无线电发射机，开办了一个私人实验电台，呼号为8XK，频率为1 020kHz，功率为75W，每周定期播出，很受听众欢迎。图1-17是该实验电台的主要设备。

图1-17　康拉德安装在车库中的实验电台8XK②

1917年4月美国加入第一次世界大战，所有的民用广播电台都被勒令关闭，包括李·德·福雷斯特的2XG和康拉德的8XK，直到1919年10月禁令解除后才得以恢复。随后无线电广播进入快速发展阶段，商业电台开始大量涌现。

1920年9月，西屋电器公司的副总裁哈利·戴维斯(Harry P. Davis)注意到，百货公司每天在当地

① Regency TR-1［EB/OL］.［2024-07-22］. https://encyclopedia.thefreedictionary.com/Regency+TR-1.

② Frank Conrad［EB/OL］.［2024-07-22］. https://encyclopedia.thefreedictionary.com/Frank+Conrad.

报纸上刊登广告，宣传康拉德的8XK广播，并出售用来接收康拉德节目的大众化收音机。他从中看到了商机，认为可以开办一家广播电台，通过提供免费的日常娱乐节目来吸引听众购买自己公司生产的收音机。随后，西屋电器公司向商业部提出设立商业广播电台的申请，同时让康拉德在西屋电器公司办公大楼的天台上建造了一台功率更大的发射机。1920年10月，西屋电器公司获得商业部颁发的商业电台营业执照及核发的KDKA呼号，这是美国第一个拥有商业执照的电台，也被认为是世界上第一家正式成立的广播电台。1920年11月2日，KDKA电台正式播出，开播的第一天就报道了当天举行的美国总统大选结果，很多人聚集在公共扩音器前收听电台播出的消息。KDKA电台的广播获得了成功，1920年11月2日这一天也被认为是世界广播事业的诞生日。图1-18是1921年KDKA电台传输机房的照片。

图1-18　KDKA电台传输机房的照片(1921年)①

KDKA电台播出后，西屋电器公司的收音机变得非常畅销，于是他们又在马萨诸塞州的斯普林菲尔德市和新泽西州的纽华克市开办了广播电台。与此同时，美国无线电公司在新泽西州建立了广播电台，并开始生产收音机；通用电气公司在纽约州斯克内克塔迪市也开办了广播电台；美国电报电话公司则在纽约市开办了后来著名的WEAF电台。这一时期，美国的广播电台像雨后春笋般涌现，到1922年已发展到500多家，全部为民营，覆盖了整个国土。1926年，美国成立了全国广播公司(National Broadcasting Company，NBC)，有25家电台加盟；1927年又成立了哥伦比亚广播公司(Columbia Broadcasting System，CBS)，拥有16家电台。

这一时期，世界上一些主要国家都陆续建立了广播电台。在加拿大，马可尼公司拥有的蒙特利尔XWAF电台差不多与美国的KDKA电台同时创办。到了1923年，加拿大已经有30多座电台在播出。在英国，马可尼公司于1920年开始实验性广播。1922年，英国广播公司(British Broadcasting Corporation，BBC)成立，并于当年11月4日开始广播。此外，法国和苏联于1922年、德国于1923年、意大利于1924年分别开办了广播。日本于1925年3月22日试播成功，随后，东京、大阪、名古屋分别设立了3家广播电台，并于同年开始播音。1926年，这3家电台合并成立了日本广播协会(Nippon Hoso Kyokai，NHK)

中国境内最早的广播电台是由美国人奥斯邦(E.G.Osborn)设立的中国无线电公司创办的，1923年1月23日在上海开始播音，主要内容是音乐和消息，开播3个月后公司倒闭，电台停播。同年，美商新界洋行又在上海创办了第二座广播电台，并于1923年5月30日开始播出，播出几个月后，因经费发生困难而停播。第三座广播电台是美商开洛电话材料公司创办的，1924年6月在上海法租界开始播出，该电台至1929年10月停止播音。1926年，中国出现了第一家自办的广播电台——哈尔滨无线广播电台，由刘瀚创办。第二年3月和5月，上海新新无线广播电台和天津无线广播电台相继成立。

到了1930年，无线电广播电台已经遍及世界主要国家。不过，当时的广播电台规模相对较小，设备也比较简陋，采用调幅方式，以中波广播为主，主要用于对国内广播。

本节执笔人：史萍

第四节｜电视广播的诞生

一、引言

科技的进步总是随着人们需求的提高而不断发展。当实现了用无线电波传送听觉信号后，人们又试图用无线电波传送视觉信号。电视的出现满足了人类的这一需求，使人们获取信息的方式发生

① KDKA(AM)[EB/OL].[2024-07-22].https://encyclopedia.thefreedictionary.com/KDKA+(AM).

了翻天覆地的变化。

“电视”一词是英文单词“television”的翻译。“television”的出现可追溯到1900年8月，当时法国巴黎在国际世界博览会期间举办了第一届国际电力大会，俄国科学家康斯坦丁·波斯基(Constantin Perskyi)在大会上用法语发表了一篇论文，论文在描述一种通过导线或无线方式进行视觉和声音远程传输的概念时使用了“télévision”这个词。1907年，这个词的英语版本“television”首次在《温莎杂志》(*Windsor Magazine*)的一篇文章中出现。

“television”中的“tele”来自拉丁语，意为“远距离”，“vision”来自希腊语，意为“视觉”，两个词组合起来就是“远距离视觉”的意思，完美表达了电视的本质，即将视觉景物在远端呈现出来。“TV”的缩写始于1948年。

电视是20世纪最重要的发明之一，一经问世就受到社会的广泛关注。与声音广播相比，电视能够以声音和图像的形式来传递信息，使人们在接收信息时既能“闻其声”，又能“观其貌”，具有直观、真实、亲切的特点，更加符合人类接收信息的日常状态。然而，由于技术的复杂性，电视的发明之路也更加曲折和艰难，凝聚了更多科学家的智慧和心血。

二、早期影像技术的突破

在电视出现之前，照相、摄影、光电转换等影像关键技术已经出现。正是这些技术为电视的发明奠定了基础。

(一)照相机和摄影机的发明

照相机的起源最早可以追溯到针孔成像技术。早在公元前，人类就从自然界中观察到了针孔成像现象。到了13世纪，人们利用针孔成像原理制成影像暗箱，用于娱乐或进行光学和天文学研究。16世纪，人们用透镜取代针孔，制成了小型便携式的透镜成像暗箱。由于当时没有感光材料来记录影像，因此暗箱主要用于绘画。

1717年，德国的约翰·海因里希·舒尔茨(Johann Heinrich Schulze)发现硝酸银的混合物在阳光照射下会变暗，由此发明了一种利用暗箱进行影像描绘的方法。1800年左右，托马斯·韦奇伍德(Thomas Wedgwood)和汉弗莱·戴维(Humphry Davy)在涂层纸和皮革上制作了更真实的影像，但无法长时间保留。1822年，法国发明家约瑟夫·尼塞福尔·涅普斯(Joseph Nicéphore Nièpce)在感光材料上制作了世界上第一张照片，用了8个小时的曝光时间。1826年，他又在涂有感光性沥青的镀银铜板上拍摄了一张照片。至此，影像暗箱已经发展演化为照相机。从1829年开始，涅普斯与法国摄影师路易斯·雅克·曼德·达盖尔(Louis Jacques Mandé Daguerre)合作，研究照相机的工艺改进。1833年涅普斯去世后达盖尔继续进行实验。1837年，达盖尔发现水银蒸汽可以将曝光时间从8小时缩短到30分钟，由此发明了一种实用的摄影技术，叫作达盖尔摄影术(银版摄影术)，并于1939年公布于众，达盖尔也被公认为是照相机的发明者。之后，照相机又经历了多次技术改进，性能和功能逐步完善。

在照相机之后，人们又发明了可以连续拍摄的摄影机。1845年，英国物理学家弗朗西斯·罗纳德斯(Francis Ronalds)为了记录科学仪器的变化，发明了一种可以连续拍摄的照相机，这可以说是摄影机的始祖。1882年，法国的艾蒂安-朱尔·马雷(Étienne-Jules Marey)发明了一种时序摄影枪，首次使用了金属快门，可以实现每秒拍摄12张图像，后来经过改进可以实现每秒拍摄60张图像。马雷也被认为是现代摄影技术的先驱。1891年，爱迪生的雇员威廉·肯尼迪·劳里·迪克森(William Kennedy Laurie Dickson)发明了一种摄影机，它由电机驱动，采用棘轮装置带动胶卷快速移动，是第一个可用于高速摄影的实用系统。1894年，法国的卢米埃尔兄弟(Auguste Lumière, Louis Lumière)也推出了自己的摄影机。1895年12月28日，卢米埃尔兄弟在巴黎卡普辛大街14号大咖啡馆的地下室第一次向公众放映了自己拍摄的影片《工厂大门》《火车到站》等。这一天被认为是电影的诞生日，卢米埃尔兄弟因此被誉为现代电影之父。

(二)光电转换材料的发现

照相机和摄影机通过胶片等感光材料可以将影像记录下来，观看时再通过洗印技术或放映设备将影像呈现出来。然而，人们更希望能够像声音广播那样实时地将影像传送出去并在接收端复现出来。无线电技术的发展以及声音广播的成功让人们意识到，可以利用电波或电流来传送影像信息，但前提是要找到可以在光和电之间相互转换的材料以及有效的转换方法。

1817年，瑞典化学家永斯·雅各布·贝采利乌斯(Jöns Jacob Berzelius)和约翰·戈特利布·甘恩(Johan Gottlieb Gahn)发现了硒元素。硒是一种半导体材料，后来在光电子学、半导体学等领域得到广泛应用。1866年，英国电子工程师威洛比·史密斯(Willoughby Smith)为了测试水下电缆的性能，选择硒棒作为高电阻的半导体材料。在测试过程中，史密斯发现，在强光照射下，硒棒的电导率会明显增加，这一现象后来被称为光电效应。史密斯在1873年2月20日的《自然》杂志上发表的一篇文章中描述了这一现象。随后的几年，光电池问世了。1905年，德国物理学家爱因斯坦提出了光子假设，成功解释了光电效应的本质。他认为，光是由粒子(即光子)组成的，这些粒子具有能量。当光子撞击金属表面时，会将能量传递给金属中的电子，使电子逸出金属表面，形成电流。对于半导体而言，当光子撞击其表面时，半导体材料的电导率会发生变化。光电效应从理论上证明了用电信号传送影像的可能性。

光电转换材料完成了从光到电的转换，可以使光学影像变成电信号并传送出去。而在接收端需要将电信号再转换成光的影像呈现出来，因此还需要有能够将电信号转换成光信号的材料。实际上，早在15世纪前后，人们就发现了荧光现象和磷光现象。19世纪中叶，法国实验物理学家亚历山大·埃德蒙·贝克勒尔(Alexandre Edmond Becquerel)对荧光物质的发光现象进行了系统研究，发现荧光物质被紫外线激发后会产生可见光。后来的研究又发现，荧光物质具有阴极射线发光特性，即在高速电子轰击下可以发出可见光。对这一现象的解释是：当高速电子轰击荧光物质表面时，物质内部的电子被激发，从价带跃迁至导带，这些跃迁通常伴随着电子和空穴对的生成和复合，从而产生光子，形成可见光。

三、机械扫描电视的出现

电视要传送的是活动图像，活动图像的传送比声音复杂得多。声音信号只随时间变化，可以看成是一维变量的函数，所以声—电转换时只需将按时间变化的声音信号转换成同样按时间变化的电信号即可。而图像信号是多维变量的函数，图像中的光信号不仅随时间变化，还随空间位置变化。也就是说，图像上不同位置的光信号在不同时刻都可能发生变化。因此，对图像进行光电转换和信号传送时，需要先在空间上将图像分解成一个个像素进行光电转换，然后再按一定规律将每个像素的电信号传送出去。这样一来，对于每个独立的像素而言，其空间位置固定，光信号就只随时间变化了。这就是电视系统中非常重要的环节：图像扫描。

机械扫描电视也被简称为机械电视，是指在摄像端依靠机械扫描装置对外界景物的光图像进行扫描并产生视频信号，在接收端通过类似的机械扫描装置重现出景物光图像的电视系统。

(一)尼普科夫圆盘的发明

早期的图像扫描采用的都是机械方式。最早的机械扫描技术出现在19世纪的传真机中。1843年至1846年期间，苏格兰发明家亚历山大·贝恩(Alexander Bain)在实验室研发了一种传真机。他用一个时钟控制两个钟摆的运动，实现收发两端的同步；在绝缘材料制成的圆筒上安装金属引脚，然后用一个能传输开关脉冲的电探针扫描圆筒上的金属引脚，用电线完成信号的传输。在接收端，信息被复制在一张经过化学溶液处理的具有电化学敏感性的纸上。1851年，英国物理学家弗雷德里克·贝克韦尔(Frederick Bakewell)对贝恩的设计进行了改进，并在当年的伦敦世界博览会上展示了一台实验室的样机。1856年，意大利发明家乔瓦尼·卡塞利(Giovanni Caselli)开发并投入使用了第一个实用的传真系统，该系统利用电报线路传输信号。

传真机传送的是静止图片，不是活动影像，其扫描及信号传送机制无法直接用于电视。1884年，德国发明家保罗·戈特利布·尼普科夫(Paul Gottlieb Nipkow)发明了一种后来被称为“尼普科夫圆盘”的图像扫描装置。尼普科夫圆盘可由坚硬的材料如金属、塑料或纸板制成，圆盘上以螺旋线形式排列有一圈等间距、等直径的小孔，从圆盘中心区域向外排列到圆盘边缘。当圆盘旋转时，孔的轨迹呈环形，环的内径和外径取决于每个孔在圆盘上的位置，环的厚度等于每个孔的直径，如图1–19所示。

尼普科夫圆盘的工作原理如下：在摄像端，摄像镜头将其前方景物的图像投射到旋转的圆盘上，景物图像的光穿过圆盘上的小孔后进入感光器件，如光电池或光电管，感光器件将光信号转换为相应的电信号，通过线路传送出去。圆盘由电机驱动匀速旋转，每个小孔经过图像时相当于在图像上扫描了一行，孔的个数就是扫描行数，这样一来，就将图像按顺序分解成了若干行。当圆盘旋转一圈后，一幅空间图像就被转换成按时间顺序传送的电信号，不同时刻电信号的大小对应于图像不同位置上光的强弱。

在显示端，用接收到的图像电信号控制一个光源，如氖灯，使光源的亮度随电信号的大小等比例变化。在光源前方有一个与摄像端同样的圆盘，且与摄像端圆盘以相同速度和相同方向同步旋转。当圆盘上的每个小孔经过光源时，就会重现出图像的一行内容。当圆盘旋转一周后，一幅图像的完整内容就都重现出来了。因为人类视觉有暂留特性，所以当圆盘旋转速度足够快时，人眼并不会感觉图像是一行一行出现的，而是感觉看到了完整图像。更重要的是，对于运动画面还可以呈现出运动的连续感。

尼普科夫圆盘为机械扫描电视的发明奠定了基础，在电视的初期发展阶段起到了重要作用。在20世纪20年代和30年代，有数百个电视台用尼普科夫圆盘进行电视广播试验。不过，尼普科夫圆盘在分辨率和图像质量方面难以提高，后来逐渐被电子扫描取代。

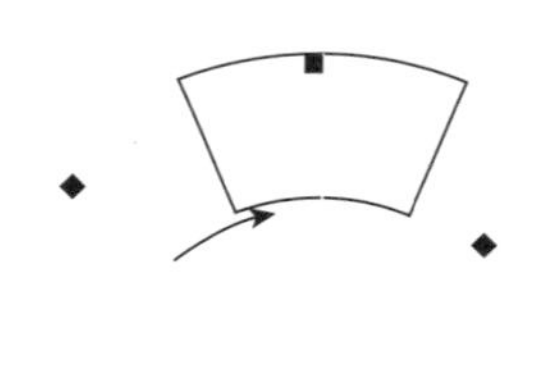

图1–19 尼普科夫圆盘上的孔所描绘的圆形路径示意图[①]

(二)机械扫描电视的出现

由于缺乏有效的信号放大设备，尼普科夫圆盘在发明之初并没有得到实质性的应用，直到1906年李·德·福雷斯特发明的真空三极管解决了信号放大问题之后，尼普科夫圆盘在电视的研发中才开始真正发挥作用。

1925年3月25日，苏格兰发明家约翰·洛吉·贝尔德(John Logie Baird)使用尼普科夫圆盘制作了一套机械扫描电视系统原型(如图1–20)，并在伦敦的塞尔弗里奇百货公司公开演示了这套系统传输的活动影像效果。由于这套系统还比较简陋，无法较好地显示出对比度较低的人脸图像，所以他选择了一个口技师玩偶作为拍摄对象，因为玩偶的脸经过彩绘后具有更高的对比度，可以获得更好的显示效果。1926年1月26日，贝尔德用改进后的系统向皇家科学院的研究人员演示了通过无线电传输的活动人脸图像。系统在摄像和显示环节都使用了尼普科夫圆盘来完成图像扫描。在发送端，被拍摄的物体置于旋转的尼普科夫圆盘前方，圆盘上装有透镜。被摄物体反射的光被硫化铊光电池转换为等比例的电信号，即视频信号。视频信号经过调幅后以无线电波的形式传送到接收端。在接收端，有一个与发送端同步旋转的尼普科夫圆盘，圆盘后面安装有一个氖灯。经解调得到的视频信号施加到氖灯上，用以控制氖灯的亮度，使其与视频信号的大小等比例变化，因而也就与被摄图像上每一点的亮度等比例变化。圆盘上的每个小孔经过光源时，就会重现出一条图像扫描线。贝尔德使用的圆盘有30个小孔，所以产生的图像只有30条扫描线，不过刚好可以重现出可辨识的人脸，如图1–21所示。圆盘的扫描速度是每秒5张图像。这次演示引起了极大轰动，被认为是世界上第一次面向公众的电视演示。

图1–20 贝尔德和他1925年制作的机械扫描电视系统原型[②]

① Nipkow disk［EB/OL］.［2024–07–22］. https://encyclopedia.thefreedictionary.com/Nipkow+disk.

② John Logie Baird［EB/OL］.［2024–07–22］. https://encyclopedia.thefreedictionary.com/John+Logie+Baird.

图1-21　贝尔德在1926年用其机械扫描系统传输的活动人脸图像[1]

1927年，贝尔德在相距438英里的伦敦和格拉斯哥之间用电话线传输了电视图像，此时的扫描速度已经可以达到每秒12.5张图像了。1928年，贝尔德又研制成功了机械扫描方式的彩色电视和立体电视。同年，贝尔德成立了“贝尔德电视发展有限公司”，这是世界上最早的电视广播公司之一，该公司于1928年实现了从伦敦到纽约的首次跨太平洋电视传输。从1929年开始，贝尔德用自己的30线机械扫描电视系统播出电视节目，通过BBC的发射机发射。1936年，贝尔德的机械电视系统在BBC的电视广播中达到了240行扫描线的峰值。需要说明的是，贝尔德的机械电视系统并没有直接扫描电视转播的场景，而是拍摄17.5毫米胶片，快速显影，然后在胶片仍处于湿润状态时进行扫描。

除了贝尔德之外，还有很多科学家也在进行电视的研究工作。美国发明家查尔斯·弗朗西斯·詹金斯(Charles Francis Jenkins)在1913年发表了一篇关于“无线电影”的文章。1925年，詹金斯使用尼普科夫圆盘，利用48行扫描线的透镜圆盘扫描器，将一个运动中的玩具风车的剪影图像从马里兰州的一个海军无线电台传输到他在华盛顿特区的实验室，距离达5英里。

贝尔实验室的赫伯特·E.艾夫斯(Herbert E. Ives)和弗兰克·格雷(Frank Gray)在1927年4月7日展示了一种机械电视系统，其接收机有小屏幕和大屏幕两种类型，小屏幕为2英寸×2.5英寸(约5厘米×6厘米)，大屏幕为24英寸×30英寸(约61厘米×76厘米)。这两种接收机设备都能复现出相当准确的单色运动图像。除了图像，这些设备还接收到同步的声音。该系统通过两条路径传输电视信号。第一条路径是从华盛顿到纽约的铜线传输，第二条路径是从新泽西州的威帕尼到纽约市的无线电连接。从观看效果上看，两种传输方式的质量没有差异。扫描用的圆盘有50个小孔，以每秒18帧的速度旋转，大约每56毫秒传输1帧图像。这在当时来说应该是传输画质最好的机械电视系统。

与此同时，苏联物理学家莱昂·特雷明(Léon Theremin)也一直在开发一种基于镜鼓的机械电视。该系统的分辨率在1925年只有16行，后来逐步增加，到1927年分辨率已经达到了100行。

对于机械电视而言，图像的分辨率取决于旋转圆盘上小孔的数量。要增加小孔数量就需增加圆盘直径，而超过一定直径的圆盘又不实用，所以机械电视的图像分辨率相对较低。另外，机械电视系统需要大量管线和电缆，移动起来很不方便。随着阴极射线管(cathode ray tube，CRT)等电子技术的发展，机械电视逐步被全电子电视取代。

四、全电子电视的诞生

在机械扫描电视发展的同时，另一种基于阴极射线管的全电子电视也在同步发展，而且后来取代了机械扫描电视。全电子电视是指在摄像端和显示端都使用电子方式完成扫描和光电转换，完全不依赖机械装置。

(一)阴极射线管的发明

阴极射线管是一种特殊的真空电子管，曾广泛应用于各类图像显示设备，如电视机、计算机显示器、示波器等。因此，阴极射线管通常也被称为显像管。

阴极射线管的结构如图1-22所示。管体通常由密封的玻璃构成，管内有电子枪和荧光屏，管外有偏转线圈。电子枪是一种电极结构，由灯丝、阴极、控制栅极、加速极、聚焦极、阳极等构成。工作时，灯丝加热使阴极发射出电子，电子在加速极、聚焦极、阳极等电极的作用下，聚焦成很细的电子束，并以极高的速度轰击荧光屏，使荧光屏上的荧光粉颗粒发光，且发光强度与电子束能量成正比。发送

① John Logie Baird [EB/OL]. [2024-07-22]. https: //encyclopedia.thefreedictionary.com/John+Logie+Baird.

端传来的电视图像信号加在CRT的控制栅极(或阴极),使电子束的强弱随图像信号的大小而变化。同时,在偏转磁场的控制下,电子束从上到下一行一行地扫描整个荧光屏,而且扫描过程与摄像端完全同步。于是,对应于某个特定时刻的图像信号,电子束会撞击在荧光屏的某个特定位置上,并且在这一位置上荧光粉的发光亮度也正比于此时此刻图像信号的大小。这样一来,就把不同时刻的图像信号大小转换成荧光屏上不同位置的光的亮度大小,在完成时间—空间转换的同时,实现了电光转换。尽管一幅图像并不是同时出现在荧光屏上,而是一点一点出现的,但由于人眼的视觉暂留现象以及发光材料的余晖效应,只要扫描速度足够快,则屏幕上依次出现的亮点就会在人的视觉上构成一幅完整的画面。

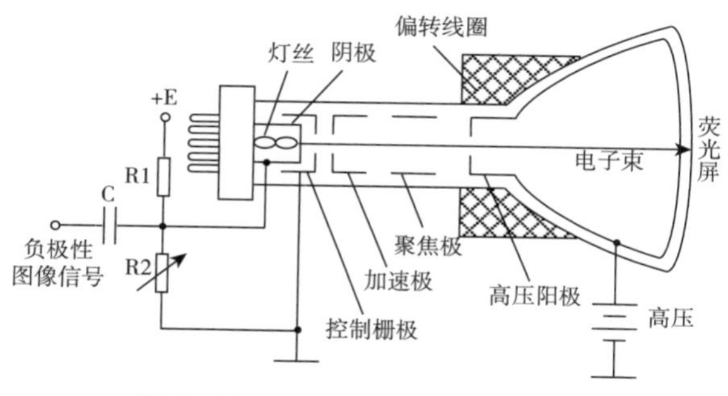

图1-22　CRT显像管结构示意图

CRT的历史可追溯到1857年。这一年,德国玻璃吹制师和物理学家海因里希·盖斯勒(Heinrich Geissler)制作了一种低压气体放电管,用于进行放电实验,这种管子后来被称为盖斯勒管。1869年至1876年期间,英国化学和物理学家威廉·克鲁克斯(William Crookes)等人在盖斯勒管的基础上制成了克鲁克斯管。克鲁克斯管由一个密封的玻璃管制成,管内有稀薄气体,管子两端各放置一个金属电极,即阴极和阳极。克鲁克斯等人发现,当在两个电极之间施加高电压时,就会有一种未知的射线从阴极以直线方式投射出来。当这些射线撞击管子玻璃壁时会产生荧光,而当射线被某些物体遮挡时,会在玻璃壁上投射出阴影。另外,这种射线还可以被电场和磁场偏转。1876年,德国物理学家尤金·戈尔茨坦(Eugen Goldstein)将这种射线命名为阴极射线。1897年,英国物理学家约瑟夫·约翰·汤姆逊(Joseph John Thomson)成功地测量了阴极射线的电荷质量比,表明它们是由比原子还小的带负电的粒子组成。这是首次发现的亚原子粒子,后来被称为电子。汤姆逊因此获得了1906年的诺贝尔物理学奖。

1897年,德国物理学家卡尔·费迪南德·布劳恩(Karl Ferdinand Braun)在克鲁克斯管的基础上增加了荧光屏,研制成了最早的CRT管,称为布劳恩管,如图1-23所示。布劳恩用这种管子作为交流电的可视化装置,实际上就是首个示波器的原型。布劳恩管的结构与克鲁克斯管基本一致,在管子两端分别放置了负电极和正电极,也就是阴极和阳极。管子侧壁分别固定有一对平行的金属板偏转电极,可以使电子束发生偏转。与克鲁克斯管最大的不同是,布劳恩管在管子的阳极端放置了涂有荧光粉的荧光屏,阴极发出的电子束撞击荧光屏时,会在撞击位置产生光点。当偏转电极的电压发生变化时,电子束就会随之发生偏转,从而在荧光屏的不同位置上产生光点。

最初的布劳恩管只有一对偏转电极,只能让电子束在一个方向上偏转,所以荧光屏上产生的扫描图像也只能是一条线。1898年,布劳恩的助手、德国物理学家乔纳森·阿道夫·威廉·泽内克(Jonathan Adolf Wilhelm Zenneck)对布劳恩管做了改进,将一对偏转电极改成了两对相互垂直的偏转电极,这样就可以给电子束提供水平和垂直两个方向的偏转力,从而在荧光屏上形成二维的扫描图像。

最初的布劳恩管是冷阴极管,也就是不对阴极进行加热,而是直接利用金属表面电子的“逃逸”现象,用高压电场将阴极“逃逸”出来的电子“吸”到阳极。1904年弗莱明发明真空二极管之后,真空二极管的热发射原理被应用到了阴极射线管中。第一个热阴极CRT是由美国电气工程师约翰·伯特兰·约翰逊(John Bertrand Johnson)和西部电气公司(Western Electric)的哈里·韦纳·温哈特(Harry Weiner Weinhart)开发的,并于1922年成为商业产品。热阴极CRT通常采用灯丝对阴极进行加热,使其达到一定的温度,从而使电子从阴极表面逸出。使用热阴极可以在较低的阳极电压下产生密度较高的电子束,从而可在荧光屏上撞击出更加明亮的图像。

此外，发明真空三极管的李·德·福雷斯特也对布劳恩管进行了改进，增加了聚焦电极和扫描电路等。另外，管子的真空度也得到了提高。最初的布劳恩管经改进之后已成为性能和功能都较为完备的CRT显示装置，成为实现全电子电视系统的重要基础。不过，由于CRT显示器的体积、重量、功耗等都比较大，从20世纪 90 年代末开始逐渐被液晶显示器(liquid crystal display，LCD)取代。

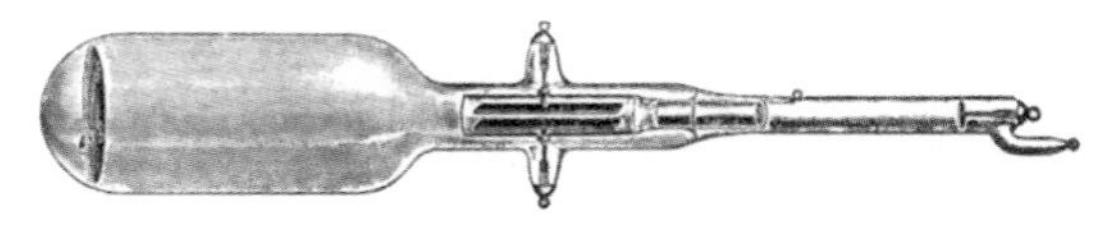

图1-23　布劳恩1897年研制的CRT管①

(二)全电子电视的诞生

全电子电视首先是从电视接收机的电子化开始的。布劳恩管发明后，很多人尝试将其用于电视接收机的图像显示，其中包括俄国科学家鲍里斯·罗辛(Boris Rosing)。罗辛是电子电视的先驱之一，当别人还在热衷于研发机械电视时，他已经意识到机械电视的缺点，因此他的研究目标是以电子化方式在CRT上显示图像。1902年，罗辛开始试验他的电子电视系统。该系统在摄像端使用尼普科夫圆盘完成扫描和光电转换，在显示端使用CRT完成图像显示。当时的机械扫描电视在摄像端都是采用硒光敏电阻完成光电转换，而硒光敏电阻对光的响应速度太慢，导致运动场景的拍摄效果很差。为了解决这一问题，罗辛将一块碱性金属放置于真空管中，制成了一种光电管，大大提高了光电转换的响应速度。1907年，罗辛为这一系统申请了专利。后来，罗辛又对CRT进行了改进，采用磁偏转线圈来控制电子束的扫描，并于1911年申请了专利。

1926年12月25日，日本工程师高柳健次郎(Kenjiro Takayanagi)在日本滨松工业高中演示了一个40行分辨率的电视系统，该系统在摄像端使用尼普科夫圆盘完成扫描，在显示端使用CRT实现图像显示。该电视系统的原型机目前仍在日本静冈大学滨松校区的高柳纪念博物馆展出，见图1-24。1927年，他将分辨率提高到了100行。作为电子电视的先驱之一，高柳健次郎被誉为日本的电视之父。

图1-24　高柳健次郎的电视系统演示②

罗辛和高柳健次郎的电视系统在显示端实现了电子化，但摄像端依然需要尼普科夫圆盘这种机械扫描装置，因此并不是真正意义上的全电子电视系统。实际上，早在1903年，英国皇家学会院士艾伦·阿奇博尔德·坎贝尔·斯文顿(Alan Archibald Campbell Swinton)就开始尝试使用阴极射线管进行图像的发送和接收。1908年，在写给《自然》杂志的一封信中，他描述了一种在摄像端和显示端都使用CRT的全电子电视系统方案。1911年，他在伦敦发表的一次演讲中进一步描述了这个方案。当时虽然已经有人利用CRT在显示端进行图像显示，但还没有人用CRT实现摄像端的图像发送。坎贝尔·斯文顿的方案是在摄像端将光图像投射到涂有硒的金属板上，利用硒的电阻随光照强度的变化而变化的特性实现光电转换。1914年前后，坎贝尔·斯文顿和同伴一起试验了这套方案，但效果并不理想，原因之一是硒光敏材料的感光灵敏度较低，导致输出信号非常微弱。1924年，匈牙利工程师卡尔曼·泰汉伊(Kálmán Tihanyi)发现了电荷存储原理，解决了这一问题。1926年，泰汉伊提出了一种全电子电视系统方案，其中在摄像端的光电转换中使用了电荷存储技术，该技术可在每一个扫描周期内积累和存储电子。电荷存储原理至今仍是设计电视成像设备的基本原则。

第一次成功实现全电子电视系统演示的是美国发明家菲罗·泰勒·法恩斯沃斯(Philo Taylor Farnsworth)。法恩斯沃斯早在高中时就想出了一种全电子电视系统的实现方法，他把自己的想法告诉了高中科学老师，并在黑板上用草图画出了系统实现方案。1927年，法恩斯沃斯发明了一种析像管(image dissector)并申请了专利。析像管的外形如图

① Cathode-ray tube[EB/OL].[2024-07-22]. https://encyclopedia.thefreedictionary.com/Cathode-ray+tube.

② Kenjiro Takayanagi[EB/OL].[2024-07-22]. https://encyclopedia.thefreedictionary.com/Kenjiro+Takayanagi.

1–25所示，这是一种利用CRT实现扫描和光电转换的电子式摄像管。析像管的工作原理是，景物的光图像投射到真空管中的光电阴极，使得光电阴极辐射出电子，形成一幅正比于光照强度的“电子图像”。“电子图像”在偏转磁场的作用下周期性地进行水平和垂直偏转；同时，电子通过孔径很小的扫描孔到达阳极，由阳极输出电流，电流的大小对应于图像相应区域亮度的强弱。1927年9月7日，法恩斯沃斯的全电子电视系统取得了关键进展，他用自己设计的析像管传输了第一张图像——一条简单的直线。后来，法恩斯沃斯对这一系统进行了改进，并于1928年9月3日首次面向新闻记者进行了公开演示，这也被认为是第一次全电子电视系统的演示。1929年，法恩斯沃斯对系统进行了进一步改进，去掉了电动发电机，使整个系统不再有机械部件。这一年法恩斯沃斯用他研制的电视系统首次传送了活动的人像，活动人像中包括他的妻子艾尔玛。

析像管没有“电荷存储”特性，而且光电阴极发射的绝大多数电子都被扫描孔排除在外，只有少量电子通过扫描孔到达阳极，因此产生的电流较小，管子的感光灵敏度较低。

图1–25 法恩斯沃斯发明的析像管①

另一位对全电子电视作出重大贡献的是俄裔美国科学家弗拉基米尔·K. 兹沃里金(Vladimir K. Zworykin)。在圣彼得堡技术学院就读期间，兹沃里金是俄国电子电视先驱鲍里斯·罗辛教授的学生，曾协助罗辛教授开展电视系统的实验工作。在美国西屋电器公司工作期间，兹沃里金开始研究全电子电视系统。他将研究成果总结形成两个专利，名称均为“电视系统”，分别于1923年和1925年提出申请。第一个专利于1928年获得授权。第二个专利在1931年被分成两个专利，分别于1935年和1938年获得授权。上述专利中所描述的电视系统在摄像端和显示端都使用了阴极射线管，是一种全电子电视系统实现方案。尽管该方案在理论上可行，但在实际演示中并没有取得成功。在1925年的一次演示中，显示的图像很暗，对比度很低，清晰度也比较差，而且图像是静止的。

1929年，通过对阴极射线管进行改进，兹沃里金设计了一种新的电视接收机，他将其命名为电视显像管(kinescope)，并在1929年12月研发出原型样机。随后兹沃里金离开美国西屋电器公司，入职美国无线电公司，负责电视技术的研发。这一阶段兹沃里金最重要的工作之一就是研发电视摄像设备。1930年，兹沃里金团队决定研发一种基于卡尔曼·泰汉伊的电荷存储原理的新型阴极射线管。1931年10月，实验取得成功，管子的感光灵敏度比法恩斯沃斯的图像解析管高很多。兹沃里金将这种装置命名为光电摄像管(iconoscope)，其电路框图如图1–26所示。1935年，这种光电摄像管被引入德国，经过改进，成功应用在1936年的柏林奥运会上。图1–27是兹沃里金与他研发的部分摄像管。

与此同时，法恩斯沃斯也发明了一种非常独特的“倍增器”设备，它克服了析像管的低灵敏度问题。法恩斯沃斯于1930年开始研究该设备，并于1931年进行了演示。这种管子对信号的放大倍数可达60次方或更高。不过，倍增器的最大缺点是损耗速度较快。

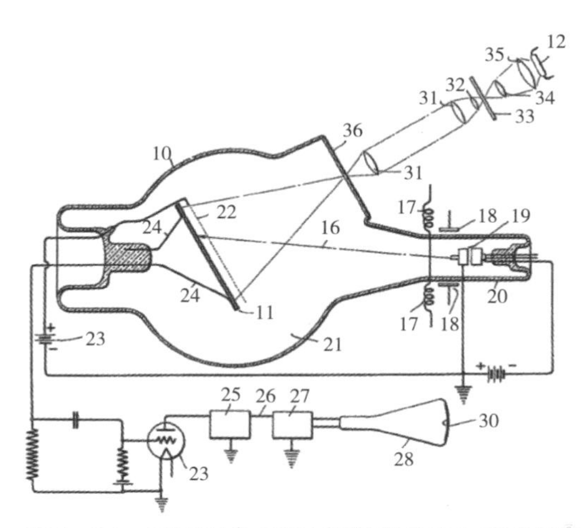

图1–26 兹沃里金1931年发明的光电摄像管②

① Image dissector [EB/OL]. [2024–07–22]. https://encyclopedia.thefreedictionary.com/Image+dissector.

② Vladimir K. Zworykin [EB/OL]. [2024–07–22]. https://encyclopedia.thefreedictionary.com/Zworykin.

图1-27　兹沃里金和他研发的部分摄像管①

此后，全电子电视技术逐渐成熟并开始用于实际的电视广播业务。在1931年8月的柏林广播展上，德国应用物理学家曼弗雷德·冯·阿登纳(Manfred von Ardenne)公开演示了使用CRT进行摄像和显示的电视系统。不过，阿登纳并没有研发出自己的摄像机，而是使用CRT作为飞点扫描仪来扫描幻灯片和胶片。1934年8月25日，法恩斯沃斯在费城富兰克林研究所首次公开展示了使用实时摄像机的全电子电视系统。在英国，由百代唱片公司(Electrical And Musical Industries. Ltd，EMI)艾萨克·舒恩伯格(Isaac Shoenberg)领导的团队于1932年研发出一种被称为"Emitron"的光电摄像管，这是专为BBC设计的电视摄像设备。1936年11月，BBC在其亚历山德拉宫(Alexandra Palace)的演播室开始使用"Emitron"设备开展405行扫描线的全电子电视广播服务。在随后的一段短暂时间内，这套全电子电视系统和贝尔德的机械电视系统交替使用，但全电子系统表现出更可靠、更优异的性能，因此很快就完全取代了机械电视系统。

五、电视广播的早期发展

在20世纪20至30年代，随着摄像技术和显示技术的突破，很多国家都陆续开始了电视广播业务，其中最具代表性的有英国、美国、德国、法国、苏联等国家。正当电视广播进入起步和发展阶段的时候，第二次世界大战爆发，这给新生的电视广播事业带来重创。在"二战"期间，大部分国家的电视广播都处于停播或停滞状态，一直到"二战"结束后，电视广播才开始恢复并得到快速发展。

(一)英国电视广播的早期发展

英国是最早开展电视广播的国家之一。自从1926年贝尔德演示了用无线电传输活动的人脸图像之后，电视就引起了人们的极大兴趣。从1929年9月开始，BBC开始试播电视节目。播出的节目由贝尔德电视发展有限公司制作，通过BBC的无线电发射机传输。贝尔德使用的是机械扫描电视系统，扫描线为30行，播出的是无声节目。1930年，BBC使用了新的双发射机，可以同时播出电视图像和伴音。1930年7月，第一部英国电视剧《嘴里含着花的人》播出。1932年，BBC用贝尔德的系统转播了英国传统的"德比"赛马活动。1932年8月22日，BBC推出了自己的定期电视服务，仍然使用贝尔德的30行机械扫描系统，这一状态一直持续到1935年9月11日。由于扫描线只有30行，所以图像清晰度较低。为了提高清晰度，贝尔德对系统进行了改进，到1936年时，扫描线已经可以达到240行了。

1934年5月，英国政府成立了一个委员会，该委员会的任务是调查论证建立公共电视服务的可行性，并就提供这种服务的条件提出建议。该委员会的报告于次年1月作为政府白皮书发布。根据白皮书的建议，电视系统的清晰度不应少于240行扫描线，每秒至少传送25张图片。随着这份报告的发布，低清晰度电视时代宣告结束。根据该委员会的提议，BBC需要在接下来的一段时间内选择两种新的高清晰度电视系统(即贝尔德的240行系统和EMI的405行系统)进行交替广播，以便对比两种系统的性能，直到确定哪一种更好为止。1936年11月2日，BBC在伦敦郊外的亚历山德拉宫播出了一场规模盛大的歌舞，这一天也被认为是世界电视广播的诞生之日。在最初的播出中，BBC轮流使用贝尔德和EMI的系统，但贝尔德的机械电视系统很快就显露出笨重、简陋、容易出故障的缺点。1937年2月，BBC最终决定停止使用贝尔德的机械电视系统。从1936年至1939年，BBC平均每天播出4个小时，有1.2万到1.5万名接收者，在一些餐厅或酒吧里常常聚集着100多名观众观看体育赛事。

BBC播出的电视节目非常正规，节目类型也很丰富，有游戏、音乐、戏剧、拳击和表演等，还有各种户外活动的转播。1937年5月，BBC转播了乔治六世国王和伊丽莎白女王的加冕典礼，这是第一次

① Vladimir K. Zworykin［EB/OL］.［2024-07-22］. https://encyclopedia.thefreedictionary.com/Zworykin.

对外广播。1938年9月30日，BBC播出了英国首相张伯伦从慕尼黑谈判归来的新闻，节目名称为《我们时代的和平》。这次直播由三架摄像机拍摄，信号用电缆传回亚历山德拉宫，实时播出。这是世界上第一次实况转播的新闻报道。

1939年9月1日，第二次世界大战爆发，BBC随即中断了正在播出的米老鼠动画片，开始了长达7年的停播，一直到1946年才恢复播出。战争对英国电视广播的发展打击较重，战前英国的电视广播遥遥领先于其他国家，但战后已不再处于领先地位。

(二)美国电视广播的早期发展

美国很早就开始了机械电视的试验播出。1927年，通用电气公司(General Electric Company，GE)在纽约附近的斯克内克塔迪市(Schenectady)建立了一座实验电视台，于1928年1月采用机械电视系统开始试播节目，呼号为W2XCW。播出图像的帧率为20帧/秒，扫描线为24行。9月11日，该电视台播出了第一部情节剧《女王的信使》，其中声音信号由通用电气公司自己的广播电台播出，图像信号由实验电视台播出。拍摄时使用了3台摄像机，但3台摄像机都不动，只拍摄特写镜头。该电视台通常被认为是WRGB的直接前身。1928年晚些时候，通用电气公司在纽约市建立了第二个实验电视台，呼号为W2XBS，也就是今天的WNBC。这两个电视台都是实验性质的，没有固定的节目。

1929年3月，美国无线电公司在纽约市通过W2XBS台开始了每天的实验性电视广播。采用60行扫描系统，传输内容包括图片、标志、人和物体等。实验性播出一直持续到1931年。

1931年4月26日，通用广播公司(General Broadcasting System，GBS)的WGBS电视台和W2XCR电视台在纽约市开始定期播出电视节目，并在第五大道和五十四街的伊奥利安大厅举行了特别的演示。成千上万的人等着一睹百老汇明星们的风采，他们会出现在6英寸(15厘米)见方的屏幕上。

1931年7月21日，哥伦比亚广播公司(Columbia Broadcasting System，CBS)的纽约电视台W2XAB开始播出他们第一个每周7天的定期电视节目，使用60行机械扫描系统。第一次播出的节目嘉宾包括市长吉米·沃克(Jimmy Walker)、博斯韦尔姐妹(the Boswell Sisters)、凯特·史密斯(Kate Smith)和乔治·格什温(George Gershwin)。该服务于1933年2月结束。1931年12月，唐李广播公司(Don Lee Broadcasting)位于洛杉矶的W6XAO电视台开播。除了星期日和节假日之外，W6XAO每天定期播出胶片影像。

到了1935年，除了少数由公立大学经营的电视台之外，低清晰度的机械电视广播在美国已基本停止。美国联邦通信委员会认为电视处于不断变化和发展中，没有制定统一的技术标准，因此美国所有的电视台都只获得了实验性和非商业性的许可证，这阻碍了电视经济的发展。此外，法恩斯沃斯1934年8月在费城富兰克林研究所演示的全电子电视系统也指出了电视的未来发展方向。

1936年6月15日，唐李广播公司在洛杉矶的W6XAO(后来的KTSL，现在的KCBS-TV)上开始了为期1个月的“高清晰度”(240行扫描线)电视播出，使用的是电影胶片的300行图像。从1934年开始，美国无线电公司将图像清晰度提高到了343条隔行扫描线，帧率提高到每秒30帧。1936年7月7日，美国无线电公司及其子公司美国全国广播公司(National Broadcasting Company，NBC)在纽约市向其授权用户展示了343行扫描线的电子电视直播和电影片段，并于11月6日向新闻界进行了首次公开演示。1938年4月，纽约和洛杉矶开始了定期的电子电视广播。1939年4月30日，NBC转播了1939年纽约世界博览会的开幕式。

1937年，美国无线电公司将清晰度提高到了441行，并建议FCC将其定为标准。到了1939年6月，纽约和洛杉矶已经有了定期播出的441行电子电视广播。11月，通用电气公司在斯克内克塔迪的电视台也可提供同样的电子电视广播。1939年5月到12月，美国无线电公司通过纽约市的W2XBS台每月播出20~58小时的节目，在每周的周三到周日播出。其中新闻节目占33%，戏剧节目占29%，教育节目占17%。到1939年年底，美国约有2 000台接收机，5 000到8 000人收看。

美国联邦通信委员会于1941年5月2日采用了NTSC电视工程标准，要求垂直分解力为525行，每秒30帧，隔行扫描，声音通过调频方式传输。联邦通信委员会认为电视已经做好了商业许可的准备，1941年7月1日，第一批商业电视许可证颁发给了纽约的NBC和CBS旗下的电视台，这也就意味着电视台可以播放广告了。

美国加入第二次世界大战后，联邦通信委员会将商业电视台的最低广播时间从每周15小时减少到4小时。大多数电视台暂停播出。在最初的10家电视台中，只有6家在战争期间继续运营。1942年时，美国约有5 000台电视机投入使用，但从1942年4月到1945年8月，民用新电视、收音机和其他广播设备的生产基本停止。

"二战"结束之后，美国的电视广播发展迅速，从战争期间的6家电视台猛增到1946年的108家。由于申请电视台执照的数量超过了可用的电视频道，1948年，联邦通信委员会不得不暂停审批工作，一直到1952年4月才恢复。随后，美国的电视广播迅速崛起，在全球率先走向繁荣。

(三)德国电视广播的早期发展

德国从1929年开始出现机械扫描电视广播，但直到1934年才有声音。正式开始播出定期节目的时间是1935年3月22日。传输的图像来自中间片胶片摄影机获取的胶片影像，或尼普科夫圆盘摄像机拍摄的图像。1936年1月15日，光电摄像管开始投入使用。1936年8月在柏林夏季奥运会期间，使用光电摄像管摄像机和中间片胶片摄影机进行了转播。1937年2月，德国有了441行扫描线的电视广播系统，并在第二次世界大战期间将其带到法国，通过埃菲尔铁塔上的发射机发射。

第二次世界大战结束后，战胜国全面禁止德国的所有声音广播和电视广播。不过，以新闻为目的的无线电广播很快又被允许了，但是电视广播直到1948年才被允许恢复。

德国战后被分为东、西两个部分。东部的民主德国于1955年开办电视广播。西部的联邦德国在英国、美国、法国等国的监督下，于1952年开始电视广播。

(四)法国电视广播的早期发展

1929年11月，伯纳德·纳坦(Bernard Natan)成立了法国第一家电视公司。1931年4月14日，雷内·巴特尔米(René Barthélemy)用30行扫描线标准进行了第一次电视传输。1931年12月6日，亨利·德·弗朗斯(Henri de France)创建了CGT(Compagnie Générale de Télévision)公司。1932年12月，巴特尔米进行了一个实验性的节目播出，每周一小时，从1933年初开始逐渐变成每天播放。

法国的第一个官方电视频道出现在1935年2月13日，这一天被认为是法国电视广播的诞生之日。节目从晚上8点15分到8点30分，采用60行扫描线。11月10日，邮政部部长乔治·曼德尔(George Mandel)在埃菲尔铁塔的发射机上举行了首次180线广播的揭幕仪式。从1937年1月4日起，节目播出时间固定在工作日的上午和晚上各半个小时，周日下午的半个小时。1938年7月，法国规定了为期3年的455行扫描线标准。1939年，法国全国大约只有200到300台个人电视机。

同年，法国加入第二次世界大战，广播停止，埃菲尔铁塔的发射机遭到破坏。1940年9月3日，法国电视台被德国军队占领。德国国家邮政和无线电发射部签署了一项恢复广播服务的融资协议。巴黎电视(Fernsehsender Paris)开始在科涅克·杰街播出，一直持续到1944年8月16日。其中使用的大部分设备安装在士兵医院。播出的节目通过巴黎埃菲尔铁塔上的发射机发射出去。令纳粹没有想到的是，发射的信号被英国南部海岸的英国皇家空军和英国广播公司的工程师接收了下来，他们直接从屏幕上拍摄了车站识别图像。

1944年，雷内·巴特尔米开发了819行电视系统。在被纳粹占领的岁月里，雷内·巴特尔米研究出了1 015行，甚至1 042行的电视系统。1944年10月1日，电视服务在巴黎解放后得以恢复。1945年10月，经过维修，埃菲尔铁塔的发射机重新投入使用。1948年11月20日，弗朗索瓦·密特朗(François Mitterrand)颁布了819行的电视标准。1949年年底，法国电视开始执行这一标准。

(五)苏联电视广播的早期发展

苏联于1931年10月31日开始在莫斯科进行机械扫描电视的实验播出，图像扫描线为30行，于1932年开始商业化生产电视机。

1935年初在列宁格勒(圣彼得堡)创建了第一个180行、25帧/秒的电子电视系统。1937年9月，实验性质的列宁格勒电视中心(Leningrad TV Center，OLTC)投入使用，使用240行、25帧/秒的逐行扫描。

1937年3月9日，在莫斯科，使用RCA制造的设备进行了电子电视的实验传输，1938年12月31日开始定期广播。人们很快意识到，这种格式提供的343行分辨率从长远来看是不够的，因此在1940年苏联制定了441行、25帧/秒的隔行扫描规范。

卫国战争期间，电视广播停播。1944年，当战争仍在激烈进行时，一种新的电视格式出现了，这种格式提供625行的垂直分解力，最终被接受为国家标准。

1948年11月4日，莫斯科开始了625行格式的传输，1949年6月16日开始定期播出。该格式是黑白电视广播的基本参数。其中，帧的行数设置为625行，帧速率设置为25帧/秒，隔行扫描，视频带宽设置为6MHz。这些基本参数被大多数拥有50赫兹交流电频率的国家所接受，并成为PAL制和SECAM制电视系统的基础。

本节执笔人：史萍

第二章

声音广播技术的发展

第一节 | 概述

声音广播的诞生与发展凝聚着人类智慧的结晶。在声音广播诞生之前，人们对电磁现象及无线电技术进行了不懈的追求和探索。奥斯特和法拉第发现了电磁感应现象，法拉第提出了场的概念，为电磁场理论奠定了基础；麦克斯韦建立了电磁场理论，并预言了电磁波的存在；赫兹用实验证实了电磁波的存在，为后人开启了无线电技术的新纪元；马可尼、波波夫、特斯拉等人在无线电技术领域的探索为无线电应用打开了大门。这一切都为声音广播的诞生提供了理论基础和技术方法。1906年12月24日，费森登成功完成了一次实验性无线电声音广播，拉开了声音广播的序幕。1920年11月2日，KDKA电台的正式播出，标志着声音广播正式登上历史舞台。从此以后，无线电声音广播技术得到快速发展，广播电台如雨后春笋般在世界各国普及。

声音广播的诞生距今已有100多年的历史，其发展过程大致可以分为三个阶段：初创及发展阶段、普及阶段和数字化阶段。

一、初创及发展阶段

从20世纪20年代到40年代，无线电声音广播经历了从初创到快速发展的过程。20世纪20年代是初创阶段。自1920年美国KDKA电台正式播出后，许多国家相继建立了无线电广播电台。加拿大几乎与美国同时创办了广播电台，苏联莫斯科中央广播电台、法国国营电台、英国广播公司于1922年先后开始播音。德国于1923年、意大利于1924年、日本于1925年也相继建立了广播电台。中国境内最早的广播电台出现在1923年，由美国人创办。1926年，中国出现了第一家由国人自办的广播电台。至20世纪20年代末，北美和欧洲的主要国家大多有了自己的声音广播，亚洲和拉丁美洲也有一些电台出现。不过，这个时期的广播电台规模较小，设备简陋，发射功率较低，以对内广播(国内广播)为主。

20世纪30~40年代是声音广播的大发展阶段。这一阶段声音广播在新闻传播、舆论宣传等方面的功能日益凸显，各国政府对广播电台都非常重视，公众也将其作为获得国内外信息的重要途径。欧洲、北美洲、大洋洲以及拉丁美洲的广播事业得到快速发展，亚洲、非洲部分不发达国家的电台也开始增多。此外，从20世纪20年代末开始，出于对外宣传和政治外交的需要，部分国家开始发展对外广播，也就是国际广播。荷兰率先于1927年开始对其殖民地进行广播，随后是美国(1929)、苏联(1929)、法国(1931)、英国(1932)、德国(1933)、意大利(1935)、日本(1935)等国家。早期的对外广播大多使用本国语言，受众也以本国侨民为主。后来增加了播出语种，受众范围大大增加，成为真正意义上的对外广播。

第二次世界大战期间，无线电声音广播在对内对外宣传中发挥了重要作用。苏、美、英等国同德、意、日法西斯国家展开了激烈的“电波战”(广播战)。这无形中促进了声音广播的发展。据资料统计，第二次世界大战爆发前后，世界上共有广播电台1 200多座，收音机4 000多万台，有25个国家开办了对外广播。到了20世纪40年代末，声音广播已经发展成为第一个电子大众媒介，垄断了“无线电波”，并与报纸、杂志和电影一起，定义了整整一代人的大众文化。

这一阶段声音广播的技术特征之一是电子管收音机的发明。无线电声音广播和收音机是一对孪生兄弟。没有无线电声音广播，收音机不可能出现；没有收音机，无线电声音广播的作用也难以发挥。在声音广播的早期，收听方式主要是矿石收音机。但矿石收音机接收性能比较差，没有放大功能，只能在信号较强的环境下工作，听众只能通过耳机收听。这在一定程度上制约了声音广播的普及和发展。1906年电子管被发明之后，其放大作用引起人们重视。到了20世纪20年代，市场上出现了电子管收音机。相较于矿石收音机，电子管收音机使用方便且音质浑厚。另外，由于采用了再生电路和超外差电路技术，电子管收音机的灵敏度和选择性都大大提升。不过，电子管收音机刚出现时需要使用两组直流电源供电，一组作灯丝电源，一组作阳极电源，而且耗电较大，用不了多长时间就需要更换电池，因此收音机的使用成本较高。直到1930年前后发明了使用交流电源的收音机之后，电子管收音机才开始大量走进人们的家庭。

这一阶段声音广播的技术特征之二是调幅技术的应用。调幅(amplitude modulation，AM)是一种利用载波幅度进行信号传输的技术，开始于20世纪初的实验性无线电传输。到了20世纪20年代，随着真空电子管发射机和接收机的出现，传播范围更广的调幅广播才真正建立起来。20世纪20年代至40年代，调幅广播一直是占主导地位的广播方式。

二、普及阶段

20世纪50年代至80年代是声音广播的普及阶段。“二战”结束之后，亚洲、非洲、拉丁美洲地区大批新独立的国家纷纷兴办广播，为巩固民族独立、发展经济文化服务。欧洲和北美洲发达国家的广播事业继续发展，一方面向城乡各个角落普及，另一方面电台又分门别类日趋专门化。到了20世纪50年代，几乎每个国家都有自己的广播系统。1955年，北美、西欧和东亚的日本几乎每个家庭都有了收音机。1985年，只有欧洲的圣马力诺、列支敦士登尚未建立本国的广播电台。全世界约有收音机16.5亿台，平均每3人1台。

这一阶段声音广播的技术特征之一是出现了晶体管收音机。1947年，美国贝尔实验室的肖克莱、巴丁和布拉顿研制成功世界上第一个晶体管。1954年，美国里吉西(Regency)公司生产出第一台便携式晶体管收音机，只需用标准的22.5V电池供电。1960年日本索尼公司推出了一种晶体管收音机，小到可以放进背心的口袋里。德国、苏联、荷兰等国都相继开始研制和大规模生产晶体管收音机。在后续的20多年里，晶体管收音机几乎完全取代了电子管收音机。我国在20世纪50年代末也开始研制晶体管收音机，并在70年代达到生产高潮。晶体管收音机以其耗电少、不需交流电源、小巧玲珑、使用方便而赢得人们的喜爱，逐渐在市场上占据了主导地位，并成为最普及和廉价的电子产品。可以说，晶体管收音机出现之后，声音广播才走入千家万户，实现了真正的普及。

这一阶段声音广播的技术特征之二是调频广播开始普及。调频是一种利用载波频率进行信号传输的技术。美国工程师阿姆斯特朗于1933年发明了宽带调频技术，随后在新泽西州建立了第一个调频广播电台。相较于调幅广播而言，调频广播具有较高的抗干扰能力，可实现高保真广播，能够更准确地再现原始节目的声音。从20世纪60年代开始，随着调频接收技术的发展，以及调频立体声的出现，调频广播开始快速发展并普及。到了20世纪80年代，调频广播已经成为主导的广播媒体。

三、数字化阶段

20世纪90年代开始，随着数字技术的发展，声音广播技术也开始由模拟方式向数字方式过渡，部分国家陆续推出数字声音广播系统。欧洲部分国家于20世纪90年代中期率先推出数字音频广播系统，即DAB(digital audio broadcasting)系统。DAB系统工作频段为30MHz以上，既适合于固定接收，也适合于便携式接收和移动接收，能提供CD质量的音频信号和大量数据业务，还可以采用地面、电缆及卫星进行覆盖。目前，除了欧洲之外，DAB在世界其他一些国家和地区也得到了一定的发展，例如在加拿大、新加坡和我国的香港、台湾等都得到了应用。

继DAB之后，又出现了数字调幅广播，即DRM(digital radio mondiale)。DRM是一个世界性的数字AM广播组织，法国国际广播电台、法国广播公司、英国广播公司国际部、德国之声、美国之音等都是DRM的成员。DRM的目标是共同开发30MHz以下的数字声音广播(后来扩展到30MHz以上的频段)，提出统一的世界AM数字系统设计模型，推进数字AM广播在世界范围内实施。DRM可以继续保持模拟调幅广播的优点，但同时又具有数字广播特有的优势，因此可使古老的调幅波段焕发新的活力。

此外，美国从20世纪90年代开始开发一种新的数字声音广播系统，称为IBOC(in-band on channel，带内同频道)，其目标是对模拟调幅广播和模拟调频广播进行数字化改造。以便能够在现有的AM和FM广播频段上提供高保真的数字声音广播与数据业务。IBOC系统包括AM-IBOC和FM-IBOC两部分，分别用于调幅波段和调频波段。后来，为了与数字电视广播中的高清晰度电视HDTV相对应，它们分别更名为AM HD Radio和FM HD Radio，统称为HD Radio，即高清无线广播。

韩国于2005年推出了数字多媒体广播系统，即DMB(digital multimedia broadcasting)系统。DMB是从DAB技术演化而来的一种数字无线传输技术，它充分利用了DAB的技术优势，在功能上又进行了扩展，将传输单一的音频信息扩展为可传输数据、文字、图形、视频等多种信息。目前，DMB在韩国以外的国家，如德国、法国、中国等，也进行了商业运行或实验广播。

声音广播从20世纪20年代诞生之后，经历了调幅广播、调频广播、数字声音广播等不同发展阶段。如果将调幅广播、调频广播看成是第一代和第二代广播技术，则数字声音广播可看成是第三代广播技术。相较于调幅和调频广播，数字声音广播具有明显优势，这些优势使其成为现代广播技术的重要发展方向。

本节执笔人：史萍

第二节｜调幅广播

一、调幅广播的基本概念

在无线电声音广播中，调制是最重要的技术之一。调制是指将要传送的信号(称为调制信号)以某种形式加载到高频交变电流(称为载波)上，再通过天线以电磁波的形式发射出去。对于声音广播而言，要传送的是由声音信号转换而来的音频信号。音频信号的频率较低，只有将其加载到高频载波上才能用尺寸适宜的天线进行有效的电磁辐射。另外，通过调制可以将各路音频节目信号在频谱上间隔开，实现多路传输的目的。

调制有调幅、调频等多种方式。调幅是指将要传送的信号作为调制信号去控制载波的振幅，使其按照调制信号的规律变化。调幅后的载波称为调幅波。在接收端通过对调幅波的幅度变化进行检测，就可以把调制信号检取出来，这个过程称为解调或检波。

调幅广播是一种以调幅方式对音频信号进行无线电传输的模拟声音广播类型。调幅广播系统由发送端和接收端构成。发送端即通常所说的广播发射台，主要设备包括调幅发射机、天馈线系统及附属设备等。其主要工作原理为：调幅发射机对音频信号进行处理放大后，将其作为调制信号对高频载波的振幅进行调制，以其振幅的变化对应调制信号的变化，得到调幅波。调幅波经馈线系统传输到天线，由天线将其转变成无线电波发射出去。接收端即通常所说的收音机，其主要工作原理为：接收天线将无线电波转换成高频电流信号，经过调谐回路、混频和中频放大等处理后进行解调(检波)，恢复原始的音频信号，最终由扬声器转换成声音信号。

调幅波有一个重要参数，即调幅度。调幅度反映了载波振幅被调制信号调制的程度，通常以百分数表示。调幅度最小为零，相当于没有音频信号调制的情况，发射出去的只是载波；调幅度最大为100%，相当于载波幅度已经完全被用来传送调制信号。调幅度大于100%称为过调幅。过调幅会造成信号失真，在一般情况下是不允许出现这种情况的。

调幅波的频带宽度是调制信号最高频率的两倍。根据相关规定，调幅广播每套节目占用的射频带宽为10kHz(或9kHz)，因此所传送音频信号的最高频率只有5kHz(或4.5kHz)。

调幅广播的工作频段为150kHz~30MHz，跨越长波、中波、短波波段，因此调幅广播又被称为30MHz以下的广播。根据国际电联的规定，长波波段的频率范围是148.5kHz~283.5kHz，发射频率间隔是9kHz。长波波段只对国际电联1区(欧洲、非洲、北亚、中东地区等)进行了分配，其他地区没有分配。对于中波波段，国际电联1区和3区(亚太地区、大洋洲等)的频率范围为526.5kHz~1606.5kHz，发射频率间隔为9kHz；国际电联2区(南美洲、北美洲等)的频率范围为525kHz~1705kHz，发射频率间隔为10kHz。短波波段的频率范围是2.3MHz~26.1MHz，分为14个广播频段，发射频率间隔为10kHz(采用双边带传输时)或5kHz(采用单边带传输时)。

长波波段在早期的实验广播中使用较多，目前已很少使用。中波波段白天主要靠地波传播，质量比较稳定，主要服务于城市间平原地区。夜间地波、天波同时存在，天波依靠电离层反射的方式传播，传播距离较远。短波波段的频率较高，地波衰减很快，因此主要靠天波传播，传播距离可达几千甚至上万公里，主要用于对边远地区和对境外广播。由于电离层稳定性差、干扰大，因此短波广播信号质量较差。

二、调幅广播技术的发展历程

调幅是无线电声音广播中最早使用的一种调制方法。调幅广播的核心技术是调幅发射技术，其历史可追溯到早期用于无线电报的火花隙发射机，如图2–1所示。火花隙发射机使用不同长度的载波脉冲来表示莫尔斯电码的文本信息。然而，火花隙发射机并不适合传输音频信号，这是因为音频信号是连续的，需要有连续的载波来完成幅度调制，而火花隙发射机只能产生短暂、不连续的脉冲。

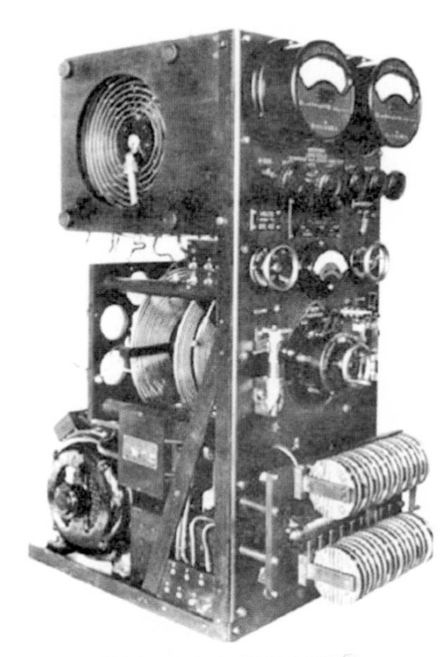

图2–1 火花隙发射机[①]

在20世纪初，出生于加拿大的发明家雷金纳德·奥布里·费森登意识到这一问题，开始着手研究产生连续波的方法。经过大量实验，费森登发明了一种利用交流发电机来产生连续波的发射机(见图2–2)，并在1906年的平安夜用该发射机完成了世界上第一次无线电声音广播。同一时期，丹麦工程师瓦尔德马尔·波尔森(Valdemar Poulsen)也在研究同样的问题。1903年，波尔森发明了一种电弧发射机(也称电弧变换器或波尔森电弧)，通过在磁场中产生持续高频振荡电弧而产生连续波，如图2–3所示。相较于交流发电机发射机，电弧发射机的体积要紧凑得多，而且可以在更高的发射频率上运行。在电子管发射机出现之前，电弧发射机是最主要的调幅发射机。然而，不论是交流发电机发射机还是电弧发射机，都存在一个问题，即没有任何对电流进行放大的手段，调制通常是通过直接插入天线导线的麦克风来完成的。这样一来，就不得不对发射机的功率进行限制，因为太高的功率会导致麦克风过热。

① Tracing the development of the AM broadcast transmitter [EB/OL]. [2024–07–22]. http://theradiohistorian.org/transmitters/transmitters.html.

图2-2　费森登1906安装在马萨诸塞州布兰特岩的交流发电机发射机[①]

图2-3　波尔森的电弧发射机[②]

1915年前后，随着真空电子管技术的发展，电子管发射机开始登上历史舞台，图2-4是李·德·福雷斯特于1914年建造的第一个商用调幅真空电子管广播发射机。埃德温·霍华德·阿姆斯特朗和亚历山大·迈斯纳于1912年发明了电子管反馈振荡器，可以很方便地产生连续波，并且很容易被音频信号调制。另外，电子管可以用来放大电流，因此在电子管发射机中，调制可以在最后的放大管之前应用于信号，而不必在输出端的天线中进行，因此麦克风或其他音频源不必处理高功率带来的过热问题。电子管发射机也能提供高质量的调幅信号，并且可以在比交流发电机发射机和电弧发射机更高的发射频率上工作。到了20世纪20年代，随着电子管发射机和接收机的发展，大规模的调幅广播才得以真正建立起来。

图2-4　李·德·福雷斯特于1914年建造的第一个商用调幅真空电子管广播发射机[③]

早期的电子管发射机采用的是板极调制(plate modulation, PM)技术，简称板调。板调通过用音频信号改变高频功率放大器电子管的板极电压来实现调幅。由于电子管放大状态通常工作在乙类，因此也称为乙类板调。乙类板调的缺点是需要较大的调幅功率，因此需要使用大功率电子管以及大型的调幅变压器和调幅阻流圈等，造成设备价格昂贵且体积庞大。另外，调制过程中容易出现多种失真现象，如线性失真、非线性失真等，而且整机效率也不高。

到了20世纪70年代，调幅技术有了新发展，出现了脉冲宽度调制(pulse duration modulation, PDM)技术，简称脉宽调制。脉宽调制是在板极调制的基础上开发出的一种调幅技术，其主要特点是将音频信号变成一系列用脉冲宽度表示音频信息的矩形脉冲波，经若干级开关放大器放大到所需功率电平，然后利用低通滤波器把脉冲波还原为音频电压，再用还原后的音频电压对射频末级进行板极调幅。由于采用丁类开关放大器代替了乙类板调中的音频放大器，因此发射机的整机效率高于乙类板调发射机；另外，脉宽调制发射机中没有调幅变压器、调幅阻流圈等大体积器件，因此整机体积也大大减小。此外，工作在开关状态下的晶体管和电子管，其使用寿命可以大大延长，因此提高了发射机的可靠性。不过，脉宽调制后的矩形脉冲波频谱很宽，由于低通滤波器滤波不佳引起的残波辐射会干扰邻近电台的广播，因此残波辐射量便成为脉宽调

①② Tracing the development of the AM broadcast transmitter [EB/OL]. [2024-07-22]. http://theradiohistorian.org/transmitters/transmitters.html.

③ History of radio [EB/OL]. [2024-07-22]. https://encyclopedia.thefreedictionary.com/History+of+radio.

制发射机的一项特殊指标。

20世纪80年代初，出现了另一种新的调制技术：脉冲阶梯调制(pulse step modulation，PSM)。脉冲阶梯调制是一种对音频调制信号进行放大处理的新方法。与脉宽调制中将音频信号转换成矩形脉冲波不同，在脉冲阶梯调制中，模拟音频信号被转换成数字信号，利用数字处理技术将其输出叠加成一种能反映音频信号变化规律的阶梯波形。随后，通过低通滤波器滤去阶梯波纹，最终形成直流叠加音频成分的高电压，送到射频末级进行板极调幅。脉冲阶梯调制几乎集中了各种类型的脉宽调制发射机的优点，在优质、高效、稳定、可靠等方面具有较多优势。再者，凡是脉宽调制发射机可以应用的新技术，脉冲阶梯调制发射机均可应用，而且还有新的优点和创新。

20世纪80年代中后期，出现了数字调幅(digital amplitude modulation，DAM)发射机，也称数字化发射机。由于不再使用真空电子管，而是全部使用晶体管等固态器件，因此也称全固态数字调幅发射机。在数字调幅发射机中，模拟音频信号被转换成数字信号并编码成控制信号，控制多个射频功率放大器的开和关，使放大器的瞬时开通数目随音频信号的强度变化而变化。射频功率放大器的输出电压组合在一起便形成了包络带有量化阶梯的调幅波，经带通滤波器后就得到了标准的调幅波波形。因此，采用数字调幅技术发送的音频信号依然可以使用传统的包络检波接收机进行接收。数字调幅发射机取消了高电平音频功率放大器，将高压整流器、调制器和射频功率放大器三者合为一体，并且所有射频功率放大器都采用丁类开关放大器，所以整机效率高于已有的其他调制方式发射机。另外，数字调幅发射机的量化噪声也远小于脉冲阶梯调制发射机，所以其失真度更小，音质更好。再者，由于射频系统、音频系统以及控制系统的所有电路都实现了晶体管化(即固态化)，器件工作在长寿命、低电压范围内，具有较高的安全可靠性。

除上述调制发射技术的不断改进之外，为了提高调幅广播的质量，拓展业务范围，还出现了单边带广播(single sideband broadcasting，SSB)、调幅立体声广播、调幅数据系统(amplitude modulation data system，AMDS)等。单边带广播是指在调幅广播的双边带频谱中，将载波大幅度抑制掉并只传送一个边带，其目的是解决短波频谱过度占用导致的传输质量下降问题。1987年，世界无线电行政大会(World Administrative Radio Conference，WARC)曾规定，从1991年起至2015年止，短波广播要逐步过滤到单边带制。但由于已有发射设备的改造费用过高、接收机价格昂贵等原因，这一规定并没有得到大范围实施。调幅立体声广播是指将单声道变为双声道立体声。20世纪70年代末，美国曾制定调幅立体声广播相关标准，但由于质量提高有限，难以和调频广播竞争，所以在全世界范围内并没有得到普及和发展。调幅数据系统是指调幅广播发射机在传送正常的声音广播节目的同时，兼容传送附加的数据信息。该技术起源于20世纪60年代，但由于数据率太低，除部分国家进行过实验广播之外，在全世界并没有得到实际的应用。

调幅广播开创了一种全新的信息传播和娱乐方式，对人类文明发展、文化交流以及社会进步等都产生了深远影响，在广播发展史上具有里程碑意义。20世纪20~40年代，调幅广播经历了从初创到快速发展的过程，这一阶段也被称为声音广播的黄金时代，“听广播”成为当时家庭的主要娱乐方式。不过，从20世纪50年代开始，随着电视广播、调频广播、数字广播、互联网流媒体等的出现，调幅广播受到很大影响，听众数量开始大量萎缩，节目类型也有所减少。现在的调幅广播通常只播出新闻、谈话、体育、天气等节目，音乐类节目基本都转移到了收听效果更好的调频广播。

三、调幅广播的特点

相较于调频广播，调幅广播具有以下特点：

(1)覆盖范围广。调幅广播工作在30MHz以下的频段，这个频段的电波主要以天波或地波方式传播，不会由于山丘、建筑物等高大物体的遮挡而造成电波覆盖的“阴影区”，也不会出现由多径反射造成的信号失真，在发射功率足够大的情况下可以实现大范围覆盖，提供稳定的接收效果。

(2)接收设备简单。由于采用调幅方式，调幅波的波形包络准确反映了所传送的音频信号，因此接收机只需采用简单的包络检波器就可以实现对调幅波的解调，恢复音频信号。因而调幅收音机设备相对简单，成本较低，易于普及和使用。

(3) 易受干扰。在调幅广播中，音频信号是通过加载到载波的振幅上形成调幅波去传输的，而传输路径中存在很多幅度性干扰和噪声，这些干扰和噪声会直接影响调幅波的振幅变化，导致解调后的音频信号失真。尤其是短波广播，由于电离层的变化和频率选择性衰落，会严重影响传输质量。

(4) 音质较差。调幅广播每套节目仅占用10kHz(或9kHz) 的射频带宽，传送音频信号的最高频率只能达到5kHz(或4.5kHz)，而接收机的带宽实际上只有2.5kHz~4kHz(取决于接收机的质量等级)。要想增加接收机的带宽，就要以牺牲选择性为代价。另外调幅广播频谱资源紧缺，频道拥挤，同频或邻频干扰现象严重，造成收听效果不好，音质较差。

本节执笔人：史萍

第三节｜调频广播

一、调频广播的基本概念

调频是指将要传送的信号作为调制信号去控制载波的频率，使其按照调制信号的规律变化。调频后的载波称为调频波。在接收端对调频波的频率变化进行检测，就可以把调制信号检取出来，这个过程就是解调，对调频波的解调也称为鉴频。

调频广播是一种以调频方式对音频信号进行无线电传输的模拟声音广播类型。调频广播系统由发送端和接收端构成。发送端主要设备包括调频发射机、天馈线系统及附属设备等。其主要工作原理为：调频发射机对音频信号进行处理放大后，将其作为调制信号对高频载波的频率进行调制，以其频率的变化对应调制信号的变化，得到调频波。调频波经馈线系统传输到天线，由天线将其转变成无线电波发射出去。接收端的主要工作原理为：接收天线将无线电波转换成高频电流信号，经过调谐回路、混频、中频放大及限幅等处理后进行解调(鉴频)，恢复原始的音频信号，最终由扬声器转换成声音。

在调频广播中，为了改善音频信号高频端的信噪比，通常采用预加重技术。预加重技术包括预加重和去加重两部分。预加重是指发送端在调频之前先对音频信号的高频成分进行提升，去加重是指接收端对鉴频之后的音频信号的高频成分进行衰减。预加重特性必须与去加重特性呈反函数关系，这样才可以保证恢复的音频信号没有失真。由于接收端的去加重处理，使得高频端的噪声得到衰减，而高频端的音频信号则恢复到正常状态，这样一来就使高频端的信噪比得到改善。

调频波有两个重要参数，即频偏和调频指数。频偏是指调频波瞬时频率相对于载波频率的偏移，调频指数反映了载波的频率被调制信号调制的程度。调频波的带宽理论上为无穷大，但实际上只考虑有效带宽。有效带宽与音频信号的最高频率成正比，同时也与调频指数有关。当音频信号最高频率为15kHz，最大频偏为75kHz时，调频波的有效带宽为180kHz。

调频广播工作于超短波波段，位于甚高频(VHF)的波段Ⅱ。世界上不同地区的调频广播频段范围有所不同。欧洲、非洲、澳大利亚等地区或国家使用87.5MHz~108MHz的频段范围，美洲国家使用88MHz~108MHz，日本是76MHz~95MHz，我国使用的是87MHz~108MHz。调频波的最大频偏一般为75kHz，调频指数为5，一套调频广播单声道节目所占的带宽为200kHz，音频信号最高频率为15kHz。

由于调频广播工作于超短波波段，频率较高，传输时地波衰减很大，天波又会穿入电离层很深，以至穿出电离层而不被反射，因而只能靠干涉波方式传播，即空间直射波与地面反射波的叠加，也称视距(视线距离)传播，覆盖半径一般在80公里以内，主要用于城市及周边地区的广播覆盖。

二、调频广播技术的发展历程

调幅广播虽然覆盖范围广、设备简单，但易受干扰，收听效果较差。20世纪20年代中期，美国电子工程师埃德温·霍华德·阿姆斯特朗开始研究解决方案。他最初试图通过修改调幅传输的特性来解决这个问题，但没有成功。1928年，他开始研究频率调制方案，并于1933年发明了一种“宽带”调频技术。宽带调频中，载波的频偏要比音频信号的频率大很多，由此可实现更好的噪声抑制。

从1934年5月到1935年10月，阿姆斯特朗在纽约帝国大厦的85楼对其宽带调频系统进行现场测试，测试结果表明调频信号在噪声环境下仍然清晰，这说明调频波具有较强的抗噪能力。1935年11月6日，阿姆斯特朗在无线电工程师学会纽约分会上发表了一篇具有里程碑意义的论文《一种通过频率调制系统减少无线电信号干扰的方法》，会议论文集于1936年正式出版。1937年，阿姆斯特朗在新泽西州建立了第一个实验性调频广播电台W2XMN(即后来的KE2XCC)，该电台于1939年7月18日第一次对外播出。图2-5是该电台的实景照片，照片左上方是发射机的一部分，下方是1940年调频电台的分布图。这座电台的发射塔至今依然矗立在那里。

图2-5 阿姆斯特朗的实验性调频广播电台W2XMN①

为鼓励开展调频广播业务，美国联邦通信委员会1940年5月决定，从1941年1月1日开始，将42MHz~50MHz频段分配给调频广播，该频段可容纳40个频道，每个频道带宽为200kHz。1941年，调频广播出现了明显增长，截至当年3月，美国共有22家商业调频广播电台，另有70多家正在建设或等待美国联邦通信委员会的批准。美国联邦通信委员会意识到之前分配给调频广播的42MHz~50MHz频段范围太小，无法满足人们对调频电台的需求，于是不得不放缓甚至停止发放许可证。另外，随着珍珠港事件的爆发，美国开始全面参与第二次世界大战，战争期间调频广播的发展基本处于停滞状态。

“二战”结束后，调频广播并没有得到快速恢复，因为此时人们的兴趣开始转向电视。美国联邦通信委员会于1945年对调频广播频段进行了重新调整，将之前的42MHz~50MHz中的大部分频段分配给了电视广播，而调频广播的频段调整为88MHz~108MHz。这次调整对调频广播影响较大。一方面，相较于42MHz~50MHz频段，88MHz~108MHz的频率较高，电波传输距离较短，需要3倍的发射机功率才能达到与42MHz~50MHz频段相同的覆盖范围。另一方面，之前用于42MHz~50MHz频段的调频发射机和接收机已经无法使用，而广播机构和公众并没有太多兴趣购买新设备。尽管新的调频频段范围更宽，可容纳100个频道，同时也在一定程度上解决了对流层和偶发E层传播造成的信号相互干扰问题，却没有给调频广播的发展带来促进作用。到了20世纪50年代后期，调幅广播频道拥挤、相互干扰的问题使得接收条件日益恶化，这时调频广播的良好音质再次受到关注，调频广播开始出现发展势头。

20世纪50年代末，美国联邦通信委员会计划开展调频立体声广播业务。其通过对十几种方案的测试对比，最终于1961年4月确定将GE和Zenith的方案作为美国调频立体声广播标准，这一标准后来也被大部分国家采用。在制定立体声广播标准时，是否与单声道接收机兼容是一个重要考虑因素。所谓兼容，是指用普通单声道调频收音机也可以收听调频立体声广播节目，而用调频立体声收音机也可以收听普通单声道调频广播节目，当然这两种情况下收听到的都是单声道效果。为了实现兼容，调频立体声广播在发送端将立体声左(L)、右(R)两个声道的音频信号进行编码处理，得到和信号(L+R)与差信号(L−R)。其中差信号对38kHz的副载波进行调幅后与和信号相加，形成复合信号，复合信号经调频和功率放大等处理后送入发射天线。在接收端，首先对调频波进行鉴频。如果是立体声调频收音机，对鉴频后得到的复合信号进行处理，

① FM broadcasting[EB/OL].[2024-07-22]. https://encyclopedia.thefreedictionary.com/FM+broadcasting.

将和信号和差信号进行相加，即可恢复左声道和右声道的音频信号，得到立体声效果。对于单声道调频收音机，只对和信号进行处理，并得到单声道声音效果，因为和信号的频谱与单声道音频信号相同。

进入20世纪60年代后，调频广播进入快速发展阶段，特别是调频立体声广播的出现，进一步推动了公众对高保真音频的兴趣。到了1978年，调频广播的听众在北美已经超过了调幅广播，一些音乐电台基本上放弃了调幅而转向调频。到了20世纪80年代，几乎所有的新收音机都包含了调幅和调频两种调谐器，既可以接收调幅广播，也可以接收调频广播。这个时期是调频广播的黄金期，调频广播已经成为主导的广播媒体，特别是在城市，是固定和便携式家用或车载接收机的首选广播形式。

我国的调频广播技术起步较晚，但发展迅速。1959年元旦，北京开始试播调频广播。1979年，哈尔滨开始试播调频立体声广播。20世纪80年代中期，调频广播在全国普及。

为了充分利用调频广播频段中未被使用的频谱资源，在20世纪70年代左右，出现了调频多工广播技术。调频多工广播是指在正常调频节目播出的同时，利用频带内的空余频谱传送一个或多个不同内容的节目或信息。这种广播方式能经济有效地利用频率资源，而且在多民族和多语言的国家或地区可用两种以上的语言同时播出同一内容或不同内容的节目，以满足不同听众的需要。调频多工广播有双节目调频广播、立体声带附加节目调频广播、调频数据广播等类型。

20世纪80年代，又出现了调频同步广播技术。调频同步广播是指采用多部发射机、具有相衔接的覆盖区域、使用相同的载波频率和广播节目以实现特定区域覆盖的技术手段。调频同步广播可有效解决广播跨覆盖区域移动接收问题，可减少信号交叠区干扰，提高广播收听质量，同时还可节约频率资源。调频同步广播非常适合对城市的覆盖和对高速公路沿线的覆盖，是交通广播节目覆盖的一个主要手段。

三、调频广播的特点

相较于调幅广播，调频广播的特点如下：

(1) 抗干扰能力强，信噪比高。不论是调幅波还是调频波，在传输过程中都会受到很多幅度性噪声干扰。由于调频波的幅度与调制信号的大小无关，因此可以在接收端利用限幅器将幅度上的噪声消除掉，同时还不会影响调制信号。另外，调频波的调制指数一般都远大于1，且还采取了预加重和去加重技术，使得调频广播的信噪比得到进一步提高。

(2) 可实现高保真声音广播。调频广播工作于超短波波段，频谱资源相对宽裕，因此频道带宽较宽，一般单声道调频广播每个频道带宽为200kHz。这样一来，音频信号就可以保留更多的高频成分。目前，调频广播中音频信号的最高频率可达15kHz。因此，相较于调幅广播(音频信号最高频率只有4.5kHz或5kHz)，调频广播可传送更丰富的音频信息，可提供保真度更高的声音效果。

(3) 容易实现多工广播。调频广播的频段范围较宽，便于通过多路复用方式开展立体声广播、双节目广播、附加节目广播、数据广播等，既可以充分利用频谱资源，又可以提供多样化的广播服务。

(4) 覆盖范围有限，易出现多径失真。调频广播工作于超短波波段，由于超短波的传播特性是视距传播，不能像中波那样主要利用地波传播，也不能像短波那样利用天波传播，因此调频广播的覆盖范围受到很大的限制。另外，调频波在传播路径中容易受到地形、高大建筑物等的影响，出现各种反射或多次反射形成的多径传输，致使接收质量明显下降。为了保证传输质量，调频广播一般需要将发射天线(或接收天线)架设到比较高的位置。

(5) “门限”效应和寄生调频干扰。调频广播系统信噪比高的优点，只能在接收设备接收到的场强高于“门限”值时才能充分得到体现，而在低于“门限”值的接收条件下，信噪比将急剧下降。调制指数越大，“门限”值就越高，这就使得调频广播接收弱信号的能力比起调幅广播来说要差。另外，调频接收机虽然可以通过限幅器消除寄生调幅的干扰，但仍会受到寄生调频的干扰。寄生调频在一般环境中常常出现，如汽车发动机点火时产生的电磁波就可以产生寄生调频干扰，如不采取特殊措施，就会出现咔咔的干扰声，且当接收机越靠近汽车发动机时干扰越严重。

本节执笔人：史萍

第四节 | 数字声音广播

一、数字声音广播的基本概念

数字声音广播是指利用数字信号处理技术和数字传输方法实现的声音广播系统。它与调幅广播、调频广播等模拟声音广播有本质区别，是一种可提供高效、稳定且具有多种新功能的广播系统。

在数字声音广播系统中，音频信号以数字形式存在，经过信源编码、信道编码、数字调制等处理后，通过地面无线电波、卫星等特定信道传送到接收端。接收端对接收到的数字声音广播信号进行必要的处理和变换，最终还原出声音以及可能同时携带的数据、图像等信息。

数字声音广播本质上是一种数字通信系统，因此可以充分利用数字通信技术的优势，其中最主要的两个方面是信源编码和信道编码。信源编码是在发送端对要传送的数字信号进行压缩，去除其中的冗余部分。对于声音广播而言，就是去除音频信号中的冗余部分。在接收端对压缩后的信号进行解压缩即可恢复原信号。信源编码的目的是减少数据量，提高传输的有效性，同时节省信道的频谱资源，提高频谱利用率。

信道编码利用数字信号可进行数值计算的特点，在发送端对要传送的数字信号添加冗余信息，并使冗余信息与信号之间满足某种数学运算关系。接收端根据这种数学运算关系就可以检测并纠正传输过程中产生的差错。信道编码的目的是尽量减小信道噪声或干扰的影响，降低误码率，提高传输的可靠性。

二、数字声音广播技术的发展历程

20世纪80年代后期，随着数字技术的发展，声音广播技术开始由模拟方式向数字方式过渡。这一时期，调频广播虽然仍占据声音广播的主导地位，但作为一种模拟广播方式，其固有的弱点开始凸显出来，最大的问题是对多径干扰缺乏抵抗力。在移动接收情况下(如在运动的汽车中)，以及在密集的建筑群或山区中接收时，信号会受到很强的多径干扰和衰落，严重影响了收听效果。尽管人们采用了很多技术和方法来提高调频广播的质量，但成效有限，并不能彻底改变调频广播的固有弱点。另外，CD等数字存储介质的出现使人们体验到了高品质的音频效果，因而人们对声音广播质量的要求越来越高，现有的调频广播已无法满足人们追求高品质音频的需求。

数字声音广播正是在这一背景下诞生的。从20世纪90年代开始，陆续出现了数字音频广播DAB系统、数字多媒体广播DMB系统、数字调幅广播DRM系统、高清无线广播HD Radio系统等，声音广播开始进入数字时代。

(一)数字音频广播DAB系统

早在20世纪80年代初，德国无线电技术研究所(Institut für Rundfunktechnik，IRT)就开始对数字音频广播技术展开研究。1985年，在日内瓦召开的世界无线电行政大会上首次进行了DAB系统演示。后来，该项研究发展成为欧盟的一个研究项目，即EUREKA-147。DAB的目标是提供高质量、多节目的数字声音和数据广播服务，不仅适用于固定接收，而且适用于车载和使用简单鞭状天线的便携式接收。1990年，DAB系统确定了音频编码器、调制和纠错编码方案的选择，并进行了第一次试播。1994年，DAB方案被国际电信联盟(ITU)正式采纳为国际标准。随后，欧洲电信标准协会(European Telecommunications Standards Institute，ETSI)将其确立为欧洲标准，并于1995年2月正式对外发布(ETS 300401)。这一标准的确立是数字音频广播技术发展的重要里程碑，标志着该技术在欧洲及全球范围内的推广和应用进入了新的阶段。

DAB系统的工作频段是30MHz~3GHz，跨越了甚高频(very high frequency，VHF)和特高频(ultra high frequency，UHF)频段。DAB系统设计了多种传输模式，适应不同频率和覆盖需求，可应用于地面广播、卫星广播等多种场景。除了音频服务，DAB系统还能传输与节目相关的数据服务和独立数据服务，如电子报纸等。

DAB系统采用的音频编码方案是MPEG-1的Audio Layer 2，即MP2，通常也称为MUSICAM(掩蔽型自适应通用子频带综合编码与复用)，其单声道码率范围是8kbps~192kbps，允许在音频质量和服务稳健性之间进行灵活调整。通常情况下，可以把一套立体声节目的数据率由2×768kbps压缩到

2×96kbps，音质接近CD质量，听不出压缩后的节目与原版节目的差别。

DAB系统采用的信道编码方案是删除型卷积码(punctured convolutional coding)，这种编码方案可实现不等错误保护机制。也就是说，对音频比特流中那些容易因发生误码而使听觉质量下降的部分给予更多的保护。反之亦然。

DAB系统采用的调制方案是正交频分复用(orthogonal frequency division multiplexing，OFDM)技术。要传送的信息(数字音频及其他数据)经过音频编码、信道编码、交织、复用等处理后，送入OFDM进行子载波映射，即将信息分配到多个子载波(例如1 536个子载波，每个子载波相距1kHz)上传送。子载波的频谱之间呈正交关系，采用差分四相相移键控(differential quadrature phase shift keying，DQPSK)技术将信息调制到子载波上。所有已调子载波叠加在一起，就形成了OFDM基带信号，经上变频后形成“DAB频率块”，然后通过天线发射出去。一个“DAB频率块”通常可以传送6套CD质量的立体声节目和其他数据业务。

OFDM频域上的正交性使得各子载波能够并行传输，而不会产生相互干扰。另外，为了防止具有较大时延的多径传播信号在接收机中叠加时产生符号间干扰，OFDM将符号持续期增加了一个被称为“保护间隔”的时间长度。这样一来，只要到达接收机天线的多径信号之间的时延差不超过保护间隔，那么所有的多径信号(包括直达的、绕射的或由同步网中其他发射台传来的)都会增强接收信号，对总的接收信号做出有益的贡献。当然，当时延差远远超过保护间隔时，还是会出现符号间干扰，但这种量级的时延差比较罕见。

OFDM允许使用单频网(single frequency network，SFN)技术，即覆盖某一地区的所有发射机都在同一标称射频频道上同步发送同一套声音节目，即在同一频率块内同步运行。SFN技术要求所有发射机在频率和时间上都要同步，并且传输的比特流必须相同。在这种情况下，接收机会将来自不同发射机的信号看成是来自同一发射机的多径传输信号，只要信号的时延差在保护间隔内，不仅不会产生干扰，而且还可以相互补充，增强接收信号，提高传输的可靠性。

为了进一步提高传输效率，改善传输效果，WorldDAB在2006年11月推出了DAB的升级版本DAB+。DAB+的音频编码采用了MPEG-4HE AAC Plus(HE AAC-v2)。HE AAC-v2结合了先进音频编码(AAC)、频带复制(SBR)及参数立体声(PS)技术，相较于DAB使用的MP2，有着更高的压缩效率，在提供相同音频质量的前提下只需要三分之一的传输码率，效率大为提高。此外，DAB+还采用了MPEG环绕声音频格式和纠错能力更强的RS码(reed-solomon码)。DAB+也已被采纳为欧洲电信标准协会ETSI的标准(TS 102563)。由于DAB与DAB+不兼容，旧的DAB接收器无法接收DAB+广播。不过，2007年7月，一款新的DAB接收机被推出，用户可以通过固件升级接收新的DAB+节目。

最早开展DAB广播业务的是英国和瑞典，这两个国家于1995年9月开始播出DAB节目，紧随其后的还有挪威、德国、法国、丹麦等国家。目前，DAB已被欧洲、北非、南非、大洋洲、亚洲和中东地区的许多国家采纳，截止到21世纪20年代初，全世界有40多个国家或地区开展了DAB广播业务，其中大多数都是DAB+。我国与欧盟合作，于1996年在广东的广州、佛山和中山建起了中国第一个DAB先导网，开展了实验广播。于1999年在北京、天津、廊坊地区建立了DAB单频网，并于2000年正式开通。北京人民广播电台于2005年4月开始试播DAB。2006年5月10日，国家广播电影电视总局发布了我国的数字音频广播标准：GY/T 214-2006《30MHz~3 000MHz地面数字音频广播系统技术规范》，从2006年6月1日起执行。

(二)数字多媒体广播DMB系统

DAB和DAB+系统只能传输音频和数据业务，不能传输视频业务。为此，韩国于2005年推出了一种数字多媒体广播系统，即DMB系统。该系统在DAB基础上增加了视频传输功能，采用MPEG-4AVC和WMV9作为视频编解码方案。该系统可以通过卫星或地面传输方式向移动设备(如移动电话、笔记本电脑和GPS导航系统等)发送视频、音频和数据等多媒体业务。

DMB包括S-DMB和T-DMB两种主要模式。S-DMB(satellite-DMB，卫星数字多媒体广播)是指通过卫星传输DMB业务，其工作频段是2 170MHz~2 200MHz，属于S波段。S-DMB可在15MHz内以

128kbps的速率传输大约18个频道。2005年5月1日，韩国成为世界上第一个开通S-DMB服务的国家，服务提供商是韩国电信的子公司TU Media，其通过用户订购方式提供服务。S-DMB的视频业务包含约20个频道，内容包括新闻、体育、电影、动画、戏剧、教育等节目类型。音频业务包含约13个频道，在AAC编码、数据率为128kbps时，音质接近CD质量。另外还有2个按次付费频道。

T-DMB(terrestrial-DMB，地面数字多媒体广播)是指通过地面无线方式传输DMB业务，其工作频段位于VHF的波段Ⅲ和UHF的波段Ⅴ。韩国于2005年12月1日开通了T-DMB服务，服务由7个电视频道、12个广播频道和8个数据频道组成。T-DMB服务在韩国是免费提供的，但仅限于选定地区。目前，T-DMB已被ETSI采纳为欧洲标准(TS 102427和TS 102428)。国际电信联盟于2007年12月14日正式批准T-DMB为国际标准。

此外，韩国于2013年还推出了Smart DMB(智能DMB)。Smart DMB只有视频点播业务，提供的视频分辨率从240p提高到了480p。从2013年开始，韩国很多智能手机都内置了Smart DMB模块。另外，韩国从2016年8月推出HD DMB(高清DMB)。HD DMB使用HEVC编解码器，视频分辨率从240p提高到720p。目前，韩国首尔市内有6个HD DMB广播电台。

DMB系统在韩国应用较多。挪威、德国、法国、墨西哥、荷兰、印度、加拿大、马来西亚等国家也在进行DMB实验播出或正式播出。

(三)数字调幅广播DRM系统

调幅广播是最早出现的声音广播类型，采用的是模拟调幅技术，其固有缺点是容易受噪声影响，传输质量较差。另外，调幅广播频带较窄，导致音频传送的信息量不足，音质较差。不过，调幅广播工作在30MHz以下的频段，在传输覆盖方面有天然优势，而且经过长期发展，已拥有了数量众多的发射机和接收机。为了有效解决模拟调幅广播存在的问题，并充分利用调幅广播的频谱资源和已有的设备资源，研究人员提出了调幅广播的数字化方案，由此诞生了数字调幅广播。

数字调幅广播是指在调幅广播频段内，采用数字调幅技术实现传输覆盖的声音广播系统。在数字调幅广播研究过程中，曾出现过多种不同的方案，其中技术成熟度较高的是德国电信公司的数字音乐之波DMW系统和法国Thomcast公司的天波2000系统。前者采用单载波调制技术，发射机效率高，但接收机较复杂；后者采用多载波调制技术，抗干扰能力强，但发射机效率比单载波低。二者虽有各自的优点和缺点，但都已达到实用程度，具有相近的传输能力和传输质量。

为了在全世界范围内建立统一的数字调幅广播标准，以便进行统一的频率规划和分配，1996年11月27日在巴黎召开了一次大规模会议，出席会议的有广播机构、网络运营商、研究机构、芯片制造商、发射机和接收机制造商等。会议决定发起成立一个世界范围的数字调幅广播组织，即DRM(Digital Radio Mondiale，mondiale是意大利语和法语中“全世界”的意思)联盟，图2-6是DRM的官方图标。1998年，经过一系列筹备工作之后，DRM联盟在中国广州正式成立，并成为国际电信联盟广播分部的成员。随后，DRM联盟向国际电信联盟提交了DRM系统标准建议书，并于2001年获得批准(Rec. ITU-R BS.1514)。同一年，欧洲电信标准协会公布了DRM系统规范。

图2-6 DRM官方图标[①]

DRM工作在30MHz以下的频段，因此也被称为DRM30。DRM30可提供与调频广播相当的音质，而且还可实现远距离传播。DRM30根据不同的频道和传输条件可选用不同的传输模式。当使用10kHz带宽时，DRM30的有用比特率范围是6.1kbps(模式D)至34.8kbps(模式A)；当使用20kHz带宽时，可实现高达72kbps(模式A)的比特率。当然，有用比特率还会受到纠错编码及调制方案等因素的影响。

DRM系统在最初设计时规定了3种不同的音频编码方案供选择，即MPEG-4 HE AAC、MPEG-4

① Digital Radio Mondiale(DRM)[EB/OL].[2024-07-22]. https://encyclopedia.thefreedictionary.com/Digital+Radio+Mondiale.

CELP、MPEG-4 HVXC。其中，后两种只适用于对语音信号压缩的参数编码器，压缩比特率较低。不过，随着MPEG-4 xHE-AAC的发展，DRM标准进行了更新，MPEG-4 CELP和MPEG-4 HVXC这两种语音编码方案被MPEG-4 xHE-AAC所取代。MPEG-4 xHE-AAC是一种统一的语音和音频编码方法，其设计目的是根据带宽限制将语音和一般音频编码的属性结合起来，因此能够处理各种音频节目类型。

DRM系统采用了编码正交频分复用(COFDM)技术，每个载波都用经过纠错编码的信息进行正交调幅(quadrature amplitude modulation，QAM)。其中纠错编码采用删除型卷积码，可根据不同信道条件、比特率要求等选择编码码率；载波的调制方案可从64-QAM、16-QAM和4-QAM中选择。OFDM的载波间隔、保护间隔等参数需要根据传输条件进行调整。载波间隔决定了系统对抗多普勒效应的鲁棒性，多普勒效应会引起频率偏移、扩散等；保护间隔决定了系统对抗多径传播的鲁棒性，多径传播会导致时延偏移、扩散等。DRM联盟通过对鲁棒性、传输条件以及有用比特率等多种因素的权衡，确定了与典型传输条件相对应的4种不同的配置文件。

虽然最初的DRM标准覆盖了30MHz以下的广播频段，但DRM联盟在2005年3月投票决定将工作频段扩展到甚高频频段。为了区别于之前30MHz以下的DRM，将扩展频段的DRM称为DRM+。DRM+能够使用30MHz~300MHz之间的可用广播频谱，覆盖了VHF的Ⅰ、Ⅱ、Ⅲ波段。DRM+既可以在波段Ⅲ与DAB共存，也可以使用现有的调频波段。更宽的频段范围意味着可以使用更高的比特率，从而提供更好的音质效果。2009年8月31日，欧洲电信标准协会发布了DRM+(模式E)技术规范，使其成为官方广播标准。目前，DRM+已在所有甚高频频段的测试中取得成功。

DRM系统的设计使其可以使用现有模拟发射机的一部分组件，如天线、馈线等。特别是对于DRM30系统，完全可以使用现有的模拟发射机。这样就可以大幅降低建设DRM发射台的成本。另外，编码和解码可以通过数字信号处理来完成，因此，使用一个廉价的嵌入式计算机与一个传统的发射机和接收机就可以完成相当复杂的编码和解码。作为一种数字媒体，DRM除了传输音频之外，还可以提供数据服务。DRM可以在多个不同的网络配置中运行，从传统的调幅广播单业务单发射机模式到多业务(最多4个)多发射机模式；可以用单频网(SFN)，也可以用多频网(MFN)。同一发射机可同时提供模拟调幅广播和DRM广播。另外，DRM还具备紧急警报功能，该功能可以覆盖其他业务，可以激活处于备用状态的接收机，使其接收紧急广播。

目前提供DRM服务的广播机构有全印度广播电台(All India Radio)、英国广播公司国际频道(BBC World Service)、西班牙对外广播电台(Radio Exterior de España)、新西兰国际广播电台(Radio New Zealand International)、罗马尼亚国际广播电台(Radio Romania International)、科威特广播电台(Radio Kuwait)等。

目前已有一些制造商推出了DRM接收机。我国成都新星电子从2012年5月开始生产DRM接收机DR111，满足DRM联盟指定的DRM接收机的最低要求，并在全球销售。不过由于可收听的广播内容有限，这些接收机到目前为止仍然是小众产品。

(四)高清无线广播HD Radio系统

高清无线广播是一种带内同频道(in-band on-channel，IBOC)广播技术，于1992年提出，分为调幅波段使用的AM-IBOC和调频波段使用的FM-IBOC两部分。IBOC技术利用数字子载波或边带将数字广播信号与模拟调幅或调频信号复用在一起，在同一个频道上同时传送(同播)。利用IBOC技术可在不影响现有模拟广播的前提下对调幅和调频波段进行数字化改造，避免了广播频带的重新分配，便于实现模拟广播和数字广播的同播，以及模拟广播到数字广播的平稳过渡。图2-7是HD Radio的标志。

图2-7　HD Radio 标志[①]

① HD Radio［EB/OL］.［2024-07-22］. https://encyclopedia.thefreedictionary.com/HD+radio.

2002年之前，FM-IBOC和AM-IBOC统称HQDSB(高质量数字声音广播)。鉴于在数字电视广播中有HDTV(高清晰度电视)，为与其相对应，FM-IBOC和AM-IBOC分别更名为FM HD Radio和AM HD Radio，统称HD Radio。2002年，美国联邦通信委员会将HD Radio确定为美国调幅与调频波段的数字广播标准。

HD Radio的音频编码采用HE AAC-v2，纠错编码采用删除型卷积码，使用多载波OFDM传输方法。另外还使用了时间交织与频率交织技术，降低由于无线电信道的时间选择性与频率选择性带来的影响。HD Radio的工作频率与分配给调幅或调频电台的频率完全一样。为了便于实现从模拟广播到数字广播的平稳过渡，HD Radio设计了混合模式、全数字模式等几种不同的工作模式。

混合模式是指将数字广播信号通过OFDM技术与现有的模拟广播信号混合在一起，在同一频段中进行广播。这意味着发射机可以同时发射模拟信号和数字信号，听众的收音机可以根据其支持的功能来接收模拟或数字广播节目。这种模式确保了与现有模拟接收设备的兼容性，同时也能让那些有数字接收设备的听众享受到数字广播的好处，如更好的音质和数据服务等。在混合模式下，对于AM HD Radio，每个频道带宽为20kHz(±10kHz)，并在两侧相邻频道的边带上各重叠5kHz，一共占有30kHz带宽。频谱中心位置的10kHz(-5kHz~5kHz)是原有模拟信号频谱，频谱两侧边带(各有15kHz)用于传送数字信号。对于FM HD Radio，频道宽度设为400kHz(±200kHz)，其中频谱中心位置的260kHz(-130kHz~130kHz)是原有模拟信号频谱，频谱两侧边带(各有70kHz)用于传送数字信号。为了减小数字边带信号与模拟信号之间的相互干扰，数字边带信号的发射功率要进行适当衰减。

全数字模式是指不再传送模拟广播信号，频道的整个频谱全部用来传送数字广播信号。这种模式可以实现更高的数据传输率，因而可提供更高的音频质量和更丰富的数据服务功能。当然，全数字模式需要听众拥有全数字接收设备才能收听广播和使用数据服务。全数字模式是HD Radio技术发展的最终目标。随着技术的进步和接收机的普及，越来越多的HD Radio电台会从混合模式过渡到全数字模式，为听众提供更高质量的广播服务。

HD Radio的主要优点可以概括为：能很好地利用现有的频谱实现模拟和数字广播的同播以及平滑过渡；与已有的模拟广播设备有较好的兼容性，可在低投入的情况下开展广播服务；可扩展性较好，除了传送主通道音频节目之外，也可以传送多个音频节目流，还可以在屏幕上显示歌曲标题和艺术家、交通和天气信息等文本数据；采用OFDM传输技术，支持单频网运行。

HD Radio技术在全球多个国家和地区得到了应用或测试，包括但不限于美国、巴西、墨西哥、菲律宾、加拿大、阿根廷、澳大利亚、波斯尼亚、智利、捷克、德国、中国香港地区、印度尼西亚、新西兰、波兰、瑞士、泰国、乌克兰、越南等。其中，巴西在2007年年底前全面将HD Radio作为国家标准；墨西哥已批准将HD Radio技术用于墨美边境所有电台的数字化转换；菲律宾已采用HD Radio技术作为调频广播数字化转换的标准。

三、数字声音广播的特点

数字声音广播将模拟信号转换成数字信号进行处理和传输。相较于调幅广播和调频广播而言，数字声音广播有明显优势，主要特点如下：

(1)采用纠错编码、数据交织、保护间隔等技术，使数字声音广播具有抗噪声、抗干扰、抗电波传播衰落、适合高速移动接收等优点。这些优点大大提高了传输的可靠性，使数字声音广播系统能提供更高质量的音频服务，满足用户对高品质音频的需求。

(2)采用数据压缩技术，大幅提高了传输的有效性，同时也可在有限的带宽内传输更多信息，因而也提高了频谱利用率。

(3)除了传送音频节目之外，还可以传送文本、图片、视频等多媒体内容，易于实现多媒体广播，为用户提供更丰富的体验。

(4)数字广播的发射功率通常比模拟广播低，因此可减少能量消耗和电磁污染，节能环保。另外，采用单频网SFN技术，各发射机之间的信号强度可以相互补充，因此发射机功率可进一步降低。

(5)具备加扰、加密功能，安全性高，便于实现有偿节目服务。

(6) 接收机的操作简单便捷，用户无须手动搜索频道，只需输入节目号便可自动完成信号接收。

(7) 易于实现个性化服务，允许用户根据个人喜好选择不同的频道和服务，实现个性化收听体验。

本节执笔人：史萍

第三章 电视广播技术的发展

第一节 概述

电视技术已经走过了100多年的发展历史，其间经历了机械电视到电子电视、黑白电视到彩色电视、模拟电视到数字电视、标准清晰度电视到高清晰度电视等多次技术变革，每一次技术变革都极大地提升了电视的观看体验和传播效果，也推动了电视产业的持续发展和创新。

总体来看，电视技术的发展历史可分为4个主要阶段，即早期探索阶段、黑白电视阶段、彩色电视阶段和数字电视阶段。

早期探索阶段：19世纪末至20世纪30年代。这一阶段最重要的历史事件是机械扫描电视的诞生，这意味着电视这一新兴媒体的正式登场。1884年，德国发明家保罗·戈特利布·尼普科夫发明了“尼普科夫圆盘”，为机械扫描电视的发明奠定了基础。1906年，美国科学家李·德·福雷斯特发明了真空三极管，解决了信号放大问题，使机械扫描电视的实现成为可能。1925年，苏格兰发明家约翰·洛吉·贝尔德使用尼普科夫圆盘制作了一套机械扫描电视系统原型。1926年，贝尔德演示了通过无线电传输的活动人脸图像，这是世界上第一次面向公众的电视演示，尽管图像只有30条扫描线，却引起了极大轰动。从1929年开始，贝尔德用自己的机械扫描电视系统播出黑白电视节目，通过英国广播公司的发射机发射。到了20世纪30年代，英国、美国、德国、法国、苏联等国家的多个电视台都开始用机械扫描电视系统播出黑白电视节目。然而，由于机械电视图像清晰度较低，设备笨重复杂，很快就被后来出现的电子电视所取代。

黑白电视阶段：20世纪30年代至50年代。在这一阶段，基于阴极射线管的电视摄像及显示技术已经成熟，电子扫描电视开始登上历史舞台并全面取代了机械扫描电视。1936年，英国广播公司使用电子扫描系统正式开始了黑白电视广播，由此开启了电视广播时代。这一时期的电视尽管图像质量不高，且没有颜色，但作为一种新兴的媒体形式，获得了广泛关注和喜爱。然而，第二次世界大战的爆发给新生的电视广播事业带来重创。直到“二战”结束后，电视广播才得以恢复并得到快速发展。到了20世纪50年代末，除非洲之外，其他地区的大部分国家都开始了黑白电视广播。这一时期，电视开始走进大众生活，成为继报纸和广播之后，信息传播的重要媒体和娱乐平台。电视拍摄、制作、播出、传输逐渐发展成独立的行业。

彩色电视阶段：20世纪50年代至90年代。这一阶段的重要历史事件是彩色电视制式的确定和彩色电视广播的开始。1953年美国联邦通信委员会(FCC)批准了NTSC兼容制彩色电视制式，并于

1954年正式开播彩色电视，从此开始了彩色电视广播时代。1967年，英国和联邦德国开始播出PAL兼容制彩色电视，同年，法国和苏联开始播出SECAM兼容制彩色电视。NTSC、PAL、SECAM并列为世界上三大彩色电视广播制式，分别得到了世界各国的采用。从20世纪60年代中期开始，彩色电视进入快速发展阶段，在全球范围内得到迅速普及，并开始逐渐取代黑白电视成为主流。这一时期磁带录像技术开始实用化，诞生了磁带录像机，从此改变了电视只能直播的单一流程，增加了播出、制作的灵活性。同时，基于磁带录像技术的电子拍摄/编辑流程大大提高了工作效率，为大规模、专业化制作电视节目创造了条件。这一时期摄像技术也有了很大发展，成像器件的灵敏度和分辨率有了大幅提高，性能更优的CCD摄像机逐渐取代了传统的摄像管摄像机，电视图像的拍摄质量得到明显提高，同时也使摄像设备能够做到小型化、便携化。到了20世纪90年代，图像显示技术有所突破，等离子、液晶等平板显示屏开始取代显像管，显像管逐渐退出历史舞台。在彩色电视阶段，出现了有线电视和卫星电视两种新的广播方式，形成了地面、有线、卫星三种广播方式共存且互为补充的局面，在很大程度上扩大了节目覆盖范围，提高了节目传输质量，增加了节目传输容量。

数字电视阶段：20世纪90年代至今。这一时期的标志性历史事件是数字电视的诞生和高清晰度电视、超高清晰度电视的出现。从20世纪90年代开始，数字电视技术逐渐得到推广应用，地面电视、有线电视、卫星电视开始全面进入数字化阶段。进入21世纪20年代后，世界上大部分国家和地区已完成或基本完成了数字化转换，数字电视成为主流。数字电视通过数字信号传输图像和声音，具有更高的图像和声音质量，同时也能传输更多的节目。数字电视的出现，极大地提升了电视的传输效果和用户体验。这一时期，伴随着数字技术和计算机技术的发展，基于计算机硬盘的非线性编辑技术逐渐取代了基于磁带录像机的线性编辑技术，使节目制作效率大幅提升。同时，电视节目制播开始从数字化时代进入网络化时代。这一时期出现了一种全新的数字电视格式，即高清晰度电视。高清晰度电视从分辨率、宽高比、扫描格式、色域、比特位深等方面超越了标准清晰度电视，为人们带来了更加逼真的视觉体验。进入21世纪后，电视图像的清晰度再次突破，出现了超高清晰度电视，其图像细节的清晰程度已接近人眼的视力极限，可呈现出极为震撼的视觉效果。如果说彩色电视的出现使电视图像质量实现了第一次飞跃，高清晰度电视的出现使电视图像质量实现了第二次飞跃，那么超高清晰度电视的出现则使电视图像质量实现了第三次飞跃。

电视技术的发展极大地改变了信息传播和娱乐方式，对社会文化、教育、娱乐以及日常生活等多个方面产生了深远影响。作为现代文明的重要标志之一，电视在推动社会进步、促进文化交流等方面作出了重要贡献。

本节执笔人：史萍

第二节　黑白电视

一、黑白电视的基本概念

（一）黑白电视的工作原理

黑白电视的工作原理可以概括为：在发送端，利用摄像器件的光电转换作用将景物图像的亮暗信息按一定规律转换成相应的电信号，做适当处理后通过无线电波或有线信道传输出去；在接收端，将接收到的电信号经显示装置的电光转换后，按对应的空间关系在屏幕上以亮暗形式重现出原始景物图像，即所谓的黑白图像。

一幅图像由许多像素组成，这些像素的亮暗信息经光电转换之后变成相应的电信号。如何将这些电信号传送到接收端呢？从理论上说，有两种传送方式，即同时传送和顺序传送。同时传送是将构成一幅图像的所有像素同时转换成电信号，并同时传送出去。这种方式下每个像素都需占用一个传输通道，而一幅画面的像素数至少都在几十万个以上，因此这种方式在技术和经济上都是不现实的。顺序传送是将一幅图像的所有像素按一定顺序转换成电信号，用一条传输通道依次传送出去，在接收端再按同样的顺序将电信号在屏幕相应位置上转换成亮暗的光学信息。采用顺序传送方式构成的电视系统称为顺序制传送系统，现行电视系统均采用了这种方式。

（二）扫描

在顺序制传送系统中，构成一幅图像的所有像素在进行光电转换、传输以及电光转换时都要按照一定的顺序进行，实现这一顺序的过程就称为扫描。扫描是顺序制传送系统的关键技术，是电视传像的基础。电视系统中的扫描包含于两个过程之中，即发送端的光电转换过程和接收端的电光转换过程。在这两个过程中，扫描规律必须严格一致，即同步。同步有两方面含义，一是同频，即收发两端的扫描速度相同；二是同相，即收发两端的时空对应关系要一致。

电视系统采用线性扫描，即扫描轨迹是直线型的。扫描规律类似于人眼在看书时的视线移动规律，即对每一幅图像来说，扫描自上而下一行一行进行，每一行从左到右进行。扫描完第一幅图像之后再扫描第二幅，如此循环往复。对于接收端来说，尽管屏幕上的图像是一行一行从左到右、从上至下逐渐显示出来的，但当扫描速度足够快时，由于人眼的视觉暂留现象，人眼感觉到的是一幅完整的图像，而且当内容相关的一系列图像连续出现时，视觉还会产生运动连续感。

电视系统采用的扫描方式有两种，逐行扫描和隔行扫描。逐行扫描是指在对一帧(幅)电视图像进行光电转换及电光转换的过程中，扫描是一行一行从上到下依次进行的。隔行扫描是指将一帧电视图像分成两场来扫描，第一场扫描画面的奇数行，这期间称为奇数场；第二场再扫描画面的偶数行，这期间称为偶数场。奇数场和偶数场图像嵌套在一起形成一幅完整的图像。

黑白电视系统的扫描参数包括：一帧图像的扫描行数(包括帧正程行数和帧逆程行数)、一场图像的扫描行数(包括场正程行数和场逆程行数)、行周期(包括行正程时间和行逆程时间)、行频(每秒扫描的行数)、帧周期(包括帧正程时间和帧逆程时间)、帧频(每秒扫描的帧数)、场周期(包括场正程时间和场逆程时间)、场频(每秒扫描的场数)、电视图像宽高比(电视图像宽度与高度的比值)等。这些参数是定义电视系统扫描格式的基本参数，不仅适用于黑白电视，也适用于彩色电视和后来出现的数字电视。

（三）黑白全电视信号

在黑白电视系统中，由景物图像的亮暗信息通过光电转换得到的电信号称为图像信号，图像信号代表了电视系统要传送的信息内容。图像信号分成正极性和负极性两种。正极性图像信号是指图像信号的大小与景物的亮暗成正比，即景物越亮，信号电平越高；负极性图像信号是指图像信号的大小与景物的亮暗成反比，即景物越亮，信号电平越低。

除了图像信号之外，黑白电视系统还需要传送复合消隐信号、复合同步信号等。其中，复合消隐信号包括行消隐信号和场消隐信号，分别位于行逆程和场逆程期间，作用是在行、场逆程期间使CRT显像管中的扫描电子束截止，使其不干扰正程的图像信号。复合同步信号也分为行同步和场同步两部分，分别叠加在行、场消隐信号之上，与消隐信号一起在逆程期间传送，其作用是使显示端的扫描与摄像端完全同步，确保显示端以正确的时空对应关系在屏幕上重现图像。另外还有前均衡脉冲、后均衡脉冲等。这些信号以时分方式复合成一路信号，称为黑白全电视信号，或称视频信号。对应于图像信号的正极性和负极性，视频信号也有正极性和负极性。视频信号和伴音信号经特定调制方式调制到射频载波上，通过无线电波或有线信道传送到接收端。黑白电视广播使用的无线电频段是VHF和UHF。

（四）黑白电视的特点

黑白电视是最早出现的电视系统。由于技术的局限性，相较于后来出现的彩色电视和数字电视而言，黑白电视存在很多不足。

(1) 黑白电视只能呈现灰度图像，没有彩色图像显示能力，无法重现现实中的彩色场景。

(2) 黑白电视系统采用隔行扫描方式，故存在隔行扫描固有的缺陷，如行间闪烁、运动模糊、锯齿效应、垂直分解力较低等。

(3) 黑白电视广播主要以VHF、UHF频段的地面无线电传输为主，因为是开路广播，信号很容易受到电磁干扰、多径干扰等，还会受天气条件的影响，导致传输质量降低，在画面上出现雪花或噪点、条纹或横线、重影等现象，影响了观众的视觉感受。

(4) 黑白电视使用的摄像设备以电子管摄像机为主。电子管摄像机体积大、能耗高、寿命较短、对环境敏感，而且拍摄的图像容易出现拖尾、“灼痕”、边缘失真等问题。

(5) 在黑白电视时代，显示技术相对落后，接收机基本都使用CRT显像管。CRT显像管的固有问题是体积庞大、重量较重，而且还有辐射问题。另外，早期的CRT显像管在水平和垂直方向上都是弯曲的，导致边角位置的图像显示失真。与现代的液晶显示器相比，CRT显示器的功耗也比较高。

(6) 黑白电视接收机的操作方式不方便，用户通常需要手动调节电视机上的按钮或旋钮来完成换台、调音等操作。

(7) 在黑白电视时代，电子技术相对落后，在节目制作、发射、接收、显示等各个环节中，对信号的处理能力不足，造成最终呈现的图像质量不高。

(8) 黑白电视属于模拟电视系统，存在着模拟系统的固有缺陷，如抗干扰能力差、频谱利用率低、业务单一等。

黑白电视虽然已退出历史舞台，但在电视技术的整个发展历史中发挥了重要作用，许多技术和标准都是在黑白电视时代创立和完善的，这些技术和标准为后来的彩色电视和数字电视奠定了基础。

二、黑白电视的发展历程

黑白电视的发展起步于20世纪20年代。最早出现的是机械扫描电视，其中最具代表性的是苏格兰人贝尔德发明的机械扫描电视系统。1926年，贝尔德进行了公开演示，尽管当时的系统只能提供30行扫描线，每秒只能传送5帧画面，而且也没有声音，但仍然引起了轰动。1932年，贝尔德将帧率提高到了12.5帧/秒，而且有了声音。到了1936年，贝尔德的机械扫描电视系统可以达到240行扫描线和25帧/秒的帧率。不过，机械扫描电视系统设备笨重复杂，性能也很难再进一步提高，因此很快被电子电视取代。

电子电视从20世纪30年代后期开始逐渐成为主流。在这一时期，英国、美国、德国、法国、苏联等国家相继利用电子电视系统开展了黑白电视广播。当时国际上还没有统一的技术标准，各个国家在开展黑白电视广播时，需要根据本国实际情况以及技术需求等因素确定电视系统的技术参数，这些参数主要包括扫描方式、扫描行数、帧频、带宽、调制方式等。

(一) 黑白电视系统主要技术参数的确定

1. 帧频

对于一个电视系统来说，帧频的确定一般要考虑图像的视觉呈现效果、所能实现的技术条件等。电视是一帧一帧画面顺序呈现的，人眼在观看时之所以能产生连续感，是因为画面呈现速度足够快，即帧频足够高(一般须达到16~20Hz以上)。当相邻两幅画面之间的时间间隔小于人眼的视觉暂留时间时，前后画面就会在视觉上融合衔接在一起，产生连续感。此外，在模拟电视情况下，帧频或场频的选择还要考虑本地交流电供电频率的影响。通常情况下，演播室的照明系统采用交流电源供电，如果帧频或场频与交流电频率不同或者不是其约数或倍数，电视画面上就可能会出现令人不舒服的频闪现象。

另外，早期的电视接收机中的供电电路滤波性能较差，滤波后会在直流上叠加纹波，这会在图像上产生视觉干扰。更重要的是，早期的电视接收机使用了变压器，而阴极射线管中的电子束很容易受到周围变压器的杂散磁场影响而发生不应该有的偏转，从而对图像的正常显示造成干扰。如果能将图像的显示与电源频率锁定，那么这种干扰在画面上是静态的，不容易引起视觉注意。基于上述原因，各个国家在确定电视系统帧频时，在达到活动画面连续感的基础上，基本上都选择与本国交流电频率一致。目前大多数国家的交流电频率都是50Hz，美洲国家是60Hz，所以帧频主要有25Hz和30Hz两种。当然，选择更高的帧频也可以，但这意味着需要更强的信号处理能力和更宽的传输带宽，以当时的技术条件还难以做到。

2. 扫描方式

在扫描方式上，黑白电视系统都采用了隔行扫描，这主要是为了解决显示屏的闪烁问题。CRT显示器在显示画面时相当于一个脉冲光源，屏幕的换幅频率(即帧频)就是屏幕的闪烁频率。根据人眼的视觉特性，当脉冲光源的重复频率不太高时，人眼会跟随光源的变化产生一明一暗的感觉，即闪烁感觉。脉冲光源的重复频率提高时，这种闪烁感觉会随之减轻。当重复频率提高到一定值后，闪烁感觉可完全消失。不引起视觉闪烁感的光源最低重复频率通常被称为临界闪烁频率。临界闪烁频率与屏幕亮度、背景亮度等都有关系，一般情况下应不低于45.8Hz。在逐行扫描方式下，屏幕的换幅频率(即帧频)，不论是25Hz还是30Hz，都远远小于临界闪烁频率，因此会对人眼造成强烈的闪烁感。为了克服闪烁感，电视系统采用了隔行扫描方式，将一帧(幅)画面分成两场，前后相继在屏幕上显示。这样一来，在不改变帧频的情况下，屏幕上画面的呈现频率提高了一倍，即屏幕的闪烁频率变为50Hz或60Hz，大于一般情况下的临界闪烁频率，视觉上的闪烁感就会大大降低。

3. 扫描行数

电视系统扫描行数的确定主要考虑了电视画面清晰度与信号处理能力及传输带宽之间的平衡。在帧频一定的情况下，每帧扫描行数越多，画面越清晰，但对信号处理能力和传输带宽的要求也相应越高。在黑白电视发展过程中，曾出现过多种扫描行数，如405行、441行、455行、525行、625行、819行等。这些扫描行数有一个共同的特点，即都是奇数，这主要是隔行扫描的需要。在隔行扫描情况下，奇数场和偶数场的扫描光栅需要相互交错，而不能相互重叠。如果一帧的扫描行数是奇数，那么每一场的扫描行数就会有一个半行。对于CRT显示器来说，第一场(奇数场)的扫描从屏幕左上角开始，而第二场(偶数场)的扫描就会从屏幕顶部的中间位置开始。这样一来，两场图像的扫描光栅就不会重合，在不增加扫描电路复杂性的情况下，可以较好地实现奇、偶场图像的光栅交错。

4. 视频带宽及射频带宽

视频带宽是指视频信号最低频率到最高频率之间的频率范围。视频信号的最低频率对应图像的平均亮度或背景亮度，一般可近似为零，因此，视频带宽越大，意味着视频信号的最高频率就越高。而视频信号的频率大小反映了图像内容的精细程度，频率越高，说明图像中有越精细的内容。从图像质量角度出发，希望视频信号带宽尽可能大，以便保留更多的图像细节。然而，从信号处理和传输角度看，视频信号带宽增加，就意味着信号处理和传输环节的通道带宽也要增大，这样才能实现无失真的传输。因此，视频带宽的选择要综合考虑图像质量和电视系统带宽资源以及信号处理能力。在黑白电视发展过程中，出现过4.2MHz、5MHz、5.5MHz、6MHz等不同的视频带宽。

射频带宽是指一套电视节目的视频信号和伴音信号经射频调制后的总带宽，也称频道带宽，是每一套电视节目占用的频谱资源。黑白电视系统使用过的频道带宽有5MHz、6MHz、7MHz、8MHz、14MHz等几种。

5. 视频信号调制方式

在黑白电视系统中，视频信号以调幅方式调制到射频载波上，根据视频信号的极性，分为正极性调制和负极性调制两种。在正极性调幅波中，视频信号为白电平(对应图像中最亮的部分)时，载波幅度达到最大；而当视频信号为同步电平时，载波幅度达到最小。负极性调幅波正好相反。黑白电视系统采用比较多的是负极性调制，原因如下：(1)发射机输出效率高。由于一般图像中明亮部分的面积总是多于黑暗部分，所以负极性调制使得已调信号的平均发射功率比正极性调制时小很多。这意味着，在相同的覆盖面积下，采用负极性调制可以节省发射功率，从而提高发射机效率。(2)杂波干扰影响小。在负极性调制下，干扰脉冲解调后在屏幕图像上呈现为杂波暗点，人眼感觉不明显，因而也就减小了杂波干扰的影响。(3)便于实现自动增益控制。负极性调制中，同步电平(即射频信号的峰值电平)不随图像内容变化，只随接收点信号的强弱变化。因此电视机可以利用同步电平形成自动增益控制电压，该电压只与信号强弱有关，与信号内容无关，因而更容易实现自动增益控制。

此外，为了节省带宽，黑白电视系统采用了一种特殊的调幅技术，即残留边带调幅。残留边带调幅将一个双边带调幅信号通过滤波器滤掉一部分下边带，形成所谓的残留边带。传输时只传输完整的上边带和残留的下边带，因此较之双边带调幅可大大节省带宽。从信息传输角度看，残留边带调幅虽然只传输了一个完整的边带，但其中已包含了调制信号的所有信息，因此，接收端可从接收到的残留边带调幅信号中恢复出完整的调制信号。

在实际应用中，保留的残留边带宽度有0.75MHz、1.25MHz等几种。对于一个带宽为6MHz的视频信号，普通调幅后带宽为12MHz，而残留边带调幅后，带宽约为7MHz，比单边带略宽一点，比双边带要窄很多。

6. 伴音信号调制方式

黑白电视系统中伴音信号的调制方式有两种：调幅和调频。由于调幅波的抗干扰能力较差，所以在调幅方式下，声音信号很容易出现可以听得见的脉冲干扰。相较而言，调频信号的抗干扰能力要强很多，所以在后来出现的黑白电视系统中，伴音都采用了调频方式。

（二）早期的黑白电视系统

20世纪30年代，欧美等主要国家陆续开始进行黑白电视广播。由于各个国家选择的电视系统技术参数不完全相同，就形成了几种不同的黑白电视系统。当时，黑白电视的清晰度普遍较低，提高清晰度成为技术改进的主要目标。而影响图像清晰度的主要因素是每帧图像的扫描行数，因此，各国选择的黑白电视系统通常用扫描行数来命名。在黑白电视的发展过程中，曾出现过405行系统、441行系统、455行系统、819行系统、525行系统、625行系统等，这里的“行”是指每帧图像的扫描行数。

1. 405行系统

405行系统是英国首先推出的黑白电视系统。从1936年11月2日开始，英国广播公司利用405行系统定期播出黑白电视节目，使用的设备是马可尼百代唱片公司的电子电视设备。该广播一直持续到1985年(因“二战”原因，1939~1946年停播)。由于使用了405行扫描线，因此图像清晰度要远高于之前的机械电视系统，所以当时也号称是全世界首个“高清晰度”电视广播。然而，随着技术的发展，405行系统的清晰度不再具有优势，后来被放弃。

405行系统的主要技术参数包括：隔行扫描，每帧扫描405行，每场扫描202.5行；帧频25Hz，场频50Hz；频道带宽5MHz，视频带宽3MHz；视频信号采用残留边带调幅方式，正极性调制，残留边带宽度0.75MHz；伴音信号采用调幅方式，视频/伴音载波间距3.5MHz；图像宽高比为5∶4（1950年以后改为4∶3）。

爱尔兰在1961年到1982年期间使用405行系统进行黑白电视广播，主要覆盖该国的东部和北部地区。爱尔兰之所以选择405行系统，主要是因为这些地区可以接收到来自威尔士或北爱尔兰的英国电视广播，所以很多人已经有了405行系统的电视接收机。此外，中国香港地区从1957年至1973年在有线电视服务中采用了405行系统；法国、荷兰、捷克斯洛伐克和瑞士在1939年也进行过短暂的405行系统传输试验。

405行系统是第一个获得ITU(当时为CCIR，即Consultative Committee of International Radio)指定的字母代号的黑白电视系统标准，代号为字母A。所以405行系统也称A系统。

2. 441行系统

441行系统是德国于1937年2月首先推出的一种黑白电视系统。该系统采用隔行扫描，场频为50Hz，行频为11.025kHz，频道带宽为4MHz，视频载波46MHz，伴音载波43.2MHz。441行系统后来被更高清晰度的625行系统取代。

第二次世界大战之前，欧洲大陆的很多地区都曾使用过441行系统开展黑白电视广播或进行电视传输实验。1939年7月22日，意大利的第一个电视发射机在罗马投入使用，使用德国的441行电视系统进行了大约1年的定期广播，后来因战争原因被迫中断。第二次世界大战期间，德国将其441行电视系统带到法国，在法国进行电视广播，信号通过埃菲尔铁塔的发射机发射，巴黎周围100公里的半径内都能够很好地接收到信号。

美国在525行系统之前也使用过441行电视系统。1937年，美国无线电公司开发出一种441行电视系统，并希望美国联邦通信委员会将其设为标准。该系统帧频采用了30Hz，与德国的441行系统不同。1938年9月，无线电制造商协会(Radio Manufacturers Associatio)推荐了RCA系统。1939年开始，纽约市和洛杉矶市已经有了定期的441行黑白电视广播。1941年以后，该系统逐渐被525行系统取代。

此外，苏联和日本在1939年前后也曾使用441行系统开展过实验性的电视广播。

3. 455行系统

455行系统是法国曾经使用过的一种黑白电视

系统。法国从1937年开始，对三种系统进行了对比实验，这三种系统分别是441行系统、450行系统(这可能是唯一一种扫描行数为偶数的隔行扫描系统)和455行系统。1938年法国确定了455行的黑白电视标准，并开始播出。“二战”期间455行系统停播，取而代之的是德国的441行系统。不过法国在战后很快恢复了电视广播，于1945年10月1日重新使用455行系统播出。该系统后来被819行系统取代。

4. 819行系统

891行系统是法国推出的一种黑白电视广播系统。1944年，雷内·巴特尔米开发了819行电视系统，该系统使用25Hz帧频，隔行扫描，频道带宽高达14MHz。1948年11月20日，法国颁布了819行的电视标准。从1949年年底开始，法国电视开始了819行的黑白电视广播。

除法国外，阿尔及利亚、摩洛哥、摩纳哥后来也采用了这一标准。比利时和卢森堡使用了该标准的修改版本，将频道带宽缩小到了7MHz。

5. 525行系统

525行系统是美国首先推出的黑白电视系统。美国联邦通信委员会于1941年5月2日采用了NTSC电视工程标准，即每帧扫描行数525行，帧频30Hz，隔行扫描，宽高比为4∶3，伴音采用调频方式，频道带宽为6MHz。1941年7月1日，第一批商业电视许可证颁发给了纽约的NBC和CBS旗下的电视台，由此正式开始了商业电视广播。

美洲的很多国家都采用了美国的NTSC 525行标准。加拿大广播公司(Canadian Broadcasting Corporation，CBC)采用该标准于1952年9月开始黑白电视广播。墨西哥也采用了该标准于1950年开始黑白电视广播。525行系统是NTSC制彩色电视系统的基础。

6. 625行系统

625行系统由苏联于1944年提出，并于1946年成为国家标准。该系统每帧扫描行数625行，帧频25Hz，隔行扫描，伴音采用调频方式，视频带宽为6MHz。1948年11月4日，莫斯科开始了625行系统的电视传输，1949年6月16日开始定期广播。从1951年开始，莫斯科之外的其他主要城市也开始了625行系统的电视广播。

625行系统被大多数交流电源为50Hz的国家所采用，如欧洲的很多国家以及我国大陆地区等。625行系统是PAL制和SECAM制彩色电视系统的基础。

(三)黑白电视标准

20世纪40~50年代，电视广播在全世界很多地区快速发展，很多国家都开始了常规的电视广播。出于政治、经济以及技术条件等因素，各国选用了不同的电视系统和技术标准。为了在全球范围内对电视技术加以规范，促进电视广播业务的发展，国际电信联盟在1961年召开的一次会议上，对当时还在使用的模拟电视系统进行了标准化，用英文字母A~N给每个黑白电视系统指定了标准代号。表3-1给出了每种标准的主要技术参数，包括每帧扫描行数、帧率(即帧频)、频道带宽、视频带宽、视频/伴音载波间距等。另外，表3-1还给出了每个黑白电视系统所对应的彩色电视制式(NTSC、PAL或SECAM)。表3-1中以深色显示的列代表已停用的电视系统，之前从未被国际电信联盟指定的电视系统没有在表3-1中列出。

系统A：即405行系统，是1936年英国首先推出的电子电视系统，英国和爱尔兰早期使用该系统进行VHF频段的黑白电视广播，并分别于1985年和1982年停用。

系统B：最初被称为Gerber标准，大多数西欧国家使用该系统进行VHF频段的电视广播(在UHF频段使用系统G和系统H)。澳大利亚在VHF和UHF频段都使用了该系统。

系统C：早期的VHF系统，仅在比利时、意大利、荷兰和卢森堡使用，是系统B和系统L之间的折中。1977年停用。

系统D：是第一个推出的625行电视系统，很多国家使用该系统进行VHF频段的电视广播(在UHF频段使用系统K)。中国大陆地区在VHF和UHF频段都使用了该系统。

系统E：法国早期的VHF频段黑白电视系统，图像质量很高，但带宽资源占用较多，一套节目须占用14MHz的带宽。视频与伴音的载波间距在奇数频道为+11.15MHz，偶数频道为−11.15MHz。法国和摩纳哥分别于1984年和1985年停用该系统。

系统F：早期的VHF系统，仅在比利时、意大利、荷兰和卢森堡使用。与系统E的主要区别是频道带宽从14MHz降为7MHz，但代价是水平分解力也相应下降很多。该系统于1969年停用。

系统G：仅用于UHF频段，在VHF频段使用系统B的国家使用(除澳大利亚之外)。

系统H：仅用于UHF频段，只在比利时、卢森堡、荷兰和南斯拉夫使用，与系统G类似，只是残留边带宽度为1.25MHz。

系统I：应用于英国、爱尔兰、南非、中国的澳门及香港地区、马尔维纳斯群岛等。

系统J：日本使用该系统。除了黑电平之外，该系统的技术参数与系统M相同。系统J的黑电平和消隐电平是相同的(0 IRE)，而系统M的黑电平略高于消隐电平(7.5 IRE)。虽然在表3-1的标准中规定的帧频为30Hz，但引入NTSC彩色电视之后，采用了29.97Hz的帧频，目的是尽量减少视觉伪影。随着日本电视系统的数字化转型，该系统于2012年停用。

系统K：只用于UHF频段，在VHF频段使用系统D的国家使用，绝大部分技术参数都与系统D相同。

系统K'：只在法国海外省和海外领土使用。

系统L：仅在法国使用，且只用于VHF的波段I，视频/伴音的载波间距是-6.5MHz。在向数字化转换过程中，于2011年停用。这是最后一个视频采用正极性调制、伴音采用调幅的系统。

系统M：用于美洲和加勒比大部分地区(除了阿根廷、巴拉圭、乌拉圭和法属圭亚那外)、缅甸、韩国、中国台湾、菲律宾、巴西和老挝等。虽然ITU规定了30场的帧率，但由于引入了NTSC制彩色电视，为了尽量减少视觉瑕疵，采用了29.97Hz的帧频。

系统N：该系统最初是为日本开发的，但最终未被采用。阿根廷、巴拉圭和乌拉圭(自1980年起)采用了该系统，巴西和委内瑞拉也曾短暂使用过。该系统每帧行数是625，但只使用了6MHz的频道带宽，所以在水平分解力方面有所损失。

表3-1　ITU指定的模拟电视系统标准[①]

标准代号	A	B	C	D	E	F	G	H	I	J	K	K'	L	M	N
推出时间	1936	1950	1953	1948	1949				1962	1953			1970s	1941	1951
每帧行数	405	625	625	625	819	819	625	625	625	525	625	625	625	525	625
帧频(Hz)	25	25	25	25	25	25	25	25	25	30	25	25	25	30	25
频道带宽(MHz)	5	7	7	8	14	7	8	8	8	6	8	8	8	6	6
视频带宽(MHz)	3	5	5	6	10	5	5	5	5.5	4.2	6	6	6	4.2	4.2
视频/伴音载波间距(MHz)	-3.5	5.5	5.5	6.5	±11.15	5.5	5.5	5.5	6	4.5	6.5	6.5	-6.5	4.5	4.5
残留边带(MHz)	0.75	0.75	0.75	0.75	2	0.75	0.75	1.25	1.25	0.75	0.75	1.25	1.25	0.75	0.75
视频调制极性	正	负	正	负	正	正	负	负	负	负	负	负	正	负	负
伴音调制方式	AM	FM	AM	FM	AM	AM	FM	FM	FM	FM	FM	FM	AM	FM	FM
副载波频率(MHz)		4.43		4.43			4.43	4.43	4.43	3.58	4.43	4.43	4.43	3.58	
彩色电视制式	无	PAL SECAM	无	SECAM PAL	无	无	PAL SECAM	PAL	PAL	NTSC	SECAM PAL	SECAM	SECAM	NTSC	PAL

三、我国黑白电视的诞生及发展

我国的电视广播技术起步较晚，是在不断学习、引进、消化、吸收国外先进技术的基础上发展起来的。早在1953年，我国政府就预见到电视广播是一种先进的传播方式，有巨大的发展前途，决定由中央广播事业局负责创建电视广播。当时，广播电视在欧美等国家已经比较普及，但我国还处于刚刚起步阶段。为了加快电视工业的发展步伐，我们采取了技术引进和自主研制相结合的发展路径。

从1953年起，我国先后分批选派技术人员到苏联、东欧学习电视技术。另外，在确定黑白电视

① Broadcast television systems [EB/OL]. [2024-07-22]. https://encyclopedia.thefreedictionary.com/Broadcast+television+systems.

标准方面，当时世界上已有比较成熟的黑白电视广播系统，综合考虑技术、经济、政治等因素，我国选择了系统D标准。D标准在国际上有一定的普及度，选择这一标准有助于提高设备和节目的兼容性，便于国际交流和合作。另外，选择已有的成熟技术也可以在一定程度上降低研发和生产成本。

1955年2月，中央广播事业局向国务院打报告，提出于1957年在北京建立一座中等规模电视台的计划，周恩来总理随即批示将此事列入文教五年计划讨论并组织实施。1957年，组建了电视台筹备机构，开始筹建“北京电视台”（中央电视台的前身，于1978年5月1日更名为中央电视台）。同时，确定由北京广播器材厂开发并生产电视中心设备，由国营天津无线电厂（后更名为天津通信广播公司）开发并生产电视接收机。

1958年3月17日，中国第一台电视机由天津无线电厂试制成功，这一天是中国第一台电视机诞生的日子。因为是供“北京电视台”使用，故命名为“北京牌”，一直沿用至今。图3-1是该电视机的照片，这台被誉为“华夏第一屏”的北京牌820型35厘米电子管黑白电视机，如今摆在天津通信广播公司的产品陈列室里。电视机的试制成功填补了我国电视机生产的空白，是我国电视机生产史的起点，今天我国已成为世界电视机的生产大国。

图3-1 北京牌820型35厘米电子管黑白电视机[①]

1958年5月1日，中国第一座电视台“北京电视台”建成并开始试播黑白电视，中国从此有了自己的电视广播。试播当天播出的黑白电视节目有先进生产者的讲话、新闻纪录片、科教影片、诗朗诵和舞蹈等，首播的第一个节目是《庆祝“五一节”座谈》。当天晚上观看电视播出的约有50~100台电视机，数千名观众。1958年9月2日，“北京电视台”开始正式播出，每周播出4次，每次2~3小时。当晚7点，《电视新闻》节目开播，这也成为《新闻联播》的前身。

“北京电视台”节目播出后，引起全国人民关注，很多省市也计划开办电视广播。1958年10月，上海电视台开播；12月，哈尔滨电视台（黑龙江电视台前身）试播。此后，天津、广东、吉林、陕西、辽宁、山西、江苏、浙江、安徽、山东、湖北、四川、云南等省市相继开办电视台或电视实验台。各台在建设过程中，积极采用国产器材组装设备，对发展中国电子工业起到了促进作用。

1973年5月1日，彩色电视开始试播。20世纪80年代，随着彩色电视的普及，黑白电视逐渐退出历史舞台。

本节执笔人：史萍

第三节 彩色电视

一、彩色电视的基本概念

彩色电视是在黑白电视的基础上发展起来的，需要考虑与黑白电视的兼容问题，因此其光电转换、电光转换、扫描格式及基本参数等都与黑白电视相同。然而，彩色电视系统传送的对象是彩色图像，除了要处理与黑白电视系统相同的亮度信息之外，还要处理各种彩色信息。因此，从技术上说，彩色电视系统比黑白电视系统要复杂得多。

（一）彩色电视的工作原理

彩色电视的工作原理可概括为：在发送端，摄像设备利用分光系统将一幅彩色图像分解成红、绿、蓝三基色图像，利用光电转换器件和扫描将三基色图像转换成相应的三基色电信号；三基色电信

① 电视是否会退出历史舞台？电视机产品不断升级，用户却越来越少［EB/OL］.（2021-08-19）［2024-07-22］. https://www.163.com/dy/article/GHP9GA250532J0BF.html.

号按特定方式编码成一路彩色全电视信号，经传输通道传送到接收端。在接收端，接收机将彩色全电视信号解码恢复成三基色电信号；三基色电信号经电光转换后得到相应的三基色光图像，最终在显示屏上利用相加混色原理重现出原始的彩色光学图像。

彩色电视得以实现的理论基础是三基色原理。人们通过大量实验发现，用三种不同颜色的单色光按一定比例混合，可得到自然界中绝大多数的彩色。具有这种特性的三个单色光叫三基色光，而这一发现也被总结成三基色定理。

三基色定理：自然界中绝大多数彩色都可以由三基色按一定比例混合而得；反之，这些彩色也可以分解成三基色；三基色必须是相互独立的，即其中任何一种基色都不能由其他两种基色混合得到；混合色的色调和饱和度由三基色的混合比例决定；混合色的亮度是三基色亮度之和。

电视系统采用的三基色是红、绿、蓝。

自然界中的色彩是千变万化的，如果设想用一种电信号传送一种颜色，那就需要成千上万种电信号，这在实际中是办不到的。有了三基色原理，彩色电视只需在摄像端将景物的各种颜色分解成红、绿、蓝三种基色，然后将这三种基色转换成相应的三种电信号传送到显示端，在显示端将电信号再转换成三基色光信号，最后在屏幕上就可以用三基色混合出原始的彩色景物图像。

(二)彩色电视与黑白电视的兼容问题

在彩色电视发展初期，黑白电视已有近20年的广播历史，在一些发达国家已相当普及。因此，在研究制定彩色电视制式及有关技术时，不得不考虑彩色电视与黑白电视的兼容问题。所谓兼容有两方面含义：一方面，彩色电视机应能接收黑白电视信号并显示黑白图像；另一方面，黑白电视机也能接收彩色电视信号并显示黑白图像。这也可理解为彩色电视与黑白电视的双向兼容。

为了实现兼容，彩色电视信号必须满足以下基本条件：

(1)彩色电视信号中必须包含亮度信号和色度信号。包含亮度信号是为了供黑白电视接收机收看黑白图像，包含色度信号是为了让彩色电视接收机能够显示彩色图像。

(2)彩色电视信号只能占用和黑白电视信号相同的频带宽度。

(3)彩色电视系统应具有与黑白电视系统相同的扫描格式及参数，如隔行扫描、行频、场频、宽高比等。

(4)应尽量减小亮度信号与色度信号的相互干扰。

由此可知，发送端首先要对三基色电信号进行某种变换和处理(即编码)，以形成满足上述条件的彩色电视信号，然后再传送到接收端。接收端需将彩色电视信号还原成三基色电信号(即解码)，然后再进行彩色显示。

三基色信号的编码过程为：

(1)利用亮度方程由三基色信号计算出亮度信号和色差信号。亮度信号与黑白电视系统的图像信号完全相同，可用于黑白接收机显示黑白图像。色差信号由红、绿、蓝三基色电信号分别减去亮度信号而得，可为彩色电视接收机提供颜色信息，使其显示彩色图像。另外，色差信号只携带色度信息而不反映亮度，所以，当色度变化或色度通道串入杂波时，不会影响重现图像的亮度，重现图像的亮度只由亮度信号决定。这样就保证了彩色电视系统能以最佳效果传送亮度信息。

(2)对色差信号进行频带压缩和调制。由于三个色差信号并不相互独立，可由任意两个色差信号求出第三个色差信号，因此彩色电视系统只需传送两个色差信号即可。现行彩色电视系统传送的都是红、蓝两个色差信号和亮度信号。

为了将这三路信号复合成一路信号，并使用与黑白电视信号相同的带宽传送，需要对红、蓝两个色差信号进行频带压缩，即低通滤波。频带压缩意味着彩色信息的高频分量被滤除，因而造成图像彩色细节丢失。但考虑到人眼对亮度细节比颜色细节更敏感，所以在带宽有限的情况下，传输亮度细节而损失颜色细节并不会对图像的视觉质量造成太大影响。频带压缩后的色差信号再通过一定的调制方式(NTSC制、PAL制为正交平衡调幅，SECAM制为调频)将频谱搬移到亮度信号频谱的高端，与亮度信号复合在一起，形成与黑白电视信号相兼容的复合彩色电视信号。

三基色信号的编码过程通常在摄像机中完成。解码过程是编码的逆过程，一般在接收机中完成。当黑白电视机接收到复合彩色电视信号时，只处理其中的亮度信号，并将其显示为黑白图像。当彩色电视机接收到复合彩色电视信号时，通过解码得到三基色电信号，再经过电光转换和相加混色就会在屏幕上呈现出彩色图像。

（三）彩色全电视信号

彩色全电视信号由复合彩色电视信号（即亮度信号和已调色差信号）、复合消隐信号、复合同步信号、色同步信号组成。其中，复合彩色电视信号代表被摄图像的亮度和色度信息，用以在接收端重现彩色图像。复合消隐和复合同步信号的作用与特点与黑白电视系统完全相同。

色同步信号是彩色全电视信号特有的一种信号。对于NTSC制和PAL制，色同步的作用是传送副载波的基准频率和相位信息，保证接收端恢复的副载波与发送端的副载波同频同相，以便能够对色差信号进行正确解调。副载波是指发送端在编码过程中，对色差进行调制时使用的载波。色同步信号由9~11个周期的副载波信号组成，每行传送一次，位于行消隐的后肩上。另外，在PAL制彩色电视中，红色差信号进行了逐行倒相处理，接收端解调时需要知道哪行是倒相行，哪行是不倒相行，因此发送端还要传送有关倒相顺序的信息，这一信息由色同步相位的逐行交替变化给出。对于SECAM制，由于色差信号采用了逐行交替传送的方式，因此色同步需要携带行识别信息，以便接收端能够识别出红色差行和蓝色差行，从而正确解调出两个色差信号。

彩色全电视信号（即彩色电视的视频信号）和伴音信号经特定调制方式调制到射频载波上，通过无线电波或有线信道传送到接收端。

（四）彩色电视的特点

相较于黑白电视而言，彩色电视是一种更先进、更接近人类视觉体验需求的影像再现系统，具有如下特点。

（1）彩色电视能够摄取、传输、重现彩色图像，从而能够更好地还原现实世界的景色，为观众提供更加丰富和真实的视觉体验。

（2）在彩色电视时代，电视广播不再单纯依赖VHF、UHF频段的地面无线传输，而是大量使用有线和卫星传输方式。在有线传输方式中，光缆开始取代电缆，成为干线网的主要传输介质。传输方式的改变大大降低了噪声和干扰的影响，改善了电视信号的传输效果，同时也扩大了传输容量。

（3）晶体管、集成电路、数字电路等电子技术的发展，提高了彩色电视设备的信号处理能力，改善了图像质量，同时也降低了设备的体积和重量，使设备操作更加便捷。

（4）在彩色电视发展后期，显示技术取得较大进展。20世纪90年代，CRT显示器实现了“平面直角”，后来又出现了液晶显示器（liquid crystal display，LCD）、等离子显示器（plasma display panel，PDP）等新型平板显示器，这使得彩色电视图像的显示效果得到显著提升。

（5）进入20世纪80年代后，性能更优的CCD摄像机逐渐取代了传统的摄像管摄像机，使得彩色电视图像的拍摄质量得到大幅提升，同时也使摄像设备能够做到小型化、便携化。

（6）彩色电视继承了黑白电视的主要技术参数，包括扫描行数、场频、帧频、视频带宽、隔行扫描等。因此，彩色电视系统在时间和空间上的分解力并没有本质上的提升，同时隔行扫描的固有缺陷也依然存在。相较于后来发展的高清晰度电视及超高清晰度电视，彩色电视的图像质量较低。

（7）彩色电视与黑白电视一样，也是模拟电视系统，所以也存在模拟电视系统的固有缺陷。

彩色电视曾经是人们日常生活中不可或缺的一部分，为人们带来了丰富多彩的视听体验，在信息传播、文化娱乐等方面扮演过重要角色。进入21世纪后，随着数字技术的发展，电视系统数字化的进程加快，彩色电视开始逐渐向数字电视转换。

二、彩色电视的发展历程

（一）彩色电视技术的早期探索

虽然彩色电视的正式推出是在20世纪50年代，但对于彩色电视技术的探索早在19世纪末就开始了。波兰发明家扬·斯齐潘尼克（Jan Szczepanik）在1897年获得了一种彩色电视系统发明专利。该系统在发送端使用硒光电池，在接收端使用电磁铁控制振荡镜和移动棱镜。但因为发送端没有办法分解光谱，所以这个系统实际上并不能真正工作。另一位发明家是亚美尼亚工程师霍瓦内斯·阿达米安(Hovannes Adamian)。他在1907年进行了彩色电视实验，并于1908年3月31日在德国获得专利，于1908年4月1日在英国获得专利，于1910年在法国和俄国获得专利。1928年在伦敦演示的第一个彩色电视实验就是依据阿达米安的三色原理实现的。阿达米安被认为是彩色电视的创始人之一。

1928年7月3日，苏格兰发明家约翰·洛吉·贝尔德演示了世界上第一次彩色电视传输实验。他在发送端和接收端使用带有3个螺旋孔的扫描盘，每个螺旋孔都有不同的基色滤光片；接收端有3个光源，用换向器交替照明。1938年2月4日，贝尔德还进行了世界上第一次彩色电视广播，用机械扫描方式，将120行的图像从贝尔德的水晶宫演播室传输到伦敦道明尼剧院的投影屏幕上。1940年，贝尔德公开展示了一种结合了传统黑白显示器和旋转彩色光盘的混合式彩色电视系统。这个装置非常“深”，但后来贝尔德对其进行了改进，使用一个镜子将光路折叠成一个完全实用的装置，类似于传统的大型控制台。不过，贝尔德对这个设计并不满意，他希望开发一个全电子化的设备，于是着手开始研究一种称为“telecrome”的全电子系统。早期的telecrome设备使用两个电子枪瞄准荧光粉板的任意一面。使用青色和品红色荧光粉，可以获得颜色有限但效果尚可的彩色图像。1944年8月16日，贝尔德首次演示了这种实用的彩色电视系统，并计划推出一种使用三个电子枪的全彩色电视系统。然而，1946年贝尔德的逝世终结了telecrome系统的研究工作。

与此同时，还有很多技术人员也投身于彩色电视的研发中。1929年6月，贝尔实验室演示了一种机械扫描彩色电视系统，使用包含光电池、放大器、辉光管和滤色器在内的三套完整的系统，用一系列镜子将红、绿、蓝图像叠加成一个全彩色图像。墨西哥发明家吉列尔莫·冈萨雷斯·卡马雷纳(Guillermo González Camarena)在早期电视技术研究中也发挥了重要作用。他从1931年开始进行彩色电视实验(最初被称为telectroescopia)，并于1940年获得“三色场顺序系统”的彩色电视专利。

法国电信工程师M.乔治·瓦伦西(M. Georges Valensi)在1938年发明了一种通过亮度和色度通道传输彩色图像的方法，并获得了专利。这种方法可以使彩色电视机和黑白电视机都能接收彩色图像。目前使用的彩色电视标准NTSC、SECAM、PAL以及数字电视标准都借鉴了这一思想，传输由单独的亮度和色度组成的信号。1939年，匈牙利工程师彼得·卡尔·戈德马克(Peter Carl Goldmark)在哥伦比亚广播公司(CBS)推出了一种机电混合式彩色电视系统。其中，摄像机内有一组由红、绿、蓝滤光片组成的圆盘以1 200转/分钟的速度旋转，接收机内的阴极射线管前也有类似的圆盘同步旋转。该系统于1940年8月29日首次向美国联邦通信委员会演示，并于9月4日向新闻界演示。CBS从1941年6月1日开始每天都进行测试，不过，该系统与已有的黑白电视机不兼容，并且当时没有彩色电视机供公众使用，因此能够看到彩色图像的仅限于RCA和CBS的工程师以及受邀的新闻媒体。1942年至1945年，美国加入“二战”，美国战时生产委员会停止了民用电视和无线电设备的生产，这也限制了向公众介绍彩色电视的机会。

(二)NTSC制彩色电视系统

NTSC制彩色电视系统以美国国家电视系统委员会(National Television System Committee)的缩写命名，是由美国提出的一种彩色电视系统，也是世界上第一个成功应用于电视广播的兼容制彩色电视系统，1953成为美国彩色电视标准。NTSC制也称为正交平衡调幅制，其特点是将两个色差信号分别对频率相同而相位相差90度的两个副载波进行正交平衡调幅，再将已调幅的两个色差信号叠加后穿插在亮度信号频谱的高频端进行传送。这样一来，就可以用与黑白电视相同的视频带宽来传送彩色电视信号，避免了为彩色电视信号重新分配频谱。

NTSC制的出现经历了一个过程。“二战”结束之后，美国的电视广播开始迅速发展。当时已经有了几种不同的彩色电视方案，美国联邦通信委员会经过比较之后，于1950年10月采纳了CBS开发的彩色电视系统，将其作为美国彩色电视标准。该系统是CBS在过去10年中发展起来的一种机电混合式场顺序彩色电视系统，在机械部分使用了旋转圆盘。该系统的扫描行数为405行，场频是144Hz，但有效帧频仅为24Hz。该系统与已有的黑白电视不兼容。美国的黑白电视是全电子式的，采用的是表3-1中的M标准，扫描行数为525行，场频是60Hz，帧频是30Hz。黑白电视接收机接收该系统播出的彩色电视节目时，只能正确处理音频信号，而图像显示是混乱的。

CBS从1951年6月25日开始提供商业化彩色电视广播，但是效果并不理想。当时的彩色电视接收机数量很少，只有100多台。由于观众很少，广告商也不愿投放广告。在彩色电视广播持续了几个月之后，CBS于1951年10月20日停止了彩色电视广播，表面上的原因是朝鲜战争期间美国相关部门要求停止生产彩色电视机。

1953年，美国联邦通信委员会撤销了CBS的405行彩色电视标准，并将美国无线电公司、菲尔科(Philco)等几家公司合作开发的彩色电视系统设立为新的彩色电视标准，即NTSC制彩色电视标准。该标准与美国已有的525行、60场黑白电视系统完全兼容，除了行频、场频、帧频等参数稍有变化之外，其他技术参数和要求与表3-1中的M标准基本一致。

NTSC制彩色电视系统在确定行频、场频、帧频时，并没有直接使用黑白电视系统的参数，即15.750kHz、60Hz、30Hz，而是进行了微小调整，变为15.734kHz、59.94Hz、29.97Hz。调整的主要目的是将伴音信号和色度信号之间的可见性互调干扰降为最小。将伴音副载波的频率设为行频的整数倍，就可以达到这一目的。由于黑白电视系统的伴音副载波频率4.5MHz和行频15.750kHz并不符合这个要求，而为了保证与黑白电视的兼容性，又不宜调整伴音副载波频率，因此就只能调整行频了。最终行频被调整到伴音副载波4.5MHz的1/286，约为15.734kHz。在1帧扫描行数仍然为525的情况下，可计算出场频和帧频分别约为59.94Hz、29.97Hz(即60Hz/1.001、30Hz/1.001)。因为行频、场频、帧频的变化量很小，不会影响与黑白电视的兼容。

美国黑白电视系统的视频带宽是4.2MHz。为了使彩色电视信号能够在4.2MHz的带宽内传送，NTSC制彩色电视系统利用图像信号的频谱结构特点，采用了频分复用的方法，将亮度和色度信号复用在一起共用4.2MHz的频带。图像信号的频谱是一种以行频为间距的梳状结构，各梳齿间有较大的空隙。亮度信号和色差信号均来自三基色图像信号，因此其频谱也有相同结构。只要将亮度信号和色差信号的频谱错开半个行频，亮、色复用后就可以在频谱上互不重叠。考虑到接收端很难实现完美的亮、色分离，为了尽可能降低亮、色之间的串扰，NTSC制彩色电视系统首先对红色差和蓝色差信号进行频带压缩，将带宽降到亮度信号带宽的1/4~1/5。然后用红、蓝两个色差信号对色副载波进行正交平衡调幅。色副载波频率的选择要考虑两个因素：一是须为半行频的奇数倍，以保证调幅后的色度信号频谱与亮度信号频谱正好错开半个行频；二是色副载波频率应选得高一些，以使已调色度信号频谱位于亮度信号频谱的较高端。因为亮度信号的幅频特性具有收敛性，高频端的亮度信号能量已降到很低，因此在高频端进行亮、色频分复用，即便接收端无法实现良好的亮、色分离，也可以在很大程度上降低亮、色之间的相互影响。根据以上原则，色副载波频率确定为半行频的455倍，即3.579545MHz，一般表示为3.58MHz。以上对色度信号进行调制并与亮度信号频谱错开半个行频的方法称为色度信号的频谱搬移和半行频间置。色差信号经过频谱搬移和半行频间置后与亮度信号相加，就形成了复合彩色电视信号。

第一个公开宣布使用NTSC制彩色电视系统的电视节目是1953年8月30日由美国全国广播公司(National Broadcasting Company，NBC)播出的*Kukla，Fran and Ollie*的一集。当时由于缺乏彩色电视机，观众只能在公司总部观看到彩色电视节目。1954年1月1日，NBC进行了全国范围的NTSC彩色电视广播，播出的是玫瑰游行比赛实况。观众可以在各地的特别展示会上通过原型彩色电视机观看这次节目。这一天也被认为是彩色电视正式开播的时间。

当时的彩色电视机还没有量产，原型样机数量极为有限。1954年4月，美国无线电公司推出了第一批量产的彩色电视机，型号为RCA CT-100。该电视机的显像管对角线为15英寸，可见的图像只有11.5英寸宽，价格为1 000美元，是一辆新型低端汽车价格的一半。这款电视机质量较差，只生产了4 000多台。到1954年年底，美国无线电公司发布了一款改进的21英寸彩色电视机。图3-2是一台陈列在美国火花电气发明博物馆的RCA CT-100，正在播放《超人》。

图3-2　陈列在美国火花电气发明博物馆的RCA CT-100①

第一台NTSC制彩色电视摄像机是1953年用于实验性广播的RCA TK-40。1954年3月美国无线电公司又推出了改进版的TK-40A，这是第一款商用彩色电视摄像机。当年晚些时候，该公司推出了改进的TK-41，这款摄像机成为整个20世纪60年代使用的标准机型。图3-3是RCA TK-41的照片。

图3-3　RCA TK-41 NTSC彩色电视摄像机②

虽然美国在1953年就推出了NTSC彩色电视标准，但昂贵的设备和彩色节目的稀缺大大减缓了其在市场上的接受度。在后续的10年里，大多数全国性的电视网络和几乎所有的地方节目仍然以黑白电视为主，直到20世纪60年代中期，彩色电视机才开始大量销售。导致这一变化的部分原因是1965年要进行彩色电视转换，当时包括美国全国广播公司、美国广播公司和哥伦比亚广播公司等全国性电视广播网络相继宣布，将在1965年秋季将一半以上的黄金时段节目以彩色方式播出。仅仅一年以后，各大电视网络在黄金时段播出的节目已全部转为彩色电视节目。到了1972年，最后一个还在播出黑白电视的日间节目也转换为彩色电视，至此，美国全网日间电视节目全部以彩色方式播出。这一年，美国彩色电视机的销量首次超过黑白电视机，这也是美国超过50%的电视机家庭拥有彩色电视机的第一年。到了20世纪80年代初，几乎已没有电视台播出黑白电视节目了，黑白电视机也只用于极小众的市场，如用于低成本的视频监视器等。

除了美国之外，NTSC制也被加拿大、墨西哥、古巴、智利等大部分美洲国家以及日本、韩国、菲律宾、中国台湾等亚洲国家或地区所采用。目前，使用NTSC制的国家或地区都处在数字化转换过程中，或已经转换为ATSC、DVB、ISDB等数字电视标准。

NTSC制的主要优点是接收机较简单，视频信号处理比较方便。主要缺点是对信号的相位失真比较敏感，即色度信号的相位失真容易引起色调变化，而人眼又对色调变化很敏感。为了减少色调失真，NTSC制对传输设备以及传输通道的性能要求都比较高。为了克服NTSC制的上述缺点，后来又出现了PAL制和SECAM制。

作为第一个兼容制彩色电视制式，NTSC制为彩色电视的发展作出了不可低估的贡献，它为后来其他制式的研制奠定了极为重要的基础。

(三)PAL制彩色电视系统

PAL(Phase Alternating Line)制也称逐行倒相正交平衡调幅制(简称逐行倒相制)，是由联邦德国

① Color television［EB/OL］.［2024-07-22］. https://encyclopedia.thefreedictionary.com/Color+television.

② RCA TK-40/41［EB/OL］.［2024-07-22］. https://encyclopedia.thefreedictionary.com/RCA+TK-40%2f41.

提出的一种兼容制彩色电视系统。PAL制的主要特点是在NTSC制的基础上，增加了对红色差信号的逐行倒相处理，以便消除由相位误差引起的色调失真。

20世纪50年代，西欧国家计划引进彩色电视。此时NTSC制已在大洋彼岸的美国正式推出，但考虑到NTSC制在传输条件较差时容易出现相位误差，从而导致色调失真，而欧洲的地理和天气特殊性又难以保证良好的传输条件，因此没有直接选用NTSC制，而是考虑提出一种新的彩色电视标准。新标准应能兼容625行、50场的黑白电视系统，并能解决NTSC制的色调失真问题。

德律风根(Telefunken)公司的沃尔特·布鲁赫(Walter Bruch)承担了这一任务。他与同事格哈德·马勒(Gerhard Mahler)和克鲁斯(Kruse)博士一起，对美国的NTSC系统及法国的SECAM系统进行了深入研究和测试。在此基础上，设计出一种新的彩色电视系统，即逐行倒相系统，缩写为PAL。德律风根公司在1962年以布鲁赫为发明人申请了该项技术的专利。1963年1月3日，布鲁赫在汉诺威向欧洲广播联盟(European Broadcasting Union，EBU)的一组专家首次公开介绍了逐行倒相系统，这一天也被认为是PAL制系统的诞生之日。1967年7月1日，第一次常规性的PAL制彩色电视广播在英国BBC2开播。联邦德国和荷兰紧随其后，分别于8月和9月也开始了PAL制的彩色电视广播。

PAL制是在NTSC制基础之上发展起来的，其对信号的处理方式与NTSC制基本相同，也是将两个色差信号对频率相同、相位正交的两个副载波进行正交平衡调幅。不过，为了克服NTSC制的相位敏感性问题，PAL制对已调幅的红色差信号进行了逐行倒相处理，即在传送已调幅的红色差信号时，逐行对其相位进行180度的翻转(奇数行与偶数行的相位相反)。由于相位失真在相邻行上往往是相同的，因此逐行倒相处理后在接收端就可以利用相邻行色彩的互补性来消除由相位失真引起的色调失真，从而克服NTSC制的相位敏感性问题。

在PAL制发展初期，接收端是靠人眼视觉惰性的平均作用来使相邻行的色调失真互相抵消的，这种方法也称为PAL_S(Simple PAL)。但是，当失真较大时，在图像上会产生亮度闪烁或“爬行”现象。为了解决该问题，后来的PAL制系统在接收端的色度解码器中使用了延时一行的超声延时线，将延时一行的信号和未延时的信号相加，实现两行信号的平均，从而抵消色调失真。这样做的代价是色度信号的垂直分解力和颜色饱和度会略有下降。不过，相较于同等情况下的色调失真，分辨率和饱和度的下降对视觉的影响要轻得多。延时一行的解码方法称为延时行PAL(Delayline PAL)，缩写为PAL_D，或称为标准PAL，是后来广泛使用的一种PAL解码方法。

PAL制中的色副载波频率选择相对较为复杂。在NTSC制中，红色差信号和蓝色差信号的频谱位置完全一样，所以在选择色副载波频率时，只需考虑将色差信号的频谱搬移到亮度信号频谱的高端，且与亮度信号频谱错开半个行频即可。然而，在PAL制中，由于红色差信号进行了逐行倒相处理，导致其频谱相对于蓝色差信号频谱移动了半个行频。如果还是用半行频间置的原则去选择PAL制的色副载波频率，就会造成红色差信号与亮度信号的频谱重叠在一起。为了解决该问题，PAL制采用了四分之一行间置的办法，即通过正交平衡调幅，将色差信号频谱搬移到亮度信号频谱高端，且使红色差和蓝色差信号的频谱谱线分别位于亮度信号频谱谱线两侧的各四分之一行频位置。依据上述原则，PAL制色副载波频率可选为行频的整数倍再减去行频的四分之一。PAL制行频为15.625kHz，整数倍的倍数选284，则可计算出色副载波的频率为4.43359375MHz。

然而，四分之一行间置后，虽然色度信号和亮度信号的频谱谱线最大限度地错开了，但色度信号对兼容黑白图像造成的倾斜条纹却非常令人讨厌。为了减轻这种干扰条纹的可见度，PAL制又对色副载波频率进行了25Hz偏置，即在以上计算得到的色副载波频率基础上，再增加25Hz，由此得到最终的PAL制色副载波频率为4.43361875MHz，一般表示为4.43MHz。

PAL制彩色电视标准应用非常广泛，大多数欧洲国家和亚洲国家以及大洋洲都采用了PAL制，其中有很多国家已经或正在将PAL制转换为数字电视系统，如DVB-T、DVB-T2、DTMB或ISDB等。

PAL制的主要优点是克服了NTSC制的相位敏

感性问题，将色调失真转化为对视觉影响相对较小的饱和度降低；与黑白电视的兼容性较好；另外，红色差信号的逐行倒相处理还能消除多径传输造成的干扰。PAL制的主要缺点是电视制播设备和电视接收设备都比较复杂，尤其是彩色电视机里要应用超声延时线组成的梳状滤波器等，既增加成本，且电路性能不够好时还会影响图像质量；另外，PAL制色度信号的垂直分解力要略低于NTSC制。

(四)SECAM制彩色电视系统

SECAM是法文Séquentiel Couleur à Mémoire(顺序彩色与存储)的缩写，是由法国提出的一种兼容制彩色电视系统，又称逐行轮换、储存、调频传色制，简称调频制。SECAM制的主要特点是将两个色差信号分别对两个频率不同的副载波进行调频，然后两个调频波逐行轮流插入亮度信号频谱的高端，与亮度信号一起传送。

SECAM制彩色电视系统是由法国工程师亨利·弗朗斯(Henri de France)带领团队开发完成的。研究工作始于1956年，其间经过多次方案变更。第一个提出的系统在1961年被命名为SECAM I。随后在兼容性和图像质量方面又进行了改进，改进后的系统分别称为SECAM II和SECAM III。其中，SECAM III在1965年的维也纳CCIR大会上做了介绍。后来SECAM III又做了进一步改进，得到SECAM III A和SECAM III B，后者就是法国后来开展彩色电视广播时普遍采用的系统。

苏联的技术人员在什马科夫(Shmakov)教授带领下也参与了SECAM的研究工作。他们研发了两个系统，一个使用了类似于伽马校正的过程，称为非线性NIIR，另一个省略了这一过程，称为线性NIIR或SECAM IV。NIIR是苏联无线电科学研究所(Nautchno-Issledovatelskiy Institut Radio)的缩写。

法国于1967年10月1日正式播出SECAM制彩色电视节目。实际上，从技术角度上来说，法国可以更早几年开展彩色电视广播。然而，由于法国的黑白电视采用的是819行系统，而根据泛欧协议，仅在625行电视系统中引进彩色电视。为此，法国不得不在20世纪60年代初开始转换为625行、50场黑白电视系统。转换之后才开始SECAM制彩色电视广播。继法国之后，苏联和黎巴嫩也在同一年开始了SECAM制彩色电视广播。

SECAM制的研发早于PAL制，其目的也是解决NTSC制的相位敏感性问题。为了实现与黑白电视的兼容，SECAM制也传送了全带宽的亮度信号和带宽压缩后的窄带红色差、蓝色差信号，这一点与NTSC制和PAL制相同。但是，在对色差信号的处理方面，SECAM制没有像NTSC制或PAL制那样采用正交平衡调幅，而是利用调频波对相位失真不敏感的特点，将两个色差信号调制到色副载波的频率上，用此方法来解决NTSC制的相位敏感性问题。由于采用了调频方式，SECAM制就无法利用正交调幅的特点，在同一频带内同时传送两个色差信号已调波。为此，SECAM制采取了逐行交替传送两个色差信号已调波的方式，即第一行传送亮度信号和红色差已调波，第二行传送亮度信号和蓝色差信号已调波，或正好相反。由于两个色差信号不同时出现，因此就不会产生色差信号之间的串扰。

在接收端，每一行只能接收到亮度信号和一个色差信号，但彩色解码器需要亮度信号和红、蓝两个色差信号才能得到三基色信号。因此，SECAM制在接收端设计了一个可延时一行的延时线，每一行的色差信号都会延时一行，以便用于下一行的解码。例如，当前行传来的是红色差信号，则上一行延时到本行的就是蓝色差信号，这两个色差信号与亮度信号一起解码，就可以得到三基色信号。由于相邻行上的图像内容一般都有很强的相关性，所以用上一行的色差信号代替本行相应的色差信号是可行的。不过，当垂直方向有彩色变化时，上、下两行的色差信号相混合就会造成彩色误差。另外，由于每一行只传送了两个色差信号中的一个，因此图像的彩色垂直分解力也会降低一半。

在SECAM制中，红色差和蓝色差的调频副载波频率分别为行频的282倍(红色差)和272倍(蓝色差)。两个副载波频率之间相差10倍的行频，目的是能用相同的限幅器限制两个副载波的最大频偏。SECAM制的行频为15.625kHz，所以红色差和蓝色差信号的副载波频率分别为4.40625MHz和4.25MHz。

SECAM制在色差信号调频前和调频后都进行了预加重处理。调频前的预加重也被称为视频预加重，目的是改善视频信号的信噪比；调频后的预加重也被称为高频预加重，目的是提高抗干扰能力，改善兼容性。

SECAM制彩色电视标准主要应用于法国及其前殖民地国家，以及苏联的部分加盟共和国。所有使用SECAM制的国家目前都在数字化转换过程中，有些国家已经转换为数字电视标准DVB。

SECAM制的主要优点是对相位失真的容忍度较高；色度信号不受通道幅频特性高频衰减的影响。主要缺点是对黑白图像的兼容性略差；彩色图像上的彩色水平突变处，色度对亮度的串扰较严重；信号的信噪比低于门限值时，屏幕上的图像会出现“银鱼效应”；图像的彩色垂直分解力相对较低等。

（五）彩色电视的应用情况

在彩色电视技术发展史上，尽管出现过多种不同的技术方案，但真正能够和黑白电视兼容并得到广泛应用的只有三种，即NTSC制、PAL制和SECAM制。这三种彩色电视制式的共同点是都传送了亮度信号和红色差信号及蓝色差信号，且都采用以色差信号调制在彩色副载波上的方式实现与亮度信号共用带宽的目的。这三种制式的主要区别是色差信号的处理方式不同。虽然这三种制式都与525行/60场或625行/50场的黑白电视系统兼容，但是它们之间却互不兼容。因此，在三种制式之间进行节目交换时，需要先进行制式转换。

彩色电视是在黑白电视之后出现的，各国在确定本国彩色电视制式时，首先要考虑与本国已有的黑白电视标准相兼容。从实际应用情况看，采用525行/60场黑白电视标准的国家基本都选用了NTSC制彩色电视系统，采用625行/50场黑白电视标准的国家基本都选用了PAL制或SECAM制彩色电视系统。表3-2给出了三种彩色电视制式与不同的黑白电视标准（如表3-1所示）组合后的技术参数集。

表3-2　三种彩色电视制式与不同黑白电视标准的组合[①]

	NTSC-J NTSC-M	PAL-B PAL-G PAL-H	PAL-D PAL-K	PAL-I	PAL-N	PAL-M	SECAM-B SECAM-G SECAM-H	SECAM-D SECAM-K SECAM-K’	SECAM-L
行/场	525/60	625/50	625/50	625/50	625/50	525/60	625/50	625/50	625/50
行频(kHz)	15.734	15.625	15.625	15.625	15.625	15.750	15.625	15.625	15.625
场频(Hz)	60	50	50	50	50	60	50	50	50
色副载波频率(MHz)	3.579545	4.43361875	4.43361875	4.43361875	3.582056	3.575611	4.25000 4.40625	4.25000 4.40625	4.25000 4.40625
视频带宽(MHz)	4.2	5.0	6.0	5.5	4.2	4.2	5.0	6.0	6.0
伴音载波(MHz)	4.5	5.5	6.5	5.9996	4.5	4.5	5.5	6.5	6.5
视频调制	负	负	负	负	负	负	负	负	正

在三种彩色电视制式中，NTSC制与黑白电视标准的组合情况相对较简单，主要有两种组合，即NTSC-M和NTSC-J。其中NTSC-M主要应用于北美大部分地区、南美西部、利比里亚、缅甸、韩国、中国台湾、菲律宾和一些太平洋岛国和地区。NTSC-J只用于日本。NTSC-M和NTSC-J的主要技术参数都一样，只是黑电平不一样。

相对而言，PAL制彩色电视系统与黑白电视标准的组合情况较多。其中PAL-B/G/H在西欧的大部分地区以及澳大利亚、新西兰使用。三者的主要区别是频道带宽不同，PAL-B是7MHz，PAL-G/H都是8MHz。另外，视频残留边带宽度也不同，PAL-B/G都是0.75MHz，而PAL-H则为1.25MHz。这些差别源于三个黑白电视标准B、G、H之间的不同。PAL-D/K主要应用于中欧、东欧以及中国大陆地区（中国大陆地区使用PAL-D）。PAL-I主要在英国、爱尔兰、中国香港、中国澳门、南非等国家或地区使用。PAL-N主要在阿根廷、巴拉圭和乌拉圭使

① Color television[EB/OL].[2024-07-22]. https://encyclopedia.thefreedictionary.com/Color+television.

用。PAL-N虽然使用625行/50场系统，但其频道带宽较窄，只有6MHz，与NTSC相同。因此PAL-N的色副载波也相应降低为3.582056MHz(四分之一行频的917倍)，与NTSC制的色副载波很接近。

PAL-M只在巴西使用。这是一个比较特殊的组合，因为该组合将PAL制彩色电视系统与525行/60场黑白电视系统组合在一起了。巴西从1972年2月19日开始使用PAL-M进行彩色电视广播，当时三大彩色电视制式均已出现且已被很多国家使用，巴西选择PAL-M的原因有多方面，包括政治、经济、技术、周边环境等因素。PAL-M系统在扫描参数、视频带宽、伴音载波等方面都和NTSC制相同，主要区别是彩色编码不同。因此，PAL-M系统播出的节目在NTSC制电视机上只能出现带有声音的黑白图像，反之亦然。另外，PAL-M系统与基于625行/50场的PAL系统不兼容，因为其帧率、扫描行数、色副载波和伴音载波都不同。因此，在常规的PAL制电视上显示PAL-M电视信号时，通常会出现滚动或压扁的黑白图像，而且没有声音。

SECAM制彩色电视系统与黑白电视标准的组合也比较多。其中，SECAM-L(也称法国SECAM)仅在法国、卢森堡使用。SECAM-B/G在中东部分地区、民主德国、希腊和塞浦路斯使用。SECAM-D/K在独联体和东欧部分地区使用，不过大多数东欧国家后来迁移到了其他系统。SECAM-H(又称Line SECAM)是在1983~1984年间推出的一种新组合，主要是为了在电视信号中留出更多空间用来添加图文信息。SECAM-K’主要在法国的海外属地以及曾经被法国统治的非洲国家使用。

彩色电视的出现为人们带来了新的视觉体验。不过，在最初的几年里彩色电视并没有得到快速发展，主要是因为设备缺乏和价格昂贵。从20世纪60年代中期至70年代，彩色电视进入快速发展时期。在这一时期，世界上大部分国家和地区都开展了彩色电视广播。

北美洲是最早开展彩色电视广播的地区，北美洲国家基本上都是在20世纪60~70年代开始播出彩色电视节目。美国于1954年1月1日开始了全世界第一个彩色电视广播。20世纪60年代后期，彩色电视开始快速发展。1972年，各大广播公司的日间节目基本都过渡到彩色电视，彩色电视机数量也超过了黑白电视机数量。古巴于1958年成为世界上第二个开展彩色电视广播的国家，不过在1959~1975年间中断。加拿大的彩色电视于1966年9月1日在加拿大广播公司(Canadian Broadcasting Corporation，CBC)的英语电视服务上推出，加拿大私人电视广播公司CTV(Canadian Television)也在1966年9月初开始了彩色电视广播。1968年，加拿大广播公司的法语电视服务开始每周播放15小时的彩色电视节目。1974年，加拿大广播公司开始进行全时段彩色电视广播，到20世纪70年代末，加拿大其他私营广播公司也开始进行全时段彩色电视广播。墨西哥于1963年推出第一个彩色电视广播。

欧洲大部分国家启动彩色电视广播的时间在20世纪60~70年代。苏联加盟共和国白俄罗斯于1961年率先开始了定期彩色电视广播。随后，英国于1967年7月1日、联邦德国于8月、荷兰于9月、法国于10月相继开始了彩色电视广播。瑞士于1968年10月开始彩色电视广播。丹麦、挪威、瑞典、芬兰、奥地利、民主德国、捷克斯洛伐克和匈牙利等国家都是在1969~1970年前后开始常规性的彩色电视广播。比利时、意大利、南斯拉夫、西班牙、冰岛等国家在20世纪70年代开始彩色电视广播。还有少数国家到了20世纪80年代才开始彩色电视广播。

亚洲和太平洋地区的大部分国家也是在20世纪60~70年代开始彩色电视广播的。日本的NHK和NTV于1960年9月10日开始彩色电视广播，是该地区的首个彩色电视广播。菲律宾于1966年，澳大利亚、泰国和中国香港地区于1967年相继开始了彩色电视广播。中国、新西兰、朝鲜、新加坡、巴基斯坦、越南、马来西亚、印度、印度尼西亚等国家在20世纪70年代先后开始彩色电视广播。韩国和孟加拉于1980年开始彩色电视广播。格鲁吉亚于1984年开始彩色电视广播，这是亚洲和太平洋地区最后一个开始彩色电视广播的国家。

中东地区第一个开展彩色电视广播的国家是伊拉克，于1967年开始播出。沙特阿拉伯、阿拉伯联合酋长国、科威特、巴林和卡塔尔在20世纪70年代中期相继开播彩色电视。不过，以色列、黎巴嫩和塞浦路斯直到20世纪80年代初才陆续转换为彩色电视。

非洲地区大部分国家在20世纪70年代推出彩

色电视广播。坦桑尼亚、毛里求斯、尼日利亚、南非、塞拉利昂等国家大致在20世纪70年代中后期开始提供彩色电视广播。加纳和津巴布韦等国家直到20世纪80年代才开始彩色电视广播。

南美地区大部分国家也在20世纪70年代推出彩色电视广播。巴西、厄瓜多尔、阿根廷等国家分别于1972年、1974年、1978年开始了彩色电视广播。玻利维亚、巴拉圭、秘鲁和乌拉圭等国家到了20世纪80年代初才逐步转换到彩色电视。

从世界范围看，20世纪60~80年代，世界上绝大多数国家或地区的电视广播都从黑白过渡到彩色。部分国家跳过了黑白电视阶段，直接进入彩色电视广播。到了21世纪，电视广播开始经历从模拟到数字的转换过程，部分国家已进入数字电视阶段。

三、我国彩色电视的诞生及发展

我国彩色电视的研究工作分为两个阶段。第一阶段始于1959年，即黑白电视开播后的第二年。研究的核心内容是选择或提出我国的彩色电视制式。当时比较成熟且已用于彩色电视广播的制式只有美国的NTSC制，其他制式都还处于研究阶段。考虑到我国的实际情况以及与黑白电视的兼容问题，决定借鉴NTSC制的主要技术，利用正交平衡调幅将色度信号频谱穿插在亮度信号频谱的间隙，与亮度信号一起传输。由于我国黑白电视的视频带宽为6MHz，比美国的4.2MHz要宽，所以没有直接选用美国NTSC制的副载波频率，而是将其提高到了4.4296875MHz。在设备研制方面，除摄像管和显像管等个别组件或元器件需要进口外，电视中心设备、同步机、电视发射机、电视接收机等设备都由技术人员协作自行研制完成。1960年5月1日开始，每周六晚上进行1小时的技术性实验播出，持续了半年。1960年年底，国民经济出现了很大困难，彩色电视的研究实验工作被迫中断。不过这一阶段对彩色电视的理论研究及实验工作为后来的研究积累了宝贵的经验。

第二阶段的研究工作从1969年开始，此时国际上除了NTSC制之外，PAL制和SECAM制也已推出。为了加快彩色电视研究步伐，高等院校、科研单位、工厂等都被发动起来，进行彩色电视制式攻关和设备研制大会战，当时称为“彩电大会战”。全国形成了北京、天津、上海、四川4个会战区。科研人员进行了大量的开路试验，研究并比较了传输条件对各种彩色电视制式的影响。另外还组织了电视技术考察组，于1972年10月至1973年1月赴法国、瑞士、联邦德国、荷兰、英国进行考察。经过反复研究对比，最后确定选择PAL制作为我国彩色电视暂行制式。1973年5月1日，北京电视台(即现在的中央电视台)开始用PAL制试播彩色电视节目，并于同年10月1日正式播出，由此开启了我国彩色电视广播时代。在随后的几年里，全国各省会电视台也开始向彩色电视转换。1982年8月25日，国家标准局发布了《彩色电视广播》国家标准，标准编号为GB 3174–82，正式确立了我国彩色电视采用PAL–D制。

在彩色电视发展之初，受当时经济条件的限制，彩色显像管等关键部件仍需要进口，彩色电视机在生产规模、产量、性能、质量等方面与同期已进入高速发展的日本相比，差距明显。到了20世纪70年代末80年代初，中国彩电事业乘着改革开放的东风，在自力更生的基础上，遵循以市场换技术的指导方针，与国外合作，采用世界先进技术和设备来发展自己的民族彩电工业。1978年，国家批准引进第一条彩色电视机生产线，定点在原上海电视机厂(现在的上海广电集团)。1982年10月份生产线竣工投产。1979年，国内第一个彩色显像管工厂咸阳彩虹厂成立。这期间中国彩电业迅速升温，并很快形成规模，引进大大小小彩电生产线100多条，并涌现出熊猫、金星、牡丹、飞跃等一大批国产品牌。到了1985年，中国彩色电视机产量已达1 600万台以上，超过了美国，仅次于日本，成为世界第二的电视机生产大国。这期间国产品牌无论是技术还是规模都有了长足的进步。到了1987年，中国彩色电视机产量已接近2 000万台，超过了日本，成为世界最大的电视机生产国。这一时期，彩色电视机开始进入寻常百姓家。

1983年，国家提出了中央、省、地市、县“四级办广播、四级办电视、四级混合覆盖”的方针，极大地推动了中国彩色电视事业的全面发展。与此同时，有线电视网也逐步兴起，并取得长足进步。经过10多年的发展，到了1992年底，我国电视综合人口覆盖率已达87.68%，电视机社会拥有量超过3.3亿台，全国超过10亿人口通过电视广播获取大量政治、经济、文化、娱乐等信息，电视在国民经济发展以及人民日常生活中都发挥着重要作用。

到了20世纪80年代后期，我国已基本完成从黑白电视到彩色电视的转换，电视综合人口覆盖率也在持续上升，2000年达到93.65%。进入21世纪后，电视的数字化进程加快，模拟彩色电视开始向数字电视转换。

本节执笔人：史萍

第四节｜数字电视

一、数字电视的基本概念

数字电视是指用数字信号表示电视图像及伴音信号的电视系统。相应的信号称为数字电视信号。在电视信号的采集、制作、播出、存储、传输、接收、重现等环节中采用数字电视信号的设备称为数字电视设备。

数字电视是数字通信技术在视频传输领域的一个具体应用。数字电视与模拟电视的最大不同是，数字电视可以通过信源编码和信道编码技术提高电视信号传输的有效性和可靠性。

（一）数字电视信号的产生

数字电视信号是通过对模拟电视信号进行取样、量化、编码等处理得到的，这一过程也称为电视信号的数字化。

对电视信号取样时，须考虑取样结构问题。取样结构是指取样点在画面上相对于空间和时间的分布规律。为了便于行、场、帧间的信号处理，电视信号的取样一般采用固定正交结构。这种结构的特点是每一行的样点正好处于前一场和前一行样点的正下方，且与前一帧的样点重合。由于电视画面是以帧、场、行为周期重复的，因此只要将取样频率选择为行频的整数倍，就可保证每一行的取样点数为整数，进而实现固定正交取样结构。

对取样后的电视信号进行量化时要考虑量化信噪比问题。为了使量化后的信号具有足够的信噪比，应尽量减小量化误差，即尽量增加量化级数。对电视信号进行量化时，如果要保证实际图像的量化信噪比大于50dB，则量化级数至少应为256级，即量化比特数为8比特。在有些情况下，量化比特数可达10比特或更高，这时可得到量化信噪比更高的信号。当然，量化级数增加后，量化比特数也相应增加，导致数码率的增加，这会给后续的信号处理和传输带来很多困难。

电视信号数字化的方式有两种，复合编码方式和分量编码方式。复合编码方式是将彩色电视信号作为一个整体进行取样、量化和编码，这种方式只在早期的数字录像机中使用过，后来就不再使用。分量编码方式是对亮度信号和两个色差信号分别进行取样、量化和编码，目前的数字电视设备和系统均使用这种方式。

在分量编码方式中，取样频率的选择非常重要。为了保证取样后不发生频谱混叠，取样频率必须大于或等于信号最高频率的2倍；为了满足固定正交取样结构，取样频率还应该是行频的整数倍；为了便于国际节目交换，取样频率应能同时兼容625行/50场和525行/60场两种扫描系统。在同时满足上述3个条件的基础上，亮度信号取样频率确定为13.5MHz。对于两个色差信号，由于其上限频率均小于亮度信号上限频率的一半，因此取样频率选取为亮度信号取样频率的一半就足够了，即13.5/2=6.75MHz。由于亮度信号和两个色差信号的取样频率之比满足4：2：2，因此也将这种分量编码方式称为4：2：2编码方式，或4：2：2色度取样格式。在4：2：2编码方式下，不论是625行/50场系统还是525行/60场系统，亮度信号每一行的有效样点数都是720个，色差信号每一行的有效样点数都是360个。

4：2：2编码方式是演播室节目制作系统使用的主流方式。在其他应用场合，还会用到4：4：4编码方式、4：2：0和4：1：1编码方式。其中，在4：4：4编码方式中，亮度信号和两个色差信号的取样频率和取样结构完全相同，因此具有相同的水平和垂直分解力；在4：2：0编码方式中，亮度信号与色差信号的取样频率与4：2：2方式相同，但两个色差信号每两行取一行，因此在水平和垂直方向上的分解力均为亮度信号的一半；在4：1：1编码方式中，亮度信号和两个色差信号的取样频率分别为13.5MHz、3.375MHz和3.375MHz，因此两个色差信号在垂直方向上的分解力与亮度信号相同，但在水平方向上的分解力是亮度信号的1/4。这几种编码方式都采用了固定正交取样结构。4∶4∶4编码方式下产生的数字信号码率较高，一般只应用于少数高端设备。4∶1∶1和4∶2∶0编码主要应用于某些需要降低码率的场合，比如摄录一体机等。

在分量编码方式中，亮度信号和两个色差信号的量化级数相同，一般为256级(8比特量化)或1 024级(10比特量化)。为防止量化过载，不采取从0到255级(或1 024级)的全范围量化，而是在上下两端都留出了过载保护带。例如，在8比特量化情况下，亮度信号的黑电平和白电平分别对应第16和第235级，即信号的动态范围限制在16~235量化级之间，而0~15级和236~255级则为过载保护带，其中，0和255专门用于表示同步信息。色差信号两端各留出了15个量化级，用于防止量化过载，其中第128级对应消色电平。

(二)数字电视的信源编码

电视信号经数字化后数码率很高。例如，亮度信号取样频率为13.5MHz、8比特量化、4∶2∶2编码时，电视信号数码率为216Mbps。若按每2比特构成一个周期，则传输这样一路数字电视信号需要有108MHz的通道带宽。若不采取措施，这样的信号无法在一般的通道中传输，更无法在现有的电视频道中传输。同样，如此高的数码率给存储也带来了很大压力。数字电视信号为了实现有效传输和存储，就需要采取措施降低数码率。也就是说，要设法对数字电视信号进行压缩，这一过程称为信源编码。压缩过程实际上就是去除图像中那些与信息无关或对图像质量影响不大的部分，即冗余部分。根据电视信号的特点及人眼的视觉特性，电视信号中存在很多这样的冗余部分，这就为图像压缩提供了可能性。

电视信号中存在的冗余主要表现为时间和空间相关冗余、视觉冗余、熵冗余等。对于大多数电视图像来说，相邻像素之间、相邻行之间的图像内容变化很小，即具有很大的相关性(或称相似性)，这种相关性称为电视信号的空间相关性或帧内相关性。电视信号是利用人眼的视觉特性，借助于快速传送相关画面的方式来再现活动画面的，因此在相邻场或帧的对应像素间也存在很强的相关性，即时间相关性或帧间相关性。时间和空间相关性造成了电视信号的冗余，减少这些冗余就可以实现图像的压缩。另外，人眼的视觉效果是图像质量的最直接也是最终的检验标准，对于人眼难以识别或对视觉效果影响甚微的信息，都可认为是多余的信息，可以省去。这些多余部分就是视觉冗余。熵冗余(entropic redundancy)是信息理论中的一个概念，指的是实际信息和最小必要信息之间的差异。

在数字电视的信源编码中，通过有针对性地设计压缩算法，如预测编码、变换编码、熵编码等，可以有效去除视频图像中的大部分冗余信息，达到数据压缩的目的。目前已有的视频压缩编码标准即是各类冗余信息压缩算法的集合。这些标准主要包括H.261、H.262/MPEG-2、H.263、MPEG-4、H.264/MPEG-4AVC、H.265/HEVC、H.266/VVC、AVS、AVS+、AVS2、AVS3等。

数字电视信号经压缩后可大大降低数码率，传输带宽要求也随之降低。压缩后的一路标准清晰度数字电视信号不但可在通常的模拟电视频道内传输，而且还可在一个频道内传输多套数字电视节目。因此，信源压缩编码为数字电视信号的传输提供了可能性。

(三)数字电视的信道编码

数字电视信号经信源压缩编码后大大节省了传输带宽，提高了频带利用率，使传输成为可能。但是，对于一个实际的数字系统来说，不但要实现传输，而且要实现可靠的传输。虽然数字信号比模拟信号有更强的抗干扰能力，但由于信道特性不理想以及内外杂波的影响等原因，接收到的数字信号不可避免地会发生错误，即误码，从而造成信息失真。另外，经过高倍压缩之后的数字电视信号对传输干扰变得非常敏感。在模拟电视中，传输干扰一般仅造成雪花干扰，但在数字电视中则可能造成图像的大块失真，严重时甚至完全解码不出正确的数据，表现为图像和声音的重现彻底崩溃。定性来说，压缩倍数越高，数字电视对传输干扰的抵抗能力越弱，即同样的传输干扰在解码恢复图像或声音时造成的损伤就越严重，因此对传输可靠性的要求也就越高。

因此，要实现数字电视信号的可靠传输，就需要采取一定的措施对误码进行控制，以保证接收端在较差的接收条件下也能准确恢复数据。误码控制通常包括误码检测和误码校正两个方面，可通过特定的纠错编解码技术实现。通常将实现误码控制的编码过程称为信道编码。

误码控制是通过特定的纠错编码技术实现的。纠错编码是数字通信所特有的一种处理方式，它利用数字信号可以进行数值计算这一特点，将若干个数字信号组成一个码组，按照某种运算法则进行数值运算，然后将运算结果附加在码组后面一起传送给接收机。由于每个信号码组与它们的运算结果之间保持着一定的数学关系，所以如果传输过程中发生了错误，这种运算关系就会遭到破坏。接收端按照规定的运算法则对接收到的每个信号码组及其运算结果进行检查，如符合运算关系，则认为信号中没有误码；如不符合运算关系，则说明发生了误码。

根据编码方式的不同，纠错编码一般可分为前向纠错和后向纠错两类方法。前向纠错(forward error correction，FEC)是使信源代码本身包含检错纠错能力，当接收端检测出误码后，可在一定范围内进行纠错。FEC在数字电视中被普遍采用。后向纠错(backward error correction，BEC)是当接收端发现有误码时，立即通过反馈信道请求发送端重发。这种方式也称为反馈重发，在点对点的交互通信中可以采用，而在点对面且实时性很强的单向广播中显然不适用。

在数字电视中，常用的纠错编码方案有卷积码、分组码等。另外，纠错编码通常与数据交织配合使用。数据交织的目的是打乱数据的自然传输顺序，使连续性的突发误码尽可能地分散到不同的纠错编码码组中。这样一来，落在每个码组中的误码数量就会大大减少，且误码通常在纠错范围之内，可纠正过来。

(四)数字电视的特点

数字电视相较于模拟电视而言有很多优势，主要表现在以下几个方面：

(1)在复制或传输等处理过程中，噪声不会累积。数字电视信号只有“0”“1”两个电平，各种处理过程中产生的噪声只要不超过某个额定电平，通过数字再生技术就可以将其清除掉。即使无法清除噪声，也可以通过纠错编码技术进行误码校正。因此，数字电视信号在复制或传输等处理过程中，信噪比基本保持不变。

(2)数字信号稳定可靠，易于实现存储、计算机处理、网络传输等功能，而且数字电视信号很容易实现加/解密处理。

(3)可充分利用信道容量。数字电视信号可采用时分多路复用方式，在行、场消期间实现数据广播。

(4)压缩后的数字电视信号经调制后可进行开路广播，在设计的服务区内(地面广播)，观众能以较高的概率实现“无差错接收”，收到的电视图像和声音质量接近演播室质量。

(5)可合理利用各种类型的频谱资源。以地面广播为例，数字电视可以启用模拟电视的“禁用频道”(taboo channel)，可采用“单频网”(single frequency network，SFN)技术，例如一套电视节目仅占用同一个数字电视频道就可覆盖全国。

数字电视也存在自身固有的问题。例如，在信源压缩编码时，如果压缩比太高，图像中的细节信息就会丢失，从而造成图像边缘模糊，出现“振铃现象”，甚至出现“块效应”。另外，如果信号在传输中发生的误码较多，当超出纠错编码的纠错范围时，误码就无法纠正过来，此时图像上可能就会出现明显的条状或块状图案，甚至会出现图像冻结、卡顿等现象，严重影响观众的视觉体验。

二、数字电视的发展历程

电视技术的发展总是伴随着图像清晰度的提高，这一趋势到了数字电视时代更加突出。从20世纪70年代开始，电视步入数字化进程。数字化进程的第一步是对传统的模拟彩色电视(如NTSC、PAL等)信号进行数字化。为了使不同模拟电视系统在数字化后可以相互兼容，国际电信联盟发布了数字电视演播室参数值标准，即Rec. ITU-R BT. 601建议书，由此定义了数字标准清晰度电视(standard definition television，SDTV)的信号格式。到了20世纪90年代，出现了一种新的数字电视格式，即数字高清晰度电视(high definition television，HDTV)。国际电信联盟在Rec. ITU-R BT. 709建议书中对HDTV的信号格式进行了详细规定。进入21世纪后，数字电视技术取得新的突破，出现了数字超高清晰度电视(ultra high definition television，UHDTV)，国际电信联盟在Rec. ITU-R BT. 2020建议书中对

UHDTV的信号格式进行了详细规定。

(一)标准清晰度电视(SDTV)

在高清晰度电视出现之前，并没有标准清晰度电视的概念。高清晰度电视出现之后，为了与之区分，就将与625行/50场及525行/60场彩色电视系统质量相当的电视系统称为标准清晰度电视。其中，“标准”是指这种分辨率格式是20世纪中后期电视广播的主流格式。在数字电视中，SDTV是指数字化后的625行/50场系统和525行/60场系统。具体到图像分辨率来说，当图像宽高比为4：3时，SDTV有效分辨率为720×576(625行/50场系统)或720×480(525行/60场系统)；当图像宽高比为16：9时，SDTV有效分辨率为960×576(625行/50场系统)或960×480(525行/60场系统)。

《广播电视术语》(GB/T 7400–2011)对标准清晰度电视的定义如下：用于表述与扫描格式为625行/50场及525行/60场彩色电视系统质量相当的电视系统。在数字电视系统中，其演播室信号标准格式符合ITU–R BT. 601–6 建议书中所规定的格式。

20世纪80年代，各类数字电视设备已经出现，电视数字化进程进入关键时刻。当时，世界上存在有PAL、NTSC、SECAM三种不同的模拟电视制式，使用625行/50场及525行/60场两种扫描格式。这些制式和格式之间互不兼容，对国际节目交换造成很大不便。为了在数字电视时代解决这一问题，消除数字电视设备之间的制式差别，使数字化后的625行/50场及525行/60场两种电视系统互相兼容，促进数字电视广播系统向着参数统一化、标准化方向发展，迫切需要在世界范围内建立统一的数字电视基本参数标准。为此，国际电信联盟无线电通信部(即ITU–R)的前身国际无线电咨询委员会(Consultative Committee on International Radio，CCIR)于1982年发布了Rec. ITU–R BT. 601建议书，该建议书的全称是Studio encoding parameters of digital television for standard 4：3 and wide–screen 16：9 aspect ratios (用于标准4：3和宽屏16：9的数字电视演播室编码参数)。该建议书后来经过多次修订，到2011年已更新到第7版。

根据Rec. ITU–R BT. 601的规定，SDTV视频信号采用分量编码方式，编码信号为亮度(Y)、蓝色差(C_B)、红色差(C_R)信号。编码参数主要包括取样结构、取样频率、每行取样点数、量化比特数等。为了便于国际节目交换，取样频率应能同时兼容625行/50场及525行/60场两种扫描系统，同时要满足取样定理和固定正交取样结构的要求，由此确定在宽高比为4：3时，亮度信号的取样频率为13.5MHz，4：2：2编码方式下，两个色差信号的取样频率均为6.75MHz；4：4：4编码方式下，两个色差信号的取样频率均为13.5MHz。另外，对于宽高比为16：9的电视系统，亮度信号的取样频率为18MHz，4：2：2编码时两个色差信号的取样频率均为9MHz；4：4：4编码时两个色差信号的取样频率均为18MHz。

表3–3至表3–6分别给出了四种情况下的主要编码参数，即亮度信号13.5MHz取样与4：2：2编码方式、亮度信号13.5MHz取样与4：4：4编码方式、亮度信号18MHz取样与4：2：2编码方式、亮度信号18MHz取样与4：4：4编码方式。每个表分别列出了625行/50场及525行/60场的参数。由表可见，在亮度取样频率和色度编码方式确定的情况下，625行/50场和525行/60场两种系统的亮度信号和色差信号的每行有效取样点数相同。

表3–3 亮度信号13.5MHz取样与4：2：2编码方式下的编码参数

参数	625 行 /50 场	525 行 /60 场
编码信号	Y、C_B、C_R信号(经 γ 预校正后)	
每行总取样点数		
Y信号	864	858
C_B、C_R信号	432	429
取样结构	固定正交取样结构	
取样频率		
Y信号	13.5MHz	
C_B、C_R信号	6.75MHz	
量化及编码方式	均匀量化，每个样点8比特(可选10比特)PCM编码	
每行有效取样点数		
Y信号	720	
C_B、C_R信号	360	
信号电平与量化级关系		

续表

参数	625行/50场	525行/60场
量化级范围	0~255	
Y信号	共220个量化级；消隐电平：16；峰值白电平：235	
C_B、C_R信号	共225个量化级；消色电平：128；最大负电平：16；最大正电平：240	

表3-4　亮度信号13.5MHz取样与4∶4∶4编码方式下的编码参数

参数	625行/50场	525行/60场
编码信号	Y、C_B、C_R信号(经γ预校正后)	
每行总取样点数	864	858
取样结构	固定正交取样结构	
取样频率	13.5MHz	
量化及编码方式	均匀量化，每个样点8比特(可选10比特)PCM编码	
每行有效取样点数	720	
信号电平与量化级关系		
量化级范围	0~255	
Y信号	共220个量化级；消隐电平：16；峰值白电平：235	
C_B、C_R信号	共225个量化级；消色电平：128；最大负电平：16；最大正电平：240	

表3-5　亮度信号18MHz取样与4∶2∶2编码方式下的编码参数

参数	625行/50场	525行/60场
编码信号	Y、C_B、C_R信号(经γ预校正后)	
每行总取样点数		
Y信号	1152	1144
C_B、C_R信号	576	572
取样结构	固定正交取样结构	
取样频率		
Y信号	18MHz	
C_B、C_R信号	9MHz	
量化及编码方式	均匀量化，每个样点8比特(可选10比特)PCM编码	
每行有效取样点数		
Y信号	960	
C_B、C_R信号	480	

续表

参数	625行/50场	525行/60场
信号电平与量化级关系		
量化级范围	0~255	
Y信号	共220个量化级；消隐电平：16；峰值白电平：235	
C_B、C_R信号	共225个量化级；消色电平：128；最大负电平：16；最大正电平：240	

表3-6　亮度信号18MHz取样与4∶4∶4编码方式下的编码参数

参数	625行/50场	525行/60场
编码信号	Y、C_B、C_R信号(经γ预校正后)	
每行总取样点数	1 152	1 144
取样结构	固定正交取样结构	
取样频率	18MHz	
量化及编码方式	均匀量化，每个样点8比特(可选10比特)PCM编码	
每行有效取样点数	960	
信号电平与量化级关系		
量化级范围	0~255	
Y信号	共220个量化级；消隐电平：16；峰值白电平：235	
C_B、C_R信号	共225个量化级；消色电平：128；最大负电平：16；最大正电平：240	

Rec. ITU-R BT. 601对数字电视的发展起到了至关重要的作用，被誉为连接模拟电视和数字电视的桥梁，是数字电视的基石。Rec. ITU-R BT. 601发布之后被广泛使用，成为电视历史上被引用最多、使用最广的技术文件。1983年，美国国家电视艺术与科学学院将工程技术艾美奖授予Rec. ITU-R BT. 601的研制机构国际无线电咨询委员会，以表彰其对数字电视标准化所作出的杰出贡献。

为了使SDTV节目制作设备之间能够互联互通，国际电信联盟于1986年又发布了SDTV演播室数字分量视频信号接口建议书，即Rec. ITU-R BT. 656: Interface for digital component video signals in 525-line and 625-line television systems operating at the 4∶2∶2 level of Recommendation ITU-R BT. 601

(工作于ITU-R BT. 601建议书中4：2：2取样格式下的525行和625行电视系统的数字分量视频信号接口)。

Rec. ITU-R BT. 656是在Rec. ITU-R BT. 601规定的SDTV编码参数基础上定义的数字分量视频信号传输接口规范，主要内容包括接口的数字信号格式、比特并行接口、比特串行接口等。

接口中传送的数字信号有4类，即视频信号、定时基准信号、数字消隐数据、附属信号，这些信号以二进制形式编码成8比特或10比特的数据字(视频信号的一个数据字就是一个取样值)在接口中传送。其中视频信号的数字编码参数符合Rec. ITU-R BT. 601中4：2：2格式的规定。传送时将亮度和两个色差信号按照C_B、Y、C_R、Y、C_B、Y、C_R……的顺序复用成一路数据流，10比特量化时数据流传输速率为27MW/s。定时基准信号有两种，分别为有效视频起始标志(start of active video，SAV)和有效视频结束标志(end of active video，EAV)。SAV和EAV均由4个数据字组成，分别表示每一行正程的起始和结束，作用相当于模拟电视中的行同步。数字消隐数据是指在消隐期间填充的数据字。如果消隐期间不传送附属数据，则须在亮度信号取样点位置填充消隐电平对应的数据字，在色差信号取样点位置填充消色电平对应的数据字。消隐期间也可以传送附属数据，如数字音频、辅助数据等。

SDTV的数字分量视频信号在演播室设备之间传送时，可使用两种接口方式：比特并行接口和比特串行接口。比特并行接口使用25芯D型超小型接插件，以平衡方式同时传送每个数据字的8个或10个比特。比特串行接口使用单芯的同轴电缆和BNC接插件。传送之前须先将数据流中的每个数据字通过并串转换变成比特串。每个数据字的比特串首尾相接，形成一路比特流后送入接口传输。由于并行接口复杂，传输距离受限，所以在实际应用中，4：2：2编码的分量视频信号主要采用串行接口传输。10比特量化时串行接口传输码率为270Mbps。

Rec. ITU-R BT. 656广泛应用于SDTV演播室节目制作设备和系统，它使不同厂商和不同类型的视频设备能够无缝对接，增强了设备间的数据互通性和兼容性。

20世纪90年代后，数字电视传输技术取得突破，特别是视频压缩编码技术。国际标准化组织(International Standards Organization，ISO)于1992年和1994年先后发布了MPEG-1和MPEG-2视音频信源编码标准，其中MPEG-2后来被广泛应用于SDTV的信源压缩编码。20世纪90年代中后期，欧洲、美国、日本先后发布了数字电视传输标准，分别为DVB、ATSC和ISDB。至此，SDTV广播技术已经成熟，美国、英国等国家率先开始了SDTV广播。进入21世纪后，有更多国家启动了SDTV广播，由此进入了从模拟电视到数字电视的转换阶段。

(二)高清晰度电视(HDTV)

HDTV是SDTV的下一代电视系统，其图像清晰度远高于SDTV。《广播电视术语》(GB/T 7400-2011)对HDTV的定义如下：可使具有正常视力的观看者在三倍于画面高度距离处观看图像时，感觉到的图像质量与在现场观看时的感觉几乎相同的电视系统。在数字电视系统中，其演播室信号标准格式符合ITU-R BT. 709-5建议书中所规定的格式。[①]

HDTV的发展历史可分为两个阶段，即模拟HDTV和数字HDTV。日本从20世纪70年代初开始研究模拟HDTV技术，于80年代提出MUSE制HDTV系统并试播成功。西欧从70年代末也开始了HDTV的研究，提出了HD-MAC制的HDTV系统方案。从本质上讲，MUSE制和HD-MAC制都属于模拟电视系统，只不过采用了一些数字信号处理技术。随着数字技术的发展，数字电视的优势已越来越明显，日本和欧洲也先后放弃模拟HDTV转而研究开发数字HDTV系统。从80年代末开始，美国、欧洲及日本先后提出了全数字化的高清晰度电视广播系统。现阶段所说的HDTV均指数字HDTV。

1990年，国际电信联盟发布了Rec. ITU-R BT. 709建议书，即Parameter values for the HDTV standards for production and international programme exchange(用于节目制作和国际节目交换的HDTV标准参数值)。该建议书最初只规定了1 125行/60场和1 250行/50场两种隔行扫描的HDTV格式，后来

① 广播电视术语[S].中华人民共和国国家标准GB/T 7400-2011.

经过多次修订，又增加了逐行扫描、24Hz帧频等多种格式。2015年发布的第6次修订版Rec. ITU-R BT. 709-6共规定了10种格式，包括逐行扫描和隔行扫描，60Hz、50Hz、30Hz、25Hz及24Hz帧频等。两种扫描方式和5种帧频组合出10种HDTV格式，如表3-7所示。

表3-7　HDTV格式说明[①]

HDTV 格式	拍摄时的帧频（Hz），扫描方式	传送方式
60/P	60 或 60/1.001，逐行	逐行
30/P	30或30/1.001，逐行	逐行
30/PsF	30 或 30/1.001，逐行	帧分段
60/I	30或30/1.001，隔行	隔行
50/P	50，逐行	逐行
25/P	25，逐行	逐行
25/PsF	25，逐行	帧分段
50/I	25，隔行	隔行
24/P	24或24/1.001，逐行	逐行
24/PsF	24或24/1.001，逐行	帧分段

注：表3-7中，P表示逐行扫描，I表示隔行扫描，PsF表示拍摄时用逐行扫描方式，但传送时用帧分段方式，即先传送第一段(由所有奇数行组成)，再传送第二段(由所有偶数行组成)。PsF主要用于帧频为30Hz或低于30Hz、用CRT显示图像的情况

表3-8给出了HDTV的图像特性和数字化参数，表3-9给出了10种HDTV格式的扫描参数。

表3-8　HDTV图像特性及数字化参数[②]

参数	系统值	
宽高比	16∶9	
每行有效样点数 $-R, G, B, Y$ $-C_B, C_R$	 1 920 960	
每帧有效行数	1 080	
像素宽高比	1∶1(方形像素)	
编码信号	R, G, B或Y, C_B, C_R	
取样结构：R, G, B, Y	固定正交	
取样结构：C_B, C_R	固定正交，第一个色差有效样点与第一个亮度有效样点位置重合	
编码格式	8比特或10比特线性量化，分量编码	
量化级	8比特量化	10比特量化
消隐电平：R, G, B, Y 消色电平：C_B, C_R 峰值电平：$-R, G, B, Y$ $-C_B, C_R$	16 128 235 16和240	64 512 940 64和960
量化电平分配	8比特量化	10比特量化
-视频数据 -定时基准	1~254 0和255	4~1 019 0~3和1 020~1 023

①② Parameter Values for the HDTV Standards for Production and International Programme Exchange [S], Rec. ITU-R BT. 709-6, Radiocommunication Sector of ITU, 2015.

表3-9 HDTV图像扫描特性[①]

参数	系统值									
	60/P	30/P	30/PsF	60/I	50/P	25/P	25/PsF	50/I	24/P	24/PsF
样点顺序	从左到右，从上到下 对于隔行和帧分段系统，第一场的第一个有效行位于画面顶部									
总行数	1125									
场/帧/帧分段 频率(Hz)	60 60/1.001	30 30/1.001	60 60/1.001		50	25	50		24 24/1.001	48 48/1.001
隔行比	1∶1			2∶1	1∶1			2∶1	1∶1	
帧频(Hz)	60，60/1.001	30，30/1.001			50	25			24，24/1.001	
每行样点总数 –R，G，B，Y –C_B，C_R	2200 1100				2640 1320				2750 1375	
模拟信号标称带宽(MHz)	60	30			60	30				
取样频率(MHz) –R，G，B，Y	148.5 148.5/1.001	74.25 74.25/1.001			148.5	74.25			74.25 74.25/1.001	
取样频率(MHz) –C_B，C_R	74.25 74.25/1.001	37.125 37.125/1.001			74.25	37.125			37.125 37.125/1.001	

HDTV的主要特点概括如下：

视频带宽和取样频率：Rec. ITU–R BT. 709规定了HDTV模拟视频信号的标称带宽为30MHz，亮度信号或三基色信号的取样频率为74.25MHz(2.25MHz的整数倍)。

分辨率：分辨率通常用每行有效样点数和每帧有效扫描行数的乘积表示，也就是每帧图像的有效样点数。Rec. ITU–R BT. 709建议书给出的HDTV系统亮度信号或三基色信号每行有效样点数为1 920，每帧有效扫描行数为1 080，所以HDTV系统的分辨率为1 920 × 1 080，远远高于SDTV的分辨率。1 920 × 1 080也称为HDTV的公共图像格式(common image format，CIF)。公共图像格式是指独立于图像帧率的公共图像参数值，即不论哪种帧频系统，其图像的有效样点数均为1 920 × 1 080。

扫描方式及帧率：HDTV有逐行和隔行两种扫描方式。帧率也有多种，60Hz、50Hz、30Hz、25Hz及24Hz等。另外，为了方便与模拟彩色电视之间的相互转换，HDTV还规定了60Hz/1.001、30Hz/1.001、24Hz/1.001三种帧频。

各国在开展HDTV广播时，采用了不同的分辨率、帧率及扫描方式，这三者的组合形成了不同的HDTV格式，主要包括1920 × 1080 × 50i/60i、1 920 × 1 080 × 24p/25p/30p/50p/60p。其中，用于HDTV广播的主要格式是1920 × 1080 × 50i/60i，其他格式主要用在制作域。

宽高比：考虑到双眼的视场清晰范围，HDTV画面宽高比应像宽银幕电影那样在(1.66~1.85)∶1的范围内。因此，ITU–R BT. 709规定了HDTV的宽高比为16∶9(1.78∶1)。这样就可扩大水平视角范围，提供更好的现场感。

像素形状：如果像素在水平和垂直方向上的大小是相同的，则称为方形像素。如果每个像素都是方形像素，则画面水平方向和垂直方向上的像素数量之比就应该与画面的宽高比相同。计算机行业绝大多数显示标准都符合方形像素原则。为了便于实现与计算机系统的互操作，以及便于进行图像的各种变换处理，HDTV规定了方形像素格式，即每帧有效行数为1 080，每行有效样点数为1 920。这样一来，在16∶9的画面宽高比情况下，像素即为方形像素。

色域：HDTV系统除了规定常规色域外，还规

① Parameter Values for the HDTV Standards for Production and International Programme Exchange [S], Rec. ITU–R BT. 709–6, Radiocommunication Sector of ITU, 2015.

定了一个范围更宽的传输色域，即扩展色域(或称宽色域)，因此可提供比SDTV系统更丰富的色彩信息。HDTV扩展色域的具体参数由Rec. ITU-R BT. 709建议书给出，因此也将该色域称为Rec. 709色域。

伴音：模拟电视系统和数字SDTV系统的伴音大多是单声道或双声道立体声，而HDTV系统可提供5.1声道的环绕立体声，大大增强了身临其境般的声音效果。

1994年，国际电信联盟发布了Rec. ITU-R BT. 1120建议书：Digital interfaces for HDTV studio signals(HDTV演播室信号数字接口)，规定了HDTV的演播室数字分量视频信号格式、比特并行接口、比特串行接口等。HDTV演播室数字分量视频信号接口的数据流速率为148.5MW/s，串行接口中的比特率为1.485Gbps。

20世纪90年代后期，美国的部分商业电视台率先启动了HDTV广播。进入21世纪后，其他很多国家也陆续开始了HDTV广播。HDTV系统的信源编码标准主要有MPEG-2、H.264、AVS+等。其中MPEG-2因压缩效率较低，后来逐渐被其他几种标准取代。

(三)超高清晰度电视(UHDTV)

HDTV的出现使人们体验到了高清晰度图像带给视觉的享受。然而，与真实世界相比，HDTV提供的视觉信息似乎还不够丰富。人们希望开发出更先进的电视系统，能够超越HDTV的性能，呈现出更逼真的影像效果，提供更丰富、更准确的视觉信息。在此背景下，出现了超高清晰度电视。

超高清晰度电视是一种图像分辨率远高于HDTV的数字电视格式，其扫描方式、帧频、色域等较HDTV都有较大提升或扩展。超高清晰度电视可以看成是HDTV的下一代电视系统。超高清晰度电视有两种分辨率，即3 840 × 2 160(称为UHDTV1或4K UHDTV，简称4K)和7 680 × 4 320(称为UHDTV2或8K UHDTV，简称8K)。

UHDTV的发展历史分为几个阶段。20世纪90年代，UHDTV处于研究起步阶段，没有突破性进展。从2000年至2010年，UHDTV技术取得部分突破。2001年，IMB制造了首个UHDTV监视器，分辨率为3 840 × 2 400，屏幕对角线为22.2英寸，这相当于像素密度达到了每英寸有204个像素，远远高于当时的电脑显示器。2003年，日本NHK演示了一种分辨率为7 680 × 4 320的UHDTV原型系统。2006年11月2日，NHK通过光纤网络在260公里的距离上演示了超高清电视节目的现场转播。2006年12月31日，NHK通过IP从东京向大阪进行现场节目转播。从2010年开始，UHDTV进入快速发展阶段。日本NHK、夏普、索尼等机构相继研发出超高清显示器、图像传感器、摄像机、播放器等设备。从2012年开始，UHDTV在电视转播中得到越来越多的应用，如奥运会、世界杯等。部分国家开始进行UHDTV的实验播出或正式播出。

国际电信联盟于2012年8月正式发布了Rec. ITU-R BT. 2020建议书：Parameter values for ultra-high definition television systems for production and international programme exchange(用于节目制作与国际节目交换的超高清晰度电视系统参数值)。该建议书定义了两种分辨率的UHDTV系统，即3 840 × 2 160和7 680 × 4 320；同时还规定了光电转换特性、基色坐标及参考白、扫描方式、帧率、数字化参数等。该建议书经过两次修订，于2015年形成Rec. ITU-R BT. 2020-2，表3-10给出了其中的部分主要参数。

表3-10　Rec. ITU-R BT. 2020规定的UHDTV主要参数[1]

参数	值	
图像宽高比	16∶9	
像素数(水平 × 垂直)	7 680 × 4 320	3 840 × 2 160
像素宽高比	1∶1(方形)	
像素顺序	每行从左到右，每帧从上到下	

① Parameter values for ultra-high definition television systems for production and international programme exchange [S], Rec. ITU-R BT. 2020-2, Radiocommunication Sector of ITU, 2015.

续表

参数	值		
帧频(Hz)	120，120/1.001，100，60，60/1.001，50，30，30/1.001，25，24，24/1.001		
扫描方式	逐行		
编码信号	R'，G'，B' or Y'，C'_B，C'_R or Y'_C，C'_{BC}，C'_{RC}		
取样结构：R'，G'，B'，Y'，Y'_C	固定正交		
取样结构：C'_B，C'_R或C'_{BC}，C'_{RC}	固定正交，第一个(左上角)样点位置与Y'样点位置重合		
	4：4：4格式	4：2：2格式	4：2：0格式
	水平样点数与$Y'(Y'_C)$相同	相对于$Y'(Y'_C)$，在水平方向进行以2为因子的下采样	相对于$Y'(Y'_C)$，在水平和垂直方向都进行以2为因子的下采样
编码格式	每个分量以10或12比特进行编码		
量化级	10比特量化	12比特量化	
–消隐电平 DR'，DG'，DB'，DY'，DY'_C –消色电平 DC'_B，DC'_R，DC'_{BC}，DC'_{RC}	64 512	256 2 048	
–峰值电平 DR'，DG'，DB'，DY'，DY'_C DC'_B，DC'_R，DC'_{BC}，DC'_{RC}	940 64和960	3760 256和3 840	
量化级分配 –视频数据 –定时基准	4~1 019 0~3和1 020~1 023	16~4 079 0~15和4080~4 095	

2015年，国际电信联盟发布了UHDTV的演播室接口建议书，即Rec. ITU–R BT. 2077：Real–time serial digital interfaces for UHDTV signals(UHDTV信号实时串行数字接口)，规定了用于传送UHDTV非压缩信号的串行数字接口规范。该建议书分为4个部分。第1部分和第3部分基于10比特编码，第2部分基于12比特编码。第1部分和第2部分使用多链路的10Gbps光接口，第3部分使用单链路和多链路的6Gbps、12Gbps和24Gbps电接口和光接口。第4部分定义了26.73Gbps和100Gbps的单通道光纤传输，以及帧率大于60Hz的双通道光纤100Gbps接口。

随着显示技术的发展，高动态范围(high dynamic range，HDR)电视成为可能。HDR电视通过提高亮度动态范围，使图像呈现出更丰富的细节，特别是在亮部和暗部区域，从而为观众提供增强的视觉体验。2016年，国际电信联盟发布了Rec. ITU–R BT. 2100：Image parameter values for high dynamic range television for use in production and international programme exchange(用于节目制作和国际节目交换的高动态范围电视图像参数值)，规定了感知量化(perceptual quantization，PQ)和混合对数伽马(hybrid log–gamma，HLG)两种方法在节目制作和国际节目交换中使用的高动态范围电视图像参数。PQ采用绝对亮度体系，其电光转换函数符合人眼视觉特性，最大动态范围为0~10 000nit；HLG采用相对亮度体系，可兼容现有的标清和高清电视系统，最大动态范围为1 200%。HDR技术与UHDTV的高分辨率、宽色域等结合在一起，可极大地提升电视图像的视觉效果。

相较于SDTV和HDTV，UHDTV的主要特点体现在宽视角、高分辨率、逐行扫描与高帧率、高比特深度、宽色域和高动态范围等方面。在宽高比和像素形状方面，UHDTV与HDTV相同，为16：9和方形像素。UHDTV的特点概括如下：

宽视角：UHDTV拥有更宽的水平和垂直视角。根据Rec. ITU–R BT. 500–15的规定，8K UHDTV的最佳观看距离为画面高度的0.8倍，最佳水平视角为96度；4K UHDTV的最佳观看距离为画面高度的1.6倍，最佳水平视角为58度。①这种近距离、宽视角的观看条件使观众获得极宽的视野范围(field of view, FOV)，基本覆盖了人类自然视野的全部范围。再配合尺寸合适的大屏幕显示，可为观众带来更佳的视觉体验。

高分辨率：UHDTV的最大特点是分辨率高。按照ITU-R BT. 2020建议书的规定，UHDTV有两种分辨率：一种是4K UHDTV，分辨率为3 840×2 160，其有效像素数是HDTV的4倍；另一种是8K UHDTV，分辨率为7 680×4 320，其有效像素数是HDTV的16倍。分辨率的提升有助于画面清晰度的提高，使画面呈现更丰富的细节内容。图3-4是SDTV、HDTV、4K UHDTV和8K UHDTV的分辨率对比。

图3-4　SDTV、HDTV、4K UHDTV和8K UHDTV的分辨率对比②

扫描方式与帧率：UHDTV完全放弃了隔行扫描方式，统一采用逐行扫描。支持的帧频包括 120Hz、100Hz、60Hz、59.94Hz、50Hz、30Hz、29.97Hz、25Hz、24Hz等。逐行扫描配合高帧率可在很大程度上提升运动图像的清晰度和表现力。

宽色域：UHDTV的参考白坐标与Rec.709相同，都是D65，但色域范围比HDTV宽很多。在CIE 1931色度图上，UHDTV的色域范围覆盖了75.8%的面积，而HDTV只覆盖了35.9%的面积。宽色域能还原更多的景物颜色，使图像更真实、更细腻。UHDTV的色域参数由Rec. ITU-R BT. 2020给出，因此也将UHDTV的色域称为Rec. 2020色域。图3-5是CIE 1931色度图，其中，外侧的三角形区域是UHDTV的色域范围，内侧的三角形区域是HDTV的色域范围。

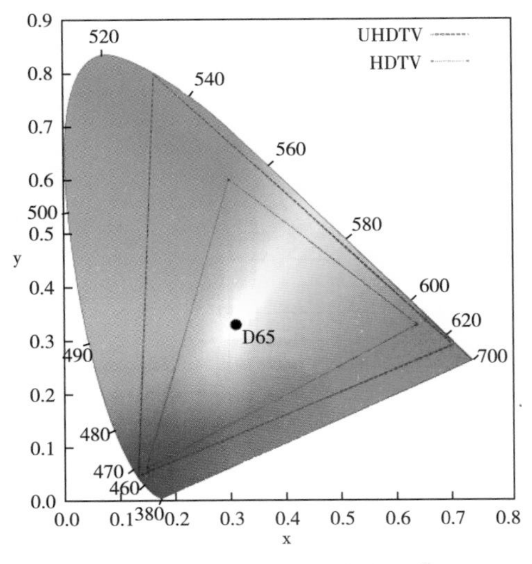

图3-5　CIE 1931色度图③

高动态范围：人眼可感知的外界景物亮度范围很大，但使用常规电视动态范围的电视系统所呈现的图像对比度仅为1∶1 000，亮度范围远远小于人眼(瞳孔不变时)的感知范围1∶100 000。高动态范围技术的出现恰恰适应了人眼可感知的亮度范围。UHDTV系统使用HDR技术后，可增加画面明亮与黑暗区域的反差，提升画面亮部区域和暗部区域的细节表现力，从而获得更好的画质效果。

高比特位深：SDTV和HDTV的像素量化比特数一般为8比特或10比特，而UHDTV为10比特或12比特。量化比特数的提升对图像在色彩层次及过渡方面的增强起到关键作用，亮度过渡更完美，色彩还原更真实。

伴音：为了能在宽视角和高分辨率的图像下保证声像的准确定位，UHDTV系统采用比环绕立体声系统更真实、更具沉浸感的三维声系统，从而给观众带来更完美的视听享受。

2010年以后，UHDTV技术在节目拍摄、制作、传输和显示等方面日趋完善，这为UHDTV的应用提供了可能性。很多大型体育赛事都采用了UHDTV进行转播，如2012年和2016年的夏季奥运会、2014年的足球世界杯比赛、2015年的法网公开

① Methodologies for the subjective assessment of the quality of television images [S], Rec. ITU-R BT. 500-15, Radiocommunication Sector of ITU, 2023.

②③ Ultra-high-definition television [EB/OL]. [2024-07-22]. https://encyclopedia.thefreedictionary.com/Ultra-high-definition+television.

赛、2022年的北京冬奥会等。另外，欧洲、亚洲、美国等很多地区和国家都陆续开设了UHDTV频道，如欧洲通信卫星组织于2013年1月8日正式开通全球首个UHDTV频道，韩国、日本在随后的几年里也开始播出UHDTV节目。UHDTV除了在电视广播行业得到应用之外，还在数字影院、博物馆、医疗及一些特殊行业得到应用。

UHDTV信号的码率很高，为了在不占用过多频谱资源的情况下实现有效传输，就需要有更高效的信源编码方案。用于UHDTV的信源编码标准主要有H.265/HEVC、H.266/VVC，以及我国提出的AVS2、AVS3等。

（四）立体电视

立体电视（stereoscopic television）也称3D电视，是一种能够提供三维视觉体验的电视技术。立体电视利用了人眼的立体视觉原理，即让两只眼睛分别看到具有一定视差的两幅不同图像，两幅图像之间的视差被大脑处理后形成立体感，营造出具有深度感的三维图像，从而使观众产生身临其境的感觉。立体电视通过两种主要技术实现这一效果：主动快门式3D技术和偏光3D技术。主动快门式3D技术通过同步切换左右眼图像，并使用电子快门眼镜使每只眼睛分别看到对应的图像；偏光3D技术则通过偏振光滤镜将图像分离，让观众通过偏光眼镜看到不同的图像，从而实现3D效果。

立体电视的发展历程可以追溯到19世纪。当时一些科学家开始尝试通过不同的方法获取立体图像，例如通过不同颜色绘制存在规律差异的图像，然后通过滤光镜观察，以实现立体效果。1915年，威廉·范·多伦·凯利（William van Doren Kelley）发明了Prizma色彩系统，这是最早的立体显示技术之一。1922年，世界上第一部3D电影《爱的力量》问世，这标志着立体视觉技术在电影领域的初步应用。然而，由于技术限制和高昂的成本，这一时期的3D技术并未被广泛应用。20世纪50年代，随着电视技术的普及，3D电视再次引起了人们的兴趣。1953年，美国电影《蜡像馆》（*House of Wax*）成为首部使用立体声和3D效果的电影。这一时期的3D技术主要应用于电影领域，尽管在家庭电视中并未得到广泛应用，但它为后来的发展奠定了基础。

进入21世纪后，立体电视技术取得了显著进展，日本东京于2003年召开了3D联盟成立大会，展示了新型的无眼镜模式下的立体图像显示器、立体图像拍摄和演播系统。然而，这些系统在观看角度和距离上仍存在限制。我国在2000年研制成功第一个实时立体显示系统，借助无线红外眼镜观看普通的VCD播放画面即可获得立体效果。同时业界也加快了新型立体摄像机和立体显示装置的研制进程，新型立体摄像机集合了多种技术，如计算机、测控及图像处理技术，并具有双摄像头，在拍摄过程中尊重人眼的视觉观察规律，使双眼能够分别获得左右图像形成的立体效果。2009年，电影《阿凡达》在全球范围内引发了3D技术的热潮，这也促使电视制造商开始大规模生产3D电视。2010年，全球多家电视厂商纷纷推出3D电视产品，市场开始快速增长。在这一时期，3D电视的技术水平显著提升，主要包括主动快门式3D技术和偏光3D技术。此外，无须佩戴眼镜的裸眼3D技术也开始崭露头角，但由于技术复杂性和成本问题，其未能大规模应用。

立体电视广播最终在数字电视基础上得以实现。美国ESPN于2010年开始播出3D数字电视节目。英国BBC于2011年推出了3D数字电视节目。中国的3D电视发展始于21世纪初期，并于2012年1月1日正式开播中国3D电视实验频道。该频道由中央电视台、北京电视台、天津电视台、上海电视台、江苏广播电视总台、深圳广电集团联合开办，各家分别制作节目，由中央电视台统一播出。播出的节目类型主要包括动漫、体育、专题片、影视剧、综艺以及重大活动的现场转播。播出的3D电视节目信号以高清帧兼容的格式，采用卫星通道加密传输，由全国各地有线电视网络前端接收，在当地有线电视网络基本频道中传送。各地有线电视高清机顶盒用户将高清机顶盒与3D电视机相连，再佩戴与3D电视机配套的眼镜，就可以接收并观看3D电视节目。3D实验频道的开播标志着中国在3D电视技术应用上的一大步。在3D电视实验频道中，左路、右路以及左右拼接后的3D电视的视频图像格式均为：1 920×1 080，隔行扫描，场频为50Hz，宽高比为16∶9。视频压缩采用H.264，HP@L4，码率不低于15Mbps；也可采用AVS基准类，6.0级，码率不低于15Mbps。音频采用双路立体声或多声道环绕声，采样频率为48KHz，16比特量化。音频压缩采用GB/T17191.3–1997的第2层，码率为256Kbps；也可采用AC3，码率为384Kbps。

在这一时期，中国的电视厂商如海信、创维、TCL等纷纷推出自己的3D电视产品。中国3D电视的技术水平迅速提升，并在无眼镜3D显示技术上取得了重要突破。2012年，中国的3D电视市场开始快速增长，短短半年时间内就有超过140家落地单位。

尽管3D电视在技术上取得了显著进展，但市场接受度和用户体验问题却制约了其发展，其中最主要的原因是：首先，观看3D电视需要佩戴专用的3D眼镜，这对许多观众来说并不方便，尤其是在家庭环境中，这一不便性影响了观众的观看体验。其次，3D内容的制作成本高昂，导致片源不足，许多观众无法获得丰富的3D内容。这些因素限制了3D电视的发展和普及。再次，长时间观看3D电视可能会导致眼睛疲劳甚至不适，视差调整不当也会导致观众在观看时感到眩晕，这也影响了观众的接受度。最后，随着虚拟现实(VR)和增强现实(AR)技术的发展，这些新兴技术为3D显示技术提供了新的应用场景，传统的3D电视逐渐失去了市场竞争力。

由于上述原因，3D电视在消费者中未能广泛普及。2013年6月，美国ESPN宣布关闭旗下3D频道；1个月后，英国BBC也暂停了3D节目的制作。2014年，国际足联决定不再采用3D技术转播世界杯。中国的3D电视实验频道在2018年7月30日停止播出，结束了其6年多的历史使命。

尽管3D电视在消费市场上逐渐消退，但相关技术仍在不断进步，并在其他领域中继续发挥作用。例如，虚拟现实(VR)和增强现实(AR)技术的发展为3D显示技术提供了新的应用场景。中国的科技公司和研究机构仍在探索3D显示技术在新兴领域中的潜力。3D电视的发展历程不仅展示了科技进步对生活的影响，也反映了市场需求和技术应用之间的相互作用。尽管3D电视未能广泛普及，但其在推动3D产业链发展和技术进步方面的贡献是不可忽视的。未来，随着科技的不断进步，3D显示技术必将在更多领域中找到新的应用和发展机会。

三、我国数字电视的发展情况

我国的数字电视发展始于20世纪90年代，其发展过程可分为三个阶段，即起步阶段、快速发展阶段和提升阶段。

1990年至2000年是我国数字电视的起步阶段。在这一阶段，电视台开始引入数字化节目制播设备，建设数字电视演播室等。1995年，中央电视台建成了第一个全数字化的演播室系统，电视制作开始实现数字化。这一时期，国内厂商抓住时机，开始从字幕机向非线性后期设备发展。多项HDTV关键技术的高科技攻关研究开始展开，如国家自然科学基金重点项目“高清晰度电视广播的高技术研究”、“八五”国家重点科技攻关项目“HDTV技术研究”、“九五”国家重大科技产业工程项目“数字HDTV功能样机系统研究开发”等。这些研究为我国HDTV的发展奠定了良好基础。这一阶段还开展了数字电视系列标准的研制工作，包括行业标准GY/T 155–2000 高清晰度电视节目制作及交换用视频参数值、GY/T 156–2000 演播室数字音频参数、GY/T 157–2000 演播室高清晰度电视数字视频信号接口、GY/T 158–2000 演播室数字音频信号接口等，这些标准于2000年正式发布，对我国HDTV的发展起到了积极的推动作用。这一阶段还开展了大量的数字电视实验测试工作，北京、上海、深圳成为首批数字电视试验区。1999年10月1日，中央电视台首次采用HDTV技术试验转播国庆50周年典礼活动，取得成功。

2001年至2020年是我国数字电视的快速发展阶段。这一阶段数字电视由理论研究及实验测试转入实施应用，完成了模拟电视向数字电视的转换。首先进行数字化的是有线电视。从2001年开始，我国部分省市开始了SDTV有线电视广播，如苏州、青岛、南京、佛山、无锡、北京、深圳、广州等城市。为了推动有线电视数字化进程，国家广播电影电视总局在北京、上海、重庆、青岛等40个城市和6个省建立了有线数字电视示范网。2003年，国家广播电影电视总局发布了《我国有线电视向数字化过渡时间表》，提出了分阶段、分地域的过渡计划和具体过渡办法。我国主要城市的有线数字电视产业化开始启动，到了2005年前后，主要城市中SDTV已开始大规模进入家庭。截至2015年年底，有线数字电视用户2.02亿户[①]，占有线电视用户的84.5%，全国县级以上城市有线电视网络基本实现了数字化。

这一阶段，地面数字电视技术也有了突破。2006年8月，国家标准GB 20600–2006《数字电视地面广播传输系统帧结构、信道编码和调制》颁布，地面数字电视广播开始推进。我国将地面数字电视纳入国家基本公共文化服务体系，地面传输覆盖网得以快速发展。从2015年开始，在全国地级（含）以上城市地面数字电视服务区内，逐步停播模拟电视发射；到2018年年底，全国地级（含）以上城市地面电视完成向数字化过渡。在全国县级城镇地面数字电视服务区内，开始逐步停播模拟电视发射。2020年年底，全国地面数字电视广播覆盖网基本建成，地面模拟电视信号停止播出。这标志着我国已完成模拟电视到数字电视的转换，全面进入数字电视时代。

这一阶段，我国HDTV广播也开始快速发展。2002年，中央电视台建成第一个400平方米HDTV演播室和后期电编合成、非线性编辑制作机房，完成主控全带宽数字矩阵系统改造和台域光缆传输系统建设，形成比较完整的HDTV节目制作链。2008年，北京奥运会实现了全高清制作。2009年，国家广播电影电视总局先后下发《广电总局关于促进高清电视发展的通知》和《广电总局关于进一步促进和规范高清电视发展的通知》，明确了高清电视发展的原则、措施和要求，批准中央电视台新闻综合频道和北京等8个卫视频道高、标清同播。2009年9月28日，同播的9个高清频道一同开播，同时进入有线电视网络传输。此举促进了高清电视节目和影视剧制作，带动了高清电视设备的研发和生产，为高清电视发展奠定了良好基础。随后，广播电视和网络视听节目制作高清化进程全面提速，截至2020年年底，全国高清电视频道已达750个[②]，省级频道高清化率达70%，地市级频道高清化率达50%，全国广播电视制播系统全面实现数字化和网络化。

这一阶段，我国超高清电视广播开始起步。国家广播电视总局会同工业和信息化部、中央广播电视总台联合印发《超高清视频产业发展行动计划（2019–2022年）》及配套工作方案、标准体系等相关文件，引领我国超高清电视全产业链健康有序发展。截至2020年年底，中央及广东、上海、广州、杭州、北京先后各开办了一套4K超高清频道，部分网络视听机构可提供4K超高清节目服务。一些大型活动的转播也开始使用4K超高清技术，如2019年国庆70周年阅兵式就采用了4K超高清直播。

进入21世纪20年代之后，我国数字电视进入提升阶段，视听内容开始向高质量发展。这一阶段的目标之一是按照“4K先行、兼顾8K”的总体技术路线，大力推进超高清视频产业发展和相关领域的应用。这一时期，我国超高清技术与5G技术结合，得到快速发展和应用。2022年北京冬奥会赛事转播采用了8K超高清技术，5G+8K技术为人们呈现出史上“最清晰”的冬奥会。这一时期，高清、超高清电视频道数量继续增加。截至2023年年底，全国共开办地级及以上高清电视频道1 105个，4K超高清电视频道8个，8K超高清电视频道2个，省级台频道全部实现高清化。[③]根据《广播电视和网络视听“十四五”科技发展规划》，“到2025年，超高清视频标准体系基本完善；地市级以上和较发达县级广播电视播出机构基本实现高清化，4K超高清频道开办20个以上；主要网络视听机构视频服务全部高清化，具备4K超高清视频播出能力。”[④]

在模拟电视时代，我国的电视技术发展相对滞后，在技术路线上以跟随为主，主要采用已有的方案和标准。改革开放之后，伴随着国力的提升，我国电视技术开始快速发展。我国数字电视不论是起步还是发展，都与先进国家保持同步，在有些领域甚至处于国际领先或先进水平。截至2023年年

---

① 2015年统计公报（广播影视部分）[EB/OL].(2016-03-31)[2024-07-22]. https://www.nrta.gov.cn/art/2016/3/31/art_2178_38966.html.

② 2020年全国广播电视行业统计公报[EB/OL].(2021-04-19)[2024-07-22]. http://www.nrta.gov.cn/art/2021/4/19/art_113_55837.html.

③ 2023年全国广播电视行业统计公报[EB/OL].(2024-05-08)[2024-07-22]. https://www.nrta.gov.cn/art/2024/5/8/art_113_67383.html.

④ 广播电视和网络视听“十四五”科技发展规划[EB/OL].(2021-10-20)[2024-07-22]. https://www.nrta.gov.cn/art/2021/10/20/art_113_58228.html.

底，电视节目综合人口覆盖率达99.79%。我国有线电视实际用户2.02亿户，其中，有线电视双向数字实际用户1.00亿户；直播卫星用户1.52亿户；交互式网络电视(IPTV)用户约4亿户，互联网电视(OTT)平均月度活跃用户数超过3亿户。[①]我国已成为名副其实的电视大国，未来将向电视强国迈进。

本节执笔人：史萍、应泽峰

第五节｜电视广播系统

电视广播系统主要由三个部分组成，信号源端、传输系统及接收端。信号源端的主要任务是制作并播出符合一定标准的电视节目。传输系统的作用是将播出的电视节目以可靠的方式经适当的传输通道传送到接收端，传输方式可分为有线方式和无线方式。有线方式是指传输媒介为有线通道，如电缆、光缆等；无线方式是指传输媒介为无线电波，如超短波、微波等。接收端的任务是利用适当的接收设备接收传输通道送来的电视信号，并正确重现出原始的图像及伴音。

根据传输覆盖方式的不同，可将电视广播系统分为三大类，地面电视广播系统、有线电视广播系统和卫星电视广播系统。地面电视广播是将电视信号调制到VHF或UHF波段的无线电波上，在地球表面一定范围内进行传输覆盖；有线电视广播是利用有线网络进行电视信号的传输和分配；卫星电视广播是将电视信号调制到微波波段的无线电波上，利用地球同步卫星上的转发器实现长距离和大范围的传输覆盖。

一、电视信号的传输方式

电视信号的传输方式主要有电缆传输、光缆传输、微波传输和卫星传输等。

(一)电缆传输

电缆传输是指用同轴电缆传输电视信号。同轴电缆由内导体(芯线)、绝缘体(电介质)、外导体(屏蔽层)和护套(覆盖层)四部分组成。内导体通常由单股铜线、镀铜铝线或镀铜钢线制成。外导体由铜丝网或金属管制成。内外导体之间由绝缘层隔开并保持轴心重合，同轴电缆也因此得其名。绝缘层在很大程度上决定着同轴电缆的传输速度和损耗特性，通常使用的绝缘层材料是干燥空气、聚乙烯、聚丙烯、聚氯乙烯等材料的混合物。护套由聚乙烯或乙烯基类材料制成，可保护外导体层不受损伤。

同轴电缆可用于近距离传输，如电视中心各设备之间的传输、电视中心与发射台之间的传输等。同轴电缆也可用作远距离的传输，但由于同轴电缆的衰耗较大，因此在传输过程中须增加一些放大器。目前远距离的电缆传输基本已被光纤取代。

同轴电缆的衰减特性与所传信号的频率有关。也就是说，不同频率的信号受到的衰减程度不同。为了校正电缆的这种频率失真，一般要设置相位及幅度均衡电路。

同轴电缆可以直接传输视频信号，也可以传输调制后的高频电视信号。前者称为基带传输，后者称为频带传输。在电视中心各设备之间以及较短距离的中心与发射台之间的传输可以采用基带传输，而较远距离的传输则要用频带传输。同轴电缆在使用时须注意阻抗匹配问题。一般传输视频信号的同轴电缆其特性阻抗为75欧姆，传输射频信号的同轴电缆其特性阻抗为50欧姆，而传输音频信号的同轴电缆其特性阻抗为300欧姆。

(二)光缆传输

光缆传输是指用光缆来传输电视信号，其传输介质是光纤。光纤由十分脆弱的石英玻璃为主要材料制成，为了使光纤成为实用的光传输媒介，必须对光纤进行保护和增强，因此要把光纤制成光缆。常见的光缆结构有层绞式光缆、骨架式光缆、中心管式光缆等。光缆的构件较多，大体上可分为缆芯和护套两大部分。

光纤按传输模数可分为单模光纤和多模光纤，目前应用在电视传输中的光纤基本为单模光纤。光缆传输的主要优点有：(1)损耗低，传输距离长。光纤的无中继传输距离在20公里以上，因此可实现

① 2023年全国广播电视行业统计公报[EB/OL].(2024-05-08)[2024-07-22].https://www.nrta.gov.cn/art/2024/5/8/art_113_67383.html.

长距离的信号传输。(2)传输容量大。一根多芯光缆可传输几百套电视节目。(3)传输质量高，没有电磁辐射，也不受其他外界电磁场干扰。(4)体积小，重量轻，使用寿命大大超过电缆。

目前，光缆传输已广泛应用于广播电视系统，特别是有线电视系统。用光缆传输电视信号须首先将电视信号转换成激光，称为电光调制。调制方法有多种，如幅度调制、频率调制、脉宽和脉冲调制等，现在广泛应用的是调幅—光强度调制方式，即AM-IM方式。另外，在一根光纤上也可传输多路电视信号，这称为多路复用，复用方式有时分复用、波分复用和码分复用等。实现电光调制和多路复用的设备称为光端机。

(三)微波传输

微波是指波长为1米至1毫米或频率为300MHz至300GHz范围内的电磁波。微波传输是利用微波波段的电磁波来传输电视信号，即通过微波发射机将电视信号转换成微波波段的信号，并利用定向发射天线发射出去。

与光缆或电缆相比，微波传输具有一些无法替代的优点。例如，在地形险峻的山区或河流、湖泊地区，铺设电缆或光缆非常困难，代价也高，这时可采用微波方式传输电视信号。微波传输具有成本低、工期短、收效快、维护方便的特点，且更改线路非常容易。

采用微波传输可将省会及附近城市的有线电视网连接在一起，组成一个大规模的网络，如全省有线电视网。另外，在一些临时性的场所或外景地进行新闻采访、体育转播等活动时，也可采用定向微波把现场节目传回到电视播控中心，这样就避免了临时铺设电缆或光缆的麻烦。

微波波段的电磁波能量主要以直线方式进行传播。由于微波的波长很短，它具有近似光波的传播性质，传输过程中遇到障碍物时，会发生反射、折射、衍射等现象，所以微波传输都是利用其直线传播的特点，进行视线距离内的通信。在进行长距离微波传输时，需要采用接力方式，将信号进行多次中继转发。另外，在城市中进行微波传输时，由于高楼大厦的阻挡，也需要采用微波中继方式，中继转发天线通常安装在高楼顶上。

(四)卫星传输

卫星传输是指利用地球同步卫星上的转发器进行信号的传输，它相当于一个特殊的微波中继传输系统，只不过其中继站安装在同步卫星上。卫星传输系统由上行地球站、广播卫星和卫星接收站组成。上行地球站的功能是将要传输的电视信号进行调制、上变频和放大后，以足够的功率馈送到天线，并发送到同步卫星的转发器上；另外，上行站还可接收来自卫星的下行信号，用于监测传输质量和自动跟踪卫星。广播卫星是位于地球大气层之外的同步卫星，其上的天线和转发器可接收来自地球站的上行信号，经过下变频和放大等处理环节后，产生下行信号，通过天线将其转发到地面的服务区域。卫星接收站的功能是通过天线接收来自卫星的下行信号，并对其进行放大、变频、解调等处理，得到所需的电视信号。

卫星传输是靠安装在卫星上的转发器实现的，因此这种传输方式的覆盖面积很大；另外，由于转发是自上而下的，电波不会受到地球表面障碍物的阻挡，因此传输质量较高。卫星传输是卫星广播系统的重要组成部分。

二、地面电视广播系统

(一)地面电视广播的概念及发展过程

地面电视广播是指利用无线电波在地球表面进行传输、覆盖的一种广播方式，即在发送端，将电视信号经专用传输线路由电视中心传送到地面发射台，调制到射频后由发射天线以空间电磁波的形式沿地表向周围空间辐射；在接收端，空间电磁波经接收天线变成感应电流，并在接收机中进行解调，得到原始的视、音频信号。

地面电视广播系统简称地面电视，其中的“地面(terrestrial)”一词表示电视信号是以无线电波的形式在地球表面传输覆盖。地面电视是历史最长的一种电视广播方式。在电视刚出现时，只有这一种广播方式，所以当时并没有地面电视这一说法。后来出现了有线电视和卫星电视，为了与之区分，才使用了地面电视这一名称。不过，并不是所有国家都使用这一名称，这一名称在欧洲和拉丁美洲国家普遍使用，而美国更习惯使用“广播(broadcast)”或“空中电视(over-the-air television，OTA)”。

由于电视信号的频带较宽，远远高于音频信号的带宽，因此在进行地面电视广播发射时，须选择较高的频段。目前，各国地面电视广播的发射频率都设置在甚高频(VHF)或特高频(UHF)上，具体使用的频段是VHF中的波段I和波段III，以及UHF中的波段IV和波段V。

由于各个国家模拟电视信号的射频带宽不完全相同，所以在VHF和UHF频段上设置的频道数量略有不同。例如，我国的模拟电视信号射频带宽较宽，为8MHz，所以设置的频道数量相对较少。我国在VHF频段设置了12个频道，在UHF频段设置了56个频道。美国、加拿大、韩国、日本、菲律宾等国家的模拟电视信号射频带宽较窄，为6MHz，因此可设置较多的频道数量。这些国家在VHF频段设置了12个频道，在UHF频段设置了70个频道。

地面电视广播的历史可追溯到电视广播诞生的那一天，当时并没有有线电视和卫星电视，地面电视是唯一的一种广播方式。这种情况一直持续到20世纪50年代有线电视诞生之后。

地面电视广播也经历了从模拟到数字的转换过程。模拟地面电视的发展过程在前文的黑白电视和彩色电视中都已提及，此处不再赘述。从20世纪90年代开始，模拟地面电视广播进入全面数字化阶段，欧洲、美国、日本、中国等地区和国家相继提出了数字地面电视传输标准。很多国家结合本国实际情况，也选择确定了本国的地面电视传输标准，制定了从模拟地面电视到数字地面电视的过渡方案和过渡时间表。到目前为止，很多国家已经基本完成从模拟到数字的转换，模拟地面电视广播已基本关闭，取而代之的是数字地面电视广播。

(二)模拟地面电视广播

模拟地面电视广播系统发送端原理框图如图3-6所示。图中的上部是图像通道，下部是伴音通道。在图像通道中，图像信号首先经过放大、箝位、微分相位校正等视频处理，然后对图像中频进行双边带调幅，通过残留边带滤波后形成图像信号的残留边带特性。接下来进入图像中频处理器，在这里要进行群延时校正、微分增益校正等处理。之后在图像混频器中与高频振荡信号进行混频，形成高频图像信号，经功率放大后馈送到双工器，在这里与处理后的伴音信号相加，一起送往天线发射。

在伴音通道中，伴音信号首先经过放大等音频处理，然后对伴音中频进行调频。对伴音信号采用调频方式是为了获得较高的音质和较强的抗干扰能力，同时也为了减少与图像调幅信号之间的相互串扰。调频之后的伴音信号在伴音混频器中与高频振荡信号进行混频，得到高频伴音信号，经功率放大后馈送到双工器，与处理后的图像信号一起送往天线进行发射。

双工器的作用是防止图像信号与伴音信号在同一副天线上产生相互干扰。另外，双工器也可实现发射机、馈线、天线间的良好阻抗匹配，从而保证信号能以最大的能量发射出去。为了保证发射的图像信号与伴音信号有同样的覆盖面积，一般使图像峰值发射功率与伴音有效发射功率之比为10：1。

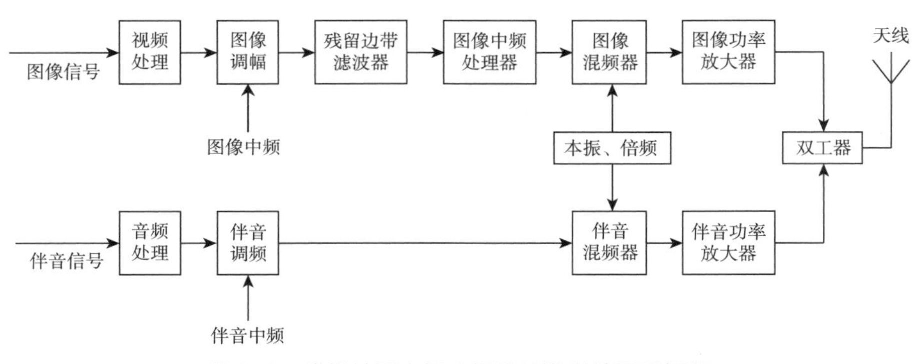

图3-6　模拟地面电视广播系统发送端原理框图

调制后的图像和伴音信号称为射频信号，其带宽即为射频带宽，也称为频道带宽，表示一套电视节目所占据的频带宽度。不同电视标准的频道带宽以及视频/伴音载波间隔不同，见表3-1。我国模拟电视的频道带宽为8MHz，视频/伴音载波间隔为6.5MHz。

模拟地面电视广播系统接收端原理框图如图3-7所示。接收天线可感应周围空间存在的电磁波，并以感应电流的形式送入高频调谐器。高频调谐器主要由输入电路、高频放大器及混频器构成，可完成频道选择、放大及混频功能，输出中频信号。此信号经中频放大器进一步放大后分为两路，一路送到图像通道，另一路送到伴音通道。在图像通道中，首先进行图像检波，得到彩色全电视信号。彩色全电视信号一路送彩色解码器(NTSC、PAL或SECAM)，得到红、绿、蓝三基色信号送彩色显示器；另一路送同步分离电路，得到行、场扫描控制信号，用以控制彩色图像的正确显示。在伴音通道，伴音检波之后可获得第二伴音中频信号，经放大限幅后进行鉴频，得到音频信号，最后经低频放大后送扬声器。

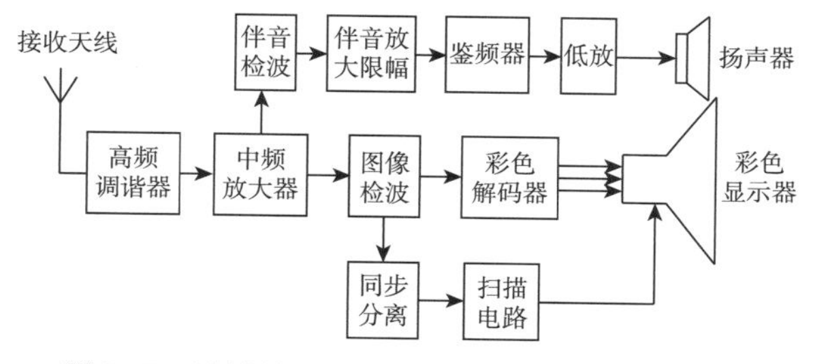

图3-7　模拟地面电视广播系统接收端原理框图

(三)数字地面电视广播

数字地面电视与模拟地面电视相同，也是采用地面无线电传输的方式实现广播。与模拟地面电视的主要区别是，数字地面电视使用多路发射机，允许在单一频率上接收多种服务。此外，数字地面电视要通过数字机顶盒(set-top box，STB)接收，也可通过电视网关接收，或者通过电视机内置的集成调谐器接收。

各国使用的数字地面电视传输标准主要有4种，分别是DVB-T、ATSC、ISDB-T和DTMB。DVB-T(digital video broadcasting-terrestrial)是DVB系列标准的一部分，规定了数字地面电视的帧结构、信道编码和调制方案。DVB系列标准最初由欧洲电信标准协会(ETSI)制定，旨在统一欧洲的数字电视广播传输标准。除了DVB-T之外，DVB系列标准还包括DVB-S(卫星)、DVB-C(有线)等。

DVB-T于1997年发布，并于1998年2月在新加坡首次被使用。该系统使用的关键技术包括多载波的编码正交频分复用(COFDM)、卷积编码、16/64QAM调制等。DVB-T的使用范围很广，欧洲、非洲、大洋洲的很多国家都将其作为本国的数字地面电视标准。DVB-T也被广泛应用在电子新闻采集中，用于将视频和音频从移动新闻采集车辆传输到中央接收点。

图3-8给出了DVB-T系统的发送端原理框图。信源编码与复用部分用于对视、音频信号进行压缩和复用。其中，视频编码采用MPEG-2(或后来出现的H.264/MPEG-4AVC等)，音频编码可采用MUSICAM、AC-3、AAC等。能量扩散又称为数据扰乱或扰码，其作用是限制码流中连“0”或连“1”码的长度，并使码流中“0”“1”出现的概率基本相同。此外，由于地面广播信道中存在较大干扰，误码现象较为严重，尤其是连续的突发误码，因此DVB-T系统中的信道编码采用了两层纠错编码加两次交织的方案，外纠错编码采用RS码，内纠错编码采用卷积码。接收端进行解码时先由内码进行误码校正，对纠正不了的误码可由外码进行进一步纠正。交织的目的是打乱数据的自然传输顺序，使连续性的突发误码尽可能地分散到不同的RS码组中。这样一来，落在每个RS码组中的误码数量就会大大减少，通常在其纠错范围之内，可纠正过来。此外，为了克服多径干扰问题，DVB-T系统采用了多载波的OFDM调制方案。

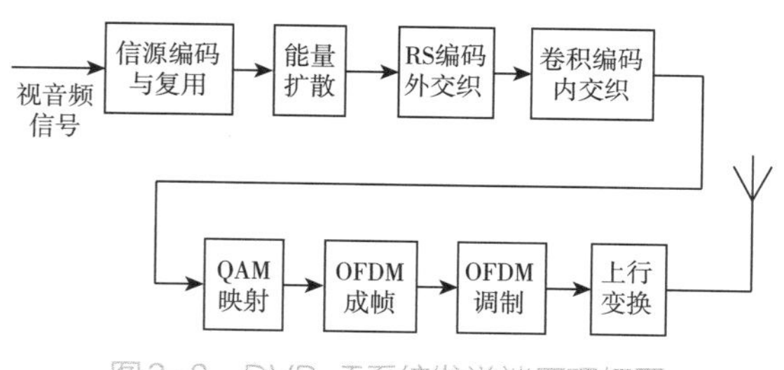

图3-8　DVB-T系统发送端原理框图

2008年，ETSI又颁布了第二代数字地面电视广播标准DVB-T2，对部分关键技术进行了改进和扩展，如信道编码部分采用了性能更佳的LDPC码，增加了256QAM调制等，使系统整体性能得到大幅提升。

ATSC是美国于1996年提出的数字地面电视传输标准，用以替代模拟彩色电视制式NTSC。ATSC可支持包括SDTV和HDTV在内的18种视频格式，其主要技术特征是使用了单载波的8VSB调制技术，与模拟电视的残余边带调制具有相似的特性，可提高地面无线传输中的抗干扰能力和传输效率，适合美国特定的地理和环境条件。美国从1998年开始用ATSC试播HDTV节目。除美国之外，目前使用ATSC的国家主要包括加拿大、墨西哥、巴哈马、多米尼加、安提瓜和巴布达、苏里南以及韩国等。后来美国又推出ATSC 3.0，将单载波方案替换为多载波的COFDM技术，提升了频谱资源的使用效率。另外，ATSC 3.0可支持4K超高清视频的传输。

ISDB-T是ISDB系列标准的一部分。ISDB(integrated services digital broadcasting，综合业务数字广播)是由日本于1999年提出的数字电视和数字广播标准，支持SDTV、HDTV及UHDTV视频格式和MPEG-2、H.264或HEVC视音频压缩编码标准。ISDB系列标准的核心部分是ISDB-T(地面电视)、ISDB-C(有线电视)、ISDB-S(卫星电视)以及2.6GHz频段的移动广播。其中ISDB-T用于数字地面电视广播，用以取代日本的模拟彩色电视制式NTSC。ISDB-T的主要技术特征与DVB-T比较类似，使用了多载波的COFDM调制，另外信道编码也使用了RS码和卷积码。日本于2003年12月开始使用该标准进行数字地面电视广播。ISDB-T的使用范围也比较广泛，除了日本之外，亚洲的菲律宾、马尔代夫、斯里兰卡等，南美的大部分国家以及非洲的博茨瓦纳、安哥拉等都采用了ISDB-T开展数字地面电视广播。

DTMB(digital terrestrial multimedia broadcast，数字地面多媒体广播)是我国于2006年发布的具有自主知识产权的数字地面电视标准，用于固定和移动设备接收。该标准包含基于COFDM的多载波调制和基于QAM的单载波调制，信道编码采用了BCH码和LDPC码。DTMB不仅支持SDTV和HDTV，还支持广播电视扩展业务。DTMB于2007年8月1日起在我国实施。此外，中国香港、中国澳门以及亚洲部分其他地区也使用了DTMB。

从20世纪90年代末开始，美国、英国、新加坡、瑞典、西班牙等国家率先开始了数字地面电视广播。进入21世纪后，有更多的国家开始播出数字地面电视节目，全世界大部分国家进入数字化转换阶段。到目前为止，已有很多国家完成了数字化转换，模拟地面电视已全部关闭。

三、有线电视广播系统

(一)有线电视广播的概念及发展过程

有线电视(cable television，CATV)是一种利用同轴电缆或光缆等介质进行信号传输，通过分配网络为用户提供广播电视节目及各种信息服务的网络系统。与地面电视或卫星电视不同，有线电视通过线缆而不是无线电波将信号传送到用户，因此不受高楼山岭等的阻挡，也不受空间电磁波的干扰，信号传输质量较高。另外，有线电视具有双向交互式通信能力，可以提供诸如视频点播、回看、时移等多种交互服务。

有线电视的起源可以追溯到20世纪40年代末期，当时的电视广播系统主要依靠地面电视广播。由于地形、距离等原因，某些地区的居民无法接收广播电视信号，或接收到的信号很弱，影响收看质量。1948年，美国宾夕法尼亚州的一些业余无线电爱好者和企业家搭建了一个共用天线系统(community antenna television，CATV)。该系统使用一副天线接收信号，经天线放大器放大后，通过分配器和分支器将信号传输到多个电视机。这种系统后来被广泛应用于高楼和接收条件较差的地区，解决了地面电视广播信号较弱地区的多用户收看问题，对地面电视广播起到了补充作用。这便是有线电视的雏形。

20世纪50年代，有线电视作为商业业务在美国正式开始运营。这一时期的有线电视系统规模较小，内容主要是转播地面电视台的节目，通过电缆传输到用户家中。有线电视在20世纪50年代迅速发展，到了50年代末，全美已有65万家庭通过640个有线电视系统收看电视。20世纪60年代，彩色电视的发展进一步推动了有线电视的发展和普及。20世纪80年代，随着有线电视的普及，许多有线电视台建立了自己的新闻部门，提供更即时和本地化的内容。

进入20世纪90年代，有线电视开始采用数字传输技术，同时，光纤技术被广泛应用于信号传输，有线电视系统开始使用光纤和同轴电缆混合模式(hybrid fiber coaxial，HFC)。进入21世纪，有线电视系统逐渐从模拟信号升级为数字信号，大大提高了信号传输质量和频道容量。

与此同时，有线电视的商业模式也发生了变化，从最初的单一电视服务发展到包括互联网接入、数字电话等在内的综合服务，广播电视网、互联网、电信网开始进行融合，即“三网融合”。这一阶段的有线电视系统实际上是一个庞大的多媒体信息传输和交换网络。

我国对共用天线系统的研究和应用始于1964年，于1974年在北京饭店建立了我国第一个共用天线系统，于1981年在合肥建成了首个有线电视试验网络。1989年，湖北沙市建立了第一个城市有线电视网，有线电视跨出共用天线阶段。20世纪90年代，我国有线电视建设如雨后春笋般发展起来，并逐步朝着大容量、数字化、双向功能和区域联网的方向发展。我国从1993年开始在全国各地铺设光缆干线网，有线电视网络逐渐实现了局部联网及区域联网。2012年，我国有线电视一省一网整合目标基本完成。2012年10月，国务院正式批准组建中国广播电视网络有限公司，整合全国有线电视网为统一的市场主体，并赋予其宽带网络运营等业务资质，成为通信行业第四大运营商。2010年至2012年，我国开始“三网融合”试点工作，并于2015年基本实现了“三网融合”，标志着我国正式迈入现代有线电视时代。

(二)有线电视广播系统组成及频段划分

图3-9是有线电视广播系统的构成原理框图。有线电视广播系统一般由五个部分组成，即信号源、前端、传输系统、用户分配网及终端。其中，信号源部分的作用是产生或接入系统所需的信号。信号源既包括传统的广播电视节目，还包括多媒体信息、数据等。其中，广播电视节目可以是接收机收到的卫星电视信号、当地电视台的地面开路电视信号、其他有线电视系统通过某种方式传输过来的电视信号以及本地自办的节目等。

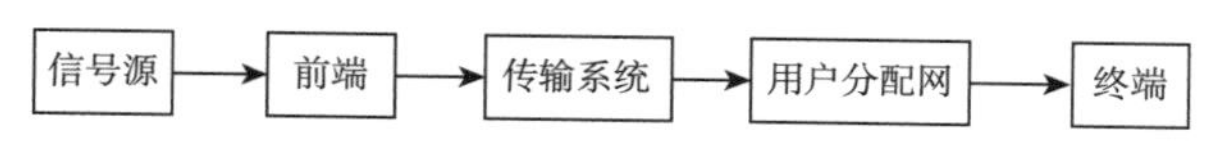

图3-9 有线电视系统构成原理框图

前端是有线电视系统的核心部分，它由位于信号源和传输系统之间的设备组合而成，其作用是对信号进行变换、交换、复用、调制、混合处理，并将各路处理过的信号转换成一路宽带复合信号送入传输系统。前端设备的质量与调试效果会直接影响有线电视系统的传输质量。

传输系统可以看作有线电视系统的躯干部分，其作用是延续距离、扩大系统覆盖范围。对于传统的有线电视系统来说，传输系统应保证将信号源稳定可靠地传输给用户分配网。而对于具有交互性功能的现代有线电视系统来说，传输系统应可在用户分配网和前端之间实现双向通信，即不仅可以由前端向用户传输信号，还可以由用户向前端传输信号。传输系统使用的传输媒介可以是射频同轴电缆、光缆、微波或它们的组合，使用最多的是光缆和同轴电缆的混合传输。

用户分配网可以看作是有线电视系统的肢体，其作用是连接各个终端。传统有线电视系统的分配网只能单向地将信号分送到各个用户，而现代有线电视系统还可以由用户向传输系统反向传送信息。

终端是连接到千家万户的用户端口。传统有线电视系统的终端直接与电视机相连，供用户收看模拟电视节目。现代有线电视系统的终端要通过机顶盒连接到电视机，以便收看到数字电视节目；另外，还可以通过电缆调制解调器(cable modem)实现互联网接入、IP电话等信息查询和双向通信业务。

图3-10是现代有线电视系统的组成框图。在模拟信号和数字信号共存的情况下，信号源端有三种类型，即模拟电视、模拟声音信号，数字电视、数字声音信号，还有数据信号。这些信号可以来自卫星转发、地面广播、微波或光缆的传输、自办的节目、数字光纤环路以及公用数据网。其中，模拟信号送入模拟前端进行变频、调制等处理，而数字电视、数字声音信号则送入数字前端，进行数字调制，数据信号在数据前端进行相应处理。前端输出的信号在混合器中复合为一路信号，通过HFC传输到双向分配网络，然后再连接到各个终端。终端可直接与模拟音响和模拟电视连接，收听、收看模拟声音和模拟电视节目，也可以与机顶盒连接，收听、收看数字节目。另外，机顶盒还可以接入互联网，实

现双向通信业务。

传统的单向有线电视系统起源于地面电视的公共接收系统，因此其频段划分、频道设置与地面电视广播相同，即VHF和UHF频段，而且也采用了残留边带调制方案，可直接与电视机的射频输入口相连。通常将VHF和UHF频段内设置的频道称为标准频道，用DS表示。除标准频道外，有线电视系统还开发了一些非标准频道，称为增补频道。例如我国在111~167MHz内共设置了7个增补频道(Z1~Z7)，在223~463MHz范围内共安排了30个增补频道(Z8~Z37)，在566~606MHz范围内共设置了5个增补频道(Z38~Z42)。这些频段在开路时已分配给其他通信业务，因此无法用于无线电广播。但因有线电视系统是一个独立、封闭的系统，不会与其他通信业务发生相互干扰，所以可以采用这些频段来增加电视节目频道数。

在现代的双向有线电视系统中，既要实现由前端向用户终端的下行传输，又要实现由用户终端向前端的上行传输。在同轴电缆分配网中实现双向传输只能采用频分复用方式，因此系统中必须考虑上、下行频率的分割问题。我国行标GY/T106-1999规定，双向有线电视系统的工作频带范围是5~1 000MHz。其中，5~65MHz是反向上行频带；65~87MHz是正向、反向隔离带；87~108MHz是正向模拟声音频带；108~111MHz是空闲待用频带；111~550MHz是正向模拟电视频带；550~860(或750)MHz是正向数字信号频带；860~900MHz是预留扩展正向、反向隔离带；900~1 000MHz是预留扩展反向上行频带。在这些频段中，用于模拟信号的87~550MHz频段并不是永久的，随着模拟电视信号的消亡，数字电视信号将取而代之，这个频段就会最终让位于数字电视信号。

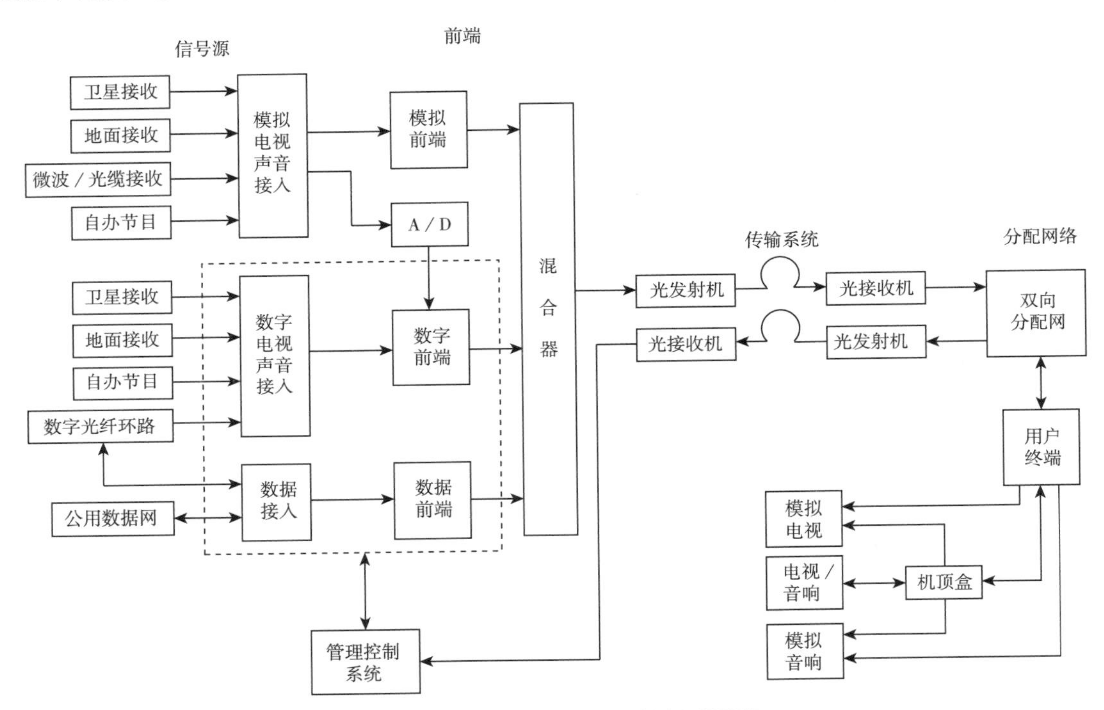

图3-10　现代有线电视系统组成框图

(三)数字有线电视系统

从20世纪90年代开始，有线电视开始向数字化转换。到目前为止，大部分国家基本完成了数字化转换工作。在全世界范围内广泛使用的数字有线电视广播标准是DVB-C(digital video broadcasting - cable)。DVB-C是DVB标准系列中的一个，用于通过电缆或光缆等有线方式传输数字电视信号。DVB-C标准于1994年由ETSI首次发布，随后被世界各国广泛应用。

图3-11是DVB-C传输系统原理框图，其基本流程与DVB-T类似。由于有线电视传输路径相对较短，信号衰落较卫星系统小，且受到的外界干扰

也较小，因此DVB-C系统中的误码率要比DVB-T系统小很多。为此，DVB-C系统只采用了一级纠错编码和一级交织。纠错编码采用了RS码，交织采用了卷积交织。另外，由于发送端在卷积交织之前，接收端在卷积交织之后，信息都是以二进制比特形式出现的，为方便计算，在具体处理时以8个二进制构成的字节为单位进行。而在进行2^m-QAM调制解调时，每个调制符号要与m个比特进行映射，即每次调制解调都要以m个比特为单位进行，因此要在字节与m位符号之间进行转换、映射。

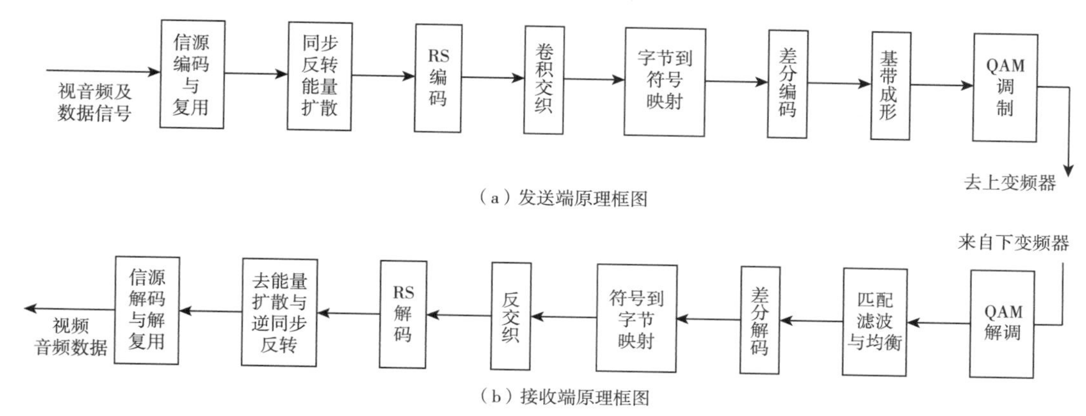

图3-11 DVB-C传输系统原理框图

四、卫星电视广播系统

（一）卫星电视广播的概念及发展过程

卫星电视广播系统是以卫星转发为主要传输方式的广播系统，由于其具有覆盖面积大、通信容量高、通信质量好、成本低等特点，已被广泛应用于广播电视信号的传输与覆盖。

卫星电视的概念最早可以追溯到1945年，当时的英国科幻小说家阿瑟·C.克拉克(Arthur C. Clarke)提出了通过地球轨道上三颗等距分布的卫星实现全球通信的设想。这一设想被发表在《无线电世界》(*Wireless World*)杂志上，并为他赢得了富兰克林研究所的斯图尔特·巴兰坦(Stuart Ballantine)奖章。1962年7月，Telstar卫星成功转播了第一批从欧洲到北美的公共卫星电视信号，吸引了1亿多观众。同年，美国的Relay 1卫星成为第一颗向日本传输电视信号的卫星。1963年，第一颗地球同步通信卫星Syncom 2发射升空。1965年，世界上第一颗商业通信卫星Intelsat I发射，进入地球同步轨道。1967年，苏联创建了第一个国家电视卫星网络Orbita，使用Molniya卫星传送电视信号。1972年，加拿大发射了第一颗进行电视传输的对地静止卫星Anik 1。1974年，ATS-6成为世界上第一颗用于实验的教育和直播卫星，尽管其传输集中在印度次大陆，但西欧实验人员也能够使用自制设备接收信号。卫星电视广播从1976年至1980年期间开始起步，最早从美国的有线电视行业发展而来。1976年，美国科学家和无线电工程师泰勒·霍华德(Taylor Howard)演示了使用自制的卫星天线和模拟卫星接收器，从通信卫星直接接收电视信号到普通家庭的可能性。他因此也成为第一个使用自制系统接收C波段卫星信号的人。同年，Ekran 1成为第一颗可直接传送到家庭电视的苏联对地静止卫星。1978年，PBS(一家非营利性公共广播服务机构)开始通过卫星分发其电视节目，推动了卫星电视行业的发展。1979年，美国联邦通信委员会(FCC)允许人们在没有联邦政府许可的情况下拥有家用卫星地球站。同年，苏联先后开发了通过卫星广播传送电视信号的Moskva系统，并发射了Gorizont通信卫星，进一步推动了卫星电视的发展。

进入20世纪80年代，卫星电视广播在美国和欧洲更加成熟。1982年，英国的第一个卫星电视有限公司(后来的Sky One)开播。随着接收器技术的进步和砷化镓FET技术的使用，更小的碟形天线得以应用，TVRO系统的销量大幅增加。尽管早期所有频道都以透明方式广播，但随着TVRO系统数量的增加，节目提供商开始对其信号进行加扰，并开发订购系统。1986年，HBO开始使用VideoCipher II

系统加密其频道，其他商业频道随后效仿。1986年，卫星广播和通信协会(SBCA)成立，标志着卫星电视广播的进一步发展。

20世纪90年代，卫星电视广播进入数字化时代。1994年，DirecTV使用DSS格式在美国推出了数字卫星广播，随后在全球各地陆续推出。数字卫星广播提供了更好的图像和立体声，并允许使用更小的碟形天线，TVRO系统逐渐被取代。现代卫星电视服务提供商(如Dish Network和DirecTV)利用FSS级卫星的Ku波段的额外容量，提供更多频道容量，以满足高清晰度和本地电台频道的需求。尽管雨衰是Ku波段信号的一个问题，但随着技术的进步，卫星电视的质量和覆盖范围不断提高。1999年，美国通过《卫星家庭观看者改进法案》(SHVIA)，允许通过直播卫星系统接收本地广播信号。

卫星电视从最初的设想到如今的数字化、全球化经历了巨大的发展。早期的技术突破奠定了基础，20世纪七八十年代的商业化和技术进步推动了行业的起步和成熟。进入20世纪90年代，数字卫星广播的兴起进一步提升了卫星电视的普及率和质量，使其成为现代电视广播的重要传输方式之一。

(二)卫星电视广播系统组成及工作频段

卫星电视广播系统的基本构成如图3-12所示，主要由广播卫星、上行地球站、地球接收站、测控站组成。

广播卫星是在赤道上空的同步轨道上运行的人造卫星，其绕地球一周的时间正好等于地球自转的周期，因此，从地球上看，该卫星在天空中似乎是静止不动的，故也称静止卫星。广播卫星是卫星广播系统的核心，其星载广播天线和转发器的主要任务是接收来自上行地球站的广播电视信号，并经低噪声放大、下变频及功率放大等处理后，再转发到所属的服务区域。

上行地球站的主要任务是将电视台或播控中心传来的广播电视节目信号进行基带处理、调制、上变频和高功率放大，然后通过天线向广播卫星发送信号，此信号称为上行信号。另外，上行站也可以接收卫星转发的信号(即下行信号)，用以监视卫星广播的传输质量。上行站有两种，一种是固定上行站，另一种是移动上行站。固定上行站是主要的广播卫星上行站，一般规模较大，功能较全。移动上行站通常为车载式或组装型设备，功能较单一，常用于特定活动或特定地区情况下的现场直播或节目传送。

地球接收站用来接收广播卫星转发的广播电视信号。根据应用的不同，接收站可分为两种类型，即集体接收站和个体接收站。集体接收站通常具备大口径的接收天线和高质量的接收设备，接收到的信号既可送入共用天线系统供集体用户收看，也可以作为节目源，供当地电视台或差转台进行地面无线电广播，或者输入当地有线电视系统前端，并通过光缆和电缆分配到各个用户。个体接收站是个体用户用小型天线和简易接收设备进行接收，这种情况要求下行信号在覆盖区的功率足够大。接收站通常可分为室外单元和室内单元两部分。室外单元主要包括卫星接收天线、高频头、第一中频电缆等；室内单元主要由功率分配器、卫星接收机等组成。其中，高频头的作用是对接收到的信号进行低噪声放大和下变频；第一中频电缆用于将卫星信号从室外传送到室内；功率分配器的作用是将一路信号分为多路，以便给多个接收机提供信号；卫星接收机的作用是将中频信号经过处理后变成视音频信号或射频信号。接收机输出的信号就可送往电视机。

测控站的任务是测量卫星的各种工程参数和环境参数，测控卫星的轨道位置和姿态，对卫星进行各种功能状态的切换。

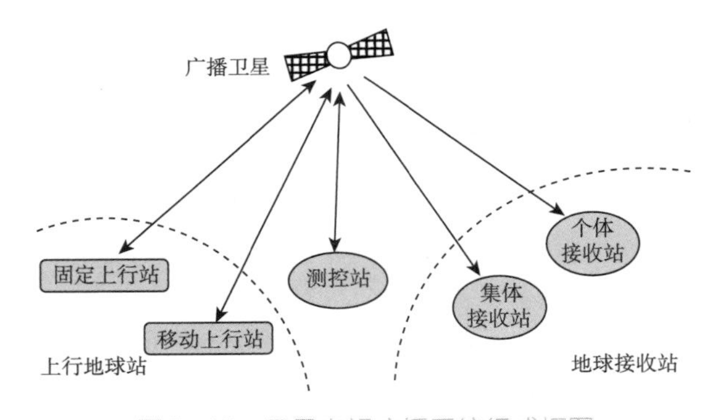

图3-12　卫星电视广播系统组成框图

卫星电视广播频段是指用于卫星上行传输和下行传输的频率范围。频段的选择直接关系到电波的传播特性、系统性能、传输容量和技术实现的难易程度。通常要求电波穿越大气层所受的损耗小，且频率高、频带宽。由国际电联分配给卫星广播业务使用的频段共有六个，即L、S、Ku、Ka、Q、W频段。其中Q和W频段在技术上尚不成熟，因此，目前在卫星电视广播中使用的只有前四个较低频段，即L、S、Ku、Ka频段。

由于我国卫星电视广播开始时使用的是通信卫星，因此使用了用于通信业务的C频段。后来，又开启了Ku频段。

(三)模拟卫星电视广播系统

图3-13是模拟卫星电视广播系统发送端原理框图，它主要包括基带处理、中频调制及射频处理三个部分。在基带处理部分，输入的视频信号与调频之后的音频信号相加，形成基带信号。基带信号经过预加重和视频放大之后送入中频调制器，中频调制器采用调频方式。由于调频信号在解调时高频端的信噪比会下降，因此，需要用预加重电路来改善信噪比。中频调制器是用基带信号对70MHz的载波进行调频。在射频处理部分，中频信号进行上变频后变为适合卫星信道传输的频段，然后经过高频功率放大后经双工器送往天线发射。

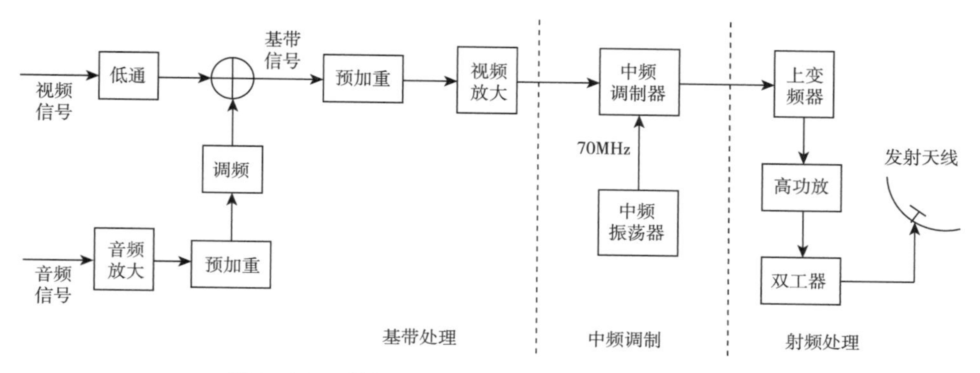

图3-13 模拟卫星电视广播系统发送端原理框图

卫星接收系统主要由室外单元的天线、高频头和室内单元的接收机组成。高频头又称低噪声下变频器(LNB)，其作用是将来自接收天线的微弱的下行信号进行低噪声放大，然后将其下变频为中频信号(一般为950MHz~1 450MHz)，中频放大后通过射频电缆传送到室内的卫星电视接收机。

模拟卫星电视广播的接收机原理框图如图3-14所示。来自高频头的中频信号首先在第二变频器进行下变频，输出第二中频信号(一般为510MHz)。此信号再经过带通滤波及放大后分两路输出，一路去鉴频器，另一路经检波放大后供第二变频器做自动增益控制(AGC)用。鉴频器输出的基带信号分为三路，一路供视频处理并输出视频信号，一路供伴音解调并输出音频信号，第三路经积分和直流放大后作为自动频率控制(AFC)信号，供第二变频器使用。频道选择和微调电路可以预设和微调与各频道对应的直流电压，去控制第二变频器中的压控振荡器，从而确定频道。射频调制的作用是将视频和音频信号调制为地面电视广播用的VHF/UHF信号，以便供没有视音频输入端口的家用电视机收看。

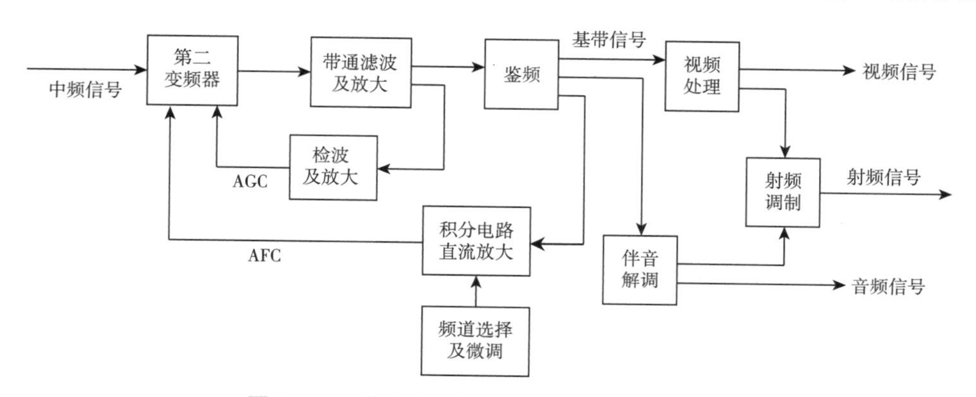

图3-14 模拟卫星电视广播接收机原理框图

(四)数字卫星电视广播系统

目前,在全世界范围应用最广的数字卫星电视广播标准是DVB-S(digital video broadcasting-satellite)。DVB-S是DVB标准系列中的一个,通过卫星转发器来传输数字电视信号。DVB-S标准于1994年由ETSI首次发布,随后被世界各国广泛应用。

DVB-S标准规定了在11/12GHz的固定卫星服务(FSS)和广播卫星服务(BSS)的频段上,传输多路SDTV或HDTV节目的信道编码和调制方案。DVB-S系统的应用范围十分广泛,既适用于一次节目分配,即通过标准的DVB-S用户综合接收机解码器(integrated receiver decoder, IRD)直接向用户提供数字电视业务,也就是所谓的"直接到户(direct to home, DTH)"服务;也适用于二次节目分配,即通过再次调制,进入共用天线系统或有线电视系统前端,向用户家中传输数字电视业务。

图3-15是DVB-S系统发送端原理框图。视音频节目信号经过信源编码和复用后得到传输码流,此传输码流经复用适配和能量扩散后进行信道编码。信道编码采用了内外两层纠错编码和一次交织,其中,外层纠错编码采用RS编码,内层纠错编码采用卷积编码。信道编码之后的数据流经过基带成形滤波后进行QPSK数字调制,调制到70KHz的中频频段,然后经上变频和功率放大后送往天线,以上行频率发射到卫星上。可以看出,DVB-S中的很多处理与DVB-T相同,这里不再介绍。另外,基带成形滤波器与接收端的匹配滤波器配合起来,可实现波形的升余弦滚降特性,这样有助于避免相邻传输信号之间的串扰,以便实现最佳接收。

图3-16是DVB-S系统接收端原理框图,其过程与发送端相反。

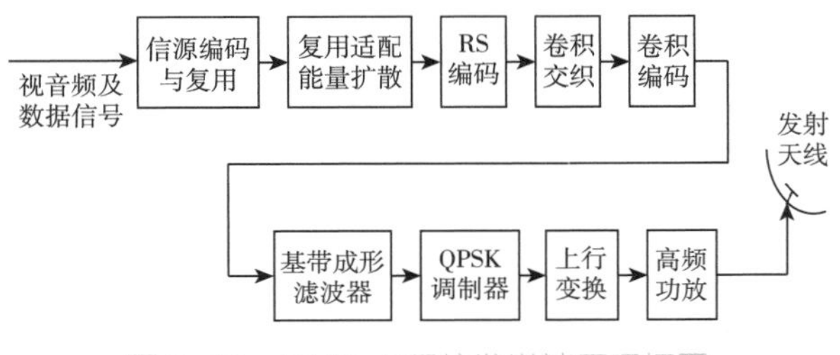

图3-15 DVB-S系统发送端原理框图

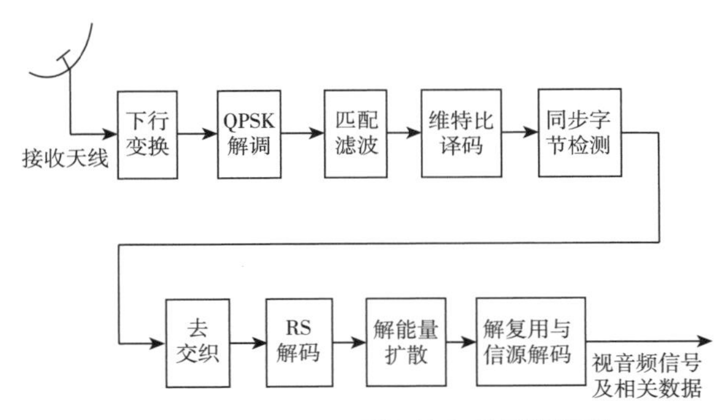

图3-16 DVB-S系统接收端原理框图

ETSI后来又推出了DVB-S2、DVB-S2X等标准,在性能和功能方面都进行了提升和扩展。我国于2006年发布了具有自主知识产权的直播卫星电视传输标准,即ABS-S(advanced broadcasting system-satellite,先进卫星广播系统)。该标准定义了编码调制方式、帧结构及物理层信令等,其性能与DVB-S2接近,部分指标更优,而复杂度远低于DVB-S2,更适应我国卫星直播系统和相关企业产业化发展的需要。我国卫星直播平台从2008年开始使用ABS-S开展直播卫星业务。

本节执笔人:史萍、亓泽鲁、赵菲

第四章

网络视听技术的出现

随着网络技术和视频技术的不断发展，广播电视网、互联网、电信网逐渐走向深度融合，视频传输网络也从传统的广播电视网向信息网络扩展，接收终端从电视机扩展到计算机、手机、平板电脑等，因此衍生出互联网视频、移动互联网视频、交互式网络电视(IPTV)、互联网电视(OTT TV)等多种业务形态。

第一节 | IPTV

一、IPTV的基本概念和特点

(一)基本概念

IPTV(internet protocol television)即交互式网络电视，是互联网与传统电视相互融合的产物。国际电信联盟IPTV焦点组(ITU-T FG IPTV)于2006年10月16日至20日在韩国釜山举行的第二次会议上确定了IPTV的定义："IPTV是在IP网络上传送的，包含电视、视频、文本、图形和数据在内的，提供QoS/QoE(Quality of Service服务质量/Quality of Experience用户体验质量)、安全、交互性和可靠性的可管理的多媒体业务。"

简单地说，IPTV就是以个人计算机或"机顶盒+电视机"为主要接收终端，以宽带互联网为传输网络，使用互联网IP协议来传送多媒体内容，并为用户提供交互式多媒体服务的一种业务模式。

(二)特点

IPTV作为一种通过宽带网络为用户提供交互式多媒体服务的业务，最大的特点在于"互动性"和"按需观看"。通过IPTV业务，用户可以得到高质量的数字媒体服务，可以通过IPTV平台，根据自己的喜好和时间安排，选择想要观看的节目，享受更为便捷的互动体验。

在IPTV系统中，文本、图像、动画、视频、音频等信息可以最有效的编码表达方式在IP网络中实现发送、接收和重现。之所以如此，是因为IPTV的接收终端一般是多媒体计算机或具备嵌入式计算能力的机顶盒，它们具有强大的多媒体信息的本地解码和计算能力。

同时，IPTV也是"三网融合"的最佳切入点之一，它融合了电信、广电和互联网三方面的技术，集中了三方面的优势，创造了新的价值领域。广电运营商拥有丰富的内容资源和稳定的用户，而电信和互联网运营商则拥有交互技术和网络基础设施。电信运营商通过与电视内容提供商合作，不仅有助于丰富网络业务和应用，拓展更多用户，还极大地促进了用户对带宽的需求，从而产生出巨大的经济效益。因此，IPTV不仅是一种技术发展方向，它更代表了一种"三网融合"的趋势。

IPTV还有一个重要的特征，即IPTV是通过可以管控的、有质量和安全保证的IP网络进行视频传输的业务，因此并不是所有通过IP传输的视频节目都被称为IPTV，这一点区别于使用公共网络的OTT(over the top)业务。OTT是指在运营商的网络之上叠加上去的业务(视频业务只是其中之一)，其与网络运营商和接入无关，只要能够接入公共互联网就可以开展业务。两者本质的区别是IPTV需要通过专用保障的网络传输，并且能够保证业务提供的质量，因此建设IPTV网络需要较大的前期投入，包括网络基础设施建设、终端设备采购、内容提供商合作等方面的费用；OTT是通过公共的尽力而为的互联网承载业务，前期投入少，但是受网络基础设施所限并不能有效保障服务质量。

二、IPTV的业务形式

依托于宽带IP网络，IPTV能够提供的业务可以分为基础型业务和增值型业务两大类。基础型业务主要包括基于流媒体技术实现的视、音频类业务，如电视直播、视频点播、时移电视等；增值型业务主要指基于互联网接入的应用，如机顶盒上网浏览、网络游戏、信息服务、通信服务、远程教育、卡拉OK、互动广告等。

(一)电视直播

电视直播(live TV broadcast)是电视技术最基本的功能之一。对用户来说，电视直播业务如同使用传统的电视，实时收看电视台制作播出的节目内容，频道切换和频道选择都通过屏幕菜单形式实现；对运营商而言，直播业务是吸引传统电视用户，获取月租、广告等收入的关键手段，其运营关键是频道特色。

(二)视频点播

视频点播(video on demand，VOD)是IPTV的另一种基础性业务，满足了用户的个性化需求。用户按需选择视频内容，支付内容费用，享受主动式收视体验，这是完全有别于传统电视的崭新业务形式。系统支持多种主流流媒体格式和协议，提供快速拖动等功能，为用户带来便捷、高效的观影体验。

(三)时移电视

时移电视(time-shifted TV)是IPTV的交互式视频业务形式，允许用户在一定时间内回看任意频道的节目或片段，并具备暂停、快进、快退等功能。比如，某一用户由于某些原因不能准时观看一场重要比赛，当他打开电视机的时候比赛已经开始很久了。此时，利用时移电视，用户就可以从头播放这场比赛。用户在回放过程中还可以对节目进行快进、快退等操作。

(四)增值业务

IPTV的增值业务种类繁多，涵盖了信息类服务，如互动广告、网页浏览等；通信类服务，如语音、视频通信、短信等；电子商务类业务，如电视购物、在线支付等；以及游戏类业务等。这些业务基于宽带互联网接入，为用户提供了更加便捷、个性化的服务体验。随着技术的不断进步和创新，增值型业务的种类和形式也在不断增加和变化，以满足用户日益增长的需求。

三、IPTV的起源和标准的初步建立

20世纪90年代初，互联网成为全球信息传播平台，基础设施逐步完善。网络不仅可以传输文字，还可传输音视频等多媒体内容。数字视频压缩和传输技术逐渐成熟，如MPEG(moving pictures experts group)制定的MPEG-2标准成为数字电视和视频传输的基础。到了21世纪初，随着宽带互联网的普及，用户获取高速稳定的互联网连接更加便利，为实时视频流媒体提供了更好的网络环境，为 IPTV 的发展创造了条件。

(一)IPTV业务的起源

1999年，英国Video Networks公司成为全球首家推出IPTV业务的公司，随后欧美及亚太部分国家和地区的主要电信运营商纷纷进入IPTV市场。其中，意大利Fastweb公司在欧洲IPTV发展中发挥了关键作用，其成功经验改变了许多运营商对IPTV的观望态度。大部分运营商在IPTV业务初期主要提供电视直播和视频点播业务，同时探索了多种增值业务，如加拿大MTS的互动节目指南、意大利Fastweb的PVR(personal video recorder，个人视频录像)服务等。这些业务不仅丰富了IPTV的内容，也提高了用户的参与度和满意度。

我国的IPTV业务试点始于2004年。当时，中国电信和中国网通开始筹备IPTV项目，并召集了软件平台、机顶盒、服务提供商和内容提供商等各

方力量，共同探索IPTV的发展道路。经过一系列准备，哈尔滨网通于2005年年初开通了IPTV试验局。2005年5月17日，哈尔滨网通正式开始运营IPTV业务，一期系统规模为10万并发用户。截至2006年7月30日，哈尔滨全市IPTV总用户数达到了66 212户。它的运营，标志着国内IPTV产业链的初步形成。

（二）IPTV标准的建立

由IPTV的起源可知，IPTV业务相关的技术和标准是在视频点播业务相关技术和标准的基础上发展起来的。IPTV发展初期，有多个国际标准化组织机构在从事IPTV的标准化工作，这些组织所制定的标准可归纳为：涉及IPTV业务的总体框架标准、音视频压缩编码标准、流媒体文件格式、流媒体传输协议、数字版权管理标准、元数据标准等。

为加强全球IPTV标准化活动的协调，ITU-T在2006年4月成立了IPTV焦点组，制定IPTV的国际标准。焦点组在2006年7月召开的第一次会议上，确定了组织架构并设立了6个工作组，各组分配了不同的工作职责，如表4-1所示。

表4-1　IPTV焦点组各工作组（working group，WG）的工作范围

工作组	工作组名称	工作范围
WG1	体系架构与需求	IPTV的应用场景和驱动模式、需求、业务定义、体系架构、同其他业务和网络的关系等
WG2	QoS与性能	IPTV端到端服务质量（QoS）/体验质量（QoE）保障机制、指标及其评价方法等
WG3	业务安全与内容保护	IPTV数字版权管理、内容保护、安全（如条件接入）、认证和授权等
WG4	网络与控制	IPTV承载网、内容分发网的网络控制和信令
WG5	终端系统与兼容性	IPTV实现场景和各种应用、终端、消费者领域（家庭及其扩展）、远程管理等
WG6	中间件，应用和内容平台	IPTV加强电子节目导航、频道和菜单处理、数字广播中间件、音视频编解码、元数据和内容发现等

焦点组在2006年10月召开的第二次会议上，按照各个工作组的研究内容，继续分组深入讨论。此次会议共收到157篇提案，形成了40多篇输出文档和联络函。[①]ITU-T FG推出的IPTV国际标准在全球范围内的IPTV产业界达成了共识，也奠定了IPTV国际标准的基本技术框架，标志着IPTV标准体系的初步建立。

从ITU-T FG IPTV成立开始，由中国信息产业部电信研究院、中国电信、中国网通、华为、中兴、上海贝尔阿尔卡特和UT斯达康等单位组成的中国代表团就积极地参与了所有的各组的研究活动。我国代表团在ITU-T FG IPTV前两次会议上取得了很多重要成果，圆满完成了预定的目标。特别是在第二次会议上，中国提案达到51篇。[②]中国代表团成为推动ITU-T FG IPTV工作的一支主流力量。

在我国，早在ITU-T启动IPTV标准化工作之前，为了推动IPTV业务进一步发展，加快IPTV产业化进程，中国通信标准化协会（CCSA）于2005年下半年在其IP与多媒体通信技术工作委员会（TC1）中设立了“IPTV特别任务组”（TC1 SWG2）。“IPTV特别任务组”第一次会议于2005年8月10日在北京召开，会议制定了IPTV标准“循序渐进”的原则，即首先制定出产业发展急需的几个标准，然后再逐步补充。当时，该特别任务组确定了迫切需要解决的6项标准研究课题，包括“IPTV业务需求”“IPTV平台总体架构”“IPTV机顶盒技术规范”“机顶盒与IPTV平台接口规范”“IPTV业务运营平台与内容运营平台接口要求”“IPTV对DSLAM设备的技术要求”。[③]这6项标准研究课题之间的关系如图4-1所示。截至2008年年底，共有《IPTV业务需求》《IPTV机顶盒技术要求》《IPTV内容运营平台与业务运营平台接口技术要求》《机顶盒与IPTV平台接口技术要求》《IPTV对接入网络的技术要求（第一阶段）》《IPTV业务系统总体技术要求》《IPTV终端管理系统体系架构》《IPTV终端机卡分离技术要求》8项行业标准被批准。[④]

---

① 魏凯，何宝宏.ITU-T FG IPTV标准化最新进展［J］.电信网技术，2007(1)：37-39.

② 蒋林涛，何宝宏.国际电联专题会议明确IPTV定义［N］.人民邮电，2006-11-07(005).

③ 徐贵宝.IPTV标准进展情况及问题分析［J］.电信工程技术与标准化，2006(3)：6-9.

④ 参见全国标准信息公共服务平台(https://std.samr.gov.cn/)。

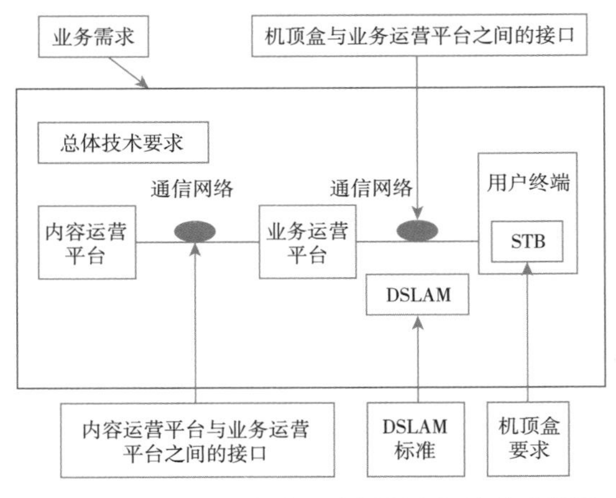

图4-1　6个IPTV标准研究课题之间的关系框图

“IPTV特别任务组”的工作成果使得国内IPTV标准缺失的状态有了很大的改观。IPTV行业标准的及时推出，提升了IPTV设备的互操作性，降低了产业发展的总体成本。总体上，我国IPTV行业标准的研究制定工作基本与国际主要的标准化组织同步，甚至领先于国际标准的制定步伐。很多重要行业标准的研究成果还输出到ITU-T等国际标准中，实现了行业标准与国际标准的良性互动。

四、IPTV的体系结构及IPTV标准的进展

(一)IPTV体系的基本层次结构

根据标准《IPTV业务系统总体技术要求》对IPTV体系结构的描述，我们将IPTV体系划分为以下四个层次：支撑层、业务层、承载层和终端层。层次结构如图4-2所示。

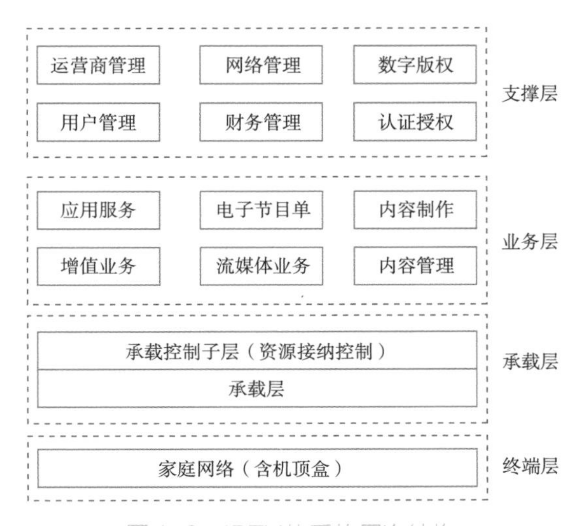

图4-2　IPTV体系的层次结构

1.支撑层

支撑层为IPTV平台提供运营支撑，是IPTV平台的运营支撑系统。支撑层包括用户管理、运营商管理、认证授权、账务管理、网络管理和数字版权管理等模块。

2.业务层

业务层为IPTV平台提供业务应用服务，支持基本业务如视频点播和直播节目，以及扩展业务如可视电话、网络游戏和网络邮件等。业务层为不同业务提供支持环境，包含节目编码处理、节目加密、媒体存储和分发等功能。通过提供丰富的业务应用服务和支持环境，业务层推动了IPTV系统的发展和创新。

3.承载层

承载层为IPTV业务提供网络承载服务，包括骨干网、城域网和宽带接入网，其主要目标是确保IPTV业务的高效、稳定运行。为此，承载层采用了IP路由、MPLS(多协议标签交换)和QoS(服务质量)等技术，优化IPTV业务数据传输，减少网络拥塞和延迟，提高播放质量和用户体验。

4.终端层

IPTV用户使用机顶盒，通过ADSL、LAN、WLAN、G/EPON等宽带接入方式接入，在电视机上实现IPTV业务。终端可包括多种形式，如机顶盒和个人电脑等。

(二)IPTV标准的进展

自2005年国内首张IPTV牌照颁发以来，中国通信标准化协会主导IPTV标准化工作，逐步解决了技术、设备联通、平台联通、终端与平台接口等问题。IPTV的标准化有助于各地IPTV发展的规模化，至2016年年底，中国IPTV用户数接近1亿。2007年至2016年期间，IPTV共发布37项相关标准，主要为电信行业所制定。37项标准虽然覆盖比较全面，但随着需求的增长、技术的进步，有些标准已经不适应现在的业务发展了。

2018年以后，随着技术的发展，又有很多新的标准被批准并实施。同时，广播电视和网络视听行业也更多地参与了标准的制定，这意味着“三网融合”的进一步深化。从2018年到2023年的5年时间里，又有21项标准被批准，如表4-2所示。

表4-2 2018—2023年批准的IPTV行业标准

序号	标准号	标准名称	行业领域	批准时间	实施时间
1	YD/T 4575-2023	IPTV智能型机顶盒安全技术要求	通信	2023-12-20	2024-04-01
2	YD/T 3866.6-2023	IPTV数字版权管理系统技术要求 第6部分：终端处理及显示	通信	2023-12-20	2024-04-01
3	GY/T 381-2023	IPTV业务技术要求	广播电视和网络视听	2023-11-21	2023-11-21
4	YD/T 4381-2023	IPTV虚拟现实(VR)全景多媒体业务服务技术要求	通信	2023-07-28	2023-11-01
5	YD/T 3347.7-2023	基于公用电信网的宽带客户智能网关测试方法 第7部分：融合IPTV机顶盒功能的智能网关	通信	2023-07-28	2023-11-01
6	GY/T 376-2023	IPTV音视频技术质量要求和测量方法	广播电视和网络视听	2023-08-18	2023-08-18
7	GY/T 374-2023	IPTV监测设备技术要求和测量方法	广播电视和网络视听	2023-06-12	2023-06-12
8	YD/T 4137-2022	基于电信网的家庭4K高清IPTV机顶盒WLAN和其他同频率或相近频率无线传输的功能、性能要求和测试方法	通信	2022-09-30	2023-01-01
9	YD/T 3866.7-2022	IPTV数字版权管理平台技术要求 第7部分：DRM客户端	通信	2022-09-30	2023-01-01
10	YD/T 3866.5-2022	IPTV数字版权管理系统技术要求 第5部分：接口消息及参数	通信	2022-09-30	2023-01-01
11	YD/T 3866.3-2022	IPTV数字版权管理系统技术要求 第3部分：接口和通信流程	通信	2022-09-30	2023-01-01
12	YD/T 3421.11-2022	基于公用电信网的宽带客户智能网关 第11部分：融合IPTV机顶盒功能的智能网关	通信	2022-09-30	2023-01-01
13	YD/T 3866.4-2021	IPTV数字版权管理系统技术要求 第4部分：加密系统	通信	2021-12-02	2022-04-01
14	YD/T 3889-2021	IPTV音视频编码参数技术要求	通信	2021-05-17	2021-07-01
15	YD/T 3866.2-2021	IPTV数字版权管理系统技术要求 第2部分：安全保护等级要求	通信	2021-05-17	2021-07-01
16	GY/T 346-2021	IPTV集成播控平台与传输系统用户“双认证、双计费”接口规范	广播电视和网络视听	2021-02-26	2021-02-26
17	GY/T 246-2020	视音频内容分发数字版权管理 IPTV数字版权管理系统集成	广播电视和网络视听	2020-11-09	2020-11-09
18	YD/T 3429-2018	IPTV媒体交付系统技术要求 媒体分发存储子系统	通信	2018-12-21	2019-04-01
19	YD/T 3375-2018	IPTV媒体交付系统技术要求 全局负载均衡子系统	通信	2018-12-21	2019-04-01
20	YD/T 3374-2018	IPTV媒体交付系统技术要求 流媒体服务	通信	2018-12-21	2019-04-01
21	YD/T 2017-2018	IPTV机顶盒测试方法	通信	2018-12-21	2019-04-01

五、IPTV的关键技术

基于IPTV的体系结构，IPTV业务得以实现。IPTV业务有一些非常关键的技术，主要包括音视频编解码技术、流媒体技术、内容分发网络(CDN)技术、终端技术、承载网络技术等。

(一)音视频编解码技术

IPTV音视频编解码技术在整个系统中处于重要地位，IPTV作为IP网络上的视频应用，对音视频编解码有很高的要求。首先，编码要有高的压缩效率和好的图像质量。压缩效率越高，传输占用带宽越小；图像质量越高，用户体验则越好。其次，IPTV平台应能兼容不同编码标准的媒体文件，以适应今后业务的发展。最后，要求终端支持多种编码格式或具备解码能力在线升级功能。

目前主流的视频编码格式有以下几种：MPEG-2、MPEG-4 Part 2、H.264/AVC、HEVC/H.265 等。MPEG-2是DVD标准之一，编码比较简单，以TS(transport stream)流方式传输为主。MPEG-4 Part 2标准开放，同等条件下的编码复杂度是MPEG-2的3倍，图像质量是MPEG-2的1.5~3倍。H.264/AVC提供了更高的压缩效率和更好的图像质量，使其在较低的网络带宽下也能传输高质量的视频流。作为H.264/AVC的继任者，HEVC/H.265进一步提高了压缩效率，降低了对网络带宽的需求。这使得在相同的视频质量下，HEVC/H.265所需的码流更低，更适合于IPTV等实时传输场景。此外，HEVC/H.265还支持更高的分辨率和帧率，为超高清视频和4K视频的传输提供了支持。

随着高清、超高清以及多媒体内容的普及，IPTV的音视频编解码技术也在持续演进。

(1)AV1编码格式：AV1是由开放多媒体联盟(Alliance for Open Media)开发的一种开源视频编码标准。它旨在提供比HEVC更高的编码效率，同时支持更多的功能，如更好的错误恢复和更低的延迟。AV1的出现为IPTV带来了新的机遇，因为它有可能进一步降低视频传输所需的带宽，并提高视频流的稳定性。

(2)多格式支持：随着多种编解码格式的出现，现代的IPTV系统通常需要支持多种编解码格式，以满足不同用户的需求和设备兼容性。这意味着IPTV服务提供商需要灵活配置其系统，以支持从传统的MPEG-2到现代的HEVC、AV1等多种格式。

(3)AI技术在编解码中的应用：人工智能(AI)技术在音视频编解码领域的应用逐年增多。AI技术可以通过深度学习等方法优化编解码算法，提高压缩效率和图像质量。例如，AI技术可以用于智能场景检测、自适应编码等，以进一步提升IPTV的音视频编解码性能。

(4)硬件加速技术：为了提高编解码速度和降低能耗，硬件加速技术得到了广泛应用。现代的CPU和GPU都提供了对音视频编解码的硬件加速支持，可以大大提高编解码效率，从而提升IPTV的服务质量。

(二)流媒体技术

流媒体(streaming media)是指在网络中使用流式传输技术的连续时基媒体，如音频、视频和其他多媒体文件。流媒体技术一般是指把连续的影像和声音信息经过压缩处理后放在流媒体服务器上，让用户一边下载一边观看、收听，而不需要等整个压缩文件下载到自己机器后才可以观看的视频/音频传输、编解码技术。流媒体技术不是单一的技术，它是建立在很多基础技术之上的技术。流媒体实现的关键技术是流式传输。流媒体的主要技术特征就是采用流式传输，即通过网络将流媒体内容传送到客户终端。

流媒体采用的传输协议有三类。

第一类，RTP(real-time transport protocol)、RTCP(real-time transport control protocol)。RTP为实时传输协议，通过UDP(user datagram protocol)协议传输，RTCP为实时传输控制协议，可以通过TCP(transmission control protocol)协议传输，也可以通过UDP协议传输，但与RTP采用不同的端口号，加以分离。RTP是一种提供端对端传输服务的实时传输协议，用来支持在单目标广播和多目标广播网络服务传输实时数据，而实时数据的传输则由RTCP协议来监视和控制。

第二类，RTSP(real time streaming protocol)。RTSP为实时流协议，也可以说是话路控制协议，支持像VCR那样的操作控制，如暂停、快进、快退等。RTSP也通过UDP来传输。

第三类，RSVP(resource reservation protocol)。RSVP协议为资源预留协议，属传输层范围的协议，对沿路由的路由器提出控制带宽(预留)的要求，以保证某些信号带宽稳定的需求。

流媒体的网络传输特征为：高带宽和高压缩率，低传输延迟，支持组播模式(组播是一种允许一个数据源同时向多个接收者发送数据的网络传输模式。在流媒体应用中，组播可以有效降低网络带宽的使用，因为多个用户可以共享同一个数据流，而不是每个用户都需要单独的数据流)，具有高可靠性(通常采用错误检测和纠正机制、数据包重传等技术来实现)，以及通道同步性(当视频流、音频流和其他数据流从不同的传输通道经由不同的路由到达终端节点时，需要采取一定的机制来实现异种数据流之间的同步，以确保它们在终端节点的正确组合和播放)。

随着网络带宽的不断增加和多媒体处理技术的持续进步，IPTV中的流媒体技术也取得了显著的进展。

(1) 自适应流媒体技术：自适应流媒体技术是一种能够根据网络带宽和设备性能动态调整音视频编码参数和传输速率的技术。通过实时监测网络带宽和设备性能，自适应流媒体技术可以自动选择最适合的编码参数和传输速率，以确保音视频播放的流畅性和清晰度。这种技术可以充分利用网络带宽和设备性能，提高IPTV服务的用户体验。

(2) 低延迟流媒体技术：随着实时互动应用需求的增加，低延迟流媒体技术成为热点。低延迟流媒体技术通过优化数据传输和编解码过程，减少了数据传输的延迟和抖动，从而实现了更低延迟的音视频播放。这对于IPTV中的实时互动应用具有重要意义，如视频通话、游戏直播等。

(3) 边缘计算与流媒体技术结合：边缘计算是一种将计算任务和数据存储推向网络边缘的技术。通过将流媒体处理任务部署在边缘节点上，可以大大减少数据传输的延迟和带宽需求，提高流媒体播放的效率和稳定性。这种技术与流媒体技术的结合将为IPTV服务带来更加流畅和高效的音视频体验。

(三) 内容分发网络(CDN)技术

内容分发网络CDN(content delivery network)是一个建立并覆盖在互联网上的特殊网络，通过互联网高效传递丰富的多媒体内容。它把流媒体内容从源服务器复制分发到最靠近终端用户的缓存服务器上，当终端用户请求某个业务时，由最靠近请求来源地的缓存服务器提供服务。如果缓存服务器中没有用户要访问的内容，CDN会根据配置自动到源服务器中，抓取相应的内容，提供给用户。

CDN的实现需要依赖多种网络技术的支持，主要包括负载均衡技术、动态内容路由、高速缓存机制、动态内容分发与复制、安全服务等。

随着技术的进步，未来的CDN将更加注重动态性、智能性和灵活性，以满足用户对高清、实时和个性化内容的需求，比如：

(1) 在缓存方面更加智能化。为了提高内容的传输速度和用户的响应速度，CDN引入了智能缓存技术。这种技术可以根据用户的行为和请求模式，智能地预测用户可能感兴趣的内容，并提前将这些内容缓存在靠近用户端的节点。当用户请求这些内容时，可以直接从缓存节点获取，从而大大提高传输速度和用户体验。

(2)CDN与边缘计算相结合。将CDN与边缘计算相结合，可以将内容分发和处理任务部署在边缘节点上。这样不仅可以减少数据传输的延迟和带宽需求，还可以提高内容处理的效率和灵活性。这种结合将为IPTV等流媒体服务带来更加流畅和高效的音视频体验。

(四) 终端技术

IPTV终端有3种基本类型，分别是多媒体计算机、智能手机和机顶盒加电视机。多媒体计算机配备相应的软件，可直接用作IPTV的终端；基于移动流媒体平台的智能手机也可以直接使用；但对于电视机来讲，由于其本身没有存储功能，不支持软件安装，也无法像手机那样加装流媒体支持功能，因而无法实现IP的支持功能，必须加装一个将IP数据流转换成电视机可以接收信号的机顶盒设备，即将机顶盒作为中介才能收看IPTV节目。

作为用户接收端设备，机顶盒需要具备包括数据转换、接入支持、协议支持、业务支持、解码支持等在内的多种功能。数据转换是机顶盒最基本的功能，就是将接收到的IP数据转换成电视机可以显示的画面和播放的声音。在接入支持方面，机顶盒一般需要支持xDSL、WLAN、FTTH等多种宽带接入方式。在协议支持方面，机顶盒需要支持TCP/UDP/IP协议族来完成互操作信息的网络传输，以及IP数据、视频流媒体数据的接收和处理工作。在业务支持方面，机顶盒一般需要支持目前较为流行的视频点播、组播、Internet浏览、短消息、可视业务和网络游戏等业务。在解码支持方面，机顶盒需要支持对多媒体码流的解码能力，一般需要支持现行的国际标准格式（如MPEG-2、MPEG-4等）以及国家标准格式AVS。除了上述这些功能之外，机顶盒还要支持数字版权管理、内容缓存、交互控制、接入鉴权和业务及网络管理功能。

IPTV机顶盒与数字电视系统的机顶盒相似，由软件和硬件两大部分组成。机顶盒的硬件包含了主芯片、内存、调制解调器、回传通道、条件接收（CA）接口、外部存储控制器以及视音频输出等几大部分。最新的机顶盒技术采用了多核处理器，提高了机顶盒的处理能力和效率；采用硬件加速技术提高机顶盒的处理速度；采用云技术实现更加高效和灵活的功能扩展。

（五）承载网络技术

为了保证IPTV的收看质量与目前的有线电视网收看质量相当甚至更高，IPTV的承载网络需要在宽带、频道切换时延、网络QoS等方面提供保证。由于IPTV业务所承载信息的多样性和实时特性，因而对承载业务的网络从用户接入带宽、组播传输方式的支持，以及网络QoS都提出了新的要求。

1.用户接入带宽

如果需要为用户提供DVD效果的IPTV业务，采用MPEG-2编码，要求每个IPTV用户接入带宽达到3~4Mbit/s；而采用MPEG-4或压缩率更高的编码，用户接入带宽需要2Mbit/s；利用现有广泛使用的H.264编码技术，用户至少需要1.5Mbit/s的下行接入带宽。综上所述，采用不同的编码方式会对所需的用户接入带宽产生不同的影响。根据实际需求和网络条件，运营商可以选择适合的编码方式和带宽配置，以提供高质量、流畅的IPTV服务。

2.IP网络对组播技术的支持

在频道切换时延方面，有线电视网的频道切换很快，所以IPTV也应尽量减少切换时延。为了保证IPTV用户在不同频道之间的切换具有与普通电视切换大致相当的性能，IPTV业务的广泛部署至少要求数字用户线路接入复用器DSLAM（digital subscriber line access multiplexer）设备对IP组播技术进行支持。根据IPTV不同的部署策略以及对节约城域网带宽的考虑，核心网、城域网必须支持IP组播技术。

3.网络QoS

在QoS保障上，IP网络的丢包、抖动等问题会对IPTV的收视质量造成严重的影响，使用户感觉IPTV比不上有线电视。在IPTV业务中，网络服务质量的保证一方面可以通过IP组播加核心网CDN的方式来实现，另一方面则通过现在普遍使用的区分服务、流量工程等技术来加以保证。

六、IPTV的发展趋势

IPTV技术的发展趋势正在向着更高清晰度、更智能化的用户体验、更高效的内容分发和更广泛的跨平台融合方向发展。

首先，随着4K、8K超高清技术的普及，IPTV将逐渐转向更高清晰度的视频传输。这不仅要求网络带宽和传输技术的持续升级，还需要机顶盒等终端设备支持更高的解码能力和显示技术。未来的IPTV将能够为用户提供更为真实、细腻的视觉体验。

其次，智能化将是IPTV技术发展的重要趋势。通过引入人工智能、大数据等先进技术，IPTV可以实现更加个性化的内容推荐、智能语音控制、智能交互等功能。这将使得用户能够更加方便、快捷地获取自己感兴趣的内容，提升用户体验。

再次，内容分发技术也将持续演进，以更好地满足用户对实时、流畅观看体验的需求。CDN技术的进一步发展将使得内容分发更加高效、智能，边缘计算和智能缓存等技术的应用将进一步提高内容的传输速度和响应速度。

最后，跨平台融合也是IPTV技术发展的重要方向。随着多屏互动、跨平台观看等需求的增加，IPTV将逐渐与手机、平板、电脑等其他设备实现无缝连接和互通。这将使得用户可以在任何设备、任何地点都能享受到一致的IPTV服务，进一步提升用户的便利性和满意度。

本节执笔人：李彬

第二节 | OTT TV

一、OTT TV的概念和特点

OTT TV即互联网电视，英文全称为over the top television，是一种以电视机、机顶盒、电脑、PAD、智能手机等为显示终端，经国家广电行政部门批准的互联网电视内容服务平台和集成服务平台，通过公共互联网传输分发，向家庭用户提供视频点播等多种服务的新业务。互联网电视是随着互联网发展而兴起的新型媒体运营方式，内容提供商、网络传输商、设备提供商等都可以加入其中，具有一定的开放性和吸引力。

OTT TV的特点主要有以下几点：

(1) 基于开放互联网：OTT TV是通过开放互联网进行视频传输的，这意味着它可以在任何支持互联网的设备上进行观看。只要有互联网连接，用户就可以随时随地享受电视节目和电影等内容。

(2) 终端多样化：与传统的有线电视或卫星电视不同，OTT TV的接收终端多种多样，包括电视机、电脑、机顶盒、PAD、智能手机等。这为用户提供了更多的选择，使得观看体验更加灵活和便捷。

(3) 强调服务与物理网络的无关性：OTT TV的服务是在网络之上提供的，强调服务与物理网络的无关性。这意味着无论用户使用的是哪种网络(如宽带、Wi-Fi、4G/5G等)，都可以享受到同样的OTT TV服务。

(4) 互动性：OTT TV支持互动功能，用户可以通过互联网进行投票、评论、分享等操作，与节目进行互动。这种互动性既增强了用户的参与感和黏性，也提升了节目的趣味性和吸引力。

(5) 内容的丰富性和多样性：由于OTT TV是通过开放互联网进行传输的，因此它可以接入各种各样的内容提供商，为用户提供丰富多样的内容选择。从电视节目、电影到综艺娱乐、体育赛事等，应有尽有。

(6) 个性化推荐：OTT TV可以根据用户的观看历史和偏好进行个性化推荐，为用户推荐更符合其口味的内容。这种个性化推荐功能可以提高用户的满意度和忠诚度。

(7) 跨平台同步：OTT TV支持跨平台同步功能，用户可以在不同的设备上同步观看进度和收藏的节目，实现无缝切换。

总的来说，OTT TV是一种基于开放互联网的视频服务，具有终端多样化、强调服务与物理网络的无关性、互动性、内容的丰富性和多样性、个性化推荐以及跨平台同步等特点。这些特点使得OTT TV在现代家庭娱乐中占据越来越重要的地位。

二、IPTV和OTT TV的主要区别

表4-3 IPTV和OTT TV的主要区别

项目	IPTV	OTT TV
传输网络	IPTV专网	公共互联网
接收终端	TV+机顶盒	TV+机顶盒/TV+一体机
内容提供	IPTV集成播放平台内容	互联网电视内容服务平台内容
主要业务形态	视频直播、回看、点播及增值服务等	视频点播、增值服务和应用服务业等
流畅清晰度	无滞后、清晰度高	主要取决于网络带宽
业务开展范围	省级播控分平台仅限于本省区域内，全国内容服务牌照可向全国范围内的省级播控分平台提供内容	全国
内容监管程度	可控可管	可控可管
业务平台	集成播控总分平台和全国内容服务平台	集成服务平台和内容服务平台
经营资质	信息网络传播视听节目许可证(IPTV全国内容服务牌照和集成播控牌照)	信息网络传播视听节目许可证(互联网电视集成服务牌照和内容牌照)

三、我国OTT TV的发展历程

中国互联网电视产业经历20多年的发展，逐步进入规范化的快速发展阶段。总体看，其经历了以下阶段：

(一)探索阶段(20世纪末至2009年)

互联网电视的概念源于20世纪末，微软、盛大、英特尔等互联网公司纷纷涉足该领域，探索电视与互联网技术的结合。然而，这一阶段的发展较为缓慢。主要制约因素在于，当时的国内互联网环境尚未成熟，难以为用户提供流畅的视听体验。同时，产业链和产业环境的成熟度不足，导致内容与互联网应用的整合与开发成本高昂，进而推高了互联网电视产品的价格。

然而，随着网络技术的不断进步和产品技术水平的提升，“电视机上网”在技术层面得到了有效解决。2008~2009年，海信、海尔、创维、长虹等家电厂商纷纷推出互联网电视产品，标志着互联网电视正式进入市场，并引起人们的广泛关注。这一时期，互联网电视不仅具备了上网功能，还整合了丰富的互联网内容与应用，为用户提供了更加便捷、多样的观看体验。

(二)牌照规范阶段(2010–2014年)

互联网电视相比传统的数字电视，主要的区别在于多了一个能够连接互联网的硬件设备。这个硬件设备通常内置了操作系统和应用软件，可以通过互联网获取和传输视频内容，然后将其呈现在电视机屏幕上。2010年前后正值国内视频版权行业的变革时期，互联网电视通过连接网络获取的视频内容也相应出现版权问题的争论，因此国家广播电影电视总局于2009年8月叫停互联网电视业务并开始酝酿牌照制度。2010年年底开始，国家广播电影电视总局先后向中国网络电视台、上海广播电视台、广东广播电视台等7家电视台发布了互联网电视服务牌照，标志着互联网电视内容服务牌照和互联网集成服务牌照制度初步建立。

(三)快速发展与规范调整阶段(2015年至今)

自2015年9月起，互联网电视领域经历了显著的发展与变革。监管机构政策的逐步调整与完善为互联网电视行业的规范发展提供了有力支撑。在此期间，产业链各方，包括内容和服务提供方、内容服务平台运营方、集成服务平台运营方等，均表现出高度的积极性和参与度，纷纷涉足互联网电视领域。

值得一提的是，这一阶段的互联网电视行业不仅呈现出快速发展的态势，更展现出精细运营的特点。行业参与者不仅在市场规模上追求增长，更在服务质量、用户体验、技术创新等多个方面进行深入的探索与实践。这一阶段的学术研究和市场观察均表明，互联网电视行业正逐步走向成熟，并为未来的持续创新与发展奠定了坚实的基础。

四、OTT TV业务的发展趋势

(一)全球OTT TV业务的高速发展

从全球来看，在互联网/移动时代，电脑、智能手机、平板电脑和电视机被业界视为最重要的4个入口，OTT TV已经成为全球企业最新的必争之地，国外绝大部分运营商都在向OTT TV业务转型，传统的IT制造厂商、互联网巨头、有线电视运营商、电信运营商等，都在协同构建OTT TV生态系统，积极布局整体产业，这些都导致了OTT TV业务的高速发展。

(二)广电与OTT TV融合发展

广电作为内容提供商，拥有丰富的节目资源和内容版权。通过与OTT TV平台合作，广电可以将自身的节目内容推广到更广泛的用户群体中，扩大影响力和市场份额。而OTT TV平台则需要与广电合作，获取合法、高质量的节目内容，以吸引和留住用户。双方的合作可以实现资源共享、互利共赢，推动媒体融合发展的进程。

广电和OTT TV可以在技术创新方面进行合作，共同研发和推广新型的媒体技术和应用。例如，利用人工智能、大数据等技术进行用户画像分析，实现精准推荐和个性化服务；利用5G、云计算等技术提升视频传输速度和画质，提供更好的观看体验。双方的技术创新合作可以促进媒体技术的升级和换代，推动媒体产业的创新发展。双方也可以在商业模式方面进行合作创新，共同打造新型的主流媒体。例如，通过广告合作、内容付费等方式实现盈利模式的多样化；通过跨界合作、产业链延伸等方式拓展商业合作机会，实现媒体产业的融合发展。双方的商业模式创新合作可以提升媒体产业的价值链和盈利能力。

广电和OTT TV在内容传输和分发方面都需要遵守相关的法律法规和监管要求。双方可以加强监管合作，共同打击盗版、侵权等违法行为，维护良好的市场秩序。同时，双方也可以共同推动相关政策、标准的制定和完善，促进媒体产业的规范发展。

（三）国内互联网电视发展速度将领先全球

随着科技的飞速发展和全球化的推进，互联网电视行业在全球范围内迅速崛起。在这个激烈的竞争环境中，国内互联网电视的发展速度已经显示出领先全球的态势。这得益于以下几方面因素：

第一，市场规模。中国拥有庞大的互联网用户群体和市场规模，这为互联网电视的发展提供了广阔的用户基础和商业机会。随着用户需求的增长，互联网电视市场在国内的潜力巨大。

第二，网络环境。宽带互联网的普及、4G/5G网络的快速发展以及光纤入户等政策的推进，这些都为国内互联网电视提供了良好的网络环境和传输速度。这使得国内互联网电视能够提供更流畅、更高质量的视频服务。

第三，智能电视的普及。目前，越来越多的家庭选择使用智能电视作为主要的观看设备，这一趋势推动了互联网电视服务的快速增长，并为用户提供了更多的内容选择和交互体验。

第四，内容生态。中国拥有丰富多样的视频内容生态，包括电视节目、电影、综艺节目、网络剧等。这些内容资源为互联网电视提供了丰富的内容选择，满足了用户的多样化需求。同时，国内互联网电视平台也在积极引进和开发优质内容，以吸引和留住用户。

第五，政策支持。中国政府对于互联网和数字经济的发展给予了积极的政策支持，包括推动5G商用、宽带提速降费、智慧家庭建设等。这些政策为国内互联网电视的发展提供了良好的政策环境和机遇，促进了行业的快速发展。

第六，技术创新。中国在互联网和数字技术方面的创新能力不断提升，包括人工智能、大数据、云计算等技术的应用和发展。这些技术创新为互联网电视提供了更多的功能和可能性，提升了用户体验和服务质量。例如，通过智能推荐算法，互联网电视可以为用户推荐更符合其口味的内容；通过云计算技术，可以实现跨平台同步和无缝切换等。

本节执笔人：李彬

总体技术篇参考文献

中文图书

[1]劳尼艾宁.无线通信简史：从电磁波到5G[M].蒋楠，译.北京：人民邮电出版社，2020.

[2]郭镇之.中外广播电视史[M].3版.上海：复旦大学出版社，2016.

[3]金纯，齐岩松，于鸿洋，陈前斌.IPTV及其解决方案[M].北京：国防工业出版社，2006.

[4]李栋.数字声音广播[M].北京：北京广播学院出版社，2001.

[5]李雄杰.无线电技术与应用[M].北京：机械工业出版社，2013.

[6]《广播电影电视科技发展历程回顾文选》编委会.广播电影电视科技发展历程回顾文选[M].北京：中国广播电视出版社，2004.

[7]卢官明，宗昉.IPTV技术及应用[M].北京：人民邮电出版社，2007.

[8]陆晔，赵民.当代广播电视概论[M].3版.上海：复旦大学出版社，2021.

[9]毛春波.电信技术发展史[M].北京：清华大学出版社，2016.

[10]史萍，倪世兰.广播电视技术概论[M].北京：中国广播电视出版社，2003.

[11]温怀疆.下一代广播电视网NGB技术与工程实践[M].北京：清华大学出版社，2015.

[12]谢质文，许永明，杨滔.IPTV——产品、运营与案例[M].北京：电子工业出版社，2008.

[13]周小普.广播电视概论[M].北京：中国人民大学出版社，2014.

中文期刊

魏凯，何宝宏.ITU-T FG IPTV 标准化最新进展[J].电信网技术，2007(1).

中文报纸

海燕.人类首次无线电广播：献给世界的圣诞礼物[N].世界报，2008-05-07(023).

英文报告

ITU-R. High dynamic range television for production and international programme exchange: Report ITU-R BT.2390-11[R]. Geneva: International Telecommunication Union, 2023.03.

中文标准

中国通信标准化协会.IPTV业务系统总体技术要求：YD/T 1823-2008[S].北京：中华人民共和国工业和信息化部，2008.

英文标准

[1]ITU-R. Digital interfaces for studio signals with 1 920 × 1 080 image formats. Recommendation ITU-R BT.1120-9[S]. Geneva: International Telecommunication Union, 2017.12.

[2]ITU-R. Image parameter values for high dynamic range television for use in production and international programme exchange. Recommendation ITU-R BT.2100-2 [S]. Geneva: International Telecommunication Union, 2018.07.

[3]ITU-R. Interface for digital component video signals in 525-line and 625-line television systems operating at the 4: 2: 2 level of Recommendation ITU-R BT.601. Recommendation ITU-R BT.656-5 (12/2007) [S]. Geneva: International Telecommunication Union, 2007.12.

[4]ITU-R. Parameter values for the HDTV standards for production and international programme exchange. Recommendation ITU-R BT.709-6[S]. Geneva: International Telecommunication Union, 2015.06.

[5]ITU-R. Parameter values for ultra-high definition television systems for production and international programme exchange. Recommendation ITU-R BT.2020-2 [S]. Geneva: International Telecommunication Union, 2015.10.

[6]ITU-R. Real-time serial digital interfaces for UHDTV signals. Recommendation ITU-R BT.2077-3 [S]. Geneva: International Telecommunication Union, 2021.06.

[7]ITU-R. Studio encoding parameters of digital television for standard 4: 3 and wide-screen 16: 9 aspect ratios. Recommendation ITU-R BT.601-7 [S]. Geneva: International Telecommunication Union, 2011.03.

[8]ITU-R. Use of high efficiency video coding for UHDTV and HDTV broadcasting applications. Recommendation ITU-R BT.2073-2 [S]. Geneva: International Telecommunication Union, 2022.01.

英文电子

[1]405 line[EB/OL].[2024-07-22]. https://encyclopedia.thefreedictionary.com/405+line.

[2]441-line Television System [EB/OL]. [2024-07-22]. https://www.amprox.com/cathode/441-line-television-system/.

[3]Broadcast television system [EB/OL]. [2024-07-22]. https://encyclopedia.thefreedictionary.com/Broadcast+television+systems.

[4]History of broadcasting [EB/OL]. [2024-07-22]. https://encyclopedia.thefreedictionary.com/History+of+broadcasting.

[5]History of radio[EB/OL].[2024-07-22]. https://encyclopedia.thefreedictionary.com/History+of+radio.

[6]History of television[EB/OL].[2024-07-22]. https://encyclopedia.thefreedictionary.com/History+of+television.

[7]Mechanical television [EB/OL]. [2024-07-22]. https://encyclopedia.thefreedictionary.com/Mechanical+television.

制播技术篇

第五章

制播技术发展概述

第一节　广播节目制播技术发展

广播节目制作和播出技术(简称制播技术)是广播技术的重要组成部分，旨在为受众按时提供优质的广播节目。广播制播技术包括广播节目采集、编辑制作、存储、播出各个环节，实现采集、存储、制作和播出切换功能的话筒、录音机和调音台是其中的关键设备。按照广播节目制播技术的发展时间线，可将其分为单声道广播、立体声广播和数字广播三个阶段。

一、单声道广播节目制播技术

单声道广播节目制播技术的发展历程可认为是从1906年开始到20世纪40年代中后期。

1906年，雷金纳德·奥布里·费森登在马萨诸塞州的勃兰特罗克进行了第一次无线广播，包括两首音乐选段、一首诗的朗诵和一段简短的谈话，显然这是广播节目的雏形。随着欧美国家《无线电报法》的颁布，广播播出合法化，于是美国、英国等相继于20世纪20年代初成立商业广播电台，开始定期为公众广播节目。

当时制作设备主要是炭精传声器(炭粒传声器)、留声机，这两者作为信号源，然后根据需要进行切换后输出到发射机。后来传声器技术发展，出现了电容式传声器、铝带传声器和动圈式传声器，使得声音采集的质量和传声器的鲁棒性都有很大改进，尤其是心形指向式传声器，能屏蔽掉不必要的噪声。在声音记录方面，20世纪20年代，钢丝录音机被采用。1929年年底，英国广播公司开始采用钢丝录音机进行长时间的录音广播。1935年，德国通用电气公司研制出了使用塑料磁带的磁带录音机，直到第二次世界大战期间，德国广播电台才开始大量运用磁带录音机。在声音处理方面，主要是美国西部电气公司(Western Electric)和RCA公司生产有关简单混音的功能，比如，西部电气公司于1936年推出了带混合功能的放大器Western Electric 22C，可对输入4路麦克风进行混音。这种混音器也作为播出切换器使用。

这个阶段，广播电台的节目制播技术相对来说比较简单，大家关注的重点在广播的传输覆盖与接收技术。

二、立体声广播节目制播技术

立体声广播节目制播技术的发展历程从20世纪40年代中后期到80年代，在此过程中还包括了多轨声音节目的制作，播出节目基本仍是立体声。

1943年，德国柏林帝国广播电台第一次用磁带录音机进行立体声音乐录音，开始立体声录音的实用阶段。此时，还没找到有效的立体声广播机制，欧美国家从20世纪60年代初正式开始立体声节目广播，我国于1977年开始立体声节目广播，因此在这期间单声道节目的制播仍是主流。不过，高保真立体声效果的广播节目制播设备研发一直在进行中。

1949年，威尼伯斯特实验室研制出世界上第一款抑制反馈的降噪型传声器，其提升了录音质量。在随后的五六十年代，主流传声器原理没有变化，只是在拾音的质量、降噪能力和使用便利性等方面进行了改进，如，1965年森海塞尔推出的颈挂式传声器MD214，除使用特殊结构降低颈部附近衣物噪声外，还采用了无线技术，方便特殊场景的拾音。立体声节目制作，关键是立体声拾音技术。为了利用传声器拾取高保真的立体声信息，出现了A/B、X/Y、MS、仿真头、声像移动器及奥尔森制式等多种拾音制式。70年代开始，随着半导体和集成电路等技术的不断发展，传声器技术快速发展，界面传声器、MEMS(micro-electro-mechanical system，微机电系统)传声器、声学阵列传声器等新型传声器相继问世。

在声音记录方面，磁带录音机技术持续改进。1949年，美国马格尼科德(Magnecord)公司开发出一种双轨式的立体声录音机，可以记录两种不同的讯号。1954年，第一卷商业性的立体声录音带发行，音响世界正式进入立体声时代，这一举动间接推动了立体声唱片的发展。1951年和1953年，中国上海钟声电工社先后制成了中国第一台钢丝录音机和磁带录音机。同期，克利夫兰公司的乔治·伊什(George Eash)发明了盒式磁带录音机，这种便携式设计使录音机走向千家万户。1955年，安培公司研发了第一台八轨录音机——Sel Sync，这是一台1英寸录音机，多轨磁带录音机的诞生引入了多声道录音方式。录音师可以使用多个声道录制，从最初的3路，逐渐发展到24路。

20世纪50年代中期引入立体声录音，随即出现了立体声重放系统，20世纪60年代是立体声的黄金时期。为配合立体声节目的制作，1954年，西方电业有限公司(Westrex)推出了RA-1424立体声混音器，这款混音器有6种不同的配置，配备4路或6路输入。不过，电台主要还是使用之前由RCA、西部电气、阿尔特克(Altec)等公司制造的真空管单声道广播调音台。1964年，第一台商用固态录音调音台问世。总的来说，到20世纪60年代末，录音制作的整体方法没有太大变化，4个输入混音器仍然是大多数制作声音设置的标准配置，且几乎没有均衡功能。到了20世纪70年代，随着运算放大器技术的引入，调音台的设计发生了很大变化：开始采用模块化方法，将组件分为输入模块、主模块、总线分配模块和监控模块，且比前代产品更紧凑、电流消耗更小。1975年，随着杜比立体声的出现，调音台的声道数开始增加。另外，调音台还增加了更多功能，包括三频段均衡、更好的高通滤波器、更好的麦克风前置放大器和更复杂的信号路由。

20世纪60年代，多轨音乐制作需求促使了多轨调音台问世。1966年左右，由金·韦伯(Jim Webb)构思，杰克·卡辛(Jack Cashin)制造了15路输入、8总线调音台，这是专为罗伯特·奥特曼电影的8轨录音而定制的多轨调音台。

自从磁性录音技术应用到广播播出工作以后，广播电台的节目播出方式也发生了革命性的变化。此后，广播电台一般节目都在播出之前录在磁带上，每天实际播出成为放录音和唱片的操作。后来，自动化的函夹式磁带放音机的出现为节目播出自动化创造了条件。播音控制设备自动化的方案很多，有些采用凿孔式纸带或凿孔卡片配合标准时间信号来控制节目的播放和交换，有些大型播音中心还借助数字式电子计算机进行操作。

三、数字广播节目制播技术

数字广播节目制播大约从20世纪80年代中期开始。1985年，在音频工程师协会(Audio Engineering Society，AES)和欧洲广播联盟(European Broadcast Union，EBU)的共同努力下，相关的数字音频标准规格发布，使广播节目制播系统可以用数字基带声音信号进行传输。

最早的数字广播制作设备是录音机。1967年，日本广播协会研制出第一台旋转磁头式数字磁带录音机R-DAT，随后，安培、索尼等公司推出了各自的数字磁带录音机。80年代后，将其命名为DAT，即digital audio tape recorder。1983年6月，DAT制式讨论会召开，于1985年7月基本确定了两种技术标准。90年代后，磁带录音机的发展缓慢，这是因为出现了新型存储方式——CD-DA(compact disc-digital audio)、MD(mini disc)、DVD-Audio以及硬盘和半导体记录方式。这些方式更适合数字记录，尤其在对数字音频信号进行编辑、处理时更加方便、灵活，它们成为21世纪的主要存储方式。

数字传声器出现得比较晚，1998年由德国某公司推出了第一款型号为MCD100的数字传声器，其采用普通电容传声器进行声电转换，再经过24比特的A/D模数转换器后输出。90年代，发展较快的是各种环绕声传声器，1994年发表的ITU BS.775文件中就推荐了包括TSRS(true space recording system)式传声器阵列在内的8种传声器及相应的各种拾音技术。

1982年左右，尼夫电气国际(Neve Electronic International)公司研制了一个全数字音频调音台原型，后来陆续出现了一些小型的数字调音台。1987年，日本雅马哈(Yamaha)公司推出了该公司第一款数字调音台DMP7型，主要在舞台上使用。早期的数字调音台主要受数字处理芯片等硬件条件限制，制约了调音台的动态范围。随着数字技术的发展，到90年代，数字调音台的技术基本成熟。1995年，雅马哈公司推出的02R录音调音台，允许通过插入式 I/O 卡方式实现 AES/EBU等多种数字格式的输入，具有44通道混音能力和4段参数均衡器、动态处理、输入延迟、内置效果、自动混音功能等，成为当时标准的数字调音台设备。此后，数字调音台在提高质量的同时，不断降低成本，到90年代后期，逐渐得到市场认可。

1977年问世的数字音频工作站，使广播节目制播方式发生了巨大变化。1989年，数字设计(Digidesign)公司发布Sound Tools，这是数字音频工作站行业标准ProTools的前身和基础，可实现双轨录制。音频工作站将音频剪辑、存储等功能融为一体，且具有随机存取、灵活快捷剪辑等诸多优点。它更为重要的优点是，可以像计算机中的文件一样进行存储、编辑、拷贝和传输等。因此，90年代初，欧美国家很快开始大范围使用，且根据用途，音频工作站被分成两大类，一类用于多轨数字录音节目制作系统；另一类用于播出系统。前者突出音响节目的制作效果，后者强调数字音频信号的存储、高速传输和音频工作站的组网功能。1994年，中央人民广播电台引进美国数字音频工作站，用于节目的编辑、修改。

数字广播节目播出时代的前期，主要信号源是数字录音机、磁光盘录音机等，然后自动播出系统发出指令让数字音频切换台对输出信号源进行切换。随着数字音频工作站的使用，这种播出系统发生了很大变化。播出音频工作站成为主要的信号源，很快采用计算机网络技术构建网络化的自动播出系统。90年代中期，国内外广播电台都开始了网络播出系统的建设，如1995年北京人民广播电台建成了一个小型的广告自动播出系统；1997年，中国国际广播电台建成了一个广播节目录制、播出一体化的网络自动播出系统。

为促进电台网络化建设规范化，2007年3月，国家广播电影电视总局发布《广播电台数字化网络化建设白皮书(2006)》。2010年开始，云计算技术为电台节目制播提供了新的可能，世界各国开始将云计算技术与广播节目制播融合到一起。2015年12月，国家新闻出版广电总局发布了《广播电台融合媒体平台建设技术白皮书(2015)》，提供了中国广播电台构建融媒体云平台的建议。2020年开始，电台发展的趋势是全IP化，即将基带数字音频信号映射到IP数据包中，由计算机网络线连接各种制播设备。目前，全IP化电台的建设正在进行中。

本节执笔人：杨盈昀

第二节　电视节目制播技术发展

电视节目制播技术是电视技术的重要组成部分，旨在为受众按时提供优质的电视节目，因此高质量、高效制作和播出电视节目是制播技术的主旋律。电视节目制播技术包括电视节目采集、编辑制作、存储、播出和管理各个环节，实现采集、存储、制作和播出切换功能的摄像机、录像机和视频切换台是其中的关键设备，因此本节将先介绍关键设备的技术发展，然后阐述节目制作、播出和媒体资产管理系统。电视中的声音制作方式基本与广播的制作方式相同，因此这里以视频制播技术为主进行阐述。按照电视图像质量的发展，可以将制播技术分为黑白电视、彩色电视和数字电视三个阶段。

一、黑白电视阶段

黑白电视阶段可分机械电视和电子电视两个阶段。

(一)机械电视阶段

机械电视系统出现于1925年左右，正式播出是在1929年9月，英国广播公司使用贝尔德提供的设备开始电视节目播出。起初，每周只传输几个小时的图片，只有30行扫描线。到1930年3月，声音和图片可以一起传输。

1930年，美国联邦通信委员会分配了电视频道，在2MHz频段内，用于实验电视传输。当时播出的画质很差，电视屏幕只有一英寸左右宽，通常仅30到60条电视线。

到1932年，除英国和美国外，世界上至少还有12家电视台利用机械电视系统进行播出。由于画质差，机械电视没有成功。到1933年，美国几乎所有电视台都停播了。英国广播公司的机械电视播出到1935年。

当时的制作手段很简单，就是用机械摄像机进行拍摄，然后传输到用户。除此之外，贝尔德于1932年开发了中间胶片系统，摄影机拍摄后立即冲洗电影胶片，如果需要，可以通过电视扫描仪进行快速传输。另外，这一时期已经出现了播出时间表。

(二)电子电视阶段

1936年，英国开始电子电视广播，采用的是EMI公司的405线电视系统。摄像机为EMI公司的Emitron。当时大部分节目是在亚历山德拉宫的演播室完成，当然英国广播公司也尝试了远程节目制作。

1939年，RCA将电子电视引入美国，并由当时的子公司NBC(National Broadcasting Company，美国全国广播公司)定期播出。当时他们的演播室采用3台演播室摄像机，控制室中配备了视频控制设备、音效设备、切换台等，分别由视频控制工程师、声音控制工程师和视频切换工程师进行操作。这成为演播室技术系统的基本配置。

随后制播技术的发展主要体现为摄像机和切换台等设备的改进。1943年，兹沃里金开发了一种更好的摄像管，称为正析像管(orthicon)。正析像管具有足够的感光度来记录夜间的户外活动。1950年，兹沃里金又开发了一种更好的摄像管——视像管(vidicon)，使拍摄的图像质量得到大幅提升。

20世纪50年代以后，虽然开始出现了彩色电视，但是在1954年至1965年间，很少有人拥有彩色电视机，电视台也基本不制作彩色电视内容。因此，这期间仍制作和播出黑白电视节目。

制播手段随着录像机的问世发生了很大变化。1956年，美国安培(Ampex)公司推出了第一款实用的广播质量录像机。录像机的出现，方便了电视节目录播。1961年，美国公司开发了第一套电视自动播出系统。1963年，安培公司推出实用的电子编辑机EDITEC，能够以电子控制方式实现精确到帧的编辑、预览等功能。这些技术使得电视制播效率大幅提升。

1963年，荷兰飞利浦公司研制出了氧化铅视像管(plumbicon)，这种视像管具有高性能、小型化的特点，为彩色电视节目拍摄提供了较好的硬件设备。

二、彩色电视阶段

(一)模拟复合彩色电视阶段

1953年底，美国联邦通信委员会宣布采用RCA公司提出的兼容制彩色电视系统，即NTSC系统。为了与黑白电视系统兼容，摄像机编码后输出的是一路复合彩色电视信号，因此在彩色电视演播室中节目制作流程与黑白电视基本相同，主要区别在于需要专门的彩色控制技术人员。第一批使用的彩色电视摄像机是RCA公司生产的TK-40。NTSC标准于1954年首次用于“玫瑰游行锦标赛”。

由于彩色电视机价格昂贵，一直没有得到很好的推广，因此直到1965年彩色电视节目制播技术的发展都很缓慢。1965年后，摄像、存储、编辑、切换、传输、接收与显示技术都有了蓬勃发展，尤其是世界上另外两大电视制式PAL、SECAM的出现，世人对观看彩色电视节目热情高涨，促使彩色电视制播技术快速发展。

对电视摄像机而言，各家公司在改进氧化铅摄像机质量的同时，又将目光转向了新型光电转换器件CCD，并于1980年推出了CCD摄像机。

录像机方面，20世纪60年代开始从4磁头横向扫描录像机转向研究螺旋扫描录像机，以缩小录像机体积。不过，1964年飞利浦推出的1英寸EL3400录像机、1965年安培公司推出的1英寸A格式录像机和索尼推出的1/2英寸CV-2000都没达到广播级标准。1970年，索尼、松下和JVC协商使用标准化的封闭盒式录像带，并于1971年推出第一款实用的盒式录像机U-matic(简称U型机)。U型机虽然质量稍逊，只有250线，但比普通的家用录像机质量好，被用于科研、教育等专业领域。而且3/4英寸的尺寸便于开发便携式录像机，因此索尼公司于1974年推出了便携式U-matic录像机和编辑录像机。1976年，索尼公司在U型录像机的基础上进行改进，推出BVU系列录像机，这款录像机以价廉物美的优势进入广播电视领域。同一时期，德国博世(Bosch)公司和安培公司都分别推出了1英寸B格式和C格式录像机，使录像机朝小型化、高质量不断迈进。为保住高带U型录像机的优势，索尼公司于1986年又推出了SP格式的U型录像机。

录像机的发展改变了电视节目制播的方式和流程。便携式录像机出现之前，新闻采集采用电影胶片拍摄。1967年，索尼推出的DV-2400Video Rover便携式摄录系统，由黑白摄像机和单独的仅记录螺旋扫描1/2英寸录像机单元组成，一人即可轻松完成拍摄和录制视频工作。这个系统又称为ENG(electronic news gathering，电子新闻采集)系统，让电视新闻采集告别了胶片。不过这套系统的质量低于广播级标准，后来在电视节目制作中使用了便携式U型录像机。

为了方便编辑录像带，1967年左右，加州电子工程公司(EECO)推出了EECO 900编辑控制器，这是带有时间码的编辑器，与安培公司的录像机配合使用，非常方便。编辑器的开发，催生了一对一、二对一甚至多对一后期线性编辑制作系统，这在早期黑白电视时代是没有的。在多对一的后期制作系统中，除了编辑器和录像机以外，还有视频切换台、调音台等设备。1979年4月，美国重要产业(Vital Industries)公司第一次将商业数字特技机用于节目制作中，为节目制作增加了更丰富的手段。

在演播室系统中，信号源除了摄像机外还增加了录像机，编导可以将事先编辑好的素材存储在录像机中，在演播室中根据需要随时播放，并与现场拍摄的视频信号进行切换。当然，视频切换台的功能也逐渐增多，除快切外，还有各种转场和键控特技功能。

在节目播出系统中，1964年，美国WTEV电视台开始使用IBM计算机和开发播控设备去自动控制和切换录像机等各种信号源，实现电视节目半自动播出。随后，多家电视台都开始了利用计算机进行半自动播出的技术革新。1986年，美国颂歌公司(Odetics Inc.)与RCA合作推出了首款机器人磁带库TCS2000，减少了之前录像机的装带、找头等人工操作的工作量和误操作，基本实现了全自动播出，从而提高了播出质量和效率。

(二)模拟分量彩色电视阶段

模拟分量彩色电视是指视频信号不止包含亮度和色度的一路信号，而是亮、色分开的两路或三路信号。这个阶段是电视制播环节独有的，并没有出现在电视传输覆盖和接收显示环节。这是因为模拟复合彩色电视信号亮色串扰严重，尤其是采用磁带录像机记录后，对图像质量影响很大，通常复制两三版就不能用了，所以电视技术人员主要在制播环节进行技术改进，采用模拟分量彩色电视技术，而在其他环节仍采用复合彩色电视信号，以确保在提升图像质量的同时不影响消费者的利益。

1981年，RCA研制了模拟分量格式的Hamkeye摄录一体机，其录像头是松下公司开发的M格式录像机，它将亮度和色度信号分别记录在不同磁迹上，从而减少亮色串扰。其竞争者索尼公司也于1982年推出了Betacam格式模拟分量录像机。后来，为提高录像机质量，松下和索尼公司又分别对上述两种格式进行升级改进，于1985年和1986年推出了MⅡ和Betacam SP格式模拟分量录像机，这两款录像机都是1/2英寸录像带，性能指标均已达到甚至超过了1英寸带的广播级录像机。

1986年后，各国电视技术人员都开始了模拟分量电视制播系统的研究和建设。在视频切换台方面，FOR-A公司早有分量形式的产品(CVM-500)，而其他公司如草谷集团(Grass Valley Group，GVG)、阿贝卡斯(Abekas)公司等随即改进旗下的视频切换台。编辑控制器是随录像机配套设计的，不受分量或复合形式的影响。对于节目制作相关的其他设备，监视器、视频分配放大器也跟随其后进行了分量格式的改进。英国阿维塔公司还设计了专用的分量插口板，以保证接插可靠性和延时一致性。

1989年，大连电视台提出了我国第一个分量电视系统的要求，香港易达公司(BTL)创建了第一辆分量系统电视转播车并成功地应用于1990年第11届亚运会实况转播。1990年以后，我国省市电视台一半以上的转播车都按模拟分量系统进行设计与建设。由于模拟分量录像机的性能良好，后期制作系统几乎都采用了这种录像机，因此一对一、二对一等后期制作系统基本上都改造成分量系统。后来，很多演播室系统也都采用了模拟分量系统。在播出系统中，录像机采用的是模拟分量录像机，最后输出模拟复合电视信号，再经调制后传输到各地。

模拟分量彩色电视制播系统总体时间不长，到20世纪90年代后期，随着数字电视技术的兴起，模拟分量彩色电视系统逐渐退出了历史舞台。

三、数字电视阶段

在电视技术发展过程中，制播技术数字化时间很早。数字电视阶段可分为制播技术数字化和全数字制播技术两个阶段。

(一)制播技术数字化阶段

最早的数字制播设备是1973年英国的独立广播协会(Independent Broadcasting Authority，IBA)研制的电视制式转换器(televison standard converter，TSC)。同年，英国广播公司成功研制出数字时基校正器。同年10月，日本电气公司(NEC)和东京广播系统公司(TBS)共同研制出设备帧同步机，型号为FS-10。之后，在此基础上出现了数字特技机。

1974年，BBC在国际广播设备展(IBC)上发布了固定磁头的数字录像机，但这款录像机只能记录8分钟。从此，数字录像机的研发如火如荼，到1978年IBA研制成功能记录90分钟的数字录像机，这是第一款能记录90分钟的录像机，但并未商业化。随着各种数字制播设备的出现，为避免出现三大彩色电视制式不兼容的情况，CCIR组织于1974年就开始数字电视演播室标准的讨论，并于1982年成功推出CCIR 601标准，后改为ITU-R BT.601标准。此标准的制定促进了电视制播技术的数字化进程。1985年，世界上第一个数字化实验演播室投入工作。1986年，索尼开发了第一款商用数字分量录像机D1，次年安培公司开发并得到索尼公司支持的第一款商用数字复合录像机D2问世。数字录像机的开发，在提高图像质量的同时，还增加了一些特技制作功能，进一步丰富了制作手段。

在制播设备数字化的同时，利用数字技术研发新的制播设备也在同步进行中。1971 年，CBS(哥伦比亚广播公司)等研发了世界上第一台由计算机驱动的非线性编辑系统——CMX 600(也称为RAVE——random access video editor，随机存取视频编辑器)。它以数字方式存储数据，其磁盘驱动器的大小相当于家用洗衣机，这显然只能是实验室产品，但开拓了电视节目编辑手段。1987年，美国爱维德公司(Avid)发布了AVID Media Composer，标志着现代视频编辑的开始，从此节目编辑可以在电脑中进行，且随着计算机技术发展和普及，节目编辑成为个人电脑中的一款软件。

摄像机的数字化过程较晚。1989年，松下公司推出了第一款数字处理电视摄像机AQ-20，它只是在信号处理部分经过A/D转换(8比特量化)后采用了数字处理电路，输出仍是模拟信号。同年，日立发布了数字摄像机Z-1800，它与AQ-20一样，都属于数字处理摄像机，不过它采用10比特量化，质量更好。

20世纪80年代末90年代初，与数字节目制播相关的其他设备也基本实现了数字化。在1987年的第15届蒙特勒国际电视展览会上，展出了两套类似的全演播室系统。其中，录像机采用了索尼生产的D-1格式录像机DVTR，切换台采用汤姆逊公司的TTV 5650分量数字切换台，数字路由开关器是Pro-bel公司的产品，Alpha Image公司提供了α 100型数字分配放大器。此时由于设备价格高昂，制作成本太高，数字设备并未得到太多应用。1993年，索尼公司率先推出了采用压缩技术的数字分量Betacam格式录像机，其采用码率降低一半，因而该款录像机成为耐用的、易维修的数字录像机；另外索尼还设计了一款能兼容模拟Betacam SP格式的录像机，大大降低了数字制播技术的门槛。

(二)全数字制播技术阶段

1991年，日本开始进入全数字制播系统时代，同年NEC公司为NHK电视台构建了包括播出在内的第一个全数字系统。从此，各国电视台都先后投入数字电视制播系统的建设中。1993年，中国中央电视台开始计划建设800平方米数字演播室，并于

1995年底建成，这是中国第一个数字演播室。

在数字化制播设备不断投入使用的过程中，电视技术人员继续在追求图像质量的路上前行。20世纪80年代，日本和欧美等多家公司开始并陆续研制出高清晰度电视制播设备。1984年，索尼公司推出了该公司第一台模拟HDTV摄像机HDC-100，1986年德国BTS(Broadcast Television Systems GmbH)公司也推出了模拟的多格式高清晰度摄像机KCH1000。与此同时，索尼公司在1985年推出了模拟HDTV录像机HDV-1000，且于1988年推出了数字HDTV录像机HDD/HDDP-1000，BTS公司在1988年之前也研制了HDTV录像机。在1991年左右，用于HDTV节目制作的设备基本具备，东芝公司研制了数字HDTV切换台，草谷公司也推出了HDTV制作切换台。索尼公司开发了高清监视器，英国宽泰公司(Quantel)、美国硅图公司(Silicon Graphics)等研发了二维、三维动画系统，还有一些公司开发了上下变换器、制式转换器等。虽然在节目制播端已准备就绪，但由于HDTV的传输覆盖技术没有统一，HDTV节目制播只是小范围的实验。1990年，美国宣布研制全数字高清晰度电视系统，并用于1996年的亚特兰大奥运会转播。到1995年左右，各国基本明确采用全数字传输方式，为此国际上将更多的目光投向数字高清晰度电视系统。在1996年的亚特兰大奥运会上，美国如愿进行了HDTV的转播。同年，美国诞生了第一个全天播放HDTV节目的电视台WRAL电视台。

在全数字制播技术阶段，除了提升图像质量外，制播技术发展更快的是各种各样的制作和播出设备，以便在丰富画面展示效果的同时，提高制播效率。在此期间，记录介质也从占主导地位的磁带，发展到硬盘、光盘和半导体，这些存储介质能够更方便地与摄像机组成摄录一体机，从而催生了更多小巧、便捷且高画质的摄录一体机。非线性编辑系统的功能越来越强大，除基本的编辑功能外，还将视频切换台、数字特技机、调音台等功能都融入该系统中，非线性编辑系统逐渐取代了传统的线性编辑系统，成为后期制作的主要设备。原本提供字幕的字幕机也升级为节目包装系统，能够对节目进行更多图形化的包装制作。

随着非线性编辑和计算机网络存储技术的蓬勃发展，1995年左右美国Avid公司为夏威夷的KHNL公司、西雅图的西北有线电视新闻网等构建了非线性编辑网络，从而将非线性编辑和计算机网络有机结合起来，提高了节目制作的效率。同时也出现了基于硬盘的播出系统。随着非线性编辑网络技术的发展，1999年索尼与IBM两家公司宣布提供网络化的媒体资产管理系统，同年出现了制作与播出系统一体化网络。2000年左右出现了播出网络系统。

随着各个孤立的节目制作、播出与媒资网络的增加，构建互联互通的全台网成为必然。2005年左右，欧洲和中国等都提出了全台网的构建思路。国家广播电影电视总局发布《电视台数字化网络化建设白皮书(2006)》，促使中国全台网建设走到世界前列。2010年，比利时佛兰德斯广播电视公共广播公司(VRT)提出采用私有媒体云构建媒体数据中心；2012年，河南电视台搭建了国内第一个面向台内业务的私有云平台。基于云平台构建全台网成为发展趋势，2015年12月，国家新闻出版广电总局发布《电视台融合媒体平台建设技术白皮书(2015)》，指导国内传媒行业的云平台建设。

随着电视制播向超高清电视系统发展，IP信号日益普及且能传输的码率越来越高，多国提出了全IP的电视制播系统。将传统的高清串行数字信号或超高清信号映射到IP流，相应地改变了信号调度分配设备。IP化改造是电视台向超高清系统发展的一条重要路径。

本节执笔人：杨盈昀

第六章 音频信号的采集与记录技术

第一节 传声器技术

传声器是一种将声压信号转换为相应的电信号的电声换能器。传声器将声信号变为电信号后，经过放大，可以用来进行语言通信、录音、广播和扩声。传声器俗称话筒或麦克风。在语言通信系统中使用的传声器，一般叫作送话器。

传声器的种类很多，可以根据换能原理、声接收方式、指向性以及应用特点进行分类。按换能原理不同，传声器可分为电动式、电容式等；按声接收方式不同，传声器可分为压强式、压差式和复合式；按指向性不同，传声器可为全指向性、双指向性、单指向性和可变指向性；按使用场合和用途不同，又可将之分为无线传声器、立体声传声器、强指向性传声器、界面传声器和测量传声器等。各种类型的传声器尽管在结构上有所不同，但是它们都有一个振动系统，该系统在声波的作用下产生振动，并通过不同的物理效应将振动转换为相应的电压变化、电容变化或电阻变化，最终都以电压变化的形式输出。①

一、早期的传声器

传声器负责将声音信号转换为振膜的振动(声波)，传给细针来刻录锡箔。传声器的概念最早由英国物理学家查尔斯·惠斯通(Charles Wheatstone)于1827年提出，他还是自动电报机的发明者。②

1857年，巴黎排字工人兼发明家斯科特(Scott)发明了语言描记器——用一根针安在圆筒喇叭上，当唱歌时振动的针尖在油灯熏黑的纸板上记录下音波。它第一次将声音记录到了固定媒介中。历史学家2008年在巴黎档案馆发现了斯科特的语音描记图，美国国家实验室的研究人员经过复原实物，用现代数字技术破译纸上记录的音乐音波，最终播放出来10秒的法国儿歌《皎洁的月儿》，这是人类最早记录的声音。③

历史上第一个真正意义的传声器是德国发明家约翰·菲利普·雷斯(Johann Philipp Reis)于1861年发明的雷斯电话(图6-1)，但其传声效果极差，实际上无法被使用。④

① 陈小平. 扬声器和传声器原理与应用[M]. 北京：中国广播电视出版社，2005：125-126.
② 麦克风简史[EB/OL].[2023-09-22]. https://www.ntiaudio.cn/客户支持/拓展/麦克风简史/.
③ 话筒是什么时候发明的[EB/OL].(2021-09-20)[2023-09-22]. https://zhidao.baidu.com/question/1454602025272842460.html.
④ 麦克风简史[EB/OL].[2023-09-22]. https://www.ntiaudio.cn/客户支持/拓展/麦克风简史/.

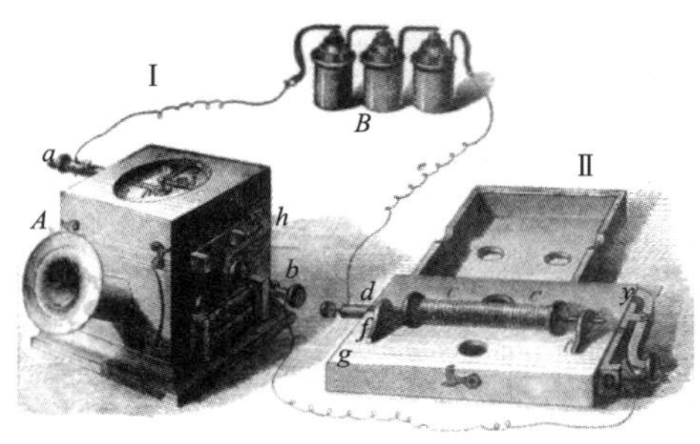

图6-1　雷斯电话[①]

很多历史学家都认可大卫·爱德华·休斯(David Edward Hughes)是发明麦克风的第一人，他大约在1875年展示了他原始的炭麦克风(图6-2)，比亚历山大·格雷厄姆·贝尔、埃米尔·柏林纳和托马斯·爱迪生早了几年。他没有为他的发明申请专利，因为他认为这是送给人类的礼物，但他确实创造了“麦克风”这个词。[②]

图6-2　早期的炭麦克风[③]

1876年，电话发明人贝尔(Alexander Graham Bell)在他的电话中使用了液体传声器(liquid transmitter/water microphone)，这种传声器看上去像一个盛满水和硫酸的金属杯，原理上它也可以说是电容传声器的鼻祖。相比雷斯电话，这种传声器的语言清晰度有了质的提升，问题是液体的存在让量产的难度大大提高，阻止了其商用的步伐。爱迪生发现了问题所在，并致力于发明适合大规模生产的传声器。现代传声器的时代开启了。[④]

同样在1876年，埃米尔・柏林纳(emil berliner)，同时也是唱盘留声机的发明者，发明了炭精电极传声器。在那个年代，贝尔花了5万美元买下专利，将电极传声器用到了自己的电话上，实现了电话的升级。炭精电极传声器的外形和小鼓很像，触头由一层薄薄的炭层隔开，其中有一个触头是附在膜片上的，膜片受到声波作用会振动。另一个触头则和输出装置相连。它既可以传声，也可以放大声音。炭精电极传声器发明以后，在广播电台和采访中被广泛应用。[⑤]

图6-3　炭精传声器[⑥]

炭精传声器(也被称为炭粒传声器，见图6-3)由两片金属薄片及其之间的炭粒组成。朝外的金属薄片用于传导振动。当声波使薄片振动时，其对炭粒的压力也会变化，导致炭精颗粒之间的接触电阻变化，流过传声器的电流随之变化，从而将声音变成了电信号。炭精传声器的一大特点是它能将声音转换为强度达-20dB~0dB的电信号，这种自带20dB增益的属性让早期较原始的电信系统如虎添翼，因此被大范围使用在各类电话机和广播电台中。当然早期的炭精传声器缺点也很突出，主要表现在灵敏度不高，频率范围有限，本底噪声很高。[⑦]

1877年8月15日，爱迪生发明的留声机(图6-4)中，有一个装置就是传声器的雏形——受话器。爱

① 麦克风简史[EB/OL].[2023-09-22].https://www.ntiaudio.cn/客户支持/拓展/麦克风简史/.
②③ 扩声系统的演变史：从碳麦克风到线阵列[EB/OL].(2022-04-22)[2023-9-22].https://www.sohu.com/a/540204669_121124721.
④ 麦克风简史[EB/OL].[2023-09-22].https://www.ntiaudio.cn/客户支持/拓展/麦克风简史/.
⑤ 麦克风是谁发明的[EB/OL].(2023-08-27)[2023-09-22].https://www.hei6.com/topic/475713960209809409.html.
⑥⑦ 麦克风简史[EB/OL].[2023-09-22].https://www.ntiaudio.cn/客户支持/拓展/麦克风简史/.

迪生发明了世界上第一个录音电话，采用与留声机同样的原理：声音振动装置内的一根金属针，使其在旋转的蜡筒上刻出凹槽。蜡筒可以播放最初录制的声音。[①]

图6-4　爱迪生牌留声机

1883年，贝尔录制了一段音频，内容就是哈姆雷特中的名句“To be or not to be”，这段音频可以在传媒博物馆中聆听到，具有早期广播失真音质的特点。[②]

1923年，年轻的德国工程师乔治·纽曼(Georg Neumann)制成了高质量炭精传声器用于电话通信。[③]

由于只有达到一定响度的声音才能引起唱片机内部钢针的振动，因此响度过小的声音无法被留声机捕捉到。为了弥补这一缺陷，演奏家们需要尽可能将乐器放在狭小的空间里，并且尽可能地贴近喇叭口，甚至有时候，一些演唱家会把自己的脑袋伸进喇叭口里来获得更加清晰的声音。因此，由于录制难度更小，20世纪早期的录音中声乐作品占比相对偏高。对于当时的艺术家们来说，这样的录音方式不亚于是一场噩梦。[④]

在传统的音乐作品录音中，乐队的所有演奏家都需要挤在一个尽可能狭小的空间里。有趣的是，如果遇到某一个乐器的独奏乐段，演奏家还需要一路小跑跑到喇叭口处来获得满意的效果。这种在演奏时看着演奏家们在台上跑来跑去的情形，放在今天也是十分难见了。[⑤]见图6-5、6-6。

图6-5　早期的交响乐录音[⑥]

图6-6　对着声音放大器录音[⑦]

人耳能够听到大约20Hz~20 000Hz的声音，而唱片机只能够捕捉到200Hz~2 000Hz的声音，从个人听感来讲，音质的表现会非常差，音频失真会非常严重。譬如一架钢琴录制出来的声音在唱片机里可能听起来像一种类似吉他的拨弦乐器，声音又细又脆，给人一种干瘪又空洞的感觉。除此之外，唱片机对于各个音高区的敏感程度有所不同，演奏家们需要对于强弱变化区域格外留意，在演奏时小

① 话筒是什么时候发明的[EB/OL].(2021-09-20)[2023-09-20].https://zhidao.baidu.com/question/1454602025272842460.html.

② 刘子瑞.把脑袋伸进喇叭筒里录音？——人类记录声音的历程[EB/OL].(2023-09-14)[2023-10-03].https://mp.weixin.qq.com/s/Wdkov5bD2CS1eSq3DAxm2w.

③ 专业配音设备之纽曼话筒详细说明[EB/OL].[2023-9-22].http://www.sdmiaoyin.com/mdetail/123.html.

④⑤⑥⑦ 刘子瑞.把脑袋伸进喇叭筒里录音？——人类记录声音的历程[EB/OL].(2023-09-14)[2023-10-03].https://mp.weixin.qq.com/s/Wdkov5bD2CS1eSq3DAxm2w.

心翼翼来保护那台脆弱的唱片机。①

二、电容式传声器

1917年，温特(E.C.Wente)和塞拉斯(A.L.Thuras)设计了电容式传声器。②

1924年，贝尔实验室成功地进行了电声记录实验，电声记录是将声波转换成电信号，然后通过这些电信号记录下来。③

1925年，哈里森(Henry Harrison)、温特(E.C. Wente)研究出了第一支电容式传声器。他们研究的传声器以足够的灵敏度和频带宽度将声音转换成电信号，再加上马克斯菲尔德(Maxfield)设计的真空管放大器，把电信号放大到可以驱动刻片针(哈里森自行设计的一套复杂刻片刀)的程度，成功制造出了在当时实用可行的原始电声录音设备。④

电容传声器是利用电容式换能原理制成的。电容传声器一般由极头(接收声信号的振膜和后极板组成的可变电容器)和电路部分组成，可分为两种基本形式，一种是由外部提供极化电源，称为电容传声器，另一种是内部预置极化电压，称为驻极体传声器。电容传声器具有灵敏度高、动态范围宽、频响宽而平直、瞬态特性好、音质柔和等优点，缺点是机械强度和防潮性能较差，灵敏度易受气温和气压条件影响，但这种灵敏度的变化非常微小，对广播、录音来说，其影响可以忽略不计，而对测量用电容传声器来说，需要在每次使用之前进行灵敏度校准。电容传声器还可以通过采用不同的声学结构形成不同的指向性，因此广泛应用于声学测量、广播、录音以及厅堂扩声等场合，是一种常用的传声器。⑤见图6-7。

图6-7　电容式传声器

三、动圈式传声器

最早的动圈式传声器由德国电气工程师西门子于1877年发明，但当时的磁体普遍孱弱，而变压器直到大约1885年才出现，所以西门子的传声器并未获得巨大成功。⑥

1931年，贝尔实验室的温特和塞拉斯发明了动圈式传声器。⑦

动圈式传声器是利用电动式换能原理制成的传声器，其导体呈线圈状。由于线圈的输出阻抗较低，一般需要接输出变压器提高其输出阻抗到200欧姆以上。但近年来使用了高强度超细漆包线制成4层或6层的脱胎音圈，其阻抗较高而无须输出变压器。动圈式传声器具有频带宽、动态范围大、失真小、性能稳定、坚固耐用、环境适应性好等优点，使用方便，无须附加放大器和工作电源，又可以制成多种指向性，因此是用途最广的传声器之一。由于动圈式传声器利用声学谐振系统补偿频率特性，因此与电容式传声器相比，其瞬态特性略差。⑧见图6-8。

---

① 刘子瑞.把脑袋伸进喇叭筒里录音？——人类记录声音的历程[EB/OL].(2023-09-14)[2023-10-03].https://mp.weixin.qq.com/s/Wdkov5bD2CS1eSq3DAxm2w.

② 时空风云-惠威和世界扬声器发展史[EB/OL].(2020-03-07)[2023-09-22].http://www.nxlskj.com/news_view.asp?id=1765.

③ 刘子瑞.把脑袋伸进喇叭筒里录音？——人类记录声音的历程[EB/OL].(2023-09-14)[2023-10-03].https://mp.weixin.qq.com/s/Wdkov5bD2CS1eSq3DAxm2w.

④ 麦克风发展史 谁发明了世界上第一个麦克风[EB/OL].(2019-11-21)[2023-09-22].https://baijiahao.baidu.com/s?id=1650773013496366788&wfr=spider&for=pc.

⑤ 陈小平.扬声器和传声器原理与应用[M].北京：中国广播电视出版社，2005：154-160.

⑥ 麦克风简史[EB/OL].[2023-09-22].https://www.ntiaudio.cn/客户支持/拓展/麦克风简史/.

⑦ 动态音频麦克风是什么时候发明的[EB/OL].[2023-9-22].https://www.zhihu.com/question/449487845/answer/1861855822?utm_id=0.

⑧ 陈小平.扬声器和传声器原理与应用[M].北京：中国广播电视出版社，2005：142-153.

图6-8 动圈式传声器[①]

舒尔于1965年推出了SM58(图6-9),此型号至今依然是全球畅销的话筒类型之一。此外,舒尔亦为喜爱音乐的人士制造唱头及唱针。[②]

图6-9 舒尔SM58[③]

四、带式传声器

1923年,德国科学家肖特基和格拉赫共同发明了铝带式传声器。这种麦克风结构简单,把一块振膜放置在恒磁场中,振膜被声音振动,导体切割磁力线,产生相应的电信号,从而完成电转换,振膜由2毫米厚度的铝箔制成。[④]

带式传声器是一种电动式传声器,其导体呈薄带状,所以称为带式传声器。[⑤]见图6-10。

图6-10 铝带式传声器

虽然铝带式传声器是肖特基和格拉赫在1923年发明的,但这项技术尘封了8年。1931年,哈里·奥尔森(Harry F. Olson)和弗兰克·马萨(Frank Massa)取得了商品化的心形指向铝带式传声器专利。同年,美国无线电公司(RCA)生产了铝带式传声器的第一支商业传声器——RCA PB-31型传声器。1932年,推出了PB31的后继机型44A。[⑥]

五、便携式与无线式传声器

1963年第一款颈挂便携式传声器MD212被研制出来。胸前挂式传声器对于当时的工程师来说是一项不小的挑战,人的声波是前方的,在当时的产品中,没有一款能够很好地拾取声音,而且胸腔产生的共鸣非常容易扰乱声音。为了避免衣服发出的结构性噪音,这款传声器采用了双壳结构以及将控制振膜的内壳用弹簧悬吊在外壳里面。[⑦]

1965年,森海塞尔推出了改进版的MD214,它使用了无线技术,用一个发射器将电磁信号发射到处理装置。

1967年,在汉诺威博览会上,第一支专业级别的微型传声器MK12出现了,它是一个方便携带的

---

① 动圈传声器[EB/OL].[2024-01-21].https://baike.baidu.com/item/动圈传声器/4370774?fr=ge_ala.

② 音频工作者必知——全球顶级话筒简介[EB/OL].(2015-06-27)[2023-09-22].https://www.sohu.com/a/20393163_114857.

③ 舒尔传声器[EB/OL].[2024-01-21].https://www.shure.com.cn/zh-CN/products/microphones/sm58.

④ 长知识!话筒原来是这样发出声音的[EB/OL].(2019-01-18)[2023-09-22].https://www.sohu.com/a/290027309_775285.

⑤ 陈小平.扬声器和传声器原理与应用[M].北京:中国广播电视出版社,2005:171-173.

⑥ 麦克风的诞生与发展简史[EB/OL].[2023-09-22].https://zhuanlan.zhihu.com/p/396158274.

⑦ 话筒的百年发展历程[EB/OL].(2022-05-12)[2023-9-22].https://wenku.baidu.com/view/4b0c522d0440be1e650e52ea551810a6f524c86d.html?_wkts_=1695369412066&bdQuery=1963年第一款颈挂便携式传声器MD212被研制出来%E3%80%82胸前挂式传声器对于当时的工程师.

领带夹传声器。[①]

20世纪80年代，由于有了更好的压扩器集成电路以及更加先进的电路设计，无线话筒的动态范围有了长足进步，发射机的体积也越发小型化。多种不同标准、具有不同声音特点的无线话筒陆续出现。[②]

六、常见的传声器品牌

拜亚动力(Beyerdynamic)公司位于德国西南部的海尔布隆市，它诞生于1924年，是一个具有近百年历史的世界著名麦克风生产厂家。从诞生至今，拜亚动力公司都一直在生产非常昂贵的麦克风。[③]

舒尔(S. N. Shure)于1925年4月25日创办舒尔广播公司(Shure Radio Company)。刚开始公司只有一个人，主要销售无线电零部件。[④]舒尔广播公司以优质话筒和音频电子设备制造见长。

1928年，纽曼成功研制出了纽曼瓶状传声器——CMV3，它是世界上第一个商用的电容传声器。由于它的形状和大小，这种传声器通常被称为“纽曼瓶”(图6-11)，在之后的产品中一直延续着这款传声器的传统设计。如U67、U87、U89等。[⑤]

图6-11 “纽曼瓶”[⑥]

AKG始创于1945年的奥地利，是哈曼旗下的世界品牌，也是专业音频领域知名品牌，世界一流的专业耳机、话筒制造商之一。其拥有超过1 400项国际专利，力图为用户提供强劲、无失真的声音。

1948年，修普斯(Schoeps)公司在德国的卡尔斯鲁厄成立，修普斯为遍布世界的广播公司、录音棚和电影录音员提供话筒。它的产品设计在很多要求苛刻的环境下都能够提供很好的音质，当然它们也同样适用于室内会议和声音强化的应用。

1949年，威尼伯斯特实验室(森海塞尔的前身)研制出了一款传声器——MD4型传声器。它能够在嘈杂环境中有效抑制声音回授，降低背景噪音。[⑦]

铁三角(Audio-Technica)总公司在1962年于日本成立，公司的全球开发小组一直致力于音响器材的设计、制造、行销及发行。铁三角公司最初专注于留声机的科技研发，时至今日，其已能开发出高性能的话筒、耳机、无线系统，甚至商用饭团成形机以及其他电子产品供专业人士使用。[⑧]见图6-12。

图6-12 铁三角超心形动圈话筒[⑨]

1961年，在德国汉诺威工业博览会上，森海塞尔推出了两款传声器，分别是MK102型传声器和MK103型传声器。它们诠释了一个全新的传声器制造理念——RF射频电容式。采用了小而薄的振

① 话筒的百年发展历程[EB/OL].(2022-05-12)[2023-9-22].https://wenku.baidu.com/view/4b0c522d0440be1e650e52ea551810a6f524c86d.html?_wkts_=1695369412066&bdQuery=1963年第一款颈挂便携式传声器MD212被研制出来%E3%80%82胸前挂式传声器对于当时的工程师.

② 戴维斯，琼斯.扩声手册：第2版[M].冀翔，译.北京：人民邮电出版社，2021：214-220.

③ 88年的底蕴 德国拜亚动力企业文化简介[EB/OL].[2023-9-22].https://headphone.zol.com.cn/297/2973659.html.

④ shure 历史[EB/OL].[2023-9-22].https://www.shure.com.cn/zh-CN/about-us/history.

⑤ 麦克风的诞生与发展简史[EB/OL].[2023-9-22].https://zhuanlan.zhihu.com/p/396158274.

⑥ 纽曼[EB/OL].[2024-01-21].https://baike.baidu.com/pic/NeumannU87电容话筒/3805265/1/8b13632762d0f7035c27f63802fa513d2797c5b9?fr=lemma&fromModule=lemma_top-image&ct=single#aid=1&pic=f9198618367adab473aee5b281d4b31c8601e4c1.

⑦ 麦克风[EB/OL].(2010-10-27)[2023-09-22].https://wiki.dzsc.com/1708.html.

⑧ 铁三角(audio-technica)耳机标志[EB/OL].[2023-09-22].http://m.logozhan.com/10667.html.

⑨ 铁三角[EB/OL].[2024-01-21].https://www.audio-technica.com.cn.

动膜，具有体积小、重量轻的特征，并且能够保证出色的音质。虽然这种传声器对电磁干扰非常敏感，但是它对气候的影响具有很强的抗干扰性，所以非常适合需要日夜在室外操作，身处温差极大、气候恶劣的环境中工作的人使用，比如探险队。

1967年，森海塞尔在消费者电子产品博览会上展出了第一支专门为音乐家设计的传声器——MD409。MD409是一支立式传声器，拥有黑色与金色相间的外观。和它类似的是一款手持式传声器——MD415。后来森海塞尔又推出了MD421 II（图6-13）。①

图6-13 森海塞尔MD421 II②

MD421 II 是一款全球闻名的话筒。其非凡的音质，可以应对各种各样的录音环境和广播应用。它的五段低音控制，增强了总体音质

1978年森海塞尔推出心形动圈式MD431舞台传声器（图6-14）。为了能够自然地再现乐器独奏的声音，创造更加适合的频率响应，工程师们做了大量的测量和改进工作。它的声音干脆，对操作噪声也有很强的抑制性。冲击声过滤器可以确保舞台上的低频噪声不会影响声音的再现。③

图6-14 森海塞尔MD431④

凭借设计和功能特点，MD431 II堪称森海塞尔优秀的话筒之一，它适用于声乐、演讲和广播应用

DPA是来自丹麦的麦克风品牌。虽然DPA正式成立于1992年，但其具有超过50年设计世界一流话筒的经验，该公司于20世纪50年代创造了第一个测量话筒系列。DPA的产品因为独特的清晰度、通透感，出色的规格参数，最高的可靠性，特别是纯净无染色和无失真的声音而广受赞誉。⑤见图6-15。

图6-15 DPA4055底鼓传声器⑥

七、新型传声器

从20世纪60年代起，拾音技术的发展进入了电子器件集成化和数字化时代。随着数字技术的发展，数字传声器、MEMS传声器（图6-16）、声学阵列传声器等新型传声器相继问世。在此之前，无线话筒体积很大，它们使用小型电子管，且只能提供有限的动态范围和很差的音质。

图6-16 AirpodsPro中的歌尔MEMS麦克风⑦

70年代初，集成电路压扩器的引入被用于无线话筒中以降低噪声。与此同时，美国联邦通信委员会将电视7~13频道使用的频率授权给了无线话筒。自此，无线话筒面临的最大问题，即来自其他无线服务的射频干扰几乎被消除了。后来，分集接

① 麦克风诞生于何时？麦克风发展史详述［EB/OL］.(2018-09-12)［2023-09-22］.https://www.zhufaner.com/q-mpamehkjmvtoow.html.
② MD421-Ⅱ［EB/OL］.［2024-01-21］.https://zh-cn.sennheiser.com/md-421-ii.
③ 麦克风诞生于何时？麦克风发展史详述［EB/OL］.(2018-09-12)［2023-09-22］.https://www.zhufaner.com/q-mpamehkjmvtoow.html.
④ MD431［EB/OL］.［2024-01-21］.https://zh-cn.sennheiser.com/md-431.
⑤ 音频工作者必知——全球顶级话筒简介［EB/OL］.(2015-06-27)［2023-9-22］.https://www.sohu.com/a/20393163_114857.
⑥ DPA［EB/OL］.［2024-01-21］.https://www.dpamicrophones.com/instrument/4055-kick-drum-microphone.
⑦ MEMS麦克风［EB/OL］.［2024-01-21］.https://www.vzkoo.com/read/f59910479da84f858e20b74311e68aec.html.

收的使用缓解了信号丢失(由于射频信号的抵消而产生的传输损耗)的问题，极大地增强了系统的稳定性。[①]

1978年，爱德华·朗(Ed Long)和融·维克尚(Ron Wickersham)利用录音中的界面效应开发出界面传声器。所谓界面效应就是指在距离一个较大平面若干毫米之内的区域内，由于声波质子运动呈相位叠加状态，并在这个范围内形成一个压力区域，从而形成在此区域内的声压级提高6dB的效果。在此区域内的瞬态信号的声压在全方向角度表现为统一的特征。根据这个原理设计的传声器，又被称为压力区域传声器(pressure zone microphone)，其英文简称为PZM传声器。被放在这个区域内的传声器的灵敏度比处于自由声场中的相同类型传声器的灵敏度高6dB，同时，根据压力区域内的自身表现特征，传声器指向性表现为在平面方向的半球形。另外，PZM传声器膜片和界面之间形成的距离应保证传声器可以取得一个理想的高频信号响应，并且传声器膜片距离界面越近，高频越可以得到扩展。[②]见图6-17。

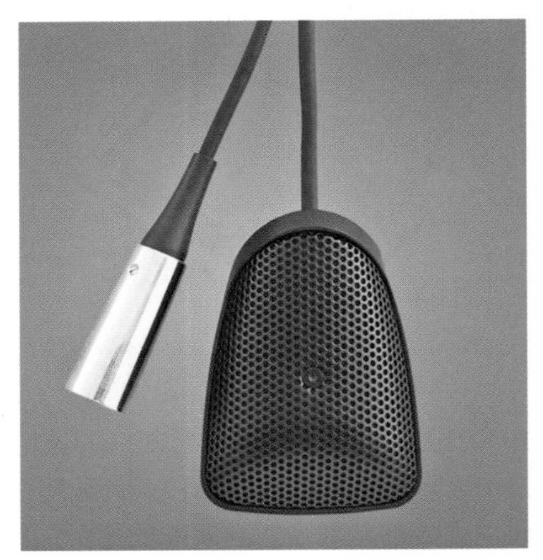

图6-17　舒尔CVB Centraverse™ 界面电容话筒[③]

美国皇冠公司(Crown International)于1981年也研制成功了界面传声器。PZM传声器的高频重放上限受传声器振膜与反射面之间距离的制约，振膜距反射面越近，高频响应越能延伸。PZM传声器的低频重放下限与反射板的尺寸有关，反射板越大，则有效工作频率越低，低频响应越能延伸；反射板越小，则低频信号将绕过反射板，传声器就不能获得足够的反射声，从而使低频响应下降。[④]

随着半导体和集成电路等技术的不断发展，把电容搬上硅片顺理成章。1983 年，德国科学家塞斯勒和霍姆共同在贝尔实验室开发了第一款MEMS传声器(图6-18)。MEMS 传声器属于微型机电系统传声器。

图6-18　MEMS传声器[⑤]

硅传声器(silicon microphone)一般是指用硅基微机械加工方式制作的微型电容式传声器，其尺寸小，方便与IC集成。也可以制作成压阻式、压电式、场效应管(FET)式。

所谓数字传声器，其输出不是与声波相对应的模拟信号，而是由“0”或“1”比特构成的二进制数码排列的脉冲序列。经A/D模数转换后，声音的幅度是用一系列“0”“1”比特二进制数码来替代，其幅度的不同区别在于“0”“1”排列的顺序。变换后的数字信号是脉冲序列，其幅度是恒定并且可以利用限幅进行消除叠加在数字信号上面的杂音，再加之恢复成模拟信号需经过译码器来完成的。当数字信号在较长线段内传输时，跨接电容同样会使信号内的高频率分量丧失。对于数字信号影响的

① 戴维斯，琼斯.扩声手册：第2版[M].冀翔，译.北京：人民邮电出版社，2021：251-260.

② 周小东.录音工程师手册[M].北京：中国广播电视出版社，2006：89-90.

③ 舒尔[EB/OL].[2024-01-21].https://www.shure.com.cn/zh-CN/products/microphones/cvb.

④ 陈小平.扬声器和传声器原理与应用[M].北京：中国广播电视出版社，2005：183-185.

⑤ MEMS麦克风[EB/OL].[2024-01-21].https://baike.baidu.com/item/MEMS麦克风/9971513.

是数字信号的波形而不是数码的排列。因此不会产生模拟信号在较长线段内传输使高频段频率响应下降带来音质的变化。[①]1998年由德国某公司推出第一支型号为MCD100的数字传声器，其内置心形指向性膜片的声电转换以及24比特的A/D模数转换器。数字传声器MCD100其信噪比可高达115dB以上，能与录音室及扩声的24比特数字化电声器材相匹配。[②]

枪式传声器，也称线列式传声器。枪式传声器是一种高度指向性的传声器，必须直接指向其目标声源才能进行正确的记录信号和录音。它在传声器单元前面加装一根很长的声干涉管，声干涉管呈长管状，振膜置于管的末端。由于声波到达各个入声口并传播到振膜的距离各不相同，相互间将产生相位差，因此声波在振膜处发生干涉。DPA、罗德、铁三角等公司都生产枪式传声器。2010年，Schoeps 推出了SuperCMIT枪式麦克风，并立即在世界杯足球赛这一大型体育赛事上顺利通过了首次重大任务。

八、与传声器相关的技术标准

在各种各样的新型传声器蓬勃发展的过程中，也有相应技术标准出台，这些文件制定了一些数字传声器或者常规传声器生产的参数标准：

1991年在日内瓦，国际电工协会出版了《信息技术—ISO 7比特编码字符集》，指定了一组128个控制字符和图形字符，如字母、数字和符号及其编码表示。

1992年，音频工程协会出版了《专业音频设备的AES标准—连接器的应用，第一部分，XLR接口极性与类型》，于2003年重新修订。

1996年12月，国际电工协会出版了《音频、视频和视听系统—互连和匹配值—模拟信号的首选匹配值》标准。

2003年，音频工程协会出版了《数字音频工程的AES实践建议—双通道线性表示数字音频数据的串行传输格式》。

2006年由音频工程协会出版的《AES声学标准—麦克风数字接口》，描述了现有数字音频接口AES3标准的扩展，为麦克风提供数字接口的标准。

总之，传声器经历了机械录制、声电转换、电感电容式转换、内置A/D转换式的发展与变革，已经走向了标准化生产的道路。市场上已经具有多样化的传声器类型，针对传声器的各项标准也在不断地实践与归纳中完善。

本节执笔人：胡泽、王孙昭仪

第二节 拾音技术

拾音技术是传声器的运用技术，其中包括：传声器种类和型号的选择、数量的确定、传声器与乐队(声源)的相对位置，以及正确处理传声器与录音室内声学特性的关系。

在拾音技术发展的初期，拾音技术相对落后，对音响的记录和重放都是以“单声道”的形式进行的。“单声道”拾音的重放使用一个扬声器来聆听录音节目源，听音人在自然听音状态下因人的双耳对声源方位具有判断能力而接收到的大量声音信息在录音中被“删除”了。

拾音既是一个技术问题，也具有很强的艺术性，技术是艺术表现的重要手段。不论是同期录音还是分期录音，所采用的拾音方法主要有四种：单点拾音法、立体声拾音技术、环绕声拾音技术和空间音频拾音技术。只有根据具体的实际情况，合理地运用技术，选择适合的拾音方法，才能保证理想的艺术效果。

一、单点拾音技术

单点拾音技术又被称为单声道拾音技术。

这种技术在广播电视节目中曾经非常普遍，因为它可以降低成本、简化设备、提高效率。虽然现在许多广播电视节目多使用立体声或者环绕声技术，仍有一些节目会使用单声道拾音技术，例如新闻报道、谈话节目、纪录片、广播剧以及电影电视剧的特殊音效制作。

单声道拾音是只使用一个声道的声电转换技术。在拾音时，单声道拾音只使用一个传声器，或

① 韩宪柱，刘日.声音素材拾取与采集[M].北京：中国广播电视出版社，2002：7-26.

② 韩宪柱，刘日.声音素材拾取与采集[M].北京：中国广播电视出版社，2001：25.

者将若干个传声器拾取的声音信号混合成为一个声道的记录信号。声音重放时一般使用一个扬声器，或者使用若干个扬声器重放相同的信号。见图6-19。可以说，单声道拾音的听音是比较“自然的”。单声道声音信号中较好地保留了原声场中除了左右信息外的其他所有声音成分，包括原声群发声的环境的声学特性、声群的纵深等。单声道拾音在使用相同的第二个或多个扬声器进行重放时，声音就有些不自然了。因为在重放房间中，扬声器不仅向听音人直接辐射声能，还会向顶棚、墙面、地面辐射声能。这些界面的声反射使声音延迟，妨碍了声像和定位，尤其对语言拾音是十分不利的。单声道拾音最大的缺陷是声音还原时所有的声音都来自一个方向，即声源是一个点。[①]

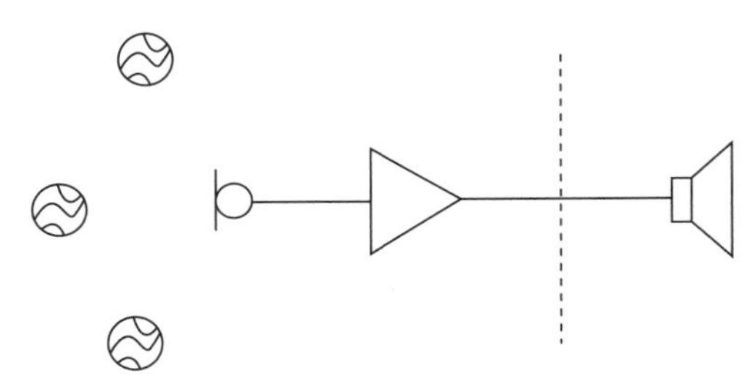

图6-19　典型的单声道录放系统

单声道拾音是基础，立体声拾音是在单声道录音基础上发展起来的。另外，从某种意义说来，单声道拾音有时比立体声拾音还要困难些。因为立体声拾音本身已可包含并通过重放来再现音乐厅的临场感、空间感和方位感，而单声道拾音却不能再现这些信息——由于所有乐器在同一方位（单声道扬声器的方位）放声，乐器的声音之间存在着相互掩蔽现象，降低了清晰度，所以单声道拾音本身就存在着一定的困难。[②]

二、立体声拾音技术

立体声的理论基础是双耳效应，该理论认为：由于人的双耳位于人头的两侧，假设一点声源位于听音人正前方中轴线上发声，声音到达双耳的时间和强度是一样的；若这一点声源偏离中轴线，双耳的距离便使到达双耳的声音出现了时间差、强度差、相位差和音色差。听音人就是根据这些“差”判断出声源的方位的。[③]见图6-20。

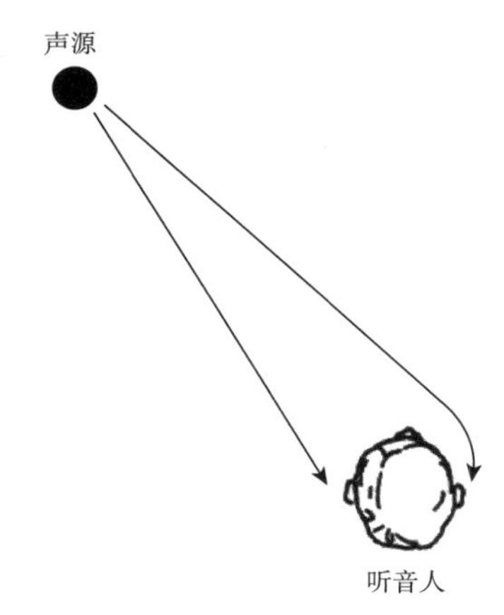

图6-20　人耳的听音情况

（一）立体声节目的发展历程

早在1891年，人们曾经在巴黎用普通电话线从歌剧院传送双声道立体声节目，这是人类最早的“双耳效应”实验。

1896年，著名英国物理学家、诺贝尔物理学奖得主瑞利（Lord John Willam Rayleigh）对“双耳效应”进行了较完整的阐述，奠定了立体声理论的物理、生理基础。在后来的几十年里，各国科学家对立体声进行了大量有益的实验。[④]

1901年，一位名叫贝特霍尔德·劳费尔（Berthold Laufer）的先生代表国外自然历史博物馆（AMNH）来到中国考察，并用蜡筒录音机记录下了当时的中国戏曲和民间音乐。[⑤]

他在工作笔记中这样写道：“我请来了演员和乐队，让他们在剧院的舞台上演出。我用了两台蜡筒录音机，同时进行录音，一台用来录乐队，另一台用来录演唱。这样两个蜡筒就是一对。录演唱的蜡筒编号为28-52，对应的录乐队的蜡筒编号就是28a-52a。”见图6-21。

---

① 李伟，袁邈桐，李洋红琳.立体声拾音技术[M].北京：中国传媒大学出版社，2018：1-8.

② 李宝善.近代传声器和拾音技术[M].北京：广播出版社，1984：141-142.

③④ 李伟，袁邈桐，李洋红琳.立体声拾音技术[M].北京：中国传媒大学出版社，2018：绪论.

⑤ GENELEC真力创作者电台辞旧迎新番外篇：听听1901年中国最早的“立体声”录音[EB/OL].(2021-01-04)[2023-10-05].http://midifan.com/modulenews-detailview-38766.htm.

图6-21　带有清晰标记的蜡筒①

根据贝特霍尔德·劳费尔的工作笔记，当时录音的目的，是记录下这些音乐，转写成乐谱，再进行保留或者出版，并不是为了录制唱片，当时更没有人知道什么叫作立体声录音。有些学者提出一个观点：这些经过精心修复、同步后的1901年的“双蜡筒立体声”录音，很可能是目前发现的被保留下来的最早的立体声录音。

而对于早已习惯了聆听时尚的立体声作品的我们而言，这些录音在听感上，依然是演唱在一边，乐队在另一边，实际上左右声道的关联性并不大，也许还不足以称为真正严格意义上的立体声录音。②

但有趣之处就在于，录音时，两个蜡筒录音机在同一个场地中分开一段距离摆放，互有串音，同时记录，并且蜡筒被完整地、成对地保留了下来——这已经是一件非常难得的事了。实际上，如果我们仔细聆听，还会发现个别乐器（因为串音）拥有模糊的声像。也许，我们可以说，它们是“偶然的立体声录音（accidental stereo）”。③

这批蜡筒一共有503个，其中103个被保存在柏林音乐档案馆（Berlin Phonogramm-Archiv），400个被保存在印第安纳大学的传统音乐档案馆（The Indiana University Archives of Traditional Music）。见图6-22。后者已被印第安纳大学的媒体数字化和保存计划（Media Digitization and Preservation Initiative）进行了数字化，人们可以通过印第安纳大学的媒体收藏在线（Media Collections Online）在网页上聆听，但目前还只有单声道。④

图6-22　1901年贝特霍尔德·劳费尔录制的蜡筒⑤

1920年，英国哥伦比亚唱片公司录制了三通道立体声唱片。

1925年，德国柏林电台用两个中波台试播立体声广播。

1932年，美国贝尔电话实验室在华盛顿和费城之间用高质量电话线传送三通道的交响乐，并进行了最早的立体声心理学测试。

1937年，立体声电影问世。

可以认为，19世纪80年代到20世纪40年代是立体声技术发展的第一阶段，即试验阶段。一直到1943年，德国柏林帝国广播电台（RRG）第一次用磁带录音机进行立体声音乐录音，才真正开始了立体声录音的实用阶段。德国录音师用两个传声器彼此拉开一定距离，分别放在乐队的“弦乐组高声部”和“弦乐组低声部”前面，模仿人的两只耳朵去“听”音乐，再将两个传声器拾取的电信号分别记录在录音机的左右两条声轨上（实际上，当时还使用了第三个传声器，放在乐队前方的正中位置，这个“中间”传声器拾取的声音信号被平均馈送到录音机的两条声轨上。这第三个传声器完全是技术上的需要，同立体声原理无关）。听音时，左右声轨分别记录的信号由两个扬声器进行重放。由于两路电信号中带有不同的时间差和强度差信息，描绘出了乐队中不同乐器的声音位置，“立体声”得以再现。这一录音试验很快在包括电影制作在内的所有应用领域迅速普及，人类真正进入了立体声时代。

①②③④⑤　GENELEC真力创作者电台辞旧迎新番外篇：听听1901年中国最早的“立体声”录音［EB/OL］.(2021-01-04)［2023-10-05］.http://midifan.com/modulenews-detailview-38766.html.

第二次世界大战后，立体声技术发展得很快。1954年，立体声制品第一次作为商品出售。20世纪60年代，随着盒式录音机的普及，立体声节目进入千家万户，立体声技术也进入其发展的第三阶段——成熟阶段。这一阶段，立体声电影被大批生产，同时人们开始尝试电视立体声广播。

双声道立体声技术的应用使录音技术前进了一大步。就音响而言，双声道立体声携带了声音在发生和传播过程中大部分的空间信息。它表现最为突出的，就是声像在左右扬声器之间的定位。这基本符合人的双耳在听音时的自然状态，也大大增强了音响的空间表现力和情感因素的传达效果。双声道立体声的出现使人们对音响的审美得到了提升，在音质主观评价方面，提出了平衡、对称、变化、和谐、统一等原则。

然而，人类对声音的感知是360度全方位的。人们并没有满足于双声道立体声的音响效果而止步不前。技术的进步和审美的要求使环绕立体声应运而生。在电影、电视创作中环绕立体声的引入，使影视声音进入更高境界，音响的表现力发展到了空前的高度。

后来，随着数字技术、激光技术、大规模集成电路、计算机、新媒体的迅速发展和声音分析与综合技术的广泛应用，人们不仅能高保真地记录和重放自然界中的声音，还能创造出在自然界不存在的奇妙音响。现代录音技术与计算机音频工作站的普遍应用，使得录音创作理念发生了根本的变革，特别是近几十年来对多声道环绕立体声的探索，尤其近几年，人们又满腔热情地探索3D环绕声，使立体声拾音技术提高到新的水平。[①]

目前使用的立体声拾音技术都是根据人耳对声源定位的基本因素：时间差和声级差创立起来的。在各种拾音技术中，传声器或者拾取具有声级差的立体声信号，或者拾取具有时间差的立体声信号，或者拾取的信号中既有声级差又有时间差，因此立体声拾音技术也常以这三种工作原理来分类，应该说，所有这些立体声拾音技术都有各自的优点和缺点，不存在一种十全十美的拾音方式。每种拾音方式都有其最适合的场合，即不同的录音场地、不同的节目形式都有其最适合的拾音方式。为了录制好不同形式的节目，录音师应当全面了解和熟悉这些拾音方法，并且根据实际的需要做适当的调整，在大量的实践中加以总结，掌握传声器设置与主观效果之间的关系，才能在复杂的录音工作中，选择正确的拾音方式，设计最佳的录音方案，获得最佳的录音效果。

立体声拾音技术主要应用于古典音乐的现场录音。通常采用两支或三支传声器在较远的距离拾取整个声源，在扬声器间充分再现现场听音时各乐器间的声像定位关系、整个乐队的纵深感、听音位置到乐队的距离感以及演奏的现场感、临场感和演奏厅堂的空间感(见图6–23)。

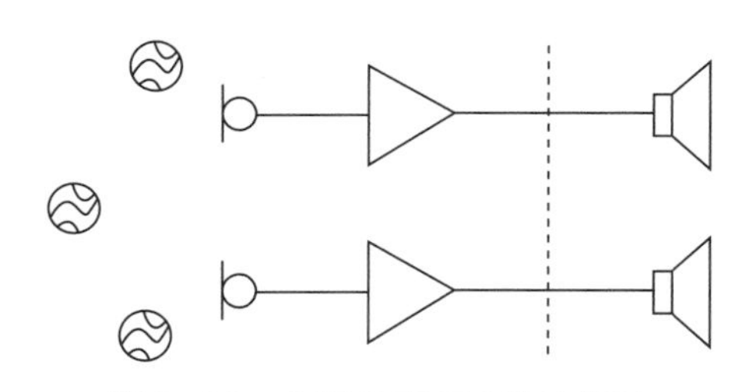

图6–23　典型的双声道录放系统

相对于古典音乐，流行音乐具有清晰、明亮的声音特点，因此往往采用多传声器近距离拾音的方法，声音的定位和空间感等立体声效果则需要在后期制作中人工完成。但是发声体比较大的乐器，如钢琴、架子鼓等，或者是合唱、弦乐组、管乐组等往往要采用立体声的拾音方式。其他的，如音响效果、环境背景、电影和电视中的对白、新闻采访以及广播剧、体育广播节目往往也需要采用立体声的拾音方式。

立体声拾音的首要目的就是对声源进行准确、自然的声像定位。例如：通过扬声器重放立体声拾音的音乐节目时，在扬声器间，各乐器声像的定位关系，应当与现场演出时演奏者的位置关系相一致，而且乐队的两侧，应当视节目形式相应地定位在左右扬声器或扬声器间适当的位置上。[②]

立体声双声道立体声是根据一定的原则，通过两个彼此独立的声道将声群和房间特性记录下来。

① 李伟，袁邈桐，李洋红琳.立体声拾音技术[M].北京：中国传媒大学出版社，2018：绪论.

② 俞锫，李俊梅.拾音技术[M].北京：中国广播电视出版社，2003：23.

房间特性指声源的位置、声源的扩展(体积)和距离,还包括直达声、反射声、混响声的状况。重放时将两个独立的声道信号分别送给左右两个按照一定原则摆放的扬声器,结果在听音人的正前方还原了原始声场中声音的左中右位置。双声道立体声无疑能重放出比单声道丰富得多的声音信息,它可重放出整个乐队的宽度感和展开感。每件乐器、每组乐器都可以比较准确地分布到各自的位置,因而在两个扬声器中间呈现出整个乐队完整的声像群。从这个意义上讲,相对于单声道录音,双声道立体声的声音再现是革命性的,后来出现的环绕声、3D环绕声都是在双声道立体声的基础上发展起来的,后者更多的是基于双声道立体声理论在实践上的体现。

需要提及的是,人们最初将英语的"stereo"翻译为立体声,这本没有什么错,始料未及的是,比"stereo"更为"立体"的所谓"环绕立体声""3D环绕声"接踵而至。为了防止混淆,人们便将"stereo"强调为"双声道立体声",或者"2.0立体声",当然,在很多明确的场合还是直呼"立体声"。

研究双声道立体声是研究环绕声、3D环绕声,乃至探讨可能出现的更多声道、更多层级重放制式的理论基础。①

近十年,立体声技术发展很快,为了利用传声器拾取高保真的立体声信息,拾音制式发展为许多种。

比较常用的有A/B、X/Y、MS、仿真头、声像移动器及奥尔森制式,ORTF制式近几年也常见使用。总起来说,对古典音乐,选用A/B、ORTF制式效果最好;对大众音乐,近几年大量地采用声像移动器制式。②

(二)声级差定位的立体声拾音技术

声级差定位的立体声拾音技术是基于声级差对人耳的定位作用而建立起来的,主要有X/Y和MS两种方式。它由两支传声器组成,其中一支传声器置于另一支传声器上,两支传声器的膜片在水平面上基本重合,传声器的轴向彼此张开一定的角度,因此也可以称为重合式拾音方式。这样声源到达两传声器没有时间差(由于传声器膜片是有尺寸的,因此在垂直面上两传声器间还是有相位差引入,不过其作用可以忽略),只有两传声器主轴夹角和传声器指向性而产生的声级差。

1. X/Y拾音制式

X/Y拾音制式工作原理如图6-24所示,两支性能完全相同的传声器靠近放置在同一点进行录音,传声器主轴分别向两侧偏离相同的角度,形成一定的主轴夹角,指向左侧的传声器拾取左(L)声道信号,指向右侧的传声器拾取右(R)声道信号。由于两支传声器放置在同一点,声波由声源到达这两支传声器振膜的距离几乎相等,所以接收的信号之间不存在时间差和相位差,只存在声级差,因此称为声级差式立体声。X/Y式立体声刚刚问世时,以主轴夹角成90°的录音方式为主,由于两主轴方向相当于直角坐标系中的X轴和Y轴方向,因此被称为X/Y式。重放时,X、Y传声器拾取的信号分别送入左、右扬声器。

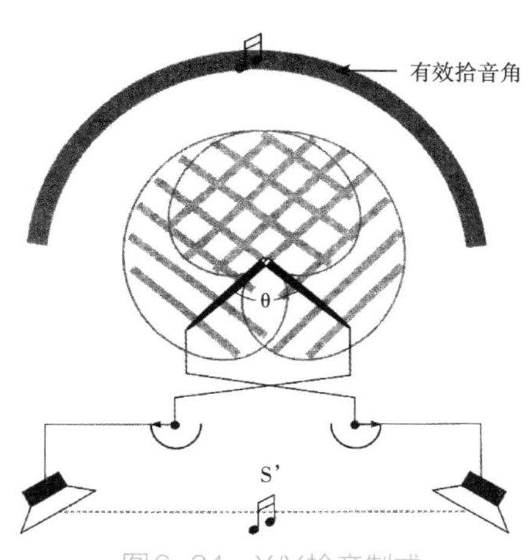

图6-24 X/Y拾音制式

X/Y拾音制式通常采用心形指向性的传声器,两传声器轴向夹角 θ 可选择的范围为80°~130°,相应的有效拾音角为180°~130°。在实际的应用中,传声器的轴向夹角常选用90°和120°,各自的有效拾音角为170°和140°。

X/Y拾音制式由于两支传声器的膜片是重合在一起的,所以缺少了时间差的立体声信息,声音信号的成分同实际的双耳听音相比,除了在不同方向传声器频率响应不同以外,相对单调,缺乏变化。

---

① 李伟,袁邀桐,李洋红琳.立体声拾音技术[M].北京:中国传媒大学出版社,2018:1-8.

② 李宝善.近代传声器和拾音技术[M].北京:广播出版社,1984:194-205.

从重放听音的效果来看，声音缺乏层次感、空间感和深度感。但是从另外一个角度讲，其立体声的声像定位是比较清晰和稳定的，具有相当宽的有效拾音角，可以使传声器在较近的距离拾取声源，而不会出现声像飘移，过于集中于两边扬声器上的效果。由于左右声道间基本上不存在时间差，所以其单声道重放的兼容性是非常好的。

在X/Y拾音制式中，有一种特殊的形式，它是由两支8字形传声器组成，传声器之间的轴向夹角为90°，该方式也被称为Blumlein拾音制式。采用这种方式拾音时，如果一个声源沿着圆弧移动时，两支传声器拾取的能量之和是完全相等的，见图6–25。因此当对拾取的声源重放听音时，能够获得具有稳定电平的声像。

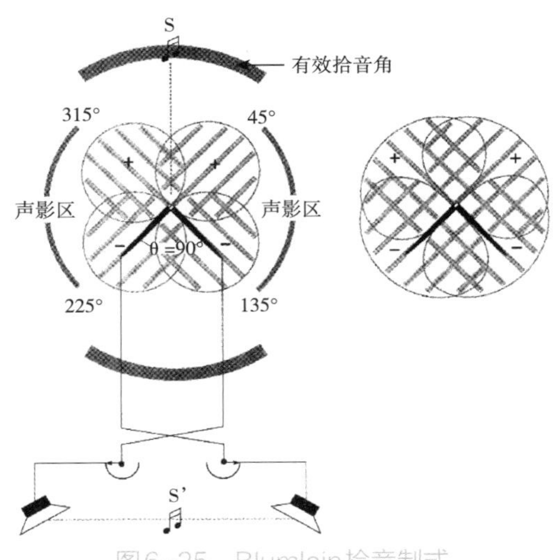

图6–25　Blumlein拾音制式

X/Y拾音制式还可以由全指向性的传声器对组成，轴向夹角一般为90°左右。这种方式看起来有些奇怪，好像是单声道录音。实际上，它仍然是立体声录音，因为全指向性传声器在高频处是具有一定指向性的，这样在拾音时便带来左右声道之间的声级差，从而获得重放时的立体声效果。这种方式的最大优点在于近距离拾音时，具有线性的低频响应，没有心形传声器的近讲效应所带来的不利影响。

2. MS拾音制式

MS拾音制式是强度差拾音方法中另一种拾音制式。MS拾音制式的传声器设置是用两个传声器置于声场中的一个点，其中一个可用任何指向特性的传声器，正对声场中线，即θ_s=0°方向，称为M传声器；另一个必须用8字形指向特性的传声器，这个传声器横向放置，对着声场左侧，即θ_s=–90°方向，称为S传声器。见图6–26。

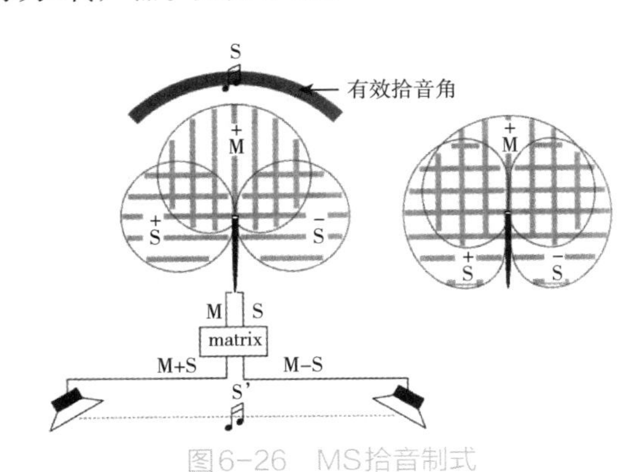

图6–26　MS拾音制式

MS拾音制式两个传声器的字母M和S是英语单词的首字母，它具有双重含义。其一，字母描述了传声器接收声音的方向。M传声器接收的是声源中间(middle)的声音，而S传声器接收的是两侧(side)的声音。其二，含义涉及MS拾音制式的拾音原理。我们可以将M传声器拾取的信号理解为单声道(mono)信号，若对MS拾音制式的录音节目源做单声道重放，只重放M传声器拾取的信号就可以了。而S传声器拾取的信号可以理解为立体声(stereo)的声音方位信息，将S信号加载到M信号上，就可得到完整的立体声声音信号。我们也可以将S信号理解为声音信号的本身，而S信号是立体声编码信号。①

2015年，在安徽电视台纪录片《中国文房四宝》的拍摄中，实景拍摄的收音工作全程使用了MS制式。②

（三）时间差定位的立体声拾音技术

时间差定位的立体声拾音技术是基于声级差对人耳的定位作用建立的，通常采用两支传声器，彼此间隔一定的距离，平行设置于声源的前方。声源到传声器的距离要远远大于传声器间的距离，这样可使由于两传声器间的距离而造成的声级差忽略不计。这种方式即通常所讲的小A/B拾音制式。时间差定位的拾音制式通常采用两支全指向性的

① 李伟，袁邀桐，李洋红琳.立体声拾音技术[M].北京：中国传媒大学出版社，2018：80–88.

② 仰亮.电视纪录片中MS立体声拾音探究[J].四川戏剧，2016(05)：113–116.

传声器，传声器的距离为几十厘米，两传声器平行设置。见图6-27。

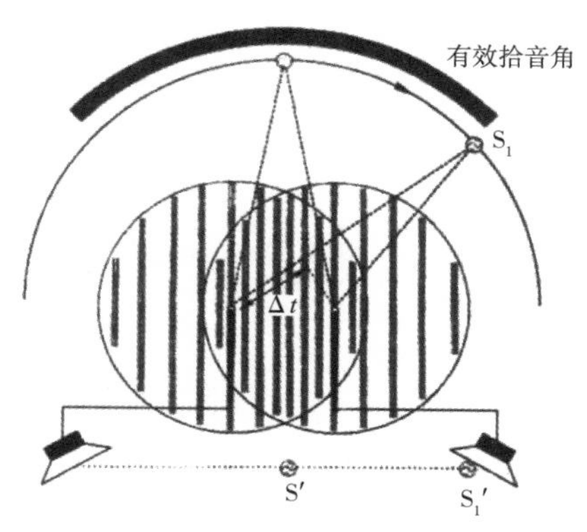

图6-27　时间差定位的拾音方式

1.弗克纳拾音制式

弗克纳拾音制式是A/B拾音制式中所谓小A/B的一种变体，它使用两个平行的8字形传声器，传声器间距20cm，且传声器0度方向指向声源。该拾音制式与小A/B的区别是对来自侧面的声音有较强的抑制能力。由于弗克纳拾音制式的传声器间距较小，拾取的声音信号是“不完全声像定位”，所以，很少使用该拾音制式做大型乐队的主传声器，一般用于小型乐队的录音，或者在乐队中作为某件乐器、乐器组的辅助立体声传声器。

2.施特劳斯组合拾音制式

原文为德语“strauss Paket”。Strauss是人的名字，Paket原意是“全盘计划”，中文可音译为“施特劳斯组合拾音制式”。

该拾音制式使用4个传声器组合成立体声传声器系统。4个传声器中两个为全方向特性传声器，另外两个为心形或者其他指向特性传声器。该拾音制式的组合结构为：将4个传声器分为全方向传声器在下，心形传声器(或其他指向特性传声器)在上，垂直靠拢设置两个传声器组，并将两个传声器组彼此拉开20cm的间距，平行指向声源。该拾音制式的传声器设置类似弗克纳拾音制式，只是用全方向和心形传声器组替换了后者的8字形传声器。所以，该拾音制式的使用与弗克纳拾音制式没有大的区别，一般用于小型乐队的录音，或者在乐队中作为某件乐器、乐器组的辅助立体声传声器。

施特劳斯组合拾音制式每组的两个传声器拾取的声音信号都要馈送到调音台相应的两个左通道或者右通道，且通道的Pan Pot均设置到极左或极右位置。

施特劳斯组合拾音制式的设计者在每一个声道使用指向特性不同的两个传声器，目的是利用两个传声器不同的音色特性以提高声音品质，使音色更加丰满。这是该拾音制式独到的特点。

3.ABCDE拾音制式

ABCDE拾音制式可以说是与A/B拾音制式“血缘”关系最近的一种拾音制式。该拾音制式使用5个全方向特性传声器等间距地与声源的宽度相对，ABCDE 5个传声器相应通道的Pan Pot依次设置为极左、半左、中、半右、极右。这种拾音方法似乎是“多点”拾音方法，但是，“多点”拾音方法一般还须设置第二排或者更多排传声器，且传声器分布不规则。而ABCDE拾音制式只使用一排传声器，分布十分规则。

ABCDE拾音制式适合在厅堂特性良好、声源很宽的情况下录音。该拾音制式尤其适合歌剧录音，5个等间距排列的传声器能很好地描述舞台上歌唱家的舞台调度变化。①

(四)时间差和声级差定位的立体声拾音技术

时间差和声级差定位的拾音技术是指以时间差和声级差共同作用对声源进行声像定位的拾音技术。这种方式在单纯用时间差或声级差定位的拾音方式间做了折中，更接近人耳听音的实际情况。见图6-28。

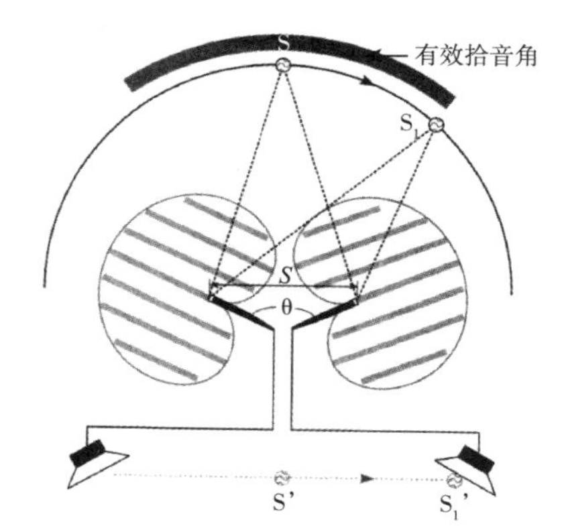

图6-28　时间差和声级差定位的拾音方式

1.ORTF拾音制式

ORTF是法国电视台(Office de Radiodiffusion

① 李伟，袁邈桐，李洋红琳.立体声拾音技术[M].北京：中国传媒大学出版社，2018：80-88.

Télévision Française）的法语缩写，法国这家电视台因最早使用这种拾音制式而得名。

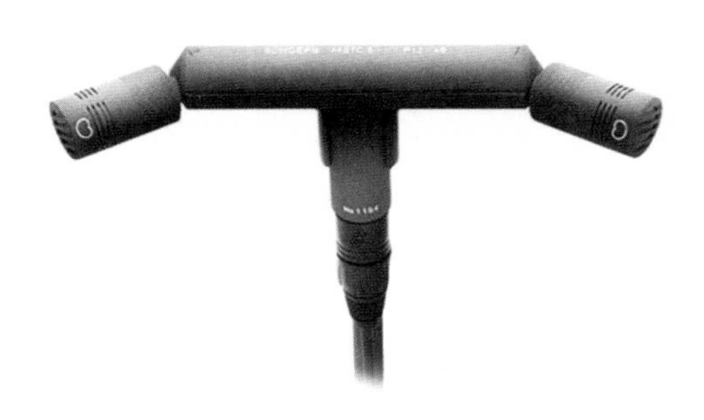

图6-29　ORTF传声器

ORTF拾音制式使用两个心形指向特性传声器，传声器间距是17cm，传声器主轴张开角度是110°。见图6-29。从ORTF拾音制式传声器系统的设置可以分析出：两个传声器彼此拉开一定间距，以便拾取声道间的时间差，这带有A/B拾音制式的特性；两个传声器使用心形特性传声器，并且主轴张开一定角度，以便拾取声道间的强度差，这带有X/Y拾音制式的特性。

2.NOS拾音制式

NOS拾音制式的命名来自荷兰电视台（Nederlandsche Omroep Stichting）的荷兰语缩写，荷兰这家电视台最早使用这种拾音制式而得名。NOS拾音制式使用两个心形指向特性传声器，传声器间距是30cm，传声器主轴张开角度是90°。见图6-30。

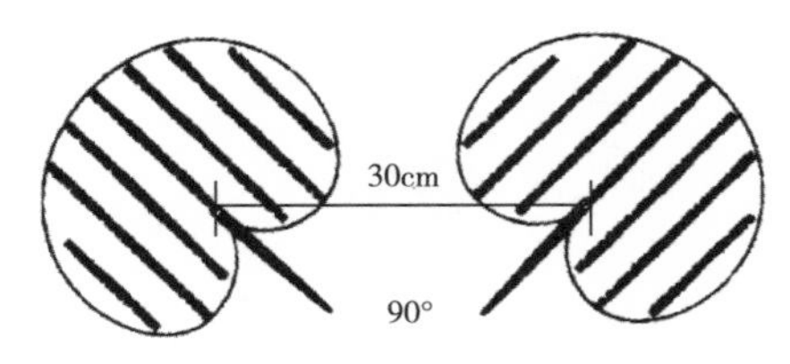

图6-30　NOS拾音制式

NOS拾音制式的特点与ORTF拾音制式相同。

3.EBS拾音制式

EBS拾音制式是德国录音师埃哈德·森皮尔（Ebenhard Sengpiel）提出的，所以以他的名字命名。EBS拾音制式使用两个心形指向特性传声器，传声间距是25cm，传声器主轴张开角度是90°。

EBS拾音制式的特点与ORTF拾音制式相同。

4.DIN拾音制式

DIN拾音制式的名字由德国工业标准（Deutsche Industrie Norman）的德语缩写而来，因为德国录音师最早使用这种拾音制式，并将这种拾音制式收入“德国工业标准”而得名。

DIN拾音制式使用两个心形指向特性传声器，传声器间距是20cm，传声器主轴张开角度90°。见图6-31。

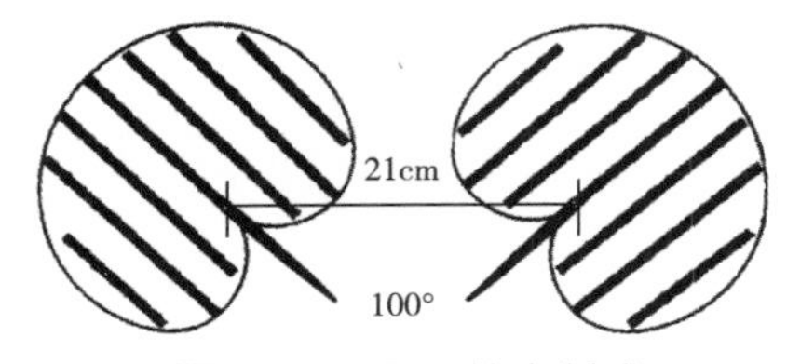

图6-31　DIN拾音制式

5.RAI拾音制式和OLSON拾音制式

RAI拾音制式是以意大利国家电视台的缩写命名的。见图6-32。

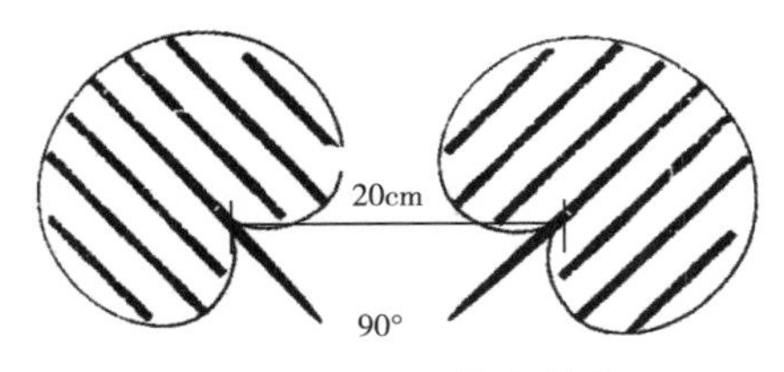

图6-32　RAI拾音制式

OLSON拾音制式是著名声学专家H.F.Olson发明的，并以他的名字命名。H.F.Olson还设计了专门用于Walkman的小型立体声传声器，该传声器系统使用两个锐心形的传声器，传声器间距是4.6cm。[1]见图6-33。

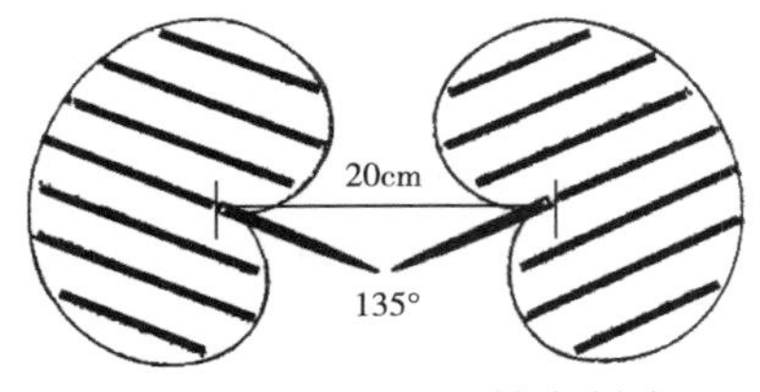

图6-33　OLSON拾音制式

（五）采用PZM传声器的立体声拾音技术

PZM（pressure zone microphone）传声器也称为压力区域传声器或界面传声器，它是将一小型驻极体传声器或电容传声器的振膜朝下，平行地置于反

① 李伟，袁邈桐，李洋红琳.立体声拾音技术［M］.北京：中国传媒大学出版社，2018：90-105.

射板上，两者之间的距离只有几毫米。见图6-34。这种结构的目的是减小反射板附近直达声和经反射板反射的反射声之间的相位差，削弱梳状滤波器效应。

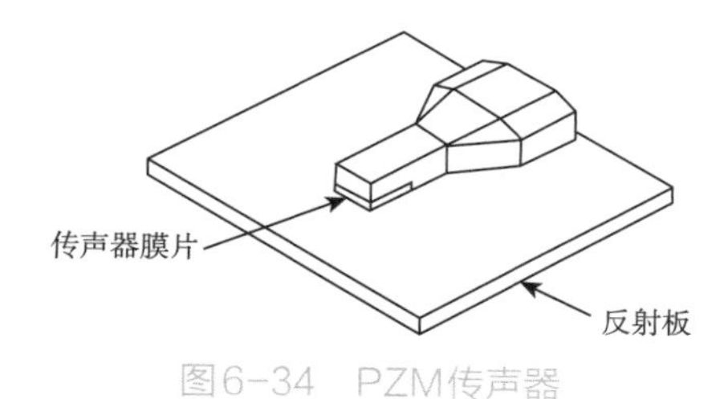

图6-34　PZM传声器

PZM传声器可以像普通传声器那样，通过传声器的组合进行立体声拾音取得较好的立体声效果。其基本设置主要有三种形式：

第一种，将两支PZM传声器拉开一定的距离，置于地板、墙面或安装在传声器支架上。

第二种，将两支PZM传声器的反射板背面靠在一起，使两传声器的膜片尽量重合，反射板的边缘指向声源。

第三种，将两支PZM传声器的反射板彼此张开一定的角度，构成近重合式的传声器组合，或者采用具有指向性的界面传声器置于地板上，彼此张开一定的角度，传声器的膜片拉开一定的距离。

采用PZM传声器构成的立体声拾音组合可以直接置于地板上，也可以安装在传声器支架上。见图6-35。

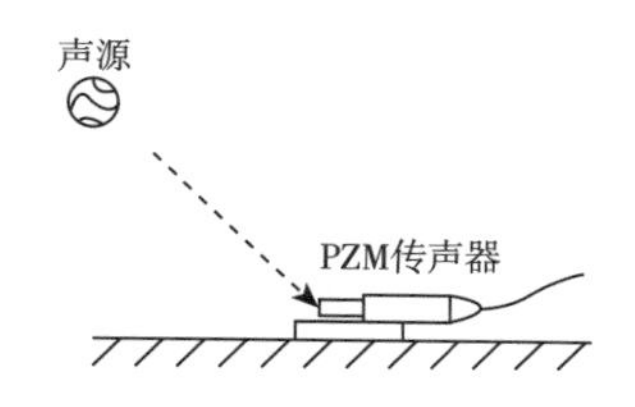

图6-35　PZM传声器拾音情况

SASS(stereo ambient sampling system)是另一种利用PZM传声器原理构成的立体声拾音制式，其设计目的是解决其他立体声拾音制式中所存在的问题。它采用两支PZM传声器，分别安装在呈一定角度的反射板上，使传声器具有一定的指向性。在两传声器的中间是起遮蔽作用的泡沫塑料，传声器膜片间的距离为17cm。[①]

(六)仿真头立体声拾音技术

仿真头立体声的设计思想在1932年就被提出，但是由于当时耳机重放质量差，这种制式无法推行。进入20世纪70年代，耳机的声音质量已超过扬声器，才使得这种制式得到发展。在英国、德国都有使用仿真头制式录音的立体声广播，也大量发行仿真头录制的磁带和CD制品。在这些磁带和CD的封面上标有“仿真头”或耳机的标记，以提醒消费者使用耳机进行立体声重放。图6-36为纽曼的一款仿真头立体声传声器。

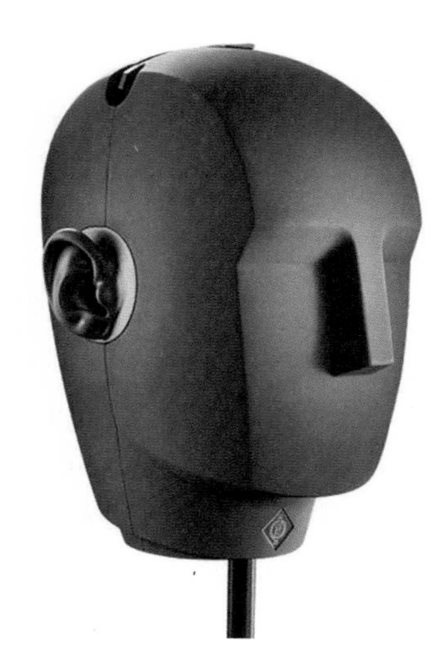
图6-36　Neumann KU8li仿真头立体声传声器

1.真人头拾音制式

真人头拾音制式的原理同仿真头拾音制式相同，都是利用人头的遮蔽效应拾取声道间的时间差，而二者的区别是真人头拾音制式是借助听音人自己的人头进行录音。录音人在耳道口佩戴两个微型传声器，就同人戴耳机一样，录音的效果同仿真头录音相同。需要注意的是，录音时人头不可晃动，否则重放声像就会混乱；录音时不能出现噪声，尤其注意不能出现衣服的摩擦声。另外，录音时，录音人应该选择厅堂最好的听音位置录音。当然重放时也必须使用耳机作立体声重放。

2.球面拾音制式

球面拾音制式的立体声传声器系统利用一个直径20cm、表面较粗糙、质地较硬的圆球模拟人头，在圆球的两侧安放两个特殊的同人耳频率特性一

① 俞锫，李俊梅.拾音技术[M].北京：中国广播电视出版社，2003：40-59.

致的全方向传声器。该传声器也称“球面传声器”。

3.SASS(CROWN)拾音制式

SASS拾音制式使用造型奇特的物体造型，物体表面做特殊的声吸收和反射处理，在该物体两侧、间距17cm处安放两个界面传声器。该拾音制式是在“房间立体声”中唯一使用界面传声器的拾音制式，显然它具有与众不同之处。此拾音制式因为是美国“CROWN”公司生产的，所以也称为“皇冠拾音制式”。

4.CLARA拾音制式

CLARA拾音制式的立体声传声器系统十分漂亮，以发明者夫人的名字命名。该装置使用透明的有机玻璃模拟人头的造型，在两侧安放两个特殊的全方向特性传声器。[①]

三、环绕声拾音技术

在20世纪50年代中期引入了立体声录音，随即出现了立体声重放系统，可以说20世纪60年代是立体声的黄金时期。在那个时候，唱片公司或声频生产厂商的辞典中尚未存在“环绕声”一词。但是在研究领域，研究人员已经有了利用音乐厅的室内音响信息来建立现实立体声效果的想法，并展开了相关的实验。例如凯斯、斯坦恩克和瓦格纳提出的“环绕声”系统是在听音者背后放置两个或多个扬声器以重现声场效果，非常类似于今天的环绕声。然而由于当时技术和设备的限制，这些实验研究并没有在市场上推广开来。在20世纪60年代中期，多轨磁带录音机的诞生引入了多声道录音方式。录音师可以使用多个声道录制，从最初的3路，逐渐发展到24路，使独立录制环境信息成为可能，这也为环绕声系统在音乐领域的推广起到了至关重要的作用。[②]

1973年3月1日，英国摇滚乐队平克・弗洛伊德(Pink Floyd)发行了《月之暗面》，这是一张双碟概念的录音室专辑，包含6首歌曲和4首背景效果音乐。专辑的录制工作于1972年6月至1973年1月在英国伦敦的艾比路工作室完成，平克・弗洛伊德在该专辑中进行了多项技术尝试，比如多轨录音及模拟合成器。[③]

早期的“环绕声”技术表现为多声轨，而如今的环绕声技术从拾音到放音都有着多样的呈现样态。环绕声技术被应用在很多领域中，从音乐到电影，再到广播电视的播出，很多电视节目也会提供环绕声的音频选项，例如2022年的卡塔尔世界杯转播。

对于拾音来说，采用环绕声制式的传声器主要是为了获得更好的空间感，使用不同的制式会拾取到风格各异的声音质感。

(一)环绕声拾音

环绕声研究最早是从音乐录音开始的，但是研究的过程中遇到了很多困难。目前的环绕声标准则是源于电影工业，后来才逐渐在数字电视和音乐录音中得以应用，其中应用较为广泛的为5.1环绕声系统。它采用6个通道来传输信号，分别传送到环绕在听音人周围的6支扬声器来放音。其中0.1通道为LFE(low frequency enhancement)，通道的频率上限为120Hz，采用亚低音扬声器来重放，其他5支扬声器分别为左、右扬声器，中置扬声器和左、右环绕声扬声器。

1.球面传声器

球面传声器是在球体两侧表面分别安装无指向性传声器，球体大小与人头尺寸相当，因此可以看成是不带耳郭的仿真头，也可以看成是一种准声级差式立体声传声器。由于其不带耳郭，所以与仿真头录音相比，具有更好的耳机与扬声器重放的兼容性，可以直接用于立体声录音。

德国Schoeps公司生产出过KFM6球面传声器(图6-37)，其内设均衡滤波器，对传声器的频率特性进行均衡，使其对前方声源具有平坦的频率特性，因此比较适合于用扬声器重放。类似的还有Neumann公司生产的KFM100球面传声器。另一种类似的设计是在两支全指向性传声器之间加一块圆形障板，称为Jecklin圆盘(图6-38)。

① 李伟，袁邈桐，李洋红琳.立体声拾音技术［M］.北京：中国传媒大学出版社，2018：107-113.

② 王鑫，唐舒岩.数字声频多声道环绕声技术［M］.北京：人民邮电出版社，2008：11.

③ 陈灵伟.Pink Floyd解散：早已名存实亡，为何还让人伤感［EB/OL］.(2015-08-20)［2023-10-05］.http：//art.china.cn/music/2015-08/20/content_8170859.htm?_t=t.

图6-37 Schoeps KFM 6球面传声器

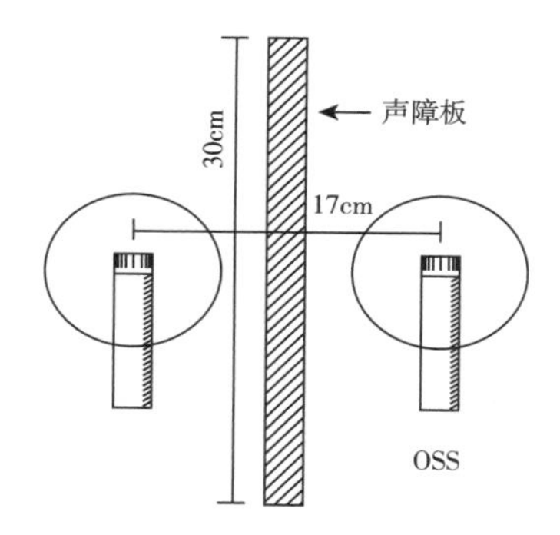

图6-38 Jecklin圆盘/OSS式

圆盘的直径为28cm，两支传声器间距为17cm，对于正侧向声源，两支传声器之间的延迟时间约为0.7ms，略大于实际双耳之间的最大延迟时间0.6ms。

2.环绕声传声器(阵)

国际电信联盟于1994年发表了ITU BS.775文件，作为研究开发伴随图像和不伴随图像的多声道环绕声系统的推荐标准，在这个文件的指导下，5.1声道环绕声逐渐成为多声道环绕声的主流。

(1)TSRS式传声器阵

TSRS(true space recording system)是指一类采用5支传声器小间距布置形成的环绕声录音方法。这类环绕声的工作原理与准声级差式立体声的工作原理十分相似，即利用传声器阵中相邻两支传声器来覆盖相应的扇形录音区域，重放时相邻两支扬声器之间的声像定位主要由这两支扬声器之间的声级差和时间差决定，因此形成了360°范围的声像定位。对于前方声场的声像定位，可以利用双声道立体声定位的基本原理和传声器布置方法，而对于侧向和后方的声像定位，所要求的声道之间的时间差和声级差与前方的情况有所不同，因此要求有不同的传声器摆位。同时，5支传声器之间的间距和指向性要进行合理选择，使某相邻两支传声器所覆盖的扇形区域内的声源在其他传声器产生的串音足够小或延迟时间足够大，而不至于对该区域的声像定位产生影响。

INA-5是TSRS式环绕声拾音的一个代表(图6-39)。INA意为理想心形阵列，INA-5是在3声道心形阵列INA-3的基础上增加两支心形指向性的环绕声传声器构成的。

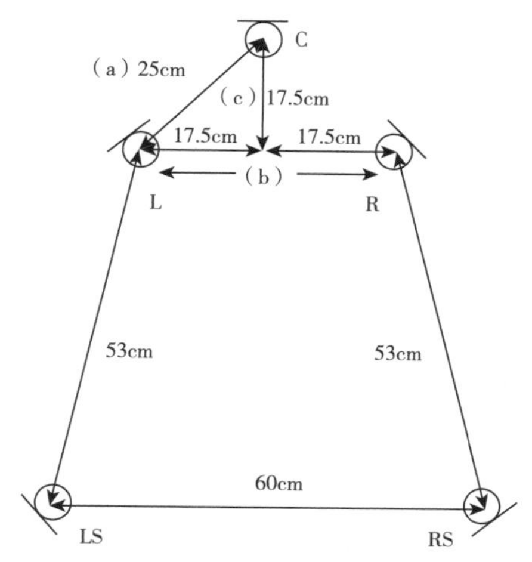

图6-39 INA-5心形传声器阵

德国SPL公司(German Sound Performance Lab)生产过INA-5传声器阵及其控制单元，各传声器间距、指向性和主轴方向可以调整，以满足录音师进行各种录音的需要。

(2)Fukada Tree传声器阵

另一类环绕声录音的基本出发点是将前方声道录音和环绕声道录音分别来考虑，即两组传声器之间拉开较大间距。前方声道的录音可以采取在立体声录音的基础上增加中置声道的方法，但需要更多的直达声，而环绕声道的录音则是通过将传声器放置在混响半径以内或以外的区域，来获得一定程度上非相干的两个环绕声道信号。

Fukada于1997年提出一种前方声道和环绕声道分别考虑的录音方法，称为Fukada Tree。前方声道采用类似于Decca Tree的拾音方法，只是将传声器的指向性改为心形指向性，目的是减少前方声道的混响声，并增加两支外围的全指向性传声器，将其输出分别配送到L、LS声道和R、RS声道，使前后声道的声音能更好地融为一体。环绕声传声器也采用心形指向性，与前方传声器的间距大约为2m，一般置于混响半径处。见图6–40。通常声音的空间感与环绕声道的相关性有关，环绕声道的非相关性越强，则声音的空间感越好。声音的相干性可以通过调整传声器间距获得，传声器间距越大，信号的相干性越小。

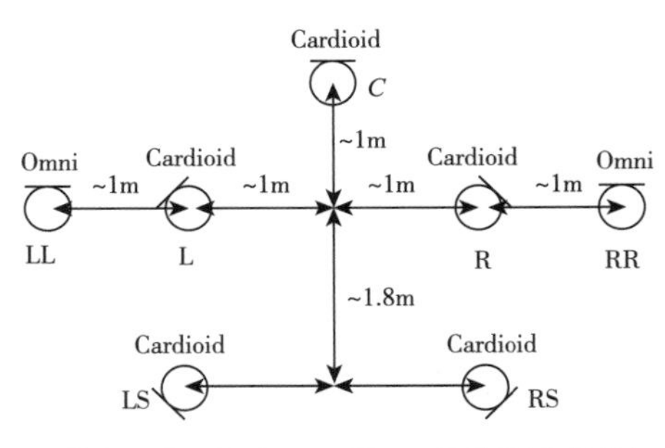

图6–40　Fukada Tree传声器布置图

也有人建议将上述心形传声器改为全指向性传声器，目的是利用全指向性传声器频率响应好的优点。这时应注意适当增大左右和前后传声器的间距，以获得较好的录音效果。采用全指向性传声器录制环绕声道时，应注意环绕声传声器不能距前方传声器太远，否则重放时后方声音可能会脱离前方声场，产生回声的感觉，因此，一般建议采用指向侧向或后方的有指向性传声器进行环绕声道录音。

(3)Hamasaki传声器阵

Hamasaki传声器阵是由来自日本广播协会(NHK)的Hamasaki提出的。它以准声级差式作为前方声场的录音，两支心形传声器的间距为30cm，中间配置障板，用来拾取左、右声道，另一支心形传声器置于稍微靠前的位置，用来拾取中置声道。

两支全指向性传声器相距约3cm，将其拾取的信号经过250Hz低通滤波器后，分别送到左、右声道以提高前方声道的低频声音质量。另外两支心形传声器距前方阵列2m~3m、间距3m，用来拾取环绕声。在较远的后方还有一个传声器阵，由相距约1m的4个8字形指向性传声器组成，分别指向侧方，并悬挂在较高位置，用来拾取侧向反射声，称为环境声阵列。这4支传声器拾取的信号分别送到L、LS、R和RS声道。见图6–41。

(4)OCT传声器阵

OCT传声器阵源于Theile提出的前方3声道立体声的拾音方法，这种录音方法对传声器技术和信号处理技术提出了较高要求，Schoeps公司首先研制开发出这种传声器阵的初步模型，并命名为OCT(optimum cardioid triangle)。见图6–42。

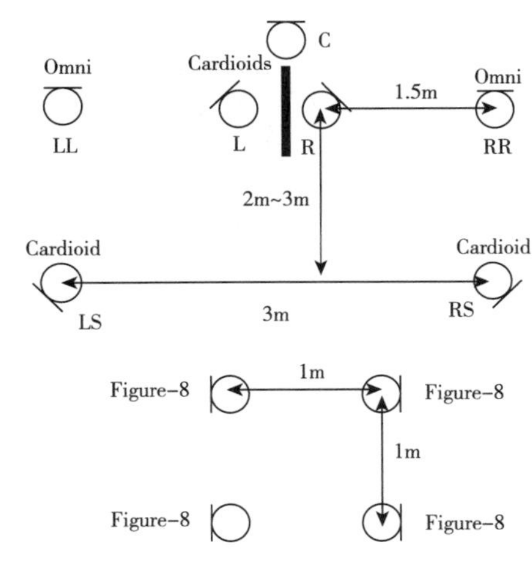

图6–41　Hamasaki传声器阵

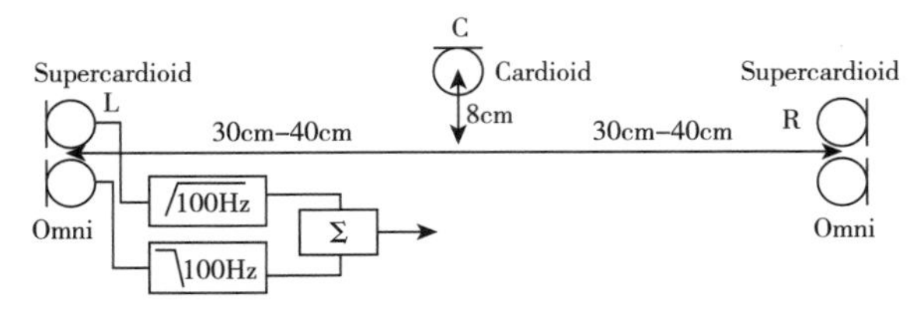

图6–42　OCT传声器阵

OCT传声器阵的设置与INA–5前方声道的设置相似，只是将L传声器和R传声器改为超心形指向性，并分别指向正左方和正右方，目的是减小前方左右两个扇形拾音区域之间的串音，改善前方声像定位。同时，为了改善传声器阵列的低频响应，要求采用两支全指向性传声器取代超心形传声器拾取100Hz以下的声音信号，并将C声道进行100Hz的高通滤波处理。这种拾音方法还要求对超心形指向性传声器进行均衡处理，使其对阵列前方30°方向的声源具有平坦的频率响应，以免扬声器重放时产生明显的声染色。可见，这种拾音方法对传声器本身以及传声器阵的设计提出了很高的要求，即要求开发出一种具有混合指向性的传声器。如果借用扬声器系统的概念，或许可以称为两路传声器(two–way microphones)，并能够对指定方向的频率响应进行均衡处理。

(5)IRT Cross传声器阵

IRT Cross传声器阵也是由Theile提出的，专门用于拾取环绕声信息。它由4支心形或全指向性传声器排列成正方形，主轴夹角互成90°。如果是心形传声器，间距可取25cm；如果是全指向性传声器，间距取40cm。这4支传声器的输出分别馈送到L、R、LS和RS声道。见图6-43。

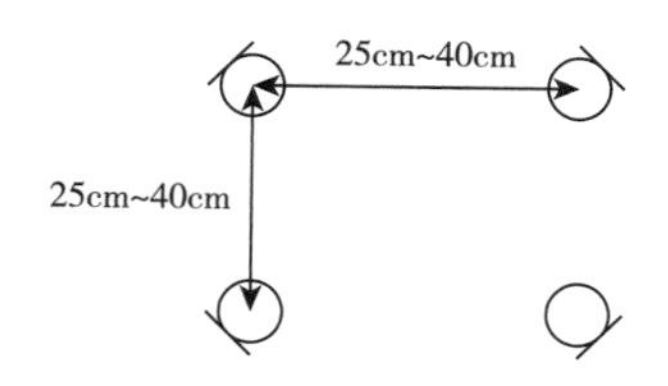

图6-43 IRT Cross传声器阵

间距大小的选择可以视情况而定。一般来说，较小间距有利于反射声的定位，而较大间距有利于在较大的听音区域获得良好的空间感。

(6) 双MS传声器阵

双MS传声器阵是由前后两对MS传声器组成的。前面的MS传声器指向正前方，用于拾取前方3个声道的信号；后面的MS传声器指向正后方，一般置于混响半径以外，用于拾取环绕声道。前方中置声道可以采用前方的M声道，也可以增加一支心形传声器，置于前方MS之前，用来拾取C声道，但是要配合L、R声道进行一定的延时处理。也可以将两对MS置于同一点进行录音，这时可以共用一支8字形传声器，并将环绕声道信号进行10ms~30ms的延时，以减少环绕声道对前方声像定位的干扰。通过调整M传声器的指向性和S声道的增益大小，可以获得不同的有效拾音角度。见图6-44。

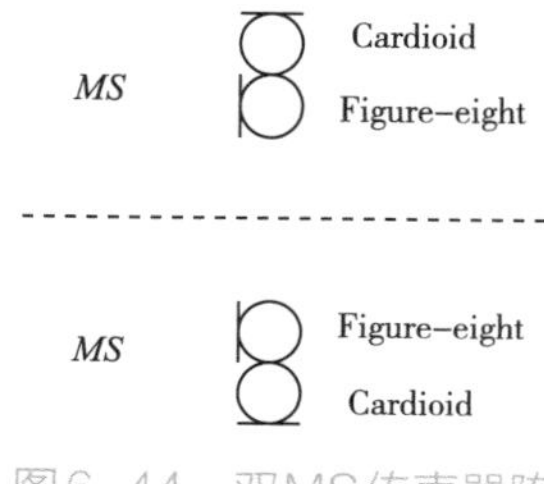

图6-44 双MS传声器阵

另一种双MS传声器阵将两对MS传声器分别指向正左方和正右方，拾取的信号分别送到L、LS、R和RS声道，并且在前方0.9m~2.4m处增加一个仿真头，用来捕捉前方声像信息。

(7)Schoeps KFM360球面传声器

球面传声器同样可以应用于环绕声录音。Bruck在Schoeps KFM6球形传声器的基础上，通过增加两支8字形指向性传声器来进行环绕声录音。两支8字形传声器分别置于球面传声器上的两支全指向性传声器的下面，主轴分别指向正前方和正后方，形成两对MS传声器。见图6-45。

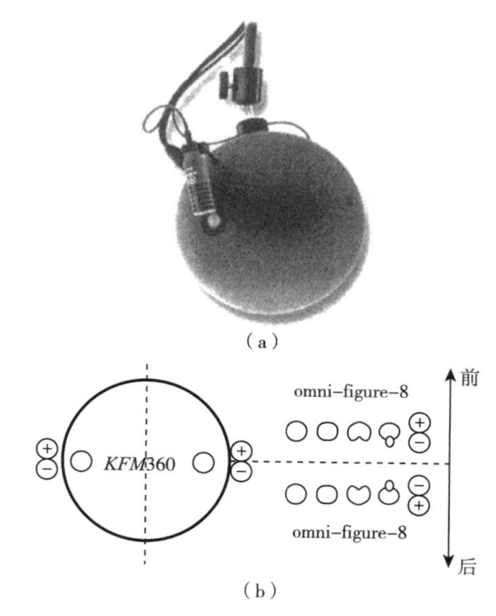

图6-45 Schoeps KFM 360球形传声器

MS传声器的输出经过矩阵电路处理后，相当于两对主轴夹角为180°的X/Y传声器，其输出分别送到L、LS、R和RS声道，中置声道可以由L和R声道导出。Schoeps公司生产的KFM360球面传声器，专门用于环绕声录音，并配有一个控制单元，用来产生前方中置声道，并通过S声道增益的调整来控制等效的X/Y式传声器的指向性。

(8)Soundfield传声器

前面介绍的几种传声器阵列都是在近十年提出的，而Soundfield传声器早在20年前就问世了。Soundfield传声器是由4支扁圆形指向性传声器极头紧密靠近，安装在同一传声器壳体内组成的。4支传声器主轴分别指向左前上方、右前下方、左后下方和右后上方，产生的4个声道分别称为LF(left-front)、RF(right-front)、LB(left-back)和RB(right-back)声道。见图4-46。

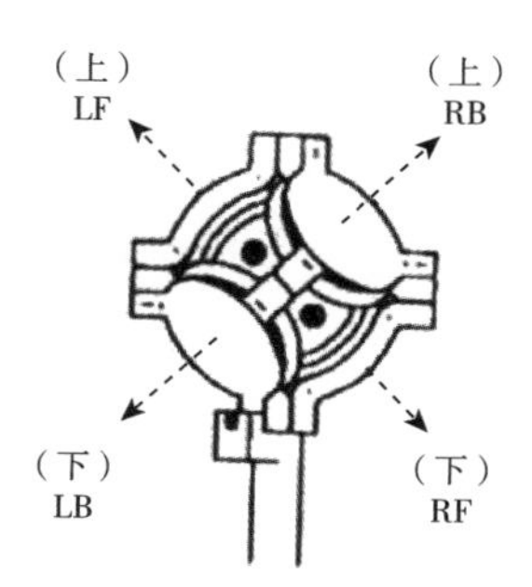

图6-46 Soundfield传声器极头及朝向示意图

Soundfield传声器可以看成是在声级差式立体声传声器的基础上发展起来的，只是引入更多的声道数，用来拾取三维空间的声场信息，而声级差式立体声传声器只限于水平面方向信息。Soundfield传声器的最大特点是，它可以借助于专用控制单元，通过各声道的组合和比例控制，来获得空间任意方向和任意指向性的传声器输出。因此，它不仅可以形成单声道、双声道和5.1声道信号，而且可以产生适合于不同高度扬声器重放的多声道信号。虽然考虑了高度因素的重放系统比较复杂，但实验证明这种重放系统的效果相当好。①

3.声场传声器方式

声场传声器是基于MS拾音技术的一种相对更精密的多膜片传声器。它采用4支心形传声器，膜片朝外呈四面体状，它们之间尽量相互重合，构成重合式的拾音制式。为了减小声源到达传声器的时间差，还分别将传声器的输出进行移相，以弥补膜片尺寸带来的影响。该传声器的输出有两种模式，模式A即为4支传声器各自的输出，模式B是由矩阵电路产生的，分别为：

· 全指向性
· 垂直与水平面的8字形指向性
· 左右方向上的8字形指向性
· 前后方向上的8字形指向性

模式B的信号可以进一步处理为双声道立体声、四声道立体声或者是混响信号，该信号将包括上下、左右、前后的信息。通过遥控器，还可以调整传声器的指向性，使传声器在水平面内旋转，控制拾音角度。5.1声场传声器系统是由声场传声器(Mk V或ST250)环绕声解码器组成，该解码器可以将模式B的信号解码成左、中、右、左环绕、右环绕和亚低音扬声器的输入信号。

(1)VR^2环绕声拾音制式

VR^2(virtual reality recording)环绕声拾音技术是由约翰·艾戈尔(John Eargle)为电影的VR^2模式提出的拾音制式。该制式采用一近重合式组合的传声器对置于声源的中间，两侧分别为一支全指向性传声器，它们之间的间隔约为1.2m。另外两支传声器在主传声器的后方9m~12m处，采用全指向性或心形指向性来拾取厅堂的混响，传声器间的距离为3.7m左右。见图6-47。

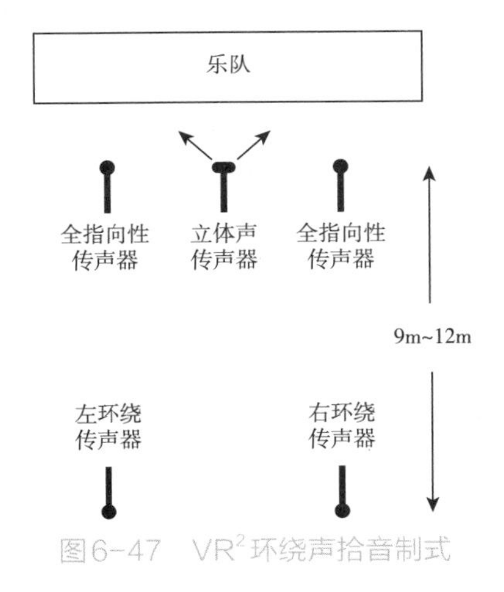

图6-47　VR^2环绕声拾音制式

(2)NHK的环绕声拾音制式

日本的NHK在多年的环绕声研究工作中发现，在进行环绕声拾音的过程中，采用心形传声器可以获得比全指向性传声器更自然的混响效果。正对声源的传声器所拾取的信号为中置扬声器的输入，其两侧的近重合式组合的传声器对分别作为左、右扬声器的输入信号，乐队两侧附近的传声器则起到展宽声像的作用。主传声器经常设置在厅堂的混响半径上，后方的混响传声器则可以根据实际情况，设置在距离主传声器1m~6m的位置上，传声器的数量可以适当地增加，最多的时候可以设置3对传声器来拾取混响效果。见图6-48。另外，NHK的工程师们认为，为了保证多声道环绕声和双声道立体声的兼容性，两者的直达声/混响声的比例应当保持一致。

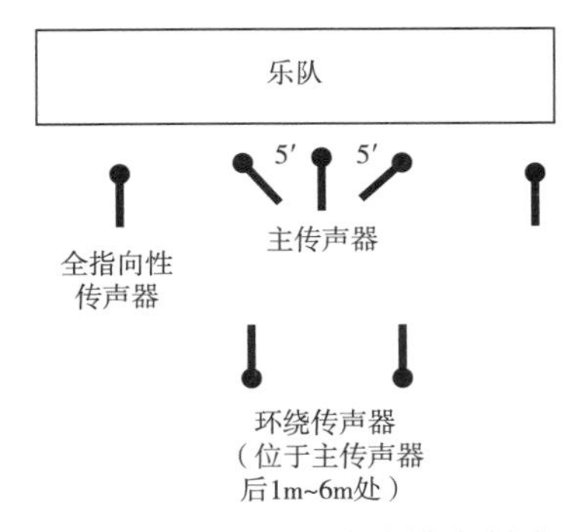

图6-48　NHK环绕声拾音制式

① 陈小平.扬声器和传声器原理与应用[M].北京：中国广播电视出版社，2005：200-210.

(3)KFM360环绕声拾音制式

KFM360环绕声拾音技术是由布鲁克(Bruck)首先提出的,它在SchoepsKFM-6U立体声传声器的两侧,紧靠其膜片分别增加1支8字形传声器,两者的主轴彼此垂直。这样便在两侧构成一对MS拾音制式,传声器对的主轴分别指向左右两边。

4支传声器拾取的信号可以分别记录在4个声轨上,通过矩阵电路变换成左、中、右以及环绕声信号。其中左、右声道中全指向性和8字形指向性相加减后,将分别合成两个主轴指向前后的心形指向性组合。这样可以通过调整其相对电平的大小,控制前后信号的比例,来改变听音人到声源的距离,就像听众在音乐厅内前后寻找自己所喜欢的听音位置那样。

另外,为了补偿8字形传声器的低频滚降和高频的衰减,可以适当加入均衡处理。不过,为了保证节目的信噪比,该处理可以在信号编码以后进行。

(4)采用仿真头的环绕声拾音制式

利用仿真头进行环绕声拾音的技术是由约翰·克洛普(John Klepko)首先提出来的,其中仿真头主要用于拾取混响声信号。另外采用3支具有指向性的传声器作为主传声器,各传声器的灵敏度和增益均保持一致。中间1支采用心形指向性,正对声源设置,两边为超心形传声器,以避免中间声源突出的现象。

经过测试,采用该种制式录制的环绕声节目在±30°和±90°的听音范围内,相对于其他环绕声拾音制式具有更连续、清晰的声像定位,而且有很好的双声道立体声兼容性。由于采用了仿真头来拾取混响声信号,因此当听众用耳机听音时,仍然可以获得环绕声的效果。

4.采用Decca Tree的环绕声拾音制式

Decca Tree的环绕声拾音制式是汤姆·荣格(Tom Jung)首先采用的,他以3支心形传声器按照Decca Tree的传声器布局来拾取乐队的声音,以另外一对传声器组成重合式或A/B拾音制式来拾取混响信号。当采用A/B制式时,传声器间的距离应当与Decca Tree后面两支传声器的间距相匹配。见图6-49。

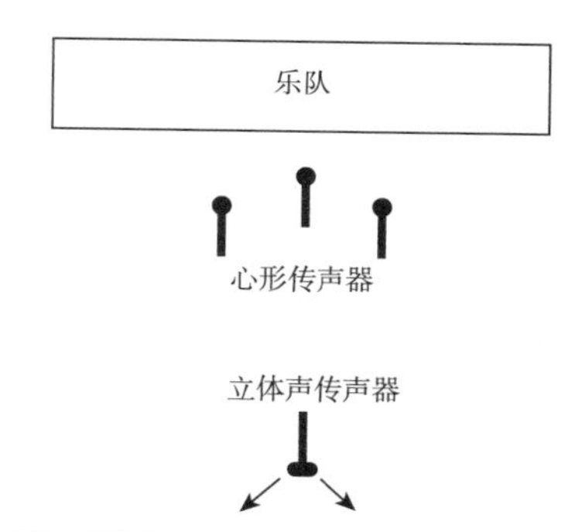

图6-49 采用Decca Tree的环绕声拾音制式

5.利用PZM"楔"进行环绕声拾音

这种环绕声拾音制式是威尔斯拉乌·沃兹塞克(Wieslaw Woszcyk)首先在实际当中应用的。他采用PZM"楔"来拾取前方乐队的声音,两反射板的尺寸为45cm×72cm,反射板间的夹角为45°。在距离PZM传声器至少6m远的地方再设置一重合传声器对,传声器间的轴向夹角为180°,并且极性相反。见图6-50。

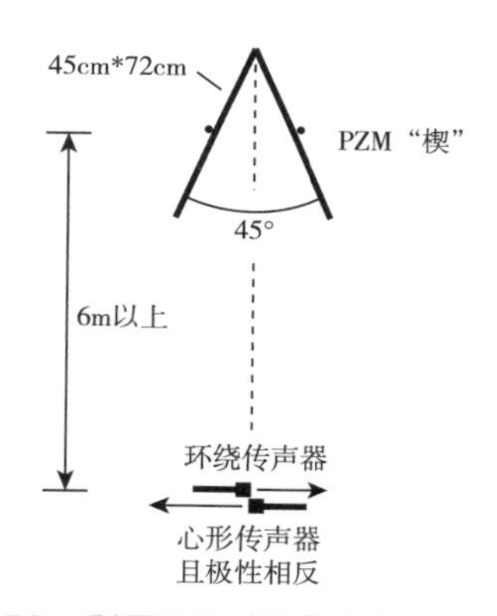

图6-50 利用PZM"楔"进行环绕声拾音

采用这种制式拾音时,有非常精确的声像定位,而且由于拾取到较多的侧墙反射,重放的空间感也比较好,叠加了PZM传声器的信号后,将消除后方传声器间的反相效果。其最大的优点在于兼容环绕声、双声道立体声和单声道重放。[①]

四、空间音频拾音技术

空间音频拾音技术包括杜比全景声以及当下最为热门的沉浸式音频。杜比全景声的主要应用范围是电影,而Auro 3D主要应用于音乐录音。VR音频采用了HRTF等算法来渲染声道,使得耳机也

① 俞锫,李俊梅.拾音技术[M].北京:中国广播电视出版社,2003:50-68.

可以重放多声道扬声器的场景。空间音频拾音技术与环绕声拾音技术主要的区别在于，其加入了高度声道、基于对象的算法以及拾取声场的概念。

人类在录音技术的领域中已有近两个世纪的学习与实践经验。100年前，我们从仅有纵深感的单声道时代步入立体声的“面”声场。随后，环绕声技术将听音位从“面”声场的外部拉入内部，我们被来自前后左右的声音所包围。见图6–51。近年来，高度通道的加入使声音从“面”拓展成了“体”，通过电声重放系统感知到来自三维空间各个方向的声音成为现实，空间声的时代已经到来。

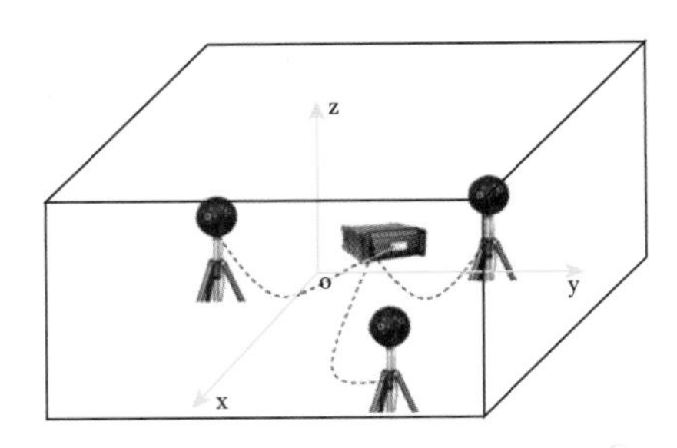

图6–51　多个球形阵列同时测量[①]

空间声(spatialized audio)技术，是指可以重放三维声空间信息的声重放技术。空间声技术的研究其实已有近百年的历史，但一直没有合适的应用场景。VR(虚拟现实)与8K、5G等技术的成熟，为空间声的应用与传输提供了可行方案。目前，空间声在游戏、电影电视、音乐录音中都占有举足轻重的位置，是音频技术领域最热门的话题。而如何获取带有空间高度信息的空间声音频，则是广大音频工作者目前最为关心的问题。[②]

(一)3D声音

为了塑造更真实的空间信息，人们开始探索在环绕立体声所塑造的二维空间基础上，增加垂直方向的声音定位，并与水平方向的其他二维信息关联，使各声道间的声音更具有连贯性。3D环绕声在重建原理上以心理声学、物理声场以及两者的结合为理论基础，并有多种环绕声信号算法；在重现方式上分为耳机重放、多层扬声器系统等多种重放形式。见图6–52。此外，3D环绕声在“声道”的基础上，还增加了“声音对象”的概念，将重放资料(电影或其他声音作品)中包含移动方位、坐标、音量以及移动时间等的声音信息分配到重放扬声器中去，丰富了艺术创作手段。与环绕立体声相比，3D环绕声技术的声音定位更加明确、声像运动感更加连贯，听众的临场感和沉浸感更加强烈。[③]

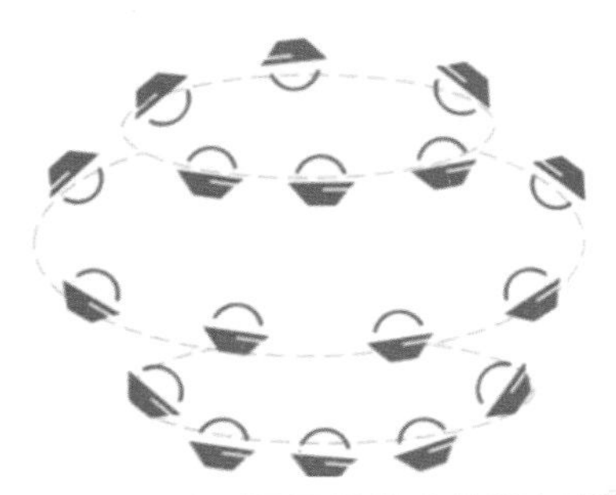

图6–52　在球面不同纬度分层布置[④]

3D声音是为了对应3D视频。假头录音的新发展标志着在广播和录音媒体上建立3D的认真和部分成功的努力的开始。3D音频的原始方法是双耳耳信号的再现。理想情况下，再现的假头信号与听者在录音室内的假头位置所感知到的耳信号是相同的。在这种情况下，虚拟聆听体验将与录音室内的真实声音相匹配。不幸的是，由于各种实际原因，双耳技术仅限于特殊应用，它们与扬声器再现不兼容。也就是说，它们的2通道信号无法转换为多声道扬声器信号，产生相同的效果。另外，双耳技术可以实现的三维成像质量可以作为参考：成像区域包括整个上半空间，可以表示任何高度和距离的音频事件。[⑤]

(二)双耳拾音技术

双耳拾音(binaural recording)技术是一种能够记录出类似人耳听感的声音信号的方法。这种拾音方法能有效地拾取具有良好空间感和临场感的

① 王博聊声学 | 声场重构技术之二：高阶Ambisonics［EB/OL］.(2021–06–23).［2024–01–21］.https：//zhuanlan.zhihu.com/p/383211491?utm_id=0.

② 于雅诗，胡泽.空间声拾音方法研究及展望［J］.中国传媒大学学报(自然科学版)，2020，27(5)：60–67.

③ 李伟，袁邈桐，李洋红琳.立体声拾音技术［M］.北京：中国传媒大学出版社，2018：1–8.

④ 王博聊声学|声场重构技术之二：高阶Ambisonics［EB/OL］.(2021–06–23).［2024–01–21］.https：//zhuanlan.zhihu.com/p/383211491?utm_id=0.

⑤ THEILE G，WITTEK H. Principles in surround recordings with height［J］. Journal of the Audio Engineering Society，2011(3)：1–4.

声音信息。

双耳拾音技术的本质是模拟人耳听音的方式。区别于其他普通的拾音制式，人耳具有精细的空间定位能力。而HRTF(头部相关传输函数)是一个空间声源定位模型，能够反映空间中某点的声源是如何传递到人耳中(一般指到外耳道处)。利用HRTF，我们可以扩展耳机重放时的声像范围，有效避免头中效应，使声音听起来是来自各个方向的。但HRTF感知的准确度取决于HRTF数据库与聆听者本人头部特征的匹配度。

目前，双耳拾音技术主要包括如下几种制式：人工头拾音技术、类人工头拾音技术、真人头拾音技术等。人工头(dummy head)也被称为头部和躯干模拟器(head and torso simulator，HATS)，是最为常见、应用最广的双耳拾音技术。类人工头是一种只有外耳形状的双耳拾音话筒。近几年，市面上又出现了多方向的双耳拾音类人工头话筒，以使声音匹配到360°的VR画面上。真人头拾音是将两支微型传声器振膜置于听音者的双耳耳道末端，也就是耳膜所处的位置。这种制式的优点就在于其效果十分逼真。

双耳拾音技术在音乐录音、VR及ASMR等诸多领域中都得到了应用。[①]

(三)基于Ambisonics的拾音技术

原场传声器技术(Ambisonics)是一种基于球谐函数的球形空间环绕声格式，这种格式包括了水平面以及聆听者头部上方和下方的声源。Ambisonics的独特之处在于，其传输通道不携带扬声器通道信息；在重放时，它可以根据重放系统的布局，将声源方向的信息解码，再输出给回放设备回放。[②]见图6-53。

原场传声器技术20世纪70年代诞生于英国，它是一种球形三维环绕声拾音技术。一阶原场系统(first order ambisonics，FOA)包含4个心形指向的振膜，分别指向左前(LF)、左后(LB)、右前(RF)、右后(RB)，所拾取的原始信号叫作A格式(A-format)，经过处理后得到的输出信号称为B格式(B-format)。B格式包含4个通道的信息，即全方向的W信号、前后深度的X信号、左右宽度的Y信号和上下高度的Z信号，形成了一种扩展后的三维化M/S拾音制式，从而获得水平面和垂直面的三维信息，再解码成不同的方位信息来与监听扬声器的设置相匹配。这一拾音制式在适应不同格式的扬声器设置上具有很大的灵活度，它输出的信号可以根据需要解码成2.0、5.1、7.1甚至22.2的格式，也可以编码成Binaural格式。

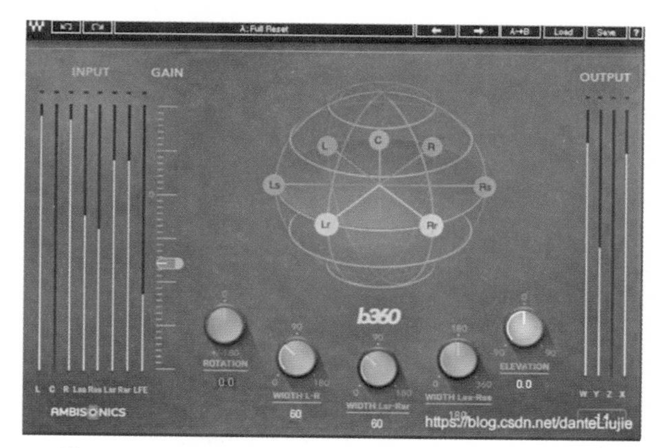

图6-53　Waves B360 Ambisonics Encoder[③]

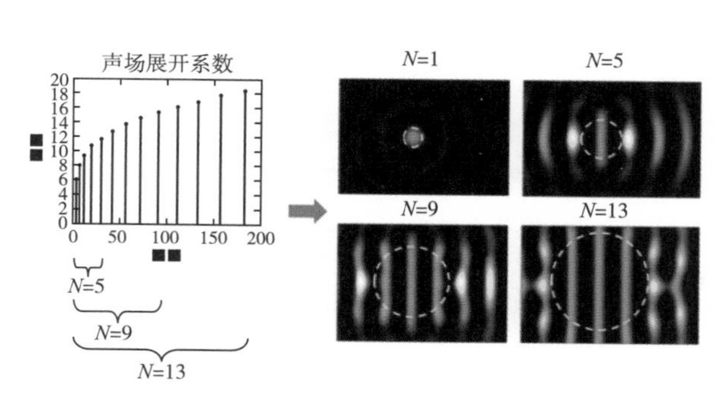

图6-54　球谐函数分解[④]

Oculus公司的软件工程师Pete Stirling对双耳拾音技术(采用3dio free space omni)和声场合成技术(采用core sound tetramic)做的拾音对比实验表明，在空间定位的精确度方面，四方双耳技术(quad binaural，QB)具有人工头拾音的一些缺点，比如由于人工头和真人头之间的差异导致空间定位的误

① 于雅诗，胡泽.空间声拾音方法研究及展望[J].中国传媒大学学报(自然科学版)，2020，27(5)：60-67.

② 李海清.浅析Ambisonics与声场麦克风基于双声道立体声拾音制式的解码方案[D].上海：上海音乐学院，2020：1-2.

③ Waves[EB/OL].[2024-01-21].https：//blog.csdn.net/danteLiujie.

④ 王岩.王博聊声学|声场重构技术之二：高阶Ambisonics[EB/OL].(2021-06-23).[2024-01-21].https：//zhuanlan.zhihu.com/p/383211491?utm_id=0.

差，以及前后方位的混淆，最大的问题出现在随着视角转换两组双耳话筒混合时的相位抵消，造成衔接部分声场定位不清晰。相比而言，声场合成技术没有这些问题，在三维空间的表现上有明显的优势，但一阶原场话筒的空间还原精确度不够高。在音质方面，双耳话筒会有一些染色，而原场话筒的频响非常平直。这两种方式都能很好地拾取现场反射声，获得良好的临场感。

(四)多通道拾音阵列

多通道拾音制式类似于传统环绕声的拾音制式，它建立在心理声学与空间感知原理的基础上，是一种由多支普通录音传声器组合成的空间声拾音阵列。目前，鉴于空间声拾音设备的音质与成本的限制，在音乐节目制作中，我们还是主要倾向于使用多通道拾音阵列进行空间声录音。

为获得良好的音质与空间感，多通道拾音阵列应达到的基本目标有：所有通道信号之间有良好的分离度，以避免梳状滤波；相邻通道之间应存在时间差或电平差，或两者都有，以实现声像定位的需求；环境声的拾取应具有不相关性，以获取良好的包围感。[①]

1. 2L-Cube

挪威唱片公司LindbergLyd(2L)提出了一种由8个全指向传声器组成的阵列，即2L-Cube。2L的录音作品具有其独特的审美体验，其主传声器往往置于乐团的中间，使听众被所有乐器包围。[②]该阵列的设计受Decca Tree影响，各个传声器与重放扬声器一一匹配，可用于四个高度通道的重放(例如Auro-3D，4.5.0)。Cube的体积大小视节目类型而定，从40cm(录制小型室内乐时)到120cm(录制大型管弦乐队时)不等。[③]

该阵列使用的传声器均为全指向传声器，其低频延展性会很好；然而由于全指向传声器在拾取直达声时几乎不会有电平上的损失，可能会产生通道间串音，导致水平方向定位模糊、垂直方向声像位移。因此，Lindberg更推荐使用大振膜传声器，以生成更加集中在轴向的声像。[④]

图6-55　2L-Cube

2. Bowles Array

Bowles Array是由戴维·鲍尔斯(David Bowles)提出的一种带有高度通道的传声器阵列。它的环绕(水平方向)阵列由4支全指向传声器、中央声道的1支单指向传声器、和一个包括4支超心形传声器的高度阵列组成。设计高度阵列的目的在于拾取来自天花板和侧墙较高区域的声反射。因此，高度阵列传声器指向斜上方30度的方向，而不是像OCT-3D阵列或带有高度通道的Hamasaki Square那样直接指向正上方。前面的两支高度传声器主要拾取前方的天花板和高墙反射，后面的两支传声器则负责拾取后部的天花板和高墙反射。[⑤]

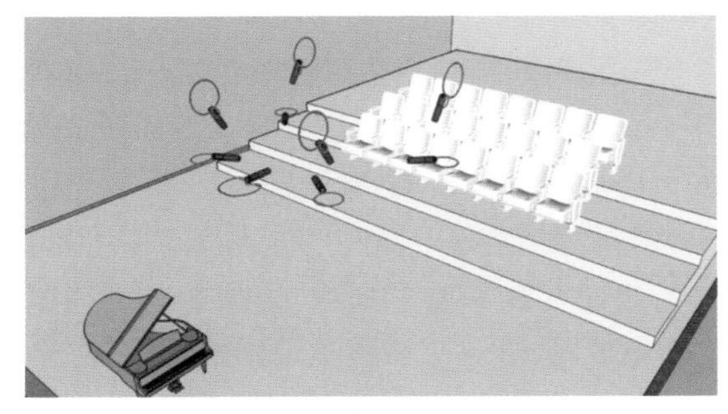

图6-56　Bowles Array

同其他传声器阵列一样，该阵列的中间层和高度层的距离也视情况而发生变化。这个距离主要取决于声学空间的共鸣及高度层是否会受到屋顶的限制。如果有需要的话，也可以再额外增加一些侧面或中间的超心形传声器。

① 于雅诗，胡泽.空间声拾音方法研究及展望[J].中国传媒大学学报(自然科学版)，2020，27(5)：61.

② 于雅诗，胡泽.空间声拾音方法研究及展望[J].中国传媒大学学报(自然科学版)，2020，27(5)：62-64.

③ LINDBERG M.3D Recording with the “2L-Cube”[EB/OL].[2024-01-27].http：//www.21.no/artikler/2L-VDT.pdf.

④ 于雅诗，胡泽.空间声拾音方法研究及展望[J].中国传媒大学学报(自然科学版)，2020，27(5)：61.

⑤ ROGINSKA A，GELUSO P. Immersive Sound[M].Taylor&Francis Group：New York，London，2018：233.

3. PCMA-3D

PCMA-3D(perspective control microphone array，透视控制传声器阵列)是由Hudders-field University (UK)的Dr.Hyunkook Lee提出的一种三维声拾音制式。该阵列由5支心形传声器和4支超心形传声器组成。心形传声器组成了一个拾取水平环绕声的阵列，而超心形传声器则都垂直指向上方，为高度通道提供环境声。

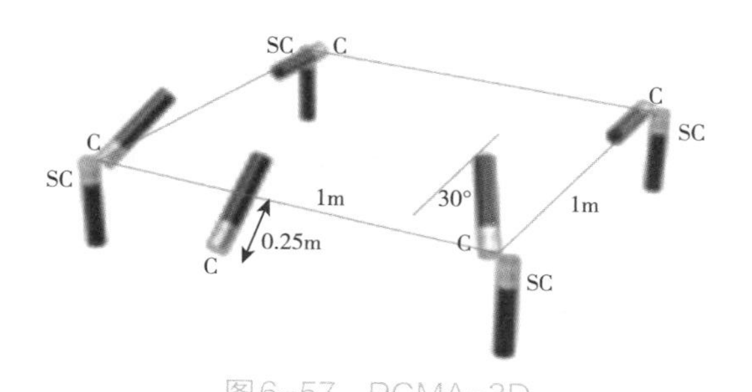

图6-57　PCMA-3D

区别于其他拾音制式的是，PCMA-3D是一个所有传声器均在水平面上，但是却具有高度信息的三维声传声器阵列，4支超心形传声器(上左、上右、上左环、上右环)分别与水平方向上的4支心形传声器(左、右、左环、右环)的振膜一一重合。[①]

4. Twins Cube

Twins Cube传声器阵列(也称Zielinsky Cube或AMBEO Cube)是由格雷戈·齐林斯基(Gregor Zielinsky)提出的。这种阵列使用了Sennheiser的一款特殊的传声器：MKH800 Twin。Twin有两个具有心形拾取性能的换能器，沿话筒轴背靠背对齐，两个换能器的信号作为话筒的两个声道独立输出。

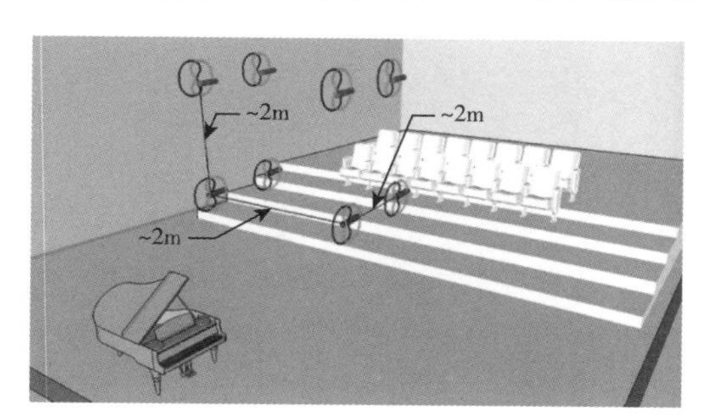

图6-58　Twins Cube

因为每个输出信号可以单独被输入前置放大器，Twin的指向性可以随时调整。由于每个换能器的前后两个振膜是重合的，在重放时，声音几乎不可能从前方喷射到后方。

5.重合Z-传声器技术

保罗·格卢索(Paul Geluso)基于Ambisonic和MS拾音技术，提出了一种可以录制多声道高度信息的Z传声器技术。这种技术将一个垂直方向的8字形传声器与水平方向的传声器配对，创建出一个重合的Middle-Z(MZ)传声器对。由于Z传声器可以与任何传声器搭配使用，因此在立体声和环绕声拾音技术中可以存在多种MZ传声器对。利用一个基础的MS解码器，就可以获得MZ传声器对的垂直拾音角度，以建立有效的高度通道。[②]

6.NHK重合式传声器

基于NHK22.2重放系统的录音需要数量巨大的传声器组。NHK为了解决这个问题，提出了一种新的重合式传声器。该传声器呈球体，直径为45厘米，被挡板分成8个水平部分和3个垂直部分。

图6-59　NHK重合式传声器

传声器单元安装在声学挡板上，具有小角度指向性和恒定的波束宽度，能够减少或消除串声。另外，NHK还通过使用一种信号处理技术消除来自非目标方向的声音，有效提高了低频信号的指向性。[③]

(五)Schoeps组合传声器

Schoeps传声器常运用于体育场馆拾音，其经

---

① 于雅诗，胡泽.空间声拾音方法研究及展望[J].中国传媒大学学报(自然科学版)，2020，27(5)：61.

② GELUSO P. Capturing Height：The Addition of Z Microphones to Stereo and Surround Microphone Arrays[R].Budapest，Hungary：Audio Engineering Society，2012.

③ ONO K，NISHIGUCHI T，MATSUI K，etc. Portable spherical microphone for Super HiVision 22.2 multichannel audio[R]. New York，USA：Audio Engineering Society，2013.

典的足球场麦克风位置摆放被HBS的主持人使用于各种足球世界杯。包括主要的“ORTF环绕”麦克风设置(悬挂)，两个立体声“ORTF室外设置”现场麦克风设置为两个曲线和众多单声道枪麦，用于拾取球的声音。现在，为了捕获3D环境信号，可以用“ORTF-3D”代替“ORTF环绕”。

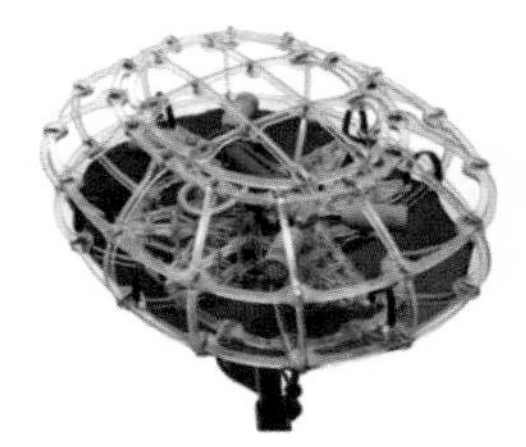
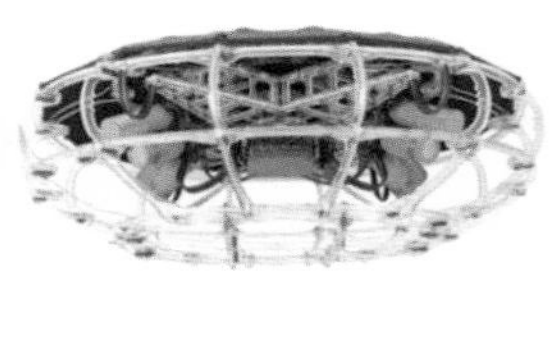

图6-60 Schoeps ORTF Surround(4ch，左)和ORTF-3D(8ch，右)，两者使用相同尺寸的挡风玻璃[①]

体育场馆的环绕声拾音需要考虑更多实际因素。5通道拾音器有Decca Tree、OCT环绕、威廉姆斯MMA和INA5。4通道拾音器有IRT Cross、ORTF Surround和Hamasaki Square。3D音频拾音器有OCT9(九声道)或ORTF-3D(8ch)设置。

这些已经被成功地用于音乐录制。但是，其中一些装置过于庞大和复杂，无法在体育广播中实际使用，或者缺乏典型体育赛事所需的各种配件(例如篮式挡风玻璃或悬挂支架)。

本节执笔人：胡泽、王孙昭仪

第三节 记录技术

声音的记录主要有三种方式：机械式记录、磁记录和光学记录。广播、电视和音像制作行业之前对声音信号的记录基本都采用磁记录方式，这主要是因为磁记录设备使用起来非常方便，信号被记录之后即可被重放，对记录信号的编辑比较方便，磁带在消磁后可以反复被使用，磁记录的重放质量相对也比较高。随着数字声频技术的发展，相应的声频信号记录媒体也被开发出来，比如CD、CD-R、CD-RW，以及硬磁盘等。[②]

一、机械式记录

1876年，美国的托马斯·爱迪生将锡卷成圆筒形，录音机由此诞生，唱机的历史也随之开始。当然，此种录音机无法进行复制，所以它只能算得上是一种简单的记录机器。

图6-61 2023摄于传媒博物馆

20世纪二三十年代的英国手摇留声机。

10年后的1887年，德国的爱密鲁·巴利那成功制作出能够复制的现代用机器的原形，标志着唱机真正实用化。以日本为例，它也是自1928~1929年左右才开始正式生产SP唱片(standard playing 78r.p.m)。那时唱片的材料并不是现在的盐化乙烯，而采用出产自锡兰或印度或被称为Schellac的一种天然树脂。至于制版的过程，由于当时尚无录音机所以只能直接切刻于唱片上。由于SP唱片的转速很快，达78r.p.m，而单面的演奏时间只有3~4分钟，所以一曲交响乐就得用上5~6张唱片。[③]

图6-62 78转唱片[④]

① 详见schoeps官网：https://schoeps.de/。

② 胡泽.数字声频技术应用[M].北京：中国传媒大学出版社，2021：125-160.

③ 简章华，林昆龙.音响技术[M].香港：启学出版社，1979：329-331.

④ JOHNNIE.声音的时光机 浅谈录音历史上的一些声音载体(转)[EB/OL].(2012-05-13)[2024-01-21].https://www.douban.com/note/214218431/?type=collect&_i=3834096o01emGE.

此后，得益于可塑材料的研究，20年后，现在也在使用的盐化乙烯材料才被应用于制造EP唱片(17cm，extended playing 45r.p.m.——最近以33又1/3r.p.m.为主)或LP唱片(25cm或30cm long playing 33又1/3r.p.m.)等各种的唱片。[①]

在广播出现的早期，唱片成为广播节目的主要来源，此后，录音材料也一直是填充广播大块时间的内容。1947年和1948年，美国哥伦比亚广播公司和美国无线电公司的工程师分别发明了33 1/3rpm(每分钟转动圈数)和45rpm的微型针头密纹唱片，从而结束了78rpm唱片长达半个世纪的统治。[②]

图6-63　LP唱机与唱片[③]

立体唱片是自1954年左右Binaural方式问世时才开始。

3年后的1957年，美国发明了一个音轨凹槽能使立体再生的45-45方式，此后就一直沿用到现在。目前，除了特殊情形以外，虽然立体唱片已成为家喻户晓的一种常识，但是在欧洲现在仍有几家只制造单声用唱片的工厂。[④]

二、磁带记录

与唱机加唱片的方式相比较，磁式录音更加简便。

磁带录音机的历史比唱片短，约在1900年由丹麦的波尔森利用钢铁线研究录音机时才开始，随后，美国、英国也做了同样的研究，而直至1935年英国的广播公司才开始实际试用。此后由于军事上的关系它开始急速地发展，由钢铁线变更为磁带，到了1940年左右终于成功制作出与现在类似的录音机。而日本在“二战”后1~3年才开始使用录音用的录音机。[⑤]

图6-64　民用磁带(卡带)[⑥]

20世纪20年代，钢丝录音机首先在欧洲被使用，后逐渐流行开来。1929年年底，英国广播公司开始采用钢丝式录音机进行长时间的录音广播。但钢丝录音机的保真度不好：钢丝常被拉长，导致音调失真，不适用于音乐录音；而且钢丝又难于整理和剪辑，使用起来并不方便。于是，更持久、更可靠的复制手段被发明出来，那便是磁带录音机。[⑦]

1935年，德国柏林的通用电气公司研制出了使用塑料磁带的磁带录音机，人们至此进入了磁性录音的时代。

在磁性录音的过程中，磁带是最为重要的载体。磁带为保存和复制各种形式的信息提供了一种更加便宜的方法。磁带上的录音可以立即播放

① 简章华，林昆龙.音响技术［M］.香港：启学出版社，1979：329-331.

② 郭镇之.中外广播电视史［M］.2版.上海：复旦大学出版社，2013：26-27.

③ JOHNNIE.声音的时光机 浅谈录音历史上的一些声音载体(转)［EB/OL］.(2012-05-13)［2024-01-21］.https：//www.douban.com/note/214218431/?type=collect&_i=3834096o01emGE.

④⑤ 简章华，林昆龙.音响技术［M］.香港：启学出版社，1979：329-331.

⑥ JOHNNIE.声音的时光机 浅谈录音历史上的一些声音载体(转)［EB/OL］.(2012-05-13)［2024-01-21］.https：//www.douban.com/note/214218431/?type=collect&_i=3834096o01emGE.

⑦ 郭镇之.中外广播电视史［M］.2版.上海：复旦大学出版社，2013：26-27.

并且很容易擦除，从而可以重复使用磁带而不会降低录音质量，也正因如此，它得到了很广泛的使用。①

磁性录放系统中所用的磁带的作用是记录和存储被记录的信息。按照磁带上面涂有的磁性物质不同，可分为氧化铁磁带、二氧化铬磁带、铁铬磁带、掺钴氧化铁磁带及由铁镍、钴等强磁性金属构成的金属磁带。

磁带性能参数包括电磁性能和机械性能。电磁性能有：磁平、均匀性、录音放音灵敏度、频率响应、失真度、噪声等参数。机械性能有：表面光滑度、机械强度、磁带均匀性、磨损性等参数。②

图6-65 上海牌录音磁带

无论是声音素材的拾取、采集还是后期制作过程乃至最终完成的作品，都需要将声音记录在媒体上存储，需要时再进行放音。声音记录、存储、还音，在相当长的一段时间是采用模拟信号磁记录技术，也就是通过电磁原理将声音记录在磁性载体即磁带上，还声时再通过磁电变换将磁带上存储的声音恢复。由于磁带自身性能的限制，记录模拟信号的动态范围仅有55dB~60dB，失真较大，又不易长期存储信息，造成非线性编辑烦琐等缺陷。数字技术进入音频领域后，声音数字化使记录克服了上面存在的缺陷。

自从1962年盒式磁带问世以来，使用盒式磁带的盒式录音座因其操作简便、性能良好、磁带便宜等特点，迅速成为最流行的一种录音座，以至于现在一提起录音座，一般就指盒式磁带录音座。

1967年，日本广播协会NHK研制出第一台旋转磁头式数字磁带录音机R-DAT(2CH，1轨迹，用25.4mm宽磁带)，直接利用已有的录像带作为宽频带记录载体，把PCM数字声存入录像系统的视频磁带中。同年，英国广播公司BBC也研制出与传统开盘式模拟磁带机外形相仿的固定磁头式数字磁带录音机S-DAT。

图6-66 高保真开盘磁带录音机③

1974年，日本索尼公司研制出双通道固定磁头式数字录音机，所用磁带宽50.8mm(2英寸)，带速高达76cm/s。

1979年，索尼公司向大众推出了第一代便携式磁带音乐播放器——Walkman TPS-L2。这款设备不仅是音乐播放器，更是磁性录音时代的一个象征，它代表了磁性音频技术向大众普及的开始。④

① 刘子瑞.把脑袋伸进喇叭筒里录音？——人类记录声音的历程[EB/OL].(2023-09-14)[2023-10-03].https://mp.weixin.qq.com/s/Wdkov5bD2CS1eSq3DAxm2w.

② 孙建京.现代音响工程[M].北京：人民邮电出版社，2002：200-251.

③ JOHNNIE.声音的时光机 浅谈录音历史上的一些声音载体(转)[EB/OL].(2012-05-13)[2024-01-21].https://www.douban.com/note/214218431/?type=collect&_i=3834096o01emGE.

④ 刘子瑞.把脑袋伸进喇叭筒里录音？——人类记录声音的历程[EB/OL].(2023-09-14)[2023-10-03].https://mp.weixin.qq.com/s/Wdkov5bD2CS1eSq3DAxm2w.

图6-67　索尼Walkman TPS-L2[1]

1981年，索尼公司推出的“PCM-3324”型固定磁头式数字磁带录音机，磁带宽度仅有12.7mm(1/2英寸)，却拥有24个录制通道，量化位数由13bit升至16bit，并采取完善的纠错方式。

20世纪80年代以来，不少公司都进行盒式PCM录音座研究，并将其命名为DAT，即digital audio tape recorder。1983年6月，80多家公司召开了统一DAT制式恳谈会，并于1984年发表了DAT测试规格，于1985年7月基本定出两种方式的技术标准。数字录音座是采用数字信号记录和重放磁带节目的新型录放设备。它具有信噪比高、动态范围大、失真小和查找节目较快等优点，其重放节目的音质与激光唱机比较接近。

DAT恳谈会在1985年提出了DAT技术标准的两种方式，一种是与磁带录像机(VTR)一样的，使磁头转动的旋转磁头方式，称为R-DAT(rotary head DAT的简称)；另一种与盒式磁带录音座一样，为固定磁头方式，称为S-DAT(stationary head DAT的简称)。

图6-68　DAT数码录音带[2]

由于数字录音设备所记录和重放的声音质量非常高，其所复制的录音质量几乎与原录音丝毫不差，这就使商品录音制品的版权受到了侵犯。因此，日本索尼等公司在1986年7月召开了DAT座谈会，决定非专业DAT所设的采样频率只有48kHz和32kHz，而不设44.1kHz这一频率，这使得激光唱片(CD)上的节目不能通过DAT以数字方式直接复制，由此保护激光唱片的版权。这种限制复制的方式，可被称为座谈会方式或旧方式。

索尼公司于1987年投放市场的DAT在技术上已相当成熟，但是数字录音座对音响软件可进行无失真复制的特点影响了软件商对DAT的兴趣。直到1989年7月，日本索尼等公司又召开了会议，共同制定了新的复制限制方式，即SCMS(连续复制管理系统)方式，也称新方式。限制用数字方式连续复制以后，软件厂商才真正开始准备大量制作、销售DAT软件。[3]

1991年，荷兰的Philips公司推出了可兼容普通盒式录音带的数字盒式磁带录音座，被称为digital compact cassette，简称DCC数字录音座。DCC比DAT有更多的优点，它可以数字方式进行录音与放音，还可兼容普通的模拟盒式录音磁带(对普通盒式磁带能放音)，这是其他数字录音座所没有的功能。正因如此，DCC录音座采用固定磁头，并使用和普通盒式录音磁带相同尺寸的带盒。在专业扩声场合，DCC录音座可以作为辅助音源设备。[4]

(一)磁带记录的分类

磁带记录的分类可以从不同的角度进行，在计算机系统中，常用的磁带类型包括1/2英寸开盘磁带和1/4英寸盒式磁带，它们是标准磁带。

1.数字声磁记录存储

磁带记录磁迹：磁带上的磁迹分为两种，一种是通过旋转磁头、磁带相对于磁头为螺旋运动而形成斜向磁迹，另一种是通过固定磁头形成平行磁带运动方向的多磁迹。

---

① 刘子瑞.把脑袋伸进喇叭筒里录音？——人类记录声音的历程[EB/OL].(2023-09-14)[2023-10-03].https://mp.weixin.qq.com/s/Wdkov5bD2CS1eSq3DAxm2w.

② JOHNNIE.声音的时光机 浅谈录音历史上的一些声音载体(转)[EB/OL].(2012-05-13)[2024-01-21].https://www.douban.com/note/214218431/?type=collect&_i=3834096o01emGE.

③ 孙建京.现代音响工程[M].北京：人民邮电出版社，2003：230-260.

④ 孙建京.现代音响工程[M].北京：人民邮电出版社，2003：301-352.

磁盘记录磁迹：磁盘表面上有许多磁道，这些磁道以盘心为同心圆由外向内排列，分别为00磁道和高位磁道，然后为备份磁道及开启停区。

2.数字磁带录音机

数字磁带录音机最早是将模拟声音经PCM数字化成为二进制脉冲序列，送入录像机视频口，采用旋转磁头及螺旋走带将二进制脉冲序列记录在录像带上。由于要进行视频格式化，故而采用44.1kHz采样频率并一直延续作为DAT的格式。后将外置PCM处理器与旋转磁头读写系统并为一个整体，诞生了双声道旋转式数字磁带录音机，即R-DAT。R-DAT实质是采用VTR来进行记录。由于R-DAT为盒式机(磁带放置在与Hi-8mm录像带盒大小相仿的盒内)，不能进行手动编辑，为了满足能与模拟机一样便于操作的要求，生产行业又研制出专业用多轨迹、高密度的固定磁头、平行走带的固定式数字磁带录音机，即S-DAT。使得目前数字磁带录音机按记录方式分为固定磁头方式和旋转磁头方式两大类。

图6-69　便携式DAT录音机

这台小型DAT录音机，加上能持续2小时的电池，还不到5磅重。它有两个立体声输入，因而能脱带监听，即能听见盒带上正在录制的内容

3.盒式数字磁带录音机

盒式数字磁带录音机是一种使用数字信号记录和播放音频的设备，它使用盒式录音带作为存储介质。与传统的模拟磁带录音机不同，盒式数字磁带录音机使用数字信号来记录和播放音频，这使得它具有更高的音频质量、更好的信噪比和更稳定的性能。

盒式数字磁带录音机的工作原理是将音频信号转换为数字信号，然后将其记录在磁带上。在播放时，盒式数字磁带录音机将数字信号转换为音频信号，然后通过扬声器播放出来。

盒式数字磁带录音机产品以索尼的品牌居多，如PCM-R300、PCM-R700及PCM-R800。

图6-70　模拟盒带和DAT盒带

DAT盒带比常规模拟录音磁带小

(二)磁带记录的标准

磁带记录的标准包括均衡、偏磁电流、动态范围和降噪系统等。

这些标准规定了磁带记录的基本要求，以保证数据的正确记录和传输。在实际应用中，磁带记录还需要遵循一定的操作规范，以确保磁带的安全性和可靠性。

1.均衡

利用均衡在录音和重放时分别对频率特性进行修正。为使重放补偿特性具有互换性，日本的JIS、美国的NAB、德国的DIN都有标准化的规定，并因磁带速度、磁带种类的不同而有所不同。录音、重放的频率特性与磁带的速度、磁带的种类、磁头的性能、磁头与磁带的接触状态等有关，重放采用标准的补偿特性，为使重放、录音的综合频率特性平坦，分别选定录音的补偿特性。

在开盘机时期，均衡器的转换可与磁带转换连动，也可单独转换均衡器。在盒式机时期，应根据磁带种类转换。

2.偏磁电流

录音时，在磁头信号上叠加一个频率为100kHz左右的偏磁电压，可减少录音时的波形失真。随着偏磁电流的增加，输出电平增至最大值而后下降，而失真一直减少。

对于偏磁电流，最好是输出电平高而失真又小，但是两者难以同时实现。因此，不选择在输出电平最大值的偏磁电流，而选比电平峰值低0.5dB~1dB的偏磁电流。

3.动态范围

在磁带重放而无录音信号时，我们听到的只是磁带噪声，这是由于磁带磁性粒子大小不匀、分布不均等原因导致磁化不均匀。磁带噪声决定了录音时动态范围的下限。

4.降噪系统

主要的降噪方式是在录音时声压级被压缩，在重放时被扩展。这里简介杜比及dBX两种方式。

杜比(Dolby)方式是在1966年首先由英国杜比研究所推出的。最早是A型，将频带分为4份，各个压缩，再扩展，用于立体声系统。接着是B型，在录音时仅仅压缩高频，重放时再扩展，在盒式录音机中得到广泛使用。

1972年，美国推出dBX方式，由于它可得到100dB以上的动态范围，在立体声设备中得到广泛应用。这是不划分频带的全频带控制，在录音棚用编码器处理，在重放端用解码器处理。在采用dBX的情况，编码器输入的动态范围dB数压缩1/2，解码器dB数扩展2倍，原来的动态范围恢复。输入端的动态范围为100dB(–80dB~+20dB)，被编码器压缩到50dB录音，重放时用解码器再扩展恢复到100dB。①

三、光学记录

20世纪五六十年代，立体声录音技术逐渐在唱片行业当中普及，人类进入了立体声录音时代，唱片工业有了长足的进步。

图6–71　当年CD技术发布会的现场，CD与LP黑胶唱片的对比②

光盘存储技术是20世纪70年代的重大科技发明，在20世纪80年代被用于科技产品，并在20世纪90年代得到了广泛的应用。光盘逐渐发展出一系列产品，包括通过对反射光的分析实现读写数据的CD系列、VCD、DVD和蓝光光盘等系列，以及其他类型的光盘产品。③

图6–72　光盘④

对光盘存储技术的研究是从20世纪70年代开始的。人们发现，将激光聚焦后，可获得直径为1μm的激光束。根据这个事实，荷兰飞利普公司的研究人员开始研究用激光束来记录信息。1972年9月5日，该公司向新闻界展示了可以长时间播放电视节目的光盘系统，这个系统被正式命名为LV(laser vision)光盘系统(又称激光视盘系统)，并于1978年投放市场。这个产品对世界产生了深远的影响，从此拉开了利用激光来记录信息的革命。

大约从1978年开始，声音信号被变成用“1”和“0”表示的二进制数字，然后被记录到以塑料为基片的金属圆盘上，历时4年，Philips公司和Sony公司终于在1982年成功地把这种记录有数字声音的盘推向了市场。由于这种塑料金属圆盘很小巧，所以采用英文Compact Disc来命名，而且人们还为这种盘制定了标准(1980年)，这就是世界闻名的“红皮书(Red Book)标准”，后来成为ICE 908标准。这种盘又被称为CD–DA(Compact Disc–Digital Audio)盘，它的中文名字就是我们现在所说的“数字激光唱盘”，简称CD盘。当然，这种CD盘和现在的CD盘在记录格式和信息上还有所区别。

---

① 王以真.实用扩声技术[M].北京：国防工业出版社，2004：112–116.

② JOHNNIE.声音的时光机 浅谈录音历史上的一些声音载体(转)[EB/OL].(2012–05–13)[2024–01–21].https://www.douban.com/note/214218431/?type=collect&_i=3834096o01emGE.

③ 胡泽.数字声频技术应用[M].北京：中国传媒大学出版社，2021：125–130.

④ CD[EB/OL].[2024–01–21].https://www.lanrentuku.com/pngsucai/106804.html.

图6-73　专业CD播放器

专业CD播放器可以随机读取各种音轨，其播放顺序可以存储并显示在“播放”框内。

由于CD-DA能够记录数字信息，人们很自然就会想到把它作为计算机的存储设备。1985年，飞利浦公司和索尼公司开始将CD-DA技术用于计算机的外围存储设备，于是就出现了CD-ROM，并推出了相应的物理格式标准，被称为黄皮书(Yellow Book)，并成为ISO/IEC 10149标准。

图6-74　索尼公司1982年推出的首台民用CD播放机——SONY CDP-101[1]

MD是英文mini disc的缩写，它采用了新开发的声音压缩技术，将信号压缩到原来的1/5，由索尼公司在1992年推向市场。这种声音压缩技术被称为自适应变换声学编码(adaptive transform acoustic coding，ATRAC)。

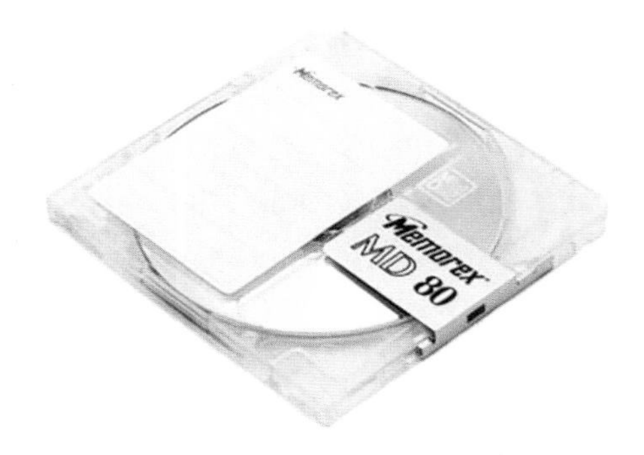

图6-75　Mini Disc盘片[2]

MD最显著的优点是它可以做数码录音。并非所有的MD都是“可录式CD”。MD分为两种，一种是音乐软件，被称为光碟，它像CD那样，以凹点的形式将信号刻录在碟片上，但不能将已有的刻录信号删去重录；另一种是可以录放的碟片，它采用CD-MD录音机上的技术。MD虽有两种碟片，光头却只有一种。

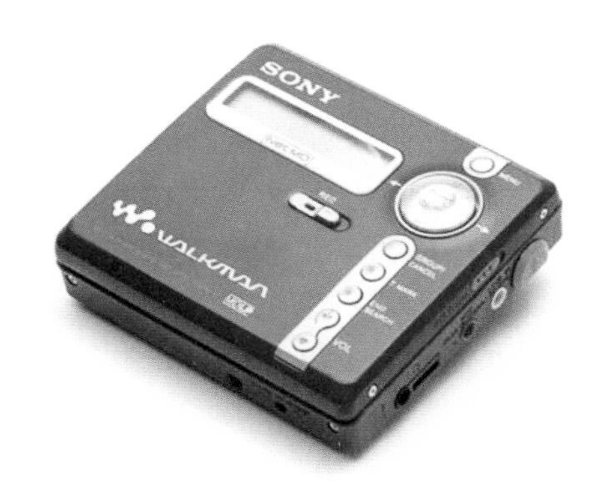

图6-76　红极一时的MD播放机[3]

MD和CD两种碟片信号层结构不同，CD碟片的信号层如前所述是一些凹点，光电检测器依据激光反射的强弱形成0或1的数码信号，再通过解码还原成音乐信号。而MD碟片的信号层为磁性面，当激光束照射到碟面上时，磁性导致反射光发生微弱的偏转，不同的磁极令光束偏转的方向不同，结构特殊的检波器根据偏离误差将光信号变成数字信号，再经DAC还原成音乐。[4]

在用于计算机的存储器时，为了便于推广CD-ROM技术的应用，一些工业巨头聚会在美国加州Lake Tahoe的High Sierra Hotel & Casino，联合制定了一套名为High Sierra的统一标准。这个标准定义了光盘上的文件存储结构标准等。Microsoft公司还为此开发了Microsoft Compact Disk Extension(即MSCDEX)软件，通过这个驱动程序，操作者可以在DOS环境下用DOS命令访问CD-ROM。

ISO 9660在很多操作系统中都可用。标准ISO 9660格式只支持MS-DOS的8.3文件命名格式，即8个字符的文件名和3字符文件类型。其他的操作系统如Macintosh或UNIX，则使用ISO 9660的Apple或

①②③　JOHNNIE.声音的时光机 浅谈录音历史上的一些声音载体(转)[EB/OL].(2012-05-13)[2024-01-21].https://www.douban.com/note/214218431/?type=collect&_i=3834096o01emGE.

④　王以真.实用扩声技术[M].北京：国防工业出版社，2004：100-124.

UNIX扩展以支持长文件命名。HFS(hierarchical file system，层次文件系统)是Apple公司Macintosh的文件系统格式。一台Macintosh能读取ISO 9660、HFS和Hybrid ISO 9660/HFS格式的CD-ROM光盘。目前绝大部分CD-ROM和光盘的数据编码都遵循这个标准。从此CD-ROM工业走上了标准化发展之路。

在CD-DA基础上发展起来的CD-I(CD-Interactive)更适于基于CD的展现，其相应的物理格式标准被称为绿皮书(Green Book，1986年)。

照片CD(Photo CD)技术由Kodak和Philips联合开发，并由Kodak在1990年公布。利用这种技术，35mm影片可以在一张CD-ROM上数字化，这种CD-ROM光盘被称为照片CD光盘，更一般的形式是CD-bridge。在CD-I和CD-bridge等的基础上发展起来的Video CD(VCD)，致力于视频，相应的VCD标准被称为白皮书(White Book，1993年)。

另一类CD是可记录(recordable)CD，由橙皮书(Orange Book，1992年)定义，包括CD-MO和CD-WO等。橙皮书和红皮书、黄皮书、绿皮书、白皮书等一道组成了CD的主要标准。CD-MO(compact disc magneto-optical)和CD-WO(compact disc write once)两种光盘采用了1992年发布的橙皮书标准。可写入光盘的出现使CD-ROM出版系统产生了一次很大的变革。[①]

表6-1　几个主要的CD标准及应用

标准	应用
Red Book	audio
Yellow Book	CD-ROM
Green Book	CD-I
Orange Book	recordable CDs
White Book	VCD

在1994年出现的DVD是20世纪最后一个被推向市场的世界级产品。DVD也有若干系列，现在成熟的主要有DVD-ROM、DVD-Video和DVD-Audio等。

从1994年开始，VCD(Video CD)就成为多媒体产业令人关注的一件大事。VCD是由JVC、Philips、SONY、Matsushita等多家公司联合制定的数字电视视盘技术规格，它于1993年问世，并于1994年7月完成了对Video CD Specification Version 2.0的制定工作。在VCD盘上的声音和电视图像都是以数字的形式存储的。[②]

蓝光光盘，英文翻译为Blu-ray Disc，简称为BD，是DVD之后下一时代的高画质影音储存光盘媒体(可支持Full HD影像与高音质规格)。蓝光(或称蓝光光盘)利用波长较短的蓝色激光读取和写入数据，并因此而得名。蓝光极大地提高了光盘的存储容量，对于光存储产品来说，蓝光提供了一个跳跃式发展的机会。

在这之前，以东芝为代表的HD DVD与蓝光光盘相似，盘片均是和CD同样大小(直径为120mm)的光学数字储存媒介，使用405nm波长的蓝光。但在2008年，随着原先支持HD DVD的华纳公司宣布脱离HD DVD，以及美国数家连锁卖场决定支持蓝光产品，东芝公司终在2月19日正式宣布将终止HD DVD事业，这场持续了数年的存储规格之争，最终以索尼为代表的蓝光阵营获胜收尾。[③]

四、硬盘和半导体记录载体

半导体存储器种类繁多，不同产品技术原理不同，均各有优缺点和适用领域。例如，SRAM(静态随机存储器)能利用触发器的两个稳态来表示信息0和1，即不需要刷新电路就能保存它内部存储的数据，故SRAM读写速度非常快，但是它非常昂贵，且功耗大，只用在CPU的一、二级缓存(cache)等对存储速度要求很严格的地方。当下最主流的存储器是DRAM、NAND Flash、NOR Flash，其中NOR和NAND其实是取用了电路逻辑运算中的或非(Not OR)和与非(Not AND)来进行命名的。这三者占据了所有半导体存储器规模的95%左右，尤其是前两者，约占总规模的9成。

硬盘在1950年被发明。开始其只是一个直径20英寸的大碟片，仅能存储几个MB。它们最开始被称作“固定磁盘(fixed disks)”或者“温盘(winchesters)”(一个流行的IBM产品的代号)，后来

① 胡泽.数字声频技术应用[M].北京：中国传媒大学出版社，2021：25-102.
②③ 胡泽.数字声频技术应用[M].北京：中国传媒大学出版社，2021：99-132.

被叫作“硬盘(hard disks)”，以便和“软盘”区分。硬盘有一个用于支撑磁介质的硬底盘，这不同于磁带和软盘上的易弯曲的塑料薄片。

硬盘用磁性记录技术记录数据。磁性介质很容易被擦去和重写，而且它们能“记忆”记录在介质上的磁通量模式很多年。一个典型的桌面机有一个容量在1T到4T之间的硬盘。数据以文件的形式存储，文件是一个命名的简单字节集合。字节可以是文本文件的ASCⅡ码，或者是计算机可执行的应用软件指令，又或是数据库记录，还可能是GIF图像的像素色彩等。不管文件包含什么，它都是一串字节，当运行程序需要文件的时候，硬盘取得字节并且逐一传给CPU。[①]

硬盘录音机的结构及原理是，先将声音模拟信号进行A/D变换，后经数字信号处理DSP(digital signal processer)记录在硬盘上。待还音时，将硬盘上已记录的数据读出，经数字信号处理后再进行D/A变换恢复模拟信号。从这点来看，其与前面的数字磁带录音并没有多大区别，实质区别在于如何在磁盘上记录，另外在DSP内增加了对声音音质的处理，这是磁带机所不具备的。

图6-77 Fostex PD-606 8轨硬盘录音机[②]

硬盘录音机除对声音进行记录、存储及还音外，还具有其他较强大的功能，如对声音的随机处理、快速检索、非破坏性编辑、虚拟轨录音、DSP编辑等功能，还可与调音台结合进行混缩。可以说，硬盘录音机+调音台一体化包揽了声音后期制作系统中的各个环节。

本节执笔人：胡泽、王孙昭仪

① 胡泽.数字声频技术应用[M].北京：中国传媒大学出版社，2021：123-143.

② 北京盛世音盟.Fostex PD-606 8轨硬盘录音机[EB/OL].(2020-04-04).[2024-01-21].https://www.sohu.com/a/385461233_120146911.

第七章

声音节目制播技术

在观看电视节目时，我们通常不会把声音当成一个独立的元素，它似乎多少都从属于画面，我们只有在声音出乎预料地中断的时候才会注意到它。但在你自己的录像带里，你也许会注意到总是有些大大小小的声音问题将人们的注意力从优美的镜头画面上转移。尽管人们时常漫不经心地对待音频，但你很快就会意识到，声音其实是一个需要你全心关注的重要制作因素。

在较为复杂的节目制作现场，你能够看到制作人员使用多种多样的音频设备：话筒导线、现场混音器、小扬声器、几个颈挂式话筒或罩着防风罩的渔竿式吊杆话筒，以及各种录音设备。但是，如果你走进电视台的音频控制间或音频制作室，设备的多样性和复杂性将很快使你意识到演播室声音控制的重要性。

音频控制间(audio control booth)装配了调音台或混音台，数字驱动、盒式磁带、压缩光盘(CD)、数字视频光盘(DVD)及数字磁带(DAT)录音机，开盘式模拟录音机或数字磁带录音机，以及多半由于怀旧的需要而保留的一个唱机。尽管现在已经有了计算机接线，有一台或多台台式计算机可以完成各种功能，但仍然还有一个机械接线板。可能还会有台词提示器、节目扬声器、内部通话系统、闹钟及线路监视器。一位音响工程师(或称音频技术员或音频操作员)在节目制作期间操作这些声音控制装置。①

图7-1 音频控制间

由于后期制作的多种音响需要，较大的电视台和独立制作室专门设有音频制作室(audio production room)。这个设施和录音室的小型控制间十分相似，但它不是用来对演播室的节目进行声音控制，而是用于在突出某些声音的同时消除不想要的声音，即润色(sweetening)，比如合成音乐轨、给音轨增加声音效果、给情景喜剧增加笑声轨、为第二天的节目

① 泽特尔.电视制作手册[M].北京：北京广播学院出版社，2004：198-199.

进行各种音乐和播音的组接等。

音频制作室通常配备有一个高级调音台、两台以上多轨磁带录音机(ATRS)和DAT机、数字驱动和磁带机、CD和DVD播放机、键盘(合成器)和采样器,此外,至少还有一个进行编辑、信号处理、混音和视频音频同步处理的计算机系统——数字音频工作站(digital audio workstation,缩写DAW)。尽管有了计算机接线、布线,但许多音频制作室仍然保留着一套机械接线板,可以用来传送音频信号。此外,音频制作室还配有几个高保真的监听扬声器。

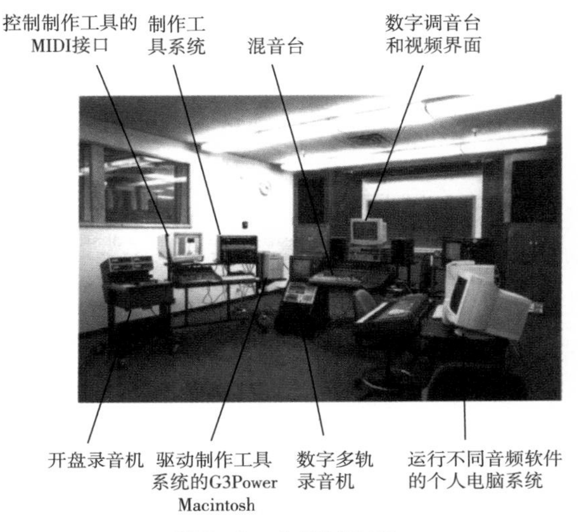

图7-2 音频制作室

在录制现场声音时要监听其质量,有两种方法可以检查声音。首先,通过音量单位(VU)表可以监测音频电平。它们可以给出输入录音设备的音频信号的电平或强度的精确读数。在现场录音时要注意保持所录声音的电平始终如一。如果磁带与磁带、声源与声源或外景地与外景地之间的电平差异很大,剪辑师在后期制作过程中就要不断地调整音频录制电平,以便在最后的完成片中获得一致的声音电平。如果现场磁带的音频电平始终如一且得到了正确的录制,剪辑师在后期制作中就不必平衡电平,总体的声音质量也会达到较高的水平。[①]

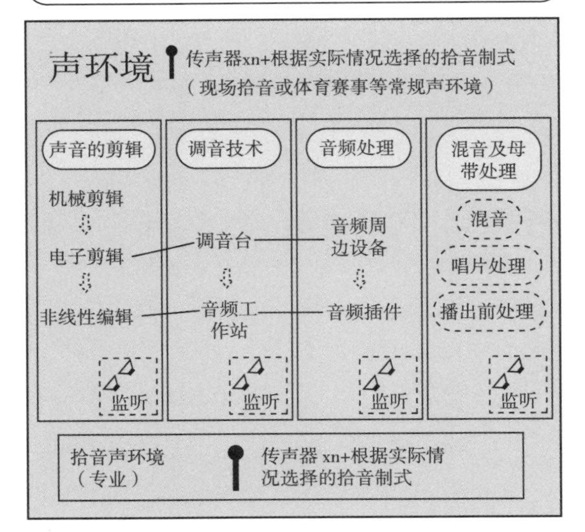

图7-3 声音节目制作系统简图

需要注意的是,图中的对应关系并不是精确的一一对应,而是以一个大致的发展方向互相联系的,这张图可以帮助我们理解本章的内容

不论是电台、电视台,还是独立个人的音频节目制作,都要经历对相应的录音场所的选择,进行声音的拾取、传输、后期声音的处理,以及对于唱片的混音和母带处理。本章聚焦于声音节目制作系统,即从声音的拾取到节目信号发射出去之前,隐藏在幕后的声音节目制作技术。

第一节 | 拾音声环境

电视现场制作给录音带来了一系列的机遇和挑战。虽然现场声能提供演播室中不存在的真实感,但它却不可预知且很难录制。控制现场录音是电视现场制作者将遇到的最大挑战之一。[②]

在现场拾音时,我们常常会遇到各种不同的声环境,例如电子新闻采集ENG(Electronic News Gathering)/电子现场制作EFP(Electronic Field Production)、现场音乐拾音、体育节目拾音、采访节目等。在这些节目制作的过程中,我们会发现声学环境往往受到很大的限制。所以,为了拾取到清晰的声音,我们需要根据现场实际情况选择不同的话筒和拾音制式,避免现场的声干扰。大多数情况下,我们都应录制一段空

① 康姆潘西.电视现场制作与编辑[M].北京:北京广播学院出版社.2003:207-208.
② 康姆潘西.电视现场制作与编辑[M].北京:北京广播学院出版社.2003:181-182.

白的现场环境声，以便后期剪辑使用，环境声可以烘托现场氛围。

一般来讲，电视现场制作者关注3种不同情况下的声音：同期声录音，把声音补录到已录好的录像带上(配音)，以及在后期制作中对声音进行加工。无论对哪一种声音制作来说，制作者对声音的特征、录音设备的性能与不足以及声音对观众感知的冲击力都要有充分的把握。

因为节目的声音部分承载着大量的重要信息，最简单的制作也需要节目有良好的、清晰的、干净的声音。我们可以把声音(sound)定义为电视节目中有意呈现的所有听觉部分。从另一个方面讲，噪声(noise)掺杂在声音中使得声音模糊不清，让人难于理解。在许多情况下，噪声是无意录制进节目中的声音元素。

电视录音在许多情况下与照明相似。在摄像机中仅仅产生可见图像是相对简单的，同样，只录下声音也很简单。然而，简单录制一些声音和录制有效声之间存在着极大的不同。事实上，可以将录音艺术和声音处理比作弹吉他——随意拨弄很容易，要想弹好却很难。①

而对于要求更高的声音节目，我们往往会选择专业的拾音声环境。录音室是为创作特定声音而建造的专用场所，在录音创作中，为了创造更加丰富饱满的音色，需要根据不同类型声音的特点进行匹配的声音处理。场所的声学环境将直接影响节目的质量，这是因为场所构成声源与传声器之间的一个重要声学环节。其声学环境指：隔音、房间频率传输特性、声场均匀性、吸音、反射及混响。

一、录音室的类型和基本特点

录音室是一个特定的声学空间，因此，录音室的特点一定会涉及该特定声学空间的声场特性。从封闭空间的声学特性来说，声场可以划分为直达声场和混响声场两部分，其中，直达声场指的是由声源直接辐射到室内空间，未经任何反射而形成的声场，也被称为自由声场；而混响声场是指声源在室内稳定地辐射声波时，室内声场中离声源较远处反射声和散射声能量大于直达声能量的区域。在考虑录音室混响声场的情况下，还可将录音室进一步划分为以下三种类型。

(一)混响声场录音室

具有混响声场的录音室一般都具有良好的混响效果和频率特性，我们可以利用封闭空间声学理论中的稳态声场的分析进行研究，并结合混响半径的概念、选取最佳拾音点，来获得空间信息。混响声场录音室适合同期一次合成的录音，直接采用录音室里的混响可以增加声音的真实感，但其缺点是没有办法进行后期处理，依赖于直接录制出来的声音，且混响时间和混响空间感单一。为了录制出更加贴近真实效果的声音，录音室的设计需要通过不规则的形状设计等方法，加大室内混响。

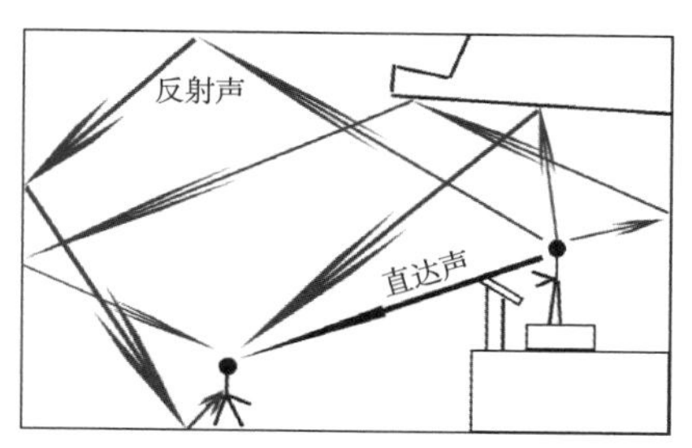

图7-4　混响到达人耳的简易示意图

(二)自由声场录音室

这类录音室多用于多声道分轨后期录音。自由声场的特点在于采用强吸声的方式减少室内混响，加大声隔离，录制的声音几乎都是直达声，以便于多轨录音和后期声音处理，加大了对声音制作的自由度，缺点是人工添加的混响不自然，没有办法还原真实环境的空间感。为了尽可能地满足声音录制要求，在接近自由声场的基础上还会采取一些辅助措施，例如设置隔音小室和隔声屏风等。

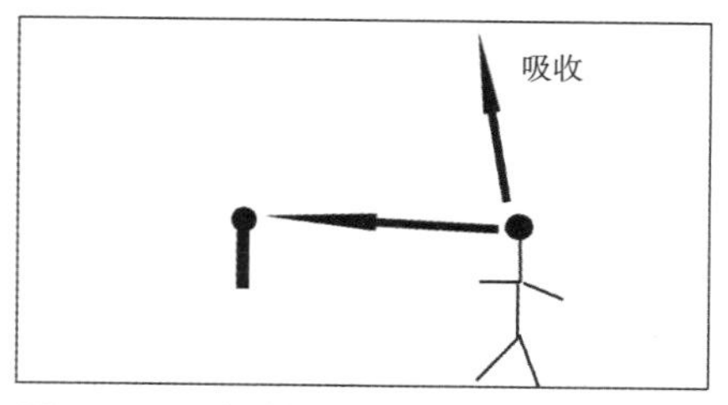

图7-5　理想的自由声场只拾取直达声

(三)混合声场录音室

这类录音室结合了混响声场录音室和自由声

① 康姆潘西.电视现场制作与编辑[M].北京：北京广播学院出版社.2003：182-183.

场录音室的优点，对混响时间进行调节，通过设置隔音屏风、悬挂反射板、吸音板等方式，改变录音室的声学环境，建立同一空间的不同区域具有不同声学条件的声场，从而满足不同声信号所要求的声学条件以及同期录音和后期多轨分期录音等各种录音方式的要求。通过一边强吸收、一边强反射的方法在同一封闭空间中建立空间各区域的声学条件逐渐变化的声场，形成了寂静区、居中区和活跃区三种区域，在同一封闭空间中既可以保持声源声信号的真实性和自然度，又给后期声音制作提供了很大的可能性。

二、不同功能的录音室

在实际的声音拾取场合中，我们通常会按照录音室的功能进行分类。声音制作场所指对声源的拾取、采集以及节目后期合成、加工处理的地方。依据所完成的任务分为室内部分和室外部分。室内部分包括音乐录音棚、语言录音室、电视演播室、控制室、译配室、图像配音室以及室内演出的音乐厅、剧场等。而室外部分泛指户外演出场地、体育场馆或在街道、商店进行新闻电子采访，又或是在机场、车站进行新闻报道。

对声源进行拾取的室内场所应满足要求的声学环境。由于负担的任务不同，要求的声学环境也随之不同。例如语言录音室的混响时间短于音乐录音棚，电视演播室的声学环境明显差于音乐录音棚。

(一)语言录音室

语言录音室是录制对白、旁白、解说及新闻、广播剧或其他语言节目的主要场所。语言录音室需要从吸声结构的选择、声扩散的设计、可变混响装置等方面考虑。

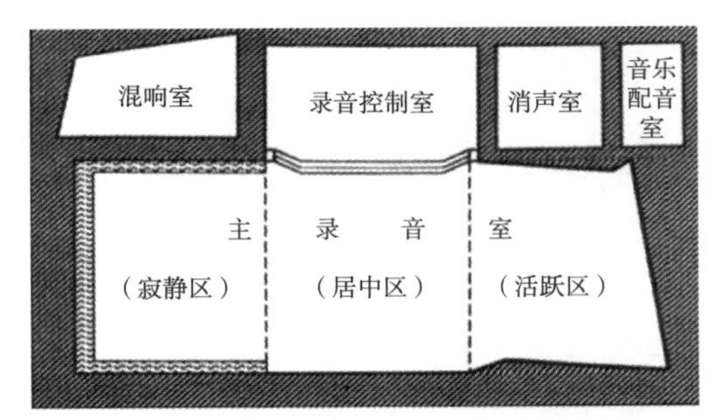

图7-6 组合式语言录音室的平面及各室的混响时间概况示意图

根据需要的不同，现在比较受欢迎的是可调混响对白录音室和组合式语言录音室。可调混响对白录音室根据节目的不同要求，对吸声面与反射面进行调节，可以达到不同的混响时间和混响效果。组合式语言录音室由几个不同功能的录音室组成，各个录音室具有其独有的声学环境和混响特性，可以实现不同的空间环境效果。在语言录音室中经常会出现低频嗡声问题，这是在信号传输过程中，由于某种原因，使得声源中的某一频率过分加强，从而改变了声源原有特性的声染色现象，所以声源和接收点的设置是非常重要的，在出现声染色现象时，要及时对声源和接收点进行调整，以减少声染色对声音录制的影响。

(二)音乐录音室

1.自然混响音乐录音室

自然混响音乐录音室主要依靠根据声学要求设计的内部构造产生自然的大混响，通过不规则的墙面等设计，使其产生很强的反射声，达到自然、真实的声音效果。自然混响音乐录音室的混响时间长，体积较大，适合古典音乐和大型管弦乐队的录音。从混响时间和频率特性、房间的体积、房间的扩散和混响半径等多方面来考虑，录音室的设计需要权衡多方面的声学特性。因为自然混响音乐录音室完全依靠房间本身，所以对于室内最佳混响的选择就显得尤为重要，在房间体积方面，为了充分满足声音多样性的要求，避免出现声饱和现象，自然混响音乐录音室需要有一个大体积的房间，以满足长混响和足够混响的需求。声扩散在严格意义上很难实现，但是通过不规则的房间形状和房间声学材料的布置，可以实现一定程度的声场扩散，同时，自然混响音乐录音室需要通过混响半径反映室内声场状况，由此确定室内传声器的摆放位置。

2.多功能音乐录音室

通过房间内不同区域混响渐变的方式，在房间的一边设置强吸声的声学设计，即吸收面；在房间的另一边设置强反射的声学设计，即反射面，由此来满足不同音乐对于混响声与直达声不同比例的要求，达到了一棚多用的目的，节省空间和资源。多功能音乐录音室不但可以满足不同类型、不同风格的音乐节目对最佳混响时间的要求，还可以在不同程度上满足录音工艺的要求。

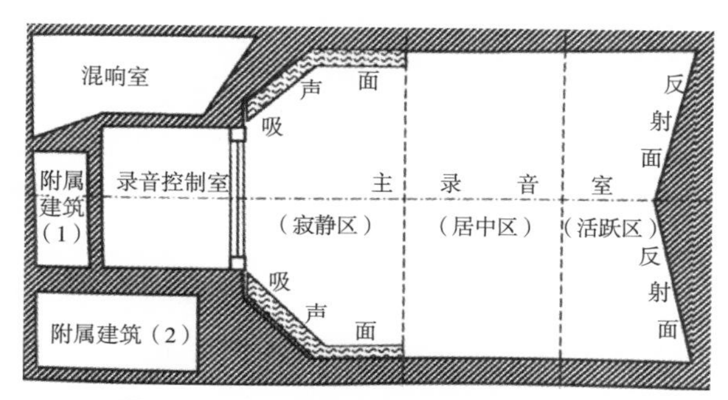

图7-7 多功能音乐录音室平面示意图

3.强吸声音乐录音室

强吸声音乐录音室的特点是混响时间短，采用多个传声器拾音以及多声轨分期录音，这样拾取到的声音多为“干声”，给了后期制作很大的空间，其通过人工混响的方式对音乐进行处理，适合于录制室内音乐和流行音乐。在实际的录制过程中，如像自由混响录音一样直接采用房间混响、同期录制、一次合成录音制作技术的，对演奏者的要求非常高，可能会因为一个声部甚至一个音的错误而导致整个录音的不完整。为了获得后期录音制作的更多可能性和自由，强吸声音乐录音室的出现实现了多传声器多轨录音、后期制作的录音工艺。这类录音室的房间的吸收力很强，加上采用了近距离拾音的方式，大大地减少了反射声的存在，便于后期对声音的加工处理，增加了后期声音制作的可能性。

（三）混合录音室

混合录音室是对节目的声音进行总体加工处理、实现节目总体艺术构思的重要场所，需要进行各种声音信号的同步，以及频率和响度的平衡等处理。

因此，对于混合录音室来说，尽可能反映实际听音空间环境的声学条件是需要达到的基本要求。例如电影混合录音室要求和影院具有相似的听音条件，在空间环境的声学要求上也基本相同。混合录音室需要根据不同制作单位的声音制作要求进行实际的设计和布置，通过声学处理控制声场状况，便于声音的拾取和声音后期的加工处理等不同录音工艺的实现。[①]

本节执笔人：胡泽、王孙昭仪

第二节 音频的剪辑

在音频剪辑技术的历史当中，电影行业的胶片剪辑是开端。对于录音行业来说，很长一段时间内，音频工作者都在使用剪刀来进行他们的工作，剪刀剪辑技术可以追溯到20世纪初。当时，音频录制和剪辑主要依赖于机械设备，如磁带录音机和剪辑台。随着技术的发展，这些设备逐渐被数字音频工作站（DAW）所取代。

在今天，剪辑被认为是对时间的操纵。在屏幕上，镜头并不是相互衔接的画面，就像挂在画廊里的画一样。我们把镜头剪辑在一起，创造现实的逼真写照或者摆脱时间束缚仅凭灵感进行创作。剪辑就像创作音乐或者设计舞蹈。剪辑师运用手头的元素通过艺术化的过渡和排列，使作品在不同时刻之间流畅运动，充满趣味和表现力。剪辑师通过和谐安排影像来操纵时间，表现特定的含义。剪辑的过程是在阐述主题，是总体制作的一个主要创作阶段。[②]

在电视行业蓬勃发展的时代，法国哲学家米歇尔·福柯（Michel Foucault）提到过“知识考古（L'Archéologie du Savoir）”的概念，这一哲学思想在视频电子编辑技术与电影胶片剪辑技术的融合之路上有非常显著的表现。福柯认为，组装话语理性的各种规则并不是固定不变的，它们都将随历史的变迁而变化，并且只对特定时期的话语实践有效，这对于电影电视未来的发展也不失为一种预言。基于知识考古学中的“推论的空间”的观点，我们可以看到，媒体的剪辑方式是媒介科技历史的产物，电影剪辑技术被时代环境与科学技术水平局限于某一个历史结构中，已有的技术也将会随着历史的发展而被新的技术所取代。福柯认为，是历史中总出现不连续的断裂现象，发现和重新找到被历史忽略或遗漏的内容会形成新的认识。[③]因此，在技术领域寻找音频剪辑的点滴考古痕迹，能够实现一种对电影电视声画剪辑发展历程与技术创新考察的新的建构。

在数字音频时代，剪刀剪辑功能得到了极大的改进。剪辑师可以在计算机上轻松地对音频文件

① 胡泽，潘谊加.录音工艺下的录音室声学探究［J］.现代电影技术，2021(1)：9–11.
② 道格拉斯，哈登.技术的艺术：影视制作的美学途径［M］.蒲剑，郭华俊，崔庆，胡云龙，译.北京：北京广播学院出版社，2004：206–207.
③ 侯明.从胶片到数字载体——对电影声画剪辑发展历程与技术创新的考察［J］.电影新作，2021(3)：149–154.

进行精确编辑。这种数字化的剪辑方式在20世纪80年代开始普及，并在90年代随着个人计算机和音频软件的普及而逐渐成为行业标准。

总的来说，剪刀剪辑技术经历了从机械设备到数字音频的演变过程，大约持续了一个世纪。

一、音频剪辑的开端

默片时代的电影主要依靠影院内乐队现场演奏、解说员解说和播放留声机进行声音艺术创作，还不涉及电影剪辑技术。然而，在1927年首部有声电影《爵士歌王》(*The Jazz Singer*)的出现标志着声音开始进入电影，此后，有声电影的剪辑步骤必须应对声音和画面两者的关系。声音进入电影使电影的还放速度标准固定在每秒24格(24fps)，这是全球统一的标准。从早期的蜡盘发声到片上发声，有声电影胶片剪辑工艺逐步完善，形成了电影后期制作技术标准。

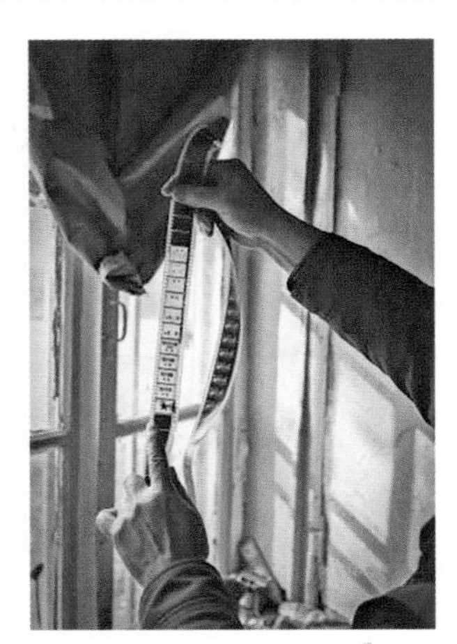

图7-8 电影胶片[1]

最早通过光学录音的有声电影，画面和声音均记录在同一条负片胶片上

蜡盘发声的有声电影实际上是一种不能完整同步的电影剪辑体系，蜡盘转速和留声机的机械状态不能和摄影机及放映机保持同步，因此不久之后它就被片上发声的有声电影所取代。片上发声实际上就是胶片光学录音技术。最早通过光学录音的有声电影，画面和声音均记录在同一条负片胶片上，因此导致这种拍摄和录音的影片难于进行剪辑，但是它可以满足纪录片和新闻时事类影片的创作。伴随着光学录音机的出现，声音和画面可以分别用不同的负片胶片进行记录，在洗印厂同时再生产出光学底片和光学正片，由剪辑师进行声画套剪，这样便形成了“双片制作”拍摄剪辑体系，极大地方便了电影艺术创作者的复杂声画关系剪辑的构思设计，丰富了电影语汇。之后，声画剪辑技术与后期制作体系逐步完善，发展为最为经典的光学胶片有声电影剪辑技术流程。[2]

二、剪刀剪辑

音频磁性录音机的磁带采用的是固定磁头匀速直线记录的方式，因此可以利用机械切刀对磁带进行分割，为了避免磁化、避免出现声音不衔接的技术漏洞，一般采用铜质的剪辑工具和胶带进行手工机械模式的“倾斜角剪辑”。

1950年后，在35毫米磁片上进行声音剪辑的技术逐渐普及，解决了光学录音剪辑的昂贵成本问题。1951年，瑞士波兰籍22岁工程师斯特凡·库德尔斯基(Stefan Kudelski)开发了一部微型开盘磁带录音机，并将其命名为“纳格拉Ⅰ型”(Nagra)磁带录音机。从此，拍摄阶段与后期制作阶段声音的剪辑逐步被磁性录音技术所主导。

开盘式录音机(reel to reel recorder)一直是所有格式的音乐载体的原始音源。

图7-9 开盘式录音机

这个开盘式录音机可以在2英寸宽的录音带上分别录下8个不同的音轨，并可以自动设定选听点。它能为了音频/视频的同步而与SMPTE时间码相协调。所有控制装置，包括放音、快进、停止、倒带和录制的标准操作控制都集中在一块操作面板上，这块面板可以拆卸，并可以摇控使用

对广播电视视频信号进行记录编辑的决定性技术最终在1956年由安培公司(Ampex Corporation)

① 叶子.无声的记忆之——胶片电影篇[EB/OL].(2019-03-05)[2024-01-21].https://www.meipian.cn/1yek4q2u.

② 侯明.从胶片到数字载体——对电影声画剪辑发展历程与技术创新的考察[J].电影新作，2021(3):149-154.

开发完成，这就是磁性录像机，它使用磁带作为记录媒体。磁性技术很早就用来记录声音，由于磁性材料价格便宜，易于保存，可以被反复使用，并且回放非常方便，因此德国开发了以涂布磁性材料的纸带和钢丝为载体的记录音频信号的纸带录音机、钢丝录音机。

磁性录音不需要经过实验室里的各项工序就可以实时听到，录制的声音可以擦去再重写，从而降低了成本。但是，录制的内容是不可见的，读取磁性声迹的磁头需要运用刮擦(scrubbing)功能来完成精确的剪辑。刮擦包括将胶片在放音头前来回移动以找到声音调制的起始点，这里是剪辑的典型位置，因为随之而来的强的声音会掩盖剪辑的痕迹(即使剪辑点正好处在强的声音到来之前也能被掩盖：这叫作反向掩蔽，即后面的声音能及时掩蔽前面的声音)。

然而，采用固定磁头的直线记录方式，磁带运行速度非常快，这一技术难题造成在应用中不得不使用异常笨拙的设备。①

三、电子剪辑

第二次世界大战之后，电视在家庭中逐步普及，早期电视节目均采用摄像机拍摄后由公共广播系统直播的形式，原因是没有可以进行记录并编辑、剪辑电视节目的电子技术设备。在家吃早饭时看电视新闻和吃完晚饭后看各类电视节目成了民众日常获取信息和娱乐消遣的主要方式。广播电视行业和观众需要电视具备重播的能力，因此在制作上一旦需要记录一些声音画面内容，就必须采用电影负片胶片记录的方法。然而，电影胶片后期处理过程过于烦琐，成本也非常高，不利于大量保存电视节目，广播电视行业迫切需要开发出能够记录电子信号的设备。

有工程师利用相对速度和多磁头分别记录视频帧数的模式，开发出倾斜角度放置的旋转磁鼓，由此解决了记录画面的难题。这样一条磁带在录像机伺服系统内经过旋转的录画多磁头磁鼓和固定的抹音、录音、还音磁头，可以记录一条视频和多条音频。多台录像机并联，利用控制台完成不同磁带上的画面和声音分别按次序记录复制到另外一条磁带的方式，完成视频和音频的剪辑，这种剪辑方式在广播电视行业内叫作电子编辑技术。

当用多台磁性录音机进行声音剪辑时，还可以使用电子编辑模式。这种电子编辑模式是基于信号的混合与复制，导演及声音剪辑工作者对声音前后顺序的排列组合必须从磁带头开始到磁带尾结束，很像建筑盖楼逐层施工，一旦出现错误就必须回到错误处重新修改，这种剪辑模式被称为线性剪辑。这种剪辑模式不同于电影胶片剪辑的非线性剪辑模式那样可以随心所欲地从任何一处开始工作，因此在导演和剪辑师的艺术创作与制片部门控制创作周期两个目的之间形成了新的矛盾。当使用视频磁带录像机时，由于采用倾斜角度记录画面各个帧，所以无法用机械方法物理分割与粘接视频磁带，只能使用线性剪辑的电子编辑技术，这对从业人员的专业水平和创作效率提出了更高的要求。②

四、非线性编辑

随着计算机技术逐步普及各行各业，20世纪90年代后，美国电影工业已经具备了较为成熟的电影数字化剪辑技术。中国也于1996年引进了爱维德(Avid)公司推出的用于电影画面剪辑的Media Composer视频工作站系统和用于电影声音剪辑的Audio Vison音频工作站系统。这两种基于苹果计算机的剪辑工作站利用电影负片胶片扫描和声音的模拟—数字转换系统，把画面和声音变为数字信号存储到硬盘、磁光盘(MO)等数字载体，再通过数据运算处理的软件，在数据插入模式中完成非线性的剪辑技术呈现。③

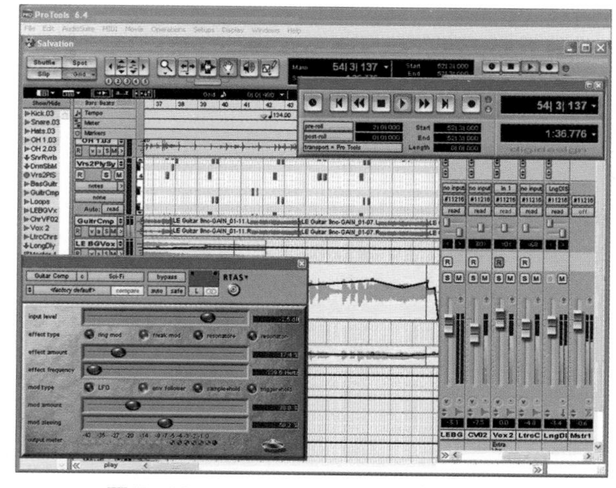

图7-10 Pro Tools LE 6.4(PC界面)

①②③ 侯明.从胶片到数字载体——对电影声画剪辑发展历程与技术创新的考察[J].电影新作，2021(3)：149-154.

数字音频工作站的剪辑系统重新沿用了早期声音剪辑工艺中的波形可视化效果，这样我们就可以通过内心的感觉、视觉及听觉共同完成剪辑工作。然而，实时描绘出每一条声轨的波形对计算机来说是很大的负担，但随着时间的推移，这项工作完成得越来越好，这强有力地证明了计算机能力的增强和成本的下降。剪辑系统同时提供了一种方法，可以将每一轨的可视化波形打开或关掉，以减轻计算机的工作负担。细节化的波形显示被音频块(blocks)所代替，这样便于计算机绘制。举个例子，如果计算机不需要绘制波形的话就可以有更多的插件程序能够同时运行，这些工作任务被分配到计算机的不同部分，可能是在一定的硬件里，也可能是在电脑主机里完成。①

计算机工作站可以让剪辑人员通过点击、拖曳鼠标完成图形界面上的视频、音频编辑处理操作，这使得电影后期制作的剪辑流程避免了传统模拟式电子编辑技术的噪波、噪声污染，减少了剪辑环节的人员体力劳动的工作量。电影工作者可以将更多的精力放在艺术构想和创作探索尝试中，即便剪辑出现了错误也可以被快速恢复，并有能力反复尝试合理的剪辑点，进而提高电影制作效率。

同时期的还有英国宽泰(Quantel)公司的电影视频剪辑工作站，它可以制作一些简单的数字画面效果，兼具数字视频合成的能力。美国的视算(SGI)公司推出的SGI视频工作站则结合自身平台上的Inferno、Flame、Smoke等软件工具，支持从电影到电视的节目剪辑。②

本节执笔人：胡泽、王孙昭仪

第三节｜调音技术

调音技术是指通过对音频信号进行处理，使得音频信号的频率、幅度、相位等参数得到调整，从而实现对音色的改变和优化。调音技术在音频设备和系统中起着至关重要的作用，可以提高音质的品质和听感，满足人们对音质的需求。

图7-11　调音台

从前，调音的工作多完成于传统的调音台。随着科技的发展、计算机软硬件技术的普及，模拟调音台逐渐转型成数控或者数字调音台，很多调音的工作也转移到了计算机或者触摸屏上。

一、调音台

调音台在舞台扩声、电台广播和电影录音等系统中具有重要作用。调音台的主要功能是将若干传声器及各电气设备的电平、频率特性混合、组成若干组送入功率放大器。

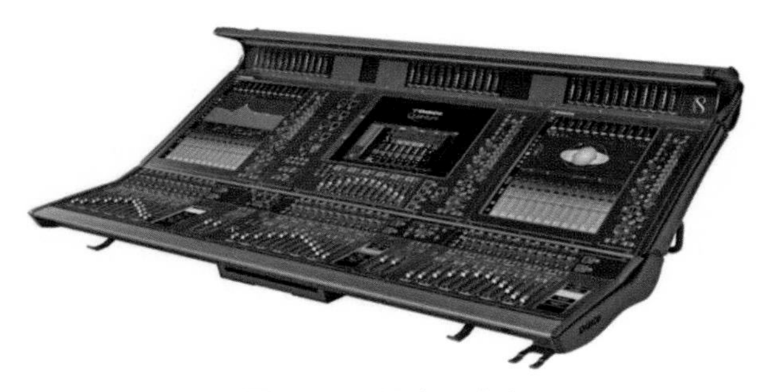

图7-12　混音调音台

20世纪60年代的调音台采用电子管器件和旋转式电位器且输入端少。到了70年代，调音台开始采用晶体管器件，部分采用了厚膜电路、推拉电位器，并针对不同的使用场合、用途和条件设计出不同的形式，增加了输入电平控制、高低通滤波器、频率补偿、通道分配等功能。

① 霍尔曼.数字影像声音制作[M].王珏，译.北京：人民邮电出版社，2009：124-125.

② 侯明.从胶片到数字载体——对电影声画剪辑发展历程与技术创新的考察[J].电影新作，2021(3)：149-154.

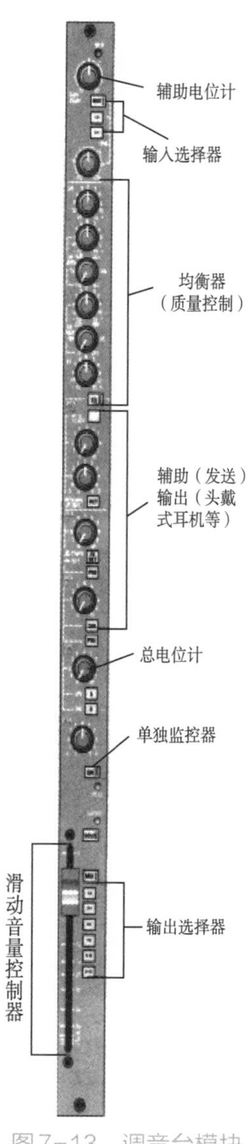

图7-13　调音台模块

在这个模块上的主要控制装置包括滑动音量控制器、均衡器、任务开关、静音开关、总电位计(使声音从一个立体声扬声器水平转移到另一个扬声器)及各种其他质量控制装置

到了20世纪80年代，调音台在结构、性能、输入输出路数上有了很大改进，此外，还出现了由计算机控制的数字式调音台。①

(一)模拟调音台

由于结构简单、输入通道可多可少、操作简便，因此无论外出采访、给画面配音还是节目制作都离不开模拟调音台。依据工作性质，模拟调音台可分为语音录音和音乐录音两大类。

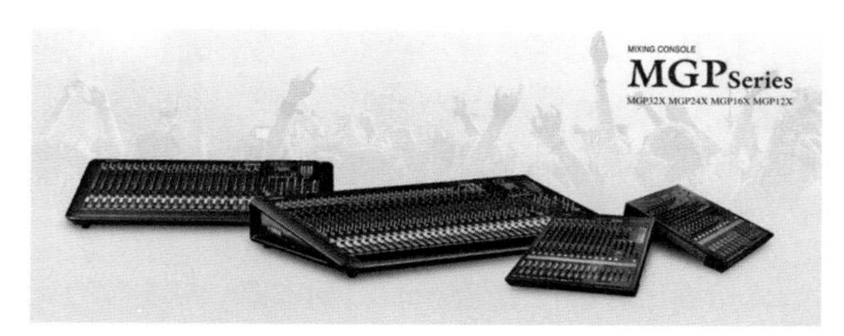

图7-14　YAMAHA MGP系列模拟调音台

1.语音录音调音台

它主要用于以语音为主要对象的节目制作，如新闻节目、广播节目、纪录片、专题片、体育节目画外解说、对白的粘贴等。语音录音需要的输入通道路数较少，在音质加工处理上较为简单，所需要的外围设备少，一般直接输出至录像机或双轨录音机，因此不需要功能齐全的调音台。语音录音调音台一般需要具备为数不多的几个功能，使用起来较为简单。

2.音乐录音调音台

音乐录音调音台用于以音乐为主要内容的节目录制，包括声乐和器乐节目，如歌剧、有伴奏的合唱或独唱、轻音乐、交响乐、民族管弦乐、流行音乐等一切音乐作品。

由于音乐节目的录制有时采用分轨录音、后期合成的方式，需要众多路数的输入通道；对乐器、歌声的音色处理严格，要求频率均衡量大而细致；声音的时间效果要求紧紧地配套于音乐作品题材等。故而音乐录音调音台远比语音录音调音台复杂、庞大、功能齐全。

(二)数控模拟调音台

数控模拟调音台工作状况兼顾模拟和数字两种，信号处理仍为模拟音频信号，但控制整个调音台的各种参数采用数码控制，如频率均衡器参数的调制、通道推子物理位置、分配按钮设置等。在数控模拟调音台中，功能控制直接采用按钮、旋钮、音量推子来完成。它们被设置在声音信号的必经之路上，与声音信号融合在一起。这些按钮、旋钮及音量推子在操作面板上的位置是按信号流程形成布局，操作起来很直观。

数控调音台有它自身的特点：设置参数控制单元；采用组合按钮控制通道所需参数的全部设置，

① 王以真.实用扩声技术[M].北京：国防工业出版社，2004：150-167.

并在液晶显示器屏幕显示出来，作为界面实现人机对话；工作自动化；控制台的体积比相同输入通道数路的模拟调音台小。

(三)数字调音台

随着声音数字化技术的不断发展，调音台的设计融入了数字技术，采用计算机处理，通过界面进行人机对话设置音频信号路径，包括：通道分配、辅助输出等；利用功能强大的DSP数字信号处理功能对音频信号进行频率均衡、动态处理、时间效果处理，而且还可以实现调音台的自动化。

数字调音台设计的基本思路，或者说其信号流程仍是按照模拟调音台的格式，如实现音源录音、同步放音、多轨缩混及录放监听四个工作状态。但其执行起来却不同，甚至某些概念也不尽相同，例如母线、拉杆式音量调整器、均衡器调整等。目前推向市场的数字调音台型号很多，但其基本结构大都等同，它们之间的差异主要表现在使用的DSP功能、运算算法、数字矩阵规模及功能的差异，或者说是在芯片及软件方面的差异。

图7-15 YAMAHA RIVAGE PM5数字混音系统

数字调音台虽然有着与模拟调音台相似的面板，与模拟调音台不同，是一个纯粹的控制操纵台。数字调音台由主机(信号部分)和控制操纵台(控制部分)组成，犹如PC机的主机与键盘。中小型台将两者安置在一起，如雅马哈 O2R、O3D、美奇D8B等；而大型台则将两者分开，如索尼OXF-R3将主机放置在框中，通过跳线盘与控制操纵台连接。输入/输出信号端口安装在主机上，两者之间的连线传送控制信号。

整个系统配置两个CPU，分为主CPU和辅助CPU。主CPU安放在控制操纵台内，维持着整套系统的运行和执行控制台的操作命令；而辅助CPU在主机，用于接收控制台传来的参数变化信息，并将其传送至各处理单元。主CPU具有多个控制外部设备用的扩展接口，用于控制如功率放大器、输出分配及录音机播放等。

看起来数字调音台的控制操纵台体积不大，但处理信号的能力比起模拟调音台强大得多；若模拟调音台也具备同等功能，其体积不知要多大。这也是数字调音台的优势之一。

数字调音台除输入通道口PAD、GAIN及监听输出电平控制模拟信号之外，均衡、压缩、时间效果、声像定位、通道音量、输出分配等均采用数字信号处理。

数字调音台的主机由A/D变换器、D/A变换器、DSP数字信号处理、I/O矩阵、接口等主要部件组成。①

二、音频工作站

早期的计算机声音合成、演奏主要通过MIDI键盘和合成器来实现，没有涉及后期编辑和处理。直到微软、苹果进行了界面化的操作系统的变革之后，鼠标等设备的使用改变了计算机的使用习惯。

随着MPC(multimedia personal computers)多媒体个人计算机标准的制定，各式各样的声卡逐渐如雨后春笋般出现，于是，数字音频工作站得以发展，各种计算机、音频接口进入大众市场中。

早期的CPU协同处理局限于声卡本身的功能，法国的追梦声卡(DIGIGRAM PCX)就给广播台制作了一批专门的音频工作站，它们拥有独立声卡芯片，具有硬件处理的能力，通过声卡完成很多计算，降低了CPU的负担。

AES/EBD(AES3)是数字音频传输标准。其中，AES是音频工程师协会(audio engineering society)，EBU是欧洲广播联盟(european broadcast cnion)。

早在20世纪70年代，很多机构和个人尝试开发数字音频传输接口。在AES和EBU的共同努力下，

① 韩宪柱.声音节目后期制作[M].北京：中国广播电视出版社，2003：70-81.

相关的数字音频标准规格于1985年正式发布，并于1992年、1995年和2004年进行了更新。AES3标准通常被称为AES/EBU。AES/EBU又被纳入IEC60958(IEC关于数字音频接口)标准。

AES/EBU音频数字传输标准被广泛地应用在广播电视领域。[①]

随着硬件不断发展，madi接口、网络dante等协议让音频数字传输逐渐走向标准化。

调音台的功能随着计算机软硬件技术的普及而被弱化。它变成了一个控制台，需要使用鼠标和键盘或者通过触控屏幕操作，且其控制性不一定很理想。

数字音频制作工作站(digital audio workstation，简称DAW)以计算机控制的硬磁盘为主要记录载体，完成声音节目的录制、声音加工处理、声音节目非线性编辑、声音节目的播放及管理等全方位的工作内容。它具有多音轨录音、监听、放音、多音轨的缩混、编辑、记录存储、多种声音效果处理(频率均衡、动态压缩及时间效果处理)及MIDI功能。除这些基本功能之外，友好的人机界面、声音波形显示功能将复杂的操作变得轻而易举。

(一)非线性编辑

非线性编辑是一种相对于传统的线性编辑而言的编辑方式，它借助计算机进行数字化制作，几乎所有的工作都在计算机里完成，不再需要那么多的外部设备。非线性编辑突破了单一的时间顺序编辑限制，可以将素材按各种顺序排列，具有快捷简便、随机的特点。非线性编辑只要将素材上传一次就可以多次编辑，信号质量始终不会变低，所以节省了设备、人力，提高了效率。

1.声音素材的非线性编辑

以前进行后期编辑时，采用磁带和开盘机是靠人的听觉来寻找和确定编辑的切入点，需要来回反复地进、退磁带，做一段节目要花费很长时间，并且常出现断带、漂带、抖动等问题。而数字音频工作站是将音频数据存储在硬盘上，操作者可以不按存储在硬盘上的声音素材先后顺序进行任意的编排和剪辑，不仅读取速度快，而且反复编辑对声音质量不产生任何的损伤。

图7-16　非线性编辑音频软件AU界面

由于可以看到声音波形，操作者可眼耳并用，准确地寻找或设定编辑点，在电视剧人物配音时，这样的操作可以避免口型与视觉不统一的现象。在利用磁带开盘机进行编辑时，将一段长时间的素材插入或替代磁带上比之短的磁带空间，只能依靠压缩时间，采用提高转速的方法来实现，但这样会使声音变调。反之，为了不产生变调，不采用降低转速的方法，那就会留有空白。而数字音频工作站在制作节目的过程中不存在这些问题。因此，目前数字音频工作站也成为电台、电视台节目制作中必不可少的设备。

2.综艺节目的制作

综艺节目的制作，是把拾取到的综艺节目送入工作站，参照生成的声音波形对其进行加工处理，如剪接、合成、效果、幅度压扩等。在将调整好的节目进行存储时，输入有关的名称和类别，放入相关的栏目，或存入音频文件数据库以备用。

3.新闻、广告类节目的录制

鉴于新闻、广告节目具有时效性，制作过程中随时需要插入或改换内容，如压缩时间、变更位置等。采用数字音频工作站就不需要像使用开盘机那样大量地翻录复制或剪带拼接，在保证声音质量的前提下，可大大节省时间，提高效率。

(二)数字音频制作工作站的分类

依据结构分为专业型(固定型)、主控型(Mac系统的苹果电脑)及主机型(PC)三种：

专业型属于专用设备，是特别为节目后期制作设计的数字音频制作工作站。为了让使用者仍

① ARTHUR.AES/EBU音频接口及长距离传输[EB/OL].(2023-01-15)[2023-08-18].https://zhuanlan.zhihu.com/p/599063999.

然工作于习惯了的模拟设备环境中，设备上的控制部分仍采用了传统模拟设备的推子和旋钮，甚至将惯用的名词标在操作旋钮上。这种数字音频制作工作站功能强大，但使用范围仅局限于声音后期制作，而且价格非凡。这种工作站的代表有：Fairlight MFX：3、Fairlight fame、Orban Audacy，低端产品如Roland VS-840。

主控型即由主机控制的数字音频工作站。大量的工作要由专门的硬件完成，包括各种信号处理器。这些信号处理器通常放置在外置的机箱内，有的也会安装在音频接口卡上。这种类型的工作站常带有硬件接口，在与主机连接后，通过主机对各种硬件实施管理和控制，硬件的各种信息将显示在主机显示器上。这种类型的工作站与专业型工作站明显的差别在于其操作面板是键盘和鼠标，不再存在具有专用功能的按键、推子甚至于电平表等。这种工作站的主机采用苹果电脑，其产品如SADIE、Pro Tools等。

主机型是指以PC机为核心的工作站。其中所需的各种信号处理器硬件不需要专门设计，而是在音频接口插入一块专业录音声卡即可，比主控型工作站节省了大量硬件。在整个系统中，主机将完成大多数工作，主机的好与坏将决定整个系统的性能，而专业录音卡将决定声音质量。这种工作站兼容性强、价格低，易于普及，适用于个人制作声音节目，但稳定性及音质不如前两种类型工作站。

数字音频工作站是由I/O声卡、主机及相应的软件构成。不同类型工作站的工作系统不尽相同。

声卡又称音频接口卡，是数字音频工作站必备的硬件。

在数字音频制作工作站中，音频软件起着重要作用。可以说，工作站所具备的功能取决于音频软件，主机型工作站配备高版本的音频软件会使功能得以大大增强。音频软件为操作系统提供了多种功能：

· 用于音频数据处理，如时间效果、均衡、动态处理；

· 控制录音和放音；

· 剪切、粘贴等编辑功能；

· 多条音轨的混合和放音；

· 自动缩混。

1.Pro Tools工作站

Pro Tools以计算机(Mac 2系统的苹果电脑)为控制中心，通过硬磁盘记录存储声音文件，可完成多轨录音、混缩、MIDI和非线性编辑。若再配调音台可构成音频节目制作系统。Pro Tools工作站是以苹果电脑为平台的工作站，其核心系统包括：I/O音频卡、数字信号处理卡、兼容数字设计的声频界面、Pro Tools软件。

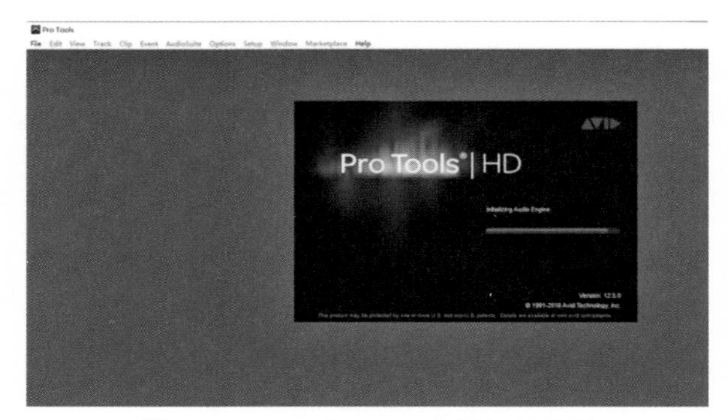

图7-17　Pro Tools工作站加载界面

与模拟节目制作系统比较，Pro Tools工作站具有强大的编辑能力。

2.Fairlight音频工作站

Fairlight音频工作站系列有MFX3、Fame等，属于专用型工作站。

在数字音频制作工作站中可采用多轨录音，但其与传统的磁带多轨录音不同。在传统模拟磁带多轨录音中，音轨对应着磁带上的记录磁迹，如8轨则有8条磁迹相对应。在数字多轨录音机中每条数码音轨不一定是实实在在地与客观存在的磁迹相对应。但它们有着共同点即音轨数与录音通道数是同一值。也就是说，无论模拟8轨机，还是数字8轨机，都有8个输入接口、8个输出接口并配置8个录音按键。但在数字音频制作工作站中却不然。为了便于录音和对剪接录制好的声音素材进行编辑，我们经常利用“虚轨”，这时“虚轨”数就不再算入输入通道数。因此对数字音频工作站而言，很难明确地算出到底有多少条音轨。

对于放音也是如此，模拟磁带多轨机有8个轨，放音可单独一轨放音，也可8轨混合放音。由于数字音频制作工作站具有无数“虚轨”，这时放音的轨数或混音的音轨数也同样不可知，其具体数目取决于采用的音频制作软件。

(三)同步与时间码

在非线性编辑中，时间码是非常重要的概念。非线性编辑软件通常会显示时间码，以便编辑人员准确地控制不同素材的播放时间和顺序。编辑人员可以通过调整时间码来调整素材的播放速度、顺序和持续时间，以实现特定的编辑效果。

图7-18　Pro Tools软件中的时间码

1.同步概念

同步是指两个或更多事件同时出现，在声音节目制作中，是指两台或多台录制设备能够协调地进行录音及放音，表现为在同一时间或是在同一点启动以及它们的运行速度等同(对磁带录音机而言即走带速度，对数字化设备而言即A/D变换器的采样频率)，简称为同步启动及同步保持。达到这两点说明设备间同步运行synchronization(简写为sync)。

在模拟设备之间，可用时间码控制两台或多台设备实现同步。所采用的时间码类型有：SMPTE时间码，即美国电影电视工程师协会制定的时间码(society of motion picture and television engineer)、MTC码(MIDI time code，即MIDI时间码)。具体做法是在每台磁带录音机的一条音轨上录入时间码SMPTE，称为打上同步码，然后通过模拟磁带同步器将它们互相连接。操作如下：按下主控录音机的放音键，同步器接收到时间码SMPTE即开始调整所有录音机的磁带位置及走带速度，直到它们从乐曲的同一位置开始放音，一旦放音开始即同步启动进入运行状态。虽然各录放机是在同一时刻启动的，但各录放机的马达转速总会有偏差，放音一段时间后会变为非同步运行。此时同步器一直监视着来自每台录音机录入的时间码SMPTE速率，一旦发生偏差，则以主控录音机带速为基准及时调整其他录音机带速，重新恢复到同步运行状态。

2.数字设备同步实现

作为数字化设备，声音信号以二进制的数据流(由许多独立的采样值经编码后形成的二进制脉冲序列)进行传递或记录在相关载体上。就录音而言，数据流的速率kbit/s与模拟录音或放音的磁带走带速度同属一个含义。故而数字录音设备之间的数据流速率应保持一个值，A/D变换的采样频率与字时钟有着密切的关系，当采样频率为48kHz时，每秒钟字时钟速度为48 000Hz，字时钟每运行一下，系统将发送或接收一个采样数据。数字磁带记录系统所记录的数据速度就是“带速”，所以字时钟控制着数字声磁带的带速。数字化设备的采样频率虽然标称48kHz，但不可能都为此值，存在着一些偏差，可能会是47.99kHz、48kHz、48.01kHz，如果各自按照自身的采样频率运行，连接后数据流速率将会不相等。以录、放音两台设备连接为例，会发生类似模拟录放机两台带速不同导致放音音调改变的现象。因此必须采用同步措施，同样包含同步启动及同步保持。用一个控制信号，使连接工作的数字化设备的采样频率锁定在同一采样频率值，从而做到数据流速率相同。数字设备之间要做到同步运行，不像模拟设备需通过SMPTE或MTC直接控制磁带带速或调整字时钟速度。只要连通数字设备的字时钟接口，就可将所有数字设备的采样频率锁定在一个值上，精确地按照相同的采样频率录放音，也就是说具有同一“带速”。具体方法是首先确定某个数字设备为主控设备，即“主机”，其余设备为从属设备或称为“从机”。选定“主机”采样频率，切断其他数字设备内部的字时钟，改为以“主机”的采样频率作为外字时钟控制。主控设备传递一个采样数据，从属设备播放一个采样数据。如果两台设备播放同一内容的数字音频文件，则两台设备的播放时间和速度相同，从而做到“从机”随“主机”运行的主从关系。

3.模拟与数字设备之间同步

模拟与数字设备之间的同步运行是利用同步器实现的。同步器的基本功能是控制一个或多个多轨录音机的“走带”(模拟磁带录音机用走带，而硬盘记录用采样频更确切)，使它们的位置或速度精确地跟随主机的走带传输速率。同步器读取出模拟录音机磁带上的时间码SMPTE或MTC信号，依据时间码的速率生成字时钟信号。数字音频工作站采用数字音频软件，要先将SMPTE转为MTC才能被软件接收。如SMPTE时间码速率为30帧/秒，数字设备的采样频率为48kHz，两者之间的关系是每一个SMPTE帧相当于字时钟走1 600下

(48 000/30=1 600)。同步器的另一个作用是监视SMPTE时间码的流速，及时调整字时钟和与之对应的数字音频系统的带速。[①]

数字音频工作站是一种用来处理、交换音频信息的计算机系统。它是随着数字音频技术和计算机技术的发展而产生的新型音频处理设备。它的出现，使得音频节目的录制、编辑变得极为便捷、高效，也为节目的自动化播出带来了技术保障。

从系统构架上看，当前的数字音频工作站主要有两种类型：一种是专门的完整系统，另一种是建立在通用的桌面计算机上，辅以一定的硬件和软件而实现的。早期的计算机由于功能有限，还不太能够胜任对音频信号的编辑工作，因而许多厂家投入了大量的资金研制出专门的音频工作站系统。从外观上看，这种系统实际上就是计算机、硬盘录音机和调音台的混合体。专用系统由于用途单一，稳定性较高，并且具有专门设计的接口来实现对系统的控制，因而成为数字音频工作站发展初期的主流形态。但是，受到系统构架的限制，这种系统在扩展、升级方面的能力较弱，特别是随着桌面计算机信号处理能力的提高，以及相应的软硬件支持力度的增加，专用系统与之相比已经没有优势。现在，这种专用的音频工作站系统大多是作为计算机音频工作站的外围控制设备而存在的。

目前，以计算机为基础的数字音频工作站系统已经成为音频工作站的主流。其实，计算机本身接收和处理音频信号的能力并不强，但它是一个开放性的构架，我们可以通过增加第三方的硬件和软件将它变成一个功能强大的音频工作站。随着这些硬件和软件价格的不断下降，普通人自己构建一台计算机数字音频工作站已经不再是天方夜谭。[②]

本节执笔人：胡泽、王孙昭仪

第四节　音频处理

音频处理是指对声音信号进行各种操作和处理的技术。音频处理的主要目的是提高声音的质量、去除噪声、增强声音的特征等。

音频信号处理主要针对音频信号的各种问题，如均衡器、压缩、混响、降噪等，可以改变声音的大小、频率、音色等特征，达到优化声音质量的目的。

随着历史的发展，音频处理技术从一开始使用周边处理设备，逐渐被计算机上的各种插件所替代，并且随着计算机技术的进步，出现了各种可以制作或生成音色、音乐的软件。

一、音频设备

对声音进行处理的时候，常用各种信号处理器。信号处理器是一种以非线性方式对音频信号施加变化的装置(或电路)。简单的推子、电平控制或者放大器并不是一个信号处理器，而均衡器、滤波器、压缩器、相位处理器、延时器及其他改变声音的装置才是。

我们讨论的绝大多数信号处理器都像是独立于调音台之外的周边设备。事实上，很多调音台，甚至是小型调音台也具有一些内置信号处理器设备，如多种多样的输入均衡器、输出端图示均衡器、回声或混响效果，有时也会配有压缩器或限制器电路。

(一)均衡器

在早期的电话领域，当人们通过长信号线传输语音时，会发生非常严重的信号损失(衰减)。虽然我们可以通过放大的方式来进行弥补，但实际上这些损失都是和频率相关的，某些频率会比其他频率衰减得更为严重。因此我们需要研发特殊的电路来提升那些衰减更为严重的频率。由于这些电路使所有频率在电平上更加均等，因此它们被称为均衡器。最早“均衡”这一术语特指对音频信号的某一频率范围进行提升的电路。

图7-19　均衡器

① 韩宪柱.声音节目后期制作[M].北京：中国广播电视出版社，2003：200-213.

② 胡泽，雷伟.计算机数字音频工作站[M].北京：中国广播电视出版社，2005：前言.

虽然从历史和技术的角度来说，均衡这一术语仅在提升能量时才适用，但如今我们对该术语的解读同时包含提升电路和衰减电路两个方面。有一些文章中会使用“滤波装置”这一术语，例如1/3倍频程滤波器，它并不完全等同于均衡器。一些滤波装置仅提供切除频率的功能，因此根本不是均衡器。我们没有必要特别纠缠在术语的准确性上，但了解人们对这一领域进行严格划分的原因是十分必要的。

（二）混响器和延时器

混响包含了由墙壁、地板、房顶和其他界面反射引发的多个混合声像(并非独立离散的回声)，它们是由房间界面无法吸收所有的声音而产生的。混响自然而然地发生在大多数室内环境中，在硬反射面环境中则会更加明显。混响也可以通过若干人工方式获得。自然混响和人工混响可以被用于现场扩声、广播或录音的效果制作。

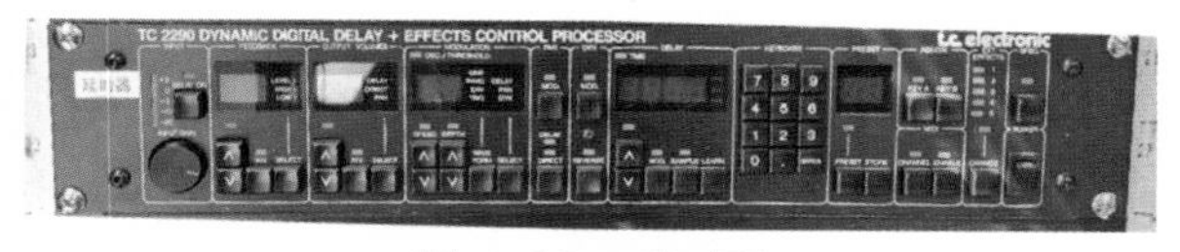

图7-20　延时器

混响通常和延时(或回声)混淆在一起，尤其是现在的某些信号处理设备能够同时提供两种效果，就更容易被人混淆。延时指的是一个或多个清楚的声像(回声)。事实上，真实的混响通常以若干相对近距离的回声(又称为早期反射)作为起始。这些早期反射是由距离声源较近的界面的初始反射形成的。随着声音不断地反射，越来越多的反射声混合在一起，逐渐形成愈发均匀的声场，我们称之为混响。

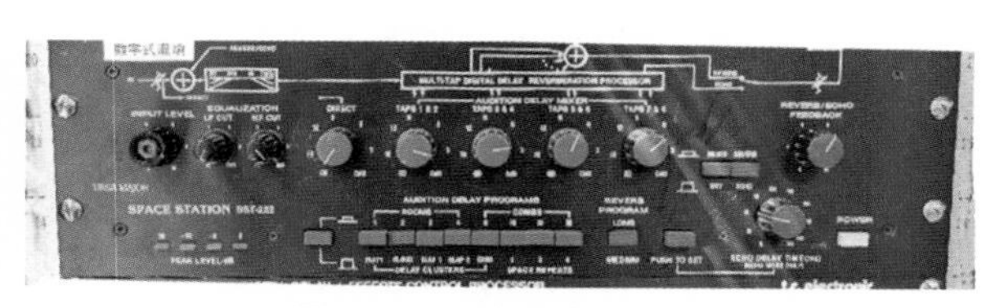

图7-21　数字式混响器

从理论上来说，如果回声之间的间隔很短，是可以等同于混响声场的早期反射的。我们注意到，回声和混响之间的确存在非常紧密的关系。那些能够生成回声(延时线)和混响的电子设备间存在着很多相似之处，这也是为什么有些设备能够制作上述两种不同的效果。

（三）压缩器与限幅器

压缩器和限幅器是用于减少信号动态范围的处理器。限幅器的设计目的是防止信号超出某一给定的阈值(通常数值可调)。有时限幅器采用砖墙式设计，在阈值之上不允许输入信号的提升带来任何输出信号的电平提升。有时该效果仅允许输出电平在阈值之上，随输入电平的增加产生少量的(非线性)输出电平的增加。由于这种作用消除了节目信号中的峰值，因此又被称为电平调节器(leveling)，一些限幅器也被称为音频电平调节放大器(audio leveling amplifier)。

图7-22　限幅器和压缩器

限幅器通常仅被用于处理节目峰值，这也是它们被称为峰值限幅器的原因。在广播制作中，这种设备用来防止传输信号的过调制。在现场扩声中，它们可以用来保护扬声器不受如话筒掉落等情况产生的机械损坏(它限制了送往功放和扬声器的峰值电平)。在唱片灌录的过程中，它用来防止唱针出现过量偏移，避免在唱片播放时出现唱针轨道的问题。

如果阈值被降低到一定数值，大部分或全部节目信号将受到压缩器的作用，那么此时该设备就作为压缩器在工作。压缩器的压缩比通常要小于限幅器，最为常见的压缩比为1.5∶1~4∶1，它们的用途非常广泛。在磁带录音、广播或现场扩声当中，压缩有时会被用来挤压一个节目的动态范围，使其能够适应某种存储或重放介质。

（四）噪声门与扩展器

噪声门是一种当输入信号电平低于人为设置的阈值时，对信号进行关闭或显著衰减的信号处理器。该设备的理念是，保持我们所需要的节目内容不变，但当主要节目源不发声时(低于设定的阈值数值)，低电平嘶声和噪声(或来自其他声源的串音)不会被听到。

在录音或扩声系统中，噪声门的用途是对不工作的话筒进行自动的、暂时性的哑音处理。在扩声系统中，打开的话筒数量增多会带来回授前增益的降低，在录音中则会增加背景噪声。尤其在较为复杂的多通道工作环境下，使用噪声门可以在不增加调音师负担的情况下改善声音。对整体节目信号施加噪声门几乎没有价值。在一个节目信号中几乎很难找到真正静音的片段，所以噪声门可能会将我们需要的较为安静的片段变为静音状态。

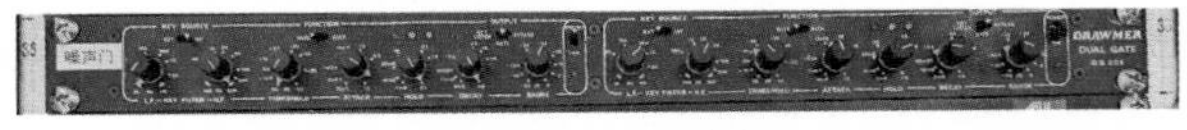

图7-23　噪声门

噪声门不仅能够使一只噪声较高的吉他、键盘或人声话筒在声源不发声时更加安静，还能让演奏变得更加紧凑。以鼓声为例，可能军鼓被鼓手打得太过火，共振太强，或者相比底鼓来说有些不在拍子上。在这种情况下，我们可以通过底鼓来对军鼓做同步处理。

扩展器存在于大多数磁带降噪系统中。它们对经过编码(压缩)的音频磁带进行解码，即时还原节目信号的原始动态，并将磁带嘶声或噪声降低至节目信号的本地噪声以下。

扩展器也可以作为单独的信号处理器来使用，如录音磁带的播放、广播节目的接收，或者处理任何以更好的存储或传输为目的而经过压缩的信号。这类压缩会降低节目的动态范围，使节目丢失了一些冲击力，进而导致它们没有那么令人激动，或者没有那么自然。在这种情况下，扩展器可以还原一部分丢失的动态范围。

扩展器可以还原(或者制造)整体节目或单独信号缺失的冲击感。根据阈值的设置以及设备调整方式的不同，扩展器也能够作为单独的降噪设备，使噪声问题较为严重的录音、广播和乐器信号变得更加安静。扩展器还能用来降低磁带中相邻通道、调音台输入通道之间的串音，以及话筒拾取相邻声源的残留串音。

(五)镶边和移相

最早的镶边效果是通过卷对卷的磁带录音机获得的。两台录音机以同步状态来回录放相同的节目。如果先降低其中一台机器的速度，然后再降低另一台，就会出现不同的相位抵消。降低速度的过程是通过手动控制磁带转动系统的边缘来进行的，因此我们称这种效果为“卷边”(Reel Flanging)，即“镶边”(Flanging)。

镶边和移相具有相似的声音，但获得方式不同。移相器是一个配备了一个或多个大衰减量、高Q值滤波器的设备(高Q值意味着滤波器拥有非常窄的带宽)。一个信号被一分为二，一部分通过滤波器电路，另一部分从滤波器旁通。在滤波器陷波波谷的两侧存在很大的相位偏移，通过改变陷波器的中心频率，将输出信号与原始信号进行叠加，就会出现一系列不断变化的相位抵消。

改变原始干声和滤波后声音的音量关系也会改变该效果的特点。在一些情况下，我们可以将其中一路信号的极性进行反转以获得进一步的特殊效果。移相对于吉他声、键盘声和人声来说是十分常用的效果。由于依赖扫频滤波器而非可变延时，真正的移相效果通常不会包含在数字延时或混响系统中。

(六)激励器

1975年，Aphex公司推出了第一款听觉激励器(Aural Exciter)。该设备改变信号的方式是，当经过激励器处理的部分信号被重新混合到节目信号中时，节目整体的冲击力和可懂度会得到提升。激励器在不明显改变频率平衡和增益的情况下做到了这一点。

图7-24　激励器

虽然早期的设备仅供租赁，但后续生产的设备也开始被销售。再后来，这些电路被写在集成电路芯片中，植入其他制造商的设备(如今该电路被用在特殊的商业内部通信系统和电话设备中)。

二、音频插件

音频插件是一种可以增强或扩展音频编辑软件功能的软件组件，通常具有特定的音频处理功能，例如均衡器、压缩、混响、音调变换等。与音频硬件设备不同的是，音频插件主要应用于计算机的软件上。对于功能日渐强大的计算机来说，传统的周边音频处理设备，如今都可以在软件界面上使用鼠标、键盘或者触控板实现其功能。并且，我们现在不仅仅可以修饰音乐的音色，还可以通过各种插件来制作音乐、生成音乐。

（一）音频软件

音频编辑软件、MIDI音序器软件以及整合了这两者功能的综合型音频工作站软件是计算机数字音频工作站中的核心软件，而各式各样的软件效果器和软件乐器则是这些音频工作站核心软件的得力助手。不过除此以外，数字音频工作站中还有其他一些功能独特的软件越来越受到人们的重视和喜爱。由于个人工作方式的不同，它们也完全有可能成为计算机音频工作站上的核心软件。这些软件包括：音频拼接软件、自动伴奏软件和电子舞曲制作软件等。①

1.音频拼接软件

音频拼接的素材，是一种能够识别出音调和速度的采样音色或者音频片段，即“Loop”。Loop的本意是“循环”，这又体现出这类型音乐的一个特点，就是Loop素材在音乐当中经常是被反复使用的。

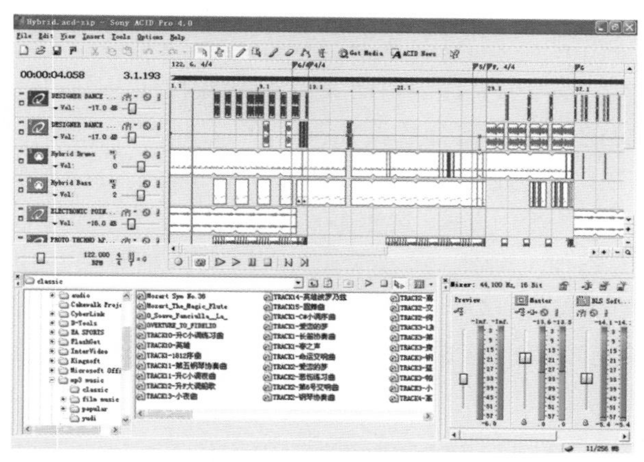

图7-25　Sony ACID Pro 4.0

由于Loop本身是音频格式的文件，但其又能像MIDI文件一样，速度和音调可随意被改变，因此，出现了一种有别于一般音频编辑的音乐制作理念。这是一种直接利用Loop素材进行反复回放和拼接，在最短的时间内完成音乐主题轮廓的音乐制作方式，而专门用来完成这种工作的软件就被称作“音频拼接软件”。在大部分情况下，完成音频拼接的音乐还要和MIDI音乐结合在一起，并统一节拍和速度，完成一首混合有MIDI和音频素材的音乐。

2.自动伴奏软件

在使用Sonar等工作站软件进行乐曲创作的时候，乐曲中的每一个声部都需要由用户自己编写完成。尽管这些软件能够针对某些声部的创作，如鼓声部，提供给用户一些预制的模板，但是仍然要求用户对各种乐曲的风格和各种乐器的演奏方法有所了解，也就是说要掌握一定的乐器法和配器法的知识。因此，对大多数音乐爱好者而言，使用音序器或者综合型工作站软件进行乐曲创作并不是一件轻松的事情。于是，一种被称为自动伴奏软件的乐曲制作软件就应运而生了。

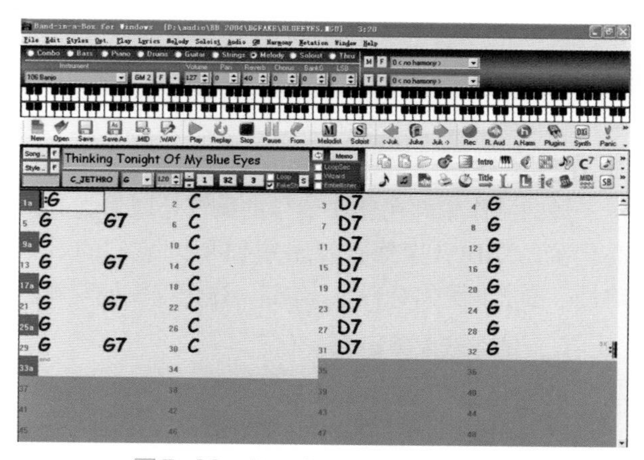

图7-26　Band-in-a-Box 2004

所谓自动伴奏软件，是指一种能够根据用户要求而自动完成乐曲编配的MIDI制作软件。这种软件的安装程序里预制了丰富的音乐类型，能够在一定的和声分布的基础上，使用某种风格形成伴奏旋律甚至独奏旋律，因此，也有人称它们为自动作曲软件。在这类软件当中，名气最大、使用最为广泛的是美国PG Music公司出品的Band-in-a-Box。

3.电子舞曲制作软件

以前，计算机记录和处理MIDI信号的任务是由音序器软件来完成的，但是随着音序器软件与多轨音频编辑软件逐步整合为综合型音频工作站软件，单独的音序器软件已经越来越少了。与此同时，一些设计独特、使用手法灵活多样的乐曲制作软件进入了人们的视野。由于用这些软件制作出来的音乐都有着浓重的“电子味”，又基本上遵循某些现代音乐的风格，因此被称为“电子舞曲制作软件”。

① 胡泽，雷伟.计算机数字音频工作站[M].北京：中国广播电视出版社，2005：400-428.

图7-27　FL Studio 4.52

这些电子舞曲制作软件的一大特点便是在原有MIDI音序编辑的基础上整合了大量的软件音源、软件合成器甚至软件采样器，因此又有人将它们称为“音乐工作站”。除了这些内部的软件工具以外，电子舞曲制作软件在MIDI信号的编辑处理手法上也与传统的MIDI音序器有着许多不同，对它们的学习将进一步加深我们对音序、音源一体化编辑的理解。

(二)软件效果器和软件乐器

软件效果器和软件乐器是计算机数字音频工作站软件系统的重要组成部分。作为对音频信号进行修饰和美化的工具，软件效果器在音频工作站当中占有非常重要的地位，也就是说，工作站核心软件信号处理能力的大小，很大程度上取决于它所携带的软件效果器的种类和质量。相对于软件效果器在音频处理中的地位而言，软件乐器对于MIDI信号重放的意义更为重大，因为软件乐器的质量代表着音色的优劣，而音色几乎就是MIDI乐曲的生命。对于软件效果器和软件乐器的理解和运用，除了能够帮助我们提高信号处理的技巧以外，还将成为我们学习其他音频工作站软件的基础。

1955年，美国的RCA公司制造出了世界上第一台真正的电子音乐合成器——MK Ⅰ。这台合成器由大量的电子管模块组成，体积大得要占满整间屋子。它依靠加法合成的原理，能够利用许多正弦波合成出非常复杂的声音。不过，这台合成器还不能做到实时响应，也就是说，当你按下琴键的时候，要经过一定的时间延迟才能听到声音。

1.使用模拟合成方法的软件合成器

模拟合成方法包括加法合成和减法合成，其中使用得最多的是减法合成。依靠模拟合成方法进行声音合成的硬件产品大多诞生于20世纪七八十年代，随着FM合成和波表合成等数字合成方法的兴起，这类硬件产品已经逐渐被淘汰。

不过，近一两年又有不少软件制作厂商开始用软件的方式来模拟硬件合成器。究其原因，一方面是由于随着数字合成器和软件合成器的不断增加，人们开始怀念当年那些著名模拟合成器，怀念那种由振荡器、滤波器和包络发生器等电子元件模块产生出来的独特音响；另一方面则是由于硬件模拟合成器操作起来更为直观、方便，至今为止仍有不少坚定的支持者。因此，硬件合成器的软件仿效品纷纷问世。不过，这种效仿并不只是对硬件界面的效仿，而是在发声方法上也极力和硬件合成器保持一致，甚至达到了“真假难辨”的程度。

Moog Modular V2是Arturia公司于2003年年初推出的一款软件合成器，目前已经升级到第二个版本。这个软件完全仿照20世纪60年代Moog公司经典的硬件模拟合成器Moog System而设计，甚至采用了软件连线的方法来模拟当年Moog System硬件连线的操作方式，这使得软件的使用方法和硬件非常类似。另外，Moog Modular V2的内部算法还使用了Arturia公司独有的TAE(真实模拟仿真)技术，能够使软件合成器拥有与硬件合成器不相上下的音质。

图7-28　Arturia Moog Modular V2软件合成器[①]

① MUSIXBOY. Moog Modular V 2.0——模拟合成器软件终于回归正确[EB/OL].(2004-08-29)[2024-01-21].https://www.midifan.com/modulearticle-detailview-627.htm.

移频器是仿照20世纪60年代的1630Bode Frequency Shifter移频器模块而设计的。1630Bode Frequency Shifter并不是Moog System合成器当中的模块，而是一个单独的设计，需要用户单独购买。它能够将一个输入信号通过移频的方法处理成两种不同频率的信号，并单独输出出来。

928Sample and hold采样保持器是20世纪70年代出现在Moog System当中的硬件模块。它的作用是使输入信号的频率能够根据采样保持器上的时钟信号的频率而改变，一般来说都是将高频率的信号频率放慢，这样可以将它当作低频信号来调制其他的信号。

2.使用FM合成方法的软件合成器

FM合成的理论诞生于20世纪六七十年代，但是当时正是模拟合成器大行其道的时期，这种崭新的合成方法并没有引起欧美主要合成器厂商的兴趣。不过，精明的日本人却看出了FM合成的潜在价值，Yamaha公司利用这种合成方法推出了他们的DX系列合成器，使得FM合成在整个80年代风靡全球，几乎将传统的模拟合成器彻底淘汰。

FM是frequency modulation的缩写，意思是频率调制，而FM合成即频率调制合成。FM合成技术是20世纪六七十年代美国斯坦福大学John Chowning等人将无线电调频技术应用于声音合成领域的创举，其大致的原理是利用调制信号的振幅，对被调制信号的频率进行控制，使之发生变化或者失真。

时至今日，FM合成依然是硬件数字合成器所使用的主流合成方法之一，也是软件合成器经常采用的合成方法，种类繁多。

3.使用波表合成方法的软件合成器

从理论上说，波表合成是一种地地道道的数字合成方法，因为它实际上就是一个将模拟信号采集为样本的数字化→样本波表化→数字样本合成→最终还原为模拟声音信号的过程。波表合成对合成工具的数字信息存储能力和数字信号处理能力有很高的要求，因此在若干年前，只有具备硬件处理芯片的硬件数字合成器才有能力完成这项工作。另一方面，波表合成在对自然音响模拟的逼真性方面又是其他合成方法所难以比拟的。所以，在20世纪90年代，波表合成超越FM合成，成为硬件数字合成器所使用的主流合成方法。[①]

4.采用多种合成方法的软件合成器

除了以上介绍的使用一种合成方法的软件合成器以外，软件合成器当中还有不少成员具备多种合成方法，用户可以根据自己的喜好选择某一种合成方法来创造自己需要的声音。其中，由Native Instruments公司出品的Absynth就是这类软件合成器的杰出代表。

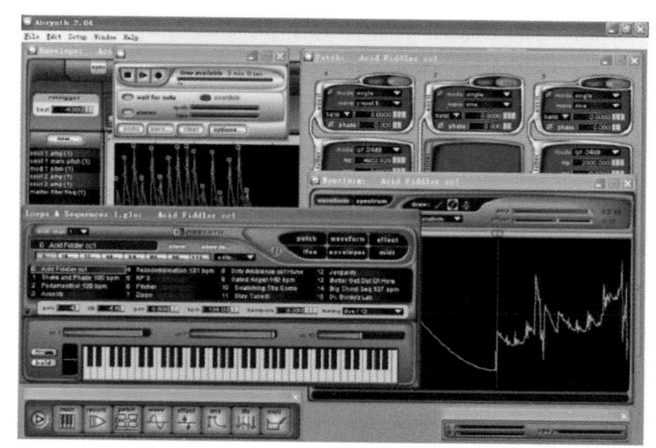

图7-29 Native Instruments Absynth 2.04软件合成器

(三)音乐的合成

在FM技术和波表合成技术运用到电脑上之后，它们逐渐发展成为软件的形式，实现了音乐的合成。比如，当时赫赫有名的Mellosoftron就是其中一个将波表合成技术在计算机上实现的软件，它能很好地配合MIDI音序器软件使用，用户在音序器上做好的音乐，在MIDI驱动程序的支持下，能发送到Mellosoftron上进行回放。但由于当时(20世纪90年代后期)的计算机硬件技术还没有发展起来，当时计算机的最大内存不过32MB，且CPU运行速度也很慢，所以，对于软件为存储采样信号而不断地申请大容量内存的需求，PC机显然有点力不从心，所以，当时这类软件在进行回放时，通常会出现时间延迟或者崩溃的现象。此外，微软从它的DirectX 7.0版本开始，也将软件波表加入DirectX体系中，称之为DirectMusic，在8.0版本中与DirectSound合并为DirectX Audio。DirectMusic与DirectSound对数字音频采样的捕获和回放方法不同，它采用DLS

① 胡泽，雷伟.计算机数字音频工作站[M].北京：中国广播电视出版社，2005：360-383.

(downloadable sounds)标准，允许程序使用MIDI回放音乐，且在不同的机器上听起来的效果是一致的。也就是说，DirectMusic处理基于消息机制的音乐数据(如MIDI信息)，在硬件或软件合成器中转换为波形样本(默认使用微软的波表软件合成器Microsoft Software Synthesizer创建波形样本)，并由DirectSound输出。

自从Mellosoftron在电脑上成功实现了波表合成器的仿真后，市面上便开始不断地出现各种各样的虚拟合成器，开发者们甚至把整个硬件合成器都搬到了计算机软件上面。比如，合成器的振荡器波形选择、频率，滤波器的截止频率，包括各个阶段的时间和幅度等这些参数在虚拟合成器上都可以进行控制。随着计算机软件和硬件技术的飞速发展，这些软件合成器对CPU的处理速度和内存需求进一步得到了满足，基本上可以实现实时的音效处理和回放了。

一开始，软件合成器是独立于音序器软件运行的，比如，VAZ(virtual analogue synthesizer) V1.0发布的时间是1996年，而插件出现在个人计算机上的时间，最早可追溯到20世纪80年代后期。我们知道，插件本身是无法运行的，它需要依靠宿主程序才能发挥自身的功能，但宿主程序的运行不会依赖于插件。随着插件技术的发展，20世纪90年代便出现了这样的MIDI和音频音序器，它们作为宿主程序支持插件，并且允许个人和第三方制作和安装插件来增强软件的功能。

宿主程序通过公开其应用程序的部分接口，提供一个标准的界面，方便个人或第三方编写插件。一些大型程序的应用程序接口，像Adobe Photoshop和After Effects的插件应用程序接口逐渐成为标准，并被其他应用程序部分采纳使用。当然，如今在音频领域内相当火热的VST插件，其应用程序接口也早已成为业界的一个标准。下面简单介绍VST发展的几个重要阶段。

1996年对于德国Steinberg公司来说是具有历史性革命的一年。这一年，Virtual Studio Technology (VST)首次被集成到了Cubase，从此以后，Cubase便可以将这些实时的工作环境，包括实现均衡器、效果器、混音器等VST插件嵌入软件并很好地配合使用。当时，在一台Apple Macintosh的机器上，在没有MIDI轨道数目的限制下，24轨音频可以同时进行实时播放。

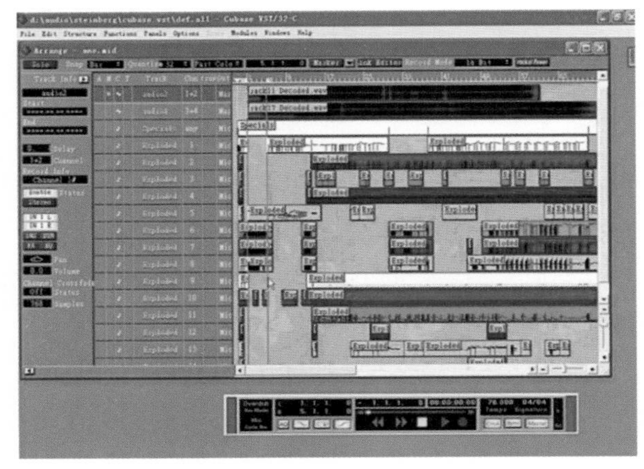

图7-30　Cubase工作界面

1997年，Steinberg公司将VST作为一个开放的标准发行出来，并允许个人和第三方开发商进行VST插件的开发和ASIO音频硬件的开发，这标志着Steinberg公司长期开放平台和技术任务的开始。ASIO是audio stream input output的英文缩写，它是由德国Steinberg公司提出的音频流输入输出应用程序，为音频API标准之一。ASIO的出现为解决音频领域内的实时播放与录音提供了一个很好的方案，因为它为实现真正的“零延迟”定义了一套有效可行的标准，按照该标准，可以实现延迟低于10ms的声卡等音频设备，甚至能够实现虚拟的ASIO驱动以解决基于WDM驱动声卡的延迟问题。[①]

1999年，继VST开放发行两年之后，Steinberg公司又发布了VST2.0版本，VST2.0的发布，标志着VST第二次革命的到来，从此，虚拟乐器插件(VSTi)加入VST环境当中。

2002年，Steinberg公司开始使用一个新的技术——VST System Link，使得用户能够通过多台计算机的相互连接，形成庞大的系统工程，以完成数据量巨大的工程任务。操作者可以通过数字音频线连接最多16台计算机进行同步工作，每台计算机均可完成各自的任务，比如录音、效果处理、虚拟乐器等。

① 曹强.数字音频规范与程序设计：基于Visual C++开发[M].北京：中国水利水电出版社，2012：125-132.

VST GUI是一个主要用于音频插件(比如VST、AudioUnit等)设计的用户接口工具包，最早用在Steinberg开发的VST插件技术上，之后被封装成库文件(lib文件)随VST SDK一起发布，直到2003年VST GUI才开源发放。VST GUI既可用于Windows平台，也可用于Mac OS平台。[①]

2006年，Steinberg公司开始使用VST 3.0技术，在Cubase 4和Cubase Studio 4中首次使用，并在三年之后(2009年)，正式发布了VST3的SDK(软件开发工具包)。[②]到目前为止，最新的VST开发工具包为VST 3.7 SDK。

(四)音频的生成

人工智能生成内容(Artificial Intelligence Generated Content，AIGC)技术是一种基于人工智能自动生成文本、图像、音频、视频等多模态内容的技术，被认为是驱动数字内容创新的新引擎。在数字音频内容生产领域，ChatGPT、Claude、讯飞星火等大语言模型(Large Language Model，LLM)具备强大的语言理解和生成能力，可以高效辅助有声读物、广播剧本等初稿内容文本的生成与优化。

而基于从文本到语音(Text To Speech，TTS)技术，操作者可以快速将文本内容转化为配音员风格的有声读物或歌手风格的人声歌曲，从而显著提高数字音频内容生产效率，实现降本增效的目的。[③]

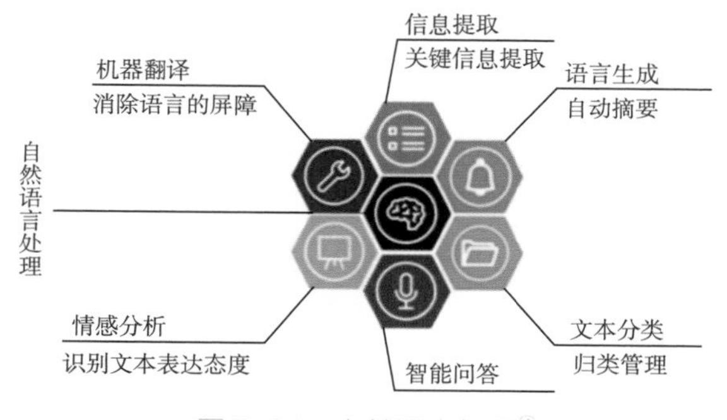

图7-31 自然语言处理[④]

市面上已经出现了一些人工智能作曲平台，例如Google团队研制的Magenta系统、以巴赫的音乐作为原始素材进行创作的Bachbot系统，以及能够独立完成作曲工序的人工智能虚拟偶像“小冰”等。

图7-32 自然语言处理[⑤]

然而，生成旋律或者是和声，仍需要作曲家即创作者来对内容进行修改和审查。目前为止，创作者可以利用人工智能生成一些范式，从而减少创作过程中的重复性工作，但是，人工智能生成的内容还远不能替代创作者对于作品的把控。

本节执笔人：胡泽、王孙昭仪

第五节 混音及母带制作

母带处理主要应用于音乐与唱片行业，它是指在混音完成后对整首歌曲进行宏观的音质处理。母带处理的目的是使整首歌曲的声音达到最佳的状态，以便在各种播放设备上都能保持良好的听感。母带处理的过程包括对音频信号进行均衡、压缩、限制、增益等处理，以及对音频格式和采样率进行转换等。母带处理的目标是使整首歌曲的音质更加平衡、饱满，同时提高音乐的听感。

对于广播电视来说，节目在播出前常常需要进行混音和播出前的处理，使得音频能够达到播出标准，并使之具有良好的节目效果与听感。

无论是唱片还是广播电视节目的制作都离不开制作者的美学判断。如果不行使自己的美学判断力，即如果不在如何艺术性地而非技术性地运用电视声音方面作出判断，这一大堆音频设备就根本

① 曹强.数字音频规范与程序设计：基于Visual C++开发[M].北京：中国水利水电出版社，2012：123-140.
② 曹强.数字音频规范与程序设计：基于Visual C++开发[M].北京：中国水利水电出版社，2012：143-158.
③ 李雅筝，刘宇星.AIGC技术赋能数字音频内容生产：应用场景、存在问题与应对策略[J].数字出版研究，2023(3)：13-20.
④ 深度学习与NLP.历史最全自然语言处理测评基准分享-数据集、基准(预训练)模型、语料库、排行榜[EB/OL].(2019-12-07)[2024-01-21].https://zhuanlan.zhihu.com/p/95944259.
⑤ 通信小金.人工智能在音乐策划和创作中的作用[EB/OL].[2024-01-21].https://www.xianjichina.com/special/detail_456467.html.

没什么用处。然而，美学判断不能任意为之，也不是全凭个人好恶，人类对有些美学元素作出的反应是有共同之处的。①

一、母带处理

母带处理环节是处于混音和唱片批量生产之间的一个环节，通过对立体声信号加以修饰、整理，使它们听起来音色、响度和间隔时间一致(这里的时间指的是两个录音节目之间的时间间隔)，从而使音乐听起来更具有感染力。其实在欧洲，母带制作被认为是唱片批量生产的第一步，而在北美则通常被认为是在唱片制作中，含有创作成分的最后一步。

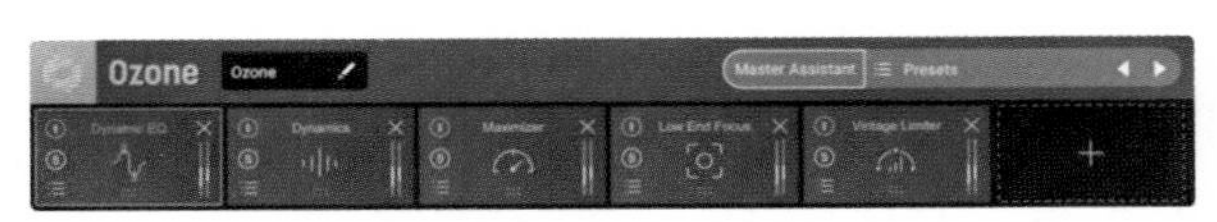

图7-33　插件臭氧可以进行母带处理

进行母带制作最主要的目的在于使整张唱片听起来完整，对音乐作品进行均衡调整，对播出前的电视节目进行压缩处理。没有经过母带处理的唱片只能是一个样带，这主要是因为制作人员对于混音作品进行整体评价之后，加了合理的均衡、压缩以及其他效果，从而使音乐听起来更大气、丰满、响度够量，并且乐曲之间的顺序编排更加合理，使之更加符合商业运作要求或唱片主题思想的表达。曾经有人总结说："母带制作工作30%依靠技术设备，70%凭借听感经验。"

(一)母带制作的历史发展

在1948年以前，不存在有关于母带制作的概念，因为当时整个录音过程是从声源直接进入最终记录媒体，即10英寸直径78rpm的SPC唱片(直到1949年哥伦比亚公司推出11英寸直径33rms的LP后，录音界才进入高保真的时代)，而中间并没有任何存储或传输系统。

1948年，Ampex推出了磁带录音机，以至于当时所有录音都以磁带为载体，并对于磁带输出的信号进行二次调整后进行压盘处理，从而形成了关于母带制作的概念。

1955年，Ampex开发了sel-sync(selective synchronous recording)技术，实现了多轨录音并具备同步加倍的功能，使得录音技术史有了一次革命性的变革，并使录音师和母带工程师有了真正意义上的区别。

1957年，立体声技术在商业体系中的应用和推广使人们对于听音有了更高层次的要求，从而使母带制作在整个唱片界的影响力加强。与此同时，均衡器和压缩器的应用开始普及。

1982年，CD的问世使整个母带制作技术开始进入数字时代。直到1989年，具有母带制作功能的音频工作站Sonic Solutions Workstation问世，这使得母带工程师进入真正的数字时代。

1999年，多声道多制式音频系统的建立及高采样频率与24-bit量化系统的应用使母带技术进入一个全新的创造阶段。②

随着数字时代的到来，母带工作室的周边设备必须包括A/D、D/A转换器。同时，由于各个品牌的声音均略有不同，例如，有的可以还原更低的频响范围，而有的则在中频区域可以取得较理想的音色等，所以在很多母带工作室内都配备有多种品牌的转换器。

今天的母带处理并不只停留在数字领域，我们仍然需要大量的模拟设备对录音信号进行再加工。

母带处理中所使用的调音台和在录音或混音中所使用的调音台有很大的区别。由于在母带处理工作中，录音节目在绝大多数情况下要求使用周边设备进行处理，因此母带处理调音台基本上可以看成是一种信号直通线路加上一个简单的增益设置。

在今天，数字音频工作站已经成为母带制作的核心，并可以使母带处理工作中的一些环节，例如编辑、节目排序等工作变得更加简单易行。③

(二)母带制作的处理步骤

母带制作需要采取一些处理环节和步骤才能够创造出CD母带产品。在进行母带制作处理时并没有什么必须遵守的规则——往往都会根据录音

① 泽特尔.电视制作手册[M].北京：北京广播学院出版社，2004：215-216.
② 周小东.录音工程师手册[M].北京：中国广播电视出版社，2006：396-397.
③ 周小东.录音工程师手册[M].北京：中国广播电视出版社，2006：402-405.

节目来进行灵活的调整。在大多数的情况下，母带制作处理往往包括以下的一些处理步骤：均衡处理(线性和线性相位)、压缩处理(全频带或多频带)、数字限幅处理、抖动、谐波仿真(电子管或磁带仿真)、噪声整形、立体声声像增强、编辑处理。

1.母带制作信号流程

母带制作环节中基本的信号流程是从信号源首先传输到一台均衡器之中，然后再送入一台压缩器之中，接下来再进入一台数字限幅器之中，最后形成所需的目标音频文件。不管你是将所有音轨输出成一个单独的音频文件还是直接使用CD制作程序，抖动处理和噪声整形处理一般都是在最后环节才加入。其他可选的处理在数字限幅处理之前都可以随时添加。信号流程可以在一台数字音频工作站内部执行完成，也可以通过外部的模拟效果器设备来实现。它们之间唯一的区别就在于用于母带制作的信号源是否进行数字/模拟转换(D/A)以及母带制作的输出信号是否进行模拟/数字转换(A/D)。

2.母带制作插件

虽然有很多插件都可以用于母带制作的处理，但是这些插件往往都是功能单一或是专门设计用于母带制作处理的插件包。当然也存在着一些综合母带制作处理的多功能插件，例如iZotope公司推出的Ozone插件、T-RackS母带管理套件等。

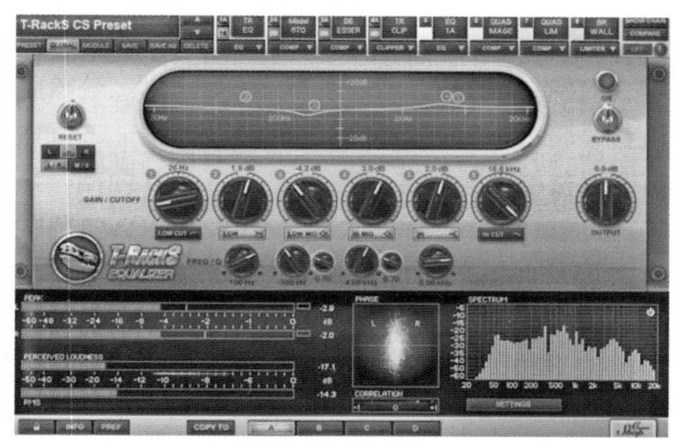

图7-34　T-RackS母带管理套件[①]

操作者可能会比较偏爱某一个品牌的均衡器和另一个品牌的压缩器，这些插件为操作者提供了各种不同的选择。

3.对CD母盘进行检测

在将CD母盘送到复制工厂进行批量生产时，应先对整张CD进行重放和检测。不管你选择的CD光盘有多么昂贵，还是可能会出现一些问题。[②]

二、广播电视混音及播出前的处理

广播电视混音和播出前的处理是广播电视节目制作的重要环节，它们确保了广播电视节目的声音质量，使之达到最佳的听觉效果。

混音是将多个音源(如人声、音乐、音效等)融合在一起，形成一个整体的声音效果。在广播电视节目中，混音的目的是使各个音源之间的声音和谐、平衡，同时保持声音的层次感和清晰度。在混音的过程中，混音师会调整各个音源的音量、声相(Pan)和均衡，并添加效果器等。

在广播电视节目播出前，还需要对混音后的音频信号进行一些处理，以确保音频信号符合播出标准。播出前处理的主要内容包括：检查音频信号的电平、频率响应和噪声等指标，对音频信号进行格式转换和采样率调整，以及添加播出所需的标签和元数据等。

通过混音和播出前的处理，广播电视节目的声音质量得到有效保障，使观众能够享受到更好的听觉体验。

(一)基本音频操作

在大多数演播室制作中，音频的任务主要是确保新闻主持人或嘉宾的声音达到可接受的音量水平，避免外来的噪声，确保录像带在播放时声音和画面同步。在现场制作中，必须落实话筒输入是否确实录在了所选定的录像带上，不会有人要求你——至少不会马上要求你——在复杂的录音过程中进行错综复杂的声音控制。[③]

---

① 影像狗编译组.新技能 | 音频母带处理指南(1)[EB/OL].(2020-08-01)[2024-01-21].https://mp.weixin.qq.com/s?__biz=MzI0Njc4NjE2Nw==&mid=2247532929&idx=1&sn=b238198b684e2e5b2580c011b05af012&chksm= e9bbf099decc798f43181427c2139e1bf8bf7758d7230525f084266784841fe 1928a9ee9c1f8&scene=21#wechat_redirect.

② BREGITZER L.录音的秘密：跟我学录音[M].胡泽，译.北京：人民邮电出版社，2011：230-260.

③ 泽特尔.电视制作手册[M].北京：北京广播学院出版社，2004：211-212.

1.音频控制校准

在进行任何重要的音量调整或混音前，都必须确定调音台和磁带录像机能以同样的方式“接听”，即磁带录像机的输入音量(录音强度)与调音台的输出(线路输出信号)相匹配。这个过程被称为音频系统校准，或者简称为校准。校准(calibrate)一个系统就是使所有音量表(通常为调音台和记录录像机的音量表)以同样的方式响应某一个具体的音频信号。

图7-35 使用调音台的推子进行音量控制

2.设定强度

除了在ENG中严格跟随故事的进展录制声音之外，一般应该在启动录像带录音前先设定声音的强度。设定强度意味着调节音量控制器，使演员的讲话落在可容忍的音量范围之内(既不调得过低，也不过高)。要求演员讲话的时间达到一定的长度，以便判断其音量的上限和下限，并将音量控制器调节到上下两端之间的中间位置。经验丰富的演员即使在拍摄下一条节目时也能让自己的声音保持在这个音量范围内。

遗憾的是，如果要求演员给出一个强度，大多数演员都会认为这将分散自己的注意力。因此，必须始终作好准备，以防他们的音量突然变大。老练的演员会用自己录音时用的那种响亮的声音说几句开场白。

如果将说话的声音调得过高(持续在太高的强度上增益)，那么，得到的结果就不是录音稍微有些响，而是失真。虽然稍低于正常水平记录下来的声音更容易增强(即使要冒放大低强度声音噪声的风险)，但在后期制作中要调整过高变调、失真的声音则非常困难，而且往往根本不可能做到。

3.在ENG/EFP中使用自动增益控制

在ENG/EFP中使用自动增益控制。在ENG或EFP中，你或许没有什么时间去注意声音的强度，这时就要特别小心自动增益控制这个问题。如果是在进行ENG，但又不能查看摄录机或录像机的音量表，那就打开AGC(自动增益控制)。AGC可以增强低的声音，降低高音量的声音，使它们达到可容忍的音量范围。但是，AGC不会辨别哪些是你想要的声音，哪些是你不想要的声音。它忠实地将路过的卡车的噪声、剧组人员的咳嗽声，甚至现场记者措辞期间的暂停噪声，一概都予以增强，就像对一个疲惫的目击者微弱但重要的话予以增强一样。一旦可能，特别是在嘈杂的环境中，尽量关掉AGC，然后设定一个强度，以期得到最佳的效果。使用DAT，在设定音量强度的时候将电位计(音量控制)从目前的位置关小一点。这样，你就能保证在播出时不会使声音变得过高。

(二)现场直播与后期制作混音

虽然不论你在哪里、在什么时候、使用什么设备进行混音，混音的基本原则都是相同的，但在直播混音和后期制作混音之间，在现场混音和演播室混音之间仍然存在着一些重要的差别。

直播混音(live mixing)意味着在制作的同时组合和平衡声音；后期制作混音(postproduction mixing)则是在录像带片段制作完成之后到音频制作室里制作最终的录像带音轨。

1.演播室直播混音

演播室混音的范围可以从为新闻记者的颈挂式话筒进行增益或在讨论期间平衡几组成员的声音这类比较简单的工作直至更复杂的一些工作，比如在新闻报道时对各种声源进行转换，为摇滚乐队录音，甚或为如何识别潜在的入店行窃者这类互动多媒体节目录制一个戏剧场景。

2.ENG/EFP中的直播混音

ENG一般不需要混音器，可以将外部话筒插入摄录一体机的一个音频输入通道，将摄像机的枪式话筒插进另一个音频输入通道。

但在EFP混音中，总有一些任务使你不得不控制更多的声源，而不仅仅是两支话筒。甚至连报道当地初中新落成的多功能教室这样的简单任务，也可能至少要混合4支话筒：现场记者的话筒、演讲用的讲台话筒、观众的话筒和一支拾取学校合唱团声音的话筒。

图7-36 现场枪式话筒拾取进球声[①]

尽管话筒的数量比较多，但混音本身还是相当简单的。一旦为每个输入设定了强度，剩下的大概就是为采访记者或各个演讲者的话筒调整增益了，也可以为观众的话筒提高增益，如用于突出观众的鼓掌声等。虽然在紧急情况下将一支枪式话筒对准不同区域即可拾取到这样的声音，但多重话筒设置和便携式混音器还是能使你对声音进行必要的控制。

3.后期制作混音

后期制作混音通常在音频制作室里完成。在电视中，音频制作不仅涉及适当的音轨混音和质量控制，而且，如果不是特意安排的话，还会涉及视频与音轨的同步。正如前面提到的，计算机化DAW在混音和音频控制的各个阶段，特别是在音频/视频的同步中发挥着重要作用。但不要因此就假定计算机会为你做这项工作。即便是比较简单的音频后期制作任务，比如编辑谈话节目的音轨，比如给音频做一些润色，如过滤掉讨厌的嗡嗡声或为纪录片提供解说和背景音乐，都可能变成棘手而耗时的任务。即使经验丰富的音频制作人员也要在看似比较简单的润色上花费很长的时间。但不要担心，现在还不会有人要求你做复杂的音频后期制作，除非你已经在音频和视频制作的音频方面具备了丰富的经验。

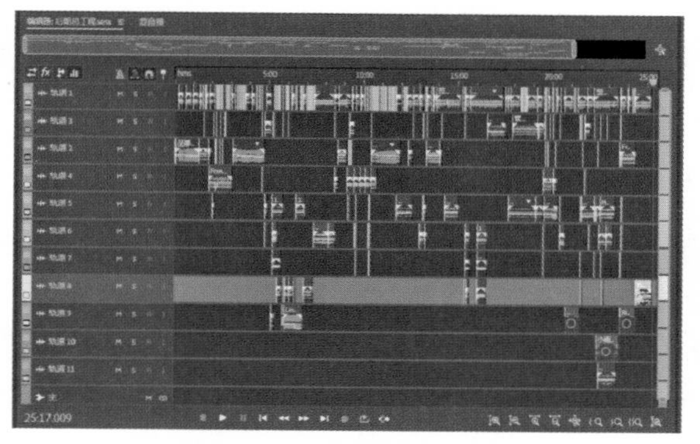

图7-37 AU制作界面

混录(mixdowns)将多个截然分开的音轨组合并缩减成立体声或环绕声轨，这是一件十分复杂的工作，无疑应该留给音频专家去处理。混合环绕声是一件特别复杂的事，它要求你不仅要处理复杂的听觉混音，还要处理复杂的空间关系。

4.声音质量的控制

声音质量的控制可能是音频控制中最困难的一部分。它要求你必须全面熟悉各种类型的信号处理设备(比如均衡器、混响控制、过滤器)，要求你具备训练有素的耳朵。和在混音中控制音量一样，对于如何使用这些质量控制装置，你必须小心谨慎。如果有可以过滤掉的明显的嗡嗡声或嘶嘶声，那就将它们过滤掉，但在完成初步的混音之前，不要尝试去调整每一个输入的质量。

例如，你也许认为警报的音效听起来太细，但如果将它与交通的声响混合，则尖细刺耳的警报声对于传达渐增的紧张感可能就非常理想。在做出任何最终质量判断前，结合与之相关的视频片段来听声音。那些单独听起来原本醇厚、丰富的混音在与冷酷、紧张的视频场景同步出现后可能就会失去那种特性。与电视制作的其他方面完全相同，你希望受众听见什么取决于你的交流目标和审美敏感，而不是设备的适用性及其制作能力。世上没有哪个音量表能代替审美判断。

最后请记住：好的电视音频的关键在于良好的原始拾音和敏感的耳朵，后期混音制作过程的所有类型音频设计都要花费一定的时间。[②]

本节执笔人：胡泽、王孙昭仪

① 详见schoeps官网：https：//schoeps.de/。

② 泽特尔.电视制作手册[M].北京：北京广播学院出版社，2004：211-214.

第六节｜声音播出技术

我国的电视广播技术起步较晚，最初是在不断学习、引进、消化、吸收国外先进技术的基础上发展起来的。从1956年起，原中央广播事业局就开始筹办电视广播，并选派技术人员到苏联、东欧学习，同时组成电视技术攻关小组。两年后，即于1958年试制成功我国第一套广播电视设备并提供给当时的北京电视台(即现在的中央电视台)试播。1958年9月2日，我国正式开播了黑白电视广播。①

图7-38　20世纪60年代后的中国广播节目

广播电台直播报道是一种常见的媒体形式，通过音频传输将新闻消息、节目等内容传递给广大听众。在广播电台直播报道中，常用的音频传输技术主要包括模拟传输技术、数字传输技术和网络传输技术。②

在如今的广播电视工程中，音轨是我们十分熟悉，且是一项很重要的技术。它包含了录制音频、节目管理及数字音频播出等领域。音轨的使用可以有效提高音乐类或语言类节目的质量，通过64轨数字硬盘进行录音，除了能在录音的过程中对音轨进行补录等工作，还能够对音频轨道进行扩展，满足民众对音频的需求，提高广播电视工程的服务质量。除此之外，云端存储技术可以对资源进行存储和共享，不仅可以让使用者快速找到所需要的音频资料，还能对海量的音频资源进行分析整理，提高广播电视工程的管理效率。

而音轨模式的形成离不开长时间以来音频技术变迁的影响、在技术工作人员之间形成的习惯和行业约定俗成的工作默契。

音轨模式依托于播出系统技术，在数字化、网络化高度发达的今天，播出系统经过了一系列搭建、重组和修缮。未来，声音播出技术也将不断为了人们的音视频生活而发展和改进。

一、数字网络声音播出技术

模拟信号是指用连续变化的物理量表达的信息，如温度、湿度、压力、长度、电流、电压等，我们通常又把模拟信号称为连续信号，它在一定的时间范围内可以有无限多个不同的取值。

而数字信号是指在取值上是离散的、不连续的信号。③

所谓数字调制，就是电磁波的波形表示二进制。代表电磁波波形的参数有：电磁波的频率、电磁波的幅度、电磁波的相位。

(一)数字音频自动播出系统

在广播中心数字化网络化的发展过程中，比较重要的是播控系统音频数字化网络化技术的先进性，其中成功的范例很多。

图7-39　C&T 602型混音器

① 中国广播电视技术的发展历史［EB/OL］.(2020-06-27)［2024-02-07］.http：//www.minzhou8.com/xinwendongtai/xingyexinwen/19.html.

② 广播电台直播报道中的常用音频传输技术［EB/OL］.［2024-02-07］.https：//wenku.baidu.com/view/6ae42d700440be1e650e52ea551810a6f424c806?aggId=undefined&fr=catalogMain_&_wkts_=1706003178000&bdQuery=声音播出技术.

③ 文火冰糖的硅基工坊.图解通信原理与案例分析-12：无线调幅广播AM案例——模拟幅度调制与点对多点广播通信详解［EB/OL］.(2022-06-13)［2024-02-07］.https：//blog.csdn.net/HiWangWenBing/article/details/108568269.

20世纪90年代初，在我国只有少数电台使用单机的数字设备，如磁光盘录音机、数字调音台等。只有少量进口的音频工作站，因不能很好地结合我国实际情况，价格昂贵，未能被推广。90年代中期，我国自行开发的数字音频工作站进入市场，对广播技术向数字化迈进起到了强有力的推动作用，而且其种类和数量增多，如数字音频矩阵等，有些电台已实现了部分录制播出机房和部分音频信号传输的数字化，在全国范围内的一场模拟技术向数字技术变革开始了。

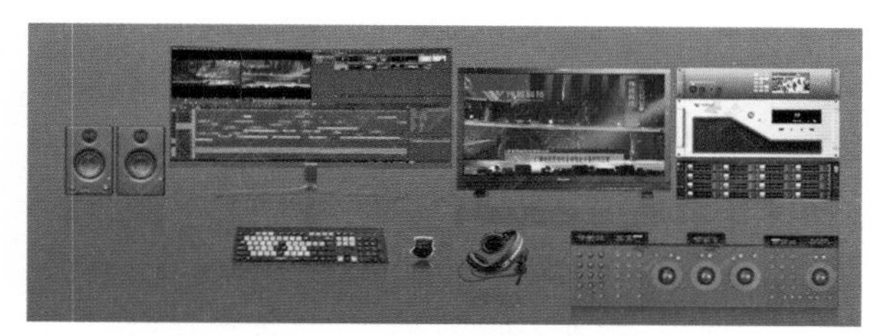

图7-40　音频制作系统[①]

到了21世纪初，在短短的几年时间，几乎所有的省级电台都先后完成了数字音频工作站制作播出工作，数字化的制作和播出机房的设置，总控机房数字音频信号的传输和调度。

在广播中心的数字化进程中，不管是录音、放音数字设备，还是调音台、传输数字设备，怎样推陈出新、更新换代，都没有摆脱传统广播节目的播出和传输的模式，只不过录音的载体从磁带转向磁盘。虽然音频工作站编播系统的应用是以计算机硬盘存储节目，网络化的资源共享及网上传输数字音频节目打破了传统的制作播出的广播节目工艺，但音频工作站的录制播出还要通过调音台来完成。

音频工作站系统不能替代传统的调音台，更不能取代总控机房多路音频的交换与分配等功能。可是音频工作站的成功实践，为广播播控系统音频的数字化和网络化奠定了坚实的基础。[②]

1.播控技术

广播中心的播控经历了从模拟技术到数字技术，进而到现在的数字化网络化技术阶段。

图7-41　四达北京总部播控中心[③]

最早建立的地方广播电台没有总控机房，播出机房十分简单。随着广播事业的发展到20世纪七八十年代，一般省级电台已经拥有两套以上的节目，应用播控技术较为广泛，此时总控机房和直播机房都是模拟设备，但其功能截然不同，分工十分明确。总控机房主要是接受直播机房播出信号和外部其他信号，并对其进行放大、分配和传输。而直播机房也可以接收到总控机房提供的各种信号。总控机房与直播机房音频信号传输只是连接几条音频线。20世纪90年代，广播电台系列台兴起，一般的省级电台至少拥有4个系列台，最多有八九个。总控机房到直播机房之间的连线明显增多，如随着监视、检测、报警等功能的增加，总控机房的功能也变得越来越强大。这时期，数字设备被大量引进和使用，总控机房的功能也越来越强大，模拟信号和数字信号并用。直播机房与总控机房之间的连线呈数倍的增加，汇集到总控机房的音频及其他功能线少则上百条，多则可达上千条。随着功能和设备的不断增加，播控系统会越来越庞大。这样就必然会带来检修和操作的不便，实用性和安全性下降等弊端，甚至会导致系统发生故障。因此，播控系统数字化网络化播出技术一问世，就备受广播技术工作者的关注和青睐。[④]

2.音频数字化

整体解决广播中心播控系统的数字化网络化的技术方案，不但全面实现了音频信号的数字化，

① VSedit系列非线性编辑系统[EB/OL].[2024-02-07].https://www.vshitv.com/vsedit系列非线性编辑系统.

② 张立阳.音频数字化网络化播出[J].音响技术，2005(8): 84-86.

③ 钟磊，程瑶.揭秘：中国影视剧是怎么走红非洲的？[EB/OL].(2018-09-05)[2024-02-07].https://www.163.com/dy/article/DQUSDTD405148EJK.html.

④ 张立阳.音频数字化网络化播出[J].音响技术，2005(8): 84-86.

而且整个系统全部实现计算机联网。数字音频信号在光纤或网线上传输，具有强大的智能化功能，实时全系统跟踪检测设备的工作状态。播控系统音频数字化网络化播出技术包括几部分：计算机网络、音频信号分配、监测系统、音频信号质量。①

3.应用实例

西湖之声广播电台从1997年年底开始筹划全台的数字音频自动播出系统，经过调研，他们选择了DE-200数字音频自动播出系统。该系统由杭州联汇电子技术有限公司开发，经过近一年的运行完全达到了预期的要求。数字音频自动播出系统覆盖了电台从节目录制到节目编排、节目播出、广告管理等各个环节，是由音频工作站、计算机网络、服务器和大容量音频资料库等构成。通过该系统可实现数字音频节目的共享、无带传输、网上调用和自动播出。自动播出系统按结构可分为集中式和分布式两种。集中式播出系统是将所有的音频接口(audio interface unit)集中在一台主机中，各工作站在操作时，只是通过网线给主机发出各种命令，所有的音频输入输出均在主机上完成。②

2003年5月广东人民广播电台投入使用的播控系统就是音频数字化网络化播出的成功范例：他们引进的是KLOTZ公司的“可调音频分配和接口系统”VADIS(variable audio distribution and interface system)产品，其核心是TDM时分复用总线系统，采用的模块多种多样，包括话筒输入放大器模块，模拟和数字(AES/EBU)的输入输出模块。光纤的输入和输出模块，控制器和同步模块等，用户可根据需要配置不同种类和数量的模块。

2005年时，河南人民广播电台新广播大楼正在安装的播控系统是引进Audix Broadcast公司最新ATM网络传输和交换技术，在ATM网络中传输音频信号，符合国际AES组织最新标准——AES47，总控机房信号交换核心设备是ASX-200BX/ACATM大型交换机，它的容量可达192×192路立体声的音频矩阵，通过ATM网络进行数字音频信号的传输，网线为普通的三类或超五类双绞线，在一条双绞线上可同时双向传输8路48kHz采样24bit量化精度的立体声音频信号。③

4.制定标准

2003年8月8日，国家广播电影电视总局科技司在北京组织召开了中央人民广播电台承担的《广播电台数字音频录音、制作和自动化播出系统》项目验收鉴定会。与会人员由广播科学研究院、广电总局设计院、中国电子科技集团三所、中科院声学所、中央人民广播电台等单位的专家组成。该成果致力于开发一套真正适合于我国电台专业特点和拥有自主知识产权的自动化播出系统。④

图7-42　海信基准级广播监视器⑤

(二)播出管理模式的变革

基于数字音频技术、计算机网络技术和多媒体技术的自动化播出系统改变了广播电台传统的广播节目制作、管理和播出模式，实现了节目的制作和播出的数字化、自动化。一套功能完善、使用方便的自动播出系统可以极大提高电台的工作效率，减少相关人员的工作强度，使节目的制作和播出更

① 张立阳.音频数字化网络化播出[J].音响技术，2005(8)：84-86.

② 董水仙.有关FM音频处理器在广播电台立体声播出中的应用[J].内蒙古科技与经济，2000(5)：89-90.

③ 张立阳.音频数字化网络化播出[J].音响技术，2005(8)：84-86.

④ 朱峰，刘澎，姬海啸，等.广播电台数字音频录音、制作和自动化播出系统[J/OL].(2003-08-08)[2024-02-07].https：//kns.cnki.net/kcms2/article/abstract?v=A4c134OkBY9qGuG6VYcihJeLH_A44aS8nOo-4mOS_LjzHzc0ypyTHFVP3f3RuEi7ut5OSt8WTP1aoBrAF695o8jDKS_r0i00_SW4Ebey20l5kBrbEj8kwdXtRSHVCGBRvHFYFZV6yZLIceJ2Modz3A==&uniplatform=NZKPT&language=CHS.

⑤ 姚科技.奥运会上的创新科技：央视直播首次采用国产基准监视器[EB/OL].(2021-07-23)[2024-02-07].https：//www.sohu.com/a/479160885_380891.

加丰富多彩。

传统的电台播出工作模式中大多是由各机房完成节目制作后通过节目编排人员手工编排，打印节目播出表单，由总编室加入广告等计划插播的节目后进行审定，形成实际播出表单，送至播出机房。播出机房根据节目播出表单汇总所有播出节目的磁带、MD、CD等媒体介质，由主持人依照打印出来的节目单按顺序播放。某些情况下（比如广告）甚至需要另外通过录音机串编成带，然后再提交至播出机房，由此产生了许多诸如环节多、工期长、工效低、人为失误故障率高、人员费用开支高等诸多问题。而且使用传统的开盘带，对于音频编辑和剪辑十分麻烦，一是修改错误或者去掉其中不需要的部分的操作十分烦琐，主要靠剪刀和胶带操作，而且剪辑的精度十分差。①

在2011年的时候，全国有几家广播电台自动播出系统提供商，如：北京英夫美迪数字技术有限公司、杭州联汇数字科技有限公司、湖南双菱电子科技有限公司等，这些厂商提供的自动播出系统是专门针对大中型电台应用开发的，具有严格的权限管理和流程管理，都采用 SQL Server 等大型的数据库系统，具有极高的稳定性。目前主要是大中型电台采用这些专业的广播自动播出系统，因为这些大中型电台规模较大，资金较为充裕，对系统的稳定性、安全性要求较高。

而对于一些规模较小的县级电台，首先是由于资金的限制，使用大型数据库有可能超出他们的财政承受能力，他们不可能购买价格相对昂贵的专用自动播出系统。其次，目前的播出系统为了适应大型电台的要求，都具有严格的权限管理措施，所有节目都具有多级审核制度，所有的操作都有权限限制。这样提高了播出的安全性，但牺牲了操作的灵活性。而小型电台由于人力有限，希望拥有一套高度灵活的播出系统。因此，那时，许多小型电台采用类似千千静听等通用播放器来实现节目的自动播出。使用这些通用的播放器有许多优点：实现自动播出的成本十分低，没有权限限制，可以随意播放。缺点：由于是通用的播放器，因此缺少部分电台专用播出系统所具备的功能，比如倒计时播出、自动垫乐等功能。还有由于播出软件只是一个独立的播放器，不可能实现和节目制作管理软件的无缝衔接和融合。②

顾名思义，自动播出系统是一个利用现代计算机IT技术实现广播自动化播出的一个系统，它是一个涵盖广播电台节目采、编、播等各个环节的系统，可以完成从主持人录节目（节目采集）到节目编辑制作完成后的编单（编），最后由播出站进行自动播出（播）的一个完整的流程。自动播出系统是一个典型的网络系统，它由服务器、网络交换机和各种功能站点构成，需要播出的音频文件以及节目单数据库等都存放在服务器上，其余站点都是通过网络访问服务器来进行节目制作和播出。

图7-43　中央广播电视总台体育频道播控室③

一个完整的自动播出系统包含多种功能站点，比如：播出站、节目制作站、广告管理站、音乐资料管理站和节目审核编单站等。

节目制作站主要用于广播节目的制作，其核心功能是音频编辑和节目管理。

审核和编单站用于对制作完成的节目进行审核，经审核同意后的节目就可以安排到播出单上了，我们称安排、编排节目单的动作为编单。

播出站的主要作用就是按节目单的编排，进行全自动的播出。同时能满足主持人在直播间播出时实现音乐资料查询、节目单临时编排、手动播出、播出提示等功能。

①② 兰刚.小型电台广播自动播出系统播出站设计与实现［D］.成都：电子科技大学，2011：1-3.

③ 姚科技.奥运会上的创新科技：央视直播首次采用国产基准监视器［EB/OL］.(2021-07-23)［2024-02-07］.https://www.sohu.com/a/479160885_380891.

广告管理站主要作用是进行全台广告的管理，其包含广告合同管理、广告制作、广告播出安排(广告编单)等功能。由于广告收入是广播电台主要的经济来源，电台对广告管理十分重视，因此一般电台都配备有专门的广告管理制作站。

音乐资料管理站主要用于歌曲等音乐素材的管理，和普通节目制作不同，它需要 CD 抓轨功能，能直接从 CD 碟上获取数字音频，而且音乐资料对节目信息的要求和普通节目不一样，它需要歌词、歌手背景等普通节目不具备的一些信息，因此大多电台也专门配置有音乐资料管理站。[①]

二、音频同步和音视频同步

全数字播出系统已在全国各地广播电台得到了应用，许多电台采用专业广播级的数字调音台和数字矩阵作为核心播出主传输链路，配置网络化监测和网络化矩阵作为备用传输链路，借助控制软件对主播出传输链路上的数字或模拟音频信号进行取样分析，并切换相应的应急处理信号。目前正在使用的数字播出调音台和播出矩阵大部分来自欧美生产厂商，而网络智能化监控系统则由国内公司自行研发，大多通过无源分配的方式在播出传输主通道上对关键节点的数字或模拟音频信号进行取样，然后转换为网络音频信号进行分析并实现各种监测电平显示、报警和自动启动相应的应急切换。虽然该系统结合了对机房环境温度、湿度以及保安视频监控的一体化显示和记录，但不具备对直播调音台和播出矩阵系统内部数据如系统内同步、取样频率、电平和相位以及设备机箱内部温度和湿度数据的监测，而不能提供设备故障前的预警。[②]

(一)音频接口与时钟

主流的数字音频接口有三种，分别是：传输双声道线性PCM编码的AES/EBU和S/PDIF，以及传输多声道线性PCM编码的MADI。其中AES/EBU和MADI适用于专业领域，S/PDIF则适用于民用领域。现在的数字演播室主要是用AES/EBU标准。

图7-44　中央广播电视总台体育频道演播室[③]

原始的音频信号是模拟信号，所以我们必须对它进行A/D转换，其中就涉及采样频率。目前主要有三种采样频率：32kHz(专业传输标准)、44.1kHz(消费级标准)和48kHz(广播级音频标准)。目前演播室里面的数字音频一般采用48kHz的采样频率，它与32kHz有简单的换算关系，便于进行标准的转换。

数字音频系统的同步方式可以分成两种，分别是Genclock与Masterclock。那么，怎么理解Genclock方式呢？ AES3标准中规定，除了MADI接口之外，所有的接口或数据源所输出的音频数据都带有嵌入式时钟信号，接收端可以从码流中提取时钟信号。目前，很多数字音频设备基本上都可以当作基准信号源。例如，我们可以把其中的一个设备(如数字调音台)的内部时钟作为基准时钟信号源，则这时调音台实现内同步，其他设备从接收到的音频码流之中解出调音台的时钟，实现音频系统同步。

但是，这种方式存在一定的缺陷。因为AES11规定，只要数字输入信号与数字基准信号时间误差在1/4取样周期之内以及输出信号与基准信号误差在1/20取样周期之内的话，该设备就会被认定为已经同步。这样的话，随着级联的不断增加，产生的定时误差就会相互叠加，最终使得系统不稳定。另外，如果被我们定义为时钟源的某一设备经常断开

① 兰刚.小型电台广播自动播出系统播出站设计与实现[D].成都：电子科技大学，2011：1-3.

② 张晨，邹璐璐.网络化音频传输技术在播出系统上的应用新进展[J].声屏世界，2015(S1)：6-8.

③ 姚科技.奥运会上的创新科技：央视直播首次采用国产基准监视器[EB/OL].(2021-07-23)[2024-02-07].https：//www.sohu.com/a/479160885_380891.

连接，系统就会无时钟输入进而变得不稳定，这样，系统也是极不安全的。

Masterclock方式就能很好地克服以上两个缺陷，而且它也是我们目前在搭建数字演播室时常常采用的一种方式。所谓外部时钟，就是安装一个独立的主时钟发生器，并让所有的音频设备与其同步，这时除主发生器以外的音频设备都设为外部参考时钟。这样做的好处是，无论你的系统多么复杂，每个音频设备都直接和主时钟发生器相连接，可以避免级联带来的问题。另外，主时钟是一个独立的设备，当我们对音频系统做改动时，不会影响其他设备的正常运行。当前比较常用的一种是直接输入BNC端子的WORD CLOCK信号，它是频率等于取样频率的方波信号。①

（二）音频分时比对系统

音频比对是一种音频分析和处理技术，可以对标准音频和被检测音频进行一致性分析并给出量化结果。为了准确地进行信号比对，音频比对系统需要对被监测音频的采样数据和标准音频的采样数据进行一一比对。②然而在音频比对系统中，比对数量与计算资源之间的矛盾是一个普遍存在的问题。随着比对数量的增加，需要消耗的计算资源也相应增加。而计算资源的限制可能会导致系统无法对大量的音频进行比对。③

调频广播的播出质量及播出安全一直是社会关注的问题。为了在传输和播出调频广播信号的过程中能够实时监听监测到空收信号的内容和信源的内容是否一致，避免信号因自然环境、非法干扰、设备故障的影响，造成停播、错播、非法插播、劣播等故障，2018年10月，福建省龙岩市广播电视发射台组建了一套音频比对系统，针对福建省龙岩市广播电视发射台三个机房所有调频广播信源和相对应的空收信号进行节目内容比对的监测和预警。经过这几年的调试运行，取得了较好的效果。该系统可对同一频点的各路信源、中间传输和切换环节、发射端环节和远端接收环节之间音频信号的内容实时比对，及时发现信号中的问题，减轻机房值班人员的强度，提高调频广播安全播出的可靠性。

音频信号内容比对对声音节目的安全播出尤为重要，能对所有的信号及相对应的播出节目进行比对监测保证播出正常且内容一致，一旦有异常情况能自动实时报警。这就需要工作人员组建一个全台性的音频比对系统，从而减轻机房值班人员的强度，保障广播安全播出。

音频比对系统的建立对于构建广播电视安全优质播出系统有着重要而显著的作用，福建省龙岩市广播电视发射台音频比对系统建成以来，其在减少值班人员的工作强度的同时也极大地保证了播出安全，实现该台三个机房之间的互补监测，有效防止了因设备故障引起的停播、错播、劣播和对调频空收信号的非法干扰，使得安全播出水平由技术安全向内容安全迈进了一大步。未来福建省龙岩市广播电视发射台将继续挖掘比对系统的各项潜力，完善App报警系统的功能，通过比对系统的对外接口的扩展与切换系统对接，当信源出现异常时可及时切换防止出现错播，通过比对系统的对外接口的扩展与智能化监控监测平台对接，可将各项报警信息推送到平台实现集中管理。④

济南广播电视台隧道调频广播系统已建设完成 15 条隧道，总覆盖长度接近60km。隧道调频广播覆盖系统信号节点多，远端机数量多达 77 台。按照济南市广播电视台每台远端机播出 6 套节目比对来计算，音频比对系统要求计算的运算量为78×6=468(路)。如此大的计算资源，只能通过增加资金投入、增加服务器的数量或者使用更加高性能的计算机设备来满足比对需求。⑤

在隧道调频广播系统中引入基于云平台部署的音频分时比对技术，不仅可以有效地解决音频比对系统中比对数量和计算资源之间的矛盾，还可以作为现有监控系统的功能补充，从而发现插播、错播、劣播和无音频播出等多种播出事故，提高播出

① 黄敏嘉，聂金华.播出系统中的数字音频［J］.现代电视技术，2013(2)：138–140.
② 蒋进.基于数据链的播出一致性比对和应急系统［J］.广播与电视技术，2022(1)：110–115.
③ 高晖.基于云平台的音频分时比对系统设计［J］.电视技术，2023(6)：191–195.
④ 邓晓东.音频比对系统在调频广播播出中的作用［J］.卫星电视与宽带多媒体，2020(12)：17–20.
⑤ 高晖.基于云平台的音频分时比对系统设计［J］.电视技术，2023(6)：191–195.

的安全性和可靠性。为了实现这一目的，建设基于云平台部署的音频分时比对系统应具备这些技术特点：分时比对和定时比对功能、解决延时影响、智能算法、准确判断内容不一致情况、低漏检率和误检率、自动报警和微信推送功能、低成本低维护以及自动化。

图7-45　隧道[①]

基于云平台的音频分时比对系统方案通过现有隧道调频广播覆盖监控系统IP传输链路来实现。济南广播电视台隧道调频广播覆盖系统远端机内置FM监听模块，能够实现对FM信号的监测和解调，将音频实时压缩并回传，上传至隧道广播覆盖监控系统云平台，完成对远端机发射信号的监听和监测。

音频分时比对系统通过信源采集音频特征参数与被监测音频的特征参数比对，生成比对结果、相似度比对结果。信源音频与被监测的音频是通过云平台上的音频分时比对系统提取特征参数并进行延时补偿和自动化比对。音频比对算法采用了基于支持向量机(support vector machine，SVM)的机器学习算法对音频比对模型进行优化，使之能够根据节目内容进行比对模型参数的自我调节，从而达到自适应提高算法性能的目的。[②]

(三)AoIP网络技术与传统数字音频技术融合

德国DHD公司于2003年推出的52系列播出设备是新一代的基于专业无压缩网络音频传输平台的广播数字调音台和矩阵。其系统全面采用AoIP网络音频新技术，摈弃传统的音频处理机箱结构，形成以DSP集线器为中心的网络分布式架构，具备基于以太网络技术的千兆音频网络光纤接口，可在一个光纤通道上同时传输高达512路的千兆音频和控制数据包以及同步数据。该系统具备丰富的网络化控制管理、监测与智能灵活的应急切换功能，不仅实现了播出系统以AoIP技术进行无压缩音频传输，并且具备对播出核心设备内部状态以及光纤传输通道上的网络化监控及智能应急处理能力。[③]

图7-46　AoIP直播[④]

随着我国广播电视事业的发展以及融媒体时代的到来，广播播出频率数量不断增加，各套广播节目的播出形式、播出平台越来越多样化；同时国家对广播电视宣传事业日益重视，对安全播出的要求越来越高。广播播出系统不但要满足调频、中波开路广播及有线广播的播出需求，还要为各类型视频直播节目、各网络播出平台提供高质量、可灵活调度的节目信号资源。

与此同时，在以太网上通过IP流方式传输的低时延、高保真音频的AoIP(audio over IP)技术也日渐成熟，逐渐在国内外广播机构中得以推广和使用。广播播控与监测系统在经历了从模拟时代走向数字时代的TDM总线模式之后，也必将被网络化模式取代。因此，当下广播播控与监测系统的建设应该将AoIP网络技术与传统数字音频技术融合，混合应用于系统设计当中，以承担广播智能化、一体化、多

① 福州英诺电子科技有限公司.光纤温控器在高速公路隧道地铁光纤测温系统行业解决方案[EB/OL].(2019-03-22)[2024-02-07].http://www.fzinno.com/xwxq/1006173.html.

② 高晖.基于云平台的音频分时比对系统设计[J].电视技术，2023(6)：191-195.

③ 张晨，邹璐璐.网络化音频传输技术在播出系统上的应用新进展[J].声屏世界，2015(S1)：6-8.

④ 捷成世纪，您不可不知的网络化专业广播音频系统[EB/OL].(2016-04-08)[2024-02-07].https://www.imaschina.com/article/42038.html.

平台的安全播出任务。[①]

（四）音频的嵌入技术

由于音频信号的处理方式和特点不同，电视视频信号经过一系列传输设备后会产生图像和声音不同步的现象，即数字视频滞后于数字音频，根据中间环节的不同延迟差异程度不同。为了达到声音和画面同步的效果，提高系统直播的安全和稳定性，除了采用音频延时的办法，音频的嵌入技术也能取得很好的效果。因此，音频技术的加嵌、解嵌在很多电视台的播出系统中得到了广泛的应用。

1992年，AES/EBU（音频工程师协会/欧洲广播联盟）共同制定了数字音频的接口标准，即AES/EBU数字音频格式，现已成为专业数字音频较为流行的标准。数字音频嵌入（加嵌）是采用时分复用的方式，将AES/EBU声音数据与数字视频数据复用为一路信号，这样数字视音频成为一个有机的整体，不但能在一根电缆上传输视音频信号，而且避免了声音和图像不同步的现象。[②]

4K超高清制播技术是电视行业主流技术发展的方向。为了更好地服务于北京冬奥会转播报道，展示北京城市形象，扩大受众范围，提升传播效果，北京广播电视台新建冬奥纪实频道，并采取了4K超高清、高清、标清同播方式。近年来，超高清转播车、演播室及箱载系统等制作域系统如雨后春笋般在全国各地大放异彩。但在播出领域，国内的超高清播出系统的设计仍处于"摸石头过河"的探索阶段。北京广播电视台紧跟广电行业制播技术发展趋势，进一步拓展技术应用场景，丰富频道节目，以制播技术系统建设入手，打造冬奥纪实4K超高清频道。该频道于2020年12月30日早6点正式开播，是我国首个上星播出的省级4K超高清频道，也是国内唯一的超高清、高清和标清同播频道。冬奥纪实频道的顺利开播标志着北京广播电视台正式迈入超高清时代。超高清的技术升级实现了高分辨率、高动态范围、宽色域、高质量视音频等关键指标，有效提升了电视节目的视听效果，为观众提供了高品质的收视体验。

图7-47　冬奥会直播[③]

为兼顾高标清画面质量，确保广大高标清用户群体的收视效果，北京台引入体系化、标准化方法，起草了《北京广播电视台冬奥纪实4K频道超高清、高清、标清同播频道制播技术规范（暂行）》，梳理、细化了4K超高清同播频道制播技术要求，为开展电视节目制播业务提供了标准。

北京广播电视台冬奥纪实4K超高清频道是我国首个上星播出的省级4K超高清频道，也是国内唯一的超高清、高清和标清同播频道。该频道的开播，代表着我国在频道三播领域有了从0到1的突破，也代表着北京广播电视台的4K产业从无到有的飞跃。对于提升北京广播电视台品牌影响力、加快北京市广电技术迭代升级、促进首都信息产业融合发展、助力北京冬奥新闻宣传工作都具有重要意义。该系统已上线稳定运行5个多月（截至2021年6月），从实际使用效果看，系统运行稳定可靠，具备应对突发故障的能力及抗干扰的能力。[④]

本节执笔人：胡泽、王孙昭仪

① 吕晨.基于数字音频与AoIP技术的混合型智能播控监测系统的设计与应用［J］.广播与电视技术，2023(4)：106-111.

② 冯冰，柴佳杰.电视播出系统中的音频嵌入和解嵌技术［J］.西部广播电视，2012(12)：56-59.

③ 在场丨中传00后小白杨高质量服务冬奥电视转播！［EB/OL］.(2022-03-03)［2024-02-07］.http://news.cyol.com/gb/articles/2022-03/03/content_m2bwnFVKA.html.

④ 金强，董秀琴，张潇丹，等.4K超高清播出技术应用——北京广播电视台冬奥纪实4K超高清频道视音频系统设计［J］.现代电视技术，2021(6)：46-52.

第八章

视频信号的采集技术

第一节｜从电子管到半导体摄像器件

一、电子管

19世纪30年代，美国工程师V.K.Zworykin发明了具有实用意义的光电摄像管(iconoscope)。与早期的机械设计相比，光电管能产生更强的信号，能在光线充足的条件下使用，采用特殊的聚光灯或旋转圆盘来捕捉明亮光源发出的光。1933年6月，由V.K.Zworykin领导的RCA研究小组在新闻发布会上向公众展示了该光电摄像管，德国Telefunken公司向RCA购买了该摄像管的使用权，并制造了用于1936年柏林夏季奥运会电视转播的“Olympic Cannon”电视摄像机，如图8-1所示。

图8-1　1936年“Olympic Cannon”电视摄像机

1936~1946年，iconoscope成为美国主要的用于广播电视的摄像管，后来逐渐被灵敏度和清晰度都更高的超正析摄像管所取代。在CCD、CMOS这类半导体摄像器件崛起之前，电子束扫描摄像管(电子管)被广泛应用。电子管是整个系统中实现光电转换的关键部件，其性能的好坏很大程度上决定着摄像机的质量和寿命。

1945年12月，RCA公司用超正析摄像管的原型相机拍下了该类电子管的第一张照片，如图8-2所示。此后正式面世的超正析摄像管(Image Orthicon)的灵敏度和清晰度都有所提高。这种器件在光照充足时能获得精细的图像，其结构如图8-3所示。之前的光电管和中间正片管使用大量小但离散的光敏集电器和隔离信号板之间的电容，用于读取视频信息。但超正析摄像管采用来自连续带电集电器的直接电荷，生成的信号不受大多数外来信号的干扰，并且可以产生极其细腻的图像。由于该种摄像管呈对数函数的光敏特性，更符合人眼视觉特性，也被广泛地用于早期彩色电视摄像机中。但该器件存在很多缺点，使用超正析摄像管所需的最低照度要求不低于2000lx，因而摄像机对环境的适应性不强，一旦低于此照明条件，成像水平急剧下降。

图8-2　超正析摄像管原型相机所摄照片

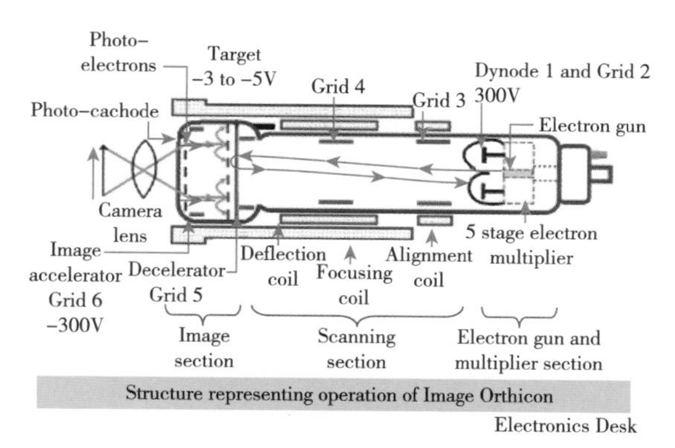

图8-3　超正析摄像管(Image Orthicon)

为了进一步降低摄像管的成本并优化性能，1952年，RCA发布了一款商用高灵敏摄像管(Vidicon)。该摄像管采用了贝尔实验室授权的晶体管技术，Vidicon管长约为12至20厘米，直径为1.5至4厘米，由控制网格G1、加速阳极G2、进一步加速阴极和电子束的加速网络G3，以及减速阳极G4等部分组成，如图8-4所示。Vidicon具有成本低、体积小、结构简单易操作的特点，主要应用于广播电视事业和工业电视事业，如闭路电视。在研发出来时，它们非常受欢迎，但由于光导滞后和电容滞后导致的图像滞后较为明显，后续研究人员又对此做了改进。

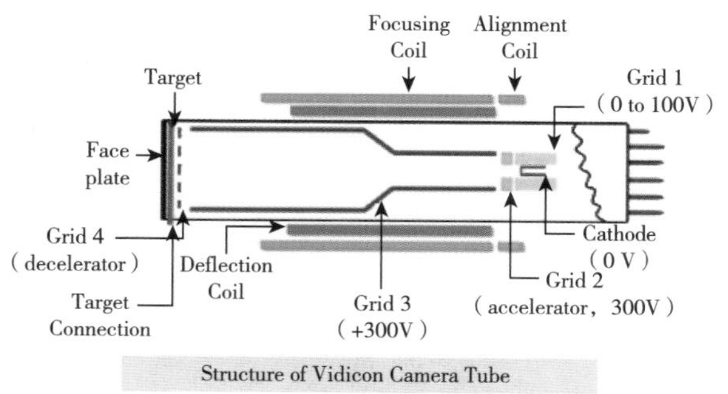

图8-4　Vidicon摄像管

1963年，荷兰飞利浦公司研制出了氧化铅视像管(Plumbicon)，结构如图8-5所示。不同于Vidicon，当光线落在目标表面时，Plumbicon会从PIN二极管目标结构的n区域发射电子，内在层提供了高电场梯度，这使目标板上的电子迅速扫描，从而防止像Vidicon那样出现图像滞后。除了在很大程度上解决了图像滞后的问题外，该款光电管为摄像机高性能化、小型化奠定了基础。由于Plumbicon更适用于彩色电视，它的诞生促使彩色广播电视摄像机的发展产生了一次飞跃。除此之外，Plumbicon在当时也被频繁地用于户外摄影。然而，Plumbicon依然存在制造成本高、使用时对光线要求过高、成像质量不稳定、寿命短的问题，所以其一直无法进入民用领域，只能在专业场合使用。

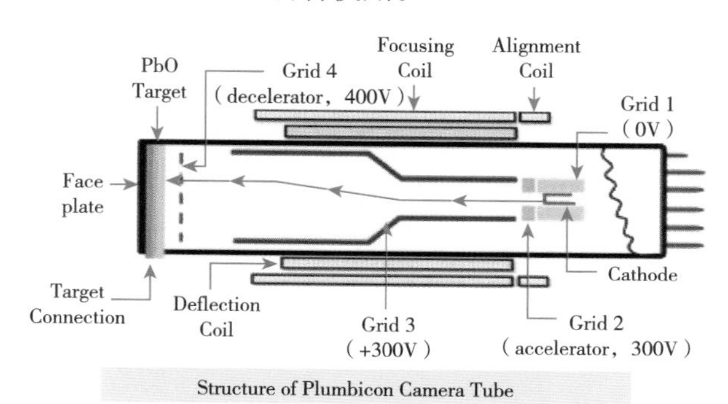

图8-5　氧化铅视像管(Plumbicon)

1971年，索尼研发了彩色摄像管Trinicon。在此之前有使用彩色条纹滤镜，即在摄像机里置放了每种颜色的管子，而Trinicon使用垂直条纹的RGB彩色滤镜覆盖在其他标准视频成像管的面板上，将扫描分成相应的红色、绿色和蓝色部分，而机身内只使用一根管子。Trinicon主要用于低端摄像机，如HVC-2200和HVC-2400型号。1980年后，索尼也将其用于一些中等成本的专业摄像机，如DXC-1800和BVP-1型号。

为了提供更稳定的信号，1973年，日立和NHK科技研究实验室共同研发了塞蒂康视像管(Saticon)。它的表面由硒(Selenium)组成，并添加了微量的砷(Arsenic)和碲(Tellurium)，使信号更加稳定，Saticon管的平均光敏度大大提高。同年，东芝公司生产的纽维康摄像管(Newvicon)对管表面的微量元素进一步改进，使之由硒化锌和碲化镉锌组合而成，该管的特点也为光敏度高。索尼后来将Saticon管与Trinicon的RGB色彩滤镜相结合，能提供高光灵敏度和卓越的色彩。这种类型的管被称为SMF Trinicon管或Saticon Mixed Field。SMF Trinicon管用于HVC-2800和HVC-2500消费摄像机，以及第一批Betamovie摄录机中。

20世纪90年代，人们在使用过程中发现电子管摄像机有很多不足，对于某些类型的电子管，涂层材料经过一定程度的使用后性能会下降，释放电荷的能力降低，造成第一幅影像在下一幅影像生成前电荷可能不能够迅速完全地释放出来，导致“拖尾”效应。此效应在拍摄运动物体时尤其明显。再有，如果摄像机长时间地拍摄某一物体，即停留在该信号源上不动，所成的影像会在摄像管上产生无法消去的灼痕。此外，电子束在穿过摄像管时是由磁场控制形成一道弧形，这并不能做到很精确，会造成图像边缘的失真。对于电子管而言，磁线圈与玻璃管组装件易受震动干扰，整部摄像机的工作状况也会受电磁场干扰的影响。

20世纪90年代初，电子管摄像技术不再发展，逐渐被半导体摄像器件代替。

二、半导体摄像器件

（一）CCD（charge coupled device）摄像器件

CCD的发展可大致分为三个阶段。1969年，CCD在美国贝尔实验室诞生，经过将近20年的努力，在80年代后期形成了高品质高分解力的CCD。90年代后，CCD摄像技术更是迅速发展，各项性能进一步优化，形成了成像质量高的优质摄像器件。

1969年，维拉·博伊尔（Willard S. Boyle）和乔治·史密斯（George E. Smith）在美国贝尔实验室（bell labs）研究MOS技术时发明了CCD，如图8-6所示。起初，CCD作为存储设备使用，但由于CCD对光敏感这一特性，它又被用作电视摄像机的图像传感器以此记录影像信号。博伊尔和史密斯成功概括了CCD的基本结构，定义了运行原理，并给出了包括电路在内的完整设计。该设计的本质是电荷能够沿着半导体表面从一个存储电容器转移至另一个存储电容器，两人也因此获得了2009年的诺贝尔物理学奖。包括Fairchild，RCA，Texas Instrument在内的几家公司都采用了这项发明并开始了CCD摄像技术的研发计划。

图8-6　CCD的发明者博伊尔和史密斯

1973年，半导体制造商Fairchild推出了第一个用于摄像的实验性CCD，如图8-7所示。该CCD的曝光像素为100×100。此后，该CCD投入市场开始商用。Fairchild公司生产的这枚CCD在摄像领域有着极为重大的意义。1974年，这枚CCD被使用在了一支8英寸直径的天文望远镜上，并获得了第一张由CCD感光得到的天文照片，如图8-8所示。同年，该CCD生产线设计完毕，批量生产变成可能，此后CCD迅速商业化。得益于首枚实验性CCD摄像机拍摄的天文图像引起了巨大的关注，柯达敏锐地发现了CCD作为影像传感器的可能。1975年，一名柯达电气工程师Steven Sasson发明了第一台完整的CCD数码相机，使用的CCD正是之前的Fairchild CCD。该相机重8.5磅（3.85kg），使用16节AA电池，需要23秒的时间来生成和存储一张照片。

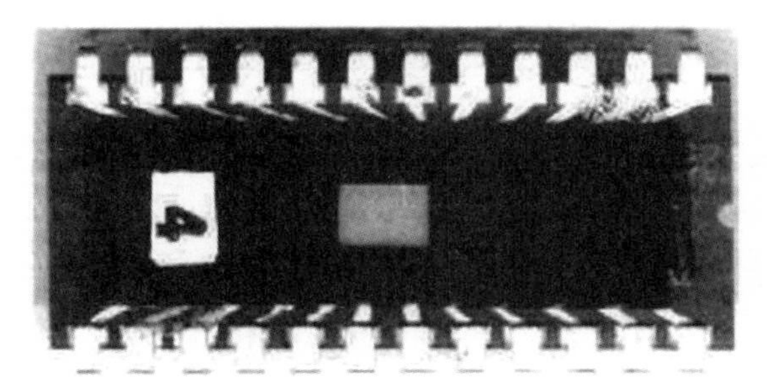

图8-7　Fairchild CCD

图8-8　首张月球表面的CCD成像图

起初，Fairchild CCD只能拍摄黑白照片，因为早期的CCD只感应亮度信息而不感应色彩信息。为了解决这一问题，能够使用CCD拍摄彩色照片，柯达公司继续对CCD进行深入研究，并取得重大成果。1978年，柯达实验室的博士拜尔创造性地构思了拜耳滤镜。该传感器一度成为低成本且最常见的彩色图像传感器。不同的传感器元件上采用不同的化学染料制成的色凝胶，这些色凝胶分别对红、绿、蓝敏感，使用彩色滤镜阵列，将红光、绿光和蓝光传递给特定的像素传感器。拜耳滤镜矩阵通常采用每1个红色像素和1个蓝色像素配上2个绿色像素，即B-G-G-R 的记录方式，如图8-9所示。研究发现，人眼对绿色更敏感，拜尔滤镜这样的矩阵排列方式就是为了模仿人眼，但这种方法也导致红色和蓝色的分辨率较低。缺失的颜色样本可以使用色彩空间插值法，即依据某点相邻像素所提供的原色信息来计算出该点的颜色。拜尔滤镜的发明极具意义，此前能拍摄彩色照片的摄像管体积过大，而单片彩色 CCD 摄像技术为后来照相机和摄像机的小型化奠定了基础。

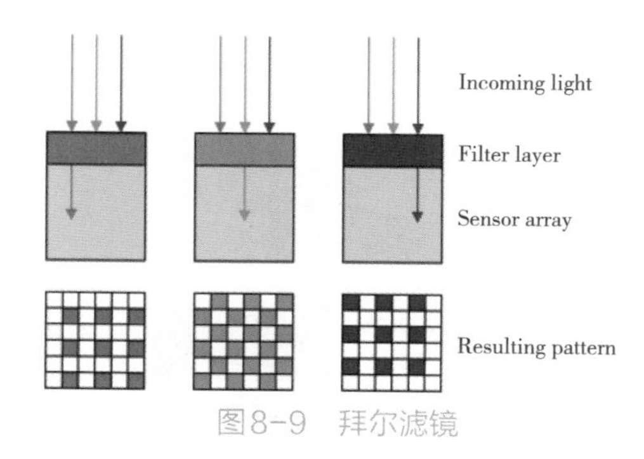

图8-9　拜尔滤镜

与柯达公司相比，索尼在当时作为世界上数一数二的半导体厂家似乎和胶片公司柯达的研究方向不同。但事实上，索尼是最早从事CCD制造研究并将其运用在摄像机上的厂商之一。1970年，在CCD被发明之后，索尼开发团队中一个叫越智成之的年轻人立即对CCD产生了很大的兴趣并展开研究。他开发了几个原型，其中第一个就是能捕获8个像素的CCD，采用8组光探射器和发射器来接收光信号，并将其转换为电信号。1972年，越智成之成功地用8×8像素的CCD成像了字母“S”，该图像柔和且有些失焦，如图8-10所示。1973年，时任索尼公司副总经理兼中央研究所所长岩间和夫发现了越智成之对CCD的研究。他非常看好CCD的前景，认为与传统的电子管摄像机相比，CCD摄像机体积更小，同时能有更稳定的图像处理能力。索尼也开始了关于CCD的重点研发工作。

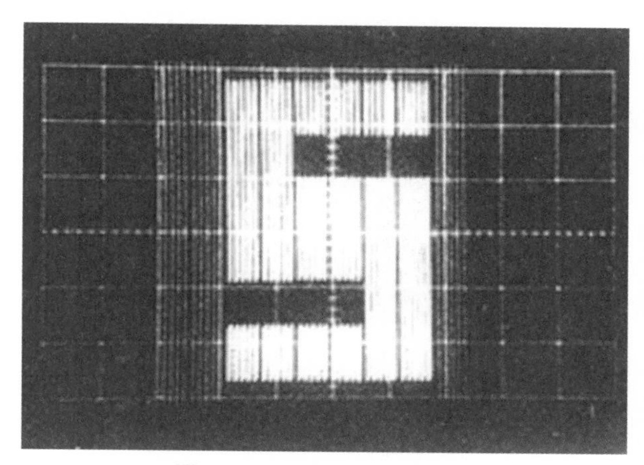

图8-10　8×8像素的“S”

20世纪70年代初是CCD技术发展还很原始的阶段，很早面世的Fairchild CCD仅有的一万像素是远远不够的。索尼认为要想制造出有竞争力的CCD摄像机，最低的标准是十万像素。按照当时的集成电路技术和制造业水平，要在一个集成块上生产具有十万个元件以上的CCD几乎是不可能的。为制造出目标CCD，索尼投入高达200亿日元，其中的30亿日元用于项目研究。面对加工制造所需的专业技术以及大量生产时的技术累积，索尼在技术方面累计投入了170亿日元。研发过程虽缓慢但稳步进行，工程师们将像素数量从2 000个增加到8 000个，再到70 000个。最终在1978年，生产出了像素达12万的CCD，此CCD在1979年正式商业化为“ICX008”。1980年1月，ICX008安装在第一台CCD

彩色摄像机“XC-1”中，如图8-11所示。XC-1安装在ANA的巨型喷气式飞机上，用于在起飞和着陆时将驾驶舱的图像投射到机舱中。然而，该阶段生产出来的CCD良品率很低，只有几百分之一的成品可用。之所以良品率低与CCD的结构有很大关系，基本的CCD只有三层结构，商用CCD却有几十层。如果其中的某几层扩散不均匀，那么就会导致电参数不均匀。而电参数不均匀的结果就是每个像素感光的能力不同，图像就没有一个准确而统一的亮度标准，那么这块CCD也就失去了商用价值。随着CCD的像素增高，对于层与层间扩散均匀性的要求自然更高。此外，70到80年代没有成熟的无尘生产环境，由灰尘而导致的不良品同样占到了一个很大的比重，而这个问题直到90年代初才解决。

图8-11 XC-1

进入20世纪80年代，人们对摄像器件小型化的需求进一步增大。为此，1981年，在XC-1成功的基础上，索尼公司开创性地采用了成熟的小型化设计，发布了MAVICA。MAVICA使用大小为10mm×12mm的CCD，很好地满足了人们这一需求。同时，其具有27.9万像素，达到较高的成像质量。此台设备标志着摄像机模拟时代向数字时代跨越了一大步，开始了长达十余年的电子静态摄像机(ESVC)时代，ESVC没有内置的A/D转换器，图像以模拟形式储存在磁盘上，这些图像需要在带有帧抓取器或显卡的计算机上进行数字化，才能生成真正的数字图像。MAVICA使影像市场意识到CCD在摄像领域的巨大潜力。受此影响，德国潘太康(Pentacon)、日本松下(Panasonic)、富士(Fujifilm)等公司纷纷投入CCD摄像的研发过程中，不约而同地发布了自己的CCD照相机和摄像机。

图8-12 Pentacan camera

图8-13 Panasonic camera

图8-14 FUJI-ES1

各大公司都致力于CCD摄像技术的研究，这也加速了CCD技术的进步。大规模使用CCD的时代终于来了。1985年1月，索尼发布了8毫米CCD摄像机CCD-V8，如图8-15所示。其“眼睛”为具有25万像素的CCD芯片ICX018，但CCD-V8是手动对焦的。为了适应市场对于自动对焦摄像机的需求，索尼随后又迅速推出了AF自动对焦的摄像机。

图8-15 CCD-V8

20世纪80年代后期是各大公司竞争像素的时代，追求高像素是这一阶段发展的重点。同时，CCD中单位像素面积的缩小使得其受光面积减少，感光度也变低。为改善这个问题，索尼在每一感光二极管前装上经特别制造的微小镜片。这种镜片可增大CCD的感光面积，因此，使用该微小镜片后，感光面积不再由感测器的开口面积决定，而是以该微小镜片的表面积来决定。所以在规格上提高了开口率，也使感亮度因此大幅提升。1986年9月，CCD像素突破百万，柯达发布了达到140万像素的CCD。同年，索尼推出了 MAVICA 的后续机型PROMAVICA。但是，在不断提高像素的过程中，生产制造环境始终无法达到无尘环境，这也意味着即使到1986年，世界范围内依然没有大量生产CCD的能力。

20世纪90年代初，无尘化问题终于得到解决，CCD像素也随着制造工艺的提升进一步飞速发展。在广播级摄像机中，CCD摄像技术基本取代了传统的电子管摄像技术。1991年，索尼发布的SEPS-1000已经达到了400万像素的水平，该摄像机也开始量产。

图8-16 SEPS-1000

而CCD的单位面积也越来越小，受面积限制，索尼之前开发的微小镜片技术已经无法再提升CCD的感光度。如果一味提高CCD内部放大器的增益，CCD会变得易受杂讯干扰，从而导致成像质量下降。为了解决这一问题，索尼将以前在CCD上使用的微小镜片的技术进行了改良，将镜片的形状进行优化，提升光利用率。索尼的SUPER HAD CCD技术的改进使CCD在感光性能方面得到了进一步的提升。

随着CCD技术的不断推陈出新，微处理器的技术以及大规模集成电路微型化的技术也在不断发展精进。接着，摄录一体机问世，摄像和录像分开的历史就此结束。1995年，索尼推出了VX1000摄像机，如图8-17所示。该摄像机使用Mini-DV格式的磁带。为了提升色彩效果，其采用3CCD传感器(3片1/3英寸、41万像素的CCD)，并配置了10倍光学变焦、光学防抖系统，在1995年发布时的售价为4000美元。DCR-VX1000一经推出，就在新闻界和制片界引起了轰动。此前，记者使用的摄像机机身巨大并且比VX1000价格昂贵十倍以上，在面对极端天气或其他恶劣的采访条件时会面临损坏昂贵器材的风险。而DCR-VX1000的画质与原来的摄像机相差无几。不仅如此，该摄像机还深得滑板玩家的喜爱，因为VX1000配备提手，使得其在运动过程中的拍摄较为稳定，并且摄像机配有鱼眼镜头，更能展现滑板爱好者的街头特质。VX1000的发布是影像史的一次重大进步，CCD家用摄像机得到的图像终于有机会获得真正的高品质的、可以和专业摄像机相媲美的图像了。

图8-17 VX1000

在20世纪90年代末期，随着CCD像素的不断提高，如何平衡高像素与感光性能迎来了新的技术瓶颈。一方面，增大面积的确可以提升像素数量，但大尺寸CCD不仅制造困难，成品率低，并且成本非常高，难以推广；另一方面，如果保持面积不变，像素发展至百万级千万级时，其感光度、信噪比、动态范围都会受到影响，从而降低成像质量。1999年，富士公司注意到了上述问题，研制出了第一代超级CCD(Super CCD)，它既能够增加CCD的性能又可以控制好成本。与普通CCD所采用的矩形光电二极管不同，超级CCD采用八角形光电二极管，并在各像素之间采用蜂窝状的排列方式，如图8-18所示，大大改善了每个像素单元中的光电二极管的空间有效性，光电二极管有效面积的增加显著提高了光吸收率，图像质量获得大幅提高。2001年，第一代超级CCD荣获了授予CCD的固体摄像元件优秀研究成果的“沃尔特·科索诺基奖”。

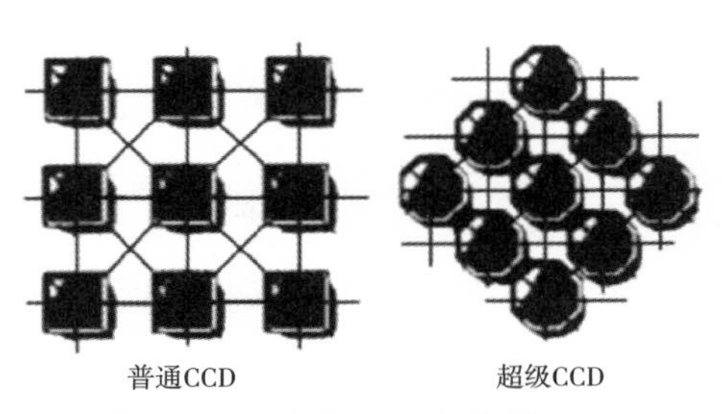

图8-18　普通CCD与超级CCD

为了进一步提高图像质量，改进细节，在第一代超级CCD获奖的同年，富士公司又推出了第二代超级CCD，在像素数较初代进一步提高的基础上，进一步降低了图像的噪声，提高了图像的锐度。2002年，第三代超级CCD采用了新的算法和新的芯片，能够实现感光度1600和拍摄速率30fps。一年后，第四代超级CCD Finepix F700在美国拉斯维加斯举办的2003 PMA(photo marketing association)展会中问世。无论光线强弱，该产品在极暗或极亮环境下都可以拍摄到清晰的画面。但在实际使用中人们发现，超级 CCD的分辨率远没有想象中好，在图像细节处不仅噪声明显，还会出现模糊的情况。在富士超级CCD技术褒贬不一的同时，整个CCD摄像技术的发展开始面临严峻挑战。

进入21世纪，在最初的几年间，CCD摄像机风头无两。2000年，索尼推出了在各大电视台以及电影制片领域风靡一时的摄像机PD150P及后续的PD190P。两年后，松下发布了具有独特图像处理风格的DVC180。2004年，索尼发布了最后一款使用 CCD 的准专业摄像机HVR-Z1C及其家用型号FX1。在CCD摄像技术看似繁荣的背后，其缺点也在逐渐暴露。

2005年10月4日，索尼宣布该公司生产的部分 CCD 摄像元件存在缺陷，引线框和芯片间的焊接部分老化脱落，从而导致拍摄时取景器和液晶显示屏无法显像和画面紊乱等问题。随后，包括佳能、尼康、美能达在内的多家公司相继宣布自家产品也出现了同样原因的CCD故障。此次 CCD 各类产品的技术故障涉及的品牌之广、型号之多、时间之长让人瞠目结舌。同时，此次事件也成为索尼等公司彻底将研发重点转入CMOS的直接原因之一。

CCD没落的根本原因在于技术发展过程中暴露的问题，主要有如下几点：(1)CCD的光敏单元阵列难与驱动电路和信号处理电路集成，图像系统为多芯片系统；(2)像元间信号的转移不够完美，在阵列尺寸增加的同时需要更加精确严格的电荷转移技术，否则将影响所获得的信号的完整性；(3)用于驱动的时钟脉冲复杂，需要相对高的工作电压，不能与亚微米和深亚微米的VLSI技术兼容；(4)不仅成本高，成品率也低，蓝光响应差，有光晕；(5)CCD电荷转移原理的限制导致其无法随机读取图像信息。

与此同时，CMOS图像传感器厚积薄发，开始悄悄崛起。

(二)CMOS(complementary metal oxide semiconductor)摄像器件

自1969年贝尔实验室提出使用固态成像器件，发明固体图像传感器后，CCD与CMOS几乎是同一时间段诞生的。但直到21世纪初，各类成像系统大多采用的还是CCD技术。早期的CMOS受制于当时工艺生产的技术水平，在成像质量、功耗、分辨率、噪声、光照灵敏度、动态范围等方面皆落于下风。

随着集成电路设计与制造工艺的发展，低成本、高质量、高成品率的CMOS传感器克服并改进了之前的缺点，而其固有的优势也逐渐显现了出来，例如可与其他CMOS电路兼容、工作电压单一、对图像的处理更简单快捷、对局部像素的可编程随机访问等，这使得CMOS传感器开始迅速占领市场，对其的研究也再次成为热点。

1963年，Fairchild半导体公司研发实验室的C.T.Sah和Frank Wanlass在国际固态电路会议上记录的文件中指出CMOS是N型和P型MOSFET晶体管的组合。这是CMOS技术首次在半导体行业被提到，Wanlass也为CMOS电路这一构思申请了专利，并于1967年获得批准，Wanlass绘制的CMOS装置结构图如图8-19所示。

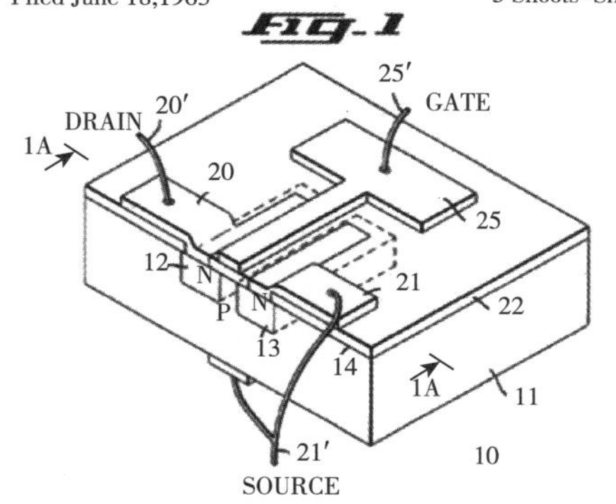

图8-19 Wanlass绘制的CMOS结构图

RCA在20世纪60年代末将该项技术用“COS-MOS”这一商标进行注册，其他的制造商不得不使用其他名字，而“CMOS”最终在20世纪70年代初正式成为该技术的标准名称。

CMOS 图像传感器的研发大致经历了以下3个阶段：

1.CMOS无源像素传感器(passive pixel sensor，PPS)阶段

1968年，Fairchild公司的Weckler提出了光电二极管阵列，在光电二极管阵列中，包含能以光子通量积分模式工作的P-N结、集成电容器和MOS开关，这是PPS的基础。PPS一直将此结构沿用至今，无较大变化。

PPS作为APS的前身，是一种光电二极管阵列，每个像素由光电二极管和MOSFET开关组成，像素结构图如图8-20所示。光电二极管可将光信号转化为电信号，储存电荷。在场正程内，MOS开关处于关断状态，光敏单元进行光电转换，存储电荷；到场逆程时，电荷积累完成，MOS开关打开，光电二极管与垂直的列线连通，电荷被送往列线，列线末端的电荷通过放大器转化为相应的电压量输出。

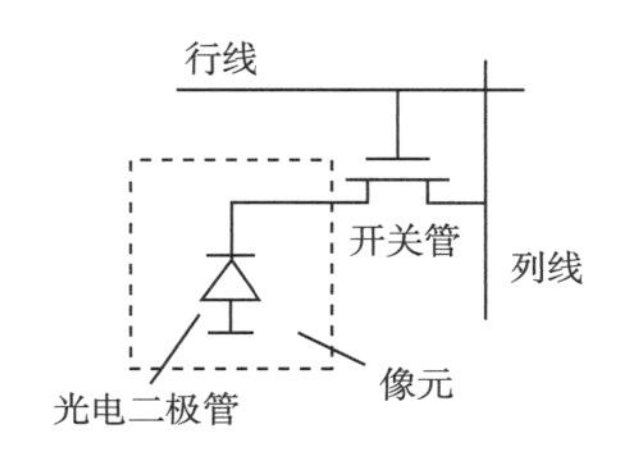

图8-20 PPS像素结构图

20世纪80年代，CCD摄像技术蓬勃发展，CMOS图像传感器技术与之相比处于完全的劣势，只有Hitachi和Matsushita两个公司继续研究。Hitaechi公司先后开发了三代CMOS图像传感器，并于1980年率先推出了基于CMOS图像传感器的便携式摄像机。后来，Hitachi放弃了CMOS图像传感器研发计划。

20世纪90年代初，无源像素传感器作为第一代CMOS图像传感器进入短波红外(short-wave infrared，SWIR)摄像机市场。与CCD相比，PPS感光效率很高，可以设计出的像元尺寸也更小，结构简单。但PPS存在很多不足，致命弱点就是读出的噪声过大，每个像元的导通阈值很难完美匹配，即当接受同样且均匀的入射光时，还会产生一些特定的噪声图形，称为“固有模式噪声”(fixed pattern noise，FPN)，一般为250个均方根电子。而当时商用CCD的噪声能控制在20个均方根电子以下。此外，用以驱动光敏单元的电压较低，当图像传感器规模不断增大后，多路传输线上寄生电容的数量也增加，导致传感器读出速度大幅降低，读出速率受到限制。因此PPS难以向超过1000×1000的大型阵列发展，这也限制了PPS在摄像领域的应用，其很快被APS代替。

2.CMOS有源像素传感器(active pixel sensor，APS)阶段

几乎在CMOS-PPS像素结构发明的同时，1968年，Peter J.W.Noble发明了有源像素传感器，该传感器为光电二极管型APS。研究人员意识到在像素内引入缓冲器或放大器可以改善提高像素的性能，即在每个光敏像素内引入至少一个(一般为几个)有源晶体管成像阵列，并在像元内设置放大元件，放大器可用于改善像元结构的噪声性能。常见的有源像素传感器又分为光电二极管型APS、光栅型APS，以及对数响应型APS多种结构。

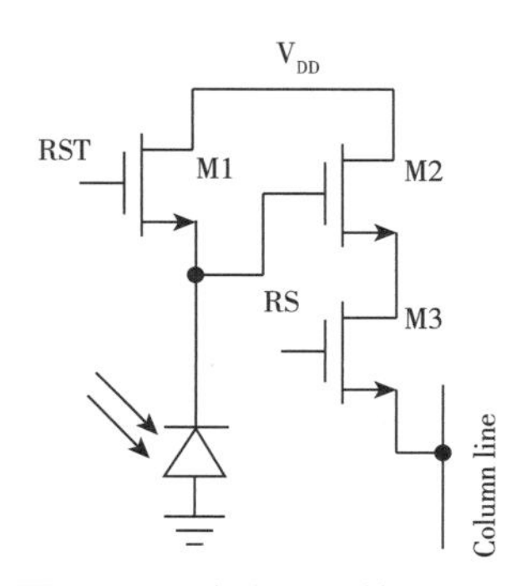

图8-21 光电二极管型APS

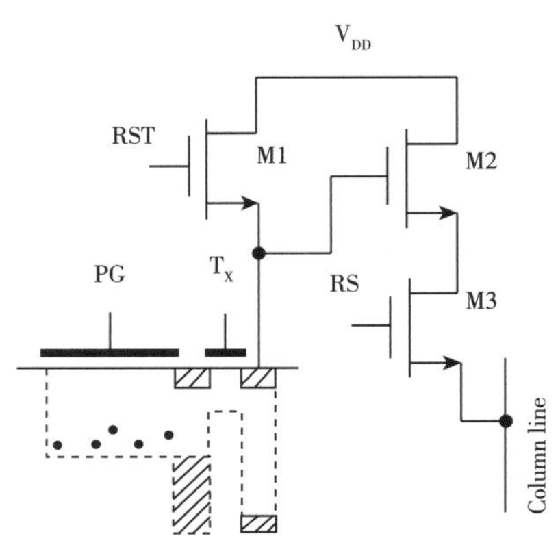

图8-22　光栅型APS

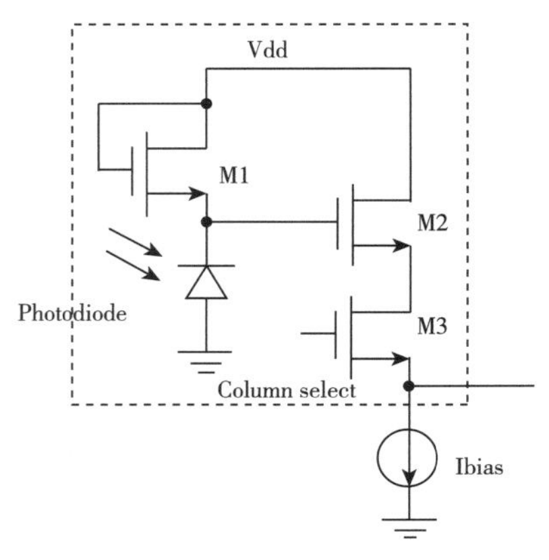

图8-23　对数响应型APS

CMOS-APS摄像机是第二代CMOS摄像机。相比于PPS，APS读出时的噪声更低并且读出速率高。此外，信号电压通过各个像素像元放大器后被切换到列缓冲器，然后直接输出，在转换的过程中没有信号电荷的流失，因而也就没有图像的拖尾现象。在20世纪80年代末至90年代初，日本东芝公司研发了自己的APS传感器。该传感器具有横向APS结构，每个像素都包含MOS光栅和输出放大器。在差不多同一时间，佳能也开发了基础图像传感器，只不过使用的不是横向结构的APS像素单元，而是垂直结构。

20世纪80年代末，英国爱丁堡大学电器工程系G.Wang等人成功试制出了世界第一块单片CMOS摄像机，该摄像机的主体是一块连接了6MHz时钟电路、5V电源、双极晶体管和电阻电容的超大规模集成电路芯片。该摄像机具有重量轻、功耗小、成本低、图像质量高等优点。它的研制成功，不仅是摄像机技术的一次突破，也拓展了专用集成电路的市场。

为了提高APS的实用性，1995年，美国宇航局喷气推进实验室(JPL) 研发了实用型CMOS-APS，成功地将APS与CMOS兼容，结构与东芝公司横向的APS类似，此类像素结构为光栅型APS。从此，CMOS传感器具备了在像素内传输电荷的能力。CMOS摄像机不仅可以捕获图像，还可以将所有的定时脉冲电路、控制电路以及包括模数转换在内的所有信号处理电路放在同一芯片上。JPL用其所开发的CMOS-APS芯片拍摄了一美元纸币上乔治·华盛顿的图像，像素为128×128，如图8-25所示。这一进步在航天摄像技术领域具有重大意义，采用CMOS-APS芯片的摄像机将使航天器摄像设备小型化，并显著降低了其功耗，同时避免了之前的摄像机暴露在太空环境时会受辐射影响功能退化的问题。

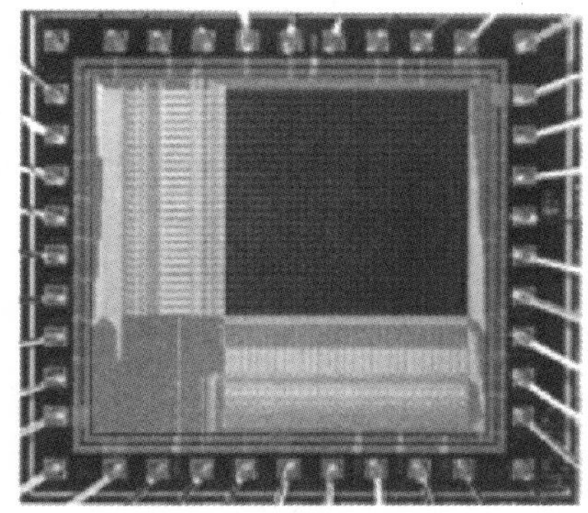
Chip（28×28 pixels）

图8-24　JPL研制的CMOS芯片

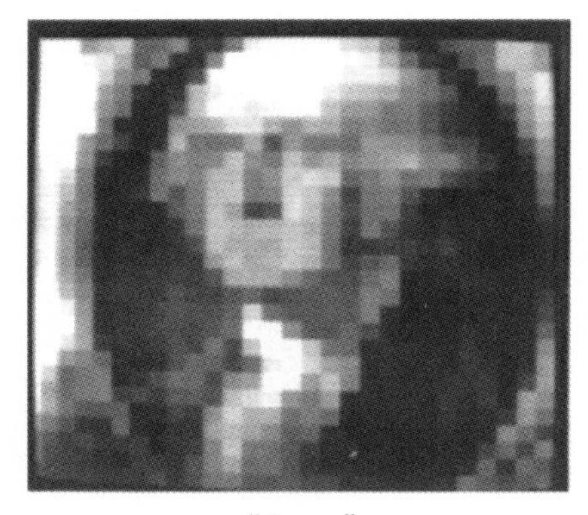
“George”

图8-25　JPL CMOS所摄景物图像

1993~1995年制造的早期CMOS传感器其实已经展示出了巨大的前景。显然，这项技术不仅能应用在太空探索上，也能适应地球上日益增长的摄像需求。然而，根深蒂固的CCD行业认为采用CMOS-APS传感器的摄像机优势很小，并且发展会非常缓慢。因此，尽管很多人试图将CMOS-APS这一技术传播起来，美国的制造业和工业更愿意把时间和金钱投资在CCD上，不愿意接触CMOS-APS这项新技术。

把CMOS-APS这项技术带进普通人生活里的，是在1995年，JPL团队的几名成员共同创立的Photobit公司将CMOS-APS技术商业化。Photobit公司在几年间发展至135人，并将摄像技术应用在网络摄像头、牙科X光片、可吞服药丸摄像头、高速机器视觉系统、汽车雨刮器、远光灯控制、驾驶员疲劳驾驶警告等众多场景中。最终，该公司在2001年被美光科技公司收购。到2001年，美光公司成为手机内置摄像技术的世界领导者。大约在同一时间，索尼和三星等其他一些大公司终于开始进行大规模的资本投资，并认真开发CMOS图像传感器。

20世纪90年代末，美国Omni Vision公司在CMOS摄像领域成为领头羊，相继推出了CMOS黑白、彩色模拟及数字输出新型单片CMOS摄像器件(OV5006及OV6600系列)。除了在功耗、重量、价格等方面拥有众多优点外，CMOS摄像机的机芯直径仅有五分钱硬币大小，而商用摄像机的普遍小型化也证明了业内对CMOS芯片的重视。CCD摄像头通常消耗更多的功率，耗电量更大，电池体积也更大。因此，使用CMOS芯片的消费级摄像机拥有更小且更耐用的电池，有助于减小摄像机的整体尺寸，系统安装也更为方便，这为CMOS进一步弯道超车起了重要作用。

进入21世纪后，对摄像机各种性能参数的要求也在不断提高。为了提高摄像机的信噪比和分辨率，2002年4月，美国Photon Vision Systems公司研发出一种高分辨率CMOS-APS图像传感器，采用的是光电二极管型的APS，它具有830万像素的分辨率(3840 × 2160)。该器件适用于数字电视、演播室广播、安全/生物测定学、科学分析和工业监视等应用场合。这种超高清晰度电视彩色摄像机可以最大30fps的速度拍摄2500万像素的图像(逐行或隔行扫描)。同样，IBM公司也将这种传感器集成到一种具有9.2M像素22.2英寸大小的液晶显示器中。该传感器使用了Photon Vision Systems公司的CMOS有源像素图像传感器技术，从而使该传感器的分辨率指标达到甚至超过CCD图像传感器。

但是，有源像素传感器在引入缓冲器和放大器来提高性能的同时也付出了增加像素单元面积和减小"填充系数(Fill Factor)"的代价。APS像元结构的填充系数较小，典型值为20%~30%。为了弥补该不足，CMOS-APS借鉴了CCD摄像技术中的"微透镜技术"，汇聚入射光并将其射向光敏单元，从而提高填充系数和信号质量。

3.CMOS数字像素传感器(digital pixel sensor, DPS)阶段

无论是无源像素传感器还是有源像素传感器读出的都是模拟信号，因此也被称为模拟像素传感器。而DPS技术的发明源于斯坦福大学长达八年以上的研究工作。像素单元里集成了ADC(analog-to-digital convertor)和存储单元，即能在片内将信号数字化，其结构如图8-26所示。其中，ADC是CMOS-DPS传感器的关键部件。目前集成ADC的方法主要分为三种：像素级集成、列级集成和芯片级集成。

数字像素传感器通过使用数字信号的像素单元以及数字逻辑电路，达到了电子快门的效果，高速的数字信号读出有别于之前的模拟信号读出，没有列读出噪声和固定图形噪声。此外，由于DPS充分取数字电路之长，工作速度更快，功耗进一步降低，性能也很快达到并超过CCD图像传感器，实现了系统的单片集成。

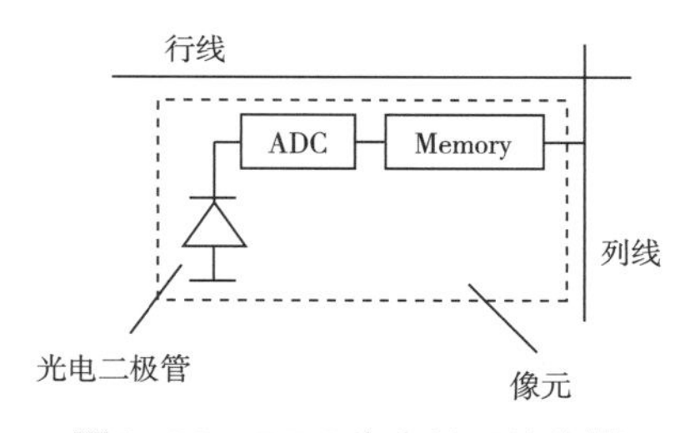

图8-26 DPS像素单元结构图

首先被研发出的是芯片级ADC(如图8-27所示)，在每一个图像传感器阵列的外边都有一个单一高速的A/D转换器独立存在。每个像素都要经过该转换器输出，芯片级ADC这种结构的优点是转换器独立，所以面积受到的限制较小。但这要求ADC工作速度很高，高转换速率导致高功耗，并且因为像素阵列与ADC之间传输的数据是模拟信号，不可避免地会受到额外噪声的干扰。

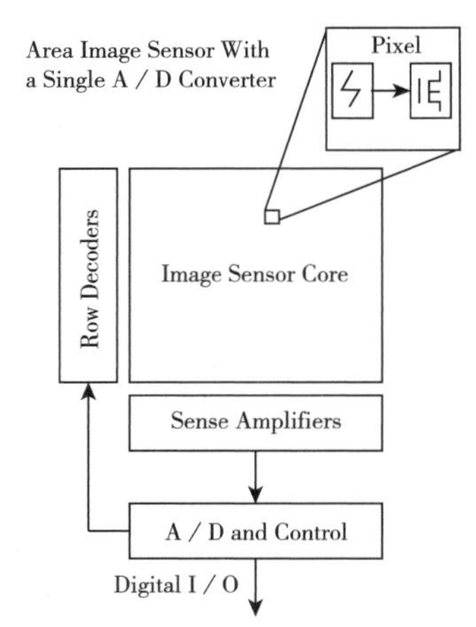

图8-27　芯片级ADC DPS结构图

为了降低ADC的工作速率，出现了列级集成的转换器。其利用数据在芯片上可以并行传输的特点，让图像传感器阵列的一列或几列对应一个ADC，使A/D转换器构成线阵列。图8-28为列级ADC的数字像素传感器结构图。列级ADC的性能比芯片级ADC的性能要更加优越。

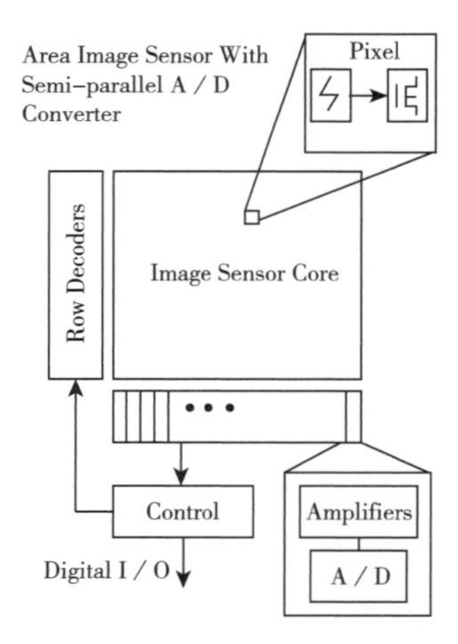

图8-28　列级ADC DPS结构图

1994年，Boyd A.S.Fowler等人开始研究像素级CMOS数字图像传感器。像素级ADC的DPS结构如图8-29所示，每个或邻近的几个光敏单元都有自己的A/D转换器。ADC在并行方式下工作，同时进行数模转换能大幅降低ADC的工作速率，能降至每秒几十次，并且外围电路与DPS间所有数据传输都是数字的，能减少之前由于模拟信号传输造成的噪声干扰。用像素ADC实现的CMOS数字图像传感器具有全数字、信噪比高、功耗低、高集成、像元分辨率可编程等优点，并与标准的CMOS数字技术相兼容。

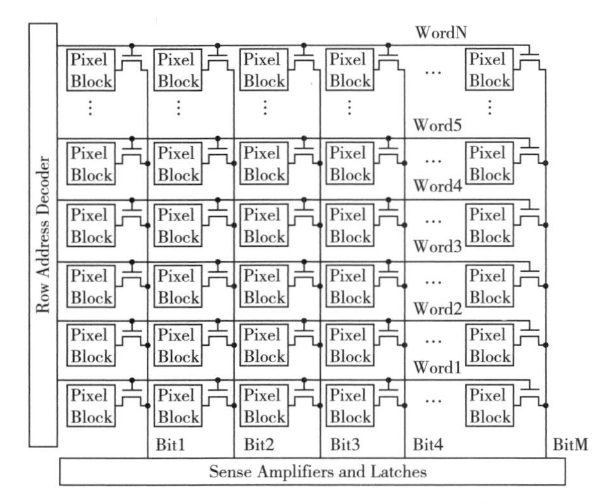

图8-29　像素级ADC DPS结构图

为了进一步提高功率和减小功耗，1999年，杨晓东博士创立的Pixim公司提出了一种具有奈奎斯特速率、能多路串行的A/D转换器，整个系统抗干扰能力比较强，通过简单的鲁棒电路即可实现。同年，杨晓东等人经过多次实验得到一种动态范围超高的CMOS数字像素传感器，如图8-30所示。该传感器的制造采用0.35 μm的CMOS技术，像素为640 × 512，像素尺寸为 10.5 × 10.5 μm²。这是CMOS数字图像传感器的重大进步，但在电路增益和带宽的平衡上还有很大的改进空间，并且该传感器帧速还是太慢。为了提高帧速，2001年12月，柯达、惠普、安捷伦科技联合斯坦福大学研发出了高帧速(10 000fps)的CMOS-DPS传感器，每个像素含有37个晶体管，最大输出速率大于1.33GB/s。因此，使用该CMOS数字像素传感器做成的CMOS摄像机无疑更是超高帧速CMOS摄像机。

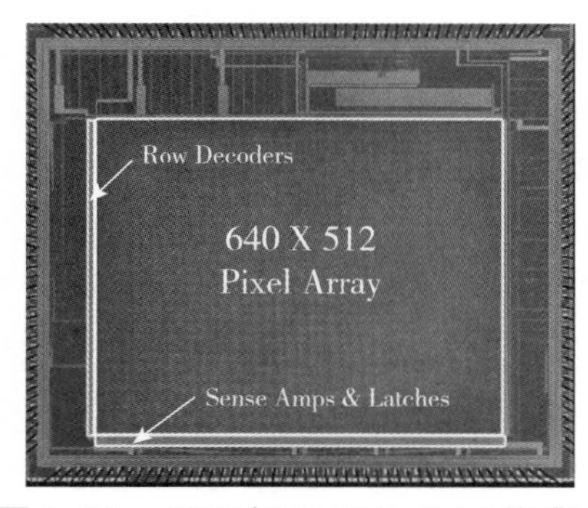

图8-30　1999年CMOS-DPS传感器

2005年10月，池上公司采用Pixim的CMOS-DPS成像技术，研发了"D2000"芯片组，并结合池上公司自身出色的摄像机制造技术，推出超宽动态摄像机ISD-A10。其动态范围典型值是95dB，最大能达120dB，并具有非常好的色彩还原效果和清晰度。传统的CCD摄像机往往一次采样对应一幅图像，必然会导致图像出现明亮光源处过曝、暗处欠曝的现象。由于CCD本身的感光特性所限制，到了21世纪之后，CCD在技术上已经很难再有重大突破。而这时CMOS-DPS技术已经后来居上，并且因为噪声大幅降低，池上广播级摄像机垂直光斑低至-135dB。因此，CMOS-DPS摄像机可以说在曝光优化、垂直光斑上与CCD摄像机拉开了很大差距，对比图如图8-31所示。

图8-31 ISD-A10与普通CCD摄像机成像效果对比

DPS摄像机作为具有数字像素系统的第3代CMOS摄像机，动态范围宽，其特有结构带来的优势是CCD所无法媲美的：无读出噪声和固定图像噪声，功耗低且工作速度快，加上它直接输出数字信号，非常方便信号处理。与传统CMOS摄像机相比，由于DPS的每一像素就像一台独立的摄像机，能协同处理图像，在照度条件不理想时也能避免图像的色彩失真、轮廓不清和散射，还能在垂直和水平这两个方向上保持分辨率一致，并比其他摄像机提升了100TVL以上，因此DPS摄像机能提供更详尽、完整和真实的图像细节。这也克服了传统CMOS摄像机缺点。

随着CMOS图像传感器技术日新月异的进步，应用范围也不断拓宽，CMOS-PPS、CMOS-APS、CMOS-DPS技术发展制成的黑白和彩色摄像机广泛应用于交通、电梯、商店等监控行业，以及各类娱乐机器、可视通信设备、高清电视、医用仪器仪表、自动聚焦、卫星系统等各个领域。美国国际市场调查公司的统计和预测报告显示，进入21世纪后，CMOS全球市场份额更是大幅增长，2005年CMOS图像传感器出货量由2001年的1 800万个增长至7 200万个，占所有图像传感器的比例也由2001年的23%提高至47%。2010年左右，CMOS已经主导了消费市场，但CCD仍然是某些领域，如科学成像领域的主导技术。

本节执笔人：张亚娜、陈依杨

第二节 摄像机的数字化技术

在电视系统中，摄像机是系统的关键设备之一，能够将光信号变成电信号进行传输和编码。随着信号处理的方式由模拟向数字转变，摄像机的数字化程度也越来越高。与模拟摄像机相比，数字摄像机不仅在γ校正和线性矩阵中达到更高的精度，还具有更大的动态范围。得益于大规模集成电路的发展，数字摄像机功耗更低，同时其内部的电路集成度达到180万门以上，线宽减少到0.35μm，工作电压也从5V降低到3V，体积和功耗都比模拟摄像机小。总之，数字摄像机不仅图像质量提高了，而且工作稳定性、可靠性也提高了，更易于维护。因此，模拟摄像机逐渐被数字摄像机所取代。如今，图像信号的处理已经完全实现了数字化，并且已从数字标清阶段发展至数字超高清阶段。

一、局部数字化阶段

摄像机的数字化并不是一蹴而就的。20世纪80年代，有些CCD相机采用局部功能数字化，存储的还是模拟数据，但到了带帧抓取器或显卡的计算机上可进行数字化处理，如在半导体摄像器件技术部分提到的索尼公司的MAVICA系列。1989年，松下公司推出了数字处理电视摄像机AQ-20，虽然与其匹配的一体化录像单元还是模拟分量的，并且最后输出的信号还是模拟信号，但在摄像机内的信号处理和自动调整部分应用了数字技术，已经采用了8bit量化的A/D转换器。所以虽然不能算作完全意义上的数字摄像机，但AQ-20标志着电视摄像机开始向数字化方向发展，创意性的构思为摄像机数字化迈出了一大步。

从理论上说，一般演播室的摄像机必须用10bit以上进行量化。此前松下的AQ-20在实际应用中难堪大任。1989年，日立发布了数字摄像机Z-1800，如图8-32所示。该摄像机实现了10bit数字量化，再用13bit进行数字处理。数字量化和数字信号处理的等级是数字摄像机出现后新增的技术指标，由于模拟信号和数字处理的参数之间存在一定的关系，A/D转换时的量化比特数越高，信噪比和动态范围也就越高。采用10bitA/D转换器的日立Z-1800就比8bit的松下AQ-20在信噪比和动态范围方面有了12dB的改善。20世纪90年代中期，大部分摄像机厂家发布的摄像机采用10bit A/D转换器，到90年代末期，各厂家发布的摄像机又进步到了12bit A/D转换。

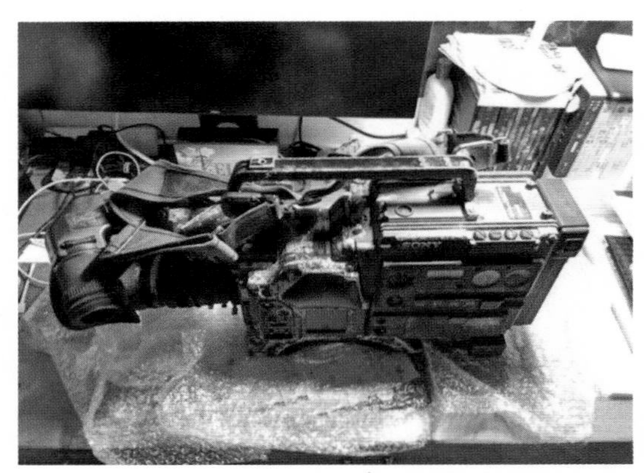

图8-32　日立Z-1800

在Z-1800中，经过模拟处理部分得到的模拟视频信号通过A/D转换器变成数字信号后，在数字处理的部分还要经过一系列校正。由于采用了数字处理技术，很多在模拟摄像机中无法完成的工作得以实现，由此大大提高了摄像机的整机性能，同时也在很大程度上改善了图像质量。

轮廓校正用来增强图像的亮暗边缘的对比度，使得画面的垂直和水平边缘变得更清晰。在模拟摄像机时代，由于受到技术上的限制，只能在水平方向进行轮廓校正。日立Z-1800则采用数字轮廓校正，在水平方向和垂直方向均可实现轮廓校正。而过度的轮廓校正会使得图像过于生硬，为此，日立Z-1800使用三维滤波技术，在不损伤画面整体的分解力的条件下，在人物肤色区域减少轮廓校正，这样不仅能够增强过渡图像的轮廓，又使得人脸比较光滑。

总而言之，Z-1800摄像机在20世纪90年代各项技术指标能超过美国泰克测试的甲级标准。我国从中央电视台到地方台都有购入该机型，应用于新闻、专题的拍摄。Z-1800虽然有了成熟的数字信号处理模块，但最后还是要转成模拟信号。并且由于10bit转换数的限制，在模数转换前的模拟处理部分，在模拟预放器中要进行预拐点处理，将当时CCD动态范围已达600%的信号压缩至226%。

二、全数字化阶段

为了直接处理600%的信号以提升数字摄像机的各项性能，1995年，日立公司发布了数字摄像机SK-2700(如图8-33所示)。SK-2700采用的是12bit的A/D处理器。由于12bit A/D转换器可直接处理600%的信号，所以在进行A/D转换前没有必要对信号进行压缩处理。因此，一些信号的非线性处理(如伽马校正、拐点处理等)过程得以在数字信号上进行。此外，随着半导体技术和大规模集成电路技术飞速发展，数字信号处理电路的集成度越来越高，所能进行信号处理的功能越来越多。Z-1800的单片DSP只有25万门，而SK-2700实现了单片DSP超集成化，达到了180万门。在这样高水平的DSP技术下，SK-2700不仅可以保留A/D处理时暗区的细节，而且能使高光区域的图像色彩更加逼真。

此前的日立Z-1800最后还需转成模拟信号送入编码器，与各种同步信号构成彩色全电视信号。而SK-2700摄像机在DSP上装备了P/S-S/P变换器，该变换器用于数字传输的串并行变换，能直接将数字信号传送到录像机或通过数字三同轴传送到摄像控制单元CCU(camera control unit)，传输信号为数字分量Y/R-Y/B-Y量化串行传输，码率为270Mbps。

图8-33　日立SK-2700

日立SK-2700这类全数字摄像机从机头到录像机或CCU，并没有数模转换这一模块，信号的频率也无须调制，所以之前的摄像机存在的量化噪声和频率特性造成的失真现象得以解决。它不仅没有了信号损耗，还可以获得高分解力、高信噪比的图像。当然，虽然叫“全数字摄像机”，但其并没有完全实现所有信号的数字化处理。由CCD进行光电转换后得到的仍为模拟信号，CCD还不能直接将光信号转换为数字信号，必须经过信号增益放大、A/D转换后，信号的处理、传送、输出才是数字化的。

20世纪90年代后期，市面上的数字摄像机大致可以分为三类：专业级数字摄像机，适合于新闻工作者、电影制作行业，在当时售价高达一万美元以上；半专业级数字摄像机，适用于一些小型电视台或大型企业的拍摄工作和视频处理工作，售价在4000美元~6000美元之间；还有一些就是适合家庭和商用的入门级摄像机，1000美元~2500美元在当时可以买到。

在这个时间段，DV(digital video)格式的数字摄像机被广泛应用在专业、半专业及家用数字摄像机领域中。家用数字式摄像机是被个人用数字方式来记录视频和音频信号的摄录一体机，有1995年9月松下公司发布的NV-DJ1家用数字摄像机、胜利公司发布的袖珍式数字摄像机GR-DV1、夏普公司的VL-DCIU、索尼公司的DCR-VX700数字摄像机和DCR-PC7数字摄像机等十几款机型。

图8-34　松下NV-DJ1

图8-35　胜利GR-DV1袖珍式数字摄像机

图8-36　索尼DCR-PC7数字摄像机

这段时期的家用数字摄像机所摄图像的水平分辨率、信噪比都超过了之前的模拟摄像机，甚至达到了广播级的下限指标。这代数字家用摄像机解决了之前模拟机常见的图像抖动、扭曲等问题。并且，使用数字存储器能有效地进行信号失落补偿和纠错，此前模拟机播放时常见的“雪花”现象没有了。

在扫描模式上，模拟摄像机的隔行扫描也被改革。胜利、松下和佳能公司独树一帜，成为最早采用逐行扫描的几个厂家。胜利公司在2000年之前发布了数字摄像机GR-DVL9600，采用逐行扫描式CCD，不仅在拍摄时摄像频率能比传统摄像机高出一倍，拍摄的画面也更加清晰、更富层次感，因此，该摄像机通常用于拍摄击球、跳水、赛车等运动项目。

三、数字高清摄像机

20世纪末，世界上有开发手段和经济实力的国家都在倾注人力、财力、物力进行高清晰度电视系统的研发。高清电视系统中首要的设备是高清数字电视摄像机，在当时比较出名的有池上公司的HDK-790E/HDK-79E型摄像机(如图8-37所示)，以及索尼公司的HDC-700A，能同时满足高清电视系统和标清电视系统的标准。由于采用了当时高精尖的摄像机技术，它们的价格高达十余万美元。此外，当时这两家公司的摄像机隔行扫描的场频并不是我国现在的广播级摄像机扫描的50Hz场频，而是59.94Hz场频，所以，在1999年中华人民共和国成立50周年的国庆阅兵游行盛典中，对高清电视系统实验所采用的场频就为59.94Hz。

图8-37　池上HDK-790E/HDK-79E

进入21世纪，摄像领域的模拟摄像机和数字摄像机还是平分市场，但数字取代模拟已是大势所趋。为了满足新时代市场对高质量节目制作的要求，以及由模拟向数字、由标清到高清的过渡，2001年，索尼公司在北京国际广播电影电视展览会(BIRTV)上发布了数字演播室摄像机BVP-E10P。虽然BVP-E10P是便携式摄像机，但大型高倍率的镜头可以通过安装适配器接在摄像机机身上，能输出与大型演播室摄像机相一致的高质量信号。该摄像机因在紧急状态下具有灵活性和出色的性能，被广泛应用在现场节目制作和转播车上。

四、数字摄像机的优越功能

为了优化普通数字摄像机变焦拍摄的效果，佳能公司在2001年推出了经典机型Canon XL1s。Canon XL1s提供两倍的数字变焦。不同于之前的摄像机，Canon XL1s在采用变焦拍摄时消除了颗粒感。在设计上，布满机身的控制机关几乎占据了机身所有可用的空间，但这些功能调节的按钮分布却十分科学，不需要经常调节的部分隐藏在盖板或机身内，需要经常调节的部分很容易就能找到。此外，无论是让用户方便到只需要取景构图的自动拍摄模式，还是给予极大调节自由的手动模式，都有着很高的水平。

为了充分发挥设备的利用率，利用有限的设备实现不同格式的转换，2003年，索尼推出了具有独特数模转换功能的DSR-PD150P数字摄像机。机身上的数字接口除了进行数字信号间的传输外，还可以与其他接口配合使用。若与模拟视频接口配合使用，可以将数字信号转化为模拟信号，将所摄视频传给供有模拟视频接口的电视机；若与数字视频接口配合使用，则能将内部转换好的数据直接连接至计算机1349接口，方便计算机对数字视频信号进行下载和非线性编辑。因为对不同格式的信号素材都能进行较好的处理，所以该摄像机在发布后常用来制作内容丰富的电视节目。

早期数字摄像机的暗/亮部处理和细节处控制会有亮色串扰等现象，2003年，索尼公司吸取之前发布的DXC系列摄像机产品的经验，发布了DXC-D50/D50WS新一代数字摄像机，如图8-38所示。摄像机数字信号内部处理器超过30bit，其中，在拍摄例如人物额头反射光等物体明亮部分时采用拐点饱和度控制，将高光区域实现更为自然的色彩重建。常规的摄像机只有一组拐点控制用于高光部分，DXC-D50/D50WS可提供多组拐点进行自适应高亮度控制，超过拐点位置的视频电平被优化，没超过的不受影响。此外，为了减少亮色串扰现象，该摄像机使用了先进的梳状滤波技术从复合信号中分离出色度信号和亮度信号，然后消除其中的部分频率成分，效果对比如图8-39所示。

图8-38　索尼DXC-D50/D50WS

拐点饱和度控制关闭（左）与打开（右）

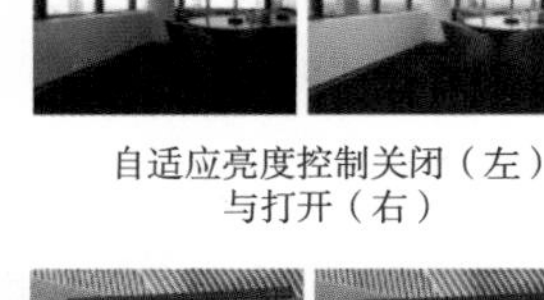

自适应亮度控制关闭（左）与打开（右）

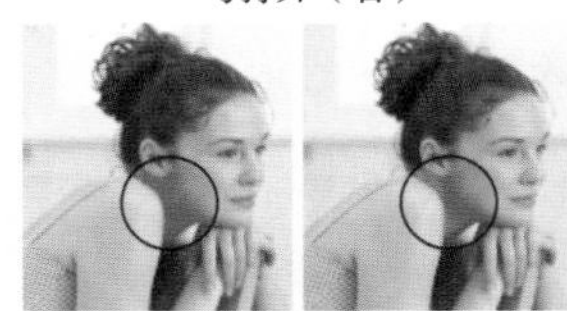

暗部饱和度控制关闭（左）与打开（右）

亮色串扰抑制控制关闭（左）与打开（右）

图8-39　索尼DXC-D50/D50WS的饱和度控制和自适应亮度

2007年，松下公司在北京国际广播电影电视展览会上展出了用于奥运会转播的广播电视设备。其中，AG-HPX500MC P2HD高清数字摄像机(如图8-40所示)是松下主推的用于北京奥运会电子新闻采集的核心设备。AG-HPX500MC拍摄得到的视频可以以1080i格式记录在P2卡上，完成拍摄后，这些高清的视频数据又从摄像机传输到便携式硬盘里，从而方便制造商运送到工作地点或携带上交通工具。如此，视频文件就可以轻松上传到Final Cut Pro、Avid和其他几乎所有支持高清视频编辑的应用程序上。

图8-40　松下AG-HPX500MC P2HD

数字高清监控系统是从2010年开始迅速发展起来的。监控系统所用的数字摄像机经历了有线数字高清、无线数字高清阶段后，来到了5G云存储云计算大数据阶段。起初，有线数字高清监控摄像机的发展十分迅猛，到2013年，有线数字高清摄像机的价格就从一千多元降到一百多元。由于有线数字摄像机需要布线，对材料的消耗和安装成本过高，并且具有信号延迟的缺点，因此，无线数字高清摄像机开始崭露头角。无线数字高清摄像机分为Wi-Fi无线数字高清摄像机和4G无线数字高清摄像机。海康威视、大华、小米等优质品牌都发布了不少产品，由于价格便宜，再加上安装不需要什么技术门槛，无线数字高清摄像机大大推动了视频监控的普及。但同时，此类摄像机不仅存在路由器死机、联网不成功等稳定性问题，也并没有解决有线数字高清摄像机信号延迟的缺点。由此，5G无线数字高清监控摄像技术应运而生。

随着各种数字化研究的不断深入，材料技术、微电子技术、传感技术以及大规模集成技术的不断发展，当今的数字摄像机已经进入百花齐放的时代，佳能、索尼、松下等公司层出不穷的新品代表着越来越精进的摄像技术。各品牌之间的良性竞争不仅促进了数字摄像技术朝着稳定化、智能化的方向发展，还加速了整个行业的融合，原来高昂的数字摄像机价格随着不胜枚举、各有所长的产品发布而降低。

本节执笔人：张亚娜、陈依杨

第三节　3D摄像技术的小高潮

随着数字立体仿真技术时代的到来，人们已不再满足于将对影像的感官定格在2D。此时，通过模仿人眼的间距，研究人眼立体视觉感知特性，出现了依靠3D镜头(通常基于两个摄像头)、在同一场景能拍摄出不同图像(含水平视差)的摄像机，称为3D摄像机。

2009年年末，8台索尼HDC-F950摄像机两两组合，每两台摄像机组成了一个叫FusionCamera-3D System的摄像系统。其实这8台索尼HDC-F950摄像机单机并不具备3D拍摄功能，但导演詹姆斯·卡梅隆将其两两结合，通过模仿人眼的间距，实现了3D拍摄的效果并将其应用于3D电影《阿凡达》的拍摄中。《阿凡达》的热映开创了数字3D摄像技术的新篇章，因此，2009年也被称为数字3D摄像技术的元年。

《阿凡达》虽然大获成功，但广播级的3D摄像机尚处于原型机状态，而在专业、民用领域，摄像机厂商嗅到了商机，3D摄像机开始纷纷出现。2010年，松下公司发布了世界上首款3D民用级摄像机HDC-SDT750(如图8-41所示)。该摄像机创造性地采用了单机双镜的设计，然后将两个镜头所摄画面融合在一起形成一个3D图像。当观众想要看这些画面时，需佩戴主动式快门眼镜，左右眼镜的镜片以60次/秒的速度快速交错开关，所以每只眼睛看到的是同一个场景但是略微有区别的画面。这些画面通过神经传至大脑时，大脑认为这就是单张的3D画面。适配该相机的存储卡可用于将存储的数据导入3D电视。此外，松下HDC-SDT750还具有联网视频、面部识别微笑拍摄、防抖等功能。将3D镜头拆下更换成2D摄像头时，该摄像机又可以作为普通的摄像机使用。

图8-41 松下3D摄像机HDC-SDT750

索尼作为国际足联(FIFA)的官方合作伙伴，在2010年的南非世界杯上，采用了7组14台便携式3D摄像机索尼HDC-1500对25场世界杯比赛进行拍摄，这是3D摄像技术首次出现在世界杯的转播中。索尼HDC-1500的拍摄原理与此前的3D摄像机并无太大差别，还是用两个镜头模仿人眼，然后放映时需要将不同镜头的两组拍摄素材同步放映。虽然官方积极推进南非世界杯上3D摄像技术的使用，但是各国加入3D转播的过程却困难重重。由于政策、技术、成本、安全隐患等诸多原因，我国的影院转播3D世界杯的计划也被叫停了。这也说明了当时的3D摄像和转播技术还不够成熟。除了南非世界杯，在当年的温布尔顿网球公开赛决赛中也采用了索尼3D摄像机来拍摄比赛实况。

南非世界杯后，为了进一步扩大3D摄像技术的影响力，吸取之前3D转播未能大规模普及的经验，2011年，在第二十届北京国际广播电影电视设备展览会上，索尼公司展示了包括多台肩扛式、手持式3D摄像机、全高清3D电视转播车在内的3D专业拍摄产品线，并配有相应的3D制作系统。至此，3D电视的制播能力进入了新的阶段。

3D摄像技术的发展貌似逐渐成为大势所趋。为了改善此前人们对于3D摄像机高成本、大投入、高攀不起的印象，将3D摄像技术带入人们的生活，2012年，松下发布了HDC-Z10000GK双镜头2D/3D摄像机(如图8-42所示)。该摄像机成为里程碑式的产品，使新闻纪实的记录3D化成为现实。该摄像机采用双镜头的方式，可在机内调整汇聚点，汇聚点是成为3D视频基准面的位置，观看3D影像时，位于比汇聚点近的地方的被摄物体显示在画面的前方，位于比汇聚点远的地方的被摄物体显示在画面的后方。拍摄3D影像时，根据被摄物体的位置预先调整汇聚点。此外，还可使用3D指引，以3D视频生动地再现被摄物体与摄像机之间的距离基准，可拍摄自然、深度感协调的3D视频。2012年的11月，多台松下HDC-Z10000GK在青岛“3D商机与时机——3D技术在婚礼中的应用交流会”中使用展出。虽然在当时很多人对于双镜头的成像质量有所怀疑，但该摄像机无论是拍摄2D图像还是3D图像都达到了广播级的图像质量。松下HDC-Z10000GK的应用，标志着3D业务级摄像机技术的成熟。

图8-42 松下HDC-Z10000GK

IMAX是一个由高分辨率摄像机、对应的电影格式、特有的电影放映机和影院组成的专业系统。由于人们对3D技术有极致的追求，2011年，IMAX 3D摄像机应运而生，这也是当时世界上分辨率最高的摄像机之一。Phantom 65 IMAX 3D 数字摄像机是IMAX公司与Vision research和AbelCine一起开发的4K双镜头3D摄像机。它采用的也是双镜头设计，并且两个镜头均采用4K采样，即模拟的左眼和右眼都能接收并输出4K画面。放映时，搭配IMAX 3D放映机将左右眼的图像同时投射到IMAX 3D的金属高增益银幕上，在超高功率光源灯的投射下，两个图像就成为漂浮在影院内的极为清晰的立体影像。2014年，电影《变形金刚4：绝迹重生》成为首部使用IMAX 3D数字摄像机拍摄的电影。

图8-43 IMAX 3D数字摄像机

再后来，3D摄像技术与4K、8K技术紧密结合，在俄罗斯世界杯、NBA总决赛、英超联赛等多种国际赛事中都引入了3D高清/超清数字摄像机。ARRI、索尼、佳能、松下等都发布了出色的3D摄像产品，它们的分辨率、动态范围、色彩精度等都比之前的摄像机有了很大的提升。

虽然3D摄像技术自面世后就开始快速发展，但目前的3D摄像技术因舒适度欠佳、制作成本高昂、内容匮乏等问题不足以普及化，还有很长的路要走。

本节执笔人：张亚娜、陈依杨

第四节 超高清摄像技术

3D摄像技术的小高潮之后，超高清摄像技术飞速发展，已经成为广电行业全新的热点。各种厂商纷纷推出种类繁多、功能各异的超高清摄像机。4K超高清的概念最初是源于35mm胶片电影，以4K分辨率进行数字扫描被认为是全分辨率扫描。超高清电视(ultra high definition television，UHDTV)是继高清晰度电视HDTV 之后的下一代电视技术规格。2012年，国际电信联盟发布了ITU-RBT.2020(08/2012)《超高清电视系统节目制作和国际交换的参数数值》建议书，规定了超高清电视的国际标准。在该标准中，UHDTV图像空间特性有3840×2160和7680×4320两种，分别称为4K和8K格式。并且该建议书也对超高清电视的色域(REC.2020)、量化比特、帧速率(HFR)、动态范围(HDR)、分辨率等做了规范，如图8-44所示。而超高清摄像机技术正是朝着满足这些规范的方向发展。

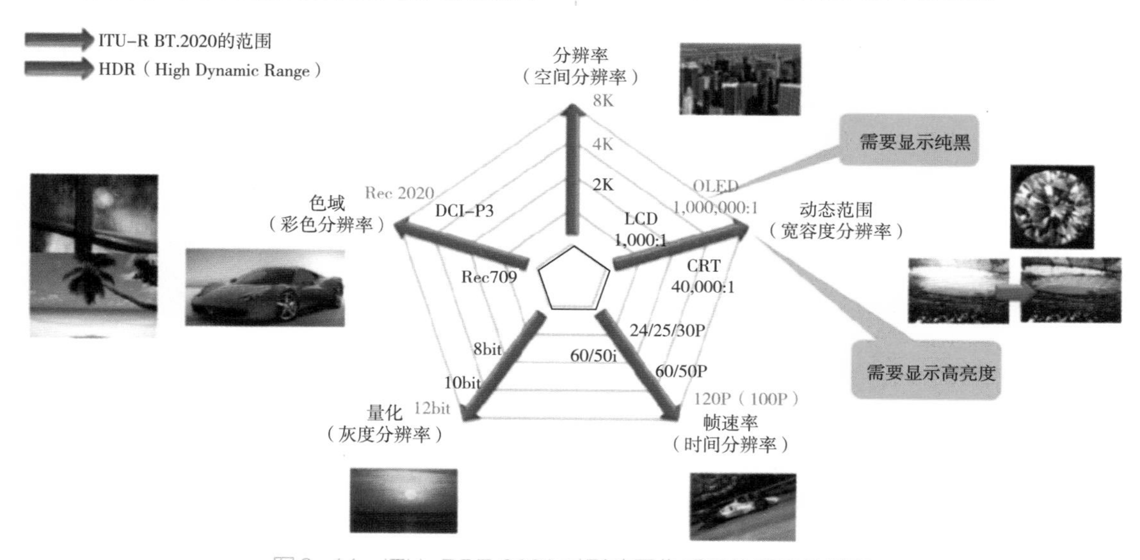

图8-44 ITU-RBT.2020对影响图像质量的因素的规定

从SD到HD再到4K、8K，作为衡量电视图像细节表现力的技术参数，分辨率即代表着图像的横纵像素数量。这两个数字越大，代表图像所包含的像素越多，展现的图像也越清晰、越真实，甚至可以达到人类的视觉极限。分辨率的提升，最直接的体现就是数据量的暴增，所以，超高清摄像机面对占据着巨大内存的素材是如何压缩处理的尤为重要。2014年，索尼发布了PXW-FS7 4K摄像机(如图8-45所示)，该摄像机采用XAVC-I(帧内压缩)和XAVC-L(帧间压缩)两种编码模式，XAVC-I压缩不考虑相邻帧的相同性，仅以单帧进行，支持以高比特率进行高品质 4K 或高清录制。其优点是能更加方便后期对所摄内容进行逐帧处理，但如果使用该格式，按照索尼的 600Mbps 码流、64G的存储卡只能存储约16分钟的4K素材；而另一格式XAVC-L即 Long GOP 压缩则能显著地缩减视频文件大小，平衡录制质量、录制时间和媒体容量，在有效降低码流的同时保留足够好的画质。索尼PXW-FS7主要应用于广告、MV、纪录片、网络微电影和短剧，以及那些追求电影感画面质量、高效记录格式和快速工作流程的电视节目制作商。

图8-45 索尼PXW-FS7

在色彩方面，超高清摄像机具有比高清摄像机更广的色域范围。2016年，池上发布了UHK-430 4K摄像机(如图8-46所示)，该摄像机既支持BT.2020宽色域，也支持709色域，即能同时满足高清和超高清的制作需求。ITU-RBT.2020色域标准采用了CIE的D光源(D65)为基准白，可再现63.3%的可见光色域，是目前显示设备的最大色域。而高清摄像机所用的BT.709色域只能再现33.5%的可见光谱。此外，相比于高清的8bit量化深度，ITU-RBT.2020将最高量化深度提升为10bit(4K)或12bit(8K)，意味着其能表示687.2亿种颜色，是高清标准的64倍。从图8-47中我们也能看出规定的超高清色域标准有了更大的延伸。虽然超高清摄像机的BT.2020宽色域与人眼的色域相比还有近35%的差距，但相对于高清摄像机而言，超高清摄像机已经实现了更出色的图像的亮度层次和彩色还原效果。

图8-46 池上UHK-430

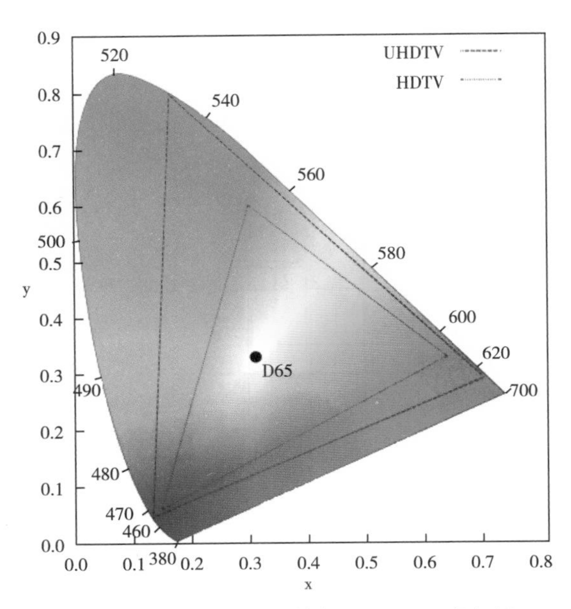

图8-47 BT.709色域与BT.2020宽色域

在采样方式上，超高清选择的采样方式是逐行扫描，超高清标准下的帧率提高到了120帧/秒。运用HFR(高帧率)技术的超清摄像机能带来极度真实的视觉感受。2018年，索尼发布了PXW- F5M2超高清摄像机(如图8-48所示)。与其上一代摄像机PXW-F5和之前的高清摄像机相比，PXW-F5M2在与兼容的第三方外部录像机配合使用(如ATOMOS Shogun和Convergent Design® Odyssey 7Q)时，可提供令人惊叹的慢动作影像，包括4秒120fps的4K影像，以及连续240fps的2K RAW影像。超高清摄像机高帧率的特点是对视觉体验的一个革命性的提升，因为这可以消除闪烁和模糊效应，从而让视频观看效果更为舒适和流畅，尤其对于运动影像而言意义更为重大。图8-49展示了摄像机采用不同帧率拍摄时得到的不同运动细节。

图8-48 索尼PXW-F5M2

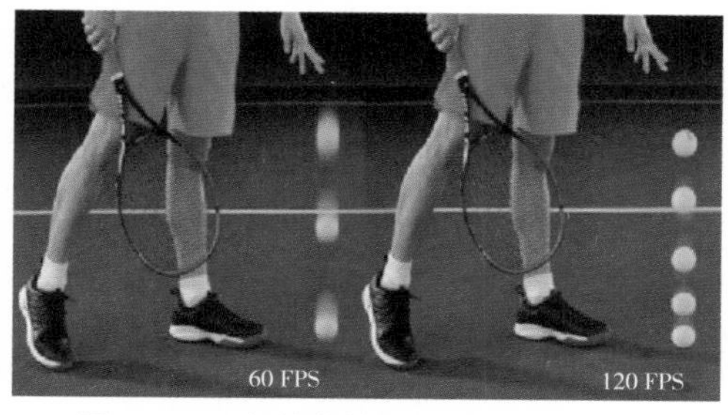

图8-49 高帧率拍摄运动细节的对比

超高清摄像技术给视频内容带来的另一重要影响是SDR(标准动态范围)被全面提升至HDR(高动态范围)。常规的SDR拍摄远小于人眼的动态范围。随着对HDR技术需求的不断提高,2018年4月,索尼公司发布了PXW-Z280超高清摄像机(如图8-50所示),与之前的高清版本摄像机PXW-X280相比,该超高清摄像机可通过开启 S-Log3 伽马曲线,捕捉尽可能多的暗部和亮部的细节,也可以使用 HLG(hybrid log-gamma,混合对数伽马)实现远超高清摄像机使用的709伽马的标准动态范围。作为表示相对亮度值的伽马曲线,HLG对终端显示设备的亮度要求不高,即使监视器的亮度值由于技术原因达不到宽动态要求的尼特值,HLG 伽马仍然能在低亮度显示设备中正确表现亮度层次。这就是4K摄像机信号在 HLG 下比传统高清摄像机好的原因。4K超高清摄像机使用HDR功能可使景物高亮度的层次与暗部的灰度层次都能正确再现。此外,索尼PXW-Z280虽然以HDR拍摄为主,但可以通过设置好与SDR HD版本的对应关系,同时记录4K HDR和SDR HD两种版本的素材。索尼技术部门人员评价指出,由4K HDR变换到SDR HD的画面质量要远高于直接用高清摄像机拍摄画面的质量。SONY PXW-Z280 4K超清摄像机常用于户外真人秀类节目的拍摄,如东方卫视的《极限挑战》。

图8-50 索尼PXW-Z280

从HD到4K再到8K,镜头的超高清改进也越来越重要,它的质量(指标)优势直接影响摄像机的整机指标。相比于高清镜头,超高清镜头可以大幅提升光学性能,被摄对象四周边缘清晰度明显提升。例如佳能发布的CJ系列4K镜头凭借着佳能公司自己的光学设计技术专利,所摄图像从中心到边缘均可保持相同的高清晰度和高对比度。HDR影像具有丰富的层次表现力,可增强图像的真实感和立体感,但也可能伴随色晕和眩光,所以HDR摄像需要高光学性能的摄像头支持。因此与之前的镜头相比,佳能还对该系列4K镜头进行了HDR优化。拍摄HDR影像可有效避免颜色模糊、眩光和轮廓边缘出现紫光,使拍摄的图像更接近实物,图8-51展示了经HDR优化前后的区别。

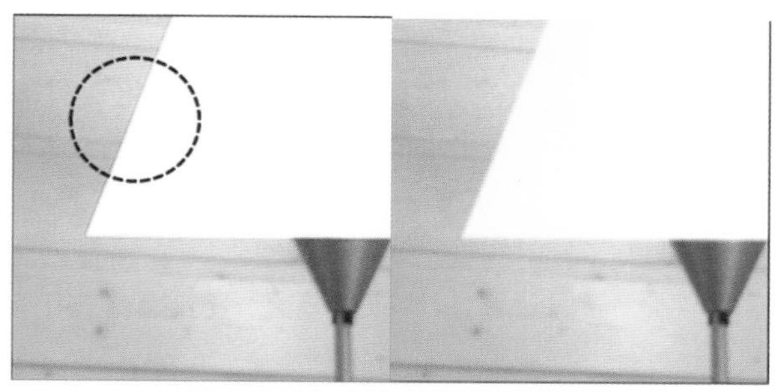

图8-51 镜头经过HDR优化前后(左为未优化前)

2021年,为了更好地适配1.25型8K摄像机,佳能发布了10×16KAS S 8K广播级镜头(如图8-52所示)。该镜头使用了大口径的非球面镜片,基于先进的模拟技术对优化萤石、UD镜片、Hi-UD镜片等特殊低色散镜片进行更合理的布局,减少了此前高清镜头存在的球面像差、倍率色差等多种偏差,实现无色彩渗透及轮廓晕染的高清晰度8K影像。随着高精度加工和组装技术的提高,8K镜头制造过程中的误差也被降低,这些技术上的进步保证了镜头的光学性能可以满足8K摄像机的拍摄需要。此前发布的4K镜头满足了图像从中心到边缘都保持高清晰度的要求，而8K镜头则使广角端到长焦端整个焦段范围都保持高清晰度。

图8-52 佳能10×16 KAS S 8K镜头

时至今日，尽管我国有不少电视台采用的拍摄设备是超高清摄像机，但是受限于播出设施和用户显示设备情况，不得不将超高清的素材下变换为高清版本播出。不过我们有理由相信，随着超高清摄像技术和能与之适配的播出技术的不断发展，超高清的普及率将会越来越高。

本节执笔人：张亚娜、陈依杨

第五节 特种摄像技术

随着摄像技术的发展，各式各样的摄像机已经能很大程度上满足从家用到专业，再到广播级的需求。不过在面对很多特殊环境和特定的应用场所，例如黑夜、水下或监视、工业、航天探测等场景，常规的摄像机无法完成拍摄任务。因此，出现了一批在特殊情况之下使用的特种摄像机。

一、夜视摄像技术

在监控等领域，由于光线过暗，普通的摄像机无法清晰地拍摄目标，只能拍到大致轮廓，不能识别面貌，有些甚至毫无感光反应。在夜视摄像机问世之前，这类摄像机往往需要通过辅助光源来达到晚上拍摄的目的，采用的都是白炽灯、卤素灯、白光LED等可见光作为辅助光源。而现在具有夜视功能的摄像机可以在光线十分暗甚至一点光线都没有的情况下拍摄图像，主要有红外摄像机和彩色夜视摄像机这两种。

红外光属于不可见光，人眼对其不敏感，但摄像机所用的光电转换器件CCD/CMOS都能比较好地感知红外线。在缺少可见光的环境里，红外摄像机不会对人眼造成光污染，同时也起到比较隐蔽的效果。市场上的红外摄像机分为传统红外LED、阵列式红外LED、点阵式红外LED、激光红外等。

2002年，索尼公司发布了DSC-F717。虽说这类具有夜摄(nightshot)功能的产品刚推出时，名称叫作0-lux nightshot，也就是0照度夜摄，但实际上它们仍需要红外光作为光源。传统LED红外灯由一定数目的红外发光二极管组成，红外发射二极管由红外辐射效率高的材料(常用砷化镓GaAs)制成PN结，外加正向偏置电压向PN结注入电流激发中心波长为830nm~950nm的红外光，照射到物体上从而被红外摄像机所感知。这类特种摄像机的形态就是在镜头周围放置一排小小的灯，而索尼DSC-F717则是配了2个红外LED小灯珠。

由于成本低廉和技术门槛低，目前市场上绝大部分红外摄像机均采用的是这种红外灯。但它的局限在于红外灯的光电转换效率低，照射距离很短，并且因为每个普通的红外LED灯前面都有一个用来改变光斑大小的球面，是一个独立的光学设计，所以当多个红外LED组合在摄像机镜头的周围后，发射出来的光线就是由多个光斑重叠组成的。重叠部分的亮度就会特别高，同时还形成了一个圆圈，即“手电筒效应”。该效应使所摄画面亮度不均匀，并且还有发热量大、寿命短等问题。所以传统LED红外灯摄像机多用于室内通道、仓库，室外围墙、大门口、干道等面积小、距离相对短的场景。

图8-53 索尼DSC-F717

为了克服传统LED的上述缺点，阵列式红外LED摄像机应运而生，例如海康威视的DS-

2CD3346F(D)WDA3-I(S)(B)智能警戒摄像机(如图8-54所示)。它使用的是高效阵列红外灯，内核为发光二极管阵列(LED array)，即在原有的LED红外基础上，将更多的红外晶体原封装在一个灯内。发光单元高度集成的LED Array技术使得此类红外摄像机在相同亮度指标下比普通LED红外灯产品体积小很多。此外，单个LED Array的输出约为1W~30W，亮度约是单个传统LED灯输出的数十倍。虽然理论上射距更远，但阵列式红外灯产品也有一个明显的不足，即“偏心现象”。由于其发光角度可达到120~180度，因此必须通过透镜来缩小送光角度，以配合摄像机镜头。这样，很多光会不可避免地偏离透镜的中央，造成送光效率不佳。因此，LED阵列式红外摄像机适用范围基本与传统的LED红外摄像机一样，比较适合中短距离的应用。

图8-54 海康威视智能警戒摄像机

为了解决传统LED红外摄像机的“手电筒效应”以及阵列式红外摄像机的“偏心效应”，点阵式红外摄像机出现了，例如恒泰通的HT-985摄像机。点阵式红外摄像机拥有升级过的LED array，单灯夜视距离达到40米~60米，并且镜头与红外灯完全隔离。这能有效地解决起雾与散光问题，还能通过独立透镜按照使用需求任意调节光的分布角度，这样就同时解决了“手电筒效应”和“偏心效应”。并且为了改善市面上大部分红外摄像机饱受诟病的寿命问题，恒泰通HT-985采用全铝基板设计，以达到热电分离来帮助散热，其寿命是传统LED的5~10倍，2年之内人眼几乎无法看出照度衰减。

为了进一步提升红外摄像机的照射距离，苏州的科达公司发布了IPC425高清高速红外(激光)球型网络摄像机(如图8-55所示)，也就是常说的激光红外摄像机。激光红外摄像机是由半导体激光器与镜头搭配形成的，发出的激光光束角度小、能量集中。它配合变焦镜头，可实现激光与摄像机随动，让光线根据摄像机的焦距变动相应变化。IPC425摄像机通过激光红外部件以及超低照度光元件，可在完全黑暗的环境下实现220米以上高清夜视。虽然激光红外摄像机的造价比普通LED高很多，但随着半导体技术的发展，激光成本也在降低。目前大部分的激光红外摄像机搭配云台后用于远距离监控，用在如景区、铁路等地方。

图8-55 科达IPC425

2007年，OKSI(opto-knowledge systems, Inc)公司推出了一款彩色夜视摄像机，如图8-56所示。在Gen-III摄像机前使用了一个液晶滤光片，通过调节电压可以快速响应，从而得到液晶滤光片不同颜色的透射状态，如图8-57所示。因此，采用摄像机分次曝光即可得到3~4种不同颜色状态的图像，再对这些图像进行融合重构，可得到彩色夜视图像。高帧频探测器可以解决因时间序列进行图像采集而导致的图像模糊问题。它与后来的其他彩色夜视摄像机一样，面对低照度情况，通常采用延长感光器件的曝光时间来积累电荷。

图8-56 OKSI公司彩色夜视摄像机

图8-57　快速切换液晶

二、高速摄像技术

高速摄像技术是曝光时间在千分之一秒到几十万分之一秒之间的特殊摄影，能够捕捉到稍纵即逝、人眼来不及看清的镜头，是一种记录高速运动过程的某一瞬时状态或全部历程的有效手段。它具有精度高、速度快、信息量多等优点，能够获得大量的、准确的时空信息，为研究高速运动的现象和运动规律提供了可靠的依据。

2015年，日本NAC公司发布了Memrecam HX-6E高速摄像机(如图8-58所示)。高速摄像机的性能主要取决于其捕捉图像的帧率，而Memrecam HX-6E能在500万像素的满幅分辨率下帧速达到1 000fps，全高清像素下帧速达到2 330fps，100万像素下帧速达到4 600fps。摄像机的最高速度可达到200 000fps，并且可以同步分区记录两段不同速度的影像。摄像机在很短的时间内完成对高速目标的快速、多次采样，又以常规速度放映时，所记录目标的变化过程就清晰、缓慢地呈现在我们眼前。Memrecam HX-6E主要应用于科研、航空航天、体育、电影、工业、农业等领域。

图8-58　Memrecam HX-6E

三、医用显微摄像技术

2013年，索尼发布了PMW-10MD高清医用分体式摄像机(如图8-59所示)。与传统摄像机不同，这类用于生物体实验、医疗拍摄的特种摄像机可以拍摄生物体内部的结构和机体运动，例如消化道、血管等。使用时通常还要搭配精密的光纤摄像装置，例如把摄像机与内窥镜相连接，将镜头延伸到生物体内部，构成内窥镜摄像装置。索尼PMW-10MD除了能轻松连接到手术显微镜之外，还可以连接到外科吊臂或天花板上，以及一个单独的摄像机控制单元，摄像头与摄像机控制单元之间的距离可以延长到20米。此外，PMW-10MD还提供了专门方便手术的图像反转模式。

2019年，索尼在医疗新品发布会上发布了适用于显微外科应用的分体式全高清手术视频摄像机MCC-1000MD(如图8-60所示)，取代了此前的PMW-10MD。在一些特别复杂的显微手术上，有很多难以被照亮的部位，MCC-1000MD在亮度极低的环境下也能捕捉到清晰的视频和静态图像，非常适合在这些部位进行的高精度解剖手术。此外，作为医用摄像机，MCC-1000MD可以捕捉更多自然颜色，并抑制由更高增益引起的噪点。它是视网膜和视神经区的眼后部手术的理想之选。特有的荧光模式使其在拍摄通过与荧光素发生反应而产生荧光的物体时，可产生高品质图像，因而适用于需要用到荧光素染料的眼科检查环境。

两台MCC-1000MD设备组合使用可以同时输出视频，以便拍摄高清3D立体视频图像，所产生的3D图像可通过索尼的手术监视器(如LMD-X310MT和LMD-X550MT)显示，并且拍摄时还可与索尼的HVO-3300MT 3D医用录像机配套进行录制，这些性能都极大地方便了显微手术的操作。

图8-59　索尼PMW-10MD

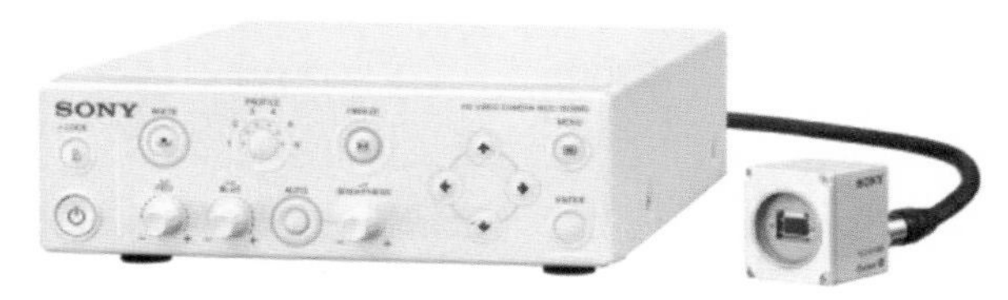

图8-60　索尼MCC-1000MD

四、水下摄像技术

水下摄像机主要用于拍摄水下的图像。通过防水处理和抗压处理后，水下摄像机可以直接投入水中使用，拍摄者可以坐在船上对摄像机进行操作，如英国OceanTools公司发布的C5微光ROV导航摄像机(如图8–61所示)。不同于普通的摄像机，为了更好地拍摄水下图片，它配备了广角非球面镜头，其石英光学校正前端口提供了105度(对角线)的水下视角。水压一直是水下摄像最先需要克服的问题，该摄像机的外壳由5级钛制成，可以在6 000米的水深下运行。由于在实际工作时，水会影响所摄画面的对比度，而现代水下摄像设备可以在一定范围内补偿这类对比度的衰减。OceanTools公司C3系列的小型水下摄像机(如图8–62所示)抗压能力也很出色，采用30毫米直径钛外壳、蓝宝石视窗，标准耐压范围从500米到8 000米。

图8–61　微光ROV导航摄像机

图8–62　OceanTools C3–30小型水下摄像机

利用新型水下电视摄像系统可以实现如海洋和陆地水资源的探测、水产养殖、水下勘探、水底设施的施工与监护、水下修复、水下观光、沉船打捞和油田作业等任务。

本节执笔人：张亚娜、陈依杨

第九章

视频信号的记录与存储

第一节 | 磁性记录与存储技术

一、磁带录像机

(一)磁带录像机的诞生

在录像机和录像磁带发明以前，电视大多采用实况直播，若录播，只能将录在磁带上的声音进行剪接编辑后与电影胶片中的影像同步播放。为了改变这种状态，人们开始利用日趋成熟的磁记录和重放技术来解决广播电视中视频信号的记录存储问题。

首先，铁磁性物质具有能够在外部磁场中磁化并保持磁化状态的特性，使之成为磁记录介质广泛使用的材料。其次，将输入信息记录存储到磁记录介质中，或将已存在磁记录介质中的信息输出或擦除，都需要用磁头作为电磁转换的换能器。常用的磁头由两块对称的铁芯组成(如图9-1所示)。铁芯上绕有匝数相同的线圈。铁芯的前后叠合处有两条隙缝，前隙缝产生记录磁通或收集磁介质上已记录的磁通。后隙缝的深度大，磁阻较小，它对记录和重放过程并不起作用，主要便于绕制线圈。按工作性质，磁头可分为记录磁头、重放磁头和消磁磁头。记录磁头可以将电信号记录在磁介质如磁带、磁盘上，重放磁头把记录在磁介质上的磁信号转换成电信号；消磁磁头将记录在磁介质上的磁信号消除。

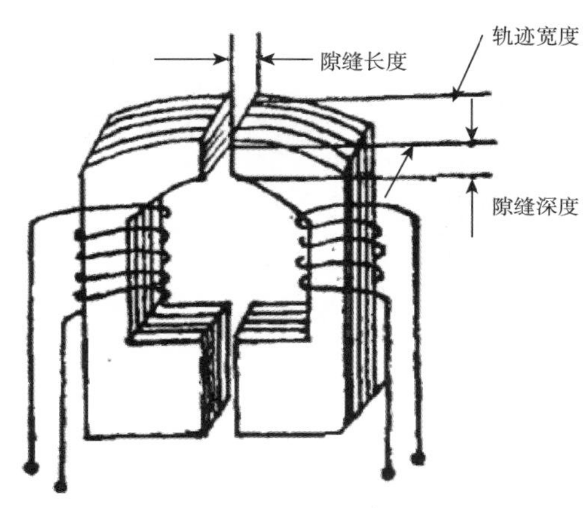

图9-1　磁头

输入信息转变为电信号输入记录磁头的线圈中，从而在记录磁头的隙缝处产生与输入信息相应的变化磁场。如果这时使载有磁记录介质的磁带以恒定的速度在紧靠磁头的隙缝处通过，则磁带必将受到变化磁场的作用，从原来未存储信息的退磁状态转变到磁化状态，从而将随时间变化的磁场转变为按空间变化的磁化强度分布，并将对应于输入信息的磁迹保留下来，这就是将输入信息记录和存储到磁记录介质的过程，或称为写入过程。当需要把记录、存储信息输出时，要经过与上述过程相反的过程，即将存储有信息的磁带以与记录时相同的速度通过重放磁头的隙缝，磁记录介质的剩磁产生的磁力线就会通过重放磁头的隙缝进入磁头铁芯，使得铁芯中有变化的磁力线得以通过，切割磁头线圈，在重放磁头中产生相应的磁通量变化从而感应出对应于磁迹变化的电信号，再经过相应的放大处理，即获得与输入信息一致的输出信息，这就是磁重放、读出的过程。

实现视频信号磁记录的第一代录像机最初沿用录音机中的固定磁头方式并使用纵向磁带传送机构。然而由于视频信号的频带较宽，为了实现高频记录，选用了增加走带速度、缩短记录信号的波长的办法；为了实现宽频带记录，采取将视频信号分成若干段由多个磁头分别记录，重放时再合成的方法。20世纪50年代初，美国无线电公司(RCA)和英国广播公司(BBC)都曾经推出过这种固定磁头高速走带记录方式的样机，当时磁带记录器的磁带运行最高速度可达360英寸/秒。以这样的速度记录视频信号，即使在一个直径为19英寸的磁带盘上进行记录，其所能记录的信号的最长时长也只有19分钟。这种记录方式存在着磁带消耗量大的问题，并且采用纵向磁带传送机构来卷绕柔性的磁带会使视频信号在重放时呈现出严重的时基不稳定的缺陷，难以实现高速稳定走带。因此，这种记录方式虽经过多次试验，但最终没有能走出实验室实现商业化。

(二)模拟磁带录像机

1.横向扫描开盘磁带录像机

为了解决上述问题，1956年，美国安培(Ampex)公司推出第一台可实用的旋转4磁头横向扫描磁带录像机，将其命名为“安培VRX-1000”，如图9-2所示。其磁头采用组装型结构，磁头材料为“阿尔培姆”(铁铝合金)，磁极薄片间隙2mm。该系统的安装和投入使用改变了电视节目只能来源于电影或现场实况直播的被动局面。第一代广播用录像磁带也同时诞生，这种录像磁带采用 $\gamma-Fe_2O_3$ 磁粉，带宽为50.8mm，绕在合金铝带盘上使用，通称为2英寸录像磁带。这种录像机实用的关键在于其采取了两大技术措施。一是选择放慢带速而用磁头高速旋转的办法，取得磁头对磁带的相对高速度。该录像机在约2寸直径的磁鼓上装上四个视频磁头，而磁带则被磁带传送机构严格地保持为一个凹杯的形状。磁头鼓以240转/s(NTSC制)或250转/s(PAL制)的速度从磁带的一边横向扫描到磁带另一边，视频信号被横向地记录在2英寸的磁带上。磁鼓的高速度旋转，让磁头与磁带的相对速度达到了约1500英寸/秒，这使得视频信号被记录下来并获得可接受的图像质量。旋转所产生的转动惯量加上严格的凹杯状导带系统的稳定效果具有消除时基不稳定的作用。二是设计了一种低载频、浅调制的调频信号记录方式，其频率调制(FM)系统被用来克服磁头信号所发生的突然跳变，从而获得稳定输出。这些创新性技术使得宽带的视频信号获得了较好的记录，由此才真正揭开了磁带录像技术发展的序幕。

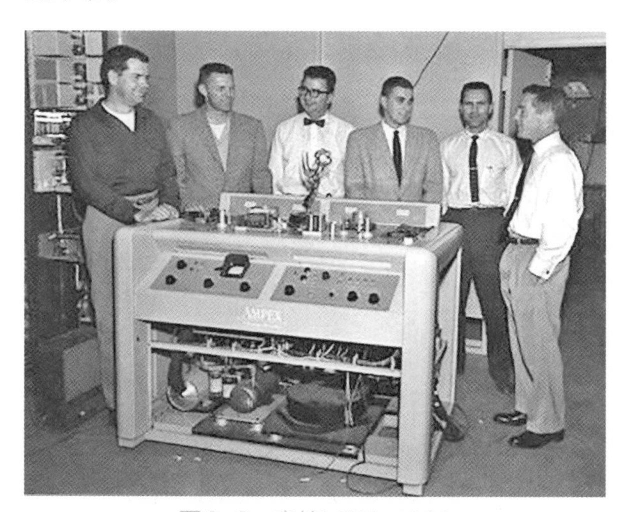

图9-2　安培VRX-1000

2.螺旋扫描1英寸磁带录像机

第一代广播用录像机的研制成功使得电视节目的存储记录成为可能，但仍存在结构复杂、体积庞大、操作不方便、磁头维护费用大等问题。4磁头横向扫描只能记录一场的十六分之一，因而需要一种极其复杂的电子切换过程。为简化录像设备的机械和电子设计，1959年，日本东芝公司研制出世界上第一台单磁头螺旋扫描录像机。螺旋扫描方法是视频记录技术上的一项重大突破，它能够在磁带的一条单独倾斜的视频轨迹上记录电视图像的整场信号。但是早期的螺旋扫描式录像机比4磁头录像机具有更大的时基抖动问题，因此它们最初大都被用于工业和研究。

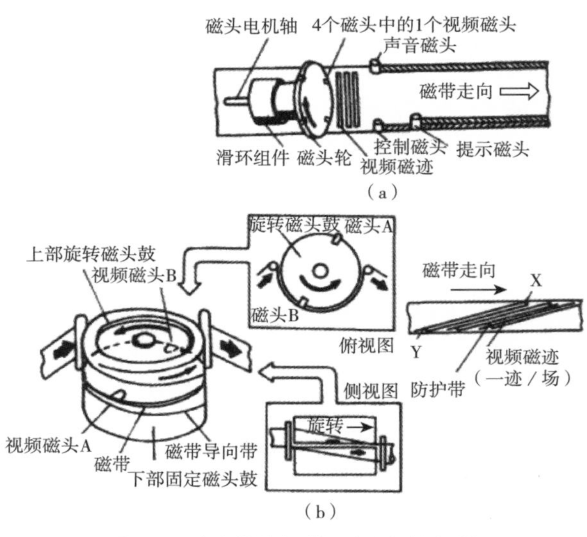

图9-3 (a)横向扫描 (b)螺旋扫描

进入20世纪70年代后，以美国、日本和欧洲的广播界为中心，为取代4磁头录像机，开始了第二代广播录像机即1英寸螺旋扫描录像机的研究和探索(如图9-4所示)。为了区分各种1英寸螺旋扫描录像机，1978年美国电影电视工程师协会(SMPTE)在审议Ampex、JVE、SONY、NEC、Bosch等公司公布的1英寸录像机的基础上，制定了1英寸录像机的三种规格，即A、B、C格式。

图9-4 安培公司开盘式1英寸磁带录像机

早在1965年，美国安培公司就开发出了1英寸A格式录像机，但因未达到广播用指标而应用于工业和教育领域。B格式录像机以1977年德国博施(Bosch)公司推出的一种1英寸场分段式录像机为代表，在欧洲广泛使用。该BCN系列录像机是Ω绕带、螺旋扫描、2磁头的，采用场分段记录，按照扫描格式将每场视频信号分为5或6段，磁鼓直径较小，抗震性好，包角为190度，磁鼓转速达9000转/分，记录时间为96分钟，后延长至120分钟。其可记录的视频信号带宽高达5.5MHz，因而图像质量很高。但是由于场分段记录录像机容易产生条纹干扰，在慢速逐帧播放与快进快退时需要模拟时基校正器与昂贵的数字帧存储器，因此其应用受到了一定程度的限制。同年，美国安培和日本索尼公司分别研制了广播用1英寸螺旋扫描不分段式录像机，即C格式录像机。它采用螺旋扫描、场不分段式记录格式，磁带以Ω形式包绕在磁鼓上，采用1.5磁头，即视频磁头在一条磁迹上记录一场视频信号，另一个磁头在另一段磁迹上记录部分消隐期的同步信号。磁头扫描速度达21m/s，走带速度约为24cm/s，能记录全带宽的视频信号，并有3条高质量音频磁迹。由于每条视频磁迹的长度约为411mm，而磁带走带方向的倾角仅有2.33°，因此时基误差较大，必须采用时基校正。与B格式录像机相比，C格式录像机一条磁迹记录一整场信号，磁头对一条磁迹的重复或多次扫描可以实现重放静帧或播放慢动作画面，扫描时跳过一些磁迹则可实现快动作重放，因而容易实现电子编辑(如图9-5所示)。但由于变速重放(包括静帧)时磁头对磁带的扫描轨迹有所改变，不能完全和磁带上的磁迹重合，会产生杂波干扰。因此C格式录像机想要较完美地实现静帧或快慢动作重放需要加上磁头自动扫描跟踪装置。

以C格式录像机为代表的1英寸录像机不仅大大缩小了磁带的宽度和重量，还具有较优秀的图像质量、经济性、易于编辑等特点，并实现了电视信号的慢动作重放功能，使体育节目精彩镜头的慢动作回放首次通过录像机播放实现。1英寸录像机在整个广播电视领域内逐步取代了2英寸录像机，并使1英寸C格式录像机成了全球电视台业务用VTR的标准。

图9-5 索尼BVH1000P开盘式1英寸编辑录像机

3.U型盒式磁带录像机

录像机的应用并不限于广播领域。从20世纪50年代末起，就有螺旋扫描方式的小型磁带录像机应用于工业和教育方面。1961年，日本胜利公司(JVC)研制出双磁头螺旋扫描磁带录像机，使小型专业用磁带录像机进入实用阶段。1968年，日本松下公司开发出了第一台商品化的方位角记录方法的双磁头螺旋扫描录像机。方位角记录方法是适应消费者需求的家用录像机的最佳选择，这种方式后来被日本的索尼公司和胜利公司分别于1975年和1976年加以开发并投入市场。

为简化操作，小型磁带录像机的磁带盒式化成为发展趋势。为了满足一些对图像质量要求不太高的领域对普及录像机的需求，1970年，日本的索尼、胜利和松下等公司在盒式录音机的启发下，联合研制出VO系列3/4英寸U型盒式彩色磁带录像机。其因采用U型穿带系统(如图9-6)而被简称为U型机，率先实现了录像机的盒式化。U型录像机的盒式磁带具有很好的密封性，便于运输和保存。其自动装卸磁带的机构可以把盒中磁带拉出并包绕到磁头鼓上，记录完毕后还可将磁带脱离磁鼓并收回到磁带盒。其所用磁带的宽度为19mm，供带盘和收带盘左右平衡地装于同一个塑料盒内，不需要手工穿带，操作便捷；使用Ω绕带，磁鼓上有2个磁头，每扫描一条磁迹、记录一场完整的视频信号，两个磁头交替切换。U型机的头带相对速度比较慢，因此对视频信号采取了亮度信号调频、色度信号降载频的记录方式而非直接记录。

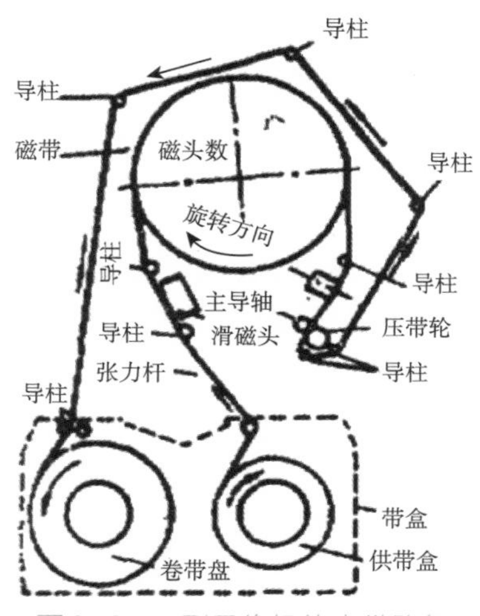

图9-6　U型录像机的走带路径

U型录像机的色度信号经过记录时的降频处理和重放时的升频处理，可以抵消掉一部分时基误差带来的影响，属于伪时基校正，不用另加时基校正即可重放彩色图像。与之前的录像机相比，U型录像机图像清晰稳定、操作简单，能进行电子编辑，但其并未按照预期那样成功走入家庭，而是迅速在科研、教育等专业领域得到了广泛应用，成为国际统一的标准型的业务用盒式录像机。另外，为了满足前期拍摄和后期制作的需要，日本索尼公司于1974年推出了便携式录像机和U型编辑录像机，使得U型录像机在业务领域得到了进一步的推广和普及。由于U型录像机最初是为非广播领域而研制的，其记录频带较窄，因此也被称作低带U型录像机，图像质量较1英寸录像机差，不能满足广播电视的要求。

图9-7　索尼3/4英寸VO-2850录像机

为适应广播电视领域高图像质量的需求，1976年，日本索尼公司在低带U型录像机的基础上进行改进，推出BVU系列录像机，也称为高带U型录像机，如图9-8所示。相比VO系列录像机，其在磁头、功能、指标、编辑精度、记录频偏和电路设计等方面都有了较大的改进，并且提高了亮度信号的调频载波和色度信号的降频副载波，使图像清晰度略有提高，还增加了视频磁迹宽度和亮度信号的预加重，从而使信噪比提高了2dB。高带U型录像机图像质量基本达到广播电视的要求，开始进入广播电视领域。

图9-8　索尼3/4英寸BVU-200彩色录像机

随着广播电视事业的发展，录像机生产厂商之间的竞争日益激烈。为保住U型录像机物美价廉的优势，在高带U型录像机的基础上，索尼公司于1986年推出了SP格式的U型录像机，即超高带U型录像机。其采用高矫顽力、高剩磁的磁带，在SP模式下记录的视频水平清晰度可以达到300电视线以上。另外，在确保与BVU高带机兼容的情况下，其将亮度信号的载频提高到5.6~7.2MHz，扩大了亮度和色度信号的带宽，提高了彩色质量，并且可以兼容重放超高、高、低三种U型录像带的电视信号。由此，它成为20世纪90年代各大电视台的主力机种。

4.小型1/2英寸磁带录像机

在广播、业务用录像机被逐步开发的同时，家庭用录像机的研制工作同样在积极进行着。各家公司推出的3/4英寸磁带的U型录像机虽然实现了盒式化，但并未获得家用市场显著的回应。家用录像机以家庭使用为主要目的，其基本目标是在保证录像机基本性能不低于电视接收机的情况下，尽量延长记录时间并降低成本、缩小体积。根据这一要求，家用录像机一般沿用了与U型机相同的亮度信号调频、色度信号降载频的记录方式。1973年开始，胜利、东芝、三洋、索尼等公司终于解决了磁带和机芯的小型化，以及高密度记录等问题，生产出不同规格的小型1/2英寸磁带录像机。其中以1975年索尼公司推出的Beta格式录像机和1976年胜利公司推出的VHS格式录像机最具影响力。它们的色度降频记录方式和盒式磁带自动装卸走带机构与U型机有相类似之处，采用无保护带的高密度方位角记录方式，并进一步压缩视频磁迹的宽度，使得耗带量明显减小。

VHS录像机的走带系统为M型自动装卸磁带机构，如图9-9所示。该机构较简单、磁带引出量少，装卸磁带的时间短。VHS的标准带盒尺寸为188mm(长)×104mm(宽)×25mm(高)，俗称大1/2格式。VHS格式录像机在相邻磁迹间取消了保护带，磁鼓上两磁头各扫描一场信号的一条磁迹，但两个磁头隙缝方位角分别约为+6°和-6°(正常为0°)。因此当一个磁头扫描不可避免地接触到相邻磁迹时，由于方位角不一致，能抑制串扰的亮度调频信号。此外，VHS格式用色度信号逐行移相90°来抑制频率较低的降频色度信号相邻行间的串扰。这种高密度记录方式使得VHS的磁迹宽度只有49μm，走带速度为2.3cm/s，一盒长度为257米的磁带可录放3小时节目。

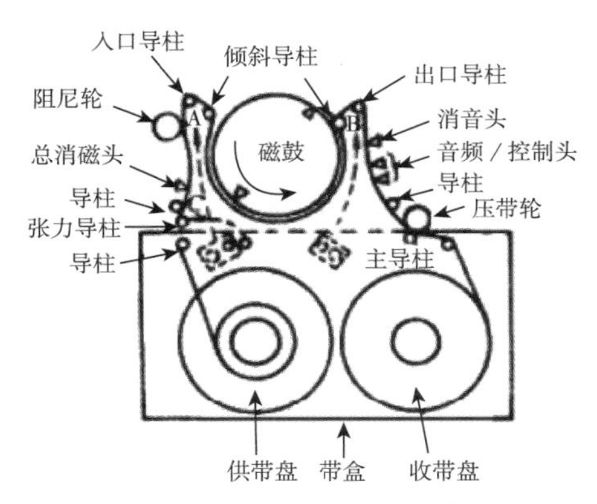

图9-9　VHS录像机的走带路径

Beta格式录像机磁带绕带方式如图9-10所示。其带盒尺寸为156mm(长)×95mm(宽)×25mm(高)，比VHS格式带盒小，俗称小1/2格式。Beta格式的磁迹位形图和VHS格式相似，也采用高密度方位角记录方式，两个视频磁头的方位角分别为+7°和-7°，磁迹宽度为38.24μm，走带速度为1.87cm/s，磁头扫描速度为5.83m/s。它还在记录时加入导频信号，以提高彩色信号的录放质量。

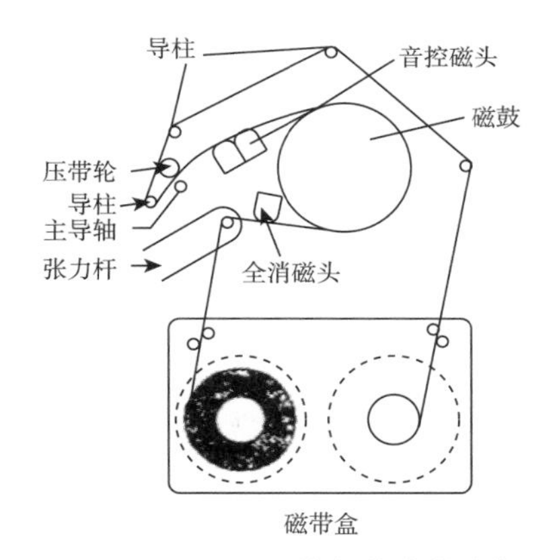

图9-10　Beta录像机的走带路径

随后，各厂家在家用录像机市场上进行了激烈的竞争，为缩小体积、提高图像和声音质量，先后推出了不少新型机种，在多方面进行改进以提高竞争力，逐步形成了VHS格式和Beta格式两大相互对抗的系列。

第一，为延长录像时间，磁带录像机走带进一步慢速化。在NTSC制的Beta格式录像机中，按标准带速、1/2带速和1/3带速设置不同工作状态，录放时间可延长2倍到3倍。VHS格式录像机也有类似的改进。但带速的减慢降低了信噪比，影响图像质量，因此产生了适应慢速录像的高级(HG)型录像磁带。

第二，为进一步延长录像时间而减小磁带的总厚度，薄型录像磁带应运而生。如Beta型中L-830的最长录像时间达5小时，VHS型中L-830最长录像时间达8小时。

第三，为解决因提高记录密度降低带速导致的纵向音频磁迹音质较差的问题，开发了高保真(Hi-Fi)录像机和高保真录像磁带。1983年，索尼公司和松下公司分别推出了Beta-HiFi和VHS-HiFi录像机，均将音频信号调频后和图像信号记录在同一条磁迹上，但其记录方法并不相同。Beta-HiFi采用频分复用(FDM)记录方式，用同一对视频旋转磁头记录调频音频信号。两路音频信号放置在频谱中的亮度调频信号和降频色度信号之间，各自占有不同的频谱位置以便于分离。VHS-HiFi采用双分量多工记录方式，在磁鼓上另加一对音频磁头，在磁带上先记录音频信号，然后再把视频信号记录在已记录有音频信号部位的磁带表层。VHS格式亮度调频信号和降频色度信号频谱中无空缺部分，两路音频调频信号记录在亮度频谱的下端，这种方式也被称为深层记录。Hi-Fi音频频响宽，动态范围大，音质好，但存在不能后期配音的问题。

第四，摄录一体化和录像机进一步小型化。20世纪80年代初，市场上出现了把录像机和摄像机结合在一起的便携式小型摄录一体机。摄录一体机适用于室外现场录像，需要编辑和复制，特别是在ENG(electronic news gathering)和EFP(electronic field production)场景中。为缩小体积，1982年，胜利公司基于VHS-C型盒式磁带和小型磁鼓推出了小型轻量化的VHS-C录像机。1985年，索尼公司推出了实用化的小型8mm录像机产品。8mm录像机是一种新格式，在设计上不受任何传统规格的限制。其采用缝隙宽度为0.25μm的高精度视频磁头，并以金属磁带取代氧化物磁带，采用的涂布型或蒸镀型金属磁带的记录密度比Beta和VHS盒式录像带高1倍多。金属录像磁带是录像磁带发展的重大成就，标志着录像磁带进入新的发展阶段。为实现录像机整体结构的小型化，8mm录像机选用8mm宽磁带和小型磁鼓，缩小了走带机构，并且增加了PCM音频记录方式，采用跟踪导频信号(TPS)实现磁迹跟踪，新增旋转消磁头等技术亮点。

第五，录像机的高带化和录像磁带的高性能化。在借鉴U型机实现高带化经验的基础上，1987年，日本胜利公司率先研制出了S-VHS录像机，实现了S-VHS录像机的高带化。同年，索尼公司也推出了清晰度更高的ED-Beta格式录像机，实现了Beta录像机的高带化。它们的共同特征是使用了高矫顽力的磁带和缝隙宽度更窄的视频磁头，使得亮度信号的载波频率提高、调频频偏加大，从而使水平分解力提高到400线甚至500线以上，使图像质量更加清晰稳定。此外，在电路结构上，录像机采用了Y/C分离的输入输出接口，避免了多次亮色分离、亮色复合所带来的亮色串扰。

5.模拟分量磁带录像机

早到20世纪80年代，在模拟复合格式录像机发展的同时，日本的索尼、松下和美国的无线电公司就已针对模拟复合录像机的缺陷展开了对模拟分量录像机的研究。

最早出现的分量录像机是松下公司1981年开发的M格式录像机。M格式录像机是以M型磁带通道形状的VHS为基础进行研发的，因此而得名。M格式录像机将亮度信号调频后记录在亮度磁迹上，将两个色差信号采用频分复用方法分别调频后相加记录在色度磁迹上。该格式录像机加宽了亮度和色度信号的记录带宽，减小了亮色串扰，并且提高了走带速度，使亮度磁迹宽度增大，提高了信噪比。因为没有副载波，由此避免了由副载波所引起的各种干扰。

针对松下公司的M格式录像机，1982年索尼公司推出了Betacam格式录像机。与M格式相比较，Betacam格式录像机同样将亮度信号和色差信号分别调频后记录在亮度、色度磁迹上。不同之处在于其对色差信号采用时间压缩分割复用(CTCM)进行记录，这种记录方式避免了亮色分量之间相互串扰，而且避免了M格式中存在的两个色差信号之间的串扰。其他技术规格有的采用1/2英寸氧化物磁带，Ω绕带，场不分段的记录方式，磁鼓直径与Beta格式相同为74.5mm，头带相对速度为5.75m/s，同样采用无保护带高密度记录方式，其亮色磁头的方位角分别为±15°，以消除重放时亮色磁迹的相互串扰。

Betacam格式录像机带来最深远的影响就是推动了摄录一体机的发展，极大地惠及了ENG制作。为了使Betacam格式能用于EFP和ESP(electronic studio production)等制作领域，索尼公司于1986年推出了质量更高的Betacam-SP格式录像机。Betacam-SP格式录像机在采用金属微粒型磁带的基础上，提高亮、色信号调频载波频率，将记录带宽展宽，还增加了两路AFM(模拟调频)音频信号，大幅度提高了音频信号的各项指标，使图像和声音质量达到1英寸广播级录像机的水平。同时为了保持与Betacam的兼容性，其机械尺寸、走带方式、头带相对速度、磁迹位形等均与Betacam 格式相同。之后索尼公司相继推出了高级型BVW系列、标准型PVW系列、普及型UVW系列和数字分量型DVW系列Betacam-SP格式录像机。1990年，北京亚运会期间，索尼公司的Betacam-SP格式录像机被大量使用。

为了与Betacam格式录像机相竞争，松下公司于1985年开发出了MII格式模拟分量录像机。MII格式放弃了M格式所采用的频分复用的色度信号记录方式，而采用了与Betacam格式相同的时间压缩复用(CTCM)方式记录色度信号。MII格式获得成功的关键在于采用了金属磁带和非晶态合金视频磁头。与Betacam-SP格式一样，MII格式也采用无保护带高密度记录方式，为消除重放时的邻迹亮色干扰，采用了方位角记录方式(亮度磁头+15°，色度磁头-15°)。除此之外，MII格式录像机除记录两路纵向音频磁迹、两路AFM音频信号外，还增加了两路PCM 数字音频信号以便后期编辑。在1988年的汉城奥运会中，美国全国广播公司(NBC)和韩国KBS公司都使用到了MII格式录像机用于节目制作和新闻报道。

(三)数字磁带录像机

1.无压缩数字磁带录像机

相对于模拟信号而言，数字信号具有抗干扰性强、失真幅度小、便于计算机处理等优点。在研究、改进模拟录像机的同时，广播电视领域开始引进数字设备。在20世纪七八十年代就出现了数字时基校正器、数字帧同步器等数字化的产品，并逐步向全台技术系统全面数字化方向过渡。

1986年，日本索尼公司率先推出了商品化的D-1格式的3/4英寸无压缩数字分量录像机。D-1格式录像机采用4∶2∶2取样、8bit量化方式，数字音频选择4通道48kHz采样、16bit量化方式。为了提升图像质量，其磁带选用了当时最为成熟的3/4英寸氧化铁磁带，可做到复制20代无损失。记录方式选择采用分段记录和分通道记录相结合的加保护带记录方式，D-1格式录像机选用4通道记录，每场信号记录在10条或12条磁通上。利用二维RS码进行误码校正。

1988年4月，日本索尼与美国安培公司合作推出了D-2格式的无压缩数字复合录像机。D-2格式录像机对模拟复合信号采用4fsc取样、8bit量化，对图像信号采用双通道场分段和方位角无保护带的记录方式。为提高记录密度，选用了金属磁带。相比于D1格式录像机，D-2格式录像机采用了数字复合记录方式，其图像质量稍差，但成本相对较低。

1990年，松下公司发布了D-3格式的无压缩数字复合录像机。D-3格式录像机由于采用了叠层式非晶磁头和金属磁带，其磁带宽度得以减小到1/2英寸，因此可满足于ENG/EFP领域的摄录一体化的需要。其采用8~14调制编码记录和大字组块的二维RS码进行误码校正，并具有4通道48kHz采样、16~20bit线性量化的数字音频。由于D-3格式对随机误码的纠错能力强，因此可保证在提高记录密度的情况下图像音频复制质量不劣化。D-3格式录像机还采用了旋转消磁头，增强了编辑能力。

1993年，松下公司又发布了D-5格式的无压缩数字分量录像机。D-5格式录像机以D-3格式录像机为基础，采用10bit分量数字编码和全比特数字分量记录方式，数字音频量化比特达到20bit，其他形式与结构如纠错编码方式、走带机构等均与D-3格式相同。D-5格式录像机具有分量与复合输出接口，可兼容重放D-3格式的节目带，并具有可记录压缩比为4∶1的HDTV信号和16∶9宽屏幕信号的能力。D-5格式录像机的出现，为使用模拟分量格式和数字复合格式的用户向数字分量过渡提供了可能。

这些无压缩录像机将输入信号按原有码率进行直接记录，图像质量高，信号损失最小；但图像信号的数据量很大，对设备要求严苛，其机器硬件价格和运行成本都非常昂贵，未能在电视台广泛推广使用。

2.数字压缩磁带录像机

进入20世纪90年代中期，日趋成熟的数字压缩技术让磁带录像机进入数字分量压缩时代。这类录像机在保证图像质量没有明显降低的前提下，通过数字压缩技术降低视音频码率，减少记录数据量，一定程度上减少了磁带用量并简化设备，大大降低了成本。

1993年，索尼公司率先推出了数字Betacam格式录像机，而仅过两年，在1995年，索尼又推出了Betacam SX和DVCAM格式录像机。同样在1995年，日本胜利公司开发出了Digital-S格式录像机。1996年，松下公司推出了DVCPRO 25M格式录像机。2000年，索尼推出了MPEG IMX格式录像机。

表9-1　数字分量录像机(压缩)主要参数对比

参数 \ 格式	Digital Betacam	MPEG IMX	Betacam SX	DVCAM	DVCPRO 25	DVCPRO 50	Digital-S
Y取样频率	13.5MHz	13.5MHz	13.5MHz	13.5MHz	13.5MHz	13.5MHz	13.5MHz
取样比	4：2：2	4：2：2	4：2：2	4：2：2	4：2：2	4：2：2	4：2：2
量化比特	10	8	8	8	8	8	8
压缩方式	场内DCT	MPEG-2 4：2：2@ML I帧GOP	MPEG-2 4：2：2@ML IB帧GOP	基于家用DV	基于家用DV	基于家用DV 双通道压缩	基于家用DV 双通道压缩
压缩比	2.3：1	3.3：1	10：1	5：1	5：1	3.3：1	3.3：1
视频码率	88Mb/s	50Mb/s	18Mb/s	25Mb/s	25Mb/s	50Mb/s	50Mb/s
磁带宽度	1/2″	1/2″	1/2″	1/4″	1/4″	1/4″	1/2″
磁带速度	96.7mm/s	53.766mm/s	59.6mm/s	28.2mm/s	33.82mm/s	67.64mm/s	57.8mm/s
磁迹宽度	26μm	21.7μm	32μm	15μm	18μm	18μm	20μm
磁迹条数(条/帧)	12	8	12	12	12	24	12
磁鼓转速	4500r/min	4500r/min	4500r/min	9000r/min	9000r/min	9000r/min	4500r/min
数字音频	4×48kHz/20b	8×48kHz/16b	4×48kHz/16b	2×48kHz/16b或4×32kHz/12b	2×48kHz/16b	4×48kHz/16b	4×48kHz/16b
兼容重放	Betacam SP	Betacam Betacam SP/SX/Digital Betacam	Betacam Betacam SP	与DV格式双向兼容	DV格式/DVCAM	DVCPRO 25/DV格式/DVCAM	S-VHS
图像质量	标清电视最高水平	稍低于Digital Betacam	接近MPEG IMX	相当或略高于Betacam SP	相当或略高于Betacam SP	接近Digital Betacam	接近Digital Betacam
推出时间	1993年	2000年	1996年	1997年	1996年	1998年	1995年

这些录像机均采用数字分量压缩技术以减少数据率，但不同格式的录像机采用不同的信号处理方式。从取样量化方面来看，这些录像机的取样格式不同，其中4：2：2取样格式符合ITU-R BT.601建议的数字分量演播室标准，在后期制作和多代复制质量方面比其他取样有一定优势，这些录像机选用的量化比特数也不同。从压缩编码方式来看，这些录像机均采用了离散余弦变换(DCT)技术，但选用的压缩方式不同，大致可分为帧内压缩和帧间压缩两种。从硬件和机械结构来看，这些录像机均采用金属磁带，并采用串行数字接口作为标准数据接口，还配有模拟复合、模拟分量 I/O 接口，以便与原有的模拟设备连接，它们选用的磁鼓、磁头、磁带宽度、盒式尺寸、走带速度、磁鼓转速、磁迹位形等方面各不相同。例如，Betacam SX格式录像机首次采用了无循迹重放方式，通过加装 4个重放磁头，提高了可靠性，使数字化过渡更经济合理；Digitial-S格式录像机的机械结构与VHS相同，具有编辑处

理图像的功能，可以向下兼容重放S-VHS录像带；DVCAM格式录像机采用1/4英寸金属蒸镀带，磁迹宽度 15 μm，向下兼容DV格式磁带。

这几种格式的录像机以其优异的性能和价格迅速进入广播电视新闻制作系统，推动着广播电视行业全面进入数字影像制作世界。

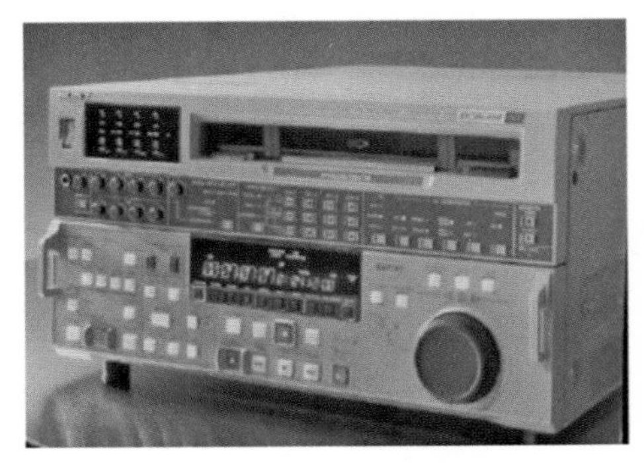

图9-11　Betacam SX录像机

二、硬盘录像机

随着广播电视行业的发展，电视技术不断进步，电视节目制作的形式与要求随之不断改变，同时传统电视录制设备也迎来了新的挑战和机遇。面对新的工作模式和新型的前后期设备，传统的磁带记录方式逐渐体现出诸多弊端。例如，电视台使用的主流磁带录像机经过几代发展，设备型号众多，不同厂家的录像机产品，从录像磁带的尺寸到记录格式等各不相同，在使用时需要配置对应的磁带，不同厂家甚至同一厂家不同型号、系列的产品之间兼容性的问题，给广播电视行业的系统配置、设备调度等方面增添了许多不便，还增加了许多设备购买成本。另一方面，磁带录像机的维护成本较高，机械结构复杂，很多配件如磁鼓、压带轮等需定期更换。除此之外，在电视节目快速生产的需求下，使用磁带方式来记录音视频信号后的后期编辑、修改都非常麻烦。在磁带中间寻找一个画面往往要花费很多时间，在后期非编网络系统上下载磁带内容同样需要花费较长时间，大大降低了制作效率。

随着信息技术与视音频技术的结合，视频数字化、文件化，针对磁带录像机设备的不足，一些厂商推出以文件格式记录、存储和播放的数字硬盘录像机。本质上，它是一套进行图像处理和存储的计算机系统，以计算机设备的方式工作，既有硬盘存储、网络传输等服务，又有录像机的特点，可以对图像、声音进行长时间记录。

表9-2　数字硬盘录像机与传统磁带录像机的比较

对比内容	模拟磁带录像机	数字硬盘录像机
系统结构	机械传动，伺服机构复杂，可靠性低	构成简洁，可靠性高
系统管理	单片机简单任务程序管理	CPU控制多任务高级实时动态管理
系统安全性	只能通过按键锁定面板，录像带内容无法被保护	可设置密码保护，非授权用户无法调看图像内容
智能控制	报警启动录像	多种智能控制，视频动态感知，报警关联录像，系统状态实时监测、诊断
图像记录	单路模拟信号记录，配合画面分割器才能实现多路时分或空分记录	多路图像高密度时分或实时记录，采用数字压缩方式存储
图像保存	需要多盘录像带，占用大量空间，长期存储图像质量下降	大容量硬盘存储，不需要额外空间，转存光盘后可长期保存
图像检索方式	简单的报警检索，记录与检索无法同时进行，无法远程检索	多重高级随机智能检索，记录与检索可同时进行，通过网络进行远程检索
图像检索速度	线性检索，需要反复倒带，速度很慢，且磁头磨损严重	非线性随机检索，无倒带时间，检索可在瞬间完成
多代复制性能	每复制一次图像就劣化一次，多代复制性差	以数字方式记录的图像不存在复制劣化问题，可多代复制
人机交互方式	简单数码显示，交互性差，误操作率高	人机交互界面直观友好
外设控制	无	可控制前端解码器，对云台镜头等前端外设进行控制
网络传输与控制	无	能满足网络实时传输及控制需求
系统寿命	至少每年换一次磁鼓，费用昂贵	长期使用，直至升级
系统升级	只能更换设备	升级软件(有时需要更换部分硬件)

数字硬盘录像机相对于传统的磁带录像机，采用了硬盘作为记录存储媒介，其本质依然是电磁转换技术。硬盘通过在磁盘盘片的磁性材料表面创建磁区域来存储数据，使用电动马达将磁盘盘片高速旋转。当读取数据时，磁头靠近硬盘的旋转盘，并在磁区域的磁场中感知磁极性来识别0或1，当写入数据时，磁头的写数据电流会改变磁区域的磁性来存储新的数据。硬盘控制器负责控制硬盘工作并与计算机系统进行通信。1956年，IBM公司研发出第一台磁盘存储系统IBM 350RAMAC，被认为是现代硬盘的雏形，它的体积相当于两个冰箱，但储存容量只有5MB。1968年，IBM公司颠覆了之前的设计，提出了“温彻斯特”(winchester)技术，奠定了现代硬盘的基本结构，其技术精髓在于“镀磁盘片被密封、固定并高速旋转，悬浮在盘片上方的磁头沿盘片径向移动，而不与盘片直接接触”。1973年，第一块使用温彻斯特技术的硬盘IBM 3340问世，由两个分离的直径为14英寸的盘片构成，每片容量为30MB。同年，薄膜磁头(thin film head)的出现，为进一步减小硬盘体积、增大容量、提高读写速度提供了可能。1980年，希捷公司推出面向台式机的4磁头5.25英寸规格的5MB硬盘。1991年，IBM公司推出了3.5英寸1GB容量电脑硬盘，采用磁阻(magneto resistive，MR)技术和巨磁阻(giant magneto resistive，GMR)技术来提高磁存储密度，为硬盘容量的大幅提升奠定了基础，从此硬盘的存储容量开始进入GB数量级。1999年，高达10.2GB的ATA硬盘面世。2005年，日立和希捷采用磁盘垂直写入技术(perpendicular recording)，将平行于盘片的磁场方向改变为垂直方向，从而能更充分地利用储存空间。2007年，日立推出1Tera Byte的硬盘。2010年12月，日立推出3TB、2TB和1.5TB Deskstar 7K3000硬盘系列。

随着技术的不断发展，硬盘体积越来越小、存储容量越来越大，灵活性、可靠性、响应精确性等方面的性能都有大幅提升。录像技术领域所使用的硬盘不同于普通的计算机硬盘。由于视频信号数据量大、传输速率高，对于硬盘要求较高，因此，视频数据压缩和硬盘数据存储是硬盘录像机的核心技术。硬盘录像机以内置的硬磁盘为介质，进行非线性直接记录视频图像，具有随机存取、高速搜索、立即删除和随意编辑的优势，可与非线性编辑机相结合形成一个高效摄、录、编、播的非线性编辑系统。

1995年，Tektronix公司研发了专业硬盘录像机Profile PDR100，其利用硬磁盘非线性的特点可以随时迅速地录放、插播、删除、调整节目顺序，提供的2个或4个实时通道具有双向读写、资源共享、节目时延功能，可以提供连续可变量动态JPEG压缩，其记录的图像质量可达广播级。

1995年9月，通过与松下公司的合作，比利时EVS公司开发了一款数字化硬盘录像机LSM，以不间断地循环录制模式将素材记录在硬盘阵列上，同时允许即时平滑变速重放标记片段，无极限控制的慢动作精彩回放画面的质量远远超过了普通录像机慢动作播放效果，可应用于体育赛事转播慢动作回放。随着当时松下公司第一款专为亚特兰大奥运会准备的高速摄像机的发布，EVS公司在国际上名声大振。

1997年，索尼公司在NAB展会上推出了一种新产品FDDR-7000，它是一款非压缩多通道硬盘录像机，可以支持5个输出通道，存储113分钟的4∶2∶2非压缩的数字视频信号。

1999年，由美国的Replay Network公司与飞利浦公司先后研发并上市的数字硬盘录像机开始应用于金融、交通等安防监控领域。Replay TV硬盘录像机以硬盘容量为分类标准推出了3款型号，最长可以录制20小时的视频节目，并且提供电视节目导读单EPG服务，如图9-12所示。录像机通过内部Modem与Replay的网络服务中心相连，可以传送EPG信息，在电视机上显示当前电视频道节目内容。飞利浦的TiVo录像机有两款型号，最长可以录制30小时的视频节目，其不提供免费EPG服务，但提供自动录像功能和逐帧慢动作回放功能，如图9-13所示。

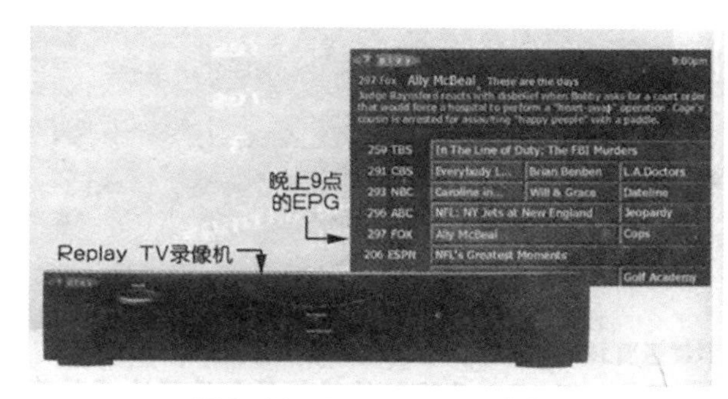

图9-12　Replay TV录像机

图9-13　飞利浦TiVo录像机

2000年9月，Replay Network公司宣布推出60小时节目存储时长的单驱数字视频录像机ReplayTV 3060，其使用Maxtor公司的Diamond Max 60GB硬盘，能够记录更多质量更高的视频节目，并采用单驱设计，比传统的双驱设计产生的热量更低、噪音更少。

2002年，EVS公司第一次在FIFA世界杯节目制作中部署了XT平台，并将80多台硬盘录像机连接在一起，构建了网络。同年，中央电视台大批量购买索尼公司生产的MAV-555A硬盘录像机。MAV-555系列产品是具有代表性的广播级演播室多通道硬盘录像机，率先进入我国广电市场，成为中央电视台演播室标清数字电视节目录制和直播延时播的主要设备。

为满足市场上各种不同的应用需求，各硬盘录像机开发商在不同方面进行了革新，推出了性能各异、种类繁多的实用化产品。

第一，采取非接触读写方式，以避免图像质量劣化。磁带录像机采用磁头在磁带上接触扫描的记录方式，质量好的金属蒸镀磁带复制到第5代时图像质量尚无明显劣化，但到了第7代时则开始表现出劣化。而硬盘录像机采取磁头在硬盘上非接触读写的方式，无磁头磨损，可实现高质量存取和传输，反复删除图像时不降质。因此，硬盘录像机不仅可以高质量记录多制式、多格式、多分辨率等级的高清晰度图像，而且接收、传输这些视频图像也可以做到多处理、高质量。如飞利浦TiVo公司的HDR12型硬盘录像机都带有内置的电视调谐器和调制解调器，能边播放、边自动记录电视节目，还可与电视播控中心连接，对预告节目进行各种预设，硬盘自动记录溢出后，会自动删除次要或过时的节目，在删除和恢复过程中，也不会影响已录制节目的图像质量。

第二，以文件形式直接记录。硬盘录像机所输入的数字视频信号是以非线性方式直接记录在硬磁盘的，所以它要像计算机一样，将所记录的内容以文件形式随机写读，在某种操作环境下用软件进行资源管理。早期的PC式硬盘录像机使用简单的文件方式进行存储，依赖操作系统自带的文件系统进行管理；后来出现使用改进的文件方式进行存储的硬盘录像机，在依赖操作系统的文件系统上加入了存储数据相关的一些特征性管理，如方便检索、事件查询等特性的管理；之后采用的是自主的文件系统管理，从数据的存储到各种事件的管理都使用与操作系统的文件系统不相关联的方式来实现，如SOBEY MSV 555EX硬盘录像机采用的AMFS高级媒体文件系统是索贝数码科技股份有限公司自主研发的文件系统，完全独立于操作系统，其跳过操作系统本身的IO层和文件系统驱动层，直接对磁盘进行读写操作。

第三，以硬盘录像机为核心组成非线性编辑系统进而网络化。硬盘录像机的高端产品主要用来借助软件工具进行创作、合成与管理，而低端产品主要用于非线性编辑与特技，通过内置编辑卡和编辑软件实现编辑、包装、动画等制作任务，可以在一部硬盘录像机上进行多任务实时操作、同时完成。如Accom公司的Attache型硬盘录像机设有预读功能，在搭建A/B卷编辑系统时可代替一台放像机或一台录像机，节省设备资源。

第四，提供低分辨率浏览服务。许多硬盘录像机通过设置硬盘和浏览软件所提供的低分辨率浏览服务，建立数据码流索引体系。如美国Accom公司的WSD 2Xtreme硬盘录像机可将8/10bit量化非压缩的D-1视频记录在RAID(冗余硬盘阵列)上，并设置快速连接接口，以方便快速浏览。有些硬盘录像机在浏览时可以自定义调整码率，如多伦多Drastic Technologies公司推出的VVW5000型硬盘录像机，美国Pinnacle Systems公司的MCS-2000和MCS-4000型硬盘录像机提供低分辨率代理浏览服务器内容功能，可自动处理50Mbps MPEG-2和DV格式的可变码率，比利时EVS公司采用的慢放、超慢动作硬盘技术、慢放DAF技术从另一途径提供低分辨率浏览和多时区应用。

第五，实现无磁带自动直播。过去的数字编播系统一般采用磁带记录的录播方式，而硬盘录像机的出现改变了这种状况，各厂家根据需要开发了各种各样的直播应用系统。如Accom公司的Attache型硬盘录像机在确定时间线上各片段的入出点后，可自动按片段号顺序非线性随机播出；而

HewlettPachard公司的Media Stream型硬盘录像机则具有插播广告、多频道播出、网络延时播出等功能，EVS公司的Sport Server 4通道硬盘录像机可根据主题与关键字自动将数据库中存储的相关活动图像片段调出播放；还有的硬盘录像机如Quantel公司的Clipbox可实现多频道自动直播。

第六，多频道应用。由于硬盘录像机采用硬盘直接记录方式，所以在磁带记录的线性系统中本来需要多种设备分步完成的任务，在硬盘录像机可以同时完成互不影响。如Accom公司APR-Attache无压缩硬盘录像机可以在一个视频通道上同时进行录/放预读功能；飞利浦TiVo公司的 HDR12型硬盘录像机在播放电视节目的同时自动记录节目；索尼公司的MAV-555型多通道硬盘录像机可在不同通道内进行视/音频信号的采集与编辑、包装制作。

第七，多种记录/播放格式兼容。硬盘录像机的互操作性体现在兼容多制式、多格式、多分辨率的视频信号。如GVG公司的 Profile XP型硬盘录像机支持SD、HD、DVCPRO、MPEG-4：2：2@ML等格式标准；Pluto Technologies公司的HyperSPACE硬盘录像机可以5：1压缩比、360Mbps码率处理所有SMPTE HDTV格式信号。为了实现不同格式视频信号的相互转换与复制，一些硬盘录像机还带有转换选件以及与彩色校正器等装置，提供自彩色空间转换、码率压缩格式转换等功能。

第八，设置符合各种传输协议的网络接口实现联网传输、资源共享。如Grass Valley Group公司的Profile XP硬盘录像机设有8个视频通道和光纤通道，并支持串行数据传输接口SDTI和 MPEG传输数据流MTS功能，以便进行视音频资源的数据传输和交换。Avid公司的Unity 硬盘录像机采用开放网络和中央存储技术让用户能实时共享图像资源。

本节执笔人：张亚娜、何颖玺

第二节 光记录与存储技术

一、光记录的缘起

上一节所介绍的磁性记录技术是应用时间最悠久、应用范围最广泛的传统存储记录技术，其以硬盘和磁带作为记录介质，由于价格低廉、性能优良，其在20世纪中后期的市场竞争中处于主导地位。而光存储技术是继磁记录后在激光技术的基础上发展起来的一种新型存储记录技术，其以光盘、光卡、光带为记录介质，其中，光盘应用得最为广泛。光盘(optical disc)是一种利用光技术存储声音、文字、图像等多媒体信息的存储设备，利用激光对记录介质的某些光学性能如光的反射、吸收或相移等实现数据的记录或重放。

光盘的历史最早可以追溯到20世纪50年代末期，在那时，利用光学技术记录视频、音频信号成为人们的研究课题。1958年，美国斯坦福大学的格雷格提出用光学方法把影像和音频记录在一张圆盘上的想法，并将其命名为电视唱片(video disk)，而在之后的10年中他陆续发布了相关专利。受到当时单色光源功率的制约，光束会聚到电视唱片扫描读出的光斑需要到达亚微米级，这一条件很难实现，格雷格选用的光源是高压水银灯。因此，激光器的发明和发展为光盘存储技术奠定了基础。1969年，荷兰飞利浦公司开始研究激光电视唱片，并于1972年研发出可长时间播放的密纹电视唱片，为后来飞利浦推出的CD数码光盘奠定了基础。1978年，飞利浦公司成功推出商品化的激光视盘(laser video disc，LD)。最早问世的激光视盘属于只读光盘，节目内容由专业工厂录制，采用非接触的光学式读取信息方式，其所记录的影像和声音不是数字信号而是模拟脉宽调制(PWM)信号。激光视盘面积庞大，直径约达30厘米，且配套使用的唱片播放机价格昂贵，与同时期的家用磁带录像机VHS相比性价比较差，没有得到大范围推广。除了非接触的光学式读出的唱片，同时期开发的还有机械方式或电容方式读出的电视唱片，如德国德律风根(Telefunken)公司的机械式电视唱片、美国RCA公司的电子电容式电视唱片CED、日本胜利公司的VHD电视唱片等，但后续都逐渐被市场所淘汰。

与磁介质录像机相比，光盘录像机具有三大优点。一是光盘寻轨速度快，只需几秒钟即可找到光盘上的任何一段节目；二是光盘中数据的写入、读取和擦除是通过激光束对密封在光盘保护层内的记录介质进行照射，使其内部发生物理或者化学变化来实现的，光盘与激光头之间没有直接的机械接触，不存在磨损的问题，使用寿命长；三是光盘作为计算机可用记录载体，可在计算机中进行高级图像处理。

二、影音光碟：从VCD到DVD

1979年，飞利浦公司初次展现了其CD产品的优越音质。随后，在1980年，飞利浦公司与索尼公司共同推出的CD-DA格式标准，将采样后的音频以LPCM方式编码成数字信号。由于采用了数字技术，光盘成为一种适用于计算机使用的大容量存储介质，这也促成了1985年适用于计算机数据承载的CD-ROM标准的诞生，其采用CRC循环冗余检测码进行错误检测和RS码进行错误校正以降低误码率。而后飞利浦与索尼陆续推出了功能各异的光盘标准，包括CD-I、CD-R、CD-V、CD-ROM XA等，但这些光盘只能在盘片压制过程中将数据存储于盘片中。1988年，飞利浦公司率先推出了CD-R(CD-Recordable)可记录光盘标准。1990年，飞利浦与索尼共同制定了CD-R规格书，CD-R光盘的记录层采用可变性的有机染料，支持用户数据自行写入，但只能够写入一次，无法进行多次读写。1996年，飞利浦、索尼、惠普、三菱和理光五家公司在飞利浦公司提出的相变型可擦写光盘CD-E的基础上共同推出了CD-RW(CD-ReWriteable)标准，CD-RW光盘的记录层采用可恢复的材料代替有机染料，通过金属相变来实现信号的多次写入和擦除。

CD光盘中数字技术的成功应用使得人们将目光转向可以记录数字视频信号的光盘研究，影音光盘VCD应运而生。1993年，飞利浦公司和胜利公司制定了以CD标准为基础的VCD光盘标准，该标准指出，可在直径为120mm的盘片上存储长达74分钟的视音频影像。由于视频信号数据量庞大，VCD光盘采用MPEG-1压缩编码方式，视频码率为1.15Mbps，其图像质量高于VHS录像机重放图像质量，但不如LD光盘。由于当时，西方国家已经普及了磁带录像机，其配套生产、销售等体系完备，因此其在西方市场没有存在太久，但在亚洲特别是中国市场取得了巨大成功。

由于VCD已经不能满足人们对高画质与更优音质的视频专用光盘的需求，高密度光盘存储技术由此产生。1994年，飞利浦与索尼公司率先发布了多媒体光盘(MMCD)，采用单面双层结构，拥有两个记录层，容量可达到3.7GB，兼容CD格式。随后，东芝与时代华纳(Warner)公司于1995年推出了功能相似的超密度光盘(SD)，采用了双面双层结构，单面容量达到5GB，但与CD不能兼容。两种格式在很多方面是相同的，例如，都采用了MPEG-2压缩方式、提供数字多声道环绕声等。自此，DVD出现了两套标准竞争的局面。在1995年9月，索尼公司与东芝公司达成了统一化数字视盘标准协议，索尼公司放弃了自己的光盘结构，同意采取东芝公司较为先进的双盘对接的光盘结构，而在数据调制和信号处理等方面东芝公司向索尼公司妥协，双方于年底共同推出DVD-ROM标准。DVD盘片的轨道间距和最短记录点长度都进行了缩短，使得DVD光盘的数据轨道更密集，允许容纳的数据记录点数量更多；同时为获得更好的激光的聚焦精度，DVD选用了更短波长的激光和具有更大数值孔径的透镜系统。相比于VCD盘片，DVD盘片的高容量可以记录比VCD高数倍清晰度的视频影像，改善视觉效果，其音频效果也远胜于VCD；并且DVD注重版权保护，使用了区位码进行数据防护。

表9-3　从CD到DVD的技术对比

技术关键： ·实现高密 ·实现高效 ·实现高速	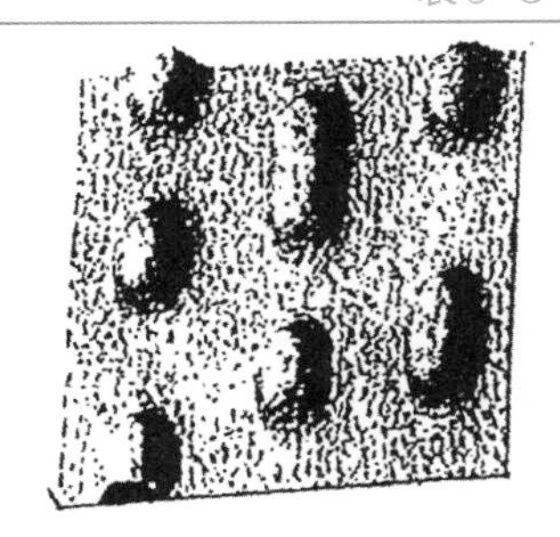 标准CD格式：650MB ROM播放74min	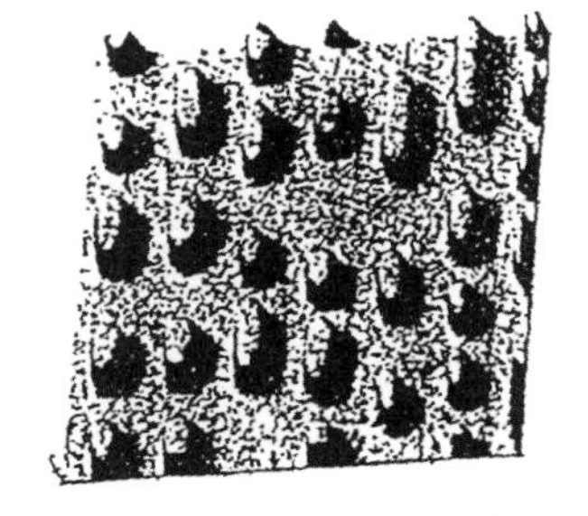 标准DVD格式：4.7GB ROM播放133min	性能提高

续表

实现高密：	ROM：(Ar$^+$)488mm	ROM：(Kr$^+$)413nm	
·短波长	0.45~0.5	0.65以上	
·高*NA*	p=1.6μm	p=0.74μm	
·道间距	d–1.2mm	d=0.6mm	线密度↑道密度↑
·薄盘基			
实现高效：	槽内记录	槽内、台上记录	
·记录方式	PPM(脉位调制)	PWN(脉宽调制)	双折射↓抖晃↓
·调制方式	EFM(8~14调制)	EFM$^+$(8~16调制)	
	RLL(1.7)	RLL(2，10)	
·检纠错码	CRC循环冗余校验码	RS-PC里德-索罗门乘积码	
	MPEG-1	MPEG-2	
·数字压缩	N制250×240	720×480	进一步提高面密度
·分辨率	二声道	Dolby AC3环绕声	
·音频道	(44.1kHz，16bit)	5.1声道(~96kHz，24bit)	
	单光束刻录	双光速记录	
实现高速：	1.1m/s~1.4m/s	3.5m/s~7.5m/s	
·母盘线速	热相变记录，10~50ns/bit	光双稳记录，10~200ps/bit	高清晰度画面
·RAM/RW	各类CD:	单面单层4.7GB DVD-5	高保真度音质
·单片容量	650MR(0.65GB)	单面双层8.5GB DVD-9	
		双面单层9.4GB DVD-10	
		双面双层17GB DVD-18	

由于有CD刻录技术的基础，可录DVD技术的发展速度很快，但在刻录标准的制定过程中，不同厂商之间提出了不同的技术标准，表9-4按时间顺序展示了可录DVD的发展历程。在竞争中，共产生了DVD-RAM、DVD+R/RW、DVD-R/RW三大类5种可录DVD标准。

表9-4　DVD主要规范推出的时间

DVD 主要规范推出的时间	
1996	DVD-ROM、DVD-Video
1997	DVD-RAM(Ver1.0；2.6GB) DVD-R(Ver1.0；3.95GB)
1998	DVD-R(Ver1.9；4.7GB)
1999	DVD-Audio DVD-RAM(Ver2.0；4.7GB) DVD-RW(Ver1.0；4.7GB) DVD+RW(3.0GB)
2000	DVD-RAM(Ver2.1；4.7GB) DVD-R(Ver2.0；4.7GB/作家型) DVD-R(Ver2.0；4.7GB/通用型) DVD-RW(Ver1.1；4.7GB) DVD+RW(Ver0.9；4.7GB)
2001	DVD+RW(Ver1.0；4.7GB) DVD Multi(Ver0.9) DVD Multi(Ver1.0) DVD+RW(Ver1.1；4.7GB)
2002	DVD+R(Ver1.0；4.7GB)

1997年，松下、东芝和日立公司制定了DVD-RAM1.0标准，其盘片采用单面单层结构，使用了ZCLV(区域恒定线速度)的转速模式，在一定区域内保持光盘线速度不变，由内向外阶梯式地提高刻录速度，单面存储容量只有2.6GB，可反复擦写10万次，耐用性极高。后续其还推出了提高存储容量的DVD-RAM2.0标准。但DVD-RAM光盘在兼容性方面存在缺陷，无法兼容普通DVD-ROM光驱和DVD播放机。

与此同时，先锋公司推出了一次写入式的DVD-R1.0标准光盘，后来又发展出更大容量的2.0标准光盘，并分为编著型(authoring)和通用型(general)，两者在物理结构上的差异在于使用了不同波长的刻录激光。在协议方面，编著型DVD-R

支持CSS内容保护技术。DVD-R在存储方式上使用低频的摆动沟槽时间，寻址方式采用LPP寻址方式，依靠轨道岸上预刻的寻址信息坑，在刻录倍速较高时，会出现寻址不易的情况。1999年，先锋在DVD-R的基础上推出了可重记录式DVD-RW标准光盘，记录层选用相变材料，并加入两个保护层，在存储方式上仍使用低频的摆动沟槽与LPP寻址方式，在后续版本中增加了对CPRM版权保护技术的支持。DVD-R/RW广泛应用于DVD影像记录领域，与专注于数据存储的定位DVD-RAM形成互补。

1999年，索尼与飞利浦等公司共同发布了DVD+RW标准，其盘片采用单面单层结构，存储容量可达4.7GB。DVD+RW光盘在物理结构、逻辑设计上参考了DVD-ROM和DVD-Video光盘，存储方式上使用高频摆动沟槽时间并且寻址方式采用ADIP方式，利用摆动沟槽的相位调变来寻址，易高倍速刻录，具有出色的兼容性的同时在生产成本上也具有优势。但DVD+RW没有被DVD论坛所采纳。后来飞利浦等公司发布了DVD+R标准，其改进了DVD-R光盘片架构以及激光头的记录、播放方式，让DVD+R光盘片采用和DVD+RW系统相同的分散式物理地址架构。

三、DVD录像机

可录DVD光盘技术的发展打破了光盘多半只能作为视频播放媒体的僵局，实现了用DVD光盘进行影音信号的直接记录。DVD录像机最大的优势是方便交换，但缺点同样明显，其光盘格式复杂，并且不太适用于编辑。先锋公司于2000年向市场推出了DVD录像机DVR-1000(如图9-14所示)，使用DVD-RW光盘进行记录。相比当时的磁带录像机，它能自动搜索光盘上的空白位置并显示可录长度，并且录制时提供32段可调压缩倍率选择，内部搭载的数码时钟基准校正器可有效避免转录过程中的色偏移现象。而后松下公司推出了DVD-RAM录像机DMR-E10(如图9-15所示)，飞利浦公司的DVDR 1000型 DVD+RW型录像机(如图9-16所示)也于同年问世。这一类录像机都被归为第一代DVD录像机。

图9-14　先锋DVR-1000型DVD-RW录像机

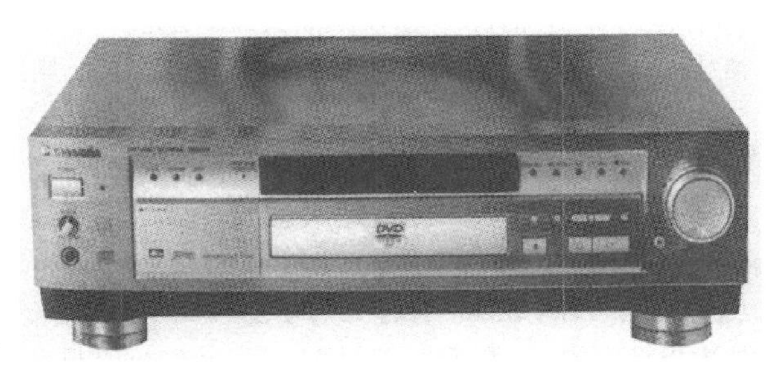
图9-15　松下DMR-E10型DVD-RAM录像机

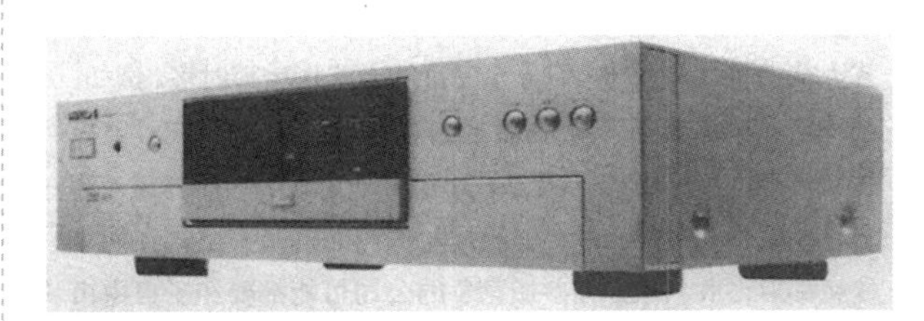
图9-16　飞利浦　DVDR　1000型DVD+RW型录像机

第二代DVD录像机是硬盘/DVD录像机，在DVD光盘录像机中内置硬盘，视音频可以通过数字化转化记录在硬盘上，也可以刻录成光盘。硬盘/DVD录像机有着更方便的编辑和回放性能，用户可以先在硬盘上录像、编辑，然后将编辑好的内容刻录到光盘上，而硬盘上没用的影音文件可以随时删除。飞利浦公司推出的DVDR520H和松下公司的DMR-E80H(如图9-17所示)就是这一类录像机的代表。DVDR520H型录像机内置了80G硬盘，支持DVD+RW光盘与硬盘相互复制，可预录长达100小时的电视节目。DMR-E80H型录像机同样内置80G硬盘，并具有即录即放功能和高倍速转录功能，为保证画面的高品质，信号输入通路上配备了3次元Y/C分离电路，以及DNR(数字噪声抑制)电路，而内置的 TBC时基校正电路则能够减少时基抖动。

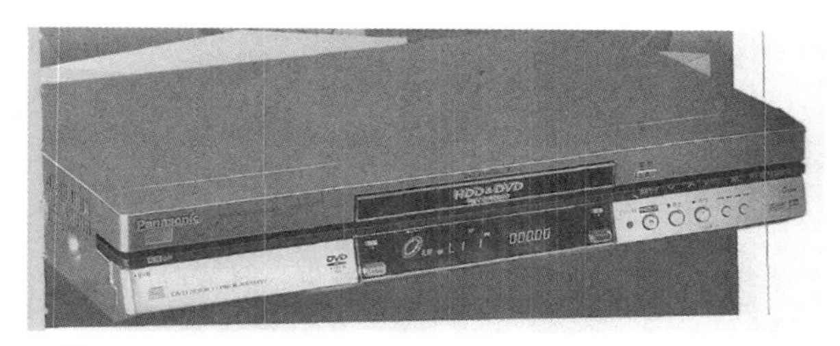

图9-17 松下DMR-E80H硬盘/DVD光盘录像机

四、蓝光记录技术

数字电视的推广和高清视频的到来让DVD的容量捉襟见肘，参照当时HDTV卫星播出数据传输速率，存储两小时HDTV等级的影音节目需要记录光盘的可用容量超过20GB。传统光盘的记录密度受限于读出光斑的大小，要提高记录密度，在等面积光盘上实现更多的存储内容，可使用短波长激光或提高物镜的数值孔径的方法。在传统的通用型DVD技术中，光头发出的都是红色激光，而波长短的蓝色激光能以其极高的精确度将数据刻录在相同面积的光盘上，数据存储的密度可以提高1.5倍。因此蓝光记录技术应运而生。

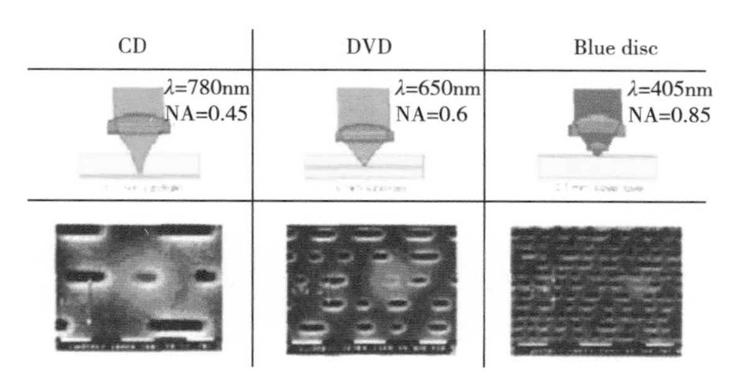

图9-18 CD、DVD与蓝光光盘光斑比较

在早期的蓝光技术发展中分为两大阵营。东芝和NEC公司认为，新一代的DVD应建立在现有的技术基础上，强调与红光DVD产品的兼容和过渡，在2002年推出了当时命名为AOD(advanced optical disc)的只读型光盘标准，即HD DVD。HD DVD选用孔径为0.65的物镜并采用波长为405nm的蓝光激光读写数据，为了提高兼容性选用了和DVD-RAM相同的案台和沟槽间隔设计。同年，另一阵营的索尼联合飞利浦、松下、三星、LG等公司制定了新的高密度光盘标准，携手推出下一代专业记录媒体蓝光盘技术，即Blu-ray Disc(BD)。蓝光光盘利用三种不同的轨距产生出不同的容量，单面单层有23.3GB、25GB及27GB三种可擦写光盘。为了提高记录容量，采用波长为405nm的蓝光激光以及0.85的物镜数值孔径来缩小光点的尺寸并采用了单一沟槽记录方式，有利于实现只读盘片和可擦写盘片的兼容。

五、蓝光录像机

在2003年年初的CES国际消费电子展上，索尼、三星、胜利等公司都展示了自己的家用蓝光光盘录像机产品。其中，索尼蓝光BDZ-S77型光盘录像机后续在日本上市，其内置了BS数字电视调谐器和微波模拟电视调谐器，可以记录3小时左右的高清晰度质量图像。

图9-19 索尼BDZ-S77型蓝光录像机

图9-20 三星HD-1000型蓝光录像机

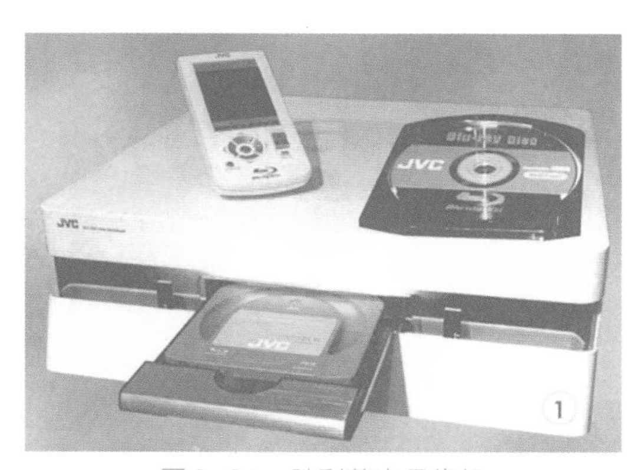

图9-21 胜利蓝光录像机

随着计算机技术与网络化的发展，高效率制播系统的出现让专业电视节目视音频制作转移到基于IT的平台成为大势所趋。索尼公司积极倡导AV/

IT的融合，把IT技术集成到广播电视领域，XDCAM专业光盘应运而生。在2003年的BIRTV展会上，索尼公司推出了专业节目制作领域的专业光盘系列产品XDCAM，其中包括3款适用于不同场合的录像机——便携式录像机PDW-V1、小型专业录像机PDW-1500和演播室机型PDW-3000，并在2004年向全球发售。PDW系列专业光盘录像机具备高传输速率和长记录时间性能，采用MXF作为视音频素材的统一文件格式，采用XML和SMIL作为Metadata的标准文件格式，基于文件记录和随机存取操作消除了磁带媒介普遍存在的线性障碍，为彻底打通无磁带工作流程提供了技术基础。其中，考虑到与多种格式磁带设备的兼容使用，PDW-1500型录像机可以作为编辑放像机与传统磁带录像机组合成为高效的线性编辑系统。其配置的专业光盘可以达到72Mbps的读写速率，满足演播室级图像质量的记录和重放，并且在采用双光头时，其读写速率可达144Mbps，实现素材节目的高速读写，给当时电视制作流程带来革命性的变化。在2004年，索尼的XDCAM专业光盘系列产品广泛应用于电视台新闻节目和体育赛事网络化制播中，尤其是在8月的雅典夏季奥运会上，全球各大电视台包括我国中央电视台体育中心对于奥运体育赛事的转播、现场报道中都使用了专业光盘产品，在后续的国内大型赛事上，XDCAM也得到充分的应用。

图9-22　索尼XDCAM小型专业录像机PDW-1500

2004年，蓝光光盘协会确定MPEG-4 AVC/H.264和WMV9为其视频编码标准。比如，2小时的HDTV节目，如果使用MPEG-2能压缩至30GB，而使用H.264、WMV9这样的高压缩率编解码器，在画质不降的前提下可压缩到15GB以下。在当时的情形下，蓝光产品需要在开播了数字高清晰广播信号的地区才能得到快速普及，相对于蓝光录像机产品，蓝光刻录机以及相关的存储产品将会先得到推广。2006年，蓝光刻录机终于从实验室走入实用化量产，飞利浦、索尼、先锋和明基等公司都推出了成熟的蓝光刻录机产品，标志着刻录时代新纪元得到来。

随着高清节目制作市场的发展，为了实现高清晰度电视制作的非线性化和网络化，2006年，索尼开发了基于专业光盘的高清记录设备XDCAM HD。其中，高清专业光盘录像机 PDW-F70 和 PDW-F30沿袭了其XDCAM 标清产品具有的低码率视音频素材记录技术，在记录高码率高清数据的同时，在同一张专业光盘上同步记录低码率视音频素材；并且具备高清下变换功能，可以将MPEG HD格式记录的素材变换为标清信号通过其标配标清SDI接口输出，实现XDCAM HD设备在标清制作系统中的应用。

图9-23　索尼XDCAM HD高清专业光盘录像机PDW-F70

2008年，索尼公司推出了XDCAM HD系列的新产品PDW-HD1500高清录像机，以及双层的50GB专业光盘介质PFD50DLA。其中，PDW-HD1500采用MPEG-2　4：2：2　P@HL压缩编码技术，具有最高50Mbps数码率的记录能力并提供多格式(1080i/720P)记录，兼具高清下变换功能，装有用于高速文件传输的双光学装置，通过使用50GB双层光盘可记录更多的高清素材，在50Mbps时可记录95分钟的内容。2009年，索尼推出在PDW-HD1500录像机的基础上开发出来的PDW-F1600 高清专业光盘编辑录像机，其载体选用专业光盘，但却可以像传统磁带录像机一样在线性编辑系统中使用，提供专业光盘之间和磁带与专业光盘之间的高清线性对编功能，在以往传统线性对编基于I帧的编辑基础上，开发出了基于长GOP进行线性对编的功能，并且能达到零帧的精度，在网络服务方面扩展了FTP Client功能，可以将专业光盘上的素材通过千兆以太网上载到指定的FTP服务器上，解决了以往FTP传输素材时必须由电脑登录录像机进行下载的单向性。索尼XDCAM HD系列产品当时被广泛应用在我国现场体育节目转播、新闻制作、节目制作等领域。

图9-24　索尼XDCAM HD 422高清录像机PDW-HD1500

图9-25　索尼XDCAM HD 422高清编辑录像机PDW-F1600

本节执笔人：张亚娜、何颖玺

第三节　半导体记录技术

一、Flash Memory的出现

随着数字技术的迅速发展，计算机技术不断向影视节目的录制、编辑、存储等各个方面渗透，未来的影视节目和资料都将以数字文件方式录制、编辑、存储和播出。前文介绍的磁带、硬盘以及光盘存储媒介都有各自的优势，但不足的是它们都摆脱不了对于机械系统的依赖，要定期进行机械方面的维修或零部件更换。迅速发展的电子科技与集成电路技术的成熟让存储介质有了新的血液，以半导体为材料、以半导体电路为存储媒介的半导体存储器就此诞生，其利用半导体的性质在电流作用下控制所要记录的数据0和1。其中，采用半导体技术的小型存储卡的开发和应用给用户带来了更为广阔的记录介质选择空间，以半导体存储卡为存储介质的录像机也成为新一代视频记录设备。与磁带或硬盘、光盘相比，以半导体存储卡为存储介质的设备省去了复杂的机械结构，其不需光头或磁头这种精密而脆弱的构件，因此具备体积小、重量轻、容量大、抗震动、抗撞击等特点。

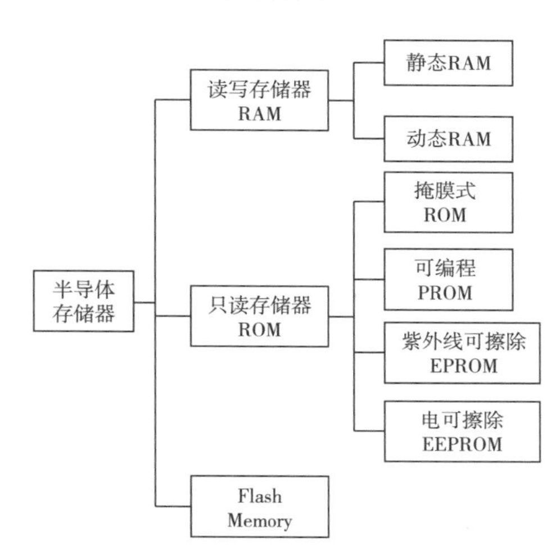

图9-26　半导体存储器的分类

半导体录像机以半导体存储卡作为记录载体，半导体存储卡的历史要追溯到闪速存储器(Flash Mermory)即闪存的出现。早在20世纪50年代就有了掩膜式ROM和可编程PROM，这些存储器都只能一次写入信息，而后无法修改。后来金属氧化物半导体场效应晶体管(MOSFET)和浮栅晶体管(FGMOS)的发明为后续可擦除型半导体存储器奠定了基础。20世纪80年代，东芝公司的舛冈富士雄首先提出了闪速存储器(即闪存)的概念，闪存是一种非易失性存储器，断电后数据也不会丢失。英特尔公司率先研究生产闪存并将其投放市场，于1988年推出了第一款商用NOR型闪存芯片，而后

东芝公司也推出了NAND型Flash产品。NOR Flash的特点是支持芯片内执行(eXecute In Place，XIP)，这样应用程序可以直接在Flash闪存内运行，不必再把代码读到系统RAM中。但相比于NAND Flash，NOR Flash在进行擦除前先要将目标块内所有的位都写为0，进行“写”操作之前必须先发送固定的命令序列再发送写操作的地址和数据，因此NOR Flash的写入和擦除的速度在很大程度上降低了它的性能。NAND Flash内部采用了非线性宏单元模式，提供了固态大容量的内存，写入和擦除的速度很快，但NAND器件使用复杂的I/O口来串行存取数据。

二、从CF卡到SD卡

1994年，美国SanDisk公司首次研制成功一种用于便携电子设备的数据存储设备，并在其中革命性地使用了闪存技术，命名为Compact Flash，即CF卡。先推出的是CF Type I型卡，而后又推出了CF Type Ⅱ型卡，两者都是50针的插孔，Type Ⅱ型卡的厚度更大，容量也随之提升。由于CF卡将Flash-Memory储存模块与控制器做在一起，其外部设备就可以做得较简单，且无兼容性问题。CF卡上内置了ATA/IDE控制器，与当时电脑硬盘的主流接口Parallel ATA接口标准兼容，具备即插即用功能，可以兼容绝大部分的操作系统，在读写时由独立的接口电路来处理，数据吞吐以并行方式进行，可以达到5MB/s读和4MB/s写的速度。CF卡广泛应用于便携式计算机、台式机、数码相机、手持条码扫描器、高级双向寻呼机盒等产品中，采用CF技术可以使得这些产品的功能得到扩展、体积变小、质量变轻。例如，使用CF卡作为存储介质的数码相机可以使数码相机设计得体小质轻，而且其中存储的照片还可以很容易地通过PCMCIA II型适配器或CF读卡机传给打印机、计算机或传真机。

1999年8月，松下、东芝、SanDisk 3家公司共同推出了SD(secure digital)卡，并在2000年1月建立了“SD Card Association”。SD卡的数据传送和物理规范由MMC卡(multi-media card，由SanDisk和西门子公司于1997年共同开发)发展而来，大小和MMC卡差不多，其内部结合了SanDisk快闪记忆卡控制与MLC(multilevel cell)技术和东芝公司0.16μm及0.13μm的NAND技术，其电子接口有9只针脚，在I/O的数据传输上采用4通道传输，提高了传输速率。SD卡在推出时是体积最小的存储媒体，其他的特殊设计还包括避免因为错误操作而失去重要资料的写保护开关、防止意外滑出的凹槽、防止机械性的损伤以及静电的触点等。SD卡最大的特点是采用记录介质著作权保护规格(content protection for recordable media，CPRM)，拥有完善的知识产权保护机制，可以顺畅地应用在视频、音频播放设备中；并且具有数据著作保护的暗号认证功能(secure digital music initiative，SDMI)，可以通过特定的软件设置卡内程序或资料的使用权限，以避免用户肆意复制。

三、基于半导体介质的录像机

(一)P2卡和P2录像机

在2003年的IBC展览会上，松下公司提出了用于广播电视专业领域的新型半导体存储器件P2卡(professional plug-in card)，并宣布将半导体内存作为商用摄、录像机的记录媒体进行推广，在2004年NAB展会上推出正式产品如AJ-SPD850编辑录像机、AJ-P2C004G存储卡等。该系列产品使广播图像的记录进入了一个新纪元，提供了一种更灵活、更可靠和功能更强大的基于IT技术的图像记录方式。第一代P2固态半导体存储卡AJ-P2C004G把4块SD存储卡组装到一个PCMCIA卡中，容量达4GB，可记录18分钟DVCPRO-25格式的节目视频，传输速率可达640Mbps。P2卡采用PCMCIA形式，可与笔记本电脑的插槽连接，可直接对卡上的内容进行编辑，并且与PC Card-BUS兼容，可实现高速数据传输。出于专业考虑，P2卡上设计了记录禁止开关，以保护存储的内容不被错误操作消抹掉。在传统模式下，光盘上的数据仍需通过拷贝方式存到计算机本身的磁盘中才可以进行编辑处理，而P2作为可由计算机识别的设备可以直接进行编辑处理，使用P2卡的现场直接编辑的模式提高了工作效率。松下P2编辑录像机AJ-SPD850带有5个P2卡插槽，可同时对5块P2卡上的内容进行编辑、整理并形成节目表单，采用了与录像机相近的面板和操作键设计，此外还拥有SD卡插槽、USB2.0接口以及以太网接口，适合与网络连接，相当于过去多台录像机的作用。

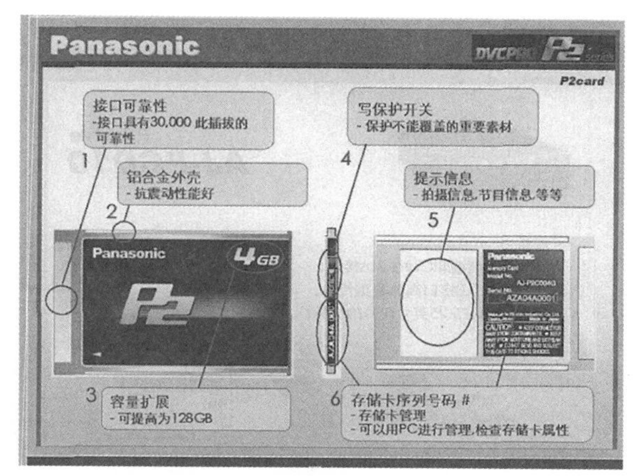

图9-27　松下4GB P2存储卡AJ-P2C004G

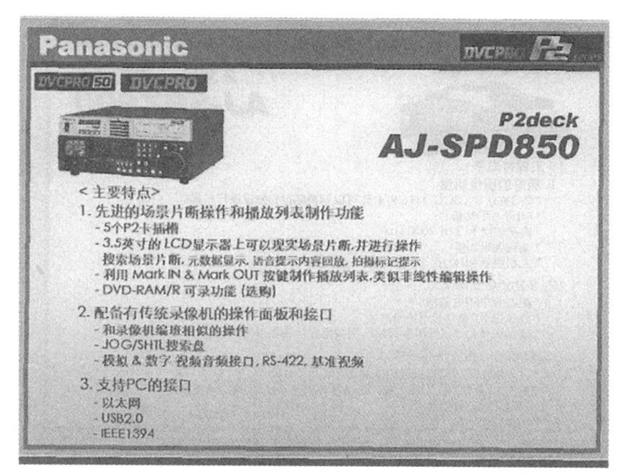

图9-28　松下P2编辑录像机AJ-SPD850

在2004年雅典奥运会上,雅典奥运会广播机构(Athens Olympic Broadcasting, AOB)和北京电视台首次应用P2系列设备,北京电视台、松下电器、大洋公司三方签署了北京电视台体育频道P2制作系统及雅典奥运会电视报道的合作协议。雅典奥运会联合电视报道组在奥运会报道的前期全部采用P2系列设备进行拍摄,后期制作结合大洋公司非线性编辑系统,圆满完成了奥运会的节目报道工作。

图9-29　中央电视台与松下电器开展合作

在2005年NAB展会上,松下公司展出了以P2和HD为核心的最新产品,其中有掌上高清晰度P2摄录一体机AG-HVX200、P2便携式存储体AJ-PCS060等,P2在HD图像记录领域掀起了更加热烈的技术革命。

在2006年BIRTV展会上,松下公司以"高清旗帜、激情奥运"为主题展出了P2-HD系列新产品,包括摄录一体机AJ-HPX2100/AJ-HPX3000和便携式编辑录像机AJ-HPM100。便携式编辑录像机AJ-HPM100能够在没有PC的状态下对视频素材进行浏览、播放列表编辑以及播出,满足DVCPRO HD到DV多编码格式的需求,并且支持符合H.264的"AVC-Intra"编码方式。

图9-30　松下P2HD便携式编辑录像机AJ-HPM100

松下公司在开拓广电领域的同时,针对行业用户开发了以SD卡为记录介质的AVCCAM系列产品,以满足各种不同用户的需求,为专业级高清市场的发展树立了风向标。在2006年,松下公司联合索尼公司、佳能公司、日立公司发布了适用于高清数字摄像机的AVCHD格式,此后松下公司正式推出采用该压缩格式和轻薄小巧、容量递增、低成本的SDHC半导体存储卡为存储介质的专业级高清摄录设备AVCCAM系列产品,采用了先进的AVCHD压缩格式,具有色彩还原度高、码率压缩效率高等优点。

随着半导体记录技术的发展,P2卡的记录容量不断提高,记录时间也不断增加。2007年5月初,松下公司基于新一代SD2.0标准(SDHC)的P2卡面市,容量达到16GB,单片可记录32分钟的DVCPRO 50M视频素材、64分钟DVCPRO 25M素材。作为

SD的继任者，SD2.0标准将文件系统格式从以前的FAT12、FAT16提升到了FAT32，并且提供DRM安全保护，能够有效地对内容进行防护；而传统的SD1.1标准对存储卡最高容量的规范只到2GB，已经无法满足高清节目制作对于高容量存储卡的需求。P2卡自SD2.0开始进入高容量的时代。同年12月，松下公司针对其固态P2 HD系列摄录一体机/录像机产品线的32GB P2卡上市，可以用于当时新款P2 HD高清摄录机如AJ-HPX3000、AG-HVX200等。

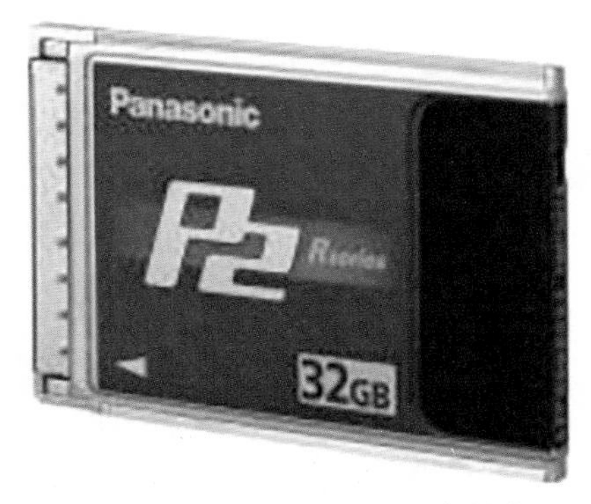

图9-31 松下32GB P2存储卡

2008年的北京奥运会是现代奥运史上第一次全部实现高清设备进行电视转播的一届奥运会，大量赛事的电视转播服务全面采用松下的P2HD系列广播电视转播设备进行全程高清节目的采集、制作和转播。其中AJ-HPS1500型 P2 HD录像机大放异彩，在北京奥运会长达17天的赛事转播过程中立下了汗马功劳。AJ-HPS1500是一款兼容高清/标清多格式记录重放的、具有丰富IT/AV接口的P2HD系列产品，其配备6个 P2卡插槽，可以同时插入P2摄像机收录的5张P2卡，并将播放列表编辑结果编入另一张P2卡中。

图9-32 松下P2HD录像机AJ-HPS1500

2010年，松下公司推出了带有 AVC-Intra 录像功能的P2HD录像机AJ-HPD2500，提供全10bit、4：2：2 AVC- Intra以及DVCPRO 50/HD格式录像以及低码流AVCHD转码功能，除了流行的AJ-HPM200移动便携式录像机所具有的编辑、录像功能以及AV/IT连接性、多格式兼容性之外，AJ-HPD2500新增了许多A/V接口、扩展视频音频输入/输出功能，满足了转播车、广播以及后期制作的广泛要求，为转播车和电视台用户提供了更多便利。

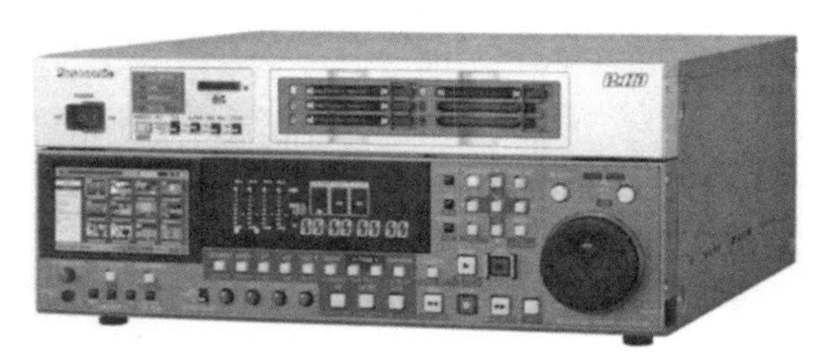

图9-33 松下P2HD录像机AJ-HPD2500

在 2012年的NAB展会上，松下公司发布了世界上第一款符合 UHS-II 标准的广播用专业存储卡microP2。从外观上来看，其维持了和SD卡一样的体积大小，在大大减小当前 P2 卡的尺寸和生产成本的同时，新型的 microP2卡提供了同等水平的数据容量(32GB/64GB)以及高传输速度、卓越的可靠性和安全性。由于采取 UHS-II SD 存储卡高速数据传输标准，所以其最高读取速度可达 2.0Gbps，并且继承了 P2 卡的高可靠性设计，具有 RAID 技术和纠错功能。

图9-34 松下microP2卡

在2013年的BIRTV展览会上，松下公司以“革新流程 共创未来”为主题展示了一系列新品，其中有P2HD演播室的编辑录像机AJ-PD500。半机架大小的P2编辑录像机AJ-PD500支持最新的网络化工作流程，同时与传统的广播系统兼容，是第一款同时提供microP2卡插槽和普通P2卡插槽的编辑录像机，有助于削减媒体成本，并且保持了高质量图像和声音以及低码流操作，支持多种格式记录，以各种编解码器(AVC-Intra 100/50、AVC LongG50/25和AVC-Proxy)作为标准功能，还可以通过扩展选购功能支持AVC-Intra200 编解码器录像以及AVCHD播放。

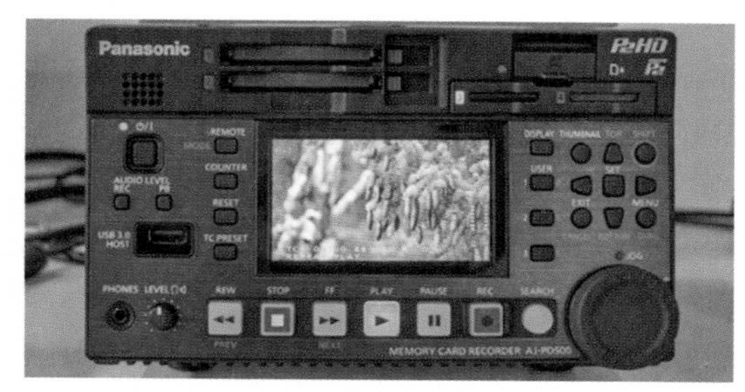

图9-35　松下P2HD演播室编辑录像机AJ-PD500

为了适配4K/8K超高清技术的发展，2019年，松下推出了两款支持12G-SDI成熟架构的新品录像机AJ-ZS0580 和 AJ-URD100，其存储介质采用expressP2卡(8K/4K存储)和microP2卡(HD存储)。8K超高画质录像机AJ-ZS0580支持8K影像录制以及8K/4K/HD传输，满足多场景下的广泛应用。在记录8K图像的同时可下变换记录HD素材，7680×4320 59.94p/50p的8K影像可以在AVC-Intra 4∶2∶2编码的高画质下，录放约2个小时，并且可以支持BT.2020到BT.709的色域转换。4K录像机AJ-URD100采用高画质AVC-Intra4K(4∶2∶2)编码，记录3840×2160 59.94p/50p的高分辨率4K影像，具有同时记录、同时回放功能，可协同VARICAM、P2HD，完美支持录制编辑和发送。在北京2022年冬奥会和冬残奥会中，为了向观众传递赛事的精彩，使观众身临其境地感受北京冬奥会冰雪运动的速度与激情，AJ-ZS0580为竞赛场馆的转播提供了便利。

图9-36　松下广播级8K演播室录像机AJ-ZS0580

图9-37　松下4K录像机AJ-URD100

(二)S×S卡和XDCAM EX系列录像机

对标松下公司的P2卡，2007年，索尼和Sandisk公司宣布共同开发一种新型的存储卡S×S(S-by-S)。S×S存储卡能针对专业的视频摄像设备和非线性的视频编辑系统提高工作流性能。S×S存储卡内部使用闪存，接口采用Express Card标准接口，因此卡中内容可以通过PCI Express高速总线与电脑进行传输。最先一批推出的为16GB版本，读取速度可以达到440MB/s。

图9-38　索尼S×S存储卡

S×S存储卡在索尼推出的专业XDCAM EX系列摄录像产品中率先得到使用。2008年，索尼推出了一款高性价比的存储卡录像机PMW-EX30，能够应用在多个领域中。其使用S×S卡作为记录存储媒体，使用“MPEG-2 Long GOP”编解码器压缩技术记录1920×1080高清视频，此外还提供多种比特率多种格式的记录。使用PMW-EX30的监视器简单地浏览素材，可以将素材复制为其他格式或复制到其他介质中，如HDV、XDCAM HD和HDCAM TM，或将素材上载到非线性编辑系统中。

图9-39 索尼S×S Pro固态存储卡紧凑型录像机PMW-EX30

2013年，索尼推出新型存储卡演播室录像机PMW-1000，其配有两个S×S Express Card存储卡插槽，支持从高清(XAVC，MPEG HD422和MPEG HD420 50/35/25Mbps）到标清(MPEG IMX 50/40/30Mbps和DVCAM 25Mbps)的多种格式的记录和重放，可帮助广播公司节省向高清制作过渡所投入的成本，并且搭载有多个AV和IT接口，通过RS-422及网络接口可实现非线性操作及网络文件交换等，配备的磁带式搜索轮操作方式使其能够增强XDCAM HD422的工作流程，这种类似于磁带设备的操作方式更贴近磁带用户的操作习惯，易于推广使用。在广播电视台的基带环境中，通过采集控制器完成采集后，内容服务器可能仍处于操作模式，这时磁带式搜索轮和RS-422控制功能会非常有用。

图9-40 索尼PMW-1000紧凑型S×S固态存储卡录像机

本节执笔人：张亚娜、何颖玺

第十章

视频制作技术

在电影经济快速发展的20世纪20年代，贝尔德发明了机械式电视系统，从而将电视画面送入家庭。这一时期的电影内容已经不是1895年卢米埃尔兄弟第一次在巴黎公映的一镜到底、毫无情节的《工厂大门》《代表登录》。在乔治·梅里爱(Georges Méliès)、埃德温·鲍特(Edwin S. Porter)、大卫·格里菲斯(D.W. Griffith)等电影大师的推动之下，当时的电影已经具备较为成熟的镜头剪辑技巧，并实现了一定的视频特效。在这个背景下，电视从诞生以来，就被赋予与电影相同高度的艺术要求。然而，早期电视系统受到技术的限制，没有电视专用的存储媒介，很难实现视频的切换和特效添加，只能完成最基本的画面直播。

比如，最早的电视片《嘴上含花的男人》[①](*The Man With a Flower in his Mouth*，1930年，如图10–1所示)只有30行扫描线，不同场景的过渡是依靠一个棋盘格板遮挡摄像机完成的。若要在电视系统中播放经过编辑的节目内容，通常会以剪辑好的电影胶片作为画面源。

图10–1 《嘴上含花的男人》剧照(1930年7月)[②]

当贝尔德发明机械式电视系统后，创作者开始采用一种"中间胶片"(intermediate film)技术，对电影胶片进行扫描并播出。1936年，英国广播公司在伦敦亚历山德拉宫开启双系统广播的对比服务，交替播放马可尼EMI的405线标准和贝尔德改进的240线标准系统，在播放的内容中就包含来自电影胶片的内容。美国CBS(哥伦比亚广播公司)1940年8月28日就是使用彩色胶片进行彩色电视播出测试，[③]美国第一个电视广告也是以影片的形式进行展示的。[④]然而，胶片的洗印与剪辑效率低、成本高，采用胶片制作节目并不是完美的电视广播节目制作方法。

①② HENDY D. Early experiments：1924–1929［EB/OL］.［2023–12–03］. https：//www.bbc.com/historyofthebbc/100–voices/birth–of–tv/early–experiments/.

③ Color television［EB/OL］.［2023–12–03］. https：//en–academic.com/dic.nsf/enwiki/110866.

④ RUETHER T. History of video technology［EB/OL］.(2022–04–06)［2023–12–03］. https：//www.wowza.com/blog/history–of–video–technology–infographic.

图10-2　最早的电视广告(1941年)①

自诞生以来,电视所运用的基本图像特效手段也模仿电影。比如电影靠控制胶片曝光完成淡入、淡出效果;利用二次曝光,同时控制曝光量完成叠化效果;或者用叠印法(遮住部分胶片并二次曝光)完成划像特效。电视系统后来使用的键控特效也来源于电影的红外摄影法——以发射红外线的黑紫色大屏做背景,用红外线敏感胶片拍摄前景(冲洗后,前景为黑影,大屏部分透明),同时用普通胶片拍摄(前景正常但大屏未曝光,且用胶卷冲洗),两张胶片重叠后形成遮片,再去拍摄所需背景图像,这样完成前景与背景的合成。②

随着电视技术的机械式系统被电子式系统替代,与信号采集、传输、显示技术水平一起提升的,还有视频制作技术,包括视频内容的切换、特效转换、字幕制作、图文包装、后期编辑技术的发展和成熟,这令电视节目水平达到了媲美电影的程度,甚至开始了"你没有的,我也有"的超越。而最重要的是,基于电子信号处理的电视制作效率极高,这令电视节目制作周期更短,成本更低,同时也支撑了现场电视节目制作系统的实现。

第一节　视频切换技术

视频信号的切换,顾名思义,就是将原有传输的信号转换为其他信号输出,通常是在现场节目制作或影视后期节目制作中,使用专用的视频切换设备,在两个或两个以上的输入信号中选出一路(或多路)进行输出。这类设备被称为视频切换器(video switcher),简称切换器,这表现了其开关功能的属性;它又被称为视频混合器(video mixer, vision mixer),简称混合器,突出的是其将两路画面混合、叠加转换的功能;它还被称为视频制作切换台(video production switcher),突出其节目制作功能,日本厂家也称其为视频特技切换台(special effects switcher),突出切换台提供的特技效果。③

在电视演播室、转播车等制作环境中,我们都能看到视频切换设备的身影。视频切换设备的主要功能是控制多路视音频信号源的选择性输出,有些专用制作切换设备还提供了一定的视频效果,比如叠化(或混合, Mix)、划像(或扫划, Wipe)、键控(Key),从而为视频内容创造出多种艺术效果。随着计算机技术、视音频编码、网络技术的发展,还出现了可以同时完成视频、音频、摄像机等信号切换控制的集成式导播台,可提供多种信号的有线或无线连接;基于5G技术和云技术,还出现了云切换,身在不同国家的制作人员可以通过互联网登录云端,完成视频信号切换。

视频切换包括两种类型,一种是硬件切换,一种是软件切换。硬件切换是指切换的专用设备带有物理按钮或旋钮,并有专门的切换电路和控制电路。软件切换则是通过计算机或智能设备上的应用程序,使用虚拟接口来控制信号的切换。

在直播系统中,视频切换台决定了广播电视节目内容的生成信号选择,切换台中的特技处理模块帮助节目内容实现一定的艺术效果,因此视频切换设备是广播电视节目制作系统的核心设备。

一、黑白电视时期的视频切换技术

20世纪20至30年代,电视系统处于诞生阶段,由于技术不成熟,一开始的电视节目播出并没有采用由多台摄像机拍摄再进行镜头切换并输出的手段,而是采用电影胶片剪辑节目。为了将字幕画面、胶片画面送入电视系统,人们使用了特定设备——飞点扫描仪(flying Spot Scanner,如图10-3所示)④进行信号的光电转换,类似的设备还有胶片扫描仪、

---

① RUETHER T. History of video technology [EB/OL].(2022-04-06) [2023-12-03]. https://www.wowza.com/blog/history-of-video-technology-infographic.

② 徐国光.电视节目制作技术(连载五) 第五讲 电视中的画面过渡[J].电视技术,1986(10):39-47.

③ 徐国光.电视节目制作技术讲座(连载七)[J].电视技术,1987(1):34-39.

④ KELL R D. Description of experimental television transmitting apparatus [J]. Proceedings of the institute of radio engineers, 1993, 21(12): 1674-1691.

字幕扫描仪等。在机械电视时代，飞点扫描仪利用尼普可夫圆盘扫描。后来到了电子电视时代，节目制作人员则通常利用CRT(阴极射线管，Cathode Ray Tube)来扫描电影胶片、幻灯片或照相底片上的图像，并利用光电倍增管(photomultipliers)将其转换成电视信号输出。[①]其基本原理与摄像机一致，因此这种设备也被当作当时的现场摄像设备使用。

图10-3　电影胶片扫描仪[②]

1932年，英国广播公司(British Broadcasting Corporation，简称BBC)在实验由贝尔德开发的30线演播室系统时，为了能将字幕信号与摄像机拍摄的信号混合在一起，现场使用了两台拍摄设备，一台是由贝尔德开发的摄像机(Projector-Scanner)能通过移动其内部的物镜，提供从全景到近景的人物拍摄；一台是字幕扫描仪，就是基于尼普可夫圆盘的飞点扫描仪，可以拍摄手绘字幕或图形图片。两台设备被同一同步系统锁定，两路输出的电信号被一台视频混合器混合，由视频工程师通过旋钮控制(如图10-4所示)，可将字幕和摄像机信号叠加在一起，也能进行信号的淡入、淡出处理，最后通过一个无线电音频广播频道进行播出。

图10-4　1935年拍摄的演播室的控制室[③]

20世纪30年代中期，在美国无线电公司(Radio Corporation of America，简称RCA公司)的技术推动下，在没有录像、编辑技术的前提下，电视直播中开始采用了多摄像机拍摄的手段。不过在节目制作上，美国无线电公司仍然主要使用电影胶片剪辑和混音的技术，不能进行实时的灵活的画面切换。到了20世纪30年代末期，电视系统的扫描线数增长，视频带宽达到3MHz甚至更高，用视频信号直接切换的方式处理完全同步的多台摄像机信号，会让电视画面在切换的瞬间出现噪声。因此，制作人员只能利用视频混合器将上一个信号增益降低——画面逐渐消失，下一个信号增益提高——画面逐渐显现，而不能使用“快切”。

快切这项操作是现代切换台的基本信号转换操作，即cut，又叫硬切、切，它是两路视频信号之间进行瞬间转换的操作，属于无特技转场。它要求被转换的视频信号之间完全同步，同时切换位置必须处于画面的消隐期，通常是场消隐期，否则图像在切换瞬间会出现撕裂、跳动的效果，影响观看质量。

可以这样说，不能完成切换功能的视频切换台更应该被称为视频混合器。在视频混合器上，每一路信号通过一个旋钮控制，通常可以完成淡入、淡出的转换，或是叠化效果。淡入、淡出，又被称为渐隐渐现，即fade to black(FTB)，一路信号由强变弱，直至画面全黑，然后另一路信号由弱变强。淡入和淡出也可以分开实现。而叠化，即mix，又被称为混合特效，一路信号由强变弱的同时，另一路信号由弱变强，两个信号同时在画面上相互叠加。由于增益斜率、直流瞬态以及信号控制等问题，以当时的技术水平，不能通过视频混合器上的旋钮旋转来完成快切效果。

后来，人们尝试开发具备快切功能的切换台，起初的快切通常使用有触点式的机械式开关，比如钮子开关、拨动式开关。由于黑白电视信号属于高频信号，普通电气50Hz的交流电开关容易出现的“漏信”问题会在黑白电视信号切换时出现，也就是在节目切换后，屏幕中还能看到原来图像的高频部分，它与更新的图像叠加在一起，破坏节目质量。不过，由

① Flying-spot scanner[EB/OL].(2022-05-16)[2023-12-03].https://en.wikipedia.org/wiki/Flying-spot_scanner#cite_note-2.

② KELL R D. Description of experimental television transmitting apparatus[J]. Proceedings of the institute of radio engineers，1993，21(12)：1674-1691.

③ Mechanical television at the BBC[EB/OL].[2023-12-03].https://www.televisionmachine.com/mechanical-television-at-the-bbc.

于黑白电视信号的主要能量在2MHz以下，只要“漏信”信号的幅度不超过7毫伏(40dB)或者切换后的电视信号不是暗场画面，漏信就不容易被察觉，因此，黑白电视时代的切换台采用的切换开关主要是机械开关，只不过这些机械开关是精心制造的。[①]

美国的电子技术在第二次世界大战期间取得了巨大的进步，因此，战后，美国无线电公司这类美国公司在视频技术上的发展也是最为突出的。图10–5为美国无线电公司制造的视音频混合器，该混合器被配置在一辆1948年制造的电视转播车上。从图中我们可以看出，混合器的下方是视频切换控制部分，其中的黑色和白色按钮对应着如今切换台设计的PGM(节目)母线和PST(预监)母线切换矩阵按钮，右侧则有一个推拉杆，用于两路信号之间的淡入、淡出控制。

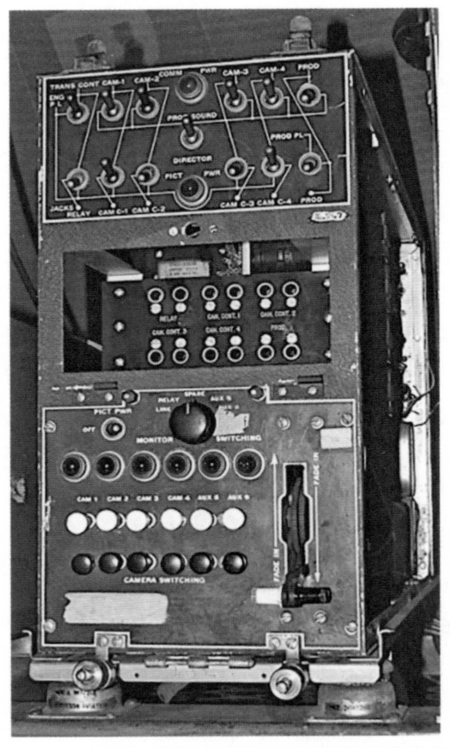

图10–5　位于美国俄亥俄州的希利亚德早期电视基金会与博物馆中的视频混合器[②]

英国的马可尼公司在1951年也开发了BD633视频混合器，但是没有采用类似RAC产品的切换技术，混合控制仍然使用旋钮。该公司在1953年开发的8通道视频混合器则包括主机(DB813)和控制面板(DB841)，该系统使用的是625行50场制式。其主机上则引入了更多技术，比如它可以完成去同步、白电平切割、添加消隐脉冲、添加新的同步信号、控制信号增益以及控制黑电平等功能，还能提供4路输出信号。而控制面板则可以完成大部分上述功能的控制，也提供了信号选择键和用于制作淡入、淡出效果的衰减放大器旋钮。控制面板可安装在工作台上，使用线缆将其与主机连接，完成信号的远程处理。这时的视频混合器已经提供了提示点(cue dot)插入功能，提示点通常用于在节目播放过程中，在特定阶段将预先准备好的内容进行播放。该功能主要用于商业广告的播放。由于20世纪50年代初期，视频存储的媒介只有电影胶片，人们只能播放利用胶片剪辑好的广告内容，那时还不能用磁带放像机作为内容重放的信号源。另外此时已经采用红色和绿色两种提示灯来分别表示视频信号源的状态了，红灯亮代表当前信号被视频混合器输出，即PGM节目信号，属于播出信号，这是导播最重视的信号。绿灯亮代表当前信号即将作为下一个重要信号被输出。混合器选择哪一路信号输出，该路信号的按钮就会有红色灯光亮起，如果把该路信号做淡出处理，按钮会变成琥珀色(黄色)。这一时期的视频混合器(比如DB813)仍不能完成画面无损的快切，也不能完成划像功能，只能实现信号的淡入、淡出效果。

美国无线电公司在20世纪60年代主要使用其一款经典切换台TS–40完成节目直播切换，这款产品提供节目预览、淡入和淡出效果、7个基本划像特效和模块化设计，[③]最多可以提供24路输入信号和10路输出信号。[④]

① 徐国光.电视节目制作技术(连载三) 第三讲 视频开关与图像切换[J].电视技术，1986(8): 41–4.

② MARSHALL P. The A to B of early video mixer technology [EB/OL].(2020–10–18) [2023–12–03].https: //becg.org.uk/2020/10/18/the–a–to–b–of–early–video–mixer–technology/.

③ UNTIEDT T P. Model studio facility uses RCA broadcast–type equipment to insure high quality, maximum flexibility [J].Broadcast News, 1965(128): 10–19.

④ RCA. RCA equipments designed for TV automation [EB/OL]. [2023–12–03].http: //www.bretl.com/tvarticles/rcaautomationfortvstations/RCA%20Automation%20for%20TV%20Stations.pdf.

图10-6 美国无线电公司的TS-40主机[①]

图10-7 美国无线电公司的TS-40的操作面板[②]

我国的广播电视发展是从20世纪50年代末开始的。1958年，我国首家电视台——北京电视台（现中央广播电视总台）台内安装的第一套国产广播电视设备，是由北京广播器材厂、广播科学研究所和清华大学无线电系合作制造的。技术主要在于对多路摄像机视频信号进行切换，相关设备被称作"影像信号转换器"[③]，主要由电子管或继电器构成。这一时代的信号转换方式比较简单，主要有：切、混合、淡入和淡出。其"影像信号通路"中的"影像信号转换器"由12个单刀单投继电器组成，分成两组，每组6个。其中5个用于信号选择，1个备用。12个继电器对应12个按钮，某一按钮被按下后，相应的继电器被吸动，这一路信号被送出。当同一排的另一个按钮被按下，上一个按钮自动恢复弹开，输出信号相应改变。两排按钮一侧各有一个电位器，旋转电位器可以控制线路放大器的两个混合管的栅极电位。通过反相转动或同相转动电位器，可以形成叠化、淡入和淡出等特效。这个系统可以看作支撑5路输入信号的选择，也就是有5路输入母线；有两路输出处理，也就是两路输出母线。

二、彩色电视时期的模拟切换技术

1953年12月，美国无线电公司设计的彩色电视系统开始广播，[④]信号的播出控制也需要视频混合器的控制，然而由于在技术上并没有太多的创新，因此很少有文献对这一时期的视频切换技术进行讨论。同一时期，安培公司也在彩色电视技术上取得了进展，开发了一套专用摄像机，并为系统开发了四选一的专用切换器。[⑤]彩色电视革命令电视信号中加入了彩色信息，增加了信号的复杂性，提高了接收和显示设备的性能指标要求。然而，在基本的信号处理和转换特效上并没有什么新意。东德于1969年试播SECAM制彩色电视，针对该制式的实况转播系统中的视频切换台（图像混合器）是由马可尼公司提供的。[⑥]

彩色模拟切换台对信号的快切仍然采用视频开关排。叠化则需要使用双差分电路，通过堆拉杆电位器的电压变化，从而让两路输入信号一个由强变弱，另一个由弱变强。淡入、淡出的效果则只需要让两路信号中的一路变为黑场即可。

彩色电视节目制作的初期阶段，信号混合和切换只能在两个母线之间展开，视频处理的设备也是针对专门需要而设立的。如果制作者需要增加新

① RCA. RCA equipments designed for TV automation［EB/OL］.［2023-12-03］.http：//www.bretl.com/tvarticles/rcaautomationfortvstations/RCA%20Automation%20for%20TV%20Stations.pdf.

② UNTIEDT T P. Model studio facility uses RCA broadcast-type equipment to insure high quality，maximum flexibility［J］.Broadcast News，1965(128)：10-19.

③ 傅荫嘉，董瑞祥，杨景礼，等.第一套国产广播电视设备(一)［J］.电信科学，1958(8)：9-18.

④ BELLIS M. The history of color television［EB/OL］.(2019-11-24)［2023-12-03］. https：//www.thoughtco.com/color-television-history-4070934.

⑤ ABRAMSON A. The history of television，1942 to 2000［M］.NC：McFarland，2007.

⑥ 东欧国家电视广播的点滴情况［J］.电子技术，1973(6)：50-53.

的效果，比如需要划像特效、键特效等新功能，通常要以串联或并联的方式接入一台新的单机设备。每台单机上都有独立的操作杆。也就是说，制作不同的视频效果，就要使用不同的设备、操作不同的推拉杆，甚至视频传输路径都需要修改，这让电视工作变得十分复杂。因此，这一时期的切换台属于单级模拟切换台。有报道称，最早开发出面向模拟节目制作的切换台的公司是美国的草谷集团(Grass Valley Group，GVG)，开发时间是在1968年。①没过多久，美国安培公司、美国无线电公司和Vital等公司也开始销售切换台产品。20世纪70年代，切换台的生产厂家则变为Echolab、Ikegami、松下(Panasonic)、Parkervision、品尼高(Pinnacle)、Ross、汤姆逊草谷(Thomson Grass Valley)、史诺伟思(Snell&Wilcox)、索尼(Sony)、Videotek等，这些公司推出了大量不同型号的切换台。历经市场淘汰后，在它们当中，草谷公司可谓是切换台制造领域中首屈一指的制造商。

草谷公司是由物理学家出身的音频工程师唐纳德·黑尔(Donald Hare)创办的，起初黑尔协助Cinerama公司建造宽银幕电影院，用这笔收入购买了80英亩的位于加州的草谷小镇，公司因此得名。该公司的第一次业务突破出现在1964年的一个星期一，黑尔接到了来自旧金山KGO电视台的工程师哈利·雅各布斯(Harry Jacobs)的电话——KGO电视台需要举办一场重大政治活动直播，急需订购一批视频设备，而当时很多供应商都无法按时交货。哈利称，如果草谷能在一个月之内交付10台处理放大器和30台其他设备，草谷就能得到这笔订单。在场的还有草谷总工程师比尔·罗登(Bill Rorden)，比尔和黑尔异口同声地问道："处理放大器是什么？"仅仅2天后，黑尔就联系哈利来看草谷开发的处理放大器，最终草谷得到了这笔改写草谷历史的大订单。

草谷公司在1968年推出的第一款成名产品为Model 1400制作切换台，产品上市后，一年之内就销售了400多台。草谷公司因这款产品在制作切换台领域成名。草谷公司称，这款产品使视频切换工作从一项工程任务变成了艺术创作。20世纪70年代，草谷开始制造用于演播室节目制作的大型、复杂的切换台系统。值得一提的是，1977年电影《星球大战》中，发射死星毁灭行星武器的道具正是草谷1600-7K切换台，发射器的操作杆就是切换台的推拉杆。

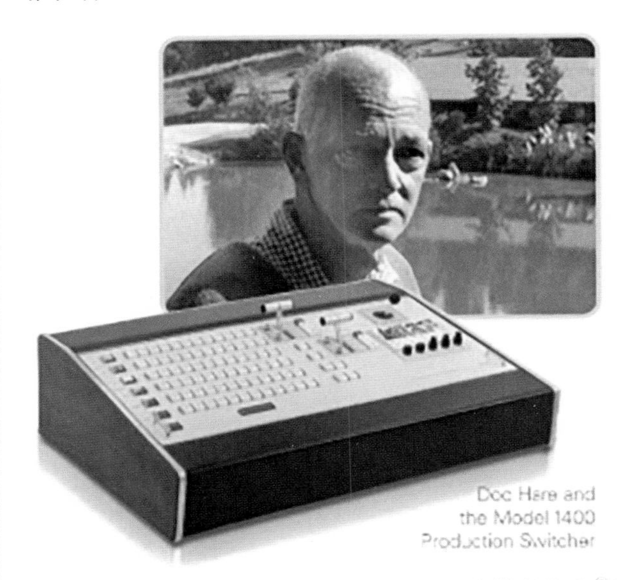

图10-8　草谷创始人黑尔和Model 1400制作切换台②

还有一款经典的GVG Model 100模拟切换台，从其控制面板的外形(如图10-9所示)我们可以看出，其基本与目前常用的数字切换台没有什么区别。GVG Model 100支持最多8路视频输入外加黑场、彩条信号输入，支持三路母线的多级混合特性系统；提供专门的下游键预览功能，提供快切上键或特技转换上键的选择；可设置转换特效以及上下键特效的自动转换时间。

图10-9　Grass Valley Group GVG-100切换台的控制面板

20世纪70年代初，安培公司也开始了自己的

①② Grass valley 50 years of on-air innovation [EB/OL]. [2023-12-03]. https://www.yumpu.com/en/document/read/22069944/grass-valley-50-years-of-on-air-innovation.

演播室切换台开发，其VS-600视频制作切换台的主机和遥控面板之间的距离可长达460米(约1500英尺)①。

彩色模拟视频信号可分为模拟复合信号和模拟分量信号。其中，模拟复合信号由于有四场成帧和八场成帧的要求，对同步的要求更高，且色度信号之间以及亮色信号之间的串扰也不能避免。而模拟分量信号中的亮度和色差信号是分别传输的，又不需要考虑四场成帧和八场成帧的要求，能让系统提供更好的图像质量。因此在模拟复合切换台之后，业界也开始研发模拟分量切换台，不过一直以来，业界面对的问题主要是模拟组件技术不成熟、外围设备不兼容。相对于只需要使用一根线路的模拟复合信号，模拟分量信号需要使用三根信号线，进而信号处理系统也需要三份，因此，模拟分量切换台的生产成本是普通模拟复合信号的三倍。1985年，FOR-A公司的工程师解决了以上问题，并推出了世界上第一台模拟分量切换台CVM-500，②这款产品在国际广播设备展(IBC)上反响强烈，从而使FOR-A成功地挤入了视频制作设备供应商的行列。

图10-10 FOR-A视频切换台CVM-500③

模拟彩色电视系统时代的切换台在快切、划像、键控特效、ME单元和组块化结构设计方面都有了新的发展。

(一)快切

彩色电视信号色度副载波的频率约为3.58MHz(NTSC制)或4.43MHz(PAL制)，机械式开关会在信号切换时出现明显的漏信，尤其是在画面中有鲜艳的颜色时，漏信会更为明显。另外，机械式开关还有开关速度慢、体积大、寿命短、难以远程遥控的问题，因此在面向彩色电视信号的切换台上，普遍采用电子式视频开关。电子式视频开关是利用晶体管控制的开关。晶体管的导通电压低，截止电阻高，分布电容小，漏信电平极低，用户察觉不到。它还具有无触点、寿命长、体积小、便于遥控的特点。

(二)划像

划像(WIPE)功能又称扫换、电子拉幕或分画面特技，它使一个画面先以一定的形状、大小出现于另一个画面的某一部分，接着按此形状使其面积不断扩大，最后完全取代另一画面，划像效果如图10-11所示。对于模拟切换台来说，划像电路需要利用控制波形产生电路形成一种特殊的控制信号，输入叠化电路使用的双差分电路的基极，从而控制两路信号的通断组合。而且，切换台通常会为划像特效提供较多的分割形状选择，对于每一种分割形状，都需要通过锯齿波、三角波或抛物波三种基本波形，以正与负的不同极性、不同的行频与场频、叠加或者调制的不同形式的组合，排列组合成上百种图案。④比如在20世纪70年代中期，Vital公司推出Sqeezoom切换台能提供心形划像功能，一下子引起了业界的关注，一直到现在，各类切换台通常都具有心形划像功能。

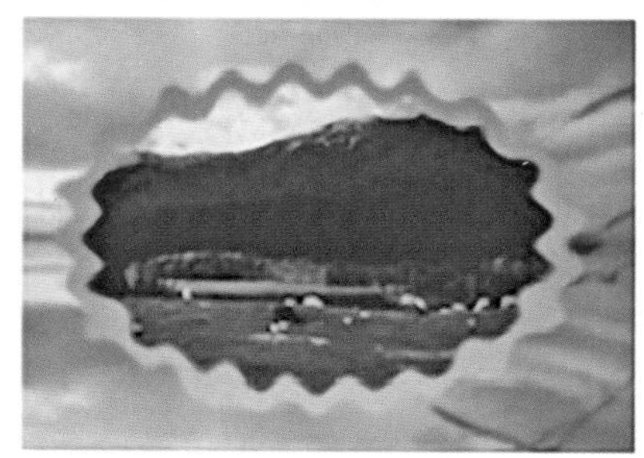

图10-11 划像效果图

① ABRAMSON A. The history of television, 1942 to 2000 [M].NC: McFarland, 2007.

②③ Product history [EB/OL]. [2023-12-03].https: //www.for-a.com/history/.

④ 徐国光.电视节目制作技术(连载五) 第五讲 电视中的画面过渡[J].电视技术，1986(10): 39-47.

20世纪70年代末80年代初，模拟切换台的划像模块逐渐开始转向使用数字电路，虽然这类切换台接收和输出的视频信号依然是模拟视频信号，但是这些数字模块可以用于进行数字图像处理、程序化操作控制、过程与参数存储等新功能。数字技术除了可以增加更多的划像图案种类，还产生了更多的划像过渡方法，比如分裂特效把图像分割成32×32个小块，按一定的顺序逐块划像。还有自旋特效，即某一种形状一边变大一边转动。安培、草谷等公司为了增加划像花样，使用了数字键盘，在原有基本图形上增加行场倍频，或提供划像所需的扩展图案发生器选件。此时的划像效果基本都可以实现划像方向选择、加划像边框、边框色可调、划像位置可改变等功能。[①]

（三）键

键(Key)又叫键控，或者抠像，是在一幅图像中沿一定的轮廓线抠去它的一部分而填入另一幅图像的特技手段，在电视画面上插入字幕、符号，或以某种较复杂的图形、轮廓线来分割屏幕时，需要采用键控特技。之所以用英文Key，是因为其体现了键控特效是一种需要将前景和背景精确嵌套的效果，就好像钥匙的外形与锁孔的孔洞精确吻合。[②]键控分为亮度键、色度键、下游键、内键、外键等。其中，下游键和亮度键是非常常见的为节目内容添加字幕、台标时用到的功能，而色度键则是在虚拟演播室制作的节目中将绿幕抠去、填入虚拟背景的重要工具。为了能让键控特技处理后的画面更加自然，比如防止主持人的局部画面被错误地抠掉，或者是让主持人的发丝与相接的虚拟背景更加逼真地融合在一起，也需要添加复杂的电路，增加参数控制，从而让用户根据特殊情况自定义控制。

早期模拟切换台通常采用基于非线性的门控放大器处理电路，将色键信号处理成前后沿陡峭的键控脉冲，由于其对画面的分割效果是边缘突变的形式，被称为“硬色键”。[③]由于硬色键的键控切割容易受到杂波干扰，产生分界线晃动，其边缘还会由于边沿抖动产生难看的不连续接缝。对于频率较高的发丝等细线条图像，硬色键容易产生明显的蓝色(背景屏的颜色)镶边。另外，对于透明物体(比如玻璃杯、纱、阴影、烟雾等)，它无法生成自然合成的图案，效果非常“假”。因此，很多模拟切换台采用了“软色键”技术，使用差分对组成的可控增益放大电路，结合消色电路来实现。其生成的键控信号具有倾斜部分，放大器工作在线性相加混合状态即可令前景和背景之间的分画线表现出半透明的模糊效果，使画面结合得更自然。另外，消色电路可以去除蓝屏的色彩，让合成后的半透明物体与背景叠加的效果更真实。

（四）ME单元

值得注意的是，模拟彩色电视时期的切换台产品已开始配备多级混合特效放大器。混合特效放大器又被称为ME单元，或者M/E单元，它结合了各种切换台常用的特效单元。“ME”中的“M”指的是混合，即使用了“Mix”的首字母；“E”则是指划像这类转换特效和键控这类视频特效，即特效的统称，它是“Effect”的首字母。在传统的双母线(一路节目母线和一路预监母线，又被称为背景母线)的基础上，增加一路专用的键控母线，用于在画面中添加其他层的信号，因此这类ME单元就被称为三级ME单元。三级ME单元能在制作划像特技时调用双路背景母线的信号进行特效制作，在此基础上还能同时使用一个键功能，通过第三路母线，在画面中增加一个新的视频元素。每增加一个视频元素，ME单元就添加一个键控特效，即需要增加一路键控母线。为了满足制作者更加复杂的需求——在画面上同时增加更多视频元素，三级ME单元随后被升级到更多级的ME单元。

多级ME单元的开发并不是一帆风顺的，画面转换再加上新视频元素的加入，无论在硬件占用上，还是效果顺序设置上，以及用户操作难度上都有所提升，不恰当的结构会令复杂特技的制作出现“通道堵塞”的问题。20世纪70年代中期推出的不少切换台产品采用了“组合效果”，希望将各种特效模块以不同的结构组合起来，以便简化电路设

① 徐国光.视频切换器的发展概况——第12届国际电视讨论会和技术展览会见闻[J].广播与电视技术，1982(5)：18–25.

② 徐国光.电视节目制作技术(连载六)第六讲 电视画面合成与组合效果(一)——电视的画面合成技术[J].电视技术，1986(11)：38–43.

③ 张春森，曾宪琨，徐德真.软色键[J].电视技术，1979(3)：1–10.

计和操作的复杂度,不同产品的组合方式不同。比如,飞利浦公司的CD-480切换台、安培公司的4100系列切换台与草谷切换台的ME单元结构逻辑就完全不一样。组合效果的结构不合理也会引起特效能力差、操作逻辑复杂、背景层次概念缺乏、依赖集中存储分配、降低灵活性等问题。而草谷产品的组合效果逻辑是其中最出众的,它为节目母线、预监母线设计了双稳型ME单元,当每一个推拉动作完成时,控制线路将发出指令使节目排相应位置的交叉点接通,预置排所预置的交叉点则断开,接通原来节目排的信号,这样就总使预置排可提供预置信号。当然,接在预置排输出上的监视器也总显示着下一个待播画面,让操作人员操作时更不容易犯错,减少了操作次数。

(五)组件化结构设计

20世纪80年代,草谷公司推出了采取组件化结构的视频切换台,最有代表性的产品是GVG300,这种设备的系统分为基本通道插件和选用插件。用户选用时,相应的面板位置就安装对应的控制面板。这种结构使系统扩展更灵活,更能适应用户的需求。自这类切换台产生后,几乎新设计的切换台都采用这种组件化结构。在1980年的普莱西德湖冬奥会上,美国ABC电视台首次使用GVG300切换台完成了通过光纤传输的开幕式画面的切换。[①]

三、数字视频切换技术

在切换技术的发展过程中,最重要的一步就是数字化。模拟视频音频信号每经过一次处理,都会或多或少地产生畸变,会被杂波干扰。处理的环节越多,信号质量越差。而模拟视频信号的质量下降,是人眼直观可以察觉到的。改为使用数字信号后,通过编码脉冲代表信号的大小,即使脉冲受到了干扰,产生了畸变,只要通过脉冲整形电路、判别电路、数字再生等方法,就可以完全恢复出原来的信号。这样,只要信号畸变的程度没有超过数字再生电路的容限,数字电视信号即使经过多次复制、传输、处理都能保证图像质量无变化。切换台作为电视信号的核心处理设备,其数字化对整个节目制作系统的质量提升是非常关键的。

电视系统的数字化并不是一蹴而就的,首先数字化的是数字特技系统、字符发生器、图形系统、时基矫正系统,这些系统可以提供高质量的图像信号生成或处理功能,而后才出现越来越多地采用了分量数字处理技术的数字录像机、数字切换台。从产品的发展来看,切换台的数字化也不是一蹴而就的,生产厂商首先针对切换台上的一些独立处理模块进行数字化。比如1977年,草谷公司为切换台开发了E-MEM(effects memory,特技存储模块)用于特技效果的存储和调用。使用者可以针对选好的视频源定义特效参数,并存储到特技存储模块中。而节目直播时,直接一键即可调用多层转换特效或者一系列动态效果,简化了工作人员的操作次数,保证了节目播出质量。这些特技数据也可以通过存储媒介拷贝到其他切换台上,方便了节目效果的再现。1979年,因为特技存储模块的开发,草谷获得了技术与工程艾美奖。[②]

(一)整机数字化

切换台是广播电视节目制作系统的核心设备,演播系统的模拟到数字的过渡离不开视频切换台的数字化。20世纪80年代中期,数字切换台开始出现,1988年,草谷推出了第一套全数字处理的切换台Kadenza,[③]并在1991年因该产品可以提供实时高质量的图像合成获得艾美奖。[④]

相对于数字切换台,模拟切换台对输入的模拟视频信号的质量要求过于“麻烦”——要求输入到切换台的模拟视频信号之间保持“三统一”:时间统一、相位统一和幅度统一。时间统一就是要求用于节目制作的各图像信号源及加工过程中各图

---

① Grass valley 50 years of on-Air innovation [EB/OL]. [2023-12-03]. https://www.yumpu.com/en/document/read/22069944/grass-valley-50-years-of-on-air-innovation.

② Emmy awards and citations [EB/OL]. [2023-12-03].https://www.grassvalley.com/company-information/about-us/emmy-awards-and-citations/.

③ LUFF J. Production switchers [EB/OL].(2001-10-01) [2023-12-03]. https://www.tvtechnology.com/miscellaneous/production-switchers.

④ Emmy awards and citations [EB/OL]. [2023-12-03].https://www.grassvalley.com/company-information/about-us/emmy-awards-and-citations/.

像之间是完全“同步”的，具体来说是指行、场信号的频率和相位要一致。相位统一是指对于两个彩色信号的切换还应保证它们的色同步严格同相；幅度统一指信号源的信号幅度应该一致。一旦信号质量不达标，模拟切换台就不能保证切换时的图像质量。然而，信号长距离传输时带来的延时、相移、幅度衰减是无法避免的，因此使用模拟切换台进行节目信号切换时，就不能使用太长的传输线缆，这就限制了节目制作时设备部署的规模。此外，高质量的节目制作要求模拟切换台要有足够的视频带宽和均匀的频率响应。模拟切换台还存在信道间的串扰、非线性失真、微分增益失真、微分相位失真、亮度色度增益差、亮度色度时延差等问题。比如，加拿大Ross Video公司在销售大型模拟切换台时，通常需要1到2个月的时间，根据客户的选件对切换台产品进行校准，然后才能提供给客户使用。①

数字视频切换台对于输入信号的要求更宽松。目前，切换台使用的数字视频信号几乎都采用分量信号，因此输入数字视频切换台的数字信号之间不要求相位统一。另外，数字系统的数字再生能力很强，数字视频切换台也如此，所以对输入信号的幅度要求也不高，输入信号的幅度只要满足数字切换台要求的最低输入幅度即可。还有，数字切换台对输入信号之间的时间差要求也不高，具体要求由视频切换台的性能决定。一般来说，数字切换台都有自动输入定时补偿功能，自动定时时间从十几微秒到一行信号的时间不等，因此，数字切换台的输入信号之间的时间差只要在自动定时时间范围内即可。切换台的数字化可以令直播系统的搭建更加方便，设备可以部署在更远的距离，同时能够保证高质量的节目播出。另外，利用串行接口传输CCIR 601标准定义了的数字分量信号，不需要增加信号线的数量和处理模块的数量，因此在保证上述优点的前提下，不会增加不必要的接口数量，也不会因此增加成本。

(二)数字视频特技

数字视频特技又称数字视频效果系统，简称为DVE(digital video effect)，有公司称之为DME(digital multi effect，数字多格式特技)。它是以帧同步机为基础发展而来的一种数字视频处理设备。

图10-12是数字特技机的基本形式，原始视频信号经过必要的模数转换或格式转换，被存储到存储器中。从输入信号中可导出时钟和地址，视频数据被写入存储期中时，是严格按时钟和地址完成的。DVE可以对存储器中的图像进行亮度、色彩、马赛克等处理，通过控制存储器的地址处理，可以实现二维、三维特效。接下来，存储器中的视频信号数据经过读时钟与读地址发生器控制从存储器中读出，再经过转换器根据输出接口的要求进行信号转换，完成特技制作的视频便从接口输出了。使用数字特技机调整视频对象的参数时，利用关键帧可对某时刻对象的参数进行存储，不同时刻(时间码)存储的关键帧对应的参数不同时，便可形成动画效果。视频特技处理必须以数字图像为基础，因此必须实现数字化才能实现所需功能。另外，为了避免数字处理过程中出现混叠，DVE中还需要配置合适的滤波处理模块；为了实现图像缩放，还需要量化的内插处理模块。由此可见，DVE模块对硬件水平的要求是极高的。

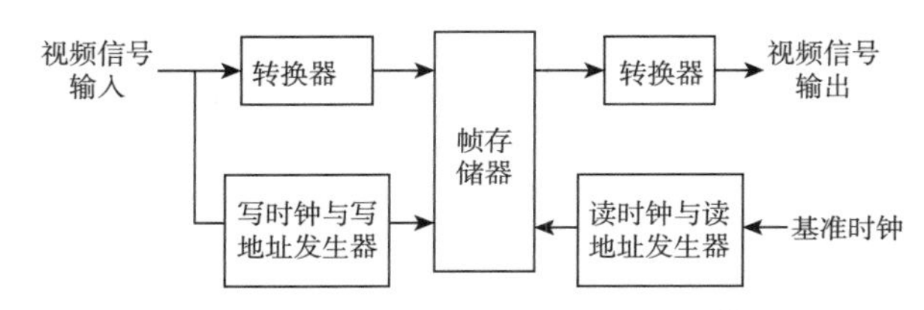

图10-12　DVE基本结构示意图②

与帧同步机一样，DVE最初是以独立设备的形式设计的。1974年，人们就使用通用计算机搭载程序设计来获得数字特技效果，只需要修改程序代码，就可以获得不同的特技效果。数字特技能实现许多模拟式特技装置所不能实现的特效，甚至创造了很多胶片电影技术很难或不能实现的特技效果，它可以完成图像过渡效果(时间先后顺序下两个镜头之间的转换)，也可以完成画面合成并创作新画面。然而这种特技效果制作方法太过繁琐，在电视节目直播过程中，制作者没有时间编写代码，这就

① A brief history of our switcher[EB/OL].[2023-12-03].https://www.rossvideo.com/company/our-switchers-history/.

② 杨宇，张亚娜，等.数字电视演播室技术[M].北京：中国传媒大学出版社，2017.

需要专用设备提供更加简便的操作，专用的DVE设备便出现在现场节目制作系统中。

（a）原图

（b）亮度处理

（c）色彩处理

（d）马赛克处理

图10-13 DVE图像处理效果[①]

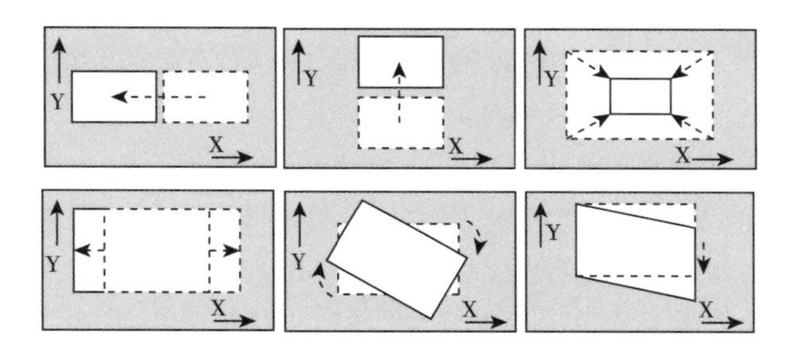

图10-14 二维特效示意图[②]

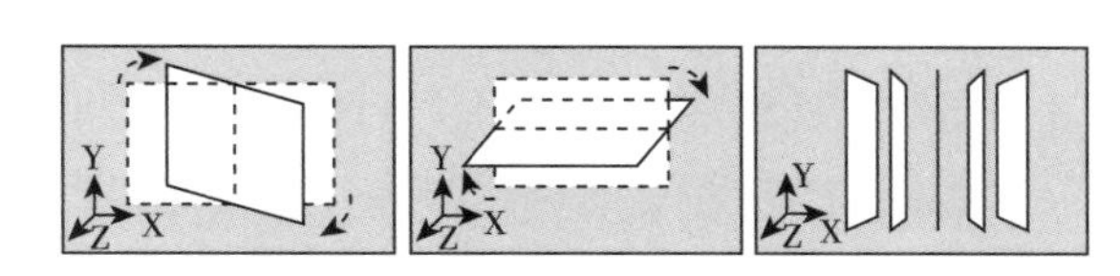

图10-15 三维特效示意图[③]

1979年4月，美国Vital Industries公司将商业数字特技机产品带入了广播电视行业，[④]第一代产品为Squeezoom，提供了四个视频通道，[⑤]可以实现图像缩放功能。随后，NEC公司推出了Mark I和Mark II DVE设备。此时，DVE设备尺寸比较大，功能仅限于数字视频特技处理，因此在电视节目制作过程中，通常有一台独立的DVE设备与切换台配合使用。也就是说，切换台指定某路视频信号输出（比如辅助母线输出）到DVE设备，视频信号在DVE进行特技处理后，再通过线路送回到切换台的输入端，最终完成特技信号与其他视频信号的合成。

1981年5月30日，瑞士蒙特勒召开了第12届国际电视讨论会和技术展览会（12th International Television Symposium and Technical Exhibition Montreux），展会上展出了全球一批具有代表性的DVE设备，比如GVG 300系列切换台上搭配了草谷公司开发的MK-II型DVE，英国Seltech 500系列切换台产品搭配了英国宽泰（Quantel）公司的DPE 5000DVE。安培公司原本的切换台产品都是使用宽泰公司或美国Vital公司的DVE设备配套，但是安培公司响应了市场对视频特技的需求，自己开发了Ampex ADO（ampex digital optical）DVE产品，后来这款产品的电子存储系统令安培公司获得了艾美奖。图10-16是安培公司推出的ADO 100产品。

自诞生之后，DVE根据应用的需求不同，开始朝着两个不同的方向发展：一个方向是面向高端特技制作环境，也就是面向复杂逼真的特技制作，需要高性能的软硬件处理系统，对创作人员的要求也较高。另一个方向是面向高效特技制作，也就是面向高效的直播环境，要求系统架构简单，安装方便，操作便捷，对创作人员技术水平要求较低。

1.高端特技制作

（a）ADO100主机

①②③ 杨宇，张亚娜，等.数字电视演播室技术[M].北京：中国传媒大学出版社，2017.

④ LUFF J. Production switchers [EB/OL].(2001-10-01) [2023-12-03]. https://www.tvtechnology.com/miscellaneous/production-switchers.

⑤ LUFF J. Graphics and effects technology [EB/OL].(2004-01-01) [2023-12-03]. https://www.tvtechnology.com/miscellaneous/graphics-and-effects-technology.

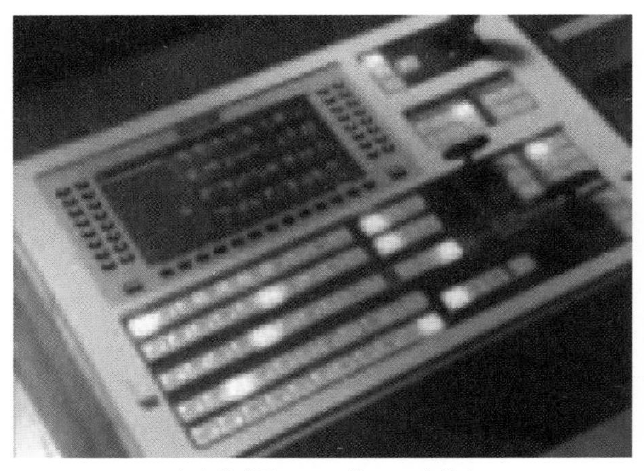

（b）集成了ADO100的Ampex切换台

图10-16　Ampex ADO 100特技机①

高端特技制作DVE系统本质上是一套由强大的软硬件支撑的计算机数字图形图像处理系统，需要提供极高性能的3D图形处理能力，因此DVE生产厂家最初都是以此为核心进行产品开发的。1984年，索尼公司为广播电视视频特技制作专门开发了一套3D图形处理系统。以当时全球的技术水平，这套系统在3D图形实时渲染能力上是首屈一指的。②1989年，索尼在美国广播电视设备制造商协会(national association of broadcasters，NAB)主办的NAB展览会上发布了该系统的第一部样机System G。③"G"来自日语"图像"发音"Gazo"中的"G"；面向西方市场宣传时，厂家称"G"是"Graphics"的首字母，意思为该系统是一套专门的"图形"处理系统。NAB 1989展示的系统只是用于演示的样机，索尼当时并没有成熟的产品发布，且当时的标价超过50万美元，很多人认为这款产品完全没有前途。在1991年的NAB展会上，索尼将System G以成熟产品DME-9000进行了发布。如图10-17所示，该系统由图形图像处理器、计算机、带触控球的遥控控件、鼠标、键盘组成。通过遥控控件，用户可以创建2D、3D物体，并控制其旋转、移动或形状改变等实时操作，该系统还能够进行实时的3D纹理映射，用户可以将视频"粘贴"到3D物体上实时显示。

图10-17　索尼DME-9000(System G)系统④

与传统需要代码编写的操作相比，System G让用户只需要简单点击鼠标就可以创建、控制图形对象，并且这些3D物体会以直观的轮廓线的形式在显示器中展现出来，它提供了方便的交互操作形式，这让节目中的特技制作变得更加容易和快捷，降低了制作人员的技术"门槛"。另外，产品支持10bit量化、4∶2∶2采样的串行数字视频信号的处理和输入、输出，支持4个独立的动画时间线，并支持时间线存储为编辑决定表(edit decision list，EDL)文件；也支持轨迹运动、闪光、马赛克、运动衰减等视频效果；还支持RS-422遥控接口的控制和多通道控制，可被连接在广播电视节目制作系统中，被编辑控制器控制。这些性能已经是后来数字电视节目制作中主流的水平了。

在图像处理机制上，System G也做了创新。以当时的处理能力，DVE对视频信号的处理通常有两种方法：一种是"写边处理"，也就在图像写入DVE存储单元之前，先进行图像处理，这种方法能满足比较复杂的图像形状处理，但是生成的图像画质较差。另一种方法是"读边处理"，也就是图像写入存储单元之后，再进行图像处理，这种方法虽然能保证输出图像的质量，但是不适合处理复杂图形。两种方法在质量和图形复杂度上各有优势。System G为了提高图形质量，采用了读边处理方式，不过它增加了独立的地址生成器用于复杂图形的运算，因此也能保证图形处理的复杂度，这就大大满足了广

① RBPRODSTER. Ampex ADO 100 features 1989 [EB/OL].(2021-06-18).[2023-12-03]. https://www.youtube.com/watch?v=Zw1JrNBroF8.

② MONKEYKING1969.Revolutionaries at Sony: the making of the Sony playstation [EB/OL].(2010-11-01).[2023-12-03].https://www.giantbomb.com/profile/monkeyking1969/blog/revolutionaries-at-sony-the-making-of-the-sony-pla/71709/.

③④ David frasco [J]. American Cinemeditor, 1991, 41(3).

播电视节目制作的高要求。System G系统后来还被应用到索尼的Playstation游戏系统中，成就了游戏界的另一个神话。

高端特技制作DVE具有性能优势，能为节目制作提供最高水平的视频效果支持，但是也因此付出了代价：首先，高水平的软硬件意味着价格难以降低，且以当时的技术水平，通常设备尺寸较大，很难做成小型模块嵌入切换台中；其次，效果丰富意味着操作更为复杂，可能需要专门的操控控件，对创作者的水平有更高的要求。因此，它增加了系统的设备数量和信号处理的操作复杂度。比如，图10-18是20世纪80年代典型的电视节目制作环境，该系统使用了日本胜利公司的视频混合器KM-3000，草谷的切换器TEN-XL以及安培公司的视频特技机ADO 500。虽然特技机的界面设计越来越人性化，但是对其的操作还是要由专业的创作者完成。随着后来计算机技术、跟踪技术、图形处理技术的发展，面向高端特技制作的DVE最终被在线包装系统取代，见本章第二节。

图10-18 20世纪80年代电视制作系统[①]

2.高效特技制作

在很多情况下，创作者更关心电视节目制作的效率，人们希望用最短的时间搭建更简单的系统，使用较低的设备成本和人力成本，能保证完成基本常用的特技功能，提供满足广播级的图像质量即可。因此，DVE的另一个方向就是小型化和模块化。

1987年，FOR-A公司开发了一款更加紧凑小巧的DVE单元MF-2000P；之后的1990年3月，FOR-A推出了世界上第一台集成了帧同步机和DVE功能的切换台VPS-500。[②]这种DVE模块嵌入到了切换台中，只需使用切换台的控制面板就可以调用DVE功能。在连接节目制作系统时，嵌入DVE模块的切换台和普通切换台没有任何区别，因此这种系统不需要额外增加线缆连接和安装空间。从20世纪90年代到21世纪初期，除了FOR-A，阿贝卡斯(Abekas)、汤姆逊草谷(2002年GVG被汤姆逊收购，成为Thomson Grass Valley)、品尼高、Ross、索尼等公司都致力于图像处理引擎的研究，开发了多款嵌入多通道DVE模块的切换台。

图10-19 FOR-A的DVE单元MF-2000P[③]

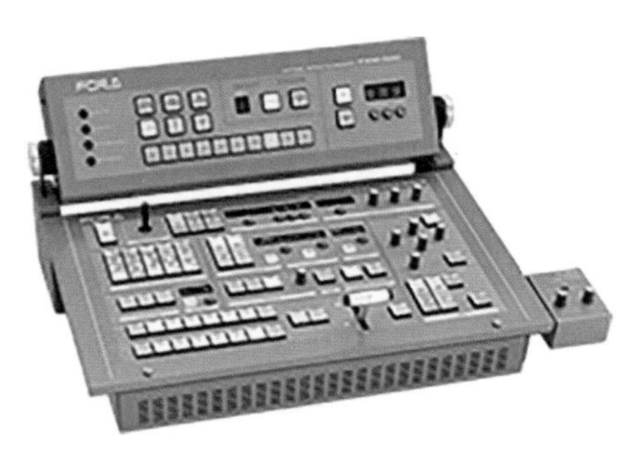

图10-20 FOR-A切换台VPS-500[④]

3.更高的分辨率

数字切换技术还在向更高的分辨率方面不断演进。所谓更高的分辨率，在空间角度可以理解为单帧画面的分辨率从标清到高清，再到4K/8K超高清的发展；在维度上可以理解为从2D到3D的发展；在时间角度可以理解为帧率从25/30fps逐渐向50/60fps、100/120fps等发展；在色域角度可以理解为色彩范围越来越大。

鉴于电视系统的画质限制，20世纪80年代后期，虽然有了成熟的录像机和线性编辑技术，它们可以配合切换台以后期节目制作的方式进行电子

① Classic broadcast [EB/OL]. [2023-12-03].http: //www.classicbroadcast.de/tv_control.html.

②③④ Product history [EB/OL]. [2023-12-03].https: //www.for-a.com/history/.

编辑，美国仍然有约80%的黄金时段电视节目是由电影胶片摄制完成的。使用胶片完成节目摄制，成本十分高昂，但是考虑到胶片摄制技术已经非常成熟，采用HDTV(high definition television，高清晰度电视)技术来制作电视节目被广泛认为是一项冒险。当时进行高清节目制作尝试的公司有加拿大的加拿大广播公司(Canadian Broadcasting Corporation)和北极光影视公司(Northernlight & Picture Corporation)、意大利广播电视台(Radio Television Italia，RAI)和索尼公司等。[①]其中，作为影视设备制造商的索尼公司，一直积极地向欧美用户推广高清电视制作设备。1986年，第一批销往美国的索尼高清设备中也包括一台高清切换台。1987年10月，美国高级电视系统委员会(Advanced Television Systems Committee，ATSC)T3小组投票决定支持1125/60的HDTV标准，原因主要是由于有许多商业内容是采用了1125/60格式的设备制作的，而影视娱乐业的很多企业也把自己的未来押宝在这个标准上。同年，SMPTE的研究小组提交了一份报告，称30帧每秒的运动画面质量比24帧每秒的画面质量更好。1990年，美国纽约GI公司(General Instrument)推出了全数字高清电视系统。1996年，联邦通信委员会(Federal Communications Commission，FCC)决定美国将进行数字转换，实现电视广播系统数字化，并为广播公司提供了高清、标清格式的选择范围。

自此，索尼、史诺伟思、草谷(汤姆逊草谷)、ROSS、FOR-A、松下等公司纷纷推出了全高清的数字切换台。[②]市场上也出现了很多新型切换台可以处理全系列标清数字电视信号和多种高清数字电视信号，这些产品既满足了常规标清节目的制作，也满足了高清演播室节目制作的需求。比如，索尼在1998年日本长野冬季奥运会中第一次展示了自己的HDS-7000高清数字节目制作切换台。2000年，索尼在其第一套高清转播车(向美国纽约ALL Mobile Video公司销售)中配置了高清切换台HDVS-7000和高清特技机HDME-7000。2001年，FOR-A声称推出了世界上最小的高清切换台HVS-3000系列，尺寸只有3RU(机架单元)。2004年，Ross公司推出了Synergy MD/X高清制作切换台，该切换台内置了16通道的DVE模块。在这一时期，由于汤姆逊收购了飞利浦和草谷两家大型切换台制造商，形成了强势的切换台制造部门，推出了当时世界上最大的高标清Kalypso和XtenDD切换台，且汤姆逊全系列的切换台当时在我国的应用也非常广泛。2005年，史诺伟思推出了全球首台高标清混切切换台Kahuna。[③]

高清切换台通常采用HD-SDI接口传输隔行扫描(60i或50i)的高清视频信号。2006年，FOR-A推出了第一台支持Dual-Link HD-SDI接口的制作切换台HVS Dual-Link，Dual-Link HD-SDI支持的码率是HD-SDI的2倍。这样的接口可以帮助切换台完成逐行扫描(60p)信号的切换和处理，帧率可提升1倍，进一步提升了高清图像的质量。比如，2008年BIRTV展会(北京国际广播电影电视设备展览会)上索尼展示了MVS-8000G切换台，通过软件升级可支持Dual link模式(SMPTE 372)的HD-SDI接口模式，从而支持1080p的逐行扫描全高清模式。[④]

2009年，3D电影《阿凡达》在全球热映，广播电视行业中也出现了3D热，利用2级ME以上的高清切换台，配合软件配置与升级，可以将高清切换台用于3D电视信号的切换。2009年的BIRTV展会上，索尼就展示了以MVS-8000G切换台为核心的3D高清现场制作系统；2010年的BIRTV展会上，索尼又展示了利用其大型现场制作切换台MVS-8000X提供的3D切换能力。上述两款MVS-8000系列切换台本质上属于支持多格式的兼容式切换台，到目前为止，MVS-8000X切换台可支持从标清到全4K超高清的信号。值得注意的是，MVS-8000X是世界上第一台支持3G-SDI基带信号的切换台。[⑤]3G-SDI信号的码率可以是HD-SDI的2倍。而3D电视信号本质上是一路代表左眼视觉的高清HD-SDI信号与一路代表右眼视觉的HD-SDI信号

---

① ABRAMSON A. The history of television，1942 to 2000［M］.NC：McFarland，2007..

② 倪宁宁.选择高清切换台的考虑［J］.视听界(广播电视技术)，2007(1)：40-43.

③ BIRTV2013“现场演播室”嘉宾访谈录(二)［J］.现代电视技术，2013(10)：38-47.

④ 赵贵华.从BIRTV2008看电视演播室节目制作设备的发展［J］.现代电视技术，2009(2)：28-31，35.

⑤ 《影视制作》编辑部.BIRTV2010新产品、新技术集萃［J］.影视制作，2010，16(09)：24-29.

的组合，所以一路3G-SDI信号可以提供一路3D高清视频。3D现场制作对于切换台的要求是，切换导演按下一个3D讯道的切换按键时，代表左右眼的视频信号同时被切换。所以，支持3G-SDI信号处理的切换台即可完成3D制作的要求。不过对于只支持HD-SDI信号处理的多级ME切换台来说，只需要把所有讯道3D摄像机系统的左路视频HD-SDI信号连接在一级ME上，右路HD-SDI信号全连接在第二级ME上，再将两个ME信号在软件上进行切换联动捆绑即可，这是一种将两路HD-SDI信号合并成双链路的方式，2010年的BIRTV展会中，松下公司展示的AG-HMX100MC就采用了这种方法，[①]而且除了提供3D切换功能外，这款切换台还能完成音频调音功能，所以属于视音频切换台。不过，比起基于3D-SDI的单链路模式，这种双链路联动捆绑连接方式从系统连接到系统结构方面都更加复杂，通常是作为从高清到3D，再向4K升级过程中的过渡解决方案。

4K超高清和8K超高清信号的切换也是同理。一路4K超高清信号在单帧分辨率上是高清信号的4倍，帧率是高清信号的2倍，其总体数据率就是高清信号的8倍。传输一路高清信号可使用一个HD-SDI接口，如果传输一路4K超高清信号，则需要8条HD-SDI接口或者4路3G-SDI接口，在广电企业尝试4K超高清业务的探索中，为了节省接口数量，通常会选用后者。比如，使用4级ME及以上的大型多格式(高清)切换台时，可对每级ME绑定一路3G-SDI接口，再利用4级ME联动的方式即可以完成4K超高清视频信号的切换。鉴于超高清的应用需求越来越多，基带传输接口陆续出现6G-SDI、12G-SDI等高码率接口。

2011年7月，日本停止了绝大多数地区的模拟电视广播，宣布完成数字转换，在推广高清电视系统的同时，日本企业开始向"后高清"方向努力。日本广播公司NHK开始推进超高清技术，并将自己的标准向SMPTE、ITU等国际标准组织推送。同年，NHK针对60fps帧率、单帧7680×4320分辨率的Super Hi-Vision超高清标准(简称SHV，在SMPTE2036-1标准中定义的UHDTV-2)开发了首台支持8通道输入的SHV切换台。[②]NHK采用了像素偏置技术的4片式感光器件摄像机拍摄超高清画面，其SHV切换台对每一个通道的超高清视频信号采用经过同步的16路HD-SDI接口接收和传输超高清信号。由于要在一台切换台内完成传统高清切换台16倍数据量的存储和处理，主机采用了高时钟运行的集成电路和缓存，并专门进行了散热设计，做了大量的工作来压缩设备尺寸。而在商业化方面，日本的索尼公司在2011年推出了4K内容制作解决方案，其中，4K信号的切换是采用MVS-8000X多格式切换台完成的。

（a）主机

（b）切换台控制面板

（c）DVE控制面板

图10-21　NHK开发的SHV切换台[③]

① 赵贵华.从BIRTV展会看高清演播室设备的发展[J].演艺科技，2010(10)：40-43.

②③ HIGASHIJIMA K, ARAI K, ITO D,et al.Development of Super Hi-Vision Eight-Channel Live Switcher: for production of a variety of Ultra-High-Definition video content [EB/OL].(2011-10) [2023-12-03].https://www.researchgate.net/publication/309913700_Development_of_Super_Hi-Vision_Eight-Channel_Live_Switcher_For_Production_of_a_Variety_of_Ultra-High-Definition_Video_Content.

这一时期，3D热开始降温，虽然2012年的伦敦奥运会对3D制作进行了尝试，但是鉴于制作成本高、收入预期不确定和技术不成熟等因素，广电业界开始停止3D方面的研发工作。此时，4K大屏产品已经出现在民用产品中，高清到4K的升级相对3D产品开发成本更低，目标更为明确，且4K内容的整体制作流程与高清相似。因此，各厂商转而向预期更加明朗的4K技术发展。在2013年的BIRTV展会主题中，4K就是其中的重点，在这次展会上，史诺伟思展出了经过4K升级的Kahuna360系列多格式切换台。而这一时期，NHK和很多其他科研部门甚至搭建了16K分辨率的超高清系统。

四、多功能与高集成度

数字技术和集成技术的发展让切换台的功能迅速跟上了用户需求，从最初的多机位的简单切换和基本特效，转向多功能化发展。数字切换台不但支持功能更加强大的嵌入式DVE，甚至是不需要即时调整的固化特技，也逐渐支持大帧存、多屏分割功能、网络化控制、自动化控制及多种设备连接(编辑机、特技机、Tally控制器、矩阵、录像机等外围设备)。比如在2010年的BIRTV展会中，Ross Vision公司就前所未有地推出了8级全功能ME的切换台Vision Octane，支持4个3D DVE 频道、96个输入、48个输出，并带有分布式虚拟通道和56个键控，辅助母线有12个键控器和混合器以及12个DVE，可支持9个不同的控制面板。而汤姆逊草谷推出的Kayenne系列切换台采用了可热插拔的模块化设计。

早期的切换台没有静帧存储功能，系统需要购置独立的静画存储器，数字切换台则内嵌了数字的静帧存储模块，也能减少系统的设备数量。

根据应用需求，数字切换台被设计成专门的标清、高清、超高清切换台，也有专为同播系统设计的兼容式切换台，典型的兼容式切换台是在2008年的BIRTV展会展出的史诺伟思2005年开发的Kahuna系列切换台，它可以在同一机箱、同一控制面板下进行标清、高清操作。高标清兼容式的数字切换台的实现则需要切换台内嵌入格式转换模块。各切换台还在支持信号格式、输入信号及切换路数、母线数量、ME单元级数、特技制作能力等方面有着多种不同。

2009年的BIRTV展会上索尼展出的MVS-6000采用了片上系统图像处理器，也就是将常规图像处理、数字特技处理程序嵌入切换台CPU中，用一个芯片即可完成多格式切换、多通道键控、特效转换和DVE功能。①

2010年的IBC展会上，Ross Video公司推出了集成了多屏分割器(MultiViewer)的切换台产品。多屏分割器是用来将多个视频信号进行拼接并输出的设备，主要面向广播电视节目制作系统中的监视器大屏应用。在早期的演播室中，每一个需要监控的视频信号都连接至一个独立屏幕，用于制作人员监看。而视频信号越多，监视器越多，设备安装和操控就越麻烦。目前的演播室会采用多屏分割器解决这个麻烦，多屏分割器可以将多路视频信号以某种布局构图组接，输出的信号连接到一个或若干个大屏显示器上，相当于每一个显示器可以显示多个需要监视的视频信号。这样的处理降低了现场节目制作系统的复杂度，使系统连接和操控管理更加方便。2010年，FOR-A公司在BIRTV展会上推出的HVS-HS便携式视频切换台也提供了2组16分割画面输出。

图10-22　Ross Video公司推出的切换台多屏分割效果②

美国洛泰克(Newtek)公司在2012年的BIRTV展会上以“装在背包里的转播车、拿在手里的演播室”为标题展示了TriCaster系列产品，它是一款整套全面的现场制作和流媒体发布的解决方案。其

① Sony HDNA在中国 产品·系统·服务 全面解决——Sony参展BIRTV2009［J］.广播与电视技术，2009(8)：118-119.

② A brief history of our switcher［EB/OL］.［2023-12-03］.https：//www.rossvideo.com/company/our-switchers-history/.

中，TriCaster8000系列产品具有24讯道切换、8路ME，支持矩阵扩展，支持大规模多格式摄像机，多终端显示，最亮眼的功能是社交媒体分享的网络功能。其实TriCaster产品已在更早时期应用在欧美多个主流电视台，比如英国天空电视台，英国广播公司，美国的ESPN、NBC、MTV等，甚至美国国家航空航天局(NASA)也是它的用户。该产品集成了多机位切换、多通道混音、虚拟键盘、流媒体推送、节目录制等功能，可以说是当时集成度最高的便携产品，支持电视节目的高效制作。

其他厂商在高效节目制作切换产品研发上也做了很多工作。2013年的BIRTV展会上，草谷重点展示了自己基于非线性制作理念的产品GV Director。草谷对这款产品的介绍是：它是将切换台、在线图文包装系统、视频播放机以及多画面分割系统集成在一起的设备，它让现场制作与具体的上键、字幕叠加分开管理，提高了现场制作的效率。①

在功能越来越丰富的同时，空间有限的制作环境(比如转播车中)要求切换台的尺寸更加小巧。2017年，Blackmagic Design宣布发布世界上最小的一体化广播级切换台ATEM Television Studio HD，它几乎集成了现场制作所需的全部功能，②然而它的宽度只有2/3RU(机架单元)。而其后的版本还不断增加更多的功能，这种切换台又被称为导播台，它包括视音频输入输出与切换、调音、转换特效、各类键控与DVE、内部通话系统、闪存(或外接存储器)媒体播放与记录、多画面分割、硬件推流、云存储等，③相当于一台设备集成了录像机、放像机、调音台、字幕机、图形包装、Tally系统、内部通话系统、视频服务器等多个节目制作周边设备。当然这些多功能、高集成性的切换产品离不开网络与自动化技术的支持。

五、网络化与自动化

20世纪90年代到21世纪初，节目制作系统对网络化的编辑控制的需求逐渐火热。切换台的网络化首先体现在切换台系统控制的网络化。在2000年的BITRV展会上，GVG公司展示了Kalypso系列切换台。④它采用开放式网络化结构，内置了100Base-T以太网接口，系统控制全部采用以太网的方式，可实现多个面板控制同一台主机的不同级M/E同时工作，这样就可以实现一台主机同时应用于多个制作系统中；另外，它也可以满足一个面板控制几台切换台主机同时工作，比如一台高清切换台和一台标清切换台，这样就可以实现一个面板同时完成同一个节目的高清、标清版本的制作。

系统控制的网络化促进了节目制作效率的提升，除了帮助实现多系统之间的分级控制、多级切换控制，还能提供更加灵活的备份机制，减少设备数量，也提高了系统连接的灵活性和制作效率，降低了制作成本。视频设备制造商针对网络化的设备研发并不是单纯为了网络化而网络化，主要是为实现资源集约化提供物理基础。为了灵活配置电视中心的视频系统，实现宜小则小、需大则大，提高设备使用效率，并进一步增强设备功能，作为电视中心视频系统核心设备的切换台必然需要向网络化发展。

以草谷为例，草谷为网络切换台增加了高性能的处理器，相当于在切换台主机中安装了计算机，主机和控制面板之间由以太网连接，支持TCP/IP协议。在拓扑方面，草谷开发网络切换台时改变了专用电缆点对点的连接方式，采用了开放式的网络连接架构。在设备主机、控制面板及其他设备连接时，采用以以太网交换机为核心的星形拓扑方式，每一个设备在网络中都被分配IP地址。

为了兼容传统的辅助面板连接，初代网络切换台还通过ES母线串行连接辅助面板。另外，从矩阵路由方面来看，模拟切换台的路由矩阵交叉点电路是固定的(数量固定，且输入输出接口不能变动)，早期数字切换台的内置矩阵是半固定式的(交叉点、输入等模块可增减，输入输出不能变动)，而网络切换台的每一路输入和输出都可以根据用户需要随意设置，灵活增减调配。网络技术不但帮助视频系统各设备与切换台之间的灵活交互，还帮助切换台

① BIRTV2013“现场演播室”嘉宾访谈录(二)[J].现代电视技术，2013(10)：38-47.

② BMD发布ATEM Television Studio HD切换台[J].影视制作，2017，23(2)：95

③ ATEM Television Studio HD8切换台发布[J].影视制作，2023，29(3)：117.

④ 李幼林.从BIRTV2000看数字切换台的最新进展[J].广播与电视技术，2000(12)：58-62.

实现内部各功能模块的并行工作状态，满足了其内部功能模块的灵活任务分配，从而极大地增强了系统功能和效率。

除此之外，在网络切换台中，应用软件处于更高的地位。早期基于专用信号处理电路的切换台主要采用嵌入式软件，软件功能不强，扩展性差。而网络切换台在硬件上有了高性能的数据处理能力，采用了开放式的操作系统、交互软件平台，这样的平台可以支持更精美的图形用户操作界面(GUI)和菜单服务；提供更灵活的外部网络响应和内部功能模块的支持，可通过远程PC机完成主控面板所有功能的控制。硬件功能的软件化程度越高，设备的灵活性就越大，网络切换台的优势就越突出。

在2009年的BIRTV展会上，草谷推出了完全模块化的切换台，[①]可随意拼接成一级、两级或多级切换台。每一个模块都连接一根网线，实现模块的自动识别，从而可以根据节目复杂度灵活配置切换台的规模。

2010年代的网络切换台能通过RS422等遥控接口、以太网接口，对支持GPI、BVW或者AMP协议的外部设备，比如视频服务器、录放设备、特技设备、在线包装设备进行远程控制、状态监测，也可以通过串口扩展的方式支持更多设备的控制。

2010年，Blackmagic Design在IBC展会上发布了其制播切换台ATEM，这款产品支持软件控制面板，很多用户只购买其切换台主机，遥控则是使用笔记本电脑在Windows或macOS操作系统下安装的控制面板软件，通过网络连接，便可完成远程控制。[②]2013年，史诺伟思公司推出了完全模块化的切换台控制面板Maverik，如图10-23所示，并在2014年的BIRTV展会上展出，该系统配有专门的框架，所有功能模块以“子控制模块”的形态存在，比如，每8个切换键就成为一组模块，可以用多个模块组成大型切换单元，甚至可以将两级ME连接在一排上。该系统可以为不同的应用要求或者制作流程快速进行模块组合，组合出来的控制界面不会受限于预先设计的面板尺寸。每一个模块都连接以太网，并由以太网供电。这种完全的模块化设计可以让切换台进行灵活的升级变化，快速转换角色，可以在上一次用于高清节目制作，而在这一次用于超高清节目制作，效能进一步提升。

图10-23　史诺伟思公司模块化控制面板Maverik[③]

在网络技术的发展下，内容制作从传统的广播电视开始慢慢扩展向网络媒体、移动媒体。同时，直播技术也逐渐出现硬件通用化、功能软件化的发展趋势。这两个趋势都是以互联网架构和IP技术为基础。

广播电视视音频信号的IP化也成为不可避免的事情，进行相关的标准化工作的组织包括国际电信联盟(International Telecommunication Union，ITU)、美国电影电视工程师协会(Society of Motion Picture and Television Engineers，SMPTE)、国际电气和电子工程师协会(Institute of Electrical and Electronics Engineers，IEEE)、视频服务论坛(Video Services Forum，VSF)、欧洲广播联盟(European Broadcast Union，EBU)、音频工程师协会(Audio Engineering Society，AES)、高级媒体工作流程协会(Advanced Media Workflow Association，AMWA)、IP媒体解决方案联盟(The Alliance for IP Media Solutions，AIMS)等。

自2007年开始，SMPTE开始推出SMPTE 2022的一系列标准，用于支持通过IP网络发送数字视频。2012年，SMPTE确定SMPTE 2022-6标准，提供了利用IP通道传输高码率无压缩信号的规范，[④]

① BIRTV2009嘉宾访谈录(再续)[J].现代电视技术，2009(11)：22-35.

② Blackmagic Design携15款新品亮相BIRTV[J].影视制作，2011，17(9)：25.

③ Snell presenta Kahuna Maverik, una nueva superficie de control modular para Kahuna 360[EB/OL].[2023-12-03].https：//www.panoramaaudiovisual.com/fr/2013/08/30/snell-presenta-kahuna-maverik-una-nueva-superficie-de-control-modular-para-kahuna-360/.

④ 崔焱.现场制作中的NDI技术研究[J].有线电视技术，2019(10)：113-116.

不过，该标准对视频、音频和元数据统一绑定，不利于数据的分离处理。加拿大Evertz公司对SMPTE 2022标准提出了修改建议，并在2015年IBC发布了ASPEN协议，核心思想是把视频、音频和元数据分开打包，用三个流传输。[①]索尼针对SMPTE标准修改的协议为IP Live，其接口为NMI(Networked Media Interface)，NMI是支持浅压缩视频传输的网络媒体接口方案，该解决方案在2015年的BIRTV展会上向我国企业进行了展示。在IBC 2015展会上，索尼还展示了其全球首款4K/IP 现场节目制作切换台XVS-8000及其组成的IP现场制作系统，[②]该切换台是在MVS-8000X切换台改造而成的。索尼针对4K节目制作推出了LLVS编码方案(low latency video codec)，该方案得到了Evertz、Imagine、泰克(Tektronix)、Harmonic、迈创(Matrox)、东芝(Toshiba)、Leader、傲威(Orad)、挪威维斯(Vizrt)等厂家的支持。在同一展会上，欧洲广播联盟和比利时公共广播公司VRT联合Axon、Dwesam、EVS、Genelec、草谷、朗沃(Lawo)、LSB、Nevion、泰克和Trilogy十家业内厂商展示了现场制作IP系统，主要采用SMPTE 2022-6、AES67 和 PTP协议。另外还有intoPIX公司提出的TICO方案，该方案支持的厂家包括草谷、Imagine Communication、Nevion、ROSS、ARTEL等。不过这些方案数据打包的方式不同，并且采用了相应的同步方式，或者即使打包方式相同，但是每个厂家采用了自己的SDN(software defined network)协议，无法保证在IP域直接互联互通，且需要使用专用交换机完成信号切换。

节目制作系统如此庞大，涉及的设备节点如此之多，如果厂家采取各自为战的标准策略，很难在低成本、高效率的前提下实现灵活的系统连接和互操作性。基于VSF推出的TR-03和TR-04，SMPTE制定了ST 2110标准，并在2017年公布了该标准的四个部分，ST 2110-10、ST 2110-20、ST 2110-21、ST 2110-30，定义了系统架构与同步、非压缩视音频流的传输系统、流量整形和传输时序等，随后又公布了ST 2110-31、ST 2110-40等标准，目的是为IP网络传输不同的视音频数据、辅助数据定义一个互操作系统。[③]

经过数年的市场更迭，在高码率图像传输领域，比如4K节目的IP制播，ST 2110标准普遍受到了各厂商的认可，逐渐取代了ST-2022标准。ST 2110标准充分利用IP分包传输的特点，把视音频、控制、辅助数据等多种信号从统一的IP流中分离出来独立传输，提高了传输的灵活性和效率，能有效减少线缆数量，并防止接口不兼容的情况。比如使用一路25G以太网接口可以传输双向4K超高清视频信号、多路声音信号，以及通话系统、控制信号、Tally信号、同步信号、设备状态监控数据等，而如果采用SDI信号线，不仅双向通信需采用2根12G-SDI线缆，还需配合其他线路传输视音频以外的其他信号。

不过，ST-2022、ST-2110标准都是面向高质量要求的制作环境，因此设备成本无法降低。比如，满足ST-2110协议要求的系统需要搭配25G、100G交换机及处理模块，外围设备也需要先进的、高精度的、高性能的硬件支持，比如ST-2110协议需要10μs的定时精度，因此相应的设备成本也是极其高昂的，使用该协议的系统通常是面向大型赛事、综艺节目、高画质录制等高投入、高产出的制作项目。在2022年北京冬奥会自由式滑雪及单板滑雪的比赛场馆转播系统中使用了中国传媒大学颜金尧教授团队联合中央广播电视总台转播技术团队基于ST-2110协议自主研发的8K超高清IP净切换交换系统。[④]该系统完成了对12路8K摄像机机位的IP信号的无缝衔接，并于2021年通过了国家广播电视总局规划院的检测和中央广播电视总台的鉴定，是我国首个超高清IP净切换交换系统。[⑤]

而针对低成本、低质量要求的节目制作系统也有广泛的IP化需求。近年来，民用视音频采集设备

① 钟辰.4K-IP制作系统实现ST-2110无压缩标准前的问题探讨[J].现代电视技术，2019(5): 69-73

② 王洁.IBC2015现场IP制作印象[J].现代电视技术，2016(7): 139-143.

③ 贾宏君，李晓宇.2016年SMPTE电视技术标准化跟踪研究[J].广播与电视技术，2017，44(3): 155-160.

④ 王晨，颜金尧，蔡洋.IP化超高清视频解析和监测系统设计及实现[J].中国传媒大学学报(自然科学版)，2022(1): 15-22.

⑤ 媒介音视频教育部重点实验室.中传联合总台研发8K超高清IP净切换交换系统服务冬奥转播[EB/OL].(2022-02-18)[2023-12-03].https: //m.thepaper.cn/baijiahao_16756182.

性能快速提升，价格却十分低廉。个人电脑、手机或平板设备的算力越来越强，结合互联网和移动网络技术发展，新的融媒体应用不断产生，基于互联网的网络视频直播对市场有了新的需求，比如在互联网或移动网络中直播一场小型体育比赛、电竞比赛等。

2015年美国洛泰克公司推出了一套IP传输标准NDI(network device interface)以及相应的软件工具集，主要目的是在千兆局域网上实现高质量、低延时、帧精确的传输和切换。注意，这里所谓高质量的要求是远低于广电行业大型节目的质量要求的。NDI采用高压缩比编码算法从而降低了传输带宽，可以在千兆网络上传输多路高清NDI视音频流。NDI对时序要求低，其技术核心切换部分在通用计算机平台上以软件化的形式实现，适用于通用平台的低成本开发。NDI采用mDNS技术，支持信号源和输出的自动发现与配置，减少了对技术人员的要求。同时，NDI对个人电脑平台的使用和开发不收费，因此获得了大量直播软件的支持。[①]洛泰克还为该公司Tricaster切换台开发了切换软件，用户使用通用计算机就可以使用该切换软件，实现基于NDI信号的切换和节目制作播出。利用NDI协议，除了切换台可以被软件化，信号采集、多屏分割、信号监控与管理、信号发生、信号录放等以往需要硬件独立支持的功能模块，都可以通过软件实现。NDI技术支持在IT通用平台上通过软件定义的方式实现视音频制作流程，帮助系统实现软件化、虚拟化、模块化，从而极大地增强了系统的自动化程度，减少人员门槛和需求，提高工作效率和安全性。这样，只需要几台支持NDI的摄像机和若干台电脑通过网络连接，即可实现一套多机位现场节目制作系统，其中，信号切换可由一台安装了切换软件的电脑完成。而且，NDI视频信号带宽非常小，使用洛泰克的Tricaster VMC 设备在万兆网络上可实现几十路4K 60p信号的切换。因此，小型节目制作就不需要像大型制作那样配置大量昂贵的硬件设备，比如摄像机控制单元、Tally控制器、多屏分割器、矩阵、字幕机、录像机、示波器等。又因为多种设备的功能都集成在少量的软件中，因此需要的工作人员的数量也很少。

不过，也正因为NDI对视频信号的压缩比较大，图像质量和时序精度都无法和传统基带系统相媲美，且NDI延时较大，网络稳定性较差，因此只能应用在对质量要求不高的场景中。不仅如此，NDI属于闭源的付费标准，对用户只提供库文件，用户需付费使用NDI的SDK开发包。

为了实现系统和协议的自主可控，我国的索贝公司推出了自主研发的NVI(network video interface，网络视频接口)标准。该标准主要面向使用通用千兆网的简单低成本的制播环境，支持即插即用，支持NTP简单授时，消耗算力低，可适用于硬件制作环境或软件制作环境。从安全角度上讲，NVI由我国企业自主研发，支持可信的加密传输和信创平台(为保证国家信息安全，自主可控的信息技术应用创新产业)使用，更能够保证重要节目的制播的开展。在专业制作方面，NVI支持Alpha通道、Tally和通话等数据，覆盖了节目制作所需的各种信息。在质量方面，其延时可在局域网内控制在1帧以内。NVI提供了类似于NDI的深压缩编码——NVI HC，支持1至50Mbps(4∶2∶0 8bit)的传输，还提供了适用于更高质量需求的300至450Mbps(4∶2∶2 10bit)的4K方案—— NVI HF浅压缩方案。在组网方面，NVI支持本地高性能快速组网，在互联网网速波动环境下提供更稳定的加密传输。也就是说，NVI不但具备NDI的优势，还解决了NDI在延时、数据量、稳定性等方面的短板，具备自动跨网连接、覆盖多种编解码的能力，最重要的是实现了全流程的自主可控。[②]因此，NVI在2023年BIRTV展会中获得“特别推荐项目”大奖。基于NVI协议，既可以实现硬件的切换台，也可以实现基于软件的网络切换。

综上所述，IP技术更新换代较快，广泛被用于远程信号传输，适合于远程制作场景，利用IP技术部署业务连接，有效提高传输效率，最大限度地完成信号源的核心共享，简化系统架构，增强了系统的自动化和功能多样性，可极大地提升工作效率，

---

① 崔焱.现场制作中的NDI技术研究[J].有线电视技术，2019(10)：113-116.

② 东方网.大视听未来已来，索贝助力转动产业发展的“命运齿轮”[EB/OL].(2023-08-24)[2023-12-03].http：//ex.chinadaily.com.cn/exchange/partners/82/rss/channel/cn/columns/j3u3t6/stories/WS64e6e495a3109d7585e4a93f.html.

利用软件控制和云技术，可实现动态资源分配，[①]根据工作任务不同，系统结构也可灵活配置，从而节约成本。构建基于IP的切换技术时，核心在于采用合理的信号封装方式以及系统内部流描述的方式，以有效解决流的同步和切换问题。此外，还需要采用冗余和纠错机制，以保证系统安全和传输质量。最后，还要确保系统的灵活性和开放性，满足设备即插即用、快速的互通互联的需求。未来的视频制作平台将越来越多地向网络、移动、云平台上发展，简便的切换操作和丰富的特技添加的背后将是强大的通用协议、稳定的网络基础架构和强劲的算力加持。

本节执笔人：杨宇

第二节　字幕与在线包装技术

字幕首先出现在歌剧院内，要早于电影。当意大利歌剧在面对德国观众演出时，舞台上演员的上方或旁边会显示翻译好的字幕卡，以便观众了解剧情。[②]由于显示字幕的屏幕位于舞台上方，这些字幕被称为"subtitle""surtitle"或者"supertitle"。电影在诞生时，由于没有相应的声音记录和重放技术支持，只能以无声电影的形式出现。为了表达本来应由人声提供的信息，除了演员更具夸张的动作和表情，1909年开始，电影中就采用字幕来提供重要信息。[③]电影字幕通常采用黑底白字的卡片展示。电视内容的艺术展现形式继承和发扬了电影艺术。由电视之父贝尔德制作的第一部电视片《嘴上含花的男人》就使用机械扫描式摄像机拍摄了绘制好的文字图片，作为节目的片头字幕。

电视艺术是声画合一的，由视觉符号和听觉符号组成，电视字幕是跨越了视、听两个维度，成为无声而可见的符号。[④]电视字幕是电视画面上一切文字的总称，字幕包含了文字字幕和图形字幕两大类。随着电视技术的逐渐成熟、电视艺术的多样化发展，字幕的形式也变得多种多样，在电视剧中，字幕的形式是片头、片尾、集数、对白、唱词、剧名角标等；在电视广告中，字幕包含产品的功能、特点、作用和商家信息等内容；在电视栏目和综艺节目中，字幕形式增加了滚动字幕、渐变背景、各种图形图案等。为了让电视画面更加生动，除了文字信息，字幕系统还需要提供各种二维图形、三维图形以及动态效果。相比于后期节目制作，现场节目制作的实时性对字幕和图形的添加有了新的要求，再加上应对电视台高效、自动化的运营需要，字幕系统就有网络化的需求。随着虚拟技术、增强现实技术在电视节目制作中的加入，传统字幕机已经不能满足创作的需要，在线图文包装系统便登上了舞台。

一、字幕机

制作电视节目时，除了要提供视频画面和音频以外，还需要在视频画面上叠加文字和图形来进一步诠释节目内容、丰富电视画面，这种文字和图形就被称为字幕(title/surtitle/caption)。制作和播出字幕的专用电视信号发生器和处理器被称为字幕机(Character Generator，简称CG)。电视节目制作中需要字幕机实时提供字幕信号，切换台或键混器将字幕叠加在其他视频信号上方，再将混有字幕的图像输出。常规的字幕机一般仅负责图标、字符、图片的静态及动态处理，它是现场节目制作系统中的视频源设备之一，一般由一台独立的计算机系统构成，它需要安装专用的图像板卡，能将计算机图像数据转换为电视系统使用的基带视频信号和键信号，还需要安装提供了专业操作界面、用于设计字幕、包装图像的字幕软件系统。

(一)手绘字幕与字幕叠加

为了让电视画面中出现字幕，早期电视节目制作团队中会有专人绘制字幕图片，在节目播出时将字幕图片放置在摄像机前方，如图10-4所示。摄像机直接拍摄字幕图片，拍到的字幕图像信号被送至切换设备，切换控制人员将字幕图像信号作为节目信号切出，即可完成节目内容的字幕显示。这种方法简单、直接，而这种系统要增加一台拍摄字幕

① 张阆.走向IP化[J].视听界(广播电视技术)，2017(1)：10-15.

② ALLISON. A History of Subtitles[EB/OL].(2019-07-11)[2023-12-03]. https://blog.amara.org/2019/07/11/a-history-of-subtitles/.

③ 许静敏.影像字幕发展历程研究[D].长沙：湖南大学，2022.

④ 许之民.电视字幕的规范性研究[D].上海：上海师范大学，2007.

的摄像机，切换设备的输入信号中需要增加一路字幕图像信号，除此以外不需要其他新设备。不过，这样的字幕画面形式单一，只能展现静态图片，而且依靠手绘，则不能在直播过程中快速应变，也无法让字幕和节目内容画面融合在一起。

为了能让字幕“浮”在节目画面上方，节目制作人员还曾利用幻灯片投影的方式来为电视摄像机的拍摄内容添加字幕。①在20世纪60年代，要为演播室播出的节目增加字幕时，首先要请图形绘制人员手工绘制字幕图片(白底黑字)，再用胶片拍摄字幕图片，将胶片冲洗成幻灯片后，把幻灯片放入特殊的投影仪投影(黑底白字)，再由摄像机拍摄投影出来的画面。利用本章中提到的键控技术，就能将字幕图像与节目图像信号叠加在一起。提供键控处理的混合设备就成为字幕叠加器。字幕叠加器可以通过限幅处理，将字幕图片中的白色文字或图形叠加在节目画面中，使之看起来好像是字幕与节目画面融合在一起。这种字幕叠加器当时被业界称为字幕机，但是这种设备本身不能生成文字或图形信号，字幕仍然依赖人工手绘。早期的字幕叠加器只能叠加黑白字幕。后来又出现了能将白色字幕变化成各种颜色字幕的彩色字幕叠加器。另外，切换台的键控功能也能用于这类字幕的叠加。直到20世纪80年代的很长一段时间内，我国的电视台基本都使用人工手绘配合这种字幕叠加器的方法来制作字幕。

(二)模拟字幕机

20世纪50年代，电视台还采用了一种特殊的摄像管来显示电视测试图案、字符或台标。这种设备被称为单像管(Monoscope)②，它采用了阴极射线管的技术，能够生成精确的静态图像，也是最早被称为Character Generator的设备，全称为静态字幕机(Solid-State Character Generator)③。

以透过式单像管④为例，单像管的一侧装有字符板，字符上的文字笔画是被挖空的，电子束扫描到文字笔画空洞时，电子穿过空隙打在收集极上。收集极外接回路中便产生字符对应的电信号，经过放大后，这个信号可以用于显像管显示。在其他类型的单像管的字符板上，字符笔画处被电子束击中后，会反射或再次激发产生电子束，进而被收集极接收。单像管的优点是性能可靠，寿命长，但缺点是，如果需要生成精美的图像，成本较高，并且改变字符内容的设置比较麻烦，需要更改硬件电路，非常不灵活。

为了能更灵活地显示文字，人们把单像管上的字符板设计成字母符号集的形式。比如，一个字符板上绘制出若干符号，这些符号正交排列，通过控制单像管水平、垂直方向偏转板上的电压，即可控制电子束只轰击字符板上某个符号的位置。利用晶体振荡器产生的高频正弦控制电子束波扫字符板，如图10-24所示，只要让每个字符的扫描线数足够多，即可清晰地显示指定字符。这种单像管也被用于计算机的显示，由计算机代码来控制字符在屏幕上的位置，⑤后来也被电视台用来制作电子字幕。

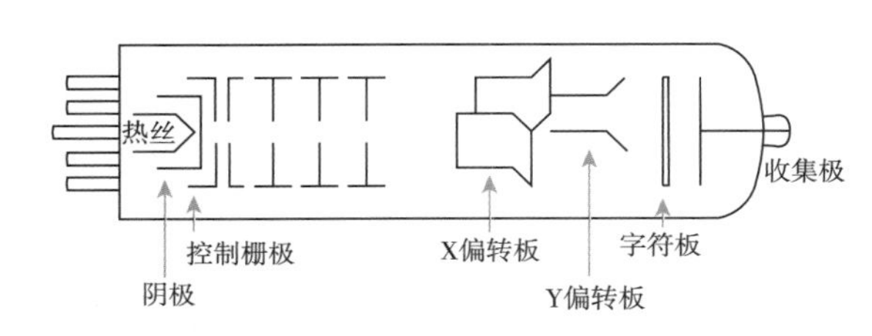

图10-24　单像管结构示意图

20世纪50年代末，哥伦比亚广播公司开发了CBS Vidiac 389-10字幕机⑥，其字符集如图10-25所

① BARON S.First-hand: inventing the vidifont: the first electronics graphics machine used in television production [EB/OL].(2008-12-14) [2023-12-03].https: //ethw.org/First-Hand: Inventing_the_Vidifont: _the_first_electronics_graphics_machine_used_in_television_production.

② HARTMANN J. A monoscope tube for computer and other applications [J]. Electrical Engineering, 1954, 73(3): 208-212.

③ JACKSON F W E. The printicon: a new character-generating monoscope for use in visual display systems [J]. IEEE transactions on electron devices, 1971, 18(2): 118-123.

④ 南京工学院汉字显示研制组.单象管作为字符产生器的汉字、字符、曲线显示设备[J].南京工学院学报, 1978(1): 26-37.

⑤ JACKSON F. W. E. The printicon: a new character-generating monoscope for use in visual display systems [J]. IEEE transactions on electron devices, 1971, 18(2): 118-123.

⑥ BARON S. IEEE global history network-first-hand: inventing the vidifont: the first electronics graphics machine used in television production [EB/OL].(2008-12-14) [2023-12-03]. https: //ethw.org/First-Hand: Inventing_the_Vidifont: _the_first_electronics_graphics_machine_used_in_television_production#cite_note-refnum2-2.

示。字幕机的字符和符号结构是存储在线路核心存储器(wired-core memory)中的。随后，美国设备制造商A. B. Dick公司开发了A. B. Dick 990系统字幕机，它可以接受计算机的二进制指令控制，快速生成指定的符号，这款产品在1967年美国NAB展会展出。这两套系统都是基于阴极射线管的原理制造的。1969年，哥伦比亚广播公司基于商业需求，在上述两种字符生成器的基础上开发了Vidifont字符生成器，其字符和图形存储在了线路核心(wired-core)只读存储器中。Vidifont提供了两组不同字体，并对单词提供彩色显示，同时提供字幕滚动、爬行等动画功能。

图10-25 CBS Vidiac字符集[①]

图10-26 CBS Vidifont字幕机[②]

对于英文这类字符数量有限的表音文字，使用上述带有字符集的字幕机就能满足简单、基本的字幕表达。但是，中文汉字字符数量巨大、字形复杂，如果使用单像管技术开发字幕机就非常复杂，成本高，很难应用到常规字幕制作中。我国在20世纪70年代自主研发了支持汉字显示的单像管，只能显示某个领域的常用字。比如上海南市发电厂委托南京工学院开发了一套单像管，[③]其配套的中文字符板只有64个汉字，另一块字母符号字符板则有26个字母、10个阿拉伯数字和一些常用标点符号，该单像管还能显示一些曲线和表格。这种单像管可以支持某些专用工厂的设备显示，但是不能满足我国电视台节目制作中的字幕需求。

1970年，英国广播公司开发了一款名为Anchor的矩阵型模拟字幕机，[④]它把字母和符号分解成线段和曲线，用模拟波形生成电路，经过组合拼合成各种字符信号。这类模拟字幕机也只适用于字符笔画简单、字符种类少的情况。鉴于汉字笔画繁多，结构复杂，数量巨大，这种模拟字幕机也不适合开发中文系统。

(三)基于计算机技术的字幕机

20世纪70年代，个人电脑技术发展迅速，广播电视设备也开始朝着数字化方向发展。索尼公司针对美国办公市场开发了一款具备高质量图形处理功能的微型计算机SMC-70(1982年发布)，带有3.5英寸微型软盘驱动器，输出接口有用于监视器连接的模拟分量RGB接口、用于连接打印机的并行输出接口、RS-232C遥控接口，还支持连接盒式录音机、数字键盘、耳机等。而在该产品发布之前，索尼就开始基于该产品开发面向广播电视领域的具备视频生成能力的字幕机，并于1983年发布了SMC-70G和SMC-70GP两款产品。SMC-70G是面向美国市场的，它配置了支持视频制作的硬件板卡和性能优异的编码器，支持NTSC视频输出和同步锁相。而SMC-70GP是索尼公司的迟泽准团队面向中国市场，从1981年开始联合北京邮电大学一起开发的支持中文的电视图文制作系统，该系统的中文字库和输入方法由北京邮电大学提供，系统扩展了汉字ROM，同时硬件板卡支持PAL信号的锁相与输出。在同一时期，很多计算机生产厂家也

①② JACKSON F W E. The printicon: a new character-generating monoscope for use in visual display systems [J]. IEEE transactions on electron devices, 1971, 18(2): 118-123.

③ 南京工学院汉字显示研制组.单象管作为字符产生器的汉字、字符、曲线显示设备[J].南京工学院学报，1978(1): 26-37.

④ TAYLOR R J, SPENCER R H. Anchor- an electronic character generator[J]. BBC Engineering, 1970(84): 15-19.

在图形处理功能上做出了不错的成绩，但是由于他们开发时并没有考虑广播电视模拟彩色电视信号的四场成帧和八场成帧的要求，因此所开发出的图像板卡无法支持广播级电视节目的播出。而索尼开发的SMC-70系列字幕机可以将计算机生成的字符、图形等信号转换成高质量的、广播级模拟视频信号，具备出色的工作稳定性。它成为第一代支持广播级模拟视频信号输出的、以计算机为基础的字幕机。

图10-27　索尼SMC-70[①]

图10-28　索尼SMC-70GP[②]

这种基于计算机技术的字幕机通常由一台计算机、专用字幕板卡、专用字幕软件组成。计算机系统是字幕机的硬件基础，专用板卡通常需要安装在计算机扩展插槽内，它是图像处理、信号转换的核心设备，负责完成视频特效处理、多层图像的叠加混合、数字图像信号与模拟电视信号之间的转换等功能。字幕软件则为创作人员制作字幕提供了人性化界面和灵活的工具。

SMC-70GP产品在中国市场上备受欢迎，是我国电视台正式使用的第一种彩色字幕机，[③]一直热销到20世纪80年代末，在80年代中期几乎独占市场。不过，SMC-70GP十分昂贵，字体选择非常少，不能做无级缩放，没有实时图像处理的能力，只支持16种颜色，也不能做动画，而且这款字幕机没有硬盘，数据操作必须调用3.5英尺的软盘，调用速度慢，操作也烦琐。

80年代末，索尼与中央电视台为1990年北京亚运会合作开发了SMG-3000图文创作系统，该系统不但能提供字幕，还能实现图形绘制和动画制作，被称为“电视形象创作系统”。由于在字幕机被广泛应用后的很长一段时间内，图形绘制还是需要手工完成，所以电视图文包装实际上是被分配到两个不同的部门，一个部门负责字幕机的字幕制作，另一个部门负责手工绘制图形。SMG-3000图文创作系统则将两个部门的工作合并在一起完成了。在1990年之前，索尼公司在中国国内几乎没有其他竞争对手，中国国内各家电视台所使用的字幕机约有95%是索尼的字幕机产品。[④]

字幕机在电视台的大规模应用催生了新的字幕需求，而索尼产品研发速度比较缓慢，国内各电视台对字幕机新功能和新性能有着越来越多的需求，在此机遇下，我国的视频工业开始从字幕机起步了。

1984年，中央电视台和杭州自动化研究所合作，开发出了第一台能够提供唱词字幕效果的汉字字幕机。[⑤]不过，这一代字幕机无法制作有色彩的字幕。1990年，北京召开第十一届亚运会，中央电视台要对亚运会比赛进行实况转播。中央电视台对字幕机有了两个功能需求：一要能实现比赛现场

① Sony SMC-70［EB/OL］.(2023-07-02)［2023-12-03］.https://en.wikipedia.org/wiki/Sony_SMC-70.

② 电瀚工.国内第一代字幕机——索尼SMC-70GP系统示范带［EB/OL］.(2021-01-03)［2023-12-03］.https://www.bilibili.com/video/BV1B5411p7zZ/?vd_source=868994607b3e3cb07117184ac2445857.

③ 杨盈昀，徐品，赵晓忠，等.多媒体与电脑动画［M］.北京：中国广播电视出版社，2010.

④ 孙琳，王静.国产字幕机风云录——专访中科大洋科技股份有限公司CEO姚威先生［J］.电视字幕(特技与动画)，2004(8)：60-62.

⑤ 路雪松.国产字幕机的回顾与展望［J］.医学视听教育，1995(4)：235+243.

电子计时计分系统与电视转播系统的联网，二是必须建设大型数据库，用于存储和调用运动员、运动团队等信息资料。而索尼的字幕机只能提供16种颜色，且在技术和功能上都不能满足中央电视台的要求，[①]这个机会就被当时中国科学院附属企业中科大洋科技股份有限公司(简称大洋)获得了。大洋采用引进的CFG图像板卡，配置自制的编码器，研制出能显示3万多种颜色的DY-4彩色字幕机，它也是第一台国产彩色字幕机，其完全满足了上述中央电视台提出的功能要求。DY-4彩色字幕机承担了该届亚运会80%的比赛现场转播任务，获得了令人满意的效果。相比之下，索尼则为亚运会赛事提供了35台字幕机。另外，我国的新奥特(北京)视频技术有限公司(简称新奥特)也为北京亚运会的播出开发了其第一代字幕机新世纪1000字幕机，如图10-29所示，由于针对DOS系统开发字幕机界面非常烦琐，新奥特在这款产品上使用了数字化仪。

图10-29 新奥特第一代字幕机[②]

大洋字幕机第一代产品突然将当时常用的16色系统提升到了3万多种颜色，引起了业界的震惊，带动了国产字幕机的兴起。随后，安徽现代推出了MC-3000字幕机，新奥特推出了NC-3000，成都索贝数码科技股份有限公司(简称索贝)推出了SOB-8000等彩色字幕机。[③]这些字幕机的软件是国内自行开发的，但是硬件都是在进口的板卡基础上开发的。中国字幕机公司并没有就此止步，以大洋公司为例，该公司采用了三步走的发展模式，[④]实现了字幕机产业从进口到出口的发展。

第一步，大洋引进国外核心板卡，运用自己开发的软件，实现对国外整机的替换，这个步骤就是在亚运会前后完成的。1991年，大洋公司推出的"特技字幕机"价格便宜，性能优越，促使索尼的字幕机在1993年后退出了中国市场。

第二步，大洋在中国科学院已有图像板卡的基础上，自主开发了具有图像采集和图像分析功能的板卡，实现了字幕机核心部件的国产化，并于1993年推出了中国第一块广播级图形字幕卡"大洋字幕金卡"，该板卡采用超大规模集成电路和数字编解码技术，并于1994年实现了量产。

第三步，20世纪90年代初，大洋已对华文国家出口了字幕机。从1998年起，大洋积极参与国际展(比如IBC展会)，在国外设置了几十家代理商，实现了整机和板卡的出口，销售覆盖了西班牙、意大利、法国、中东、南美、东南亚等多个国家和地区。甚至有些外国公司会委托大洋制造板卡，再进行二次开发和销售。

在发展过程中，我国字幕机厂商还开发了矢量中文字库。最早的中文字幕机是采用点阵模式存储字体，可以理解为每一个汉字由大量正交的小点组成。字体一旦被放大，就会显示出清晰的边缘锯齿。通常每一种字号字体的字库都存储在一张3.5英尺的软盘上，制作字幕时，如果需要修改字号，可能就需要更换软盘，操作十分麻烦，比如索尼SMC-70GP就是使用点阵字体。

我国字幕机厂商则开发了矢量汉字字库，矢量字体就是用矢量图形技术，将文字绘制成轮廓线条。矢量字库占用的硬盘空间小，字体丰富、字形优美，不过要求字幕机有足够的内存运算文字线条。比如，1992年，新奥特公司在索尼SMC-70GP的基础上改装升级，开发了NC-4000GP字幕机，[⑤]这款字幕机以DOS为操作系统，采用了全矢量字库，字的可变属性从字体、字号、字色、边色、边宽的基础上，增加了拉边、旋转、倾斜、阴影、延时等效果。NC-4000基本解决了中文字幕技术问题，具有灵活的程序编播功能，它建立了以播出表为基础的适应直播和后期制作的字幕播出模式，也成为国产第一

① 李华.索尼70GP字幕机改造——众望所归[J].电视字幕(特技与动画),1994(Z1):54-55.
② 杨盈昀，徐品，赵晓忠，等.多媒体与电脑动画[M].北京：中国广播电视出版社，2010.
③ 李倜.我国视频工业发展的30年回顾[J].广播与电视技术，2004(8):57-58.
④ 孙琳，王静.国产字幕机风云录——专访中科大洋科技股份有限公司CEO姚威先生[J].电视字幕(特技与动画),2004(8):60-62.
⑤ 凌肃.70GP字幕机?怎么办[J].电视字幕(特技与动画),1995(1):42-43.

代字幕机的代表产品之一。

在操作系统方面，早期的字幕机采用DOS系统，操作界面十分原始。随着计算机Windows系统的出现，1994年6月，新奥特公司在国内首次基于Windows平台操作系统开发了NC8000型字幕机，[①]该字幕机还于1995年在第十一届蒙特利尔国际工商博览会展出。NC8000提供了优质的二维字幕图元渲染和灵活便捷的操作，并在国内产品中首次建立了字幕模板和数据库连接的概念。[②]各厂家也开始采用Windows 95作为自己图文创作系统和视频编辑系统的工作平台，相关产品如大洋公司的DY2000、新奥特公司的NC95、金四维公司的金四维亚拉丁等。在众多国际产品中，当时索尼公司的SB-D5也采用了Windows系统。

1997年，加拿大迈创公司推出了非编套卡DigiSuite，其中提供了适合于字幕机使用的32位图像板卡DigiMix，该产品可提供10bit量化，支持两个图文层和五个DVE。国产字幕机厂家大洋、新奥特、索贝、奥维迅(从索贝公司分离出来的)、成都CKD(后与索贝合并)都是迈创公司的OEM(original equipment manufacture，原始设备生产商)合作伙伴，几乎同时在该板卡上进行字幕机软件的开发。其中，新奥特公司推出的NC9000字幕机就是代表产品，可提供所见即所得的字幕编辑方式，采用曲线字(TrueType)代替矢量字，字符边缘更加平滑，且抗闪烁能力也更强了。

在这一时期，图像板卡在字幕机工作中起到了至关重要的作用，主要负责图像处理、编码、信号转换的工作。它将计算机内部生成的字幕图形信号转换成视频信号和键信号，再以键信号和视频信号的组合方式输出，或者与输入的视频信号以数字方式混合后再输出，其系统结构图如图10-30所示。图像板卡不能完成的视频处理工作都转由CPU完成。

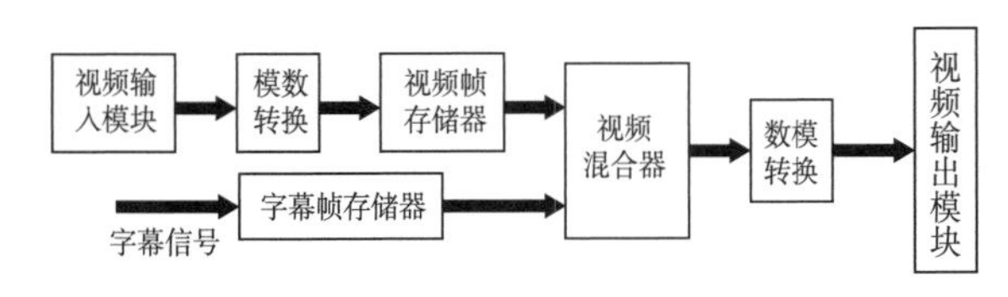

图10-30　字幕机图像板卡系统结构图[③]

2005年，新奥特公司在CCBN展会上展出的神笔A8图文创作系统[④]就使用CPU结合GPU完成了字幕在三维空间的运动，开创了国产字幕产品对二维图形与三维空间运动结合的先例。[⑤]该产品可提供15层以上的实时图文字幕混合、多层图文实时动画打包等功能，还提供了图文创作软件和全系列制作与播出软件，可应对体育直播、新闻直播、股市行情、手绘动画、卡拉OK等内容的播出，可以在各类节目播出中发挥巨大的作用。

此时已形成了国产字幕机头部厂家，分别是大洋、索贝、新奥特这三家公司，能生产中高端的字幕系统。国产字幕机增加了更多的图形功能、动画功能和特技功能，可以绘制更多种类的图元，比如在直线、矩形、椭圆的基础上增加更复杂的多边形、螺旋线、弓形线、立体框等；能制作字幕飞拉、旋转和变形等多种动态效果；还能实时处理电视图像信号，实现马赛克、油画、冻结、分裂、拖尾、模糊等效果。很多字幕机还具备生成二维动画、三维动画效果的功能。[⑥]

不过，此阶段的三维效果主要采用渲染后贴图的方法，图像板卡无法处理子像素插值运算、纹理贴图、光影特效、凹凸贴图等与三维图形建模和处理相关的繁复工作，因此不能制作三维实时姿态变化。如果把这些工作调配给CPU完成，则会影响系统的多任务实时处理能力。

(四)基于GPU+CPU+I/O架构的计算机系统的字幕机

随着电视节目制作向数字化、网络化方向发展，2000年之后，电视台对节目制作的时效性要求

① 新奥特集团有限公司.集团大事记[EB/OL].[2023-12-03].http://www.xinaote.net/history.html.
② 孙季川.谱写国产电视图文技术的新篇章[J].现代电视技术，2007(6):38-41，54.
③ 杨盈昀，徐品，赵晓忠，等.多媒体与电脑动画[M].北京：中国广播电视出版社，2010.
④ 周文昌.电视播出中字幕机的现代化要求[J].视听界(广播电视技术)，2006(2):41-45.
⑤ 孙季川.谱写国产电视图文技术的新篇章[J].现代电视技术，2007(6):38-41，54.
⑥ 邓京松.字幕机选购：国产优于进口[J].电化教育，1995(12):45-46.

更高了，为了能让图文字幕系统进行实时的多层、多任务和三维渲染，图形处理单元(Graphic Processing Unit，GPU)就作为三维图形加速引擎被引入广电技术领域。字幕机、视频编辑设备厂商开始使用基于GPU+CPU+I/O架构的计算机系统进行设备开发。其中，GPU负责对图形进行三维物体顶点、纹理、光照、颜色等像素的渲染，比板卡性能更好，且更适合于功能升级和更灵活的特技开发，满足了多层字幕的实时三维处理和特效处理需求。I/O即输入和输出接口卡，负责处理图像信号转换和信号的输入、输出工作，它保留了过去图像板卡中最基本的信号转换功能。CPU则负责完成GPU和I/O卡处理不了的工作。

除了开发字幕机，各厂家也在基于GPU+CPU+I/O接口架构的基础上纷纷推出能够支持高清、标清、多种视音频格式混编和输入输出、支持视音频编码插件、多种特效和多层字幕的非线性编辑系统以及制播系统。比如，在德国汉诺威Cebit展会上，品尼高公司推出了Edition视频编辑软件，①它就是需要以GPU+CPU的计算机平台进行支持的。而在2004年5月，索贝公司在中国城市电视台技术协会第十六届年会上也展示了其基于GPU+CPU+I/O的E-Net制播一体解决方案。②非线性编辑系统的性能有了极大提升后，后期节目制作中的字幕制作则可以完全在非线性编辑系统中完成。有关非线性编辑的内容见本章第三节。

对于现场直播节目制作中需要三维实时图文创作的字幕机，GPU+CPU+I/O架构也是必选的方案。比如在2008年的BIRTV展会上，新奥特发布了A10三维实时图文编播系统。③A10采用了支持三维、高清信号实时渲染的引擎，配合I/O接口卡，支持高、标清实时三维渲染及多任务实时播出。

(五)字幕机向网络化、自动化、虚拟化的方向发展

以计算机系统为基础架构，让字幕机有了更好的开放性，能够满足因节目制作需求迅速变化而带来的功能开发需要。在节目直播过程中，电视内容需要大量的实时信息、来自互联网的信息，比如天气预报、股市行情、比赛分数等。字幕机需要连接互联网，对接各种数据库接口。自动播出部门为了高效、快捷、自动地为节目内容添加字幕，也搭建了多模块的字幕直播网络，有专门的编单模块负责安排播出时间，有排版模块负责字幕设计，有接口模块负责数据对接。通过控制协议，字幕系统与自动播出系统紧密结合，完成了字幕播出的自动化和时间控制的多样化。④不仅如此，电视台为了提升直播内容的质量，提高了对电视直播节目包装的要求，节目数据以精美、动态的图形和动画的形式展现，甚至实景直播内容画面还要与电子图形这类“虚拟”内容进行无缝结合。字幕机逐渐朝着在线包装系统的方向发展。⑤

二、在线包装

(一)在线包装的概念

21世纪初，电视技术和IT技术在节目包装领域出现了交汇，推动了频道包装的网络化和系统化发展，在此前提下，我国的电视工作者根据节目包装在播出中的不同方式，将其分成三种类型：在线包装、近线包装、离线包装。

在线包装主要用于现场节目制作(直播)中，根据节目艺术需要，在线包装通常要提前制作出具有一定风格的图形、动画模板。在现场节目制作过程中，利用图形渲染技术，根据节目内容触发字幕、图形和动画的生成和渲染，并与节目内容实时地虚拟合成在一起，可以有效地强化包装的视觉效果。在线包装技术是基于计算机技术和网络技术，根据电视播出节目的内容需求进行视觉艺术设计，按照整体包装规范，预先制作出一系列图形和模板，并在电视节目播出的进程中，结合节目内容，在线实时地应用包装模板，实时地完成图形渲染，虚拟合成视频、图形图像、文本的技术和方法，是一种整体化、系统化、模板化的电视包装技术。⑥

---

① 业界信息[J].电视字幕(特技与动画)，2003(4)：14-17.

② 厂商之窗[J].现代电视技术，2004(6)：158-163.

③ 新奥特隆重推出A10新一代三维实时图文编播系统[J].广播与电视技术，2008(11)：163.

④ 白宇.网络字幕机的应用[J].才智，2009(35)：207.

⑤ 王亮，胡晓丹.浅谈在线包装与字幕机[J].现代电视技术，2011(12)：108-110.

⑥ 朱锐.电视在线包装技术在伦敦奥运会赛事直播报道中的应用[D].北京：北京工业大学，2013.

近线包装则指在制作过程中完成的节目包装，比如制作新闻专题节目的片头、标题、片花等。离线包装则是根据频道的定位或内容归类对节目进行的整体包装设计，比如频道宣传片、节目导视等包装模板和元素。近线包装和离线包装都是在节目播出前就已经完成的，它属于后期节目制作范畴，因此它们不需要像直播节目包装那样实现实时、无差错、流畅的包装呈现。相比于在线包装系统，近线包装和离线包装的技术含量就没有那么高了。

（二）在线包装系统的特点

图形字幕技术在融合了数字化存储、计算机网络、数字图像处理、数字压缩、视音频播放等技术后，逐渐形成了在线包装技术。由于在线包装系统本身包括了字幕机的所有功能，所以越来越广泛地被应用于电视节目后期制作、在线制作与播出领域，业界对在线包装系统和字幕机的概念在技术上并没有非常清晰的区分，它主要有以下特点：

1.在线包装系统支持更好的实时三维字幕和三维特技

在线包装系统自开发之初，其核心技术就是三维渲染引擎，利用OpenGL、Direct3D等渲染技术与GPU相辅相成，实现了三维处理的硬件化、固件化和并行化，并在渲染流程中的顶点和像素处理中也提升了可编程能力。在线包装系统支持三维图文的建模和渲染，通过三维坐标对图文对象进行编辑和输出，能提供高质量的三维图形实时渲染和实时输出。

2.在线包装系统支持更多路高质量视频信号的接入

根据电视台节目制作的需求，工作人员通常需要在正常的节目内容中间插入视频片花、局部信息展示、演播室异地连线视频等外来信号。在线包装系统不但支持这些信号的接入，完成高质量的视频回放，还能把这些视频通过精致的“修饰”结合在节目中。虽然切换台也能将多路信号混合输出，但是不能像在线包装系统那样进行修饰，比如，在线包装系统可以为视频加“框”，或者把视频作为纹理以多种混合方式“贴”在任意物体的表面。①

3.虚拟技术

除了支持三维图形字幕，在线包装系统涉及的技术也覆盖了虚拟演播室技术和虚拟植入技术。虚拟演播室技术（详情请阅读本书“虚拟演播室制作系统”部分）利用摄像机跟踪技术获取摄像机位置和视角参数，利用在线包装系统的强大三维引擎实时生成相应视角的虚拟背景，再利用色键器与实景拍摄的前景结合。虚拟植入技术则是通过摄像机跟踪系统实时生成带有Alpha通道的虚拟前景，把它插入实景画面上。可以说，虚拟技术是计算机三维图形渲染技术在广播电视领域最成功的应用，它可以实现真实主持人与虚拟元素的交互，也可以将虚拟广告植入实景拍摄的场景中，或者在比赛中增添赛事分析的虚拟元素。

图10-31　傲威产品的虚拟植入

4.大屏包装

为了在演播室背景大屏上播放实时新闻、财经资讯、读报点评、综艺比赛等各类信息，在线包装系统也可以为演播室背景大屏提供实时的媒体信息，支持多种格式的数据库、底飞、动画、图片、文字、数据图形、视频流等。由于背景大屏分辨率高，需要强大的GPU 渲染引擎支持图像可视化显示。

5.其他图文功能

在图文包装系统的发展过程中，各类产品之间

① 王亮，胡晓丹.浅谈在线包装与字幕机[J].现代电视技术，2011(12)：108-110.

的功能特点并不是泾渭分明的。字幕机、在线包装系统、非线性编辑系统相互都有很多类似的功能。根据节目包装的需要，很多字幕机上需要提供的基本功能，在线包装系统也都必须提供，比如，经典字幕机具备的图形效果、唱词、底飞、滚屏功能，在线包装系统通常都能完全支持，不仅如此，在线包装系统还能结合三维空间动画、三维图形升级展现方式。再比如，在财经股票、体育赛事等现场节目制作时，需要字幕机能支持外部数据的输入，进行数据处理并将数据转换成图像，从而应对实时的数据展现。而在线包装系统正是为了提升播出效果而被推出的，因而，节目制作中，人们只能对在线包装系统的外部数据接入和展现的功能效果提出更高要求。

在线包装系统还可提供场景模板设计，模板中预留出需要替换的内容位置，在播出时系统进行实时数据注入改变，这个过程是由脚本和条件运算所控制的。有的在线包装系统还会采用数据池技术完成从数据流到系统渲染的数据处理工作。另外，包装的场景模板通常由专业人员进行创意设计、场景实现、数据配置和检查审定，因此在线包装系统的应用通常是制播分离模式，“制”代表节目播出前相关的图像、动画、声音、文字等元素的模板设计与制作，“播”代表节目在演播室制播或网络制播中在线包装系统运行模板、执行动画、渲染输出节目包装效果的播出过程。

总的来说，与字幕机相比，在线包装系统具有更强的实时性、交互性、效果丰富性、技术性和灵活性。

(三)我国早期使用的在线包装系统

2003年7月1日，中央电视台新闻频道正式开播，为了满足大量在线制作的包装需求，其选择了挪威维斯公司的系统[①]负责图文设计、制作和播出。其中，三维动画由VIZ Artist软件完成，外来视频特效合成由VIZ Trio完成，串联单则由中科大洋X-CG字幕机产生XML文件通过维斯公司的设备实现。当时的字幕机(大洋X-CG字幕机及新奥特A8字幕机)都不能实现图文动画实时多任务播出。增加任务必须使用2台或更多台字幕机完成，造成资源浪费，也带来了操作的烦琐。而维斯公司的系统则实现了多任务播出，同时也支持外来数据接收和实时更新。在接下来的2006年的世界杯和多哈亚运会的转播中，中央电视台也采用了维斯公司的在线包装系统。维斯的Viz系列产品几乎成为当时在线包装的代名词。[②]维斯公司是1997年成立的一家面向数字媒体内容创作、管理和发布提供产品和解决方案的公司。其第一代产品就是为新闻节目提供基于模板的图文制作系统。该公司除了提供图文包装系统产品，也涉猎了虚拟演播室系统。不过，维斯公司的产品主要采用第三方通用硬件平台，这使其产品的性能和功能都受到了限制。

同一时期，相关领域的厂商还包括以色列的傲威公司和实时合成娱乐技术公司(RT-SET)、西班牙的Brainstorm公司、美国的Accom公司和E&S公司等。[③]其中，傲威公司的前身是从事航天技术研究与开发的，具备软件和硬件开发的双重实力。维斯和傲威两家公司的图文产品原本都是基于SGI的Onyx大型图形工作站开发的，价格非常昂贵。21世纪初，傲威自主开发了基于PC和GPU的DVG-10实时图形渲染硬件平台，并在此基础上提供在线包装系统。傲威的产品在国际市场上也具有巨大的竞争力。之后，中央电视台技术制作中心开始采用傲威公司的基于DVG硬件平台的Cyber Graphics系统来完成英语、法语、西班牙语等频道的新闻、财经、文化等节目的制作和播出。此时的国产产品的发展不够迅速，出现了与欧美国际产品综合水平的差距。

为了赶上国外同行的技术发展，形成以二维、三维渲染和播出技术为核心的在线图文包装系列产品，满足国内广电机构对图文制播的需求，形成自主知识产权和自我专利技术，进而形成产业规模，创造中国最好的图文制播系统，2006年，新奥特开始开发新一代高标清三维电视图文制播平台Mariana(马里亚纳)。此时正值2008年北京奥运会的筹备阶段，以中央电视台为主的我国电视制播机

① 苑文.中央电视台新闻频道节目包装系统的设计思路[J].现代电视技术，2005(8)：116-120.

② 刘万铭.浮光掠影IBC——2007年荷兰国际广播电视展随想[J].现代电视技术，2007(10)：146-148.

③ 石蓉蓉.虚拟演播室技术对电视气象节目的艺术建构[J].浙江气象，2007(1)：27-30.

构对电视图文提出了更高的要求：极大增强、丰富图文播出效果，针对专业化的频道提供专业的图文包装产品，并支持高标清兼容。Mariana系统的开发工作也是为北京奥运会节目制作和播出提供服务而进行的。

Mariana系统软件主体设计采用成熟的框架型插件结构，各个子系统和模块采用插件方式并入。系统的二维和三维图元物体、二维和三维渲染特技、动态特技、系统板卡支持都被设计成插件支持模式，各个应用系统也都被设计为插件，从而便于开发控制和产品定制。Mariana系统采用基于OpenGL和基于GPU编程的核心三维渲染引擎。它将以往在CPU实现的图文处理算法都移植到GPU上。利用GPU在浮点运算、并行运算、高效纹理处理、向量运算方面的能力实现精美绚丽的、突破性的图文效果。针对高清画面的渲染时，Mariana系统采用PCI-E总线专业图形卡加速，配合缓存应用。在输入输出硬件方面，选用PCI-X或者PCI-E总线的专业高清视频板卡结合队列缓存技术，保证画面的实时性。Mariana系统还支持即时插播和顺序播出、时间线播出与命令播出，多层次多场景同步播出，采用分布式渲染控制和渲染输出，提供更好的人机界面等。

Mariana产品线支持在线图文包装，综艺、新闻、气象、财经等节目的制播，虚拟体育图文，体育节目直播等。由于其功能强大，性能稳定，Mariana图文技术被列入应用于2008年北京奥运会的国家“科技奥运”项目。[①]Mariana系列产品也成为广泛用于国内电视制播单位的国产在线图文系统，其中Mariana.5D是在线实时图文包装产品，后来新奥特在相同引擎上开发了虚拟图文包装系统Mariana.VG以及虚拟演播室系统Mariana.VS等。

国内提供在线包装系统的公司还有中科大洋、奥维迅、艾迪普等公司。比如大洋开发了图文制作系统CG-Designer、图文播出系统CG-Server、图文播控系统CG-Direc等。艾迪普公司提供的三维图文系统为3D MAGIC系列，包括三维图文制作3D MAGIC iArtist、字幕模板制作3D MAGIC Tpl Editor、播放系统3D MAGIC iStudio等。

(四) 全媒体互动的包装

2008年美国总统大选过程中，美国有线电视新闻网(Cable News Network，CNN)、福克斯(FOX)、美国广播公司(American Broadcasting Company，ABC)、哥伦比亚广播公司(Columbia Broadcasting System，CBS)、美国全国广播公司(National Broadcasting Company，NBC)五大电视机构采用了维斯公司的在线包装产品，包括三维实时图文包装、屏幕背景墙、背景大屏播出系统、虚拟三维图形包装(配合运动摄像机路径设计)、互动点评系统(包括单点触摸和多点触摸)，不仅通过不同演播室的摄像机同步，完成了两个演播室的“全息”连线，还提供了多种媒体融合互动的效果，可谓是当时在线包装技术应用得最充分和最全面的一次重大电视直播。不久之后，国内电视节目的在线包装也迎来了全媒体化。

图10-32　CNN直播2008年美国大选

2007年，中国新闻出版总署启动了“全媒体数字采编发布系统工程”建设；2010年，国务院公布了第一批三维融合测试地区和城市名单；2014年，中央全面深化改革领导小组审议通过了《关于推动传统媒体和新兴媒体融合发展的指导意见》。广电行业迎来了全媒体化、媒体融合发展的态势，将传统广电媒体扩展到包括互联网、宽带局域网、移动通信网等渠道提供的网络媒体和移动媒体。2011年，北京电视台新建了350平方米高清新闻演播室，

① 新奥特：展现“科技奥运”之魅力[J].广播与电视技术，2008(4)：137.

利用傲威的在线实时包装图文系统进行新闻中的图文展示，还配置了在线虚拟技术绑定摄像机机位，将虚拟三维元素实时与真实场景进行合成。除此之外，还利用平板设备进行手机短信、微博、天气等新媒体内容的互动，并投影到演播室背景大屏上进行展示。这种引入新媒体交互的手段，扩展了在线包装的含义，同时增加了制播流程的复杂度。通常，全媒体直播系统中，除了使用在线包装系统，还需要增加多媒体互动处理系统，用于互联网视音频数据、互联网论坛话题、微信、微博、短信、彩信、移动信号的处理与交互。①

为了能让新媒体数据以绚丽的形式出现在节目画面中，包装团队还会使用专门开发的多媒体互动处理中心进行相关信息展示和互动。主持人可以通过手机、平板、触摸屏等交互设备进行现场大屏互动。比如，贵州广播电视台建立全媒体交互新闻演播室时，采用了艾迪普(Ideapool)的在线包装系统，其除了具有负责高清图文字幕编播的CG one HD、三维图文在线包装系统G2-HD、虚拟现实图文包装系统iVRS以外，还通过其G-Touch三维可视化交互系统为主持人提供大屏交互，并设置"外部资讯管理系统"。②外部资讯管理系统就是所谓的多媒体互动处理中心，负责将采集的短信资讯、微博资讯进行自动或手动筛选与编辑，再将确认后的信息准确无误地播出，为节目提供互动平台。

(五)4K在线包装系统

随着2016年我国进入4K超高清发展阶段，各品牌的在线包装系统逐渐随着广播电视技术的升级而更新版本。2016年，中国传媒大学建成了全球首个大型4K演播室，③由于需要处理4K超高清基带信号，系统采用了新奥特当时最新的A10 4K字幕机和Mariana 5D 4K在线包装系统。同一时期，各在线包装系统开发商也都将自己的产品升级到4K版本。

4K技术推动了电视制播的IP化，为了应对4K IP制作系统的需要，新奥特开发了超高清在线图文包装系统"石墨"，该系统被用于中央广播电视总台《2020年春节联欢晚会》4K直播。④石墨系统使用了新奥特自主研发的SDN管理软件SDNM，能对IP流进行智能化、可视化、图形化的精确管理，同时支持IP监看。该系统还可以接入电视台的基础资源系统交换机，用于实现与电视台其他包装制作系统相关的数据交互及共享。2022年，北京广播电视台冬奥纪实4K超高清频道也使用了这套在线包装系统。

(六)多种包装元素的引入

随着数字媒体技术的发展，越来越多的新技术、新元素被引入节目制作中。由于在线包装系统自带外部数据接入和处理的属性，这使得电视包装的数据处理形式更加多样化。例如，在线包装系统接入的数据可以来自大数据分析的结果，2016年中央电视台制作的《中国舆论场》节目现场大屏就提供了实时的大数据调查结果。

在线包装系统具备的高性能的图像处理和渲染能力可以支持多种视频图像的呈现。比如2013年，美国传媒公司Emblematic Group甘内特集团旗下的《得梅因纪事报》使用虚拟现实(Virtual Reality，VR)游戏引擎推出了首个解释性新闻节目《收获的变化》(*Harvest of Change*)。⑤2015年，《纽约时报》推出了一款VR新闻发布的手机应用NYT VR。从此，VR技术开始走进媒体娱乐领域。2016年，我国新华社在进行"两会"报道的过程中采用全景摄像机拍摄，通过5G网络传输，主持人利用VR触控屏进行VR视角控制。这是新华社首次在直播节目包装中引入VR全景展示的环节。

2018年，挪威一档游戏竞技节目《迷失时空》(*Lost In Time*)⑥基于Unreal Engine(虚幻引擎)进行数字渲染。节目在绿屏环境中拍摄，通过交互式混合现实(Mixed Reality，MR)技术将参赛者转换到不同

① 任镜.基于媒介融合的交互式演播室图文包装设计与应用[D].长沙：湖南大学，2015.

② 王亮，于竹青.浅析全媒体交互式新闻演播室整体包装系统[J].现代电视技术，2015(2)：68-71.

③ 《数码影像时代》编辑部.全球首个大型4K演播室在中国传媒大学建成[J].数码影像时代，2016(10)：30-31.

④ 秦培.中央广播电视总台《2020年春节联欢晚会》4K直播——800平米演播室视频系统应用介绍[J].现代电视技术，2020(3)：26-29.

⑤ 徐皞亮.媒介技术视野下VR新闻生产与传播的实践探究[D].武汉：湖北大学，2017.

⑥ 潮科技.新奇、刺激、好玩，全球首个混合现实电视节目《迷失时空》问世[EB/OL].(2017-08-07)[2023-12-03].https://www.sohu.com/a/162822593_114778.

时空场景。2019年，中央广播电视总台、国家航天局也利用MR技术制作了大型科学纪录片《飞向月球》。《2021年春节联欢晚会》则同时使用了VR、AR(Augmented Reality，增强现实)、XR等技术进行包装。其中，电视直播中的AR包装可以理解为在线包装中的虚拟植入包装。而XR技术摒弃了绿屏抠像，直接使用LED屏幕(通常为两墙一地三块屏幕)作为拍摄背景，是虚拟包装技术的另一种应用。大屏渲染播出系统根据摄像机拍摄视角的跟踪信息生成虚拟场景，显示在LED屏幕上的虚拟场景图像又被摄像机“实景”拍摄，这样就实现了人物和场景的完美融合。

图10-33 《迷失时空》剧照①

随着人工智能(Artificial Intelligence，AI)在广播电视领域的渗透，在线包装系统中也逐渐出现了AI的身影，包括语音识别转文字、AI字幕、实时手语数字人、智能广告画面的插入等。

总之，在线包装将是展现节目创作团队技术与艺术结合能力，以及制作技术环境系统性能综合水平的试金石。进一步开发交互式、沉浸式的在线包装技术，创造更新颖的包装形式，将是高端节目制作，尤其是直播类节目制作未来的工作重点。而对于中低端节目制作，网络化、模块化、集成化则是当前的趋势，切换台、字幕机、调音台，甚至是在线包装功能都被集中在一台一体式导播机上。虽然其制作效果远不及高端制作中使用的独立的专业设备，但是基本功能都能满足常规制播的需要。利用云技术开发的云导播，则允许用户使用普通个人电脑登录网络，进行远程的信号切换、音频调整、字幕和特效制作等，用户的个人电脑提供的是操作者的指令，所有的运算和信号处理都在云端服务器上完成，这进一步降低了对用户的技术门槛的要求。

本节执笔人：杨宇

第三节｜视频编辑制作技术

编辑的概念来源于电影的“剪辑”，而在电影发明之初是没有剪辑这个概念的。在卢米埃尔兄弟最初的电影实践中，如《工厂大门》《火车到站》《出港的船》等，都是开动摄影机持续拍完整卷胶片，即一部影片由一个镜头完成。1897年，一次偶然的影片放映的错误让人们无意中领略到了剪辑所带来的意想不到的效果，这次偶然促进了传统剪辑意识的形成。乔治・梅里爱采用停机拍摄手法突破了用单个镜头来叙述一个故事的限制。之后，爱德温・鲍特发现把不同的镜头剪辑在一起可以创造出一个故事，于是，他利用已拍摄出来的素材，于1903年制作完成了一部影片，这部电影名为《一个美国消防队员的生活》，完成了电影史上的一个创举。而随着影视制作领域的存储介质由传统的化学胶片、磁带向数字储存器的转变，剪辑技术也开始发生变革，逐渐发展出线性编辑和非线性编辑等后期节目制作技术。

一、线性编辑技术

编辑技术在短短一百多年的时间里发生了巨大变化，已经从使用剪刀和胶带修剪不必要的镜头变成了今天基于计算机的非线性技术。在最初的八十多年里，编辑是使用线性方法完成的，即按顺序排列图像和声音。一开始，使用剪刀剪出素材，然后使用胶带以正确的顺序将其固定。像这样的方法一直使用到20世纪20年代，第一台供电影剪辑师使用的、名为Moviola的剪辑机器问世，如图10-34所示。

① 潮科技. 新奇、刺激、好玩，全球首个混合现实电视节目《迷失时空》问世[EB/OL].(2017-08-07)[2023-12-03].https://www.sohu.com/a/162822593_114778.

图10-34　Moviola电影剪辑机[①]

而电视编辑的技术始于1956年，美国安培公司(AMPEX)研制出了世界上第一台实用两英寸4磁头的磁带录像机。此时的编辑技术仍然沿用电影的物理剪辑方式，首先通过铁磁流体可视化记录的磁迹，借助放大镜对磁带上的磁迹进行定位，然后使用剪刀或刀片在特定的位置切割磁带，找出一段段所需的节目片段后，用胶水或胶带把它们粘在一起，如图10-35所示。这种编辑方法对磁带有损伤，节目磁带不能复用，编辑时也无法实时查看画面，因此编辑点无法保证精确。而且，由于视音频的读出磁头相隔数英寸，因此不能同时进行视音频的物理编辑，只能为视频进行切割，然后使用与编辑16mm电影相同的磁性音频轨道技术，将一部分音频重新复制，以保持视音频同步。

图10-35　最初的磁带剪辑[②]

1961年前后，录像技术和录像机功能不断完善，螺旋扫描式录像机成为标准，不再采用物理上切割和拼接磁带的方法了。电视编辑进入电子编辑阶段，即放像机将磁信号转成电信号，再由录像机将电信号转成磁信号存储，既避免了对磁带的物理损伤，编辑时又可以实时查看编辑结果、及时修改内容。但是电子编辑的编辑精度不高，当时的两英寸4磁头录像机无法逐帧重放，而且，编辑人员只能手动操作录像机的启停，带速不均匀，与放像机的带速有差异，容易造成编辑衔接点的跳帧现象，使得画面不够连贯，而且衔接点容易出现短暂的嗡嗡声，因为新录制的镜头的视频会录到音频轨道的一侧。第一个电子编辑系统由安培公司发明，如图10-36所示。

图10-36　第一个电子编辑系统——安培电子编辑器[③]

1967年，美国电子工程公司(EECO)受到电影胶片的片孔号码定位的启发，研制出了ECCO时码系统。1969年，使用小时、分钟、秒和帧对磁带位置进行标记的SMPTE/EBU时码在国际上实现了标准化。各种基于时码的编辑控制设备不断涌现，同时也出现了大量新的编辑技术和编辑手段，改善了编辑精度、提高了编辑效率，但是仍然无法实现实时编辑点定位等功能。

(一)线性编辑的含义

线性编辑是指把不同磁带上的素材节目按一定顺序转录到另一条主磁带上，线性编辑也称联机编辑(on-line)，即编辑过程中，原始素材直接按照编辑顺序拷贝到成品磁带上。线性编辑的转录并非一般的转录，它能保证节目衔接处没有信号的重叠与丢失，并保持视频信号和CTL信号相位的连续性，而且编辑接点在奇数场场同步前几行的位置上，做

① Moviola Model D with gaertner microscope attachment [EB/OL].(2020-02-23) [2024-1-15]https: //commons.wikimedia.org/wiki/File: Moviola_Model_D_with_Gaertner_microscope_attachment_(MOMI).jpg.

② PHIL S.Videotape editing [EB/OL].(2014-11-18) [2023-11-15].https: //youtu.be/PZVaK2TkgFA.

③ Ampex electronic editor [EB/OL].(2022-10-04) [2024-01-17]. https: //www.youtube.com/watch?v=dGWfiHlka3A&t=171s.

到以黑白帧为单位相接。线性编辑需要先通过录像机搜索磁带上的素材，找到所需要片段的编辑点(入点/出点)，并用控制码(CTL)或时间码(TC)来表示，然后按一定的顺序进行组合，直接记录在磁带上。[①]一旦一个镜头被放在磁带上，就无法将其放置在前面而不覆盖已经存在的任何内容。如果对已经完成的节目内容进行修改，只能从修改点重新开始制作，很不方便，而且由于每个复制版本都会累积降低图像质量，因此这不是理想的选择。

(二)线性编辑的基本工作方式

线性编辑的基本工作方式有组合编辑和插入编辑两种。组合编辑是指在已存在一段节目的磁带后面再衔接上新的节目段，通过组合方式可将几段短小的素材汇编成完整的节目。其特点是视频信号、声音信号、控制磁迹信号和辅助跟踪信息全部重新记录。插入编辑是指在已存在连续节目的磁带中间换上一段新的素材，通过插入方式可对已录节目做部分修改。其特点是不重新记录控制磁迹信号和辅助跟踪信息，磁带录像机主导伺服维持重放状态的控制方式，确保视频磁头能跟踪原有的视频磁迹，使新的视频信号(或音频信号)准确地记录在旧磁迹的位置上；而且可以根据需要只对视频或某一路声音信号进行单独记录，这由录像机或编辑控制器面板上的选择按键加以控制，因此通过插入方式可实现前期/后期配音和修改视频。在实际编辑一个完整的节目带时，一般是先用组合编辑方式，构成一个有连续控制信号的节目带，然后再以插入编辑的方式对某一段进行同样长度的替换。但要想删除、缩短、加长中间的某一段就不可能了，除非将那一段以后的画面抹去重录。

(三)线性编辑系统

20世纪70年代末期，当微型计算机编辑控制器以及通信协议开发出来时，视频编辑才得以充分发挥其潜力，这些协议可以基于EDL(edit decision list，编辑决策表)进行编排，使用时间码同步多台磁带机和辅助设备，使用9针协议。EDL是一种用于描述视频编辑步骤的方法，可以通过磁盘等存储介质保存，以便下一次调用出来进行相同的编辑操作。EDL主要用于脱机编辑，现已广泛用于非线性编辑中。最流行和广泛使用的线性编辑系统有索尼、安培和CMX公司的系统，这些系统价格昂贵，尤其是考虑到像录像机、视频切换台和字幕机(CG)这样的辅助设备时，它们通常只限于高端后期制作设施。图10-37为20世纪80年代中期采用的EDL决策表可以脱机编辑的安培ACE编辑系统。

图10-37　20世纪80年代中期的安培ACE编辑系统[②]

经常使用的小型、轻便、带有一般编辑功能的编辑控制器的典型代表有索尼RM-450、PVE-500和松下AGA 850，之后随着录像机的不断更新，出现了带有较高编辑功能的编辑控制器，可以进行编辑程序的设计，存储编辑数据、遥控多台放像机和录像机等，例如可以实现自动编辑功能的索尼BVE-600，如图10-38所示，这款编辑控制器可以实现UMatic磁带录像机的二对一编辑。

图10-38　能够实现自动编辑的索尼BVE-600[③]

① 孟建军.非线性编辑[J].影视技术，1994(8)：19-22.

② Ampex ACE editor[EB/OL].(2013-08-14)[2024-01-18.]https：//www.youtube.com/watch?v=bNLxpGlp6nY.

③ Sony BVE-600 UMatic edit controller[EB/OL].(2018-02-14)[2023-11-18].https：//commons.wikimedia.org./wiki/File：Sony_BVE-600_UMatic_edit_controller_(45807889494).jpg.

基于磁带的线性编辑有两种控制方式：手动编辑方式和由编辑控制器控制的编辑方式。线性编辑系统有以下几种：

1.一对一编辑系统

一对一编辑系统又可分为手动一对一编辑系统（没有编辑控制器）和半自动一对一编辑系统（有编辑控制器）。手动一对一编辑系统如图10-39所示：

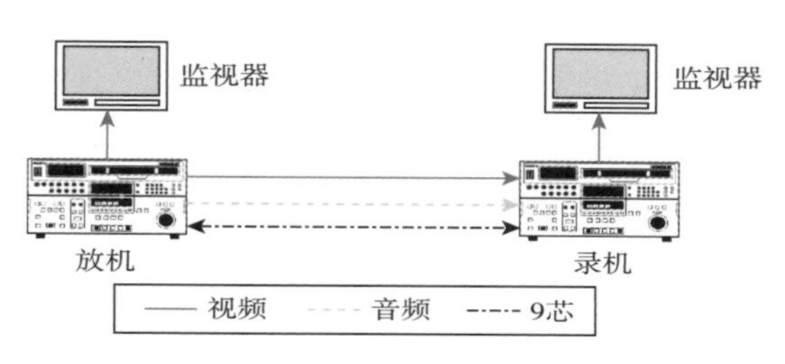

图10-39　手动1对1编辑系统

采用该种编辑方式时，由录机通过遥控线控制放机设置编辑入点和编辑出点，再设置录机的编辑入点。其特点是操作简单、使用方便、结构简单，但是无法加入镜头的过渡效果。

半自动一对一编辑系统如图10-40所示：

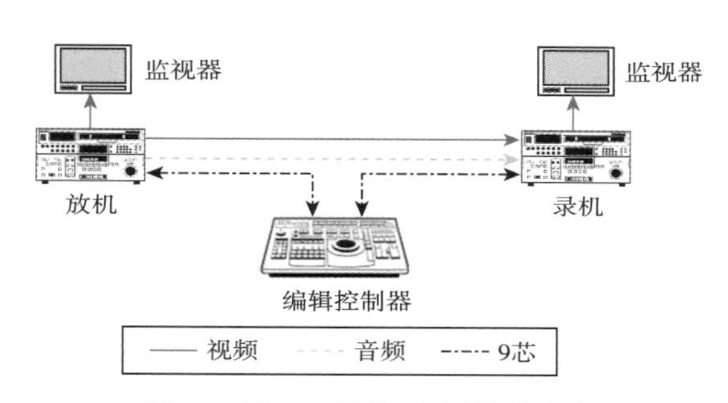

图10-40　半自动1对1编辑系统

采用该种编辑方式时，由编辑控制器通过遥控线控制放机设置编辑入点和编辑出点，再设置录机的编辑入点，但是仍然无法加入镜头的过渡效果，大多数情况应用于类似电视新闻等简单视频的编辑。

2.二对一编辑系统

二对一编辑系统也称为A/B卷编辑系统，由两台放像机、一台录像机、一台视频切换台、一台调音台和一台具有A/B卷编辑功能的编辑控制器组成，如图10-41所示：

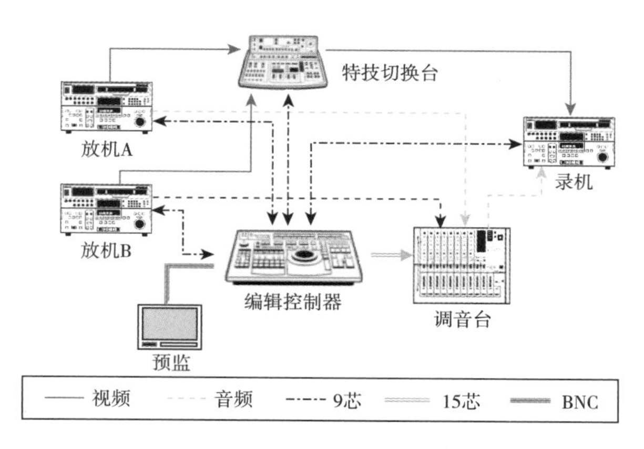

图10-41　二对一编辑系统

在这个编辑系统中，由编辑控制器通过遥控线分别设置两个放机的编辑入点和出点、录机的编辑入点、切换台画面转换的时间点和调音台声音混合的时间点，然后编辑控制器选择编辑方式、遥控放机与录机快进/倒带/重放/静像等寻找合适的编辑点、自动搜索编辑点、自动预卷，完成自动编辑。利用这种编辑系统可以完成画面之间的转换特技效果和声音混合的效果，实现特定的艺术效果。一套线性编辑系统所需要的设备多、连线多、投资较高、容易出现故障、维修量大。图10-42所示即为使用索尼Betacam视频编辑套件进行线性编辑的工作场景。

图10-42　使用Betacam编辑套件进行线性编辑[①]

二、非线性编辑技术

非线性编辑的概念是相对于线性编辑而言的，它的主要目标是可以对素材任意部分的随机存取、修改和处理。[②]而且，利用非线性编辑技术制作节目可以克服线性编辑制作效率低、磁带磨损、信号质量差的缺点。利用非线性编辑技术，编辑者可以随意修改编好的节目而不会影响原素材的视频质

① Linear editing with Betacam［EB/OL］.(2018-04-02)［2023-11-18］https://www.adapttvhistory.org.uk/post-production/post-production-linear-editing-with-betacam.

② OHANIAN T A, OHANIAN H C. Digital nonlinear editing: editing film and video on the desktop［M］. Massachusetts: Butterworth-Heinemann, 1998: 22-30.

量，可以随意添加和修改各种数字特技和字幕，因此，它给编辑者带来了极大的方便和发挥其创造性的空间。

(一)非线性编辑的发展阶段

非线性编辑系统经历了三个发展阶段：基于磁带的模拟非线性编辑系统、基于磁带的数字非线性编辑系统和基于硬盘的数字非线性编辑系统。

1971年，CMX发布了最初的模拟非线性编辑系统CMX-600——光笔随机存取编辑器。这个编辑机器如庞然大物，它由两台显示器组成——一台用于播放，一台用于剪切，如图10-43所示。它使用光笔进行编辑，将模拟格式的单色视频以调频方式存储在可装卸的磁盘上，并使用微型计算机通过光笔接口控制系统。该系统只能容纳30分钟的低质量视频，磁盘驱动器占用了几百平方英尺的面积。这个革命性的机器是所有现代非线性编辑系统的先驱。[①]

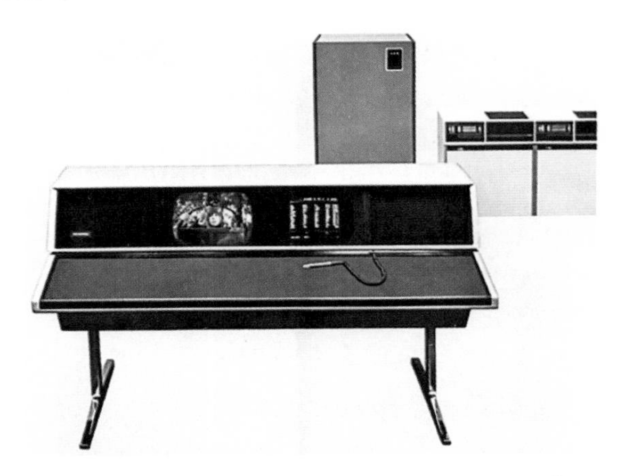

图10-43　CMX-600模拟非线性编辑系统[②]

1979年，卢卡斯影业的计算机部门成立，计算机科学家和艺术家埃德·卡特穆尔(Ed Catmull)从纽约理工学院(New York Institute of Technology)招募前同事拉尔夫·古根海姆(Ralph Guggenheim)来帮助监督研究开发非线性编辑。他们设想了一个系统，通过该系统，电影胶片可以数字扫描到计算机中，以一种允许随机、即时访问剪辑的方式进行编辑，并在过程结束时重新打印到胶片上。他们认为，视频光盘(一种类似于留声机唱片的大幅面光盘)是存储和访问图像和声音元素的理想选择。该团队花了四年时间制作了一个功能系统，包括视频光盘存储、SUN微机显示器和专门设计的触摸板。该系统后来被称为“EditDroid”，于1984年在全国广播协会大会上首次亮相(与苹果Macintosh个人电脑于同一年推出)。[③]这是实用的模拟非线性编辑系统，如图10-44所示。由于系统价格昂贵，客户经常不得不租用。乔治·卢卡斯(George Lucas)用它来制作《年轻的印第安纳琼斯历险记》(*The Adventures of Young Indiana Jones*)，EditDroid帮助普及了非线性编辑工具。

图10-44　卢卡斯影业的EditDroid[④]

1985年，宽泰公司推出了Harry，它是第一个全数字视频编辑和效果合成系统，但是当时的压缩硬件还不成熟，磁盘存储容量也很小，因此视频信号并不是以压缩方式记录的，Harry只能录制最长80秒的8位非压缩数字视频，系统也仅限于制作广告和片头。这项发明为我们今天所知的数字视频编辑奠定了基础，尽管它与我们现在使用的视频编辑软件有很大不同(没有时间线或素材箱)[⑤]。在电视后期制作方面，特别是在合成和特效方面，宽泰仍然

① The first non-linear edit system [EB/OL].(2007-12-04) [2023-11-19]. https: //www.wci.nyc/the-first-non-linear-edit-system/.

② CMX-600 [EB/OL].(2020-07-01) [2023-11-19].https: //www.wci.nyc/wp-content/uploads/2020/07/CMX-600.jpg.

③ LUCASFILM.lucasfilm originals: the editdroid [EB/OL].(2021-04-02) [2023-11-17].https: //www.lucasfilm.com/news/lucasfilm-originals-the-editdroid/.

④ CARDOSOC.EditDroid-Quando star wars revolucionou o cinema cedo demais [EB/OL].(2022-10-17) [2023-11-20].https: //meiobit.com/459627/editdroid-quando-star-wars-revolucionou-o-cinema-cedo-demais/.

⑤ USOV D.Brief history of film editing [EB/OL].(2021-08-03) [2023-11-25].https: //www.mediaequipt.com/history-of-film-editing/#the-harry—avid.

处于领先地位。宽泰将创新的编辑系统延续到21世纪。

1987年，Avid公司发布了AVID Media Composer，从那时起Avid就一直主导着非线性编辑系统。该系统的界面最初是为Macintosh开发的(后来也被Windows采用)，进行剪辑的编解码器是Motion JPEG (M-JPEG) 编解码器，它成为20世纪90年代初期的主要视频剪辑编解码器，并因其编辑工具及其非线性方法的组合而赢得了许多编辑的心。该界面相对友好而且功能强大，其桌面环境的功能(包括用于剪辑预览和最终编辑的独立窗口，以及类似胶片显示窗格的时间轴)模仿了平板编辑台的布局。因此从早期开始，它就被用作过去30多年的行业标准编辑软件，图10-45为Avid公司的非线性编辑系统。

图10-45 Avid公司的非线性编辑系统[①]

1991年，Adobe发布了Premiere 1.0，它是适合家庭使用的非线性编辑软件，成千上万的电影制片人、学生等利用它编辑自己的短片，如今，Premiere Pro已成为行业领先的视频编辑软件。Adobe Premiere成功后，其他视频编辑软件也随之发布，1993年，美国Data Translation推出的Media 100作为低成本数字视频剪辑解决方案进入市场。Media 100在压缩技术方面取得了稳步的进步，并且继续开发主要通过软件创新而不是硬件创新的更高视频分辨率。到1994年，只有三部故事片被数字化剪辑，但是到1995年，数量已增至数百部，这被称为数字剪辑的革命。此后，随着计算机CPU速度和计算能力的提高、数字媒体技术和存储技术的发展、实时压缩芯片的出现、压缩标准的建立以及相关软件技术的发展，非线性编辑系统进入了快速发展时期。例如，1999年，苹果发布的专业视频非线性编辑软件Final Cut Pro、适用于Mac和iOS的编辑软件iMovie、DaVinci Resolve、草谷 Edius Pro等，这些软件包从基于磁带的工作流程发展到完全数字化的制作和编辑。

由线性编辑向全数字非线性编辑发展过程中经历了一段“脱机编辑”时代，这种编辑方式吸收了联机编辑和时码编辑的优点，克服了联机编辑多次录放对图像质量的影响，节省了运行成本，既能保证节目质量，又方便二次创作。在编辑之前，先将素材带复制一版脱机编辑工作带(低档带)，插入相同的时间码和用户比特，然后利用低档编辑设备预编，产生编辑决策表(EDL)，再通过高档编辑系统，利用源素材带和EDL数据联机编辑为成品带。因此，在脱机编辑时可以反复修改，无须顾虑画面质量降低，只要保证时间码正确即可。由此可见，脱机编辑方式可以减少高档设备的磨损和高档磁带的用量，节省了制作成本。

1995年以后，随着字幕机的软硬件国产化，国内企业开始投入非线性编辑系统的开发。首先在迈创公司的PVR-3500和AD-3500板卡的基础上，使用M-JPEG压缩技术，在PC平台上采用专业编辑软件，如Speed Razor NT、Video Action Pro等，开发出低档的非线性编辑系统；而后，大恒、大洋、索贝、新奥特等公司又在迈创公司的DigiSuite板卡的基础上开发，于1997至1998陆续推出了NC-97(新奥特，如图10-46所示)、DY-3000(大洋)、创意-97(索贝)等非线性编辑工作站，以及X-Edit、E6Editmax等。[②]

图10-46 1997年新奥特第一台非线性编辑系统[③]

① Media composer editor using the software in post production [EB/OL].(2019-03-19) [2024-01-13].https://upload.wikimedia.org/wikipedia/commons/a/aa/Mc-melissav2020larger.jpg.

② 李倜.我国视频工业发展的30年回顾[J].广播与电视技术，2004(8): 2.

③ BIRTV [EB/OL].(2020-03-02) [2023-11-20].https://birtv-china.oss-cn-beijing.aliyuncs.com/2020/1595471397755.mp4.

(二)非线性编辑系统的构成

随着数字技术的发展，摄像机、录像机、切换台、编辑机、特技机和字幕机等设备都实现了数字化，制作的节目源也数字化，非线性编辑系统进入全数字化，非线性编辑系统的构成也发生了改变。

1.非线性编辑系统的计算机平台

(1)SGI工作站

国外功能强大的非编都是建立在工作站的平台上，如Avid Media Composer等系列产品，但由于其价格昂贵，难以推广(特别是在中国国内各级电视台中)。

(2)苹果Mac机

早期的图像处理和排版软件都是以Mac机为主。这是由于Mac机采用了32位操作系统，并使用了具有高带宽的PCI总线。2005年后，市场上的Mac机开始从32位操作系统向64位操作系统转变，使用PCI Express架构。

(3)多媒体PC机

早期的非专业非线性编辑系统大多采用PC机+软件的方式，随着PC机的处理速度和计算能力的提高，现在很多专业非编系统也采用这种方式。

2.非线性编辑系统的构成

(1)基于板卡的非线性编辑系统

非编的编解码、二维特技、三维特技变换和多层画面合成过程要依靠板卡。板卡可以使视音频处理过程不占用计算机本身的资源，板卡决定了非编系统可编/解码的格式、特技效果的种类和实时性能等，但是板卡本身也限制了非编系统的功能升级和特技形式，而且专用板卡成本高，价格昂贵，实际应用中容易存在兼容性问题。在早期计算机中，多边形转换和光源处理的大部分运算一般是由CPU进行的，也称为“软加速”，然而CPU还要做内存管理、输入等维持计算机相应工作的其他重要工作，因此在实际运算中，速度无法跟上日益复杂的三维渲染的要求，常常会出现显卡等待CPU的情况。所以，非线性编辑系统在发展初期一直是以视音频编辑卡为核心的，板卡的性能决定了整个编辑系统的功能，板卡的升级推动着编辑工作站的升级，人们也习惯于从采用哪种板卡来区分非线性编辑设备的类型和档次。通常情况下配置标清的板卡只能编辑标清的节目，配置高清板卡才可以编辑高清节目。典型的专业非线性编辑板卡公司有迈创公司、Canopus公司、Avid公司、DPS公司和Pinnacle公司等。

(2)无卡非线性编辑系统

完成解码、二维特技、三维特技变换和多层画面合成的过程完全依靠CPU。在CPU运算能力不高的年代，只能处理编解码运算比较简单的视频画面分辨率较低的视频，功能和性能较差，成本较低，是基于板卡的非编系统的重要补充。通常在非编网中用无卡非编工作站，采用脱机编辑方式，利用低码率素材生成EDL表，再用有卡非编工作站，采用联机编辑方式，生成节目信号。

(3)CPU+GPU非线性编辑系统

GPU(Graphics Processing Unit，图形处理器)是一种专门在个人电脑、工作站、游戏机和一些移动设备(如平板电脑、智能手机等)上做图像和图形相关运算工作的微处理器。它是由NVIDIA公司于1999年在发布GPU-GeForce 256图形处理芯片时提出的概念，以硬件的形式支持多边形转换和光源处理的显示芯片。2007年6月，NVIDIA为GPU增加了一个易用的编程接口Compute Unified Device Architecture(CUDA)，即统一计算架构。CUDA为GPU作为数据并行计算提供了一种通用并行计算软硬件体系结构，包含CUDA指令集和GPU并行计算引擎，使开发人员可以充分利用GPU中的计算核心进行大量数据的并行计算。

CPU+GPU非线性编辑系统由主机、剪辑软件、I/O视音频卡、存储4个部分组成，I/O板卡负责上下载、CPU负责编解码运算、GPU负责特效合成。它的特点是功能强、扩展性好、安全性和稳定性高。很多软件公司针对自己的非编软件不断开发新的插件，用户还可以通过软件开发包自行编程开发非编软件。

非线性编辑软件有专用型和通用型两种，专用型软件由非线性编辑硬件(视频处理卡)开发商或他们授权的有实力的软件开发商专门开发，前者如国外Avid公司的软件，后者如国产的大洋、新奥特等公司开发的软件。通用型软件是由第三方的公司(既不是视频处理卡制造商，也不是非线性编辑系统集成商)开发的，种类繁多，价钱便宜。虽然不同软件有不同的操作界面，但是都包含素材库、显示区、编辑工作区，能够实现编辑、特技、字幕、混音等功能。

伴随着计算机技术、存储技术和编码技术的不断发展，非线性编辑系统也经历了从标清、高清到3D的不断变迁和演进。国内企业也不断推出新产品，在2010年的BIRTV上，大洋、索贝、新奥特等国内厂商也都推出了自己的3D图文编辑解决方案，例如索贝Editmax7 2.0、新奥特Himalaya X8000、大洋POST PACK(如图10-47所示)等。

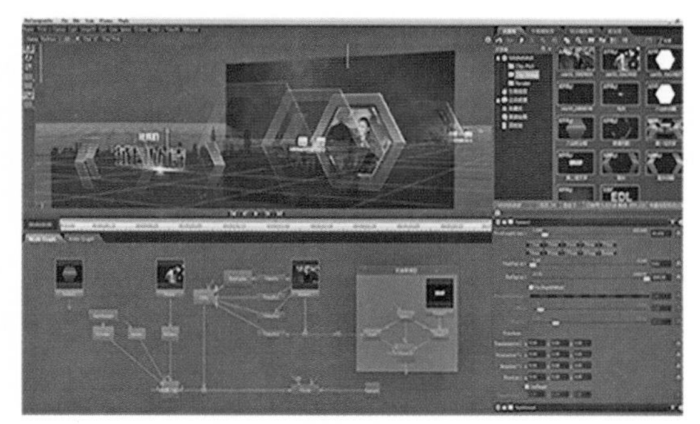

图10-47 大洋公司POST PACK D³-Crystal组件①

近些年，随着无线网络技术的不断发展，超高清技术迅速出现在手机、电脑、电视的三屏画面上。2019年，工信部、国家广播电视总局、中央广播电视总台联合印发《超高清视频产业发展行动计划(2019~2022年)》，计划中提出了按照“4K先行、兼顾8K”的总体技术路线，在超高清技术高速发展的背景下，需要大力发展4K后期制作。国内主流的非编系统生成厂商也都推出了4K非线性编辑软件，包括索贝Editmax 11(如图10-48所示)、新奥特Himalaya 4K、大洋D3-Edit3等。在非编系统更新换代的同时，非线性编辑网络系统也随着视频网络技术、视频存储技术和数字压缩技术的发展而逐渐成熟起来。

图10-48 索贝Editmax11非线性编辑软件界面②

三、非线性编辑网络

一台配有视频板卡、安装了非线性编辑软件的电脑主机是非线性编辑单机(工作站)，将两台或两台以上的非线性编辑单机，通过高速网络连接，利用服务器实现节目信息的共享以及各非编单机站点之间的信息实时传输和交换的网络，被称为非线性编辑网络(简称非编网)。③非编网的最大优势是实现资源共享，这包括了硬件资源、软件资源以及素材和数据的共享，多台非编单机互联可以便于资源合理调配，让资源的利用分布更均匀，因此可以提高工作效率，也避免了因素材拷贝和管理不当带来的质量问题。

电视节目数字化是非线性编辑网络出现的前提。随着数字压缩技术的逐渐成熟，配合网络技术和存储技术的发展，孕育非线性编辑网络的土壤逐渐形成。非线性编辑网络是电视台媒体资产管理系统下实现网络素材共享的重要组成部分，是视频网的主要环节。

1989年，Avid Technology公司发布了全数字后期制作系统Avid Media Composer，④但之后并没有马上形成有效的文件共享的非线性编辑网络，早期非编网方案曾采用百兆Bps以太网互联，⑤只能完成基本的文件传输，并不能提供多人协同合作的节目制作，通常一次只能处理一路视频信号的数字化。之后，SGI和Mercury公司提供了客户端—服务器架构(C/S架构，C代表客户端，S代表服务器)，素材被存储在服务器中，客户端通过访问服务器实现素材共享，但因为其价格高昂，无法满足非编网建设的需要。

1990年的北京亚运会拨动了中国广播电视事业快速发展的齿轮，从北京亚运会之前的筹备一直到2000年期间，国内各电视台也积极建设自己的制播系统，这给中国广播电视设备开发商带来了加速成长的机会。

① 创新威特.大洋D³-Crystal水晶三维包装合成系统[EB/OL].(2016-10-20)[2023-11-30].http://www.cxvt.com/detail/32.

② SOBEY.Editmax系列非线性编辑系统[EB/OL].(2020-10-02)[2023-12-01].http://www.sobey.com/index.php?m=content&c=index&a=lists&catid=47

③ 吕卓亨.非线性编辑网络的原理分析与构建[D].广州：华南理工大学，2011.

④ 张健.非线性编辑网络的研究与实现[D].南昌：华东交通大学，2009.

⑤ 姚威.非线性编辑网络应用[J].中国传媒科技，1998(9)：56-57.

(一)SAN网络架构

1989年，大洋采用SAN(Storage Area Network，存储区域网络)架构提出了DayangNet非编网方案，将4台大洋开发的双通道非线性编辑系统DY3000连接在一套SAN网络中，该网络采用光纤通道技术，能够实现100MBps的系统带宽，这个速度是普通网络速度的8~10倍。[①]大洋还针对小型工作组(2~3个用户)、中等规模网络(3~6个用户)、大型网络环境应用该网络提出了方案。

SAN网络通常使用高速光纤通道(Fibre Channel，FC)连接存储系统和服务器，利用SCSI协议作为存储访问协议。SAN网络能运行存储管理软件，存储设备都表现为服务器节点上的网络磁盘，可实现多台主机对同一个存储的同时读写，从而实现数据共享。客户机与存储设备直接通过光纤通道完成数据传输，拓展了两者之间的距离，也提高了带宽。另外，采用SAN网络的非编网，通常需要元数据服务器(meta data controller，MDC)进行硬件安装和信息分配控制，也需要以太网传输元数据、控制信息，这样就形成了FC-SAN(FC即光纤通道)双网架构。不过，FC-SAN中的FC网络成本高昂，需要光纤网和以太网结合，系统复杂，需要专门的存储管理软件，且不同厂家的产品互相兼容性差。在大型电视台，SAN存储架构被广泛使用，经过十多年的发展，其采用的带宽从早期的百兆网速扩展到数万兆级网速。

1999年，福建电视台与大洋公司合作，建成了规模化非线性新闻制播网络系统。[②]随后，全国各地电视台也加入非编网的建设热潮中，逐渐形成了国内第一代非编网。这一代非编网的单机通常采用带有专业视频板卡的PC机，软件采用C/S二层结构，数据库负责管理基本的配置信息，素材则采用文件式管理的方法。在压缩方式上，第一代非编网采用了同一素材利用Motion-JPEG等格式压缩成高低两种码率文件的策略，其中，低码率文件使用在不带有专业板卡的工作站，主要用于粗编、审片等工作。编辑信息映射到高码率素材后，利用有卡工作站完成高质量素材的精编、特效、渲染等工作。这种策略可以有效地减小投入成本，非常适合建设大规模的非线性编辑网络。

1999年，Avid也利用SAN网建立后期制作网络Avid Unity Media Network，[③]采用光纤通道连接存储系统，并与网络硬件、专门为视频开发的文件系统相结合。该非编网可支持多种视频分辨率(包括1080p)，并支持对大量媒体的快速访问，每路光纤通道最少可以支持5路信号的同时处理，而且编辑人员多人协同工作时，不会出现彼此工作被覆盖的情况。

2002年，中央电视台建设了当时全球第一套大型实用化的新闻共享系统。当时，中央电视台有12套节目，每天累计播出时间超过240小时，其中，新闻类节目占据了节目制作的重要地位。为了提高新闻制播效率、降低节目制作和运营成本，中央电视台新闻共享系统一期工程建设了主控信号收录中心、数据中心、近线存储磁带库、覆盖全台主要部门的FC光纤网络等工程，[④]其总体结构图如图10-49所示。该系统采用了网络化编播与媒体资产系统无缝衔接的形式，前端编播和后端媒体资产管理紧密耦合。从卫星、地方台或自采的节目信号通过收录系统进入共享系统，收录的过程中完成一次编目，然后保存在共享硬盘(在线存储系统)上，供各个节目部门使用。素材还以文件的形式存入近线存储系统的数据流磁带中，以便在一段时间后，在线存储系统中的素材被清除后，工作人员依然可以在近线存储系统中找到素材，并通过调度系统将素材迁移到在线存储系统中供其使用。

① 姚威.非线性编辑网络应用[J].中国传媒科技，1998(9)：56-57.

② 孙林记，冒卫.谈国内非编网的10年发展史[J].电视技术，2010，34(12)：97-100，127.

③ A history of avid shared storage [EB/OL].(2022-11-24) [2023-12-01].https：//www.avid.com/fr/resource-center/a-history-of-avid-shared-storage.

④ 宋宜纯.中央电视台新闻共享系统及其关键技术[J].现代电视技术，2002，(11)：10-16.

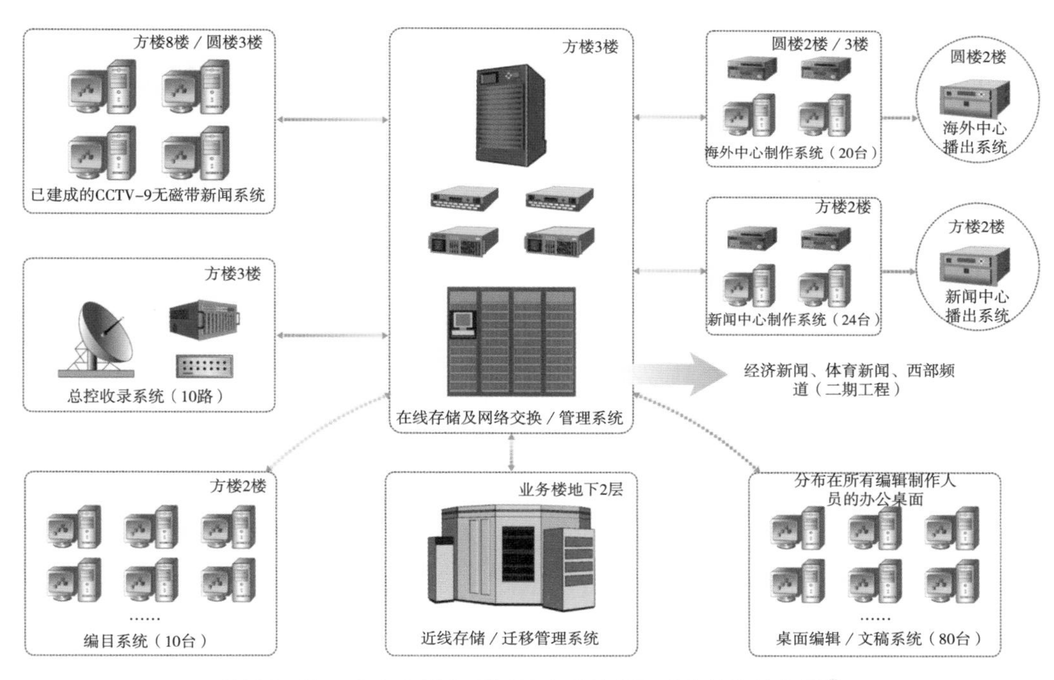

图10-49 中央电视台新闻共享系统(第一期)总体结构图[①]

中央电视台新闻共享系统是基于SAN网络的共享存储形式，以FC网络加以太网的双网结构形成网络骨干，如图10-50和10-51所示。其非线性编辑网络系统采用了双码率体制来配合不同的应用需求，高码率图像(25Mbps的MPEG-2IBP编码格式)供制作和播出使用，低码率图像(800Kpbs的MPEG-4编码格式)供粗编使用。双码率解决了单独使用高码率图像编辑设备的高价格和高流量问题，大大降低了成本。中央电视台新闻共享系统无论在规模上还是技术上均达到了国际领先水平。[②]

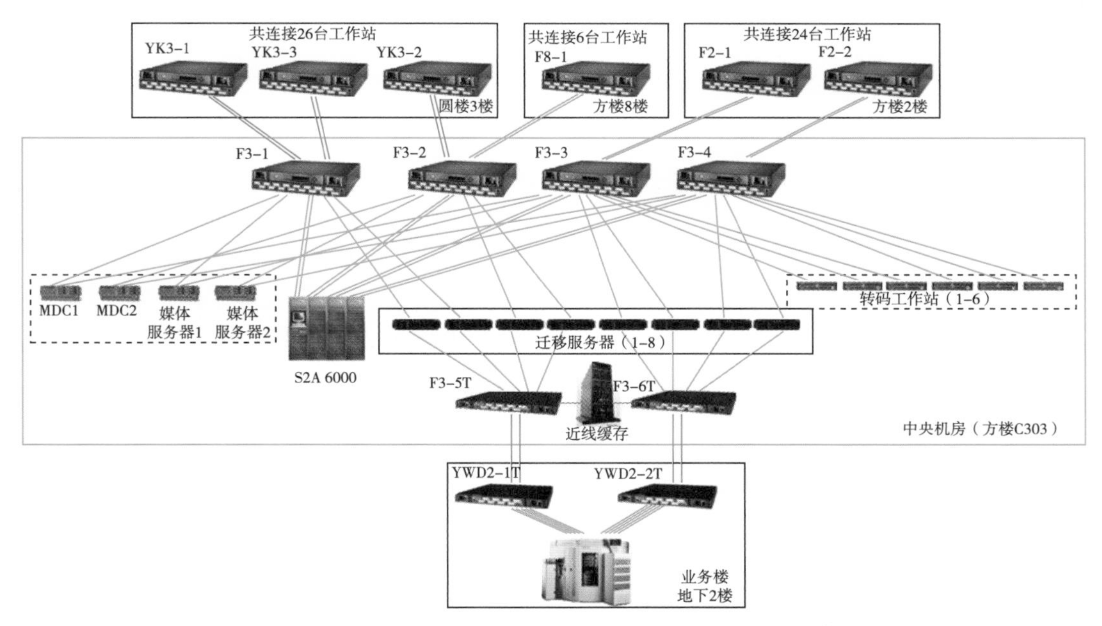

图10-50 中央电视台新闻共享系统FC网络结构图[③]

① 详见中央电视台新闻共享系统资料手册。

② 宋宜纯.中央电视台新闻共享系统及其关键技术[J].现代电视技术，2002(11)：10-16.

③ 详见中央电视台新闻共享系统资料手册。

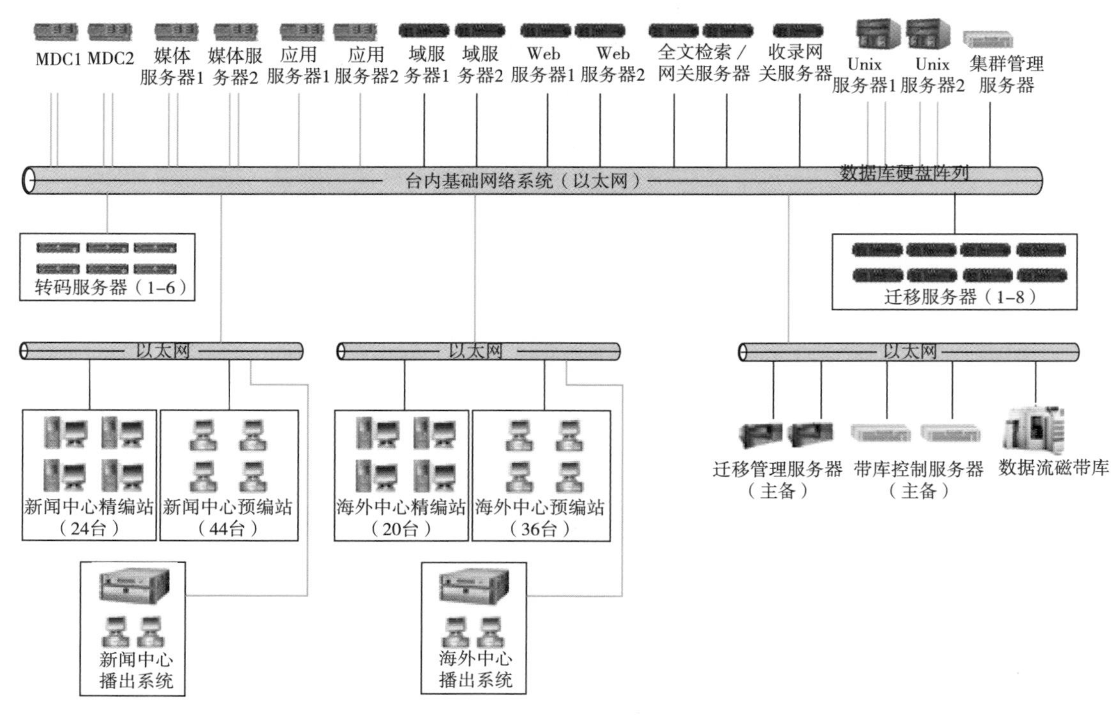

图10-51　中央电视台新闻共享系统以太网络结构图[①]

（二）DAS网络架构

除了SAN网络架构，有的第一代非编网还采用了DAS(Direct Attach Storage，直接附加存储）架构，即让存储设备直接通过线缆连接到服务器上。在DAS系统中，存储设备通过IDE、SCSI等I/O总线，经过通用服务器连接到以太网交换机，进而与网络相连。客户端访问存储器上的数据都需要经过服务器(文件服务器）收发和管理数据，所以DAS是以服务器为中心的存储结构。如果DAS系统搭载了过多的设备，同一时间访问需求过多，则会造成服务器拥塞。因此，大规模组网时通常不会采用DAS结构，而会采用SAN技术。[②]

（三）NAS网络架构

随着压缩编码技术的成熟、计算机硬件性能的提高、大容量内容和高速以太网的使用，大约从2003年前后开始，出现了NAS(Network-Attached Storage，网络附属存储）纯以太网的非编网。[③]NAS网络由用于存储的磁盘阵列和NAS专用服务器组成。NAS专用服务器类似一种专用文件服务器，只提供I/O 存储处理和管理、网络文件系统分发等专用于存储服务的工作，去除了通用服务器的大多数计算功能。因此，NAS设备可直接接入网络中，通过简单设置，即可使用，在进行存储扩容时也不影响服务器的访问。但是新设备的扩展需要新的IP地址，不能与原有的NAS设备形成连续的文件系统，从而增加了存取和管理的复杂度，限制了扩展性。

相比DAS系统，NAS结构不受服务器I/O限制，提高了存储带宽。NAS设备内部装有独立的存储操作系统，可灵活调度系统总线资源。由于不需要高成本的光纤通道，NAS网可降低运营成本。不过，正是由于过分依赖以太网，以太网较低的带宽利用率会成为其限制系统带宽的因素；数据备份时，只能采用基于网络的备份，不支持设备之间的直接备份，所以数据备份时也会占用大量网络带宽。另外，NAS系统是面向文件的，不支持数据库服务，这都限制了NAS网络的发展。

（四）IP-SAN网络架构

2004年开始，国产非编品牌开始推出基于CPU+GPU+I/O架构的非线性编辑系统，这种新架构

① 详见中央电视台新闻共享系统资料手册。

②③ 孙林记，冒卫.谈国内非编网的10年发展史[J].电视技术，2010(12)：97-100，127.

非编比基于视频板卡的非编具有更大的缓存调动能力，因而降低了网络带宽的限制，这让千兆以太网具备了承担大数据量、高码率的视音频文件实时处理的能力，而且千兆以太网比光纤网络成本低很多。此时出现了基于iSCSI协议的IP-SAN。iSCSI是IETF(互联网工程任务小组)于2003年发布的标准协议，它将SCSI命令封装在IP包中在网络中传输。基于iSCSI的IP-SAN网络，融合了SAN和NAS的优势——既使用IP网络传递消息，又使用IP网络传输内容数据，应用网络和存储网络不存在异构问题。它拥有SAN大容量集中开放式存储的优点，这让IP-SAN网络的性能接近FC-SAN网络，但成本降低了很多，因此IP-SAN成为当时中小型非编网络建设的热门技术。不仅如此，这一代IP-SAN非编网络实现了对基础网络平台(比如工作站、服务器、交换机等)和业务运行(比如在工作站、服务器上软件模块的运行情况)的全面监控与管理。不过，由于IP-SAN网络采用以太网连接，与FC-SAN网络相比，IP-SAN网络仍然会受到以太网带宽利用率低的限制，同时也容易受到网络延迟、网络风暴等与IP网络特性有关的因素影响。

2003年起，美国ESPN 3台、MSNBC、RENBC、REDE电视台，以及德国RTL电视台、葡萄牙国家电视二台开始将iSCSI技术用于媒体存储、采集等业务。①在我国，2004年辽宁电视台新媒体多业务内容配送平台首次运用iSCSI技术构建了基于"IP-SAN+FC-SAN"的媒体存储附加网络(Media Subscriber Access Network，MSAN)，如图10-52所示。辽宁电视台的网络采用了Cisco MDS 9216多层交换存储路由器，通过其FCIP协议，将一级存储FC-SAN网、多个非编FC-SAN网构建成物理基础机构的分布式SAN群；在同一个物理基础设施之上，利用多层导向控制器和网络交换机，针对不同业务应用构成独立的SAN，并将其移植到由IP-SAN网络构成的虚拟存储区域网络中。该系统即可以利用以太网的易配置性和易操作性，对SAN环境中的流量和业务进行隔离，又可以将中心存储SAN网络与各个子网进行互联互通，令不同业务的服务单元构成统一平台。iSCSI技术的引入，提高了辽宁电视台媒体存储附加网络平台的网络安全等级。

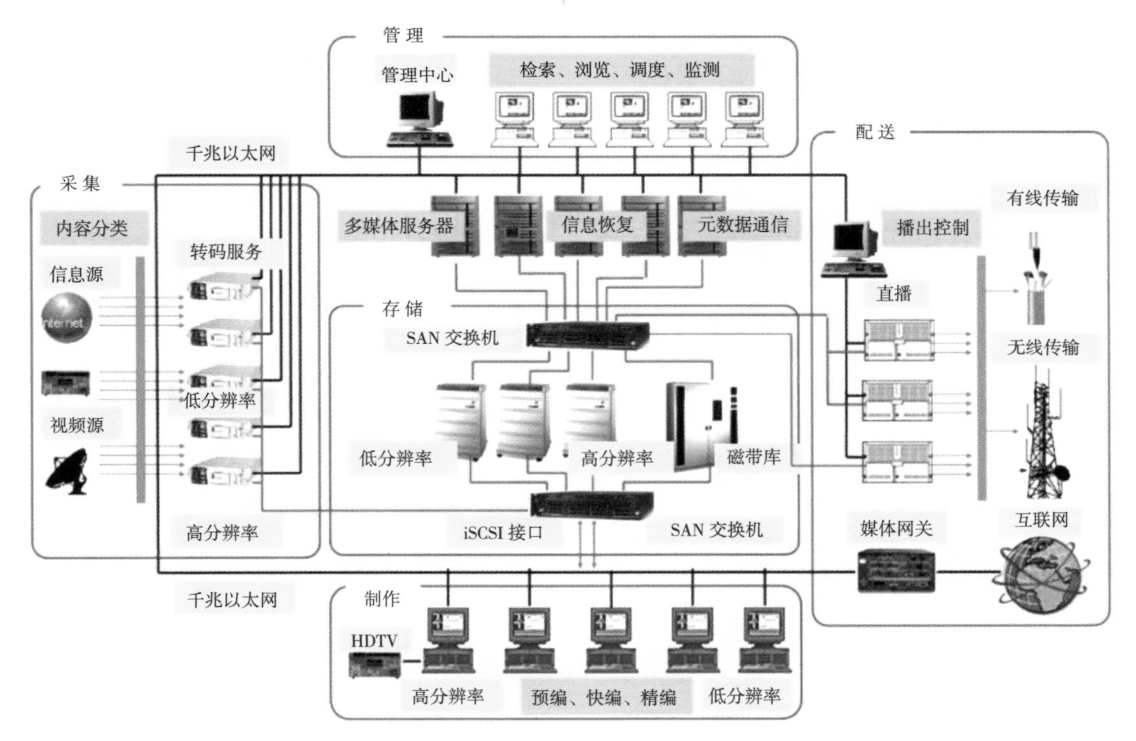

图10-52 辽宁电视台应用iSCSI扩展新媒体业务服务系统的结构图②

①② 赵季伟，穆刚.iSCSI技术构建媒体存储网络的应用与实测(上)[J].现代电视技术，2006(5)：64-70.

（五）多种网络的融合架构

基于广电行业上述网络存储技术的快速发展，DAS、NAS、SAN、IP-SAN等技术受到了各方重视，技术之间的区别变得逐渐模糊，融合技术成为节目制作网络存储架构的发展主流。[①]在双网方面，比如有FC+以太网的双网形式，也有NAS+SAN的混合网络架构，[②]在单网方面，比较经典的就是结合了NAS和IP网络技术的纯以太Avid Unity ISIS网络架构。

2005年年底，Avid发布了结合NAS和IP网络技术的Avid Unity ISIS(avid unity infinitely scalable intelligent storage，无限可扩展智能存储)，采用了基于纯以太的技术和开放式结构，实现了网络底层设备的模块化设计。Avid开发了一种实时分布式64位文件系统的系统控制服务器Avid ISIS System Director，它主要用于将所有ISIS存储单元和交换设备进行管理和状态检测，并为数据访问提供系统文件的索引。Avid ISIS网络则由这种专用服务器、客户端、专用存储(包含了存储刀片和以太网交换机)等设备组成。Avid ISIS网络采用了自平衡分布式架构，Avid ISIS客户端和专用存储设备都具有文件系统访问和管理的权力，它们分担了原本属于System Director的工作压力。[③]当客户端要访问存储单元上的文件时，System Director只需要提供文件系统的索引，客户端凭借索引即可通过算法找到相关文件及其任意其他部分，而不需要反复与传统的服务器进行通信。Avid ISIS存储机箱中集成了多个存储模块和两台完整独立的以太网交换机，这使存储设备直接连接到内置的以太网中的，容易被客户端访问。存储设备和客户端的增加反而能让管理系统的处理能力增强，系统的扩展上限主要来自以太网交换机硬件的限制，以及实际测试设置的界限。不过Avid ISIS依然受到以太网特性的影响，比如网络延迟和网络风暴。

约一年后，北京电视台就采用了纯以太单网结构的Avid Unity ISIS架构的非线性后期制作网络。[④]在选择网络架构时，考虑到如果使用FC-SAN双网结构，FC交换机、FC接口板卡、铺设光缆等费用都十分昂贵。相比于FC技术，以太网交换机价格更便宜，协议互联性更好，网络管理更加简单。因此，北京电视台采用了基于Avid Unity ISIS存储系统、万兆核心/千兆边缘以太网的网络结构，在保证工作站点和中央存储之间高速稳定的数据传输的同时，兼顾系统管理、文字信息的传输。

（六）云非编

随着云技术在IT领域的广泛推广，以及媒体融合的驱动，其也被广电领域引入节目编辑网络。云技术与非编技术融合形成的云非编平台是通过对计算资源池化、服务器虚拟化技术来实现的。若干台服务器可以被虚拟化为成百上千彼此隔离的虚拟机，给不同工作人员使用，CPU、GPU、内存、存储、带宽等资源都可以被动态管理。

2010年，索贝公司提出了“新闻云生产”的概念，[⑤]采用云存储和云传输等技术，让台内、台外的设备都可以参与内容生产，包括节目编辑。而在同一年，云技术大潮开始席卷我国的广电行业，索贝、大洋、新奥特等国内厂家开始进军云制播领域，并开始在之后的各种广电设备展中发布基于云技术的媒体系统。

在节目编辑领域，早期的基于云的非编产品(云非编)采用了“远程桌面式云非编”的模式，也就是说，云端计算机上安装有非编软件，用户通过安装了远程桌面客户端的计算机或工作站，一对一地远程遥控云端计算机上的非编软件，实现节目编辑。[⑥]这种类型的云非编的功能和制作能力取决于云端计算机的性能、安装的非编软件以及板卡性能。由于用户能够直接访问云存储，用户误操作、网络波动都可能会带来安全隐患，另外它还有受到网络入侵的可能，因此不适合部署在广域网中使

① 梁伟明，曾建中.浅谈AVID Unity ISIS万兆网络[J].现代电视技术，2006(8)：64-69.

② 殷亮.单网结构非线性后期制作网络的实际应用及发展趋势探讨——北京电视台Unity ISIS媒体网络的使用心得[J].广播与电视技术，2008(7)：67-68，70-73，15.

③ 张达.河北电视台高清新闻网存储系统分析[D].保定：华北电力大学，2014.

④ 唐冬梅.北京电视台后期非线性编辑网络实施方案[J].广播与电视技术，2007(7)：65-66，68.

⑤ BIRTV2010索贝系列产品专访[J].广播与电视技术，2010，37(9)：142-143.

⑥ 徐晓展.解构云非编技术聚焦智能流编辑[J].现代电视技术，2016(7).

用，也不能满足大规模的节目协作。[①]

2011年，挪威WeVideo有限公司（目前总部位于美国）推出了在线视频编辑平台WeVideo[②]（如图10-54所示），并于当年秋季召开了发布会进行产品展示。WeVideo公司称，该平台是基于云构建的，用户可以通过任何浏览器访问WeVideo视频编辑应用程序，并执行大量复杂的编辑任务，无须下载和安装任何软件。2013年，大洋在CCBN展会上展出了D^3 Net3.0 高清新闻制作系统，并同时展出了云非编系统。[③]该系统采用了桌面制作和渲染计算分离，CPU、GPU、内存的使用情况可以被灵活调度和管理，该系统可令笔记本终端（瘦终端、性能较差的终端设备）通过浏览器进行常规的节目编辑。

图10-53 WeVideo非编界面[④]

这种通过浏览器登录服务器，而不需要在用户终端安装客户端和非编软件的云非编架构是B/S（浏览器/服务器）架构云非编，编辑人员可以利用手机、平板电脑、笔记本电脑登录浏览器账号，使用虚拟桌面启动非线性编辑软件，或者直接用非编网页页面进行素材预览、编辑、特效制作等工作。这种B/S架构的云非编分为两类，[⑤]一类是浏览器只负责用户界面的操作，具体渲染过程是在云端服务器中进行，这类云非编的扩展性较好；另一类B/S架构云非编的渲染引擎嵌入浏览器中，用户计算机负责渲染，因此非编功能会受限制，但在链路不稳定时，这种需要把文件下载到本地的方式更加稳定。

B/S架构云非编是通过浏览器技术设计的，非编功能受到了限制，适合新闻编辑这类粗剪工作，不适合特技制作、调色和精编。由于B/S架构多采用Linux主机，入侵风险小，安全性比较高，适合于局域网、广域网、公有云、专属云、私有云、混合云平台。

2015年，新奥特在BIRTV展会上公布了两款云非编产品，[⑥]一款是天琴新闻云快编系统，采用的就是B/S架构，用户不需要配备高端电脑，也不需要安装非编软件或客户端，只需要使用普通电脑上自带的浏览器即可完成视音频编辑、字幕添加等工作。与B/S云非编一起发布的另一款新奥特产品是天鹰云非编，其采用了智能流推送方式的C/S架构，支持云端实时编辑、资源共享、多人协同工作，在带宽有限的情况下，可提供自适应智能画面推送。

图10-54 天琴新闻云快编[⑦]

新奥特公司把适合于广播电视行业使用的云非编系统分成了两类——B/S架构和C/S架构。[⑧]C/S架构云非编是需要在用户计算机上安装非编软件的，它是从传统非编的基础上改进而来的。用户计算机上的非编软件可通过网络接入云端的服务器，从而访问和编辑云端的素材和资源。

① 徐俭.基于云平台的非编技术解析［J］.广播电视信息，2019(7)：98-101.

② LUDWIG S. Demo：WeVideo brings collaborative video editing to the cloud［EB/OL］.(2011-09-12)［2023-12-01］. https：//venturebeat.com/business/demo-wevideo-brings-collaborative-video-editing-to-the-cloud/.

③ 大洋携系列新品参展CCBN2013［J］.现代电视技术，2013(4)：143.

④ LUDWIG S. Demo：WeVideo brings collaborative video editing to the cloud［EB/OL］.(2011-09-12)［2023-12-01］. https：//venturebeat.com/business/demo-wevideo-brings-collaborative-video-editing-to-the-cloud/.

⑤ 徐晓展.解构云非编技术聚焦智能流编辑［J］.现代电视技术，2016(7).

⑥ 开启云端编辑新模式——新奥特携天鹰、天琴两款云编辑系统参加BIRTV2015［J］.广播与电视技术，2015(10).

⑦ 电视技术中心.技术课堂——采编制作|天鹰/天琴/云驰/cs/HIMALAYA［EB/OL］.(2018-02-01)［2023-12-01］.https：//mp.weixin.qq.com/s/fk0UkWSZ0BVyg1FucTaGpg.

⑧ 徐晓展.解构云非编技术聚焦智能流编辑［J］.现代电视技术，2016(7).

C/S架构云非编有两类码流下载方式：低码流下载方式和智能流推送方式。在低码流下载方式下，云端素材存储为质量不同的两个码流版本(质量好的高码流版本和质量差的低码流版本)。当用户的非编软件使用云端素材时，低码流素材会被下载到用户计算机(本地)内，非编软件完成本地编辑后，工程文件会被上传到云端，云端服务器根据工程文件套换高质量素材，并进行成片渲染。在这种方式下，用户所见的视频都是低码率的低质量素材，画面不清，无法实现精确编辑。素材必须完整下载才能被编辑，素材过大或网络带宽过窄都会带来下载延迟，引起不好的体验。在智能流推送方式下，云端只存储高质量的高码流素材。非编访问云端素材某帧画面时，云端服务器根据需要进行逐帧推送。也就是说，非编软件不做预先下载，而是根据用户的每一步操作，由云端服务器完成文件读取、解码等工作，并快速精准地完成相应帧图像的流媒体推送。这种方式可以减少带宽的限制，不产生延迟感，也能保证用户浏览画面的清晰度。但这种类型的云非编技术实现难度和复杂度比低码流下载方式高得多。天鹰云非编就属于智能流推送方式的C/S架构云非编。

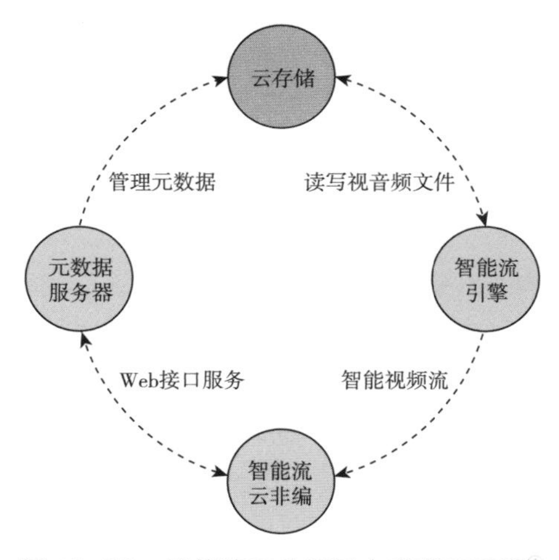

图10-55　智能流云非编基本原理示意图[①]

总的来说，C/S架构可以支持更全面的非编功能，支持复杂的节目制作和包装。与B/S架构相似，C/S架构的服务器采用Linux系统，安全性高，也适合局域网、广域网和各种云部署。不过由于其用户端计算机的性能要求比B/S架构高，C/S架构下非编系统的成本相应也就高多了。

2016年6月29日，阿里巴巴和索贝数码宣布成立合资公司华栖云科技有限公司。该公司推出了媒体云服务——华栖云端梦工厂，[②]其中包括简单化网页编辑的基于B/S架构的云非编服务。与此同时，华栖云也发布了华栖云专业云非编服务，并在同年7月21日开放云非编公测，用户使用低端笔记本电脑，可以使用浏览器登录云端华栖云提供的虚拟桌面，其后台是基于“拉普达”云图形工作站的服务器平台，用户可以使用云端的索贝的NOVA专业非编软件，实时编辑高达10层的高清视频节目，[③]这种云非编架构属于基于远程虚拟化桌面的技术。同年，中科大洋在BIRTV2016展会上展出了基于后台渲染模式的B/S架构的大洋云逸云非编系统，并获得了“BIRTV2016产品奖”。由于B/S架构会限制非编制作的复杂度，随后中科大洋在2018年也推出了基于远程虚拟化桌面的云非编系统。

图10-56　华栖云网页快编界面[④]

在远程虚拟化桌面的架构下，后台服务器采用虚拟化技术，部署数十台或上百台虚拟机。采用瘦终端的策略，用户使用普通电脑安装客户端软件，通过远程客户端以虚拟桌面的形式访问服务器。客户机本地并不运行非编软件，非编软件执行于服务器中，素材等数据也处于服务器中，因此可以完成复杂、高质量的节目制作。

目前，云非编仍然是后期节目制作发展的重要

① 徐俭.基于云平台的非编技术解析[J].广播电视信息，2019(7)：98-101.

② 《影视制作》编辑部.索贝@BIRTV2016：“互联网+云端”的媒体解决方案[J].影视制作，2016(9)：36-37.

③ 华栖云专业云非编公测火爆，云端梦工厂助力全民精彩视界[J].广播与电视技术，2016(8)：149.

④ 详见成都华栖云科技有限公司的《视频在线管理系统(VMS)用户操作手册V2.5.6》。

组成部分。云技术让节目编辑从竖井式形式向云平台转变；从非编专有局域网扩展到办公局域网，甚至扩展到公共互联网(广域网)，同时支持公有云、专属云、私有云、混合云平台，并支持移动终端App、H5页面等；[①]编辑人员的工作地点也从台内的专属区域，扩展到世界上能接入互联网的任何一个地点。

与以往的非编网相比，云非编可以更有效地利用资源。素材上载到云端后，可立即供他人使用；人员在台内台外共享素材、相互协作的同时，协作流程也在系统中一目了然。云平台的硬件通常采用通用服务器，所以可以兼容不同厂家的硬件设备，这降低了硬件投入和能源的成本，同时，系统的制作能力却达到了广播级、包装级的要求。另外，云非编实现了应用模板化、[②]编辑流程高度自动化，节约了系统实施和运行中人员和时间的开销。

不过，在实际工作中，根据节目制作的质量需要、安全需要和时间安排以及工作调度和流程不同，可以选用不同的非编网络。比如，对于质量、版权和安全有较高要求的节目制作，通常部署在台内的局域网，通过高档工作站进行本地制作。需要远程制作的、对安全性要求高的发展信创(自主可控的信息技术应用创新产业)制作，则采用C/S架构。制作地点不确定、时效要求高、包装复杂度低的新闻类节目采用B/S架构。而对于独立媒体公司，完成质量要求高、快速启动的项目，远程虚拟化桌面云非编就更为合适了。

未来，终端设备(包括手机这类移动终端)的性能将进一步提升，结合大数据、人工智能、新一代移动通信技术的力量，后期节目制作的效率也将快速升级。素材获取的方式将更加便捷和多样化，同时AIGC(artificial intelligence generated content，人工智能生成内容)也将扩充素材库。多种模板库套用、自动拆条、智能编辑、智能审核将进一步加快节目制作效率，丰富节目内容展现的形式。

本节执笔人：陈爽文、杨宇

① 徐俭.基于云平台的非编技术解析[J].广播电视信息，2019(7)：98-101.

② 刘玓.探讨云编辑技术在广电行业的实现[J].现代电视技术，2013(3)：134-137.

第十一章

电视节目实时制作技术

第一节｜传统演播室

演播室是电视台各类节目类型制作、播出的基地，是利用声、光、电进行艺术创作的场所，是电视台不可或缺的重要组成部分。

一、演播室技术概述

（一）演播室的分类

根据空间面积、节目信号和节目制作方式等的不同，演播室的分类方式有很多种。

按照空间面积来分类，演播室可分为小型演播室、中型演播室和大型演播室。

小型演播室：通常面积小于250平方米，主要用于新闻播报、体育节目解说等主持人不多、场景相对简单的节目制作。

中型演播室：通常面积介于250~400平方米之间，这类演播室适合进行普通访谈类、竞技类、教学类节目的录制，允许少量观众参与。

大型演播室：通常面积在400平方米以上，主要用于大型晚会或互动类节目，允许较多观众进入观众席参与拍摄。

按节目信号来分类，演播室可分为标清演播室、高清演播室和超高清演播室。

标清演播室：处理720 × 576(50i)4：3画幅的标清(SD)信号。

高清演播室：处理1920 × 1080(50i)16：9画幅的高清(HD)信号。

超高清演播室：分为4K超高清和8K超高清两种。当前使用的超高清演播室多为4K信号，即3840 × 2160(50p)16：9画幅。

按照节目制作方式的不同，演播室可分为实景演播室和虚拟演播室。

实景演播室：演播室表演区的布景为人工搭建的实景舞台或使用景片作为背景。摄像机拍摄到图像后，切换台将信号直接切出。从技术上讲，该系统简单、稳定。其缺点是不同的节目组使用时可能需要重新搭建布景或更换景片，缺乏灵活性。

图11-1　实景演播室中正在搭建舞台及背景

图11-2 实景演播室中正在进行节目录制

虚拟演播室：布景为蓝屏或绿屏，由计算机生成虚拟场景。场景的拍摄参数由摄像机跟踪技术获得。通过色键器消除背景的蓝色或绿色，将前景和虚拟背景进行合成。其优点是节约拍摄空间、不必更换布景、虚拟效果丰富；缺点是软硬件成本高、前期投入大、对现场灯光和主持人的灵活应变要求较高。

图11-3 典型的虚拟演播室绿幕背景

（二）演播室区域的构成

演播室主要由演播区（表演区）、导播室（控制室）及演播室辅助区域组成。演播区即节目录制的现场，通常搭建有布景，安装有摄像机、话筒等拾音设备、灯光照明及部分控制设备、内部通话系统、演播室用监视器、提词器，墙壁上安装有各种插座、接口面板。在这里工作的人员包括主持人、摄像师、导播助理等。

图11-4 某省级电视台新闻演播室的演播区

导播室又叫控制室，通常与演播室相邻，是节目信号的控制中心，是导播协调所有制作活动的核心区域。在导播室内工作的人员包括导播、导播助理、视频技术人员、音频技术人员、灯光师等。

导播室主要由以下五大部分组成：

节目控制：包括视频监视器、音频监听扬声器、内部通话系统、时钟和计时器。

视频控制：由视频技术人员通过控制摄像机控制器、切换台、矩阵、录像机或视频服务器等完成。

音频控制：由音频技术人员操作调音台完成。

照明控制：由灯光师操作灯光控制台完成。

辅助控制：由辅助人员操作。

图11-5 某省级电视台新闻演播室的导播室

演播室辅助区域为配套空间，主要包括布景与道具库、化妆间、服装间、排练室、休息室等。

（三）演播室系统的构成

演播室系统功能强大，设备众多，包括视频系统、音频系统、同步系统、Tally系统、时钟系统、通话系统和灯光系统。

1.视频系统

视频系统一般由信号源、切换台、监看检测设备及路由设备等组成。摄像机、放像机属于信号源设备，它们输出的信号直接被送入切换台或矩阵，供制作人员切出进行输出或存储，这些设备都属于信号源。另外，各类具备播放或输出视频信号功能的视频服务器、字幕机、图形工作站以及信号转换设备，只要其输出信号能够送入切换台的，也都属于信号源。切换台是视频系统的核心设备，导播（或切换导播）通过对切换台的操作完成节目镜头的切换。输出信号经视频分配器（VDA）分成多路内容相同的视频信号，送入不同的监看、监测或记录设备。导播在整体控制面调度时，需要使用监视器对各信号源进行监看，从而选择当前哪路信号被输出。除此之外，为了保证信号质量，还需要使用波形示波器、矢量示波器等监测设备对节目信号进行监看。

2.音频系统

与视频系统相似，音频系统由信号源、调音台、监听设备及路由设备组成。信号源可以是话筒、摄像机、录像机以及其他音源如MD、CD、DAT录音机输出的音频信号。调音台是音频系统的核心。调音师通过操作调音台对不同声道的音频信号进行电平控制、增益、均衡、延时、限压等处理，对来自不同信号源的声音进行合成。输出的信号经音频分配放大器(ADA)分成内容相同的多路声音信号，送入不同部门的监听或记录设备。监听设备包括功放、音箱和耳机。

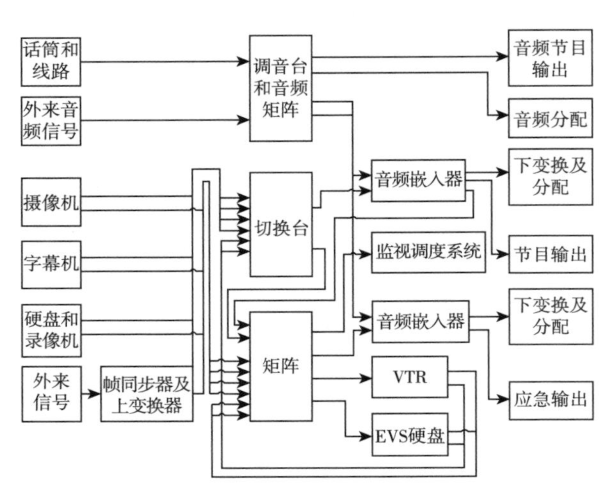

图11-6 一个典型的演播室视频、音频系统示意图

3.同步系统

演播室制作中的同步系统用于保障全系统的同步工作，以便使信号源及相关的设备受控于一个同步信号源。若没有稳定的同步系统保证全体信号源的同步，信号切换时就会发生图像跳动，另外也无法保证视音频的同步。同步系统由同步机和视频分配系统组成。

4. Tally系统

Tally系统是视频系统工作时的一种辅助系统，可以及时提醒节目导演、摄像师、技术人员演播室的工作状态，同时具有在节目进行中协调导演和摄像师、节目主持人工作的作用。切换台或矩阵将某一路信号从众多信号中选出并且输出后，该信号源设备对应的监视器Tally灯就会亮起。如果信号源是摄像机，则摄像机上方、寻像器内及摄像机控制单元等设备上的Tally灯都会亮起，以此提醒对应区域的工作人员该路信号已被切出。

5. 时钟系统

演播室对时间的准确性有严格的要求。时钟系统是电视台节目制作播出的各个环节协同工作的关键。演播室机房都配有时钟设备，因此，整个电视台的标准时间同步于一个统一的时钟系统。常用的时钟源为GPS时钟信号。

6. 通话系统

通话系统为演播室不同区域内的工作人员提供沟通联系的平台。通话系统包含主机、连接通话面板，有些演播室还配备有无线通话。

7. 灯光系统

演播室灯光系统是指在演播室内为完成电视节目制作而设置的灯光设备及其控制系统。灯光设备包括普通照明灯具、灯具吊挂、调光控制设备及布光控制设备、电脑效果灯具以及其他辅助设备等。控制系统主要包括调光控制系统、布光控制系统、电脑灯控制系统等。①

二、演播室技术发展历程

作为一个电视节目制作系统，演播室的技术发展与摄像机、录像机等核心设备的发展密不可分，大体上经历了从黑白到彩色，从模拟到数字，从标清到高清再到超高清的发展阶段，在系统技术架构上则从传统的基带逐渐向IP演进。

(一)国外早期的演播室

演播室的历史可以说和电视技术的发展密不可分。在电视诞生初期，由于当时还没有录像技术及设备，最早的节目都是在演播室内通过直播完成的。

1936年，英国政府决定在马尔科尼-EMI(Marconi-EMI)和贝尔德(Baird)提出的两种电视系统之间进行竞争，在位于亚历山德拉宫的两个不同的演播室进行为期六个月的测试，以选择最终使

① 杨宇，张亚娜等.数字电视演播室技术[M].北京：中国传媒大学出版社，2017：45-49.

用哪个系统进行电视广播。A演播室采用Marconi-EMI系统，它是一个电子扫描系统，有405线。它的优点是可以容纳3台摄像机，摄像机可以在带轮的推车上移动跟随动作并提供特写镜头(图11-7)。

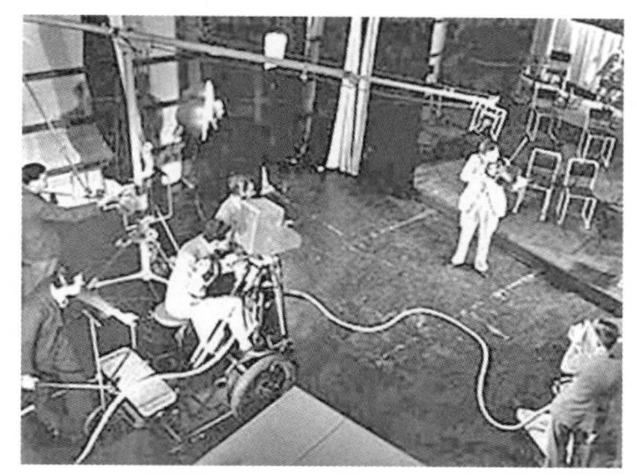

图11-7 亚历山德拉宫A演播室(Marconi-EMI系统)

B演播室采用Baird系统，这是一个机械系统，只有240线。法恩斯沃斯为贝尔德提供了他的摄像机，但是由于低感光度的限制，所以贝尔德在其他场景使用一种了“中间胶片技术”：摄像机用胶片拍摄现场场景，胶片进入氰化物处理槽并在那里冲印显影，经过处理在58秒后提供电视画面(图11-8)。

图11-8 亚历山德拉宫B演播室(Baird系统)

播出测试从1936年11月2日开始，每隔一周更换一个系统进行广播。那一天，BBC在亚历山德拉宫的演播室推出了世界上第一个“高清”(以当时的标准)电视服务。事实证明，Marconi-EMI系统比Baird系统优越得多，前者赢得了这次比拼。B演播室随后关闭。

美国的第一个演播室是全国广播公司(NBC)的3H演播室，它是在1935年由一个广播演播室改造而成的，一直使用到1948年(图11-9)。[①]

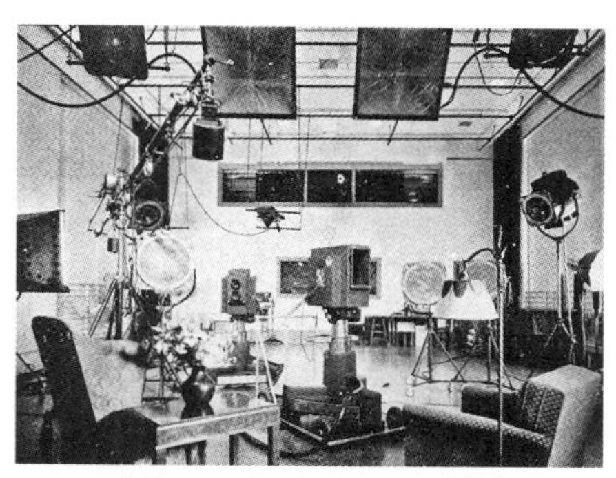

图11-9 NBC 3H演播室

(上图为演播室内场景，下图为控制室)

1952年11月8日，NBC在纽约的殖民剧院向全网播出了首个彩色电视节目。由于装备了彩色演播室设备，殖民剧院成为第一个为大规模彩色电视节目建造的演播室。[②]

1955年9月12日，NBC首个彩色演播室(3K)在其总部洛克菲勒大厦3层正式启用。[③]

(二)中国的演播室

1958年5月1日，北京电视台(中央电视台前身)开播第一天，中国电视史上第一次演播室直播在一间由办公室改建而成的小演播室内完成了，这次直播播出的节目有中央广播实验剧团表演的诗朗诵《工厂里来了三个姑娘》、北京舞蹈学校演出的舞蹈《四小天鹅舞》《牧童与村姑》《春江花月夜》。[④]

这间由办公用房临时改建而成的演播室是北京电视台的第一个电视演播室，面积仅有60平方

① A brief history of television's first real home...NBC's studio 3H [EB/OL].(2016-03-31) [2024-02-20].https: //eyesofageneration.com/a-brief-history-of-televisions-first-real-home-nbcs-studio-3hbelow-is-a-ra/.

② NBC's first full color facility debuts [EB/OL].(2016-11-08) [2024-02-20].https: //eyesofageneration.com/november-8-1952-nbcs-first-full-color-facility-debutso/.

③ 3K, NBC's first color studio inside 30 rock debuts[EB/OL].(2016-09-12) [2024-02-20].https: //eyesofageneration.com/september-12-1955-3k-nbcs-first-color-studio-inside-30-rock-debuts-on-thi/.

④ 唐世鼎.中央电视台的第一与变迁：1958-2003 [M].北京：东方出版社，2003：126.

米，在屋子的角落里用三合板和玻璃隔出了一个约9平方米的小屋，作为视频和音频控制室。控制室内有1个6路视频切换控制台、8个黑白监视器。音频设备主要有北京广播器材厂生产的1台可供两套节目同时制作加工的调音台。另外还有6支国产话筒、用灯光架子改装成的两个话筒支架、3台中央人民广播电台使用过的苏式录音机。试播时的中心立柜机房由一间二十七八平方米的办公室改建而成，机房内摆放着视频、音频、视频交换和同步脉冲等6个立柜，一个简陋的总电源配电盘挤在墙角，监视、监听设备都很差。摄像机控制机房是由一间十四五平方米的办公室改建而成的，室内安装了4个摄像机控制台，其中3个分别控制演播室的3台摄像机、1个控制播放电影的摄像机。建台初期的北京电视台没有专用的电影放映间，放映间设置在一个楼道的拐角处，连走道在内总面积大约只有20平方米(图11–10、图11–11)。[①]

图11–10　北京电视台第一天节目播出现场
(来源：央视新闻客户端)

图11–11　北京电视台第一天节目播出结束后全体演职人员合影[来源：《中国中央电视台30年》(内部资料)]

1959年，在广播大楼院内南侧兴建了北京电视台新大楼。电视台新楼由中央广播事业局基建处和设计室筹建，由北京电视台负责设备安装、调试、验收、运行等。1960年5月1日，广播大楼院内北京电视台新址落成，楼内设有1个由5台摄像机讯道组成的黑白电视中心机房和1个由两个彩色摄像机讯道组成的彩色电视中心机房，有面积分别为600平方米、150平方米和40平方米的大、中、小3个演播室，其中600平方米演播室配备4台摄像机，用于混合节目播出；150平方米演播室配备3台摄像机，用于电视大学的播出；40平方米演播室配备两台摄像机，用于播音员报告节目和口播新闻。此外，新楼内还有电影审看间、道具制作间、化妆间、演员休息厅等附属用房，并在地下室筹建了洗印车间。演播室音频系统选用了上海中国唱片厂生产的调音台，配备了几只德国进口的电容话筒，以及一批国产录音机(图11–12)。

图11–12　北京电视台早期的演播室

这是北京电视台建成的第一批正式的电视节目演播室，是按电视摄制要求设计建立的具有一定规模的演播室。自此，北京电视台的技术工作开始步入正轨。[②]

北京电视台建台初期，所有节目都采用直播形式。每次的演播室直播都是一场紧张而有秩序的战斗。电视设备都是刚刚试制出来的，性能不太稳定，

① 唐世鼎. 中央电视台的第一与变迁：1958–2003［M］. 北京：东方出版社，2003：186.
② 唐世鼎. 中央电视台的第一与变迁：1958–2003［M］. 北京：东方出版社，2003：53.

存在着很多隐患。因此，在播出中经常出现故障。技术人员每天都要花费很多时间，付出大量劳动，对全套设备进行认真细致的调整、检修，进行热考验及振动试验，观察设备运行状态的变化，记录设备故障现象和故障出现规律，以保证节目安全播出。

电视节目播出前，在摄像机讯道部分工作的技术人员要合作完成开机、检查、测试与调整工作，确保摄像机处于最佳状态。机器调整完毕后，才能在开播前5分钟—10分钟交给摄像师使用。播出开始后，在摄像机一方工作的技术人员虽然没有具体操作，但要始终戴着耳机与控制台一方保持联系，以备随时处理突发性的故障。在控制台一方值班的技术人员的工作更为紧张，在摄像机工作的全过程中，技术人员双手一刻不能离开控制台面上的调节旋钮，要根据镜头、照度的变化及时对图像进行调整，以实现电视图像的高质量输出。在立柜机房值班的技术人员虽然没有例行的操作，却要监视播出信号电平的高低和图像质量的好坏，发现异常及时要采取措施处理，以确保电视节目安全播出。[①]

1988年，中央电视台彩色电视中心(简称彩电中心)建成，电视事业进入新的阶段(图11-13)。彩电中心大楼包括由高层及裙房组成的播出区(方楼)和由多座演播室圆环形布置的制作区(圆楼)，楼内共有20个演播室，最大的有1 000平方米，最小的有35平方米，这些演播室的用途涵盖了综合文艺、电视剧、少儿、专题、对外、社教、综合新闻、广告、经济新闻，以及外事传送、串编、培训和插播等节目的制作和播放。[②]

图11-13　中央电视台彩电中心于1988年建成，内有20个演播室

面对电视事业发展和电视节目制作量大幅度增加的状况，1995年，中央电视台在电视节目的技术制作系统中引进了部分数字电视设备，为实现电视从模拟向数字的过渡奠定了基础。

1995年，中央电视台建成第一个全数字演播室——800平方米演播室。从当时的技术条件看，数字电视技术已发展到相当高的阶段，世界著名的电视设备厂家都已生产出数字化的电视设备，从数字摄像机、数字切换台、数字录像机到许多周边设备已形成配套，而且产品的价格与模拟设备相比并没有高出许多。顺应数字电视技术的发展，将800平方米演播室建成数字化演播室便成为中央电视台当时自然而然的选择。该演播室的系统设计突出了开放式、全功能的新概念，不仅具有传统的直播和录像功能，还兼具与台内、台外方便地进行信号交换的开放功能，集中体现出电视演播室时效性强的突出特点。[③]数字化电视节目制作方式为中央电视台精品节目的制作和丰富电视屏幕内容创造了条件，标志着中央电视台技术发展进入一个新的阶段。

2002年10月中旬，中央电视台400平方米数字高清晰度电视演播室建成并投入使用，开始承担文艺、社教、青少等部门的节目录制。这是中央电视台建设的第一个高清晰度电视演播室，在全国也是首例，是国家广播电影电视总局确定的全国示范工程，获得了国家广播电影电视总局2004年度工程项目科技创新一等奖。该系统能够兼容HD/SD的制作需求，能够完成现场多轨录音及5.1声道的现场数字环绕声制作。该演播室与1999年装备的6讯道高清晰度转播车、ENG采录和自编设备以及后期制作机房构成了较完整的高清晰度电视制作系统，这对推动我国电视技术进步、开展数字高清晰度电视播出试验具有重要意义。它标志着我国在电视技术领域中又向前迈进了一步，同时也预示着一个全新的数字电视时代的到来。

由于400平方米高清晰度电视演播室面积较小，不适于制作大型综艺类节目，2005年11月，中央电视台将800平方米演播室改造成当时国内最大的

① 唐世鼎.中央电视台的第一与变迁：1958-2003［M］.北京：东方出版社，2003：56.

② 张敏.中央电视台彩电中心演播室灯光系统设计的特点［J］.照明工程学报，1992(3)：58-65.

③ 李旋宗，曹青，陈克新.中央电视台第一个数字化演播室视频系统介绍［J］.广播与电视技术，1996(5)：18-23.

高清晰度电视演播室。2006年5月，为提高世界杯足球赛的转播水平，中央电视台把体育频道专用的100平方米演播室改造成数字高清晰度电视演播室。2008年4月底，又完成了第二个400平方米演播室的高清晰度电视设备改造工程。该演播室按照直播技术要求进行设计、施工，从节目采集、制作到传输完全符合国家新闻出版广电总局高清晰度演播室标准，并尝试采用文件化的方式直接记录高清演播室信号。

高清晰度电视演播室系统投入使用后，录制了大量的高清晰度电视节目，为中央电视台高清频道积累了节目素材。而100平方米高清演播室承担了中央电视台体育频道绝大部分体育赛事节目的直播包装任务，是体育频道最主要的直播演播室。同时，这里还被作为各种大型体育节目的总导播中心使用，演播室日平均使用时间超过12小时。①

中国传媒大学于2016年6月建成国内首个大型4K超高清演播室系统，该演播室是在兼顾了教学、科研、人才培养与节目生产的全面需求下建设的全媒体4K系统，不但开创了全媒体融合的4K超高清演播室系统建设的先河，也为超高清演播室系统建设提供了参考依据与可借鉴的经验。②受限于当时的技术条件，该演播室采取基于4×3G SDI的基带架构(图11–14)。

图11–14　中国传媒大学4K超高清演播室导播间

2017年，中央电视台分别把复兴路办公区1号厅演播室、光华路办公区2 000平方米的E01演播室两个演播室改造成了伴随4K高清制作的演播室，利用春晚、元宵节还有民歌大会等一系列大型综艺节目进行测试，采取伴随4K高清制作的方式。③

随着技术的发展，IP化进入了广播电视的核心领域——直播制作信号域，这是广播电视技术发展过程中的一次重大变革。IP技术的应用，大大简化了电视制作系统，实现了信号处理的高带宽，信号资源的共享调度更加便捷。

中央广播电视总台光华路办公区E16 4K超高清演播室于2018年10月1日正式启用，是总台首个具备4K直播功能的超高清演播室系统。E16 4K演播室放弃了传统的SDI架构，采用全IP的数据中心架构，使用TICO编解码方式，支持SMPTE 2022–6/2022–7标准架构，可充分发挥IP网络特点，实现音视频、通话和控制等系统的IP化传输和信号交换，是一套全流程IP化超高清直播演播室系统。④

广东广播电视台二楼的4K超高清演播室系统于2019年1月开始建设，于当年8月15日开通系统并试运行，先后完成了广州网球公开赛、CBA 篮球联赛、西班牙超级足球联赛等近百场赛事的4K超高清直播任务。该系统为国内首个全链路采用IP化、无压缩构架构建的4K直播演播室系统。该系统采用基于IP化的、满足SMPTE 2110标准的系统架构进行设计，音视频数据的传输、交换、调度全链路采用无压缩的IP信号，单路4K电视信号采用4个数据流、2SI传输模式。同时该系统满足SMPTE 2022–7标准，支持主备链路无缝切换(图11–15)。⑤

① 赵化勇．中央电视台发展史1998~2008［M］．北京：中国广播电视出版社．2008：261–262.
② 刘杰锋，张俊．中国传媒大学4K超高清演播室建设与分析［J］．现代电视技术，2016(8)：81–85.
③ 本刊编辑部．中央电视台4K超高清电视的发展——访中央电视台分党组成员姜文波［J］．现代电视技术，2018(3)：26–28.
④ 侯佳．中央广播电视总台E16 4K超高清演播室制作技术特点综述［J］．现代电视技术，2019(8)：42–45.
⑤ 陈文旭，成六祥．4K超高清演播室IP化设计和实践［J］．广播与电视技术，2020(8)：12–16.

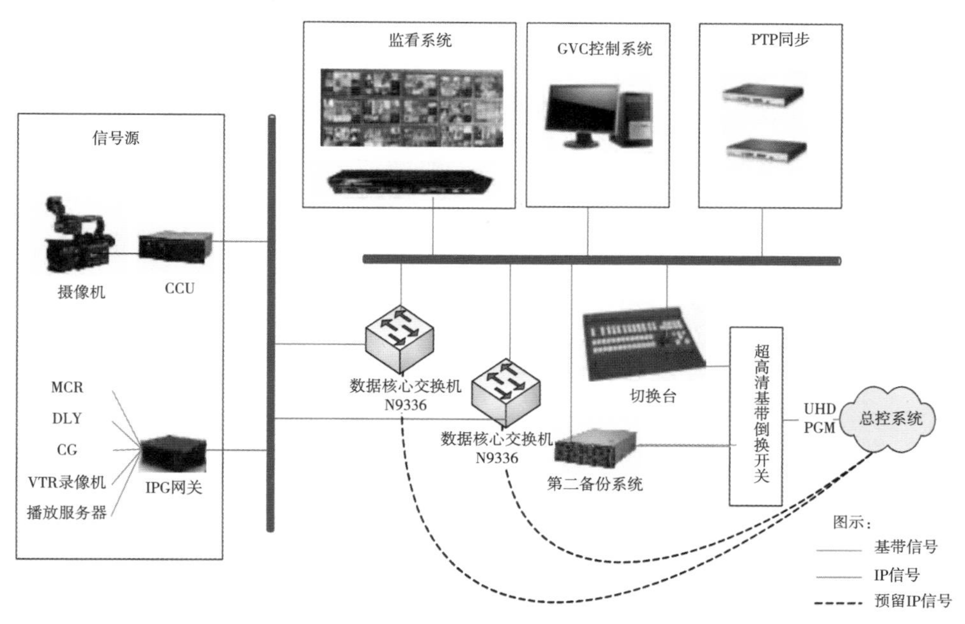

图11-15 广东广播电视台IP演播室系统架构图

2021年，中央广播电视总台为了推动春晚开展技术创新，以北京冬奥8K转播为目标，以总台超高清视音频制播与呈现国家重点实验室为研究平台，联合企事业科研单位，积极推进总台8K超高清电视的科技创新，研发了8K制播呈现全链路试验系统。其中，8K超高清电视演播室系统采用SMPTE-2110国际标准进行无压缩8K信号制作，系统中切换、拍摄、放像、字幕包装等8K设备均采用IP信号，实现了高带宽低延时处理和传输。演播室输出采用4个12Gb/s的视频IP组播信号流方式实现8K超高清信号传输。8K超高清电视节目视频录制信号格式为7680×4320/50p、HLG/1000nit、10bit、BT.2020色域，音频格式为5.1环绕声格式。2021年春节期间，总台开展了8K超高清电视频道播出试验，并进行了央视春晚8K直播(图11-16)。①

图11-16 8K超高清演播室系统和立柜机房

本节执笔人：张俊

第二节 虚拟演播室

一、虚拟演播室技术概述

多年来，传统的电视节目制作大量使用色键抠像技术将人物与不同的背景混合起来，用于制作一些在现场无法完成拍摄的画面。这项技术在较长时间内被广泛应用，但随着电视节目制作技术的发展和观众欣赏水平的不断提高，该制作方式的缺点也越来越明显，主要问题是前景和背景不能同步变化，

① 赵贵华.中央广播电视总台8K超高清电视制播技术及春晚应用[J].演艺科技，2021(3)：18-22.

这样会造成视觉上的差异，合成的图像不够真实自然，影响节目效果。比如，在演播室中拍摄人物的镜头时，作为前景画面的演员或主持人会随着摄像机的推、拉、摇、移等变化在画面中形成不同的景别和透视关系，而作为背景的画面始终固定不动，即使画面内的内容是运动的，或者是演员或主持人的景别不变，但背景中的画面不断地变化，前景、后景同样产生了差异，这些都会影响视觉合成的效果。

虚拟演播室(Virtual Studio)技术，简称VS，是在传统色键技术基础上发展而来的，该技术将摄像机拍摄的图像实时地与计算机三维图形进行合成，从而形成一种新的电视节目制作系统。①该技术具有一些传统电视演播室不具备的功能和优点，如可以更为有效地利用演播室资源，节省大量的制景费用；还可以使制作人员摆脱时间、空间的限制，充分发挥其想象力进行自由创作；并能完成一些其他技术做不到的特技效果。虚拟演播室为电视制作开辟了一个崭新的空间(图11–17)。

图11–17　虚拟演播室应用。上图为合成后的图像，下图为演播室内真实场景

在虚拟演播室系统中，人物在以蓝色(或绿色)幕布为背景的全空演播室里活动，前台摄像机负责拍摄图像，并用色键技术将人物的形象与背景分割开来，从而得到前景图像。同时，摄像机跟踪系统实时监测摄像机的运动参数和成像参数，并根据这些参数构造一台虚拟摄像机。之后在三维场景制作系统中构造出三维背景，而背景图像则是按虚拟摄像机的参数生成的。最后，图像混合系统将前景视频信号和背景视频信号合成最终的画面。由于前景图像和背景图像具有相同的成像参数和三维透视关系，因此，采用虚拟演播室技术能较好地处理前景图像和背景图像同生变化的问题，保证了合成画面的真实感。

虚拟演播室系统由摄像机跟踪、计算机虚拟场景生成和视频合成3个部分构成(图11–18)。

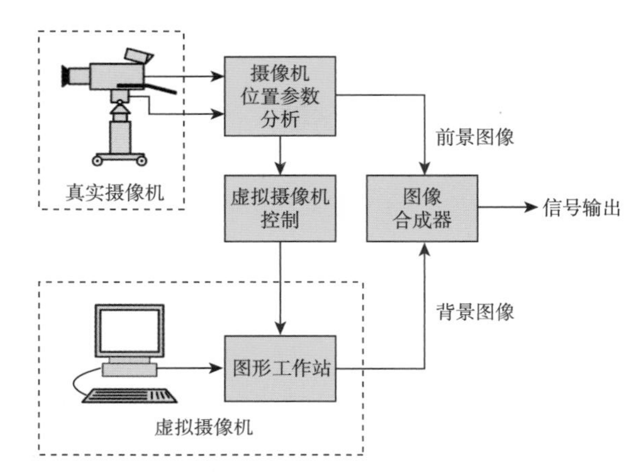

图11–18　虚拟演播室系统工作原理示意图

摄像机跟踪部分的作用是采集摄像机的位置信息和运动信息，包括平移X、纵移Y、景深Z、水平角、俯仰角、镜头变焦(ZOOM)和聚焦(FOCUS)等，实时跟踪真实摄像机，以保证前景与计算机背景联动。

虚拟演播室的摄像机跟踪定位系统主要有以下3种方式。

(一)基于图形识别的系统

该方式需要把一个精确的网格图案以两种不同的蓝色绘制于蓝背景上，再通过摄像机识别这种图案并与计算机跟踪软件预先确定的网格模型进行对比，以确定物体与虚拟背景的透视关系及距离。

图案辨识的优势在于无须镜头校准；同一个跟踪器可同时用于一个以上的摄像机；摄像机可以不用轨道进行运动。该方式的不足之处在于精确的蓝色网格图案必须被绘制在蓝背景之上；蓝色网格图案在制作色键过程中的阴影很难处理且很难保持良好的键的质量；摄像机拍摄不能垂直于蓝色网

① 董武绍，耿英华，朱姝，等.虚拟演播室技术与创作[M].广州：暨南大学出版社，2014：2–3.

格图案，必须偏离30度角以上，否则不能准确定位；为了保持精确的跟踪，摄像机的焦点必须始终保证在网格上，真实的演员可能会模糊；摄像机只能在有限范围运动，不能摇移及俯仰出网格，否则不能定位；摄像机必须同时观察4个网格点以保持跟踪，因此无法对人物进行特写镜头的拍摄。另外，由于人物必须站在网格之前，而网格大小是固定的，因此人物不能在蓝背景前自由移动，这就使在虚拟环境中的人物看起来很不自然；摄像机必须缓慢移动以避免跟踪混淆引起跳帧等。此外，图案辨识需要附加的硬件，需要额外的工作站把网格坐标信息转换为摇、移、俯、仰等命令及变焦坐标信息，再提供给图形计算机使用，因此图案辨识的延时有时高达8帧至12帧(图11–19)。

图11–19　基于图形识别方式跟踪的虚拟演播室

(二)基于机械传感器的系统

该方式通过安装在摄像机各部分的机械传感器来获取各种信息参数，通过串行接口如RS232或RS422传送给计算机。

机械跟踪的优势主要有：使用单颜色蓝背景，无须用户绘制背景墙；很容易照亮蓝色背景而不用担心会照亮网格；跟踪数据没有延时；摄像机运动不受限制，因此允许更好的摄像机角度及更好的拍摄；演员的活动不受限制，演员在蓝色舞台范围内可以任意速度自由活动，因此演员更容易接受虚拟场景；摄像机摇移、俯仰及变焦信息的采集速率可以完全跟上电视图像的刷新频率，无须额外的工作站处理跟踪信息；可自由使用真实的蓝色支持道具；在合成拍摄过程中可以很容易地处理阴影，无须进行额外的修补。

(三)基于红外线发射和接收的系统

该方式采用红外线信号发射和多点摄像头接收的原理对摄像机位置进行定位，利用红外线收发装置来检测表演者和摄像机在演播室中的位置，红外线的发射装置可安装于表演者身上或摄像机上，而接收装置(通常需要两个)可安装于蓝色幕布的上方。

采用这种技术的优势在于：可以在控制区域范围内测定摄像机在任意位置和角度的坐标参数；可以实现肩扛或手提式拍摄，不受轨道限制。不足之处在于安装和初始设置相对复杂；红外线发射和接收系统会受到演播室内灯光的干扰；可能会因红外线的交织而形成“炫光”损害主持人、摄像师的眼睛或摄像机镜头；成本相对较高；运算量大，对系统配置要求较高；视音频延迟量相对较大。①

在电视节目制作中，根据生成背景图像的维度不同，可以把虚拟演播室划分为：二维虚拟演播室、二维半虚拟演播室和三维虚拟演播室。

1.二维虚拟演播室系统

二维系统的出现是为了迎合某些用户的愿望，即能用较低的成本建立一个简单、实用而且图像质量高的虚拟演播室系统。这类系统的背景生成装置一般采用图形图像处理卡，可生成类似于二维效果的平面背景图像。但与一般系统所不同的是，在这里各种数字视频效果的生成是在摄像机运动参数的控制下进行的。例如，当摄像机推近前景图像时，在相应运动参数的控制下，图像处理卡会产生一个放大的图像与前景配合。但由于是二维系统，所以其调用的虚拟场景是预先生成好的平面TGA或BMP格式的图片。

2.二维半虚拟演播室系统

二维半虚拟演播室系统生成的背景图像的维度为三维，但又不同于三维虚拟演播室系统，它的虚拟场景必须事先在3D Max等三维动画编辑软件里设计制作，再将制作好的三维模型场景进行渲染，制作成特别大的高图像质量的图片，这样可以保证镜头在推拉、俯仰、平摇过程中视频画面不会超出虚拟场景画面。这类系统会事先生成场景，再

① 张晓辉.虚拟演播室技术的现状及发展[C].中国电影电视技术学会影视科技论文集.新奥特硅谷视频技术有限责任公司，2002：8.

采用贴图的方式实现前景和背景的合成，因此在场景设计时可以不受约束，尽情发挥。

3.三维虚拟演播室系统

三维虚拟演播室系统的价位比较高，属于高档次的虚拟演播室系统，其特点是能创建真三维的虚拟场景。系统实时地读取3D Max、Maya或Soft image 3D等国际通用的建模软件设计好的场景模型，再在专业图形加速平台上根据摄像机的参数变化进行实时的三维填充和渲染，因此实时渲染是三维虚拟演播室的重要特征。

在电视节目的制作中，与传统演播室的运用相比较，虚拟演播室的运用具有十分显著的特点，主要体现为拓展了电视节目的创作空间、降低了电视节目的制作成本、解决了传统抠像的失真问题等。

二、虚拟演播室技术发展历程

1978年，尤金提出了"电子布景"（Electro Studio Setting）的概念，指出未来的节目制作可以在只有工作人员和摄像机的空演播室内完成，其余布景和道具都由电子系统产生。

虚拟布景技术最早应用于电影制作，1982年上映的电影《电子世界争霸战》（TRON）是首部将真人真景与电脑特效画面融合的电影。20世纪90年代起，该技术逐渐开始应用于电视制作领域。

1988年，日本NHK的研究人员开发出一种被称为Synthevision（之后成为一个产品）的图像合成技术，并将其在首尔奥运会期间用于NHK的晚间新闻节目，以更改每一节的背景。当时，这些背景图像还只是2D的静帧画面。[①]1991年，NHK用开发的原型虚拟演播室系统Synthevision录制了科学纪录片*Nanospace*。Synthevision是世界上第一个实用的虚拟演播室系统。NHK开创性的工作包括将虚拟演播室系统的主要元素——实时背景渲染（使用一台SGI VTX）和实时前景跟踪（使用一套内部开发的传感器系统）相结合，遗憾的是，当时的图形硬件性能成为其被广泛应用的阻碍（图11-20）。

图11-20　NHK科学纪录片*Nanospace*中的一个场景

1993年，BBC将预渲染的虚拟场景用于新闻播报。虚拟场景被逐帧渲染记录到硬盘录像机中，在播出前和拍摄播音员的实时摄像机信号进行混合。此举代表了非实时的虚拟演播室系统的应用。

同一时期，实时的虚拟演播室系统也开始研发。1993年SGI推出Reality Engine 2之后，商业的虚拟演播室系统才开始出现。

欧洲两家公司IMP和VAP（Video Art Production）同时都在研究全新的色键应用解决方案，即计算机生成的背景图跟随摄像机的运动同步运动，并将生成的背景图像输入色键器中。他们采用SGI公司的Onyx图形工作站和Reality-2图像引擎，当时发布的这个图像引擎确保了虚拟演播室的输出达到满意的效果。在摄像机跟踪方面，采用在云台的平摇和俯仰的方向上安装机械传感器的方式来测量摄像机方向上的变化。使用这种方法虽然在系统的校准上要花费一点时间，但跟踪延时很短。虽然当时计算机生成的虚拟背景看上去十分简单，但是总体的节目制作效果还是令人满意的，这样就能够保证研发工作继续开展下去。

MONA LISA（Modelling NaturaL Images for Synthesis and Animation）是一个由9个欧洲工业、广播和学术机构（包括英国广播公司BBC、汤姆逊、西门子、汉诺威大学、DVS、VAP、玛丽女王学院、巴利阿里群岛大学）承接，受到欧盟RACE Ⅱ

① SHIMODA S, HAYASHI M, KANATSUGU Y. New chroma-key imaging technique with hi-vision background [J]. IEEE Trans. on broadcasting. 1989(4): Vol. 35, No. 4, pp. 357-361, 1989.

项目资助的合作项目。该项目旨在开发和集成构建、处理及快速合成用于创建图像序列的3D模型所需的技术(算法、软件和硬件)。该项目研发演示的样品名为ELSET™(也是VAP公司的注册商标)。该项目从1992年持续到1995年年底(图11-21、图11-22)。[①]

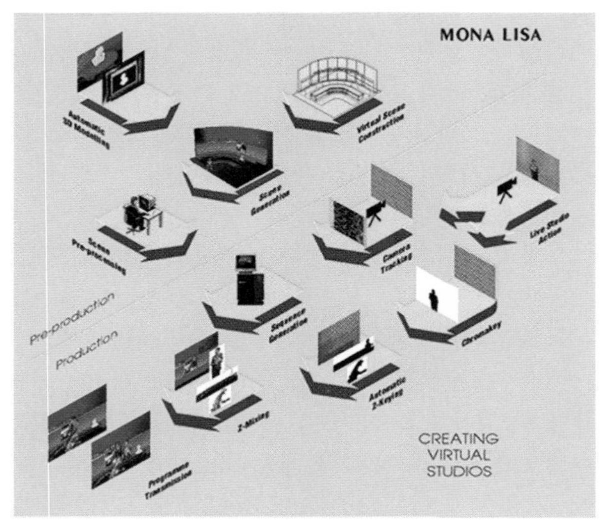

图11-21　MONA LISA项目虚拟演播室创建示意图

图11-22　MONA LISA项目相关技术用于BBC *The Web*节目制作

1994年3月，在美国拉斯维加斯广播电视展览会(NAB)上，美国Ultimatte公司和德国汉堡IMP GmbH公司以"技术演示"的形式展示了首个实时虚拟演播室系统。1994年9月，在荷兰阿姆斯特丹举办的国际广播电视大会(IBC)上，IMP和VAP公司分别展出了各自的虚拟演播室系统Platform和ELSET。

当时的系统展示并不完美，这些系统的主要缺点有安装烦琐、可靠性差、价格昂贵。即使这样，也没有阻挡众多厂家冒险进入这个领域，并且使虚拟演播室系统在技术上得到了突飞猛进的发展。当时不少人认为虚拟演播室技术将使电视节目制作方式发生革命性的变革，并且这个变革在很短的时间里就能够完成。这种信心主要来自他们认定图形引擎将会以非常快的速度更新。然而，实际上图形引擎的更新速度并不像我们所希望的那样快，高端计算机的技术更新不如普通个人计算机(PC)技术更新得快。

1994年11月，德国国家信息技术实验室(GMD)研制出3DK系统。[②]除了渲染背景之外，3DK还可以生成遮罩信号，令虚拟物件可以放置到前景中。这套系统被德国的多家电视台用于直播和录制节目。

1995年夏，挪威广播电视公司(NRK)开始考虑在来年的欧洲歌唱大赛中使用虚拟演播室的可能性，并最终在1996年5月18日晚上实现了现场直播。1996年的欧洲歌唱大赛在电视直播领域开辟了一个新的天地——在一个虚拟演播室中，在6 000名观众面前直播了一个小时的投票环节并且获得了成功(图11-23)。[③]

① Modelling natural images for synthesis and animation[EB/OL].[2024-03-22]. https://cordis.europa.eu/project/id/R2052.

② GIBBS S, ARAPIS C, BREITENEDER C, LALIOTIV M, TAFAWY S, SPEIER J.Virtual studios: an overview[J].IEEE MultiMedia, 1998: 18-35.

③ HUGHES D.Virtual studio technology: the 1996 Eurovision song contest[J].EBU technical review, 1996: 7-13.

图11-23　1996年的欧洲歌唱大赛采用虚拟演播室直播了投票环节

1996年4月的拉斯维加斯广播电视展览会(NAB)上，德国的IMP和VAP、以色列的ORAD和RT-Set等公司展示了令人兴奋的虚拟演播室系统。ORAD公司开发的虚拟演播室系统叫作CyberSet，它采用了改进后的基于网格识别的摄像机跟踪方式。通过使用一台专用的高端计算机以及在演播室蓝箱墙壁上绘制的浅蓝色网格，系统就能够计算出摄像机的准确位置。RT-Set公司开发了一套叫作Larus的虚拟演播室系统，它在复杂场景的实时渲染以及摄像机的运动跟踪方面所使用的技术，是该公司在多年制作飞行模拟器的研发中积累下来的，并使之在虚拟演播室中得以应用。BBC公司研制了一套虚拟演播室系统，由Radamec公司负责它的销售。这个系统采用标准的视频图像作为背景，背景在进行数字视频特技处理的同时还能够随着前景摄像机的运动而同步运动。

1996年，SGI公司引入了一款新型的图形渲染引擎——Infinite Reality。这款新的渲染引擎的性能确保了一些新技术的实现，它能够处理由更多多边形构成的虚拟场景以及首次实现了场景虚焦的特殊效果。

1997年，SGI公司的Onyx图形工作站不再是虚拟演播室中唯一采用的图形渲染设备。Accom公司在ELSET基础上增加了背景生成模块、背景跟踪和可编程应用程序接入功能，推出了2路视频叠画、12台摄像机动态切换的ELSET Live NT系统。在1997年的NAB上，美国益世公司推出了Mindset虚拟演播室系统。这是首套基于Windows NT和实时图形工作站的系统。①

此后，各家公司基于PC的虚拟演播室系统陆续出现。

虚拟演播室系统在1997—1998年间进入中国。1998年，虚拟演播室系统作为电视节目制作的一种新技术，首次在BIRTV展览会上展出。四家外国厂商带来的产品和演示(美国Accom公司的ELSET系统、以色列傲威公司的CYBERSET系统、以色列实时合成娱乐技术公司的Larus系统和美国益世公司的MindSet系统)，展现了虚拟世界的魅力，让虚拟演播室系统开始受到众多业内人士的关注。②

1998年5月初，国内首个虚拟演播室正式建成并首先在广东有线广播电视台都市频道《有线新闻网》栏目投入使用。

1998年12月，中央电视台技术制作中心虚拟演播室系统正式开通使用。这套虚拟演播室采用实时合成娱乐技术公司的Larus三维虚拟演播室系统，系统主机采用的是SGI Onyx2大型图形工作站作为系统的核心设备，接受并发出控制数据，并负责生成虚拟场景。由一台SGI Onyx2作为用户界面，供技术人员对其操作。系统的跟踪方式采用的是德国生产的THOMA传感器。③

1998年，中央电视台还从益世公司引进了一套MindSet虚拟演播室系统④用于第17演播室(海外节目中心250平方米虚、实共用演播室)，主要录制CCTV-4的节目。

① 莫士科维茨.虚拟演播室技术[M].夏力等，编译.北京：清华大学出版社，2005.5：3-4.

② 王谦，孙晓丹.虚拟演播室系统产品综述[J].电视字幕(特技与动画)，1999(3)：5，9-11，14-15.

③ 李小康，孙晓丹.虚拟演播室应用浅谈[J].现代电视技术，1999(3)：1-5.

④ 民.中央电视台订购益世电脑公司的三维虚拟演播室系统[J].中国新闻科技，1998(3)：25.

2001年，中央电视台引进了一套国产奥维迅二维半虚拟演播室AVSet，用于150平方米的小型演播室，并在第九届运动会的电视转播中首次使用这套系统进行了虚拟演播室的直播。2002年，中央电视台再次使用这套系统完成了釜山亚运会前方虚拟演播室的直播报道。

2002年，中央电视台第17演播室进行了系统升级，引进了以色列傲威公司的三维虚拟演播室系统CyberSet，这套系统采用机械传感、网格跟踪和红外跟踪三种跟踪方式，可根据节目的不同需求，采用不同的跟踪方式，而且三种跟踪方式互为补充，为节目录制提供了高效、安全的保证。升级后的系统在深度键功能上首次实现了像素级跟踪，同时基于新系统底层软件的不断开发，使场景创意不再受到设备功能的制约，加之实时更换贴图、实时活动视频及丰富的动画特效，使节目更具时效性和观赏性。该系统成为当时中央电视台功能最完备的虚拟演播室系统，用它录制的节目主要涉及中文国际频道、英语国际频道、法语国际频道和西班牙语国际频道的专题及专题类新闻节目。

2003年，中央电视台引进了一套大洋三维虚拟演播室VRSet，用于西部频道的节目制作。2004年，中央电视台和新奥特公司合作，在雅典搭建虚拟演播室，使用新奥特三通道虚拟演播室系统，利用虚拟摄像机和演播室滑轨相结合，以及虚拟场景和机位移动，成功地进行了雅典奥运会的直播报道工作。2005年年初，中央电视台第18虚拟演播室进行了系统升级，引进了挪威维斯有限公司的Viz-Artist虚拟演播室系统。这套系统成为当时中央电视台使用率最高、录制播出图像效果最好、运算渲染速度最快且性能最稳定的虚拟演播室系统。

2006年，中央电视台在直播第十五届多哈亚运会赛况时，使用了傲威公司生产的虚拟演播室系统，首次在三维场景的直播中以摇臂机位作为主机位进行录制，增加了体育节目报道的动感，使新闻内容更加视觉化。[①]

虚拟演播室进入我国的早期，各电视台采用的完全是国外的产品，多以二维虚拟演播室系统为主，且价格昂贵。20世纪末，我国虚拟演播室技术的研发开始起步，方正集团、新奥特公司、中科大洋公司、奥维迅公司、西安宏源公司等多家国内视频产品生产厂商，在虚拟演播室系统的研发上投入了大量技术力量，国产的虚拟演播室系统开始出现。

方正集团在虚拟演播室产品的研究与开发上投入了大量的人力物力，继在国内首家推出了自主开发的产品——方正虚拟布景系统1.0之后，又在2000年推出了2.0版本，增加了虚拟变焦、遮挡、局部动画等功能，使其更加强大和实用(图11-24)。[②]

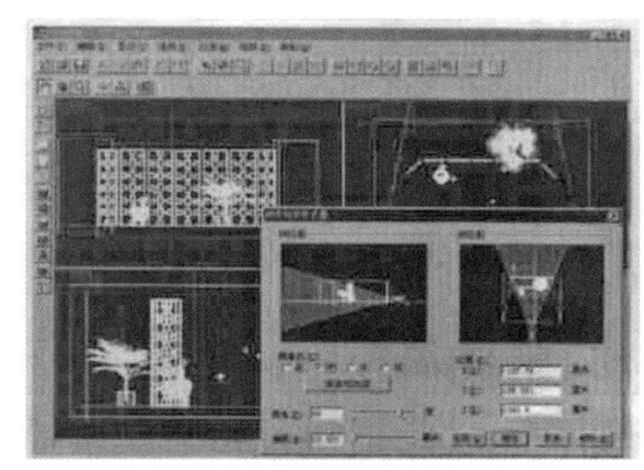

图11-24　方正虚拟布景系统操作界面

2000年6月22日，中科大洋公司VRSET虚拟演播室系统全国巡展及发布会召开，宣布VRSET虚拟演播室系统正式推向市场。VRSET虚拟演播室系统主要面向中小型演播室，主要应用范围是新闻播出、访谈节目、体育直播及天气预报等。这些栏目的共同特点是场景较小，但节目制作量大，后期制作时间紧。VRSET系统能克服上述的所有困难，具有集成度高和优异的性能价格比的特点，并且可以和DayangNet网络直接连接，实现制播一体化。[③]

国内公司逐步在关键技术上取得突破和创新，陆续开发出了适合国内电视台使用的虚拟演播室系统，其产品均采用Windows系统，大幅降低了成本，为这项先进技术的国产化做出了贡献。

国内生产虚拟演播室的厂家，大都是以前生产字幕机、非线性编辑系统的厂家，所以大都在自己的虚拟演播室产品中集成了自己开发的非线性编辑产品，这不仅仅是提高了设备的利用率，更为重要的

① 杨伟光.中央电视台发展史[M].北京：北京出版社.1998：258-259.

② 北大方正电子媒体事业部.实用的方正虚拟布景系统[J].广播与电视技术，2000(6)：95-98.

③ VRSET大洋虚拟演播室系统正式推向市场[J].广播与电视技术，2000(7)：143.

是，可以将栏目的片头、片花等常用素材存放在系统的大硬盘中，供虚拟大屏幕回放，这比使用录像机回放的方式，既节省了设备，又方便了操作，这也是国外虚拟演播室产品不可比拟的一个优越性。

2002年5月，中科大洋公司成立了虚拟产品事业部，将大洋虚拟演播室系统产品的名称统一命名为MagicSet 3D，加强了虚拟产品研发组的技术力量，首家成功研制出基于N TSC标准的真三维虚拟演播室系统，该系统可满足海外不同制式用户的需求，中科大洋公司自此走上了产品国际化之路。

2008年之后，一些无轨跟踪的虚拟演播室技术开始被推向专业市场，技术被称为无轨跟踪虚拟演播室(trackless virtual studio)。无轨跟踪虚拟演播室不使用传统的传感器对真实摄像机的移动进行定位、跟踪，更无须移动真实摄像机，而是通过虚拟摄像机来实现摄像机的推位、摇移、摇臂、航拍等运动效果，以及各个机位和镜头之间的快速切换，代表产品是Monarch公司的Virtuoso(图11-25)。

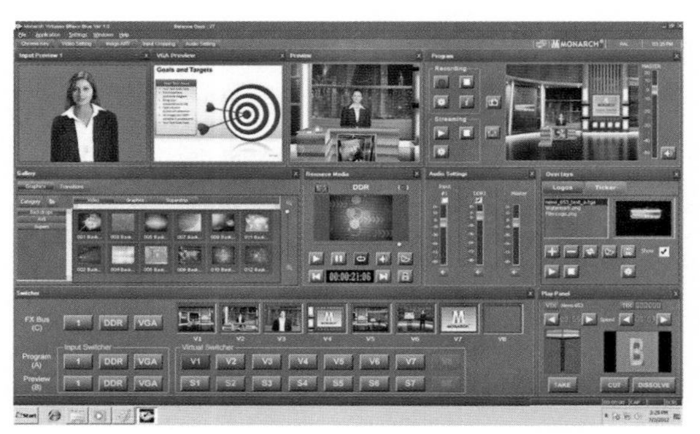

图11-25　Monarch Virtuoso软件界面

目前，虚拟演播室技术已经非常成熟，多家公司都推出了成本更低、集成度更高的虚拟演播室系统。

本节执笔人：张俊

第三节 | 转播车

一、转播车技术概述

电视转播车是一种独立的、完整的、可机动运行的视音频制作单元，是专用的特种车辆，常用于体育赛事、综艺节目和时政新闻活动等节目的现场制作。

作为广电行业重大技术设施之一，转播车涵盖了采集、制作、传输、播出及制造工艺等多方面的技术，在突发性新闻事件报道、实时现场信号采集、外场综艺演出、重大活动、大型体育赛事转播等方面发挥着无法替代的作用。

转播车又被称为“带轮子的演播室”。转播车与演播室在设备、系统上有很多相似之处，它们的制作方式、信号标准和系统的总体构成都应该符合整体技术标准。但在节目形态、制作环境、支持条件、系统设计等方面也存在很多不同，主要表现在：

第一，演播室制作通常称为内场制作，一般是在电视台或电视机构内部固定的场所进行节目制作，通常以常态栏目为主，设备、系统及连接相对固定。而用转播车进行的制作通常称为外场制作，一般是在电视台或电视机构外部进行的，如体育场馆、剧院、会议中心等，活动的内容、规模、环境等也都不尽相同，因此，演播车系统要相对灵活才能满足各种不同应用的需求。

第二，演播室相对固定，技术保障条件和信号传输条件也是相对固定和有保障的。演播室通常会有固定的电源、空调和照明系统，与主控之间的信号传输及场内的信号连接等也相对固定。而对于转播车系统来说，由于它工作地点的不确定性，所需的技术条件除了转播车内部的技术保障条件外，还需要外部提供的技术条件。例如，要每次根据场地条件进行连接电源，或者采用专门的发电车进行供电；信号的传输也需要根据现场条件选择光纤或卫星等方式；与场地内的信号连接方式每次也都不固定。

第三，外场转播制作因为要面对不同的节目形态和不同的制作队伍，在视音频系统设计上与相对固定形态的演播室有所不同，在系统的扩展性、灵活性和多系统协作上有更高要求。但这并不意味着转播系统就一定比演播室系统更复杂，只是工作内容和服务对象有区别。例如，有些转播车的音频系统就比演播室的要简单，周边设备也没这么多，因为在转播时通常在现场进行一级调音，再送到转播车上进行二级调音。[1]

① 张宝安.高清电视节目转播与传输[M].北京：中国广播电视出版社，2011：56.

电视转播车由车体和视音频系统组成。车体部分由车头、车辆底盘、车厢、支撑及驱动系统、配电系统、空调系统、照明系统等组成。车内可包括主制作区、副制作区、技术区、音频区等，不同配置的电视转播车可能有所区别(图11–26)。

图11–26 电视转播车车内布局示意图(来源：TVLB)

主制作区主要包括导演、助理导演、切换、视觉工程师、字幕及包装、编辑、通用等工位，能够监看节目制作的所有图像信号，满足节目审看、信号编辑、素材播放、慢动作制作等技术需求，具备信号的选择切换、声音信号的监听、各相关工种之间的通话和时钟显示功能。

副制作区(可根据需求设置)主要包括素材播放、慢动作制作等工位，能够独立完成简单信号的制作，承担融媒体多平台分发功能，也可以为主制作区的制作提供工位补充，监看节目制作的所有图像信号，满足信号编辑、素材播放、慢动作制作等技术需求，具备信号的选择切换，声音信号的监听、各相关工种之间的通话和时钟显示功能。

技术区主要包括技术监制、系统工程师、摄像机调整控制、录制等工位，满足视音频设备调试、系统设置、输入输出信号监看、摄像机图像调整、节目质量控制等技术需求，具备对所有设备进行控制及设置，所有信号的选切、监看和调度和声音信号的监听、各相关工种之间的通话功能。

音频区主要包括调音师、助理调音师、音频技术等工位，满足节目的音频信号制作、音频信号的接入及混音输出、音频系统的设置等技术需求，具备监听和处理所有音频信号、播放音频介质、监看相关图像信号，以及各相关工种之间的通话功能。

车内视音频系统由视频系统、音频系统、监看系统、监听系统、信号管理系统、同步系统、通话系统、切换指示系统、时钟系统等组成。

视频系统的实现方式可分为SDI或IP，以IP方式实现的视频系统示意图见图11–27，以SDI方式实现的视频系统示意图见图11–28，音频系统示意图见图11–29。

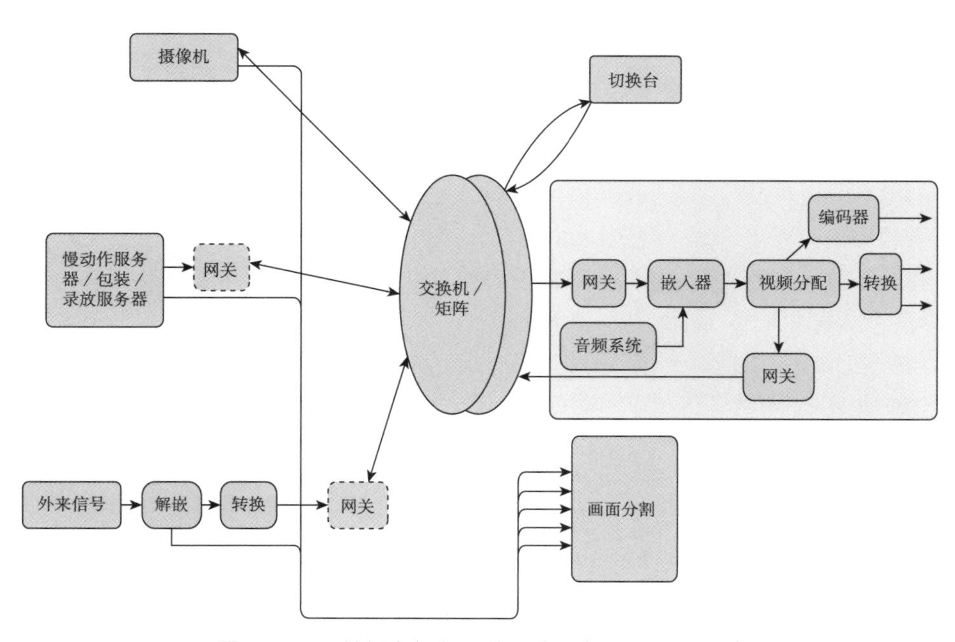

图11–27 转播车视频系统示意图(以IP方式实现)

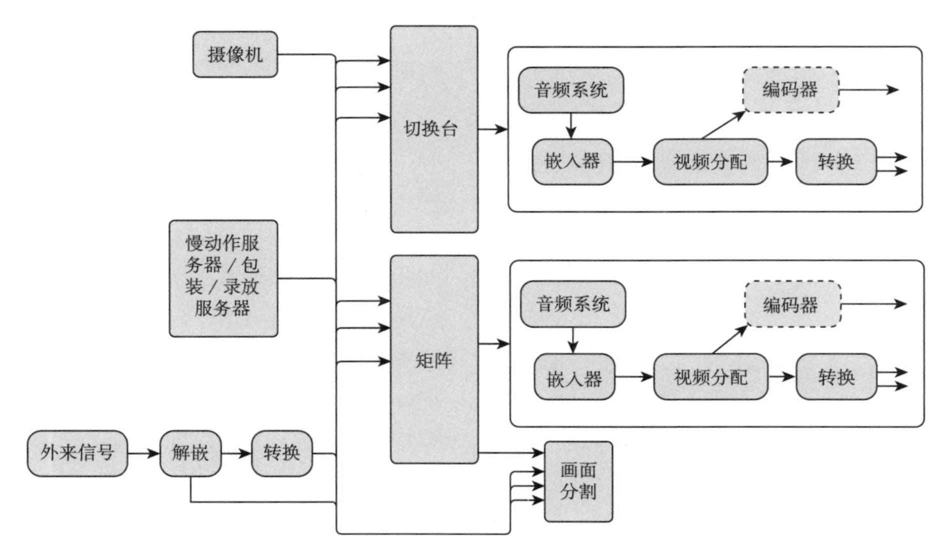

图11-28　转播车视频系统示意图(以SDI方式实现)

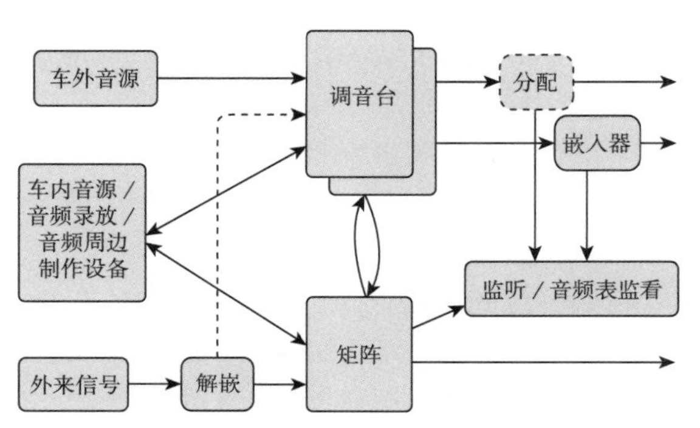

图11-29　转播车音频系统示意图

根据车内设备配置和车体部门的参数不同,转播车从规模上可以分为小型转播车、中型转播车、大型转播车和超大型转播车。按照奥林匹克转播公司(OBS)对转播车的分类标准,转播车可分为A类车、B类车和C类车。

转播车内会根据工作需要设置一些工位,包括导演工位、助理导演工位、切换工位、视觉工程师工位、字幕及包装工位、编辑工位、通用工位、素材播放工位、慢动作制作工位、技术监制工位、系统工程师工位、摄像机调整工位、录制工位、调音师工位、助理调音师工位、音频技术工位等。①

二、国外转播车的技术发展历程

(一)第一辆转播车

1931年6月3日,在英国德比赛马会(Epsom Derby)上进行了一次30行机械电视的传送。这场传送由贝尔德电视公司(Baird Television Company)与BBC合作完成,使用了前者提供的拍摄设备和后者提供的传送设施。贝尔德电视公司创始人约翰·洛吉·贝尔德是早期电视领域的先驱,而BBC是世界上第一个国家广播组织。

贝尔德的装置安装在终点柱旁的一辆大篷车里。门上的一面镜子将场景反射到一个包含30面以不同的角度倾斜镜子的镜筒上。随着镜筒的转动,每一面镜子都照到了一点光。这些光斑被转换为电脉冲,电脉冲的强度根据接收到的光而变化。然后,这些信息通过25英里长的GPO电话线传输到贝尔德位于朗阿克的控制室,声音和图像在那里被放大并传送给BBC。这套装置能够同时产生30线图像和声音,这在当时是一个重要的进展,但与即将开发的405线(后来的625线)系统提供的清晰度相比,还差得远(图11-30)。

这次传送结束后,贝尔德指出:“这标志着电视走向户外现场,将成为户外专题事件电视转播的前奏。”这被认为是世界上第一次的户外转播。

贝尔德的“大篷车”也被认为是世界上第一辆转播车(机械电视时代,图11-31)。

① 全国广播电影电视标准化技术委员会.数字电视转播车技术要求和测量方法:GY/T 222-2023[S].北京:国家广播电视总局,2023.

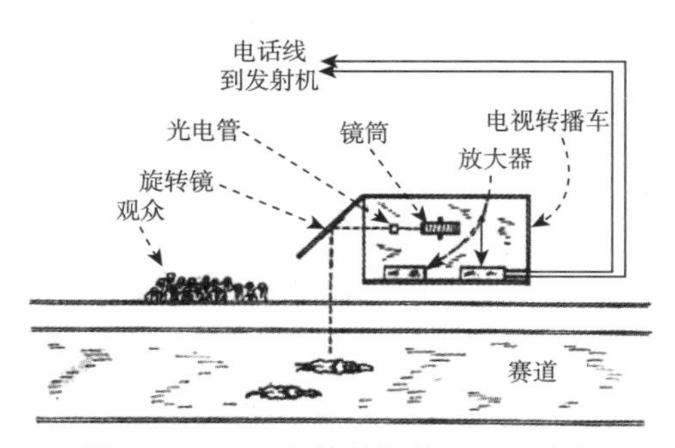

图11-30　贝尔德装置的原理示意图

图11-31　贝尔德在终点柱旁的“大篷车”被认为是世界上第一辆转播车

(二)欧洲

世界上首次大规模的电视转播是1937年5月12日乔治六世国王和伊丽莎白女王的加冕典礼，由BBC的首辆电视转播车MCR1(Mobile Control Room)完成。这也是英国的第一次户外电视实况转播。MCR1由马尔科尼-艾米公司(Marconi-EMI)在AEC Regal单层巴士的底盘上建造(图11-32)。①

图11-32　BBC的首辆电视转播车MCR1的外观、侧面展开和内部(来源：BBC)

BBC的第二辆转播车在1939年建成，命名为MCR2。MCR2使用了EMI公司发明的新型摄像机管，灵敏度是标准的10到20倍。

战后，MCR4由EMI公司制造，正好赶上1948年7月的伦敦奥运会。而本应在1948年7月建成用于奥运会转播的MCR3，到1949年4月才完成建造，制造商为派依(Pye)。

此后，BBC的转播车依照这一命名方式继续建设。MCR21是BBC的最后一代黑白转播车(图11-33)。

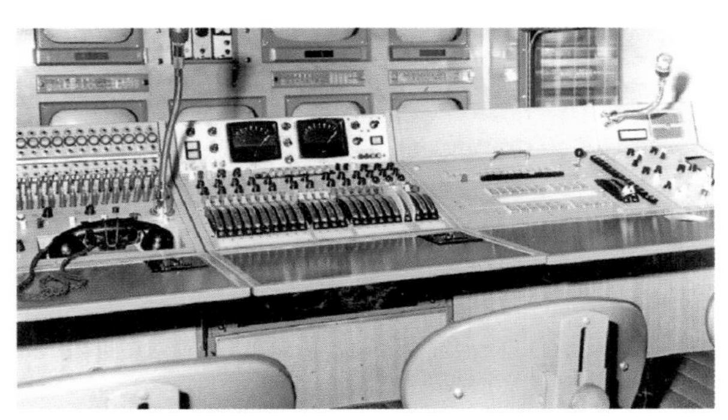

图11-33　BBC MCR21内部

1967年，随着彩色电视机的普及，第一辆彩色

① Wikipedia.Production truck [EB/OL]. [2024-02-20].https: //en.wikipedia.org/wiki/Production_truck.

转播车Albion Clydesdale CD21 CMCR BBC在英国诞生(Colour Mobile Control Rooms(CMCRs)),由阿尔比恩(Albion)汽车公司为BBC建造。这辆转播车集主机、操作台、多屏监视器、音响控制室于一体,还包括4个彩色通道和2个可选通道,甚至所有的设备都可以进行模块化的灵活组装,完善的设计让它一直沿用了近30年才被后续车型取代。这辆车被用于第一次公开的彩色电视转播——1967年的温布尔登网球锦标赛(图11-34)。[①]

图11-34　第一辆彩色转播车Albion Clydesdale CD21 CMCR BBC外观

2001年,上镜公司(现已被欧洲媒体集团合并)推出欧洲首辆高清转播车(T8)。

2009年,上镜公司推出欧洲首辆3D转播车(T18)。[②]

2013年,上镜公司建成全球首辆4K 转播车(T25),该车装备了索尼HDC-2500R(用于高清拍摄)、PMW-F55 35mm 4K摄像机和MVS-8000X(采用QFHD模式),可同时支持HD和4K制作。天空体育频道(Sky Sports)在2013年8月31日用这台4K转播车进行了英国首次4K转播测试(西汉姆对阵斯托克城的英超比赛,图11-35)。[③]

图11-35　上镜公司建造的全球首辆4K转播车(T25)

2015年8月,英国外场转播和后期制作提供商时间线公司与英国电信体育频道(BT SPORT)联合推出欧洲第一辆专门建造的超高清4K转播车(UHD-1)。它由时间线公司系统集成部门建造,装备了全球首批Sony HDC-4300 4K摄像机12台,以及全球首批Fujinon 4K 80x箱式镜头和22x便携镜头,Grass Valley Kahuna UHD 4K切换台、Sirius矩阵和Sony PWS-4400服务器。这辆转播车推出后即为英国电信体育4K频道提供服务(图11-36)。[④⑤]

图11-36　欧洲第一辆专门建造的超高清4K转播车(时间线公司UHD-1)

2016年,英国电视制作公司竞技场电视(Arena TV)建成全球首个基于IP 的4K HDR转播车

① On The Air Ltd.BBC colour mobile control rooms [EB/OL].[2024-02-20].http://www.vintageradio.co.uk/htm/tvprojects2a.htm.

② Rocket Reach.Telegenic Information [EB/OL].[2024-02-20].https://rocketreach.co/telegenic-profile_b5d3123ef42e458a.

③ Sports Video Group.New timeline: inside Europe's first ultra HD OB truck with MD Dan McDonnell [EB/OL].(2015-06-11)[2024-02-20].https://www.svgeurope.org/blog/headlines/new-timeline-inside-europes-first-ultra-hd-ob-truck-with-dan-mcdonnell/.

④ Timeline Television Ltd.Timeline television designed and built the first purpose-built 4K UHD outside broadcast unit in Europe [EB/OL].[2024-02-20].https://www.timeline.tv/services/outside-broadcast-trucks/4k-ultra-hd-truck/.

⑤ Advanced Television.Timeline builds first UHD 4K OB truck in Europe[EB/OL].(2015-06-10) [2024-02-20].https://advanced-television.com/2015/06/10/timeline-builds-first-uhd-4k-ob-truck-in-europe/.

(OBX)。[1]

2018年年底，瑞士转播供应商瑞士技术与制作中心股份有限公司(technology and production center switzerland ag)建成一辆基于全IP的转播车(UHD-1)，并于2019年1月29日至31日，在欧洲广播联盟(EBU)制作技术研讨会上进行了展示。该车据称这是世界上首辆纯IP转播车(图11-37)。[2]

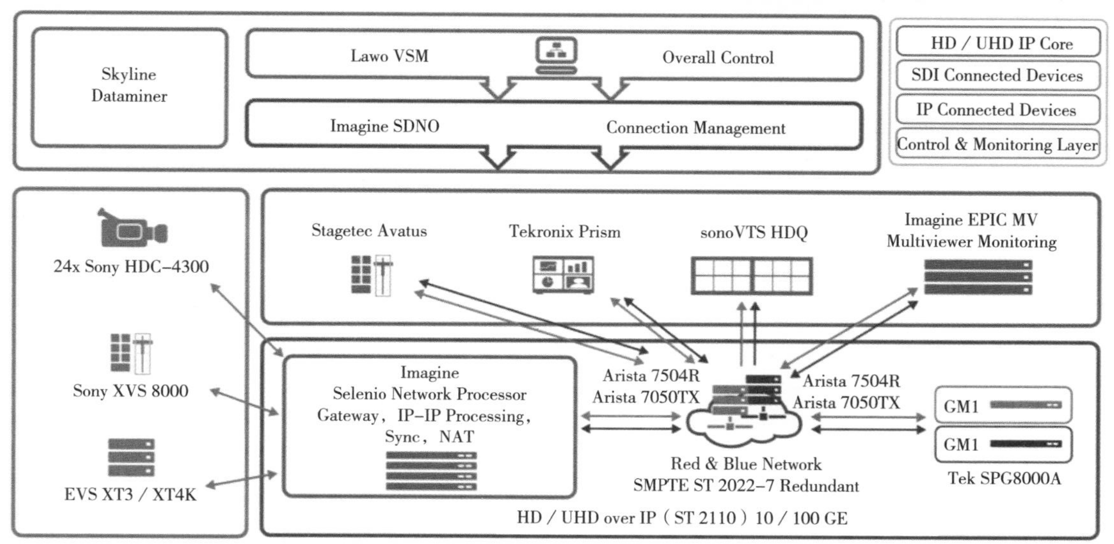

图11-37　TPC UHD-1转播车外观及其全IP的架构

（三）美国

1937年12月12日，美国第一辆转播车由美国无线电公司(Radio Corporation of America，RCA)交付给美国全国广播公司(NBC)。它由两辆26英尺的巴士改造而成，一辆用于制作，另一辆用于信号传送。用于制作的车上配备了两台便携式单镜头Iconoscope摄像机和支持设备，用于传送的车上有177 MHz发射机并带一根50英尺长的天线，可以在25英里的距离内向纽约帝国大厦发送信号。这套装置进行了为期6个月的现场测试，之后返回RCA的卡姆登工厂对同步设备进行改进。另一项改进是为传送车安装了同轴馈源，使它可以在NBC总部洛克菲勒中心的下沉溜冰场进行拍摄。

1938年8月，改进后的转播车返回。9月15日，NBC纽约分台W2XBS开始用这辆车制作每周系列节目——“街上的人”(Men On The Street)。该节目每周采访经过洛克菲勒大厦的路人，一直持续到1939年世界博览会在纽约开幕。到世界博览会到来的时候，NBC已经在使用这辆转播车上积累了很多经验，并开始大量使用了这些设备(图11-38)。[3]

第一辆转播车开始，美国各大电视网站都是自己建造转播车，这一情况在1995年之后发生变化。由于与转播车服务提供商竞争不占优势，各大电视网纷纷将自己的转播车出售。1995年1月，NBC将自己的转播车卖给了NEP。1998年，哥伦比亚广播公司(CBS)将其转播车出售。美国广播公司(ABC)

① BEVIR G.Arena delivers first UHD IP broadcast for BT Sport [EB/OL].(2016-09-12) [2024-02-20].https: //www.broadcastnow.co.uk/arena-delivers-first-uhd-ip-broadcast-for-bt-sport/5109332.article.

② HUNTER P.EBU claims world first for all IP OB truck [EB/OL].(2019-01-24) [2024-02-20].https: //www.thebroadcastbridge.com/content/entry/12629/ebu-claims-world-first-for-all-ip-ob-truck.

③ TV History.America's first mobile units delivered [EB/OL].(2020-12-12) [2024-02-20].https: //eyesofageneration.com/december-12-1937-televisions-first-mobile-units-delivered/.

和娱乐与体育电视网(ESPN)在2000年将其转播车出售。

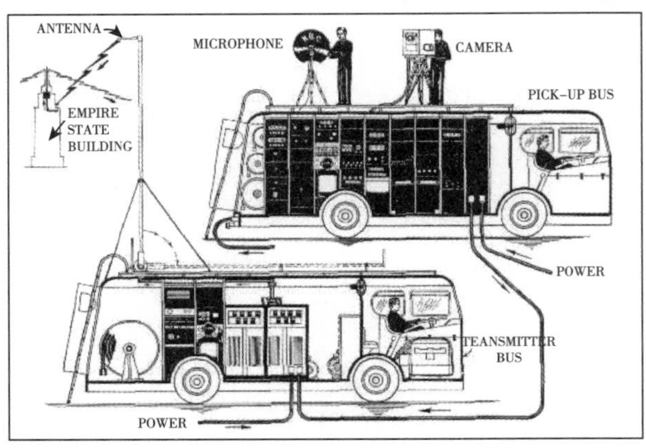

图11-38　美国的第一辆转播车，由两辆车组成，一辆用于制作，另一辆用于信号传送

此后，各电视台主要以租用的模式进行外场制作。转播车服务提供商也在技术、商业的变迁中经历自然淘汰、并购等，目前主要的转播车服务提供商有：NEP集团(全向全球提供业务)、All Mobile Video(AMV)、Game Creek Video(GCV)、Mobile TV Group、Producers Management Television(PMTV)、Alliance Productions等。其中，NEP集团运营着世界上最大的转播车队，共有176辆转播车，其中65辆驻扎在美国，13辆在澳大利亚，8辆在比利时，4辆在丹麦，2辆在芬兰，12辆在德国，2辆在爱尔兰，5辆在意大利，8辆在新西兰，10辆在挪威，19辆在瑞典，4辆在瑞士，5辆在荷兰，19辆在英国。

2016年，移动电视集团(Mobile TV Group，MTVG)建造了美国首辆4K转播车——39Flex。该车长53英尺，双侧拉结构，配备12台索尼 HDC4300 4K摄像机，拥有48个4K输入(或192个高清输入)。该车完成了美国的首次4K转播和HDR转播(图11-39)[①②]

图11-39　MTVG的39 Flex是美国首辆4K转播车

(四)日本

1952年，日本第一辆转播车建成。由于当时的设备体积非常大，且录像技术尚未出现，车内只能容纳1-2台黑白摄像机和控制设备，主要用于相扑、职业摔跤等体育转播。1959年皇太子大婚巡游前后，日本的民营电视台开始拥有自己的转播车。

此后，经过1964年东京奥运会彩色电视广播、20世纪70年代U-matic录像机的出现，进入20世纪80年代，随着1英寸录像机的出现，配备多台摄像机和切换台、录像机等基本设备的转播车开始普及。

20世纪80年代后半期到90年代前半叶，摄像机系统成像器件的主流转向CCD电荷耦合器件，转播车搭载的摄像机数量开始增多，车辆的尺寸也逐渐增大，可支持搭载10台左右摄像机。与此同时，随着摄像机的小型化，小型新闻转播车、卫星转播车(SNG)等大量问世，增加了拍摄的机动性。

① Pipeline Communications.mobile TV group rolls out first U.S. 4K production truck for masters golf tournament[EB/OL].[2024-02-20]. https://www.broadcastbeat.com/mobile-tv-group-rolls-out-first-u-s-4k-production-truck-for-masters-golf-tournament/.

② Sports Video Group.mobile TV group rolls out first U.S.4K production truck, will work the masters[EB/OL].(2016-03-22)[2024-02-20]. https://www.sportsvideo.org/2016/03/22/mobile-tv-group-rolls-out-first-u-s-4k-production-truck-will-work-the-masters/.

1994年前后，随着日本开始进行高清实验广播，出现了部分由模拟高清设备组成的早期高清转播车。

此后，随着高清以数字方式实现规范化，2000年开始广播卫星数字广播，2003年开始地面数字广播，此后生产的转播车都基本实现了数字高清化。①②

进入超高清时代，国营电视台日本放送协会（NHK）陆续建成了一批4K转播车和8K转播车。

2012年，NHK和BBC用8K超高清技术对伦敦奥运会部分项目进行了制作和分发。其间，一辆高清转播车被改造为当时世界唯一的8K转播车。车上配备2台8K超高清摄像机（开幕式和闭幕式时为3台）、2台慢动作装置、1台上变换器、字幕设备以及8路输入切换台等（图11-40）。③

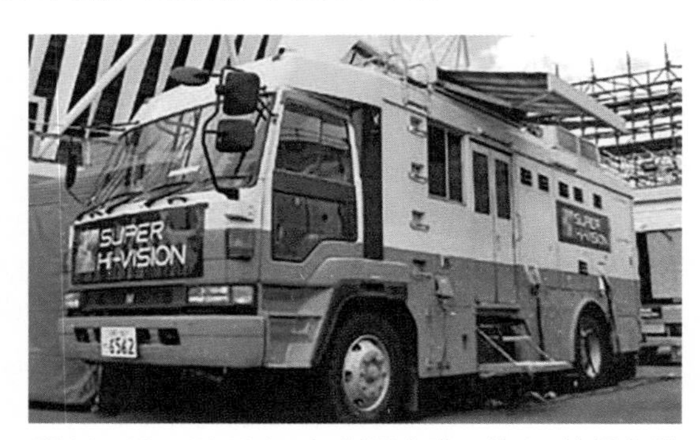

图11-40 2012年时，世界上唯一的8K转播车是由一辆高清转播车改造的

2016年，NHK建成4K-1转播车，这是世界首辆4K转播车。信号格式为四链路3G-SDI Level-A 2SI。部分采用IP Live 制作系统（NMI：Network Media Interface）导入。可实现4K（高动态范围、广色域）和2K一体化现场制作。该车实现了摄像机控制系统IP化，并首次在转播车中引入PC-MSU。

2018年，NHK先后建成4K-2、4K-3和4K-4转播车。

2019年，NHK先后建成4K-5转播车，采用基带（12G-SDI）设计。

2014年起，为了8K电视试播，NHK开始装备8K转播设备，2014年建成支持22.2声道制作的音频车SA-1。④

2015年9月，由池上公司（Tsushinki）设计制造的世界首辆8K转播车建成并交付日本NHK。这辆转播车被命名为SHC-1，它长11.93米、宽2.49米（可扩展1米），高3.3米，制作间内配备了55英寸8K监视器、2K监视器（池上公司制造）、1台16输入4输出的1M/E切换台（日本电器公司制造）、SSD慢动作回放设备（阿斯拓洛电子设计公司制造）等设备。⑤⑥ NHK同年还设计了与SHC-1相同尺寸的SHC-2。SHC-1、SHC-2先后被用于里约奥运会、平昌冬奥会、2018年俄罗斯世界杯等的8K转播（图11-41）。

图11-41 世界首辆8K转播车——NHK SHC-1（外观图片及内部图片）⑦

① 富澤茂明.放送中継車の現状と今後［J］.映像情報メディア学会誌，2013(67)：789–795.

② Wikipedia.中継車［EB/OL］.［2024.02.20］.https：//ja.wikipedia.org/wiki/中継車.

③ Masayuki Sugawara.Advances in SUPER Hi-VISION in 2012［J］.New Breeze，2013(25)：4–9.

④ 国際メディアサービスシステム研究所.NHK BS8K BS左旋波で放送開始［EB/OL］.［2024-02-20］.https：//blog.goo.ne.jp/imssr_media_2015/e/69b13c3467aeec465691d32a5e8b3690.

⑤ InterBEE.NHK debuts 8K outdoor broadcasting van［EB/OL］.(2017-11-29)［2024-02-20］.https：//www.inter-bee.com/en/magazine/archive/special/detail7b4b.html？ magazine_id=3770.

⑥ ASHFORD H.Ikegami delivers 8K ob truck［EB/OL］.(2015-10-27)［2024-02-20］.https：//www.tvbeurope.com/production-post/ikegami-delivers-8k-ob-truck.

⑦ PRONEWS編集部.NHK第45回番組技術展~8Kなど現場から生まれる技術や取り組みを紹介［EB/OL］.(2016-02-10)［2024-02-20］.https：//jp.pronews.com/column/20160210153041373.html.

2016年，NHK建成SHV CSK AH-71，这是世界上第一辆8K卫星车。与8K转播车连接后，该车可实现8K图像和22.2环绕声的传送。

2017年，NHK的第三辆8K转播车SHC-3建成。该车采用8K 422 IP Live制作系统(NMI：Network Media Interface)，可实现8K HDR 2020制作、摄像机控制IP化并引入了PC-MSU。

2018年，NHK建成音频车TA-2-小型8K转播车AH-72，主要用于大型转播车难以进入的场所或进行小规模8K直播制作。

2019年，NHK的第四辆8K转播车SHC-4建成，重点改善了空调设备，使空调性能大幅提高。该车首次引入HDR/SDR统一控制按钮并配备了8台索尼UHC-8300摄像机，最大可扩展至10台。

2020年，NHK建成一套8K箱载转播系统8K OB-Block，该系统可按最大结构和最小结构两种模式运行，能根据制作规模有效构建系统。该系统由索尼负责设计和制作，接口采用NMI。

根据2007年《放送技术》杂志的一项统计，日本民营电视台中，TBS电视台拥有各类规模转播车、音频车、微型车、发电车等共11辆。富士电视台在2004年前后陆续对20世纪90年代建成并一直在使用的转播车进行了更新改造，不断强化其高清制作能力，该台共有各类转播车10辆。朝日电视台拥有包括新闻、制作在内的各类转播车11辆。[①②③④]国营电视台NHK目前拥有各类转播车27辆。[⑤]

值得一提的是，日本各家电视台都拥有以马拉松转播为主要目的的移动转播车。移动转播车经过特殊改装，通常会在车的后部安装两台或更多的带有减震装置的遥控摄像机，同时还配有解说和嘉宾的工位及观察窗(图11-42)。

除了各家电视台拥有的转播车外，在日本还有不少公司提供转播车租赁服务，主要公司有Express、TeleTech等。

图11-42　马拉松专用移动转播车(富士电视台R-1)

三、国内转播车的技术发展历程

(一)黑白转播车时期

1956年，日本的一辆黑白电子管电视转播车在北京展览馆展出。该车为我国第一辆电视转播车的研制提供了可贵的借鉴经验，也成为电视领域引进国外先进技术的先例。

北京电视台首次进行的体育实况转播是1958年6月19日“八一”男女篮球队同北京男女篮球队的表演赛。[⑥]篮球在20世纪50年代的中国可以称之为第一运动，部队、机关、厂矿都有自己的篮球队，很多年轻人的周末都是在各种各样的篮球场上度过的。因此，电视体育工作者就选择了这场篮球比赛作为中国体育电视史上、也是中国电视史上的第一次实况转播。这次转播使用的就是日本在北京举办展览时留下的那两辆讯道转播车。[⑦]

1958年6月26日，北京电视台进行了第一次剧场转播，使电视机前的观众首次在同一时间内收到剧场内文艺演出的现场实况。当天转播的内容是革命残疾军人演出的一组文艺节目。[⑧]

国内首辆电视转播车1957年由天津汽车修配厂用解放汽车底盘改装成电视转播车车身，由北京广播器材厂负责车内电视系统的设计，最后组织调试，于1958 年7月交付北京电视台使用。这是中国

① 宫崎正之.NHKの中継車概要[J].放送技術，2007，60(4)：60-64.

② 林徹一，堀田朗，吉岡正明.tv asahi中継車ラインナップ[J].放送技術，2007，60(4)：81-84.

③ 青木良太，新川力.フジテレビ所有中継車のラインナップ[J].放送技術，2007，60(4)：76-80.

④ 加藤富士.TBS所有中継車ラインナップ[J].放送技術，2007，60(4)：73-75.

⑤ Wikipedia.NHK放送センター[EB/OL].[2024.02.20].https：//ja.wikipedia.org/wiki/NHK放送センター#中継車.

⑥ 郭镇之.中国电视史[M].北京：文化艺术出版社.1997：41.

⑦ 唐世鼎.中央电视台的第一与变迁：1958-2003[M].北京：东方出版社，2003：52.

⑧ 唐世鼎.中央电视台的第一与变迁：1958-2003[M].北京：东方出版社，2003：126.

第一辆国产黑白电视转播车。[1]该辆转播车上配有3个摄像机讯道并配备了两套微波中继(图11–43)。

图11–43　中国第一辆国产黑白电视转播车在北京体育馆转播现场[图片来源:《中国中央电视台30年》(内部资料)]

这辆转播车的出现改变了电视节目只能在台内演播的局面，增加了台外的实况转播节目，使电视播出超越了台内演播室的局限，可以到首都各大剧场、体育场馆进行电视现场实况转播，极大地丰富了电视节目的内容。电视节目从此扩大了节目源，增强了时效性。该车对中国电视的起步和普及起到了非常关键的作用。

但是，这辆车的各类条件还是非常有限的，这给当时的电视节目制作人员带来了不小的困难。1958年7月，北京电视台在先农坛足球场转播足球比赛，为了安全、顺利地完成转播任务，技术人员提前两天就把转播车开到了现场，并对3套摄像机分别进行了调测。当时正值暑季下午两三点钟，太阳直射到转播车上，加上车内全套高电压、大电流设备散发的热量，使车内温度高达43℃，车内又没有空调机和降温措施，令人窒息。在这样的环境和条件下，工作人员轮流到车里值班，人咬一咬牙还可以坚持，但所有的机器设备却无法正常运行，出现了不稳定的现象。安全转播没有保障，大家都十分焦急，后来有人提出建议：用人造冰放在车内降温。第二天，工作人员到冰场买下50多公斤冰块和一个大盆，用三轮车拉回，把冰块放在车内用风扇吹，实行强制降温。这方法虽然有些土，但很有效，终于使车内温度降了下来，顺利完成了这次足球比赛的实况转播任务。[2]

1958年10月1日是中华人民共和国成立9周年的日子，北京电视台决定使用这辆本国研制的转播车在天安门广场进行实况转播。这是一项光荣的政治任务，也是一次难得的实践机会。技术系统的全体人员怀着庄严的使命感，积极进行各方面的准备工作，大力开展技术训练活动。他们抓紧时间，对转播车上的全套设备进行严格地调整、检修和测试，把全部电子管、电缆、机器上的所有焊点、电源线的接头、接插件等，逐一进行了认真检查，力求消灭一切故障和隐患。为了确保转播成功，他们又把转播车开到天安门城楼前进行模拟转播。经过全体工作人员的努力奋战，克服了设备性能不稳定、图像质量差的缺点，终于成功地转播了国庆9周年的阅兵式和庆祝游行活动，这也是我国第一次电视实况转播国庆庆典(图11–44)。[3]

图11–44　1958年第一次电视实况转播国庆庆典

此后，该车完成了许多重大活动的实况转播，

① 杨伟光.中央电视台发展史[M].北京:北京出版社.1998:71.

② 赵化勇.中央电视台发展史1958~1997[M].北京:中国广播电视出版社.2008:57.

③ 杨伟光.中央电视台发展史[M].北京:北京出版社.1998:71.

并经过反复改造、完善，一直沿用到20世纪60年代末。

1959年9月13日，第一届全国运动会在北京召开，北京电视台对开幕式和足球、篮球、排球等重要比赛进行了实况转播，这是中国电视第一次实况转播综合赛事。[①]

真正让体育赛事实况转播产生巨大影响力的，是1961年4月第26届世界乒乓球锦标赛的举行。这次实况转播是后世中国电视体育赛事转播的开端，其所奠定的风格和基调，为后来的电视体育工作者所效仿、延续。

1971年，北京广播器材厂成功研制出晶体管化黑白电视转播车，并陆续提供给北京(中央)、上海、江苏、天津、河北、四川、广东等电视台使用。

（二）彩色转播车时期

20世纪70年代初，世界各地广泛开展了磁带录像机的开发和研制，为电视转播提供了更广阔的天地。转播车的功能从实况直播发展到实况录像、专场录像等制作形态，大大开拓了外场转播的领域，不但丰富了节目制作手段，同时提高了节目制作质量。

1972年，北京电视台从联邦德国引进2英寸带、4磁头的录像机。后又从美国引进了10套录像机设备。由于该设备体积庞大，无法放置在转播车内，因而专门安装了一辆录像车供该设备使用。录像车上装有两台录像机和必要的监视设备，可随转播车一同开赴录制现场。[②]

1973年，随着国际上彩色电视技术的出现以及微电子元器件的进步，根据中央“大胆引进国外先进技术”的精神，我国第一次从日本整车引进了两辆彩色电视转播车。这两辆车由日本东芝公司制造，内有3台摄像机、飞点扫描设备，配备了进口微波，有一辆车上还配备了进口的2英寸4磁头录像机。[③]这两辆车不仅在信号制式上实现了彩色和黑白的兼容，在设备的关键器件和功能上也有了很大的进步。如：1英寸氧化铅摄像管，中心设备全部为半导体器件，视频切换台可实现色键、抠像、特技扫画等可视为较为复杂的制作功能等。为使用好这两辆转播车，北京电视台派出了阵容强大的技术队伍赴日本学习、培训并验收，对日后两辆转播车的熟练使用起到了积极的作用。[④]

虽然两辆转播车的讯道数量、系统规模以及制作手段都无法与现在的转播系统相提并论，但是，从视/音频系统方案、车体综合设计以及整体运行的稳定性、可靠性来看，它们确实为国内电视转播提供了先进的技术参考和设计经验。由于电视的普及，两辆转播车的使用率大大高于过去，它们不但推动了彩色电视在中国的普及和发展，同时也为电视转播车的使用、运行以及转播车的设计理念奠定了很好的基础。这两辆转播车一直沿用到20世纪80年代中。

1974年，北京电视台又从英国引进了一辆四讯道彩色电视转播车，该车车内布局采用了制作分区式的方式，制作节目时各工种之间互相隔离，互不影响。[⑤]

在1973年的彩色电视大会战中，彩电转播车是各公司主要的研制项目之一。当时，为了确保完成彩色电视转播车的研制任务，北京和上海分别集中了一批优秀的技术人员进行技术攻关。北京以北京电视设备厂的技术人员为主，完成了氧化铅管二管彩色摄像机、编码器、同步机、特技设备、视频切换、监视器等主要设备的研制任务。他们以“黄河牌”大型车底盘改装的大轿车作为电视车体，研制出了我国自主开发的第一部3讯道大型彩色电视转播车。该车1974年5月1日试制成功并投入使用，于当年国庆前交付北京电视台使用，参与了游园庆祝活动和转播活动。上海由中央广播事业局与上海广播器材厂组成转播车研制小组，在上海原来彩色电视攻关的基础上，研制出了另一部彩色电视转播车，该车1974 年5 月1 日在北京与北京那台3讯道大型彩色电视转播车同时投入试用。

20世纪80年代，随着半导体技术使半导体器件逐渐小型化、集成化，令制作小规模的电视转播

① 常江．中国电视史：1958–2008［M］．北京：北京大学出版社．1997：48．

② 赵化勇．中央电视台发展史1958~1997［M］．北京：中国广播电视出版社．2008：106．

③ 于广华．中央电视台简史［M］．北京：人民出版社．1993：361．

④ 赵化勇．中央电视台发展史1958~1997［M］．北京：中国广播电视出版社．2008：106．

⑤ 赵化勇．中央电视台发展史1958~1997［M］．北京：中国广播电视出版社．2008：107．

车成为可能。这种转播车恰恰适应了当时电视转播制作的需求。为了丰富电视节目，各节目部门希望将一些电视综艺节目以及电视剧的拍摄在外省市进行。而当时国内交通道路很不完善，地方台又基本没有转播设备，因此，转播车抵达外省市只能依靠铁路货运完成。显然，小型转播车在运输上有很大优势。同时，由于当时的电视节目制作还相对简单，所以各电视台在那个阶段利用小型转播车进行了大量中、小型节目的转播。

1980年，中央电视台留用了在北京参加展览的两辆日本电视转播车。这两辆转播车车内设备小型、轻便、功能简易，被用作首届北京国际马拉松比赛电视直播的主车。

1981年，中央电视台首次与日本广播公司(TBS)联合举办了北京国际马拉松比赛电视现场直播。这在当时是中央电视台建台以来参与举办的最大规模的电视直播活动(图11-45)。

图11-45 1981年北京国际马拉松比赛电视现场直播

1984年，正值中华人民共和国成立35周年。为了完成10年"文革"后第一次包括阅兵式在内的国庆庆典活动，中央电视台从日本日立公司、池上公司分别引进了6讯道大型转播车以及4讯道中型转播车，通过分级制作的方式，用这两辆车共同完成了大庆的现场直播任务。随着微电子技术的发展，两辆转播车的摄像机均升级为2/3英寸氧化铅管，系统设备也多采用了半导体集成电路，整体转播系统的设备配置、制作空间、信号质量及系统可靠性较过去的转播车有了非常显著的提高。两辆转播车在20世纪80年代中后期、20世纪90年代初期发挥了很大作用，完成了大量大中型文体类节目的直播和制作，并一直使用到20世纪90年代中期。[①]

1984年10月联邦德国总理赫尔穆特·科尔访华时，代表联邦德国政府赠送给中国一辆电视转播车，交中央电视台使用。交接仪式于1985年5月30日在中央电视台广播电视部大院举行。[②]

1990年，为迎接在北京举行的第十一届亚运会的电视转播，中央电视台引进了1台6讯道大型转播车。与原6讯道转播车相比，该车除了摄像管采用了先进的CCD技术外，在系统构成上更注重了制作功能和系统扩展功能，如：数字特技、双下游键字幕插入、多系统进入的外部接口、可扩展的通话矩阵等，为大型节目制作和多级制作提供了可能。特别值得一提的是，该车在车体结构上采用了更适应节目制作、减少工种之间相互干扰的分区制作的车体结构：在导演制作区，为了适应节目制作工种增加的需求，增加了第二制作排，满足了慢动作制作及字幕操作的需求。这种理念和格局也是多年后第二制作区的雏形。与此同时，为了满足此届亚运会多项赛事转播信号制作的需求，中央电视台还与其他兄弟台联手，用国内大客车的底盘改装了4辆6讯道转播车。虽说此时车内的视/音频系统及转播车体内部结构都相对简单，但是同样完成了该届亚运会单一赛事的转播任务。这4辆车之后在各个地方台包括中央电视台在相当一段时间内发挥了应有的作用，更为宝贵的是，它们为电视转播车国产化生产积累了非常宝贵的经验。

(三)数字转播车时期

1995年，电视技术已经开始从模拟化向数字化过渡。为了引导国内电视节目的数字化进程，中央电视台在完成第一个数字化800平方米演播室建造后，为了第四届世界妇女大会的电视转播，引进了国内第一辆8讯道全数字转播车。该车所采用的D1格式为电视台数字化进程提供了很好的理论数据和使用范例。为电视台转播系统向数字化全面过渡奠定了基础。另外，除了转播系统主体设备全部实现了数字化处理外，该车在车体设计上也首次

① 杨伟光.中央电视台发展史(1958–1998)[M].北京：北京出版社.1998：336–340.

② 杨波.中国广播电视编年史.第二卷.1977–1997[M].北京：中国广播影视出版社.2020：170–171.

引进了车体结构“侧拉箱”技术，即在不影响行驶外廓尺寸的条件下，当车体停靠制作现场时，将车体某一局部从车体内部拉出，为静态中的电视制作提供更多的制作空间。这一技术日后在大型转播车车体结构中被广为采用。从“单侧拉”发展到“双侧拉”甚至“多侧拉”，大大增加了节目制作空间，扩展了系统制作的规模。

(四)高清转播车时期

1999年，中华人民共和国成立五十周年前夕，为了国家高清晰度电视的实验播出，中央电视台引进了一辆6讯道的高清转播车，用该车成功地进行了中华人民共和国成立50周年阅兵式和庆祝游行的国庆盛况的试验转播。虽然收看这次高清转播的观众只有数百人，但其意义非常深远。这次成功的试验为中国确定数字电视通道标准和高清晰度电视信号源标准提供了重要数据并积累了宝贵的经验，[①]标志着中国高清晰度电视事业的启程，成为中央电视台由标清向高清的发展道路上有代表意义的标志性事件之一，对于我国广播电视事业的发展具有重要意义。

这辆车是中国第一辆高清转播车，是高清系统的开端，此时距离国内第二辆高清转播车建成还有5年多(图11-46)。

图11-46　中国第一辆高清转播车

在2006年国家数字高清晰度电视标准颁布以后，该车将系统主体设备升级改造为1080/50i，并根据高标清混杂制作环境对系统进行了部分改造。由于该车整体规模较小，只能完成一般中小型高清节目的转播制作。

时间进入21世纪，为了实现中央电视台外场转播设备的全部数字化，并适应节目部门对外场节目制作规模加大、种类增多的需求，中央电视台引进了由两辆转播车组成的10+6大型外场数字转播系统。

通过光纤级联技术，两辆转播车的视/音频信号、节目返送信号、视频切换台以及矩阵控制信号、通话调度、TALLY显示等信号可进行级联。如，这两辆车该系统实现了节目导演对大场面、多讯道、远距离的复杂节目一级制作的需求。这种两车系统级联的方式曾经用于大型运动会开幕式、田径比赛、高尔夫赛事以及复杂的现代五项等各类复杂节目的转播制作，满足了节目导演对重大节目全面一级调度的需求。面对常规节目的转播，两辆转播车分别有自己独立的制作系统，可以根据制作需求独立完成各自的转播任务。应该说，此时的转播车数字化技术已经不是关键，这种对转播设备乃至系统进行有机组合的调度理念影响了日后大型转播系统的设计和建造。

随着国内广播电视业的迅速发展，各家电视台对电视转播车的需求量日益增加。国内转播车生产厂家充分利用这一契机，在国产材料和加工工艺有了很大提高的基础上，对进口转播车进行了深入的剖析和研究，国内转播车的生产形成了一定的市场和规模。2003年，为了支持国家民族工业，中央电视台首次利用国产技术平台，设计和生产了第一辆国产化数字电视转播车。该车的视/音频系统以及制作工位布局并不十分复杂，也并不具备“侧拉箱”结构，但是，该车的生产工艺，以及隔音防噪处理、设备机柜独立制冷送风等设计都为转播车生产提供了可贵的经验。

2001年，中国申办2008年奥运会成功，北京奥组委对世界庄严承诺，要对所有赛事进行高清电视制作。这一承诺对推进中国高清电视的进程无疑是个强有力的杠杆。

2005年，为了应对2008北京奥运会转播制作的需要，中央电视台对外场转播系统高清化进行了广泛的技术调研和可行性论证，最终做出了“逐步引进、适度发展”的决定，具体而言，根据节目制作

① 索尼中国专业系统集团.OB VAN[R].北京：索尼中国专业系统集团，2020.

形态和生产规模的需求，我国要在2008年前引进一辆A标准大型高清转播车、两辆B型大型转播车以及中型高清箱载式转播系统EFP。通过对以上设施综合复用，满足中央电视台对国家级庆典、大型政治活动、体育赛事以及综艺节目的高清转播制作需求。经过中央电视台的工作人员近3年的认真设计、艰苦谈判和复杂施工，2008年4月，4套高清系统陆续完成了工程建设，并投入了与北京奥运会相关以及台内其他节目的转播制作中。新的高清转播系统不但在技术上实现了高清制作标准，在功能设计上也更加符合中央电视台节目制作规模扩大和形式创新的需求。由于在系统和工位设计上采用了开放式和灵活性的设计，大大提高了各系统和设备的利用率。①

2007年9月14—16日，中央电视台首辆国内自主设计、生产及集成的大型高清晰度转播车投入"好运北京"奥运现代五项测试赛的转播制作，并顺利完成试运行期间的第一场转播任务。②

在这一时期，各地方电视台抓住北京奥运会的机遇，适时引进高清技术，陆续建设了一批高清转播车。例如：2005年8月，天津电视台建成该台第一辆8+2+6讯道高清转播车，该车是国内首台大型高清转播车；2005年8月，江苏省广播电视总台引进了1辆8信道高清晰度电视转播车并投入使用；2006年3月，江西电视台高清电视转播车交接仪式在北京举行；济南电视台在2007年建成12+2讯道高清转播车；2008年1月，北京电视台在启用了12+6讯道高清转播车；2008年2月1日，福建省广播影视集团高清数字电视转播车启用。

2009年是中国的高清元年。在这一年前后，各地方台的高清转播车如雨后春笋般陆续建成，为我国的高清电视普及起到了重要推动作用(图11–47)。

北京电视台在2012年建成了国内电视台拥有的第一辆2D/3D转播车，可适应2D、3D、2D/3D同播3种模式。该车交付使用后，完成了北京电视台环球春晚3D录制、北京电视台春节联欢晚会3D录制、CBA季后赛3D录制等。

图11–47　各地电视台建设的高清转播车

(五)超高清转播车时期

2015年3月26日，索尼公司向江苏省广播电视总台交付了中国首辆4K转播车，该车也是国内首款具备4K/高清同播能力的现场制作系统。这辆转播车拥有多项中国广电行业里程碑式的"第一"元素：国内前所未有的4K超高清设计案例及工作平台；尝试了传统广电制作与文件化录制、新媒体发布等元素的跨界融合；国内乃至亚洲第一辆三侧拉箱体结构的超大型转播车(图11–48)。

图11–48　中国首辆4K转播车内部

上海文广集团SMT超高清转播车S1(超大型转播平台系统)是在2015年12月完成的16+8讯道大型转播协同制作平台车体基础上于2020年5月改造而成的，是国内首批符合ST 2110标准的单流4K IP转播车，其4K/HDR基础化平台，视频、音频、通

① 张宝安.高清电视节目转播与传输[M].北京：中国广播电视出版社，2011：47–52.

② 杨波.中国广播电视编年史.第三卷.1998–2008[M].北京：中国广播影视出版社.2020：463.

话全部实现了IP化。

2017年，中央电视台B5超高清转播车正式投入使用。它的立项恰逢制作系统从高清到4K、从基带到IP的过渡阶段，作为总台第一辆4K超高清转播车及国内最早的IP转播车之一，它所采用的网络、同步、监看等设计方案和多数周边设备都是技术过渡时期的产物，其中的许多方案和技术在现在看来都不是最优解，其系统结构和网络架构的设计理念对后续总台4K-IP转播车的技术路线具有重要的参考意义。①

2019年，为了向全国乃至全世界展现中华人民共和国成立70周年庆祝活动，中央广播电视总台以实现国庆庆典4K直播为目标，同时充分满足节目部门的制作需求，精心设计技术方案并以低于传统建造转播车的周期新建了两辆大型4K IP超高清转播车(A3、A4)，圆满完成了中华人民共和国成立70周年庆祝活动、第二届中国国际进口博览会开幕式、武汉军运会等多项重大转播任务。②③

2019年8月，由超高清视频(北京)制作技术协同中心主导设计、集成建造的全球首台8K+5G转播车组装完毕并投入使用。此台8K+5G转播车常驻8个8K摄像机讯道和2个高速摄像机讯道，在8K模式下可使用12个8K摄像机制作精彩的8K直播节目；而在4K模式下可常驻16个摄像机讯道，并具备扩展到接入32台以上4K摄像机的能力，能进行复杂的体育赛事转播。车上装备的国产8K慢动作收录系统和8K字幕包装系统、车载计算中心等均为全世界首次装车试用。该车陆续开展了8K+5G 2019篮球世界杯、中国网球公开赛赛事直播实验(图11-49)。

图11-49　8K+5G超高清视频全业务转播车

2019年开始，中央广播电视总台以北京冬奥会为契机，以北京冬奥8K超高清电视转播为目标，按照总台构建5G+4K/8K+AI的战略格局要求，启动8K超高清外场转播系统建设，在2021年陆续建成8K/4K超高清外场转播系统5个，其中包括A级转播车2辆(A5、A6)、B级转播车2辆(B6、B7)、大型外场箱载式转播系统1套(UHD-EFP4)，系统构架均遵循ST 2110标准。系统投产后成为中央广播电视总台主力转播系统，并完成了建党百年宣传报道重要转播任务、北京冬奥会赛事转播等任务。④

2021年5月，国造车项目启动了前期准备工作。2022年9月，国造5G+4K超高清转播车通过了国家广播电视总局广播电视规划院广播电视计量检测中心的检测。2022年11月起，国造4K转播车开始承担中超足球联赛海口赛区直播等直播、转播任务。2022年年底，国造5G+8K+3D VR超高清转播车完成生产。

5G+8K+3D VR超高清转播车是国内首辆以国产8K设备为核心设计集成的大型超高清加融媒体转播制作系统。该转播车首次采用全国造8K转播讯道摄像机和全伺服电影变焦镜头，首次采用国内自主研发的广播级8K导播台，全车采用国产广播级4K和8K监视器、录像机、字幕机、编解码器等设备，引入全国产8K 180度3D VR多机位现场直播系统，并引入了首套8K实时现场影视级调色解决方案。

这辆8K超高清转播车的全系统方案设计及设备选型由广东省超高清视频前端系统创新中心技术团队自主完成，镜头、摄像机、监视器、导播台、录像机、编码器等8K超高清视频系统链路相关核心、关键设备首次实现全国产化。

这两辆转播车的研制，填补了国产超高清视频产业链条上关键、核心设备的缺项，也衔接了产业链上下游的功能和标准，推动了共性技术和关键成果的产业化。

本节执笔人：张俊

① 李铿.中央广播电视总台B5超高清4K-IP转播车网络架构详解[J].现代电视技术，2020(7)：30-34.

② 吴军.浅谈中央广播电视总台A4转播车视频系统[J].现代电视技术，2020(7)：51-56.

③ 郭洋.中央广播电视总台8K IP转播车设计分析[J].现代电视技术，2021(4)：87-90.

④ 张雅琢.中央广播电视总台北京冬奥会8K/4K超高清外场转播系统建设概述[J].现代电视技术，2022(5)：29-32.

第四节 | 箱载转播系统

一、箱载转播系统技术概述

箱载转播系统是现代电视技术对应不同的节目制作形态和需求的产物，它是一种适用于“野外”(准确地说是“台外”)的电视节目制作系统。箱载转播系统将电视制作设备集成在箱体内，运输到在节目制作现场，通过箱体的组合，将视频、音频系统等连接形成一套现场制作系统。国外通常将其称为飞行箱(FlyPac)，国内又常称为EFP系统或飞行箱。

箱载转播系统在系统构成方式上和转播车类似，都包括视频系统、音频系统、同步系统、监视系统、TALLY系统、通话系统、供电系统等，但在结构构成方式上和转播车有本质的区别。转播车是将上述系统集成在车体内，而箱载转播系统则是将上述系统集成在箱体内，在节目现场提供的机房内通过箱体的排列组合，通过视频、音频以及控制线的连接形成一套转播系统。利用这种方式，工作人员可以在事件发生的现场或演出、竞赛现场组建电视系统，进行现场直播或录播。它可采用多种运输方式，可用汽车、火车等交通工具进行陆运，亦可进行海运和空运。箱载转播系统对现场提供的机房适应能力强，但系统的搭建时间相对于转播车较长。主要用于交通条件不好致使转播车不能到达、节目现场特殊、没有适合转播车停放位置等情况。箱载转播系统被广泛应用于新闻、文艺、专题、体育等类型节目的制作(图11–50)。

图11–50 在活动现场临时搭建的箱载转播系统

箱载转播系统所有的转播设备都要集成在箱体内，因此箱体本身应具有良好的防震结构、密封装置以及锁扣附件，以起到良好的减震、防水、防尘作用，且要能适应各种条件下的存放、搬运和架设。

箱载转播系统的箱体分为两大类：一种是机架箱，箱体内有安装机架，用于安装有转播系统的主要设备。机架箱体采用坚固的材料制造，箱体内的机架拥有减震结构，具备良好的减震性能，用来减少运输时对设备产生的冲击。另一种是设备运输箱，主要用来存放和运输设备，例如摄像机、镜头、切换台面板、调音台面板、外置监视器以及各种线材等。为了保证设备运输安全，摄像机和镜头在运输时应保持分离状态，其他重要设备也应根据其外形特点做专门的减震设计。为了精简箱体数量，设备运输箱也经常进行特殊设计，以用来组成电视转播所需的各种操作台面，这样可以尽量减少系统对外界的依赖。

箱载转播系统具有设备集中度高、适配能力强、区域划分灵活等特点。[①]

二、箱载转播系统的发展历程

箱载转播系统的历史大概可以追溯到1978年。美国人安德鲁・梅斯纳(Andrew Maisner)因为机缘巧合得到一次到洛杉矶东部的弗吉尼亚俱乐部拍摄迪斯科萨尔萨舞者的机会。他有一周的时间来准备这场拍摄。于是他在他家的后院里建造了第一个飞行箱。他设法弄到了两台摄像机、1个切换台。由于买不起监视器，他便用自己的电视机来做监看。音频方面，他则花30美元买了1个Radio Shack Highball麦克风。就是靠着这样一套装备，他顺利完成了那次拍摄，并且获得了更多的拍摄机会(图11–51)。

图11–51 安德鲁・梅斯纳和他建造的飞行箱

① 张宝安. 高清电视节目转播与传输[M]. 北京：中国广播电视出版社，2011：74–86.

1997年，梅斯纳创立电视专业设备(TV Pro Gear)公司，该公司的主要业务为建造各类便携式系统。2004年，马赛克教会(Mosaic Church)联系了该公司，因为教会每周日需要在不同地方做3次礼拜，需要一个可以从一个地方移动到另一个地方的便携式系统，因此专门定制了3讯道的飞行箱。飞行箱也正式成了电视专业设备公司的注册商标。2005年，梅斯纳通过使用一系列密度合适的橡胶带来吸收震动，并使用夹具焊接的钢制内框连接到外部运输箱木材上，彻底改变了飞行箱的制造方式(图11-52)。

图11-52 电视专业设备公司不断改进的飞行箱

2006年。多画面分割器出现后，梅斯纳又对飞行箱做了进一步的改造，他将多台监视器换成50英寸等离子显示器，这样不仅减轻了重量，降低了功率，而且使系统更加可靠，并显著降低了成本。为了将等离子显示器装进飞行箱内，他最终找到了一家专门为不断摇摆的船只设计船载监视器的制造商，成功地解决了在运输中的坚固性和稳定性的问题。新设计的效果超出了梅斯纳的预期，于是他立即申请了专利。

自那以后，飞行箱的技术不断改进和完善，变得更小、更轻、更实惠(图11-53)。

图11-53 电视专业设备公司推出的集成度更高的飞行箱

在中国，箱载转播系统的使用可以追溯到20世纪80年代初。

由于综艺类节目和电视剧制作的需求日益增多，对在外地进行多机拍摄的需求也越来越大。多讯道转播车运往外地需要比较长的时间，费时费力，耽误工作。为了解决这个实际困难，1981年，中央电视台从日本引进了小型箱载式外出制作设备(EFP)。EFP分有监视单元、切换单元、摄像机控制单元、三讯道便携式摄像机、四路视频切换台，箱体之间用综合电缆连接。由于小型紧凑，ETP可作为随运行李携带，因而为外出制作节目提供了很大方便。1982年春节联欢晚会直播的视频系统，即采用了两个小型EFP构成六讯道系统，完成了在当时可称为大制作的直播节目。[①]

ETP的引进为转播制作引入了新的制作形态、系统理念和设备格局，在制作中体现出了灵活、轻便、简易等优势。

1987年，中央电视台又从第一届北京国际电视设备展览会上留购了德国公司生产的一套4讯道EFP设备，该设备系统配置更接近转播车系统。1989年，中央电视台将其作为转播车更新设备装配在改造后的转播车内，用其完成了大量直播和录像制作。[②]

随着数字转播车的引进，节目部门对野外工作的箱载式转播系统(EFP)系统同样有要能进行多讯道、复杂制作的需求。应该说，如果仍然采用小型

①② 赵化勇. 中央电视台发展史1958~1997[M]. 北京：中国广播电视出版社. 2008：260.

EFP外场制作，技术人员对箱体设备要肩扛手抬，并要完成设备运输前所有人工打包的工作，确实不适应大规模的箱载式转播系统的运输。庆幸的是，由于国内经济的发展，社会分工更为详细，有些服务业已实现了专业化的服务水准，如：专业的运输公司能对用户可实现"门到门"的运输服务。由于这一进步，使得引进大型数字箱载式转播系统不仅在数字技术上，而且在运行模式上成为可能。1996—1997年，中央电视台分别引进了3套6—8讯道数字EFP，应该说，这些系统在设计理念、系统连接以及结构方式上都与传统的EFP方式有很大的不同。新系统既延续了EFP设备的机动性、灵活性以及易操作性，又充分考虑了用其进行大型节目制作时的系统可扩展性，打破了多年来传统转播系统封闭和固定的模式。由于新的ETP系统具备了可扩展性和灵活调度的功能，利用一套中心系统，它可以将技术系统的讯道"合二为一"，加上外部远程讯道的进入，可实现20路左右大型节目的转播制作。这种大制作曾经成功地运用在香港回归重大仪式的电视报道中。应该说，这种根据节目形态对转播系统进行"优化组合"的方式为日后转播系统的灵活化设计提供了崭新的思路。

为在2008北京奥运会上体现举办国国家电视台的综合实力，推进国内高清电视的普及和发展，中央电视台决定在2008年奥运会之前引进包含一套高清EFP在内的高清转播系统。并将其成功运用在2008北京奥运会赛事、珠峰大本营奥运火炬接力及包括国庆60周年庆典仪式等大型活动转播及各类不同类型的节目制作上。

2017年11月，我国发布了广电行业首个超高清电视标准GY/T 307–2017《超高清晰度电视系统节目制作和交换参数》，规定了超高清电视基础性系统参数。为了确保2018年中央广播电视总台4K超高清电视频道如期开播，总台共立项4K技术项目45个，包括前期拍摄、演播室、后期制作、播出、总控和传输、基础资源与制播管理以及4K展示和质量评测等内容，其中就包含一套高清兼容4K制作移动外场EFP系统、一套全4K制作移动外场EFP系统。[①]

2021年，中央广播电视总台在构建5G+4K/8K+AI的战略下，建成了1套大型外场ETP(UHD–EFP4)。[②]该系统基于IP架构设计，完成了庆祝中国共产党成立100周年大会8K转播信号的录制等重大任务(图11–54)。

图11–54　庆祝中国共产党成立100周年大会使用的8KEFP

EFP因集成度高、成本低等优势被广泛应用于各级电视台的各种类型节目制作中，并且呈现出不同的规模。各生产厂家也在不断推出体积更小、集成度更高的一体化系统，以满足越来越多的新媒体现场制作的需求(图11–55)。

图11–55　体积更小的一体化EFP

本节执笔人：张俊

① 任杰.中央广播电视总台4K超高清系统建设和应用亮点[J].现代电视技术，2019(7)：98–102.

② 张雅琢.中央广播电视总台北京冬奥会8K/4K超高清外场转播系统建设概述[J].现代电视技术，2022(5)：29–32.

第十二章

电视中心播出系统

电视节目播出是指将各类节目按预先排定的节目时间顺序传送到节目发送与传输部门，节目播出之前，工作人员需要对信号进行一系列的加工处理，使之成为符合标准的电视信号。完成电视节目播出的系统称为播出系统。播出系统的发展与存储设备和存储方式的发展息息相关，根据播出流程和存储方式的变化，可分为人工播出系统、基于磁带的自动播出系统、基于硬盘的自动播出系统和基于文件的网络播出系统。

第一节 人工播出系统

在20世纪30年代最早的电视节目播放时，摄像机输出的图像信号叠加上同步信号，再进行放大等简单处理后直接与发射机相连。在这个流程中，后来被分为节目制作和播出的过程是一体的，也就是说当时并没有专门的播出系统。

播出系统的主要目的是按照预定的计划播放节目，包括直播节目或者已经做好的节目。播出做好的节目在当时也叫"延迟"播放，后来改叫录播。录播在很多场合非常必要，当时在美国就有这样的需求，美国东西海岸有三小时时差，购买黄金时段节目的广告商希望每个地区的观众都在黄金时段听到或看到这些广告，要达到这个效果显然需要电视台先把广告节目录下来，然后再在黄金时段播出。为解决这一问题，1947年秋天，伊士曼柯达公司(Eastman Kodak Company)与NBC和杜蒙(DuMont)网络公司合作，利用胶片记录的方式开发了可拍摄电视屏幕画面的电视电影摄像机。

播出系统需要在多路电视信号源中进行切换选择，除了利用摄像机拍摄输出的直播信号，有了电视电影摄像机，就有了胶片记录后播放输出的电视信号源，这些信号源与切换设备一起，就构成了简单的黑白电视播出系统。

由于电视电影摄像机记录影像存在各种缺陷，1956年，美国安培公司发明了磁带录像机，并于11月30日首次在好莱坞的CBS电视台播出使用。录像机的发明为播出系统创建了基本的硬件环境。录像机出现之后，成为播出系统的主要信号源，再配合切换设备，组成了早期的电视播出系统。

这种播出方式中，在电视控制室和放映室进行的大部分切换都被限制在相对较短的时间内。在此期间，技术人员需要准确地选择大量开关，并按照精确的时间顺序对其进行精确定位，各项操作需要技术人员之间高度协调，缺乏协调有时会导致严重的错误。为此，在录像机发明后的1957年，美国旧金山的KRON-TV电视台首席工程师J.L.贝里希尔(J.L.Berryhill)就发表论文，介绍了他们开发的用于电视控制室和放映室自动设备Mechron 107B，如图12-1所示。这款设备通过梳理技术人员需要的各种类型的切换操作，分为视频通道、音频通道和设备功能三类切换，并给出了每类切换的功能选择器级别。这些功能选择器以旋钮形式布置在设备面板上，面板上还安置了时间定时开关。技术人员可以在节目正常播出时，根据节目单的安排预先选择要切换操作旋钮，并预设好每组切换操作的时刻。这样在需要进行切换时，只需按一个按钮，即可启动整个预先选择的流程，从而避免在短时间进行多个复杂操作。这个设备被发明者称为自动时序节目切换器，其实就是一种改进的切换设备，不过后来的播出切换设备都基于该设备的思路进行了改进。

图12-1 Mechron Model 107 B自动时序节目切换器(前视图)[①]

人工手动播出方式的特点是系统简单，即使节目组已经有了自动时序节目切换器，实际应用中还是需要人工操作。节目播出时，还需要录像机操作员按照播出节目单将要播出的磁带放入录像机内，找好片头，按照播出时间，配合播出切换导演启动录像机，播出导演再手动切换视频开关和音频开关，将节目播出。这种情况仍需要两三个人配合操作，因为是多人配合，难免会产生播出切换不同步现象，从而造成彩底或卡掉片尾等人为播出事故。

本节执笔人：杨盈昀

第二节 基于磁带的自动播出系统

自动播出系统指利用计算机技术进行播出节目的编排，并控制相关的视频、音频信号源的播放以及设备的同步切换。基于磁带的自动播出系统指播出系统的信号源以磁带录像机为主，可分为基于磁带的半自动播出系统和机械手自动播出系统。

一、基于磁带的半自动播出系统

随着计算机技术的发展，人们开始利用计算机技术进行节目自动播出控制。1961年美国计时日志(Chrono-log)公司开发了一套STEP系统(Sequential Television Equipment Programmer，时序电视设备编程器)，并于同年9月安装在弗吉尼亚州里士满的WTVR电视台，这是最早的电视自动播出系统。

STEP系统能够提前对一整天的节目切换过程进行编程，并保存在低成本的穿孔纸带存储器中，如图12-2所示。到切换时刻，系统能自动为电影放映机和录像机发送START、SHOW和STOP脉冲；根据幻灯片放映机的要求发送SHOW和ADVANCE SLIDE脉冲；为麦克风、唱盘、录音机或与所选视频源相对应的音频通道发送AUDIO脉冲；让这些设备与切换设备的切换同步工作。STEP系统框图如图12-3所示，从图中还可以看到它可以显示下一个事件是什么，下一事件执行什么切换功能和相对时间。STEP系统还首次提出在SHOW功能启动前的倒计时期间自动产生预警脉冲。STEP系统安装在WTVR电视台的视频控制台中，如图12-4所示，并控制视频切换器和音频切换。

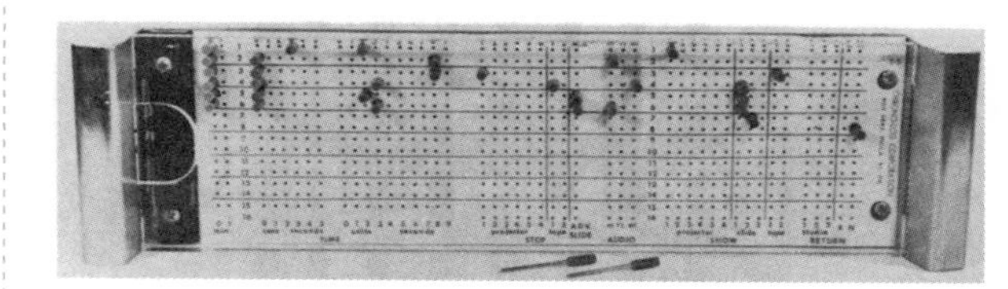

图12-2 STEP系统穿孔纸带存储插件[②]

① BERRYHILL J L L. Automation applied to television master control and film room [J]. IRE transactions on broadcast transmission systems, 1957(1): 11-20.

② FREILICH A, MEYER S. The" STEP" system a unique, low-cost TV automation system [J]. IEEE transactions on broadcasting, 1963(1): 16-25.

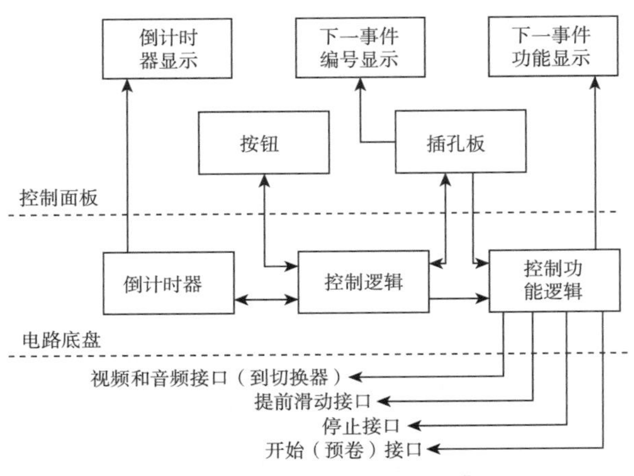

图12-3　STEP系统框图[①]

图12-4　STEP安装在WTVR的视频控制台中的控制面板[①]

计时日志公司的STEP播出系统也被用于加拿大的埃德蒙顿电视台。STEP播出系统使用计算机控制切换设备的切换以及各信号源的同步播放，基本可以避免人为播出事故。但仍然需要工作人员将磁带放入录像机，因此这种播出系统也被称为半自动播出系统，这种半自动播出系统随着电子信息技术发展在不断改进。

1964年，美国马萨诸塞州新贝德福德的电视台使用了由IBM 26和Visual 6000组成的半自动播出系统，这套系统的工作原理与STEP类似。其中，节目播出计划表输入、编程与存储由IBM 26实现，Visual 6000能通过输出各种控制信号切换所有音频和视频、操作多路复用器、更改幻灯片、启动和停止投影仪、启动和关闭录像机。IBM 26设备如图12-5所示，右边的键盘为手动打卡输入设备，采用与STEP相同的穿孔纸带存储方式，但可以键盘输入。Visual 6000的手动操作面板如图12-6所示。这两台设备后来逐渐演变为节目单编排工作站和播控工作站。

图12-5　IBM 26设备[②]

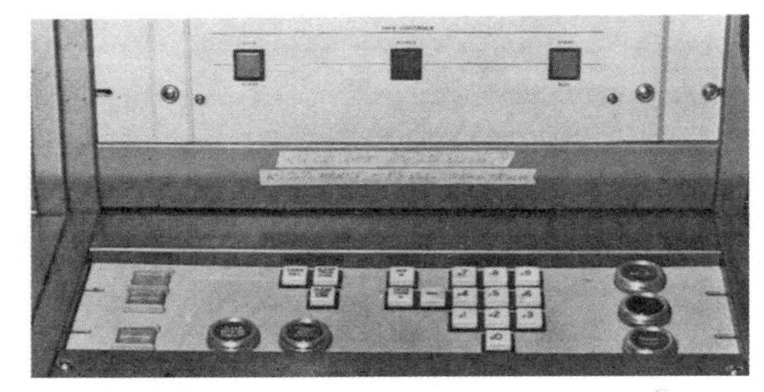

图12-6　Visual 6000的手动操作面板[①]

1966年，美国纽约州的通用电气广播公司(General Electric Broadcasting Company)重建了该公司经营的WRGB电视台的技术设施，着重进行了自动化改造，并将自动化系统分为信号通信交换、音视频资源库和技术操作3个区域。信号通信交换区

① FREILICH A, MEYER S. The "STEP" system a unique, low-cost TV automation system[J]. IEEE transactions on broadcasting, 1963(1): 16-25.

② REED M. All-day automated programming utilizing IBM card prestorage[J]. IEEE transactions on broadcasting, 1964(1): 19-23.

接收所有节目输入，在此区域还可将节目播出时间表等信息采用IBM 026键穿孔机输入IBM卡。记录在IBM卡上的播出时间表等信息在音视频资源库中被转录在磁带上，并在技术操作区被编程为主控操作员感兴趣的信息，然后转存到核心存储器中。存储在存储器单元中的信息会自动显示在CRT显示单元上，CRT显示器能显示节目在任何时刻的剩余播放时间，且可以“预览”和“直播”节目播出信息等。一旦信息被储存在核心存储器存储库中，所有节目切换和转场操作都会按照存储好的播出单自动进行。主控制切换器能够修改核心存储器内的信息，因此工作人员可以在最后一刻更改节目播出单。主控制操作员还可以在任何时候进行手动操作，且优先级高于所有自动操作。

WRGB电视台的这套播出系统中，核心还是节目单编排设备和播控设备。其中，节目单编排设备除了IBM 026，还增加了Dartex磁带单元，目的是令系统更好地与CRT显示器连接。播控设备的面板如图12–7所示，这个主控制切换器包括：1）一个小型音频调音台单元；2）用于直接或预设切换所有技术设备的设施；3）一个完整的对讲机系统；4）音频和视频监控；5）手动渐变和混合拉杆。这个切换器实际上是把播出控制操作与调音台等合成为一体了，在系统中还有一个小型的视频切换台放在主控制切换器旁边（如图12–8所示）。这个系统还有一个特点就是增加了路由切换器，所有节目和监控输入和输出电路采用了标准化的视频和音频接线板，以使播出系统的布局更规范。

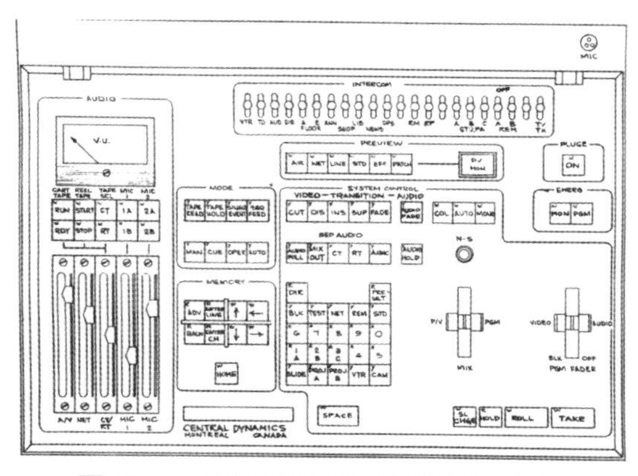

图12–7 WRGB电视台主控手动/自动切换面板（1966年）①

图12–8 WRGB电视台主控操作区（1966年）①

这些半自动播出系统从20世纪60年代末开始得到电视台的关注，并促使其开始对电视台播出控制系统进行改造。加拿大广播公司（Canadian Broadcasting Corporation，CBC）在1968—1969年就对旗下温哥华、温尼伯、渥太华和哈利法克斯等城市的中小电视台进行了半自动播出系统改造。

到20世纪70年代，半自动播出技术又上了一个台阶。出于精确电子编辑的需要，SMPTE于1970年提出了需要一项关于录像带编辑和控制的行业标准［时间］码的新提案，因此SMPTE成立了以CBS工程公司的埃利斯·K.达林（Ellis K. Dahlin）为主席、ABC、CBS和NBC牵头的录像带时间码特设委员会。1970年10月6日，达林宣布了他们制订的SMPTE时间码制订议案。欧洲广播电视联盟也在1972年宣布制订时间码和控制码。时间码和控制码的制订方便了用户远程遥控录像机，从而加快了电视台自动播出系统的使用。

CBC工程公司在自动播出技术方面是积极的推广者，1973年10月，该公司又根据节目播出需要，对多伦多的电视台进行了自动化播出系统建设。这个系统有一个音频/视频路由切换器NCC切换器、44输入9输出，每个输出都由1个19英寸的彩色监视器、1个VU表和1个双音频监视器选择器的输入进行监控。每个自动输出在其彩色监视器下还有一个43厘米的单色日志读数（相当于后来的提示显示）。控制台上有用于手动控制计算机系统的控制面板，以及用于更改音频视频或卫星交换系统中数据的键盘。NCC切换器可手动操作，也可在Sykes 2220盒式磁带机输入的数据控制下自动操作。所有播出内容都可以在计

① WEISE D M. Computerized techniques for complete television station automation［J］. IEEE transactions on broadcasting，1968(4)：151–160.

算机存储的数据中正确归档。操作员可以通过键盘在数据存储中搜索，也可以根据需要对播出单进行更改或添加。播出控制由一台带14K存储的NOVA 1200计算机完成，在系统中还有3个字符发生器。CBC公司的多伦多电视台播控中心如图12–9所示，当时被称为网络控制中心(Network Control Centre)。

图12–9　CBC公司的多伦多电视台播控中心(1973年)①

1974年10月，美国NBC在纽约广播城也建成了一个新的自动化中央控制播出系统，该系统可以同时播放10个音频/视频频道。这些计算机控制的通道是独立的，每个通道都有自己的音频和视频切换系统，以及录像机和电视机、显示系统和手动控制设施。控制系统由通用自动化SPC–16/45计算机和外围设备组成。整个系统有一个大型的路由切换器，它可以将100个视频输入和相关联的300个音频输入切换后输出到320个用户。计算机控制系统也增加了时间码的读入、播出音频/视频信号的切换等功能。该系统中一个播出频道的音频/视频节目与计算机之间的接口如图12–10所示。可以看到，这个半自动播出系统的规模更大，而且计算机控制功能也更强。

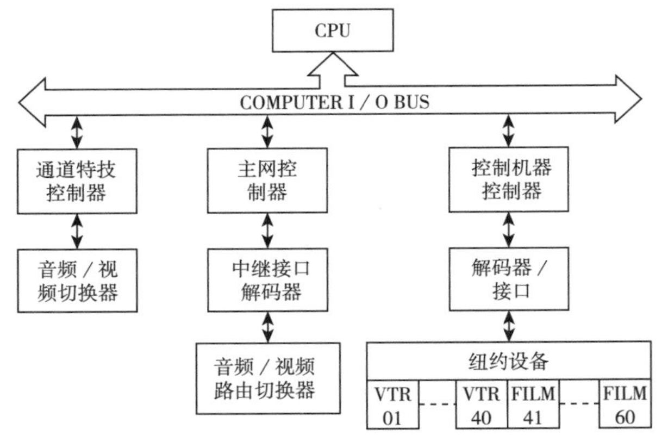

图12–10　NBC播出系统音频/视频节目与计算机之间的接口(1974年)②

1978年，CBC又一次改进了旗下的播出系统，这次是扩大切换器的规模，以便同时控制26套电台广播和6个电视频道的播出。此系统重点是增加了冗余设备以提高系统安全性。用于广播和电视播出切换的路由切换器各有两个，且采用双电源和单独的交流输入，控制每个切换器的计算机也是两个。具体来说，广播切换器包括由两台Data General Nova Ⅱ计算机控制的40输入、10输出立体声切换器和由另外两台Nova Ⅱ控制的64输入、16输出单声道切换器。电视切换器是两个相同的50输入、10输出的音频/视频切换器，每台切换器由两台Nova 1200控制6个输出。这套播出系统为各电视台节目的安全播出提供了一个有益的案例。

在这之后的几年，自动播出技术发展缓慢，中国中央电视台在1984年引进了日本电气股份有限公司生产的TQM–026自动节目播出系统，开启了中国大陆各电视台自动播出系统建设的序曲。

二、机械手自动播出系统

半自动播出系统仍然需要人工将磁带放入录像机，难免会误操作，如找错节目开始时间或装错磁带，这种失误带来的错播后果是无法挽救的。另外，电视台向多频道滚动播出发展，这种半自动播出系统也难以胜任。因此，1984年，美国颂歌(Odetics)公司开始与RCA广播公司合作开发带机械手的磁带库，并于1986年成功推出TCS2000机器人磁带库。

TCS2000机器人磁带库配备的机械手通过扫描录像带上的条形码来选择堆叠在库中的录像带，然后将它们送到录像机上播放。整个过程都是在计算机控制下进行的，因此RCA可以按照之前半自动播出的流程进行自动组织、录制和播放电视广告和节目。即，在这种播出方式中，只要在节目播出前给磁带贴上包含节目信息和节目名称、长度、开始时间的条形码，并将磁带放入机械手磁带库后，之后录像机的装带、找头等操作就完全由机械手来完成。这时，机械手按照播出数据，根据磁带上的条形码找到待播的磁带，自动将磁带放入录像机中，根据时间码找到节目开头备妥。计算机自动控制

① DICKSON J B. An automated network control center[J].Journal of the SMPTE, 1975(7): 529–532.

② NEGRI M A. Hardware interface considerations for a multi–channel television automation system[J]. SMPTE Journal, 1976(11): 869–872.

播出节目播完后，机械手再自动将磁带取出放回磁带仓中。TCS2000机器人磁带库可以存放225到300盒磁带，配有6台录像机，录像机数量还可以进一步增加。该磁带库支持当时主流录像机的VHS、Betacam、M-Ⅱ和D2格式。

TCS2000机器人磁带库的成功研发也掀起了利用机械手磁带库进行自动播出系统开发的浪潮。在1987年的全美广播事业者联盟(National Association of Broadcasters，NAB)设备展上，除颂歌公司外，还有索尼(SONY)、安佩克斯(Ampex)和松下公司也都展出了它们的自动控制磁带库，不过这3家公司的产品需要过一段时间才能交付。其中，索尼公司展出的是库管理系统(Library Management System，LMS)，该系统配备Betacam SP录像机，可容纳1 200个磁带盒。安佩克斯展示了ACR-225自动磁带库，它支持标准D1格式录像带，可在线保存256个磁带盒，包括播放列表管理，如图12-11所示。松下广播系统展出了M-Ⅱ自动录音/回放盒式磁带系统(M-Ⅱ automated recording/playback cassette system，MARC)系统，该系统支持两种尺寸的M-Ⅱ盒式录像带。MARC最多可容纳1 179盘磁带，适用于较长时间的无人值守播放。这些机械手自动磁带库推出后，市场反响良好，它们既帮助电视台减少了播出错误，又节省了人工成本。1990年，这4家公司都因机器人磁带库获得了美国艾美奖。

图12-11　Ampex ACR-225自动磁带库外形(Ampex ACR225产品宣传书)

在此期间，用于自动播出的其他设备也有了发展，如美国草谷公司(Grass Valley Group，GVG)推出了M200模块化自动化系统，该系统允许用户选择几个递增级别的自动化流程，如从手动启动的单事件预滚，到完全预编程的24小时自动操作。欧洲BTS公司开发了BTA-2300电视台自动化系统，主要包括：BTS MCS 2000主控切换器、TVS/TAS-2000分配切换器以及TCS-1机器控制系统。其中控制系统采用了功能强大的Hewlett-Packard 9000系列计算机，配备带触摸屏的彩色显示终端和鼠标，能够进行全面的播出控制。

1994年，中国中央电视台构建了大陆第一套基于机械手自动装带系统的自动播出系统RS-422。其中机械手自动装带系统和播出切换台分别采用索尼公司的Flexicart和GVG公司的M-21，中央电视台与安徽现代电视技术研究所联合设计开发了播出控制系统和磁带准备系统，这两个系统具备播出磁带数据录入、条形码准备、播出数据处理以及播后数据处理、自动装带、信号源控制、播出统计等功能，各套播出系统通过局部网络与磁带准备系统交换数据，备份系统也通过网络上的文件服务器备份播出。这是中国自行研发的第一套全自动播出控制软件系统，它的问世使得系统的操作使用更清晰简明，避免了繁杂的软件故障(图12-12)。

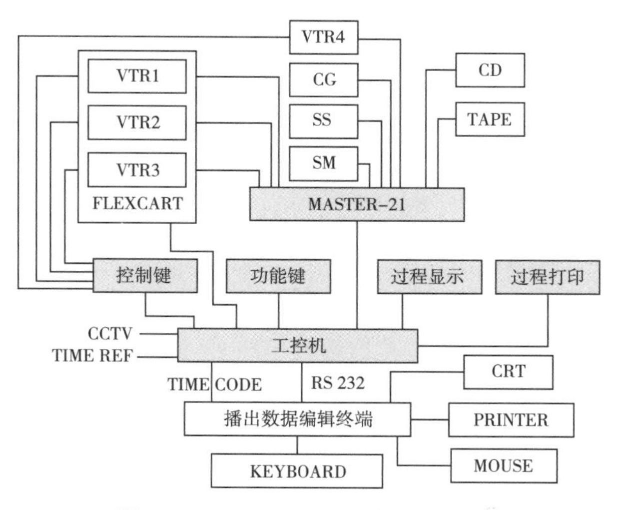

图12-12　RS-422自动播出系统①

机械手播出系统正常工作的关键在于要正确识别条形码，因此，如果磁带上没有贴条形码，机械手不认识这盘磁带，也就无法播放磁带上的内容。当然，如果条形码被弄脏、破损等，则可能使机械

① 丁文华，王效杰.机械手自动播出系统简介[J].现代电视技术，1995(2)：83-92.

手产生识别错误，从而直接威胁到安全播出。总之，机械手在自动播出控制的道路上迈了一大步，但放入机械手的磁带仍然需要人工操作。从这个意义上看，机械手自动播出系统也是半自动播出系统，只有当所有磁带都放在磁带库后的播出过程才能算是全自动控制播出。

本节执笔人：杨盈昀

第三节 | 基于硬盘的自动播出系统

机械手自动播出系统除了需要人工将磁带放入带仓外，还有一个缺点是它在执行多频道播出时容易造成资源的浪费。因为一些广告或节目可以在多个频道的不同时间播出，为了满足能够在任何时间播放这些视频的要求，节目组需要为每个频道制作多个副本并将其放置在每个机械手磁带库中，这大大增加了磁带成本和VTR复制的工作量。当然，也有将广告这种反复播出的素材专门存放在一个机械手磁带库，然后再用于不同频道播出的方式，这在一定程度上改善了上述问题，但工作人员仍然需要将经常在多个频道播出的广告拷贝成多个副本，以便节目能在间隔很短的时间内在多个不同频道播出。

20世纪80年代末90年代初，市面上出现了视频硬盘录像机，因其能够方便地随机播放、一边记录一边播放以及能多通道播放，自然就被电视台用作了播出信号源。虽然从20世纪80年代末就有了美国宽泰(Quantel)和阿贝卡斯(Abekas)等公司生产的视频硬盘录像机，但直到1993年，硬盘录制技术才发展到可以开发和销售专业视频服务器的水平。早期的视频硬盘录像机价格昂贵，且存储容量有限，电视台主要用其播放广告等短时长节目，而将磁带用来播放影视剧等时长较长的节目，以便缓解硬盘录像机空间紧张的状况。这种方式又称盘带混合播出，即硬盘与磁带一起用作播出信号源。后来，随着存储技术和网络技术的发展，才出现了全硬盘自动播出系统。

基于硬盘的自动播出系统工作流程与基于磁带的自动播出系统工作流程相比，主要增加了将电视节目上载到硬盘的环节，二者的其余流程基本相同，都是在播控工作站的控制下按节目单顺序进行播出。这种播出系统可分为盘带混合播出系统和全硬盘播出系统。

一、盘带混合播出系统

1993年，意大利轨道通信公司(Orbit Communications)公司开始为中东设计一个13个频道的播出系统。该系统的播出信号源就采用了8台泰克(Tektronix)公司的视频硬盘录像机。这个系统先是使用犹他科学(Utah Scientific)公司的TAS自动控制设备去控制Sony Flexicarts机械手磁带库，再将磁带播放的信号传送到犹他科学公司的MC601数字主控切换器上。主控切换器输出的信号再上传到视频硬盘录像机，硬盘录像机由Present IT软件进行播出控制，并与TAS播放列表进行协调，确保在播放时间之前将相关节目上载到硬盘录像机中。该系统于1994年5月25日开播，不过开播后包括软件控制下的硬盘播出系统等功能尚未完全实现。

1993年年底，美国劳斯自动化(Louth Automation)公司与几家硬盘录像机厂商就其产品的自动化控制进行协商。为避免每家厂商开发的控制接口都无法控制另一家的设备，各厂商建议制定一个通用协议。该协议被称为视频磁盘控制协议(Video Disk Control Protocol，VDCP)，因为主要工作由劳斯自动化公司的肯·劳斯(Ken Louth)完成，因此该协议又称劳斯协议。该协议允许利用硬盘存储的随机存取能力，通过简单的标识(ID)和持续时间来识别用于记录和播放的媒体。记录的文件可以全部回放，也可以通过指定偏移量和持续时间播放部分文件。该协议还支持硬盘录像的多通道功能，即可以在一个通道上录制并在一个或多个其他通道上播放。该协议后来成为硬盘播出系统的基本协议，促进了硬盘播出技术的发展。

1994年12月法国推出了(第五)(La Cinquième)频道。该频道的播出系统包括1台Odetics Cart机械手磁带库、1台Thomson 9920视频混合器、1台Probel路由器、4台录像机、1台IPK台标生成器、1台Tektronix Profile硬盘录像机和1个BTS媒体池。所有这些设备都由劳斯自动化公司开发的ADC-100播出自动化系统控制。ADC-100播出控制服务器有两个，如果其中一个单元发生故障，转换系统将切换到另一个。每台ADC-100播出控制服务器最多有32个端口，能够控制32个设备。系统有3个客户端工作站，第一个用于控制传输播放列表，第二个记录电视台输出信息，第三个与节目单编辑系统相连，用于播出前创建和修改播放列表。播出的信号源有两类，一类是放在Odetics Cart磁带库中的录像机用于播放长时间的节目；一类是视频硬盘系统，用于播放广告的短时节目，后者包括一个Tektronix Profile硬盘录像机和一个BTS媒体池。

1995年，轨道通信公司又为新加坡的泛亚广播公司K频道电视台设计了一个播出系统，该系统为K频道电视台3个频道24小时不间断的卡拉OK节目提供支持。多数卡拉OK单曲时长小于5分钟，且会不停重复播出。如果采用之前的自动播出系统，则每个频道都需要1台大型机械手磁带库。因此，该公司选择使用硬盘录像机作为播出信号源，用1台机械手磁带库(索尼Flexicart)提前将待播出节目上载到两个泰克公司的视频硬盘录像机中；用1台硬盘录像机作为主机进行3通道播放，用另一个为镜像播出作热备用设备。自动化和控制软件将机械手磁带库、硬盘录像机以及切换器等设备进行关联，并从节目播出编排部门获取播放列表。

中国也在这一时期开始建设硬盘播出系统。1996年8月，北京电视台与北京大恒音视频技术公司联合研制开发了"硬盘多通道广告自动播出系统"，该系统的硬盘录像机采用泰克公司的PDR100，使用两台工业级奔腾微机作为播出控制软件的硬件平台(广告播控工作站)，另有条码扫描仪和打印机各1台，视频A/D、D/A转换器各1个，录入素材和串编磁带用录像机1台，监视器1台。广告播控工作站与广告业务网相连，由此获得广告播出相关信息，并控制磁带录像机将广告素材上传到PDR100；广告播控工作站也与3个频道的播控工作站相连，实时响应各频道发出的广告播控命令，控制PDR100输出预先编排好的广告视频节目至播出切换台。

该系统充分利用了硬盘录像机的优势，克服了传统广告播出带需要每天烦琐费时的串编，且原版广告带多次重放磨损图像质量劣化等问题，实现了多通道资源共享和随时插播广告，提高了工作效率。更重要的是，该系统对整个播出系统的改动小。这套系统的优势得到了国内很多电视台的认可，各台开始纷纷效仿。1997年，山东电视台就与北京大恒音视频技术公司联合建设了类似的硬盘多通道广告自动播出系统。1998年10月，内蒙古电视台也建成了类似的广告自动播出系统，如图12-13所示，其系统组成与北京电视台的基本相同。四通道PDR100硬盘录像机的3个通道播控系统(一分控、二分控、三分控)分别配置在蒙古语、汉语微波、汉语卫视播出机房，剩余的一个通道用作广告素材录入和广告播出带串编。工控机完成广告节目的编排，并输给1号机，1号机再控制录像机到硬盘录像机的上载以及3个通道广告的播出。

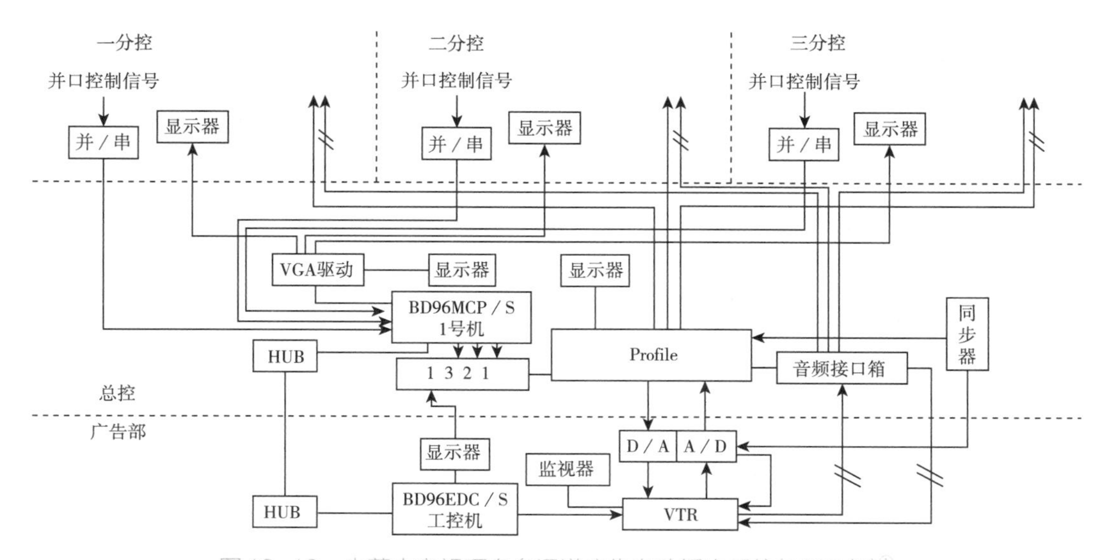

图12-13 内蒙古电视硬盘多通道广告自动播出系统(1998年)[①]

① 赵春涛，张建林，何峰等.广告硬盘自动播出系统概述[J].内蒙古广播与电视技术，1999(4)：6-11.

硬盘播出系统有很多优点，但它在当时的主要问题是核心设备硬盘录像机成本高，由于缺少高效的压缩技术(第一代PDR100主要采用M-JPEG压缩技术)，且硬盘售价昂贵。为保证播出质量，压缩的视频节目码率高，在低容量硬盘上难以保存大量的节目，所以开始的硬盘播出系统主要用于广告和新闻等较短视频播出。随着计算机存储技术的发展，硬盘录像机技术也快速发展，其称谓也逐渐变为视频服务器或播出服务器。此时，很多公司推出了大容量的视频服务器，使硬盘播出系统的应用更加广泛。其中代表性的视频服务器就是泰克公司的PDR300和飞利浦BTS(Philips BTS)公司的Media Pool，它们与之前的视频服务器相比，采用了更先进的MPEG-2压缩技术，而且SCSI技术问世后，硬盘扩充更灵活，还可以采用先进的光纤通道以及IP协议组建交换网络，实现视频服务器之间快速、实时复制和传输节目素材。

硬盘录像机的发展为构建大规模播出系统创造了条件。1998年，合肥电视台等多家电视台开始以PDR300为播出信号源研发了多频道硬盘播出系统。1999年，福建电视台设计并建成了基于两台PDR300视频服务器的主备硬盘播出多频道自动播控系统。系统由两台泰克公司的PDR324构成主、备机，两台机利用光纤通道构成互传视音频信号，形成热备份。6台控制PC机也是两两备份，同时按照播出节目单的编排顺序，分别控制PDR324视频服务器的多个通道，并实现对切换台、录像机、键混、下游键等控制功能。其系统图如图12-14所示。这是国内较早采用主备视频服务器和播出控制PC机的硬盘播出系统，它采用RAID 3磁盘阵列提高硬盘存储的安全可靠性；控制PC机也采用了对等的Workgroups网，以消除集中管理带来的安全隐患；为避免发生极端情况，还同时配备了两台磁带录像机。总之，这个系统是比较典型的基于硬盘的安全自动播出结构。

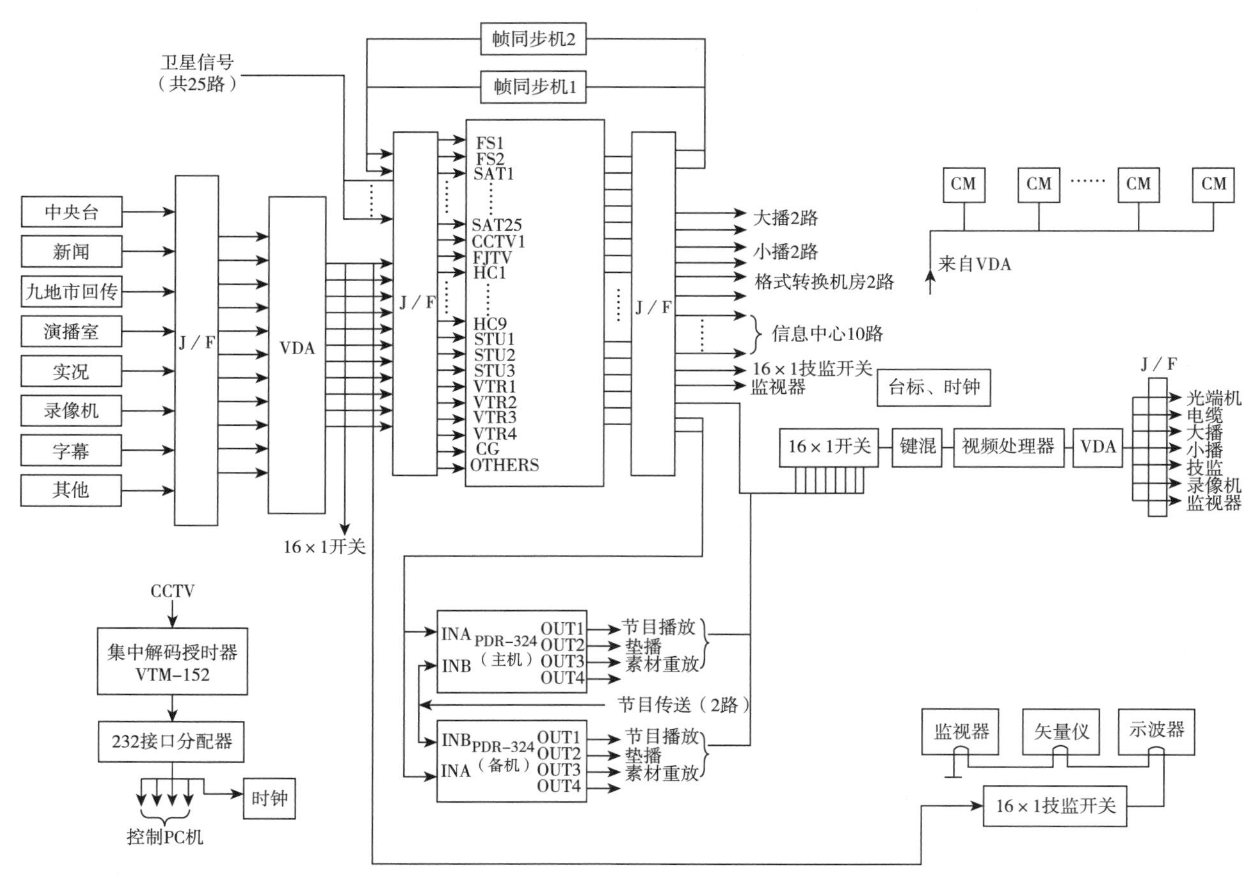

图12-14 基于主备视频服务器的硬盘播出多频道自动播控系统(福建电视台，1999年)①

① 陈学敏.基于PDR 300的新闻频道播控中心的设计(上)[J].广播与电视技术，1999(11)：62-65.

这种主备硬盘(双机镜像模式)多频道自动播出系统架构后来有很多电视台采用，只是视频服务器和切换台等设备型号有一些区别。到21世纪初，出现了品尼高(Pinnacle)的Media Stream系列、GVG的Profile系列、海变(SeaChange)的Media Cluster和索尼(SONY)的VSR-2000等性能更好的视频服务器。国内电视台也基本以这些视频服务器为基础平台，建设了各自的硬盘播出系统。不过，视频服务器毕竟存储空间有限，这种依靠单台视频服务器播出的方式还是无法满足多个频道长时间播出的需要，因此通常与磁带录像机同时作为信号源进行播出。

二、全硬盘自动播出系统

实现全硬盘自动播出对于每日播出量不大的电视台来说，也可以采用前面的双机镜像模式来实现，只要视频服务器的容量能够存储大于每天播出的节目数据量即可。但随着电视频道数量和每日播出时间的增加，要满足这样的需求就得考虑其他方式了。20世纪90年代后期也是计算机网络技术快速发展的时期，很自然地，有研究人员就想到了利用网络链接来增加存储容量。随后出现了基于光纤通道技术的存储区域网(Storage Area Network，SAN)、附属网络存储(Network Attached Storage，NAS)，以及基于IEEE 1394协议的网络存储等。SAN是一种利用FC等互连协议连接起来，使计算机可以共享一组公共存储资源的网络。NAS指将存储设备通过标准的网络拓扑结构(例如以太网)连接到多台计算机上。

较早采用网络方法增加存储容量的方法的是美国多累米实验室(DOREMI LAB)公司。1997年左右，这家公司就在法国一家电视台建成了硬盘播出系统。1998年，南京电视台引进了类似的硬盘自动播出系统。这套播出系统中的硬盘录像机V1D可用于视音频信号的A/D转换，并将MPEG-2信源压缩后存储到硬盘中。播出时，工作人员要从硬盘中取出存储的数字信号再解压后输出。硬盘录像机V1D采用可移动硬盘驱动器，硬盘存储容量扩充方便，主要是可以通过连接光纤通道网络来扩充容量。这套系统的拓扑图如图12-15所示，系统中光纤网将V1D、主备服务器和硬盘阵列连接，以太网也连接所有V1D、主备服务器和工作站。这种网络结构实际上就是利用了SAN结构来共享由光纤通道连接的硬盘阵列。整个系统的播出流程不变，只是通过网络连接硬盘来增加存储容量。该系统可存储播放时长80小时的节目内容，基本实现了南京电视台新闻类节目的硬盘播出。

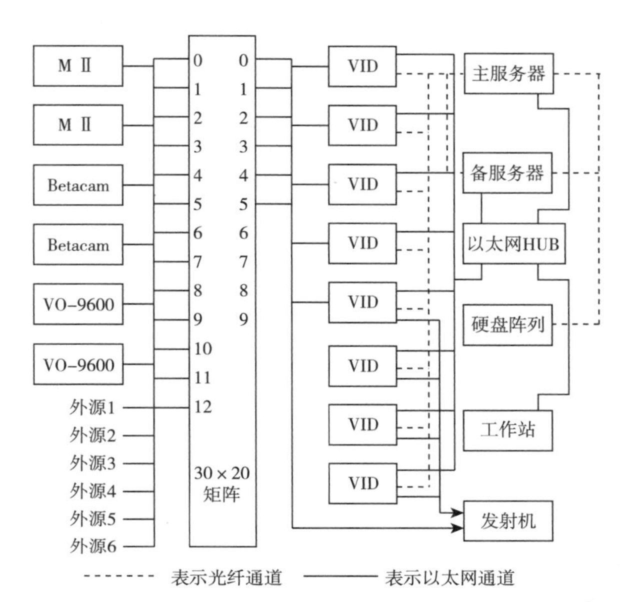

图12-15　南京电视台硬盘自动播出系统(1999年)[①]

1999年，奥姆尼翁(Omneon)公司提出了视频区域网络架构，其结构以NAS为主，结合了SAN共享存储的概念。这种视频网络架构还有一个重要的创新思想是使用IEEE 1394协议构建视音频信号上载网络。硬盘播出系统中存储到存储设备上的是压缩视频，普通系统需要将各种格式录像机中的压缩视频解压缩，由专用视频矩阵路由到存储系统，视频上载到存储系统时又要进行压缩，输出时再解压缩。显然，直接传输压缩视频可以简化网络，降低成本。该公司利用IEEE 1394技术开发了一套系统，可以封装任何格式的压缩视频、音频或数据，并以该形式通过1394网络传输。系统包括：IEEE 1394存储架构、IEEE 1395交换机和用于视频和音频流压缩和解压缩的IEEE 1394Edge设备，如图12-16所示。该系统设计理念很先进，如果按照这个设计思路是能够实现全硬盘自动播出的，不过当时并没看到实际应用。

① 鲁芽芽.南京电视台的硬盘自动播出系统[J].电视字幕(特技与动画)，1999(5)：18-19，21.

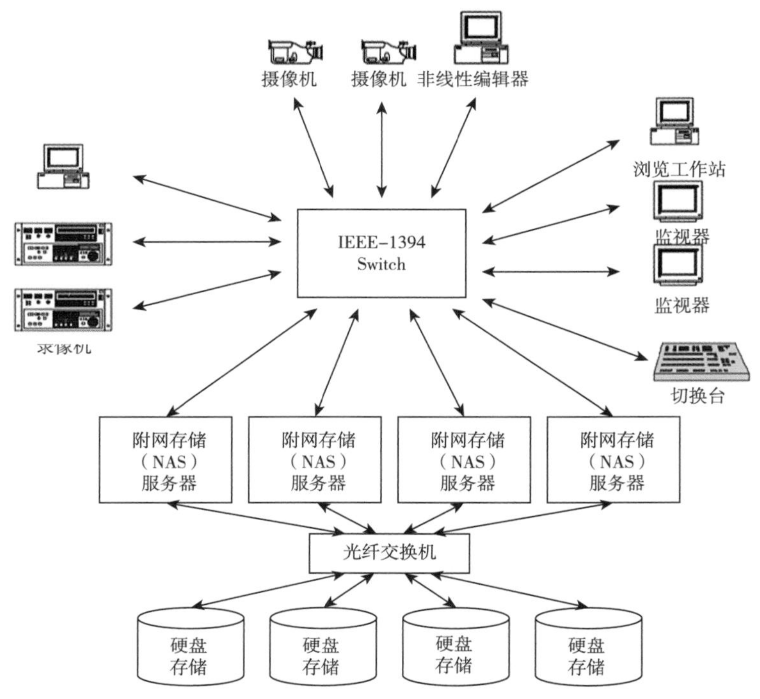

图12-16　奥姆尼翁公司的视频区域网络(1999年)①

受限于当时管理控制软件等多方面因素，使得这些网络扩展存储的播出系统的扩展性和开放性不高。2000年左右，美国海变公司(Seachange)推出了Media Cluster视频服务器集群，采用双重RAID方式来确保存储系统的安全。这个集群的基本原理是采用多个视频服务器，每个视频服务器有视音频输入输出接口、压缩编解码板，并通过SCSI接口外接硬盘阵列，这些外接的硬盘阵列采用RAID5技术进行奇偶校验，确保硬盘的高可靠性；每个视频服务器被看成一个节点，再采用RAID5技术进行冗余校验。另外，该集群还采用了全互联的星形拓扑结构和光纤通道连接技术以确保传输带宽。这种视频服务器于2000年开始分别被云南电视台、广东电视台等电视台引进。其中，2002年南京电视台引进该服务器构建了一个支持6个频道播出的播出系统。该系统的基本流程图如图12-17所示。相比其他播出系统，这种播出系统基本流程变化不大，主要是用于视频共享的存储空间和安全性提高了，便于集中管理控制。Media Cluster视频服务器性能稳定，受到国内电视台用户的好评，当时有多家电视台构建了类似的播出系统。

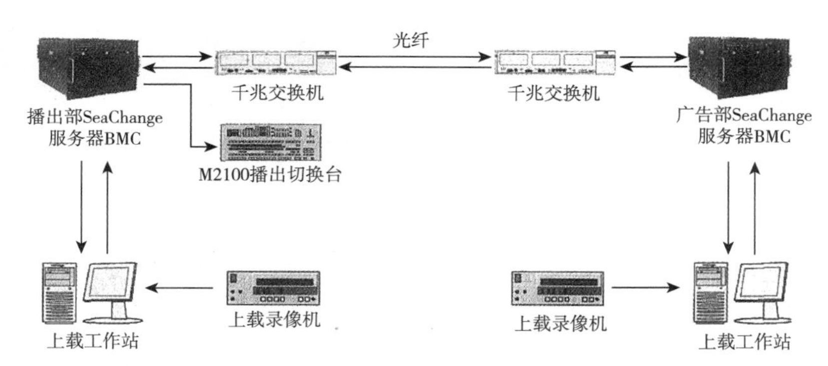

图12-17　基于Media Cluster视频服务器的播出系统案例(南京电视台，2002年)②

① FORD C. An IEEE 1394-based architecture for media storage and networking[C]//141st SMPTE Technical conference and exhibition. SMPTE, 1999: 1-17.

② 顾长青，陈军，虞榕滨.基于Seachange硬盘服务器的多频道自动播出系统[J].现代电视技术，2004(4): 25-28.

不同于海变公司的服务器集群方式，美国品尼高公司和GVG公司都选择了利用SAN技术来提高视频服务器的存储容量。2002年品尼高公司推出了MSS900系统，整个系统包括运行网络化文件系统的工作站、视频服务器和硬盘阵列、以太网交换机和光纤交换机。MSS900系统采用冗余机制，每个硬件设备都有两台或两台以上，视频服务器共享硬盘阵列的存储资源，存储容量很容易通过增加硬盘阵列数量来扩充。这套系统于2003年4月被用于江苏广播电视总台的数字硬盘播出系统中，该台为此构建了具有6频道播出能力、能够满足多信号调度、国内第一套基于 SAN 结构共享存储的全数字自动播出系统。

国内基于硬盘的自动播出系统从具体实现来说，在21世纪初期之前基本上采用国外的视频服务器，有实力的电视台使用国外的视频切换台、小型电视台使用切换器加键混作为切换设备，播出软件则基本采用国内厂家自主研发的产品。

本节执笔人：杨盈昀

第四节 基于文件的网络播出系统

21世纪初，在计算机网络及多媒体技术高速发展的背景下，播出设备的发展趋势是播出的数字化、网络化，即向硬盘播出系统到制播一体网方向发展。技术更新换代的同时，人们逐步淘汰了陈旧的录像机与磁带，电视台内的节目从制作到播出全部实现了文件化。由于硬盘播出系统本身就采用了网络技术，本文为区分两者不同，将录制系统输出，再输入播出用的视频服务器中为文件的播出系统归于基于文件的网络播出系统，而直接输入视音频信号的归于硬盘播出系统。基于文件的网络播出系统的发展又可分为网络播出系统和全台网中的播出系统。

一、网络播出系统

由于非线性编辑技术的发展，电视台内共享资源的节目制作网在20世纪90年代末期基本成熟了，而此时基于硬盘的自动播出系统比较大的工作量是视音频信号的上载。显然，如果直接将节目制作网中的视音频文件传输到硬盘播出系统，就可以大大减轻播出工作量，同时还可以避免因反复压缩、解压缩带来的节目质量下降。因此，从2000年开始，就有电视台建设了这样的网络播出系统。

为适应电视台节目制作和播出网络化需要，1997年左右美国草谷(Grass Valley Group)公司推出了通用交换格式(General eXchange Format，GXF)，该格式于2001年被SMPTE批准为SMPTE 360标准。但这种文件格式被发现可能无法满足元数据领域中更严格的要求，1999年，Pro MPEG论坛、高级媒体格式(Advanced Authoring Format，AAF)协会和EBU等机构提出建议，开发素材交换格式(Material eXchange Format，MXF)，用于在制作和播出环境中交换电视节目，并于2004年批准为SMPTE 377标准。MXF格式后来被广泛应用于电视台网络化制播系统中。

2000年7月，深圳电视台将1997年引进的非线性网络编辑系统与硬盘播出系统连接在一起，构建了一个网络播出系统，如图12-18所示。该硬盘播出系统采用双 Profile XP1000服务器主机，双RAID3磁盘阵列、双网络、双电源等多重冗余结构。非线性编辑系统通过计算机网络和SDI信号与硬盘播出系统连接为一体，从演播室制作机房过来的视音频数字信号可直接存储和播出。这个系统主要是将非线性编辑机上的节目以文件形式通过网络线与播出服务器相连。当然，如果是SDI信号与硬盘播出系统相连，则与之前的硬盘播出系统一样。这是较早实现制播一体化的网络，不过这个播出系统采用的是主备视频服务器的方式，存储容量的扩展比较受限。

到2001年，这种制播一体化网络方式受到国内业界人士更多的关注。在同年的国际电视技术研讨会(International Television Technology conference，ITTC)会议上，有多个厂家陈述了它们在这方面所做的思考和实践。如，索贝数码科技公司在题为“中小电视台硬盘自动播出的解决方案”的发言中提到，在建立播出系统时必须考虑与台内其他系统的连接问题，并介绍了公司已实现编辑网和播出网之间的素材交换，以及播出网与台内其他系统的数据(播出节目单、广告节目单、播后数据的统计等)交换的解决方法。安利金四维公司也介绍了为解决“大播出”而提出的“网络化自动播出控制软件系统”。

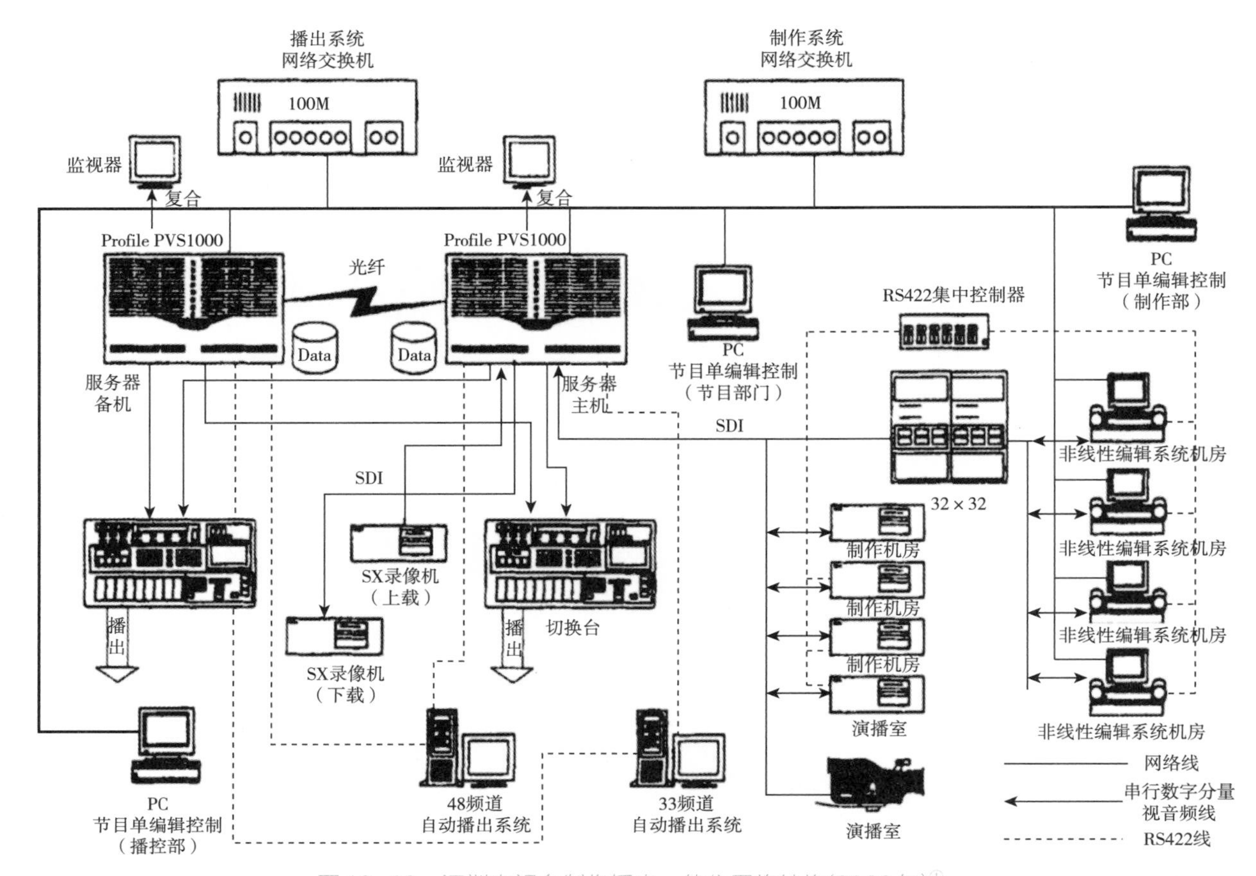

图12-18 深圳电视台制作播出一体化网络结构(2000年)[①]

2002年,北大方正公司给湖南经济电视台搭建了新闻采编播一体化的硬盘自动播出系统。如图12-19所示,该系统中视频服务器1台为MSS1600,另1台为MSS700,这两个服务器为系统的核心,编辑好的新闻节目上载到服务器后,输出到频道播出切换台进行播放,同时还可以输出到新闻演播室用于新闻制作。这种方式的一个优点是方便实现文稿与视频互相关联,实际播出状态不仅能够及时回馈至文稿系统补充其内容,且文稿系统也可以对视频播出内容进行补充。该系统的存储容量仍受限于视频服务器。

2003年12月,中央电视台新闻频道建设了新闻节目制播一体化网络,将这个系统与广告自动播出系统相连,在新闻共享中制作完成的新闻节目和广告自动播出系统提供的广告,通过网络传输直接送到新闻频道播出系统,以完成播出。另外,新闻共享系统的文稿信息系统提供的新闻文字信息也会通过网络送到播出系统,以完成新闻频道滚动字幕的播出。新闻频道播出控制系统用的节目单通过节目管理系统传输而来。其中,新闻共享播出的视频服务器选用索尼公司的MAV-70XGI,广告播出视频服务器选用了汤姆逊公司的PROFILE XP PVS 1000,以便与全台的广告自动播出系统一致。如图12-20所示,图中硬盘播出服务器输出的信号会直接接入播出切换台播出。这个系统的网络化主要体现在与广告播出系统和全台节目单编辑系统的连接上,而新闻节目制作与播出系统之间还是采用传统的录像机上载方式,将制作好的节目上载到新闻共享系统,没有完全做到文件播出。

① 李新,李景美.电视制作播出数字一体化网络[J].广播与电视技术,2001(1):81-85,88.

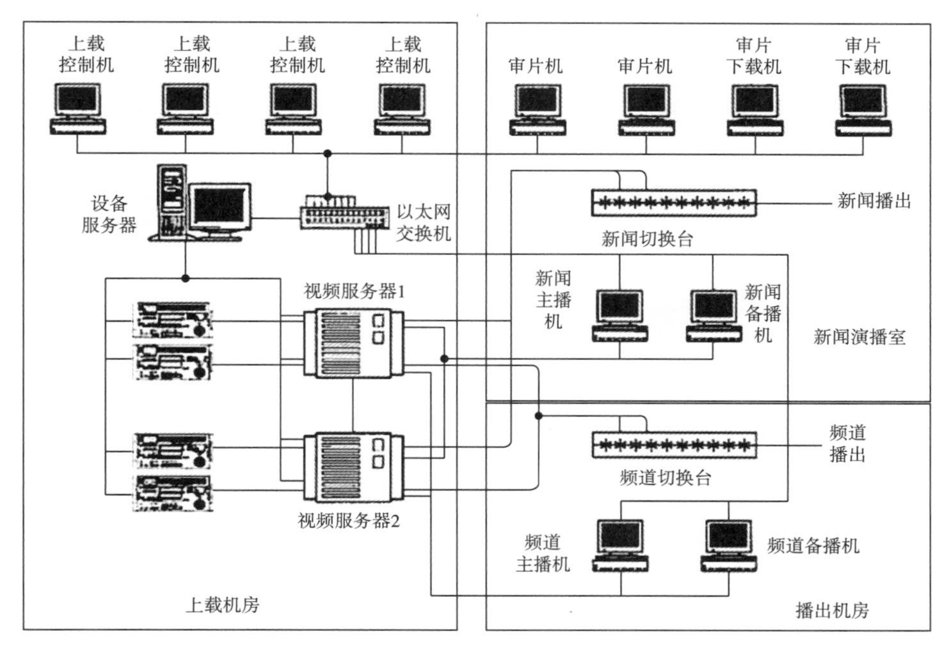

图 12-19　湖南长沙电视台采编播一体化网络(2002 年)

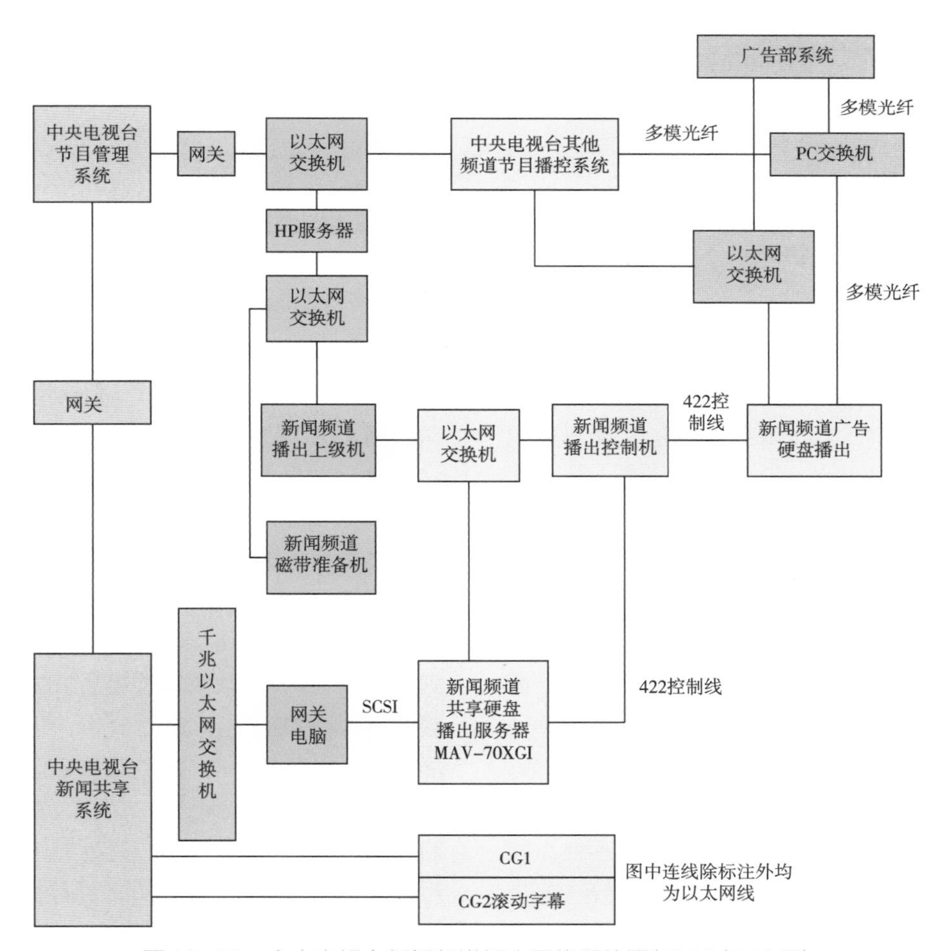

图 12-20　中央电视台新闻频道播出网络系统图(2003 年 12 月)

2005年1月，江苏省泰州市电视台建成新闻非编制作播出网，采用索贝E-NET制播系统。该系统采用双网结构，即基于SAN结构存储的千兆光纤网和基于IP技术的千兆以太网，服务器外置存储网络共享存储体，通过网络服务器进行系统管理和数据库管理，如图12-21所示。配置编辑上下载工作站、文稿工作站、配音工作站、审片工作站，同时配有主、备存储管理服务器、主备数据库服务器、主、备播出服务器、转码、迁移服务器。整个系统采用结构化设计，可以灵活配置存储容量、编辑站点数量、播出通道数量，同时系统支持多种外部输入、输出设备。制作系统与播出系统以IP包的方式在网络中传输视音频信号，从根本上消除了传统视音频链路传输带来的损失，提高了节目素材在各存储体之间的传输效率。这是21世纪初典型的网络播出系统，在当时国内很多电视台都得到了应用。

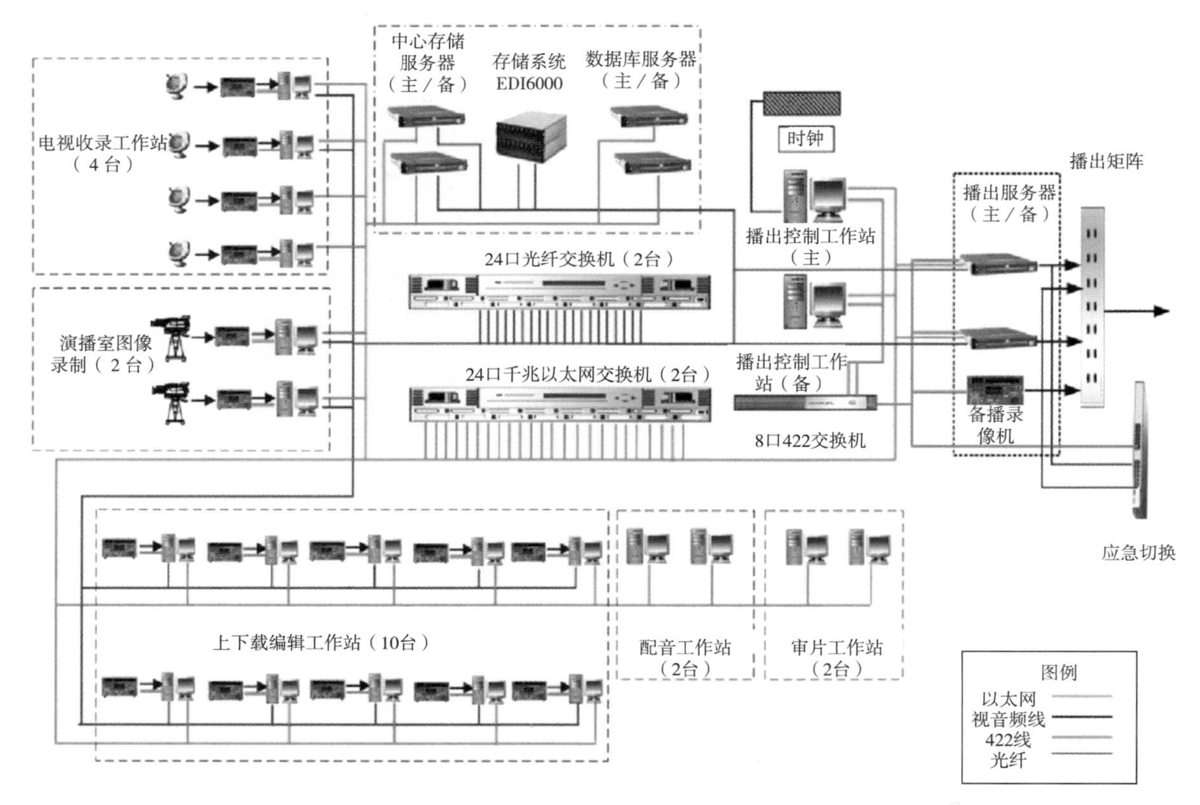

图12-21 江苏省泰州市电视台建成新闻非编制作播出网(2005年)①

2005年10月，中央电视台在全国第十届运动会(十运会)召开之际，建成了一个用于十运会的网络制播系统，如图12-22所示。这是索贝数码科技股份有限公司为中央电视台搭建在运动会现场的独立的网络制播平台，负责完成信号收录、节目制作和播出等任务，首次大规模采用非线性编辑和硬盘播出技术完成大型运动会转播的全部流程任务，大大提高了体育报道的时效性、灵活性和安全性。该系统以媒体资产管理系统和SAN存储系统为核心，涵盖收录、场记、上载、精编、粗编、配音、节目生成、自动技审、播出和归档等业务子系统。系统采用SAN+LAN的混合网络架构，支持各类工作站按其具体业务要求通过FC或NAS方式访问FC共享存储。播出、生成、归档等工作站采用FC连接方式，以保证核心业务的最高性能与稳定性；其他工作站则采用百兆/千兆以太网连接方式，以降低网络连接的复杂性和系统构建的成本，便于外场系统部署。播出媒体服务器通过光纤通道接收节目素材上传，在播出控制工作站、串联单播出等软件的控制下，输出到切换台播出。这种架构为后来的大型运动制播网络化提供了很好的经验。

① 顾同礼，蔡鹏翔.泰州电视台大型E-NET新闻非编制作播出网[J].视听界(广播电视技术)，2005(5)：81-83.

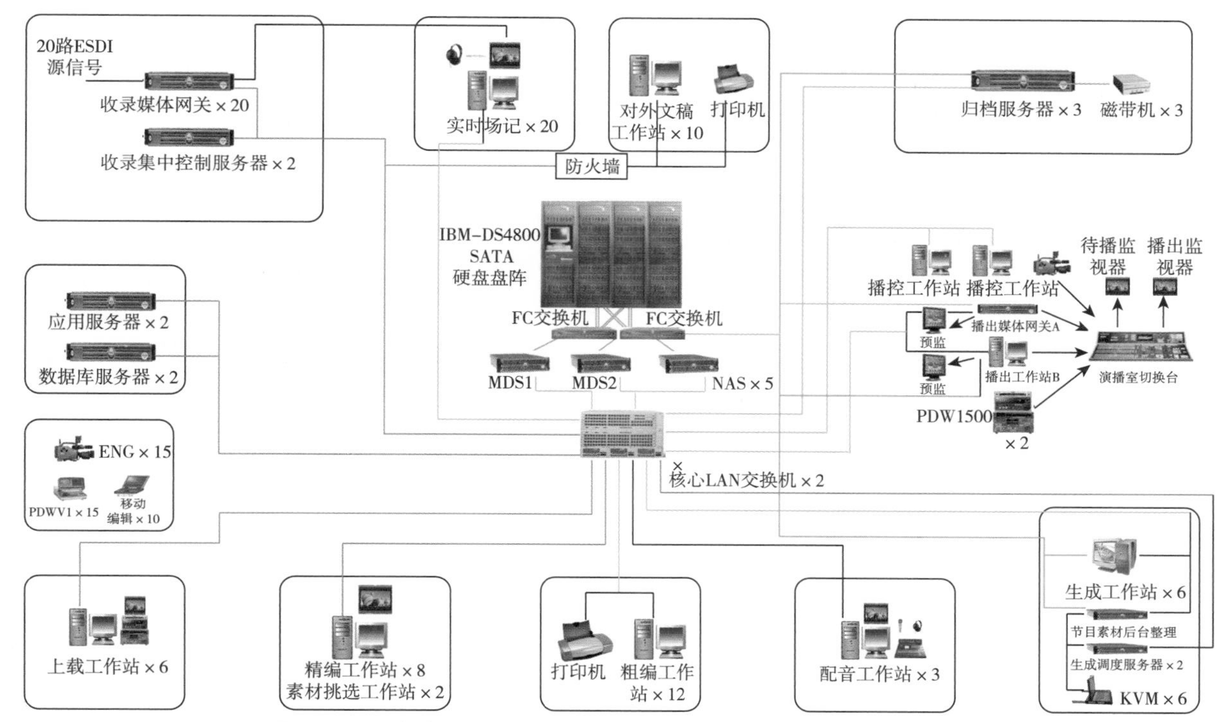

图12-22　中央电视台第十届全运会网络制播系统拓扑图(2005年)

这些播出方式利用网络的便捷性使节目的播出效率大大提高，部分节目被直接上传到播出端的备播系统，节省了大量的人力物力，部分实现了节目播出体系中的无带化全自动控制播出。要注意的是，送往播出网的节目单和广告单一般是纸质的，需要在播出网中重新录入和编排。

二、全台网中的播出系统

各电视台在建设了多种为特定业务服务的计算机网络系统后，为方便这些网络系统间实现信息交互、资源共享、互联互通，电视台技术人员和厂家都开始不约而同地提出了全台网的概念。全台网播出系统的发展经历了全台网技术的发展、高标清同播技术的发展、基于云和全IP化的电视台网络播出系统的发展。

(一)全台网中的播出系统

2003年秋，欧洲广播联盟成立了分布式节目制作中间件项目(project group on Middleware in Distributed programme Production，“P/MDP”)小组，目的是将电视台各子系统集成在一起。到2005年1月，联盟提出要利用中间件技术将分层结构的子系统集成到一起，其系统概念图如图12-23所示。不过，这一提议仅停留在概念阶段，联盟在相关的研究报告中并没有就此提出具体的实施建议。

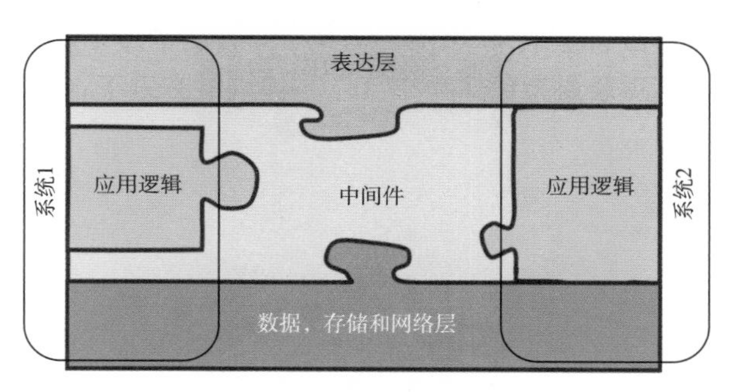

图12-23　基于中间件的系统集成概念图
(2005年，欧洲广播联盟)

这个时期，中国的网络化电视制播技术开始加速发展。2005年，索贝数码科技股份有限公司在北京国际电视技术研讨会上提出了“全台网”解决方案。在方案中提出要通过“全台信息总线”和“媒体服务总线”实现系统间的互联互通和资源共享。“全台信息总线”在各子系统物理连通的基础上实现了各个子系统间管理控制信息的交互和共享。全台生产业务系统创新地设计和实现了媒体服务总线。该总线改变了传统的系统间点对点互连的复杂状况，将网状结构的互联方式改变为总线结构的互联方式。媒体服务总线采用系列的标准定义系统间互连和交互的方式，通过媒体服务器、网关等具体的设备和系统实现系统间资源共享。该公司为某大型电视台生产业务系统建设的总体网络拓扑图如图12–24所示。该系统涵盖了电视台节目采集、编辑、播出、存储、管理、监测、传输等各个业务环节。在此全台网中，播出系统是其中的一个业务环节，其内部系统架构基本与网络播出系统相同，只是增加了与其他子业务系统的交互，当然，其工作流程也随之发生了变化。开发者通过设计媒体生成业务方式，可以有多种流程，如：采集/收录—节目制作—播出；采集—制作—存储—播出；收录—存储—播出等，整个流程基本能做到无磁带存储的全自动播出。

同期，中科大洋科技发展股份有限公司也提出了电视台构建开放的互联互通平台思路，该公司提出的一个系统互联互通平台的模型如图12–25所示，其中应用业务层A、B、C分别代表各业务系统，中间部分主要由三个单元模块构成，即：交换服务引擎、工作流引擎和数据处理中心。最下方的物理存储层实际上也属于各个业务系统的一个组成部分。该平台的理念是层次化构架和工作流设计，显然，播出系统属于此平台上的一个业务系统。

同期，国内另一家广电厂商——新奥特公司也提出了面向高清的网络化电视台整体解决方案。方案中提出，应建设具有扩展能力的数字总控系统、网络共享基础平台和全台数据交换共享平台，并在上述基础平台上设计各种业务网络系统。该公司提出了一种与SD/HD兼容的存储网络共享平台架构，如图12–26所示。在这种架构中，各业务部门拥有相对独立的SAN网络，共享一个全台的媒体资产管理系统，并且通过多协议路由器实现了各SAN网络之间的互联互通。为实现异构网络数据交换，该公司建议在各子网络系统内部构建各自的数字媒体内容管理系统，用于管理各子系统内部的节目、素材以及工程文件。数据交换时，采用光纤与以太网相结合的方式，低码流媒体的浏览以及审批过程用以太网传输，高码流节目素材迁移调度通过光纤网进行。

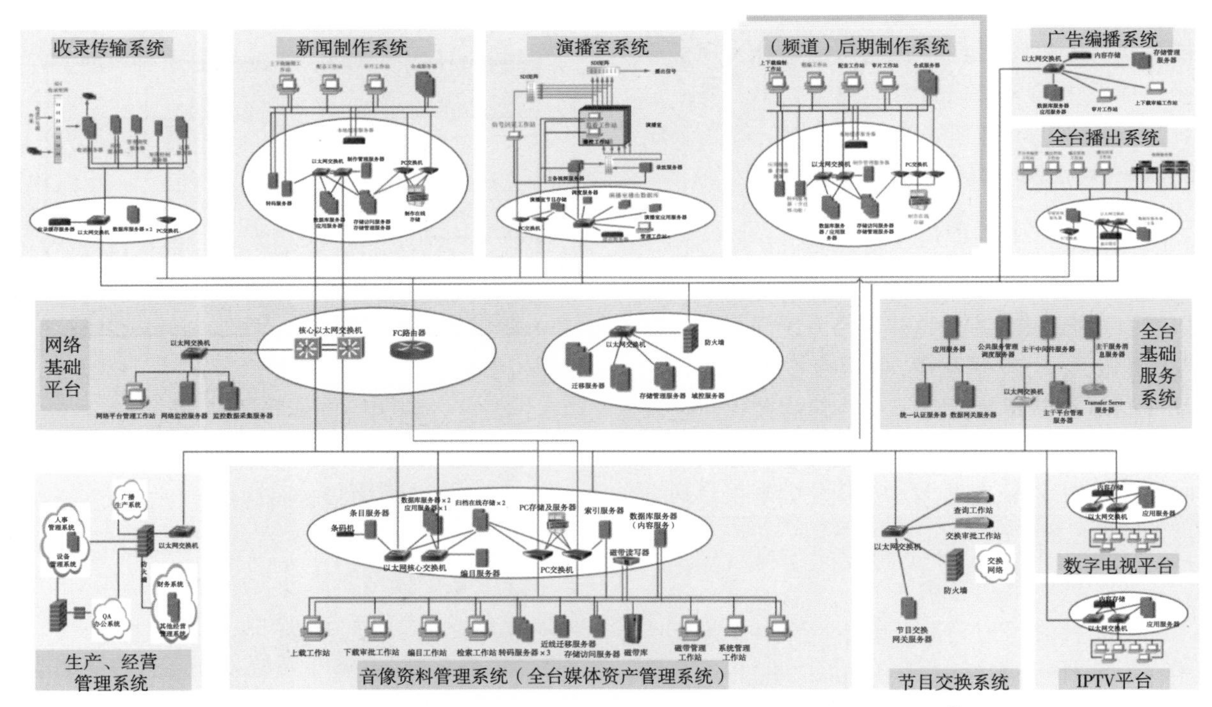

图12–24　某大型电视台生产业务系统总体网络拓扑图(2005年)[①]

① 欧阳睿章.电视台全台节目生产网络化建设综述——概念、案例与展望[J].现代电视技术，2005(7)：29–35.

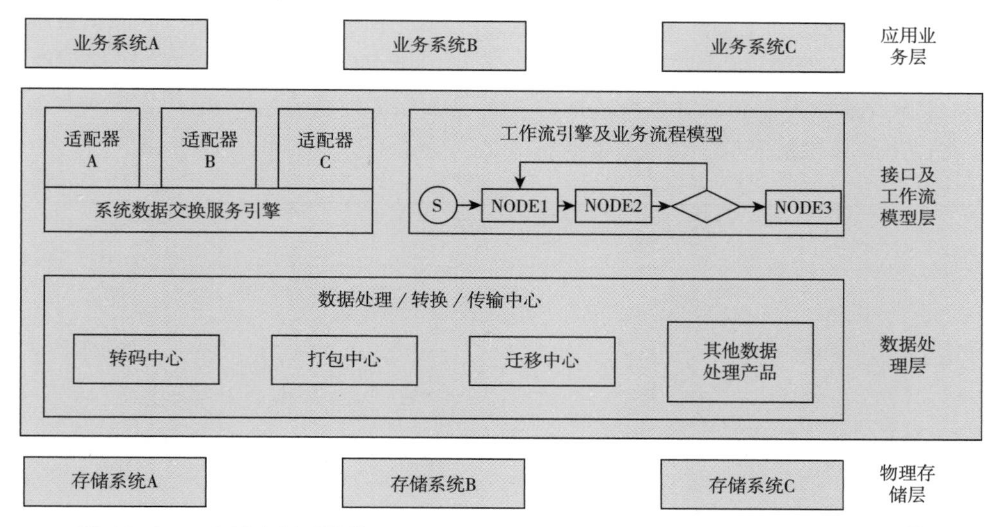

图12-25　中科大洋科技发展股份有限公司互联互通平台结构示意图(2005年)①

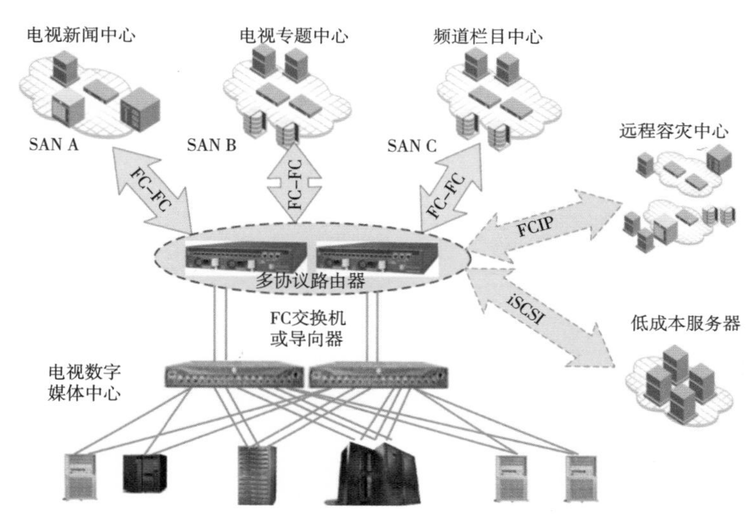

图12-26　一种与SD/HD兼容的存储网络共享平台架构(2005年)②

上述3家公司提出的全台网设计思路从不同方面完善了电视台网络互联互通的实施路径，也为中国各电视台网络化的高速发展打下了坚实的基础。

北京电视台在2006年设计了一个全台网络化制播系统，采用了面向服务架构(Service Oriented Architecture，SOA)。该制播体系被分为两个主要层次：生产业务系统和技术支持平台。生产业务系统完成日常节目的制作和播出，实现媒体资产管理、收录、演播共享等公共服务功能，技术支持平台实现生产系统内部以及与其他业务系统之间的数据交换，为生产系统提供综合业务支持，是互联互通的软件平台基础。技术支持平台由基础网络平台和业务支撑平台组成，前者为业务系统间数据交换的物理通路，后者用于实现业务系统之间数据交换的调度与管理，该平台设计为以公共服务(包括媒体资产管理、信号收录和演播接口等)为核心的互联互通建设模式，结合节目生产特点实现基于SOA的总线型全台网架构，这种结构与前文索贝数码科技股份有限公司提出的总线结构类似(图12-27)。该系统于2008年年初正式建成，是国内第一个实现

① 王杰中.电视台业务数字化解决方案走向全程文件化——构建开放的系统互联互通平台[J].现代电视技术，2005(7)：36-39.

② 李军.面向高清的网络化电视台整体解决方案[J].现代电视技术，2005(8)：33-35.

了全台网互联互通的系统。其中，播出系统由播出二级存储、播出节目紧急上载、播出服务器系统与播出节目素材传输及播出控制组成。系统采取分级存储形式，将播出服务器系统与上载服务器系统分离，并设播出二级存储，以提高系统安全性。播出二级存储还是连接媒体资产管理系统播出库和播出服务器系统的桥梁，以实现与其他系统的互联互通。

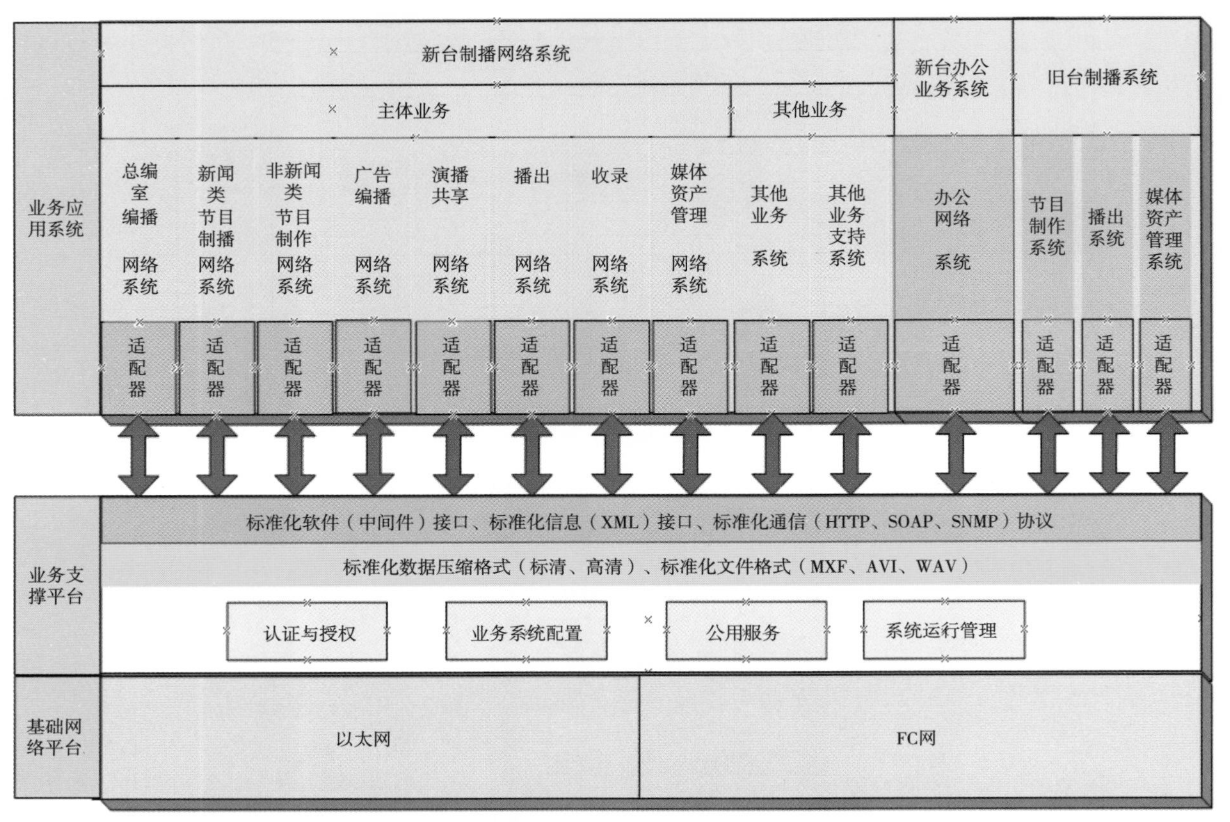

图12-27 北京电视台网络化制播体系架构示意图(2006年)

同年，安徽电视台也设计了一个全台网系统。该系统基于中科大洋互联互通平台模型，重点考虑了视音频编码格式、文件格式、节目生产管理系统和工作流程。该系统的各个子系统之间的互联互通于2007年6月投入使用，不过当时并没有实现全台网的互联互通。

2006年，国家广播电影电视总局科技司组建的"电视台数字化网络化工作组"起草了《电视台数字化网络化建设白皮书》。白皮书对电视台网的总体架构和模式进行了概括，典型要素和典型板块凝练，正式提出了互联互通的广度与深度、"基于SOA的双总线集成架构"等概念，对网络安全进行了研究。白皮书的发布进一步促进了国内电视台的网络化发展，播出网络系统的建设也步入新轨道。

2007年年初，云南电视台和新奥特公司共同设计了一个全台网系统，系统采用面向服务的架构，并通过规范的企业服务总线(Enterprise Service Bus，ESB)实现了对全台网跨系统业务流程之间的系统服务的统一注册和管理。同时，该系统还对主干系统和各子系统对外提供的服务进行了抽象和接口规范。这是国内首个按照白皮书的核心要素并结合该电视台特点进行规划设计的方案。不过，到2010年，该系统才实现了从生产存储板块到播出系统的互联。该系统利用配置的二级存储系统，完成待播内容的整备，构建媒体文件和消息传递的重要入出口，打通了播出系统与制作网的连接和数据共享通道，实现了系统的开放和大部分节目的数据化传输，播出素材管理和分发也启用了新模式。云南电视台全台网中的播出系统结构示意图如图12-28所示。

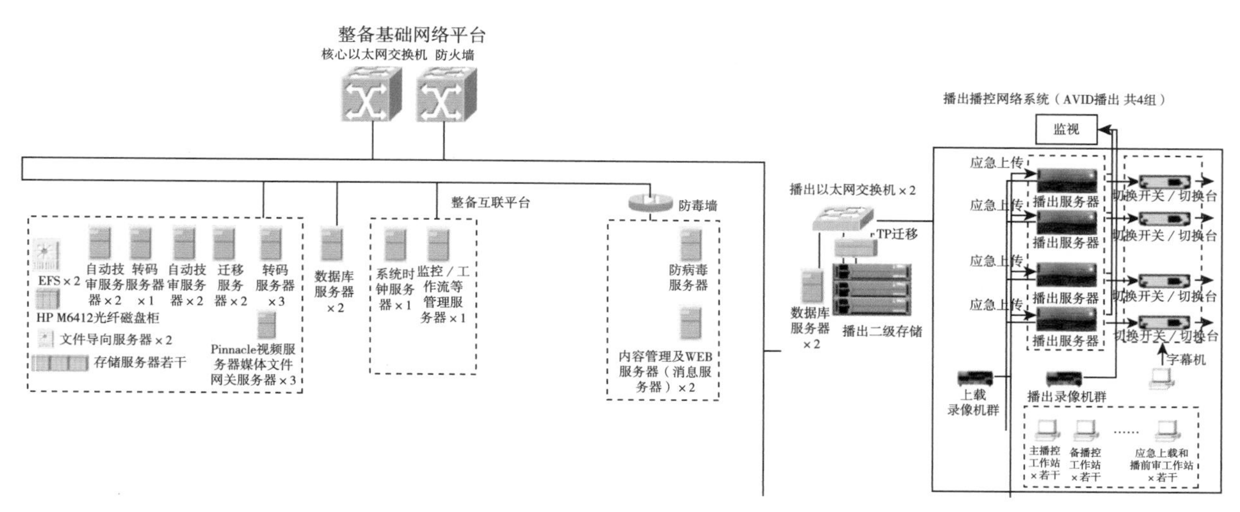

图12-28　全台网中的播出系统结构示意图(云南电视台，2010年)[①]

这种全台网络架构在2008年后在中国各级电视台得到了广泛的推广应用，2009年下半年衡阳广播电视台开始设计建设并实施的全台互联网络平台如图12-29所示。该全台网由两个新闻制作网(其中包含演播室子系统、总编室系统、广告管理系统)，媒体资产管理系统、收录系统以及两个全硬盘播出系统组成。播出服务器按照4个频道的主备通道，二级缓存进行配置，播出文件都是主备服务器同时播出，确保安全播出。图中的互联主干平台采用ESB+EMB双总线架构。企业媒体总线(Enterprise Media Bus，EMB)主要为ESB提供数据迁移服务，在基于SOA架构的设计下，EMB通过ESB的逻辑调用，可以实现跨系统间的数据迁移，完成系统与各种数据间的交互传输，以实现系统之间的互联互通。制作系统传输播出文件到播出系统的流程图如图12-30所示，整个流程都是在ESB服务发起的工作指令下，控制EMB总线中的媒体数据完成的。

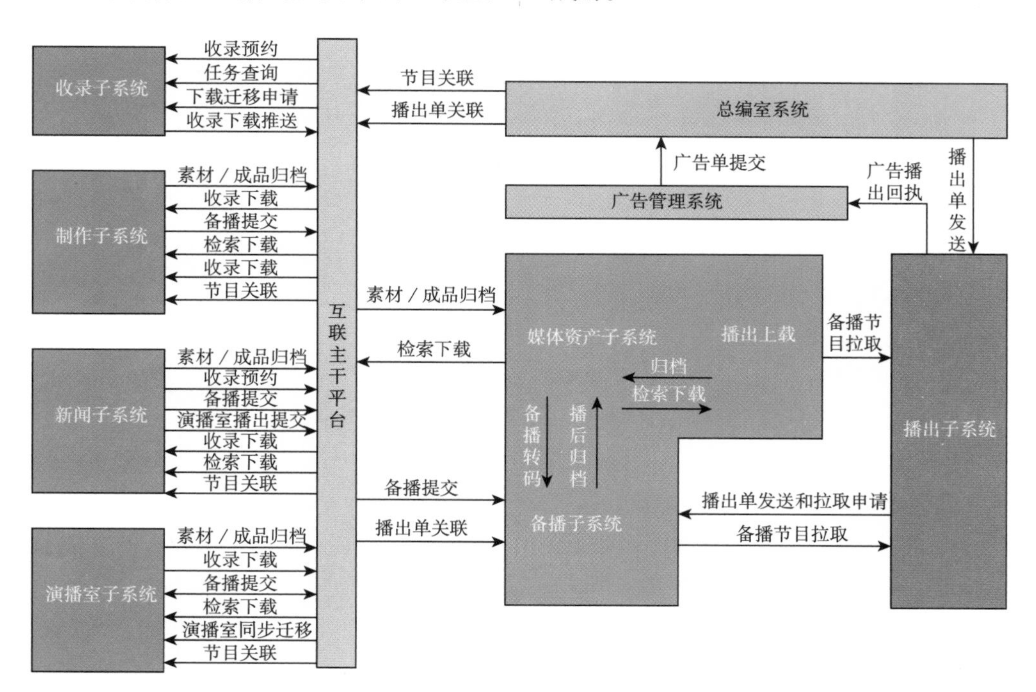

图12-29　衡阳广播电视台全台网络数据交互示意图(2009年)

① 卫锋，熊培昆.云南电视台主频道备播系统改造设计实践与应用[J].现代电视技术，2013(2)：35-39.

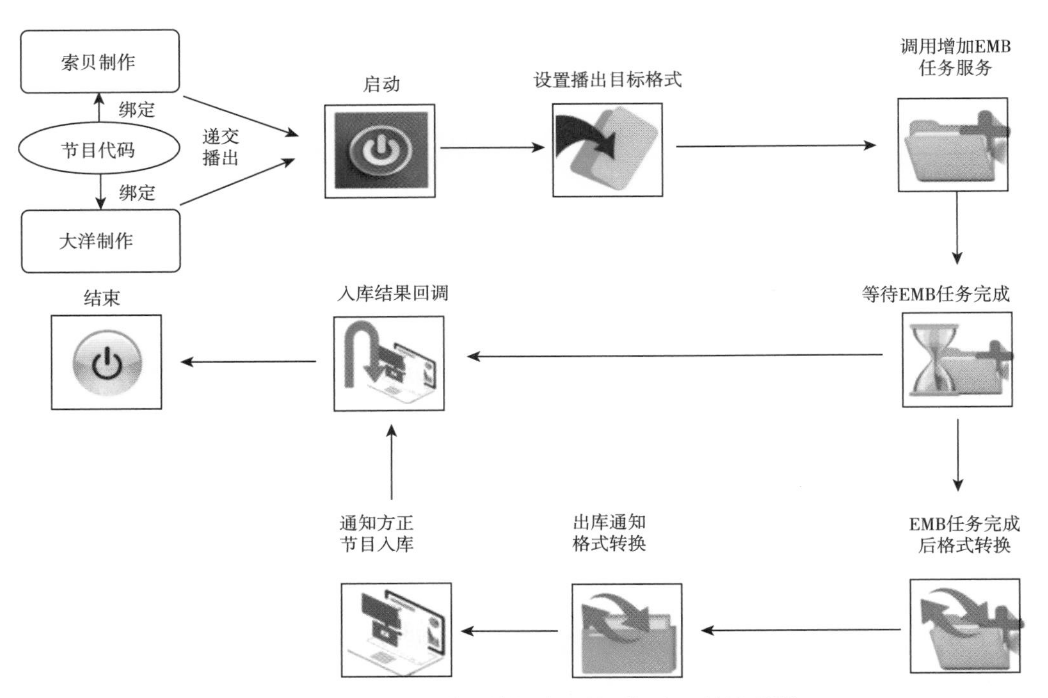

图12-30　制作系统传输播出文件到播出系统流程图

(二)高标清同播技术

2006年，高清晰度电视开始发展，但高清电视的播出流程并没有发生改变，电视台只是需要实现高清和标清同播，其中就涉及图像清晰度存在上下变换的问题。为了避免上变换到高清频道的标清节目或下变换到标清频道的高清节目需要再次上下变换，从而影响播出质量的问题，SMPTE于2007年推出了SMPTE 2016 Active Format Description(有效格式描述)系列标准。

2009年9月，中国有5家电视台正式播出了高清晰度电视节目。它们分别采用了两种高标清同播策略：高标清独立播出和高标清一体化播出方案。江苏卫视采用的高标清独立播出方案如图12-31所示，北京电视台采用的高标清一体化播出方案如图12-32所示，后者的标清节目在高清频道播出时会将节目先上传到高清播出服务器。这些输入的信号都来自播控机控制下的视频服务器，工作流程与各台之前的播出系统相同，另外对进入播出系统的节目文件和信号加入了正确的AFD信息。

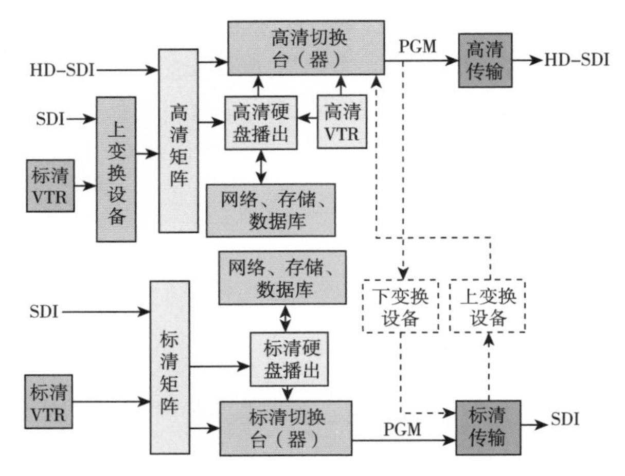

图12-31　江苏卫视高标清同播方案(2009年)

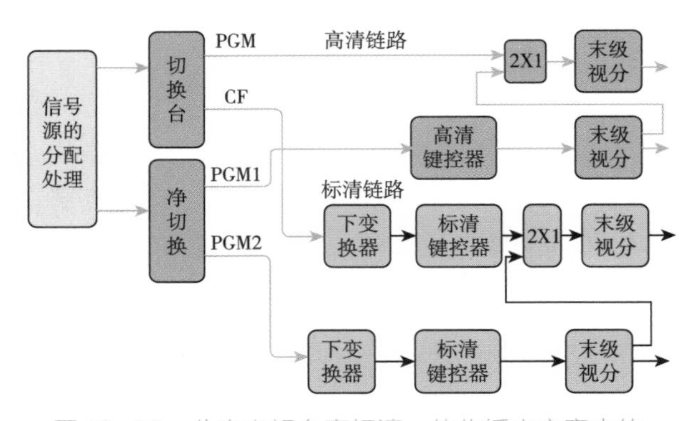

图12-32　北京电视台高标清一体化播出方案中的通道链路图(2009年)

(三)基于云和全IP化的电视台播出系统

2010年，比利时佛兰德斯广播电视公共广播公司(VRT)的吕克·安德烈斯(Luc Andries)认为以IP为中心的基于文件的制播体系架构中，各子系统采用松散耦合的方式连接，每个子系统都有自己的本地存储和服务器，使得数据存储和传输效率较低，建议采用私有媒体云架构构建媒体数据中心。同期，中国也开始酝酿将云技术用于电视节目的制播体系中。2011年，中科大洋公司提出了基于云架构的全台资源整合架构，其中面向全台的私有云平台架构如图12-33所示。在此平台中，播出系统与其他业务一起共享计算、存储、应用、桌面和专用设备资源，从而进一步降低成本、提高效率。随后，中国相关公司也纷纷展开了基于云的电视台网络制播系统设计与研发。

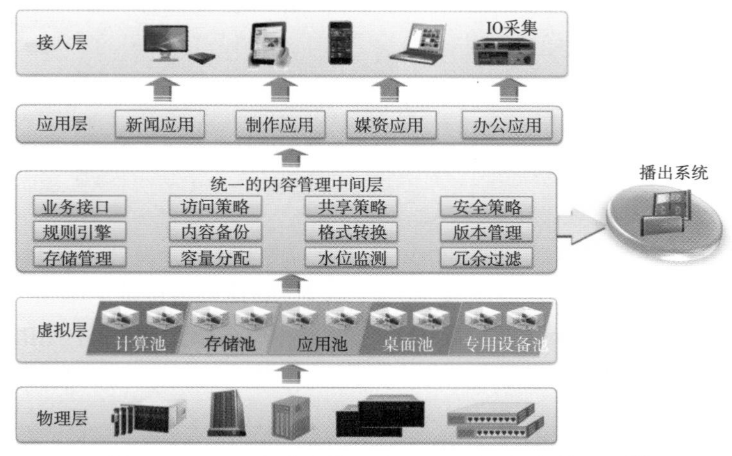

图12-33 面向全台的私有云平台架构(大洋公司)[①]

2012年年底，河南电视台在构建全台网时，实践了个面向台内业务的私有云平台(图12-34)，在“私有云”架构上进行媒体数据存储、编目、检索、编单、转码、播出等。这是国内早期尝试采用云计算的系统，不过这个系统主要利用云平台的基础设施层，上层结构还是ESB+EMB双总线架构。

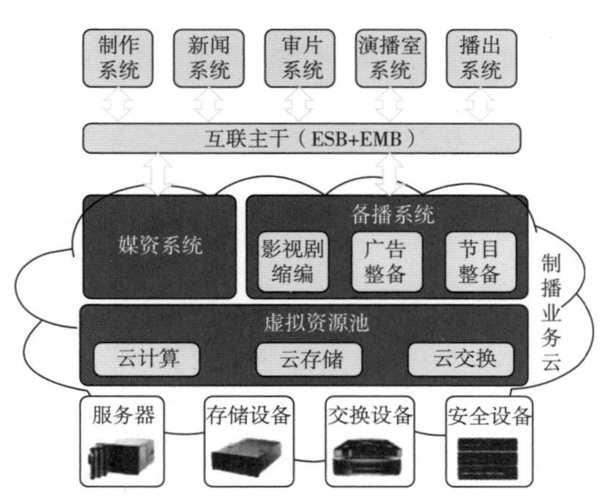

图12-34 面向电视台内业务的私有云平台(河南电视台，2012年)

2013年10月，美国品尼高系统，公司的前首席技术官艾尔·科瓦利克(Al Kovalick)在SMPTE年度技术会议上的发言也建议将云作为电视台全IT化基础设施，电视台可以选择使用公有云或者私有云。同时，他还提到了在IT系统中的打包AV流媒体方法。

2015年年初，江苏电视台建成了基于云计算技术架构的播出分发平台，实现了传统媒体和新媒体等多种业态在云平台上的业务流程融会贯通。江苏电视台采用软件定义视频网络(Software Defined Video Networking，SDVN)技术，引入IP矩阵，建成基于传统基带+IP播出分发平台。该系统如图12-35所示，其中ALL IN ONE服务器可以实现IP流、HD-SDI基带信号以及素材文件的混合切换，输出IP流，能够实现播出时直接向新媒体提供信号源。为国内构建云平台制播系统提供了案例，向实现全IT化又前进了一步。

① 王杰中.基于云架构全台资源整合的探讨[J].现代电视技术，2011(7)：20-24.

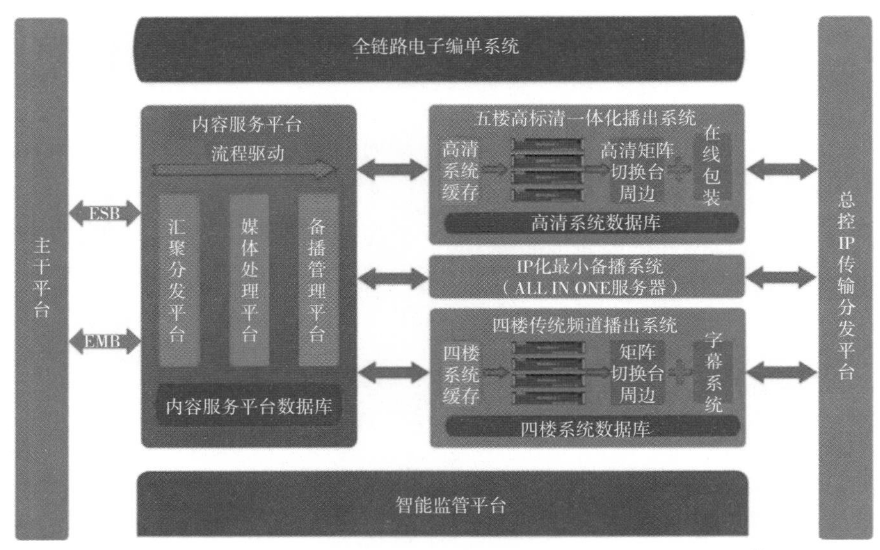

图12-35　播出分发平台总体架构图(江苏电视台，2015年)①

2014、2015年，中国国家新闻出版广电总局先后设立了科研项目“基于云计算技术的电视台全台网和全媒体制播平台关键技术研究”“面向媒体融合的广播电视台全台网升级改造研究和试验”，并于2015年12月形成了《电视台融合媒体平台建设技术白皮书》。“白皮书”明确了提出了基于云平台的融合媒体平台总体框架，并给出了融合媒体平台重点业务建设思路，分析了各种业务的应用。融合播出分发技术平台如图12-36所示，可以看到，电视台内传统的播出系统基本没有变化，只是播出整备系统从ESB+EMB双总线架构的全台网，变成了基于云平台的网络，增加了IP信号播出。另外，为适应融媒体的发展增加了与IPTV播出平台和网络电视发布平台的互联。从此，中国大陆电视台播出系统向云平台、IP播出以及新媒体发布等方向发展。

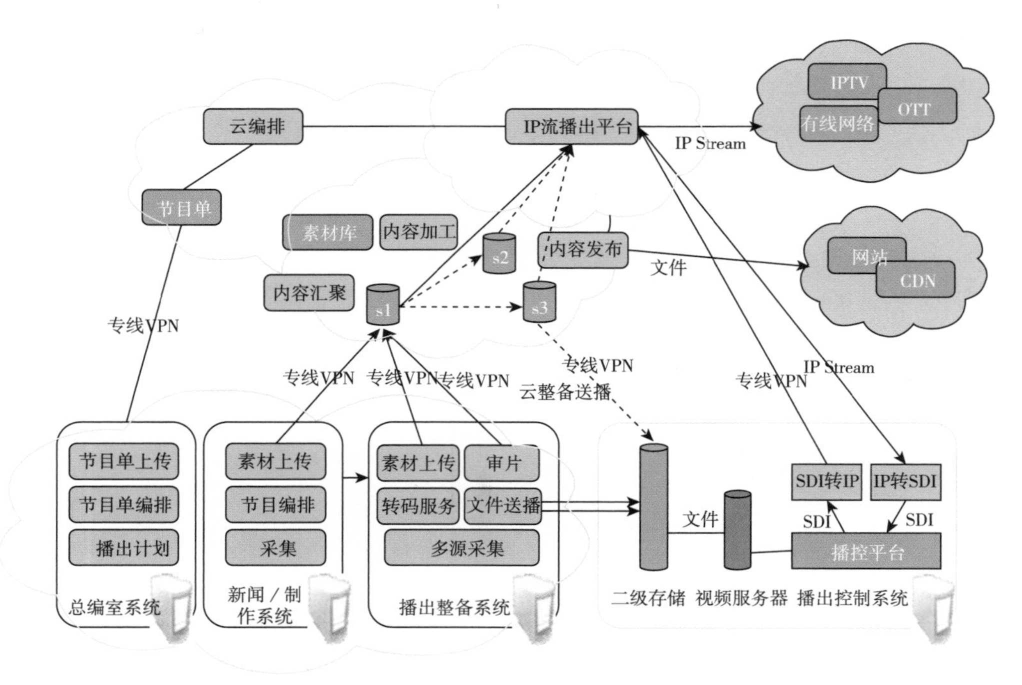

图12-36　融合播出分发技术平台(《电视台融合媒体平台建设技术白皮书》)

① 张和林，梁枫，沈洲.江苏广电总台播出分发平台设计与实践[J].现代电视技术，2016(2)：54–57，74.

2015年10月，河南省启动建设河南广电融媒体云平台，于2016年3月正式上线。这个平台完全建立在公共云之上，播控中心负责集团所有电视频道、广播频率、新闻网站、OTT业务和其他新媒体的播出发布及文件推送工作，同时负责融媒云内所有信号的调度分配。播控中心在集团内部实现了传统HD-SDI/ASI信号和IP信号的混合调度，同时提供传统播出和新媒体播出服务。这是国内较早实现的融媒体云平台，也是较早同时进行传统HD-SDI/ASI信号和IP信号播出的系统。其播控中心流程图如图12-37所示。

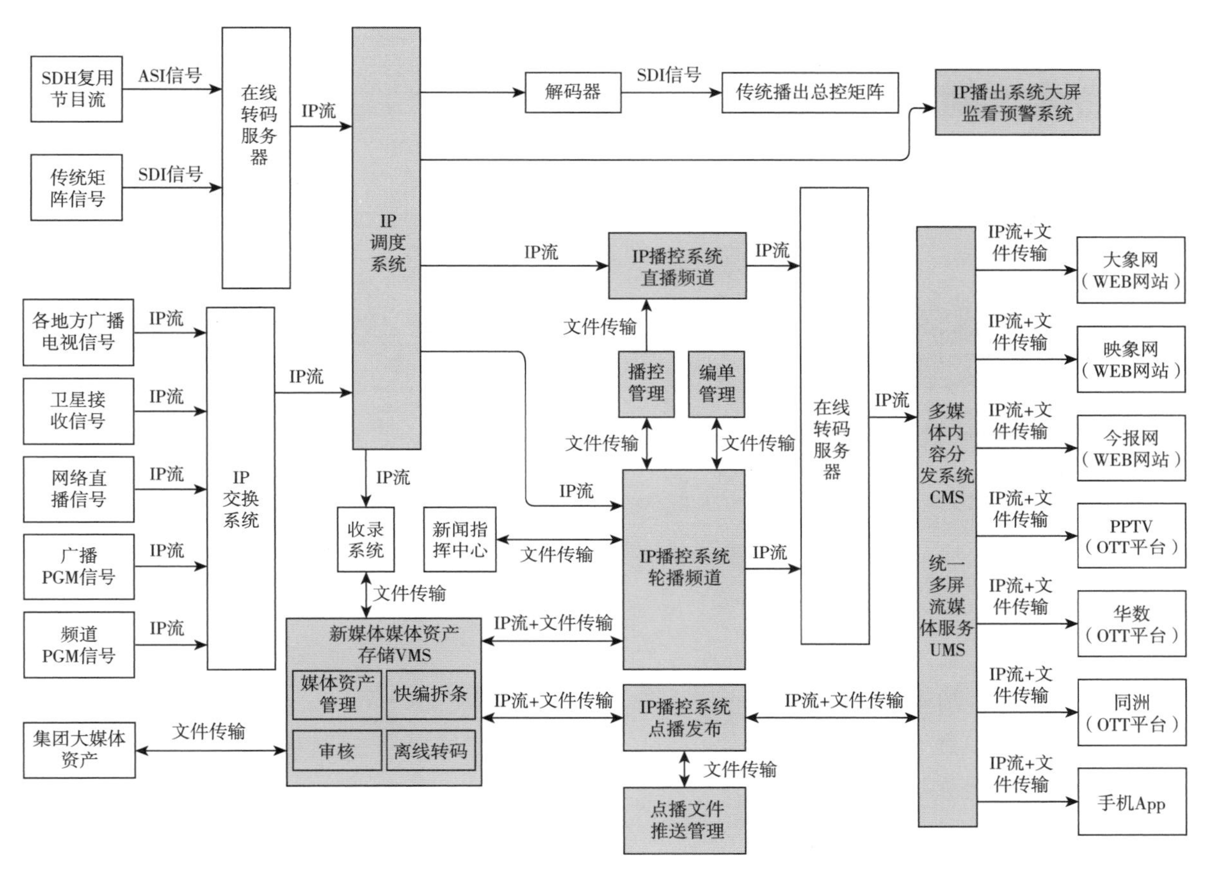

图12-37　播控中心流程图(河南电视台，2016年)①

从此，除了云平台用于电视台播出系统外，在节目播出端的信号也由传统的SDI、HD-SDI转换成了打包的IP流，因此切换台或者切换矩阵也变成了交换机。2017年前的IP播出，主要是压缩的IP流播出，通常以H.264压缩编码后再封装成TS流进行播出，压缩后的视频流节省了传输交换带宽，带来了节目播出的延时。这种播出主要用于新媒体分发，在电视台中用于备播系统。

2017年开始，出现了以基带IP播出的无压缩方式，输出无压缩的IP流信号的特点是没有压缩传输，所以没有延时，但其信号传输对带宽要求很高，必须采用万兆网络。2017年左右，南京电视台建成了无压缩视频IP流播出系统，其IP播出系统拓扑架构图如图12-38所示。该系统接收现有基带播出系统总编室播出串联单，依据串联单启动自动迁移任务，将待播素材从系统二级存储迁至IP播出系统缓存，播出服务虚机可同时接收2路外来无压缩IP流，与内部实时IP封装的素材文件依据播出串联单进行切换，再叠加字幕流后输出。这是一个典型的高清无压缩视频IP流播出系统，其节目单生成、播出控制和播出备播系统与全台网相同，主要的区别就是播出视频服务器输出IP流以及对IP流切换。

① 冒捷.河南广电融媒云技术方案探析[J].广播与电视技术，2016(4)：39-44.

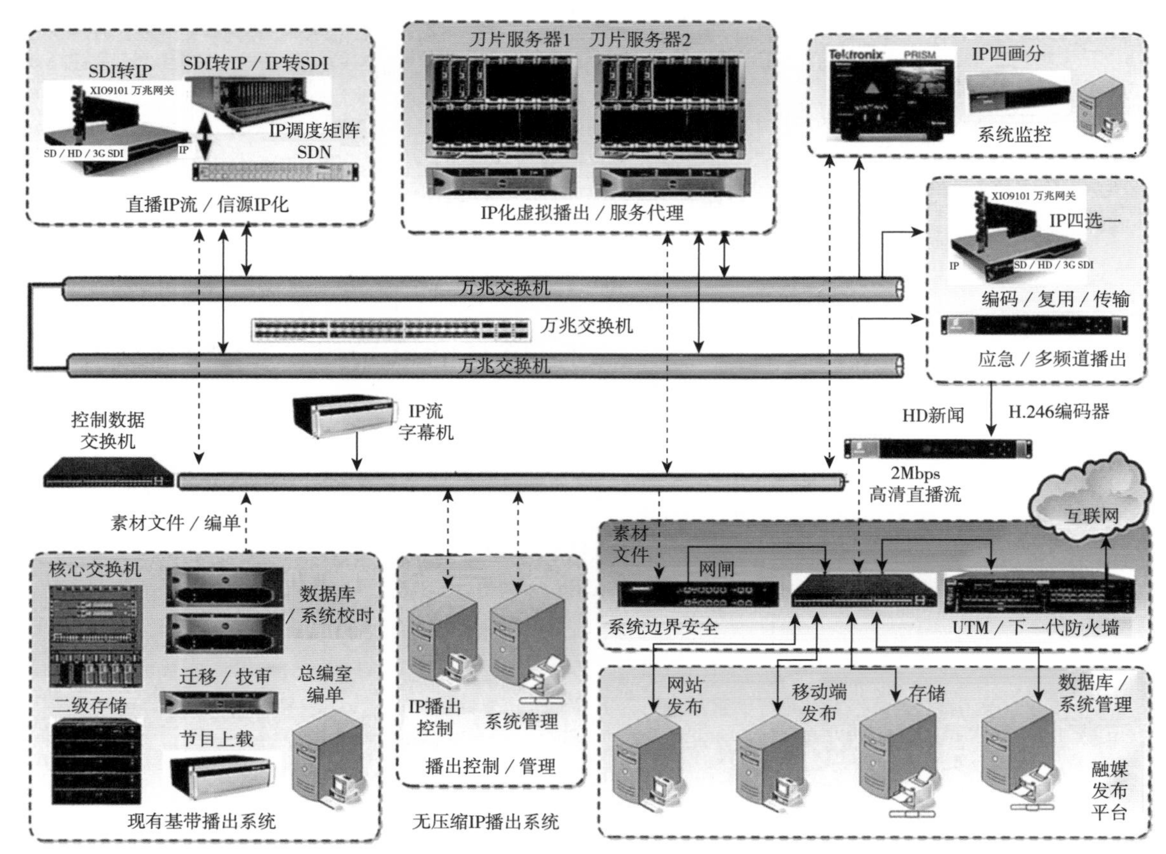

图12-38 IP播出系统拓扑架构图(南京电视台，2017年)

基于文件的播出系统是目前的主流，不过不同电视台因各种原因构建的网络平台不同，主要采用的是SDI信号与IP流共存的方式，随着超高清电视的到来，更多的电视台已开始转向选择IP播出系统。

本节执笔人：杨盈昀

第十三章

电视台媒体资产管理系统

随着广播电视技术的发展，电视台和广播电台经过多年积累，拥有了大量的音像节目资料，许多珍贵的历史资料和音像素材都急需加以保护和再利用。与此同时，电视台和广播电台每天还有大量新制作的素材和节目需要保存，过去那种传统的音像资料保存和管理方式和已经无法满足快速增长的海量音像资料的保存和再利用。为了更好地管理、保存和利用电视节目、素材、新闻等媒体资源，构建现代化的媒体资产管理系统对电视台和广播电台具有非常重要的意义。

第一节 | 媒体资产管理起源

一、传统的音像资料管理

在模拟电视时代，国内外电视台以记录音像资料的方式经历了从传统的唱片、胶片到录音带、录像带等存储媒介的发展过程，对音像资料的管理也类似于图书馆管理方法，通过手工编目记录、录像带库架存储和基于卡片的查询方式。这些老旧的音像资料是电视台长期工作中花费大量精力和财力拍摄的珍贵的历史资料和素材，具有相当高的史料价值。但是由于传统磁带的保存和管理存在很多弊端，给音像资料的管理和再利用带来了很多困难，具体来说，主要有以下几点：

(1) 安全性低。模拟磁带存储资料不仅要求恒温、恒湿、防尘、防磁、防霉、防虫等严格的环境条件，而且在重复使用过程中，磁带容易磨损，磁粉容易脱落，信号损失较大，安全性非常低。

(2) 保存寿命有限。在合适的温湿度环境下，磁带的保存时间为10—20年。但是随着时间的推移，由于材质老化等原因，图像及声音信号的损失会日益严重。

(3) 保管复杂。为了有效地保存磁带上的音像资料，防止磁带粘连，工作人员还需对其进行定期倒盘，定期复制。长时间存放的磁带，每隔两三个月应将磁带从头到尾倒一遍。另外，磁带体积大，占用空间多，存放不便，保存费用也较高。随着新技术的不断出现及更新换代，越来越多的陈旧设备已经不再生产使用，磁带播放设备的维修和保养问题也无法解决。

(4) 查找利用资料不方便。传统音像资料在节目资料的利用方面很不方便，起初大都是基于录像带的密集架管理和利用卡片式目录查找工具。再后来发展到基于卡片信息的一部分计算机化的管理检索系统。由于卡片资料无法对录像带的画面镜头进行详细的描述，无法做到对镜头资料进行准确高效的检索再利用。工作人员在检索查找所需的音像资料时速度较慢，效率低。磁带的数据传输不便，也不利于音像资料的交流和共享。

二、媒体资产管理概念兴起

媒体资产管理(Media Assets Management，MAM)是指对各种类型的广播电视节目内容(如视频、音频、图片、文稿等媒体资料)进行收集、数字化存储、编目管理、素材转码、检索查询以及信息发布再利用等一套完整的应用系统。虽然电视台对现代媒体资产管理系统有极大的需求，但是，在模拟电视时代，尚不具备构建媒体资产管理系统的基础。

直到20世纪90年代末期，随着数字技术、视音频编解码技术、海量存储技术和高速网络技术的发展，CD、DVD、数据流磁带等数字存储介质大量涌现，这些存储介质具有容量大、体积小、保存时间长、速度快、检索方便、重复使用过程中不会造成信号损失等优点，开启了音像资料的存储从模拟化向数字化转换的过程。例如，数据流磁带库、光盘库通过机械手自动存取，只需几秒或几十秒的时间，就可快速准确地读取音像资料，便于音像资料被随机读取使用，易于进行数字传输，为构建数字化网络化的媒体资产管理系统奠定了基础。

现代媒体资产管理系统的核心技术架构起源于多媒体内容管理，IBM是内容管理平台的先行者，其中内容管理(Content Manager，CM)是IBM在内容管理领域中的核心产品，也是应用较为广泛的多媒体内容管理基础软件。CM把文本、视频、音频、图片等多媒体信息的捕获、存储管理、检索、提取和发布等功能整合到一个体系架构中，同时这些多媒体信息能通过网络进行共享。从1995年开始，IBM利用CM软件系统将媒体资产管理概念推广到图书馆、银行、报纸、电影、广播和电视等领域，为其提供媒体资产管理系统解决方案。

20世纪90年代末，美国和欧洲的一些以视音频内容为中心业务的大型公司开始专注于对自家视频资料的数字化及网络化管理的研究和应用，纷纷斥巨资兴建了媒资共享中心，开始了各自开发系统的第一步，然而一直没有实质性的进展与突破。与此同时，有线电视的迅速发展也引发了一个新的问题，也就是实时制作的节目无法填满有线电视系统派生出的众多电视频道的播出时间。为了解决这个问题，唯一快捷而经济的办法就是使用过去已有的节目储备，正是这样的需求背景推动了媒体资产管理技术研究的发展。

1999年，索尼与IBM两家公司宣布，利用它们互补的技术可以为媒体与娱乐公司提供媒体资产管理系统，将现有的磁带库转移为数字资产所需的系统，并使用这些数字资产成为在线再分配与销售新业务。CNN是第一家联合索尼和IBM合作开发媒体资产管理系统的公司，该系统从1999年4月开始建设，费用估计为2 000万美元。CNN将把它在19年内收集到的10万小时以上的视频档案资料库加以数字化，并把数字档案集成到日常制作系统中。对CNN来说，预期是减少运营费用，通过利用其有价值的数字资产增加收益，并且提高了制作新闻节目的数量与质量。[①]

法国国家视听资料馆(INA)资料馆的资料库中大约有22万小时的电视节目和30万小时的电台录音需要转移到新的载体上。为使这笔资料财富得以长久完善的保存且容易查询，INA自1999年开始实施对节目资料的数字化保存计划，开展了大规模的拯救和数字化转换工作，对1949年电视出现后的资料通过科技手段进行合理保存，抢救了一大批因长期暴露在空气中导致褪色甚至濒临损坏的珍贵资料。

与此同时，日本NHK音像档案馆、TBS电视台资料馆、瑞士电视公司STV、英国BBC等大型媒体都将媒体资产的内容管理视为应对新媒体时代竞争的核心手段，开始建设自己的媒体资产管理系统。

国内的媒体资产管理理念是2000年左右由IBM公司引入的，此后，IBM陆续地与国内的一些软件技术生产商结成战略伙伴关系，开发适合国内的媒体资产管理系统，短短几年时间里，媒体资产管理系统建设就进入了快速发展时期。

2001年，国内首个媒体资产管理系统“中国电影资料馆媒体资产管理系统”诞生，它是由中国电影资料馆联合北京捷成世纪科技发展有限公司与IBM公司合作量身定做的，该项目是我国第一套进入实用阶段的媒体资产管理系统。

1999年，中央电视台启动音像资料馆建设项目，中央电视台联合北京中科大洋科技发展股份有

① 索尼与IBM公司为CNN等媒体行业提供媒体资产管理系统[J].广播与电视技术，1999(10)：130.

限公司等多家单位开发中央电视台音像资料馆媒体资产管理系统，并于2003年完成一期工程。该项目是我国首个具有知识产权的大型电视台媒体资产管理系统，与采、编、播、管、存、发等各板块互联互通，提高了媒体生产效率，该项目于2005年获得了国家新闻出版广电总局高新技术研究与开发类科技创新一等奖。

自2001年以后，我国广播电视行业的媒体资产管理发展从概念走向应用，从资料归档走向面向生产，从局部探索走向普遍建设。之后，上海电视台、辽宁电视台、重庆电视台、天津电视台等多家电视媒体单位的媒体资产管理系统建设先后纷纷上马。2004年、2005年、2006年，电视台媒体资产管理系统的建设进入快速增长阶段，截至2007年，国内已经有近50家电视台、10家广播电台建立了媒体资产管理系统(图13-1)。

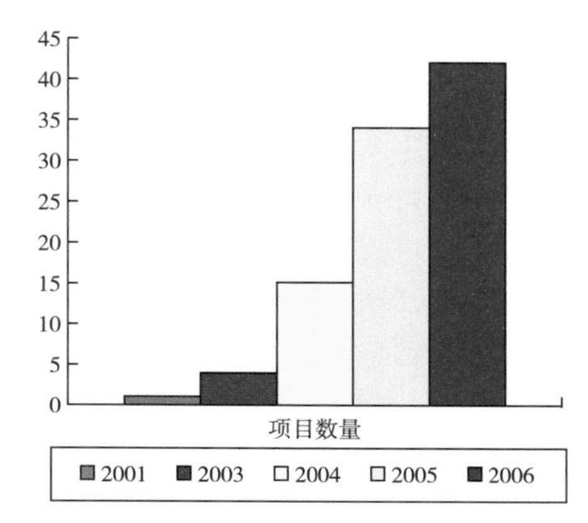

图13-1　2001—2006年国内每年新增和扩建媒体资产管理系统项目数量

媒体资产管理系统的核心功能如图13-2所示，包括采集上载、编目、检索、存储管理和下载输出等。

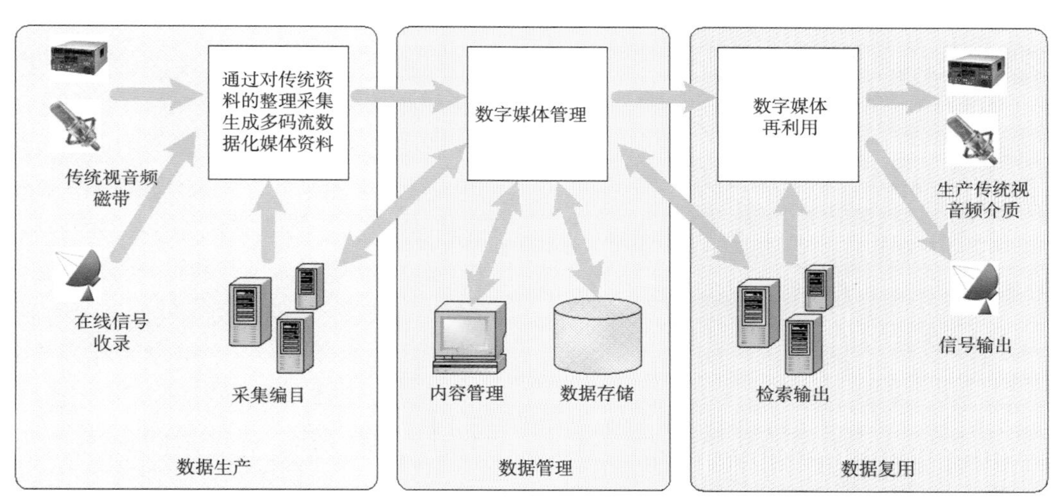

图13-2　媒体资产管理系统示意图

上载，指对传统设备播放所输出的视音频信号进行数字化转换和采集，并生成需要存储的高码流资料和检索用的低码流资料。编目，指对已完成数字化的节目创建编目任务，对所有任务进行统一、科学、标准化的编目标引，对节目进行片段、场景、镜头的创建，完成分层详细编目，把无序的信息变为有序的资源，为检索提供必要的多种检索途径以及尽可能多的检索点。检索，指检索系统利用现代检索手段，使用户可以快速准确地找到所需的素材，并提供快速浏览的功能，用于对检索的结果进行简单快速的内容查看。下载功能，指用户将检索到的素材下载输出到相关存储介质，并支持等多种输出视音频格式。存储管理，指由于媒体资产管理系统需要存储海量的媒体资料，为提高效率和减少成本，媒体资产管理系统的数据存储多采用在线存储、近线存储和离线存储的分级存储管理策略。

媒体资产管理系统的建设和应用较好地解决了海量音频数据资料的保存问题，在珍贵资料抢救、传统资料保存整理、日常节目归档、日常素材的整理保存方面也都发挥了重大作用。此外，由于媒体资产管理系统可以提供方便的检索功能和资料的下载/分发功能，为电视台内部节目的制作提供了大容量、快捷、高效的后备资料支持，不仅丰富了节目制作的内容来源，也减轻了资料收集的工作强度，提高了节目生产制作效率，降低了节目制作成本。如今，媒体资产管理系统已经成为电视台节目生产业务的基础和核心，在内容生产、管理、分发和利用内容资源方面发挥着重要的支撑作用。

回顾电视台媒体资产管理20多年的发展历程，经历了从引入到普及、从基础应用到复杂定制化、从局部到全局深度融合的发展过程，在这个领域，国内电视台媒体资产管理系统技术发展与国外是同步的，而且发展速度和规模都走在了世界前列。

三、媒体资产管理系统技术发展

媒体资产管理系统是一个复杂的系统工程，涉及多种网络技术和应用技术。网络技术主要包括：网络架构、软件架构、存储架构、工作流技术、系统安全等技术等。应用技术主要包括：视音频采集及存储格式、视音频转码、基于文件的技术指标自动检测、关键帧提取、元数据自动识别、内容检索、版权管理技术等。

在媒体资产管理系统中，存储和交换的数据主要为媒体数据、控制信息和元数据信息。媒体数据主要指节目和素材的视频音频文件，对媒资系统造成巨大压力的主要是海量的视音频码流文件的高带宽访问、网络传输和存储，因此网络存储架构在整个系统中具有重要意义。

(一)网络结构

早期的媒体资产管理系统为了保证媒体数据传输的安全性和快捷性，往往需要在主干网上设计两条独立链路，一条链路用于传送控制信息和元数据信息，一条链路用于传输媒体数据。这种基于“FC+以太网”的双网结构的系统是一种成熟度比较高的结构，其最大的优点在于可以保证大数据量的并发访问情况下主机读写带宽的稳定。尤其是随着高清时代的到来，电视节目制作对网络带宽的要求比标清要高出几倍，只有FC能够满足要求，因此双网结构在电视台大型和多数中型媒资系统中得到广泛应用。

双网结构在性能上达到了最优，但是造价却十分高昂，小规模的媒体资产管理系统大多数采用NAS单网系统，因为其价格便宜，结构相对简单，便于运营维护。据统计，2003—2006年，国内媒体资产管理系统网络架构发展情况如图13-3所示。

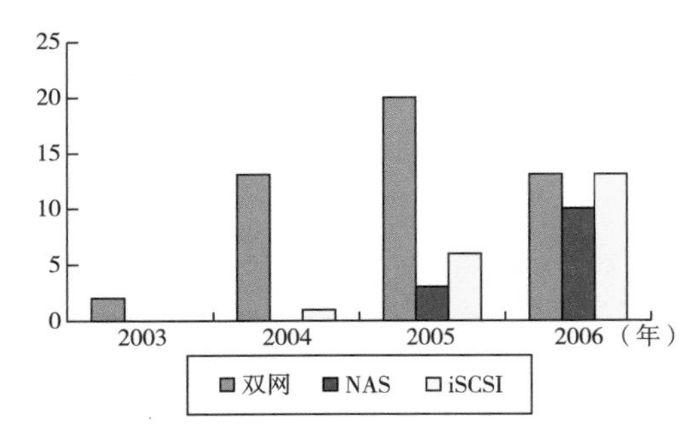

图13-3 2003—2006年国内媒体资产管理系统网络架构发展情况

随着基于IP存储技术和以太网技术的快速发展，以太网的性能出现了大幅度的提升，单网结构不断给传统的“FC+以太网”的双网结构带来冲击，一些新建的中大型媒资系统网络也逐步开始采用单网结构，但是在核心存储区还是采用双网结构。

(二)存储架构

早期的媒资系统常用的存储架构主要包括：NAS(网络附加存储)、SAN(存储区域网络)等。NAS是一种向用户提供文件级服务的专用数据存储设备，通过以太网络的方式来访问文件。SAN是一个用在服务器和存储设备之间的专用的、高性能的网络体系，它允许存储设备和服务器之间建立直接的高速网络连接，例如基于光纤的FC-SAN。还有一种在以太网上架构一个SAN存储网络把服务器与存储设备连接起来的存储技术，叫作IP-SAN，其优点是具有较高的性价比和稳定的带宽。

大中规模的媒体资产管理系统多采用SAN存储系统，SAN存储系统可以为大中型媒体资产管理系统提供最佳的网络性能；中小规模媒体资产管理多采用IP-SAN存储系统；小规模的媒体资产管理系统大多数使用NAS存储系统，结构相对简单，便于运营维护。早期的媒体资产管理系统存储架构发展情况如图13-4所示。

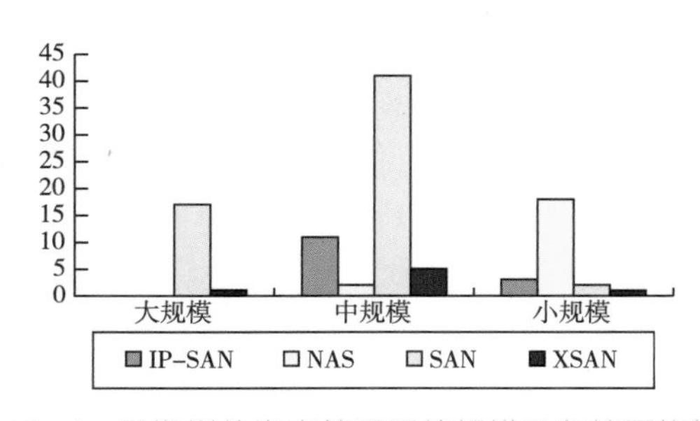

图13-4 早期媒体资产管理系统规模及存储网络架构

之后，随着网络技术存储技术的快速发展，面向对象的存储技术由于具有可以通过虚拟化技术解决存储空间的浪费，提高了存储空间的利用率和存储效率，在新建的云媒体资产管理系统中得到了广泛应用。

（三）存储管理方式

由于数字化广播级视音频数据量巨大，节目制作和播出时又需要对素材进行频繁快速调用，这给媒体资产管理系统的存储压力带来了巨大挑战。为了兼顾成本和效率，媒体资产管理系统采用多分级存储管理(图13-5)。

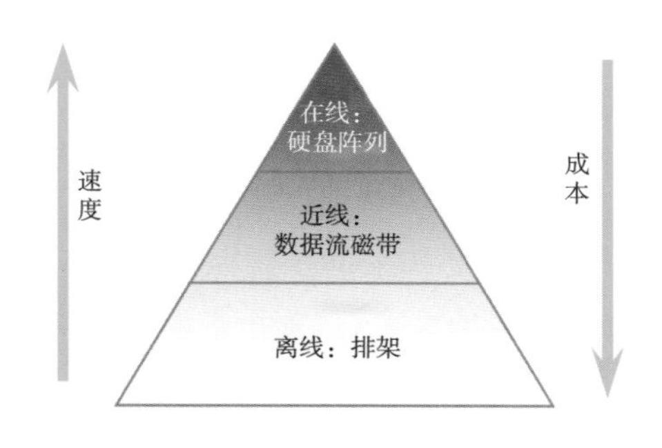

图13-5 分级存储结构示意图

在线存储(online)指工作人员，将需要频繁访问和反复使用的节目存放在本机存储设备中，可以实时访问。在线存储设备一般采用具有高带宽数据传输通道的硬盘阵列，但是在线存储设备比较昂贵。工作人员将不经常使用的和短期内不再播出的节目资料保存到数据流磁带库或光盘库作为近线存储设备的方式称为近线存储(nearline)。需要时，近线存储可以利用库体自动化机械手完成磁带的装/卸载实现数据的交换。近线存储的存取速度不要求像在线存储那么快，但对存储容量要求很高。可以降低总的存储成本。工作人员将更加不常用的资料从数据流磁带库中取出放到排架上保存，称为离线存储(offline)。

随着媒体资产管理系统技术的发展，之后有些应用系统又在线存储磁盘阵列和近线存储高速磁带库之间加入了一个容量和速度介于之间的磁盘阵列，如SATA盘阵作为准在线存储(N-online)。

电视台媒体资产管理系统的典型网络结构如图13-6所示。

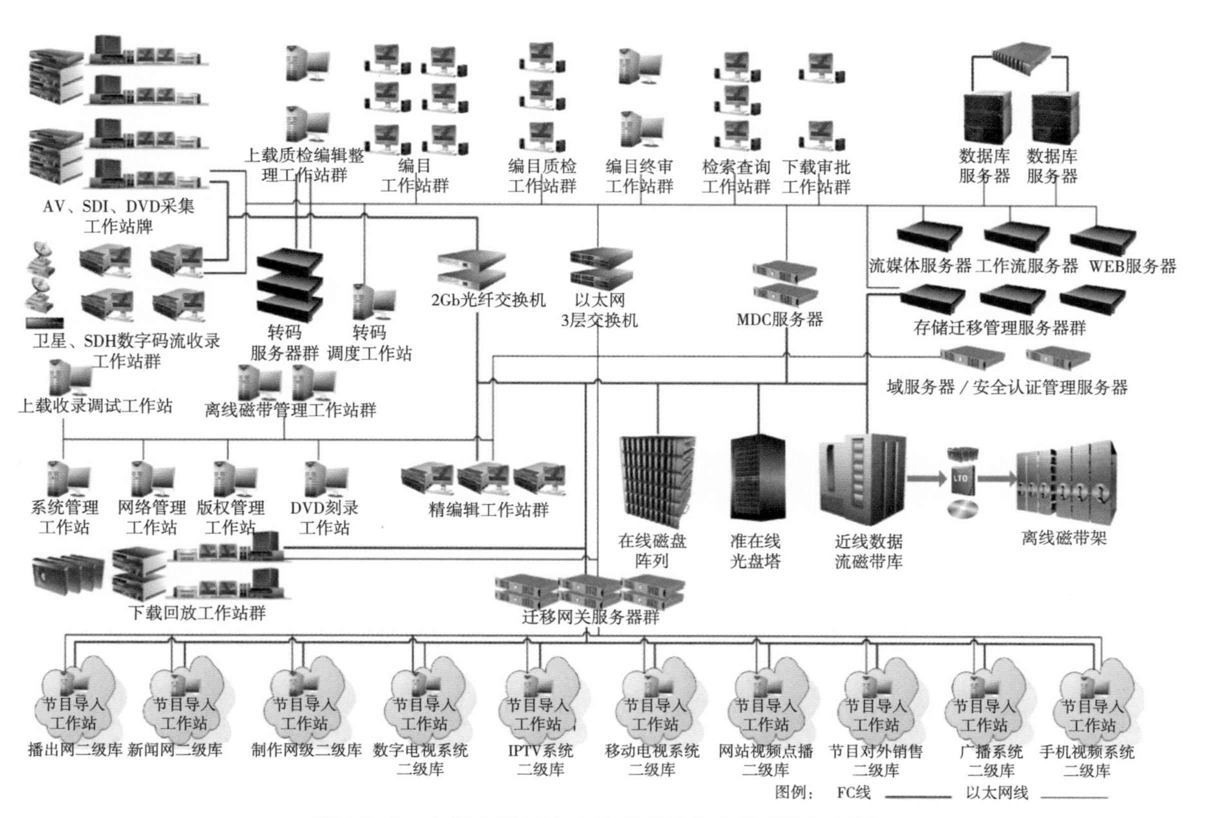

图13-6 电视台媒体资产管理系统的典型网络拓扑图

该系统采用“FC+以太网”的双网架构，在线、准在线、近线存储系统与节目录入系统通过光纤通道交换机连接进入存储区域网，保证了视频数据的高速、稳定传输和集中管理，同时各个服务器、工作站通过网络交换机连接组成局域网，主干以太网为千兆以太网，到桌面为百兆，可满足系统内部数据和控制信息的交换。

（四）工艺流程

典型的媒体资产管理系统的业务流程如图13-7所示，主要包括节目收集、节目管理、节目利用和系统服务4个部分。

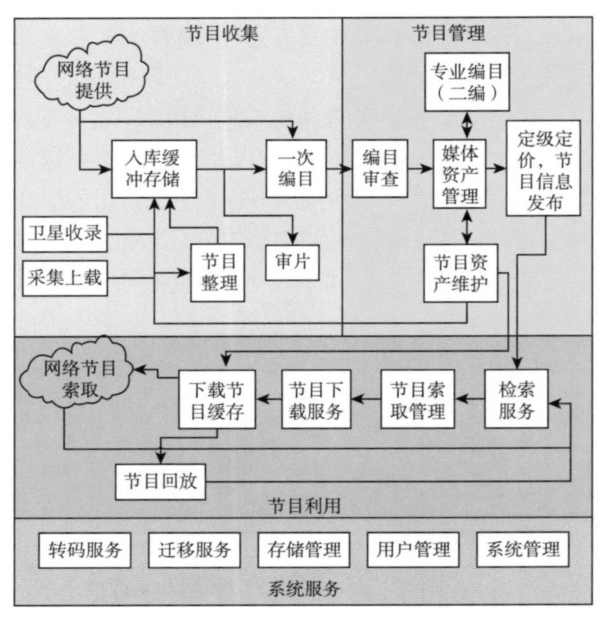

图13-7 典型的媒体资产管理业务流程图

节目收集系统将获取的节目存入缓存准备入库，入库前进行节目质量的审查和编目。节目管理系统对提交的节目进行编目审查后注册入库，同时产生用于发布浏览的低码流，自动发布该节目的信息，供用户查询检索。

节目利用系统用户通过检索服务查询、浏览发布的媒体资产管理中的节目信息，如需要获得高码流节目，可以提交下载申请，将节目下载到节目缓存区，在工作站将节目录到磁带上或刻制光盘。系统服务系统包括转码服务、迁移服务、存储管理、用户管理和系统管理。

本节执笔人：姜秀华

第二节 | 早期媒体资产管理系统

2001至2007年，媒体资产管理系统已经在广播电视领域得到快速发展和广泛应用，并且出现了多种形态的媒资系统，大致可以分为两大类。

第一，面向节目归档用于资料长期保存的资料馆型媒体资产管理系统。

面向归档的媒体资产管理系统的主要作用是对媒体资源进行保存和再利用，对过去已有的电视节目进行集中数字化归档保存及分类整理，完成编目信息，以备随时可再检索利用，常应用在音像资料馆、电视台节目管理部门等机构。

第二，面向生产的与业务系统结合紧密的媒体资产管理系统。

这类媒体资产管理系统通常针对节目内容生命周期中的某个环节，以提高相应环节的处理效率和质量为主要目的。例如支持新闻制作业务的媒体资产管理系统、支持制作网络的媒体资产管理系统以及支持播出系统的媒体资产管理系统，等等。

一、音像资料馆型媒体资产管理系统

21世纪初期，电视台和以视音频内容为中心业务的大型公司，急需将自家多年保存的海量音像资料磁带转换为便于存储和检索再利用的数字资产，构建资料馆型媒体资产管理系统。资料馆型媒体资产管理系统的主要特点是：节目存储量大，节目原始存储介质繁多，有各类录像带甚至胶片，需要对庞大的媒体资源进行集中归档保存及分类整理并完成编目信息，系统工程量巨大。

典型的资料馆型媒体资产管理系统工艺流程如图13-8所示。

首先，我们需要将传统录像带上的节目通过专用的采集上载系统实现媒体资源数字化，并将其转换成各类所需的码流格式文件，存储到大容量的磁盘阵列或者是磁带库上，同时按照相关编目标准对节目资料进行详细编目，以保证用户能够快捷方便地查询到保存的数字化资料并下载再利用。

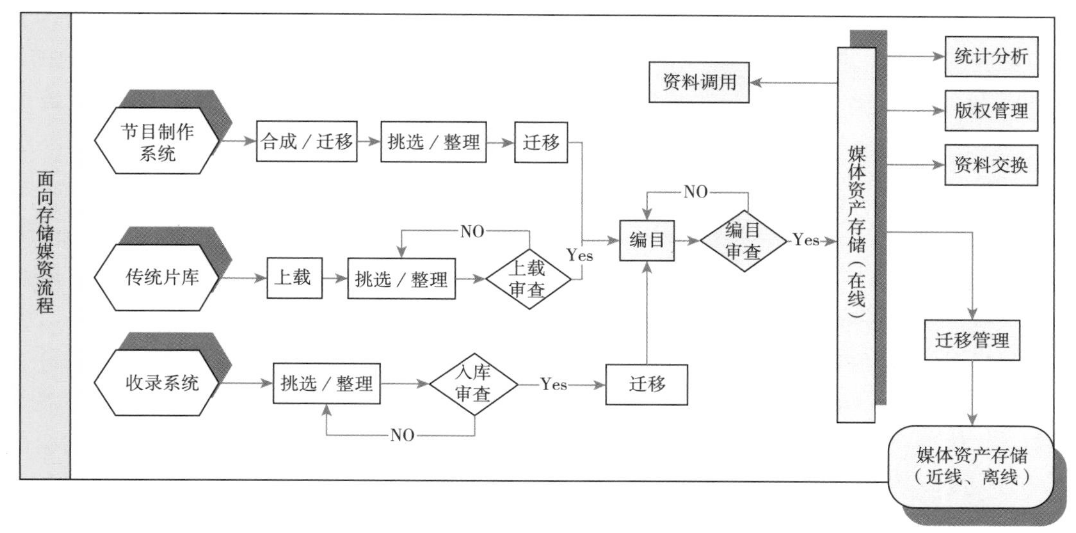

图13-8　典型的资料馆类型媒体资产管理系统工艺流程图

(一)NHK音像档案馆、TBS电视台资料馆案例

1. NHK音像档案馆早期音像资料数字化管理系统典型案例①

2003年2月，为纪念NHK电视台开播50周年，NHK音像档案馆正式成立。档案馆保存了NHK电视台和广播电台历年节目带和所有素材，存储介质从最早的电影胶片到最新的数字格式磁带等，种类繁多。据统计，档案馆建馆时的素材收藏量相当于59万盘VTR(Video Tape Recorder)录像带。NHK音像档案馆馆藏档案的在线检索目录信息存储容量为2.8TB，低码率视频图像的高速磁盘阵列存储容量为2TB(1万小时)。

NHK音像档案馆和NHK总部之间设有专用网线，宽带4Gbps，可同时运行四路高清影像和4路标清影像。日本NHK总部有7个电视频道和3个广播频道，保存了20万盘VTR磁带，另外还保存了约26万张CD光盘，此外，NHK总部在日本的滨松局存放了34万盘音乐磁带。NHK总部建立了VTR磁带库智能管理系统，对VTR磁带库进行高效的管理，VTR磁带库安装了VTR磁带机械手系统，通过专用IP网络与NHK音像档案馆进行音像资料的远程数字传输，把音像档案馆传送的音像资料录制到高清磁带或标清磁带上，供NHK编导们编辑和制作节目。同时，档案馆还安装了VTR磁带自动复制系统，把高清/标清数字磁带的内容复制到录像磁带上。

NHK电视台的编导们可通过NHK内部互联网，借助多媒体检索工具直接在桌面用Web方式查询相关磁带的图像内容和文字内容，然后输入所选节目内容的时码和原版磁带编码，确认后提交以便进行节目复制订购；还可以从VTR磁带库借出标有时码的磁带进行脱机浏览和观看，然后在网络终端输入磁带编码进行节目的复制订购。系统将自动通知磁带库管理人员按照编导们的要求将原版磁带送交总部复制机房工作人员进行复制，编导们按时到总部VTR磁带库中央服务台刷卡确认身份后，即可免费取用复制的节目资料磁带。

该系统采用计算机无线控制电动密集架，能够无线定位磁带的位置，电动密集架的开合和照明由红外线传感技术进行自动控制，使用方便，差错率较低。借助无线条码扫描系统加上手持扫描器，工作人员可以准确地判断磁带的物理架位，将磁带进行借还、上下架，一旦遇到磁带位置错误的情况，架位灯的红色报警提示便会自动显示，随时引导库房管理人员取带下架、还带上架或磁带借还。

2. TBS资料馆②

TBS资料室统一管理全台的电视资料，拥有图书、报刊、年鉴、词典及杂志阅览室，CD光盘库，CD光盘视听室，VTR机械手磁带库，音乐磁带库等，当时保存有10种不同规格的VTR磁带总计40万盘、6万张CD光盘和3万册图书，该资料室24小时提供

①② 史冠翔. 日本电视媒体资料管理技术的现状与思考[J]. 现代电视技术，2004(1): 129-133.

资料服务。

TBS总部的磁带库始建于1994年，采用先进的全自动机械手磁带库，可存放40万盘VTR磁带。管理人员通过计算机终端输入所需磁带的编号，机械手即可将磁带从磁带库中取出并自动传送到出纳台，磁带的上架和下架工作完全实现了自动化。

2002年，TBS在横滨新建了可以存放60万盘VTR磁带的全自动机械手磁带库。TBS采用了节目先播出后入库的资料管理方式，入库前首先对节目磁带进行分类，再进行编目。当时该台的资料管理系统尚未采用多媒体数字化技术，采用的仍然是基于文字内容的检索方式。TBS规定播出节目的母带(A版磁带)不允许出库外借，编导们只能借用播出节目的B版磁带进行浏览，由资料管理人员在8楼综合资料室的专用磁带复制机房使用A版磁带进行资料复制。

TBS采用了索尼的PetaSite S系列的集中存储管理系统(Consolidated Storage Management System)，该系统结合了业界公认的索尼自动机械手技术，它的全能式(All-In-One)设计包括所有的硬件设备和必要的控制软件，并预装配套的Sony HSM(高速存储器)和备份软件，PetaSite S能够满足磁带存储的多种要求，提供了从Terabyte水平到Petabyte水平的存储容量。

(二)中国电影资料馆媒体资产管理系统案例

中国电影资料馆是中国最大的电影资料保存中心，2000年年初已经拥有多达3万部、4万多小时的宝贵电影资料，这些资料经过反复借阅、查询，又因存储条件有限，大都面临信息丢失，资料无法再利用的危险。2001年，中国电影资料馆联合北京捷成世纪科技发展有限公司提出了构建中国电影资料馆媒体资产管理系统解决方案。该方案基于IBM CM平台创建，主要包括上载系统、媒体内容管理系统、存储管理系统和下载系统，是一套完整的数字媒体资产存储、管理、发布的解决方案，也是我国第一套进入实用阶段的媒体资产管理系统。系统网络拓扑图如图13-9。

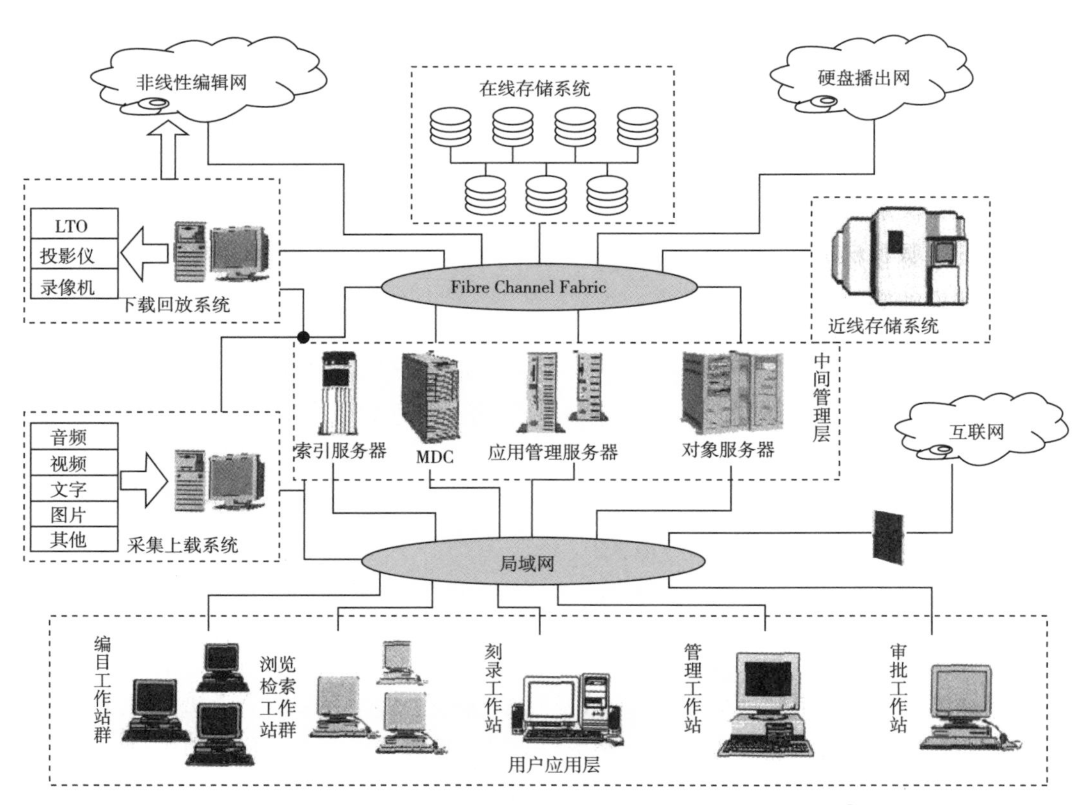

图13-9　中国电影资料馆媒体资产管理系统网络拓扑图[①]

① 陆平.中国电影资料馆媒体资产管理系统解决方案[J].现代电视技术，2002(10)：40-42.

(1) 采集上载系统。媒体资料的来源多种多样，包括文件、光盘、模拟数字磁带、胶片等，媒体资料的存储格式和表现形式也完全不同，如DV、M-JPEG、MPEG、图片、模拟或串行数据流等，媒体资产管理系统将这些媒体资料数字化后以规范统一的格式数字化保存起来。对于高质量节目采集，采用MPEG-2/4：2：2/15Mbps码率存储，低质量浏览用的节目采用其他低格式的码流。所有上载后的媒体资料最终和元数据绑定在一起以一个对象的方式存储。

(2) 媒体内容管理系统。该系统负责完成元数据内容的创建、访问和查询、内容发布和工作流管理四个部分，是媒体资产管理系统的核心。媒体内容管理系统采用IBM CM，具有较强的内容管理和查询检索功能。

(3) 存储系统。这是整个系统的关键，系统采用IBM的SAN存储解决方案，并采用在线、近线、离线的分级存储模式提高系统性能，降低存储成本。在线存储选用磁盘阵列，近线存储选用数据流磁带库解决在线存储量不足的问题，数据流磁带库选用IBM LOT3584自动磁带库作为存储基础，它的基础架构可以装载281盒磁带，最多可扩展5个架构，达到2 481盒磁带。

中国电影资料馆媒体资产管理系统是国内第一套进入实用阶段的媒体资产管理系统，2002年已经完成了初期1万多小时的数字化存储，初步解决了电影电视音像资料节目的存储管理再利用问题，为国内媒体资产管理系统整体解决方案奠定了基础。

(三) 中央电视台音像资料馆系统案例

中央电视台自1958年成立以来，积累了大量珍贵的各类栏目节目内容和拍摄素材，据2000年统计，约储存了160万小时的节目和拍摄素材，包括1万小时的胶片素材、150万小时的标清视频素材、9万小时的高清素材，还有约1.7万小时的音频素材。而且每天还在以平均几十盘的入库量不断增长。随着介质的老化和设备的换代，许多珍贵的历史资料和音像素材都急需加以修复和保护。

为了保护和利用好这些重要的文化遗产，1999年，中央电视台启动了音像资料馆建设项目，中央电视台牵头并联合北京中科大洋等国内外知名厂商联合攻关，规划设计了中央电视台音像资料馆媒体资产管理系统，一期工程于2003年完成，2004年启动了大规模清理回收节目资料工作。

中央电视台音像资料馆媒体资产管理系统是一个集音像资料收集、整理、存储、编目、检索、交换以及多种服务功能于一体并采用现代化管理手段的数据化、网络化音像资料媒体资产管理系统，是国内一流、世界领先的国家级音像资料馆系统，资料馆最初的总体系统架构如图13-10所示。

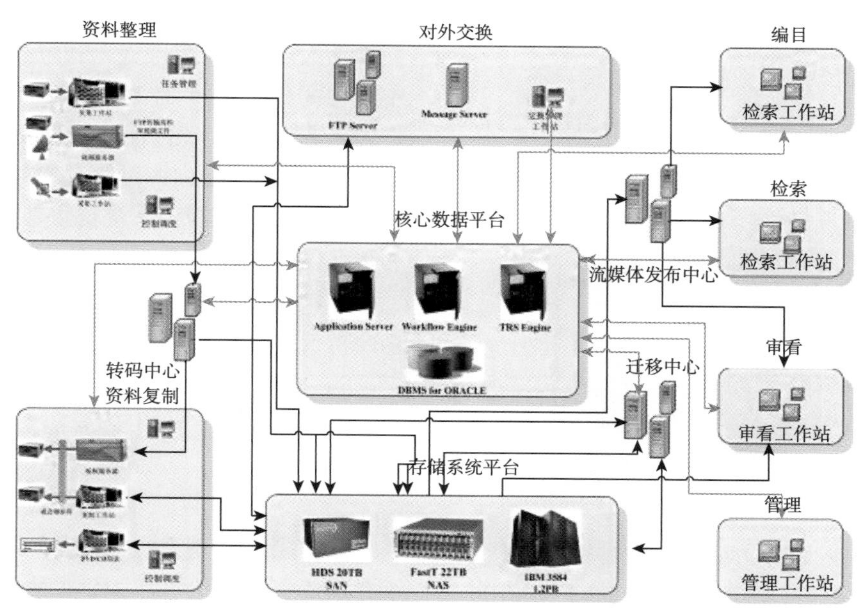

图13-10　中央电视台音像资料馆系统总架构[①]

① 宋宜纯，王杰中．中央电视台音像资料馆媒体资产管理系统的技术特点［J］．广播与电视技术，2005(5)：40-43.

该系统包括网络通信、视音频处理、视听审看、上下载处理、转码中心、编目检索、存储管理和远程发布等子系统，涵盖传统视音频处理、信息网络、SAN网络、多媒体处理等多项技术内容。音像资料馆系统和中央电视台之间通过光纤网络和通信系统实现系统之间的互联，从而使中央电视台的电视节目的数字化生产、加工、存储等一系列流程从技术平台上贯通，其技术要点包括：

（1）服务器和数据库采用UNIX服务器群和ORACLE并行数据库系统双重结合的方式，提高了系统安全性和高效性，完成了异构操作系统大型网络的搭建和维护工作。

（2）采用成熟的FC+Ethernet的双网结构，以光纤通道传输高质量视音频数据，采用以太网传输检索码率数据以提高效率，为整个音像资料馆系统打下坚实基础。

（3）存储网络采用SAN+NAS有机结合的方式，高码率数据采用SAN技术存储传输，低码率数据采用NAS技术存储，采用NAS技术进行网络发布，充分发挥FC和以太网的各自优势，降低了系统存储成本。

（4）存储系统采用分级存储架构，系统的管理核心首次采用了国内公司自主开发的存储迁移软件。

（5）系统中高码率视频数据采用MPEG2-IBP25Mbps格式，低码率采用WMV300Kbps流媒体格式，大幅度节省了网络带宽和存储空间。

（6）编目著录系统和检索浏览系统均采用浏览器服务发布的工作方式。音像资料馆编目著录系统按照国家广播电视总局的《音像资料编目规范标准》设计而成，整个编目元数据结构按照节目、片段、场景、镜头进行划分。

图13-11　磁带库机械手

该系统规模较大，在线存储磁盘阵列容量为42TB，用于高码率视音频数据的在线生产缓存以及为编目和检索服务提供在线低码率视音频数据的存储支持。近线采用的数据流磁带库配置10台LTO2磁带机+6 000多个槽位，总近线可以存储10万小时视音频资料，容量为1.2PB，用于长期存储数字化音像资料（图13-11、13-12）。

图13-12　磁带库①

中央电视台音像资料馆媒体资产管理系统配置了80台编目工作站用于编目加工、配置了26台有卡工作站用于资料数字化采集和下载输出、配置了2台8通道视频服务器用于采集和修复处理、配置了16台转码服务器以实现编解码转换。该系统具备100小时/日的上载/采集能力，包括人工10路、机械手6路；每小时可下载30小时的节目或素材，包括6个下载视频通道及网络下载。

之后，中央电视台音像资料馆又进行了整合重组，建有17个原始介质磁带库房、4个数据流磁带库、28个高标清上下载工作站，6个编目区和1个公共检索大厅，以及多个嵌入式资料服务点，覆盖了中央电视台现址、新址和音像资料馆大楼的所有工作园区。音像资料馆工艺技术系统不仅与播出系统连通，而且与台内各网络化制作系统相连接，可以实时地为网络制作系统提供节目资料资源交换和数据传输服务，并为节目重播提供节目支持。

该项目于2005年获得了国家新闻出版广电总局高新技术研究与开发类科技创新项目一等奖。

二、面向生产与业务系统结合紧密的媒体资产管理系统

（一）央视电视台新闻制播媒体资产管理系统案例

媒体资产管理系统与新闻网络系统结合是电视台媒体资产管理系统一个非常重要的应用模式。

① 中央电视台音像资料馆图册[EB/OL].[2024-06-22]. https://baike.baidu.com/item/%E4%B8%AD%E5%A4%AE%E7%94%B5%E8%A7%86%E5%8F%B0%E9%9F%B3%E5%83%8F%E8%B5%84%E6%96%99%E9%A6%86/13582311?fr=ge_ala.

在这种模式下媒体资产管理系统支持重要新闻素材的归档，新闻系统可以方便将重要资料提交媒体资产管理系统进行归档存储和管理，使得新闻系统可拥有更大的素材存储空间；同时媒体资产管理系统支持对所提交归档新闻素材的编目和检索，使用时新闻系统可随时调用归档节目素材，形成了基于新闻流程的采、编、播、存管一体化新闻共享系统。中央电视台新闻共享系统是面向生产的媒体资产管理系统的成功案例。

20世纪90年代，当时中央电视台共有5个频道播出各具特色的新闻节目，由于部门之间缺少资源共享管理机制，又没有支持资源共享的先进设备，一个部门采录的新闻资料需等该部门自己的节目录制完成后，才能供其他部门和其他栏目通过磁带复制来实现共享。由于新闻节目的时效性很强，节目组靠从其他部门复制磁带来编辑自己的新闻往往丧失了新闻的新鲜度，成为过时新闻。因此，为了保证自己频道和自己部门新闻节目的时效，各部门编辑记者都积极自行获取信息，自行采集。只要是新闻热点，就会发生中央电视台的多个报道组挤到同一新闻现场，代表不同频道、不同栏目参与现场拍摄和报道的现象。最典型的例子是1995年郎平回国担任中国女排教练抵京当天的报道，中央电视台有8个摄制组前往机场报道，此事件在北京新闻界广为流传。

由于各个频道、各个栏目之间资料不能共享，使全台力量不能形成合力做出深入报道。重复拍摄、重复报道，接待单位难以理解和承受，浪费了资源，降低了设备和资料的使用效率。因此，台里的编辑记者一直盼望建设一个全台新闻资料共享系统，为全台新闻编辑记者提供良好的技术平台，整合全台新闻报道力量和资源，促进新闻事业发展。

进入21世纪，网络技术、大容量在线及近线存贮技术、数据库技术和媒体资产管理技术等产品不断涌现，不断突破过去的存储容量和通道带宽限制，给中央电视台建设新闻共享带来了希望。2001年3月，中央电视台成立了全台新闻共享实施工作组，由丁文华总工任组长，并协同国内知名公司联合开展研发工作。经过一年多的奋力攻坚，工作组于2002年8月31日完成一期工程，项目投入试运行。

该系统是国内最早全面投入使用的以媒体资产管理为核心的大型新闻网络系统，是新闻制播网络与媒体资产管理结合的范例。

中央电视台新闻共享系统的系统结构采用了网络化编播与媒体资产管理系统无缝连接的形式，即做成了一个前端编播和后端媒体资产管理紧耦合方式的一体化系统，实现了集采集、编辑、播出和管理于一身的综合系统。

编辑记者可以在一个计算机桌面的工作环境中完成新闻节目从消息采集、稿件编辑和图像编辑等所有工作。各级领导的审稿和审看可在联网的任意一台计算机上进行，经审定的节目可通过网络传送到新闻播出演播室播出。新闻共享系统的基本构成如图13-13所示。

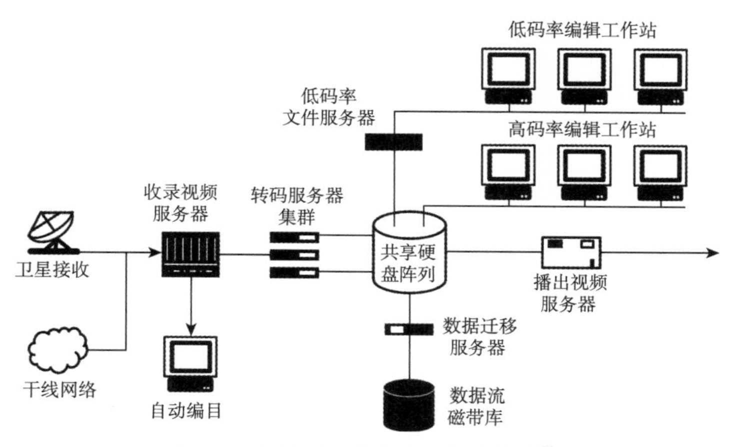

图13-13新闻共享系统的基本构成[1]

① 缪署全.中国电视新闻技术的改革之路—记中央电视台新闻共享系统的建设[J].现代电视技术，2002.10：34-39.

该新闻共享系统主要由外来信号收录子系统、磁带上载子系统、资料编目子系统、集中存贮硬盘阵列子系统、数据流磁带存贮子系统、新闻资料管理子系统、新闻制作流程管理子系统、新闻播出子系统等组成，主要技术指标包括：

(1) 系统容量：在线硬盘存贮阵列容量11TB，可提供1 000小时电视节目的容量；近线缓存1.5TB，近线数据流磁带库440TB，可提供40 000小时的存储容量。

(2) 站点数量：各类站点近400台，其中有卡编辑桌面工作站80台，编目、播控、字幕机、文稿等各类站点300余台。

(3) 数据中心视频采用双码率格式，供制作和播出的高码率图像采用25MbpslBP的MPEG-2编码格式存储，供编辑的低码率图像采用800Kbps的流媒体格式。存储量可以满足高码率素材在线存储一周，低码率在线存储一年。

(4) 网络结构：采用了光纤网和以太网相结合的双网结构，在网络的各关键点均配备了冗余设备，以避免单点故障点，确保系统运行的安全性。

(5) 每天10路24小时卫星节目收录。

(6) 每频道2台视频服务器24小时播出。

媒体资产管理系统通常会将来源多样的资料划分到几个不同作用的存储区：临时素材区、整理加工区、归档存储区。不同存储区域素材的编目详细程度、生命周期和存储管理策略都各不相同。

(1) 收录素材和临时上载的素材首先进入临时素材区，工作人员只对其进行最简单的编目描述，给出新闻五要素等即可供编辑记者制作使用。

(2) 临时存储区中的部分重要素材可以迁移到整理加工区进行剪切合并等简单编辑，同时对其进行详细的编目描述，供以后节目制作使用。

(3) 经过审核的重要素材和编辑完成的节目可以在归档存储区长期保存再利用，归档存储区大部分资料都存储在近线的数据流磁带库中，只有在需要时才会迁回供编辑使用。

中央电视台新闻共享系统是一个具有新闻共享、制作、播出、媒体资产运营的全数字环境的智能化、自动化的数据化新闻生产管理系统，它支持中央电视台新闻业务的运转，并承担中央电视台大部分新闻生产任务。实现了中央电视台新闻频道的稿件、新闻素材、新闻节目的共享，真正实现了自拍新闻及稿件、地方台新闻及稿件、国际新闻及稿件、新华社稿件在新闻共享系统平台的共享制作，实现了资料的编目、存储以及再应用。

(二) 面向播出的媒体资产管理系统

电视台对播出系统进行数字化改造，其中一个很大的难题就是播出系统的服务器存储容量小，服务器存储容量扩充代价又很高昂，因此造成上载空间紧张、播出节目无法长期保存供重播使用等问题。解决这些问题的有效途径就是给播出系统配套一个媒体资产管理系统作为扩充存储，媒体资产管理系统可以给播出系统提供上载预存空间，提供需要重播节目的长期存储，播控系统可对在媒体资产管理系统中存储的节目进行检索和统一编单，通过审核后，系统自动完成向播出服务器的上载迁移。

由于播出系统对安全性有特殊要求，在播出节目与系统互联时，一般对流程和操作都会有一定限制：流程和操作都以播出系统为主，播出系统提交节目资料的归档存储，媒体资产管理系统只负责接收；播出系统主动检索媒体资产管理系统中的资料，从媒体资产管理系统中将所需要节目取出并放到播出系统中。安全、高效、操作简单是播出系统和媒体资产管理系统互联的最大特点。面向播出系统的媒体资产管理系统总体工艺流程如图13-14所示。

电视台多频道自动播出系统内嵌媒体资产管理系统案例结构如图13-15所示。

该系统总共为20多个频道进行播出服务，考虑到素材的管理，存储等多方因素，开发人员在系统内部建立了一套独立的分级存储及播出素材共享管理的大规模硬盘播出系统，以实现硬盘播出+播出素材存储管理。系统内部资源完全共享，并不存在交换和传输的问题，而它和外部系统则通过千兆光纤及FTP协议完成对外的数据交换。

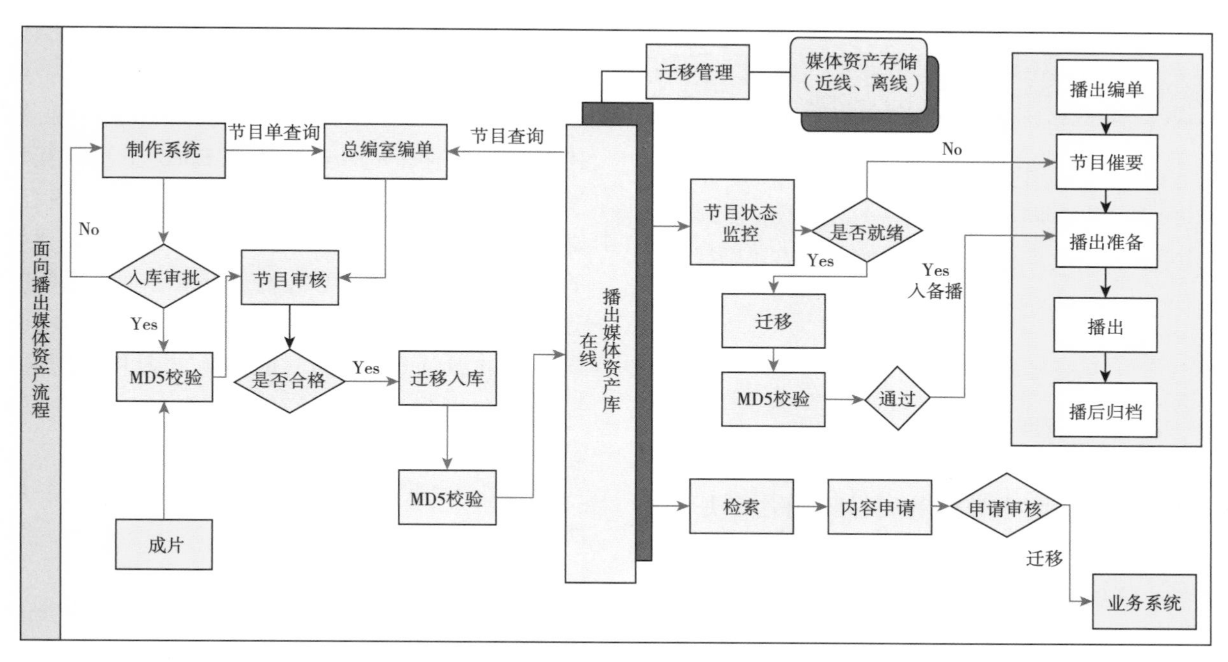

图13-14　播出媒体资产管理系统的总体工艺流程

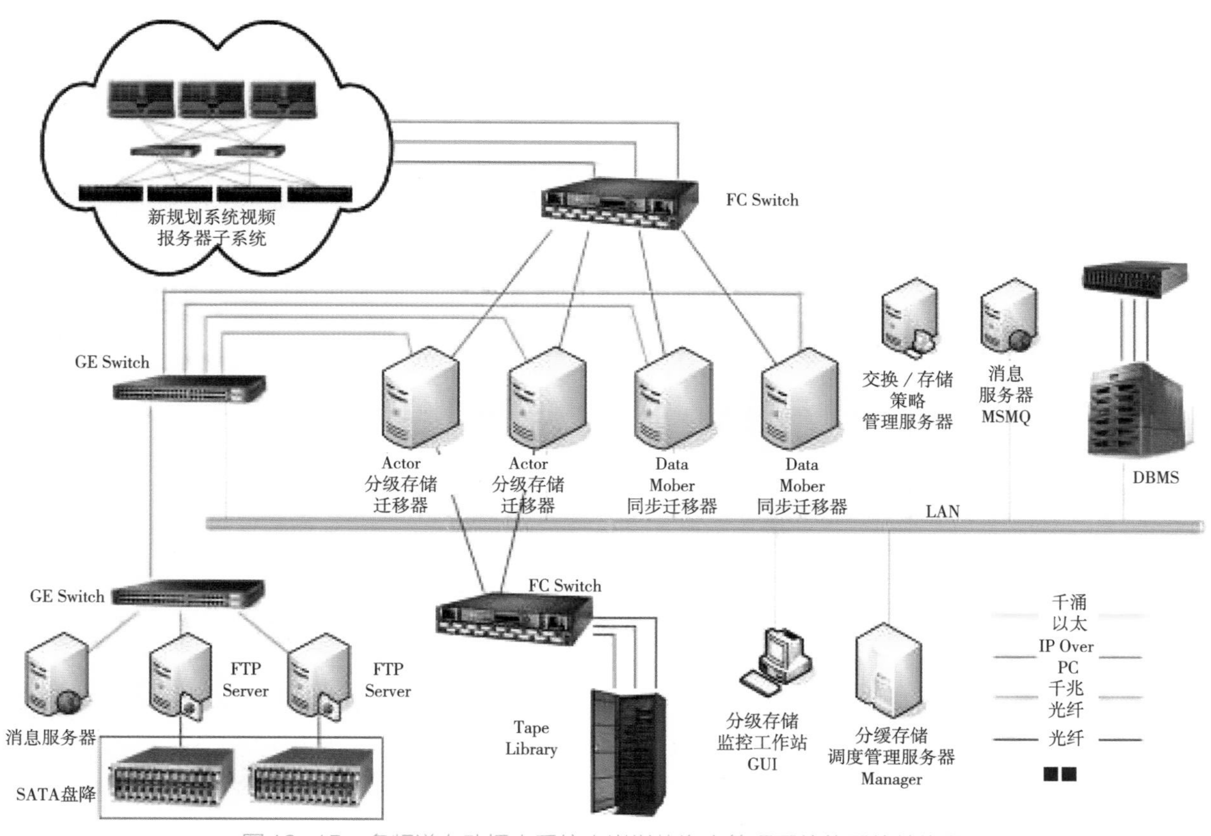

图13-15　多频道自动播出系统内嵌媒体资产管理系统的系统结构图

本节执笔人：姜秀华

第三节　全台媒体资产及云媒体资产管理系统

2010年之后，随着新技术的发展，媒体资产管理系统与电视台其他业务系统的关系越来越密切，媒体资产管理系统在电视台业务中扮演的角色也在不断提升。

一、全台媒体资产管理系统

（一）全台媒资兴起

媒体资产管理系统发展的最初10年，主要针对面向节目资料的存储、利用和面向生产的制作、新闻和面向播出系统的业务支持。虽然较好地解决了单个部门的节目制作及资源共享问题，但是由于未实现互联互通，不能实现媒体资产在全台范围内的节目资源共享和充分流动。2007年，国家新闻出版广电总局发表了由中央电视台和国内十几家省级电视台参加研讨编写的《广播电台、电视台数字化网络化建设白皮书（2006）》，提出只有建设全台互联互通的网络化系统，才能真正体现数字化、网络化技术的优势，从而更重要地发挥媒体资产的作用。2010年以后，各个电视台在数字化建设的基础上逐渐将自身的新闻制作网、播出网、后期制作网、媒体资产网、广告网、办公网、管理网等业务网络整合起来，形成了互联互通的全台网。媒体资产管理系统作为全台节目内容管理和利用的核心，面向全台网各业务系统提供资料入库、资源管理、播出备播、资源交换共享等功能，成为一体化的全台媒体资产管理平台，又称为中心媒体资产或全台媒体资产。电视台的全台媒体资产管理体系架构示意图如图13-16所示。

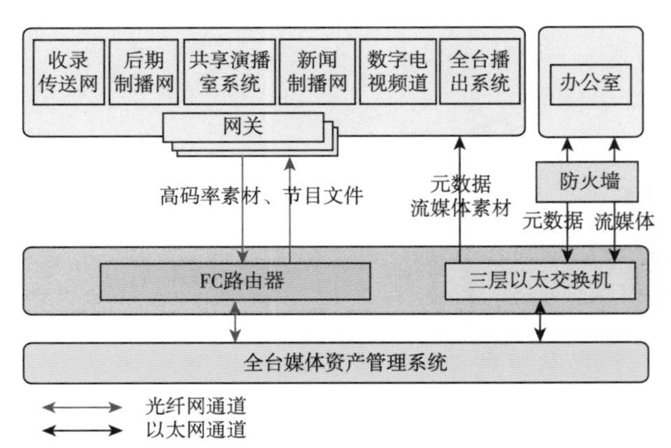

图13-16　电视台以媒体资产管理系统为核心的架构示意图

建设全台网的通常思路是采用基于面向服务架构(Service Oriented Architecture，SOA)的企业服务总线(Enterprise Service Bus，ESB)+企业媒体总线(Enterprise Service Bus，EMB)双总线互联架构，由主干网平台作为全台网互联互通的核心，媒体资产管理系统作为全台节目内容管理和利用的核心。这样设计的好处就是可以实现媒体资产管理与互联互通交换平台的分离，更符合SOA面向服务的设计思想，同时能避免二者相互影响，提高全台网和媒体资产生产业务的安全性、可靠性。

典型全台媒体资产管理系统服务架构如图13-17所示。

其中：

(1) 中央存储平台主要为全台媒体资产管理系统提供服务，同时也为网络间的数据交换提供支持。平台主要由多种存储介质组成，包括磁盘阵列、数据流磁带库、虚拟存储等多种技术。

(2) 基础网络平台为全台媒体资产提供全面的基础服务和网络访问服务。包括数据库服务、MDC (MetaDataController) 服务、WEB发布服务、流媒体服务、用户认证服务、存储管理服务、NAS服务、消息服务、应用服务等。

(3) 应用服务平台为各个业务子系统提供服务支持。在全台网媒体资产管理系统中，应用服务平台不但提供服务给媒体资产管理系统内部使用，而且可以给其他业务子系统提供服务。

(4) 内容管理中间件平台是各个业务系统服务的功能提供平台，编目组件、检索组件、工作流组件、用户管理组件、运行管理组件、日志管理组件等都由内容管理中间件平台提供。

基于SOA设计的全台媒体资产管理系统面向电视台内部所有的业务应用，提供统一的内容管理服务，从而实现了不同的编目细则和统一的编目实现手段；不同的应用对象，统一的用户访问门户；不同的存储位置，统一的媒体资产管理；不同的数据格式，统一的数据展现形式；不同的应用范畴，统一的服务调用方法。它将内容管理与数据交换相结合，扩大了媒体资产管理系统的受众面向对象。

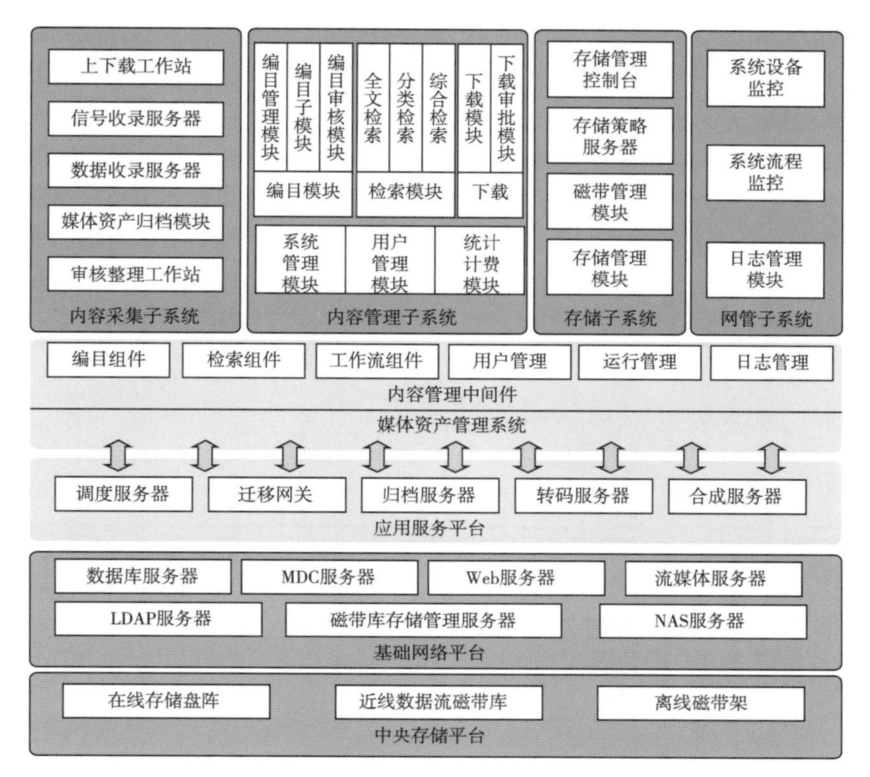

图13-17 典型的媒体资产管理系统双总线示意图

(二)中央电视台全台媒体资产管理系统案例①

随着多媒体技术、高清电视技术、互联网技术的飞速发展，广电行业呈现跨平台、多种技术融合的发展趋势，中央电视台媒体资产管理系统也需要进行升级改造，改过去以标清为主到以高清为主、从以处理传统磁带为主到以文件为主、从面向台内再利用到面向全社会交换进而交易的战略跨越，以满足未来发展的要求。

2008—2012年，中央电视台以新台媒体资产建设为契机，领衔北京中科大洋科技发展股份有限公司等国内外知名厂商联合攻关，规划设计了以央视新址为核心、全面融合现有资源覆盖两址三地的全台媒体资产管理系统。中央电视台新台址媒体资产管理系统是新台址全高清化、全文件化制播体系中的重要一环，是采、编、播、管、存业务流程的枢纽，负责全台节目素材的永久保存与管理，面向播出系统提供节目备播服务，面向全台数十个台内、台外制作系统提供节目素材入库及下载服务，面向全台几千名编辑记者提供节目素材检索浏览服务。

中央电视台全台媒体资产管理系统与周边系统的业务关系如图13-18所示。

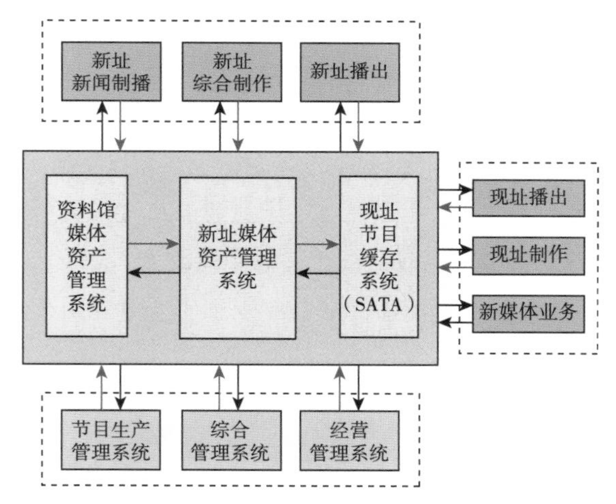

图13-18 中央电视台全台媒体资产系统与周边系统的业务关系②

全台媒体资产管理系统突破了传统的“资料型媒体资产”“生产型媒体资产”的设计理念，对全台

① 丁文华.中央电视台新台址电视系统设计与实施［J］.现代电视技术，2007(6):17-25.
② 杨磊.中央电视台媒资系统关键技术研究与应用实践［J］.现代电视技术，2018(8):80-83.

的视频、音频及附属图文资料实行集中统一管理。从节目生产源头至节目播出，再到播后素材的再利用进行全流程、全生命周期管理。在管理上通过全台媒体资产技术平台采用的网络化、文件化等技术手段，将原来分散在各个系统中的节目素材统一纳入媒体资产管理平台，消灭信息孤岛，实现了真正意义上的资源统一配置和共享。全台媒体资产管理系统贯穿电视台整个节目生产业务流程，与节目生产管理、节目制作、数字播出等各种应用子系统紧密结合，实现了媒体资产规范化、流程化的高效率管理。

中央电视台媒体资产管理系统在全台工艺系统中的位置如图13-19所示。

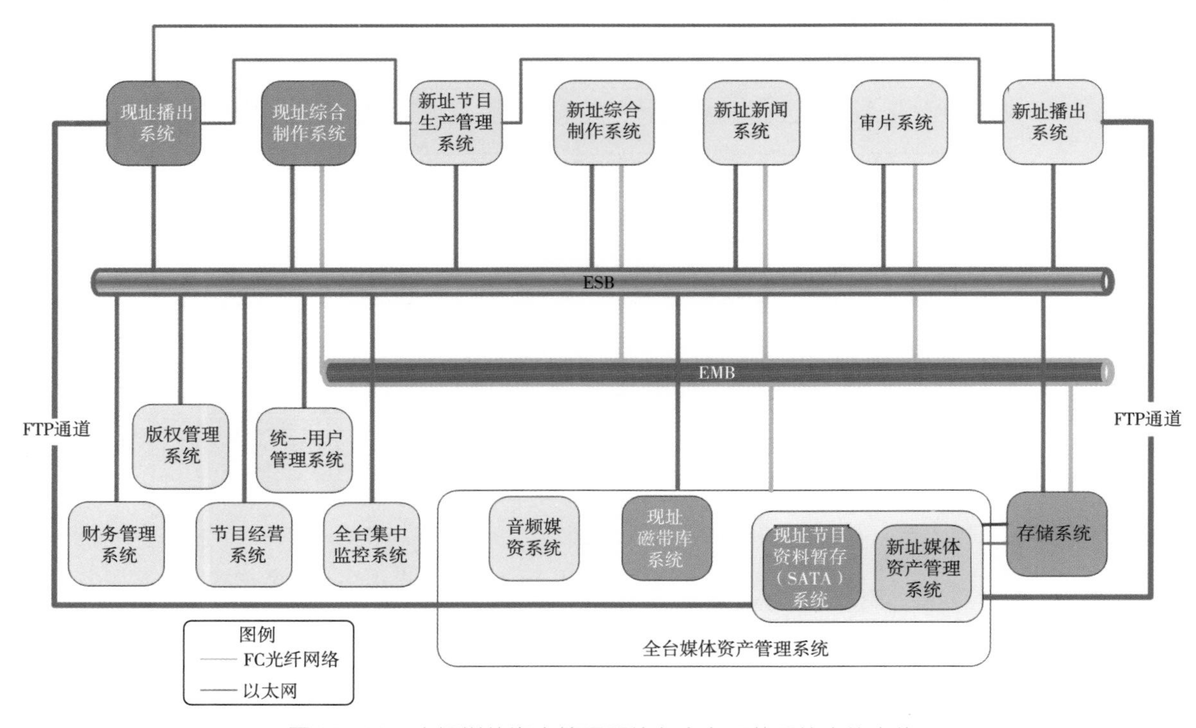

图13-19　央视媒体资产管理系统在全台工艺系统中的定位

中央电视台新址媒体资产管理系统交互的工艺系统几乎与台内所有工艺系统进行了互联。媒体资产支撑着制播存全业务，全台架构以媒体资产为资源核心，支持了制作、播出、审片等多个工艺系统，形成了以媒体资产管理系统为核心，衔接并覆盖全台新闻、制作、播出、节目生产等各个业务环节的完整工艺系统体系。在这样的工艺体系中，媒体资产管理系统全面支撑了全台制播全生命周期的生产运行。

中央电视台全台媒体资产管理系统的主要特点有：

(1) 实现了跨中央电视台新址、现址、音像资料馆两址三地的全台统一媒体资产整体架构，实现了全台媒体资产的统一管理。

(2) 建立了适配全台文件化、网络化、高清化节目制播业务的媒体资产服务体系及视音频、图文资料一体化的管理体系。全台均以高清化方式生产节目，并且采用全程文件化、无磁带化生产方式和网络化制作的方式完成节目制作。不仅提高了图像的质量，还提高了系统间资源交换的效率和全台制播业务的运行效率。

(3) 全台媒体资产管理系统基于IP的单网结构进行设计，仅在近线迁移及音像资料馆原有系统中保留了光纤链路。采用了万兆以太网+千兆以太网的方式，实现了各种设备接口、传输网络的标准化，降低了双网结构系统所带来的建设和维护的复杂度，提高了系统运行的安全性和效率。

(4) 采用双总线架构，业务数据主要包括消息、数据、元数据、服务调用等，通过ESB在各个系统的应用层实现。媒体数据主要包括媒体文件，通过EMB在各个系统的存储层完成媒体文件的交换。

(5) 建立并优化了媒体资产管理系统与节目生产、制作、播出及相关业务系统的业务关系和流程，面向播出系统提供安全的文件化备播服务，面向全台制作系统提供便捷的节目素材入库、检索和下载服务。

新址媒体资产管理系统建立后，与现址节目暂存交换系统、音频媒体资产管理系统、现址磁带库系统一起，构成了中央电视台全域式媒体资产管理服务系统，该系统作为覆盖全台的核心系统对节目生产、内容分发、经营等各项业务提供支持和服务。新址媒体资产管理系统完全覆盖了原音像资料馆媒体资产管理系统，形成世界上最大的音像资料库。

中央电视台新台址媒体资产管理系统项目获2013年中国电影电视技术学会科技进步一等奖，达到了全球领先水平。

(三)江苏广电总台全台媒体资产管理系统案例

2007年，江苏广电总台以广电城新大楼建设为契机，正式启动了全台媒体资产管理系统的建设，目标是建设一个全台媒体资源存储、管理及再利用的基础平台，作为全台网互联互通的核心，通过中心媒体资产与各业务板块或生产媒体资产建立接口，对全台网各业务板块进行整合消除信息孤岛，实现内容资源的共享，为未来的新媒体发展提供支撑。江苏广电总台全台媒体资产管理系统与全台网相关业务的关系如图3-20所示。

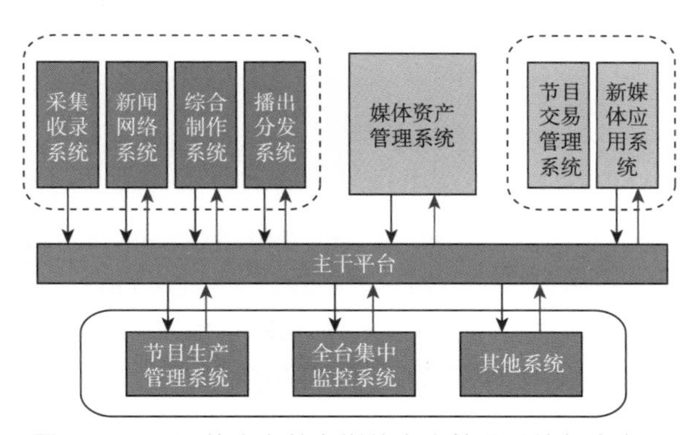

图13-20 江苏广电总台媒体资产管理系统与全台网相关业务的关系①

江苏广电总台媒体资产管理系统存储网络结构采用了FC SAN和NAS混合结构。对于上下载、转码等访问高码流文件，需要稳定带宽的应用，采用了以太+双网结构，对于编目、检索等访问低码流文件、对带宽稳定性要求不高的应用，采用单以太网结构。

在文件格式方面，低码流均采用800Kbps的WMV格式，高码流以DVCPRO25M 压缩格式、AVI文件格式为主、从网络提交的文件以源格式为主。通过这种方式能够最大限度地减少因反复编解码带来的图像劣质化并提高互联互通效率。

系统一期有17台上载工作站、49台编工作站，150T在线存储空间、1285T的近线存储空间，可以存储10万小时的节目资料(25M码流)。系统通过全台网主干平台实现了与收录、新闻、制作、播出等业务板块的互联互通，提高了媒体资料的采集、检索、下载、使用效率。

(四)浙江广播电视集团中心媒体资产管理系统案例

在2010年之前，浙江广播电视集团先后建设了一系列生产型媒体资产管理系统，例如音频媒体资产管理系统、电视剧缩编系统、各频道小媒体资产管理系统、新闻媒体资产管理系统、高清制播网和播出系统，这些媒体资产管理系统在电视台节目生产中发挥了重要作用。但是随着业务量的增加，大量媒体资料需要归档，台里急需建立一个中心媒体资产管理系统来管理全台媒体资产。2012年左右，浙江广播电视集团启动了中心媒体资产管理系统建设，这属于全台网建设中重要的一部分，其总体目标是实现资源整合、资源再利用以及资源的增值；实现集团各频道的视音频节目和素材资源的编目、存储、管理和发布；实现节目资源的统一归档、有效管理、快捷流通，提高节目资源的利用效率。

新建的中心媒体资产管理系统在全台网整个项目中的定位以及与周边系统的关系如图13-21所示。

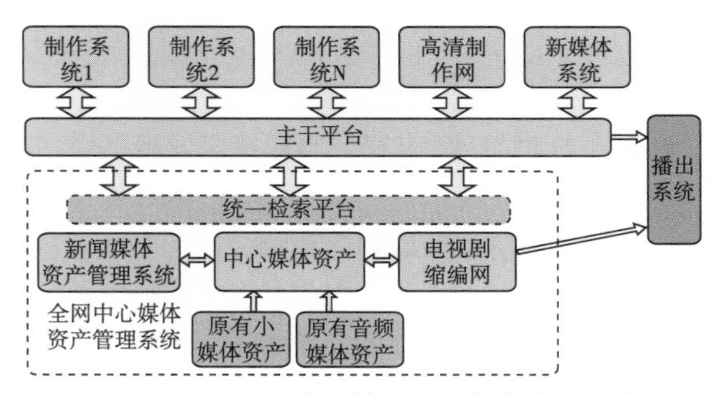

图13-21 中心媒体资产管理系统在全台网中的定位以及与周边系统的关系图②

① 顾建国，朱光荣. 基于全台网架构的大媒资系统设计及实践[J]. 现代电视技术，2009(5): 72-75.

② 陈宵雅.浙江广电集团全台网中心媒资系统[J]. 有线电视技术，2015(5).

中心媒体资产管理系统统一了检索平台，通过该平台，中心媒体资产与缩编网、新闻媒体资产中的资源可在统一的检索门户中集中展现。该平台允许对台内、外网业务系统进行访问、检索、浏览，并可进行下载申请。通过中心媒体资产管理系统统一检索平台，以上媒体资产共同服务于集团内各频道生产网。

中心媒体资产管理系统采用单网架构，通过千兆网与万兆网分别接入的方式，实现了千兆业务网和万兆存储网络分离，网络拓扑如图3-22所示。系统包括了后台服务器区和前台的工作站区，其中后台服务器以刀片服务器为主，机架服务器为辅。

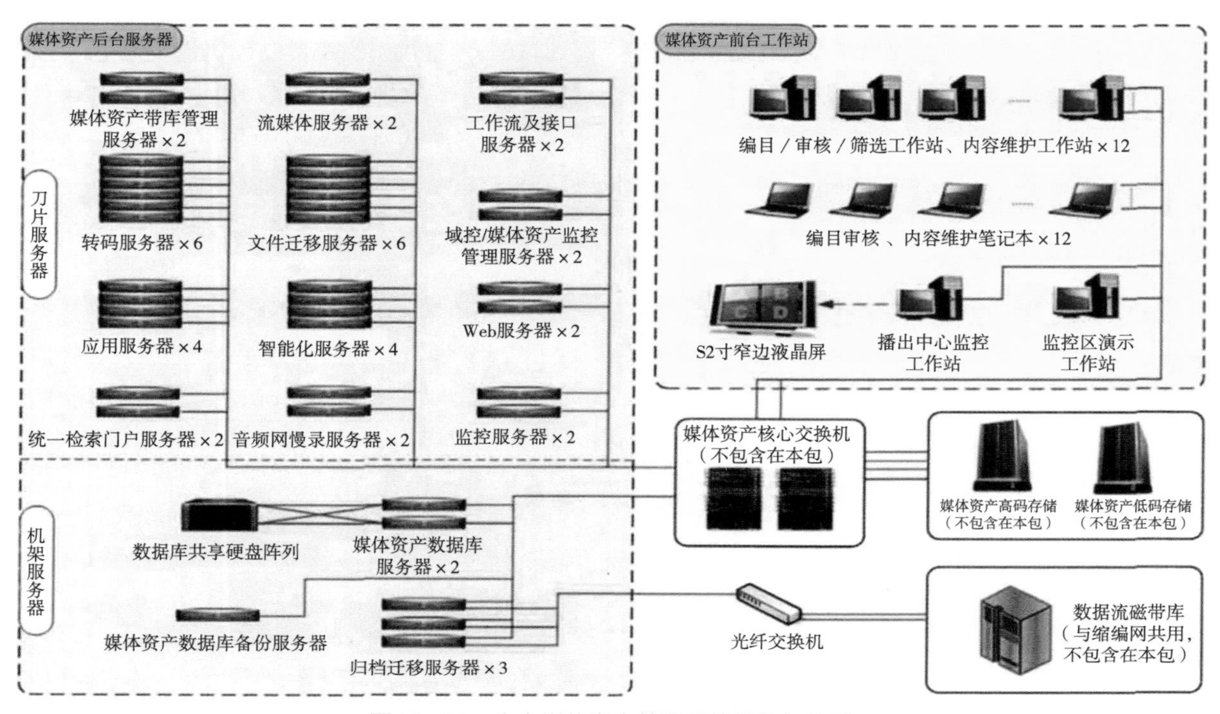

图13-22　中心媒体资产管理系统网络拓扑图

浙江广播电视集团全网中心媒体资产管理系统结合浙江台的实际情况设计，有效实现了台内媒体资源的整合和管理，为媒体资产的有效再利用打下了基础。

二、云媒体资产系统

(一)云媒体资产兴起

进入21世纪后，电视台制播技术发展飞快，从基于录像带的线性编辑到基于文件的非线性编辑，从一个个制播信息孤岛到全台网文件化互联互通，从单一的电视频道播出到新媒体运营，新技术、新系统和新的应用模式不断更新换代。电视台为各种业务应用场景都建立了相应的软硬件设备，例如全台网框架实际上是由新闻网、收录网、媒体资产网以及后期制作网等一个个小型岛状IT系统构成的，每个网都要搭建一个绑定的IT系统，不同业务设备一般难以通用和共享。不仅设备维护难度大，而且全台设备的使用状况极易出现设备闲置和负载不均衡的问题，造成设备资源的浪费。如果能在台内构建一个统一的计算平台，各种业务都运行在这个计算平台上，即采用云计算技术，可以大大提高服务器等计算资源的总体利用率，降低维护和管理难度，那么广电媒体所面临的业务发展和管理困境等问题都将迎刃而解。

但是由于电视台业务需要大量处理视音频文件，而且广电媒体拥有许多特殊硬件和专用设备，并不是所有的业务都适合被虚拟化。具体来说，转码、网络传输、媒体资产编目、流媒体分发等业务可以在云上实现，但传统的上载采集、复杂编辑、图文包装、播出系统、演播室系统、信号监看等业务系统仍需采用独立的工作站设备。因此电视台云架构只能采用部分云化模式。

由于媒体资产管理系统所使用的广电专用设备相对较少，是比较适合采用云架构进行规划和建设的业务系统。

2011年，北京中科大洋科技发展股份有限公司基于浩瀚媒体资产管理系统，结合先进的“云计算”技术，在业界率先推出了面向视音频存储、管理、运营的“云媒体资产”解决方案，如图13-23所示。

图13-23　云媒体资产解决方案示意图[①]

根据广电媒体业务使用场景的不同，云媒体资产有面向台内的私有云媒体资产、面向集团应用的云媒体资产平台和面向行业用户的托管媒体资产服务建设模式。私有云媒体资产是台内独立拥有面向内部应用的云媒体资产平台，除上下载工作站等广电专用设备外，系统大部分服务器和工作站，如传输服务器、转码服务器、技审服务器、流媒体服务器、Web应用服务器、策略服务器、导入导出工作站、编目工作站、检索工作站、审核工作站等，都构建在云端。对于部署在云端的媒体资产编目等应用，用户可以使用计算机、手持移动设备等云通用终端设备随时随地进行访问，获得和本地工作站一样的使用体验。媒体资产站点数量和性能可根据云媒体资产智能管理策略动态调整，通过对业务运行时间进行错峰设计，使不同时间运行的业务可以共享同一个计算资源，从而实现最优的资源分配，充分发挥物理服务器的性能。

私有云媒体资产架构示意图如图13-24所示。

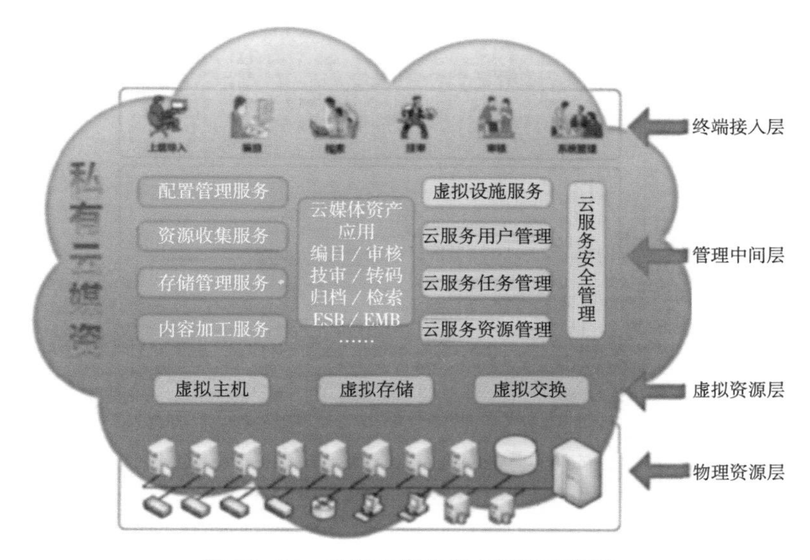

图13-24　私有云媒体资产架构示意图

① 毛烨．王琪江．“云计算”在广电行业的应用浅析［J］．广播与电视技术，2011(7): 54-56.

2012年8月22日，在第二十一届北京国际广播电影电视设备展览会(BIRTV2012)展会上，云技术、新媒体成为此次展会的热点话题。北京中科大洋科技发展股份有限公司在本次展会上重点展示了“浩瀚”云媒体资产研发产品。[①]2012年5月，大洋“浩瀚”云媒体资产已应用于河南电视台制播业务云系统项目中，这是广电行业第一个按照全台云计算架构设计的项目，系统中的媒体资产业务、备播业务、影视剧缩编业务、广告业务、审片业务等都在云平台上运行，开创了广电全台云建设的先河。在此项目中，中科大洋科技发展股份有限公司为河南台规划设计的云数据中心，采用30多台刀片服务器取代了传统方案中的60多台服务器及100多台PC工作站，而且还设计有一定的冗余量，能够满足未来3年的业务扩展需要。该数据中心同时还设计了桌面云系统，编目、审核、检索、编单、监控等，全部采用瘦终端，免维护而且成本低廉；视音频数据采用云存储的方式，业务软件和生产数据都有两份拷贝，分布在不同的存储节点，因此任何一台服务器出现故障都不影响数据的完整性，能够确保节目安全播出。

之后，电视台和广播电台开始纷纷引入云媒体资产系统，尤其是随着融合媒体的快速发展，基于云架构的面向融合媒体的新型媒体资产系统得到了广泛应用。

(二)江苏台新闻云媒体资产管理系统案例[②]

2016年，江苏台对新闻媒体资产管理系统进行了改造，由北京中科大洋科技发展股份有限公司承建新闻云媒体资产项目。江苏台原有的新闻媒体资产管理系统建于2008年，是新闻网络制播板块的一个子系统。经过8年多的运行，尤其是逐步高清化以后，其每日的存储量是原先的4倍，由于系统的转码服务能力有限，导致素材回迁至生产网的效率低下，该系统已经越来越不能满足新闻中心的日益增长的业务需求。

新闻云媒体资产管理系统涵盖了传统媒体内容管理模块、综合管理模块以及部署在云端的资源管理交互3个部分，由云平台对其提供资源支持，如云存储、云转码、云汇聚、云分发等，新闻云媒体资产管理系统功能示意图如图13-25所示。

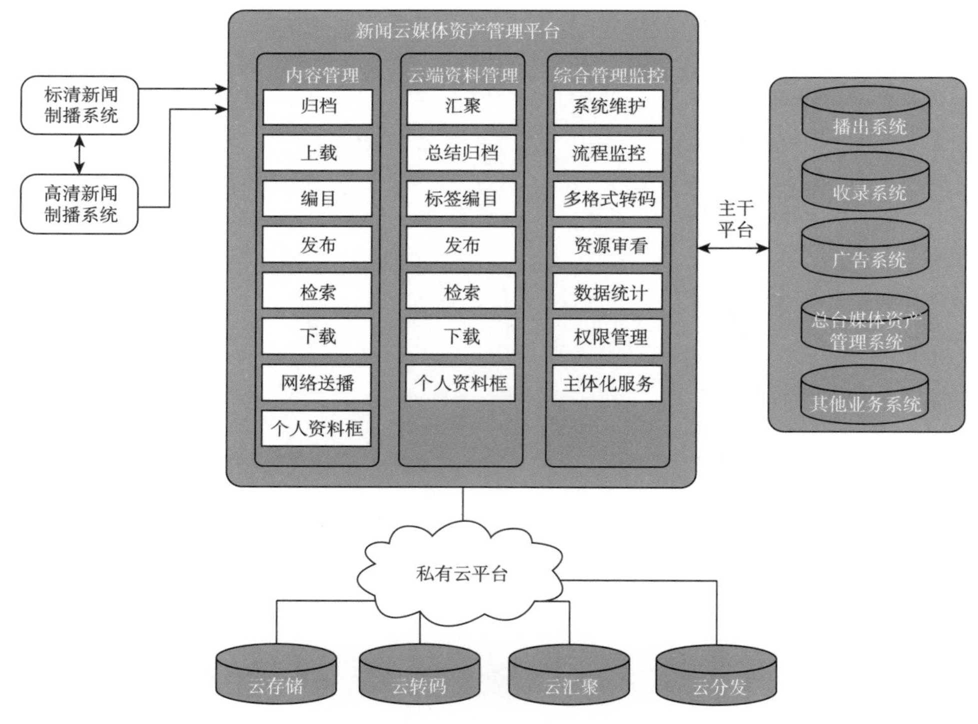

图13-25　新闻云媒体资产管理系统功能示意图

① 毛烨.浩瀚云媒资构建全台云 新媒体工厂开创新价值[J].广播电视信息，2012(9)：99–100.

② 张洁玮.江苏台新闻云媒资系统的设计[J].现代电视技术，2017(1)：78–83.

新闻云媒体资产部署在私有云平台上，除了必备的工作站、数据库服务器、近线存储等硬件设施外，其余均由私有云平台提供硬件支持。在近线设备方面，系统放弃了传统的磁带流数据库和光盘塔，采用对象存储系统，它综合了NAS和SAN的优点，是一种高可靠性、跨平台性以及安全的数据共享的存储体系结构。

由于新闻云媒体资产需要部署在台内生产网域内，因而其具体业务关系如图13-26所示。

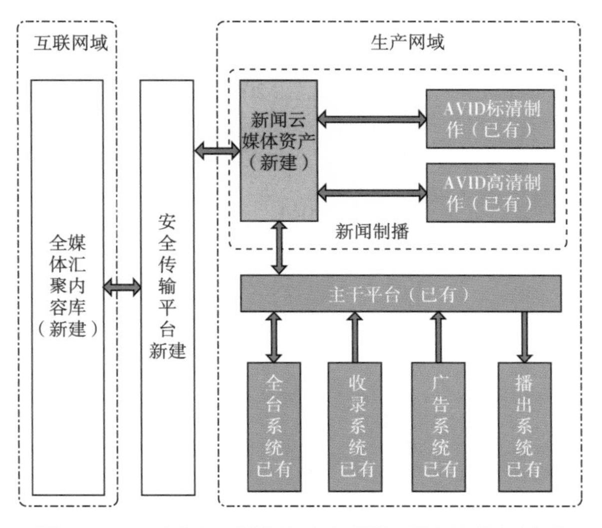

图13-26　新闻云媒体资产与周边系统的业务关系

新闻云媒体资产整体系统架构设计如图13-27所示。

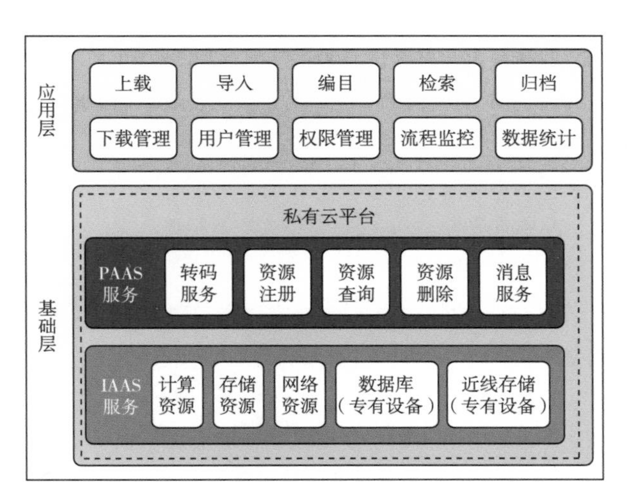

图13-27　新闻云媒体资产管理系统架构示意图

新闻云平台使用生产网内的全台网用户体系进行用户统一认证；新闻云媒体资产可以对高码文件进行直接操作，所以私有云平台在向新闻云媒体资产提供在线存储资源时需支持UNC方式直接访问；新闻云媒体资产的转码服务需按照全台PaaS服务规范注册到PaaS平台上，为将来向全台生产网提供服务做好准备；新闻云媒体资产内的资源包需在PaaS平台上进行注册，便于将来在全台生产网内共享使用。

江苏台新闻云媒体资产管理系统于2016年2月上线试运行以来，承担了新闻中心所有节目的归档、编目及回迁任务。在提高节目生产效率、规范媒体资产管理制度、节约成本、实现素材共享等方面发挥了积极作用，有力地保障了新闻节目的生产。

云媒体资产的价值主要体现在以下几个方面：(1)降低成本：通过集中管理和资源共享，云媒体资产可以降低电视台在硬件、软件、人力等方面的成本。(2)提高效率：云媒体资产可以实现快速的内容检索、编辑、制作和发布，提高工作效率和质量。(3)增强灵活性：云媒体资产可以随时随地访问，不受时间和地点的限制，方便灵活。(4)提高资源利用率：云媒体资产可以实现资源的动态分配和共享，提高资源利用率和效益。

未来，随着技术的不断发展和应用需求的变化，云媒体资产的发展趋势会更加智能化，如可以利用人工智能、机器学习等技术，实现更加智能化的内容识别、分类、推荐等应用。同时，云媒体资产也会变得更加开放融合，它将与其他平台、系统进行更加开放融合的集成，实现更多业务场景的应用。

本节执笔人：姜秀华

制播技术篇参考文献

图书

[1]BREGIZER L.录音的秘密——跟我学录音[M].胡泽，译.北京：人民邮电出版社，2011.
[2]曹强.数字音频规范与程序设计：基于Visual C++开发[M].北京：中国水利水电出版社，2012.
[3]陈小平.扬声器和传声器原理与应用[M].北京：中国广播电视出版社，2005.
[4]陈志敏.高密度光盘存储技术及记录材料[M].哈尔滨：黑龙江大学出版社，2015.
[5]董武绍，耿英华，朱姝等著.虚拟演播室技术与创作[M].广州：暨南大学出版社. 2014.
[6]郭镇之.中外广播电视史[M].上海：复旦大学出版社，2016.
[7]韩宪柱，刘日.声音素材拾取与采集[M].北京：中国广播电视出版社，2001.
[8]韩宪柱.声音节目后期制作[M].北京：中国广播电视出版社，2003.
[9]泽特尔.电视制作手册[M].北京：北京广播学院出版社，2004.
[10]胡泽，雷伟.计算机数字音频工作站[M].北京：中国广播电视出版社，2005.
[11]胡泽.数字声频技术应用[M].北京：中国传媒大学出版社，2022.
[12]戴维斯，琼斯.扩声手册[M].2版.冀翔，译.北京：人民邮电出版社，2021.
[13]李宝善.近代传声器和拾音技术[M].北京：广播出版社，1983.
[14]李伟，袁邈桐，李洋红琳.立体声拾音技术[M].北京：中国传媒大学出版社，2018.
[15]康姆潘西.电视现场制作与编辑[M].北京：北京广播学院出版社.2003.
[16]莫士科维茨.虚拟演播室技术[M].夏力等，编译.北京：清华大学出版社，2005.
[17]裴昌幸.摄录像技术及多媒体光盘——原理、使用与维修[M].西安：西安电子科技大学出版社，1998.
[18]孙建京.现代音响工程[M].北京：人民邮电出版社，2007.
[19]霍尔曼.数字影像声音制作[M].王钰，译.北京：人民邮电出版社，2009.
[20]王以真.实用扩声技术[M].北京：国防工业出版社，2004.
[21]徐端颐.高密度光盘数据存储[M].北京：清华大学出版社，2003.
[22]徐端颐.光盘存储系统设计原理[M].北京：国防工业出版社，2000.
[23]徐品.媒体资产管理技术[M].北京：电子工业出版社，2012.
[24]杨波.中国广播电视编年史：第二卷.1977–1997 [M].北京：中国广播影视出版社. 2020.
[25]杨波.中国广播电视编年史：第三卷.1998–2008 [M].北京：中国广播影视出版社. 2020.
[26]杨波.中国广播电视编年史：第一卷.1923–1976 [M].北京：中国广播影视出版社. 1999.
[27]杨盈昀，徐品，赵晓忠，杨磊.多媒体与电脑动画[M].北京：中国广播影视出版社，2010.
[28]杨宇，张亚娜.数字电视演播室技术[M].北京：中国传媒大学出版社，2017.
[29]俞锫，李俊梅.拾音技术[M].北京：中国广播电视出版社，2003.
[30]道格拉斯 J S，哈登 G P.技术的艺术——影视制作的美学途径[M].蒲剑，郭华俊，崔庆，胡云龙，译.北京：

北京广播学院出版社，2004.
[31]张宝安.高清电视节目转播与传输[M].北京：中国广播电视出版社，2011.
[32]赵化勇.中央电视台发展史1958~1997 [M].北京：中国广播电视出版社.2008.
[33]赵化勇.中央电视台发展史1998~2008 [M].北京：中国广播电视出版社.2008.
[34]唐世鼎.中央电视台的第一与变迁：1958-2003 [M].北京：东方出版社，2003.
[35]周小东.录音工程师手册[M].北京：中国广播电视出版社，2006.
[36]ROGINSKA，A，GELUSOP. Immersive sound[M].Taylor & Francis Group：New York，London，2018.
[37]PHILIP J C. High definition television：the creation，development and implementation of HDTV technology[M]. Ukraine：McFarland，Incorporated，Publishers，2014.
[38]OHANIAN T A. Digital nonlinear editing：editing film and video on the desktop[M]. USA：Butterworth-Heinemann，1998.

学位论文

[1]吕卓亨.非线性编辑网络的原理分析与构建[D].华南理工大学，2012.
[2]任镜.基于媒介融合的交互式演播室图文包装设计与应用[D].湖南大学，2015.
[3]徐皞亮.媒介技术视野下VR新闻生产与传播的实践探究[D].湖北大学，2018.
[4]许静敏.影像字幕发展历程研究[D].湖南大学，2022.
[5]许之民.电视字幕的规范性研究[D].上海师范大学，2007.
[6]张达.河北电视台高清新闻网存储系统分析[D].华北电力大学，2014.
[7]张健.非线性编辑网络的研究与实现[D].华东交通大学，2010.
[8]朱锐.电视在线包装技术在伦敦奥运会赛事直播报道中的应用[D].北京工业大学，2015.
[9]潘银松.像素级CMOS数字图像传感器的研究[D].重庆大学，2005.
[10]汪立.数字成像系统中CMOS光电二极管及相关电路的研究[D].湖南大学，2007.

期刊

[1]2012 BIR TV Panasonic摄像机新品发布[J].中国电化教育，2012(9).
[2]ARIETAL.NAND和NOR flash技术设计师在使用闪存时需要慎重选择[J].今日电子，2002(4).
[3]ATEM Television Studio HD8 切换台发布[J].影视制作，2023(3).
[4]BDA确定蓝光格式视频压缩编码方案[J].光盘技术，2004(5).
[5]BIRTV2009 嘉宾访谈录(再续)[J].现代电视技术，2009(11).
[6]BIRTV2010 索贝系列产品专访[J].广播与电视技术，2010(9).
[7]BIRTV2013 “现场演播室” 嘉宾访谈录(二)[J].现代电视技术，2013(10).
[8]BIRTV2014 “现场演播室” 嘉宾访谈录(一)[J].现代电视技术，2014(10).
[9]Blackmagic Design携15款新品亮相BIRTV[J].影视制作，2011(9).
[10]BMD发布ATEM Television Studio HD切换台[J].影视制作，2017(2).
[11]DVD录像机 飞利浦 DVDR520H[J].电器评介，2005(10).
[12]GX.ReplayTV将推出可存储60小时节目的硬盘录像机[J].广播电视信息，2000(11).
[13]SUGAYA H，邵新，阎洪奇.磁带录像机的发展及其技术工艺的现状[J].广播与电视技术，1988(4).
[14]HDC-Z10000试水岛城 婚礼摄像迎来3D革命[J].数码影像时代，2012(10).
[15]Sony HDNA在中国 产品 · 系统 · 服务 全面解决——Sony参展BIRTV2009 [J].广播与电视技术，2009(8).

[16]Sony高清专业光盘家族又添4：2：2 50M[J].电视字幕(特技与动画),2008(5).
[17]SONY首次公开蓝光光盘录像机试制机[J].光盘技术,2002(5).
[18]Sony推出第一台高清24P广播转播车[J].中国新闻科技,2000(10).
[19]白色.闪存卡de 前世今生[J].电器评介,2004(11).
[20]白宇.网络字幕机的应用[J].才智,2009(35).
[21]广播电视与技术编辑部.高清,向高效率网络化制播前进——Sony XDCAM HD高清专业光盘产品在中国市场正式亮相[J].广播与电视技术,2006(3).
[22]数码影像时代编辑部.全球首个大型4K演播室在中国传媒大学建成[J].数码影像时代,2016(10).
[23]电视字幕编辑部.助奥运辉煌创P2HD高清未来:Panasonic以高清技术支持北京奥运[J].电视字幕(特技与动画),2008(10).
[24]厂商之窗[J].现代电视技术,2004(6).
[25]车琳.从走出屏幕到进入电影——3D电影技术的历史与现状[J].当代电影,2019(1).
[26]陈炳茂.蓝光光盘(Blu-ray Disc & HD-DVD)技术的发展[J].记录媒体技术,2003(4).
[27]陈垦.激光视盘(LD)开创了光盘存储技术的新时代[J].记录媒体技术,2006(2).
[28]陈学敏.基于PDR 300的新闻频道播控中心的设计(上)[J].广播与电视技术,1999(11).
[29]陈志伟,潘建斌,贾芳.几种新型半导体数字移动存储卡[J].河南科技,2005(1).
[30]承健.佳能数字摄像机[J].个人电脑,2002(5).
[31]城峭.从光盘发展历史看光盘市场今后走向[J].记录媒体技术,2006(1).
[32]程开富.CMOS图像传感器的最新进展及其应用(续)[J].电子与封装,2003(4).
[33]程开富.CMOS图像传感器奋力冲击CCD市场[J].世界电子元器件,2001(3).
[34]崔建.从模拟到数字、从标清到高清——视频记录存储设备的历史回顾和发展(上)[J].现代电视技术,2016(1).
[35]崔建.从模拟到数字、从标清到高清——视频记录存储设备的历史回顾和发展(下)[J].现代电视技术,2016(2).
[36]崔焱.现场制作中的NDI技术研究[J].有线电视技术,2019(10).
[37]大洋携系列新品参展CCBN2013[J].现代电视技术,2013(4).
[38]邓京松.字幕机选购:国产优于进口[J].电化教育,1995(12).
[39]邓永红.蓝光光盘技术综述[J].有线电视技术,2005(4).
[40]丁文华,王效杰.机械手自动播出系统简介[J].现代电视技术,1995,(2).
[41]丁文华.中央电视台新台址电视系统设计与实施[J].现代电视技术,2007(6).
[42]东欧国家电视广播的点滴情况[J].电子技术,1973(6).
[43]董璐.松下P2系列设备试用小记[J].视听界(广播电视技术),2005(4).
[44]范宏.硬盘视频记录设备的大规模应用[J].现代电视技术,2013(10).
[45]冯蓓.蓝光光盘——{驶入蓝色}[J].通信技术,2004(2).
[46]傅荫嘉,董瑞祥,杨景礼,王尔性,周师亮,黄吴明,钟培根,刘泰,阎洪奇,桂世昶,梁任汪,吴贤纶.第一套国产广播电视设备(一)[J].电信科学,1958(8).
[47]高瓴.DVD录像机综述[J].实用影音技术,2001(3).
[48]高文,朱明,郝志成.彩色夜视技术的研究进展[J].液晶与显示,2016,31(12).
[49]顾同礼,蔡鹏翔.泰州电视台大型E-NET新闻非编制作播出网[J].视听界(广播电视技术),2005(5).
[50]顾长青,陈军,虞榕滨.基于Seachange硬盘服务器的多频道自动播出系统[J].现代电视技术,2004(4).
[51]郭辉.红外摄像机种类及现状[J].中国公共安全,2014(6).

[52]郭俊伟.红外摄像机原理及技术差异[J].中国公共安全,2014(6).
[53]郭南.非线性编辑系统技术进展新探[J].教育传播与技术,2006(1).
[54]韩胜利.汤姆逊草谷引领高清技术走向未来[J].现代电视技术,2005(5).
[55]郝应赐.录像磁带的种类及特性(一)[J].磁记录材料,1991(2).
[56]侯明.从胶片到数字载体——对电影声画剪辑发展历程与技术创新的考察[J].电影新作,2021(3).
[57]胡军.世界第一台DVD光碟录放机[J].视听技术,2000(4).
[58]胡艳妮,杨光明.浅谈字幕机的发展[J].西部广播电视,2006(3).
[59]华崇良.飞利浦TiVo智能个人电视录像机[J].实用影音技术,2000(6).
[60]华栖云专业云非编公测火爆,云端梦工厂助力全民精彩视界[J].广播与电视技术,2016,43(8).
[61]华生.新型无磁带录像机[J].实用影音技术,1999(8).
[62]黄德军,高忠.SOBEY-555EX网络硬盘录像机在央视奥运直播中的应用[J].现代电视技术,2008(11).
[63]黄海,高岩,施剑平.3D影视拍摄新技术研究和应用[J].现代电视技术,2015(2).
[64]黄建军,廖明.活学活用新介质——索尼专业蓝光录像[J].视听,2018(5).
[65]黄静.从"PDW-V1+PC"体验Sony专业光盘技术与IT的融合[J].现代电视技术,2004(4).
[66]黄燕.数字摄像机大巡视(下)[J].家庭电子,2000(1).
[67]几种新型电教设备[J].电化教育研究,1983(2).
[68]贾宏君,李晓宇.2016年SMPTE电视技术标准化跟踪研究[J].广播与电视技术,2017,44(3).
[69]贾中原.由GVG(THOMSON)KALYPSO看网络切换台的特点和未来发展[J].现代电视技术,2003(10).
[70]江明.盘点DVD录像机[J].实用影音技术,2002(9).
[71]蒋晓峰.电视制作系统怎样向数字化过渡[J].广播与电视技术,1997(8).
[72]靳连生.半导体存储媒介摄录像机[J].摄影与摄像,2004(7).
[73]鞠伟际,刘军.浅谈数字摄像机[J].电视技术,2001(4).
[74]开启云端编辑新模式——新奥特携天鹰、天琴两款云编辑系统参加BIRTV2015[J].广播与电视技术,2015,42(10).
[75]蓝海团诚携多款代理产品亮相BIRTV2012[J].电视技术,2012,36(18).
[76]李春密,殷友.磁介质与磁记录[J].学科教育,1997(6).
[77]李华.索尼70GP字幕机改造——众望所归[J].电视字幕(特技与动画),1994(Z1).
[78]李军,罗斌,郭弘.光存储与传统磁存储理论的比较研究[J].量子光学学报,2008(1).
[79]李军.面向高清的网络化电视台整体解决方案[J].现代电视技术,2005(8).
[80]李倜.我国视频工业发展的30年回顾[J].广播与电视技术,2004,31(8).
[81]李新,李景美.电视制作播出数字一体化网络[J].广播与电视技术,2001(1).
[82]李幼林.从BIRTV2000看数字切换台的最新进展[J].广播与电视技术,2000(12).
[83]李渝川.硬盘录像机在延时直播中的应用[J].西部广播电视,1998(5).
[84]李正本.数字录像机及其发展——第一讲 录像机的发展简况[J].电视字幕(特技与动画),1997(3).
[85]李仲.家用数字摄像机[J].多媒体世界,1997(12).
[86]梁谦亢.中小型切换台的选型与应用分析[J].现代电视技术,2005(3).
[87]梁伟明,曾建中.浅谈AVID Unity ISIS万兆网络[J].现代电视技术,2006(8).
[88]林百周.数字录像机格式的比较[J].有线电视技术,2002(24).
[89]林振兴.新一代半导体存储高清摄像机技术特点与摄像技巧[J].有线电视技术,2009,16(1).
[90]凌肃.70GP字幕机?怎么办[J].电视字幕(特技与动画),1995(1).
[91]刘春,谢长生.硬盘的历史、发展与未来——纪念硬盘诞生50周年[J].记录媒体技术,2006(Z4).

[92]刘玓.探讨云编辑技术在广电行业的实现[J].现代电视技术,2013(3).

[93]刘杰锋,张俊.4K超高清演播室视频系统介绍[J].影视制作,2016,22(7).

[94]刘万铭.浮光掠影IBC——2007年荷兰国际广播电视展随想[J].现代电视技术,2007(10).

[95]鲁茅茅.南京电视台的硬盘自动播出系统[J].电视字幕(特技与动画),1999(5).

[96]路雪松.国产字幕机的回顾与展望[J].医学视听教育,1995(4).

[97]罗小庆,张克怡.向数字化过渡的五个步骤[J].广播与电视技术,1992(1).

[98]马铁岩.轻松驾驭数字新时代——BVP-E10P 12比特数字演播室摄像机[J].现代电视技术,2001(5).

[99]马廷钧,陈未杰,安玲.高密度信息存储的物理原理[J].大学物理,2006(6).

[100]毛烨,王琪江."云计算"在广电行业的应用浅析[J].广播与电视技术,2011(7).

[101]冒捷.河南广电融媒云技术方案探析[J].广播与电视技术,2016,43(4).

[102]孟建军.非线性编辑[J].影视技术,1994(8).

[103]苗欣.三维在线包装系统浅谈[J].广播电视信息(上半月刊),2007(12).

[104]南京工学院汉字显示研制组.单象管作为字符产生器的汉字、字符、曲线显示设备[J].南京工学院学报,1978(1).

[105]倪景华,黄其煜.CMOS图像传感器及其发展趋势[J].光机电信息,2008(5).

[106]倪宁宁.选择高清切换台的考虑[J].视听界(广播电视技术),2007(1).

[107]欧阳睿章.电视台全台节目生产网络化建设综述——概念、案例与展望[J].现代电视技术,2005(7).

[108]钱江,刘爽.常用高清录像设备的应用和分析[J].现代电视技术,2015(6).

[109]秦培.中央广播电视总台《2020年春节联欢晚会》4K直播——800平方米演播室视频系统应用介绍[J].现代电视技术,2020(3).

[110]戎霭伦,陈强.光数据存储的新进展[J].物理,2001(1).

[111]施正宁.视频技术知识讲座:第八讲磁带录像机的各种格式[J].电影技术,1991(2).

[112]石蓉蓉.虚拟演播室技术对电视气象节目的艺术建构[J].浙江气象,2007(1).

[113]史萍.光记录原理及DVD技术[J].北京广播学院学报(自然科学版),1998(4).

[114]世界首款3D摄像机问世[J].发明与创新(综合科技),2010(9).

[115]数字摄像机时机已到[J].个人电脑,1999(6).

[116]宋宜纯,王杰中.中央电视台音像资料馆媒体资产管理系统的技术特点[J].广播与电视技术,2005(5).

[117]宋宜纯.中央电视台新闻共享系统及其关键技术[J].现代电视技术,2002(11).

[118]宋婴,刘克非.4K超高清摄像机处理及镜头成像特点分析[J].现代电视技术,2020(9).

[119]宋玉升,孙允希.磁记录技术基础——第一章 物质的磁性和磁性材料的磁化[J].磁记录材料,1983(1).

[120]苏日嘎图,李文立,范勇.新型半导体存储技术P2的特点与应用[J].内蒙古广播与电视技术,2007(3).

[121]孙奉明.创造全新工艺流程——松下电器半导体存储技术P2[J].视听界(广播电视技术),2004(5).

[122]孙季川.谱写国产电视图文技术的新篇章[J].现代电视技术,2007(6).

[123]孙林记,冒卫.谈国内非编网的10年发展史[J].电视技术,2010,34(12).

[124]孙琳,王静.国产字幕机风云录——专访中科大洋科技股份有限公司CEO姚威先生[J].电视字幕(特技与动画),2004(8).

[125]孙允希,宋玉升.磁记录技术基础 第四章 磁头[J].磁记录材料,1984(3).

[126]孙长勇.多通道硬盘录像机在演播室中的应用[J].电视字幕(特技与动画),2004(7).

[127]索尼XDCAM HD 422高清编辑录像机PDW-F1600——支持专业光盘之间、磁带与专业光盘之间的高标清线性对编[J].电视字幕(特技与动画),2009,15(7).

[128]索尼隆重参展BIRTV2015[J].广播与电视技术,2015,42(8).

[129]唐冬梅.北京电视台后期非线性编辑网络实施方案[J].广播与电视技术,2007(7).
[130]田聪芝.半导体介质——小型存储卡发展概况[J].信息记录材料,2005(2).
[131]王爱萍,吴丽艳.调音台的发展历程[J].现代电视技术,1999(6).
[132]王晨,颜金尧,蔡洋.IP化超高清视频解析和监测系统设计及实现[J].中国传媒大学学报(自然科学版),2022,29(1).
[133]王芳.几种主流数字磁带录像机的分析比较[J].中国有线电视,2008(8).
[134]王杰中.电视台业务数字化解决方案走向全程文件化——构建开放的系统互联互通平台[J].现代电视技术,2005(7).
[135]王杰中.基于云架构全台资源整合的探讨[J].现代电视技术,2011(7).
[136]王洁.IBC2015现场IP制作印象[J].现代电视技术,2016(7).
[137]王静,廖庆喜,田波平等.高速摄像技术在我国农业机械领域的应用[J].农机化研究,2007(1).
[138]王亮,胡晓丹.浅谈在线包装与字幕机[J].现代电视技术,2011(12).
[139]王亮,于竹青.浅析全媒体交互式新闻演播室整体包装系统[J].现代电视技术,2015(2).
[140]王亮.红外技术的对比分析与发展方向[J].中国公共安全(综合版),2012(10).
[141]王铭.介绍一个电化教学的电视中心系统[J].同济大学学报,1979(3).
[142]王谦,孙晓丹.虚拟演播室系统产品综述[J].电视字幕(特技与动画),1999(3).
[143]王仁锋.中国广播技术的演变及发展[J].西北大学学报(自然科学版),2009,39(4).
[144]王炜.融媒体演播室节目制作实践——《中国舆论场》节目直播系统搭建及运行[J].现代电视技术,2016(5).
[145]王足谷.录像机磁头的制造[J].电子技术,1979(4).
[146]卫锋,熊培昆.云南电视台主频道备播系统改造设计实践与应用[J].现代电视技术,2013(2).
[147]无限精彩 尽在光盘——Sony XDCAM系列产品闪亮进入市场[J].广播与电视技术,2004(3).
[148]席盈.爱丁堡大学研制成单片CMOS摄像机[J].高技术通讯,1991,1(8).
[149]相晓晖.高标清数字录像机的格式及应用范围[J].影视制作,2009,15(9).
[150]萧潇.第二代光存储产品——DVD的发展历程[J].记录媒体技术,2006(Z2).
[151]新奥特:展现"科技奥运"之魅力[J].广播与电视技术,2008(4).
[152]新奥特"石墨"超高清在线图文包装系统应用于北京广播电视台冬奥纪实4K超高清频道[J].现代电视技术,2021(2).
[153]新奥特隆重推出A10新一代三维实时图文编播系统[J].广播与电视技术,2008(11).
[154]新一代广播电视专业记录媒体——Sony XDCAM专业光盘系列产品面世[J].广播与电视技术,2003(10).
[155]熊巍.从诺贝尔奖看CCD的前世今生[J].DV@时代,2010(1).
[156]徐国光.电视节目制作技术(连载六)第六讲 电视画面合成与组合效果(一)——电视的画面合成技术[J].电视技术,1986(11).
[157]徐国光.电视节目制作技术(连载三)第三讲 视频开关与图像切换[J].电视技术,1986(8).
[158]徐国光.电视节目制作技术(连载五)第五讲 电视中的画面过渡[J].电视技术,1986(10).
[159]徐国光.电视节目制作技术讲座(连载七)[J].电视技术,1987(1).
[160]徐国光.电视演播中心的分量化技术(ⅤⅢ)第八讲分量系统的实际应用(下)[J].电视技术,1994(9).
[161]徐国光.电视演播中心的分量化技术(Ⅺ)第九讲向数字分量过渡(2)[J].电视技术,1994(11).
[162]徐国光.电视演播中心的分量化技术(Ⅹ)第九讲向数字分量过渡(1)[J].电视技术,1994(10).
[163]徐国光.电视演播中心分量化技术(Ⅳ)第四讲模拟分量节目制作技术与设备[J].电视技术,1994(4).
[164]徐国光.视频切换器的发展概况——第12届国际电视讨论会和技术展览会见闻[J].广播与电视技术,

1982(5).
[165]徐俭.基于云平台的非编技术解析[J].广播电视信息,2019(7).
[166]徐晓展.解构云非编技术聚焦智能流编辑[J].现代电视技术,2016(7).
[167]徐旭志.我国安防视频监控系统的发展历程分析及5G趋势展望[J].机电信息,2020(3).
[168]杨娟,杨磊.硬盘录像系统[J].北京广播学院学报(自然科学版),2002(4).
[169]杨磊.中央电视台媒资系统关键技术研究与应用实践[J].现代电视技术,2018(8).
[170]杨晓宏,刘忠.磁带录像机记录格式与技术性能的变革与发展[J].西北师范大学学报(自然科学版),1999(2).
[171]杨玉洁,孙琳.拥抱数字时代[J].影视制作,2011,17(12).
[172]姚威.非线性编辑网络应用[J].中国新闻科技,1998(9).
[173]业界信息[J].电视字幕(特技与动画),2003(4).
[174]业界资讯[J].电视字幕(特技与动画),2005(4).
[175]佚名.P2:赢得合作伙伴与客户的认可[J].世界广播电视,2004(8).
[176]佚名.索尼&Sandisk联合发布SxS超高速存储卡[J].数码时代,2007(5).
[177]佚名.Panasonic P2HD录/放像机AJ-HPS1500 MC[J].电视字幕(特技与动画),2008(2).
[178]佚名.Panasonic宣布推出带有AVC-Intra录像功能的AJ-HPD2500固态P2 HD录像/播放机[J].视听界(广播电视技术),2010(3).
[179]佚名.松下:P2迈入HD时代[J].广播与电视技术,2005(6).
[180]佚名.松下电器16GBP2卡面市[J].中国电化教育,2007(6).
[181]佚名.松下将携众多新品参展BIRTV2013 [J].广播与电视技术,2013,40(7).
[182]佚名.松下两款4K/8K超高画质录像机AJ-ZS0580MC、AJ-URD100MC全新上市[J].现代电视技术,2019(10).
[183]佚名.松下两款4K/8K超高画质录像机全新上市[J].影视制作,2019,25(10).
[184]佚名.松下支持AVC-Intra编码方式P2-HD系列新品[J].电视字幕(特技与动画),2006(8).
[185]佚名.索尼推出PMW-1000存储卡演播室录像机[J].广播与电视技术,2013,40(2).
[186]佚名.索尼推出PMW-1000存储卡演播室录像机[J].现代电视技术,2013,140(2).
[187]佚名.新品[J].中国传媒科技,2012(7).
[188]殷亮.单网结构非线性后期制作网络的实际应用及发展趋势探讨——北京电视台Unity ISIS媒体网络的使用心得[J].广播与电视技术,2008(7).
[189]影视制作编辑部.4K离我们有多远?SONY将带给我们答案[J].影视制作,2013,19(4).
[190]影视制作编辑部.BIRTV2010新产品、新技术集萃[J].影视制作,2010,16(9).
[191]影视制作编辑部.索贝@BIRTV2016:"互联网+云端"的媒体解决方案[J].影视制作,2016,22(9).
[192]尤达.乱花渐欲迷人眼——3D摄像机发展探讨[J].大舞台,2011,282(11).
[193]聿名.PANASONIC DMR-E80H硬盘/DVD光盘录像机[J].视听技术,2004(7).
[194]郁宝忠,吴洪来.光盘存储器是怎样存储信息的[J].上海微型计算机,1998(15).
[195]袁丽.汉城奥运会上将采用M—Ⅱ格式录像机[J].广播与电视技术,1988(4).
[196]苑文.中央电视台新闻频道节目包装系统的设计思路[J].现代电视技术,2005(8).
[197]曾彦.中国电视台视频记录存储设备的发展历史和前瞻[J].电视技术,2017(6).
[198]张闯.走向IP化[J].视听界(广播电视技术),2017(1).
[199]张春森,曾宪琨,徐德真.软色键[J].电视技术,1979(3).
[200]张和林,梁枫,沈洲.江苏广电总台播出分发平台设计与实践[J].现代电视技术,2016(2).

[201]张建人，王永锋.新型CMOS摄像器件及其应用[J].世界电子元器件，1998(3).
[202]张亮，谷勇霞.超级CCD原理[J].传感器技术，2003(4).
[203]张宁.数字摄影机的特性 兼论胶片特性的数字化应用[J].数码影像时代，2017，169(8).
[204]张守仁.光盘存储器的现状及其主要技术问题[J].计算机研究与发展，1984(9).
[205]张延水.浅谈蓝光刻录技术[J].科技信息(科学教研)，2008(1).
[206]张永辉.数字摄像机的当前动态[J].中国新闻科技，2000(7).
[207]张永旭.数字光盘30年发展史回顾[J].记录媒体技术，2009，7(6).
[208]张智勇，石林美.浅议电视字幕机[J].电视字幕(特技与动画)，1995(3).
[209]赵春涛，张建林，何峰等.广告硬盘自动播出系统概述[J].内蒙古广播与电视技术，1999(4).
[210]赵贵华.从BIRTV2008看电视演播室节目制作设备的发展[J].现代电视技术，2009(2).
[211]赵贵华.从BIRTV展会看高清演播室设备的发展[J].演艺科技，2010(10).
[212]赵季伟，穆刚.iSCSI技术构建媒体存储网络的应用与实测(上)[J].现代电视技术，2006(5).
[213]郑穆.光存储技术发展趋势[J].电子技术与软件工程，2018(4).
[214]钟辰.4K-IP制作系统实现ST-2110无压缩标准前的问题探讨[J].现代电视技术，2019(5).
[215]钟辰.UHK-430(Ikegami)池上4K超高清摄像机技术发展一探[J].现代电视技术，2018，206(8).
[216]周文昌.电视播出中字幕机的现代化要求[J].视听界(广播电视技术)，2006(2).
[217]周祥平.崭露头角的硬盘录像技术[J].电视技术，2001(5).
[218]朱汝煜，王秋平.日立Z-1800摄像机的简单原理及操作(一)[J].内蒙古广播与电视技术，1998(3).
[219]朱裕生，孙维平.光存储材料的发展[J].信息记录材料，2005(1).
[220]子良.Replay TV无磁带录像机的性能和试用[J].实用影音技术，1999(10).
[221]BERRYHILL J L L. Automation applied to television master control and film room[J].IRE transactions on broadcast transmission Systems, 1957(1).
[222]CONNOLLY W G. High definition television studio equipment[J].Communications magazine IEEE, 1991, 29(8).
[223]DICKSON J B. An automated network control center[J].Journal of the SMPTE, 1975, 84(7).
[224]JACKSON F W E. The printicon: a new character-generating monoscope for use in visual display systems[J]. IEEE transactions on electron Devices, 1971(2).
[225]FREILICH A, MEYER S. The "STEP" system, a unique, low-cost TV automation system[J]. IEEE transactions on broadcasting, 1963.
[226]HARTMANN A. A monoscope tube for computer and other applications[J]. Electrical engineering, 1954(3).
[227]NEGRI M A. Hardware interface considerations for a multi-channel television automation system[J]. SMPTE Journal, 1976, 85(11).
[228]TAYLOR R J, SPENCER R H. Anchor-an electronic character generator[J]. BBC engineering, 1970(10).
[229]REED M. All-day automated programming utilizing IBM card prestorage[J]. IEEE Transactions on broadcasting, 1964(1).
[230]GIBBS S, ARAPIS C, BREITENEDER C, LALIOTI V, MOSTAFAWY S, JOSEF SPEIER J. Virtual studios: an overview[J]. IEEE MultiMedia, 1998: vol. 5.
[231]UUNTIEDL T P. Model studio facility uses RCA broadcast-type equipment to insure high quality, maximum flexibility[J].Broadcast news, 1965(128).
[232]USHIYAMA Y, TAKAHASHI H, TAGAMI H. Total digital studio system in broadcasting station[J]. International broadcasting convention-IBC '94, 1994.
[233]VIGNEAUX S. The integration of a newsroom computer system with a server-centred news production system[J].

International broadcasting convention (Conf. Publ. No. 428), 1996.

[234] WEISE D M. Computerized techniques for complete television station automation [J]. IEEE Transactions on broadcasting, 1968 (4).

会议

[1] 创新节目制作流程，开辟数字制作新环境[C]//.2005(首届)中国数字影视节目制作与接收技术交流展示会论文集.[出版者不详], 2005.

[2] 张晓辉.虚拟演播室技术的现状及发展[C].中国电影电视技术学会影视科技论文集.新奥特硅谷视频技术有限责任公司, 2002: 8.

[3] HOBSON E, TAKAMORI T. Architecture and design of a high definition television production switcher [C]. 139th SMPTE technical conference and exhibit, New York, NY, USA, 1997.

[4] FORD C. An IEEE 1394-Based architecture for media storage and networking [C]//141st SMPTE technical conference and exhibition. SMPTE, 1999.

[5] STEWARD J. Moving tape to non-linear [C]. 9th Conference and exhibition of the SMPTE Australia section, Sydney, NSW, Australia, 1999.

[6] HIGASHIJIMA K et al., Development of super hi-vision eight-channel live switcher: for production of a variety of ultra-high-definition video content [C]. The 2011 annual technical conference & exhibition, Hollywood, C A, USA, 2011.

报纸

[1] 从专业角度看索尼4K摄像机在画面领域的运用(一)[N]. 电子报, 2020-09-20(012).

[2] 繁荣. 蓝光启动 刻录机先行[N]. 中国电子报, 2006-07-20(B03).

[3] 刘晖. 闪存卡的战国时代[N]. 计算机世界, 2003-06-23(C02).

报告

[1] 国家广播电影电视总局.电视台数字化网络化建设白皮书[R].2006.

[2] 中央电视台.媒体资产管理技术应用研究报告[R].2008.

[3] GELUSN P. Capturing height: the addition of Z microphones to stereo and surround microphone arrays [R]. budapest, hungary: audio engineering society, 2012.

标准

[1] 全国广播电影电视标准化技术委员会.数字电视转播车技术要求和测量方法: GY/T 222-2023 [S].北京: 国家广播电视总局, 2023.03.

未定义

[1] DXC-D50系列数字摄像机说明书[Z].

[2] HDC-Z10000GK说明书[Z].

[3] Memrecam HX-6E参数手册[Z].

[4]成都华栖云科技有限公司.视频在线管理系统(VMS)用户操作手册V2.5.6[Z].
[5]刘万铭.央视新闻生产系统发展历程[Z].2016.
[6]索贝数码新闻共享系统维护部.CCTV新闻共享系统[Z].2003.7.
[7]索尼公司编写.OB VAN 2020年版(内部资料)[Z].2020.
[8]张元文.数字摄像机的信号处理综述[Z].

电子资源

[1]潮科技.新奇、刺激、好玩，全球首个混合现实电视节目《迷失时空》问世[EB/OL].(2017-08-07)[2023-12-03].https://www.sohu.com/a/162822593_114778.
[2]创新威特.大洋D^3-Crystal水晶三维包装合成系统[EB/OL].(2016-10-20)[2023-11-30].http://www.cxvt.com/detail/32.
[3]SOBEY.Editmax系列非线性编辑系统[EB/OL].(2020-10-02)[2023-12-01].http://www.sobey.com/index.php?m=content&c=index&a=lists&catid=47.
[4]电视技术中心影映湿地[EB/OL].(2018-02-01)[2023-12-01],https://mp.weixin.qq.com/s/fk0UkWSZ0BVyg1FucTaGpg.
[5]中科大洋.大洋开启融合智慧之门，总局领导关注媒体实践模式[EB/OL].(2016-08-25)[2023-12-01].https://www.birtv.com/aspcms/news/2016-8-25/2906.html.
[6]许佳欣.中传联合总台研发8K超高清IP净切换交换系统服务冬奥转播[EB/OL].(2022-02-18)[2023-12-03].https://m.thepaper.cn/baijiahao_16756182.
[7]东方网.大视听未来已来，索贝助力转动产业发展的“命运齿轮”[EB/OL].(2023-08-24)[2023-12-03].http://ex.chinadaily.com.cn/exchange/partners/82/rss/channel/cn/columns/j3u3t6/stories/WS64e6e495a3109d7585e4a93f.html.
[8]电瀚工.国内第一代字幕机——索尼SMC-70GP系统示范带[EB/OL].(2021-01-03)[2023-12-03].https://www.bilibili.com/video/BV1B5411p7zZ/?vd_source=868994607b3e3cb07117184ac2445857.
[9]新奥特集团有限公司，集团大事记[EB/OL].[2023-12-03].http://www.xinaote.net/history.html.
[10]A brief history of our switcher[EB/OL].[2023-12-03].https://www.rossvideo.com/company/our-switchers-history/.
[11]A history of avid shared storage[EB/OL].(2022-11-24)[2023-12-01].https://www.avid.com/fr/resource-center/a-history-of-avid-shared-storage.
[12]A true rarity! RCA's first image orthicon prototype camera[EB/OL].[2023-11-27].https://eyesofageneration.com/a-true-rarity-rcas-first-image-orthicon-prototype-camerathis-amazing-photo/.
[13]ALLISONAMARA. A history of subtitles[EB/OL].(2019-07-11)[2023-12-03].https://blog.amara.org/2019/07/11/a-history-of-subtitles/.
[14]Ampex ACE editor[EB/OL].(2013-08-14)[2024-01-18.]https://www.youtube.com/watch?v=bNLxpGlp6nY.
[15]Ampex electronic editor[EB/OL].(2022-10-04)[2024-01-17].https://www.youtube.com/watch?v=dGWfiHlka3A&t=171s.
[16]BBC.History of the BBC[EB/OL].[2024-02-20].https://www.bbc.com/historyofthebbc/.
[17]BIRTV[EB/OL].(2020-03-02)[2023-11-20].https://birtv-china.oss-cn-beijing.aliyuncs.com/2020/1595471397755.mp4.
[18]CARDOSO C.EditDroid-Quando star wars revolucionou o cinema cedo demais[EB/OL].(2022-10-17)[2023-

11-20].https://meiobit.com/459627/editdroid-quando-star-wars-revolucionou-o-cinema-cedo-demais/.

[19] Classic Broadcast [EB/OL]. [2023-12-03].http://www.classicbroadcast.de/tv_control.html.

[20] CMX-600 [EB/OL].(2020-07-01) [2023-11-19].https://www.wci.nyc/wp-content/uploads/2020/07/CMX-600.jpg.

[21] Color television [EB/OL]. [2023-12-03]. https://en-academic.com/dic.nsf/enwiki/110866.

[22] HENDY D. Early experiments:1924-1929 [EB/OL]. [2023-12-03].https://www.bbc.com/historyofthebbc/100-voices/birth-of-tv/early-experiments/.

[23] USOV D.Brief history of film editing [EB/OL].(2021-08-03) [2023-11-25].https://www.mediaequipt.com/history-of-film-editing/#the-harry--avid.

[24] Early broadcast equipment, flying spot scanner TV camera [EB/OL]. [2023-12-03]. http://www.earlytelevision.org/fss_camera.html.

[25] Early television museum. mechanical television-mechanical television [DB/OL]. [2024-01-24] https://www.earlytelevision.org/mechanical.html.

[26] Early television museum [EB/OL]. [2024.02.20].https://www.earlytelevision.org.

[27] Emmy awards and citations [EB/OL]. [2023-12-03].https://www.grassvalley.com/company-information/about-us/emmy-awards-and-citations/.

[28] Flying-spot scanner [EB/OL].(2022-05-16) [2023-12-03].https://en.wikipedia.org/wiki/Flying-spot_scanner#cite_note-2.

[29] Grass valley 50 Years of On-Air Innovation [EB/OL]. [2023-12-03].https://www.yumpu.com/en/document/read/22069944/grass-valley-50-years-of-on-air-innovation.

[30] Grass valley group GVG-100 production editing video switch controller 8 input [EB/OL]. [2023-12-03].https://www.recycledgoods.com/grass-valley-group-gvg-100-production-editing-switch-controller-8-input/.

[31] History of the digital camera and digital imaging [EB/OL]. [2023-12-07].https://www.digitalkameramuseum.de/en/history

[32] DONNELLY J. The evolution of video editing: from the moviola to machine learning [J/OL].(2021-11-04) [2024-01-24] https://massive.io/filmmaking/the-evolution-of-video-editing/.

[33] LUFF J. Graphics and effects technology [EB/OL].(2004-01-01) [2023-12-03]. https://www.tvtechnology.com/miscellaneous/graphics-and-effects-technology.

[34] LUFF J. Post-production evolution [J/OL].(2005-08-01) [2024-01-24] https://www.tvtechnology.com/miscellaneous/postproduction-evolution.

[35] LUFF J. Production switchers [EB/OL].(2001-11-01) [2023-12-03].https://www.tvtechnology.com/miscellaneous/production-switchers.

[36] Linear editing with Betacam [EB/OL].(2018-04-02) [2023-11-18] https://www.adapttvhistory.org.uk/post-production/post-production-linear-editing-with-betacam.

[37] Lucasfilm.Lucasfilm originals: The editdroid [EB/OL].(2021-04-02) [2023-11-17].https://www.lucasfilm.com/news/lucasfilm-originals-the-editdroid/.

[38] BELLIS M. The history of color television [EB/OL].(2019-11-24) [2023-12-03]. https://www.thoughtco.com/color-television-history-4070934.

[39] Mechanical television at the BBC [EB/OL]. [2023-12-03].https://www.televisionmachine.com/mechanical-television-at-the-bbc.

[40] Media composer editor using the software in post production [EB/OL].(2019-03-19) [2024-01-13].https://

upload.wikimedia.org/wikipedia/commons/a/aa/Mc-melissav2020larger.jpg.

[41] Monkeyking 1969.revolutionaries at Sony: the making of the Sony playstation [EB/OL].(2010-11-01).[2023-12-03].https: //www.giantbomb.com/profile/monkeyking1969/blog/revolutionaries-at-sony-the-making-of-the-sony-pla/71709/.

[42] Moviola model D with gaertner microscope attachment [EB/OL].(2020-02-23) [2024-01-15] https: //commons.wikimedia.org/wiki/File: Moviola_Model_D_with_Gaertner_microscope_attachment_(MOMI).jpg.

[43] Museum of early video editing equipment and techniques. CMX [DB/OL]. [2024-01-24] https: //www.vtoldboys.com/editingmuseum/cmx.htm.

[44] MARSHALL D. The A to B of early video mixer technology [EB/OL].(2020-10-18) [2023-12-03].https: //becg.org.uk/2020/10/18/the-a-to-b-of-early-video-mixer-technology/.

[45] PHIL S.Videotape Editing [EB/OL].(2014-11-18) [2023-11-15].https: //youtu.be/PZVaK2TKgFA.

[46] Product History [EB/OL]. [2023-12-03].https: //www.for-a.com/history/.

[47] RBProdster. Ampex ADO 100 Features 1989 [EB/OL].(2021-06-18). [2023-12-03].https: //www.youtube.com/watch?v=Zw1JrNBroF8.

[48] RCA. RCA equipments designed for TV automation [EB/OL]. [2023-12-03].http: //www.bretl.com/tvarticles/rcaautomationfortvstations/RCA%20Automation%20for%20TV%20Stations.pdf.

[49] SCOTT D. SMITH CAS. The way we were: mixers past & present(Part 1) [J/OL].(2018) [2024-01-24] https: //www.local695.com/magazine/the-way-we-were-mixers-past-present-part-1/.

[50] LUDWIG S. Demo: wecideo brings collaborative video editing to the cloud [EB/OL].(2011-09-12)[2023-12-01].https: //venturebeat.com/business/demo-wevideo-brings-collaborative-video-editing-to-the-cloud/.

[51] Snell presenta Kahuna Maverik, una nueva superficie de control modular para Kahuna 360 [EB/OL]. [2023-12-03].https: //www.panoramaaudiovisual.com/fr/2013/08/30/snell-presenta-kahuna-maverik-una-nueva-superficie-de-control-modular-para-kahuna-360/.

[52] Sony BVE-600 UMatic edit controller [EB/OL].(2018-02-14) [2023-11-18].https: //commons.wikimedia.org/wiki/File: Sony_BVE-600_UMatic_edit_controller_(45807889494).jpg.

[53] Sony SMC-70 [EB/OL].(2023-07-02) [2023-12-03].https: //en.wikipedia.org/wiki/Sony_SMC-70.

[54] STANLEY BARON. IEEE global history network-first-hand: inventing the vidifont: the first electronics graphics machine used in television production. [EB/OL].(2008-12-14) [2023-12-03]. https: //ethw.org/First-Hand: Inventing_the_Vidifont: _the_first_electronics_graphics_machine_used_in_television_production#cite_note-refnum2-2.

[55] STANLEY BARON.First-hand: lnventing the vidifont: the first electronics graphics machine used in television production [EB/OL].(2008-12-14) [2023-12-03].https: //ethw.org/First-Hand: Inventing_the_Vidifont: _the_first_electronics_graphics_machine_used_in_television_production.

[56] The engineering and technology history Wiki(ETHW). magnetic videotape recording [EB/OL].(2019-04-01) [2024-01-24].https: //ethw.org/Magnetic_Videotape_Recording.

[57] The First Non-linear Edit System [EB/OL].(2007-12-04) [2023-11-19]. https: //www.wci.nyc/the-first-non-linear-edit-system/.

[58] RUETHER T. History of Video Technology [EB/OL].(2022-04-06) [2023-12-03].https: //www.wowza.com/blog/history-of-video-technology-infographic.

[59] TV outside broadcast history. [EB/OL]. [2024-02-20].http: //www.tvobhistory.co.uk.

[60] TV studio history. [EB/OL]. [2024-02-20].https: //www.tvstudiohistory.co.uk.

[61] KAUL V. A short history of multitrack recording (everything you need to know) [J/OL] .(2021-04-17) [2024-01-24] https://producerhive.com/ask-the-hive/history-of-multitrack-recording/.

[62] Yamaha corporation group. digital mixer history [EB/OL] . [2024-01-24] https://asia-latinamerica-mea.yamaha.com/en/products/contents/proaudio/about/history/index.html.

传输覆盖篇

第十四章

传输覆盖技术发展概述

第一节 | 广播电视传输覆盖技术体系

一般来讲，广播电视传播覆盖是指将广播台和电视台制作的节目信号转换为可用于发射的基带信号，然后根据频率和功率规划，对该信号进行调制和放大，最后通过有线、无线或者卫星的手段向既定区域进行信号覆盖，到达用户接收端。从传输内容的角度可以将其分为广播传输覆盖和电视传输覆盖两大类型。

广播传输覆盖技术主要包括短波广播技术、中波广播技术、调频广播技术和数字广播技术4种类型。短波广播技术的频率范围则是3MHz-30MHz(波长10米—100米)，主要是依靠电离层反射来传播声音，信号在传播距离上相对更远能够适应长距离传播的要求，国际广播通常位于短波波段。中波广播技术是载波频率在中波频段300千赫—3 000千赫(波长100米—1 000米)的无线电广播，我国中波广播的频率范围为525千赫—1 605千赫，它主要是围绕地球表面的所有区域完成传播任务，覆盖区域的稳定性相对较高，最高可达到方圆上百公里。调频广播技术是载波频率在87MHz—108MHz的无线电广播，它与短波广播和中波广播采用的幅度调制技术不同，而是采用了频率调制技术，覆盖的频段范围相对较宽。虽然FM广播是通过视距传播进行信号覆盖的，范围大概只有几十公里，但是FM广播信号对外部环境的干扰抵抗能力较强，因此能够做到较高的声音保真程度，收听效果较为稳定，特别适合“城域”这个级别的覆盖。数字广播是通过地面发射站将数字化的音频信号、视频信号以及数据信号进行发射并到达广播，可分为数字地面声音广播、数字卫星广播等。数字广播既可以在当前规划的上述频带内取代相应的现有模拟广播，也可以作为全新的移动多媒体广播在更广泛的频带范围内进行广播。

电视传输覆盖技术主要包括卫星电视技术、微波中继技术、地面无线电视技术和有线电视技术等类型。卫星电视技术是利用地球同步卫星作为传递电视信号的中继站，通过由卫星上行发射站、地球接收站等构成的卫星广播系统实现电视信号的传输覆盖。微波中继又称微波接力，指在电视广播传输过程中建立许多微波中继站，利用微波把电视信号一站一站地传送。卫星广播电视和微波中继都是实现电视信号大范围覆盖的有效手段。地面无线电视是将电视发射机作为信号传输的载体实现信号发射的过程，它采用视距传播的覆盖方式，主要用于电视信号的本地无线覆盖，包括地面数字电视广播、移动多媒体广播等。有线电视是广播电视传输覆盖技术体系中的重要组成部分，指将电视信号通过电缆、光纤或者电缆光纤混合系统传输到用户终端的技术，其发展经历了模拟有线电视网络、数字有线电视网络、光纤同轴混合网络、光纤入户等阶段。

本节执笔人：金立标、张乃谦

第二节 | 广播电视传输覆盖技术演进

从古代的烽火台到书信、电报、电话、广播、电视、互联网都是人类传递信息的载体。通信领域的信息传输可分为有线通信与无线通信两种方式。最早的现代电通信开始于有线通信，起源于19世纪40年代萨缪尔·莫尔斯发明电报。1865年，麦克斯韦发表了著名的电磁波理论，预言了电磁波的存在。1887年，赫兹首先用实验证明了电磁波的存在。1896年，意大利人伽利尔摩·马可尼实现了人类历史上首次无线电通信，并于1899年进行了跨越英吉利海峡的无线电通信，1901年进行了传输距离达3 500多公里的横跨大西洋的无线电通信，这一壮举标志着无线电通信进入了全球互通时代。

电子通信时代的到来，使得广播这种方式成为可能。早期的广播电视传输主要依靠无线电波进行传输。无线电广播起源于1906年，是由美国匹兹堡大学教授费森登发明的调幅广播站。世界上第一座正式电台是1920年11月开始播音的美国匹兹堡KDKA电台。1925年，英国科学家约翰·贝尔德利用尼普柯夫发明的机械扫描圆盘成功制造出世界上第一台电视发射和接收设备的雏形，并顺利地进行了传送和接收电视画面的实验。1936年1月，BBC建成了世界第一座电视台。20世纪40年代，美国率先出现了"共用天线"系统，它能将公共天线收到的无线电视信号通过有线电缆传送到用户家里，该系统后来发展成为有线电视系统。

中华人民共和国成立后，我国逐步建立了"地面、有线和卫星"相结合的广播电视综合覆盖技术体系。21世纪之后，随着数字技术在广播电视领域的广泛应用，我国又形成了"有线数字电视、地面数字电视，卫星数字电视"相结合的广播电视传输覆盖网络体系。

广播电视的传播覆盖主要包括广播电视信号发送技术和覆盖技术两个环节，以下本文将从这两个环节入手，阐述广播电视在传输覆盖领域的主要技术以及历史演进。

一、广播电视发送技术

广播电视信号发送技术环节主要是指广播电视发射前端，包括广播电视基带信号生成、上变频和天线发射等环节，其演进是随着电子器件的发展而发展的。

（一）声音广播

总的来看，声音广播要早于视频广播。世界上最早出现的是以模拟幅度调制为理论基础的调幅广播，它伴随真空光电管技术的出现得到了广泛的应用，至今仍被应用在大功率调幅广播发射机中。随着晶体管技术的发展，固态调幅广播发射机占据了主要市场，尤其是中低发射功率的调幅广播发射机，基本上都使用这种发射机。但是调幅广播具有易受干扰、声音质量差的缺点，所以在20世纪30年代出现了调频广播。调频广播使用载波的频率变化表示节目信号，而载波振幅始终不变，所以不易受到自然界中加性噪声的干扰，能保证较高的声音质量，尤其是调频广播可以很好地承载立体声广播节目，受到了广大听众的喜爱。

从20世纪80年代开始，传统的模拟广播受到了数字音频(例如CD、MP3等)的严重冲击。与数字音频相比，传统的模拟广播在声音质量、多媒体承载以及用户感受等各个方面令听众越来越难以忍受，听众数量大幅下滑。为了挽回颓势，传统模拟广播转为数字广播势在必行。数字广播的节目源为数字音频信号，数字信号本身就比模拟信号具有更强的抗干扰能力。

20世纪80年代，欧洲开始探索调频频段数字广播——DAB。20世纪90年代，20个国家和机构签署协议决定，发展调幅波段数字广播——DRM。同时，美国也提出调频和调幅广播数字化解决方案——HD Radio系统。

随着数字音频压缩算法的进步，人们可以在很低的比特率下获得很高质量的音频，甚至能达到CD级。几乎所有的数字广播系统在广播发射方面都采用了OFDM调制方法，该方法具有很强的抵抗多径传播的能力，可以很好地适应城市复杂环境下的信号覆盖。除此之外，数字发射机还采用了能量扩散、信道编码等技术进一步保证数字音频节目信号传输的正确性，因而也就保证了较高的音频质量，这使得数字广播系统覆盖范围内处于发射天线附近的接收机与处于边缘地带的接收机可以接收到相同质量的声音节目。同时，发射机的发射功率也大大降低，丹麦广播公司实验表明，覆盖相同的区域，DAB信号与传统的FM广播相比，功率大概可以降低为原有的1/6。数字广播系统还可以使用多台发射机在单频网适配器的配合下进行单频网覆盖，大大节省了一套广播节目覆盖很大区域时所需的频率资源。目前数字广播在北美和欧洲已经成为主要的广播方式，仅有数量很少的模拟广播电台作为备用或者灾害环境中的紧急广播使用。

(二)电视广播

电视广播领域也经历了从模拟到数字的发展路径。1936年，BBC建立了世界上第一个电视台，从此拉开了视频广播的大幕。20世纪50年代，NTSC、PAL和SECAM三大制式的出现，将电视广播由黑白时代推进到彩色时代。我国的电视也采用了其中的PAL制。三大制式视频基带信号均采用了逐帧扫描的方式，射频信号采用残留边带调幅，占据大约6MHz的带宽；伴音信号采用调频的调制方式，与视频信号共同构成大约8MHz带宽的信号。广播电视节目通常服务于本地，所以无线电视广播发射机大多数工作在1kW到10kW之间，其放大部分与广播一样，也是走过了从电子管放大器到晶体管放大器的过程。

有线电视诞生后，城市主要采用有线方式进行覆盖。前端一般采用模拟光调制，干线网采用光纤传输，接入网采用电缆传输。进入数字时代后，国际上比较著名的是美国的ATSC和欧洲的DVB系列标准，其中应用的最广泛的是欧洲于1997年标准化的DVB系列标准，可以应用于地面数字无线广播(DVB-T)、有线数字电视广播(DVB-C)和卫星数字电视广播(DVB-S)。

我国数字电视传输标准在卫星方面采用了DVB-S标准，有线数字电视采用了DVB-C标准，地面数字电视则采用了自主研发的2006年发布的DTMB标准，发射机也更换为适合相应标准的数字发射机。地面数字电视发射机采用了OFDM调制系统，有线数字电视信号采用了QAM调制方式。随着互联网的快速发展，有线电视系统朝着信息化网络发展，分成A、B两个平台，A平台承载传统的广播电视业务，B平台承载互联网交互式业务。

(三)卫星广播

广播和电视信号除了无线地面发射系统和有线传输系统外，还都可以采用卫星传输通道进行广播和播放。卫星广播开始于20世纪70年代中期，整个系统共分为3部分：发射、转换和接收。发射部分由上行发射站采集需要发射的音频和视频数据信息，经过处理过后转为70MHz的基带信号；转发部分由卫星的星载接收器俗称信号中转器接收上行发射站发过来的信号，再按照下行覆盖的要求转发出去。广播电视卫星常常采用SCPC和MCPC两种制式，以满足转发器带宽的合理化搭配运用；接收部分由卫星接收器接收卫星中转站发过来的信号，再送到卫星接收器中还原为广播电视节目基带信号。最早的卫星广播始于1962年，由美国贝尔实验室发射的电星一号实施了跨大西洋的卫星电视信号试播。我国卫星广播起步较晚，1986年我国才发射第一颗广播通信卫星(东方红二号)。

二、广播电视覆盖技术

广播电视覆盖技术主要指广播电视信号是如何传送到千千万万台接收机中的技术，本文下面主要描述广播电视信号离开发射前端到用户接收终端这之间所涉及的技术手段及其历史演进。

(一)无线覆盖方式

在无线覆盖领域，广播电视信号的发射与移动通信是完全不一样的，它不采用蜂窝小区的方式进行覆盖，而是采用高塔高功率方式进行大范围覆盖。这是因为广播电视信号不需要把特定的用户信息送到特定的用户(即不需要接收机地址)，而是把所有的节目信号全部送到所有的接收机，至于接收哪套节目由用户自主选择。在这种情况下，广播电视信号的覆盖不考虑所覆盖区域内有多少接收机，也不区分每一台接收机，只需要在考虑功率效率的情况下，采用尽可能少的发射机，使用大功率覆盖尽可能大的范围，这就是所谓的“高塔高功率”。

“高塔高功率”无法精确控制无线信号的覆盖

范围，即使在某个发射信号规划的覆盖范围以外，仍然存在着该信号的辐射功率，因此无线广播电视信号覆盖首先需要进行统一的、详细的频率规划。同时，不同频段的无线信号有其特有的传播特点，比如中波广播依靠地波传播，有相对较大的覆盖范围，主要应用于方圆几百公里内的广播覆盖。短波广播由于可以形成电离层反射，因此可以覆盖很远的距离，所以一般用于国家级甚至是国际范围的覆盖。调频波段以上的频段只能采用视距传播，所以一般应用于几十公里的城市内覆盖。由于中波、短波和调频波段频率较低，能够承载的信道带宽较窄，所以一般只用于声音广播。调频波段以上的频率范围才用于电视广播。当信号频率达到微波波段，则可以穿透电离层，这时微波除了仍然可以用于地面覆盖外，还可以用于卫星广播。卫星广播由于其覆盖范围广、带宽大等优势受到了声音广播业者和电视广播业者的青睐，成为世界范围内使用最广泛的广播电视覆盖形式。当然，卫星广播电视也存在着设备单价造价高、易受自然环境干扰(例如雨衰、遮挡等)以及移动接收困难等缺陷，因此，卫星广播电视信号覆盖往往结合其他覆盖方式共同完成，比如卫星地面接收站与无线地面覆盖系统相结合，或者卫星信号接收前端与有线覆盖网络相结合的方式，这样既获得了卫星覆盖的优势，又克服了众多地面接收用户复杂接收环境和接收条件的限制，满足了地面接收用户的各种需求。

随着数字通信时代的到来，广播电视信号也由模拟转化为数字，同时带来了信号覆盖的新的特点。数字信号与模拟信号相比具有很强的抗干扰能力，所以，在同样覆盖区域下需要的发射功率大大降低，或者说，同样的发射功率下数字信号可以覆盖更大的范围。同时，无线广播电视信号基本上都采用了OFDM传输方式，由于OFDM信号具有很强的抵抗多径传播的能力，所以覆盖网络也由传统的多频网改变为单频网，这样进一步提高了频谱利用效率。

(二)有线覆盖方式

有线覆盖方式主要应用于电视广播，声音广播用得较少。有线电视中最早出现的是以铜为介质的覆盖网络，最典型的是同轴电缆。然而，由于同轴电缆对电信号尤其是信号的高频部分衰减较大，所以传输距离比较近，一般来说大概在300米以内，再远就必须使用线路放大器。但是线路放大器不仅提供了广播电视信号的放大，同时也引入了噪声，造成信噪比降低，影响节目质量，所以不能级联太多。由此可见，同轴电缆网的总体覆盖范围并不大。

直到光纤干线的应用，有线电视网才真正成为城市电视覆盖的主流。光纤以其传输距离远、噪声低、不易受干扰、信号传输线性度好等优势很快取代了同轴电缆干线。早期的光纤采用模拟调制，当电视进入数字时代后，改为数字调制。干线网主要采用SDH网络，用户网依然采用传统的同轴电缆模拟信号分配网络。

随着通信网的进步，有线电视网也由单向下行信号覆盖进化为双向信号传输，例如HFC网络。随着光纤通信的进一步发展，光纤网络逐渐由干线延伸到每个家庭，同时，随着多媒体信息传输的高速发展，SDH网络带宽已经不能适应用户的需求，因此各地纷纷升级为OTN网络。接入网也渐渐抛弃了同轴电缆，改为EPON、GPON等光纤入户网络，真正实现了将传统的有线电视网改造为综合媒体信息网络。

随着互联网的普及和宽带网络的发展，广播电视不再局限于传统的无线电波和有线电视网，网络电视(IPTV、OTT)和5G广播的兴起使得广播电视覆盖方式更加多样化，用户可以通过电视、手机、平板等多种终端设备观看节目。

(三)微波中继

如果广播电视信号需要进行大范围、跨区域覆盖，除了使用光纤干线传输和卫星信号覆盖之外，还有一种手段就是通过微波中继。微波中继网络通过建设大量的微波中继站，采用微波信号“接力”的方式，实现广播电视信号大范围、远距离的覆盖，甚至是全国范围的覆盖。尤其是对于偏远地区和地形复杂的山区来说，微波中继发挥着不可替代的作用。

西方发达国家从20世纪初就开始对微波传输展开了研究。研究人员发现，微波具有频率高、带宽大、方向性好等特点，非常适合用于远距离的信号传输。于是，20世纪40年代，美国率先开始了微波中继技术的研究。美国开始设计并建造微波中继站，通过接力传输的方式，将广播电视信号从一个地方传输到另一个地方。这一时期的微波中继设备主要基于开放式传输线和机械振荡器，传输距离较短，主要用于本地或区域内的信号传输。20世纪50年代至70年代，随着半导体技术和集成电路的进步，固态电子器件取代了机械振荡器，使得微波中继设备更加可靠和稳定，逐渐实现了小型化和低成本化。同时，数字技术的引入，使得微波中继系统的传输质量和效率得到了显著提升。在这一时期，许多国家和地区都建立了自己的微波中继网络，用于广播电视信号的传输。这些网络不仅覆盖了城市和农村，还延伸到了偏远地区和山区，极大地扩大了广播电视的覆盖范围。从20世纪90年代开始，数字化成为广播电视领域的发展趋势。微波中继技术也迎来了数字化转型的浪潮。数字微波中继系统采用了先进的数字调制解调技术，具有更高的频谱利用率和更好的抗干扰能力。同时，数字微波中继系统还支持多种业务的同时传输，如高清电视、移动通信等。

20世纪50年代，中国开始引进和吸收国外先进的广播电视技术，微波中继技术作为其中之一也开始进入中国。这一时期的微波中继设备主要依赖进口，技术水平相对较低，主要用于省市级电视台节目传输和广播节目的覆盖。20世纪60年代至80年代，中国开始进行微波中继技术的自主研发。国内科研机构和企业开始投入微波中继设备的研究和生产，逐步摆脱了对进口设备的依赖。这一时期的微波中继设备主要以模拟技术为主。同时国内广播电视机构开始大规模建设微波传输网络，覆盖范围不断扩大，传输容量逐步提升。这一时期的微波中继技术主要用于电视节目的传输和广播节目的覆盖，为国内广播电视事业的发展提供了重要支撑。进入21世纪以后，随着数字技术的飞速发展，中国广播电视微波中继技术开始向数字化转型和升级。数字化转型和升级为中国广播电视事业带来了新的发展机遇。国内各级广播电视机构纷纷进行数字化改造，采用数字微波中继技术来提升节目传输质量和效率。数字微波中继系统不仅用于电视节目的传输，还广泛应用于新闻采集、节目交换和应急通信等领域。随着传输网络的不断完善和升级，国内广播电视节目的覆盖范围和质量得到了显著提升。

本节执笔人：金立标、张乃谦

第十五章

广播发送技术

第一节 | 调幅广播

调幅广播是最早的无线电广播形式，其历史可以追溯到20世纪初，始于美籍加拿大人雷金纳德·奥布里·费森登教授的实验性广播(图15-1)。1906年12月，费森登在纽约附近创建了全球首个广播站，标志着无线电声音广播的开端。直到20世纪20年代，伴随着真空电子管的技术进步以及其被应用到广播发射机和接收机中，商业电台广播才真正得以建立，调幅广播也由此逐渐发展成为娱乐和新闻的大众传播媒介(图15-2)。1920年11月2日，美国匹兹堡的西屋电气公司开设的KDKA广播电台，成为首个获得美国联邦政府实验执照的商业广播电台。

我国的广播事业始于20世纪20年代。1922年，美国记者奥斯邦在上海创办了“中国无线电公司”，并在外滩大莱洋行的屋顶上建立了一个发射台，这就是中国境内的第一座广播电台。1922年1月24日，该电台进行了首次播音，其发射功率为50瓦，呼号为ECO。

图15-1　费森登实验图

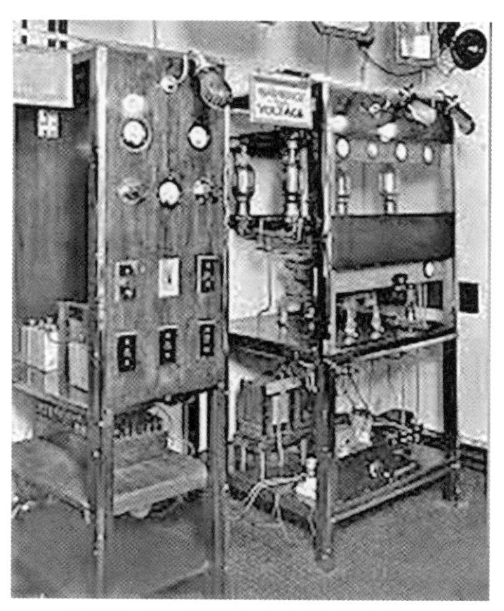

图15-2　早期真空电子管发射机

一、发射机发展历史

（一）电子管板极调幅发射机

在近一个世纪的发展历程中，调幅广播发射技术取得了长足的进步。调幅广播发射机作为其中的重要分支，已经历了多个主要的技术迭代。从最早的乙类板极调幅发射机开始，到后来的脉冲宽度调制发射机、脉冲阶梯调制发射机，再到当前的数字调幅发射机，这一系列的技术变革不仅提升了发射机的性能，更在广播技术的历史上留下了深刻的印记。

20世纪20年代，随着真空电子管技术的普及，大功率调幅发射机开始广泛采用电子管板极调幅技术。这种技术通过调控被调级电子管的板压，使其随调制级输出的调制信号的幅度变化而规律性变化，从而达到调幅的目的。在这一过程中，放大器工作在甲类的线性放大状态，以保持信号的原始线性特征。然而，由于采用了低频的音频信号作为调制信号，如何提高其信号功率放大的能力和效率成为调幅发射机的关键技术挑战。也正是在这种情况下，乙类板极调幅发射机应运而生。乙类板极调幅发射机在调幅级采用了变压器耦合的电子管推挽电路，并使该电路工作在乙类的放大状态，这种设计使得调幅特性曲线几乎成一直线，失真也非常小。然而，这种系统也有其缺点，那就是需要较大的调幅功率，因此要求调幅级使用大功率电子管以及大型的调幅变压器和调幅阻流圈等昂贵的设备(图15-3)。

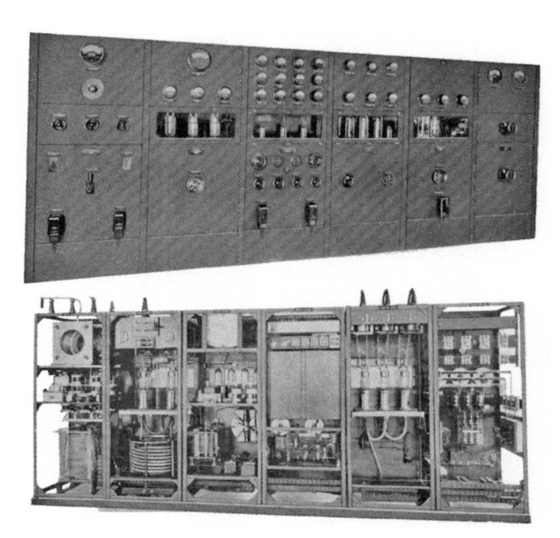

图15-3　传统发射机

脉冲宽度调制(Pulse Duration Modulation，PDM)广播发射机是在20世纪70年代初研制成功的。相比于传统的乙类板调发射机，PDM发射机具有优质、高效、节约成本、加大音频信号输入可自动实现梯调、增大边带输出功率等优点，因此在全世界获得了广泛的应用。我国于20世纪70年代中期研制成功了第一台PDM发射机。PDM发射机主要分为串馈和并馈两种类型。串馈机有美国哈里斯公司发明的盖茨(Gates)电路和西德德律风根公司的潘太尔(Pantel)电路；并馈机有我国554台研制的554电路、英国马可尼公司生产的普尔萨姆(Pulsam)电路和苏联研制的直流耦合电路。串馈PDM发射机的特点是发射机的调制级与被调级直接耦合串联工作，要求高压整流器输出的直流电压等于调制级与被调级的直流高压之和，即等于普通板调时直流高压的2倍或比2倍稍多一些。根据是调制级接地还是被调级接地，串馈PDM发射机分为调制级接地的盖茨电路和被调级接地的潘太尔电路。其中，盖茨电路多用于中波发射机中，而潘太尔电路多用于短波发射机中。并馈PDM发射机的特点是调制级与被调级并联工作，要求高压整流器输出的直流电压与普通板调时相同。PDM发射机与乙类板极调幅发射机的主要区别在于，PDM发射机采用丁类的放大器工作状态的调制器取代了乙类板调机的调幅器，它们的高频系统则完全相同。PDM发射机的调制器是由调宽脉冲发生器、脉冲放大器和低通滤波器3部分组成。调宽脉冲发射器将音频信号变为以超音频为载波频率的宽度调制脉冲串。脉冲放大器将已调宽的脉冲串放大到所需的电平，然后利用低通滤波器从脉冲序列中解调出音频电压，再对被调级实行板极调幅。PDM发射机的优点在于：首先，采用工作在开关状态的丁类放大器取代了模拟音频信号放大器，提高了信号质量和放大效率；其次，取消了乙类板调机的调幅变压器、调幅阻流圈和隔直流电容，降低了发射机的成本，极大地减小了发射机的体积和重量(图15-4)。

脉冲阶梯调制(Pulse Step Modulation，PSM)广播发射机是由瑞士BBC(现在的瑞士ABB)公司于20世纪80年代初期研发的一种新型发射机。20世纪80年代后期，美国大陆公司进一步改进和发展了PSM技术，虽然其基本技术原理与ABB式PSM发射

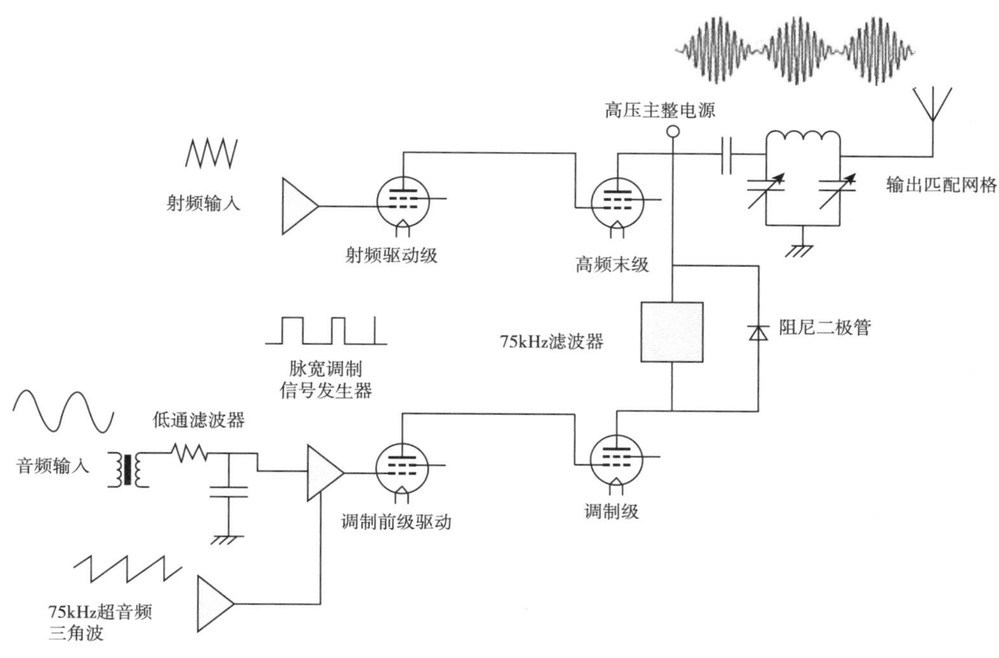

图15-4 PDM原理图

机相同，但在功率开关和音频控制系统方面进行了较多的改进，并取得了显著效果。PSM发射机具有优质、高效、高可靠性等优点，其电声指标明显优于PDM发射机。在高末级相同的条件下，ABB公司的PSM发射机的整机效率要高于潘太尔式PDM发射机5%，而大陆公司的同类型发射机的整机效率则高于PDM发射机6%。PSM发射机的主要特点是将传统板极调幅发射机的主整流电源进行改造，将其化整为零，用若干低压直流源进行替换。在调制状态下，音频调制信号与直流信号被进行叠加处理，经过A/D转换后转变为控制信号，该信号与音频信号相对应。在不同的时刻，控制信号会根据音频信号的变化，控制不同数量的低压直流源进行串联叠加，从而产生相应的直流电压。这样，串联叠加后的电压会形成一种具有直流分量和变化分量的信号，其变化规律与调制信号的变化规律保持一致。随后，通过低通滤波器的处理，滤去阶梯波纹，最终形成直流叠加音频成分的高电压。这个高电压会被送往高频末级进行板极调幅处理。因此，从本质上讲，脉冲阶梯调制发射机依然属于板极调幅发射机的范畴。PSM发射机成功地将高压主整流电源与调幅器融为一体，其中提供阶梯电压的装置被称为PSM调制器。这一创新设计中，阶梯电压的直流分量被转化为高频载波功率，而音频分量则被转化为高频边带功率。也就是说这两种功率都完全来源于PSM调制器(见图15-5、图15-6)。

（a）TBH522型发射机整体图

（b）TBH522型发射机局部图

图15-5 国产TBH522型PSM发射机

（a）TSW2500D型发射机整体图

（b）TSW2500D型发射机局部图

图15-6　泰勒斯公司TSW2500D型PSM发射机

(二)全固态数字调幅发射机

数字调幅(Digital Amplitude Modulation，DAM)广播发射技术起源于20世纪80年代末，当时美国Harris公司研制开发了以固态元件为主的新型DX系列广播发射机，该发射机具有高效率和高可靠性的优点。为了提高可靠性，该发射机采用了固态元件设计。而在效率方面，其固态元件本身的方波性能出色，使整体工作效率得以提高，典型的整机效率甚至可以达到86%。数字调幅是一种中波广播发射机采用的调制技术，数字调幅系统采用高速A/D转换器、数字调制编码器和功率相乘型D/A转换器。发射机最终发射的仍为模拟已调波信号。数字调幅发射机的总效率可达85%以上，并具有优越的质量指标，非线性失真远小于1%，信噪比达65dB，具备很高的运行可靠性。数字调幅发射机把主整流电源、调制器和射频功率放大器合并为一个系统，该系统由多个射频功放单元组成，经合成后达到需要的功率电平。其工作过程可简要表述为：音频调制信号通过高速A/D转换器变为数据流(连续的12比特数字序列)，接着通过调制编码器进行编码，生成控制信号，控制多个射频功率放大器的开通与关断。这些功率放大器在瞬时开通的瞬间数目取决于音频调制信号的强度。输出电压以串联的形式相叠加，形成具有包络有量化台阶的调幅波。随后，通过带通滤波器滤除不需要的频谱成分，得到与传统调幅波完全相同的射频已调波。因此，我们依然可以使用传统的包络检波的接收机对其进行接收。数字调幅技术通常用于中波广播发射机，这是因为中波机的工作频率是固定的，数字调幅发射机对输出带通滤波器的要求是可以固定不变的(图15-7)。

（a）DAM发射机整体图

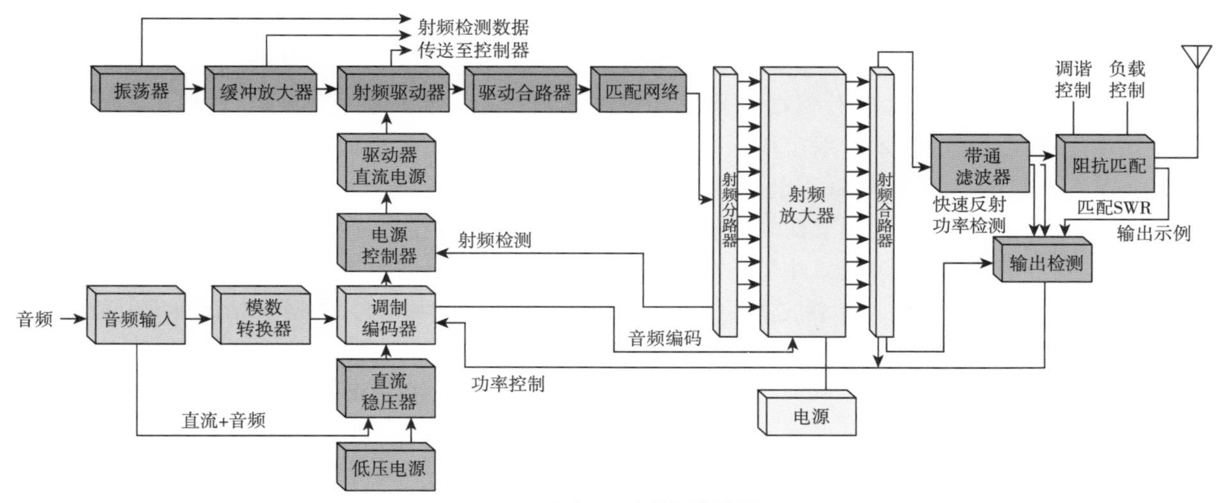

（b）DAM发射机原理框图

图15-7　DAM发射机

20世纪90年代末期，中波广播发射机基于数字调幅发射机的基础，持续追求更高的效率和可靠性。M2W(Modular Medium Wave)发射机是原法国THOMCAST公司生产的模块化中波广播发射机，其工作原理与DX系列基本相同，但为了解决调幅包络的信号失真，它并没有采用二进制小台阶放大器。所有开通的RF功率放大器都提供相同的电压，但有不同的相位。信号处理是将脉冲阶梯调制与相位调制结合在一起，这种发射机应用全数字的音频通道。信号整形、滤波及调制，均由数字信号处理器完成。3DX系列发射机则是美国Harris公司对原有DX系列发射机进行改进的产物。3D是指直接数字驱动(Direct Digital Drive)，3D技术可以不使用RF中间放大器，降低了发射机的复杂性，增加了可靠性。在采用3D技术的发射机中，用直接数字驱动系统代替了DX系列的模拟射频驱动系统。3D型发射机的RF功率放大器也得到改进，使用由串行调制编码器来的两个TTL射频驱动信号和TTL开关控制信号，在RF功率模块中不需要使用RF激励变压器进行倒相，整个射频功率放大器的典型效率可达97.5%。此外，3D型发射机还使用了一种数字串行自适应调制(Digital Serial Adaptive Modulation，DSAM)技术。这种技术提供连续监测每个串行调制编码器和射频功率放大模块，在发生故障时会自动进行再分配，以确保发射机处于最好的状态。

二、调幅广播系统发展

(一)浮动载波技术

浮动载波调幅(Dynamic Amplitude Modulation，DAM)技术，是对标准调幅技术的改进，它使载波幅度跟随调制信号的幅度的变化而改变。由调幅理论可知，发射机输出的高频功率包括载波功率和边带功率。不论有无调制信号，或者调制信号的幅度如何变化，发射机发射的载波功率都是固定不变的，其数值远远大于含有信息的边带功率。随着调制信号大小而变化的边带功率，即使在100%调幅度时，也只占载波功率的一半。通常，广播节目的平均调频幅度很小，若按20%考虑，边带功率只占载波功率的2%。可以看出，在发射机输出的总功率中，不含信息的载波功率占有绝对高的比例，因此，人们从提高功率利用率的角度出发，发明了浮动载波调幅技术。

20世纪30年代初，美国工程师曾提出过一种被称为HAPUG的载波受调制信号动态电平控制的调幅技术，但是由于当时技术和经济的原因，这一方法没有进入实用领域。1978年，德律风根通用电气公司在PANTEL型串馈脉宽调制发射机上研究成功了浮动载波调幅技术，从1981年起，国际上不少电台开始应用这项技术，节约了大量的电能，而广播质量和服务效果并没有受到影响。在能源日趋紧张的时代背景下，发射机采用浮动载波调幅技术是大幅度节约能源的重要途径。继在串馈脉宽调制发射机上成功应用浮动载波调幅技术之后，脉冲阶梯调制发射机和数字调幅发射机也相继实现了浮动载波调幅。法国的THALES公司在20世纪80年代中期率先将浮动载波技术应用在其公司设计制造的PSM发射机中。美国的Harris公司在20世纪90年代初期推出的先进的全固态调幅广播发射机，也同时支持浮动载波调幅功能。中国传媒大学(原北京广播学院)李栋教授在浮动载波调幅技术的研究和推广应用方面做出了突出的贡献，其研制的浮动载波调幅装置在黑龙江、云南和河北等省得到了广泛的应用，该技术可使发射机实现节约用电最高达50%，若全国的PDM发射机均采用该项技术，全年节电可达1 250万度。李栋教授的研究成果于1988年1月13日获中国发明专利权，并于当年12月获1988年度国家发明四等奖(图15-8)。

（a）李栋教授参加第二届全国发明展览会

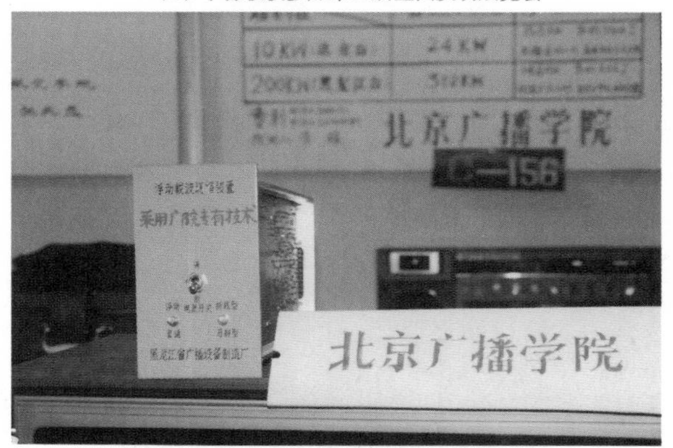

（b）李栋教授研制的浮动载波调幅装置参展第二届全国发明展览会

图15-8　李栋教授及其研制的浮动载波调幅装置

对于普通双边带调幅信号的无失真发射机接收的条件是不允许双边带幅度之和超过载波幅度，但是在调制信号不大时，例如调幅度小于0.5时，边带功率占总发射功率会小于10%，则载波幅度可作相应降低。浮动载波控制技术正是利用了载波和边带的相对功率关系，在无调制信号(节目空隙)或小调制信号时，使载波幅度降低；在大调制信号时，载波幅度又上升至额定值。不同类型的调幅广播发射机均实现了浮动载波调幅技术的改造，比如串馈PDM发射机、PSM发射与数字调幅发射机等。串馈PDM发射机的脉冲宽度的占空系数通常选取0.5左右，在无调制信号时，理想情况下调制级和被调级各分得一半的主整直流电压，被调级也就有相应的载波电压。在用正弦信号调制时，尽管脉冲宽度被调制信号调制，但在调制信号的一个周期中，平均脉冲宽度的占空系数仍然等于0.5，与之对应，被调级的直流板压和输出电压在调制信号一个周期中的平均值—载波电压在调制过程中始终保持为1(相对值)。如果占空系数在调制信号时选为0.3，有调制信号时，随着调制信号的峰值电平的大小在0.3—0.5之间变化，那么对应的载波电压就在0.6—1之间变化。因此，在脉宽调制器中，如果用随着音频调制信号动态峰值电平而变化的“直流”控制信号代替原来送往比较器中的固定的直流电压，便可实现载波电压随着音频调制信号峰值电平的大小而浮动，也就是控制直流电压随调制信号幅度而变化的特性对应于载波受控特性。脉冲阶梯调制发射机和数字调幅发射机的载波电平，都是由加入音频信号的直流电压决定的，因此，用随着音频调制信号动态峰值电平而变化的“直流”控制信号代替该固定直流，就能实现浮动载波调幅因此，PDM、PSM和数字调幅发射机可以使用相同的浮动载波调幅装置。

(二)单边带广播技术

单边带广播技术是单边带调幅技术在传统调幅广播上的应用。在标准调幅方式中，载波不含有任何信息，被载波传送的信息包含在两个边带中，如果只传送一个边带成分，使用乘积解调器，同样也可以恢复出要传送的信息。这种只发射一个边带的调幅广播称为单边带广播。

20世纪80年代，短波广播波段频率占用日益拥挤，接收质量不断下降。为了提高短波广播质量，节约频谱，1987年世界无线电行政大会(WARC)决定，计划从1991年起，短波广播要逐步过滤到单边带制，过渡期为25年，到2015年年底，停止在短波广播中使用普通双边带广播的方式。同时规定，自1990年12月31日起，以后生产的短波发射机应具有单边带发射的能力。德国AEG公司于20世纪80年代中期在PDM发射机上率先研制出了具有包络控制的单边带发射机，瑞士BBC公司(即现在的ABB公司)在20世纪80年代后期在PSM发射机单边带调制器的研究上处于当时国际领先水平。但是实际上，随着21世纪数字中短波广播DRM的发展，短波广播的发展趋势为由模拟广播向数字广播转换。尽管如此，单边带广播的提出对于后来发射机改造技术的发展和成熟仍起到了促进的作用。

针对传统调幅广播发射机的基本结构，人们将单边带调幅信号进行分解，即将低电平级中产生的单边带信号分为两路输出：一路经限幅后取得的相位分量；另一路经包络检波取得的幅度分量。之后，将幅度分量对相位分量进行幅度调制，实现调幅信号包络的复制而还原成单边带调幅信号，该方法被称为包络消除与恢复(Envelope Elimination and Restoration，EER)。在单边带广播发射机的改造过程中，PDM发射机和PSM发射机均成功地应用了EER技术。针对PDM发射机，德国AEG公司提出了具有包络控制的PDM单边带发射机的改造方案，该方案要求一路单边带信号经RF线性放大器放大到预定的输出功率激励射频末级功率放大器，另一路单边带信号经包络检波而得到单边带波的包络成分，该包络信号作为脉宽调制器的调制信号，实现脉宽调制，其结果是高末被调级的板压自动跟随包络同步变化。据该公司称，采用这种方法，发射机整机效率可提高20%左右。但是，由于这种方法的高放各级仍然是在已调波放大状态下工作，因此整机效率依然不高，而且不能快速实现双边带、单边带发射方式的切换。针对PSM发射机，瑞士BBC公司提出了PSM单边带发射机的改造方案，幅度分量和相位分量的放大都是通过高效率电路实现的，因此发射机整机效率很高，基本上和双边带PSM发射机相当。这种单边带发射机可以快速实现单边带和双边带工作方式的切换，而且由双边带转换为单边带运行时，高频回路的负载阻抗不变，工作点保持不变，不必重新调谐槽路，具有较大的应用+前景。

(三)调幅立体声广播

调幅立体声广播，是指利用中波调幅广播实现立体声节目的传输。1926年，美国首次进行了中波调幅立体声广播试验，发射端采用两部中波发射机，分别传送立体声左、右路信息；接收端用两台接收机分别接收两个发射机的信号，恢复出左、右路信息，得到立体声收听效果。这种方法的主要缺点有：使用两套发射设备和两套接收设备，要占用两个频道才能传送一套立体声节目；不能实现兼容；两套发射设备之间、两套接收设备之间的一致性问题难以处理，左、右路信号在传输过程中会形成较大的附加电平差和附加相位差，因此立体声质量很差。鉴于上述问题，调幅立体声广播没有得到进一步的发展。1958年，莱纳德·卡恩(Leonard Kahn)研制出了使用一台发射机的调幅立体声系统的方法，由于调频立体声广播取得了良好的效果并迅速发展，使得调幅立体声广播的研究长期受到冷落。但是从1975开始，由于商业上的原因，特别是汽车行业的需要，中波调幅立体声广播重新被提到议事日程，受到了人们的重视。

1975年9月，美国成立了“全国调幅立体声广播委员会”(NAMSRC)。1977年前后，美国5家公司相继提出了5种制式，直到1982年3月，FCC决定允许5种制式同时存在，均可进行广播，通过市场竞争决定优劣。经过两年多的竞争，有的制式向另一种相近的制式靠拢，有的制式退出了竞争，最后实际上保留了卡恩(Kahn)制和摩托罗拉(Motorola)制两种制式。而经过十多年的市场竞争，直到1993年10月，FCC选定摩托罗拉制作为美国调幅立体声广播的标准制式。其他一些国家，例如澳大利亚，1984年10月宣布将摩托罗拉制作为该国的标准制式。接着，新西兰、巴西和加拿大也决定采用摩托罗拉制作为该国标准制式。到20世纪80年代末，日本已将70%的中波发射机改装成调幅立体声发射机。

我国在1986年由浙江人民广播电台引进了一套摩托罗拉制式的调幅立体声广播激励器，经改造的一部10kW国产中波发射机于1986年7月19日开始试播调幅立体声节目。浙江人民广播电台经济台(1530kHz)于1989年12月25日正式对外公开试播调幅立体声节目，可覆盖杭州、嘉兴、湖州、绍兴及毗邻地区。我国台湾地区于1986年12月开始采用摩托罗拉制进行调幅立体声广播，现已有数座调幅立体声电台。香港广播电视公司于1990年11月1日也开始了调幅立体声广播。截至20世纪末，世界范围内调幅立体声广播电台已近千座。

（四）调幅广播数据系统

调幅广播数据系统(AM RDS)，是指使用同一部调幅广播发射机的同一射频载波，在传送正常的声音广播节目的同时，兼容传送附加的数据信息。该技术既节约了频率资源和发射设备，又无附加的能量消耗，可提供许多新的服务。

调频广播中的广播数据系统(RDS)于1983年起便开始在欧洲许多国家应用，受到人们的关注和欢迎。RDS的发展也促进了在长波和中波调幅广播中应用同类系统的探索。虽然目前在调幅声音广播中传送附加信息尚无统一的国际标准，但许多国家在长、中波段已进行了多年的试验研究，取得了比较成熟的经验。早在20世纪60年代初，人们已开始致力于利用中波调幅广播传输指令的试验研究。20世纪60年代末期，人们首次做了用数据信号对载波调相或调频的试验。20世纪90年代初，美国加利福尼亚州的Barry公司在短波广播中采用调相的办法，开发了传输电传打印信号的系统。美国的一些电力供应部门利用附近的中波发射台传输有关电度测量的控制数据。英国BBC在200kHz的长波发射机上做过附加调相实际插入试验。长波广播数据现在已由英国电力工业部门正式使用，它具有无线电遥控切换电力负荷管理系统的各种功能。20世纪90年代中期，德国对通过调幅广播传送附加信息的研究更为积极。在已有的试验研究基础上，德国进行了大规模的开路试验，使用自己开发的设备在许多电台、在不同的运行条件下评价数据传输的可靠性、差错结构和兼容性，还对两同步广播电台传送节目和数据的兼容性进行了开路试验。

（五）中波同步广播

中波同步广播技术是指各中波广播电台播出同一套节目，并使用同一频率(其载波的频差或相位差极小)的广播技术。同步广播是提高广播质量，扩大覆盖率，节约频率资源的重要技术，并且能够有效地对抗干扰。世界各国都十分重视该项技术，并将同步广播作为中波广播网的建设和频率规划的基础。

中波同步广播从20世纪20年代开始在欧洲最先发展起来，我国的中波同步广播从20世纪60年代末70年代初开始试验，并逐步在全国推广实施。经历了频率制、相位制、自适应相位制同步广播3个发展阶段。同时，中波同步广播激励器也经历了3个发展阶段：由使用模拟锁相环和步进电机的机械校频记忆式同步广播激励器，到使用数字锁相环数字记忆电路的数字式同步广播激励器，发展到20世纪90年代我国采用的微处理机进行实时数据处理和智能同步测控的智能同步广播激励系统。我国的中波同步广播网由“频率制三频同步组网”到“相位制单频组网”的技术升级，对同步广播系统激励器的同步精度提出了更高的技术要求。

同步网工作的质量指标在很大程度上取决于发射机载频同步的准确度，因此，各广播电台同步的准确度是同步广播的重要参数。但实际上各电台不可能绝对同步，使其载频完全一致，在实践过程中各电视台通常采取两种同步形式：相位同步制(精确同步)和频率同步制(准同步)。相位同步制相对于频率制具有一些明显的优势。当采用相位同步制时，可以用一个频率覆盖任意大的区域，如覆盖全省或全国，这样做不仅提供了广泛发展中波广播网的可能性，还最大限度地挖掘了中波的频率资源，简化了频率的调配工作。相位同步制可以有效地对抗同频干扰，由于相邻服务区可以相互搭界，只要边界场强选择适当，就可以在整个区域内对抗干扰。相位同步制可大大节约整个广播网的功率，因相位制同步广播要求保护率低于频率制同步广播3dB，低于非同步广播22dB—24dB。如果全世界都采用一个频率组成同步网，就可大大降低可用收听场强，从而降低整个组网发射机的发射功率。同时，在战时实行相位制同步广播，还可以有效防止敌方利用中波实现导航。

本节执笔人：孙象然

第二节 | 调频广播

20世纪30年代中期，商业广播通常选择在540kHz—1 600kHz的频段通过调幅方式进行传输。然而，调幅信号存在易受噪声干扰、受电离层变化的影响，以及声音质量差等问题。为了克服这些问题，一些广播公司从1932年开始在超短波波段进行广播实验。1933年，美国工程师埃德温·霍华德·阿姆斯特朗创新性地发明了宽带调频的调制方法，使得高保真声音能够通过广播无线电进行传输。相较于调幅广播，调频广播具有更高的音质还原度，更准确地还原原始节目声音，并且更不易受到常见噪声和电离层的干扰。阿姆斯特朗发现的宽带调频方法，与以往人们追求减小带宽以提高频谱利用率的思路有所不同，他认为较宽的频率带宽能够提供更卓越的音频性能，即高保真音频和更高的信噪比。通过在更高频段传输信号，调频广播不仅能以较小的发射功率达到所需的覆盖范围，还通过引入限幅器电路，进一步提高了抗噪声的能力。阿姆斯特朗于1933年向大卫·萨诺夫(David Sarnoff)和RCA的工程师展示了这一技术。1935年11月5日，IRE成员在距离会议地点17英里的地方首次听到了业余电台W2AG的调频广播。1936年5月，IRE出版了阿姆斯特朗的技术论文《通过调频系统减少无线电信号干扰的方法》。在此之后，第一个调频电台于1939年开始正常运营，运行频率为42.8MHz，功率为20kW。到1945年，北美已有229个调频电台获得广播许可。第二次世界大战后，VHF频段重新规划，调频广播频段划分到88MHz—108MHz频段。1960年，蒙特利尔广播站首次进行了调频立体声广播，此后，调频立体声广播在全世界得到了飞速发展。我国的调频广播于1959年元旦在北京开始试播，工作频段为64.5MHz—73MHz。而我国的调频立体声广播于1979年在哈尔滨开始广播，并于20世纪80年代中期在全国范围内得到普及。

一、单声道调频发射技术

调频广播发射机的工作原理是将音频信号对高频载波进行调频，使高频载波的频率随音频信号发生变化。对于单声道调频广播发射机来说，是将单声道的音频信号作为调制信号，对发射机内部振荡器产生的固定频率信号进行调频，最终形成一个频率发生变化的射频信号。调频广播发射机由多个部分构成，包括音频输入器、激励器、功率分配器、射频功率放大器、功率合成器、滤波匹配网络和天线(图15-9)。

（a）调频发射机整体图

（b）调频发射机原理图

图15-9　调频发射机

调频广播同调幅广播在发射机的构成上主要有3点区别：一是信号调制方式不同。调频广播发射机采用调频调制方式，即音频信号的变化会引起载波信号频率的变化。而调幅广播发射机则采用调幅调制方式，音频信号的变化会导致载波信号幅度的变化。二是调制器结构不同。调频广播发射机的调制器通常采用间接调频方式，即先将音频信号转换为调频控制电压，再通过调频器将控制电压加到振荡器上，从而控制振荡器的频率，实现音频信号的调频调制。而调幅广播发射机的调制器结构通常直接将音频信号与载波信号相乘，实现音频信号的调幅调制。三是信号处理过程不同。调频广播发射机在信号处理过程中，通常需要进行预加重、去加重等处理，以提高信号传输质量和减少失真。而调幅广播发射机通常对信号进行限幅、滤波等处理。

二、调频立体声广播

调频立体声广播通过调频方式传输立体声信号，接收后可还原立体声效果。与调幅单声广播不同，调频立体声广播至少需要两个信道来传输两路或多路信号，并按规定编码以满足兼容性和不同信道数量的要求。接收机需按相同规则解码以还原发射端信号，而单声广播只需通过调制—发射—接收—解调即可还原信号。调频立体声比单声广播至少多一个信道，且涉及编码与解码过程，编、解码方法需最大限度地兼容单声调频广播。

早在考虑调频立体声传输之前，人们就开始尝试其他类型信号的调频多路传输。1934年，阿姆斯特朗首次尝试多路信号调频传输，包括主信道音频节目和3个副信道。副信道通过调幅复用。在1935年的实验中，副信道调制方式由调幅改为调频，显著提升了传输效果和信号质量。1948年，阿姆斯特朗的实验电台KE2XCC首次发射多路信号调频广播，传输信号包括双声道音频节目和传真信号。KE2XCC系统为调频广播添加立体声提供了初步尝试。20世纪50年代末，多种为调频广播添加立体声的系统被美国联邦通信委员会审议，其中通用电气和真力时系统于1961年正式被批准为美国标准立体声调频广播方式。

调频立体声广播制式包括时分制和频分制两种，全球广泛采用频分制。频分制主信道采用调频制以与单声调频广播兼容，副信道则采用调幅，即AM—FM制式。对于双声道调频立体声广播，AM—FM制式又可分为极化调制和导频调制。为了与单声道调频广播兼容，立体声信号的左右声道经和差处理后，用差信号对副载波进行调幅。极化调制将副载波部分抑制到-14dB，保留20%的副载波幅度，这会导致导频调制将副载波全部抑制，因此需要再添加10%幅度的半频副载波作为导频信号，供接收机解调使用(图15-10)。

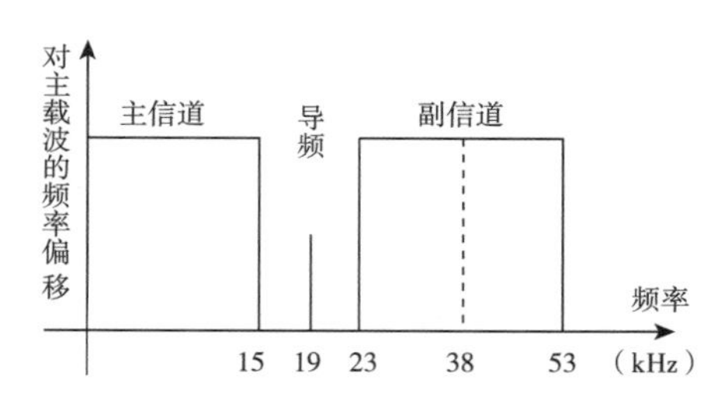

图15-10 调频立体声基带复合信号频率占用示意图

1969年，路易斯·多伦(Louis Dorren)发明了兼容的四声道调频立体声广播系统，在导频制基础上增加了一个额外的子载波76kHz。1970年，旧金山的KIOI电台成功通过Quadraplex系统传输了真正的四声道声音节目，实现了与双声道立体声广播兼容的传输和接收，并且不会干扰相邻电台。

三、RDS广播数据系统

广播数据系统(Radio Data System，RDS)是一种在调频广播中传送附加数据信息的系统，属于立体声广播的附加业务之一。它利用同一调频广播发射机的射频载波，在传送正常声音广播节目的同时，兼容传送额外的数据信息。RDS的出现标志着调频声音广播已迈向多功能应用的重要发展阶段。

自20世纪70年代开始，欧洲多个国家致力于在调频广播中传送数据信号的研究。由欧洲广播联盟(EBU)协调，以瑞典、荷兰、英国、法国和芬兰的系统为基础，于1983年形成了统一的系统标准，即RDS广播数据系统。EBU在1984年制定了RDS规范，并于1985年9月向CCIR提出以RDS作为调频广播中传送广播节目附加信息的标准方式的建议书。1986年5月，CCIR批准将RDS作为世界统一标准。为了在调频立体声广播中传送附加数据信息，根据CCIR的推荐，在调制信号基带中只能使用53kHz—75kHz的频率范围。由于60kHz—75kHz的频率范围已被其他业务占用，因此RDS信号只能选择处于53kHz—60kHz之间的频段，并将57kHz作为副载波。传送的数据经过差分编码与双相编码后，对57kHz的副载波进行抑制副载波的双边带调幅，形成以57kHz为中心频率，±2.4kHz带宽的RDS信道。未调制副载波引起的主载波频偏推荐值为±2kHz。RDS的总数据率为1 187b/s，净数据率仅为731b/s。考虑到相对较低的数据率，RDS系统通常用于交通广播等特定业务(图15-11)。

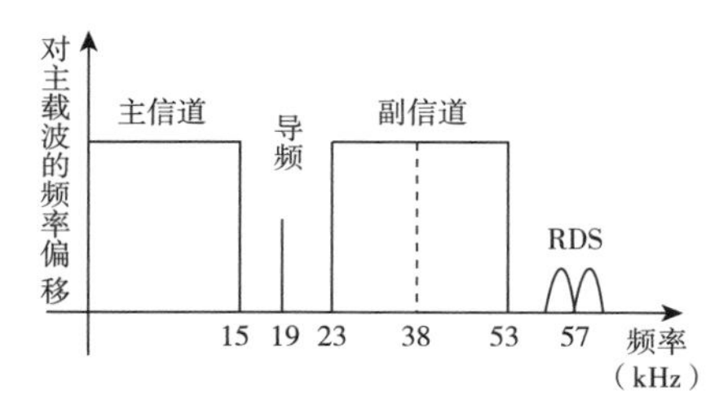

图15-11 RDS基带信号频率占用示意图

四、调频同步广播技术

调频同步广播技术是指在同一频率上使用两台或两台以上的调频发射机，在相同时间播送相同的节目，并在重叠覆盖区域实现近乎无干扰的接收系统。为解决城市地区或人口密集区的调频覆盖问题，传统方法是通过位于高山、高楼或高塔上的单一高功率发射机进行传输覆盖。然而，这种传统覆盖方式存在一些问题，如城市高楼引起的多径干扰、众多覆盖阴影区、频率复用率低等。

调频同步广播技术通过增加同步发射点来扩大覆盖范围和提高覆盖质量，类似于蜂窝移动通信技术，这有效地缓解了频率资源紧张的问题，为广播业务带来了显著的功能的改善。该技术最初作为主发射台的辅助点，以确保均匀覆盖。自1987年7月起，根据FCC的规定，调频电台的同步广播技术逐渐被接纳，允许转发发射设备的功率扩大至最初允许播出等级电台的有效辐射功率的20%。调频同步广播的关键技术可概括为“三同一保”，即同频、同相、同调制度，以及保证最低可用场强。同频要求不同发射机的载波频率保持稳定性和相对频差，采用锁相环技术实现频率同步；同调制度指各调频激励器的调制度参数相同，确保音频信号的一致性；同相是通过同步解码器将预先插入信号中的延时数据进行解码，得到有效的延时时长后进行时间补偿，使同一节目源通过不同发射机发射后到达同一接收机的时间相同。

调频同步广播技术的应用在全球范围内得到了广泛推广。1995年，意大利展开的单声道调频同步广播已经开通了长度超过1 500公里的覆盖。从1997年开始，法国使用立体声同步广播沿公路进行广泛实践。我国早在1996年就在广东进行了调频同步广播试验，并于2000年12月颁布了《调频同步广播系统技术规范》，为我国调频同步广播技术的推广奠定了基础。

本节执笔人：孙象然

第三节｜数字声音广播

一、数字中短波广播

中短波广播一般是指占用频段在30MHz以下的调幅广播。中短波广播模拟信号抗噪声能力差，再加上调幅这种传输方式本身就容易受到干扰，所以模拟中短波广播的声音质量是较差的。随着数字时代的到来，尤其是受到数字音频(比如CD、MP3等)的冲击，人们越来越难以忍受模拟中短波广播的质量，中短波广播损失了大量的听众，以至于世界范围内很多中短波广播电台被迫关闭。但是，由于中短波广播具有接收机廉价以及覆盖范围广等突出优点，各个国家都没有放弃30MHz以下的调幅广播。随着20世纪90年代初期卫星数字广播的兴起，如欧洲的DSR(数字卫星广播)和ADR(阿斯特拉卫星数字声音广播)，听众感受到了数字音频广播带来的巨大的音质提升，因此对广播的数字化呼声越来越高。虽然数字卫星音频广播具有与中短波广播可比拟的覆盖范围，但是，其接收设备很昂贵，同时，卫星广播的一个明显缺点是接收机天线与卫星必须对准且之间不能有遮挡。因此，在大范围覆盖的广播领域中，广播业从业者依然更倾向于中短波广播，该频段的数字化势在必行。目前，世界上影响比较大的中短波波段的数字广播主要有两个标准，一个是欧洲的DRM广播，一个是美国的AM HD Radio。

(一)DRM广播

1998年之前，世界范围内主要有5个中短波波段的广播标准，分别是美国VOA/JPL数字短波系统、法国Thomcast天波2000系统、美国中波IBOC DSB(数字声音广播)系统、德国电信的数字音乐之波DMW(或T2M系统，DTAG系统)和法国CCETT/TDF的多载波数字系统。这些系统分别都做了相关的仿真和试验，在实验过程中人们发现，不同的系统在其他国家使用的时候常常会出现与当地调幅频段广播规划不兼容的现象。

然而，调幅广播是世界性的广播，尤其是短波广播，因此最好是使用统一的标准，并进行世界范围内统一的短波频率规划和分配。这样做既能保障良好的“空中”秩序，又可以拥有广大听众，并且人们将在任何地方购买的调幅接收机带到任何地区也都能使用。因此，无论是数字AM系统建议的提出者，还是广播机构、发射机和接收机的制造厂商乃至听众，都希望全世界有一个统一的数字AM制式和标准。人们认识到，研究和实施不同的、互不兼容的发射系统，例如像在30MHz以上频段上地面发射或者通过卫星发射的数字声音广播方式(DSR、ADR、DAB(数字声音广播等)那样，各有各自的互不兼容的制式的局面，在调幅波段广播中不应再发生。此外，制定世界范围内统一的制式与标准，也是廉价接收机这类大众消费电子产品的前提条件。

为了选择合适的统一的数字AM系统，1998年3月在中国广州成立了世界性数字AM广播组织(Digital Radio Mondiale，DRM)。当时该组织有20个成员，成员们分别代表不同的机构签署了一个共同合作的备忘录，备忘录于1998年9月10日生效。到1998年年底，已有30多名成员签字。在这期间，DRM也成为ITU广播分部的成员。DRM期望能顺利地进行数字AM世界范围的标准化。

DRM联盟的目标是建立数字长、中、短波广播的世界范围的标准，并提供一个系统建议，供ITU进行标准化。经过紧张的工作，DRM提出了系统建议，并于2001年4月在ITU作为正式的建议书获得通过。

DRM系统在2001年10月被ETSI标准化，并在2002年3月经IEC通过，自此，DRM系统规范正式生效，为AM波段广播的数字化铺平了道路。国际上不少广播机构的部分发射台已经从2003年6月16日(日内瓦召开ITU无线电行政大会)开始，以DRM方式正式投入广播运行，这标志着30MHz以下的广播新时代的开始。

DRM系统被设计为可以在30MHz以下工作。由于中短波广播的传输环境复杂，为了满足不同的运行条件，DRM可以根据具体情况选择不同的传输模式，每种传输模式都通过两类参数定义：信号带宽相关参数和传输效率相关参数。这些参数允许DRM广播在信息容量(可用比特率)和抗噪声性能、多径干扰、多普勒效应之间进行折中。其中信号带宽相关参数是指DRM可以在现有模拟AM广播的标准带宽下工作，即9kHz或者10kHz；也可以在频谱紧张或者需要数模同播时在现有标准带宽的半带宽，即4.5kHz或者5kHz下工作；还可以在频带资源相对宽松时，在现有标准带宽的倍带宽，即18kHz或者20kHz下工作，以获得更好的音频质量。而传输效率相关参数是指DRM广播可以根据传输环境选择信道编码率、调制等级(QAM、16QAM和64QAM)以及不同参数(比如保护间隔、子载波数量、载波间隔等)的OFDM传输方式。

DRM发射系统结构框如图15-12所示：

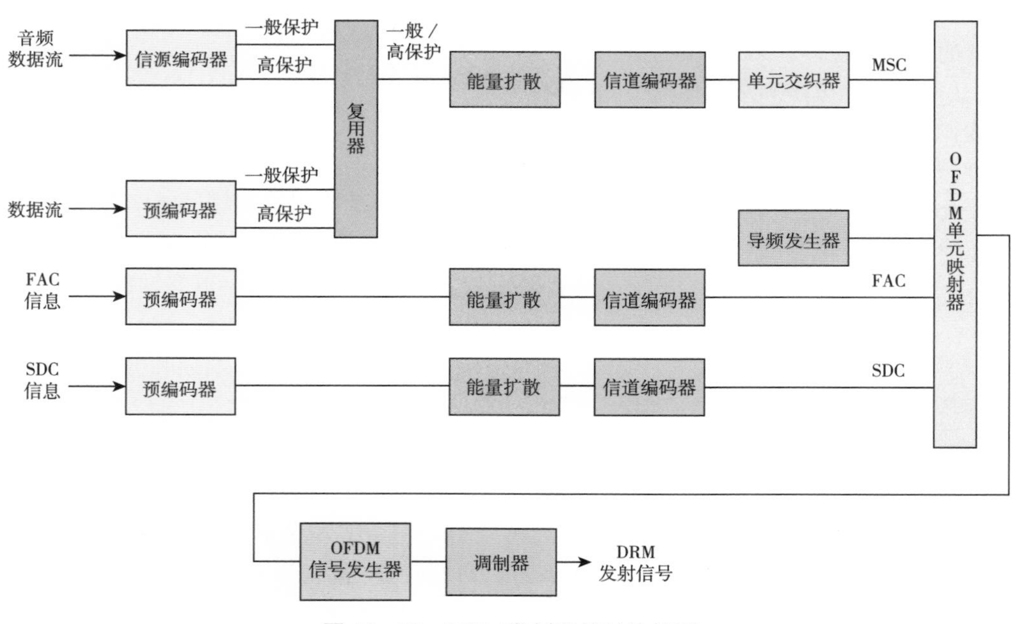

图15-12　DRM发射系统结构框图

DRM发射系统共分3个信道，主业务信道(MSC)、快速接入信道(FAC)和业务描述信道(SDC)。其中MSC用于承载所有节目内容，1个DRM广播中最多可以承载4种不同业务；FAC用于在接收端快速搜索业务和解码复用；SDC描述了解码MSC所需的信息以及相同节目的替换源。3个信道的数据再加上用于快速信道估计的导频发生器所提供的导频后，送入OFDM单元映射器形成OFDM每个子载波上所携带的数据，再经过OFDM信号生成器生成OFDM基带信号，最后通过调制器生成功率适合的射频信号，最后通过天线发射覆盖。

DRM发射机的主要代表为2010年THALES公司研发的TMW 2010D DRM中波发射机。配合该公司研发的TXW5123D数字编码器/调制器，该发射机可以兼容模拟AM广播和DRM中波广播信号发射，AM工作时载波功率为10kW，DRM运行时有效功率为4kW。图15-13是这台发射机的外观，图15-14为该发射机的原理图。该发射机可以同时应用于模拟AM和DRM广播发射。图15-14左上部蓝色部分基本维持了原有的PDM调幅广播发射系统不变，加入了DRM调制器和预校正接收机。DRM调制器用于生成DRM音频节目信号，预校正接收机从发射天线取样处理后回来控制编码器，用于降低DRM信号的峰均值功率比，扩展发射机末级功放的线性范围，提高发射机的功率利用效率。

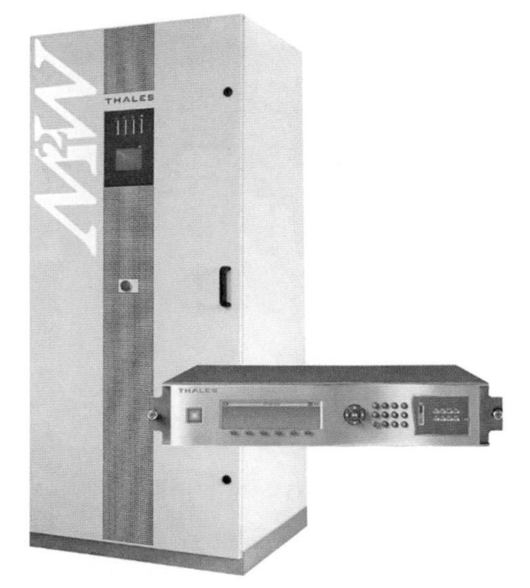

图15-13 TMW 2010D DRM中波发射机外观图

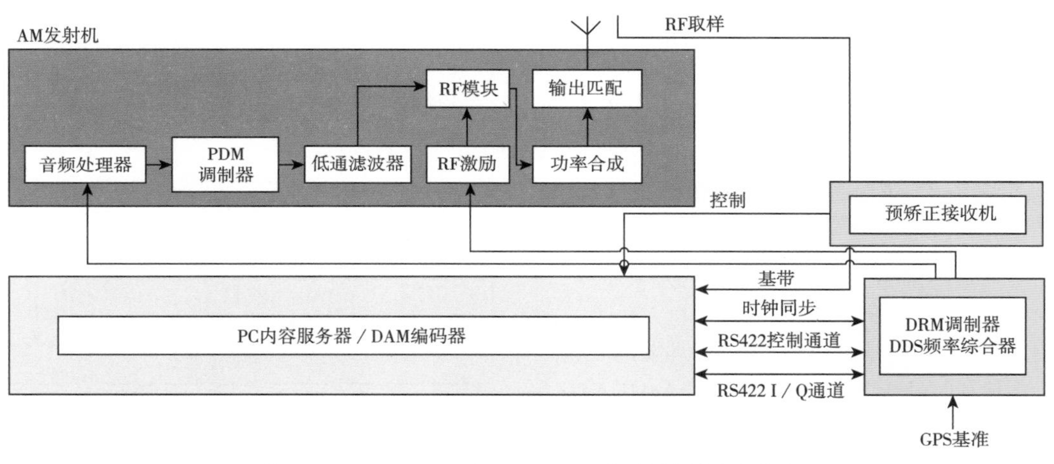

图15-14 TMW 2010D DRM中波发射机原理图

我国也投入研发了DRM发射机。中国传媒大学广播电视数字化教育部工程研究中心于2004年研制了我国第一台中短波数字广播发射样机(图15-15)，并解决了模拟广播发射机数字化改造中一系列关键技术问题，例如：数字音频处理办法、AM模数同播实现方法、模数同播中的时延调整方法、基于正交调制的用于数字广播(DRM)的调相载波实现方法等，打破了数字中短波广播领域中某些大国厂商在核心技术与装备上的垄断。哈尔滨广播电视器材有限公司于2006年4月生产了10kW全固态DRM中波广播发射机(图15-16)，该发射机可以兼容模拟AM和DRM发射，也可以发射AM和DRM的同播信号。

图15-15 中国传媒大学研制的我国第一台中短波数字广播发射样机

(a) 发射机整体外观图

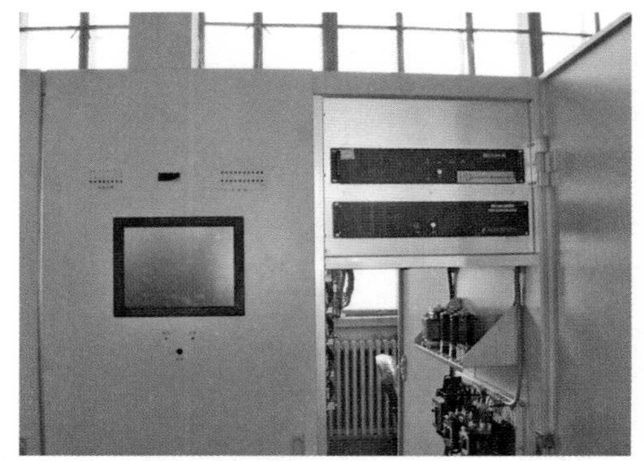

(b) 发射机内部图(DRM复用编码调制器与DRM监控主机)

图15-16 哈尔滨广播电视器材有限公司10kW全固态DRM中波广播发射机

发射DRM广播信号可以使用专门研发的发射机，也可以通过改造大部分现有的模拟AM广播发射机进行数字信号覆盖发射，这对第三世界来说有重要意义。我国采用中、短波进行广播覆盖目前仍然是主要手段。我国国际台、中央台和地方台拥有大量的50kW—600kW的现代中、短波发射机，这些发射机投入运行的年限都较短，大多数都是采用新的调制技术或被改造为新的调制技术，都有较高的效率，可以再改造为数字AM发射机，有广阔的应用前景。

数字AM是具有高声音质量的多媒体广播方式之一，我们可以继续发挥模拟AM的优势，使最古老的调幅波段这个阵地重新焕发出活力。

(二)AM HD Radio

AM HD Radio是美国的数字声音广播技术标准HD Radio中用于AM波段的标准。HD Radio最早的名称叫作带内同频道(In Band on Channel，IBOC)，它于1992年的国际会议上公布，并分成两个分标准——FM-IBOC和AM-IBOC。然而，由于IBOC广播系统是基于美国的广播频谱规划提出的，所以前期在欧洲和亚洲的推广并不理想。2000年8月，朗讯科技数字无线通信公司和美国数字广播集团公司合并成立了iBiquity数字通信公司(iBiquity Digital)，其股东包括朗讯科技和美国国家排名前20中的15家广播公司。该公司对AM-IBOC进行了改进，在2002年由美国的联邦通信委员会(FCC)批准为美国AM波段的数字广播标准，并重新命名为AM HD Radio。

图15-17显示了AM HD Radio的发射系统构成框架。

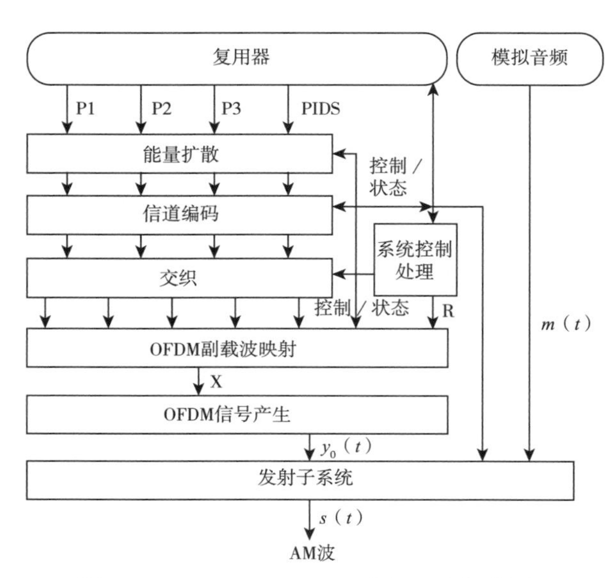

图15-17 AM HD Radio发射系统构成框图

从图中可以看出，AM HD Radio发射系统可以兼容模拟AM和AM HD Radio数字发射，也可以进行数/模同播。图中复用器输出包含4个主逻辑通道P1、P2、P3和PIDS。其中P1—P3被设计用来传送数字音频和数据业务，而PIDS被设计用来传送逻辑信道IBOC数据业务(IDS)信息。AM HD Radio使用了OFDM传输方式，所以该系统具有较强的多径传播抵抗能力和较强的单频网(SFN)运行能力。

AM HD Radio在设计之初就考虑到了AM广播从模拟到数字的平滑过渡问题，其频谱规划与美国现有的中短波广播波段频率规划完全一致，所以，人们根据数字化不同阶段的特征，共定义了两种模式：混合模式和全数字模式。图15-18显示了混合模式下AM HD Radio信号与传统模拟信号同播的频谱分配图。

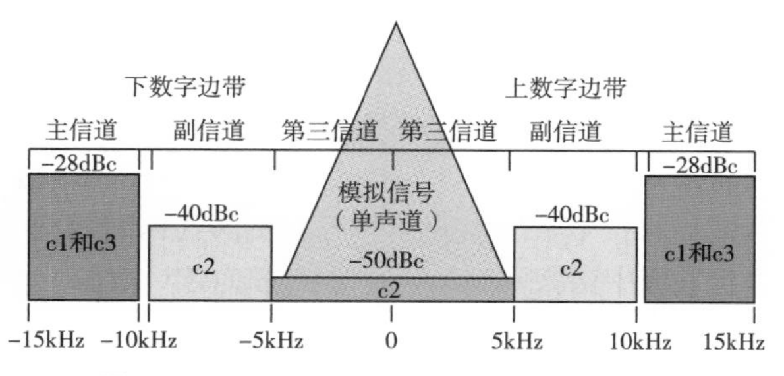

图15-18 AM HD Radio混合模式频谱图

图中灰色部分为现有的模拟AM信号，AM HD Radio数字广播信号被安排在模拟信号的两侧，一共占有30kHz带宽。这在中波波段比较拥挤的地区适用性较差。同时，为了保证数字广播节目信号的覆盖范围与原有的模拟广播节目信号大致相同，并尽可能减少数字边带信号与原有模拟信号之间的相互干扰以保证各自的广播质量，数字边带中副信道的发射功率要比同播的模拟信号发射功率低40dB，数字边带中主信道功率要比模拟信号低28dB。而第三信道是混合在模拟信号中同频发射，它只携带一些简单的信号，功率设计比模拟信号低50dB。在混合模式下，数字部分的所有3种信道一共能支持40kb/s的数据速率，其中有36kb/s音频数据率和4kb/s的歌曲和艺术家名称的附加数据率。

图15-19为AM HD Radio全数字模式频谱分配图。

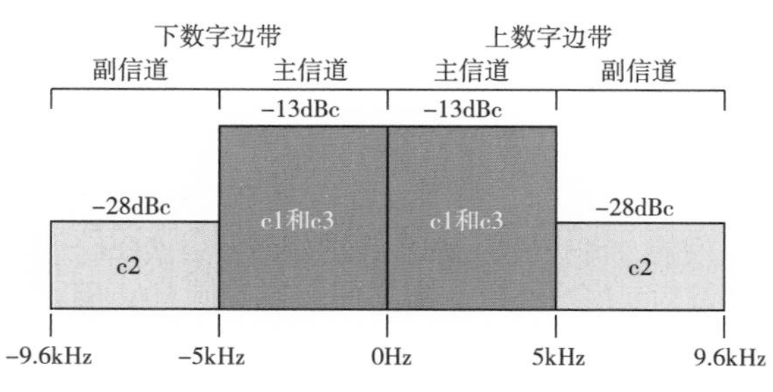

图15-19 AM HD Radio全数字模式

全数字模式用于完成全数字化改造的调幅广播频段，此时所有的频谱均为数字载波，一共占据大约20kHz带宽，共可以提供60kb/s的业务数据速率，能够大大提高音频节目的质量并提供更好的附加数据业务。

AM HD Radio在美国的应用情况良好，但是，该系统是符合美国FCC规定的频谱安排与频谱掩模，这个标准在世界的其他地区未必是通行的，所以AM HD Radio在很多国家和地区的应用会受到一定的限制。

二、调频波段数字音频广播

自从1941年美国开始正式开始FM广播以来，FM广播就以远超调幅广播的声音质量受到听众的欢迎。但是FM广播对多径传播缺乏抵抗能力，会严重损害接收质量。随着人们物质文化生活水平的提高以及CD、MP3等数字音频的普及，人们对广播的音频质量也提出了更高的要求。虽然广播从业者在FM广播中采取了不少新方法和技术，但是也无法彻底改变FM广播的固有弱点，声音根本无法达到可比拟CD级的质量。因此，FM频段的数字音频广播得到了广大听众和广播从业者的关注，并逐渐普及。

最早开始FM频段数字声音广播技术研究的是欧洲，之后美国和日本等国家也相继研发了自己的FM频段的数字声音广播标准。目前世界上应用比较广泛的调频波段数字声音广播系统主要有DAB/DAB+、DRM+和FM HD Radio。

(一)DAB(DMB)/DAB+

数字声音广播(Digital Audio Broadcasting，DAB)是欧洲研制的用以替代传统FM模拟广播的数字广播系统。但实际上该系统被设计为不仅可以工作在传统的87MHz—108MHz的模拟FM频段，而是可以工作在3GHz以下的所有频带范围。它可以提供达到CD级质量的声音广播与附加业务，也可以单独提供多媒体业务，甚至是视频服务。

DAB技术的发展源起于1980年德国广播技术研究所，以Eureka-147系统针对地面音频广播技术进行研究。1985年，德国开始于慕尼黑进行DAB试播实验。1986年，德、英、法、荷、丹麦等国的政府及广播机构与电子产业界共组Eureka联盟，并开始制定Eureka-147 DAB标准，该项目于1987年成为欧洲高科技重点开发项目之一。经过将近十年的研发和现场试验，1995年，Eureka-147系统被标准化(ETS300401)，这是欧洲唯一被ITU推荐的系统。1995年9月，BBC首先开始了DAB的正式广播，标志着调频波段数字声音广播的开始，紧随其后的还有挪威、瑞典、德国、法国、丹麦等国。2017年，挪威宣布终止模拟FM无线电广播服务，全部转型为DAB

广播。

中国是世界上率先部署数字广播的国家之一。早在1990年前后，我国便在京津地区部署了DAB先导网，并在广东佛山建立了DAB广播台。DAB标准化后，1996年5月，我国正式将DAB列入“九五”国家重大科技产业工程计划中，并明确了制订我国DAB标准、建立DAB先导网和发展我国DAB产业三大目标。1996年年底，由原广电部与欧共体合作共同组建广东佛山先导网，也是我国的第一个DAB先导网。2000年年底，我国已完成广东DAB先导网和北京—廊坊—天津DAB网的建设，开发出部分终端设备和接收机功能样机，完成部分接收机专用集成电路设计，开展了长期的数字音频广播播出试验。

DAB信源编码采用了MUSICAM(掩蔽型通用自适应子带综合编码与复用)编码方案，即MPEG-1 Audio Layer-2，该编码可以在192kbps音频信息速率下提供接近CD级质量的声音节目。信道编码采用了母码为1/4编码速率的可删除性卷积码。编码后的速率经过交织后进行OFDM子载波映射，生成基带OFDM信号，上变频后通过天线发射。DAB采用OFDM传输方式后，对无线通信中多径传播的抵抗能力大大增加，也很容易通过单频网(SFN)进行覆盖，大大增加了节目的覆盖范围，节省了频谱资源，同时也进一步节约了发射功率。

虽然DAB与传统模拟FM广播相比具有很大的优势，但是由于Eureka-147 DAB 接收机价格高昂，而且与现有FM 模拟广播无法实现兼容(DAB频谱规划与模拟FM广播频谱不兼容，需要重新规划FM频段频谱规划)，因此在前期推广中遇到了较大的阻力，在全球范围内的实施效果并不理想。

2005年，以韩国为代表的广播技术研究机构将视频编码(视频编码采用H.264，视频伴音采用AAC+)引入DAB系统，将传统的DAB升级为DMB (Digital Muti-Media Broadcasting)，使DAB系统可以应用于移动视频广播，DAB/DMB在全球广播市场上重新焕发了生机。然而，由于视频数据带宽较大，而有限的调频频段在实际应用中不太适合承载移动视频的传输，所以DMB一般应用在调频频段以上的频率范围。调频频段还应该以传输音频广播节目为主。

Eureka-147 DAB采用了MUSICAM的音频编码，这种编码效率较低，低码率下音质较差，随着数字音频技术的发展已逐渐被淘汰。2007年2月，欧洲公布了DAB的升级版本——DAB+。DAB+与DAB相比，射频编码和频率与 DAB 标准相同，二者的主要不同之处在于DAB+将落后的MUSICAM的音频编码升级为MPEG-4 aacPlus(HE AAC v2)音频编解码技术。后者较前者有着更高的压缩效率，在提供相同的音频质量的前提下，HE AAC v2技术只需要原来1/3的传输码率，效率大为提高。截至2021年，已有42个国家/地区运行DAB。这些服务中的大多数都在使用DAB+，只有爱尔兰、英国、新西兰、罗马尼亚、文莱达鲁萨兰国和菲律宾仍在使用大量DAB服务。欧洲电子通信规范(EECC)要求自2020年12月起，在欧盟内部销售的所有新型汽车的广播收音机都必须能够接收数字地面广播DAB+。截至2021年年底，DAB+现已应用于欧洲主要汽车市场中95%的新车之中(图15-20)。

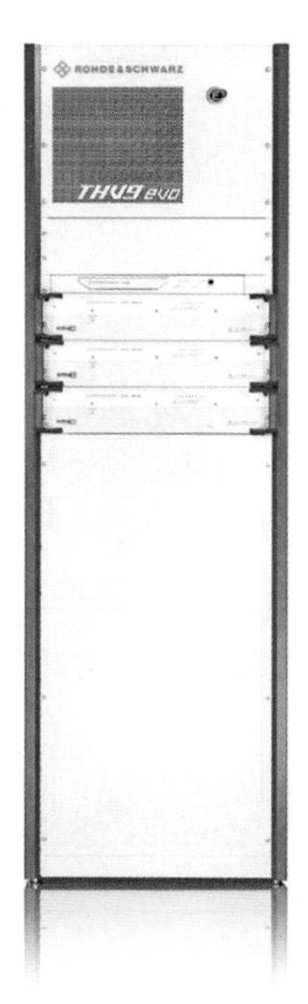

图15-20　RS公司研发的THV9evo TV/DAB+发射机

(二)FM HD Radio

FM HD Radio是美国的iBiquity数字通信公司研发的数字声音广播技术标准HD Radio中用于FM波段的标准，其基本架构源于美国于1992年公布的IBOC标准。FM HD Radio于2002年被美国联邦通信委员会(FCC)批准为美国FM波段的数字广播标准，使用现有模拟FM的频道提供高清晰度的数字声音广播与数据业务。截止到2016年，美国已有2 300个AM和FM发射台采用HD Radio标准发射节目，累计3 500多套数字节目，有78%的广播听众收听HD Radio节目，HD Radio接收机销量为3 000万。

图15-21显示了FM HD Radio的发射系统原理图。

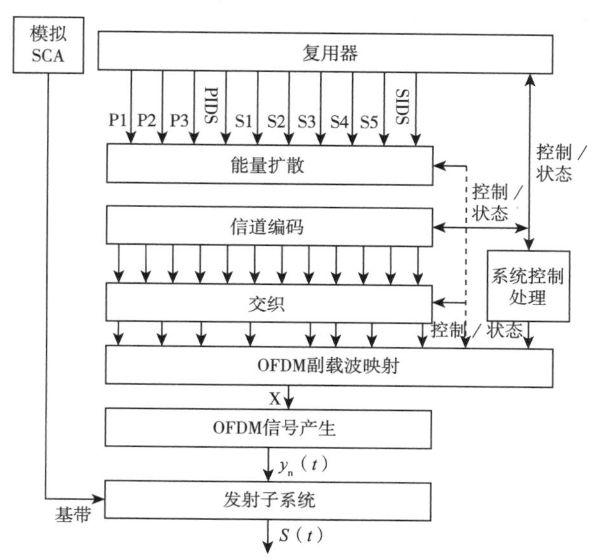

图15-21　FM HD Radio发射系统原理图

从图15-21中可以看出，FM HD Radio发射系统可以兼容模拟FM和FM HD Radio数字发射，也可以进行数/模同播。图中数字声音节目信号复用器输出包含P1、P2、P3共3条主逻辑信道和S1~S5共5条副逻辑信道，用于承载FM HD Radio的数字音频和数据业务；以及用于传送主逻辑信道和副逻辑信道IDS(IBOC数据业务)信息的PIDS和SIDS信道。复用信息经过能量扩散、信道编码、交织后进行OFDM调制，最后通过发射子系统进行发射覆盖。由于FM HD Radio使用了OFDM传输方式，所以该系统具有较强的多径传播抵抗能力和较强的单频网(SFN)运行能力。

FM HD Radio在开发之初就注意到广播业务从模拟到数字的平滑过渡，因此其频谱规划与美国的模拟FM广播频谱规划完全一致，并且可以支持在一部发射机中同时广播模拟FM和FM HD Radio节目信号。同时，为了保证广播信号从模拟到数字过渡期的覆盖效果，FM HD Radio设计了“三步走”的过渡方案。

首先是“混合模式”，其频谱规划如图15-22所示。该系统在常规FM信号两边创建了一组数字边带。为了保证数字广播节目信号的覆盖范围与原有的模拟广播节目信号大致相同，并且尽可能减小数字边带信号与原有模拟信号之间的相互干扰以保证各自的广播质量，数字边带的发射功率要比同播的模拟信号发射功率低20dB。FM和HD Radio的混合信号符合传统FM广播的特定的频率掩模。该方案主要用于过渡初期的数模同播。

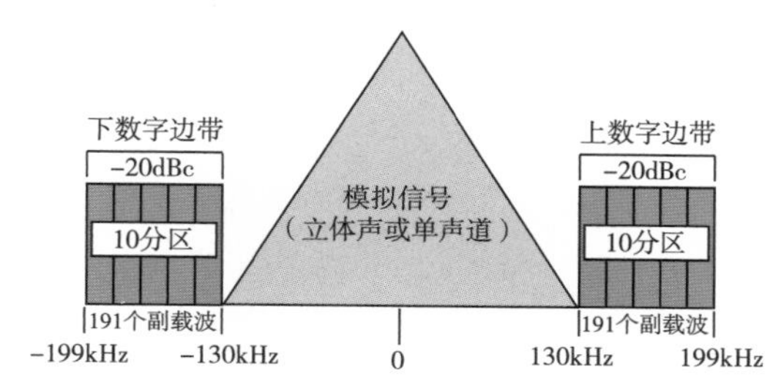

图15-22　FM HD Radio混合模式频谱规划图

混合模式提供100kbps的数据率，其中96kbps的音频数据和4kbps的辅助数据(歌曲和艺术家名称)。这种数据分配是可调整的。该模式支持模拟立体声和SCA/RDS(辅助业务通信/广播数据系统)。数字副载波比模拟的低20dB。

当节目覆盖地区用户大部分已经转为数字信号用户时，FM HD Radio就可以进入“扩展混合模式”，其频谱分配图如图15-23所示：

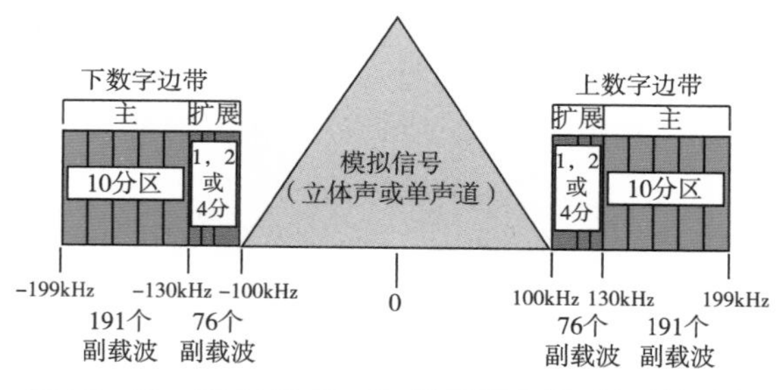

图15-23　FM HD Radio扩展混合模式频谱规划图

扩展混合模式与混合模式相比压缩了一部分模拟FM信号的带宽，增加了数字信号的频谱带宽，使得数字信号部分携带数据的能力进一步加强。扩展混合模式提供151kbps的数据率，其中96kbps的音频数据和55kbps的辅助数据。这种数据分配是可调节的。该模式也支持模拟立体声和广播数据系统(RDS)。同时，数字副载波比模拟的低20dB。

FM HD Radio最终会进入全数字时代，此时模拟FM广播关闭，所有频谱范围全都被FM HD Radio的数字信号所占据，其频谱分配如图15-24所示。

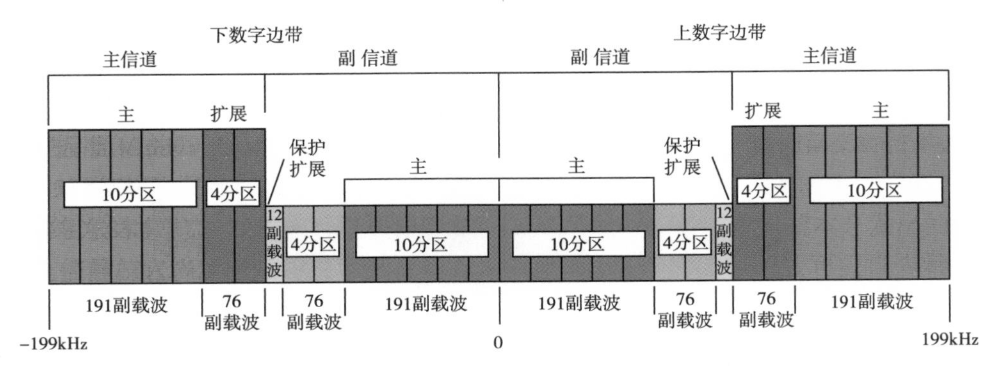

图15-24　FM HD Radio全数字模式频谱规划图

在“全数字模式”下没有模拟信号，整个频道可提供300kbps数据率，并可在音频业务与数据业务间随意分配。

(三)DRM+

由于DAB频谱规划与模拟FM广播不一致，因此在取代模拟FM广播的过程中受到阻碍。尤其是DMB的出现，导致DAB系统更趋向于一个全新的移动多媒体广播系统。为了更好地实现模拟FM向数字广播平滑过渡，2004年起，DRM组织提出了将DRM工作频率范围扩展到调频频段的建议，该项目就是DRM+。随后几年，DRM组织对DRM+系统做了大量的测试实验。德国于2007年11月20日—2008年5月31日先后在汉诺威(Hanover)和凯泽斯劳滕(Kaiserslautern)做了长达半年的开路试验。2009年6月，DRM+广播技术在巴黎测试成功，测试中DRM+使用64.5MHz的频段，发射与接收设备相距10公里，在发射功率只有400瓦的情况下仍具有良好的接收功率。实验证明DRM +相较传统的FM有明显的优势，在相同的覆盖率下需要的发射功率更低，且提供了环绕声等新的音频业务，提高了频谱效率，并提供了电子数据，如节目预报和支持信息服务等。2009年，DRM联盟发布了DRM+的ETSI标准，将工作频率最高扩展到174MHz，涵盖了当前的FM频段。2011年，DRM+成为ITU标准，而原有的调幅波段的DRM广播被命名为DRM30。

2011年，国际电信联盟出版了DRM+规划的研究报告，为进一步出版规划建议书奠定了基础。报告内含DRM模式E(即DRM+)及RAVIS两套系统的完整规划参数。报告首先给出了DRM+的5种接收模式：固定接收、便携室内接收、便携室外接收、便携手持接收和移动接收。其次给出了场强预测时接收链路各个环节的参考值，包括65MHz、100MHz和200MHz 3个参考频率，接收天线增益，接收馈线损耗，接收天线高度损耗修正因子，建筑物穿透损耗，人为噪声容差，接收机实际损耗因子，地点概率修正因子，极化鉴别率，最小中值场强计算方法等。再次，报告给出了DRM+系统参数和接收机参数。最后，报告还给出了规划中最受人们关注的覆盖门限和保护率、频谱模版，以及多干扰源的场强合成计算方法。

2012年4月，欧洲电信联盟(ETSI)进一步对DRM+系统的工作频段进行扩展，将其频段扩展到300MHz。至此，DRM系统(包含DRM+)成为国际上覆盖LF、MF、HF和VHF波段唯一的数字广播标准。

DRM+的信号带宽约为100kHz，完全与FM频段规划的频率间隔相一致，容易实现从模拟到数字的平滑过渡。DRM+可以传输最多达186kbps的数据率(16QAM调制下)。通过使用MPEG-4 HE AAC，也可以在同一个频道中传输更多不同的节目。DRM+还开辟了新的可能性，如多声道环绕声的传输，或节目相关数据等附加信息的传输。DRM+不仅是数字声音广播传输系统，而是一种多媒体系统。

DRM+的数据速率起码可使一套节目达到CD级质量；有室内接收以及以300km/h的速度移动接收的可能性；有使用现有的FM广播发射网结构的可能性。DRM+有构成单频发射网的能力，还可以避免对已有FM广播覆盖造成干扰。在邻频道允许的情况下，还可以实现模拟与数字节目同播。图15-25至图15-27是DRM+射频频谱图和DRM+与模拟FM同播的频谱安排图。

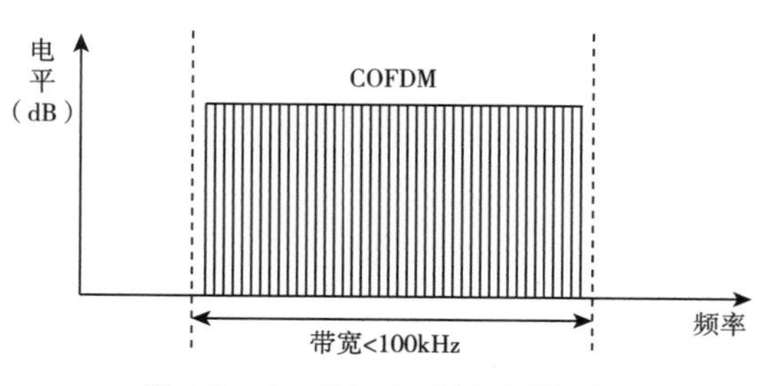

图15-25　DRM+射频频谱图

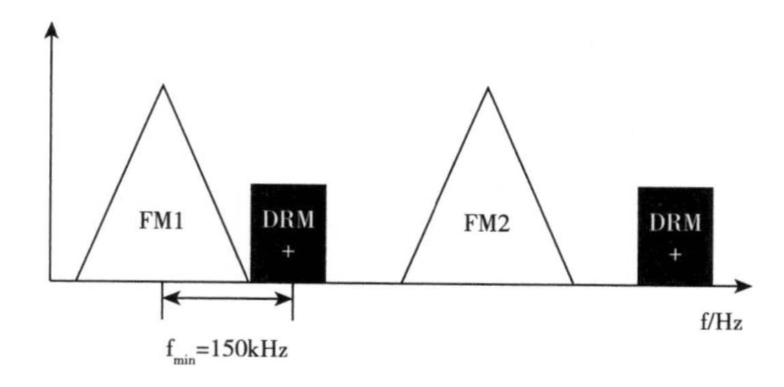

图15-26　DRM+与模拟FM同播的频谱安排图

DRM+系统是基于数字长、中、短波系统DRM进行扩展的，因此其系统构成与DRM基本上是一致的，图15-27是DRM+的系统构成原理图。

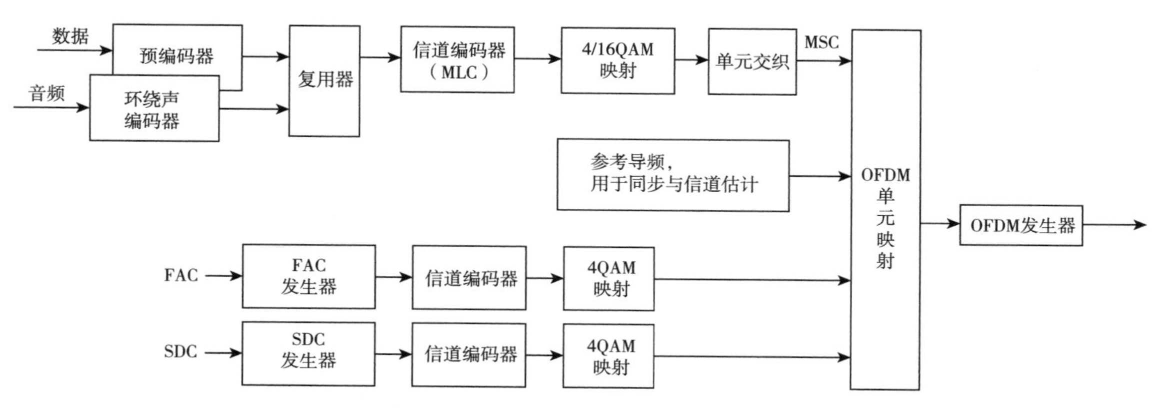

图15-27　DRM+系统构成原理图

本节执笔人：张乃谦

第十六章

电视发送技术

第一节｜模拟电视发送

一、发展历史

模拟电视采用模拟传输系统，使用模拟调制传输电视图像和声音信号，以连续波形式发送电视信号。模拟电视信号的亮度、色彩、声音的参数变化完全模拟实际的物理参数变化。

模拟电视发送技术，主要指将符合电视广播标准的图像（视频）和伴音（音频）信号，根据调制理论在规定的中频实现调制，然后采用频率变换技术，变成符合电视广播标准射频特性要求的高频信号，并通过性能良好的高频功率放大器放大到额定功率电平，最后由电视发射天线以电磁波的形式辐射出去，以实现电视覆盖的一种电视节目传输技术。

图 16–1　John Logie Baird与最早的电视系统[①]

1926年贝尔德（John Logie Baird）发明了电视系统（图16–1），1936年1月，BBC建成世界第一座电视发射台，并于11月2日第一次正式播送电视节目。1946，年美国第一次播出全电子扫描电视，从此，电视由机械扫描时代进入电子扫描时代。1954年，美国彩色电视试验成功并正式播出，成为第一个播出彩色电视的国家。模拟电视发射技术演变至今，特别是表现在以高频功率放大器件为基础，不断出现大功率全固态电视发射机、改进型速调管发射机和IOT发射机等。

（一）米波（VHF）电视发射机

早期电视发射机多为电子管式，工作在米波段，采用高电平调制，在末前级进行栅极调制，末级为直线放大，这种调制方式的残留边带特性很难做得精确。20世纪70年代初出现了中频调制技术，其优点是中频载波的频率较低且固定，便于实现优质调制和用声表面波滤波器（Surface Acoustic Wave Filter，SAWF）来精确形成残留边带特性。此中频组件可通用于各个频道和各种功率等级的发射机，同时，也提供了在中频进行信号处理的可能性，并发展到今天的数字预校正技术。图16–2为典型的VHF模拟电视发射机。

① 机械电视的发明.影响世界的专利(1925–1926)[EB/OL].[2024–01–24].https://www.sohu.com/a/286667570_100021931.

图16-2 VHF模拟电视发射机①

（二）分米波（UHF）电视发射机

（1）速调管电视发射机。速调管是出现于20世纪30年代的微波器件，20世纪40年代后，由于雷达技术的发展，速调管技术得到很大发展。20世纪50年代末60年代初，人们开发出了分米波发射机，其采用的是适用于分米波的速调管。速调管的优点是功率增益大、激励功率需求小、寿命长；缺点是耗电大、效率低、运行费用高、线性差、价格高。

（2）四极管电视发射机。由于电子管技术的进步，20世纪70年代中期开始，四极管逐步被引入分米波发射机，并以其效率高、线性好和价格低等优势，逐步取代了速调管。

（3）感应输出管（Inductive Output Tube，IOT）电视发射机。20世纪80年代后期，人们开发出了感应输出管，它兼有速调管和四极管的特点，所以又叫速调四极管。其特点是效率高于四极管、寿命类似速调管、线性优于速调管、价格居中（比四极管高，比速调管低）。由于它具有寿命长、效率高和价格低的优势，20世纪80年代末90年代初出现了IOT UHF 发射机，并有了一定的产量。

（4）固态电视发射机。20世纪70年代末出现了固态电视发射机，大功率晶体管技术的发展使固态电视发射机的功率随之提高。早期分米波电视发射机采用双极晶体管，米波机采用金属氧化物场效应管，产品价格较高，随着元器件的发展，产品价格逐步下降，特别是米波发射机的价格下降较快，因此，米波电视发射机很快得到了推广。分米波发射机较长时间价格下不来，推广较慢，这时又出现了IOT 式发射机，这一时期固态发射机与电子管发射机同时存在，直到20世纪90年代中期以后，生产厂家增多，价格逐步下降。电子管发射机才逐渐被淘汰。图16-3为典型的全固态合放式模拟电视发射机，其以可靠性高、维护简单等优势得到了广泛应用。全固态合放式模拟电视发射机的整机效率与四极管发射机相当。主要的生产商包括日本的NEC 和东芝、HARRI TVT（原PYE TVT公司）和法国THOMSON 公司等。

图16-3 全固态合放式模拟电视发射机②

二、模拟电视发送调制技术

自从20世纪五六十年代开始，实际用于彩色电视广播的只有属于同时制的NTSC（National Television System Committee）制和PAL（Phase Alteration Line）制，以及属于顺序—同时制的SECAM（Seqntial Clour and Mmory）制，它们都是兼容制式。本文下面以NTSC、PAL和SECAM制为例，详细讨论模拟电视发送调制技术的特点。

NTSC制式的色度信号调制特点为平衡正交调幅制，它将正交调制与平衡调幅结合起来，把两个色差信号分别对相位正交的两个副载波进行平衡调幅，得到已调色度信号。NTSC制电视的供电频率为60Hz，场频为每秒60场，帧频为每秒30帧，扫描线为525行，图像信号带宽为6.2MHz。NTSC制

① 悦兴科技.模拟电视发射机［EB/OL］.［2024-01-24］http://www.asyxkj.com/mlds//.

② 杭淳广播电视.模拟电视发射机［EB/OL］.［2024-01-24］http://www.hangchun.com/product/e/?hc16.html.

色度信号组成方式简单，视频处理方便，亮度窜色少，无行顺序效应(爬行现象)，解决了彩色电视和黑白电视广播相互兼容的问题，但是存在相位容易失真、色彩不太稳定的缺点。NTSC 制发射机的编码原理如图16–4所示。

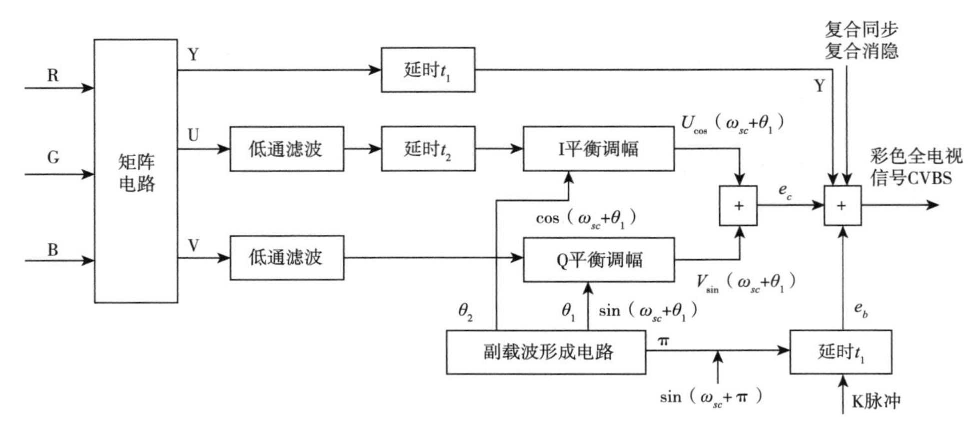

图16–4　NTSC调制原理图[①]

PAL制标准是为了克服NTSC制的相位敏感性在NTSC基础上改进并发展产生的，其技术特点是采用了逐行倒相正交平衡调幅制。图16–5为NTSC发射机的调制原理，在同时传送双色差信号中的一个色差进行逐行倒相，另一个色差信号进行正交调制，针对信号传输过程的相位失真，相邻两行信号的相位相反得以相互抵消和补偿，由此克服相位失真引起的色彩失真。PAL制电视的供电频率为50Hz、场频为每秒50场、帧频为每秒25帧、扫描线为625行、图像信号带宽分别为4.2MHz、5.5MHz、5.6MHz等。PAL制标准除了克服了相位敏感的缺陷，还采用1/4间置和25Hz偏置来确定副载波，实现了亮度与色度信号的频谱隔离，同时采用了梳状滤波方式减少亮度与色度信号间的干扰。缺点是PAL制的编码器和解码器都比NTSC制的复杂，信号处理也较麻烦，发射机和接收机的造价也高。

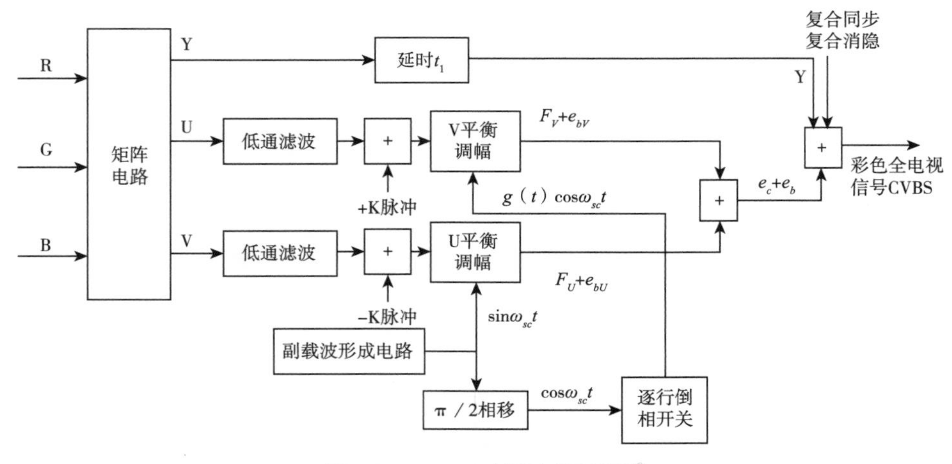

图16–5　PAL制调制原理图[②]

PAL制采用频分的方法来克服相位敏感性，而SECAM制则是用时分的方法来完成的。PAL制逐行依次传送色差信号，因而在同一时间内在传输通道中只有一个信号存在，这样就彻底解决了两个色度分量的互串现象。与NTSC/PAL不同的是，PAL制的色差信号对副载波的调制采用调频方式，这

①②　郑利民，李亮.电视制作技术—原理、设备与系统[M].北京：电子工业出版社，1995：258–274.

样，在传输中引入的微分相位失真将不会对大面积的彩色产生影响，SECAM色度信号几乎不受幅度失真的影响。SECAM制像PAL制一样，一秒钟能传送50场信号，每场625行。SECAM制的两个色度信号采用顺序传送，轮换调频发送，对两个副载波信号采用强迫定位方式。但由于逐行轮换传送色差信号，使得彩色电视清晰度有所下降。

三、模拟电视发射机技术

在SECAM、NTSC和PAL制等模拟电视发送系统中，就地面电视而言，主要由电视发射台和转播台组成的发射和转播网，是实现电视节目无线传输和覆盖的重要手段。在发射台中主要的设备是广播电视发射机。实质上模拟电视发射机包括电视图像和电视伴音两部发射机。

(一)电视图像发射机

根据电视标准的规定，图像调制方式采用振幅调制。以我国采用的PAL制式为例，需要用0MHz—6MHz的全电视信号对图像载频进行振幅调制。这样经调制后的已调波占据的带宽将为12MHz。显然，这样一来，已调波所占据的带宽与一定频段内所容纳的电视节目套数之间就产生了矛盾。为此，我们应设法在保证图像信号传输质量的前提下，尽可能地压缩图像已调波的带宽，以解决上述矛盾。由振幅调制理论可知，在调幅的上、下边带中，任何一个边带都携带有调制信号的全部信息。但如采用单边带发送方式，虽然可以最大限度地压缩带宽，却由于调制信号(视频)内含有极低的频率成分，甚至零频成分，在电路中很难取出完整的一个边带，实现不了单边发送的目的。然而，采用残留边带发送方式，即发送一个完整的边带(如上边带)，而将另一个边带(如下边带)滤除一大部分，保留一小部分(称为残留边带)，如图16-6所示，在电路上则很容易实现。同时也在很大程度上压缩了图像调幅波所占据的带宽，解决了图像已调幅波占据带宽与容纳电视节目套数之间的矛盾，节省了频率资源。而对整个收、发系统而言，这样操作可以简化电视接收机的高频电路，简化收、发天线的结构。同时，对电视发射机和电视差转机而言，其高频通道的带宽更易于实现，还相应地提高了输出功率。为此，世界各国电视标准规定图像信号传输皆采用残留边带发送方式。

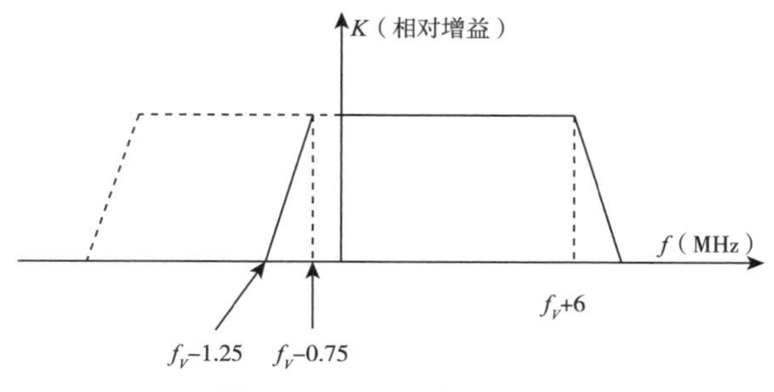

图16-6 残留边带特性

发射机工作于甚高频(Very High Frequency，VHF)和超高频(Ultra High Frequency，UHF)频段：电视图像发射机中被传送的信号是电视图像信号，其带宽为0MHz—6MHz。为了便于实现振幅调制，根据调制和解调的实践证明，载波频率的选择至少应高于调制信号最高频率的若干倍(如5倍以上)，否则已调波占用的相对带宽很宽，甚至无法实现。同时，也会造成解调后的信号严重失真。为此，图像载频的选取至少应高于30MHz(即短波波段)。同时考虑收、发天线的结构尺寸及电波的传播特点等因素，电视图像的工作频段应确定为VHF和UHF频段。此时，图像调制波形采用直接波传播，模拟电视信号只能进行视距传播，为了尽可能扩大覆盖范围，模拟电视发射多采用高塔大功率建站。

(二)伴音发射机

根据电视广播标准规定，电视伴音须采用调频制。电视伴音发射机实质上就是一部调频发射机。不过电视伴音发射机与调频广播发射机相比，它不是独立工作的，而是受电视图像发射机制约的。如播出的节目内容(声音)受图像内容的制约，功率等级受电视图像发射机的限制，载波频率将随图像载波频率而变化等。

为了保证图像信号和伴音信号能同时在规定的电视频道内传输，由于图像信号本身的特点，已规定采用残留边带调幅发送方式，占据的频带已经确定，而伴音信号从提高传输质量考虑采用调频制，也需要占据一定的频带。考虑可能出现伴音载频与高频彩色副载频差拍的影响，我国的模拟电视选择二者差拍为半行频的整数倍，这样伴音载频既不会干扰图像信号，也不会超过规定的频道范围。

(三)电视差转机

在模拟电视传输系统中,电视差转机设置于发射天线和接收天线之间,其主要功能是作为一种转播设备实现未解调节目的频率移置。电视差转机同电视发射机一样,都是地面电视广播网的重要组成部分。

电视差转机会将收到的主台信号通过频率变换、放大后,再用另一频道发射出去,从而扩大主台的覆盖范围或服务面积。经差转后的节目播出质量会有一定的下降,部分场景也使用调制器替换接收单元而插播本地节目。差转台的设置主要考虑经济合理条件下电视节目覆盖的要求,涉及频道分配、选站、天线高度、覆盖范围和发射功率等技术指标。其中,电视差转机的关键是信号混频,其他部分与电视发射机的构成基本一致,其发展历史始终伴随着电视发射机的发展。

电视差转机从工作原理的角度主要分为一次变频式单通道差转机、二次变频式单通道差转机和二次变频式双通道差转机。一次变频式单通道差转机将主台信号接收下来,经过高频放大器放大,再与本振产生的振荡信号在变频器中变频,输出信号经过滤波和功放,送至发射天线,按另一频道信号辐射出去。二次变频式单通道差转机将高频放大信号经过第一变频器转换为中频信号,再经过中频放大并通过第二变频器转换为另一频道的频率信号,以完成变频处理。二次变频式双通道差转机则是将接收到的主台信号转换为中频信号后对图像和伴音分别变频处理的差转机。双通道差转机主要用于大、中型功率转播台,单通道差转机主要用于中、小型功率转播台。

(四)模拟电视发射机的组成

电视发射机是由电视图像发射机和电视伴音发射机组成的,但就其组成类型而言,却是依据电视图像发射机来进行分类的。具体来说,就是依据电视图像发射机的输出功率大小、工作频段、被传送信号性质、调制级功率电平和载波频率高低、功率放大方式以及高频功率放大器所采用的器件来加以区别的。例如,按输出功率分类,可分为小型(1kW以下)、中型(1kW—10kW)电视发射机和大型(10kW以上)电视发射机;按工作频段(波段)分类,可分为VHF(米波)电视发射机和UHF(分米波)电视发射机;按传输信号性质分类,可分别为黑白电视发射机、彩色电视发射机和多色电视发射机;按调制级功率电平和载波频率高低分类,可分为低、中、高电平调制电视发射机和低电平中频调制发射机;按功率放大方式分类,可分为分别放大式和共同放大式电视发射机;按高频功放机所采用的器件分类,可分为全固态电视发射机、电子管电视发射机、速调管电视发射机和IOT(感应输出管)电视发射机。电视差转机则是用于转播台的一种转播设备,分类基本与电视发射机相同。

(五)模拟电视发射机的系统原理

以下,本文将从功率放大方式的角度分别描述分别放大式与共同放大式模拟电视发射机的系统原理。

1.分别放大式电视发射机

分别放大式电视发射机,是指采用低电平中频调制方式,将图像高频信号和伴音高频信号分别由两个互不影响的放大通道放大到所规定的功率电平的一种组成类型,通常又称双通道电视发射机。由图16-7可知,电视发射机由视频通道、中频通道和高频通道3部分组成。视频通道主要对视频进行处理,主要包括放大器和微分校正电路。中频通道,主要包括图像中频调制器、残留边带滤波器和中频信号处理器。高频通道主要包含本振和倍频电路、图像变频器和高频线性功放、伴音变频器等。对于电视图像发射机而言,是将经处理后的视频信号在中频实现图像调制,并经残留边带滤波器,以形成残留边带调幅波信号;再经过中频处理电路送至图像变频器进行频率变换,以得到图像高频信号;由高频线性功放放大至额定电平送至双工器。对于电视伴音发射机而言,将经过处理的伴音信号,在中频实现伴音调制,采用锁相稳定电路实现直接调频,由此形成伴音调频信号,再经伴音变频器进行频率变换得到伴音高频信号。然后经高频功率放大器放大到额定电平,送至双工器。最后双工器将电视图像发射机和伴音发射机的输出功率进行功率合成后送至电视发射天线发射出去。对于VHF和UHF发射机而言,仅在高频部分有所差异,根据高频功率放大器所采用的功放器件不同,如全部采用晶体管或场效应管，则称为全固态电视发射机；如在高功率级分别采用电子管、速调管和IOT，则分别称为电子管电视发射机、速调管电视发射机和IOT电视发射机。

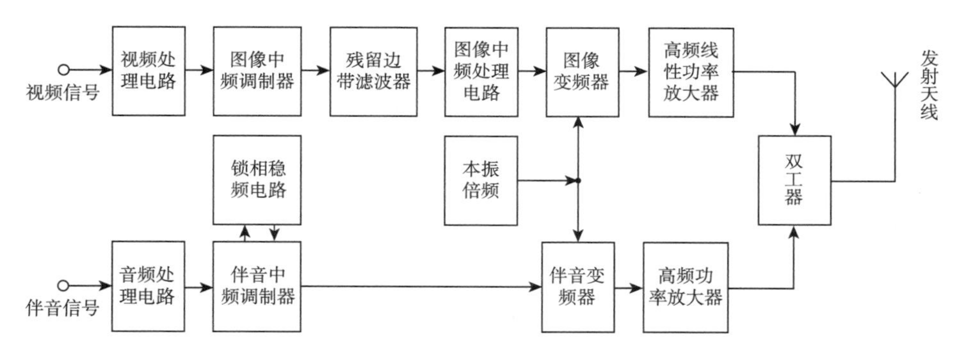

图16-7 分别放大式电视发射机原理图

2.共同放大式电视发射机

共同放大式电视发射机，是指采用低电平中频调制方式，将图像已调幅波信号和伴音已调波信号合成后，共同由一个放大通道放大到额定功率电平的一种组成类型，通常又称为单通道电视发射机。

由图16–8可知，共同放大式电视发射机的特点是将图像信号和伴音信号分别经由中频调制，并经处理后在中频通道合成。也可以将图像信号和伴音信号均在低电平中频实现调制。由图像变频器和伴音变频器分别变换成所规定发射频道的高频信号，并分别经过放大器在高频通道进行合成。共同放大式电视发射机在中频合成之前，图像部分和伴音部分的组成与分别放大式电视发射机基本相同。不同之处仅在视频处理电路中省去了微分相位校正电路。在中频合成之后，图像和伴音中频合成信号就变成了由一个共同的通道传输的形式。在高频通道省去了伴音变频器、伴音高频功率放大器和大功率双工器等，从而简化了设备，降低了成本。

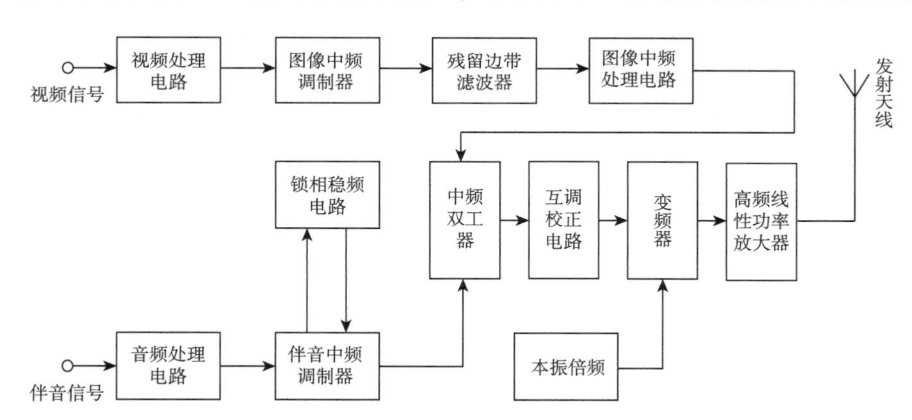

图16-8 共同放大式电视发射机原理图

本节执笔人：胡峰

第二节 数字电视发送

数字地面电视广播泛指通过VHF和UHF频段采用数字技术广播视频、音频和辅助数据业务的传播方式，由于其具有简单接收和移动接收的能力，是一种较为经济的大范围信号覆盖方案。自20世纪90年代初开始，世界各国逐步开展广播电视信号的数字化工作，通过30多年的发展，已经完成了两代技术标准的研究和制订，得到了广泛推广和应用，取得了巨大成功。然而，随着近10年以来移动通信网络快速发展带来的不断冲击，传统广播电视业务正在萎缩，终端用户数量逐年下降。我们将从广播技术发展的角度回顾数字地面电视广播标准发展历史，分析广播电视与移动通信融合发展的现状和未来趋势，探讨5G/6G时代保持广电在广播电视领域竞争力的方法和途径。

一、数字地面电视广播标准发展

数字地面电视广播标准的研发可追溯到1972年7月5日至18日CCIR(ITU–R的前身)在日内瓦召开的关于发起数字电视广播及HDTV研究的会议，该次会议首次将数字电视广播和高清视频的研究列入日程，并且形成了6/7/8 MHz 3种与模拟电视兼容的带宽模式，为后续数字地面电视广播的标准化研究打下基础。1991年，全球首个地面数字广播标准草案提出，基于该草案，现代数字地面电视广播系统的研究工作正式开始(图16–9)。

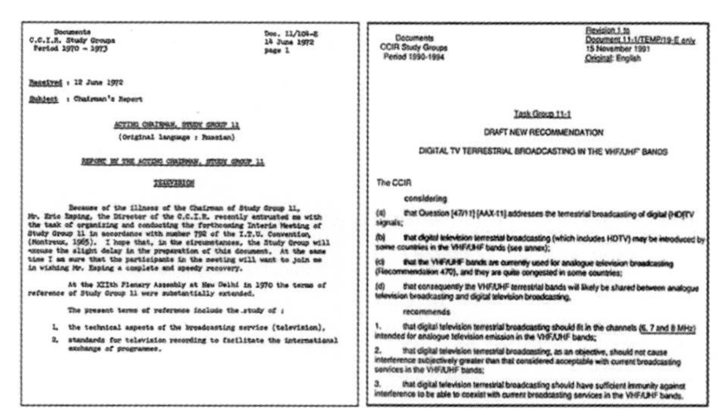

Documents
C.C.I.R. Study Groups
Period 1970 – 1973

Doc. 11/104-E
14 June 1972
page 1

Received : 12 June 1972

Subject : Chairman's Report

ACTING CHAIRMAN, STUDY GROUP 11

(Original language : Russian)

REPORT BY THE ACTING CHAIRMAN, STUDY GROUP 11

TELEVISION

Because of the illness of the Chairman of Study Group 11, Mr. Eric Esping, the Director of the C.C.I.R. recently entrusted me with the task of organizing and conducting the forthcoming Interim Meeting of Study Group 11 in accordance with number 792 of the I.T.U. Convention, (Montreux, 1965). I hope that, in the circumstances, the Study Group will excuse the slight delay in the preparation of this document. At the same time I am sure that the participants in the meeting will want to join me in wishing Mr. Esping a complete and speedy recovery.

At the XIIth Plenary Assembly at New Delhi in 1970 the terms of reference of Study Group 11 were substantially extended.

The present terms of reference include the study of :

1. the technical aspects of the broadcasting service (television),
2. standards for television recording to facilitate the international exchange of programmes.

Documents
CCIR Study Groups
Period 1990-1994

Revision 1 to
Document 11-1/TEMP/19-E only
15 November 1991
Original: English

Task Group 11-1

DRAFT NEW RECOMMENDATION

DIGITAL TV TERRESTRIAL BROADCASTING IN THE VHF/UHF BANDS

The CCIR

considering

(a) that Question [47/11] [AAX-11] addresses the terrestrial broadcasting of digital (HD)TV signals;

(b) that digital television terrestrial broadcasting (which includes HDTV) may be introduced by some countries in the VHF/UHF bands (see annex);

(c) that the VHF/UHF bands are currently used for analogue television broadcasting (Recommendation 470), and they are quite congested in some countries;

(d) that consequently the VHF/UHF terrestrial bands will likely be shared between analogue television broadcasting and digital television broadcasting,

recommends

1. that digital television terrestrial broadcasting should fit in the channels (6, 7 and 8 MHz) intended for analogue television emission in the VHF/UHF bands;

2. that digital television terrestrial broadcasting, as an objective, should not cause interference subjectively greater than that considered acceptable with current broadcasting services in the VHF/UHF bands;

3. that digital television terrestrial broadcasting should have sufficient immunity against interference to be able to coexist with current broadcasting services in the VHF/UHF bands.

图16–9　左：1972年7月CCIR会议上首次提出数字电视广播；右：全球首个地面数字广播标准草案于1991年提出

全球数字地面电视广播系统总体可划分为两代：第一代系统包括2000年ITU–R BT.1306接纳的三个地面数字广播系统：ATSC，DVB和ISDB，以及2011年增加的第4个系统——由我国研制的DTMB系统。第二代系统标准形成于2012年，ITU–R BT.1877–1正式采纳了DVB–T2作为新一代的电视广播标准，在2019年年底，美国的ATSC 3.0和我国的DTMB–A也被ITU采纳，形成第二代数字地面广播标准三足鼎立的局面。

(一)第一代地面数字广播标准

1995年，ITU–R第11/3任务组首次发布了VHF/UHF波段的数字地面电视手册，并于1996年1月进行了更新。该文件确立了数字地面电视广播系统模式的最初设计模型，如图16–10所示。按照该基本框架，第一代地面数字广播标准的主要任务是完成模拟电视向数字电视的升级，以提升音视频服务的质量。从技术层面，第一代标准的制订主要明确了模拟电视数字化过程中的纠错、帧结构、调制和发射等方法，整体上有以下几点要求：

- 与6/7/8 MHz带宽的模拟电视兼容；
- 单一信道同时支持高清、标清、低清等不同等级的视频传输；
- 帧结构能够灵活适应码流速率；
- 需要考虑同频/邻频干扰、点火噪声、多径等影响；
- 同时支持单载波和多载波调制方式；

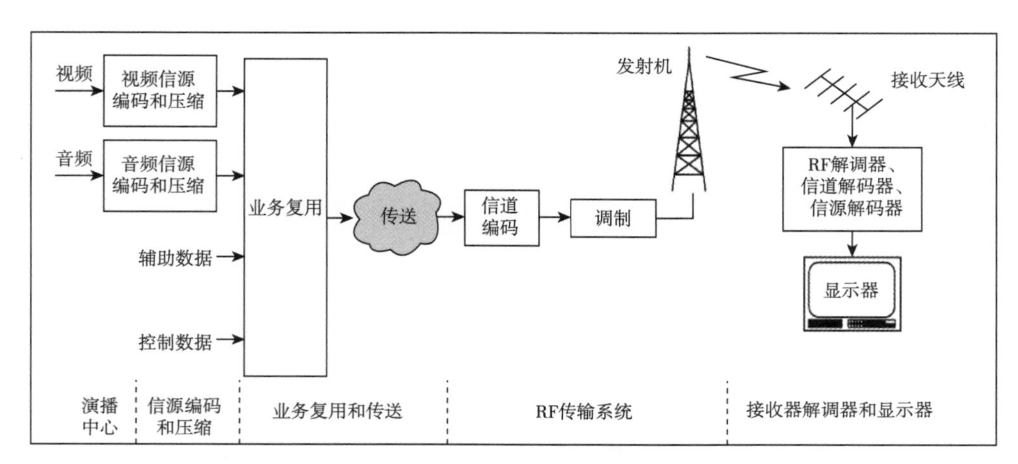

图16–10　数字地面电视广播系统模式设计原型

第一代标准一共采纳了4个系统，分别是美国的ATSC(系统A)、欧洲的DVB–T(系统B)、日本的ISDB–T(系统C)和我国的DTMB(系统D)。ATSC信源编码采用MPEG–2视频压缩和AC–3音频压缩，信道编码采用单载波VSB调制，具有噪声门限低(接近14.9dB的理论值)、传输容量大(6MHz带宽传输19.3Mbps)、传输远、覆盖范围广和接收方案易实现等优势，但由于不能有效对付强多径和快速变化的动态多径，造成某些环境中固定接收不稳定以及不支持移动接收。DVB-T标准采用的大量导频信号插入和保护间隔技术使得系统具有较强的多径反射适应能力，在密集的楼群中也能良好接收，除能够移动接收外，还可建立单频网，适合于信号有屏蔽的山区。另外，系统还对载波数目、保护间隔长度和调制星座数目等参数进行组合，形成了多种传输模式供使用者选择。主要缺点是频带损失严重、抗干扰能力不足以及覆盖范围较小。ISDB-T和DVB-T非常类似，基于COFDM技术，增加了频谱分段传输与强化移动接收，这是对数字地面电视体系众多参数及相关性能进行客观分析优化组合的结果。我国自主研发的DTMB系统借助后发优势，采用独创的TDS-OFDM制式、LDPC编码以及时域频域联合处理技术，相对于其他第一代数字地面电视国际标准，在信号频谱效率和抗干扰性能等方面具有明显优势，领先于其他第一代数字地面电视国际标准。

第一代标准的技术参数对比如表16-1所示。

表16-1　第一代数字地面电视标准技术参数对比

特性	ATSC	DTMB	DVB-T（DVB-H、DVB-SH）	ISDB-T
广播类型	多媒体、电视	多媒体、电视	多媒体、电视	声音、多媒体、电视
净数据率	取决于调制和编码速率： a)4.23-19.39 Mbit/s b)4.72-21.62 Mbit/s c)5.99-27.48 Mbit/s	取决于调制、编码速率和帧头开销： a)3.610-24.436 Mbit/s b)4.211-28.426 Mbit/s c)4.813-32.486 Mbit/s	a)0.42 to 3.447 Mbit/s b)1.332 to 10.772 Mbit/s 2.33 to 14.89 Mbit/s c)1.60 to 12.95 Mbit/s 2.80 to 23.5 Mbit/s d)1.868 to 15.103 Mbit/s 3.27 to 27.71 Mbit/s e)2.135 to 17.257 Mbit/s 3.74 to 31.67 Mbit/s	n × a)0.281 to 1.787 Mbit/s b)0.328 to 2.085 Mbit/s c)0.374 to 2.383 Mbit/s
频谱效率(bit/s/Hz)	0.55-1.48	0.64-4.30	0.28-2.44，0.46-1.86	0.66-4.17
单频网		支持	支持	支持
调制方式	8-VSB	4-QAM-NR，4-QAM 16-QAM 32-QAM 64-QAM	QPSK，16-QAM，64-QAM 4，MR-16-QAM 4，MR-64-QAM 4 TDM 3：QPSK，8-PSK，16-APSK	DQPSK，QPSK，16-QAM，64-QAM
内部前向纠错	2/3 trellis，concatenated 1/2 or 1/4 trellis	LDPC code 0.4(7 488，3 008)， 0.6(7 488，4 512)， 0.8(7 488，6 016)	a) 卷积编码、64态1/2母编码率。删余率2/3、3/4、5/6、7/8 b) 来自3GPP2的Turbo码，母信息块大小为12 282位。速率通过删余获得：1/5、2/9、1/4、2/7、1/3、2/5、1/2、2/3	卷积码、64态1/2母编码速率 删余率2/3、3/4、5/6、7/8

第一代技术标准实现了从模拟到数字的升级，但由于编码调制技术尚未成熟，无论是多载波还是单载波模式，都暴露出了传输能力不足、应用场景单一等问题。

(二)第二代地面数字广播标准

2008年，欧洲颁布了第二代数字地面电视广播标准DVB-T2，标志着数字地面电视标准开始向第二代迈进。2012年8月，DVB-T2被ITU-R BT.1877-1采纳，正式成为第一个第二代数字地面电视国际标准。相较第一代技术标准，DVB-T2采用高效率调制方式，降低开销增加选项，频谱效率比DVB-T高约30%，在8MHz带宽内能够支持TS流传输速率高达50Mb/s，显著提高传输速率。同时，由于采用LDPC+BCH纠错编码替代原有的卷积码，接收C/N门限比DVB-T显著降低。此外，DVB-T2还通过引入高达256阶的QAM调制、高达32K的FFT块长以及优化的导频技术、多层帧结构的超帧、多天线等技术，整体性能大幅提升。

为应对DVB-T2的国际市场竞争和适应超高清电视广播传输的需要，我国的DTMB系统也继续演进至DTMB-A，并于2015年正式列入ITU-R BT.1306建议书，成为数字地面电视系统E。DTMB-A具有传输容量大、信号接收灵敏度高、抗干扰能力强、高速移动接收性能好等特征，主要技术特点包括：新的灵活帧结构大幅度降低接收机复杂度和能耗，灵活支持多种业务；支持256QAM/256APSK等高阶调制；基于Golay-APSK的调制体制，在提高频谱效率的同时提高差错控制性能，保证传输的可靠性；新型LDPC码进一步降低载噪比门限；采用多天线发射分集技术获得空间分集增益获得更好的信号覆盖等。

与此同时，作为首个数字地面电视国际标准的ATSC也在向第二代标准升级。不幸的是，ATSC的第二代标准ATSC 2.0出现了重大的失误，由于缺少对于4K超高清的支持，导致其在发布之前就已经落后于行业需求。为此，ATSC 2.0在进行了有限的试验后，并未进行产业化推广，便全面开始转入ATSC 3.0的研发。ATSC 3.0与ATSC 1.0标准相比有了显著改进。它采用COFDM技术替代了原有的单载波模式，通过先进的编码和调制技术提升了频谱资源的使用效率，以满足超高清视频内容的传输。值得注意的是，ATSC在2.0的制定中就已经将个性化需求和交互作为一个工作重点，并在ATSC 3.0实现了与广播与宽带网络混合传输，将互联网作为反向信道，打通线性广播和个性推送的通道，与用户之间形成一个闭环。

上述3种系统的技术参数对比如表16-2所示。从总体上来看，相较第一代数字地面电视广播系统，第二代数字地面电视广播系统的灵活性和传输能力得到了明显提升，并且通过用IP化替代传统的TS流模式，实现了与宽带网络的接口适配，为广播服务的应用场景和商业模式创造了更加广阔的想象空间。

表16-2　第二代数字地面电视标准技术参数对比

特性	ATSC 3.0	DTMB-A	DVB-T2
广播类型	声音、多媒体、电视	多媒体、电视	多媒体、电视
净数据率(Mbit/s)	取决于调制和编码速率： a)0.93-57.9 b)1.08-67.5 c)1.24-77.2	取决于调制、编码速率和帧头开销： a)3.75-38 b)4.38-44.4 c)5.0-50.73	7.5-50.5
频谱效率(bit/s/Hz)	0.26-10.36	0.66-6.52	0.98-6.50
单频网	支持	支持	支持
调制方式	QPSK，16-NUC，64-NUC，256-NUC，1024-NUC，4096-NUC(Non-Uniform constellation)	QPSK，16-APSK，64-APSK，256-APSK	QPSK、16-QAM、64-QAM、256-QAM，具有或不具有 针对每个物理层管道的星座图旋转
内部前向纠错	LDPC code with code rates 2/15，3/15，4/15，5/15，6/15，7/15，8/15，9/15，10/15，11/15，12/15，13/15	LDPC code with block size of 61 440 or 15 360 bits and code rates of 1/2，2/3，5/6	LDPC code with code rates 1/3，2/5，1/2，3/5，2/3，3/4

(三)数字多媒体广播标准

ITU-R一直以来习惯于把电视和多媒体广播作为两类业务，并且对建议书进行区分，除了上述的电视标准，ITU-R BT.2016中还定义了6种数字多媒体广播系统，分别是T-DMB、AT-DMB、ISDB-T(用于移动接收)、DVB-SH、DVB-H、DVB-T2 Lite。从传统观点看来，便携式设备和移动设备具有数据速率低的特点，因而其播放的视频和音频质量要远低于用于固定接收的电视。而随着移动终端性能和移动通信容量的快速提升，当前的所有手机均能够播放高质量的视听内容，加之IP化的广播系统进一步消除了电视业务流与电信网络的适配，电视与多媒体广播的区分度越来越小。

ITU-R所采纳的数字多媒体广播标准大多与电视（或音频）广播标准紧密联系，是综合考虑便携性和移动性后，对终端性能需求进行裁减后形成的简化版本，如DVB-T2 Lite即直接命名为DVB-T2简化版。我国也于2006年制订了多媒体广播标准CMMB，但最终并未被国际电联采纳。由美国高通公司研发的MediaFLO系统也曾经作为多媒体系统M被ITU-R采纳，但后来于2013年因服务停止，项目组主动要求从标准中撤回。为叙述简明，如未特别指出，本节后续所述的数字广播电视业务默认包含多媒体广播。

（四）数字地面电视广播系统部署情况

DVB、EBU和BNE共同维护的数据库显示，截至2022年7月，全球共有160个国家部署或采纳的数字地面电视广播系统，覆盖全球91.3%的人口。

二、广播电视与移动通信的融合发展

长久以来，广播电视技术发展的驱动力主要来自更高清晰度的数字视频，因而在国际标准的制订中，视频与传输总是相伴相生。高清电视的收视需求促进了模拟电视广播向第一代数字电视广播的升级，而第二代数字电视广播的出现则适应了超高清视频的需求。仅从地面广播电视网络本身来说，广播电视传输的终极目标可以简单地归纳为突破编码和调制技术，满足任何时间任何地点任意清晰度——甚至无压缩——的电视收视需求。然而，互联网技术的快速发展改变了广播电视用户被动接收的收视习惯，人们的个性化需求日益凸显，是否能提供“按需服务”成为占领市场的关键因素。受限于缺少用户上行传输通道，地面广播电视系统无法仅依靠自身来实现逻辑闭环，与宽带网络、移动通信网络等其他系统的适配成为必经之路。

2013年，国际电联电信发展局发布了一份名为《广播的发展趋势：概论》的研究报告，该报告概括了所有国际电联成员国正在面临的技术变革和管理挑战并提纲挈领地描述了音像内容开发和互联网广播等方面未来可能的发展趋势，指出移动网络连接速率的快速增长将足够使得LTE网络（4G网络）为更小屏幕站点传送基于 IP 的无线电业务和电视业务。该报告在结论中预测到2020年移动网络通常将提供超过3Mbps的速率，能满足非超大屏幕的良好画面质量要求，将与广播技术形成良性互补，共同为终端用户提供多媒体服务。实际上，据知名测速网站Speedtest统计，2020年移动网络速度排名前50的国家和地区的平均4G网络速率达到了下行39.18Mbps和上行11.63Mbps，并且与预料中与广播电视网络形成互补相反，移动网络正慢慢蚕食掉广播电视的市场份额。在移动互联网的大环境下，广播电视运营商也在努力探索与移动通信深度融合的道路。

（一）2G/3G移动通信与广播电视的融合

移动互联网的快速发展是很多技术因素叠加的结果，Web 2.0极大地扩充了互联网内容的提供者规模，半导体产业遵循摩尔定律为手机终端提供稳定的性能升级，移动通信则通过10年一代（或5年半代）的技术革新保障网络速率。

一般认为，移动通信自1990年开始进入数字化升级，即第2代移动通信，与第一代数字地面广播电视的开始时间基本一致。与广播电视能够提供较高清晰度的音视频内容不同，2G移动通信只能够提供语音、短信以及100kbps左右（2G后期的Edge技术）的数据服务，无法满足移动用户的多媒体业务需求。在这种背景下，广播和通信开始了第一次“蜜月期”——广播运营商想通过手机终端提高广播用户覆盖，而移动通信运营商则想通过广播提升多媒体服务水平。2000年开始，在手机中同时集成广播和通信两个芯片成为发展主流，欧洲的DVB-H，韩国的T-DMB，美国的MediaFLO以及我国的CMMB等，纷纷开始产业化试点和推广。2006年，全球第一款支持移动电视接收的手机终端诺基亚N92上市，在随后的几年中，支持各种广播电视制式的各种同类终端不断涌现，掀起一阵商用浪潮。与此同时，在3GPP标准的研究中，如何利用移动通信自身网络，在网络带宽和速率受限的情况下，为更多的用户同时提供多媒体服务，也成为一个技术重点(图16-11)。

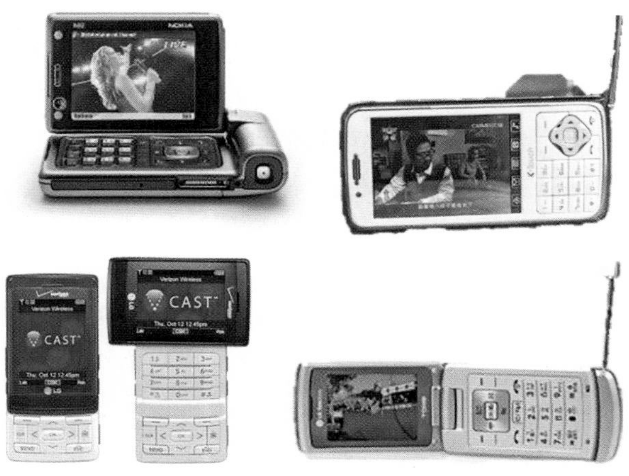

图16-11 支持移动多媒体广播的2G/3G手机终端，从上至下、从左至右依次为支持DVB-H(Nokia N92)、CMMB(天语V958)、MediaFLO(LG VX9400)、T-DMB(LG Shine DMB定制版)

令人遗憾的是，在短短不到10年的时间里，这些曾如火如荼的商用服务相继中止，广播电视与移动通信(在终端侧)融合的第一次尝试以失败告终。

与此同时，移动通信的研发人员也在学习和研究广播式传输方式，努力在移动通信体系内部闭环实现多媒体内容的广播服务，以缓解视频内容带来的流量压力。2004年，3GPP Release 6提出了多媒体广播组播服务(Multimedia Broadcast Multicast Services，MBMS)，该标准确立了广播多播的工作模式，服务于多媒体数据分发，在并在之后的Release 7中定义了单频网(Multicast Broadcast Single Frequency Network，MBSFN)，为多基站连续覆盖提供基础。2016年，国际电联在ITU-R BT.2049-7中增加了MBMS的系统描述。

2007年，曾经被预测将“杀死”DVB-H的MBMS迎来了首次试验，试验由华为、高通与意大利电信公司一同参与，验证了MBMS服务可在多种室内和室外环境下以最大256kbps的速率为移动终端提供服务。而后续由于其多媒体服务能力远低于广播电视标准，因而并未取得成功。

可以看出，在抢占移动终端电视/多媒体业务的竞争中，不仅是广播电视标准内部的竞争，更是广播和移动通信两大阵营的竞争。在这一阶段，虽然双方都未能取得成功，但整体看来，广播电视凭借技术基础、频谱资源等优势，略微占据上风。

(二)4G移动通信与广播电视的融合

移动通信进入4G时代后，3GPP继续完善MBMS系统，于2009年Release 9推出了MBMS的增强版本——增强多媒体广播多播服务(Evolved MBMS)，通过几个版本的不断完善，实现了基于连接态的组播服务，并通过引入循环前缀(Cyclic Prefix，CP)和MooD机制(MBMS operation ondemand，MooD)提升用户体验和资源利用率。伴随着3GPP Release 13的制订，eMBMS在2013年开始全面进行商业推广，具体情况如表16-3所示。

表16-3 eMBMS的商用服务和试验情况

运营商（及合作方）	服务/试验	时间，国家	试验细节
中国电信；中兴和华为(设备)；Expway(中间件)	为青年奥林匹克运动会提供视频直播服务	2014年，中国	在校园区域开展了2次部署试点，第一次是为南京青奥会村的18 000名志愿者提供试用，第二次是在无锡的三所大学进行试验。
EE；BBC(内容)；三星，高通(终端和中间件)	在足总杯决赛期间提供直播视频和增强内容服务	2014—2015年，英国	一共有30个试用者，提供3个视角的高清码流及回放内容，用户可以自由选择
Telstra；Channel 7(内容)；高通(中间件)；爱立信，三星(终端)	赛马嘉年华的视频直播	2014年，澳大利亚	3路视频直播流和2路数据流(包括赛事信息、竞猜结果等)
Verizon Wireless；爱立信，诺基亚(设备)	INDYCAR app	服务开始于2016年，美国	同时提供了iOS和安卓软件，但只有安卓用户可以接收广播流；提供高清、无缓冲、无延迟的直播服务，含有3个独家直播视频流和音频流
Korea Telecom	为人流密集的城市场所提供电视直播服务	2015—2016年，韩国	为首尔和釜山地铁提供移动电视服务；有1路直播视频流

上述服务和试验为移动通信中的广播服务积累了宝贵经验，证明了eMBMS技术能够在无须对移动终端进行较大的升级改造的前提下高效提供交互式的广播服务，支持多种部署模式，具有极大的发展潜力。相应地，试验也暴露出了许多问题，如移动通信和广播的传输速率、覆盖范围等指标需要进一步提升。

最终，eMBMS的服务也没能一直持续，并且仅有高通公司一家生产出了支持eMBMS特性的芯片骁龙800，eMBMS的商业化尝试也偃旗息鼓。

(三)5G移动通信与广播电视的融合

无论是2G/3G时代广电主导的广播芯片+通信芯片的模式，还是4G时代移动通信主导的用通信思维做广播的模式，都是对广播和通信进行融合的创新尝试，究其失败原因，主要是广播和通信两个领域对于广播电视存在根本分歧，包括以下3点：

(1) 根本动机不同。广电的主要目的是占领快速普及的手机终端，提高用户数量；而移动通信则主要是想利用广电丰富的节目内容与高质量的多媒体服务。

(2) 对广播的理解不同。虽然表面看来，双方都是为了提供优质的视频/电视广播服务，但本质却有不同。对于广电来说，广播的传输方式是其不可动摇的根本；可对于移动通信来说，广播只是一种流量卸载的技术手段，是迫不得已的妥协。

(3) 业务运营主体矛盾。广播和移动通信是两张网络，分别由广电运营商和移动运营商主导。在融合的过程中，特别是4G时代的融合，移动运营商希望按照移动网络习惯将广播设备作为网元增加到现有的移动网络中；而广电运营商则希望具有独立的运营，只在终端进行业务融合。

广播电视相关从业者开始意识到，必须打破领域间的认知壁垒，协同合作，才有机会形成合力，突破广播电视与移动通信的障碍。基于这种考虑，广播电视内部分化为两条路线，一是以美国ATSC3.0为代表的阵营坚持以广电主导的广播电视标准为基础，与3GPP开展合作，并成为3GPP标准。二是以EBU为代表的阵营则是倾向直接加入3GPP组织，直接参与3GPP的标准制订，减少广播与移动通信的隔阂。

2014年，EBU发布了题为《LTE网络的广播内容分发》的研究报告，从移动网络承载广播电视内容的需求出发，分析了LTE/eMBMS在广播(主要是线性电视)能力上的不足，提出了eMBMS亟须解决的问题：

⑴ 提供Free-to-air模式以满足广播运营商的业务部署需求；⑵ 更长的CP以支持高塔高功率站点部署；⑶ 单播和组播/广播结合以提升传输效率；⑷ 不再保留单播资源以提升广播专用基站的可用资源。

此后，EBU作为eMBMS继续演进的主导方，从真正的广播电视的角度出发，参与了后续标准的制订。2017年，3GPP Release 14版本提出了FeMBMS (Further evolved MBMS)，也被称为增强电视广播(Enhanced TV，enTV)，该标准面向高塔高功率广播需求，增加了200μs CP、广播专用基站100% 频谱占用、支持最大60km站间距部署、非连接态的只接收模式(Receive Only Mode，ROM) 接收等新特性。这是移动通信网络支持高塔高功率广播——即传统广播电视——的首个技术标准，对于广播与通信的融合有着非常重要的意义。在Release 16标准中，FeMBMS得到了进一步的微调和完善。

在移动通信演进到5G NR后，为了3GPP中的广播技术更好的演进，在3GPP RAN #79会议上，确定广播组播业务向5G的演进分为地面广播(Terrestrial Broadcast，沿FeMBMS继续演进) 和混合模式广播(采用新的NR空口) 两条路线，前者服务于高塔高功率广播，而后者则侧重于基站侧的广播/组播与单播的融合。此后混合模式的研究正式立项为NR MBS(Multicast and Broadcast Services)，其第一个标准随着2022年6月Release 17的冻结而正式形成。NR MBS的主要特性包括：(1) 采用NR空口技术；(2) 广播/组播数据不再使用独立物理通道，而是复用PDSCH信道；(3) 具有广播/组播与单播同步切换的能。与地面广播路线不同，NR MBS并没有为高塔高功率部署进行专门设计，没有将SFN纳入标准化范围，且由于没有采用更长的CP长度，部署站间距最大仅为1.4km左右，限制了该技术在高塔高功率的部署。

(四)ATSC 3.0的广播电视与宽带融合

ATSC 2.0虽然失败了，但其注重与宽带网络结合的优势保留至ATSC 3.0，并成为ATSC 3.0能够走出一条特有道路的重要因素。ATSC 3.0引入了对于个性化数字内容传输和交互而言至关重要的应用环境。在使用电脑和移动设备时，消费者已经对互动功能习以为常，例如投票、购物等，但对于广播电视这样的单向服务而言是不可能实现的。ATSC 3.0建立在久经考验的互联网技术之上，可以让广播商提供定制的、动态的体验，包括动态广告置入、个性化图形以及第二屏应用同步等功能。这样，观众可以使用他们想要的功能，广告商也可以实现定向广告投放和更精确的收视率监测。ATSC 3.0还给广播商带来了在紧急时刻发布消息源的机会。由于ATSC 3.0支持广播宽带混合传输，广播商可以开发应用新的内容传输模式。他们既可以通过线性广播，也可以通过流媒体传输实时内容。他们还可以发送非实时内容，进行本地缓存并可在任意时间调用观看。新的标准可将互联网作为反向信道，与用户之间形成一个闭环。在数据传输方面，尤其是移动设备上，广播商始终具备高效传输的优势，并且有能力将一个信号传送给数百万用户。最重要的是，如何利用ATSC 3.0来提升电视观影体验、扩大覆盖面、处理好技术和商业的需求，完全取决于广播商自身。

ATSC 3.0曾尝试将标准写入3GPP但遭到了3GPP的拒绝，但这并没有阻止ATSC 3.0冲击移动端的脚步。2020年10月，项目组成功交付了数百部支持ATSC 3.0接收的手机，这批名为“ONE Media Mark One”的安卓手机由Saankhya Labs提供技术支持，搭载了Saankhya Labs SL4000 ATSC 3.0接收芯片，提供下一代电视接收、调谐和解调功能。如图16-14所示，Mark One依靠嵌入式天线，而不是广播电视传统的拉出式或悬挂式天线。

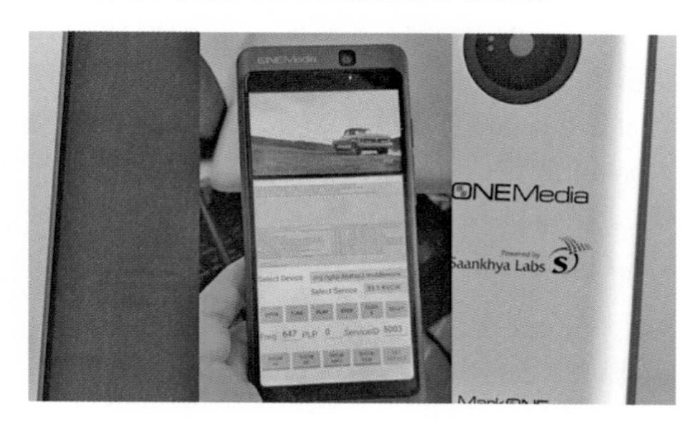

图16-12　搭载Saankhya Labs SL4000 ATSC 3.0接收芯片的手机[①]

三、5G广播技术演进

在2022年9月30日结束的国际电联ITU-R负责广播业务的第六研究组(SG6)会议上，由中国广电(CBN)主导的5G NR广播由3GPP标准成为ITU国际无线移动电视标准，命名为系统N，而此前已经被采纳的LTE广播被命名为系统L，至此，3GPP关于5G广播的两项技术标准均已被ITU采纳，标志着5G广播技术进一步得到国际认可。如上文所述，虽然5G广播这一概念是在3GPP Release 14冻结之后形成的，但实际上5G广播的标准化工作可追溯到2004年。结合移动通信的发展阶段，可将5G广播的标准化划分为4个过程：2G/3G时代的MBMS(Multimedia Broadcast Multicast Services，多媒体广播组播服务标准)、4G时代的eMBMS(enhanced MBMS)、4G/5G时代的FeMBMS(Further enhanced MBMS)、和5G时代的NR MBS(NR Multicast Broadcast Service)。

(一)MBMS与eMBMS标准

2004年9月，在3GPP SA第25次会议上，WG4提交了MBMS的第一个版本，标准号为TS26.346，随着Release 6的冻结而正式发布。该标准系统性地规定了MBMS服务的网络结构、传输过程、通信协议、数据格式等内容，并定义了数据下载和流媒体两类传输方法。与以往点对点(Point-to-Point, PTP)的服务方式不同，MBMS提供了点对多点(Point-to-Multipoint, PTM)服务，规定了广播和组播两种工作模式，二者的区别如表16-4所示。

① World's First ATSC 3.0 compliant Mobile Phone[EB/OL].[2020-04-22]https://saankhyalabs.com/sl-400x-mobile-tv-integrated-receiver/.

表16-4 MBMS组播和广播模式区别

模式	广播	组播
服务域	广播服务域内的所有终端	组播服务域内订阅的所有终端
服务订阅	无须订阅	必须订阅
交互能力	无上行交互链路	支持交互
接收鉴权	无鉴权，免费	支持收费，可免费

一个完整的MBMS组播流程包括服务通知、服务订阅、组播加入、数据传输、退出几个主要环节，而广播流程则只有服务通知和数据传输两个环节，因而无法保证终端在任何时刻接入都能够立刻获取服务通知，并且传输过程中的数据完整性也无法保证，这与当时的地面电视广播非常相似。为了更好地保证MBMS的服务质量，标准为广播组播增加了专用逻辑信道MCCH(MBMS PTM Control Channel)、MTCH(MBMS PTM Traffic Channel) 和MSCH(MBMS PTM Scheduling Channel)，分别用于传输控制信息、业务数据和调度信息。与广播电视网络不同，3GPP在设计MBMS的过程中尽可能保留了资源配置的灵活性，如图16-13所示，MCCH的重复周期和调整周期均可根据不同的传输需求进行配置。为了尽可能地提升频谱使用的效率，MBMS中还加入了计数(counting)机制，通过采集终端的接收兴趣，通过人为设置PTM触发门限，实现单播和组播、广播模式的动态切换。

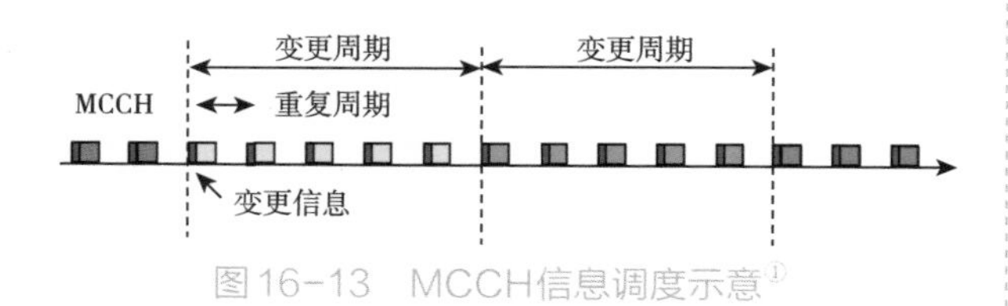

图16-13 MCCH信息调度示意[①]

为了进一步提升MBMS的覆盖范围和传输效率，3GPP Release 7中提出了多种多基站联合覆盖的策略，最主要的一种为MBMS单频网(MBMS over a Single Frequency Network，MBSFN)，形式上与地面广播电视网络非常相似。

MBMS提出了一整套利用PTM传输方式提供高速率多媒体服务的完整架构和机制，这是对标准中已经存在的、只能提供低数据率的小区广播服务(Cell Broadcast Service，CBS)的有力补充，使得移动通信网络具备了提供实时音视频直播服务的能力，为后续广播、组播功能的演进奠定了基础。

2008年12月，3GPP Release 8冻结，移动通信进入4G时代。在随后的Release 9中，关于MBMS继续演进的工作项MBMS_EPS(MBMS support in EPS，WI 400039)、MBMS_LTE(MBMS support in LTE，WI 430007)和MBMS_LTE-UEConTest(Conformance Test Aspects-MBMS support in LTE，WI 500024)正式立项，基于4G核心网和LTE空口框架的MBMS研究工作逐步展开，在后续版本中被称为eMBMS(Evolved MBMS)。

在核心网侧，基于4G EPS的eMBMS架构如图16-14所示，其沿用了3G中的内容接入单元BM-SC(Broadcast-Multicast Service Centre)，增加了业务网关(MBMS GateWay，MBMS GW)和多播协调实体(Multi-cell/multicast Coordination Entity，MCE)，二者通4G网络中的MME与核心网进行交互。MCE作为eMBMS最重要的网元，承担着协调4G基站使用统一资源组建MBSFN的功能，标准中给出了两种部署建议：一是直接通过软件升级部署到基站中，二是作为独立的网元设备进行部署。前者无须额外硬件成本，但只有具有完整MCE功能的基站才能参与组建MBSFN，而后者则相对独立。

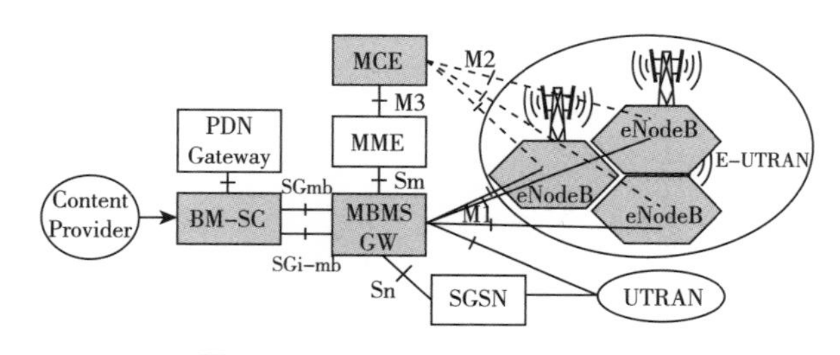

图16-14 eMBMS核心网架构

eMBMS进一步梳理了MBSFN的功能和相关概念，给出了一系列更加明确的定义，如表16-5所示。相关概念中的“Area”(域)包括多层含义，对于“Cell”(小区)来说，指地理空间，而对于eNodeB(4G基站)来说，则是设备的集合。

① 3GPP.TS23.236：Introduction of the Multimedia Broadcast Multicast Service(MBMS)in the Radio Access Network(RAN)；Stage 2(Release 6)[S/OL].[2023-03-27].https://www.3gpp.org/dynareport?code=23-series.htm.

表16-5　MBSFN相关概念

定义	含义
MBMS Service Area，MBMS服务域	提供MBMS服务的区域
MBSFN Synchronization Area，MBSFN同步域	由时间同步的eNodeB组成的集合，是组成单频网的基础。与MBMS Service Area相互独立
MBSFN Area，MBSFN域	由MBSFN Synchronization Area中的部分小区组成的可以提供单频网传输的区域
MBSFN Area Reserved Cell，MBSFN域保留基站	在MBSFN Area中不参与单频网、允许其使用单频网相同的频率并限制功率提供其他服务的小区

在eMBMS的制订过程中还曾提出过一种特殊的小区模式——“Transmitting-only Cell”，用其对网络功能进一步细化。由于结构过于复杂，在RAN2第66次会议后，该模式被取消，MBSFN的结构得到了简化。图16-15为两种MBSFN结构。

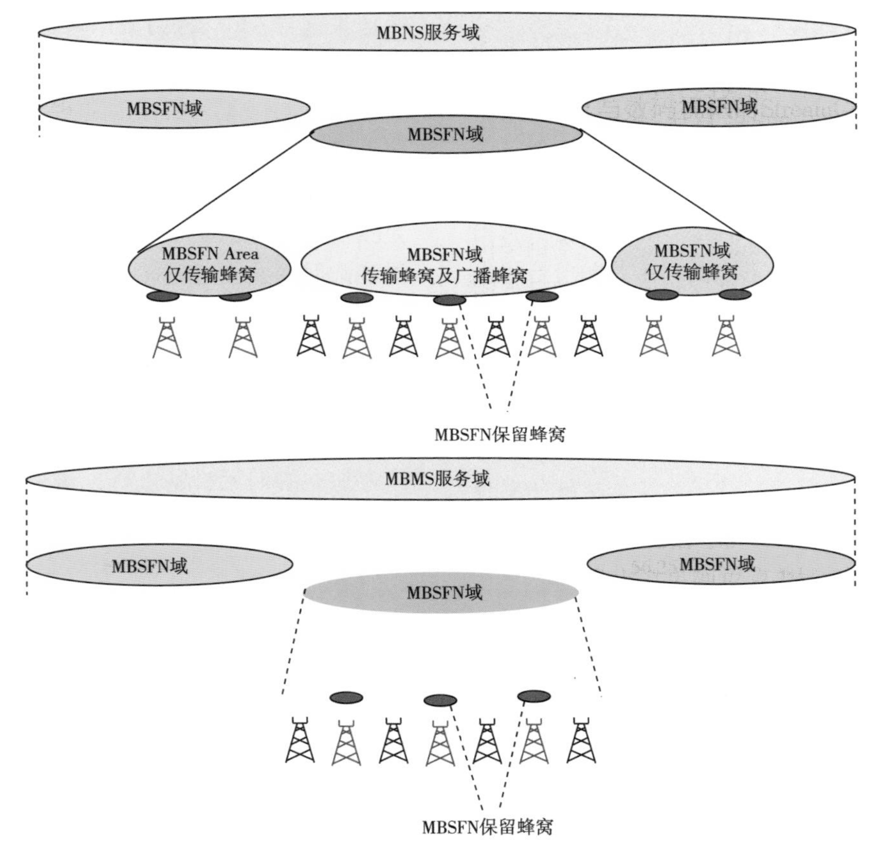

图16-15　MBSFN结构图（上：包含Transmitting-only Cell，下：不包含Transmitting-only Cell）

在接入网侧，LTE根据eMBMS的需求对结构进行了调整，如图16-16所示，左侧浅色节点表示LTE中为MBMS增加的专用通道。逻辑信道MTCH（Multicast Traffic Channel）和MCCH（Multicast Control Channel）分别承载MBMS业务数据和控制数据，映射到传输信道MCH（Multicast Channel），再映射到物理信道PMCH（Physical Multicast Channel）。

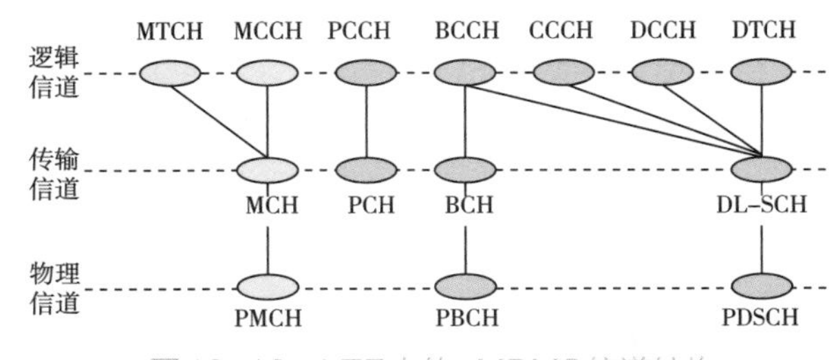

图16-16　LTE中的eMBMS信道结构

除了专用通道外，为进一步提高MBSFN的覆盖能力，LTE还专门设计了新的循环前缀(Cyclic Prefix，CP)长度和子载波间隔(Sub-Carrier Spacing，SCS)。如表16-6所示，后两种配置模式为MBSFN所专用。

表16-6　Release 9中LTE的循环前缀和子载波间隔

配置模式	OFDM符号数	子载波数	CP长度（μs）
Normal CP SCS=15 kHz	7	12	第1个符号为5.2，其他符号为4.7
Extended CP SCS = 15 kHz	6	12	16.7
Extended CP SCS=7.5 kHz	3	24	33.3

此外，Release 9标准中还规划了两种MBMS小区模式，分别为只提供广播组播服务的MBMS-dedicated Cell和能同时提供单播和广播组播服务的MBMS/Unicast-mixed cell，显然，前者的专用模式更加符合只提供下行信号的广播电视发射塔的工作习惯，但该模式一直到Release 14才被立项研究。但对于普通4G基站而言，通常需要工作在后一种混合模式下——即正常情况下提供单播服务，在有需要时分配部分资源提供广播组播服务。为了优先保证单播服务，Release 9中限制了MBMS只能使用1个物理帧中的6个子帧，即能使用的最大资源为基站能力的60%。

在Release 9完成了eMBMS的基础框架设计后，随后的Release 10-13中又陆续立项了MBMS_LTE_en、MBMS_LTE_SC、MBMS_LTE_OS、MI、LTE_SC_PTM等WI，对eMBMS不断完善，其中最为重要的几项技术包括新的计数机制MBMS Counting Report、多频率部署Multi-frequency Deployments、按需广播机制MooD和单小区广播SC-PTM，进一步提高了eMBMS的效率和服务连续性，使得该项技术具备了实际部署的条件，在2015年前后形成了一个商业应用实践的小高潮。

(二)FeMBMS标准

eMBMS在短暂的商用试验浪潮后，虽然吸引了以广播运营商和内容提供商为主的业界关注，但并未按照预期顺利成为一种与移动通信并存的常态化服务。参考广播产业化发展经验，其原因主要有两点，一是产业化支持力度不够，仅有高通研发出了支持eMBMS特性的商用芯片，终端普及率较低；二是垂直业务场景并没有按预期落地，只有广播电视业务和该项技术有较高的契合度，但却由于eMBMS缺少对广播电视高塔的支持，无法开展大规模部署。针对试验过程中暴露出的问题，2014年，EBU发布了题为*Delivery of Broadcast Content over LTE Networks*的研究报告，从移动网络承载广播电视内容的需求出发，分析了eMBMS在广播(主要是线性电视)能力上的不足，并提出了eMBMS亟须解决的几个问题：(1)eMBMS不支持Free-to-air(FTA)模式，给广播内容提供商的业务部署带来了困难。(2)现有的CP长度不足以支撑高效的单频网覆盖。(3)最高60%的小区频谱资源利用率限制了可部署的线性电视节目套数。(4)频谱利用率不足。在2015年12月3GPP TSG-SA第70次会议和2016年3月3GPP TSG-RAN第71次会议上，EBU联合华为、爱立信、高通、诺基亚等发起了两项重要的工作项目：Enhancement for TV service(WI 700032，EnTV)和eMBMS enhancements for LTE(WI 710081，MBMS_LTE_enh2)，对在移动网络中部署电视服务的需求和研究目标进行了梳理。表16-7总结了两个工作项中的重点内容。

表16-7　Release 14中的增强广播服务需求与实现策略

内容	需求	实现策略
业务模式	线性电视：单下行服务；按需广播：上行交互	研究无须授权的终端接收方案
传输能力	单套广播业务码率高于20Mbps；码率为12 Mbps的10套以上高清节目同时播出；单播和广播灵活切换，支持0%—100%的资源分配单播和广播可以同频、异频部署	在15公里以上站间距条件下，实现超过2 bps/Hz的频谱利用率；研究广播信道占用全部子帧的方法，实现100%资源占用
网络灵活性	开放广播资源分配，包括固定分配和动态分配，支持以1分钟为单位的时间周期；广播和单播动态切换以实现网络效率最大化	增加新的服务接口和资源分配策略
部署模式	支持屋顶固定接收模式	研究新的参数集

2017年,3GPP Release 14版本发布了FeMBMS(也被称为enTV),相较eMBMS,FeMBMS增加了以下新特性:(1)增加了无须SIM卡接收的ROM(Receive Only Mode,只接收模式),满足FTA接收需求。(2)提高单播和广播资源分配灵活度,广播小区可使用100%的资源。(3)增加了符合高塔高功率部署需求的参数集模式,包括200μs CP长度,1.25kHz SCS等,单站覆盖范围进一步提升。(4)MBMS可采用单下行网络独立组网。(5)增加了统一的广播业务接口以简化内容接入流程。(6)增加了不同运营商共享RAN提供广播服务的机制。在历经多个版本的迭代升级后,标准首次确定了MBMS-dedicated Cell的工作模式,并参考地面广播电视部署方式对高塔高功率进行了参数优化,为广播电视与移动通信网络的融合铺平了道路。在Release 16标准中,FeMBMS进一步提升了移动接收能力和支持的最大塔间距,增加了对屋顶固定接收的支持。为便于FeMBMS在原有广播电视频段的部署,Release 17中又增加了对6/7/8 MHz的带宽支持。

在FeMBMS标准的制订过程中,3GPP也在从4G向5G演进。在3GPP TSG-RAN #79会议上,关于MBMS如何向5G演进达成了初步共识:未来广播多播服务将划分为基于LTE的地面广播模式(Terrestrial Broadcast)和基于NR的混合组播模式(Mixed Mode multicasting)两条技术路线。两种技术路线的特点对比见表16-8,即前文中提到的两种模式FeMBMS和NR MBS。

表16-8 两种5G广播技术路线对比

内容	地面广播模式	混合组播模式
内涵	使用专用频率,以单下行传输方式,进行全国范围的大面积覆盖,提供电视类的内容服务	结合单播上下行传输,实现从单小区到一定规模覆盖的广播组播服务,并实现与单播的无感切换
演进基础	以LTE enTV为基础	参考MBMS混合模式演进至NR
工作模式	单广播、单下行	广播和单播切换、支持上行
覆盖范围	大面积、固定的覆盖范围	一定规模的、动态配置的覆盖范围
垂直服务	广播电视	IoT, V2X

此后,两条技术路线在后续标准中分别展开立项研究,FeMBMS的研究项主要包括LTE_terr_bcast(LTE-based 5G terrestrial broadcast, WI 830076)、LTE_terr_bcast_bands_part1(New bands and bandwidth allocation for 5G terrestrial broadcast-part 1, WI 911020) 和LTE_terr_bcast_bands_part2(New bands and bandwidth allocation for 5G terrestrial broadcast-part 2, WI 920071)等。NR MBS的研究项主要包括NR_MBS(NR multicast and broadcast services, WI 860048)、5MBS(Multicast-broadcast services in 5G, WI 900038)、NR_MBS_enh(Enhancements of NR Multicast and Broadcast Services, WI 940099)等。目前两条路线仍在继续演进中。

(三)NR MBS标准

2022年6月,3GPP Release 17标准冻结,NR MBS诞生了第一个正式标准。与FeMBMS在全国范围内提供常态化广播电视服务的目标不同,NR MBS更加侧重于单个小区或者一定范围内的多个小区对热点内容采用广播或组播方式进行流量卸载,以缓解峰值流量压力。NR MBS与Release 13中提出的SC-PTM非常类似,从一定程度上可以认为是该技术的完善和升级。与FeMBMS为广播业务划分专用的物理信道不同,NR MBS采用SC-PTM中所提出的与单播动态共享下行链路信道和资源方式,复用NR的DL-SCH和PDSCH信道进行广播数据传输。为了尽可能地提高混合模式的灵活性,NR MBS定义了广播和组播两种工作模式,其中组播模式要求终端工作在RRC_CONNECTED状态,而广播场景则不做要求,支持ROM接收。

NR MBS在核心网侧的架构如图16-17所示,图中以MB开头命名的深色方框为新增网元。根据5G网元命名规则,已知MB-SMF和MB-UPF分别用于NR MBS的控制面和用户面数据处理,MBSF和MBSTF则更多地提供与内容服务的交互和功能增强。原有AFM、SMF、UPF等网元也增加了对广播多播功能的支持。我们从中可以看出,NR MBS的设计尽可能地复用了原有网元结构和功能。

图16-17　NR MBS核心网架构

在接入网侧，NR MBS对于广播模式的处理流程与4G MBMS十分相似，通过周期性广播新增的系统消息SIB20和SIB21，通知终端广播时频资源位置，控制广播传输流程。对于组播模式，NR MBS延续了SC-PTM单播与组播资源共用的结构，并将单播和组播无感切换作为了一项研究重点。NR MBS中引入了两个重要的概念：公共频率资源(Common Frequency Resource，CFR)和新的组播RNTI(Group-RNTI，G-RNTI)。CFR为物理时域资源上的一块连续pRB，用于承载组播内容，G-RNTI则按照C-RNTI的工作方式用于对CFR进行标识。NR MBS的组播协议栈如图16-18所示，图中灰色部分为组播流程。为了实现单播与组播的无感切换，协议栈对于相同的内容采用同一个PDCP实体，分别通过单播和组播的处理流程，在终端上再以同一个PDCP实体完成接收。终端在正常接收状态下主要从组播通道接收，而当组播出现丢包时，终端会快速切换到单播通道继续接收。

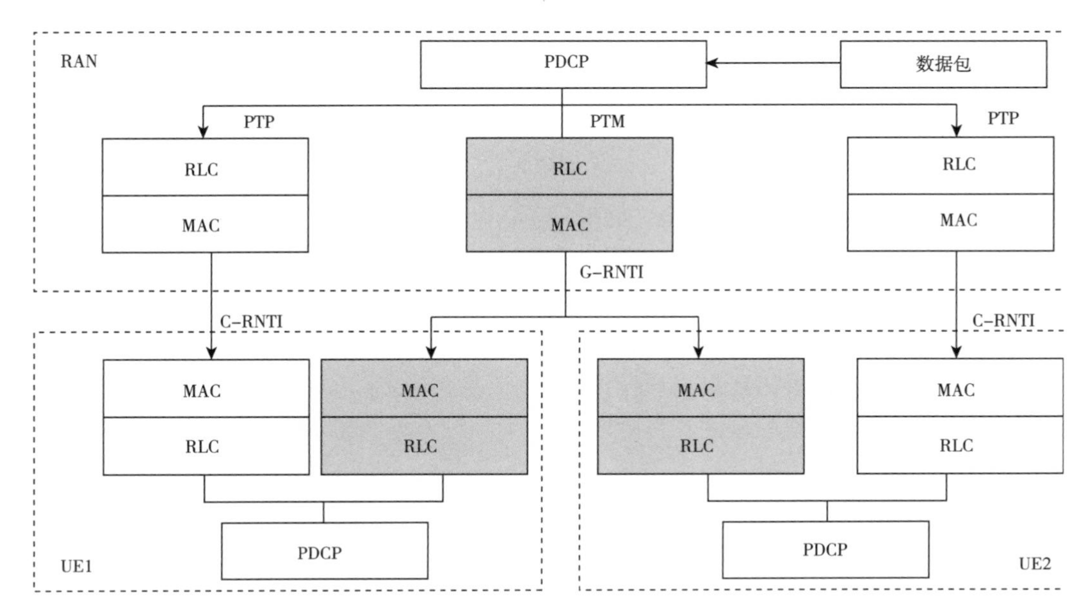

图16-18　NR MBS组播与单播协议栈

完成了Release 17中的基本功能后，2021年12月，在3GPP TSG-RAN #94-e会议上，标准组又对广播多播服务在Release 18中的研究内容进行了讨论，关于NR MBS的主要争议包括：(1)是否增加组播模式对RRC_INACTIVE和RRC_IDLE状态的支持；(2)是否在增加SFN支持以及采用何种参数集；(3)不同运营商如何共享接入网以提供相同的内容服务。经过3轮激烈讨论，会议最终决定：在Release 18中继续研究组播模式对RRC_INACTIVE和RRC_IDLE状态的支持以满足关键任务服务；基于现有参数集研究SFN对intra-CU和inter-DU的支持以减少SC-PTM在小区边缘的干扰并提高传输效率；研究RAN共享策略。目前，标准正在继续制定中。

NR MBS与FeMBMS的关键参数对比如表16-9所示，可见由于缺少新的参数集支持，即便增加SFN支持，NR MBS也并不具备高塔高功率部署的条件。按照业界习惯，基于LTE FeMBMS的广播和基于NR MBS的广播都被统称为5G广播。

表16-9　FeMBMS与NR MBS的主要技术参数对比

内容	FeMBMS（R16）	NR MBS（R17）
工作模式	广播，MBSFN	广播/组播，SC-PTM
子载波间隔	15，7.5，2.5，1.25，0.37(kHz)	15 kHz
CP长度	16.7，33.3，100，200，300(μs)	4.7μs，16.7μs
部署站间距离(ISD)	5，10，30，60，90(km)	1.41km，5km
单频网	支持	不支持
FFT长度	1 024，2 048，6 144，12 288，41 472	1024(10MHz带宽)
典型帧结构	16.7μs＋66.7μs(小塔覆盖) 200μs＋800μs(高塔高功率) 300μs＋2700μs(固定接收)	4.7μs+ 66.7μs(标准模式) 16.7μs＋66.7μs(扩展模式)

随着Release 18标准的研究制订工作正式开始，广播组播业务标准化进入了一个新时期，未来演进的主要目标是实现广播大塔、移动基站协同，广播、组播、单播融合，以更高的用户体验和更高效的频谱利用提供广播/组播服务。

(四)5G广播技术演进

无线交互广播电视工作组(AIB)由我国广播电视总局科技司于2018年4月召集成立，目的是制定与5G融合的新一代无线广播标准，打造聚合地面数字电视广播和移动通信领域产学研用力量、深化无线交互广播电视技术研究、开展国际交流与合作、制定国家/行业标准、引领产业链发展的工作平台。工作组成员单位包括国家广播电视总局科技司、国家广播电视总局广播电视科学研究院、清华大学、上海交大、中国传媒大学、上海高研院、华为、中兴、三星电子、高通、小米、东方有线、创维、TCL、长虹等。AIB划分为8个专题组，如表16-10所示。

表16-10　AIB的专题组划分与主要职责

专题组名称	主要职责
系统构架组	分析应用场景、需求分析、构架设计
广播信道组	制定技术标准，与5G协同，与相关研究组织协同
双向信道组	与5G协同
业务组	完成支持业务需求的协议标准
核心网与BOSS组	核心网运维管理协议标准
组网组	广播网与双向网的协同模式，频率规划，网络切片
终端与芯片组	支持多种模式(多模、单杠，有SIM卡、无SIM卡)下核心网与终端间的协议标准
安全组	网络安全、内容安全、用户安全、内容监管、内容授权访问

从5G广播标准的发展不难看出，在频率资源稀缺和技术能力不足限制的移动通信发展早期，提供类似电视直播的高质量多媒体内容服务是在移动通信网络中研究广播技术的最初推动力，也促成

了MBMS在标准中的顺利立项。4G取得的成功动摇了广播电视在视频内容服务上的优势地位，随着流量不限和免流量等服务模式的出现，使用移动网络收看的视频节目质量与广播电视的差异在不断缩小。在尚能接受的基站承载能力和CDN服务费用面前，PTP传输方式已经能够满足绝大多数的应用场景，加之eMBMS 商用失利，移动通信业界对于PTM技术的研究逐渐丧失热情，对商业应用也一直保持怀疑和观望态度。而在广播电视业界，高塔高功率模式的出现使广电从业者摆脱了移动通信标准纷繁复杂的协议，重新回归熟悉的部署方式，直接覆盖手机终端的巨大吸引力激发了广电业界的研究热情。从Release 6 MBMS发布至今，5G广播技术在近20年间已历经10余个版本的更迭，而与此同时，移动通信网络从无法承载视频服务发展到现在视频质量已接近广播电视信号，网络容量的快速增长使其对广播技术的需求不断下降。由于缺乏通信芯片厂商的广泛支持，5G广播始终停留在试验和小范围商用的阶段。当前，3GPP已经进入5G-Advanced的研究阶段，随着对5G网络的进一步完善，高新视频、车联网、元宇宙等应用将会真正进入人们日常生活，而5G广播作为峰值流量卸载的重要技术手段，需要发挥更加重要的作用。

四、数字电视发射机技术

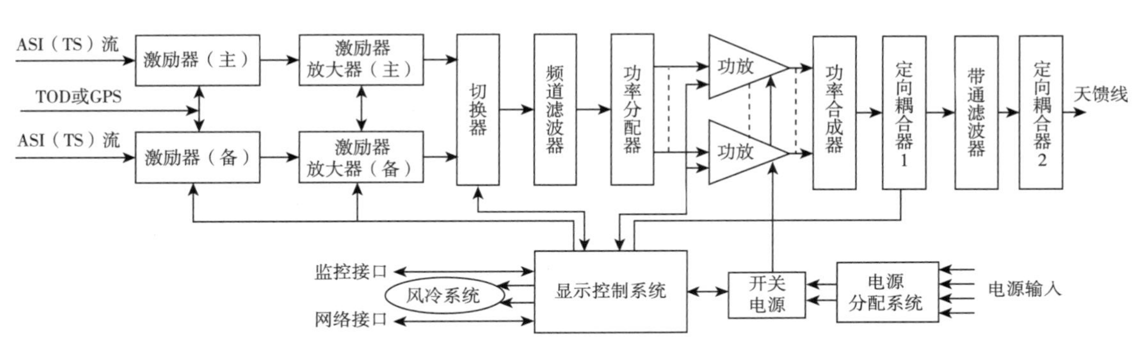

图16-19　数字地面电视发射机系统

如图16-19所示，地面数字电视发射站设备配置主要包括：激励器、数字电视发射机功放系统、主控单元、天馈线系统等。视音频信号进行信源编码和复用后获得地面电视节目的传送流(Transport Stream，TS)流，调制器或激励器接收TS流信号并将其调制为中频(Intermediate Frequency，IF)信号，IF信号通过变频变为 VHF/UHF 频段 RF(射频，Radio Frequency)信号输出；激励器可以保证输出电平恒定;数字电视发射机主要采用增益型的终端放大器，可以将射频信号进行放大；在地面数字电视发射机运行时，所有设备和模块工作状态都由主控单元控制和显示，由整机的检测板、主控板和显示器等同步进行工作；现有的数字电视系统可以借用已有的模拟电视广播天线系统，可以有效地节约建设资源，并且可以在一定程度上缩减建设周期。这些设备之间通过协同工作，实现数字电视信号的传输和覆盖。

激励器：地面数字电视激励器是整台发射机的重要组成部分，数字电视激励器的主要功能是进行信道编码和调制。经过信源压缩、复用的TS流进入激励器经过信道编码与调制获得特定制式的中频信号，并且通过上变频调节信号频道，以特定的频率输出模拟射频信号，进一步输出到激励器放大器。激励器放大器将中频信号放大后作为发射机末级功放系统的输入信号。激励器按其功能，由码流处理模块、编码及映射模块、预校正模块及变频电路模块组成。数字电视激励器的发射频率、误差噪声等，对于信号传输覆盖有着十分重要的影响，因此数字地面发射机激励器还需具备预校正和一定的监测功能。数字发射机中通常采用主备激励的方式，对信号进行同步处理，且能对信号进行实时分析，自动校正失真信号。

功率放大器：将调制后的通带信号进行放大的设备，将调制后的信号进行放大，以高功率的形式覆盖更远的距离。整个功率放大系统中包括功率分配器、功率合成器、末级功放等零部件。通过利用功率放大装置，将直流功率转换成满足额定功率要求的射频信号输出。同时，保证功放余量始终处于最佳状态，并且能够放大前级以及末级的信号。功率放大器应该有足够高的功率增益，要求功放具有较高的线性范围、功放效率。地面数字电视发射机还需要同时具备功率分配器以及功率合成器，对数字电视激励器中收到的信号进行合理的、均衡的分割与合成。

天馈线系统：天馈线系统将数字电视发射机的输出信号功率无失真地传送至塔桅；天线系统是将放大后的信号进行发射的设备，将高频信号功率能量转化为电磁波并发射出去，以实现地面数字电视信号的传输和覆盖。

控制显示系统：对数字电视发射机整体进行控制和管理的设备，可对数字电视发射机进行远程控制和监测，以保证数字电视信号的正常传输和覆盖。采用智能化的显示单元，用于对发射机的状态进行监控，显示发射机各单元的工作状态。

相对于模拟电视发射机，地面数字发射机有着高增益的功效，可以集成适合数字放大的器件，完善工作状态的监测功能和远程控制功能，能够对过流、过压、过温等异常现象进行适时的保护，各项技术参数可以实时监测和显示，便于自动化和灵活操控，内部采用低功耗合成器，对功率的损耗也可以降到最低，可以针对DTMB、DVB-T、ATSC等配备多种标准的数字调制器，非常适合单频网和多频网的组网，极大发挥数字化频谱规划、组网设置等优势。

五、数字电视发射机的分类和演进

数字电视发射机作为地面电视系统的核心，经历了单电子管发射机、速调管发射机、感应输出管的IOT发射机、全固态发射机等几个阶段。在IOT电视发射机面世前，模拟电视发射机大量采用四极管、速调管等作为末级推动的核心部件。20世纪60年代出现的速调管发射机由于速调管的线性较差、线性动态范围小，在数字电视时期效率太低，不适合用作数字发射机。20世纪40年代，国际上出现了单电子管发射机，目前采用双向四极管的单电子管发射机在效率、输出能力，线性等方面都优于双极管型的发射机，是数字电视发射机的主要机型之一。1993年，国际上开始采用IOT的发射机，IOT发射机兴起之后，数字地面电视场景的应用就开始逐步适用，高功率等级的IOT数字发射机特点是线性较好，非线性校正也较容易实现，效率高，主要用于高功率电视发射机。目前以电子管发射机的线性最好，但由于电子管使用高电压，限制了其可靠性的提高，而全固态发射机的可靠性远高于电子管发射机。1987年，美国推出了第一台全固态发射机，目前新型的全固态发射机中超大功率合成技术的采用，使发射机整机的输出功率等级大幅度提高。先进的中频校正技术，如数字实时自动校正技术、多点折线式校正技术等使全固态发射机较好地满足了数字电视发射机的线性要求。

目前，在我国广播电视体系中，地面数字电视发射机以全固态发射机和电子管发射机为主要机型。电子管发射机、全固态发射机通过适当的技术改造都能组成数字电视发射机。目前，由于数字发射机不需要很大的发射功率，全固态发射机的高可靠性和可维护性使其成为首选的发射设备。在数字化的前期，模拟到数字化过渡时，模拟发射机都具有以下优点：具备与数字电视的兼容性，可实现适当功率回退；可更换调制器及输出滤波器；能增加非线性校正系统，即可升级为数字发射机。

我国数字电视发射机也经历了快速的发展，从技术角度看，电视发射机的主流是固态化、灵活可靠的计算机控制、提高效率、降低能耗、缩小体积、增强传输质量、简化维修维护操作、快速适应不同制式标准等，故发射机性能工作稳定性高，可靠性好，故障低、效率高、小型化、寿命长，自动化程度高也是数字电视发射机的主要优势。调速管和四极管等器件在一定程度上限制且阻碍大功率发射机的进展，而全固态发射机从理论上而言其输出功率可以任意增加，因此全固态发射机比其他发射机拥有更广阔的市场竞争力；如图16-20，全固态发射机采用晶体管并联运用和功率合成技术，相对于传统电子管机型有很大的突破。全固态发射机由于整机冗余性设计，可靠性极高，可以实现自动开关机及远程遥控等功能，发射台也不再需要工人值班。目前各大发射机厂家普遍选用单片机控制，并且配有自动监控与自动控制功能。数字电视发射机的自动化功能也日趋完善。

图16-20 全固态数字电视发射机①

六、小结

回顾数字地面电视发射技术30多年来的发展，正如全球未来广播电视高峰论坛发布的《地面电视倡议谅解备忘录》声明的："地面广播有着不可替代的重要地位，具有向潜在海量接收机无线发送媒体内容的特性，这让其成为世界范围内的一大关键技术。事实上，就用于向公众发送实时和基于文件的媒体内容的无线发送方式而言，广播具有最高的频谱效率。"作为一种重要的信息传递方式，广播具有不可忽视的重要价值，通过未来与移动通信网络的深度融合，将为人们提供成本更低、服务质量更高的公共广播服务。

本节执笔人：尹航、胡峰

第三节 地面电视广播频率规划

地面数字电视通过地表面波传播，属于超短波范围，我国规定为VHF(也称米波或甚高频，频率范围是48MHz—223MHz)和UHF(也称分米波或特高频，频率范围是470MHz—960MHz)。共规划了68个频道，其中VHF频段中有12个频道，UHF频段中有56个频道。如表16-11所示。

表16-11 地面数字电视频谱规划

甚高频（VHF）			
频道	频率范围（MHz）	频道	频率范围（MHz）
01	48.5-56.5	07	175-183
02	56.5-64.5	08	183-191
03	64.5-72.5	09	191-199
04	76-84	10	199-207
04	84-92	11	207-215
06	167-175	12	215-223
特高频（UHF）			
13	470-478	41	734-742
14	478-486	42	742-750
15	486-494	43	750-758
16	494-502	44	758-766
17	502-510	45	766-774
18	510-518	46	774-782
19	518-526	47	782-790
20	526-534	48	790-798
21	534-542	49	798-806
22	542-550	50	806-814
23	550-558	51	814-822
24	558-566	52	822-830
25	606-614	53	830-838
26	614-622	54	838-846
27	622-630	55	846-854
28	630-638	56	854-862
29	638-646	57	862-870
30	646-654	58	870-878
31	654-662	59	878-886
32	662-670	60	886-894
33	670-678	61	894-902
34	678-686	62	902-910
35	686-694	63	910-918
36	694-702	64	918-926
37	702-710	65	926-934
38	710-718	66	934-942
39	718-726	67	942-950
40	726-734	68	950-958

本节执笔人：胡峰

① 悦兴科技.数字电视发射机［EB/OL］.［2024-01-24］http：//www.asyxkj.com/products/szds/76.html.

第十七章

有线电视技术

有线电视由最初的共用天线系统发展而来，早在20世纪40年代末，美国为解决一些远离城市中心的地区（弱场强地区）收看无线电视困难的问题，率先在山顶或高处设置一根“共用天线”接收信号，把接收到的电视信号传送到中心站，再通过电缆和中继器将电视节目传送到各个用户，后来发展成为共用天线电视（Community Antenna Tele-Vision），简称CATV系统。

我国于20世纪60年代由国家设立专项开始研究共用天线系统，从此拉开了我国有线电视发展的序幕。1973年兴建北京饭店东楼时，中国提出安装共用天线系统，武汉市无线电天线厂经过努力攻关，突破国外技术封锁，研制出了我国第一套可供140台电视机同时接收的共用天线系统。到1974年国庆节，国产的第一套共用天线系统开始投入使用（系统可连接135台电视机）。至1976年7月，北京饭店的共用天线电视系统已发展成能接收12个频道、连接650台彩色电视接收机的系统。此后，到20世纪80年代初，一些经济收益较好的企业陆续开始建立共用天线电视系统，这一时期主要采用的是隔频道传输，大多是相对独立分散的中小型系统，节目以接收附近的无线电视台的信号为主，并逐步通过配备录像机或摄像机，越来越多的共用天线闭路电视系统也开始播放包括自办节目在内的多套节目。

多台电视机同时接收的共用天线系统实际是一个放大器系统，由接收天线、中心站（前端）、放大器、同轴电缆、混合器、分配器、分支器等组成，构成了有线电视系统的包括信号源、前端、干线传输系统、分配网等基本组成结构的雏形。共用天线系统初期的前端功能比较简单，采用的是直接混合型前端，这种前端是将天线上接收下来的各频道信号直接送入无源混合器，混合器输出的复合射频信号经宽带放大器放大后作为前端的输出。这种前端组成结构简单，技术上容易实现，价格较低，主要适合于接收场强中等、用户较为集中、指标要求不高的小型共用天线系统。共用天线电视发展起来后，前端主要采用频道放大器和频道变换器混合型，这种前端的每个频道都有一个频道放大器对本频道信号进行选频放大，同时为保证输出频道的合理配置，对某些空中节目频道要采用频道变换器实现输入输出频道的U/V转换、V/V转换，频道变换器可以说是由变频部件加频道放大器组成的。这一类前端最早在欧洲国家普遍使用，在我国20世纪七八十年代所建的中、大型共用天线系统中也较为常见。严格来讲，由上述前端组成的系统还不是真正的有线电视系统，可认为是有线电视系统的雏形。

有线电视系统的典型结构由信号源、有线电视前端、干线系统和用户分配网组成。前端的功能是接收信号源、对信号源提供的各种信号进行加工、组合、控制等处理，将各种节目源转换为射频信号或光信号，并向传输系统提供其所要求的高质量复合电视信号。可以说前端是有线电视系统的信号源头和心脏。在有线电视的发展过程中，随着用户需求的不断增长和技术的不断提高，有线电视前端经历了模拟前端、数字前端等发展阶段，并进一步朝着IP化前端综合平台发展。

第一节 模拟有线电视前端

有线电视出现后，主要有两大发展需求：一是“大容量”，即有线电视系统能传输数量更多的电视频道；二是“大规模”，即有线电视系统能覆盖更远更多的用户。为了能传输更多的电视频道，有线电视信号来源更多样，从早期来自地面开路电视广播的信号，到后来陆续出现了录像节目、自办节目、微波电视、卫星电视等多种信号来源。同时，有线电视前端开始采用邻频传输，出现了频道处理混合型前端。

模拟前端各个频道都有一个相应的频道处理器，处理的信号主要有射频信号和视/音频信号两种。射频信号的处理设备是信号处理器，它可以变换频道，也可以不变换频道，还可以是解调—调制组合。视/音频信号的处理采用中频调制器，它输出的射频信号同样可以满足邻频道传输的要求。由于各处理器输出的信号已有了很高的选择性保证，此时混合器可以采用宽带型混合器，以保证前端的输出性能。图17-1是典型的模拟有线电视前端组成结构框图。

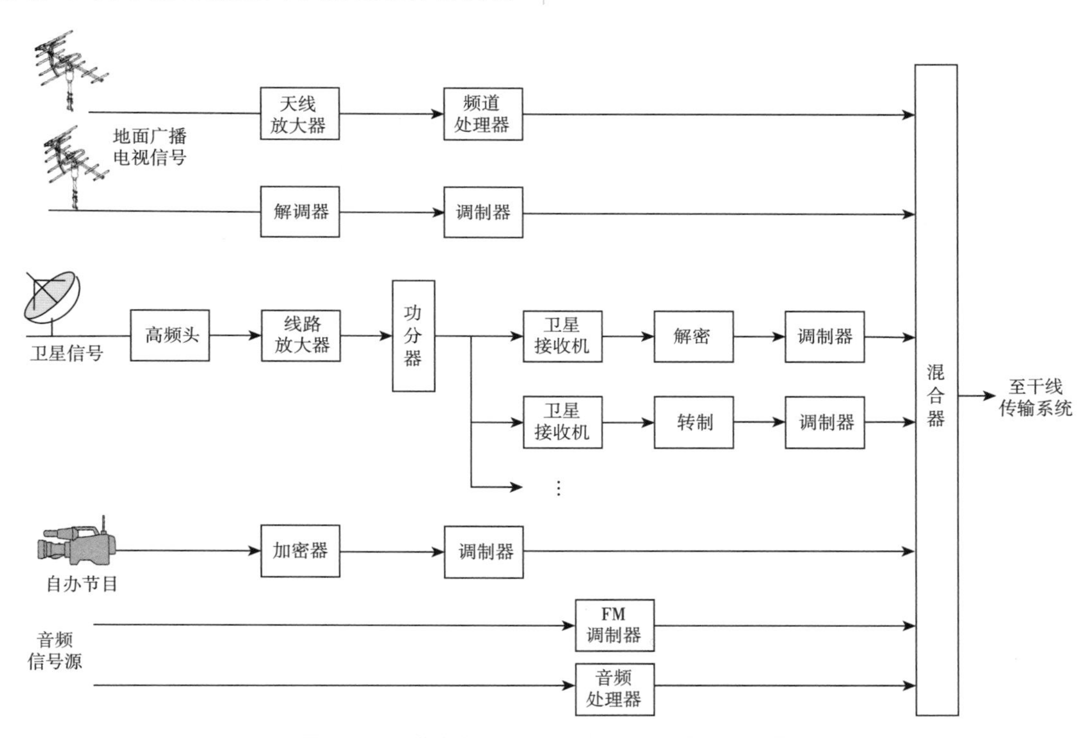

图17-1 模拟有线电视前端典型组成结构框图

一、频道处理器处理方式

典型的信号处理器通常采用下变频—中频处理—上变频方式，输入频道的信号先经过下变频器变换成中频信号，在中频信号上进行各种处理，如提高选择性、进行严格的残留边带滤波、改变图像伴音电平比、增加陷波处理等，以使本频道信号满足邻频传输的特殊要求。经处理后的中频信号利用上变频器变为所需频道的射频信号，并经频道放大后送入混合器。中频处理方式采用中频处理器对中频信号在视频和伴音两个通道上进行处理，中频处理器采用声表面波滤波器、残留边带处理、频率锁相合成等技术，可以实现邻频抑制大于60dB、带外寄生输出小于-60dBc、V/A比10dB—20dB可调，保证了相邻频道的频谱互不重叠。1962年，杰罗德公司推出其首款有线电视前端设备Commander频道处理器。这是一种对视音频进行中频处理的有线电视前端设备，包括调谐接收、中频放大和上变频，可将VHF频道2—13中的任何一个频道变换为设备选定的固定频道输出，适合于邻频传输系统(图17-2、图17-3)。

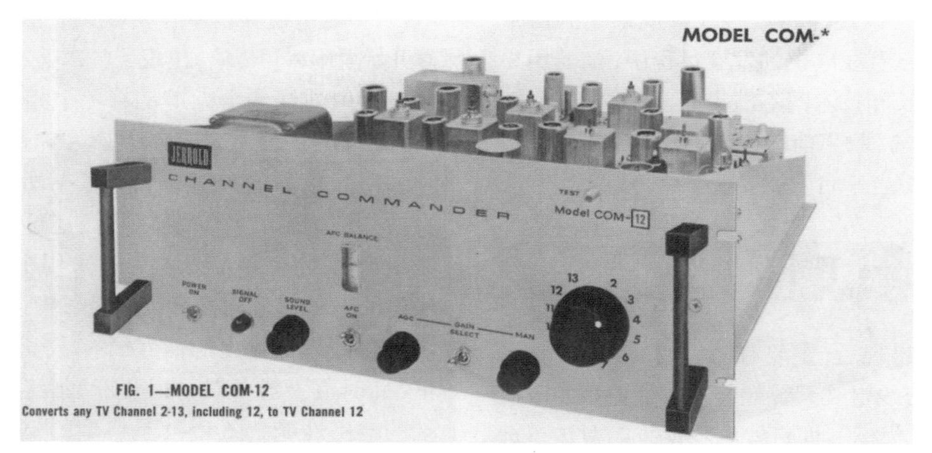

图17-2 Jerrold Commander频道处理器

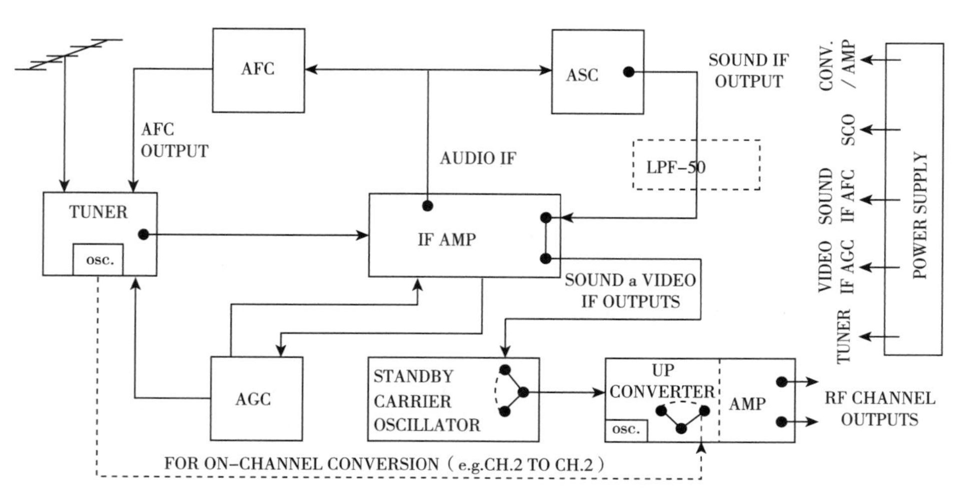

图17-3 Jerrold Commander频道处理器原理图

频道处理器一般可在60dBμ—80dBμV的输入电压下工作，并带有AGC功能，以提供稳定的输出。一般其最大输出电平＞110dBμV，输出电平可保证各频道之间的电平差较小，提供平坦的输出信号。通常情况下，频道处理器的噪声系数也在7dB—8dB，在最低输入电平60dBμV情况下，其载噪比也能达到50dB左右。如果输入电平低于60dBμV，则可使用天线放大器。因此，频道处理混合型前端因为指标高、质量好、性能优越而稳定、满足邻频使用要求、便于增容扩容，20世纪90年代即广泛应用于大型的有线电视系统中。20世纪90年代开始，我国各县区建立的有线电视系统均采用了中频处理邻频前端设备、300MHz或450MHz双向传输，启用增补频道后，系统可容纳将近30或40个电视频道及10套以上的调频立体声广播，并具有多种社会服务功能。

二、解调—调制方式

解调—调制方式先将射频信号解调为视音频信号，然后对视频、音频信号进行再次处理，处理过程中可加入字幕、特效、调整视频调制度和音频频偏、进行模数转换等，再经过中频调制，最后可根据频道配置上变频到电视节目频道输出。这种方式可以对视音频信号进行再次处理，并且可以对前端各频道进行统一频道配置调制输出。

电视调制器、解调器起源于20世纪50年代中期，当时，为了解决微波传输系统传输视频和音频信号时无法解决频道载波的问题，需要对视音频信号进行调制和解调。早期的设备主要有杰罗德公司的Tele-Trol调制器(图17-4)、Kay Electric公司的Mega-Pix调制器等(图17-5)。

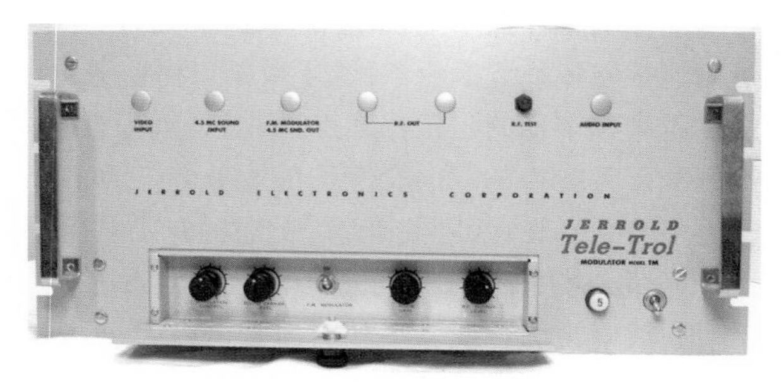

图17-4 Jerrold公司的Tele-Trol调制器

图17-5 Kay Electric公司的Mega-Pix调制器

有线电视前端使用的调制器是将视频、音频信号调制到载波频率输出的专用设备。在有线电视发展初期，模拟调制器主要是VHF/UHF射频调制器，其电路相对简单，视频输入一般没有钳位功能，频道滤波采用LC滤波器，主要适用于系统传送的频道数不多的隔频道传输方式。

20世纪60年代初期，杰罗德公司推出了Commander系列前端设备采用了中频调制，如图17-6。中频调制器采用的是声表面波(SAW)滤波器。声表面波滤波器具有很陡的过渡带，滤波特性较好，可有效地过滤掉带外成分，但由于声表面波滤波器在较高频率上难以制作，因此，采用了中频滤波的方法，即采用中频声表面波滤波器，视音频信号在电视中频进行调制，通过中频滤波处理以确保邻频传输的频带特性，最后通过上变频器变换到相应的VHF或UHF射频频道上。20世纪60年代中期以后，为了保证邻频传输系统的技术质量，有线电视则广泛采用中频调制器。20世纪90年代，我国建立的有线电视台，前端采用的主要是中频处理邻频前端设备，我国标准规定电视中频频率为38MHz，伴音中频频率为31.5MHz。

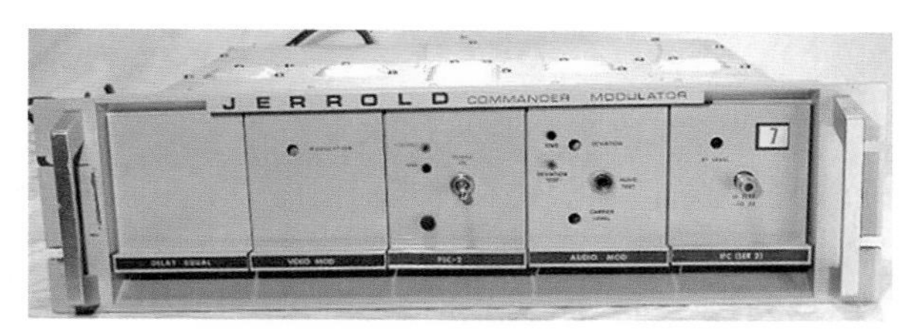

图17-6 Jerrold Commander调制器

早期输出滤波器不具备捷变技术，调制器主要是固定频道的单频道输出调制器，通过频道滤波器来保证输出频道的频率特性，但缺点就是，设备的输出频道固定不可调节。

1980年，伴随捷变频调谐器技术的发展，开始出现捷变频调制器。捷变频调制器通过拨动开关编码的方式可以方便快捷地改变输出频道，但由于输出频道不确定，捷变频调制器输出端无法增加频道滤波器，输出频道的谐波噪声和带外噪声在输出级放大器被一起放大，在多频道工作时容易引起噪声干扰，因此一般用于系统频道数不多的小型系统，或作为备份机使用。

20世纪80年代末90年代初，随着数字技术的发展，出现了可变频道调制器。通过单片机控制技术，可使带通滤波器的中心频率随着工作频率而改变，从而发展形成了可变频道调制器。同时，通过采用峰值电平同步和自动增益控制技术，可以保证调制器输出电平的一致性和稳定性。

本节执笔人：帅千钧

第二节 数字有线电视前端

1996年，我国有线电视开始采用数字技术并进行双向HFC网络改造，向综合信息网发展。1998年，北京有线电视台建成中国第一个传输数字电视的有线电视系统。该系统采用了邻频传输技术，使用64QAM调制方式，每频道8MHz带宽，传输码率达到38Mbps，每个频道可传输的标清电视节目6套—8套。1999年年底，我国广播电视界拟在有线电视中采用欧洲DVB-C标准，并于当年上报待批。2001年，原国家广电总局颁布行业标准《有线数字电视广播信道编码和调制规范》，该标准等同于DVB-C标准。

一、数字有线电视前端系统

数字有线电视前端采用数字技术对信号进行处理，前端对信号的处理方式仍然沿袭着单频道处理的思路，因而从形式上讲，数字有线电视前端的技术类型仍然属于频道处理混合型。数字有线电视前端系统主要是对模拟电视信号进行数字化处理，系统一般由专业级综合解码器、编码器、复用器、QAM 调制器和上变频器以及网络管理和加扰器(CA系统)等部分构成。早期的数字电视前端设备主要是单机设备，通过标准接口、切换矩阵和线缆连接构成基于ASI架构的完整系统。

编码器对视音频信号实现MPEG2压缩编码，复用器将压缩编码后的视频基本流、音频基本流、节目描述信息以及辅助数据等按照MPEG-2系统层标准规定的格式复用成一个传输流。1989年，GI公司在6MHz带宽上对将数字视频进行压缩处理，开启了在有线电视系统采用数字画面和提高信道容量的愿景。20世纪90年代初期，多家公司包括飞利浦、GI、思科等积极参与数字视频压缩技术的研究当中，并参与了MPEG2标准的制定工作，在MPEG2标准推出之初，即出现了实时MPEG2编码器、复用器产品。随着数字技术的发展，出现了超高清视频的压缩编码器技术，2013年，出现了首款高效视频编码HEVC4K编码器，2018年10月1日，广东广播电视台综艺频道采用了4K超高清播出，成为我国首个正式上线的4K频道。2021年2月，中央电视台8K超高清频道正式开播，这是全球首次实现8K超高清电视直播和5G网络下的8K电视播出，压缩编码采用了我国自主研发、拥有自主知识产权的AVS3视频编码标准。2022年年初，日本NHK开启了8K视频广播。

对于信道编码和调制，不同的传输标准采用了不同的处理技术。DVB-C信道编码采用RS前向纠错码、调制方式采用64QAM，每频道8MHz带宽的传输码率达到42Mbps，每个频道可传输标清电视节目6套—8套。ATSC有线电视信道编码采用RS前向纠错码，调制方式采用16VSB调制，每频道6MHz带宽的传输码率可达到38Mbps。

二、综合业务平台网前端

20世纪末，随着技术的发展，数字有线电视开始广泛部署，此时的前端不仅是处理和传输数字化的电视广播信号，而是发展成为一种全新的融合信息高速公路和多媒体的综合业务平台网，不仅用于传输模拟电视和数字电视(包括SDTV和HDTV)，还可高速传输多种数据业务，除了单向广播业务，还提供越来越丰富的包括视频点播业务、远程教学、远程医疗等在内的双向交互增值业务等。为了传输更多的电视节目和业务信息，此时的有线电视系统基本都已采用750MHz或860MHz的双向系统。

有线电视综合业务平台网前端可以大致划分为模拟电视部分、数字电视部分和数据部分3大块，不同的部分有不同的信号处理方式和控制管理方式。对模拟电视信号而言，前端采取的是传统的频道处理混合方式，以使信号达到邻频传输的要求；对数字电视信号来说，前端的处理包括编码、复用、加扰、调制等，从形式到内容都比对模拟电视信号的处理复杂得多。此外，前端处理还需要辅之以各种具体的管理控制系统，以实现数字电视的有条件接收，从而开展个性化的视频服务和增值业务；对数据信号而言，前端的处理包括路由选择、网络适配和调制等，以便和用户端的Cable Modem建立起有效的连接和通信，此类业务的实现同样需要配置相应的管理控制系统。1996年，上海有线电视台在有线电视系统上开展了视频会议、VoD点播、互联网访问等双向业务传输试验。20世纪末，包括广东、深圳、大连、青岛、南京、苏州等在内的全国大型有线电视台都开展了多功能业务先导网试验，试验开通了高速互联网接入服务、视频点播、网上购物、可视电话等多种业务。此时，数字有线电视前端系统除了包括由前端处理设备、条件接收系统(CAS)、用户管理系统(SMS)、电子节目指南系统(EPG)、统一网管系统等组成的基本系统外，还包括由增值业务系统、数据广播系统、存储播出系统、宽带网络接入系统、冗余备份系统、节目监测系统等组成的扩展系统。

(一)视频点播

1980年，图文电视出现。有线电视早期的交互技术主要是基于图文电视的标准，通过在电视屏幕上显示文字和图形的信息来提供节目指南，用户可以通过电话等方式进行点播。

1993年，美国AT&T公司最早在有线电视开展了名为“VideoClix”的视频点播服务，它采用基于电缆调制解调器技术实现点播。VideoClix服务让用户可以通过有线电视遥控器选择播放的视频节目，并且可以在节目播放过程中随时选择快进、快倒、暂停等功能。该服务的出现使得用户改变了以往有线电视只能被动收看节目的方式。

1994年，美国MSO在有线电视系统中通过启用附加频道增加收费电视服务PPV，采用的方法即类似准视频点播NVoD。NVoD是一种在单向广播频道模拟交互点播方式的视频点播业务，具体来说，是在指定的频点不间断地按照一定的延迟时间轮播TS流节目文件，用户可以选择距离最近的某个时间起点进行收看。这种方式对有线电视网络传输方式要求低，几乎不需要改动，因而投资少、易于部署。1995年9月，美国西部公司开始向用户提供为期1年的多媒体视频点播服务试验，在有线电视频道中增加了6个可以通过遥控器直接点播节目的附加收费频道，这种服务还只是文字、声音、图像等多媒体效果的初步尝试。1995年，香港电信开展了为期6个月的商业性视频点播服务试播。1998年，广州有线电视台开展了准视频点播NVoD 业务，该系统采用MPEG-1压缩，QPSK数字调制，将利用压缩编码和数字调制拓展了的频道资源——一套用户喜爱的节目通过不同的频道按顺序每隔5—10分钟播出一次，让用户可以享受自主点播的收看方式。NVoD还不是实现用户与前端真正交互的VoD。

进入21世纪，随着IP网络技术的发展和三网融合的推进，2004年前后，有线电视开始开展基于IP技术的视频点播业务TVoD，采用的主流技术是基于IPQAM调制方式的视频点播，IPQAM设备接收到 IP 网络传输来的数据包后，解析出MPEG-2 TS流，把多个点播请求的 SPTS 流复用成多节目传输流(MPTS)，再经由 IPQAM 调制输出。

(二)电子节目指南

电子节目指南(Electronic Program Guide，EPG)，是节目供应商提供的、通过用户终端综合接收解码器接收并向用户提供的包含节目相关信息的导航系统，用户通过展现在电视屏幕上的由文字、图形、图像组成的人机交互界面，可实现对电视节目的快速检索和访问。

1996年，自欧洲第一套数字电视出现，EPG就开始为人们所熟悉。1997年，DVB联盟发表了DVB数据广播技术规范，其中对实现电子节目指南的SI信息做出了规范。我国行业标准GY/Z 174-2001《数字电视广播业务信息规范》对数字电视EPG的应用做了具体规范。早期的EPG技术主要是基于图文电视的标准，通过在电视屏幕上显示文字和图形的信息来提供节目指南。这种技术比较简单，信息量有限，不能提供动态的节目信息。

1999年，北京有线电视台启用的数字有线电视系统，采用了当时最先进的EPG技术，为电视用户提供了快速、便捷的节目搜索和选择方式。同时，该系统还提供了丰富的节目信息，包括节目名称、播放时间、内容介绍等，用户可以通过遥控器进行查询和选择。

现在，数字有线电视普遍采用的EPG技术，可以提供更加丰富、动态的节目信息，包括节目名称、播放时间、内容介绍等，用户可以方便地通过遥控器进行查询和选择。

随着人工智能、大数据等新技术的不断应用，数字有线电视PEG技术将更加智能化和个性化。目前，通过人工智能技术对用户的行为进行分析和预测、并进行个性化推荐的智能EPG技术已有大量研究，将在未来通过电视向用户提供更加全面和精准的节目指南服务。

(三)互联网接入服务

1997年3月，MCNS颁布了应用于HFC网的有线传输数据业务接口规范(Data Over Cable Service Interface Specification，DOCSIS)，定义了如何通过电缆调制解调器提供双向数据业务。MCNS的DOCSIS1.0标准于1998年3月获得ITU通过，成为国际标准ITU-TJ.112B。同时，MCNS制订了适应于欧洲物理层标准的EuroDOCSIS，关于2001年发布的DOCSIS1.1版本支持IP电话业务，相较之前的版本，该版本提供了极强的误码前向纠错能力，并且Cable Modem系统具有更强的信道传输和抗HFC网络回传噪声的性能。2002年11月，MCNS推出了DOCSIS2.0版本，该版本采用了A-TDMA技术，提高了上行数据速率。2008年8月，MCNS推出了DOCSIS3.0版本，引入了信道绑定和负载均衡，增加了对IPv6的支持，最大支持下行速率160Mb/s，上行

120Mb/s。2013年10月，MCNS推出了DOCSIS3.1版本，最大支持下行速率10Gb/s，上行1GMb/s。2023年，DOCSIS 4.0版本发布，该标准采用了扩展频谱技术，将上行频谱扩展至 684 MHz，下行频谱扩展到 1.8 GHz，支持高达 10 Gbps 的下行速率和高达 6 Gbps 的上行速率。

DOCSIS在计算机网与有线电视网之间实现了IP数据包的传输，头端CMTS设备可部署在有线电视前端或分前端HFC网的光节点处，它在数据网与HFC网之间起到了网关的作用。标准发布之初，摩托罗拉、Arris、科学亚特兰大、思科等设备制造商即研发推出了相应的CMTS和CM设备。图17-7是摩托罗拉公司于2002年推出的基于DOCSIS1.1并兼容DOCSIS1.0/PacketCable1.0的CMTS设备BSR1000。

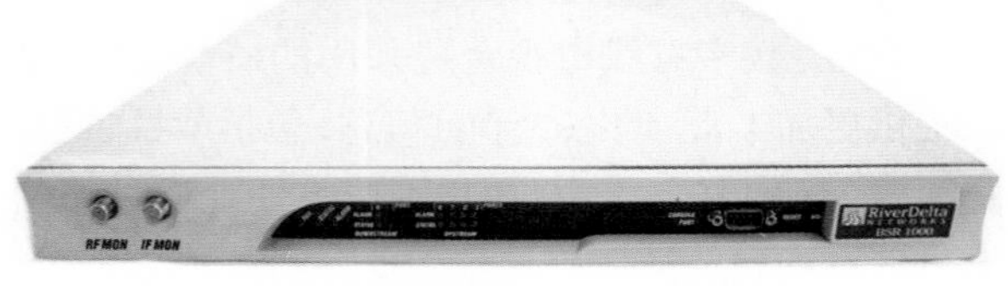

图17-7　摩托罗拉CMTS设备BSR1000

(四)BOSS系统

随着有线电视数字化的推进，有线电视网多业务、多功能全面铺开，广播电视业务得到蓬勃发展，用户收看方式也由传统的被动接收方式向个性化、交互化和自主化发展，收费由传统的包月发展为按时间、按节目、按频道、按次等多种灵活方式。广播电视网络不仅是传输传统视频业务的网络系统，而是发展成为一个新的网络运营商级的综合网络。但是，传统的有线电视网络运营管理等信息化建设相对滞后，有线电视网络是由最初的分散而独立的、各县市自下而上建立的有线电视台逐步发展形成，传统的有线网络信息系统建设没有进行统筹规划，内部各业务支撑系统之间相对独立，形成了一个个信息孤岛，各系统缺乏统一的客户管理模型。财务、计费信息不统一，维护成本高，功能模块交叉重复，存在重复投资等诸多不足。为了提高服务质量，增加对新业务的支撑能力和反应速度，广电网络需要有一个以客户为中心的商业运营支撑系统(Business Operation Support System，BOSS)，以实现对用户资源和全业务的整合，形成信息共享、业务操作流程规范、管理高效的全业务统一运营管理平台。20世纪90年代末，欧美等国家有线电视网络在数字化、双向化的过程中，采用了BOSS系统作为综合运营管理平台，我国广电于21世纪初开始建立BOSS系统。

BOSS系统一般采用分布式多层C/S架构，系统基于统一的客户资料信息，采用集中认证和计费，对所有业务采用综合营业、集中计费，并提供统一服务平台和统一客服中心。BOSS系统一般涉及大型分布式数据库、应用服务器、组件和插件，以及并行处理技术、数据存储等关键技术。

三、IP化前端平台

进入21世纪，在三网融合的背景下，为满足有线电视网络多业务发展的需要，特别是与IP业务的交叉融合，数字有线电视前端开始出现以 IP 架构为核心的，从信号源接收、处理到调制全部采用 IP 化信号处理方式的数字电视前端平台，该系统平台采用基于 IP 软交换技术的构架，可以方便地完成广电网络、电信网络与互联网络等多个网络的融合以及支持多种业务的融合。2006年，北京歌华有线公司构建的下一代广播电视网(NGB)IP平台，前端采用了基于IP/MPLS技术的IP化方案，实现了广播电视信号和互动电视信号的混合传输，同时支持多种业务融合。2014年，数码视讯推出了国内首款支持基带信号IP化传输的矩阵网关，如图17-8。该设备在技术上改变了传统的基带矩阵传输方式，实现了视频基带信号的IP化传输，支持任意路数的SDI/ASI信号的IP化输出，并可支持4K、8K、1080P等高清信号的传输，为前端信号处理和传输提供了新的解决方案。2019年，数码视讯推出了8K IPG网关设备，支持最高8KP60视频传输，可以将8K视频基带信号以IP化的方式在10G/25G/100G网络中直接传输。IP化平台使得前端在不改变业务逻辑、不影响素材质量的情况下摆脱了SDI矩阵，解决了超高清时代下数据与视频传输的“同网”问题。

图17-8　数码视讯基带IP化传输系统IPG网关

本节执笔人：帅千钧

第三节｜有线电视有条件接收系统

有线电视条件接收系统(Conditional Access，CA系统)，是集成了数据加密和解密、加扰和解扰、智能卡等技术，以及用户管理、节目管理和收费管理等信息管理技术，实现有线广播电视业务的授权管理和接收控制的综合性系统。条件接收系统在前端通过加扰器对电视信号进行加扰处理，在接收端进行解扰。

20世纪70年代初，美国开办了以电影为主要业务的有线电视专门频道，有线电视开始向多频道、多业务和多功能的综合型网络发展，1971年，美国首次提出了同步抑制加扰系统，1972年，HBO开通付费电影和付费游戏节目，自此，国外有线电视网从单纯的商业广告经营方式转向以节目收视付费的运营管理方式，通过先进的技术和专门设备构成有条件接收系统参与收费管理。

付费电视发展初期对模拟电视信号的加扰主要采用初级射频处理方式，加扰的位置可以在前端，也可以在用户端。例如：一种是加扰声音，即插入第2个声音副载波以压倒原声音载波，或将主声音载波外差到接收机的接收频率以上；另一种是加扰图像，包括在用户端串接或跨接无源陷波器以削弱收费频道的信号电平，削弱或抑制电视同步信号，行延迟、行置换或行旋转等。1979年，美国通用仪器旗下的杰罗德公司推出Starpack付费电视安全系统，如图17–9所示，前端加扰对54–300MHz射频信号进行同步信号抑制，接收端解扰器以一个独立的已调射频载波为参考进行解扰。

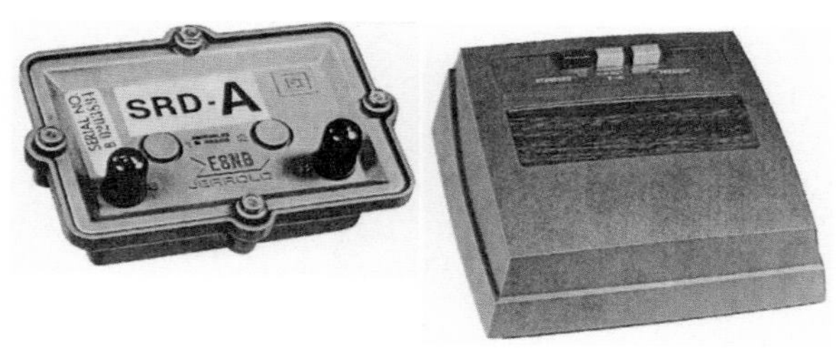

图17–9　Jerrold Starpack付费电视安全系统

之后，出现了采用中频处理和采用基带处理的加扰方式，类似于射频处理方式，中频处理方式的加扰在中频处理时进行，基带处理的加扰则是在原始信号处理阶段进行。中频处理主要对信号进行幅度处理、频率处理、时基处理或叠加干扰信号，这种加扰技术实施简单、成本低，对电视图像质量的损伤小，但是安全性很低，用户管理烦琐，并且不兼容视频信号的数字化。基带方式会在调制和解调环节引入一定的失真干扰，但可以充分利用视频信号数字化的特点来进行加解扰处理以提高安全性。1980年，出现了可变址变换器(Converters)，它能有效地阻止非授权的频道观看，提高了付费电视的安全性。法国在付费电视发展过程中，早期曾使用行延迟的加扰技术，即把每一行电视信号按伪随机规律进行不同时间的延迟，从而达到破坏画面的目的。之后，法国研制了使用行搅乱及行切割交替数字处理的加解扰设备和SYSTER系统。

随着电子技术和数字技术的发展，出现了采用数字加扰和数字压缩编码技术相结合的加扰系统。20世纪80年代末，GI推出了基于数字技术的加扰编码器DSE系列，如图17–10和图17–11所示，这种加扰编码器主要用于数字卫星广播和数字有线电视系统的前端信号加扰处理。这一时期的加扰系统主要采用的是对频道进行加扰的技术。

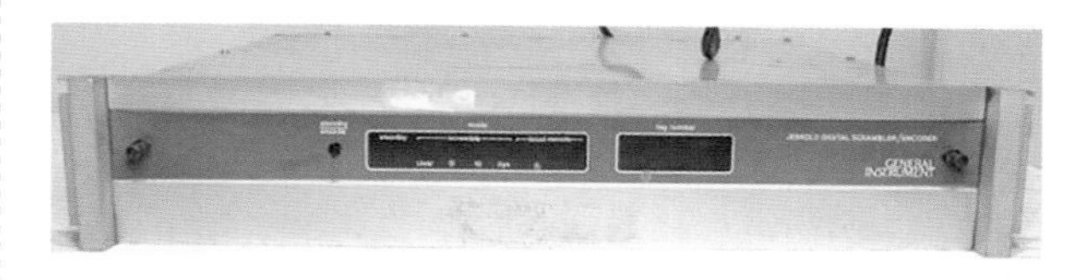

图17–10　GI数字加扰编码器型号DSE

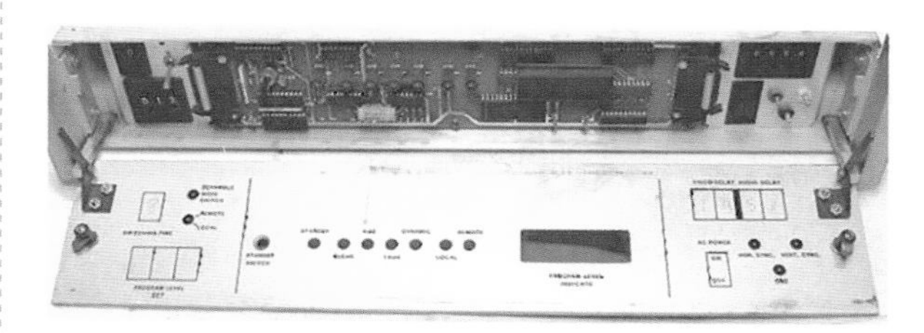

图17–11　GI数字加扰编码器型号DSE内部主板

20世纪90年代中期，加扰系统开始采用对内容进行数字加密并对用户进行独立授权的有条件接收技术，1996年年底，DVB发布了条件接收同密(SimulCrypt)数字加扰前端系统和同步技术规范，同密技术对加解扰算法和密钥传递框架进行了标准化，允许在传输的同一套节目流中携带由不同CAS生成的多个CA信息，以提供给不同CAS的机顶盒用户，使得不同的条件接收系统(CA)可以在相同的加/解扰器上运行，让两家及两家以上的CA系统可应用于同一网络平台当中。但这种方式的缺点是，机顶盒与CAS供应商绑定在一起，导致加扰算法不可更换。此后，为了提高灵活性，让机顶盒与CAS供应商解绑，欧洲DVB组织着手制定了条件接收多密技术标准(MultiCrypt)，同样，在北美地区，OpenCable于1998年推出了POD模式。以上二者本质上都属于多密技术模式。多密技术是在加密前端和机顶盒上提前植入多种算法，CA系统在运行过程中可动态地同步更换算法，也可以同步更换密钥。1997年，飞利浦公司推出了CryptoWorks数字视频和多媒体内容保护技术方案。

1991年10月，我国提出并开始酝酿有线电视加扰系统行业标准的制定工作，1992年2月，以广播电视学会视频学组的名义召开了一次专家研讨会，提出了“对电视信号运用加密技术的几点要求”。在此基础上，1992年11月，广播电影电视部科技司发文公布了“对电视信号运用加扰技术的要求”(暂行)。1994年6月，广播电影电视部颁布了中华人民共和国行业标准GY/T114-94《有线电视加解扰系统通用技术要求》，明确了我国有线电视加扰可采用两级或多级加扰的体制和技术要求，从而促进了我国有线电视加解扰技术和设备的研制。20世纪90年代中期，中国和美国公司合作研制开发的全汉化加解扰付费电视系统对电视信号进行加扰和解扰使用了行切割交替技术，或称之为行切割旋转、行切割置换技术。21世纪初，中国以飞利浦公司CryptoWorks为蓝本开发出的适用于中国的整套本地化的CA系统，可提供多种不同的专用算法，包括自主知识产权的国密算法，以供不同功能使用。2004年，我国的数码视讯公司正式推出国内首款数字电视独立加扰器 CHINIC 10K571，该款加扰器遵循DVB同密标准，可实现独立加扰、码流监测等多种功能，支持高达10Mbps的 ECM/EMM信息插入，并已与数码视讯的StreamGuard CAS、永新同方的TFCAS、算通的CAS、中视联的CAS顺利连通，包括与其中多家CA的同密系统的连通。目前，数码视讯的StreamGuard CAS条件接收系统已发展成为平台化的数字广播电视加扰系统，采用模块化设计，可以提供多种条件接收相关的灵活功能。

附录

我国电视频道配置表

频道	频率范围（MHz）	图像载波频率（MHz）	伴音载波频率（MHz）	中心频率（MHz）
DS-1	48.5-56.5	49.75	56.25	52.5
DS-2	56.5-64.5	57.75	64.25	60.5
DS-3	64.5-72.5	65.75	72.25	68.5
DS-4	76.0-84.0	77.25	83.75	80
DS-5	84.0-92.0	85.25	91.75	88
Z-1	111.0-119.0	112.25	118.75	115
Z-2	119.0-127.0	120.25	126.75	123
Z-3	127.0-135.0	128.25	134.75	131
Z-4	135.0-143.0	136.25	142.75	139
Z-5	143.0-151.0	144.25	150.75	147
Z-6	151.0-159.0	152.25	158.75	155
Z-7	159.0-167.0	160.25	166.75	163
DS-6	167.0-175.0	168.25	174.75	171
DS-7	175.0-183.0	176.25	182.75	179
DS-8	183.0-191.0	184.25	190.75	187

续表

频道	频率范围（MHz）	图像载波频率（MHz）	伴音载波频率（MHz）	中心频率（MHz）
DS-9	191.0–199.0	192.25	198.75	195
DS-10	199.0–207.0	200.25	206.75	203
DS-11	207.0–215.0	208.25	214.75	211
DS-12	215.0–223.0	216.25	222.75	219
Z-8	223.0–231.0	224.25	230.75	227
Z-9	231.0–239.0	232.25	238.75	235
Z-10	239.0–247.0	240.25	246.75	243
Z-11	247.0–255.0	248.25	254.75	251
Z-12	255.0–263.0	256.25	262.75	259
Z-13	263.0–271.0	264.25	270.75	267
Z-14	271.0–279.0	272.25	278.75	275
Z-15	279.0–287.0	280.25	286.75	283
Z-16	287.0–295.0	288.25	294.75	291
Z-17	295.0–303.0	296.25	302.75	299
Z-18	303.0–311.0	304.25	310.75	307
Z-19	311.0–319.0	312.25	318.75	315
Z-20	319.0–327.0	320.25	326.75	323
Z-21	327.0–335.0	328.25	334.75	331
Z-22	335.0–343.0	336.25	342.75	339
Z-23	343.0–351.0	344.25	350.75	347
Z-24	351.0–359.0	352.25	358.75	355
Z-25	359.0–367.0	360.25	366.75	363
Z-26	367.0–375.0	368.25	374.75	371
Z-27	375.0–383.0	376.25	382.75	379
Z-28	383.0–391.0	384.25	390.75	387
Z-29	391.0–399.0	392.25	398.75	395
Z-30	399.0–407.0	400.25	406.75	403
Z-31	407.0–415.0	408.28	414.75	411
Z-32	415.0–423.0	416.25	422.75	419
Z-33	423.0–431.0	424.25	430.75	427
Z-34	431.0–439.0	432.25	438.75	435
Z-35	439.0–447.0	440.25	446.75	443
Z-36	447.0–455.0	448.25	454.75	451
Z-37	455.0–463.0	456.25	462.75	459
DS-13	470.0–478.0	471.25	477.25	474
DS-14	478.0–486.0	479.25	485.75	482
DS-15	486.0–494.0	487.25	493.75	490

续表

频道	频率范围（MHz）	图像载波频率（MHz）	伴音载波频率（MHz）	中心频率（MHz）
DS–16	494.0–502.0	495.25	501.75	498
DS–17	502.0–510.0	503.25	509.75	506
DS–18	510.0–518.0	511.25	517.75	514
DS–19	518.0–526.0	519.25	525.75	522
DS–20	526.0–534.0	527.25	533.75	530
DS–21	534.0–542.0	535.25	541.75	538
DS–22	542.0–550.0	543.25	549.75	546
DS–23	550.0–558.0	551.25	557.75	554
DS–24	558.0–566.0	559.25	565.75	562
Z–38	566.0–574.0	567.25	573.75	570
Z–39	574.0–582.0	575.25	581.75	578
Z–40	582.0–590.0	583.25	589.75	586
Z–41	590.0–598.0	591.25	597.75	594
Z–42	598.0–606.0	599.25	605.75	602
DS–25	606.0–614.0	607.25	613.75	610
DS–26	614.0–622.0	615.25	621.75	618
DS–27	622.0–630.0	623.25	629.75	626
DS–28	630.0–638.0	631.25	637.75	634
DS–29	638.0–646.0	639.25	645.75	642
DS–30	646.0–654.0	647.25	653.75	650
DS–31	654.0–662.0	655.25	661.75	658
DS–32	662.0–670.0	663.25	669.75	666
DS–33	670.0–678.0	671.25	677.75	674
DS–34	678.0–686.0	679.25	685.75	682
DS–35	686.0–694.0	687.25	693.75	690
DS–36	694.0–702.0	695.25	701.75	698
DS–37	702.0–710.0	703.25	709.75	706
DS–38	710.0–718.0	711.25	717.75	714
DS–39	718.0–726.0	719.25	725.75	722
DS–40	726.0–734.0	727.25	733.75	730
DS–41	734.0–742.0	735.25	741.75	738
DS–42	742.0–750.0	743.25	749.75	746
DS–43	750.0–758.0	751.25	757.75	754
DS–44	758.0–766.0	759.25	765.75	762
DS–45	766.0–774.0	767.25	773.75	770
DS–46	774.0–782.0	775.25	781.75	778
DS–47	782.0–790.0	783.25	789.75	786

续表

频道	频率范围（MHz）	图像载波频率（MHz）	伴音载波频率（MHz）	中心频率（MHz）
DS-48	790.0–798.0	791.25	797.75	794
DS-49	798.0–806.0	799.25	805.75	802
DS-50	806.0–814.0	807.25	813.75	810
DS-51	814.0–822.0	815.25	821.75	818
DS-52	822.0–830.0	823.25	829.75	826
DS-53	830.0–838.0	831.25	837.75	834
DS-54	838.0–846.0	839.25	845.75	842
DS-55	846.0–854.0	847.25	853.75	850
DS-56	854.0–862.0	855.25	861.75	858

本节执笔人：帅千钧

第四节 有线电视传输网络

广播电视发展初期，主要采用开路无线电通信技术进行信号的传输，但开路无线电频道资源受频率规划限制，并且容易受到干扰和衰减的影响，难以保障传输质量，因此有线电视技术开始走上历史舞台。有线电视可以在前端演播室利用录像机等设备自办节目，也可以将卫星电视信号、微波中继信号和光纤线路传送的信号加以解调、调制，再经过电缆分配传送给广大电视用户。20世纪40年代末开始出现最初的共用天线电视系统，到20世纪七八十年代，早期的有线电视传输系统开始受限于同轴电缆传输技术，网络规模比较小，频带资源有限。为了突破传输距离和频道数量的局限，在这一时期主要发展的是更宽工作频带的电缆放大器技术。20世纪70年代开始，光纤传输技术逐渐成熟，有线电视网络也逐渐向光缆干线与电缆网络相结合的光纤/同轴电缆混合(Hybrid Fiber Coax，HFC)形式过渡。从前端到用户驻地的部分称为干线，通常采用光纤传输技术；干线部分到用户家庭之间的部分称为用户分配网络，一般采用同轴电缆传输技术。光纤的应用极大地扩展了有线电视网络的传输距离和覆盖规模。20世纪90年代后，随着数字技术和网络技术的发展，有线电视传输系统逐渐进行了数字化和双向化改造，网络结构呈现出“光进铜退”的趋势，光纤网络节点越来越靠近用户端，同轴电缆的占比逐渐缩小，而光纤到户(FTTH)的全光网络的组网形式日渐普及。

一、同轴电缆网络

(一)早期的有线电视传输系统

有线电视系统最初是为了解决偏远地区收视或城市局部被高层建筑遮挡影响收视而建立的共用天线电视(Community Antenna Television，CATV)系统，该系统在覆盖区域的边缘接收到一个减弱的电视信号，将其放大，并付费分发给当地客户。与此类似的是公寓主天线(Apartment Master Antenna，AMA)分配系统，该系统在大城市中住户密集的公寓楼间设立主天线及电缆分配线路，以避免屋顶林立的“天线森林”。事实上，当20世纪40年代末第一套有线电视系统开始运行时，这种简单的方案已经有至少25年的历史了。由于有线电视传输系统采用电缆传送和分配电视信号，故又被称为电缆电视(Cable Television，CATV)。

1948年，在阿肯色州的塔克曼市，前海军通信兵吉姆·Y. 戴维森(Jim Y. D. avidson)在他的电器商店楼顶上建了一座100英尺高的天线塔，并把来自田纳西州孟菲斯的电视信号提供给他的17家门店以及支付每月3美元服务费的居民客户。几乎在同一时间，约翰·沃尔森和玛格丽特·沃尔森在宾夕法尼亚州的马哈诺伊市建立了一个共用天线系统，以促进在他们的电器商店中新推出的电视机的销售。1949年，宾夕法尼亚州兰斯福德市的罗伯特·J.塔尔顿(Robert J. Tarlton)成立了名为Panther Valley Television的公司，建立了第一个在美国得到广泛宣传的有线电视系统，这可能也是第一个以每月收费为明确目的的有线电视传输系统。更多的其他有线电视传输系统则是由希望销售更多电视机的电视机制造商和零售商建造的。这些先行者尝试解决的核心问题是共同的，即捕捉、放大和分发电视信号。在电缆中分发电视信号的另一个好处是避免了不同广播电视台相邻覆盖区域中同频道冲突的问题。真正意义上的CATV于20世纪50年代后期在美国逐渐普及，人们采用来自卫星、无线以及自制的节目源，通过电缆线路单向广播传送高清晰、多频道的电视服务。通常，首次安装有线电视传输系统的费用高达每户几百美元，之后按月收取服务费。

早期的有线电视被视为一种扩大电视广播覆盖范围的技术，受到广播电视公司的欢迎。最初以双引线构建的有线电视传输系统很容易受到恶劣天气的干扰，比如电视信号通常会在暴雨期间消失，后来便改用了具有更好屏蔽能力的同轴电缆作为主要传输介质。

同轴电缆技术的发明可以追溯到1880年，英国物理学家、工程师和数学家奥利弗·海威塞德(Oliver Heaviside)设计了一种同轴电缆，电缆外导体由铜管构成，内导体是一根同心的铜导线，两导体间以盘状绝缘子进行隔离，其主要的电介质是空气，这种设计使沿着它传播的信号具有低损耗特性。这种同轴电缆由于外导体由铜管构成，属于刚性同轴传输线，不是很方便进行折弯，不利于工程实施。此后，贝尔实验室的劳埃德·埃斯彭希德(Lloyd Espenschied)和赫尔曼·阿费尔(Herman Affel)开发了具有类似结构但是具有半刚性的宽带同轴电缆，这种电缆更容易盘绕。在同轴电缆发明的早期，由于没有合适的适用于高频传输的低损耗的柔性电介质，所以一般都采用空气作为电介质，使用圆盘状的瓷器来固定内导体，或用丝线进行悬空，令其与外导体隔开。而到了1933年，位于英国诺斯威奇的帝国化学工业(Imperial Chemical Industries，ICI)公司意外地发现了可以在工业上批量生产的聚乙烯，由于聚乙烯在非常高频的电磁波下具有非常低的损耗特性，在第二次世界大战之前，它首次被用作同轴电缆的绝缘体。由于聚乙烯可以填充在电缆内部，因此很容易制造出较小的电缆，而且其特性在弯曲时不会有太大变化，因此很快就在市场上推广开来。

1934年9月，德国柏林修建了一条11.5公里的同轴电缆链路，用于电话和电视信号传输。1936年，在柏林和莱比锡之间开通了世界上第一个长距离同轴电缆的商业服务，该服务每隔36公里放置一个电话信号中继器，每隔18公里放置一个电视信号中继器。1938年，该系统扩展到纽伦堡和慕尼黑，1939年扩展到汉堡和法兰克福。在英国，1936年在伦敦和伯明翰之间安装了第一根可传输40个电话通道的同轴电缆。1939年，这条路线延伸到曼彻斯特，经利兹到纽卡斯尔。在美国，1937年在纽约和费城之间铺设了第一根同轴电缆，用于传输240个电话频道。实验路线长150公里，使用了10个双向中继器，间隔为15公里。内导线直径为1.8 mm，外导线直径为6.8 mm。1941年，美国在主要大城市之间安装了600个电话通道的L1系统，该系统第一次用于电视信号传输是在1945年“二战”结束时的庆祝活动上。

最早的CATV系统采用的是SYK固态聚乙烯电缆(第一代聚乙烯同轴电缆)，它的介电常数高、衰减大，使得电视频道的开通量受到限制。随着有线电视系统覆盖范围不断扩大，信号传输的距离不断延长，需要采用低损耗的同轴电缆。信号在同轴电缆中传输时的损耗与同轴电缆结构尺寸、介电常数、工作频率有关，为了降低传输损耗，可以降低介电常数或增大外导体内径，但增大外导体内径会导致成本过高。因此，同轴电缆一直致力于降低介电常数的研究，设法使它接近于空气的介电常数。

使电介质的介电常数减少的方法就是使绝缘材料内部带有气泡，人们后来发现聚乙烯能够产生泡沫，形成微小的空气隙，发泡聚乙烯的介电常数为1.5，固态聚乙烯的介电常数为2.3，因此，发泡聚乙烯电缆的衰减相比固态聚乙烯电缆大大减少。第二代SSYV型化学发泡聚乙烯绝缘材料同轴电缆，其发泡度一般为50%，但由于化学发泡剂容易吸潮，绝缘层的介质损耗正切角增大，导致在U频段传输时损耗急剧增大，同样导致电视频道的开通量受到限制。

第三代聚乙烯同轴电缆采用SYKV纵孔聚乙烯绝缘材料，它比化学发泡聚乙烯电缆具有更低的介电常数，降低了高频段的损耗，但其防潮防水性能差，特性阻抗和驻波比难以达到要求。

第四代聚乙烯同轴电缆采用的是SYWFY型物理高发泡聚乙烯绝缘材料，这种介质由大量的微孔聚乙烯组成，绝缘体中的空气占有量达到80%，它既解决了化学发泡对信号衰减的影响，又可防止水和湿气的侵入，于20世纪90年代在各国得到广泛使用。

现代有线电视传输系统中主要使用的同轴电缆由沿同一轴同心铺设的两个导体组成，如图17–12所示。一根导线被以聚乙烯为主要成分的介电绝缘体包围，而介电绝缘体又被外导体包围，产生电屏蔽传输电路。整个电缆包裹在保护性塑料护套中。信号在介电绝缘体内传播，而相关的电流被限制在内部和外部导体的相邻表面，因此，同轴电缆具有非常低的辐射。

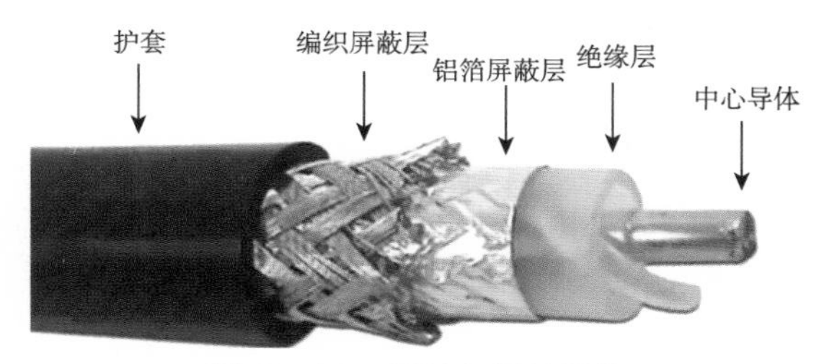

图17–12 同轴电缆的结构

当高频信号在同轴电缆上传输时会有所衰减。由于趋肤效应，电流只在导体的靠近表面很薄的一层流动，所以导体表面的电阻会影响损耗，频率越高，损耗就越大。内导体的外径越大，则导体损耗越小。同轴电缆的特性阻抗由外导体的内径与内导体的外径之比以及电介质的相对介电常数决定。特性阻抗与相对介电常数的平方根成反比，与外导体和内导体直径的比值的对数成正比。如果把内导体半径加大，则可以降低电阻值，但相应的特性阻抗也会变低，而且必须有更多的电流才能传输相同的功率，由于导体损耗与电流的平方成正比，这也会导致损耗的增加。因此，电缆内外径之比应当恰当选取，才能得到最优的损耗特性。当外径与内径之比为0.2785，电介质为空气(相对介电常数≈1.000536，20℃，1大气压)时，特性阻抗约为76.65Ω，这便是有线电视传输系统采用75Ω同轴电缆的缘由。

(二)频道和覆盖范围的拓展

由于早期有线电视原型系统建立于信号覆盖的边缘地区，捕获到的信号通常很弱，而且随着传输距离增加而衰减，要想成功实现有线电视服务，放大器必不可少。为保证在传输线末端即用户设备输入端能有足够的信号电平，需要在干线、支线的不同部位，加入若干放大器以补偿电平衰减。随着传输距离的增加，需要使用的放大器数量也更多。早期的系统中，线路放大器之间的典型距离大约是300米。但信号放大的代价是增加了干扰。线路沿线的每个放大器都会在系统中引入噪声。噪声会带来电视信号质量的损失，在屏幕上表现出微弱或褪色的图像，出现“雪花”或滚动。而且放大器只能在特定的频率范围工作，这也限制了传输系统的带宽向有线电视客户提供服务的能力。于是，在整个20世纪五六十年代，增加系统中节目套数和有效扩大系统的覆盖范围便成了共用天线系统发展的主要目标。这期间技术的发展相应地也就集中在信息处理技术(如何使多个频道相混合时相互之间的影响减小)和较远距离传输技术(如何提高放大器性能，增加放大器的串接级数)等方面。

最初的电缆传输系统采用分离的真空管放大器来驱动柔性同轴电缆。真空管最初是由英国工程师约翰·安布罗斯·弗莱明(John Ambrose Fleming)在1904年发明的，弗莱明为第一个整流二极管热离子阀真空管申请了专利。此后，美国发明家李德福里斯特(Lee de Forest)在1907年发明了三极真空管放大器。三极管的发明引发了一场电子科技革命，相比二极管只有检波和整流功能，三极管还多了放大信号的功能。另外三极管还可以充当开关器件，其速度要比继电器快成千上万倍。历史上的第一台电子计算机就是用真空三极管研制成功的。1912年，霍华德·阿姆斯特朗(Howard Armstrong)在真空三极管中加入了正反馈，将单管的放大倍数从大约20倍提高到1 000到100 000倍。此后，经过两次世界大战，军事领域的应用研究大大促进了无线电通信技术的发展，真空管放大器在技术上也日渐成熟。

米尔顿·杰罗德·沙普在1948年成立了杰罗德公司，该公司开发了一种共用天线系统为宾夕法尼亚州费城的一家百货公司的所有电视提供信号。沙普使用了来自军用剩余的同轴电缆和三极管真空管自制的信号放大器，取得了很好的效果。沙普访问兰斯福德时，看到了塔尔顿的有线电视系统，回到费城后，他重组了自己的公司，主要服务于新的有线电视业务，并迅速成为当时美国最大和最重要的有线电视设备供应商。塔尔顿此后也加入了杰罗德公司。

维护早期的真空管放大器是一个大问题。这些放大器必须在外面的保护外壳内工作，但要受到电线杆的持续振动、电力线电压、温度波动以及雨雪造成的水分变化的考验。早期的木制外壳几乎没有提供任何保护，最典型的问题之一是木制外壳会导致真空管烧毁。在最早的带状放大器中，每个频道都有自己的放大器，每个放大器都有自己的一组管。1个典型的杆状安装外壳可能包含3个带状频道放大器，每个大约1英寸宽，6英寸长，5英寸高。1953年时，完整的系统可能要包含数百个真空管。当一两个真空管烧坏时，那个特定的频道就会变黑，而真空管频繁烧坏。就此，新兴的有线电视设备公司，如斯宾塞肯尼迪实验室(Spencer Kennedy laboratories，SKL)，设计和制造了改进型“分布式增益放大器”。这是一种将电视信号分配在放大器中的几个真空管上的系统，这样如果一个真空管发生故障，其他的真空管仍然可以放大信号。该设计还显著增加了放大器的带宽，支持216MHz多达12个VHF频道。一家名为Blonder-Tongue laboratories的公司也在这方面取得了重要进展，该公司在1954年研制了低成本的“分频带”放大器。这种放大器将放大器电路的数量减少到两个，一个专用于低VHF频段的信道，另一个用于高VHF频段的信道。20世纪50年代中期，5频道宽带放大器成为标准工业设备，它在增加了信道容量的同时还降低了设备的尺寸和成本。宾夕法尼亚大学的社区工程公司(Community Engineering Corp.)也研制了可以通过电缆供电的放大器，从而使有线电视运营商不再依赖用户提供电力，并且这种放大器可以安装在电线上而不必连接在电线杆上(图17-13)。

图17-13　VHF12频道真空管放大器(1950s)[①]

早期有线系统采用12频道的频率规划，是基于从1948年到20世纪70年代末在美国制造的VHF电视接收器的特点。这些早期的系统很少或不使用头端信号处理，电视接收器只是被调谐到一个由同轴电缆提供的频道，就像在调谐到一个无线广播的电视频道(VHF频道2到13)时所做的那样。这些电缆系统携带88MHz到108MHz的调频收音机，而108MHz到174MHz(称为中频带)范围未被占用，以保持与电视信号广播标准的一致性。在有三到四个以上的电视广播电台提供电视信号的地区，有线电视系统通常可以在相邻分配的频道上接收。由于部分或所有的电视广播站都很远，传播条件导致接收到的电视信号水平相对独立变化。

从20世纪60年代初开始，固态半导体开始取代有线电视放大器中的真空管技术。与基于真空管的放大器相比，基于固态晶体管的有线电视放大器可以支持更低的输入电压，同时体积更小，也更便宜。贝尔公司的一个研究团队，包括威廉·肖克利、威廉·布拉顿和约翰·巴丁，进行了许多导致晶体管产生的开创性研究。实际上，使用晶体管取代大而低效的电子管的研究在“二战”前就开始了，但直到20世纪50年代末，新出现的晶体管放大器在价格和可靠性上相比成熟的电子管放大器还没有优势。据报道，在有线电视中首次使用晶体管是在1958年前后，韦斯特伯里电子公司的亨利·阿巴吉安(Henry Abajian)博士用它们来放大在佛蒙特州建造的一个小型有线电视系统中的信号。一些设备制造公司如AMECO和杰罗德公司也同期开始进行新型放大器的研制。20世纪60年代初，杰罗德公司开发了Starline One晶体管放大器，这种放大器还有一个优势是它被包裹在一个可密封的，压铸的外壳里。可惜当时为杰罗德供应晶体管的RCA公司还没完全准备好满足有线电视行业的需求。到了1967年，

① CATV headend electronics amplifiers：vacuum tube strip amplifiers［EB/OL］.［2024-02-02］. http：//www.theoldcatvequipmentmuseum.org/140/141/1411/index.html.

杰罗德扩大了其Starline系列的频道容量，推出了新型号Starline 20放大器，它可以在低频段放大5个频道(54MHz—88MHz)，在高频带和中频带(120MHz—216MHz)放大16个频道，一共21个频道。扩展超过12个频道的系统需要发展推挽(push-pull)放大电路，以减少二阶失真。从20世纪60年代到70年代后期，大多数有线电视系统使用的都是基于固态离散晶体管的放大器。还有一些有线电视放大器被称为"咖啡罐"放大器，它是手工组装的，将一个宽带线性放大器与一个或多个分支端口焊接到一个改进的咖啡罐中。

20世纪70年代早期，TRW半导体提供了有线电视系统放大器的标准封装和集成电路。相比离散晶体管和其他封装的放大器，它的一个关键优势是易于现场更换——只需要一把螺丝刀。SOT-115J设计了易于连接的引脚和插槽，从而不需要焊接。直到20世纪70年代中期摩托罗拉半导体推出其第一个有线电视混合放大器之前，TRW半导体一直占据着市场主导地位。1979年，TRW公司宣布成功开发了400MHz的技术，能够提供50多个频道。而更高的频率范围意味着引入更多的噪声和失真，这对放大器提出了更高的要求。一种被称为"前馈放大"的技术被开发出来，以减少失真，从而增加可以在干线上级联的放大器的数量，获得更长的无失真覆盖范围。

电缆的衰减特性与工作频率和温度有密切的关系，线路放大器的目的是对信号进行适当的放大以补偿传输中的衰减，因此也需要根据电缆的频率特性和温度特性进行有针对地调整，从而保证输出信号电平的稳定度和失真度指标。高性能的放大器中通常加入自动增益控制(AGC)、自动斜率控制(ASC)等均衡控制组件。

从1968年到20世纪90年代早期，电缆设备制造商专门建造高性能的干线、桥接和线路延长放大器，以及实现长途电缆系统级联。同时，有线电视混合放大器和半导体制造商专门生产最小噪声和失真的混合放大器。更高性能的中继、桥接和线路延长放大器使现代有线电视系统增加信道容量和覆盖范围成为可能。但是随着传输距离的增加，需要的放大器的数量也在相应增加，当干线传输距离大于10km时，即使使用高质量的放大器，累积的噪声、失真也会导致整个系统难以保证满足技术指标。此时，新兴的光纤通信技术进入了人们的视野，带来了新的转变。

二、光纤—同轴混合网络

有线电视网自诞生之初一直是基于"树枝型"的同轴电缆结构，虽然同轴电缆介质本身能够支持带宽超过1 000MHz的信号传输，但20到40个串接射频放大器所产生的噪声和失真最终限制了系统能够传输的距离和可用的频道数，使其实际上只能达到200MHz—300MHz的等效带宽。另外，串接过多的射频放大器削弱了系统可靠性，降低了传输质量，并且需要进行更多的定期维护。光纤在20世纪70年代首次出现在通信领域，很快就被应用在有线电视系统中。大多数现代的有线电视系统都是基于一种被称为光纤—同轴电缆混合(HFC)的架构，它使用光纤和同轴线的组合来传输节目。大容量光纤用在主干线上，将信号从前端发送到城镇的主要郊区或周围的社区；同轴电缆分发用于"最后一英里"(the last mile)或直接连接到家庭终端设备。图17-14所示为传统同轴电缆有线电视网和光纤—同轴混合有线电视网的结构对比。

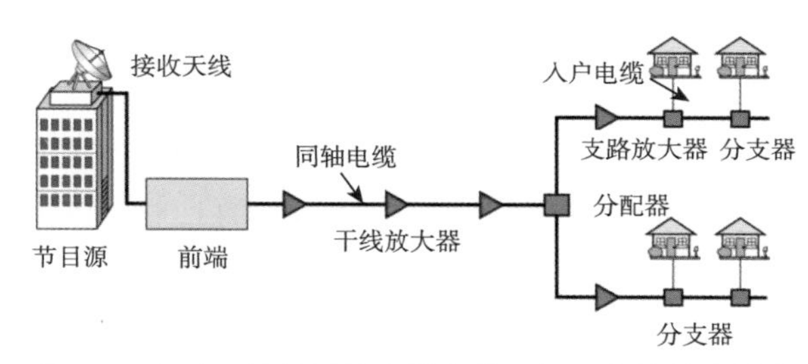

图17-14 (a)传统同轴电缆有线电视网络的基本结构

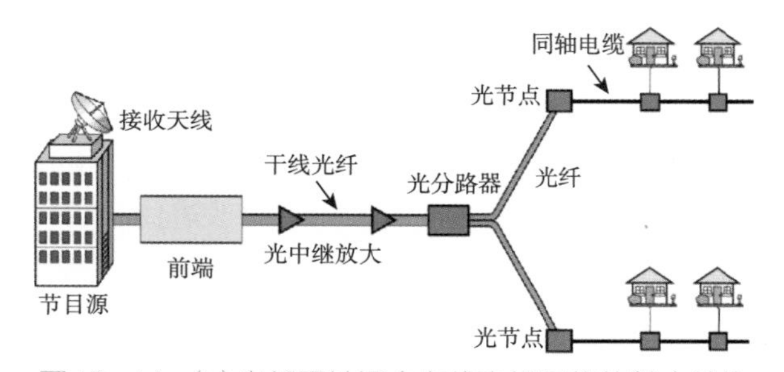

图17-14 (b)光纤同轴混合有线电视网络的基本结构

(一)光纤通信技术的产生和发展

光纤通信使用玻璃而不是同轴电缆中的铜或铝来传输信息。一根玻璃纤维仅有人的一根头发丝粗细，一根光缆中包含许多根这样的光纤并捆绑在一起。与同轴电缆相比，光纤具有许多优点：光波的更高频率意味着更大的可用传输带宽，光纤提供的承载能力是传统同轴线的数百倍。光导纤维也更轻，而且因为它是由沙子(二氧化硅)制成的，在长途应用中，它比铜和铝为材料的同轴电缆便宜。光纤信号的衰减特性远优于同轴电缆，在被放大之前可以传播30公里以上，从而减少了信号干扰和电子产品的总成本。而且，由于光纤线路不会泄漏，不会产生会对其他无线电设备造成干扰的电磁辐射。

早在1870年，英国物理学家约翰·廷德尔就解释并证明了光通过透明导体的原理。1880年，贝尔在发明电话4年后制造了一种光电话(Photophone)，光电话能在几百米的距离上传输语音信号。贝尔使用声强调制的太阳光从一个镜子反射到另一个镜子，并在那里用硒装置检测到了光。由于硒感光电管的天气依赖性和不敏感性，阻碍了它的实际应用。另外，用玻璃作为光传输介质，通常因为其中充满了杂质而导致光线不能有效地在里面传播很远，经过很短距离就会累积衰减而失真。英格兰标准电话和电缆公司(STL)的华裔科学家高锟和乔治·霍克曼在1966年发表论文，提出用足够纯净的玻璃纤维来进行实用光通信是可能的。但论文发布之初虽然引起了行业人士的关注，却没有人相信论文的结论。就连贝尔实验室也认为该设想不切实际，光纤的损耗不可能从当时的1 000 dB/km左右降低到20dB/km，“没有杂质的玻璃是不存在的”。直到1970年，康宁玻璃公司的罗伯特·毛瑞尔(Robert Maurer)带领工程师团队，通过外部气相沉积法(OVD)，使用掺钛纤芯和硅包层，成功制造出了在633nm波长上损耗为17dB/km的光纤。两年后，康宁公司的团队通过纤芯中掺杂锗来代替钛，成功地制造出了一种机械强度更大、损耗仅为4dB/km的纤维。贝尔实验室开发了一种改进的化学气相沉积法(MCVD)，即在玻璃管内进行掺杂，玻璃管随后坍缩成一个固体玻璃棒，其中沉积的化学物质构成了纤维核心。应用该方法，贝尔实验室在1974年京都国际玻璃会议上展示了一种在850nm波长上衰减为1.1 dB/km的光纤。1975年，美国电话电报公司利用康宁公司和自己的光纤在亚特兰大进行了一项大型光纤通信现场测试。日本NTT公司的电气通信实验室在1976年利用MCVD工艺生产了一种在1200nm处损耗为0.47 dB/km的光纤。后来日本又发展了一种称为气相轴沉积(vapor axial deposition，VAP)的新工艺，在这个过程中，化学沉积是在轴向上进行的，中间有较高浓度的锗，而玻璃是预制成型的。基于VAP，NTT在1980年实现了1 500μm附近0.2 dB/km的衰减。

光纤通常包括由折射率较低的透明包层材料包围的纤芯。光通过全内反射现象保持在纤芯中，这种现象使得光纤充当波导的作用，光纤结构如图17-15所示。20世纪70年代生产的第一批商业光纤有一个直径相对较大的芯，因此光以多种传播路径或横向模式在其中传播，导致了光脉冲变形展宽，限制了通信传输速率。这种光纤称为多模光纤。20世纪80年代早期，人们通过改进更细的芯径，使光信号在其中只能近似直线传播，这种具有单一传输模式的光纤称为单模光纤。多模光纤只能用于短距离通信链路和必需传输高功率的应用，单模光纤适用于大多数较远距离的通信链路。多模光纤和单模光纤的对比见图17-16。ITU在1980年发布了第一个多模光纤的标准G.651，在1984年发布了单模光纤标准G.652，在1988年发布了色散位移光纤标准G.653和只有0.18dB/km的低损耗单模光纤标准G.654，在20世纪90年代又先后发布了通过精心控制色散以最小化脉冲在长路径上扩散的非零色散光纤标准G.655，以及用于密集波分复用的无水峰光纤标准G.652.C。

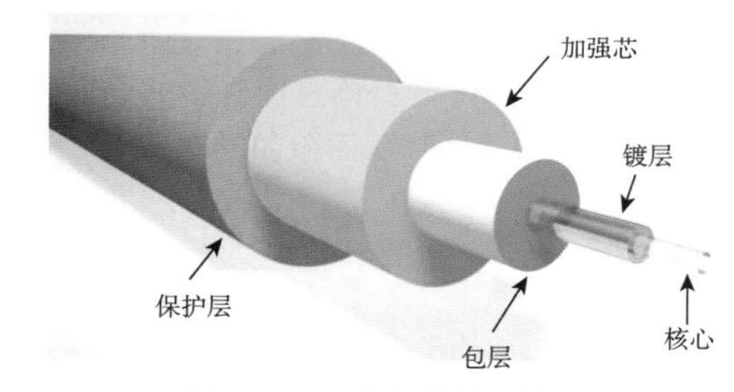

图17-15 光纤的物理结构

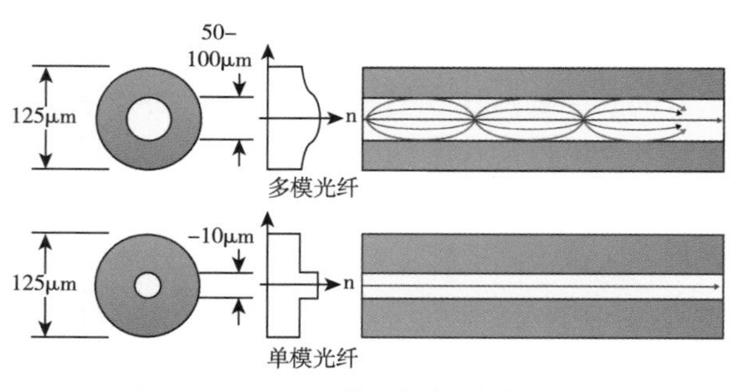

图17-16 多模光纤与单模光纤

光纤通信不仅需要光纤，还需要稳定的光信号源。小型、相对便宜的半导体激光器填补了这一角色。激光器产生较窄频率的光，这种相干光束可以被调制来携带信息。1959年，美国物理学家梅曼发明了世界上第一台红宝石激光器。1962年，麻省理工学院(MIT)的研究人员开发出了发光半导体，用以制造更小、更强大的固态激光器。1970年，圣彼得堡的洛夫物理学院若雷斯·阿尔费罗夫(Zhores Alferov)研究组和贝尔实验室先后发明了能在室温下工作的连续光半导体激光器。此后贝尔实验室于1971—1972年间提出了具有波长选择性的分布式反馈(DFB)激光器的理论和概念。20世纪70年代，业界已经开始大量生产工业应用的激光器。1987年，英国南安普顿大学的戴维·派恩(David Payne)团队宣布发明了第一台掺铒光纤放大器(EDFA)，EDFA利用泵浦技术在1500μm附近获得大功率、低噪声、高频带的光信号放大效果，这一划时代的发明也成为后来长距离光传输的重要基石。

(二)电视信号的光传输

光传输电视信号的工作过程是在光发射机、光纤和光接收机三者之间进行的。光发射机把有线电视前端输入的RF电视信号变换成光信号，它由电/光变换器(Electric-Optical Transducer，E/O)完成，变换成的光信号由光纤传输导向光接收机，光接收机把从光纤中获取的光信号变换还原成RF电信号，再进入用户分配网。光纤在有线电视中第一次成功的试验是1976年TelePrompTer公司的北曼哈顿系统。该系统采用调频方式传输，在每个节点上都需要一套完整的调制器。每个频道的成本为2 500美元，在整个系统中成本高昂，但能支持更长的干线传输和使用更少的放大器，同时可以获得更好的图像清晰度且干扰更少。光通信应用的初期，信号在光纤中的传播依赖于使用数字或模拟调频调制标准的激光器，而传统的电视信号则使用振幅调制(AM)技术传输，光纤传播相对更难实现。1987年，通用光电公司(General Optronics)的负责人杰克·柯辛斯基提交了一篇关于光纤多频道VSB/AM传输可行性的论文。吉姆·奇迪克斯(Jim Chiddix)，夏威夷檀香山ATC系统的总工程师，在1988年商业化部署了AM光纤系统的技术。这一廉价的光纤副载波残留边带调幅(SCM AM-VSB)技术提供了更好的可靠性和更高的容量，其原理可简述为：有线电视前端将各路待传送的电视信号分别采用残留边带调制在不同的副载波上，然后将各个带有信号的副载波用功率合成器(混合器)组合成一个宽带的复合射频(RF)信号，再用这个复合射频(RF)信号对发射机光源进行光强度调制，经过调制后的光载波通过光纤传输至各个光接收机，经光电检测模块将副载波还原出来，而后用解调器将多路已调副载波分别解调出多路电视信号。副载波残留边带调幅的系统基本结构如图17-17所示。在此技术的推动下，TCI、时代华纳和维亚康姆等公司开始构建以光纤到节点设计的HFC架构有线电视传输网络，每个节点可服务500个—600个家庭。

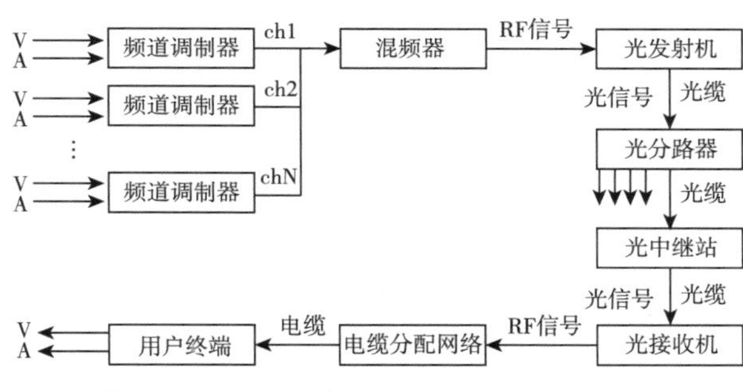

图17-17 副载波残留边带调幅的基本结构

现代有线电视光发射机按照工作方式分为直接调制型光发射机和外调制型光发射机。直接调制又叫内调制，是让信号电流直接流过半导体激光器，输出的光强度便随信号电流变化。外调制型光源输出的是恒定功率的激光，耦合进外调制器，外调制器上加上信号电压，输出光强度随加在外调制器上的电压变化。直接调制型光发射机多采用DFB激光器，DFB激光器线性度好，可以不用预失真电路的补偿。但由于直接调制存在附加的频率调制，非线性失真指标很难做到很高。直接调制型光发射机以其性能稳定、结构简单和价格低廉等优势得到了普遍应用，但其功率一般不能太大，因此限制了传输距离，一般用于本地小型光缆传输网。该类型光发射机多用于1 310nm的光纤网中，1 310nm光纤衰减约0.35db/km，故最大传输距离不超过35公里。外调制光发射机一般用YAG激光器，YAG激光器采用外调制后，线性度较差，需要使用预失真电路来补偿。由于它色散较少，故YAG光发射机很适合1 550nm波长。1 550nm光纤衰减小(0.25db/km),加上中继放大,因此常用于超远距离传输。外调制光发射机输出功率大,噪声小,但成本相对较高。

(三)有线电视网络规模的扩展

20世纪80年代末到90年代,随着光纤的部署和使用经验的增长,HFC网络逐渐成为主流。依靠干线上大容量低损耗的光纤通信技术,并且缩短同轴电缆的传输距离从而减少放大器数量和分支分配级数,有线电视网络获得了比原先大得多的覆盖范围和更好的传输质量。有线电视网的有效频带范围从300MHz,逐渐过渡到550MHz、750MHz甚至1GHz,可以提供几十路甚至上百路模拟电视信号。对于规模较大的有线电视传输系统,还可以采用二级光传输结构进一步扩大覆盖范围,如图17-18所示。复合电视信号从总前端经一级光传输到分中心,再经二级光传输到靠近用户驻地的区域中心节点,由光接收机将信号还原为射频信号后经电缆网络分配到用户端。一个有线电视传输系统可以为完整城市规模的数万户家庭提供高质量电视传输服务,依靠光纤干线通信网络可以进一步实现省际跨区域的信号传输,因此有线电视网络也具备了向综合业务承载的城域网演进的基础。

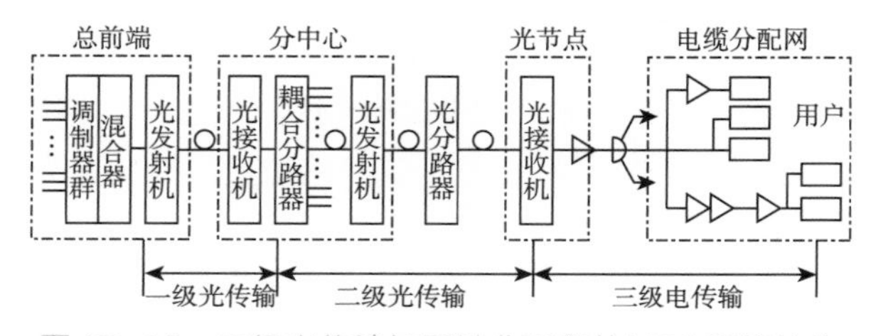

图17-18　二级光传输加同轴分配网的HFC网络结构

三、数字化和双向化演进

20世纪90年代后,在数字化、信息化的推动下,有线电视传输网络也开始向具有双向通信能力的综合业务网络演进升级。基于MPEG-2标准的数字电视系统采用了数字压缩技术对图像和声音进行压缩编码,大大提高了信号传输效率。有线电视传输网络也逐渐采用数字化通信技术,成为国家信息网和信息高速公路的重要组成部分。这种有线电视网络是开放型和交互式的,采用标准宽带通信传输交换设备、数字发射和接收设备、数字信号处理和转换设备等。HFC网络可以看作城域网络的接入和汇聚部分,在城域网基础上的联网进一步形成国家网、省网、地市网和县区网等多种层次。各级中心和前端间采用全数字化公用网通信设备,如SDH、ATM等传输交换设备。在数字化的基础上,宽带接入、点播交互、时移电视等新型业务开始出现。交互式业务需要上行传输的信道,因此需要对已成为业界主流的HFC网络进行双向化升级改造。

HFC中作为干线传输的光纤部分较为容易实现双向化,增加上行波长进行波分复用即可以在不需较大改动现有网络架构的基础上实施。RF电视信号一般经由1 550nm波长广播下行,上行信号波长一般使用1 310nm。采用同轴电缆的分配网络部分则比较复杂,先后出现了多种双向改造技术方案。

(一)基于DOCSIS的方案

1995年11月,美国主要的有线电视经营商和研究机构CableLabs发起建立了MCNS合作组织,目的是建立一整套能够在HFC网络上进行高速双向数据传输的协议,为用户提供互联网访问等服务,同时使各个厂家的终端产品具有充分的兼容性。该组织于1996年颁布了有线传输数据业务接口规范,定义了如何通过电缆调制解调器提供双向数据业务。

DOCSIS技术一般是从87 MHz—860MHz电视频道(欧洲标准,美洲标准为50MHz—860MHz)中分离出若干条6MHz或8MHz的信道用于下行传送数据。通常下行数据采用64QAM(正交调幅)调制方式或256QAM调制方式。上行数据一般通过5MHz—65MHz之间的一段频谱进行传送,信道宽度一般为:6.4MHz、3.2MHz、1.6MHz。为了有效抑制上行噪声积累,一般选用QPSK调制。系统前端使用CMTS设备,采用以太网等接口与外界网络设备相连,通过路由器与互联网连接,或者直接互联到本地服务器。用户终端使用电缆调制解调器(Cable Modem, CM),通过以太网或Wi-Fi网络与用户计算机相连。CMTS与CM的通信过程为:CMTS从外界网络接收的数据帧封装在MPEG2-TS帧中,通过下行数据调制(频带调制)后与有线电视模拟信号混合输出RF信号到HFC网络,CMTS同时接收上行接收机输出的信号,并将数据信号转换成以太网帧并转发给外界网络。用户端的CM的基本功能就是将用户计算机输出的上行数字信号调制成5MHz—65MHz射频信号进入HFC网的上行通道，同时，CM还将下行的RF电视信号输出给电视接收终端。典型的DOCSIS双向HFC网络结构如图17-19所示。

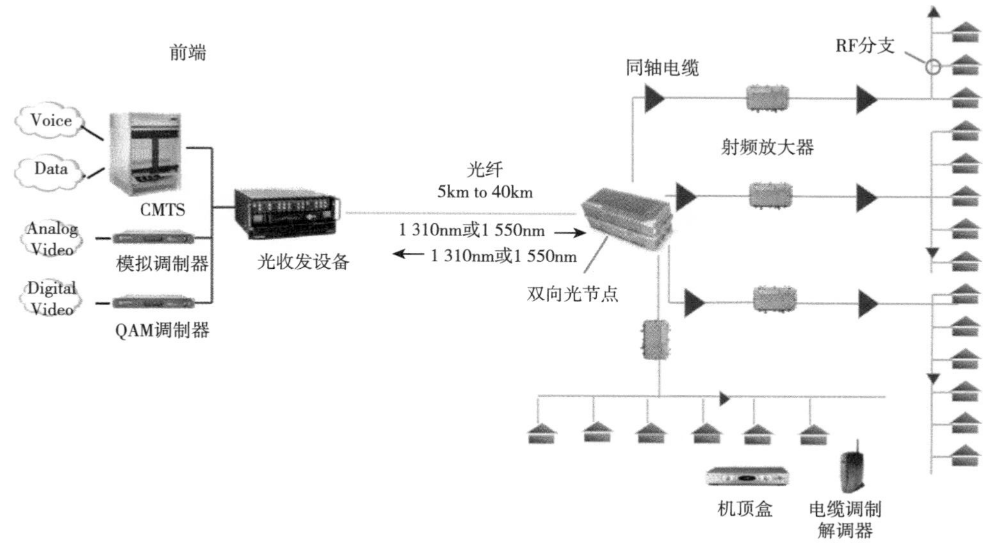

图17-19 基于DOCSIS的双向HFC网络结构

MCNS的DOCSIS1.0标准于1998年3月获得ITU通过，成为国际标准ITU-TJ.112B。为了能够进入欧洲市场，MCNS制定了适应欧洲情况的EuroDOCSIS。该标准的MAC层协议与DOCSIS1.0/1.1是一致的，只是物理层采用了欧洲关于频带划分等方面的规定。DOCSIS 1.0 版能达到下行40Mbps和上行10Mbps的互联网速度。DOCSIS1.0和EuroDOCSIS 1.0的后续版本分别是DOCSIS1.1和EuroDOCSIS1.1，为IP电话和其他对时间要求苛刻的业务提供标准，并对1.0版本中的QoS的功能进行了扩展，提供极强的误码前向纠错能力，使系统具有更强的信道传输和抗HFC网络回传噪声的性能。2001年，CableLabs又推出了DOCSIS2.0版本，采用了高级时分复用技术(A-TDMA)，提高了上行数据速率，但下行速率不变。2006年，DOCSIS3.0版本问世，3.0版本增加了通道绑定技术，让下行速率达到了1Gbps，并且提供IPv6支持、增强的IP组播等功能。基于OFDM、LDPC等信道技术的DOCSIS3.1版本提供10Gbps的下行信道带宽，上行最高达到2Gbps。4.0版本的DOCSIS目前也在逐步完善中。

(二)PON加EoC方案

CMTS加CM的双向方案虽然保留了对现有HFC网络的最大兼容性，能够节省网络改造成本，但是放置于有线电视网络前端的CMTS设备价格昂贵、下行带宽却有限，加之反向噪声汇聚等问题，因此无法很好地支持大用户量、高带宽的业务场景。为了让有线电视网成为有竞争力的宽带接入网络，一种无源光网络(Passive Optic Networks，PON)和以太网同轴传输(Ethernet over Coax，EOC)技术结合的方案被提出。

PON是一种点到多点的无源光纤接入技术，作为纯介质网络，由局侧的光线路单元(OLT)、用户侧的光网络终端(ONU)，以及光分配网(ODN)组成。所谓“无源”，是指在ODN中不含有任何有源电子器件及电子电源，全部都由光分路器等无源器件组成。因为不存在有源设备，电磁干扰与雷电造成的消极影响也随之降低，线路与外部设备的故障也因此最大限度地减少了，系统的可靠性得到了保障，与系统运营相关的成本也随之降低。

全业务接入网联盟(FSAN)于2002年提出了吉比特无源光网络(Gigabit-Capable PON，GPON)的概念。ITU-T在此基础上于2003年3月完成了ITU-T G.984.1 和G.984.2的制定，2004年2月和6月完成了G.984.3的标准化。

EPON(Ethernet PON)技术由IEEE802.3第一英里以太网(Ethernet for the First Mile，EFM)工作组进行标准化。2004年6月，IEEE802.3 EFM工作组发布了EPON标准——IEEE802.3ah(2005年并入

IEEE802.3-2005标准)。该标准将以太网和PON技术结合，在物理层采用PON技术，在数据链路层使用以太网协议，利用PON的拓扑结构实现以太网接入。EPON继承了以太网“简单即美”的优良传统，尽量只做最小的改动来提供增加的功能。从技术角度讲，EPON的进入门槛很低，容易吸引大批厂商加入EPON产业联盟。GPON技术标准指标更高，具有强大的操作维护管理(Operation Administration and Maintenance，OAM)能力，该技术基于通用成帧规程(Generic Framing Procedure，GFP)技术封装格式，具有更好的QoS支持，对TDM业务支持性更好，但其成本高于EPON，其初期的产业链和成熟度略弱于EPON。

初代EPON和GPON都是1Gbps级别带宽的技术体系，第二代的EPON和GPON分别向10Gbps级别的10G EPON和XG-PON升级。同时，随着EPON在技术标准体系中逐渐补充完善OAM和QoS等功能，其与GPON的差距逐渐减小，两种技术的功能和性能指标也不分伯仲。此后，两种技术都逐渐演进为25G/50G/100G的更高速率接入系统。很多厂商生产的OLT设备同时支持EPON和GPON的线路板卡。从终端用户角度看，不管是EPON还是GPON，其实它们对用户而言都是不可见的，用户感受不到它们之间的区别。

在PON加EOC的方案中，光网络终端ONU放置于用户驻地附近的光节点，从光节点到用户端入户，使用的是已有的同轴电缆分配系统，在同轴分配网中使用EOC技术实现双向数据传输。EOC有很多种技术方案，大体上可分为无源EOC技术和有源EOC技术。

无源EOC技术使用基带信号传输，保有以太网络信号的帧格式和MAC层，只是将信号从差分平衡信号(双绞线媒介)转换成非平衡信号(同轴电缆媒介)。其最大的特点是客户端为无源器件。基带同轴传输系统占用0MHz—65MHz频段，利用高低通滤波方式，全部采用无源器件在同轴上实现数据和有线电视信号的传输，系统需要将原来的平衡方式传输的以太网信号变成不平衡方式传输，还要将以太网收、发的信号合成一路信号，并完成100欧/75欧阻抗变换。基带EOC采用频分复用技术在同一根同轴电缆里共缆传输以太网数据信号和有线电视RF信号，需要双工滤波器具有高隔离度、高回波损耗、尽可能低的插入损耗，才可以有效抑制以太网产生的杂散信号。同时滤波器会产生相位非线性，因而需要对群时延进行必需的均衡，对信号指标和产品工艺要求非常高。无源EOC的能量主要集中在0MHz—20MHz，而分支分配器的带宽一般为5MHz—1 000MHz，因此无源EOC无法通过分支分配器。以上原因使得基带EOC技术在有线电视网络改造中没有广泛应用。

有源EOC是一种在用户楼道附近采用有源设备，通过QAM/FDQAM调制、多载波OFDM等方式将有线电视信号与数字信号复合到同轴电缆网中进行传送的用户接入技术。其主要技术有HiNOC(High Performance Network Over Coax)、BIOC(Broadcasting and Interactivity Over Cable)、HomePNA(Home Phoneline Network Alliance)、MOCA(Media Over Coax Alliance)和降频Wi-Fi等。这些技术虽然采用的调制技术和系统原理不尽相同，但其网络结构和建设要求基本类似。EOC技术普遍产生于21世纪初的几年间，在FTTH成本还比较高的情况下，它可以最大限度地利用已有的同轴电缆入户线路资源，满足视频、语音、数据等三网融合业务的承载需求，于是成了光纤到户过渡阶段的技术选择。

2012年国家新闻出版广电总局发布的C-DOCSIS技术规范(GY/T266-2012)也可以看作EOC的一种实现方式，该标准于2014年作为CableLabs的DOCSIS 3.0标准规范体系中一个独立的标准规范正式发布，为推动我国自主标准的国产设备走向国际提供了坚实的支撑。C-DOCSIS接入技术将DOCSIS 3.0系列标准规定的物理层与数据链路层的接口从分中心机房下移至有线电视光节点处，向下通过射频接口与同轴电缆分配网络相接，向上通过PON或以太网与汇聚网络相连。针对接口下移后的组网模式，C-DOCSIS接入技术规范了系统的功能模块及模块之间的数据和控制接口，扩展了DOCSIS 3.0系列标准规定的上下行射频调制技术，简化了部分信道技术，在保障与符合DOCSIS 3.0系列标准的终端设备兼容的同时，能够实现大带宽入户，承载视频、语音和数据等综合业务，具有大带宽业务承载、多业务QoS保障、可运营、可管理的能力，是有线电视网络承载三网融合业务的下一代宽带接入技术。

(三)光纤到户方案

由于光纤介质的传输能力远优于电缆传输，有线电视网络的演进目标是实现光纤直接入户。鉴于基于原有HFC网络的光纤到户网络建设是由业务驱动的一个平滑演进过程，因而光网络节点的位置是从小区到楼道逐步靠近终端用户，即“光进铜退”，直至光纤完全取代同轴电缆分配网络，将光网络终端直接部署至用户家中。FTTH和有线电视单向/双向HFC网络的关系如图17-20所示。

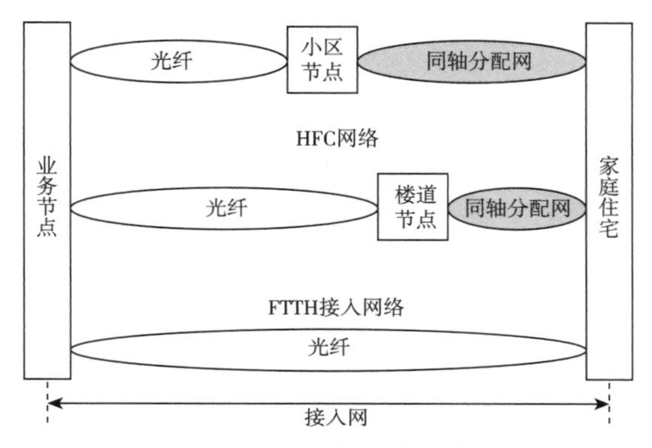

图17-20 有线电视网“光进铜退”的演进阶段

光纤到户的典型方案包括RF混合、RFoG和I-PON等。

RF混合是基于射频广播技术和PON技术叠加的一种光纤到户技术方案，其双向交互部分采用PON技术，广播通道采用射频广播技术，广播通道网络侧设备包括光发射机和光纤放大器。RF混合有两纤三波和单纤三波两种组网方案。两纤三波组网方案采用双纤入户，射频广播信号传输使用一纤，PON上下行数据传输使用另一纤，射频广播信号和PON上下行数据传输通道完全分开，从而避免了多波长之间的干扰。单纤三波组网方案中，网络侧通过波分复用/光合波器将射频广播传输光波长和PON的下行数据传输波长复用在一起，同时在上行方向分离出PON上行数据传输波长。用户侧通过波分复用/光分波器将射频广播传输光波长和PON下行数据传输波长分离，同时在上行方向插入PON上行数据传输波长。用户侧的射频广播传输光波长和PON下行数据传输波长分离后，分别由入户型CATV光接收机和ONU接收。RF混合单纤三波方案的特点是主体光纤共用，以节省光纤资源。

RF over Glass(RFoG)是2010年由电缆通信工程师协会(SCTE)发布的规范(ANSI/SCTE 174-2010)，目标是在一个全光纤构成的PON网络上兼容HFC的所有信号传输，包括模拟电视、数字电视、互动电视、VoIP和DOCSIS信号等。RFoG技术方案的光结构由原先HFC的点对点结构演变为点对多点结构，传统的光站演变为单个家庭用户使用或少量用户共用的微型光站，称为RFoG ONU(简写为R-ONU)。在R-ONU之后，信号还原为传统的射频方式，可以供单个或多个家庭使用。RFoG方案采用突发方式回传光信号，通过在分前端增加合波器、在光节点增加分光器，并用皮线光缆替换原有线电视网络中光节点到用户的同轴分配网，实现HFC网络向FTTH的过渡。

I-PON是基于万兆IP广播技术和PON技术的一种光纤到户技术方案，最早于2013年由吉视传媒、广电总局广科院、广西广电、安徽广电等单位提出并立项，已发布多项国家行业标准、ITU国际标准。其万兆IP广播技术将万兆以太网技术应用于单向广播网，双向交互部分则采用PON技术。I-PON两纤三波组网方案采用双纤入户，万兆IP广播传输使用一纤，PON上下行数据传输使用另一纤，万兆IP广播和PON上下行数据传输通道完全分开，避免了多波长之间的干扰。I-PON单纤三波组网方案中，网络侧通过波分复用/光合波器将万兆IP广播传输光波长和PON下行数据传输波长复用在一起，同时在上行方向分离出PON上行数据传输波长。用户端通过波分复用/光分波器将万兆IP广播传输光波长和PON下行数据传输波长分离，同时在上行方向插入PON上行数据传输波长。用户端的万兆IP广播传输光波长和PON下行数据传输波长分离后，万兆IP广播信号通过万兆IP光接收机接收，并通过百兆或千兆网络接口，和通过ONU接收的数据信号一起接入家庭网络，提供给机顶盒、PC终端、融合终端或者家庭网关等设备。

图17-21展示了多种双向接入网技术共存于有线电视网络中的应用场景，前端部署CMTS可以依托现存HFC网络实现双向接入，对已有网络基础架构所需改动最少；部分光纤入户的用户可以采用RFoG以最大限度兼容已有的射频前端；针对高带宽数据接入的场景，可以考虑叠加GPON/EPON网络，在前端部署OLT，并在终端加装ONU，以实现全

数字化光纤到户的接入网。

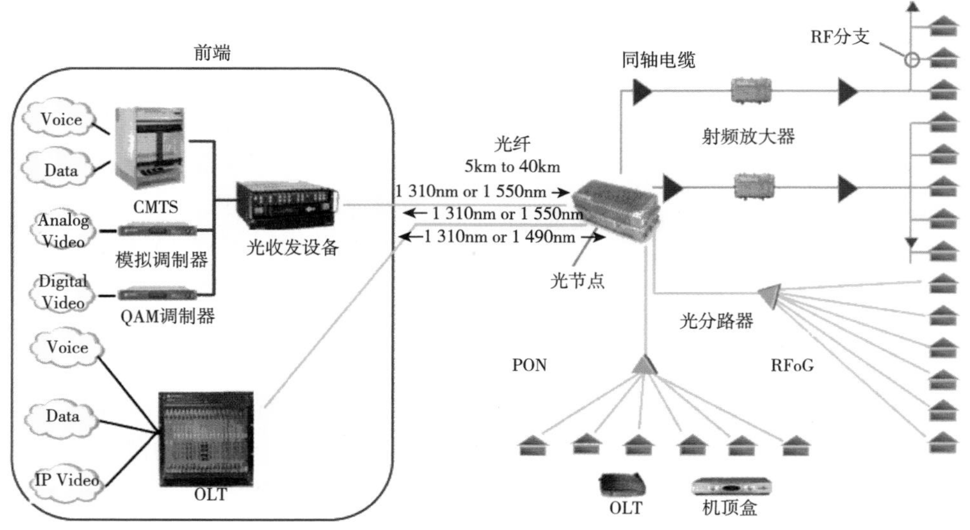

图 17-21 多种双向接入技术共存的有线电视网

四、下一代广播电视网络

2008年，国家广播电影电视总局首次提出下一代广播电视网(Next Generation Broadcasting，NGB)的概念。NGB以有线数字电视网和移动多媒体广播网络为基础，以高性能宽带信息网核心技术为支撑，将有线与无线相结合，实现全程全网的广播电视网络，不仅可以为用户提供高清晰的电视节目、数字音频节目、高速数据接入和语音等三网融合业务，也可为科教、文化、商务等行业搭建信息服务平台，使信息服务更加便捷。

NGB是由广播、交互两个信道组成的用射频电缆、光缆、微波、数据电缆或及其组合来传输、分配和交换图像、声音及数据信号的城域宽带、多业务有线广播电视网络，分为广播信道和交互信道两个平台。有线广播电视网络通过数字光纤骨干环网与其他系统联网，传输各种数字广播电视、VOD数字视频信号，以及通过与公共电信网实现互联互通传送数字电话下行信号和数据。系统中的数字电视信号源主要是数字卫星电视、数字电视广播、视频服务器等，数据信号源则是由电信网、计算机网提供。

NGB承载网包括骨干网、城域网及接入网三大部分。根据《“宽带中国”战略及实施方案》要求，按照高速接入、广泛覆盖、多种手段、因地制宜的思路，推进接入网建设。按照高速传送、综合承载、智能感知、安全可控的思路，推进城域网建设。逐步推动高速传输、分组化传送和大容量路由交换技术在城域网应用，扩大城域网带宽，提高流量承载能力；推进网络智能化改造，提升城域网的多业务承载、感知和安全管控水平。按照优化架构、提升容量、智能调度、高效可靠的思路，推进骨干网建设。

在干线传输系统中，NGB利用光传输网(optical transport network，OTN)和同步数字体系(synchronous digital hierarchy，SDH)技术建设长距离数据传输骨干网，传输光缆干线结构逐步向环形双向化发展，拓展网络的传输带宽，以进一步提高网络的传输容量和网络运行的可靠性。在接入网系统中，光节点的覆盖范围进一步缩小，结合PON技术，逐步实现光纤到户的目标。

2020年国家广播电视总局发布《有线电视网络升级改造技术指导意见》，提出有线电视网络升级改造着重构建以“云、网、端”为基础的新型网络架构，包括智慧广电有线网络服务云、骨干网、城域网、接入网和终端等部分。

本节执笔人：苗方

第十八章

卫星广播技术

卫星通信是以人造卫星作为中继站，为地球上不同位置建立通信的一种无线通信方式，可用于电视、电话、无线电、互联网和军事等领域。截至2021年1月1日，地球轨道上共有2 224颗通信卫星。大多数卫星位于赤道上方约36 000公里的地球静止轨道上。用于在事件发生时直播或者转播新闻、体育、音乐会和其他节目的通信卫星，通常称为广播卫星。如今，由于有线电视和广播网络都能接收卫星广播的全球视音频频道，世界各地的消费者持续受益于广播卫星。

第一节 | 卫星广播发展历程

一、广播卫星的早期发展

1945年10月，英国学者亚瑟·克拉克(Arthur Clarke)在英国《无线世界》杂志上发表了技术论文《超地面中继——火箭站能否覆盖全球无线电？》，确定了卫星作为地球通信中继站的可行性。克拉克预测，全世界的通信将有可能通过围绕赤道等间隔分布的三颗地球静止卫星的网络实现。如图18–1所示，若想覆盖全球(南极地区、北极地区除外)，需要发射三颗同步通信卫星，每颗同步通信卫星的高度为35 786公里(36 000公里)。

克拉克的设想，在卫星通信技术的发展史上，具有里程碑意义。但在当时，他的设想并没有引起太多关注，因而全球“通过卫星直播”的电视新闻报道，在几十年后才得到普及。克拉克还写了一些非小说类书籍，描述了火箭和太空飞行的技术细节和社会影响。其中最引人注目的是《星际飞行：宇宙航行导论》(1950年)、《太空探索》(1951年)和《太空的希望》(1968年)。后来，为了表彰这些贡献，国际天文学联合会正式认定赤道上方36 000公里的地球静止轨道为克拉克轨道。

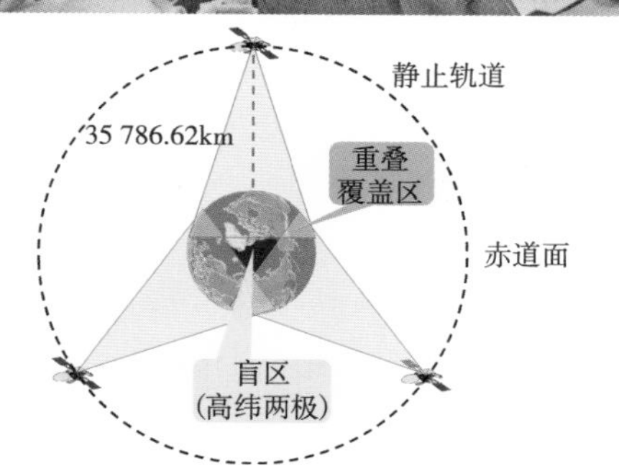

图18–1 亚瑟·克拉克以及三颗地球静止轨道卫星实现全球通信的设想模型

世界上第一颗人造地球卫星是苏联的史普尼

克1号(Sputnik 1)，该卫星于1957年10月4日发射入轨。它装载了星上无线电发射器，该发射器的工作频率为20.005MHz和40.002MHz。Sputnik 1的成功发射，迈出了太空探索的第一步。虽然它在太空中不是用来传递地球上两点之间的信号的，但它确实是现代卫星通信的开端。Sputnik 1是一颗有四根长天线的球形卫星，如图18-2所示，直径约为58厘米，重量约为83.6千克，地球上可以探测到它发射的无线电信号。它绕地球运行的轨道是椭圆形轨道，近地点约215公里，远地点约达939公里。Sputnik 1在轨道上停留了大约3个月，之后其无线电发射器的电池耗尽，并停止发射信号，在继续绕地球运行了几个月后，重新进入地球大气层，并于1958年1月4日燃烧殆尽。

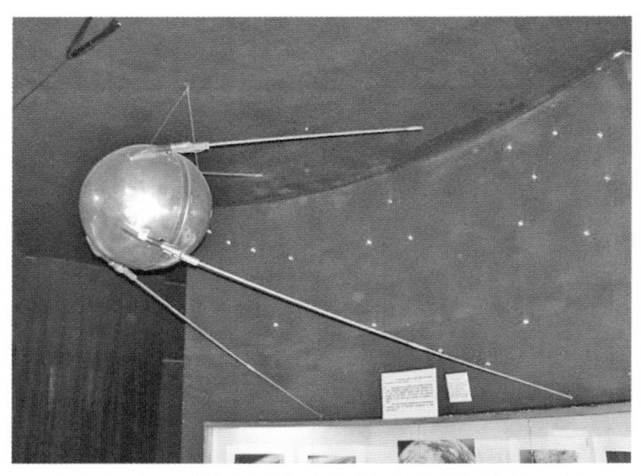

图18-2　圣彼得堡太空和导弹技术博物馆中的史普尼克1号复制品

1962年7月23日，从欧洲到北美的第一批公共卫星电视信号通过通信卫星(Telstar)在大西洋上空转播，这意味着第一次跨大西洋的现场电视信号传输的实现。美国国家航空航天局(NASA)于1962年发射的中继1号(Relay 1)，如图18-3所示，在北美和欧洲以及北美和南美之间传输信号，也是第一颗从美国向日本传输电视信号的卫星。中继1号与同步3号(Syncom 3)通信卫星一起传送了1964年日本东京奥运会的电视报道。1963年7月26日发射的Syncom 2卫星，是第一颗用来传输电视信号的地球同步卫星。

图18-3　NASA发射的中继1号[①]

1965年4月6日，美国国家航空航天局发射了世界上第一颗地球同步轨道商业通信卫星——国际通信卫星组织一号(Intelsat I)，它是常常被称作"早鸟"(early bird，因谚语"早起的鸟有虫吃"而被称为"早鸟")的卫星，如图18-4所示。"早鸟"是第一个提供欧洲和北美之间直接且几乎即时联系的卫星，它用于处理电视、电话和传真传输，是"我们的世界"广播中使用的卫星之一。"早鸟"尺寸很小，大约76厘米×61厘米，重34.5千克，它提供了人类首次的宇宙飞船溅落直播电视报道。"早鸟"最初计划运行18个月，实际上有效服务了4年4个月。

苏联于1967年10月，使用高椭圆轨道——闪电轨道，创建了第一个全国电视卫星网络系统向地面站传送电视信号。1972年11月9日发射的加拿大地球静止卫星阿尼克1号(Anik 1)是北美第一颗传输电视、广播信号的商业卫星。1974年5月30日，由美国国家航空航天局发射的应用技术卫星6号(Applications Technology Satellite-6，ATS-6)卫星，是世界上第一颗实验性教育和直播卫星(direct broadcasting satellite，DBS)，信号传输主要集中在印度次大陆，在西欧地区，用户可以使用自制设备接收到信号。

在苏联发射的系列地球静止卫星中，1976年10月26日发射的埃克兰1号(Ekran 1)，是第一颗直播到户(direct to home，DTH)卫星。它使用714 MHz的超高频下行链路频率，用户可以使用超高频电视技术进行信号接收。

① Relay 1 communications satellite［EB/OL］.［2024-02-22］.https://airandspace.si.edu/collection-objects/communications-satellite-relay-1/nasm_A19670216000.

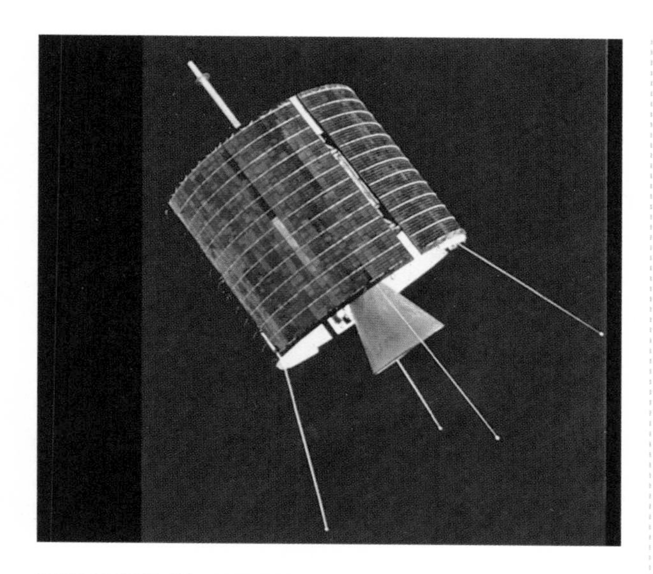

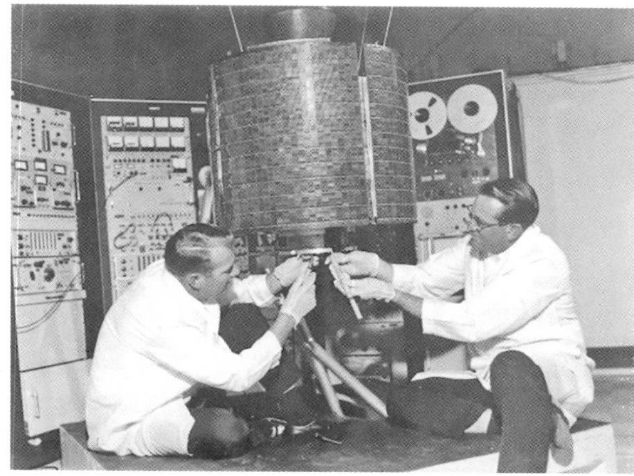

图18-4 Intelsat I卫星和工作人员检查该卫星的工作图片[①]

二、卫星电视产业的开端（1976—1980）

卫星电视产业最早是由有线电视行业发展而来的。随着通信卫星应用于向偏远地区的有线电视前端分发电视节目，卫星电视行业逐步发展起来。美国的家庭影院频道(Home Box Office，HBO)、特纳广播系统(Turner Broadcasting System，TBS)和基督教广播网(Christian Broadcasting Network，CBN，后来的家庭频道)是最早使用卫星电视提供节目的公司之一。加利福尼亚州圣安德烈斯的泰勒·霍华德于1976年成为第一个用自制系统接收C波段卫星信号的人。美国的一家非营利性公共广播服务公司(Public Broadcasting Service，PBS)，于1978年开始通过卫星转播其电视节目。

1979年，苏联工程师开发了利用卫星广播和传送电视信号的莫斯科系统。同年又发射了戈里宗通信卫星。这些卫星使用地球静止轨道，配备了强大的卫星转发器，地面接收站的接收抛物面天线的尺寸可以变为4米或2.5米。

1979年10月18日，联邦通信委员会(Federal Communications Commission，FCC)开始允许人们在没有联邦政府许可证的情况下拥有家庭卫星地球站。20世纪80年代，卫星电视开始作为一种新兴技术进入消费者市场，与传统的地面广播电视形成竞争。这种技术允许用户接收更多的电视频道，包括国际频道，为用户带来了前所未有的电视观看体验。然而，这项技术的普及也引发了许多监管和政策挑战，如信号盗版、频谱管理、接收天线的安装规范和版权问题等。20世纪80年代，代表消费者和卫星电视系统所有者的组织——私人和商业地球站协会(The Satellite Private Automatic Communications Earth Station，SPACE)成立。SPACE等组织的成立，正是为了解决这些挑战，为会员提供支持、代表他们与政策制定者沟通、推动行业标准的建立，并提供技术和法律咨询服务。它们努力确保公平的法规和政策环境，促进私人和商业卫星服务的健康发展。

早期的卫星电视系统由于费用昂贵和接收天线尺寸大，并没有得到广泛的应用。20世纪70年代末80年代初，卫星电视接收天线直径为3.0米至4.9米，成本超过5 000美元。这一时期的卫星电视产业虽然处于起步阶段，但已经奠定了现代直播卫星服务的基础，为卫星电视的快速发展和演变奠定了坚实的基础。

三、卫星单收（TVRO）时代（1980—1986）

20世纪80年代初，卫星广播开始进入大众市场，成为电视节目传输的一种新方式。通过架设大型卫星天线系统，观众可以接收地面卫星电视信号，并收看来自卫星上的多个频道的节目。卫星单收(television receive-only，TVRO)系统可以从固定

① LABRADOR V.Development of satellite communication［EB/OL］.［2024-02-22］.https://www.britannica.com/technology/satellite-communication/Development-of-satellite-communication.

卫星业务(fixed satellite service，FSS)型的卫星上的C波段和Ku波段转发器接收电视或音频的模拟信号和数字信号。这些大型天线往往安装在房屋屋顶或者房屋前后的空地中，需要精确对准卫星。较高频率的Ku波段系统往往类似于直播卫星系统，并且由于较高的功率传输和较大的天线增益，可以使用较小的碟形卫星天线。TVRO系统倾向于使用更大的碟形卫星天线，因为TVRO系统的所有者通常具有C波段的设置，而不仅仅是Ku波段的设置。

20世纪80年代以后，卫星电视在美国和欧洲发展起来。TVRO是一个主要在北美和南美使用的术语，出现在卫星电视接收的早期，以将其与商业卫星电视上行链路和下行链路操作(发射和接收)区分开来。在卫星电视行业发生转变之前，TVRO是卫星电视传输的主要方法。TVRO通常接收的是C波段的模拟信号，节目免费播出，不与商业卫星提供商相互连接。在这个时期，美国的DirecTV和Primestar等公司提供了成千上万的卫星电视频道，使观众能够通过TVRO系统接收高质量的卫星信号。这些服务的推出大大改变了美国的电视观看方式。

1982年4月26日，英国的卫星电视有限公司(后来的天空一号)运营的第一个卫星频道开播，它的信号由欧洲航天局的轨道测试卫星发射。1981年至1985年，卫星电视单收系统的销售率随着价格的下降而上升。接收技术的进步和砷化镓场效应晶体管的使用，使得用户可以使用更小尺寸的接收天线。

1982年，印度最大的公共广播电视网络Doordarshan启动了DD Direct Plus，免费提供卫星电视服务。

1983年，马来西亚开启了马来西亚广播电视的卫星广播服务，为国内观众提供了更多的电视选择。

1984年10月，美国国会通过了《有线通信政策法案1984》，该法案赋予使用TVRO系统的人免费接收信号的权利，对于加密的信号，要求加密的人以合理的费用提供信号。1986年1月，HBO开始使用视频加密系统Video Cipher II对其频道进行加密，其他频道也对其信号进行了相应的加密。逐渐地，所有的商业频道都效仿HBO，开始加密频道。

在TVRO时代，尽管观众可以接收到卫星电视信号，但可供观看的频道比较有限。此外，安装和维护大型卫星天线的成本也相对昂贵。由于当时的卫星广播技术受限于传输容量和区域限制，观众在不同地区的频道选择可能存在差异。此外，安装和操作大型卫星天线需要一定的技术知识和专业知识。卫星广播技术虽然为观众提供了一种全新的电视接收方式，但由于技术限制和成本问题，其应用范围相对有限。然而，这一时期为卫星广播技术的后续发展奠定了基础，并为今天的卫星电视提供了宝贵的经验和奠定了技术基础。

四、现代卫星广播（1987年至今）

在20世纪80年代末至90年代初，直播卫星系统(DBS)的引入允许使用较小的碟形卫星天线，这使卫星电视更容易为公众所接受，降低了成本和空间要求。卫星广播技术经历了多项重要的发展。

(一)数字化转型

20世纪90年代是卫星广播技术的数字化转型时期。数字压缩技术的发展使得更多的频道能够在有限的带宽内传输，图像质量提高，并带来了交互式功能，如电子节目指南(electronic program guide，EPG)。

(二)高清广播与超高清广播

2000年开始，高清卫星广播应运而生。高清广播提供更清晰的图像质量，为观众带来更沉浸式的观影体验。此后，超高清广播(如4K和8K)出现，为观众提供更高分辨率的内容。

(三)收视体验提升

卫星广播技术的发展带来了多项功能的改进，例如，数字视频录制(digital video recorder，DVR)，允许观众录制和观看节目，以及时移播放，使观众能够在直播节目中暂停、倒回或快进。

(四)互联网整合

随着互联网的普及，卫星广播技术与互联网服务的整合变得日益重要。卫星广播提供商开始提供点播服务，并与互联网流媒体平台进行合作，以提供更丰富的内容选择。

(五)流媒体和OTT服务

随着流媒体和OTT(Over the Top)服务的兴起,卫星广播技术面临来自网飞(Netflix)、胡鲁(Hulu)、亚马逊会员视频(Amazon Prime Video)等OTT服务商的竞争。卫星广播提供商不断适应变革,通过提供多屏幕流媒体和整合OTT平台等方式来拓展服务和吸引观众。

(六)卫星互联网服务

近年来,卫星广播技术开始向卫星互联网服务的领域发展,利用大规模卫星网络来实现全球互联网覆盖的目标。成千上万颗卫星组成低轨道(LEO)卫星星座,提供全球范围内的高速、低延迟的宽带互联网服务。由太空探索技术公司(SpaceX)的星链(Starlink)和亚马逊的库伊伯(Project Kuiper)等开展的低轨道卫星(LEO)互联网星座计划,旨在为无线互联网服务和广播提供全球范围特别是在偏远和农村地区的连通性。

总的来说,从1987年至今,卫星广播技术经历了数字化转型、高清与超高清广播、收视体验提升、互联网整合和卫星互联网服务等多个方面的发展。这些发展使卫星广播能够提供更多的内容选择、更高的图像质量、更强大的功能和更广泛的覆盖范围,满足观众日益增长的需求。

五、我国广播卫星的发展历程

1970年4月24日21时35分,东方红一号卫星在甘肃酒泉成功发射,使中国成为继苏、美、法、日之后,世界上第五个独立研制并发射人造地球卫星的国家,实现了我国人造卫星“从无到有”的跨越。东方红一号卫星,如图18-5上图所示,于1958年提出预研计划,1965年正式开始研制,主要进行卫星技术试验,探测电离层和大气密度,播放《东方红》乐曲,其轨道近地点高度为441公里,远地点高度2 368公里,轨道平面与地球赤道平面夹角68.44°,绕地球一圈用时114分钟,卫星重173千克。东方红一号卫星工作28天(设计寿命20天),于1970年5月14日停止发射信号。目前,东方红一号卫星仍在空间轨道上运行。

1975年,中央广播事业局在编制“五五”广播电视事业发展规划时,正式提出了发展我国卫星广播系统。此后,我国通过近10年时间开展卫星广播电视业务的前期工作,主要包括实际验证卫星广播效果、争取发展电视直播卫星所需的频率和空间资源、论证技术方案、引进广播卫星等。我国利用通信卫星进行通信和传送广播电视节目,概括起来经历了3个阶段。

第一阶段使用模拟技术传输广播电视信号,一个卫星转发器只能传输1—2路节目。1982年6—10月,中国第一次进行卫星通信和电视转播试验。1984年4月8日19点20分02秒,在西昌卫星发射中心,长征三号火箭搭载东方红二号试验通信卫星发射入轨成功。东方红二号卫星,如图18-5下图所示,是中国第一颗静止轨道同步通信卫星,用于传输彩色电视节目和电话。东方红二号卫星,高3.1米,直径2.1米,卫星质量433千克,采用全球波束喇叭天线,携带2个输出功率为8W的C波段转发器,等效全向辐射功率为23.4dBW,设计寿命3年。1985年8月1日,中国租用的国际通信卫星用于传输中央电视台第一套、第二套节目,并在各地建立53个地面站接收卫星信号进行转播。1986年7月1日,中国又租用了国际通信卫星IS-VF7,用于传输电视台的教育节目。中国在东方红二号试验通信卫星的基础上进行改进,1988年3月7日,中国发射了东方红二号甲通信广播卫星,在传输中央电视台节目的同时,也开始传输省级电视台的节目。东方红二号甲通信广播卫星,高3.75米,直径2.1米,卫星质量441千克,采用国内波束抛物面天线,携带4个输出功率为10W的C波段转发器,等效全向辐射功率为36dBW,设计寿命4.5年。1988年4月,我国成功发射了第一颗实用通信卫星中星1号,定点于87.5°E。中星1号发射成功之后,常年用于转播中央电视台的第一套和第二套节目,同时轮流转播云南、贵州、新疆和四川、西藏等地区的电视节目。1988年12月,中星2号实用通信卫星发射成功,定点于110.5°E。中星2号用于转播中国教育电视台的两套节目,同时传送中央人民广播电台和中国国际广播电台的30路广播信号。1988年对于我国的卫星广播事业来说具有十分重大的意义。

图18-5　东方红一号(上)和东方红二号(下)[①]

第二阶段使用数字技术传输广播电视信号，一个卫星转发器可以传输多个节目。1992年，中国卫星通信广播公司购买了一颗名为“Spacenet-1”的在轨卫星，并将它飘移至115.5°E，重新命名为中星5号，从1993年7月16日开始接替寿命终止的“中星1号”卫星。1995年11月，中央电视台开始采用数字压缩加扰方式，在一个卫星转发器内传送其第五、第六、第七和第八套节目，从此我国进入了数字卫星广播的时代，这与技术发达的国家在时间上是基本同步的。中央电视台引进了美国通用仪器公司的技术设备，采用了名为“Digicipher-1”的数字压缩技术。1996年5月，中央电视台采用了Digicipher-2的方式，通过中星5号卫星的一个C频段转发器，同时传输5套数字电视节目，进一步提高了节目的质量。20世纪90年代，我国还先后租用了多颗卫星的若干个转发器，用来转播各个省级电视台的节目。之后，我国陆续通过C波段、Ku波段通信卫星，采用数字卫星视频广播(digital video broadcast-satellite，DVB-S)技术传输广播电视节目。1997年，河南、广东等几个省级电视台率先采用了欧洲广播联盟的DVB-S方式进行数字卫星广播，其后各个省级电视台均采用了此种方式。1999年该方式被列入我国的国家标准《卫星数字电视广播信道编码和调制标准》。截至1999年，卫星除传输中央电视台的十多套节目外，中国各省级电视台都有一套节目上星传输，中央和省级广播电台的节目也通过卫星传输。卫星传输节目已成为各地有线网络、无线发射台转播节目的主要信号源。

第三阶段通过直播卫星转播广播电视信号，用户可以直接接收卫星广播电视信号而无须经由地面接收站的接收、再转发。2008年，中星9号广播电视直播卫星成功发射，采用先进卫星广播系统(advanced broadcasting system-satellite，ABS-S)技术传输广播电视节目，用户可以使用45厘米—60厘米天线直接收看卫星广播电视节目，中国进入了卫星直播电视阶段。

2010年，国务院发布了《数字电视推进工程实施方案》，提出了推动数字电视发展的战略目标和重要举措，为数字卫星电视技术的发展奠定了基础。2010年，国家批准在有线电视网络未通的农村地区开展直播卫星服务；2011年下发相关文件，明确在全国尽快实现直播卫星公共服务的全覆盖，推进农村广播电视由“村村通”向“户户通”延伸的目标和任务。自2011年起，中国在北京、上海、广州等地开展数字卫星地面广播电视试点示范工作。这些试点示范项目验证了数字卫星电视技术的可行性和效果，为后续推广打下了基础。2011年10月，卫星直播管理中心成立，直播卫星业务得到快速发展。自2013年起，中国开始全面推广数字卫星电视技术，实施了一系列政策措施和庞大的推广行动。通过卫星电视数字化改造、广播电视数字化终端普及等多种方式，推动数字卫星电视技术的快速普及和应用。中国数字卫星电视技术的发展也注重直播和增值服务。通过引入高清频道、交互式电视、点播服务和多屏互动等创新功能，提升用户观看体验，并满足用户对个性化、多样化电视内容的需求。中国数字卫星电视技术不断进行技术创新

① 上图来源：https://view.news.qq.com/zt2010/changeplan/history4.htm，下图来自国家航天局网站：https://www.cnsa.gov.cn/n6758968/n6758973/c6809304/content.html

和发展。研发和应用高效的压缩技术，探索4K/8K超高清传输，提高频道容量和传输速率，以提供更高质量和更多样的电视频道。2018年，中国成功发射了高通量卫星，提供更高清晰度的卫星电视服务。2020年开始，中国开始探索将5G技术与卫星电视技术相结合，实现更快速、智能化的卫星电视传输与接收体验。

目前，我国广播电视专用传输卫星包含中星6B、中星6C、中星6D、亚洲6号和亚太6C共5颗C频段卫星，传输300多套电视节目和300多套广播节目，不间断为全国2 000多个有线电视前端和无线发射台站提供稳定可靠的卫星信号源。同时，我国广播电视专用直播卫星包括中星9号和中星9B两颗Ku频段卫星，为用户提供包含31套高清电视、62套标清电视和68套广播节目的广播电视公共服务。我国数字卫星电视技术在政策支持和技术创新的推动下，经历了从试点示范到广泛推广的阶段，为广大观众提供了更多、更高质量的数字卫星电视服务，满足了数字化时代用户对电视内容的多样化需求。

本节执笔人：李彦霏

第二节 卫星广播系统

卫星广播系统，如图18-6所示，由卫星上行地球站、通信(广播)卫星和卫星接收系统组成，卫星接收系统通常有集体接收和个体接收两种方式。另外，为了保证系统正常通信与广播，还需要跟踪遥测及指令和监控管理分系统，以起保障作用。

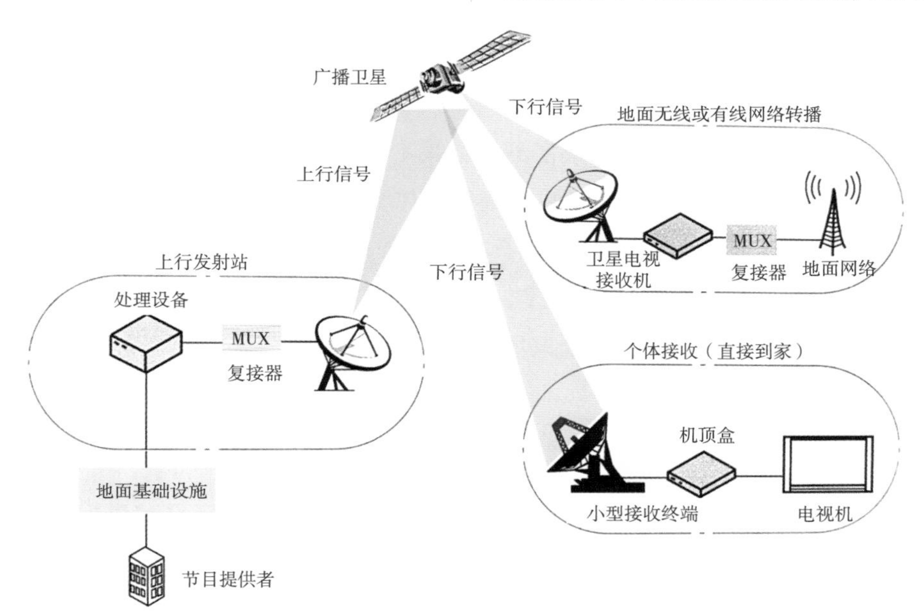

图18-6 卫星广播系统示意图

一、卫星上行地球站

一个卫星上行地球站由发送、天线、接收、监控、电源等几个子系统组成，它担负着把节目中心传送来的信号发送到通信(广播)卫星的任务，同时还要随时监测卫星的下行信号的质量；有些卫星上行地球站还承担着对卫星进行遥测、跟踪和遥控的任务。

卫星上行地球站的发展，从较简单的早期系统到今天的高度复杂和技术先进的网络，不仅涉及硬件技术的进步，还包括传输协议、信号处理技术和网络架构的革新。

早期的上行地球站，主要用于实验性的卫星通信和政府间的通信。这些设施大型而昂贵，限制了其广泛应用。系统基于模拟传输技术，设施庞大，对操作人员的技术要求也相对较高。20世纪50年代至60年代，地面站最早的发射天线是简单的大型抛物面天线或碟形天线，专门用于与卫星建立基本通信。这些地面站旨在发送和接收来自卫星的信号，这需要具有高增益的天线，将发射的射频能量聚焦到指向卫星的窄波束中。20世纪70年代，随着"早鸟"等卫星的发射以及随后提供跨大西洋和跨太平洋通信的卫星的发射成功，对于更先进的地面站天线的需求增加，抛物面天线因其有效的高增益能力而被广泛采用。20世纪80年代，卡塞格伦天线系统，因其允许紧凑的天线设计，馈电位于天线背面，减少信号遮挡，从而提高了性能，被广泛应用于卫星上行地球站。

为了将信号有效传输给卫星接收天线，卫星上行地球站配备了高功率的放大器。在模拟卫星广播发射系统中，最常用的高功率放大器是行波管放大器(traveling wave tube amplifier，TWTA)，它们能够放大宽范围的频率和高功率输出，使其非常适合早期卫星通信中的对模拟信号的放大。

早期的卫星技术受限于可用的信道容量，这限制了同时传输的频道数量和总体的数据传输能力。

随着数字技术的发展，卫星广播电视迅速从模拟系统过渡到了数字系统。1994年，数字卫星视频广播(digital video broadcast-satellite，DVB)标准公布，卫星广播进入数字化时代。

典型的数字卫星上行地球站发送系统框图如图18-7所示。该图展示了双机备份，多路单载波(multiple channels per carrie，MCPC)的工作方式。

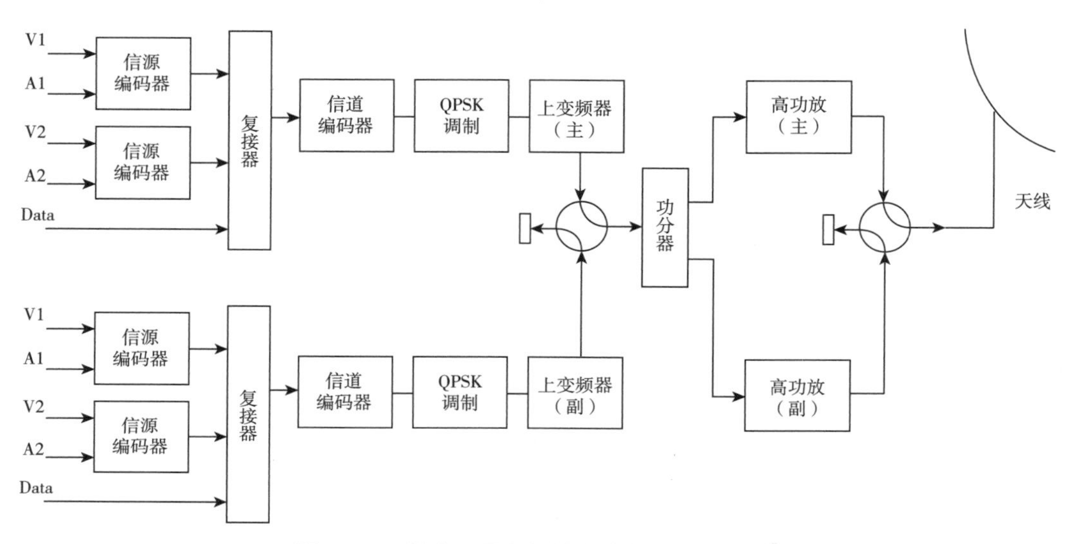

图18-7 数字卫星上行地球站发送系统框图[①]

数字卫星广播输入的音频信号(A)、视频信号(V)和数据信号，经信源编码器输出后得到压缩后的数字信号传输流(transport stream，TS)，其中，视频信息和音频信息都被打成一定格式的数据包，每个数据包的长度都是188字节，其中包括一个同步字节。复接器将音频、视频和数据的数据包按一定规律组合在一起，形成一个整体的数据信号。复接器的输出送入信道编码器。经过信道编码之后，信号进入QPSK调制器。目前，数字卫星广播主要采用QPSK调制方式。中频信号直接送入上变频器，上变频器输出的频率就是卫星的上行频率，C波段卫星的上行频率约为6GHz，而Ku波段卫星的上行频率为14GHz或17GHz。上变频器输出的信号经过切换之后送入高功率放大器，以便获得足够的功率，数字卫星地球站的输出功率一般不超过100W。高功率放大器往往采用速调管放大器。高功率放大器也有备份，其输出的大功率射频信号通过天线发送到位于同步轨道的通信(广播)卫星上去。

这一时期，上行地球站的天线通常是大口径天线，直径在6米—20米的范围内。天线的形式大多为双反射面天线，除了卡赛格伦天线之外，还有格里高利天线。采用后者的好处是收发可以共用一条天线，而无须使用双工器。上行链路使用的高功率放大器主要有两类：基于真空管的放大器和固态放大器。真空管放大器包括行波管放大器(TWTA)和速调管功率放大器(klystron power amplifier，KPA)。

① 车晴，王京玲.卫星广播技术[M].北京：中国传媒大学出版社，2015：11.

行业惯例通常是使用管的饱和输出功率作为额定功率。由于放大器输出部分的元件的损耗，TWTA的额定法兰功率通常低0.5dB至0.7dB。固态功率放大器(solid-state power amplifier，SSPA)总是使用法兰功率，但一些供应商使用饱和功率，而另一些供应商使用1dB压缩点功率。

二、卫星接收系统

卫星接收系统分为两种类型，一种是集体接收系统，用于有线电视系统之内；另一种是个体卫星接收系统，两者的主要差别在于是否使用功分器。

(一)集体卫星接收系统

集体卫星接收系统又称为卫星接收站，它由卫星接收天线、高频头(低噪声放大器，LNB)、第一中频电缆、功分器和卫星接收机等几部分组成，有时还包括线路放大器。典型的集体卫星接收系统框图如图18-8所示，它包括水平极化和垂直极化两个部分。在接收圆极化波时，接收系统的组成也是这样的，只是将水平换成右旋，垂直换成左旋就可以了。

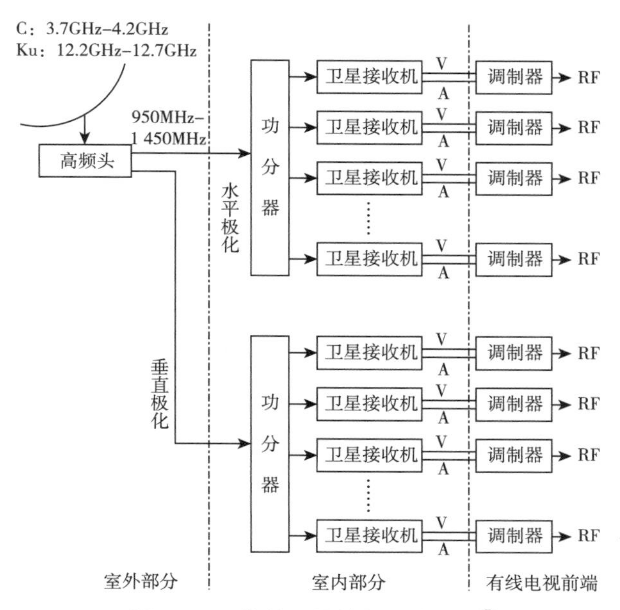

图18-8 集体卫星接收系统框图[①]

卫星接收系统可以分为室外和室内两部分：室外部分包括卫星接收天线、高频头、第一中频电缆，有时还设有线路放大器；室内部分包括功分器、模拟卫星接收机和数字卫星接收机。作为集体接收系统，卫星接收机的输出就是有线电视的信号源，因此它直接与射频调制器连接；而在个体接收时，卫星接收机则直接与用户的电视机相连接。

卫星接收天线将广播卫星传送的电磁波接收下来，然后送入高频头。高频头的作用有两个：一是低噪声放大，二是下变频。集体接收系统要同时接收各个频道的信号，因此需要多台卫星接收机，每台卫星接收机接收一套节目，故在室内部分必须要设置功率分配器，简称功分器。功分器的作用是将一路信号平均分为若干路，以便给各卫星接收机提供信号，同时它还要保证各卫星接收机互相不干扰。

(二)个体卫星接收系统

个体卫星接收系统(含直播卫星接收系统)由卫星接收天线、高频头和卫星接收机组成，如图18-9所示。其各组成部分的功能与集体接收系统相同。

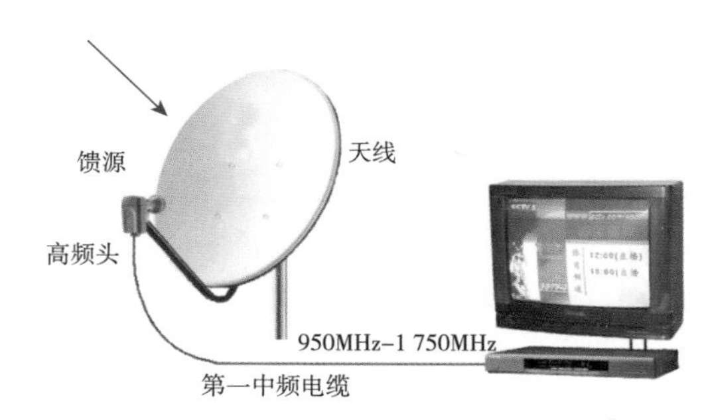

图18-9 个体卫星接收系统示意图[②]

卫星广播接收系统的发展，反映了卫星广播技术和服务的演变。20世纪60年代开始，早期的卫星接收系统使用大型抛物面天线，鉴于其尺寸和成本，这些天线主要由组织运营。卡塞格伦天线作为接收天线，首次用于日本茨城卫星通信中心(Ibaraki Satellite Communication Center)接收1963年由美国加利福尼亚州莫哈韦地球站发射给中继1号卫星的信号。茨城地面站使用了20米卡塞格伦天线，这是这种天线首次被用于商业通信。20世纪70年代至

① 车晴，王京玲.卫星广播技术[M].北京：中国传媒大学出版社，2015：13.

② 车晴，王京玲.卫星广播技术[M].北京：中国传媒大学出版社，2015：15.

80年代，人们开始使用直径在2米—3米的较小的反射面天线，这也是个人接收用户广泛使用的卫星接收设备。从20世纪90年代开始，数字压缩技术的发展允许使用更小的反射面天线。这一时期，出现了直播到户卫星系统，使用较小的Ku波段碟形天线(通常直径为45厘米—60厘米)。

低噪声转换器(low noise block downconverter，LNB)是低噪声放大器、混频器、本地振荡器和中频(IF)放大器的组合。它充当卫星接收器的射频前端，接收来自接收天线收集的卫星的微弱信号，对其进行放大，并将频率下变频到较低的中频(IF)。这种下变频允许使用相对便宜的同轴电缆将信号传送到室内卫星电视接收机。LNB通常是一个小盒子，悬挂在天线反射器前方的一个或多个短吊杆或馈电臂(feed arm)上，位于反射面天线的焦点处(也有天线设计将LNB放在反射器上或后面)。20世纪70年代到80年代的LNB，通常大而笨重，噪声系数相对较高，主要用于大型卫星接收系统，如早期的卫星通信基站和一些商业用途的LNB。20世纪80年代以后，随着砷化镓场效应晶体管技术的发展，LNB的噪声系数大幅降低，提高了信号接收的质量和效率。随着噪声系数的降低，卫星电视开始向普通家庭普及。这时期的LNB体积变小，成本降低，越来越多的家庭能够享受卫星电视所提供的多元化内容。在数字卫星广播发展的初期(20世纪90年代至21世纪00年代)，LNB需要处理更宽的频带和更复杂的信号，多输出LNB(如双输出、四输出LNB)出现，允许多个接收器同时从同一颗卫星接收不同的信号。同时，低温技术的发展，使得噪声系数得到了进一步的降低。2000年以后，随着高清和超高清广播的出现，需要LNB拥有更好的频率稳定性和更宽的频带来支持更高质量的视频传输。用于Ka波段和Ku波段的LNB也被开发出来，以适配这些频率的信号接收。在直播到户卫星电视系统(DTH TV)中，广泛使用两类LNB：多输出(multi-output) LNB和四声道(quattro)LNB。

现代LNB越来越多地集成了先进的功能，如内置滤波器、信号放大器等，以提高信号处理的效率和质量，甚至带有网络连接功能，它们能够直接将接收到的信号转换成IP数据流，为IPTV和其他网络服务提供支持。

三、广播卫星

广播卫星主要由两个部分组成：有效载荷和卫星平台。每个部分承担着不同的功能，共同确保广播卫星能够有效地执行任务。卫星平台是支持有效载荷运作的基础结构，包括用于维持卫星正常运行的各种系统：(1)电源系统：通常包括太阳能板和蓄电池，为卫星上的仪器和系统提供必需的能源；(2)推进系统：用于发射卫星到目标轨道，并在卫星运行期间进行轨道调整和姿态控制；(3)热控系统：维持卫星内部和外部设备在适宜的温度范围内运行，保持设备的正常功能；(4)姿态和轨道控制系统：确保卫星能够正确定位和稳定指向，特别是对于高增益的通信天线，精确的定位和稳定是至关重要的；(5)遥测、追踪与指令系统：用于监控卫星的健康状况，接收地面指令和调整卫星操作。

有效载荷包括所有用于执行卫星主要任务的设备和仪器。对于广播卫星而言，其有效载荷包括转发器、卫星天线和信号处理单元。广播卫星配有专为发送和接收微波信号设计的天线，通常包括高增益的抛物面天线，用于接收地面的上行信号和向地面发送下行信号。某些广播卫星可能包括用于信号处理的设备，如频率变换、信号整形或编解码设备，以提高信号质量和减少传输中的误差。

转发器是广播卫星的核心部分，负责接收地面站发射的信号，并进行必要的频率转换，然后放大这些信号并将它们重新传输回地球。转发器使卫星能够覆盖广阔的地面区域，提供电视、广播和数据传输服务。

20世纪60年代至70年代，“早鸟”等卫星上的第一批转发器是为电话和广播电视设计的，容量有限。这些早期的转发器是模拟的，每个转发器只能使用调频(FM)处理一个电视频道。

20世纪80年代，模拟转发器被广泛用于远距离传输电视信号，使奥运会和其他重大事件等国际广播，能够在全球范围内播出，每个卫星转发器转发一个电视频道。以C波段卫星Telstar 303、Ku波段Satcom K2和混合卫星Spacenet 1为例来说明这个时代卫星的特点。Telstar 303是一颗小型自旋稳定卫星，搭载有24个5.5瓦功率36兆赫带宽的转发器。它主要功率需求为800瓦，使得有效载荷非常适合自旋稳定设计。天线可以提供整个美国大陆的覆盖，搭载全部24个频道，或者，6个频道可以切换到阿拉斯加，6个切换到波多黎各和6个切换到夏威夷。它携带了5.5瓦的固态功率放大器和5.5瓦的行波管放大器，它们可以通过地面指令在转发器之间切换，以最佳地适应特定转发器转发的通信流量。然而，太阳能电池的空间仅限于圆柱的表面积，而这个面积每次只有一侧面向太阳。Satcom K2是一种三轴稳定卫星。搭载有16个50瓦功率和54兆赫带宽的转发器。高功率转发器所需的2 440瓦功率需求，使得Satcom K2卫星更适合三轴稳定方式。16个频道的覆盖范围可以通过地面指令在轨道上切换，介于整个美国大陆覆盖和一半美国大陆覆盖之间。此外，8个水平极化频道可以作为一组进行配置，可以包括加勒比海的覆盖。使用高功率和东西部区域波束，允许转发器直接向口径为1米的卫星单收系统分发视频服务。混合卫星在C和Ku两个频段提供转发器，并更好地利用轨道位置。Spacenet 1是一颗三轴卫星，搭载18个C波段和6个Ku波段转发器。C波段的12个转发器是8.5瓦的SSPA，带宽为36兆赫，而剩余的6个转发器是16瓦的TWTA，带宽为72兆赫。6个Ku波段转发器有16瓦的TWTA，带宽为72兆赫。C波段覆盖了美国大陆、加勒比海、阿拉斯加和夏威夷，而在Ku波段，仅提供美国大陆的覆盖。

20世纪90年代，MPEG-2压缩标准的采用，允许在先前由单个模拟信号占用的带宽内压缩和传输多个电视频道。同时，数字压缩和调制技术的进步，使卫星转发器的带宽得到了更有效的利用，数字转发器可以承载多个信道。纠错功能的引入，显著提高了信号的可靠性和质量。这一转变实现了CD质量音频的传输，后来又实现了高清电视广播。通过数字广播，卫星提供商可以提供数据服务，包括互联网接入、多路广播和互动服务，扩展到传统电视以外的服务。

2000年至今，压缩和调制技术的不断发展，进一步增强了卫星转发器的能力。如MPEG-4(H.264)和HEVC(H.265)之类的标准已经分别高效传输高清和超高清(4K)内容。这些进步要求卫星转发器支持更高的带宽和更复杂的调制方案，如8PSK和16APSK，以适应对高清晰度内容日益增长的需求，而不需要成倍增加所需的卫星带宽。随着科技的进步，卫星广播的未来可能会向低地球轨道(LEO)卫星星座转变，从而减少延迟。更新的调制和编码技术，包括用于更高容量的Q/V频带频率和5G广播标准的出现，有望继续推进卫星转发器的发展，使卫星广播更高效，且能够支持不断增长的数据需求。

本节执笔人：李彦霏

第三节 数字卫星广播标准

模拟卫星广播是卫星广播的早期形式，采用模拟信号传输。20世纪80年代，模拟卫星广播在全球范围内得到普及，是电视节目传播的重要方式。模拟信号容易受到干扰，图像和声音质量不高。

数字技术在卫星广播电视传输中的应用是广播电视传输技术的一次重大变革，采用数字压缩编码技术以及数字调制技术，一个转发器可以传输多路节目，有效提升了卫星传输业务承载能力。同时采用了强有力的纠错算法，提高了传送质量，降低了接收门限。

数字卫星广播标准发展始于20世纪90年代初，应用较多的制式主要有两种，即欧洲的DVB-S标准和美国GI公司开发的Digicipher标准，两种方式互不兼容，其差别主要在于数字信号的传输方式即信道编码不同，信源编码部分都采用了MPEG-2格式。

一、DVB-S

1994年，欧洲电信标准组织制定了数字卫星视频广播(DVB-S)标准。DVB-S是卫星电视的原始DVB标准，第一批商业应用是由亚洲的Star TV和澳大利亚的Galaxy进行的，实现了向公众提供数字广播和卫星电视。

如图18-10所示，DVB-S系统定义了从MPEG-2复用器输出到卫星射频信道、能对电视基带信号进行适配处理的设备功能模块，也可称之为卫星信道适配器，它对数据流做如下处理：传送复用适配和用于能量扩散的随机化处理；外编码(即RS码)；卷积交织；内编码(即删除型卷积码)；基带成形；调制。

中国于1996年正式采用了该标准。1997年，美国通用仪器公司开发了Digicipher标准，该标准在信源编码上和DVB-S标准一样采用运动图像专家组-2(Motion Picture Experts Group-2，MPEG-2）标准，但是信道编码方面互不兼容。

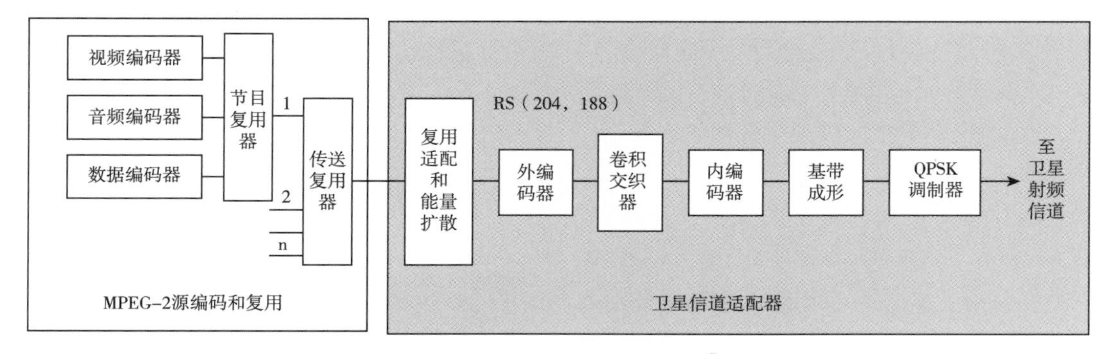

图18-10　DVB-S系统框图①

二、DVB-S2

2004年，ETSI发布了DVB-S2标准，是DVB-S标准的后续标准。它由国际行业联盟数字视频广播项目于2003年开发，并于2005年3月获得ETSI(EN 302307)批准。该标准改进了DVB-S和电子新闻采集(或数字卫星新闻采集)系统。

DVB-S2是为包括标准和高清电视在内的广播服务、包括互联网接入在内的交互式服务以及数据内容分发而设计的。DVB-S2的发展与HDTV和H.264(MPEG-4 AVC)视频编解码器的引入相吻合。DVB-S2可接收多种格式的单输入流或多输入流，每个流都可以有自己的错误保护方式；采用BCH码和LDPC码级联的差错控制方式，能有效降低系统解调门限；可提供包括QPSK、8PSK、16APSK和32APSK在内的多种具有更高频带利用率的调制方式；可以采用可变编码调制(VCM)技术来提供不同的错误保护级别和频谱效率，其中FEC码率11种选择、调制星座图4种选择，频带利用率2bit/s/Hz—5bit/s/Hz范围内变化；可以提供0.35、0.25和0.2等3种频谱滚降系数，以适应不同的业务需求；VCM功能与回传信道结合使用，可构成自适应编码调制(ACM)体系，使每个用户根据信道状况进行以帧为单位的信道编码和调制参数优化。

DVB-S2的性能明显优于DVB-S，性能对比如表18-1。DVB-S2在相同的卫星转发器带宽上增加了可用比特率，在相同的卫星转发器带宽和发射信号功率下，测量的DVB-S2性能增益比DVB-S高约30%。同时DVB-S2改进的视频压缩方法，使得(MPEG-4 AVC)HDTV服务可以与早期基于DVB-S的MPEG-2 SDTV服务在相同带宽中同时提供。

表18-1　DVB-S和DVB-S2的模式和功能对比

	DVB-S	DVB-S2
输入接口	单传输流(TS)	多传输流和通用流(GSE)
模式	恒定编码和调制	可变编码调制和自适应编码调制
前向差错控制	RS码：1/2，2/3，3/4，5/6，7/8	LDPC+BCH码：1/4，1/3，2/5，1/2，3/5，2/3，3/4，4/5，5/6，6/7，8/9，9/10
调制方式	QPSK	QPSK，8PSK，16APSK，32APSK
交织	比特交织	比特交织

三、ABS-S

2006年，针对直播卫星的应用需求，中国发布了具有自主知识产权的先进卫星广播系统ABS-S，它在性能上与DVB-S2相当，部分性能指标更优(SBS-S)。2008年6月9日在西昌发射的“中星9号”卫星即使用此标准。

ABS-S定义了编码调制方式、帧结构及物理层信令。系统定义了多种编码及调制方式，以适应不同卫星广播业务的需求。基带格式化模块将输入流格式化为前向纠错块，然后将每一前向纠错块送入LDPC编码器，经编码后得到相应的码字，比特映射后，插入同步字和其他必要的头信息，经过根升

① 车晴，王京玲.卫星广播技术[M].北京：中国传媒大学出版社，2015：97.

余弦(root raised cosine，RRC)滤波器脉冲成形，最后上变频至Ku波段的射频频率。在接收信号载噪比高于门限电平时，可以保证准确无误接收(PER>10^{-7})。ABS-S可提供以下业务：广播业务，可支持电视直播业务，包括高清晰电视直播；交互式业务，通过卫星回传信道，很容易满足用户的特殊需求，例如，天气预报，购物，游戏等信息；数字卫星新闻采集(DSNG)业务；专业级业务，可提供双向Internet服务。

与DVB-S2系统相比，ABS-S有如下优势：

ABS-S的LDPC码的码长度为15 360，且不同码率时，码长固定，而DVB-S2的LDPC码分长码与短码，其长度分别是64 800和16 200。在纠错码领域，LDPC码字长度较长时，它具有更好的逼近香农极限特性，可以减小突发差错对译码的影响。然而，ABS-S系统中的LDPC码，具有与DVB-S2中长码基本相同的性能。同时，短码在硬件设计时具有编解码简单及硬件成本低廉的特点，更易于被市场接受。

ABS-S系统能够实现低于10^{-7}的误帧率要求。与其相比，DVB-S2中的LDPC码不能提供低于10^{-7}的误帧率，必须通过级联BCH外码才能降低错误平底，达到10^{-7}的误帧率要求。同时，通常短码字的LDPC码具有较高的错误基底。

卫星广播电视已经在世界范围内得到了广泛应用，是主要的广播电视传输手段之一。无论是DVB-S系统，还是DVB-S2及ABS-S系统，都可以支持用户使用接收天线高质量地接收广播电视、数字电影、高清晰度电视、高速数据广播等数字宽带多媒体业务。

四、DVB-S2X

DVB-S2X于2014年由DVB项目推出，作为DVB-S2标准的可选扩展。DVB-S2X旨在提高卫星通信链路的整体性能。DVB-S2X为DVB-S2的核心应用程序提供了附加技术和功能。

DVB-S2X对于诸如高吞吐量卫星(HTS)之类的强大卫星容量特别有利。采用DVB-S2X后，卫星直播到户业务的频谱效率相对于DVB-S2可提高20%—30%，某些专业应用的频谱效率甚至可提高50%。它可以支持高效视频编码的超高清晰度电视业务。DVB-S2X接收器与DVB-S2向后兼容，但传统的DVB-S2接收器不需要向前兼容。这意味着传统的DVB-S2接收器将不会使用新的DVB-S2X功能对传输进行解码。

五、DVB-S3

2011年，一家名为Novelsat的以色列公司推出了DVB-S3。Novelsat的工程师在欧洲通信卫星公司的W3A卫星、亚洲卫星5号、阿莫斯-3号和国际通信卫星组织的一艘飞船上测试了他们的信号。

2014年，DVB启动了下一代卫星广播系统的研究阶段，包括DVB-S3。研究阶段包括分析市场需求、确定关键技术挑战和探索潜在解决方案。2017年，DVB发布了提案征集，征求行业利益相关者对DVB-S3开发的意见。不同的公司和组织提交了提案，概述了加强卫星广播的想法和技术。2018年到2020年，DVB成员公司的专家评估提交提案，定义DVB-S3的系统要求和规范，参与组织之间进行广泛讨论并建立共识。2021年5月，DVB正式发布DVB-S3规范。这标志着标准化过程的完成，并使该规范可供卫星广播公司、制造商和其他行业利益相关者实施。

与DVB-S2相比，DVB-S3具有更高的频谱效率；支持更高阶的调制方案，如正交幅度调制(256-QAM)和幅度相移键控(64-APSK)，允许更高的数据速率；引入了自适应编码和调制(ACM)，根据链路条件动态调整调制和编码参数，优化传输设置，考虑降雨衰减、信号质量和链路裕度等因素，以最大限度地提高整体系统性能并保持更一致的服务质量；在带宽利用率方面提供了更高的灵活性和可伸缩性，支持更广泛的传输参数，使广播公司能够适应各种部署场景，并根据其服务的具体要求优化系统配置。

本节执笔人：李彦霏

第四节 卫星广播使用频率

为了保证各种通信和广播业务的正常进行，充分地利用频谱资源，国际电信联盟(ITU)定期召开世界无线电大会(WRC)，规定并协调频率资源的使用。在频率分配计划中，ITU还将全世界分成三个区：

第一区：欧洲、非洲、苏联的亚洲部分、蒙古以及伊朗以西国家；

第二区：南美洲、北美洲；

第三区：亚洲大部分地区(第一区包括的国家除外)和大洋洲。

在这三个区域内的频率资源被分配给各类卫星业务，而同一业务在不同的区域内所分配的频率可能不同。卫星业务类型包括固定卫星业务(fixed satellite service，FSS)、广播卫星业务(broadcasting satellite service，BSS)、移动卫星业务(mobile satellite service，MSS)、导航卫星业务(navigation satellite service，NSS)等。

一、卫星广播业务频段划分

WRC-1977规划中，BSS可使用的频段有L、S、Ku、Ka、Q和E频段，其中Q、E频段为预留给未来BSS专用，另外四个频段为BSS与其他业务共用，Ku频段为BSS优先使用。在BSS频段内又进行了频道划分，500MHz带宽内划分24个频道、800MHz带宽内划分40个频道，相邻频道载波间隔为19.18MHz。

WRC-2000对第一区、第三区BSS进行了重新规划，关于第三区的主要频率划分参数有：下行频率11.7GHz—12.2GHz，上行两个频段为17.3GHz—17.8GHz和14.5GHz—14.8GHz，转发器带宽27MHz，接收天线极化方式为圆极化，频道数、频道安排与频道间隔为每个国家1个波束、12个频道、使用500MHz连续频段、频道安排方式如图18-11所示。表18-2给出了卫星广播业务的国际频率划分。

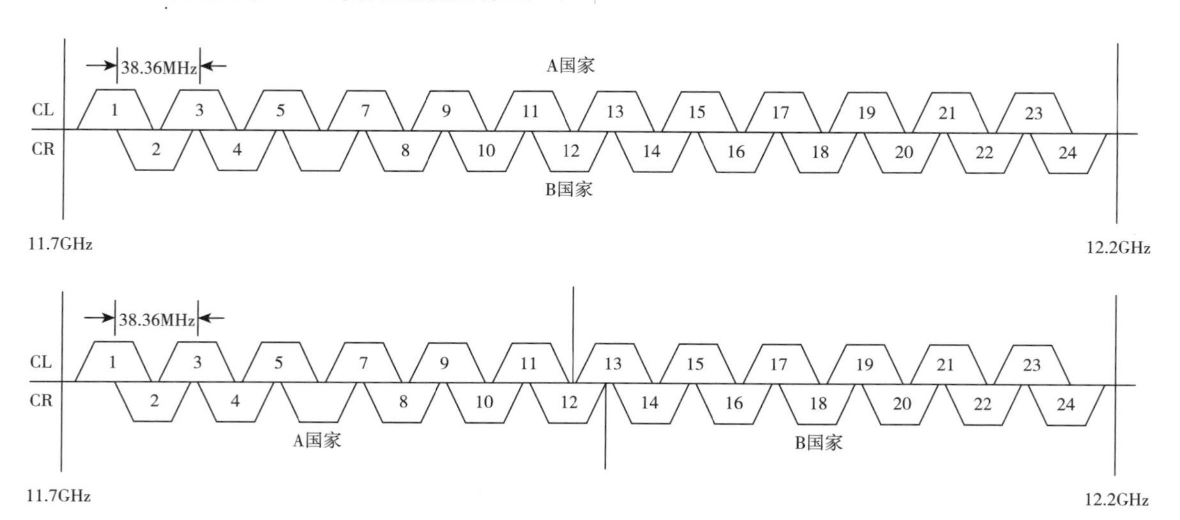

图18-11　频道安排方式[①]

表18-2　卫星广播业务国际频率划分[②]

频段	频率范围	带宽（MHz）	业务	说明
L	1 452MHz—1 492MHz	40	BSS(声音)	全球划分，目前仅能使用1 467MHz—1 492MHz，共25MHz
S	2 520MHz—2 670MHz	150	BSS	1和3区
	2 605MHz—2 630MHz	25	NGSO BSS	韩国、日本
	2 535MHz—2 655MHz	120	BSS(声音)	日本、韩国、印度、巴基斯坦、泰国
Ku	11.7GHz—12.2GHz	500	BSS频段规划	3区：主要为亚太地区国家
	11.7GHz—12.5GHz	800	BSS频段规划	1区：主要为欧洲和非洲国家
	12.2GHz—12.7GHz	500	BSS频段规划	2区：美洲国家
	12.5GHz—12.75GHz	250	BSS	3区，功率通量密度≤ -111dBW/m^2(27MHz)

①② 车晴，王京玲.卫星广播技术[M].北京：中国传媒大学出版社，2015：9.

续表

频段	频率范围	带宽（MHz）	业务	说明
Ka	17.3GHz—17.8GHz	500	BSS	2007年4月1日后可启用，2区
	21.4GHz—22GHz	600	BSS	2007年4月1日后可启用，1/3区
	40.5GHz—42.5GHz	2000	BSS	全球划分
	74GHz—76GHz	2000	BSS	全球划分

二、C波段（4GHz—8GHz）

在卫星广播的早期阶段，C波段是主要使用频率范围。早期的模拟卫星广播系统采用C波段进行信号传输，以接收和发送广播信号。C波段因其相对较低的频率具有天然的穿透力，特别是在降雨衰减方面的表现优于高频带，因而它在全球范围内的遥远地区和对天气条件具有更大稳定性要求的应用中仍然是首选。

20世纪60—70年代，C波段最初主要用于国际电话传输和早期卫星电视广播，到了20世纪80年代，随着卫星电视广播商业化，家用卫星接收天线尤其是在缺乏有线电视服务的地区变得流行起来。随着数字压缩技术（如MPEG-2）的发展，C波段广播开始从模拟转向数字，提供了更好的画质、音质和更多频道的可能性。2000年开始，C波段开始承载除了传统电视和广播之外的、更多样化的电信服务，包括固定互联网接入、数据传输、移动设备连接等。20世纪10年代，随着HDTV和UHDTV（4K/8K）标准的实施，C波段卫星广播适应这些新技术的需要，提供更高清晰度的内容。20世纪10年代到20年代，由于在某些地区C波段的某些部分频段越来越多地被用于地面移动网络，如5G服务，卫星服务提供商不得不调整频谱使用策略，或者通过频谱共用、转移到其他频段等方式来解决干扰问题。20世纪20年代，C波段仍在某些区域保持着重要的卫星电视和广播频段地位。同时，随着技术的发展，许多卫星平台提供覆盖多种波段的服务，从C到Ku、Ka等更高频带，这些波段适用于更紧密的波束覆盖和较大的容量。

三、Ku波段（12GHz—18GHz）

随着技术的进步和需求的增加，Ku波段逐渐成为主流的卫星广播频率。1983年美国全国广播公司首次采用Ku波段进行卫星电视信号传输。Ku波段具有较高的传输容量和更多的频谱资源，使得它可以提供更多的广播频道和高品质的音视频信号传输。大多数数字卫星电视和无线广播系统采用Ku波段进行信号传输。

与C波段相比，Ku波段在功率上没有类似的限制，去避免对地面微波系统的干扰，Ku波段可以增加其上行链路和下行链路的功率。这种更高的功率，转化为更小的卫星接收天线。随着功率的增加，天线的尺寸得以减小。

Ku波段还为用户提供了更大的灵活性。较小的卫星接收天线尺寸和Ku波段系统不受地面操作的限制，简化了寻找合适的卫星接收基站的过程。对于最终用户来说，Ku波段通常更便宜，Ku波段也比Ka波段频谱更不容易受到降雨衰减的影响。

20世纪80年代，随着技术的进步和卫星容量的增加，Ku频段开始用于商业卫星广播，为有线电视提供信号。20世纪90年代，随着直播卫星（DBS）服务的引入，Ku频段提供了一种更为经济的方式来实现直播卫星服务，由于需要的卫星天线较小，这种技术使得卫星电视能够进入个人用户。20世纪90年代以后，随着数字视频广播（DVB-S）标准的出现，Ku频段被用于传输压缩数字视频信号，有效地提高了信道容量和信号质量。2000年开始，Ku频段的卫星开始用于传输HDTV信号，相比标准清晰度信号，HDTV为观众提供了更高的画质。随着通信技术的演进和消费者需求的变化，Ku频段继续发展，不仅仅在广播方面，在数据通信、移动服务和军事应用等多个领域都有所应用。

四、Ka波段（26.5GHz—40GHz）

Ka波段是最新的卫星广播波段。它的频率范围从27千兆赫到40千兆赫。Ka波段具有更大的频谱资源和更高的传输速率，使其在高清、超高清视频传输和宽带互联网访问方面具有显著优势。一些卫星电视和宽带互联网服务提供商采用Ka波段进行信号传输。

2010年，英国卫星通信公司Inmarsat宣布，他们将从2014年开始提供全球Ka波段甚小孔径终端(VSAT)服务。随着Ka波段带宽的增加，其他卫星提供商将在更大的地区范围内提供Ka波段甚小孔径终端。

Ka波段提供3.5 GHz带宽，满足航空、移动和海事系统的高带宽需求。Ka频段的频率越高，意味着可以提取更多的带宽，从而获得更高的数据传输速率和更高的性能。未来，使用Ka波段的卫星项目包括亚马逊的低轨柯伊伯卫星互联网星座项目，SES的SES-17卫星在地球同步轨道的多轨道卫星互联网系统和中轨道的O3b-mPOWER星座。

随着时间的推移，卫星电视随着DVR功能、交互功能、多屏幕流媒体以及MPEG-4和HEVC(H.265)等改进的压缩技术的发展而发展。该行业继续探索创新，如4K超高清广播、卫星互联网服务和偏远地区的卫星广播。总的来说，卫星广播技术在扩展电视接入、提供多样化的频道和提高观看质量方面发挥了重要作用，并为全球观众提供了更多选择。在过去的半个世纪里，卫星电视、音频分发和卫星广播极大地改变了我们的世界。如今，人们期待并接受全球新闻和体育赛事的即时报道，这几乎就像是现场报道。卫星技术的迅速发展，使得我们可以更直接地传输制作新闻节目。即使是在世界上最偏远的地方，拥有移动设备的记者也能立即上传节目。卫星技术在传播广播和电视节目方面也变得更加复杂。卫星对全球电视和广播节目至关重要，因为卫星是将节目传送到有线电视网络前端或直接向家庭、办公室甚至汽车、公共汽车、火车和飞机中的消费者广播节目的最常见方式。随着技术的成熟和卫星节目成本的下降，卫星视频和音频在世界各地变得越来越普遍，卫星电视频道的数量飙升至2万个。数字卫星电视的出现使卫星电视的成本下降，可用频道的数量迅速扩大。如今，最新的前沿技术是直接向消费者接收单元直播3D高清电视，以及直接向移动中的消费者提供数字音频广播服务。

本节执笔人：李彦霏

传输覆盖篇参考文献

图书

[1]常伟，熊飞. 常话短说广电十年[M]. 北京：中国广播影视出版社，2014.
[2]车晴，王京玲. 卫星广播技术[M]. 北京：中国传媒大学出版社，2015.
[3]关亚林，牛亚青，王晖. 有线电视网络与传输技术[M]. 北京：中国广播电视出版社，2005.
[4]李栋，杨刚. 现代广播发送技术[M]. 北京：中国传媒大学出版社，2015.
[5]李栋. 数字多媒体广播[M]. 北京：电子工业出版社，2010.
[6]李栋. 数字声音广播[M]. 北京：北京广播学院出版社，2001.
[7]李鉴增，焦方性. 有线电视综合信息网技术[M]. 北京：人民邮电出版社，1999.
[8]刘剑波，李鉴增，王晖，等. 有线电视网络[M]. 北京：中国广播电视出版社，2003.
[9]苗棣，等. 美国有线电视网[M]. 北京：中国广播电视出版社，2008.
[10]孙庆有，李栋，王明照，等. 广播电视发送技术[M]. 北京：中国广播电视出版社，1997.
[11]HUURDEMAN A A. The worldwide history of telecommunications[M]. New York: Wiley-IEEE, 2003.
[12]PELTON J N, MADRY S, CAMACHO-LARA S. Handbook of satel1ite applications volume 1[M]. New York: Springer, 2013.
[13]Parsons P R. Blue skies a history of cable television[M]. Philadelphia: Temple University Press, 2008.

电子资源

[1]陈鹏，胡军. 卫星广播电视传输[EB/OL].(2023-08-15)[2024-04-02]. https://www.zgbk.com/ecph/words?SiteID=1&ID=72158&SubID=81270.
[2]岳萌. 中国卫星广播电视的发展历程及现状[EB/OL].(2023-02-13)[2024-04-02]. http://www.catv888.com/post/1330.html.
[3]Satellite television[EB/OL].[2024-04-02]. https://en.wikipedia.org/wiki/Satellite_television.

终端技术篇

第十九章

终端技术发展概述

第一节　广播接收与放音技术发展

广播接收技术是声音节目广播系统中重要的部分，其技术发展贯穿整个声音广播技术的始终。声音广播接收后最后的环节是声音重放，因重放技术涉及扬声器，而扬声器又有独立的演进历程，因此本篇将广播接收与放音技术分成两章进行探讨。

一、广播接收技术

广播接收技术的实现载体主要是收音机，可以有三种分类方式：第一，根据声音广播技术系统的发展，可分为调幅广播、调频广播、数字广播接收技术三类；第二，按照接收电路的特点，可分为调谐射频(tuned radio frequency，TRF)、再生式、超再生式、超外差式收音机；第三，按照主要部件的特点，可分为矿石收音机、电子管收音机、晶体管收音机、集成电路收音机。调幅广播、调频广播、数字广播三类接收技术的历史与广播发射技术的历史相对应，在此不一一讨论。

在收音机发展过程中，接收电路的形式发生很大的变化，其目的都是提高接收灵敏度。最早是利用包络检波原理进行直接检波，当然质量很差。1916年，出现了调谐射频(又称为直接放大)接收机，这是一种先直接放大和调谐射频信号，再检波的方式，在20世纪20年代很流行。1912年，阿姆斯特朗发明了再生式接收机，再生电路是一种采用正反馈的放大电路，可以进一步提高接收灵敏度，这种电路与直接放大电路通常一起使用。1922年，阿姆斯特朗发明了超再生接收机，它以一种更复杂的方式利用再生信号，以获得更大的增益。20世纪30年代，超再生接收机被用于一些短波接收机。虽然阿姆斯特朗于1916年发明的超外差技术具有非常高的性能指标，但由于电路复杂，1924年3月RCA才生产了第一款超外差收音机，且售价昂贵，直到20世纪30年代后期才成为市场主流机型。

人类的第一代收音机是矿石收音机，人们利用方铅矿的单向导电性，于1894年制成了矿石检波器，20世纪初第一批实用的矿石收音机出现。20年代商业广播的兴起，矿石收音机也被广泛使用。不过，20世纪20年代调谐射频电子管收音机开始大规模生产，并逐渐取代矿石收音机。电子管收音机生产期间出现了前文所述的各种形式接收电路，20世纪40年代开始大量采用超外差式接收电路，20世纪60年代逐渐被性能更好的晶体管收音机取代。第一款商用晶体管收音机于1954年12月问世，从此晶体管收音机成为历史上使用最广泛的通信设备，接收电路也基本上采用超外差式，接收制式从早期的调幅到后来的调频广播。20世纪70年代集成电路芯片的发展使整个无线电接收机可以放进集成电路芯片内，由此诞生了集成电路收音机。从此，集成电路收音机逐渐取代了晶体管收音机，成为主流产品。在实现收音机的小型化、高可靠性和低功耗的同时，还具有全波段、高灵敏度的性能。

二、放音技术

收音机的最后环节是声音重放，电视接收机也需要声音重放。扬声器是将电信号转化为声信号的关键设备，在声音重放中扮演着至关重要的角色。另外，伴随着技术的迅速发展与人们对声音真实感、空间感的不断追求，放音技术也在近百年间从单声道、立体声逐步迈向环绕声与三维声。因此本篇在放音技术部分分别介绍了扬声器和放音技术的发展。

扬声器的发展历程可分为四个阶段。第一，早期发展阶段。扬声器技术起源于无线电技术与电话技术。第一个简单的扬声器由德国的约翰·菲利普·赖斯(Johann Philipp Reis)于1861年研制成功。赖斯将自己发明的简易扬声器安装在电话上使用。但它的效果比较一般，仅能再现出低沉的人声。第一个可以商用的扬声器是通用电气公司的切斯特·赖斯(Chester Rice)与AT&T公司的爱德华·凯洛格(Edward Kellog)于1924年发明的动圈扬声器。这一阶段的扬声器技术也为后来的发展奠定了基础。第二，传统扬声器阶段。自20世纪50年代起，扬声器技术经历了一系列的创新和进步。在这一阶段，扬声器驱动单元的设计与工艺得到了大幅度的提升，使扬声器的振膜、音圈等部件更加轻盈、坚固，并可以在更广泛的频域与动态范围内工作。自此，扬声器开始被广泛地应用在日常的节目制作与聆听中，这一阶段的扬声器为观众们提供了更加真实、清晰的声音体验。第三，新材料扬声器阶段。随着材料科学和工程技术的进步，新型材料的应用为扬声器技术带来了新的发展机遇。新材料扬声器通常采用轻质、高强度的材料制造振膜和驱动单元，以实现更快速、更准确的振动响应，从而提高声音的分辨率和清晰度。同时，新材料的应用还可以减小扬声器的体积和重量，使其更加便携和适用于各种应用场景。第四，智能化和多功能化阶段。21世纪初，扬声器开始具有智能化和多功能化的特点，可以实现无线连接、主动降噪、声音追踪等功能。

回顾近百年的音频技术发展历程，声音技术已然经历了单声道、立体声、环绕声与三维声时代。单声道放音技术，一般指使用一个或多个扬声器重放一个声道信号的重放技术，也是最原始的放音技术，目前仍应用于部分标清电视与广播中。立体声放音技术则于20世纪60年代开始得到使用与普及，该技术是以至少两个扬声器重放两个声道的信号，这两个声道的信号往往具有一定的相关性与非相关性。相比于单声道放音技术，立体声不仅可以还原声场的深度，还能够塑造声场的宽度；如果说单声道放音技术还原了一根具有纵深感的声场“线”，那么立体声放音技术则实现了观众面前的一个具有左右宽度的“面”声场。20世纪80年代初，在观众后方加入环绕扬声器的环绕声放音技术登场。它以至少6个扬声器还原了至少6个声道的信号，最常见的环绕声放音技术为5.1(3个前方声道、2个环绕声道、1个低频效果声道)以及7.1(3个前方声道、4个环绕声道、1个低频效果声道)。环绕声放音技术依旧还原的是一个“面”声场，但较之于立体声放音技术，环绕声的“面”从观众面前拓展至观众的前后左右，使听音者体验到一种被声音所环绕的感觉。而三维声放音技术则是现今最新的放音技术之一，它在环绕声的基础上加入了上层高度扬声器，使塑造声场的维度从“面”升维至“体”，并通过更加先进的声音定位算法来为观众营造更为真实、更为沉浸的扩散声场。目前，比较有影响力的三维声放音技术包括：杜比全景声、22.2声道环绕声重放系统、Auro 3D环绕声重放系统。中国自主研发了一种3D环绕声系统——中国多维声。

在近百年的放音技术发展历程中，放音技术经历了单声道、立体声、环绕声与三维声时代。20世纪60年代前，声音播放主要采用单声道放音技术，这是最原始的放音技术，目前仍应用于部分标清电视和广播节目中。60年代立体声放音技术开始出现。对于家庭来说，立体声通常采用两个声道，但为了得到更好的效果，还出现了4-2-4立体声制式。80年代环绕声技术开始出现。环绕声采用多个声道，可以更逼真地再现音乐演出的空间效果。90年代，国际电信联盟将5.1声道列为通用环绕声标准。主要采用的环绕声放音制式包括杜比环绕声(Dolby surround)、索尼动态数字声(Sony dynamic digital sound，SDDS)、数字影院系统(digital theater system，DTS)等。20世纪90年代末3D音频出现，即将平面环绕声拓展到三维环绕声。目前，比较有影响力的3D音频有：杜比全景声、22.2声道环绕声重放系统、Auro 3D环绕声重放系统。中国也自主研发了一种3D环绕声系统，称为中国多维声。

本节执笔人：杨盈昀

第二节　电视接收与显示技术发展

电视接收机是电视技术必不可少的部分，其技术发展贯穿整个电视技术的始终。除电视接收电路外，还包括扬声器和显示器，由于这两个模块有独立的演进历程，本篇在专门的章节中分别进行探讨，而介绍电视接收机时主要讨论其电视接收机中的电路技术演变过程。

一、电视接收技术

通常所说的电视接收机俗称电视机，是伴随电视诞生出现的设备，后来相继出现有线、卫星和数字电视传输覆盖技术，相应的接收技术也随之面世，并得以不断发展。为此，本节对这些接收技术的历史一一展开讨论。

（一）电视接收机技术

电视接收机的技术发展可分为黑白电视接收机、彩色电视接收机、数字电视接收机三个阶段。

最早的电视机是1925年3月约翰·洛吉·贝尔德(John Logie Baird)公开展示的黑白机械电视机，在1929年批量销售了第一批只有30线的机械电视机，很快出现了质量更好的黑白电子电视机，并于1934年开始商业销售。此时的电子电视机显示器件采用阴极射线管(CRT)，电路简单，高频接收部分开始采用射频调谐(TRF)接收机，信号通道只传输一路视频信号和一路伴音信号。在黑白电视接收机发展后期，行业对电视接收机质量进行了规范。中频电路进行了更合理的设计，使电视图像清晰度得到大幅提升。20世纪50年代，美国增加UHF频谱，从此观众可以在电视机观看更多频道的电视节目。1960年，实用的全晶体管化电视机问世，使电视机机型可以更小巧。

彩色电视机在经过早期的研制，尤其是20世纪50年代初美国的顺序制彩色电视与兼容制彩色电视的竞争后，终于在1953年确定了第一个彩色电视制式，并于同年年底出售了第一台NTSC电视机。然而，直到1962年彩色电视机才规模化生产。在此之后，又出现了两种新的彩色电视制式，从此市面上有3种制式的彩色电视机。因为彩色电视机从20世纪60年代开始规模化生产，所以其电子技术发展是从部分配件晶体管化，逐渐迈向全晶体管和集成电路时代。1968年，研制的实用的表面声波(surface acoustic wave，SAW)滤波器时代中频放大电路可由单个IC芯片实现。20世纪70年代后期，电调谐高频头改变了电视调谐器的设计理念。到20世纪80年代彩色电视机只需二三片集成电路芯片就能实现全部功能，使电视机的生产和调试大大简化。

数字电视机的发展可分为数字处理电视机、数字电视机和其他类型电视机三个阶段。20世纪80年代出现数字处理电视机，通常从视频检波之后的视频信号开始数字化，包括用数字电路来完成处理视频、音频和扫描偏转信号等任务。20世纪90年代初更多的数字处理电视机被推向市场，这时生产商利用数字信号处理技术进行画质增强、画中画等新功能的开发，后来还生产了与计算机显示接口兼容的“多媒体电视机”。真正的数字电视机是能对数字电视射频信号进行解调、再解码的电视机，首批数字电视机于1998年1月亮相于美国的国际消费电子展，由于数字电视格式较多，且涉及与前端条件接收系统的密钥等问题，实际采用机顶盒方式来部分完成数字信号的解调和解码功能，而电视机只需完成视频和音频处理以及扫描电路的驱动。虽然后来也开发了一体机，但市场反应冷淡。到21世纪，3D电视、互联网电视、智能电视等各种类型的电视出现，为电视机的发展开辟了新的方向。

（二）有线电视机顶盒

机顶盒指放置于电视机上方的盒式装置，用于与电视机配合使用以扩展其功能。因通常与有线电视系统相连，一般所说的机顶盒都是指有线电视机顶盒。有线电视机顶盒的发展经历了模拟、数字、高清交互和智能网络四个阶段。

最早的模拟机顶盒始于1967年，是一种频道转换器，用于调谐超高频(UHF)频道并将其转换为传统标准VHF频道，使传统电视机用户在不换电视的情况下，能够观看超高频节目。随着有线电视的发展，又出现了增补频道转换器以及对模拟加密电视进行解扰的机顶盒。

数字有线电视机顶盒是数字电视广播接收常用的方式，20世纪90年代末，为便于观众通过传统电视机观看数字电视，通常采用机顶盒方式接收节目。这种方式还方便了有线电视网络公司系统的升级改造。主要的功能是将数字有线电视信号解调和解码，转换成视频和音频信号，另外还有电子节目指南、数字条件接收等功能。

1998年3月，ITU通过了如何通过电缆调制解调器提供双向数据业务的标准，同期高清电视也基本成熟，因此2000年左右高清交互式机顶盒出现，这种机顶盒实质是一种嵌入式计算机终端设备，除了能处理高码率的高清信号外，还能实现EPG、直播/点播、数据广播、缴费购物、游戏等功能。

2010年左右，智能网络机顶盒出现，包括IPTV和互联网电视(也称为OTT TV终端)，为用户提供了更多选择。目前，机顶盒正在向智能家庭网关的角色转变。

(三)卫星电视接收机技术

卫星电视接收机接收来自通信卫星的信号，并将其转换成可见的电视信号。它伴随卫星电视直播而生，可分为模拟卫星电视接收机和数字卫星电视接收机两大类。

模拟卫星电视接收机始于1962年，当年美国的泰勒雷电视公司推出了第一款商用卫星电视接收终端，它在20世纪80年代得到快速发展，主要完成接收和解码模拟卫星电视信号的任务。到20世纪90年代，出现了高级的模拟卫星接收机，支持更高质量的视频和音频输出，同时具有节目预定录制和多通道声音解码等功能。

数字卫星电视接收机用于接收数字卫星电视广播信号，它有两种类型：一种用于有线电视前端，另一种用于用户家中，即直播到户方式。后者卫星发射功率大，可用较小的天线接收。1995年索尼公司发布了第一代的Sony SAT-A1卫星接收机，支持标准清晰度电视的DVB-S卫星广播信号接收，并具有基本的接收和解码功能。2000年高清接收机出现，支持高清信号接收和录制功能，使用MPEG-2视频编解码技术。2010年后高清接收机出现，支持高清和超高清广播，具备多个同屏观看、录制和存储节目的功能，可采用MPEG-4和H.264视频编解码技术。目前，数字卫星接收机技术的发展呈现多元化趋势，集成了HEVC/H.265等高级解码器，配备以太网端口或无线连接，可以访问各种在线服务，具有智能集成平台，像智能手机一样支持下载应用程序，享受视频流媒体服务、游戏等网络功能。

(四)地面数字电视机顶盒

地面数字电视机顶盒，又称地面数字电视接收机，是指能够接收地面数字电视发射机发射信号的专用接收设备。其功能与数字卫星机顶盒类似，不同的只是由卫星信道变成了地面无线信道。

20世纪90年代中期以后，美国的ATSC、欧洲的DVB-T、日本的ISDB-T和我国的DTMB先后出现，相应的地面数字电视机顶盒也就出现了。首批地面数字电视机顶盒主要实现对数字地面广播信号的解调、解码功能，可以根据需要输出数字基本视音频信号或者模拟视音频信号。早期机顶盒主要用于接收标清的数字电视信号，随着技术的发展逐渐可以支持高清电视信号、互联网电视、视频点播等多种功能。

2008年欧洲发布了DVB-T2，标志地面数字电视技术进入第二代。2014年，ATSC升级版标准ATSC 2.0发布。之后，中国也推出了DTMB的演进标准方案(DTMB-A)。第二代地面数字电视机顶盒能够支持更多的视频和音频编码格式，可提供清晰度更高的视频体验。除此之外，它还具有点播、互联网等多种功能，可以融合语音控制、人工智能等先进技术，提高了用户体验。

二、终端显示技术

终端显示是电视系统的最后一环，观众最终通过显示器观看电视节目，因此，显示器性能对于电视技术具有深远的影响。人们对显示器的研制从未间断，CRT、液晶、等离子、OLED和激光等用于电视接收机的显示器出现。除CRT以外，其他几种显示器基本处于共存状态。下面简要回顾一下这五种显示器的发展历程。

（一）CRT显示技术

CRT显示器是第一代电子电视系统唯一的显示器件，是黑白电视机和模拟彩色电视机的唯一显示器件，21世纪初在平板显示器件的冲击下退出了市场。

CRT显示器的核心部件阴极射线管（又称显像管），由德国物理学家卡尔·费迪南德·布劳恩（Karl Ferdinand Braun）于1897年发明。1926年圣诞节，日本人高柳健次郎展示了由显像管作为显示器的40线电视机。1933年10月，意大利推出了Safar型号的CRT电视接收机，标志黑白CRT显示器进入实用阶段。

彩色CRT显示器发展可分为5个阶段：1950年之前：探索实验阶段；1950年到1965年：产品问世及规模化生产阶段；1965年到1975年：大规模生产与提高产品质量阶段；1975年到1990年：彩色显像管生产成熟、发展阶段；1990年以后：薄平型、高分辨率显像管研发与生产阶段。受平板显示器件的冲击，彩色显像管主要研发薄平型的高分辨率显像管，一般与平板显示器件比拼。

（二）液晶显示技术

液晶显示器的发展主要经历了4个发展阶段。

1888年至1972年是液晶材料基础理论和应用研究阶段，动态散射（DSM-LCD）和扭曲向列（TN-LCD）液晶显示器雏形出现。

1973年至1988年为产业化初始阶段，TN-LCD液晶显示器开始产业化，并广泛应用于计算器、电子表、掌上游戏机等电子产品中，后期超扭曲向列（STN-LCD）这种（伪）彩色液晶显示屏开始应用于掌上游戏机、笔记本电脑等电子产品。

1989年至2003年是TFT-LCD液晶屏的产业化研发与应用阶段，彩色TFT液晶屏除在笔记本电脑、台式电脑显示器、手机等电子产品上应用外，也开始逐渐取代传统CRT显像管显示屏。

2004年至今是大尺寸液晶产品的成长期。37英寸以上的液晶电视基本替代了传统彩电显示器，成为市场主流，其生产线规格也发展到了第10代，出现了对角线尺寸为108英寸的巨型液晶电视。

（三）等离子体显示技术

等离子体显示技术自发明以来，主要经历了5个发展阶段。

20世纪50年代初至1967年是实验室研发阶段，简单的4×4像素面板被研制出来，实现了最早的彩色PDP显示。

1968年至1977年是早期商业产品阶段，第一台实用的AC-PDP产品被研制出来，用于计算机显示。同时，具有自扫描功能的DC-PDP板也被研制出来。

1978年至1989年为早期PDP电视发展阶段，高质量的全彩16英寸等离子显示器原型以及表面放电彩色原型机被研制出来，但主要的实用产品是用于便携式计算机的单色PDP显示屏。

1990年至1993年为彩色PDP电视产品化阶段，1993年富士通开始大规模生产21英寸的彩色PDP显示器，彩色PDP显示器从此正式商品化。

1994年至2016年为大尺寸高清晰度PDP电视生产阶段，1994年，日本推出40英寸，像素数为1 344×800的彩色DC-PDP，显示的HDTV图像稳定，厚度仅为6厘米。松下于2006年年初首次展示103英寸PDP电视，但由于性能等诸多因素，最终该产品于2016年左右退出市场。

（四）OLED显示技术

OLED显示器可分为普通OLED显示器和柔性OLED电视显示器的发展，前者可分为4个阶段。

1997年之前为实验室研发阶段，1987年邓青云等人发明了第一个在足够低的电压下运行的OLED器件，1990年推出可用于构建实用高效显示器的聚合物有机EL器件，1997年先锋公司推出世界上第一个用于汽车音响的OLED显示器。

1997年至2001年是OLED的试用阶段。2001年，索尼展示了一款具有800×600像素的13英寸有源矩阵全彩OLED显示器，当年还有其他公司也展示了原型机。

2002年至2007年是OLED的发展阶段，飞利浦于2002年宣布推出业界首批基于聚合物的OLED商用模块，同年全彩色AMOLED上市。2007年10月，索尼发布了世界上第一台OLED电视（XEL-1）。

2007年至今为OLED电视成熟阶段，全球建设大量OLED量产线。早期主要生产11英寸、15英寸AMOLED电视，2013年1月，LG公司正式在韩国销售55英寸OLED电视，生产线也已经扩展到8代线。

柔性OLED电视显示器发展始于1992年。经过多年努力，2003年，日本先锋公司研制了一款3英寸全彩色柔性OLED显示器。2013年，世界上第一批柔性OLED显示器产品被推向市场。至此，更多大尺寸、超高清、形式多样的柔性OLED显示器被研制和商品化。

(五)激光显示技术

激光显示技术的发展主要分为以下3个阶段。

20世纪50年代至80年代为基于气体激光器的激光显示探索阶段。1951年激光器概念被提出，1960年3月使用脉冲氙灯作为激光的泵浦源构建了第一台激光器，1964年年末美国发布了首个525行单色激光电视系统。随后虽然研制了性能更好的激光显示器，但由于气体激光器体积大、耗电高、寿命短等问题，激光显示产品不能实现产业化，从而使激光显示技术的研究在20世纪80年代停滞。

20世纪80年代末至21世纪初为基于固态激光器的激光显示研发与产品示范阶段。在80年代末行业进入固态激光器的研制阶段，1998年基于微激光的LCD投影仪样机研制成功，它是首次将固态激光器用于空间光调制型的激光显示系统。2000年4月，有公司展出了一个采用固态激光器的扫描式激光显示器，能显示HDTV视频。21世纪初，固态激光器的研制基本完成，并使用LCD、DMD、LCoS等空间光调制技术构建投影式激光显示器，以满足市场要求。

2006年至今为激光显示技术成熟、规模化生产阶段。2007年三菱电机公司建设了生产线，推出了激光数字光学引擎背投电视产品。后来，国内外厂家不断研发新技术、改进工艺，推出了各种清晰度、不同尺寸的全彩色激光电视。目前，节能环保、宽色域、大屏显示、良好的临场感是激光电视的优势，成本是制约其发展的主要因素。

本节执笔人：杨盈昀

第二十章

广播接收技术

1905—1906年，面向广大听众的无线电广播起步，内容主要包括谈话节目和音乐。1920—1923年，广播逐渐进入了商用时代。无线电波的信号强度随着与发射机的距离的增加而逐渐降低，因此，每个发射台的覆盖区域在一定的范围之内，覆盖区域范围取决于有效发射功率、发射台高度、地形地貌、接收机的灵敏度。

广播接收技术的实现载体是收音机，可以有三种分类方式：第一，根据声音广播技术系统的发展，可分为调幅广播、调频广播、数字广播接收技术三类；第二，按照接收电路的特点，可分为射频调谐(直接放大)、再生式、超再生式、超外差式收音机；第三，按主要部件的特点划分，可分为矿石收音机、电子管收音机、晶体管收音机、集成电路收音机。伴随着广播的发展，在新技术的推动下，收音机历经了矿石检波器、电子管、晶体管、集成电路四次演变。可以说，收音机的发展史，其背后也是电子管、晶体管、集成电路的发展史。

第一节 | 接收机技术

一、射频调谐接收机

(一)射频调谐接收机简介

射频调谐(tuned radio frequency，TRF)接收机是在射频级完成调谐的接收机，是最早被使用的接收机之一，接收机由调谐电路和检波器组成。

1916年，恩斯特·亚历山德森(Ernst Alexanderson)获得了TRF接收机的专利。TRF接收机在无线电的早期被广泛使用，在20世纪20年代非常流行，20世纪30年代中期，TRF接收机逐渐被超外差式接收机所取代，现在已很少使用。图20–1是早期的6管TRF接收机，有3个大旋钮调节3个调谐电路以调谐电台。

图20–1　早期的6管TRF接收机

图20–2为英国通用电气公司在20世纪20年代生产的TRF老式收音机，其型号为BC2830。这是一款使用3个电子管的可射频调谐收音机，使用外部电源或电池供电。

图20-2 TRF老式收音机，品牌为GECoPHONE，型号为BC2830

TRF接收机的调谐由调谐线圈和电容器组合提供，信号经过简单的晶体或二极管检波器实现解调，将声音送入耳机。

TRF接收机相对于再生接收机的一个优点是，不容易产生辐射干扰。但TRF接收机调谐复杂、多级射频电路容易产生振荡。此外，TRF接收机通常需要5或6管，需分别调谐，导致接收机较重，功耗高。

(二)射频调谐接收机设计原理

TRF接收机主要由射频调谐级、检波器和音频放大器组成。TRF接收机组成框图如图20-3所示。

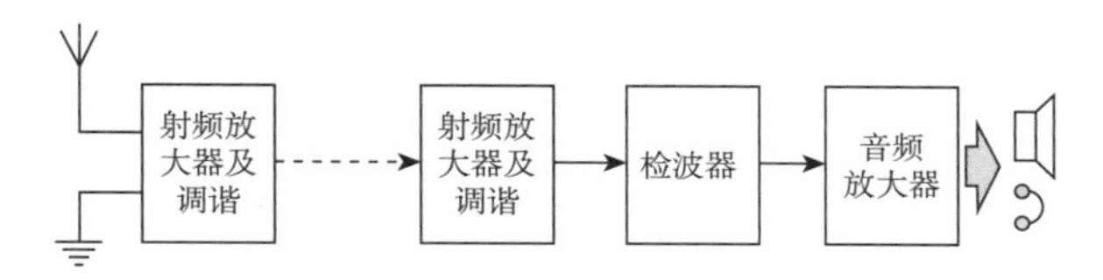

图20-3 TRF接收机组成框图

通过多级放大和滤波提取所需的广播信号后，送入检波器实现音频解调。音频放大器对解调后的音频信号进行放大，增大音频信号的功率。

射频调谐电路组由多个放大级和调谐级组成，每个射频调谐级由一个放大电路和滤波调谐电路组成，每个射频级应调谐到相同的频率。射频调谐电路组起到放大及滤波的作用。

二、再生接收机

(一)再生接收机简介

再生电路是一种采用正反馈的放大电路。放大电路的输出信号被反馈回输入，以增加放大倍数。这种正反馈极大地增加了电路收音机的增益和选择性。早期的电子管增益非常低(约为5)。再生接收机通过使用再生电路使得电路增益大大增加。再生接收机可以用来进行调幅接收、莫尔斯连续波接收和单边带信号接收。

1912年，阿姆斯特朗发明了再生式接收机。1914年，阿姆斯特朗发明了再生电路并申请了专利。从1915年到第二次世界大战期间，它被广泛使用。在第二次世界大战中，再生电路被用于一些军事装备。再生式接收机跟其他类型的接收机相比电路更加简单，需要组件较少。这种电路的优点是减少了所需的电子管数量，从而降低了接收机的成本。20世纪30年代，由于电子管变得很便宜，超外差设计开始逐渐取代再生接收机。图20-4是自制的阿姆斯特朗单管再生式短波收音机。

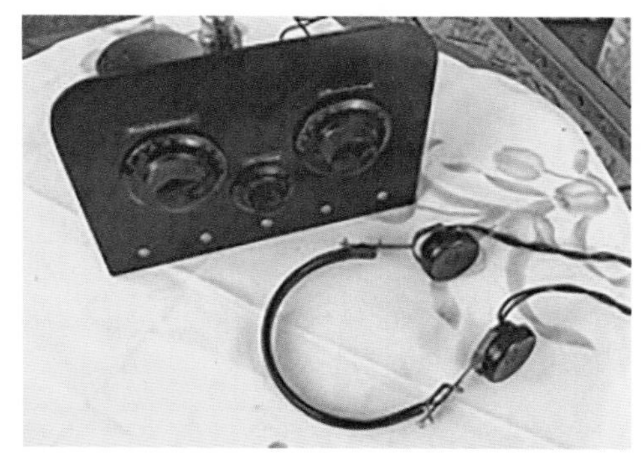

图20-4 自制的阿姆斯特朗单管再生短波收音机

再生接收机的优点是可以用少量的器件提供高增益、高性能，可以提高灵敏度和增加选择性。但再生接收机相比较其他接收机也有操作比较复杂，向外辐射，不能接收调频信号的缺点。

图20-5收音机的后视图显示了再生设计的简单性。反馈线圈是可见的内部调谐线圈，并可通过转轴从前面板转动。

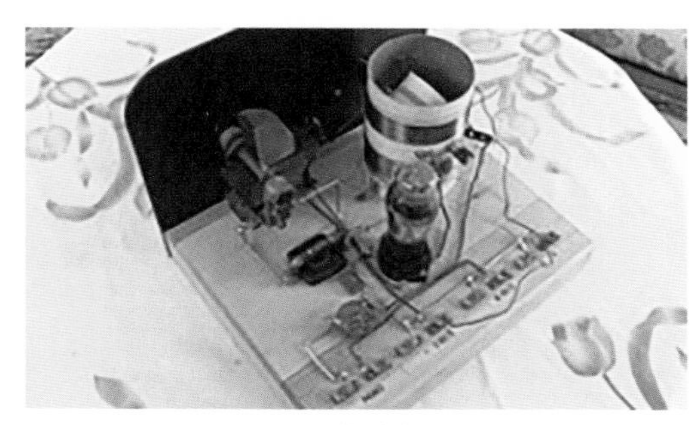

图20-5 收音机后视图

(二)再生接收机的设计原理

再生接收机通常只使用一个放大元件(电子管或晶体管)。在再生接收机中，电子管或晶体管的输出通过调谐电路(LC电路)连接回其自身的输入。

调谐电路只允许在其谐振频率处正反馈。

图20-6是再生接收机的组成框图。在仅使用一个有源器件的再生接收机中，相同的调谐电路与天线耦合，通常通过可变电容来选择要接收的无线电频率。它通常提供一个再生控制调节环路增益。

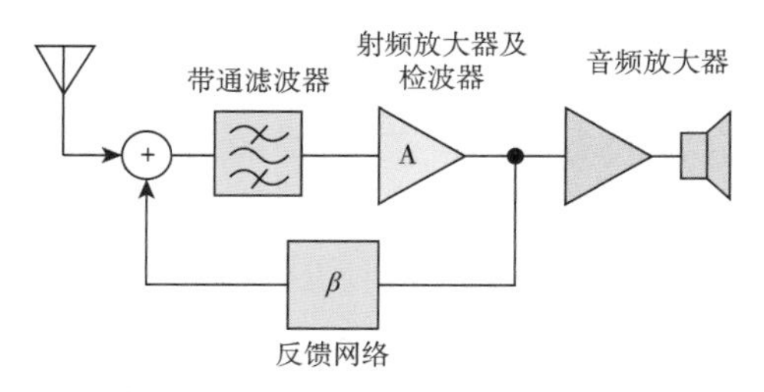

图20-6 再生接收机的组成框图

射频放大器具有反馈环路，将输出信号的一定比例反馈到输入端，实现正反馈。放大器中的信号会被重复放大，使增益提高1 000倍以上。音频放大器实现音频信号放大，增大音频信号的功率。解调信号通过音频放大器放大后送扬声器。

三、超外差接收机

(一)超外差接收机简介

超外差接收机使用混频电路将接收到的信号转换为固定的中频，该中频信号频率固定，且比原载波频率更容易处理。几乎所有现代无线电接收机都使用超外差结构。

图20-7是第一次世界大战期间，阿姆斯特朗的Signal公司在巴黎的实验室制造的超外差接收机原型。它由两个部分组成，混频器和本地振荡器，三个中频放大级和一个检波器级，中频频率为75kHz。

图20-7 超外差接收机原型之一

图20-8是第一款商用超外差接收机，RCA Radiola AR-812于1924年3月4日发布，定价为286美元(相当于2022年的4 880美元)。它使用6个三极管(型号是UV199)，如图20-9，包括一个混频器，本地振荡器，两个中频和两个音频放大器级，中频频率为45kHz。

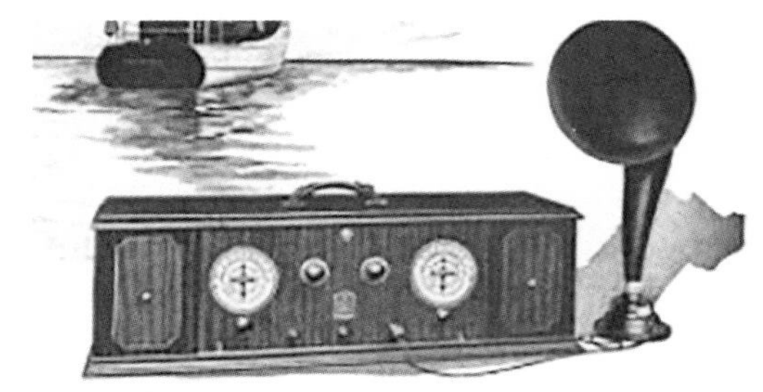

图20-8 第一款商用超外差接收机RCA Radiola AR-812

图20-9 三极管UV199

超外差无线电接收机虽然射频电路设计比其他形式的无线电设备更复杂，但在性能方面，特别是其信号选择性方面，具有非常高的性能指标。超外差接收机通过固定的中频放大和滤波能更有效地去除不需要的带外信号。此外，超外差接收机还具有良好的相邻信道选择性、可以接收多种模式、能够接收甚高频的信号和高灵敏度的优点。

超外差接收机增加一种新的调制方式的能力就是在中频放大器的末端增加一个解调器。常用的模式包括AM、FM、SSB、Morse/CW以及各种采用相移键控或正交幅度调制形式的数据模式。在接收机的射频电路设计中，可以加入新形式的调制器，并且可以根据需要对其进行切换或选择。

超外差接收机使用混频技术，如果需要甚高频(VHF)、超高频(UHF)或任何地方的信号，可以分几个阶段将信号下变频到所需的中频，且还可以使用二次变频电路，因此超外差无线电接收机可以用于多种全频段的双向无线电通信应用以及广播接收等。

超外差接收机最重要的优点是在较低的中频处进行滤波可以获得更好的选择性。接收机最重要的参数之一是带宽，即它的接收频带。为了抑制干扰或噪声，一般需要较窄的带宽。在所有已知的滤波技术中，滤波器的带宽与频率成比例地增加，因此通过在较低的频率上进行滤波，而不是在原始无线电信号的频率上进行滤波，可以获得更窄的带宽。如果没有超外差，现代调频和电视广播、手机和其他通信服务的频道宽度很窄，是不可能实现的。

(二)超外差接收机原理

超外差接收机的基本概念和射频设计都涉及混频的过程。混频电路使得信号可以从一个频率转换到另一个频率。输入频率通常被称为射频输入，本地产生的振荡器信号被称为本振，改变本振的频率可以使接收机调谐到不同的频率，输出频率被称为中频(因为它介于射频和音频之间)，中频的频率固定且频率较低，容易处理。

图20-10是超外差接收机的组成框图，在超外差接收机中，天线接收无线电信号。可选射频放大器的射频调谐级提供了一定的初始选择性以抑制镜像频率。从天线输入的射频信号与接收机内本振信号混频。混频器可以将输入的射频信号转换为固定中频。中频信号通过放大器和滤波器实现放大和窄带滤波。解调器对处理后的中频信号进行解调，恢复原始调制信号。

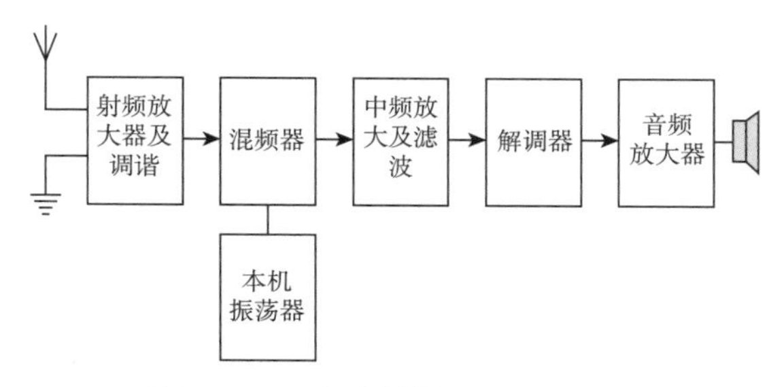

图20-10　超外差接收机组成框图

为了克服诸如镜像响应等障碍，一些接收机使用多个混频电路和多个不同中频频率。具有两个变频和中频的接收机被称为二次变频超外差，具有三个中频的接收机被称为三次变频超外差。图20-11是二次变频超外差接收机框图。

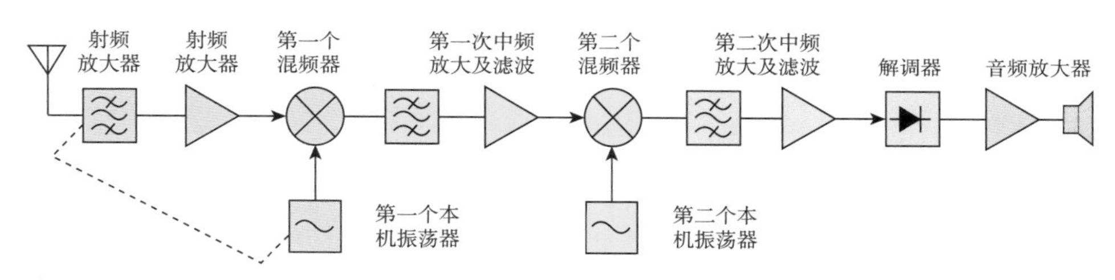

图20-11　二次变频超外差接收机框图

在二次变频超外差接收机中，输入的射频信号首先与第一个混频器中的一个本地振荡器信号混合，将其转换为高中频，以允许有效滤除镜像频率，然后将第一个中频与第二个混频器中的第二个本地振荡器信号混合，将其转换为低中频，以实现良好的带通滤波。

本节执笔人：杨刚

第二节　收音机发展

随着广播技术与半导体技术的发展，收音机不断更新换代，收音机的性能指标不断提升，体积不断变小且功耗不断下降。按主要部件的特点划分，收音机可分为矿石收音机、电子管收音机、晶体管收音机、集成电路收音机。

一、矿石收音机

(一)矿石收音机简介

矿石收音机是最简单的一种无线电接收机，因其最重要的组成部分——矿石检波器而得名，该检波器最初由方铅矿等晶体矿物制成。

矿石收音机可以使用一些便宜的部件制成，例如天线、线圈、电容器、矿石检波器和耳机。矿石收音机是无源接收机，它只使用接收到的无线电信号的能量来产生声音，不需要外部电源，不像其他无线电接收机使用由电池或墙壁插座供电的放大器来放大无线电信号。因此，矿石收音机发出的声音很微弱，必须用耳机收听，并且只能在发射机的有限范围内接收电台。

矿石收音机是第一种广泛使用的无线电接收机，也是无线电报时代使用的主要类型。廉价而可靠的矿石收音机是向公众介绍收音机的主要推动力，促进了收音机作为一种娱乐媒体的发展。

由于矿石收音机无须电源，结构简单，深受无线电爱好者的青睐，至今仍有不少爱好者喜欢自制它和研究它。它只能用耳机收听，接收性能较差，仅能用于收听调幅广播。

(二) 矿石收音机原理

矿石收音机主要由天线、谐振电路、矿石检波器和耳机组成。图20-12为矿石收音机的组成图。

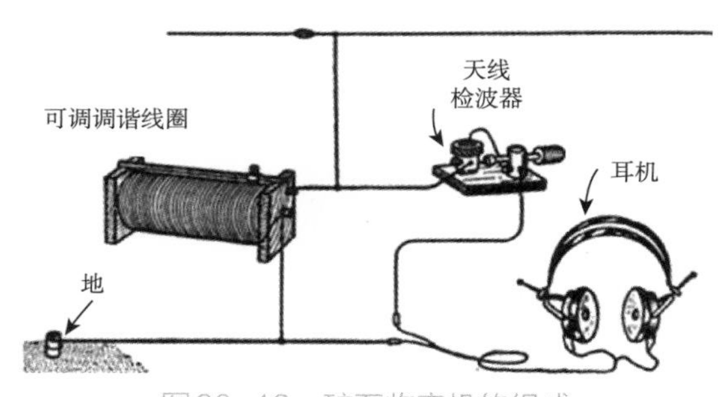

图20-12 矿石收音机的组成

天线用来感应无线电波的电流。

谐振电路(调谐电路)是在从天线接收到的所有无线电信号中选择所需无线电台的频率。调谐电路由线圈(电感器)和连接在一起的电容器组成。该电路有一个谐振频率，只允许该频率的无线电波通过检波器，而在很大程度上阻挡了其他频率的电波。其中一两个线圈或电容器是可调的，允许将电路调谐到不同的频率。在一些电路中，电容器不使用，天线起这种作用。

矿石检波器用来解调无线电信号以提取音频信号。矿石检波器实现的就是现在二极管的功能，利用其单向导电性能实现对无线电波检波。天线收集到的无线电信号在它两端是正向电压时，它是导通的，电流可以通过；相反时，它就不通电。这样就完成了检波工作。检波器的音频输出通过耳机转换为声音。矿石检波器也被称为“猫胡须检波器”(检波器上有一根探针，很像猫的胡须，因此得名)，图20-13为20世纪20年代矿石收音机上的方铅矿猫须检波器，图20-14描述了矿石收音机的解调过程。

图20-13 20世纪20年代矿石收音机上的方铅矿猫须检波器

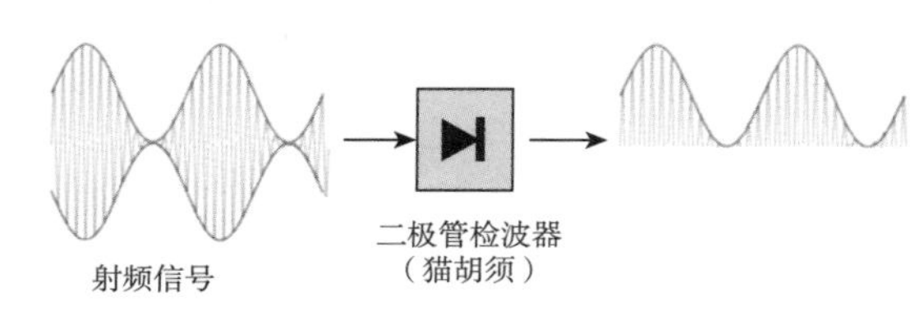

图20-14 矿石收音机的解调过程

耳机将音频信号转换成声波。矿石收音机只使用接收到的无线电信号的能量来产生声音，声音非常微弱，因此必须使用耳机收听。

简单矿石收音机的电路图如图20-15所示。矿石收音机能够接收调幅信号。波形的幅值随信号所携带的音频而变化。使用二极管对信号进行整流，然后对其进行滤波，去除信号中的高频成分。其中调谐电路在所需无线电信号的频率处具有高阻抗，但在所有其他频率处具有低阻抗。电台接收的频率为调谐电路的谐振频率f，由电容器的电容C和线圈的电感L决定。电路可以通过改变电感(L)、电容(C)或两者来调整到不同的频率。天线也是调谐电路的组成部分，天线通常充当电容，其电抗决定了电路的谐振频率。

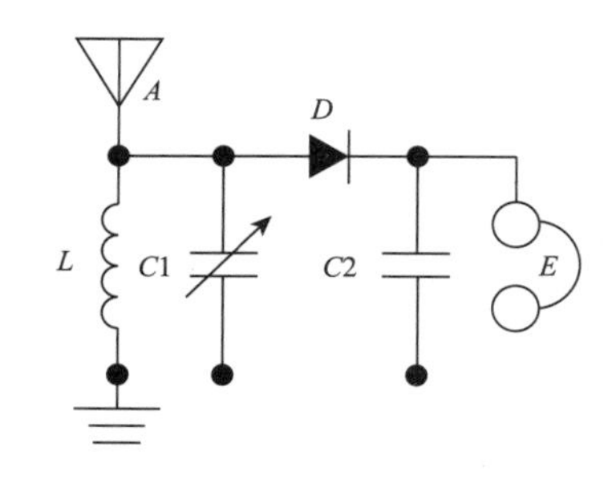

图20-15 简单矿石收音机的电路图

（三）发展历史

1874年，卡尔·费迪南德·布劳恩(图20–16)发现某些金属硫化物具有使电流单方向通过的特性，这是人类第一次发现半导体的整流特性。1894年，杰格迪什·钱德拉·博斯(Jagdish Chandra Bose，图20–17)利用方铅矿的单向导电性，制成了第一个检波器——矿石检波器，用一根细金属丝，与方铅矿进行接触，利用接触点的单向导电性进行检波。这些发现在20世纪初逐渐演变成越来越实用的无线电接收机。矿石接收机最早的实际用途是接收早期业余无线电实验人员从火花隙发射机发射的莫尔斯电码。

图20–16　卡尔·费迪南德·布劳恩

图20–17　杰格迪什·钱德拉·博斯

图20–18是1914年至1918年第一次世界大战期间，一名士兵在战壕里听着手工制作的矿石收音机。

图20–18　第一次世界大战期间，一位士兵在使用矿石收音机

在1920年之前，矿石收音机是无线电报站使用的主要工具，其产品有复杂的型号，例如1915年的马可尼106型，如图20–19所示。

图20–19　马可尼106型矿石收音机

图20–20是1915年的一款矿石收音机，该矿石收音机保存于瑞士Monteceneri的收音机博物馆中。

图20–20　矿石收音机，保存于瑞士Monteceneri的收音机博物馆

图20-21为法国20世纪20年代初出品的壁挂式矿石收音机，机箱正面的活动矿石，方便使用调节。该矿石机可收听附近电台播放的各类信息，如天气预报、交通情况、股市行情等，没有娱乐欣赏的功能。

图20-21　法国壁挂式矿石收音机

图20-22是1922年由Radiola制造的瑞典矿石收音机，配备了耳机。顶部的装置是收音机的猫须探测器，这款矿石收音机提供第二对耳机插孔。

图20-22　瑞典矿石收音机

1923年美国人在上海创办中国无线电公司，播送广播节目，同时出售收音机，其中种类最多的就是矿石收音机。1923年，在中国销售的第一款美国产的矿石收音机如图20-23所示。

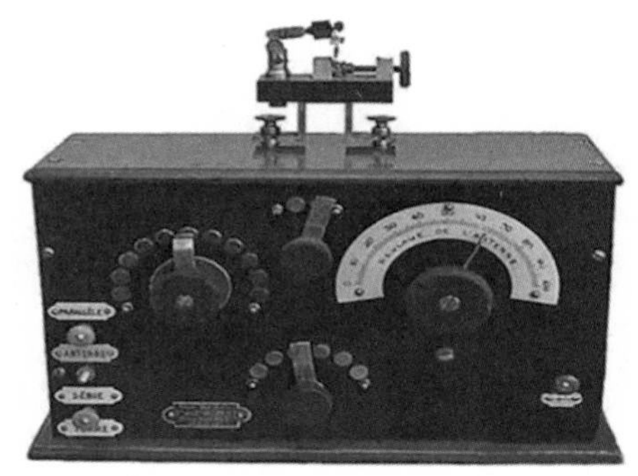

图20-23　1923年，在中国销售的第一款美国产的矿石收音机

GECoPHONE品牌的BC1001矿石收音机是1923年在英国推出的一种老式收音机。BC1001矿石收音机主要用于长波和中波通信，如图20-24所示。

图20-24　品牌为GECoPHONE，型号为BC1001的矿石收音机

图20-25是Ernst Jahnke矿石收音机。通过向上或向下移动调谐线圈的滑块，使用者可以将收音机调谐到不同的电台。顶部是猫须检波器。

图20-25　Ernst Jahnke矿石收音机

图20-26是1925年左右瑞典制造的一款矿石收音机，配有耳机。

图20-26 瑞典矿石收音机

图20-27是1933年上海亚美无线电公司推出的亚美1001号矿石收音机。它是亚美公司的第一台矿石收音机，是用美国菲尔默(philmore)矿石收音机套件组装的，区别只是在机器面板上增加了“亚美”二字的英文标记。

图20-27 亚美1001号矿石收音机

图20-28是1935年由德国Heliogen公司制造的矿石收音机。线圈可以拔下更换为不同的线圈，以覆盖不同的无线电频率波段。

图20-28 德国Heliogen公司制造的矿石收音机

图20-29是波兰PZT公司于1930—1939年生产、销售的一款名为“Detefon”的便携式矿石收音机，矿石检波器在后部的暗盒中。

图20-29 波兰“Detefon”矿石收音机

图20-30是20世纪50年代初天津天华工业社生产的矿石收音机。机壳有一个喇叭窗，金属喇叭网，喇叭窗是用来装饰的。

图20-30 20世纪50年代初天津天华工业社出品的矿石收音机

图20-31是20世纪50年代中期出品的济南“胜利”矿石收音机，它由济南开明电料行生产。为纪念朝鲜战争结束，于20世纪50年代中期出品，故取名“胜利”。机箱上盖内贴的标签还有安装天线、地线的简要说明。

图20-31 济南“胜利”矿石收音机

图20–32是1964年在上海生产的象牌101型袖珍矿石收音机。该矿石收音机采用晶体二极管检波，具有双色塑料外壳，造型别致美观。

图20–32　1964年，象牌101型袖珍矿石收音机

制作矿石收音机在20世纪20年代风靡一时，但矿石收音机逐渐被电子管收音机取代。

二、电子管收音机

（一）电子管收音机简介

电子管是一种真空电子设备，由若干个电极和真空玻璃外壳组成。当向电子管施加适当电源电压时，电子将从一个电极（称为阴极）发射出，并被其他电极（称为阳极或网极）吸引或排斥，从而控制电子的流动，实现信号放大、波形变换等功能。电子管可以放大微弱信号，并集检波、放大和振荡三种功能于一体。电子管被广泛应用于电视机、收音机、电子计算机等领域。

电子管收音机是一种使用真空电子管来放大和处理音频信号的收音机。与现代的晶体管收音机相比，电子管收音机相对更复杂，需要更多的电路元件和更高的功耗。

（二）发展历史

1883年，爱迪生（图20–33）根据他的实验发现注册了发明专利“爱迪生效应”。1904年，英国伦敦大学的约翰·安布罗斯·弗莱明教授在研究爱迪生效应过程中发明了真空二极管，开启了电子技术的大门。1906年，李·德·福雷斯特（图20–34）在弗莱明电子管的基础上加入了栅极元件，发明了真空三极管，放大倍数仅在3倍—30倍之间。1906年10月25日，李·德·福雷斯特为他的三极管申请了专利。直到1912年，当它的放大能力被研究人员认识到，它才被实际使用。1913年，美国学者林格慕发明了四极管，将放大倍数提升至160倍—600倍。

图20–33　爱迪生

最早的电子管收音机是由李·德·福雷斯特发明的，直到20世纪20年代中期，都是由业余爱好者制造的，它使用的是一个单一的三极管，三极管既可以整流，又可以放大无线电信号。1914年，阿姆斯特朗在一篇论文中解释了它的放大和解调功能。

图20–34　李·德·福雷斯特

图20–35是由李·德·福雷斯特的公司制造的RJ6型接收机，是最早的放大无线电接收机之一。这是一种单管收音机，它使用了第一个放大真空三极管。单个的真空三极管无法产生足够的音频功率来驱动扬声器，因此左侧的耳机用于收听。

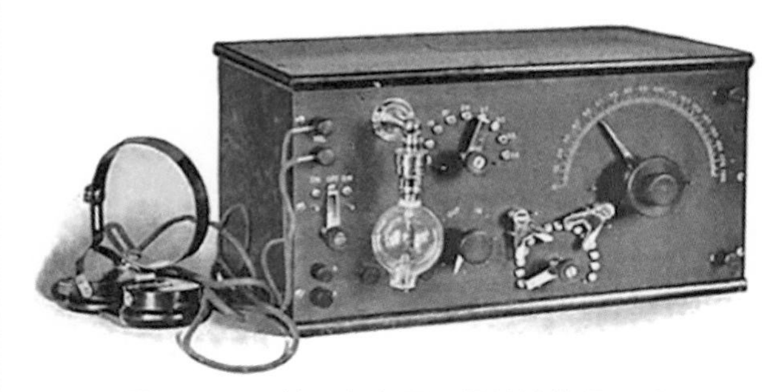

图20–35　第一台商用三极管接收机RJ6

1913年，阿姆斯特朗发明了可再生接收机，当时他还是一名23岁的大学生。直到20世纪20年代末，这种接收机一直被广泛使用，尤其是那些只能买得起单管收音机的业余爱好者。

1916年，恩斯特·亚历山德森发明了射频调谐接收机，通过在检波器前使用几个阶段的放大，提高了灵敏度和选择性，每个阶段都有一个调谐电路，都调谐到电台的频率。今天，TRF设计用于一些集成(IC)接收器芯片。

1922年，阿姆斯特朗发明了超再生接收机，它以一种更复杂的方式利用再生来获得更大的增益。

图20-36是1923年推出的品牌为Stromberg-Carlson，型号为1400的一款调幅电子管收音机。

图20-36 Stromberg-Carlson 1400

Philco 111老式收音机如图20-37所示，是1931年为满足日益发展的广播电台行业的市场需求而推出的电子管收音机。这个古老的收音机代表了广播发展和生产的一个里程碑，它最终被大量生产并使用。Philco 111偶尔会出现在古董电台市场和博览会上，即使在今天，它也能很好地工作。

图20-37 Philco 111

EKCO公司的创始人生产了一系列经典的收音机，其中AD65是生产最广泛的收音机之一。 AD65收音机使用的是超外差设计。图20-38是1934年推出的EKCO AD65型收音机。

图20-38 EKCO AD65收音机

图20-39是1939年推出的Majestic 130，Majestic 130是调幅电子管收音机，采用的是超外差设计。

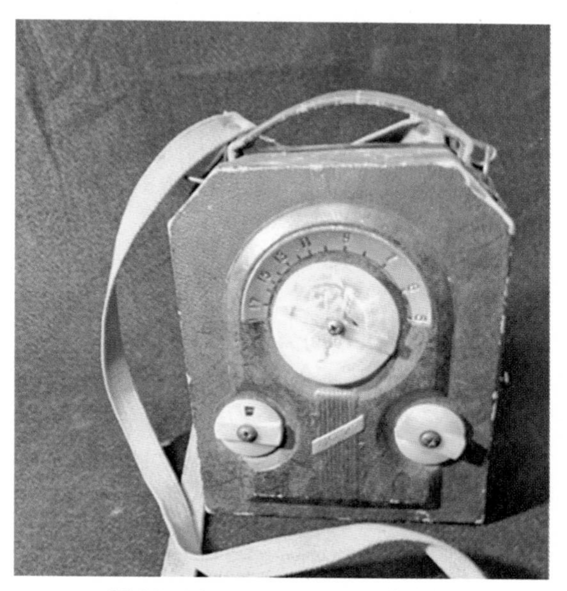

图20-39 Majestic 130收音机

图20-40是1945年EKCO公司推出的EKCO A22。A22是EKCO公司的最后一个圆形收音机。这款老式收音机沿袭了前几轮收音机的基本风格，但具有更大的表盘，使其更容易定位特定电台所需的表盘部分。与其他EKCO圆形收音机一样，A22也受到老式收音机爱好者的追捧。

图20-40　EKCO A22收音机

图20-41是1950年推出的品牌为Bush、型号为DAC90A的电子管收音机，Bush DAC90A是一款标志性的英国老式收音机，在今天的收藏市场上备受追捧。它覆盖了中波、长波频段，面向市场的低端，使其成为所有人都可以使用和流行的收音机。

图20-41　Bush DAC90A收音机

图20-42是1950年推出的品牌为Murphy、型号为A170的电子管收音机，Murphy A170是一款能够覆盖长波、中波、短波频段的优质广播收音机。与当时其他收音机相比，Murphy A170具有更大的扬声器，以提供良好的性能而闻名。

图20-42　Murphy A170收音机

图20-43是1952年推出的品牌为Zenith型号为J402Y的电子管收音机，这是一款便携式调幅收音机。

图20-43　Zenith J402Y收音机

1952年南京无线电厂配以少量国产原件，结合美国RCA收音机余料，组装出了新中国第一台品牌收音机：红星501型超外差式收音机，如图20-44所示。1953年，中国研制出第一台全国产化收音机（“红星牌”电子管收音机），并投放市场。

图20-44　红星501型超外差式收音机

图20-45是1957年我国制造的牡丹牌101-A型交流5灯电子管收音机，这是一种中波、短波两波段的超外差式收音机，整机电路也是采用较成熟的5灯电子管标准电路。

图20-45　牡丹牌101-A型交流
5灯电子管收音机

图20-46是1958年生产的品牌为Philips、型号为B2D94A的电子管收音机。

图20-46 Philips B2D94A电子管收音机

图20-47是1959年10月南京无线电厂试制的熊猫牌1501高级落地式大型收音机。熊猫牌1501型收音机用了多达20个电子管和4个喇叭制成的这款熊猫牌1501型大型收音机，可以收听中、短波调幅广播和超短波调频广播，放送唱片，用磁带录放语音和音乐。

图20-47 熊猫牌1501高级落地式大型收音机

电子管收音机相对于早期的矿石收音机来说，最大的优势在于其使用方便且音质浑厚，使用者不需要具有专业的电子知识就可以很好地操作收音机，由于采用单独供电及电子管对电路进行放大，对信号强度的要求相对矿石收音机来说要低很多。电子管收音机相比矿石收音机已经有了大幅度的进化与加强，但电子管收音机体积庞大，功耗较高，使用寿命有限，故在晶体管收音机出现以后逐渐被晶体管收音机替代。

三、晶体管收音机

(一)晶体管收音机简介

晶体管泛指一切以半导体材料为基础的元件，晶体管具有检波、整流、放大、开关、稳压、信号调制等多种功能。

晶体管收音机是继矿石、电子管收音机后的第三代收音机。晶体管收音机是一种使用晶体管电路的小型便携式无线电接收机。由于晶体管的发明和20世纪50年代的发展，晶体管收音机在20世纪60年代和70年代初广泛流行，并改变了公众的收听习惯。

相较于传统的电子管收音机，晶体管收音机具有更小巧、更轻便和更省电的优点。同时，采用晶体管收音机可以提高接收信号的质量，并降低了噪声干扰。

(二)发展历史

在晶体管发明之前，收音机采用电子管。便携式电子管收音机通常又大又重，需要一个低压大电流源来为管的灯丝供电，也需要一个高电压来为阳极电位供电，通常需要两个电池。与晶体管相比，电子管效率低，易碎，寿命有限。

1909年，物理学家威廉·埃克尔斯(William Eccles)发明了晶体二极管振荡器。1925年，物理学家朱利业斯·埃德加·利连菲尔德(Julius Edgar Lilienfeld)在加拿大申请了场效应晶体管的专利。1947年12月，约翰·巴丁和沃尔特·布拉顿在一个点接触式锗器件上实现了晶体管效应。他们在实验中观察到当两个金点接触锗晶体时，产生的信号输出功率大于输入功率。1947年，巴丁、布拉顿和肖克利发明了第一个点接触式晶体管。

1947年12月23日，第一块晶体管在美国贝尔实验室诞生。随着1947年晶体管的发明，通过引入小而强大、方便的手持设备，彻底改变了消费电子领域。1954年，Raytheon公司发布了Regency TR-1，如图20-48所示，它成为第一种商用晶体管收音机。

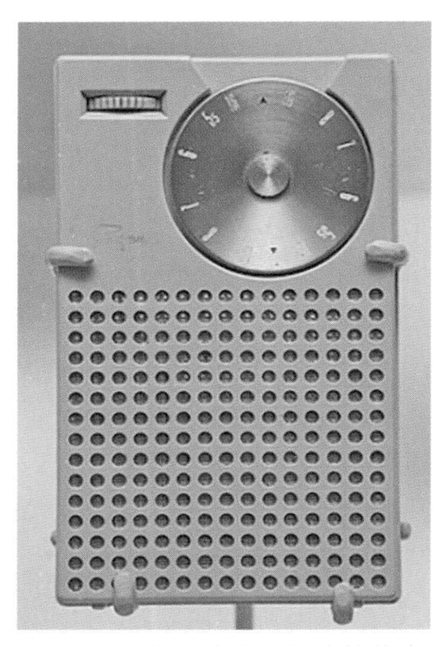

图20-48　第一种商用晶体管收音机 Regency TR-1

1955年2月，雷神公司推出第二种晶体管收音机8-TP-1。这是一个更大的便携式晶体管收音机，包括一个4英寸的扩音器和4个额外的晶体管。Raytheon公司的8TP系列提供4种颜色：棕褐色(8-TP-1)，深褐色(8-TP-2)，米色(8-TP-3)，红色与黑色镶边(8-TP-4)。每种颜色在型号中用最后一位数字表示。图20-49是Raytheon公司的8TP2。

图20-49　Raytheon公司的8-TP-2收音机

1955年8月，当时还是一家小公司的东京通信工业株式会社以新的品牌名称索尼推出了TR-55收音机，如图20-50所示。TR-55是第一种利用所有微型元件的晶体管收音机，重量只有同性能真空管收音机的五分之一，价格只有三分之一，内装5个晶体管，可收听多个调幅频道，只要有电池，就可以手提到处走。轻巧、便宜、实用，很快在日本大卖，接着销往全世界。

图20-50　索尼的TR-55收音机

1955年秋季，克莱斯勒公司生产了全晶体管汽车收音机，型号为Mopar 914HR，作为1956年克莱斯勒和帝国汽车新生产线的“可选件”，这些汽车于1955年10月21日进入展厅。

图20-51是1955年年底推出的索尼晶体管收音机，型号为TR-72。

图20-51　索尼TR-72晶体管收音机

图20-52是1956年发布的索尼TR-5，TR-5是TR-55的后继型号之一，是一款单波段中波收音机，机内有5个晶体管，调谐电路为振幅调制电路。TR-5与TR-55相仿，两者的差别之一在于TR-55的耳机插口在后机壳上，TR-5的耳机插口在机身一侧。

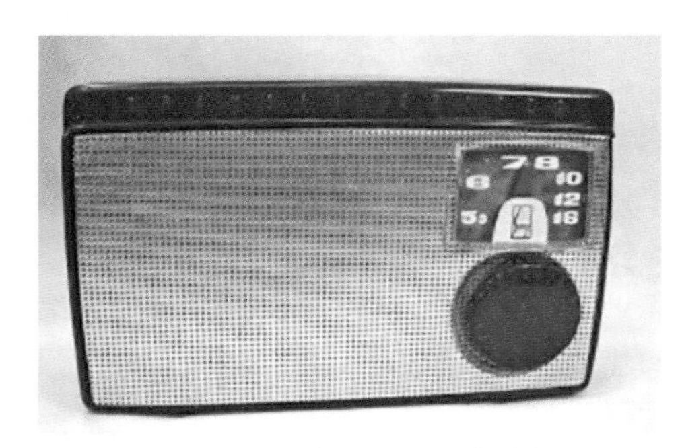

图20-52　索尼TR-5收音机

图20-53是1957年发布的体积更小、价格更便宜的索尼TR-63，索尼TR-63在大众市场上取得了成功，使晶体管收音机成为20世纪60年代和70年代最流行的电子通信设备。

图20-53　索尼TR-63收音机

图20-54是约在1958年美国制造的一款艾默生晶体管收音机，它是一款调幅收音机。

图20-54　艾默生晶体管收音机

图20-55是1958年发布的索尼TR-83，它是索尼制造的第一台真正的便携式8晶体管收音机。

图20-55　索尼TR-83收音机

图20-56是1958年发布的Sony TR610，采用超外差技术，中频为455千赫，是一款6晶体管便携式收音机，仅限广播波段。

图20-56　Sony TR610收音机

图20-57是约在1958年发布的Regency晶体管收音机，型号为TR-5C。这是一款7晶体管收音机。

图20-57　Regency TR-5C收音机

图20-58是1959年发布的Hitachi TH-666，采用超外差设计，有6个晶体管，是一款衬衫式袖珍收音机。

图20-58　Hitachi TH-666收音机

图20-59是1959年推出的Bush TR82，它是一

款经典的早期晶体管便携式收音机，使用超外差技术，用于长波和中波波段。

图20-59　Bush TR82收音机

图20-60是1959年制造的三洋晶体管收音机，型号为8S-P3，可以接收调幅和短波波段。配备手动调谐两个波段、音量控制和右侧的耳机插孔。

图20-60　三洋8S-P3晶体管收音机

图20-61是1960年推出的Westinghouse H-733P7，采用超外差设计，是一款衬衫口袋大小的7晶体管调幅收音机，仅限广播波段。有耳机插孔，可以断开扬声器以进行私人收听。

图20-61　Westinghouse H-733P7

图20-62是1960年发布的RCA晶体管收音机Victor型号1-TP-2E，采用超外差技术，仅限广播波段，有耳机插孔。

图20-62　RCA晶体管收音机
Victor型号1-TP-2E

图20-63是约1960年的Motorola晶体管收音机，型号为X21，具有6个晶体管，采用超外差设计，仅限广播波段。

图20-63　motorola x21收音机

图20-64是约1962年日本制造的品牌为Westinghouse、型号为H-842P6的晶体管收音机，该收音机由6个晶体管制成，仅限广播波段。

图20-64　Westinghouse
H-842P6收音机

图20-65是1963年日本制造的品牌为Westinghouse、型号为H841P6的晶体管收音机。

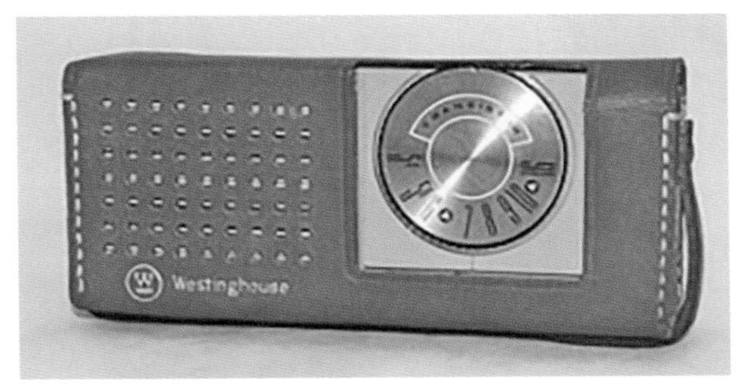

图20-65　Westinghouse H841P6收音机

图20-66是1964年发布的品牌为Westinghouse、型号为H-588P7的收音机，采用超外差设计，是一款便携式7晶体管调幅收音机。

图20-66　Westinghouse H-588P7收音机

图20-67是1965年发布的Zenith牌晶体管收音机，型号为R59C，是一款调幅收音机。该收音机有8个晶体管、一个扬声器和一个内置天线。

图20-67　Zenith R59C收音机

1958年，新中国第一台晶体管收音机在上海宏音无线电器材厂试制成功。该机为便携式7晶体管中波段超外差式收音机，所有50多种零件均实现小型化。1958年3月16日，《人民日报》图文报道了新中国第一台半导体收音机诞生的信息。1962年9月，上海无线电三厂与上海元件五厂等电子元件制造企业合作，试制成功国内第一台全部采用国产元器件的美多牌28A型便携式中短波晶体管收音机，图20-68是美多牌28A-1型晶体管收音机。1965年，收音机开始在中国普及。当年，半导体收音机的产量也超过了电子管收音机的产量。1976年，上海无线电二厂再次推出适合农村需要的大喇叭、大电池、低价格的红灯牌753型晶体管收音机，如图20-69所示，音质较响亮，既可摆设又可随身携带。自投产至1990年年底，累计产量突破300万台，为国内同类产品中产量最高、经销历史最长的产品。

图20-68　美多牌28A-1型晶体管收音机

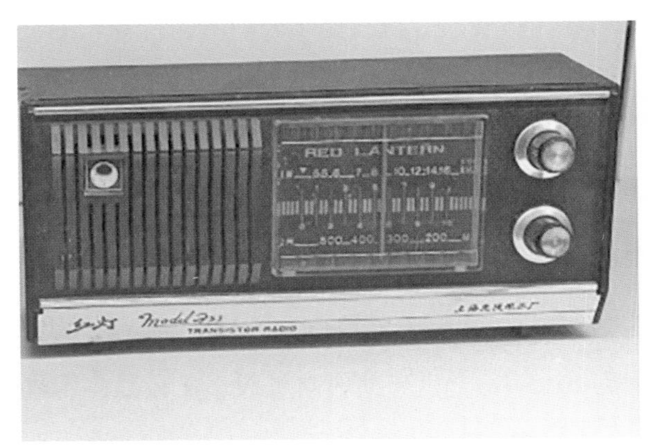

图20-69　红灯牌753型晶体管收音机

图20-70是1972年上海无线电二厂推出一款豪华机型，红灯牌2J8型8管3波段双扬声器双磁性天线的高性能晶体管收音机。

图20-70　红灯牌2J8型收音机

图20-71是1973年南京无线电厂研制的熊猫牌B-11型10波段14晶体管手提式收音机。它是为满足我国驻防高原(山)、海岛等恶劣环境的部队收听节目需要研制的一款收音机。

图20-71　熊猫牌B-11型10波段14晶体管手提式收音机

晶体管收音机的放大单元使用晶体管，代替了电子管。因而比电子管收音机更小巧，更省电。袖珍的晶体管收音机改变了人们听流行音乐的习惯，使人们可以随时随地听音乐。然而，从1980年左右开始，廉价的调幅晶体管收音机开始被立体声音箱和索尼随身听所取代，后来又被具有更高音频质量的数字设备所取代，如便携式CD播放器、个人音频播放器、MP3播放器，以及智能手机，其中许多都包含调频收音机。晶体管收音机仍然普遍用作汽车收音机。据估计，从20世纪50年代到2012年，全世界共售出了数十亿台晶体管收音机。

图20-72是索尼2001年发布的索尼随身听SRF-S84晶体管收音机。

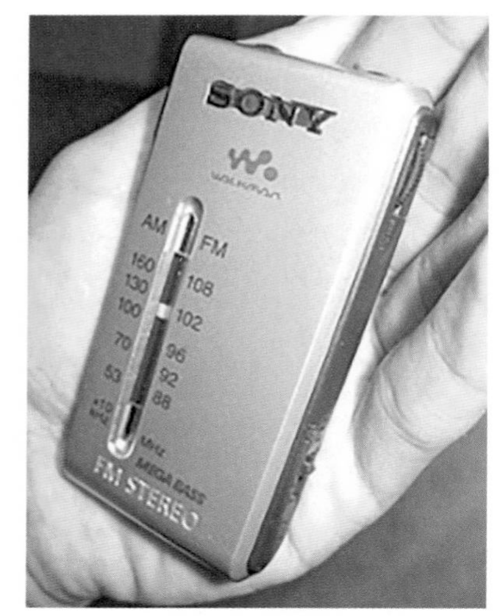

图20-72　索尼随身听SRF-S84收音机

四、集成电路收音机

集成电路或单片集成电路是在半导体材料(通常是硅)的一个小平面(或“芯片”)上的一组电子电路。芯片上集成了大量小型化晶体管和其他电子元件。这使得电路比那些由分立元件构成的电路更小、更快、更便宜，从而实现了更大的晶体管数量。集成电路的大规模生产能力、可靠性和设计的模块化方法确保了标准化集成电路的快速采用，以取代使用分立晶体管的设计。

20世纪60年代末，随着集成电路技术的不断发展和成熟，集成电路收音机逐渐取代了传统的电子管收音机和晶体管收音机，成为主流产品。

集成电路收音机的原理是利用集成电路技术将收音机中的电子元器件压缩在一个芯片上，从而实现收音机的小型化、高可靠性和低功耗的目标。该原理涉及混频放大、解调、放大和输出这几个方面。

混频放大：首先，电磁波通过天线进入收音机，经过调谐电路调整频率，接着进入混频放大电路。混频放大电路是收音机中最重要的电路之一，它将电磁波转换成中频信号。中频信号可以通过通道选择器选择特定的频道。

解调：经过通道选择器选出的中频信号，需要通过解调电路转换成音频信号，以便输出给扬声器播放。解调电路通常使用二极管或晶体管实现，它的作用是将中频信号转换成原始的音频信号。

放大：为了将音频信号放大，接下来的电路是音频放大器。它将解调器输出的微弱音频信号放大。

输出：放大器输出信号给扬声器，扬声器将信号转换成声音，以便听众能够听到。

由于使用集成电路技术，收音机可以做得非常小，因此非常方便携带和使用。

1984年，索尼公司推出了索尼ICF-SW7600，如图20-73所示，索尼ICF-SW7600是一款由索尼公司设计的“长波/中波/短波/调频立体声 锁相环频率合成器接收机”。该收音机采用了现代化的电路设计和高性能的集成电路。ICF-SW7600可以接收来自世界各地的广播信号，包括AM、FM、SW、LW等频段。ICF-SW7600的设计紧凑轻便，可以携带到户外、旅行和野外等环境使用。

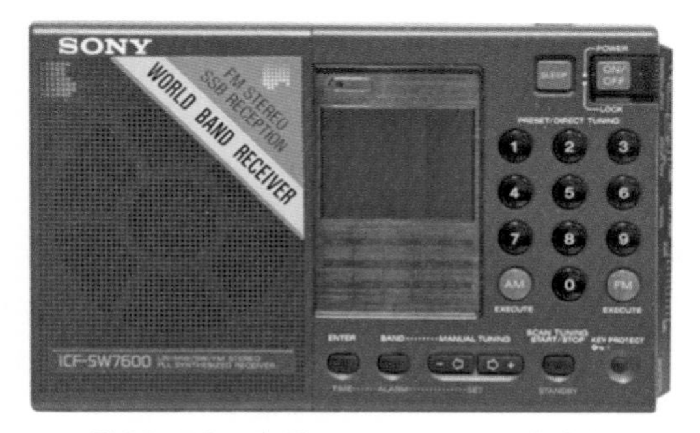

图20-73　索尼ICF-SW7600收音机

1996年，德生公司采用当时最先进的集成电路，推出了一款划时代的产品德生PL-737，如图20-74所示。它支持数字调谐，优点是频率精准并且不会漂频，传统调谐是用可变电容或可变电感来调谐，最主要的缺点是频率不稳定。现代数字调谐收音机几乎都用数字显示来直接显示出频率，而以前模拟调谐收音机主要是靠指针和刻度来显示频率。

图20-74　德生PL-737

2011年，德生PL-600上市，如图20-75所示。德生PL-600便携式全波段数字调谐收音机，可接收调频立体声、中波、长波、国际短波广播及短波单边带(SSB)通信讯号，具有灵敏度高、选择性好的特点，能够满足收听全球广播的大部分需求。

图20-75　德生PL-600收音机

本节执笔人：杨刚

第二十一章

电视接收技术

第一节 | 电视接收机技术

电视接收机(television receiver)俗称电视机，是从天线接收到的各种无线电信号中选出所需的射频电视信号并进行变换、处理，最终还原出发送端所传输的图像和声音的设备。

电视接收机是电视技术不可分割的部分，其技术发展也贯穿整个电视技术的始终，同时它还是技术的集大成者，吸收了各种先进的终端技术。为便于阅读，本节主要介绍了电视接收机中的电路部分技术发展，扬声器和显示器技术在专门的章节中分别进行介绍。

一、基本工作原理

电视接收机电路组件主要可分为信号通道(包括高频头、中放、视放和伴音通道)、扫描电路(包括同步分离、场、行扫描电路)和电源三部分，出现遥控器后还包括遥控电路。其基本结构图如图21-1所示，图中未画出电源部分。

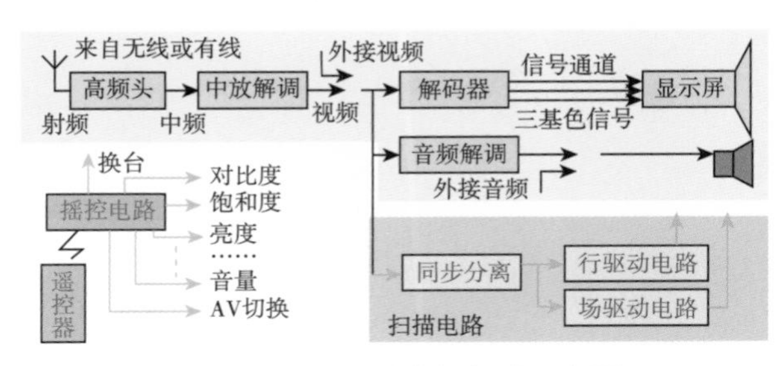

图21-1 电视接收机组成示意图

信号通道的任务是将天线接收到的高频电视信号变换成视频信号和音频伴音信号。视频信号促使显示器件产生黑白或彩色图像，伴音信号推动扬声器产生电视伴音。扫描电路的任务是为显示器件提供场、行扫描驱动电流或电压，使显示器产生与发送端同步扫描的光栅。电源部分的任务是将交流市电转变成电视机所需要的各种直流电压。遥控电路的作用是接收遥控器的指令，并按指令输出相应的信号控制相关电路，实现遥控功能。

二、发展历史

(一)黑白电视接收机

1.机械电视机

如同电视技术的发展一样，最早的黑白电视接收机是机械式的。

1923年，苏格兰人约翰·洛吉·贝尔德在英国申请了发明专利，并于1924年获得专利。通过这项专利可以了解最初的机械电视工作原理：采用两个“尼普可夫圆盘”(Nipkow Disk)，一个圆盘用于发射，将景物的不同区域连续投射到光敏元件上；另一个圆盘用于接收，光敏元件输出的电流通过真空管放大，被传输至接收圆盘，并点亮设置在屏幕的一系列小灯，在屏幕上通过这些小灯的明暗变化构成一幅幅图像，从而实现画面的传输和再现。经过反复实验，贝尔德1924年第一次成功传送了一个十字剪影图像。由于缺乏经费，这台电视因陋就简使用了许多现成的零部件，比如茶叶罐、饼干盒，并用马粪纸做了“尼普可夫圆盘”中的旋转圆盘。

1925年3月25日，贝尔德在伦敦的塞尔福里奇百货公司进行了第一次公开的机械电视展示。实际上，人们只能看到一个简单的剪影，但这已经创造了历史。同年10月，他终于成功地使人脸出现在电视机上，能够传输30行图像。由于拍摄时的光线太亮，没人愿意做模特，贝尔德用了一个玩偶作为模特，这个模特叫斯托基·比尔(Stookie Bill)，如今被放在英国国立媒体博物馆内。今天，许多关于贝尔德电视系统的信息已经有些模糊了，并且由于贝尔德担心被人窃取成果，向外界传递的消息也不准确。从所记载的资料来看，贝尔德展示的图像不是通过无线电发送和接收的，而是通过连接线发送和接收。同样，他通过使用机械扫描和连接“发射器”和“接收器”扫描设备的公共驱动器来避免同步问题。

1925年6月13日，美国人查尔斯·詹金斯(Charles Jenkins)在华盛顿首次展示了真实的电视图像。他演示了将玩具风车的剪影图像从海军广播电台传输到华盛顿的实验室，使用透镜圆盘扫描器，每张图片48行，每秒16张图片。因为他的带宽被限制在4kHz，人们只能看到低清晰度的轮廓。詹金斯在接收器中使用了旋转镜面鼓而不是尼普可夫圆盘。这些装置只能接收詹金斯自己的实验信号，该信号是从他在马里兰州的W3XK站传输的，使用无线电传输和同步电机进行同步。

1927年秋天，贝尔德在伦敦附近的一个广播电台进行了实验性广播。他的扫描设备包括一个直径2.4米的透镜盘，上面装有30个与光电管相关的透镜。显示器是一个2.4米的尼普可夫扫描盘，有30个孔，垂直扫描。一根霓虹灯管作为光源。系统演播室端的同步是通过连接镜头盘和尼普可夫圆盘的实心轴来实现的。图像传播后在纽约州的怀特普莱恩斯市接收。历史记录没有记录图像的接收情况，也没有记录同步是如何完成的。无论如何，贝尔德的机械“电视接收器”是第一个向公众出售的电视接收机。贝尔德于1928年在英国和美国销售的最早的商业设备是收音机，之后增加了一个电视设备，该装置由尼普可夫圆盘后面的霓虹灯管组成，带有螺旋孔，产生橙色邮票大小的图像，放大到放大镜的两倍，如图21-2所示，不过只销售了几十台。1929年后售出的电视机被认为是第一种批量生产的电视机，销量约为一千台，不过画质很差，只有30线，如图21-3所示。1930年年初，拥有它的极少数人能够观看公开广播的电视，其中节目包括音乐表演、舞蹈表演和戏剧。

图21-2　贝尔德“C型”接收机[①]

图21-3　第一台向公众出售的电视机[①]

1927年，贝尔电话实验室迈出了一大步，他们建立了一个将电视从华盛顿特区传输到400公里外的纽约的系统。传输可以通过无线电或有线电路进行。每帧有50条扫描线，每秒有16帧。所使用的接收器显示器有两种类型：一种产生约0.05米×0.06米的小图像，另一种产生的是0.6米×0.7米的大图像。较小的图像是由一个在具有扁平阴极的特殊霓虹灯灯泡前旋转的扫描盘产生的；圆盘由同步电机驱动，

① Early Television Museum.Mechanical television[EB/OL].[2024-01-24].https://www.earlytelevision.org/baird_mech.html.

同步电机根据单独传输的信号供电并同步。大型显示器由50根平行的特制霓虹灯管组成，每个霓虹灯管设置了50个电极总共2 500个电极。这些电极由2 500根导线连接到2 500段换向器上，换向器由类似于扫描盘的同步电机运行。视频信号被用于调制500kHz的RF载波，并由换向器进行分配，从而提供扫描功能。当通过有线设施接收信号时，电路的振幅和相位被校正，最高频率为20kHz。当它被无线电接收时，一个特殊的超外差接收机被用于电视信号(传输的载波是1 575kHz)；单独的接收器也用于语音(1 450kHz)和同步信号(185kHz)。

随后，这些机械电视机虽然不断提升质量，到1935年贝尔德开发的电视机能够显示240线，但因为画质很差，被后来的电子电视机超越，BBC公司停播了机械电视系统，机械电视机也就失去了市场。

2.早期的电子电视机

1927年，菲洛·法恩斯沃思(Philo Farnsworth)申请了第一个完全电子电视系统的专利，他将其称为图像解剖器(Image Dissector)。到1929年，法恩斯沃思展示了一种全电子电视系统，其中的显示设备是一个阴极射线管，实现了磁偏转和聚焦，没有机械运动部件。他通过电视系统传输了第一批人像，其中包括他的妻子佩姆闭着眼睛的0.08米图像(可能是由于需要明亮的照明)。

同期，俄罗斯人弗拉基米尔·兹沃里金(Vladimir Zworykin)也进行着全电子电视系统研究。兹沃里金在1929年从西屋公司被调到美国无线电公司(Radio Corporation of America，RCA)，得到RCA公司的大力资助。有关其电视系统实验的描述的最早文献出现在1929年12月的《无线电工程》上。当时的接收器显示设备是一个0.17米的阴极射线管，带有静电-电磁(electrostatic- electromagnetic，ES-EM)偏转和ES聚焦。对于光束调制，使用了控制栅格，如图21-4。实验系统的前端是机械扫描系统，使用改进的电影放映机生成电子图像。胶片由正弦控制镜反射的光束扫描，帧信号由在每个胶片图像的末端触发的换向器产生。光电管提供视频信号。这三个信号通过陆地线路传输到西屋发射站，然后进行广播，视频由150米发射机发送，垂直和水平同步信号由90米发射机发送。在接收端，水平扫描由机械导出的正弦信号完成，图21-4显示了该信号由90米的无线电机接收，随后经过滤波、五极管放大、调谐并馈送到安装在阴极射线管(CRT)颈部的偏转线圈。垂直扫描信号来自相同的90米无线电机和滤波器单元。它由UV227三极管和耦合到UX250功率三极管的变压器放大。偏转板显示在CRT外部。“视频”信号由单独的150米无线电机接收，并直接馈送到CRT电网。第一个阳极提供高达600伏的电压，第二个阳极提供最高4 000伏的电压。SPU是指“插座电源单元”，而不是电池电源。《无线电工程》杂志的文章指出，视频和同步信号一起传输。可以看到，这并不是全电子系统，但是电视接收机并没有采用机械方式了。

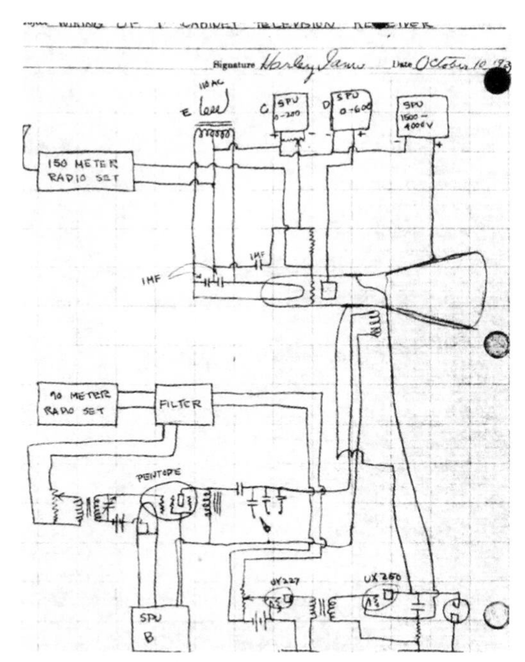

图21-4　兹沃里金研制的第一个电视接收机原理图[①]

1929年的电视系统还有很多不完善的地方，当时使用的机械摄像机以120扫描行传输。兹沃里金继续改进，到1933年研发出一个完整的电子系统，分辨率也达到了240行。240行的扫描模式使得获得具有良好清晰度的图像成为可能，但由于帧频率

① Early Television Museum.The first electronic television receiver [EB/OL]. [2024-01-24]. http://www.earlytelevision.org/pdf/first_electronic_television_receiver.pdf.

为24个周期，没有隔行扫描，闪烁非常明显。1934年，行数增加到343条，并采用了场频率为60个周期，重复率为，生产者30帧/秒的隔行扫描模式。据称，在改进过程中，生产者使用了类似于菲洛·法恩斯沃思专利图像解剖器的成像部分。法恩斯沃思对其进行了专利诉讼，迫使RCA支付法恩斯沃思特许权使用费。

1931年德国也已经进入了电子电视领域，在当年的柏林广播展上，曼弗雷德·冯·阿登纳(Manfred von Ardenne)展示了一种使用CRT进行发射和接收的系统。国际上第一台商用的全电子电视机是由西门子的子公司德律风根(Telefunken)于1934年制造的。1934年，德律风根生产并销售了FE-Ⅲ电视机，这款电视机采用超短波调频，视频带宽为500kHz，有180行，如图21-5所示。

图21-5 德律风根生产的FE-Ⅲ电视机①

此时的电子电视机显示器件都采用了阴极射线管，除显示器件外，黑白电视机的电路比较简单，信号通道只传输一路视频信号和一路伴音信号，当时没有遥控器，因此其余电路就是扫描电路和电源了。

电视接收机的第一部分与无线电广播接收机的相应部分很相似。第一批电视接收机设计用于接收BBC发射的电视信号。由于整个英国只有一个发射器，因此可以采用调谐射频接收器(TRF)，即使用许多调谐射频(RF)放大器级以及检测器(解调器)电路来输出视频信号。不过，后来的电视接收机都采用了超外差技术。这项技术由阿姆斯特朗于1916年发明，并很快被用于无线电传输，因此，电视接收机也自然而然地采用了超外差技术。

1936年英国的科索尔(Cossor)公司也生产并销售了全电子电视机137T，屏幕大小为13.5英寸，清晰度为240行，如图21-6。虽然美国全电子电视机实验样机问世最早，但商用的电视机却在1938年才问世，是由杜蒙(DuMont)公司推出的180型。这款电视机屏幕大小为14英寸，与科索尔公司的137T非常相似。杜蒙公司在1937年进口了几台137T电视机，结果两款电视机的CRT几乎相同，电源也非常相似。不过，杜蒙180电视采用了4频道调谐器，而科索尔只能接收单频道电视。

图21-6 全电子电视机137T②

1939年德国生产的标准接收机Einheitsempfänger E1代表了“二战”前德国电视发展的顶峰。它只有16个电子管(包括CRT)，而差不多同期的美国飞歌公司(Philco)生产的电视机需要22个电子管，其内部电路示意图如图21-7所示。图像中频为8.4MHz，声音中频5.6MHz，行频为11.025kHz，场频50Hz，有441行，采用隔行扫描方式。图像尺寸为19.5厘米×22.5厘米。视频带宽为2MHz，图像和声音载体之间的距离为2.8MHz。视频信号采用FM方式，但只能接收固定在40MHz至50MHz范围内的单个电视传输频率。声音采取调幅方式，音频带宽

① Early Television Museum.Early electronic television[EB/OL].[2024-01-24].https://www.earlytelevision.org/telefunken.html.

② Early Television Museum.Early electronic television-Cossor 137T[EB/OL].[2024-01-24].https://www.earlytelevision.org/cossor_137.html.

150kHz。有意思的是，显像管为矩形且几乎没有任何几何失真的平面屏幕，如图21-8所示。在"二战"后，电视业引入了拱形屏幕，这实际是CRT显示器的退步。直到20世纪90年代，电视业才能够生产平面矩形的CRT屏幕。此时显像管采用磁聚焦和磁偏转，使用锯齿状电流，通过偏转线圈传输相应的磁场以进行偏转。

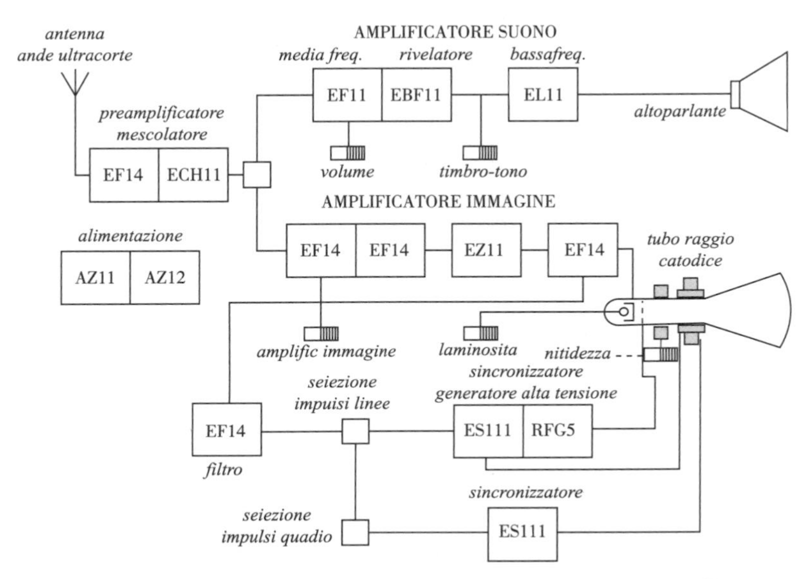

图21-7 Einheitsempfänger E1电视机内部电路示意图[①]

图21-8 Einheitsempfänger E1电视机正视图[①]

在"二战"前，虽然行业内统一认可采用CRT显示器作为全电子电视接收机，但具体实现方式还是不同，具体包括：有采用调谐射频接收器的，也有采用超外差技术的；CRT偏转方式有电偏转也有磁偏转的；有的声音信号需要单独的接收机接收；有的有射频放大器，有的没有；英国的接收机只能接收1个频道，而美国的接收机都能接收2个以上的频道等。更重要的是需要确定相关的技术指标，以便按照这个指标进行生产。1941年秋，当时美国联邦通信委员会发布了商业电视标准，这也为电视接收机的生产制定了标准。

1941年FCC发布的商业电视标准中的重要参数包括：图像传输采用残留边带调幅，声音传输采用调频方式，声音和图像载波之间的间隔为4.5MHz，声音载波在通道的上边缘下方0.25MHz，并且总通道宽度6MHz。扫描线的数量从1935年的343条发展到1937年的441条，并最终在1941年标准化为525条。视频带宽相应地从1933年的大约2MHz增加到1941年的4.25MHz。在此期间，水平偏转频率从10.29kHz增加到15.75kHz。但这个标准并没有被世界上其他国家全部采用。

3.黑白电视接收机

早期商用的电视接收机都是黑白电视机，"二战"期间电视技术研究中断了一段时间。本小节介绍的黑白电视机技术的历史指从"二战"后到20世纪60年代，随着彩色电视机的日益普及，20世纪60年代黑白电视机技术发展基本停滞。

1945年左右，各国销售的电视机都是能处理每个频道为6MHz带宽的超外差式黑白电视接收机，能够以可接受的频率和相位特性放大足够带宽的

① Early Television Museum.Early electronic television–E1 Volkfernseher［EB/OL］.［2024–01–24］. https://www.earlytelevision.org/e1.html.

视频放大器。中频放大器的设计也有了较大的改进。与CRT显示器相关的同步和偏转电路以及磁轭技术也有了进一步发展。偏转角从20世纪30年代的50°已上升至110°，电视机柜的深度相应减少。同时，同步电路中引入了自动频率控制(automatic frequency control，AFC)电路以提高同步准确性。

在1945年之前，公认的声音接收方法是使用单独的中频放大器。为了将声音保持在窄的声音中频通道内，需要本地振荡器具有极高的稳定性。1947年，杜姆(Dome)提出了一种新方法，将声音和图像采用同一条天线发射，声音和图像载波差为4.5MHz。由于4.5MHz差频是在发射机处确定的，因此，减小了接收机调谐器的压力。这样，视频和声音信号使用普通中频放大器可消除本地振荡器噪声和频率漂移的影响。电视接收器的中频带宽大于载波差频，且通过使用吸收陷波电路，声音中频电平保持在从图像载波期望的最小电平以下，然后将图像和声音信号分离。这种方法使电视接收器的性能更加可靠，同时降低了成本，后来的模拟电视机都采用了这种方法。

电视中频放大器的设计是超外差式黑白电视接收机质量的关键因素之一，其中图像中频载波(IF)和声音中频载波(IF)的选择有较大影响。在“二战”之前，大多数电视接收机制造商中频选择为在10MHz-12MHz，这对于当时使用的少数几个电视频道来说是合理的，所有这些频道射频都低于100MHz。例如，“二战”前的第一个RCA电视接收器是超外差，图像中频载波为12.75MHz，声音中频载波为8.25MHz，用于电视广播的频率为44MHz至90MHz。图像载波在下通道边缘上方1.25MHz，声音载波距离上通道边缘0.25MHz，每个频道宽度为6MHz。最低图像载波频率为45.25MHz，由于图像IF为12.75MHz，混频器的调谐为58MHz。这种接收机容易受到来自58+12.75=70.75(MHz)信号的图像干扰(当时没有72到78MHz之间的电视频道)，但这个信号在12.75MHz的中频载波带通之外，很容易被过滤掉。“二战”后至1952年，引入了174-216MHz的高VHF频段以增加频道数，这时电视接收机厂家自觉选择了更高的中频载波，例如，美国有厂家在图像中使用26MHz的中频载波，声音中频载波为21.5MHz。

美国联邦通信委员会在1952年4月14日第六次报告中提到了特高频(Ultra High Frequency，UHF)频道(470-890MHz)分配表。增加UHF频谱，需要设计更高带宽的电视机的天线和高频电路，同时也要更好设计中频电路。在超高频时，接收机的中频拍频、图像响应和本机振荡器发射都属于要分配的频谱范围，必须进行改进。考虑到振荡器辐射的问题，以及上述电视接收机的中频带中操作的其他服务对电视接收机的干扰问题，最终无线电电子电视制造商协会(Radio Electronics Television Manufacturers’ Association，RETMA)于20世纪50年代采用了一个新的标准，即声音中频载波为41.25 MHz，图像中频载波为45.75 MHz。当然，不同国家的中频频率选择是不同的。

欧洲在20世纪50年代末开始讨论将电视的扫描线统一到625行，在这之前，欧洲不同国家和地区的电视扫描线有405、525、625和819行，因此，相应的电视机技术参数和性能也不同。荷兰飞利浦公司于1952年销售的多标准电视机14TX100，如图21-9所示，中间的旋钮用于选择接收的四个不同电视系统：625行，声音为调频方式，图像采用负极性调制；625行，声音为调频方式，图像采用正极性调制；819行，声音为调幅方式；819行，声音为调幅方式。

图21-9 荷兰飞利浦电视机14TX100[①]

黑白电视机技术史上一个重要的发展是晶体管电视机。随着1947年12月晶体管的问世，这种小巧的、消耗功率低的电子器件逐渐被用于电视接收机，特别是在便携式型号和中频放大器中。1953年2月美国无线电公司的乔治·克利福德·西克莱(George Clifford Sziklai)等人发表论文，介绍了他

① Early Television Museum.Postwar television-Philips 14TX100 [EB/OL].[2024-01-24]. https://www.earlytelevision.org/philips_14tx100.html.

们开发的一种全晶体管化的实验黑白电视机。该黑白电视机使用37个晶体管和一个5英寸显像管，显像管安装在13英寸 × 12英寸 × 7英寸的机柜中。这种便携式接收器使用独立环路在单频道上工作，电池总功耗为13瓦，其中25%以上由显像管加热器消耗。这项研究验证了生产全晶体管电视接收机的可能性，同时也发现开发过程中一些问题，尤其是晶体管在提供VHF电视宽频带的射频增益方面具有相当大的困难。该电视机的方框图如图21-10所示。

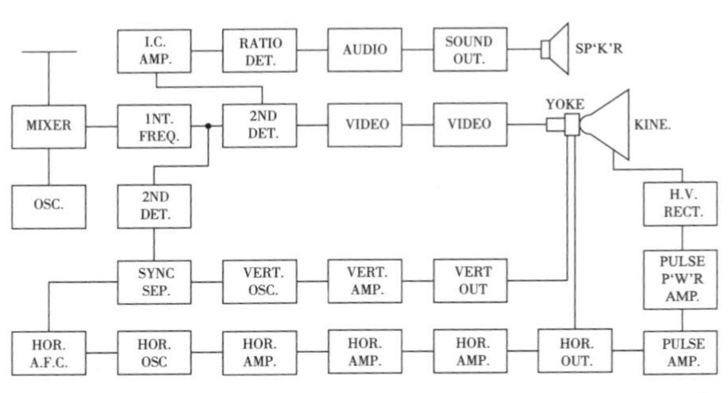

图21-10　一种全晶体管实验电视接收机的方框图[①]

实际上，实用的全晶体管化电视机开发之路也很曲折，直到1960年日本索尼公司才推出世界上第一台非投影全晶体管化的商用电视TV8-301。这款电视设计为便携式（如图21-11所示），采用8英寸黑白显示屏，配有防眩光面罩、提手和两个6伏铅酸电池，与当时的真空管设计大相径庭。然而，这款电视机没销售几年，在1962年便不再生产了。不过，TV8-301不是第一台晶体管电视机，1959年，美国飞歌公司（Philco）制造了世界上第一台可电池供电的便携式晶体管投影电视机“Safari”（型号H-2010）。它使用21个晶体管，重6.8千克，使用可充电电池或交流电，通过一个微型2英寸显像管和光学放大系统进行投影，当在大约14英尺处观看时，图像看起来像50英寸的电视画面，如图21-12所示。

图21-11索尼生产的第一台非投影全晶体管化的商用电视：TV8-301电视机[②]

图21-12　PHILCO生产的第一台可用电池供电的便携式晶体管投影电视：SAFARI H2010电视机[③]

这个时期跟电视机相关的一个实用发明是遥控器。之前人们观看电视节目，无论是开关、换台或调整音量，都要按电视机上的按钮，显然很不方便。1950年，美国真力时（Zenith）电器公司（后被LG集团收购），开发了第一款电视遥控器，不过是有线遥控器。按下遥控器上的按钮，观众可通过电视机

① SZIKLAI G C，LOHMAN R D，HERZOG G B. A Study of Transistor Circuits for Television［J］. Proceedings of the IRE，1953，41(6)：708-717.

② A little background and more context about this trivia［EB/OL］.［2024-01-24］. https://www.techspot.com/trivia/28-what-first-all-transistor-television/.

③ MZTV MUSEUM OF TELEVISION.Philco, Safari H2010［EB/OL］.［2024-01-24］. https://mztv.oncell.com/en/philco-safari-h2010-148695.html.

中的电机顺时针或逆时针旋转调谐器，或者打开、关闭电视。虽然观众喜欢远程控制电视，但穿过客厅地板的电缆却阻碍了它的商业应用。1955年，这家公司工程师尤金·波利(Eugene J. Polley)发明了第一款被称为"Flash-matic"的无线遥控装置。它通过4个光电单元接收遥控器的信息，每个光电单元设置在电视屏幕的4个角落。观众使用高度定向的手电筒激活4种控制功能，通过顺时针和逆时针转动调谐器拨盘来打开或关闭图像和声音，或者更改频道(如图21-13所示)。这是一个没有保护电路的简单设备，电视机无法分辨光束是否从遥控器而来，如果电视位于阳光直接照射的区域，调谐器可能会开始旋转。人们必须对准电视才可以控制遥控器，因为操作上不好控制，所以并没有被市场认可。

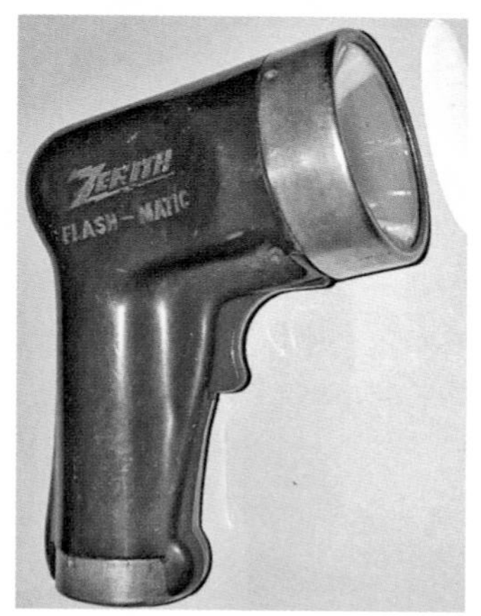

图21-13　第一款无线遥控器(上图为用户使用示意图，下图为遥控器实物图。)[①]

1956年，真力时公司的罗伯特·阿德勒(Robert Adler)开发出被称为"Zenith Space Command"的遥控器(图21-14)，它利用超声波来调频道和音量，并且每个按键发出的频率不一样。这款电视机中需要一个精心设计的接收器，使用6个额外的真空管来接收和处理信号，使电视机的价格提高了约30%，但它在技术上取得了成功，并被推广使用。这种超声波遥控器仅有简单的音量静音、频道切换和开关等几个按键，并且可能会被一般的超声波所干扰，如动物发出的叫声或者其他人听不到的超声波，因此在实际使用中也存在很大的局限性。这些成就，阿德勒和波利于1997年共同获得了美国国家电视艺术与科学学院颁发的Zenith艾美奖，以表彰他们"消费电视无线遥控器的开创性研发"。

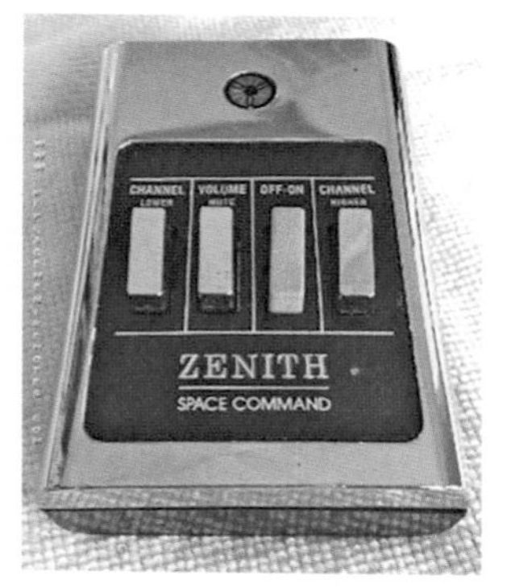

图21-14　"Zenith Space Command"遥控器[②]

上述遥控器在功能上非常匮乏，直到1961年，多功能遥控器的设想终于成为现实。美国RCA唱片股份有限公司(RCA Victor)生产出了一款无线遥控器，这款无线遥控器虽然外观上比较奇特，厚得像板砖一样，但是在功能方面，绝不输给后来的一些遥控器产品，具备常用的切换频道、声音大小调节以及亮度调节等功能，可以说是如今遥控器的鼻祖了。当然，遥控器的发展并未止步，在20世纪80年代红外线遥控器的面世使得遥控器成为电视机的标配。

(二)彩色电视接收机

1.早期的彩色电视机

最早的彩色电视接收机是由约翰·洛吉·贝尔德于1928年发明的。这是一种机械彩色电视系

① Neoteo.Zenith Flash-Matic：El primer mando a distancia inalámbrico [EB/OL].(2019-11-12) [2024-01-24]. https：//www.neoteo.com/el-primer-mando-a-distancia-inalambrico/.

② ZENITH Space command 6005g TV Remote Control [EB/OL]. [2024-01-24]. https：//www.replacementremotes.com/zenith/buy-space-command-6005g-tv-tv-remote-control.

统的接收机，使用尼普可夫圆盘，分为三部分，每部分都覆盖着红色、绿色或蓝色滤光片。随着盘旋转，扫描依次得到红色、绿色、蓝色图像，每转一圈就生成全彩色图像的三个分量。电视接收器通过尼普可夫圆盘对这三个信号进行解析，并将它们显示在一个小屏幕上。屏幕由单元网格组成，含有显示红光的氖气、蓝光的氦气或绿光的汞。1929年6月贝尔实验室在纽约西街的实验室进行了彩色电视系统实验。它仍然使用旋转盘的机械方法，但通过三个独立的通道同时发送红、绿和蓝三基色信号。接收机每秒显示18帧，每帧50行。

20世纪40年代，由彼得·戈德马克(Peter Gold调节mark)领导的哥伦比亚广播公司(Columbia Broadcasting System, CBS)根据贝尔德的原始设计发明了一种机械色彩设备，如图21-15所示。该系统于1949年在医学会议上成功展示。同一时期，出现了能同时显示红绿蓝三色的显像管，这种显像管由电子枪发射红、绿、蓝三束电子束，分别轰击成“品”字形的三色荧光粉，从而得到彩色图像。因此，RCA公司于1950年研制出相应的彩色电视接收机。

图21-15　CBS研发的顺序制彩色电视接收机[①]

1950年，联邦通信委员会测试了CBS系统以及RCA的兼容系统。当时，RCA系统产生的图像质量很差，CBS成功地让联邦通信委员会采用了他们的系统，授权CBS现场顺序方法作为美国国家标准。然而，由于图像质量不稳定、分辨率低、闪烁，尤其是与现有黑白设备不兼容以及过于笨重等问题，1953年联邦通信委员会驳回了CBS的机械标准。与此同时，RCA继续改进他们的系统。1953年年底，联邦通信委员会采用了RCA兼容系统，通常称为NTSC(National Television System Committee)系统。

第一台商用的NTSC电视机由海军上将公司于1953年12月12日推出，型号为Model C1617A，屏幕为15英寸圆形，CRT显像管，装有美国标准12频道VHF旋钮调谐器，如图21-16所示。

图21-16　第一款商用的NTSC彩色电视机Model C1617A[②]

2.三大制式彩色电视机

1954年，美国无线电公司开始为消费者生产旗下首台彩色电视机CT-100，屏幕大小15英寸，美国标准VHF和UHF调谐器，16个预设频道。与黑白电视机相比，主要的改变在信号通道，增加了与彩色电视相关的彩色解码模块，包括“I”和“Q”检波电路、副载波恢复电路和得到RGB信号的解码矩阵电路，当然中频放大器的特性也进行了改进。这种兼容彩色电视机接收黑白电视节目时，上述电路就不工作，只输出一路黑白电视机能接收的视频信号。

由于彩色电视机的可靠性、服务问题、性能水平、缺乏重要的彩色节目以及高昂成本的诸多原因，在随后的8年，彩色电视的销售都不理想。到1962年，随着彩色节目增加，以及彩色电视机规模化生产，价格回落，彩电业务才开始蓬勃发展。

NTSC彩色电视制式一个主要的缺陷是容易出现色调失真。为克服这个问题，1956年6月，法国电视专家亨利·德·弗朗西斯(Henry de France)申请了一项专利，其中两种色度分量信号使用频率调制并逐行交替传输，在接收机的解码器上使用行延时线来获取另一个色度分量信号。这套系统刚

① Early Television Museum.Early color television-progress report on color television [EB/OL]. [2024-01-24]. https: //www.earlytelevision.org/cbs_1941_report.html.

② Early Television Museum.Early color television-Who sold the first NTSC color set to the public? [EB/OL]. [2024-01-24]. https: //www.earlytelevision.org/first_ntsc_color_set.html.

开始并未受到重视，直到1961年，第一个提出的系统被称为SECAM I，随后进行了改进以提高兼容性和图像质量。在1965年维也纳CCIR大会上提出了SECAM III。早期SECAM电视机是由法国飞利浦公司生产的F25K766“TVC3”，频段包括VHF和UHF，双清晰度格式，即819行和625行，屏幕大小63厘米。

1962年12月30日，德律风根的沃尔特·布鲁赫(Walter Bruch)完成了PAL彩色电视专利的最终申请，这是通过将一路色度分量逐行倒相来克服NTSC制式的缺陷。与NTSC制彩色电视机相比，主要差别在于彩色解码器部分。PAL也有一行(64μs)延时线，PAL可以在没有延迟线的情况下工作，但这种方式在图像质量方面无法与SECAM制相媲美。为了SECAM竞争，必须使用延时线，为此PAL电视机须向SECAM支付专利费。第一台商用的PAL制电视机是1967年德律风根公司生产的PAL Color 708T电视机(如图21-17所示)，这款电视机集合了当时先进的电视机技术，机箱采用混合技术制造(即同时配备电子管和晶体管)，VHF/UHF调谐器，屏幕大小为63厘米。

图21-17 第一款商用PAL电视机——PAL Color 708T电视机(1967年)①

3.彩色电视机技术革新

在上述三大彩色电视制式的接收机技术基本成熟后，彩色电视机技术随着电子技术的发展逐渐迈向了全晶体管和集成电路时代。20世纪60年代，彩色电视机都是“混合型”，即部分晶体管化，真空管被用于更关键的电路中。晶体管在电视接收机中的第一次使用是作为同步分离器的替代品，后来又用于音频检波器和放大器。此时，电视机生产向固态器件的过渡仍是渐进的，直到出现集成电路才加快了变化的速度。

为了最大限度地利用RF和IF频率下的IC电路，需要一些方法消除真空管或分立晶体管设计中常见的级间耦合线圈。为解决这个问题，使用了“集总选择性”的概念：可以直接耦合多达6个差分放大器而不提供级间选择性，而选择性由位于放大器之前设计的集总滤波器提供。这种集总滤波器设计可以确保在遇到可能产生互调的器件之前实现完整的频率选择，避免了分布式选择性放大器方式产生一些无关的失真分量。这种方式还有一个优点是提供了使用压电或机电形式进行频率选择的可能。在早期设计为FM声音或电视声音的IF放大器和限制器的电路中，滤波器的带宽仅为载波频率的小部分，这样广泛采用了陶瓷滤波器。当使用集总滤波时，其中需要大于4MHz的带宽和40MHz的IF频率，陶瓷滤波器难以胜任，促使研究人员研制新的电路。

1968年，真力时公司的罗伯特·阿德勒(Robert Adler)通过开发实用的表面声波(surface acoustic wave，SAW)滤波器解决了这个问题。这种滤波器由电镀金属的叉指状物组成，这些叉指状物充当表面声波发射器。滤波器的响应可以通过将模式整形为大致符合所需的频率响应特性来完全控制。中频放大可由单个IC芯片获得。这种完整的中频设计不但紧凑，而且降低生产难度。

到20世纪70年代中期，音频调频接收机的芯片也已经问世，除了RF调谐器之外的整个FM接收器都能直接由IC芯片完成。电视机是使用大量有源器件的消费品，20世纪70年代大部分电路都逐渐被IC芯片取代。比如，一个典型的彩色处理芯片包含一个可变增益色度放大器，该放大器通过最小量的色度带通选择性连接到视频电路。可变色度增益提供对合成画面中的色彩饱和度的调整。锁相环通过用来自扫描电路的水平脉冲选通来自色度信号的基准副载波，从而再生彩色副载波。

20世纪70年代后期，美国联邦通信委员会要求电视制造商在VHF和UHF频道上提供相似的调谐功能，即不再接受UHF的连续调谐器与分离的

① Early Television Museum.Vintage television sets and colour television sets from the dawn of television until now [EB/OL].(2007-02-21)[2024-01-24]. https://earlytelevision.org/Etzold/Images/ffs_1967_front.jpg.

VHF频道切换调谐器。这个需求彻底改变了电视调谐器的设计理念。最显著的变化之一是用变容管频率和选择性控制取代了机械调谐元件，这种高频头叫作电调谐高频头。变容二极管的有效电容量随着反向偏置PN结二极管上的DC偏压而改变，因此可通过步进电压控制变容管的电容量，从而实现调谐控制，使频道步进调谐在VHF和UHF上都成为现实。

20世纪70年代中后期，对电视接收机发展影响很大的另一项技术是数字技术和大规模集成电路技术。首先，频率合成器成为顶级电视调谐器的标准，以提供准确的频道频率基准，而无须微调振荡器的频率。在此基础上，生产商进行电子控制，采用模块化设计以便在功能上进行升级，从而形成低到高性能的接收器控制系统系列。提供的主要控制功能包括开关、频道选择、音量、颜色和色调。同时，电视机内的各功能逐渐集成在一个个集成电路中，到20世纪70年代末期，彩色电视机只要用4片集成芯片就可以，而到20世纪80年代彩色电视机只需二三片集成电路芯片就能实现全部功能，这种电视机也称为大规模集成电路(large scale integration，LSI)电视机。1983年日本三洋公司研发的一款电视机用芯片如图21-20所示。它采用模拟-数字组合技术，将彩色图像再现所需的所有视频、彩色和偏转电路功能集成在一个单片LSI上。复合视频信号被提供给视频信号处理器和行场驱动电路。视频信号处理器由直流恢复电路、对比度/色彩饱和度同时调节电路、亮度控制电路和清晰度/柔和度调节电路组成，输出的视频信号被直接提供给RGB输出级。行场驱动电路由同步分离电路、数字分频电路、锁相环电路、AFC/APC等电路组成。

到20世纪80年代，电视接收机内部的传统信号处理也已经被转换成数字信号，进行数字信号的处理后，再转换成模拟信号以驱动CRT。例如，将模拟视频信号经过A/D转换器后进行数字滤波，从而更好地分离出亮度和两个色度分量，以提高图像质量，数字处理后的信号再由合适的数模转换器(D/A)进行转换，馈送至显像管。

这个时期还有一项技术进步是电视遥控器。1980年，发送和接收红外线的半导体装置被开发出来，红外遥控器也随之诞生。此后，红外遥控器慢慢取代了超声波控制遥控器。红外线遥控器是利用近红外光传送遥控指令的。用近红外作为遥控光源，是因为目前红外发射器件与红外接收器件(光敏二极管、三极管及光电池)的发光与受光峰值波长正好重合，能够很好匹配，可以获得较高的传输效率及较高的可靠性。红外遥控器的制造成本极低，很快被广泛推广使用。

(三)数字电视机

数字电视机的发展可分为三个阶段：以数字处理为主的电视机(本文称为数字处理电视机)、数字电视机和其他类型电视机。

1.数字处理电视机

20世纪80年代，以数字处理为主的电视机出现，在当时被称为数字电视机。这种电视机是在发送模拟电视信号的情况下，先将接收的模拟信号数字化，然后经数字信号处理，再把处理过的信号恢复成模拟信号，输往显像管和扬声器去显示和放音。虽然彩色电视机中也有一些数字处理电路，但只是一些小的模块，而数字处理电视机中除了高频和中频电路外，基本上都是数字电路。这种数字电视机集电视技术、程控技术、微计算机技术于一体，通过电视信号的处理，大大提高电视机的功能。

因为电视机中高频部分和中频部分的频率太高，直接对调制后的射频信号进行模数转换，再进行数字解调和处理是不经济的。因此，数字处理电视机通常从视频检波之后的视频信号开始数字化，包括处理视频、音频和扫描偏转信号。第一款数字电视机专用芯片是1982年由西德国际电话电报公司(International Telephone & Telegraph，ITT)研制的DIGIT-2000超大规模集成电路系列，并于1983年生产了含有该芯片的数字电视机。DIGIT-2000系列基本电路有5块集成电路，即中央控制单元(MAA2000)、视频编解码器(MAA2100)、视频处理器(MAA2200)、音频处理器(MAA2400)、偏转处理器(MAA2500)。此外，还有3块外部集成电路，即音频模数转换器(MAA2300)，时钟发生器(MAA2600)和数字放大器等。这些集成电路能取代用于模拟电视机中的大多数信号处理电子线路，能完成30万只晶体管做的工作。

该数字电视机系统电路方框图如图21-18所

示。DIGIT-2000芯片组在电视信号解调后对其进行处理，来自IF放大器(左上)的解调信号被馈送到音频和视频编解码器芯片，该芯片将模拟信号转换为数字信号，并将其传递到音频和视频处理器单元。视频处理器对输入的数字图像信号进行数字滤波，分离出数字的亮度信号和色度信号，经过幅度控制等处理后返回视频编解码器。视频解码器将色度信号解码为两个色差信号，并与亮度信号一起，经过RGB矩阵电路得到RGB信号，最后通过D/A转换为模拟信号，馈送给RGB放大器和电子枪。同样，音频处理器输出的处理信号通过D/A转换为模拟信号，然后送给音频放大器和扬声器。偏转处理器单元输出行、场扫描信号，控制偏转线圈。这些单元由中央控制单元控制，该中央控制单元处理本机键盘输入或红外遥控接收的各种操作指令，给出高频调谐器的各种控制信号实现选台和频道预约，并通过数据总线控制各部分视频、音频信息处理电路，并和前置放大器接收用户的输入。

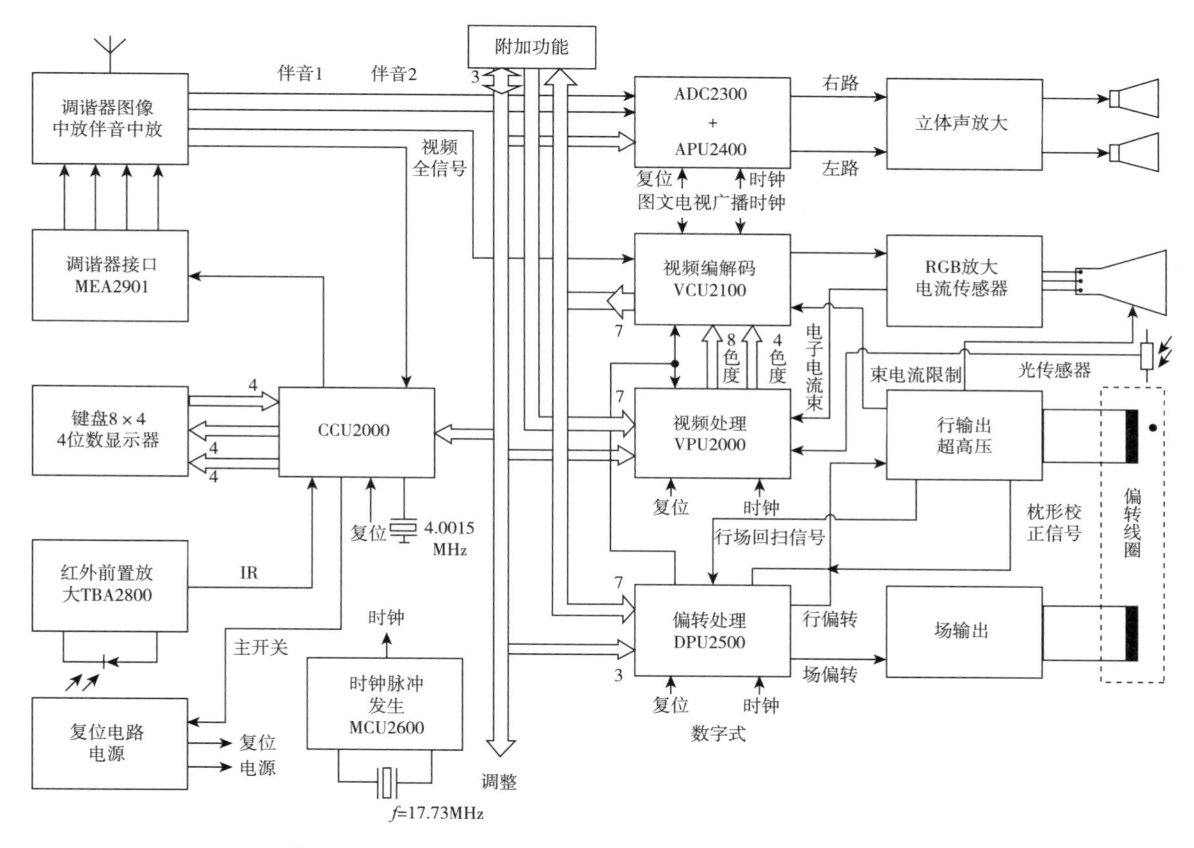

图21-18　DIGIT-2000系列的数字电视接收机基本方框图

这种数字电视机提高了图像质量，提高了工作的稳定性和可靠性，同时简化了生产调整工序。更重要的是，数字电视机增加了接收功能，通过附加数字存储器，可以实现画中画或多画面、图像缩放等功能；可以方便地增加接口，容易与电视文字广播、视频文字系统等新颖图像信息系统和家用电子计算机等相连，使电视机不再只是收看电视节目的接收机，而是多功能的信息终端。

在ITT公司推出DIGIT-2000系列数字电视芯片之后，日本的电气股份有限公司、东芝公司等也推出了类似的数字电视机LSI套件，当然它们的性能和功能也不完全相同。飞利浦公司在1993年，为解决PAL制彩色电视的闪烁问题，发明了倍场频技术，实现100Hz的场频扫描。后来，ITT公司在此基础上又推出了Digital-3000系列集成电路。该系列不仅电路结构更简单，数字信号处理部分只需要3块VLSI，且增加了很多功能，即数字轮廓增强、场频加倍、隔行变逐行扫描、数字降噪、数字重影消除、画中画等。

中国当时的电视机也基本上采用了Digital-3000

系列集成电路，通过在此基础上进行性能改进，到20世纪90年代中期，国产品牌彩电年产量高达3 500万台，从而稳居世界首位并保持至今。

数字电视机能够处理数字视音频信号，因此在其问世不久，就得到广泛应用。随着计算机进入家庭，人们对显示器的要求已发生明显变化。以娱乐功能为主的家用计算机显示器与电视机合并，形成了所谓的“多媒体电视机”。多媒体电视机可以作为家用计算机的显示器，满足动态图像显示（如计算机播放的VCD、DVD节目）要求。

最简单的“多媒体电视机”将计算机输出的视频图形阵列（Video Graphics Array，VGA）信号转换成复合全电视信号，这种方法的图像效果不太理想。后来研发了标准型VGA接口多媒体电视机，它设计了两套扫描电路。在电视机状态下，与普通电视机工作完全相同。在VGA状态下，可自动识别几种VGA显示模式。这种电视机显示VGA信号图像质量好，但成本高，产品上市后很快就退出了市场。随着大规模集成电路技术和图像处理技术发展，将传统隔行扫描的低行频电视信号经过数字处理转换为倍场或逐行扫描信号成为现实。这种方案不仅解决了电路系统与VGA/SVGA兼容问题，也消除了大面积闪烁或隔行扫描错位等电视固有的缺陷，因而大大提高了电视信号的图像质量。这种带VGA接口的电视机又称为高性能多媒体电视机。在2000年左右，实现高性能逐行扫描功能的经典芯片是美国泰鼎多媒体技术有限公司（Trident）的DPTV系列，它将数字彩色解码器、梳状滤波器、图形（OSD）、画中画处理器集成在内。100Hz与隔行扫描可以任意切换，逐行扫描的帧频可以是60Hz 或75Hz，支持 38kHz行频的SVGA。因此，中国很多电视机厂商都在自己的高端产品上采用了DPTV系列芯片，使国产彩电可以达到与日本松下的高端彩电GiGa系列几乎相同甚至更为超前的图像效果。

高性能的多媒体电视机是数字高清晰度电视机时代到来之前的过渡产品，可以说，随后的数字高清晰度电视机基本都具有了多媒体电视机的功能。

2.数字电视机

随着20世纪90年代数字电视系统的出现，真正的数字电视机也问世了。为了接收数字电视节目并与模拟电视机兼容，通常的数字电视机要求必须同时支持数字和模拟电视服务。因此，数字电视机相对模拟电视机还应具有通道解码、信源解码、条件访问、系统控制等功能，从分辨率方面来看，数字电视机还应能够显示标准清晰度和高清晰度图像，能够在一台电视机全部实现这种功能的设备又称为数字电视一体机。数字电视分为卫星、有线和地面广播3种不同的类型，且分别采用适应传输信道特性的不同信道编码和调制方式，因此，为节约接收机成本，多数采用机顶盒方式来实现这些功能，即用机顶盒接收数字电视信号，经过数字解调、通道解码、信源解码、信号解密处理后，输出基带视频、音频信号再送入电视机中，这样的电视机实际上只相当于数字电视显示器。

首批数字电视机于1998年1月亮相于美国的CES，有10多家世界著名电子公司展出了数字电视接收机样机。三星的SVP-555JHD是其中一个代表。它是55英寸的HDTV兼容接收机，既可以接收模拟广播电视信号，也可以接收全数字广播电视信号。它可以分析天线接收的信号类型，自动识别出是模拟信号还是数字信号，并通过切换内部有关的电路进行正确的接收与解码。在接收模拟电视信号时，其数字处理电路可使播放质量明显提高。该机采用16：9宽屏幕CRT黑色矩阵背投影显示器，支持美国数字电视ATSC标准规定的所有18种视频格式，图像质量可达到高清晰度标准。除了接收数字电视广播节目外，也可将它用作各种数字节目源，如数字DVD机、数字摄像机、数码照相机、网络机顶盒等的显示终端。在音频性能方面，支持杜比数字环绕声，提供个6声道的声音输出，内置左、右主扬声器和中置扬声器，可外接两个环绕和超重低音扬声器，构成完整的以数字电视为节目源的家庭影院系统。

该机采用了三星自主开发的一套数字电视芯片组，包括：(1) 全数字解调器，可对8VSB调制信号进行全数字解调，图像稳定可靠，可大大减少反射引起的重影现象；(2) 全格式解码，支持高级电视系统委员会标准（ATSC）全部18种视频格式及MPEG2@MP、HL广播视频信号的解码；(3) 显示方式转换，支持3种类型的显示方式，包括逐行与隔行的转换，支持新型的平板显示及未来数字广播的传输数据显示；(4) 图形化界面GUI处理器，可显著改善用户界面，支持ATSC标准规定的系统信息显示要求，包括电视节目指南；(5)IEEE394接口，可与数字产品相连，可连接因特网等。

在此展览会上，还有不少公司采用机顶盒+电视接收机的方式。中国在数字电视开播后，基本上就采用的是机顶盒+电视机的方式，在2004年，中国拟推广数字电视一体机。2004年9月，TCL公司宣布已全部完成基于"机卡分离"政策之上的数字电视一体机的开发工作，2005年5月，创维公司也宣布完成数字电视一体机的开发。这种数字电视机实际上是数模一体机，兼容数字和模拟两种信号。在插卡的时候可以直接接收数字电视信号，在不插卡的情况下可以接收当时所有的模拟电视信号，与使用普通电视机没有区别。不过，这种数字电视一体机的推广使用并不顺利。

在21世纪初，整个数字电视浪潮中的主导作用还是以PDP和液晶电视为首的平板电视快速增长。在平板显示器件质量提高的同时，电视机的电路研发也采用了各种新技术。2003年，东芝公司推出的"Plasma Face"是一款高亮度、高对比度平板电视，其亮度为420cd/m^2，是当时业界顶级水平。日本胜利株式会社(JVC)发布了一种提高数字电视画质的电视机，可使525行的NTSC或1 125行的HDTV图像信号向上变换，实现总扫描线达1 500行的高清晰度显示。2005年，中国TCL公司和詹尼希思(Genesis)共同研发的DDHD数字动态全高清芯片，从各个方面实现了真正的高清显示，另外还研发了亮彩技术、DCDI斜线角度平化处理专利技术、CCS串色抑制专利技术、3D高清还原技术、电影模式等，使图像清晰度、亮度、色度、运动补偿等关键性能大幅度提升。

为了充分挖掘薄型电视机的应用场景，日本一些厂家在2002年又推出了"无线化"电视机。2002年9月东芝在平板显示器的发布会上首次公开了液晶与PDP显示器的无线化，产品称作"液晶面(FACE)屏"。此时，索尼也开发了AirBoard。这些产品的基本原理是，由一个无线站上连接电视天线，由其内装的地面波调谐器接收电视节目，再经数字压缩后利用无线通信方式送往显示器。比如，索尼AirBoard就集成了802.11a/b/g的Wi-Fi，压缩后的数字视频信号通过Wi-Fi传输。液晶电视可以放在房间内任何地方收看电视节目，还可以实现其他操作，例如互联网浏览/流媒体视频、电子邮件和数码照片等。显然，索尼AirBoard类似后来流行的iPad，不过由于各种原因，这些产品在市场上的表现没有达到预期目标。

数字电视的问世，使得在电视机上可附加多种通信功能。

SONY公司在2002年9月发布了一种称作"CoCoon"品牌的带有大容量硬盘(hard disk drive，HDD)与Internet相连接的产品"CSV-E77"。该产品内装数字地面电视调谐器，还有以太网的接口，可经非对称数字用户线路(asymmetric digital subscriber line，ADSL)和有线电视调制解调器(cable television modem，CATV modem)与Internet在线连接。它的硬盘容量有160GB，可根据指令选录节目并自动存储。最长可以记录100小时的节目。由于它与Internet连接，可以在外出时通过手机或微机向该产品发送预录指令。

随着硬件性能的提升，数字电视机的功能不断增加。普及型数字电视除了基本的数字影视广播节目的接收外，还需要具备条件接收系统软硬件接口，具有电子节目指南，支持软件在线更新功能。增强型的数字电视要求支持数据广播、实时股票等数据信息接收功能，支持交互式应用，如视频点播、互动游戏、网上冲浪等。不过，由于数字电视一体机发展的限制，很多功能仍是以机顶盒的形式实现的。

3.其他类型电视机

观看立体电视是电视出现时就有的目标，有关这方面的发展不再赘述。在立体电视机方面，2003年，夏普公司研发了一种不用专门的眼镜也能观看立体图像的液晶显示器。其机理是改变、控制由图像发出的光的前进方向，使左右两眼能看到不同的图像而产生立体感图像。这是一种视差屏障技术，它利用液晶层和偏振膜制造出一系列方向为90°的垂直条纹，将左眼和右眼的可视画面分开，使观者看到3D影像。这款显示器在当时并没有引起人们的注意，随着2009年3D电影《阿凡达》的热播，立体电视机再次吸引全世界的眼球，不过这时销售的立体电视机采用的是"快门"或"偏振光"方式，都需要戴眼镜。

2010年，国产品牌TCL携旗下3D电视TD-42F

亮相CES，这款3D立体电视采用全球领先2D/3D兼容的高透过率高精密度的柱面透镜技术，通过在液晶面板上加上特殊的精密柱面透镜屏，将经过编码处理的3D视频影像独立送入人的左右眼，用户无须佩戴眼镜，裸眼观看立体影像即可获得极具震撼力的视觉冲击，如图21-19所示。同年12月，东芝在欧洲市场投放了一款"裸眼3D+4倍全高清"超解像电视55X3000C，其分辨率最高可达3840×2160。它也基于柱状透镜技术。之后，索尼、海尔、海信、夏普、康佳等也纷纷推出了裸眼3D电视，不过由于片源、观看效果以及成本等诸多因素影响，家用裸眼3D电视并没有热销。

图21-19　TCL的裸眼3D电视TD-42F

数字电视系统也使得广播电视与计算机、通信网络的联系越来越紧密。从2006年开始，著名的互联网厂家开始研发互联网电视。2006年9月12日，美国苹果公司首席执行官史蒂夫·乔布斯(Steve Jobs)宣布开发"iTV"(Apple TV的早期代号)，并在2007年1月9日正式发布Apple TV。随后，谷歌、微软也开始了互联网电视的研究。中国的彩电企业在2008年开始投入互联网电视的研发，2009年实现了互联网电视的量产。到2011年左右互联网电视升级为智能电视，同年5月6日中国成立了中国智能多媒体终端技术联盟。2014年1月10日，中国电子视像行业协会发布了《智能电视系列规范》。国家广播电视总局也于2018年发布了智能电视操作系统的系列标准，并成为ITU-R标准。

与普通电视机相比，智能电视要求具备高速处理器和一定的存储空间，采用开放式操作系统，拥有开放式应用平台，可连接互联网，集影音、娱乐、数据等多种功能于一体，以满足用户多样化和个性化需求。智能电视进一步扩展了电视机的应用，使电视机在具备基本的接收与观看电视节目功能外，也成为继计算机、手机之后的第三种信息访问终端，用户可随时访问自己需要的信息，能够在电视、网络之间实现跨平台搜索。更为突出的是交互方式的应用，如：人机交互方式、多屏互动、内容共享等。

人们不再满足电视的收看功能，电视竞争呈现多元化的趋势。从国内外主流彩电企业到互联网跨界公司，无一不在推动行业的快速发展和电视的更新换代。从3D电视到智能电视，再到4K/8K电视、曲面电视等，彩电行业迎来了多元化发展。

本节执笔人：杨盈昀

第二节　数字地面电视机顶盒技术

一、数字地面电视机顶盒

地面数字电视机顶盒(又称地面数字电视接收机)是指能够接收地面数字电视发射机发射信号的专用接收设备。负责接收无线信道传播的电视信号并转换成模拟电视信号，由模拟电视设备播出。数字地面电视广播载波频率与数字有线电视相同，数字地面机顶盒的功能与数字卫星机顶盒类似，二者不同的只是传输平台由有线和卫星信道变成了地面无线信道，信道解调模块针对地面电视标准信号解调，地面电视的接收前端电路存在根本性的差异。

数字地面电视终端设备从产品形态角度划分主要可分为数字电视机顶盒和一体机。机顶盒在实现数字信号的解调、解复用、解码等功能后，对用户授权信息进行解析、解密，然后将电视信号送到电视机显示；电视一体机内置地面数字机顶盒功能模块，可以直接接收和解码、显示数字电视节目。

数字地面电视机顶盒的基本功能是接收地面数字电视节目，流程为：调谐模块接收射频信号并下变频为中频信号，转换变为数字信号，再经由信道解调模块(解调数字地面电视标准信号)进行解调，输出信源复用TS传输流串行或并行数据。解复用模块接收信源TS传输流，从中抽出一个节目的PES数据，包括视频PES和音频PES。视频PES送入视频解码模块，取出视频数据，并对视频数据进行信源解码，然后输出到特定数字电视标准解码器，解码成模拟电视信号，再经视频输出电路输出。音频PES送入音频解码模块，取出音频数据，并对音频数据进行信源解码，输出音频数据到PCM解码器，PCM解码器输出立体声模拟音频信号，经音频输出电路输出。解码后还需音频、视频与系统保持同步。

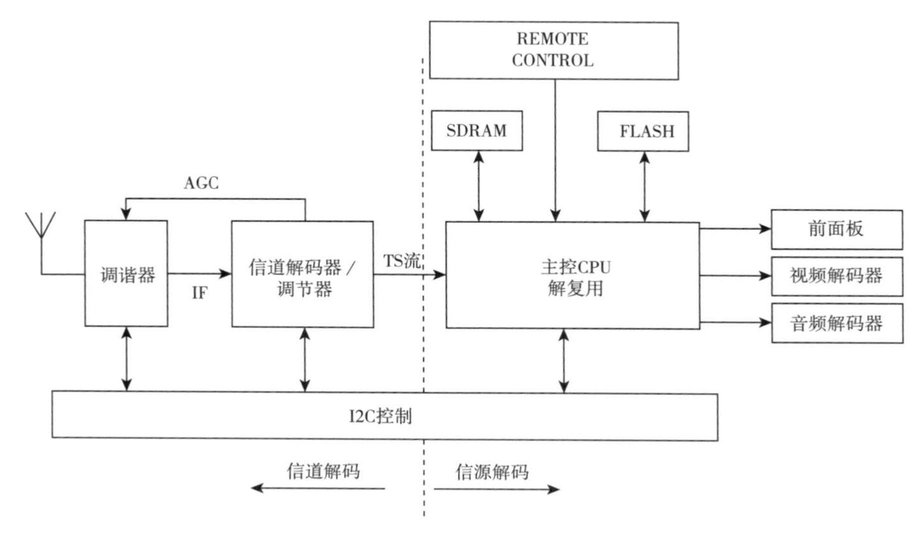

图21-20 地面数字电视机顶盒的系统框图

图21-20表示地面数字电视机顶盒的系统框图，由前端信道解调和后端信源解码模块组成，前端信道解调接收数字电视信号，后端信源解码则负责解码信号以显示图像和声音。前端和后端接口的数据格式是TS码流。前端部分主要完成高频下变换和VSB/OFDM信道解调，并输出TS流；后端部分实现TS流的解复用，并将视频和音频的ES/PES流分别送入相应的音视频解码器，最终输出视频和音频信号。系统的整体控制部分由后端的主控CPU负责，包括I2C总线，前端的信道解调，TS流解复用，音视频解码，以及遥控器和键盘等流程控制。

二、发展历史

目前，世界上有四种主要的数字电视地面广播标准：我国的DTMB(digital terrestrial multimedia broadcast)、欧洲的DVB-T(digital video broadcasting-terrestrial)、美国的ATSC(advanced television systems committee)和日本的ISDB-T(integrated services digital broadcasting-terrestrial)系统的数字地面电视广播(DTTB)方案，其中ISDB-T为DVB-T的变种。1998年年底美国和欧洲首次开播地面数字电视广播，并于2006年在全美范围内实现数字电视节目覆盖。1999年10月，中央电视台开始试播地面数字HDTV广播。德国于2006年，法国和日本于2011年，英国于2012年分别完成了由模拟电视向数字电视的过渡，实现所有电视节目数字化，关闭所有地面模拟电视传输。至1999年年底全球拥有40万台地面数字电视机顶盒，2009年地面数字机顶盒销售逾100亿美元。我国是数字电视终端生产大国，2009年中国彩电产量达到9 590万台，其中出口6 160万台，占比64%；全球绝大部分数字电视机顶盒(包括有线、卫星、地面等)都由国内企业生产。

我国早在1998年9月就完成了数字地面高清晰度电视广播的开路试验，并于1999年10月实现了国庆盛况的现场直播。我国实施的是“三步走”战略，2002年开始制定地面数字电视标准，2008年中国数字电视进入了蓬勃发展期，地面数字电视随着2008年奥运会的契机也有了突破性发展。2010年地面电视基本实现数字化，地面数字电视机顶盒普及。据统计，至2011年，地面数字机顶盒(包括DTMB国标与非国标)约为420万台，占数字电视机顶盒保有量的2.5%；2015年中国广播电视全面实现数字化，完成模拟向数字的过渡。2008年中国地面数字电视机顶盒的总出货量达到了2 310万台。据IHS iSuppli公司的中国研究报告，2011年中国地面数字电视机顶盒的总出货量达到了2 330万台。根据格兰研究数据，2021年中国地面电视机顶盒出货量达到152万台，呈逐年下降态势。

世界范围内数字地面电视机顶盒技术随着技术标准的演进经历了两个主要的发展阶段。

（一）第一代数字地面电视机顶盒

图21-21展示了典型的ATSC地面电视机顶盒。数字地面电视机顶盒技术起源于美国ATSC制。ATSC地面电视机顶盒是按照美国ATSC数字电视标准制造的地面数字电视接收设备，称为DTV。ATSC标准于1995年制定，采用了MPEG-2视频编解码和AC-3音频编解码，这是一项重大的技术进步，使得数字电视比模拟电视更具可靠性和清晰度。1996年，ATSC标准进行了重大升级，称为ATSC 1.0，增加了高清晰度视频和多声道音频的支持，提高了视频和音频的质量。ATSC制电视于1998年11月在北美和欧洲播出。1998年9月，中央电视台用国产的HDTV接收机，进行了ATSC标准的8-VSB地面广播发射和接收的实验。ATSC地面电视机顶盒随后得到了快速发展。2006年，美国国会要求所有地面电视信号必须采用数字信号进行广播，这促进了ATSC地面电视机顶盒的普及。早期的ATSC机顶盒主要用于接收标清的数字电视信号，随着技术的发展逐渐可以支持高清电视信号、互联网电视、视频点播等多种功能。此外，随着智能电视的普及，越来越多的机顶盒也开始支持智能电视辅助功能，让用户可以更加便捷地收看电视节目、观看网络视频等。总的来说，ATSC机顶盒在数字电视技术的发展历程中起到了至关重要的作用，不断推动着数字电视技术的创新和进步。ATSC地面电视机顶盒将ATSC数字电视信号通过天线接收并传输到解码芯片进行解码。解码芯片将数字信号解码成视频和音频信号，并通过HDMI、AV等接口输出到电视机上，从而播放出数字电视节目。在数字信号传输过程中，机顶盒还会进行信号处理、多路复用等操作，以确保数字电视信号的质量和稳定性。与DVB-T、DTMB标准不同，ATSC标准使用8VSB（8-level vestigial sideband）传输方式，这种传输方式具有高抗干扰性和远距离传输的优势。

图21-21　ATSC制地面数字电视机顶盒

许多生产厂商和品牌推出了ATSC标准的地面数字电视机顶盒，其中一些主要品牌包括：韩国LG、Samsung，美国TiVo、Channel Master等公司。

同时ATSC推出了将数字电视接收器和显示器集成在一起的ATSC一体机。随着数字电视市场的不断发展，ATSC一体机开始逐渐受到关注。1999年1月7日，深圳康佳集团公司在“美国CFS展示会”上，展示了我国第一台ATSC标准的数字HDTV接收机（如图21-22所示）。2003年，美国消费电子协会首次展示了ATSC一体机等新型设备。由于便携性和占用空间少的特点，此后，这种一体机逐渐流行起来。随着技术的不断进步，ATSC一体机的功能也不断提升。2013年，带有录制功能的ATSC一体机开始推出。此外，许多ATSC一体机还具备互联网接入功能，使得用户可以在一台设备上享受数字电视和互联网的多种服务。ATSC一体机的发展历程相对较短，但它的影响力却越来越大，目前已经成为数字电视市场上的一种重要接收设备。

图21-22　我国第一台地面数字电视机一体机

同一时期的欧洲也推出了第一代的DVB-T数字电视机顶盒，如图21-23。DVB-T 标准是由欧洲 ETSI、EBU 和 CENELEC 组织联合提出的地面数字电视标准，最早在1997年颁布，并于1998年开始在欧洲推广使用。它使用MPEG-2和H.264视频压缩标准和MPEG-1 Layer 2和AAC音频压缩标准。1999年被称为“移动数字电视年”，如图21-24所示，DVB在1999年的于拉斯维加斯举行的NAB设备展上首度展示了采用DVB-T标准的移动数字电视接收设备。如图21-25所示，2000年于拉斯维加斯举行的NAB设备展上向公众演示DVB-T的灵活性及其分级调制能力，同时接收标清电视与高清电视，同时具有固定和移动接收的能力。

图21-23 DVB-T地面数字电视机顶盒

图21-24 1999年的DVB-T移动数字电视移动接收展示

图21-25 2000年拉斯维加斯NAB设备展展示便携手持设备，可接收DVB-T移动数字电视信号

DVB-T数字电视机顶盒也经历了3个发展阶段。

第一，探索阶段(1998—2002年)：早期的DVB-T数字电视机顶盒多采用MPEG-2编码，只兼容SD(标清)分辨率视频输出，音频方面支持多种编码格式。机顶盒的体积较大，功能单一，仅能看电视或录制电视节目，不支持多媒体播放。

第二，发展阶段(2002—2006年)：DVB-T数字电视机顶盒开始出现支持高清分辨率的机型，支持多媒体播放、广告传播等功能。

第三，成熟阶段(2006年至今)：随着DVB-T数字电视机顶盒支持高清分辨率，可通过网络进行升级和优化。

同时DVB-T数字电视一体机的发展也经历了3个阶段。

第一，探索阶段(1998—2008年)：最早出现的DVB-T数字电视一体机主要运用在商业领域的数字广告机和数字电视接收机，仅具有单一功能的播放视觉内容，且成本较高。

第二，发展阶段(2008—2012年)：随着数字技术的不断完善和发展，DVB-T数字电视一体机逐渐普及，性价比得到提高，外形设计更为纤薄，功能更加丰富，采用数字技术对音视频内容的广泛支持，包含数字音频、数字视频、数字广告和互联网网络等功能。

第三，成熟阶段(2012年至今)：目前，DVB-T数字电视一体机不仅兼容DVB-T数字电视信号，还兼容了DVB-T2和ATSC数字电视信号，实现了数字电视信号的兼容性，可支持更多的电视频道和更高的分辨率。

一些主要的DVB-T地面数字电视机顶盒和一体机生产厂商和品牌包括：韩国Humax，德国TechniSat，欧洲Strong和法国Sagemcom等。

总体来说，随着欧洲数字电视市场的开拓和技术的更新，DVB-T数字电视机顶盒也经历了多年的发展，功能稳定、体积逐渐减小，适用性逐渐提升，逐步向多媒体进行转变。目前，DVB-T已经在全球多个地区得到了广泛应用，成为数字电视领域的主流标准。

如图21-26所示，中国具有独立知识产权和标准规范的DTMB数字电视机顶盒起步相对较晚，但是具有后发优势，技术优势突出。DTMB是中国自主研发的数字电视传输标准，它采用正交频分复用(OFDM)和时域同步正交频分复用(TDS-OFDM)技术，具有更高的传输效率和更强的抗干扰能力。DTMB地面电视机顶盒是一种接收DTMB信号的专用解调设备，采用了MPEG-2和AVS视频压缩标准和MPEG-2 AAC和AC-3音频压缩标准。2001年，清华大学、上海交通大学、成都电子科技大学等单位一共提出5套地面数字电视标准方案，国家数字电视领导小组委托清华大学牵头形成最后的方案。DTMB标准在2006年正式发布，清华大学、上海交通大学、广科院三种标准融合成国家数字电视地面传输标准，并逐渐得到全国各地的推广和应用。2011年年底，在杨知行等人的努力下，DTMB正式成为国际电联标准，与美、欧、日等标准共同构成地面数字电视四大国际标准，被国际电联誉为“1972—2012年全球数字电视发展四十年的一个重大里程碑事件”。图21-27展示了DTMB最早的一批测试接收样机。随着DTMB标准的普及，DTMB地面电视机顶盒也应运而生。

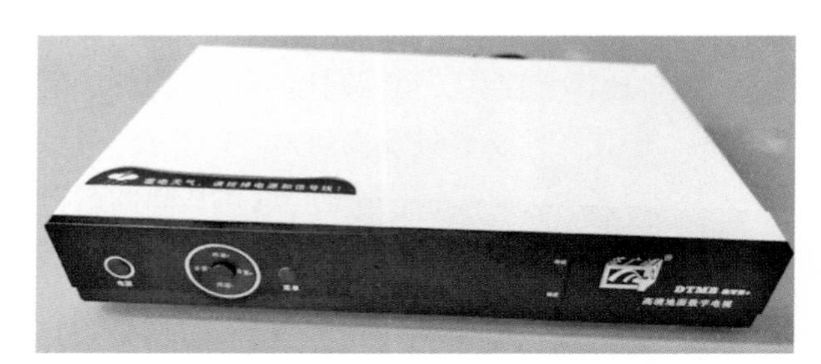

图21-26　DTMB制地面数字电视机顶盒

图21-27　DTMB标准第一起草人杨知行与其团队开发的标准测试样机

DTMB机顶盒技术的发展历程可以概括为以下几个阶段。

第一阶段。2006年，DTMB标准在国家《广播电视数字传输系统技术规范》中正式发布，标志着DTMB技术开始逐渐推广和应用。DTMB 标准颁布后，各种DTMB终端形式产品(一体机、机顶盒、手持车载设备、电脑用DONGLE、板卡等)都已成熟，并大量应用。

第二阶段。2006—2007年，首批DTMB机顶盒开始逐渐出现。2008年北京奥运会前夕，数百万户家庭安装了DTMB机顶盒，以便观看高清电视转播。2009年，主流厂商开始推出DTMB一体机，增加了硬盘录像机、互联网接口等功能。

第三阶段。2010年，DTMB技术开始逐步成熟，机顶盒的解码效果和稳定性有了显著提高，市场需求开始增加。2011年，DTMB机顶盒率先在一些发展中国家(如埃及和阿尔及利亚)得到应用，成为中国数字电视技术“走出去”的重要标志。2011年6月，DTMB 配套标准中两项关于接收机的国家标准——《地面数字电视接收机通用规范》和《地面数字电视接收机测量方法》发布。在国家标准发布之后，全国音频、视频及多媒体系统与设备标准化技术委员会向IEC/TC100提出了DTMB 接收机标准规范提案，并于2011年9月获批立项。

2012年后，DTMB用户数量大幅增加，市场份额显著提升，智能电视一体机开始流行，DTMB一体机也开始向智能化、互联网化方向发展，增加了智能平台、电视游戏等功能。2015年后，DTMB机顶盒进一步升级，可以实现4K、HEVC等更高级别的视频编码和解码，用户体验更为优越。2020年后，DTMB机顶盒市场进一步拓展，为用户带来更加智能化和丰富化的数字化生活体验。

目前，DTMB系统接收端设备已经配套齐全，能够满足DTMB广播业务产业化运营的需求。DTMB系统用户接收端设备已有DTMB移动接收机顶盒、数字电视一体化终端接收机、数模兼容接收机、高清数字电视接收机、高清数字电视监视器、数字电视接收卡、手持便携接收设备等，高、中、低档产品齐全，配置好配套的DTMB专用接收天线，就能够满足移动接收、便携接收和固定接收DTMB 射频信号的需求。家用最具代表性的接收端设备是带有液晶显示的一体化终端接收机或接收机顶盒加上显示设备。长虹、海尔、海信、创维、厦华、康佳、TCL、LG、三星等企业成为 DTMB终端的主要生产商。

（二）第二代数字地面电视机顶盒

2014年，ATSC标准再次更新，称为ATSC 2.0，支持兼容互联网并能够缓存节目，且向后兼容ATSC 1.0系统等。2016年，ATSC标准升级至ATSC 3.0，该标准支持更高的分辨率、更低的比特率、更快的切换时间、更高的音频质量和更广的覆盖范围。ATSC 3.0标准开始使用欧标和国标普及的OFDM(orthogonal frequency division multiplexing) 多载波调制技术，可以在一个频段内同时传输多个数据流，从而提高数据传输速率，并率先使用了层分复用技术。ATSC 3.0标准最早在2013年提出，2018年第一批ATSC 3.0机顶盒开始生产，同年开始在美国推广使用。目前，ATSC 3.0已经在美国、韩国、巴西等国得到了广泛应用，成为数字电视领域的新标杆。与ATSC 1.0相比，ATSC 3.0地面电视机顶盒在视频和音频质量、信号覆盖范围、数据传输速度等方面都有了大幅提升。它还支持更多的高级功能，如4K分辨率、高动态范围(HDR) 等。此外，ATSC 3.0地面电视机顶盒还可以接收来自互联网的数据流，为用户提供更多的信息和服务。总之，ATSC 3.0地面电视机顶盒是数字电视领域的新一代产品。随着ATSC3.0标准的推出和普及，越来越多的生产厂商和品牌开始推出新一代的地面数字电视机顶盒，以适应更高的视频质量、更广的频谱范围和更多的功能需求。一些主要的ATSC3.0地面数字电视机顶盒生产厂商和品牌包括：美国Airwavz.tv、Silicondust，加拿大ZApperBox、Tablo。

同期的欧洲，DVB-T2(digital video broadcasting-terrestrial 2) 标准于2006年被提出，并于2008年发布，主要是为了提高数字电视信号的传输效率和抗干扰能力。作为地面数字电视和数字机顶盒技术进入第二代的标志，ITU在2010年公布了描述第二代地面传输标准的ITU-R BT.1877 建议书，DVB-T2系统首先被接纳为该标准中的一员。DVB-T2是DVB-T的升级版，采用更先进的视频压缩标准、更加高效和先进的传输技术，能够支持更多的视频和音频编码格式，并且可以提供更加高清晰度的视频体验。该标准已经在欧洲、亚洲和非洲等地推广使用，并逐渐成为数字电视领域的主流标准。在2010年，英国率先部署了DVB-T2数字电视网络，同年DVB-T2数字电视机顶盒也随之进入市场，但由于技术不成熟和成本过高等问题，市场占有率不高。2012—2015年，DVB-T2技术开始逐步成熟，机顶盒的解码效果和稳定性有了显著提高，市场份额逐渐扩大。2015—2020年，随着地面数字电视向DVB-T2标准过渡，相应的DVB-T2机顶盒需求也开始快速上涨。2020年至今，DVB-T2机顶盒行业已经进入了智能化时代，DVB-T2机顶盒不仅囊括了数字电视解调、点播、互联网等多种功能，还融合了语音控制、人工智能、AR/VR等先进技术，不断提高用户体验。同时，DVB-T2机顶盒还逐步向低功耗、小尺寸、高清晰度等方向发展，市场前景较为广阔。

总体来说，DVB-T2机顶盒技术经历了起步缓慢、技术提升、快速普及、智能化时代等不同的阶段，随着技术的不断进步和应用场景的不断丰富，DVB-T2机顶盒的市场前景依然较为广阔。DVB-T2机顶盒生产厂商众多，其中一些知名厂商包括：三星、LG、索尼、松下、华为、小米、TCL、创维、海信等。

为了应对欧洲第二代数字电视标准DVB-T2的国际市场竞争和适应超高清电视广播传输的需要，我国也推出DTMB的演进技术的标准方案(DTMB Advanced，DTMB-A)，保持了完整的自主知识产权。2015年6月，中国地面数字电视传输标准的演进版本DTMB-A 被正式列入国际电联ITU-R BT.1306 建议书，成为其中的系统E，宣告DTMB-A已经成为数字电视国际标准。DTMB-A成为国际电信联盟(ITU)最新公布的“全球第二代数字电视传输标准”，与欧洲DVB-T2、美国ATSC3.0并驾齐驱，位列国际三大第二代数字电视标准。这是继中国DTMB成为全球第一代四大国际标准7年后，中国再次打破欧、美、日垄断，使我国自主创新标准在国际科技角逐中脱颖而出，占据行业关键制高点。DTMB-A机顶盒也随之推出，可支持后向兼容，具有传输容量大、信号接收灵敏度高、抗干扰能力强、高速移动接收性能好等特征，是在原有DTMB机顶盒基础上的升级。DTMB 主要应用于公益性电视广播网络，DTMB-A 主要适用于高品质的多业务综合服务。对应的DTMB-A接收机顶盒技术达到或超越DVB-T2标准，全方位支持地面数字电视广播的超高清、高清、标清、手机电视节目、互联网数据、广播双向互动等业务。

本节执笔人：胡峰

第三节　有线电视机顶盒

“机顶盒”是一种用于连接公共网络和视听家电的信息终端设备，因为通常被设计为放置于电视机上方的盒式装置而得名。从广义上说，各种与电视机配合使用以扩展其功能的附加装置都可以称为机顶盒。例如，接收增补频道节目的频道转换器，接收付费加密模拟电视节目的解扰器和卫星数字电视接收机等通常都被称作机顶盒。狭义上所指的机顶盒是指有线电视网络中的数字机顶盒，它被用来接收数字电视节目和有线电视台提供的其他数字交互业务。机顶盒的发展演变伴随着电视技术的发展过程。

一、模拟电视时代的“机顶盒”

模拟电视时代的机顶盒主要用于提供电视接收机所不具备的辅助功能，主要包括频率变换功能和射频信号解扰功能。

（一）频率变换装置

早期在模拟电视系统中使用的“机顶盒”主要用来对接收的射频信号进行频率转换。最初的电视广播系统使用的是甚高频（VHF）频段，即3MHz—300MHz，比如在20世纪50年代有线电视系统刚开始出现时，美国的联邦通信委员会一共分配了12个VHF频道，电视机的调谐频率和信号放大频率也被设计在这一范围内。然而，随着电视技术和市场的发展，很快地，仅仅这几个频道是不够的，特别是在人口密集的地区，没有足够多的频道来防止当地广播公司相互干扰。为了解决这个问题，特高频（UHF）频段（300MHz—3 000MHz）中的一部分频率也被划分为电视广播使用。此时市面上的大多数电视机并没有接收特高频电视信号的能力，为了填补这一空白，制造商开始销售超高频转换器。1967年罗纳德·曼德尔（Ronald Mandell）为一种转换器申请了专利，这种转换器是一种外接在开路电视机上的接收器，可以调谐超高频频道，并将其转换为传统标准的VHF频道。亥姆林（Hamlin）公司也在此期间推出了一款可以允许电视机播放多达36个频道的转换器，消费者使用这种外置机顶盒切换频道，而电视机上的频道保持不变。如图21-28所示。不过，支持VHF和UHF的电视机很快成为主流，这种外置频道转换器在20世纪70年代后期也逐渐退出市场。

图21-28　Hamlin频道转换机顶盒[1]

有线电视系统的发展促使了另一种频道转换装置的出现——增补频道转换器。在模拟电视时代，电视机主要通过开路接收无线电射频信号，由于空中的无线电频率资源分配受限，一些频道并不是连续设置的。比如，依据我国无线电管理部门的规定，共配置了68个模拟电视的频道，每个频道为8MHz带宽，频道编号为DS-1到DS-68。其中，DS-5与DS-6之间除调频广播频段外，还有59MHz的频率间隔；在DS-12与DS-13之间有247MHz的频率间隔；在DS-24与DS-25之间有40MHz的频率间隔。这些频率被分配给邮电、军事等通信部门，开路电视信号不能采用，否则会造成它们之间的相互干扰。有线电视系统是一个相对独立的、封闭的系统，信号不会泄露，一般不会与其他通信系统形成相互干扰。因此，在有线电视系统中可以采用上述的频率间隔来传输电视信号，以扩展节目套数。这就是有线电视系统中的增补频道。老式的电视

① Tunable analog converters and descramblers［EB/OL］.［2024-02-02］. http：//www.theoldcatvequipmentmuseum.org/170/173/1731/index.html.

机无法调谐接收到这些频道，于是出现了专门的频道增补器，能够把增补频道信号变换到电视机能接收的频道去，其工作原理和VHF/UHF频道转换器一致，这是有线电视机顶盒的最初形式。如图21-29所示。

图21-29　有线电视频道增补器

（二）射频解扰装置

还有一类能够称为模拟电视时代的机顶盒设备是电视解扰器。为保障版权方和电视运营商的利益，一些电视系统采用了加扰技术防止未付费用户观看特定节目。所谓"加扰"，是指采取某种技术措施，使有线电视信号发生改变，使用户的电视接收机不能直接收看，相应的设备叫作"加扰器"，给已经交费的用户配备"解扰器"，使被加扰的信号恢复成用户电视机可以直接收看的正常电视信号，这个过程叫"解扰"。1971年，第一个在有线电视为频道"加扰"的系统被展示出来。在该系统中，用于同步电视图像的信号在传输过程中被移除，然后由客户家中的一台外置设备重新插入同步信号，从而在电视机上还能正常呈现。此后还出现过由加扰系统插入一个稍微偏离频道频率的信号来干扰图像，然后通过解扰器在用户端过滤出这个干扰信号的加解扰方式。在这两种情况下，加扰的频道通常可以被看作一组锯齿状的、混乱的视频图像。除此之外，还有视频倒相、正弦波相乘、时基信号处理等不同的加扰方式。模拟有线电视时代的加解扰基本都是采用射频信号处理的方式改变正常电视信号，其保密性和安全性都不是非常理想，被破解的可能性比较大，并且图像信号经处理后再复原导致劣化的可能性也较大。电路技术简单、制作容易、成本低，在数字有线电视系统普及之前得到了比较广泛的应用。

二、数字电视时代的"机顶盒"

数字技术的应用大幅提高了电视传输系统的信道利用率，20世纪90年代末，数字电视开始普及。传统的电视机没有接收数字信号的能力，于是出现了数字电视机顶盒。观众使用有线数字电视机顶盒，通过光纤同轴混合网（HFC）接收的数字电视信号收看电视节目，其网络接口子系统针对有线传输信道进行设计。频分复用的电视射频信号传送到有线电视机顶盒的射频输入口，经过调谐器并下变频为中频信号，经过A/D变换为数字信号，再由QAM解调器还原出基带MPEG-2传输流，然后经解复用和解码后输出视频和音频到电视机等显示设备，其接收解码原理如图21-30所示。

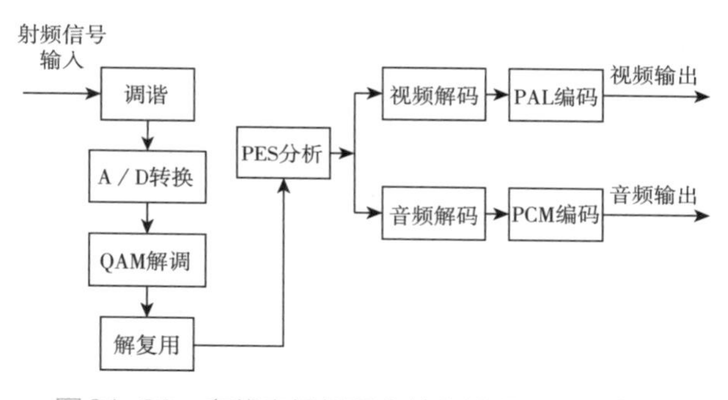

图21-30　有线电视机顶盒接收解码原理示意图

在同一时期，还有另一类形态的机顶盒出现，例如，以微软的"维纳斯计划"为代表的、被称为"上网机顶盒"的终端。其原理是利用电话网络作为传输介质，利用电视机作为显示设备，使用以Windows CE为操作系统的嵌入式终端代替个人电脑实现Internet接入功能，从而使电视机成为互联网终端。然而，由于当时电话线有限的接入带宽和显像管电视机较差的图文显示效果，"上网机顶盒"并没有得到成功推广。虽然该计划显得太过超前而未被市场接受，但是它是日后数字家庭概念的启蒙。

（一）EPG功能

借助数字压缩技术，原本有限的频段内可以承载多几倍的电视频道。有线数字电视机顶盒的一个重要改进是具有电子节目指南（EPG）功能，如图21-31所示。EPG系统的界面与Web页面类似，在

EPG界面上一般都提供各类菜单、按钮、链接等可供用户选择节目时直接点击的组件；EPG的界面上也可以包含各类供用户浏览的动态或静态的多媒体内容。电子节目指南给用户提供了一种容易使用的、界面友好的、可以快速访问节目的方式，用户还可以通过该功能查看一个或多个频道，甚至所有频道近期将播放的节目。此外，EPG可以提供分类功能，帮助用户有目的地浏览和选择各种类型的节目。

图21-31　有线电视EPG示例

(二)条件接收功能

为了保障运营商在数字系统和有线电视网络建设中的巨大投入，有线数字电视机顶盒普遍采用了“条件接收”(CA)技术，即在播出端对数字视频流进行加密，在数字电视机顶盒上由相应的CA模块进行解密。具体来说前端产生控制字(CW)，CW控制生成伪随机序列对传输流进行加扰，得到加扰流。用户授权系统生成业务密钥(SK)，用SK对CW进行加密，生成授权控制信息(ECM)。由用户授权系统生成个人分配密钥(PDK)，用PDK对SK进行加密，生成授权管理信息(EMM)。终端将收到的EMM和ECM送往智能卡进行解密，产生CW用于解扰。如果是一体机，解扰在机顶盒内进行，如果是机卡分离，解扰会在外部的智能卡上进行。当时的微处理器芯片运算能力有限，而解密算法又不能太简单，设计一个能够在运算能力差的微处理器上快速运行的算法不是件很容易的事，只有智能卡能够作为运行这种算法并方便单独贩运的器件。于是，CA的安全就建立在智能卡对算法的保密性上。尽管这种安全基础比较脆弱，很多CA屡遭破解，但它仍然得到广泛的应用。

DVB组织在1997年发布了条件接收的通用接口标准，定义了同密和多密两种条件接收实现方式。同密标准结合了MPEG-2标准中的数据传输和复用技术，规定了一整套通用的加扰系统，包括通用加扰的算法和CA信息的格式。每一个CA系统都将产生与CA信息格式相对应的信息，所有CA信息都有一个通用的密钥。加扰后的内容和每一个CA系统的CA信息被复用到单一的TS流中，然后传送到系统终端用户的机顶盒中。机顶盒再从接收到的TS流中，过滤、提取出相关的CA信息，并解扰其信息内容。多密标准是将解扰模块和CA控制等CA厂商需要保密的功能集中于一个独立的模块中，该模块与机顶盒之间通过DVB定义的通用接口(CI)相连及通信，俗称“机卡分离”。“机卡分离”是机顶盒的生产和销售策略，目的是实现机顶盒的市场销售，将机顶盒的加密部分和机顶盒生产分离。“机卡配对”是指加密方案的对抗策略，某一个加密卡只适用于某个特定的机顶盒，使破解的结果只限于该特定机顶盒或很小的一个范围，使破解失去经济意义，从而可以降低加密系统的难度和成本。

(三)其他增强功能

最初的数字电视机顶盒只能完成从基础的数字信号到模拟信号的转换，被称为普及型机顶盒。随着计算机和半导体技术的飞速发展，个人录像(PVR)、准视频点播(NVOD)、数据广播、增强EPG等功能逐渐集成到机顶盒中。

PVR机顶盒的突出特点是以硬盘作为存储媒介，建立本地的海量缓冲区和巨大的节目存储库，利用数字化处理技术，实现对节目的控制和管理。PVR机顶盒可以先存储后播放，也可以在播放视频的同时进行节目的数字化存储。配合两套射频调谐系统甚至可以在做到收看一路节目的同时后台录制另一路节目，观众不会因播出时间冲突而错过精彩节目。然而，个人录像这种形式也面临内容版权、硬件成本和商业模式上的问题，并没有被大量普及。录像回看等功能在双向交互式有线电视系统成熟后以时移、点播等形式由前端系统提供，不再存储在机顶盒本地。

NVOD是一种特殊的广播应用，可以在单向网络中提供接近“真”点播的效果。内容前端制定好节目菜单和播出时间表，将同一套数字电视节目以一定的时间间隔安排在不同的数字频道内延时播出，这样用户在点播节目时只需等待很短的时间即可完整地观看该节目。NVOD用户和服务提供者之间没有真正的交互，用户仅仅可选择所提供的频道，该机制是由EPG来支持的。

数据广播是将电视节目之外的数据流封装在标准的MPEG-2包中广播传输。DVB规范定义了六种数据广播的方式：数据管道、数据流、多协议封装、数据传送带、对象传送带和用户自定义的服务。数据广播可以承载同步数据如E1/T1，也可以承载异步数据如IP数据报等，用户可以通过机顶盒和有线电视网获得来自互联网或其他途径的丰富信息。

三、高清交互式机顶盒

数字化和网络通信技术的发展使得交互式电视应用成为可能。美国主要的有线电视经营商和研究机构CableLabs发起的多媒体电缆网络系统(multimedia cable network system，MCNS)合作组织，于1997年3月颁布了应用于HFC网的有线传输数据业务接口规范(data over cable service interface specification，DOCSIS)，定义如何通过电缆调制解调器提供双向数据业务。MCNS的DOCSIS1.0标准于1998年3月获得ITU通过，成为国际标准ITU-TJ.112B。为了能够进入欧洲市场，MCNS制定了适应欧洲情况的Euro DOCSIS，采用一致的MAC层协议，只是物理层的频带划分和美国标准有所区别。该技术利用独立的两个频段分别承载上行和下行数据，在有线电视前端使用CMTS(cable modem terminal systems)设备，用户侧使用电缆调制解调器(cable modem，CM)。将cable modem功能模块集成进机顶盒，就成了具有双向交互能力的增强型机顶盒。

2000年后，随着电视节目演播室制作的逐步高清化，有线电视传输系统和终端也向高清化演进。传统标清数字机顶盒主要采用720×576的分辨率，2∶1的隔行比和4∶3的幅型比。接口采用复合视频信号输出加RCA型音频输出接口，其他可选配的接口还有S端子、分量视频接口(YPbPr/YCbCr)、RJ45以太网口、USB接口和数字音频光纤接口等，有的机顶盒还保留RS232串口，可用于升级系统或调试。高清机顶盒在此基础上增加了HDMI高清视频接口，支持MPEG-2和AVS+等解码标准，以及1 920×1 080分辨率、16∶9幅型比格式的视频输出。各种接口如图21-32所示。

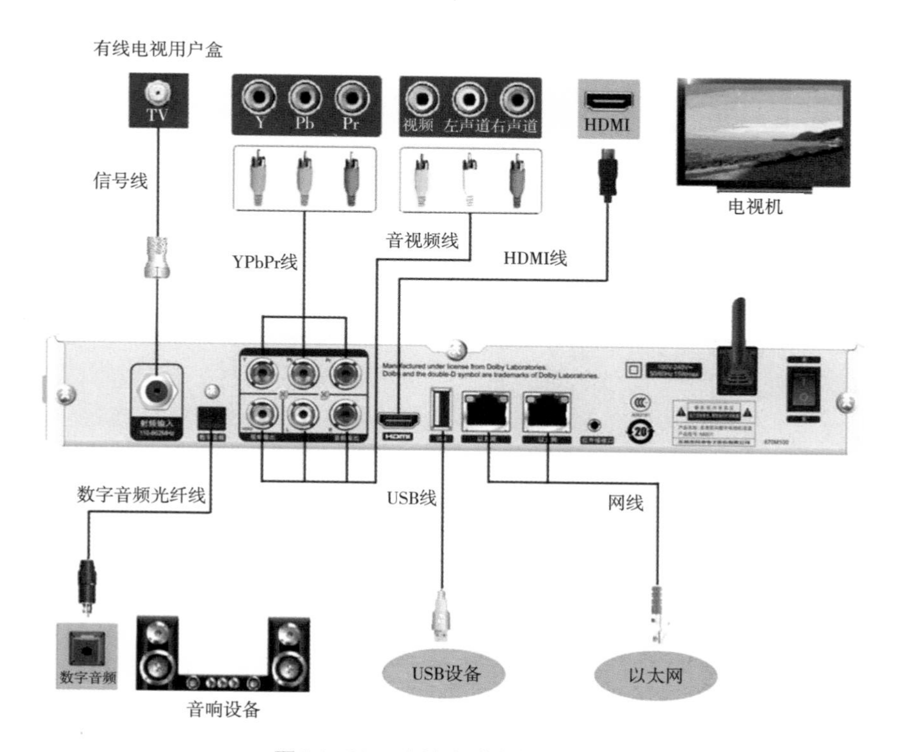

图21-32 高清有线电视机顶盒的接口

机顶盒的功能越来越强大，系统复杂度也越来越高，可以看作一种嵌入式计算机终端设备，由硬件系统和软件系统两部分组成。

(一) 硬件架构

机顶盒的硬件系统按功能可以分为四个主要组成部分，包括：控制子系统、数字信号处理子系统、网络接口子系统和用户/扩展接口子系统。控制子系统主要由CPU、RAM、ROM等器件组成，用来运行机顶盒的软件程序以及通过总线控制其他硬件模块协调工作；数字信号处理子系统主要以硬件编解码芯片来负责完成数字音、视频信号的解码，并通过模拟或数字接口编码输出到显示设备；网络接口子系统针对不同的接入网络提供相应的单向或双向接口，以连接数字电视前端或视频服务器；用户/扩展接口子系统包括各种外围电路，负责实现红外遥控等用户交互操作接口，以及外接存储、USB扩展、智能卡CA接口等。目前集成度很高的芯片方案可以将CPU核心控制、视频编解码和一部分通用接口的功能在单芯片上实现。图21-33为有线电视机顶盒硬件架构示意图。

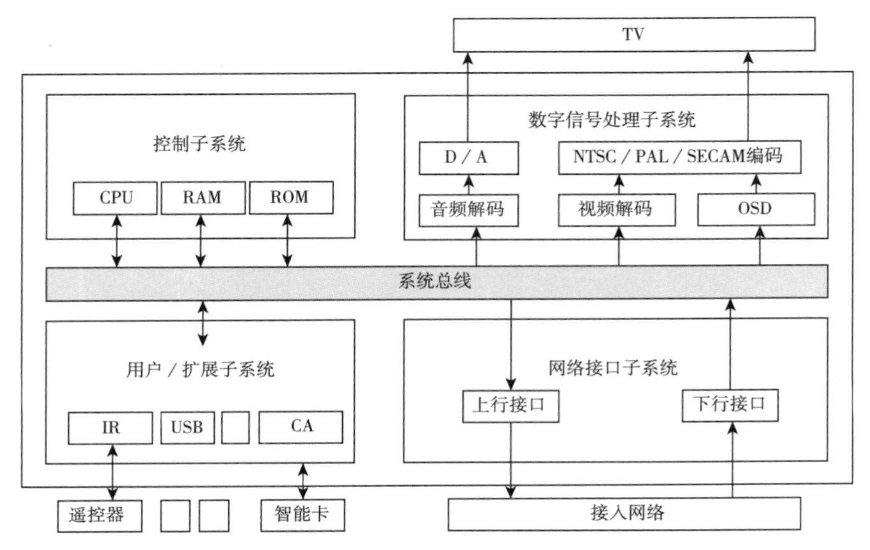

图21-33　有线电视机顶盒硬件架构

(二) 软件架构

机顶盒的软件系统采用层次结构，主要包括底层软件层、中间件层和应用软件层。机顶盒底层软件包括板级支持包(BSP)、操作系统(OS)和驱动程序(Drivers)三个部分。其中，板级支持包介于操作系统内核与硬件电路之间，为上层的驱动程序提供访问硬件设备寄存器的函数包，针对不同的操作系统对应不同的定义形式，以屏蔽硬件实现的细节。操作系统负责管理和控制硬件与软件资源，包括进程管理、内存管理、文件系统、通信同步、用户接口等功能。驱动程序为其上层软件提供各种硬件功能的访问接口，如红外遥控接口、信道参数设置、音视频流控制、条件接收和智能卡控制等。早期的底层软件方案通常由博通(Broadcom)、意法半导体(ST)、华为海思(HiSilicon)、NEC等机顶盒芯片厂商提供，操作系统也采用各家不同的定制，后来嵌入式Linux以及Android的操作系统方案逐渐普及，机顶盒系统开始和手机、平板电脑之类的通用多媒体通信终端的软件系统越来越趋于一致。

中间件层软件进一步将上层应用程序与底层的操作系统、硬件平台等隔离开来，将机顶盒的各种功能以通用的应用程序编程接口(API)形式提供给应用层软件，以确保应用软件的开放性和可移植性。应用软件层位于机顶盒软件系统中的最高层，执行服务商提供的各种服务功能，完成直接面向用户需求的各类功能的实现，保证各类应用业务便捷地开展和用户获得良好的体验。常见的机顶盒应用层软件包括电子节目指南、直播/点播用户界面、数据广播、缴费购物、游戏等。有线电视机顶盒软件架构示意图如图21-34所示。

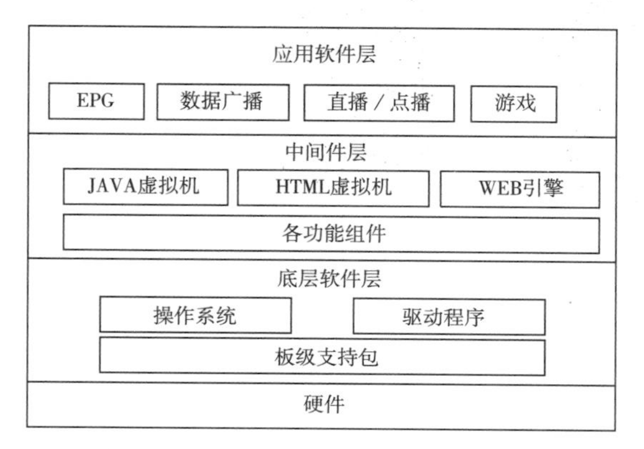

图21-34　有线电视机顶盒软件架构

2013年国家新闻出版广电总局发布了TVOS1.0智能机顶盒操作系统系列标准，至2023年已演进到4.0版本。TVOS基于Linux内核和硬件可信安全执行环境，针对可下载条件接收(DCAS)业务保护、ChinaDRM内容保护和在线支付等，建立了统一协同安全处理手段；将数字电视直播、点播、跨屏互动、媒体引擎、数据采集等媒体功能集成到组件层，构建了全媒体协同处理机制，简化了应用层功能开发的流程和工作量。

四、智能网络电视机顶盒

2010年前后，在网络融合的发展趋势之下，基于电信网络基础设施承载电视业务的IPTV机顶盒出现。随着互联网技术的不断发展，与基于专网承载的IPTV系统不同，使用公网传输的互联网电视开始迅速普及，各种互联网电视机顶盒(也称为OTT TV终端)进入市场。IPTV机顶盒和互联网电视机顶盒二者的主要区别在于对接的前端系统不同，IPTV是电信网络运营商建设和管控的一项增值业务，基于逻辑上与互联网隔离的专网实现。而互联网电视是基于公共接入的互联网业务，网络运营商仅提供互联网接入和数据承载，由内容集成商负责业务运营。

网络电视机顶盒可以采用多种方式接入运营商网络，包括以太网接入、电话线ADSL接入、同轴电缆cable modem接入、光纤接入、无线接入等。网络接入模块既可以集成在机顶盒内部，也可以是分离的调制解调器、光网络单元、无线路由器等独立设备，设备间通常使用以太网接口连接。也有机顶盒集成了DVB网络接口和IP网络接口，称为双模机顶盒。

机顶盒的软硬件功能日趋强大，至2016年前后完成了主流芯片从32位向64位的提升，操作系统也和手机系统一样同步演进，支持4K/8K超高清、HDR以及AR/VR等高新视频应用。网络电视机顶盒主要基于流媒体技术，和各种互联网综合应用结合得更紧密。在物联网、云计算等技术的支持下，机顶盒正在逐步向智能家庭网关、家庭娱乐中心的角色转变。

本节执笔人：苗方

第四节　卫星电视接收机

卫星电视是一种将电视节目通过广播卫星传送给地面站或者直接传送给用户，进而向观众提供电视节目的服务。典型的卫星接收系统主要由卫星接收天线、低噪声放大器(高频头)、卫星接收机和显示设备组成。现代卫星接收系统也包含支持互联网接入的功能的网络连接部件。

卫星接收机主要完成将高频头输出的第一中频信号，经过第二变频、频道选择、中频放大、解调以及基带信号处理，从中还原视频图像及伴音信号或转换成相应的电视信号，在相应的显示设备上显示。

卫星电视接收终端技术的发展，经历了从模拟到数字、高清、多频道、多功能、网络集成以及智能化的演进。技术的进步使设备提供了更高质量的接收和观看体验，并使用户可以更加方便地访问和控制广播内容。

1962年7月12日，首次电视直播信号在大西洋上空播出。随着卫星通信技术和应用的发展，卫星电视接收机也相应出现。第一批卫星电视接收系统用于接收C波段卫星的微弱的模拟信号，使用的是直径很大的大型抛物面天线。这些系统价格较高，不太受欢迎。现代的数字卫星广播系统，频谱效率显著提高，数字信号可以传输现代电视标准的高清电视。截至2022年，来自巴西的Star One C2是仅存的模拟信号卫星广播。

一、模拟卫星电视接收机的发展

模拟接收机，是卫星广播的早期接收机，用于接收模拟卫星信号。这些接收机通常需要大型卫星天线来接收信号，并使用模拟调谐器将信号转换为模拟视频或音频信号。到了20世纪70年代，卫星电视接收机开始使用更先进的技术，如微波频率转换器和低噪声放大器，以提高接收信号的质量。

(一) 卫星模拟电视接收机的组成

卫星模拟电视接收机的组成如图21–35所示。高频头(又称室外单)提供的0.9GHz—1.4GHz信号，由75Ω电缆传送到卫星接收机的第二变频器，经变频后输出第二中频信号。经带通滤波和中频放大后输出2路，一路供解调用，另一路经检波放大后供第二变频器作自动增益控制(AGC)用。解调后输出的电视信号分成3路，一路供视频处理，一路供伴音解调，一路经积分与直流放大后作自动频率控制(AFC)信号，供给第二变频器用。视频处理主要由去加重、极性转换和箝位电路组成。伴音解调电路主要把伴音调频信号解调为伴音基带信号，该电路可对伴音副载频调谐。NTSC制的调谐范围常取4.5MHz—8MHz，我国规定为5MHz—7MHz。目前我国使用的伴音副载频为6.6MHz，国外有6.2MHz、6.8MHz等频率。频道选择及微调功能中主要电路是预设和微调与各频道对应的直流电压去控制第二变频器中的压控振荡器，从而确定频道。直流电压通过AFC电路进入第二变频器。卫星接收系统的天馈装置中的极化器是由卫星接收机的极化器控制电路实现遥控的。极化器控制电路有三路输出：一路是机械控制，由电机带动极化器旋转，另一路是电控制即控制电子开关去切换极化信号，第三路也是电控制，是通过第一中频电缆芯线传到室外单元用于极化器控制(若第三路不用于极化器控制则可用于传输直流电源)，极化控制一般只选择一种控制方式。

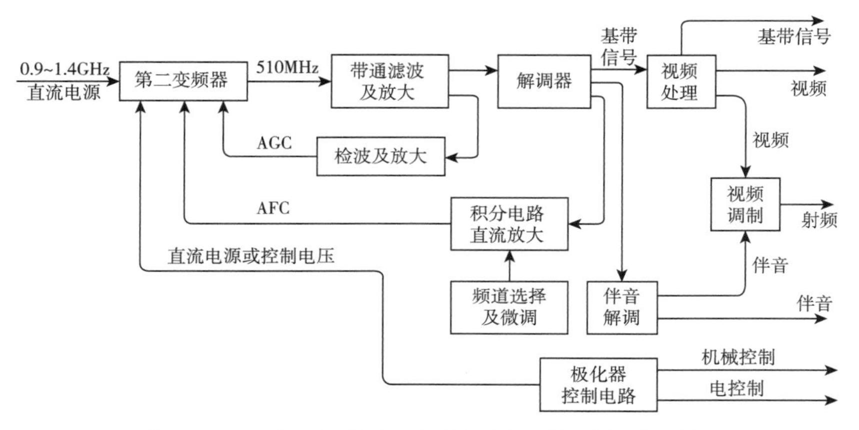

图21–35　模拟卫星电视接收机(室内单元)组成框图

(二) 模拟卫星接收机的发展

1962年美国的泰勒雷电视公司推出了第一款商用卫星电视接收终端。这款终端可以接收来自通信卫星的信号，并将其转换成可见的电视信号。

20世纪80年代，RCA、GI和Scientific Atlanta等公司发布了第一代卫星接收器。在卫星广播的早期阶段，成立于1919年的美国电子公司RCA，是一家主要的卫星模拟接收机制造商。1986年生产的RCA DRD–303RA是RCA推出的一款早期模拟卫星接收机，支持C波段信号接收，具有模拟调谐功能和基本的信号解码能力。GI是一家领先的卫星设备制造商，1962年，发布了General Instrument Videocipher II模拟卫星接收机。它采用了RCA的技术，并具备接收和解码模拟信号的能力。Scientific Atlanta是一家专注于卫星和电视设备的制造商，1989年推出了Explorer 2000模拟卫星接收机。该接收机具备模拟信号接收、解码以及基本的频道切换功能。

日本索尼电子公司也推出了一系列模拟卫星接收机，并首次展示了宽带模拟高清电视系统，其模拟卫星接收机生产年代可追溯到20世纪70年代和80年代。生产于1985年的Sony SAT–A1是索尼推出的早期模拟卫星接收机之一，支持接收和解码模拟卫星电视信号，具备基本的卫星模拟信号接收功能。生产于1987年的Sony SAT–A2是索尼的另一款模拟卫星接收机，相比于SAT–A1有一些改进和升级，接收灵敏度、音频输出等功能得到升级。日本电气株式会社是一家知名的电子产品制造商，20世纪80年代至90年代，推出了一系列模拟卫星电视接收机，用于接收和解码模拟卫星电视信号。这些接收机逐渐提升了图像和声音质量，并引入了一些增强功能。代表性产品有1988年的JVC HR-S1000，是JVC早期的模拟卫星接收机，具备基本的卫星接收和信号解码功能。1996年的JVC SR-H2000，是JVC的高级模拟卫星接收机，支持更高质量的视频和音频输出，同时具有节目预定录制和多通道声音解码等功能。

除此之外，成立于1918年的美国电子公司泽尼斯(Zenith)，在卫星广播技术初期，也是一家重要的卫星模拟接收机制造商。泽尼斯的产品通常具有模拟信号接收和转换能力，以及高质量的音频和视频输出功能。Zenith的早期卫星模拟接收机可以追溯到20世纪60年代和70年代。Zenith DS4000是一款20世纪90年代生产的模拟卫星接收机，它具有模拟信号接收和转换功能，支持基本的卫星广播接收。

20世纪80年代初期，由上海广播电视技术研究所研制的一种模拟卫星电视接收机SP4S-3型卫星电视接收机，是中国早期接入卫星电视技术的代表之一，旨在接收国际上的模拟制式卫星电视信号。设备采用了当时的标准模拟卫星电视技术，能够接收C波段或Ku波段的卫星信号，并将其转换为电视机可显示的视频和音频信号。

模拟卫星接收机在当时的卫星广播行业具有重要地位，为用户提供了观看卫星广播信号的能力。由于当时的技术限制，这些接收机在尺寸较大、信号处理复杂度较低的情况下提供了基本的卫星广播接收功能。与现代的数字接收机相比，它们的图像和音频质量较低，功能上也相对简单。随着科技的发展，数字卫星接收机逐渐取代了这些模拟接收机，提供更好的信号质量和更多的功能选项。

二、数字卫星电视接收机的发展

自从1994年欧洲数字视频广播组织发布了适用于卫星链路的DVB-S标准以来，卫星数字电视就以其传播覆盖范围广、信号传输质量好、频谱利用率高、频带宽、可传输节目容量大等优点而得到广泛应用，目前世界上有数以千万计的用户在使用直播卫星电视接收产品。

(一)数字卫星电视接收机(IRD)的组成

从工作原理上分析，卫星接收机属于超外差式接收机。数字卫星接收机又称为综合接收解码器(integrated receiver decoder, IRD)，具体工作原理与所采用的传输标准相关。DVB-S系统IRD，主要完成频道调谐、QPSK解调、信道解码、解复用、MPEG-2解压缩和PAL编码形成全电视信号等功能，对有条件接收功能还需加有系统控制和用户智能卡。高频头对于C/Ku频段的卫星电视节目只设置不同的本振频率，C频段为高本振而Ku频段一般为低本振，因此，要求IRD具有频谱倒置功能以便接收不同频段的电视节目。另外IRD还应既能接收SCPC信号，又能接收MCPC信号。DVB-S系统IRD框图如图21-36所示。

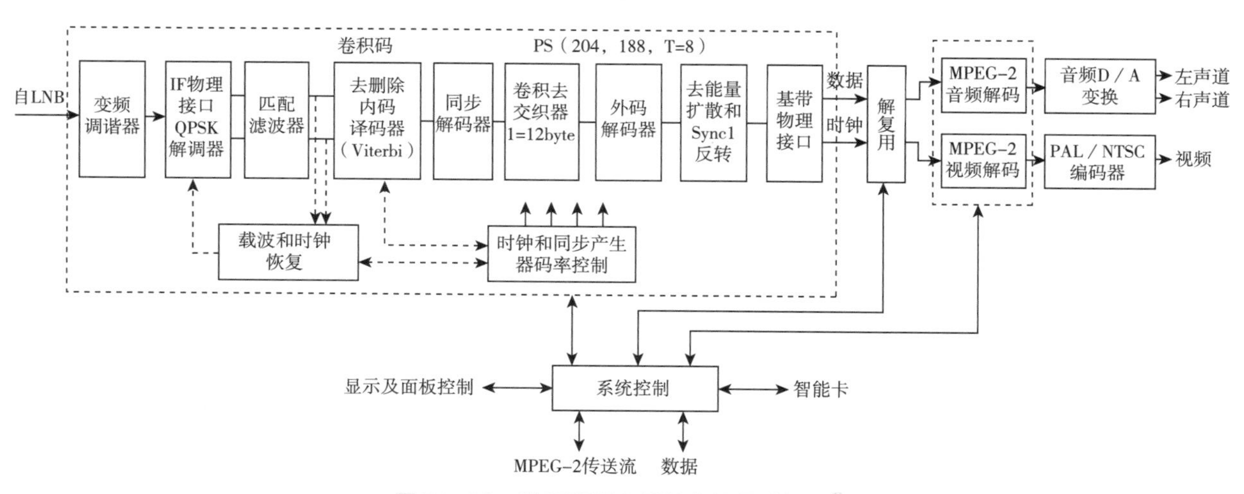

图21-36　数字卫星电视接收机组成框图[1]

① 车晴，王京玲.卫星广播技术[M].北京：中国传媒大学出版社，2015：162.

各单元功能简述如下。

调谐器：该单元功能与模拟卫星接收机的调谐器功能相同，它从LNB输出的宽带第一中频信号中调谐选择出所要接收的频道，并将该频道变频为固定的第二中频信号，该信号经第二中频带通滤波器滤波后，进行主中放和AGC控制。调谐器可根据不同的转发器自动倒相调谐接收。

中频接口和QPSK解调器：该单元完成正交相干解调和模/数变换，向内码译码器提供软判决I、Q信息。

匹配滤波器：该单元根据滚降系数脉冲波形实施升余弦滚降成形滤波，使用部分脉冲响应数字滤波器可以对IRD中的通道线性失真进行均衡。

载波/时钟恢复单元：该单元用于恢复解调器载波和同步功能。在解调器的整个C/N范围内，产生失锁的可能性是很低的。

内码解码器：该单元提供第一级水平的误码保护解码，它必须能工作在等效于硬判决的输入BER为10^{-1}—10^{-2}(依赖于采用的编码效率）范围内，同时提供约2×10^{-4}或更低的输出BER。这个BER经过外码纠错后可提供准无误码的业务。该单元有可能利用软判决信息，并试用各种码率和删除配置，直到获得同步锁定。

同步字节解码器：通过对MPEG-2同步字节进行识别，该解码器为去交织提供同步信息，它也要辨别出QPSK解调器的0、π相位模糊(Viterbi译码器不能检测到这种相位模糊)。

卷积去交织器：该单元把内码解码器输出端的突发错误字节离散化，以提高外码译码器纠正突发错误的能力。

外码解码器：该单元提供第二级水平的误码保护，它在输入误码率约为2×10^{-4}时提供准无误码的输出。若使用无限字节交织时输出误码性能可以更好，但在交织深度I=12、BER=2×10^{-4}的情况下即可提供准无误码输出。

去能量扩散：该单元去除为能量扩散而进行的随机化处理从而恢复出用户数据，并把已反转的同步字节转换成正常的MPEG-2同步字节。

基带物理接口：该单元将数据结构转换成外部接口所需的格式和协议。

传送和节目解复用：该单元能对不同速率的MPEG-2传送流进行多路解复用，得到相应的节目流，再经节目解复用得到压缩的视频、音频和数据信号。由于IRD有MPEG-2传送流输入输出接口，该单元可选择内部解调输出或将外部输入的传送流解复用。

MPEG-2视频/音频解码器：对MPEG-2视频和音频信号解压缩，符合ISO/IEC 1318-1系统规范和ISO/IEC 1318-2、3规范。

PAL/NTSC视频编码器：将数字视频信号转换为PAL/NTSC制式的信号。

音频D/A变换：将解压缩后的数字音频转换为模拟音频信号。

系统控制：该单元完成对调谐解调、FEC解码、解复用、解压缩的控制功能，以及对面板和显示器的控制显示功能。对于条件接收，还要通过插入智能卡产生控制字对解复用后的数据流进行解密。串行数据接口可与计算机、传真机、打印机、调制解调器连接，以实现其他数据业务，该接口还可用于IRD的测试、系统软件安装和修改。并行MPEG-2传送流接口用于外部传送流输入或机内传送流输出。

(二)数字卫星接收机的发展

数字卫星电视是利用地球同步卫星将数字编码压缩的电视信号传输到用户端的一种广播电视形式。主要有两种方式，一种是将数字电视信号传送到有线电视前端，再由有线电视台转换成模拟电视信号传送到用户家中。这种形式已经在世界各国普及应用多年。另一种方式是将数字电视信号直接传送到用户家中，即直播到户(direct to home，DTH)方式。美国Direct TV公司是第一个应用这一技术的卫星电视营运公司。与第一种方式相比，DTH方式卫星发射功率大，可用较小的天线接收，普通家庭即可使用。同时，可以直接提供对用户授权和加密管理，开展数字电视、按次付费电视(PPV)、高清晰度电视等类型的先进电视服务，不受中间环节限制。此外、DTH方式还可以提供许多电视服务之外的其他数字信息服务，如internet高速下载、互动电视等。DTH在国际上存在两大标准，欧洲的标准DVB-S和美国标准DigiCipher。但DVB标准逐渐在全球广泛应用，后起的美国DTH公司Dish Network也采用了DVB

标准。

1.早期DVB-S接收机

先驱生产厂商如松下、索尼等推出了早期版本的DVB-S接收机。它们通常使用单路单载波(single channel per carrier, SCPC)技术，支持单一频率单一信道的接收。

1998年松下发行了Panasonic TU-DSB20是松下的第一台数字卫星接收机，如图21-37所示。1999年开始，Panasonic TU-DSB30、Panasonic TU-DSB40、Panasonic TU-DSB60也相继问世。

图21-37 松下TU-DSB20

索尼公司在1995年发布了Sony SAT-A1卫星接收机，它是索尼公司早期推出的DVB-S接收机之一，支持标准的DVB-S卫星广播信号接收，并具有基本的接收和解码功能。生产于2000年的Sony SAT-A2，是SAT-A1的升级版本，它支持DVB-S标准，提供更好的图像和声音质量。20世纪90年代中期的Sony SAT-B1、Sony SAT-B2、Sony SAT-B3，是索尼公司在DVB-S接收机领域的进一步发展，具备更好的图像质量、更快的信号处理速度和更多的接口选项。

美国卫星电视服务提供商迪士网络(Dish Network)生产并销售的数字卫星广播接收机，具有多频道接收和解码功能，支持高清图像和音频输出，同时提供电子节目指南和互联网连接等功能。1999年生产的Dish Player 500是Dish Network推出的第一代数字卫星广播接收机，结合了数字视频录制器和卫星接收功能，这在当时是非常先进的功能。这款设备的推出标志着个人电视观看习惯的转变，因为它提供了用户随时暂停和记录直播电视节目的能力。

Sky(也称为Sky Digital、Sky TV)是一家卫星电视和宽带服务提供商，Sky Digibox是Sky在1998年推出数字广播服务时使用的原始数字卫星接收机，它由不同的制造商制造，包括Pace、Amstrad和汤姆逊(Thomson SA)。这些数字卫星接收机能够接收和解码Sky Digital的加密信号，以便消费者能够使用Sky的付费电视服务。

随着卫星传输业务的不断丰富和信息量的不断增大，原有的DVB-S已经显示出了越来越大的局限性。随着编码技术和调制技术的发展，DVB组织在2004年6月发布了适用于宽带卫星的第二代DVB标准——DVB-S2，新的直播卫星数字电视前端发送和终端接收设备也陆续出现，以满足广大市场的需要。

2.高清和DVB-S2接收机

随着高清卫星广播的普及，高清接收机应运而生。这些接收机具备高清解码功能，能够接收和解码高清卫星信号，提供更清晰、更精细的图像。

2000年之后，高清接收机开始出现。2004年出现的DirecTV HR10-250是高清接收机的代表性产品，支持高清信号接收和录制功能，使用了MPEG-2视频编码技术。

2002年Dish Network生产了小型化的卫星接收机Dish 501，支持高清广播和杜比数字音频输出。2003年推出的Dish 508和Dish 510，具备高清广播支持的能力，用户可以享受更高质量的图像和声音；提供了更大的内部存储空间，使用户能够记录更多的节目和媒体内容；引入了改进的用户界面，包括更直观的菜单导航、简化的操作和更流畅的用户体验，使用户更容易浏览和访问各种功能和选项。Dish Network ViP211(2005年)和ViP622(2006年)是21世纪00年代中期到末期代表产品，支持高清接收和录制功能。ViP622还提供了双信道录制和画中画功能，采用MPEG-2和MPEG-4视频编码技术。

21世纪00年代后期，Sony SAT-HD300、Sony SAT-HD500等产品，进一步提升了性能，具备更高的图像分辨率、更大的存储容量和更强大的处理能力，它们还可能支持网络连接和互联网视频播放等增强功能。

分别于2006年和2007年出现的DirecTV HR20和HR21，除了支持高清接收和录制功能，同时可以通过外部硬盘扩展存储容量，采用MPEG-4视频编码技术。

21世纪10年代的高清接收机，支持高清和超高清广播，具备多个同屏观看、录制和存储节目的功能，2012年的DirecTV Genie和Dish Network Hopper，分别采用MPEG-4和H.264视频编码技术。

3.现代高清接收机

当代数字卫星接收机技术的发展呈现多元化趋势，集成了高级解码器、网络功能和多媒体播放能力。主要发展趋势包括：当代数字卫星接收机技术的发展呈现多元化趋势，集成了高级解码器、网络功能和多媒体播放能力。主要特点包括：

高效视频编码(HEVC/H.265)：为了应对4K和8K超高清(UHD)内容的传输需求，最新的卫星接收机支持HEVC编码，这种编码比先前的H.264/AVC更加高效，能提供更好的图像质量以及更低的带宽消耗。

增强型信号调制技术：DVB-S2X是最新版本的卫星传输标准，提供比DVB-S2更高效的信号利用率，支持更高速率的数据传输，并提高了信号的稳定性和接收条件下的性能。

集成网络功能：现代的卫星接收机通常配备以太网端口或无线连接能力，可以连接互联网以访问各种在线服务，如视频点播(VOD)、天气更新、订阅服务与内容共享等。

智能平台集成：操作系统如Android OS被整合到卫星接收机中，使得用户可以像使用智能手机或平板电脑一样下载应用程序，享受视频流媒体服务、游戏、社交媒体等额外功能。

用户界面和体验：现代卫星接收机拥有更友好的用户界面，提供电子节目指南、个人视频录像功能，以及通过遥控器或智能手机应用程序控制的能力等。

远程接入和云技术：用户可以远程控制其卫星接收机，甚至使用云服务来存储和访问个人录像内容。

多协议支持：除了标准的卫星信号接收之外，现代接收机可能还支持IPTV和其他广播技术，使得用户可以接收来自多种不同源的广播内容。

环保和节能：随着环保意识的加强，最新的接收机还注重功耗的降低。

这些技术的发展一方面增加了卫星接收机的复杂性，另一方面也极大地增强了其功能性和用户的使用便利性。随着技术的持续进步，未来的卫星接收技术将更加智能化、网络化和用户友好。

现代高清卫星接收机制造商通常会及时更新对应的硬件和软件，以支持最新的传输标准和编码格式(例如4K UHD内容和HEVC/H.265编码)，代表产品如表21-1所示。

表21-1 现代高清卫星接收机代表产品

品牌	型号	开始生产年份
Dish Network	Hopper 3 DVR	2016年
DirecTV	Genie系列	2012年
Sky	Sky Q	2016年
Humax	Humax Freesat HDR	2010年
Vu+	Vu+ Ultimo 4K	2016年
Dreambox	Dreambox DM 900 UHD 4K	2017年
Technomate	Technomate TM-Twin 4K	2016年
GigaBlue	GigaBlue UHD Quad 4K	2016年

4.我国数字卫星接收机发展概况

随着中国数字卫星技术的发展，一些数字卫星接收机制造商出现，如同洲电子，于20世纪90年代开始生产卫星接收机，是中国较早从事数字卫星接收设备生产的企业之一，其产品早期主要采用MPEG-2标准，后续推出支持MPEG-4、H.264以及DVB-S2标准的产品，以适应高清传输需求。

长虹于20世纪90年代开始生产卫星接收机，早期生产的接收机主要支持标清传输，后续随着技术的进步，也推出了支持高清和4K视频的设备。

作为数字电视运营商之一，华数也是2000年开始提供数字卫星接收机，其产品具备多种交互服务，并支持多媒体播放功能。

2000年开始，创维生产的数字卫星接收机通常具备高清视频解码能力，并且伴有其他智能电视产品线，包含互联网电视服务和高级UI/UX设计。

随着技术进步，新一代数字卫星接收机开始集成更先进技术，例如H.265/HEVC解码，支持4K和8K超高清内容，以及与网络流媒体服务集成的多屏互动功能。越来越多的数字卫星接收机不仅仅是接收卫星信号，还提供基于互联网的视频点播、电视直播、互动游戏以及智能家居控制等功能。

本节执笔人：李彦霏

第二十二章

放音技术

第一节 | 扬声器技术

扬声器俗称“喇叭”，是一种十分常用的电声换能器件，在发声的电子电气设备中都能见到它。扬声器是一种把电信号转变为声信号的换能器件，扬声器的性能优劣对音质的影响很大。扬声器在音响设备中是一个最终端的器件，对于音响效果而言，它又是一个最重要的部件。扬声器的种类繁多，价格相差很大。音频电信号能通过电磁，压电或静电效应，使其纸盆或膜片振动并与周围的空气产生共振(共鸣)而发出声音。

扬声器技术的发展历史是一个全世界多个公司互相竞争、借鉴的过程，我们发现：有时，一种技术将会有很多公司、研究者相互竞争；有时，一种技术在被发明之后很多年都处在沉寂的状态；有时，一种技术的研制成功引发了社会的巨大响应；有时，一场成功的社会演出会影响对技术研究的投入。

一、早期发展阶段（20世纪初）

莫尔斯发明的电报机是电报通信的起源，它的通信电码是以点、划符号组合而成，每一个电码代表一个字母和一个数字。就在莫尔斯研制出第一台电报机之后的第二年，也就是1837年，美国的佩奇医生就发现了一种奇怪的现象：当电磁铁的磁性大小迅速发生改变时，这种改变能使铁片振动而发出声音，并且它的响度会随着磁性变化频率的高低而改变。这种奇怪的现象，表明了电磁与声音之间存在着某种关系。许多科学家和发明家对此很感兴趣：是否可以利用电磁的通断原理来发送话音呢？[①]这就是静电扬声器早期的原理发现。

(一)早期的耳机

1910年，布朗(Brown)将驱动力与振膜分离，发明了电枢耳机(armature)。同年，鲍德温(Baldwin)又发明了平衡电枢耳机(balanced armature)。电枢耳机是设置在U形磁铁中间的活动铁板(电枢)。当电流流过线圈时，电枢被磁化，磁铁产生吸力和斥力，同时驱动膜片移动。这种设计成本低，虽然效果不好，但也是划时代的发明，该技术多用于电话管和小型耳机。布劳恩(Brown)也研制出了一种针端线圈扬声器。

和几乎所有的个人技术产品一样，耳机在与休闲和流行文化联系起来之前是一种工作装备。从19世纪90年代到两次世界大战期间，美国的总机接线员都戴着一种极简主义的线框耳机，一只耳朵上挂着一个黑色的耳机。耳机连接到挂在肩膀上的喇叭状麦克风上。这些总机的工作人员——通常是女性——操作总机，就像一种模拟的社交媒

① 一种奇怪的电磁现象［EB/OL］.(2015-06-03)［2023-08-18］.https://www.yuwenmi.com/gushi/26788.html.

体，通过插拔开关，将家庭和办公室通过电话连接起来。用于将早期耳机连接到配电盘的易于插入但安全的耳机插孔成为当今耳机插孔的雏形。

1895年，人们发明了电子电话，利用交换机技术将现场音乐表演传输到家庭耳机中。当时的一则广告写道："坐在扶手椅上，在伦敦的剧院和音乐厅里听最喜欢的《正在进行的娱乐》节目，无疑是消磨一两个小时的惬意方式。"这款电子电话耳机的形状介于听诊器和网球拍之间，它通过一根手持木棍的两侧将耳机固定在耳朵上。这种手持设计可以很容易地从耳朵上拿开，创造了一个更多社交而不是私人的耳机用例。这款耳机创造了一种集体聆听的体验，而不是像后来的耳机那样，可以逃避社交。

早期的耳机如图22-1所示。

图22-1　早期的耳机[①]

现代耳机是由一个有技术兴趣的教徒在斯坦福大学发明的，他叫纳撒尼尔·鲍德温(Nathaniel Baldwin)，他想在他的寺庙里放大布道的声音。鲍德温的耳机在每个耳罩里都有一个1.6公里长的铜线圈，不用电就能接收声音，开创了现代耳机的大杯形的先例。这款耳机通过两条带子连接在头上。他的设计在第一次世界大战期间美国海军给水兵购买装备的时候开始流行起来。军队下发这种耳机，水兵们用它来隔离从远处传来的声音，使它比手持电子电话耳机具有更强烈、更孤独的美感。每个耳机上都有天线形状的黄铜辐条，人们可以调整耳机的大小，形成儒勒·凡尔纳式的蒸汽朋克外观。[②]

图22-2是早期的一款耳机。

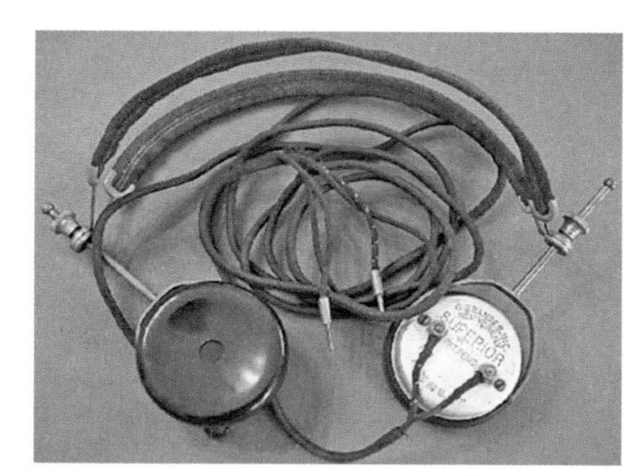

图22-2　早期的耳机[③]

1915年12月24日，旧金山市政厅公开展示了埃德温·詹森(Edwin Jensen)和彼得·普里姆(Peter Pridham)的Magnavox 系统(Magnavox 在拉丁语中意为"伟大的声音")。该活动是一场由市长致辞的圣诞颂歌音乐会，约有十万人参加。据报道，尽管这个系统只能产生大约 10 W的音频功率，但使用大型号角扬声器有助于确保人群"以绝对清晰的方式"听到圣诞音乐和演讲。

Magnavox PA系统使用安装在金属反射器上的碳麦克风(当时称为发射器)来聚焦和放大振动(就像耳朵的耳郭一样)。

最初的扬声器是在留声机与耳机的基础上发明的，时间要追溯到19世纪末。那时人类还不知道利用电子装置放大声音，虽然电磁驱动金属膜片的耳机抢先一步问世了，但仅靠膜片无法发出响亮的声音。为提高其音量使多人同时听到声音，人们探索了很长时间。直到1918年，美国西电公司(Western Electric)借鉴留声机的集向器原理，大胆地给耳机安上了这个装置，二者联姻即刻出现了奇迹，耳机中原本十分微弱的声音马上变得洪亮起来。

耳机是指通过耳垫与人耳的耳郭相耦合，将声音直接送到外耳道的一种小型电声换能器。耳机和扬声器一样，都是用来重放声音的，但扬声器是向自由空间辐射声能，而耳机则是在一个小空腔内形成声压。将左右两个单元用头环连接起来戴在头上的耳机被称为头戴式耳机(图22-3)，专业领域使用的都是这种耳机。还有一种可以插入外耳道的小型耳机，被称为插入式耳机。另外，还有一种专门用于通信的耳机，称为受话器。受话器主要是用于语言通信，它要

①②③　LOSSE K.A history of headphone design［EB/OL］.［2024-02-20］.https：//www.ssense.com/en-us/editorial/culture/a-history-of-headphone-design.

求灵敏度高、语言清晰度好，而对音质要求不高，其频带一般设计在300Hz—3 400Hz。耳机主要用于广播监听，其任务是重放音域宽阔的音乐节目，因此，首先要求频带响应好、失真小、音质优美，其次要求有一定的灵敏度，其频带一般设计在20Hz—20 000Hz。

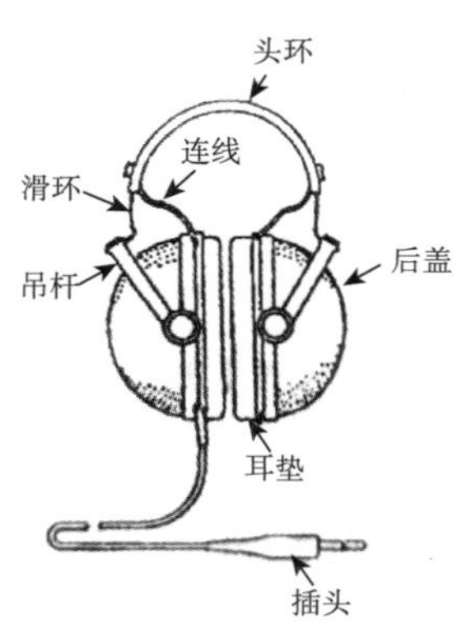

图22-3 头戴式耳机外形结构示意图[①]

1920年前后，电真空放大技术获得了极大的成功，相继出现的三极或五极电子管，可以毫不费力地将话筒的微弱声音放大为强劲的音频电流。由于耳机式喇叭体积庞大、功率太小、频响狭窄又极力表现自身的金属声，因此需要寻找一种高效率、大功率张扬声音的东西，这就是扬声器的由来。

西电公司率先缩小了耳机振膜的直径，毅然从膜片中焊出金属杆，间接驱动一个大纸筒(振膜)发声。这一举措又发生了奇迹，振膜不但发出了洪亮的声音，音质也比先前柔和起来，并且也卸掉了集向器这个庞然大物。

耳机种类繁多，可以按换能原理、策动方式、放声方式等进行分类。按换能原理不同，耳机可分为电动式、电磁式、压电式和静电式(电容式)；按策动方式不同，耳机可分为中心策动式和全面策动式；按放声方式不同，耳机可分为密闭式和开放式。尽管耳机多种多样，但它们不太适合重放声级差式立体声，却比较适合于重放仿真头立体声。[②]

(二)早期的扬声器

静电扬声器是利用加到电容器极板上的静电力进行工作的扬声器，就其结构看，因正负极相向而呈电容器状，又被称为电容扬声器。

电动式扬声器是维尔纳·冯·西门子(西门子公司创始人)于1874年1月20日申请的扬声器原型专利。这种扬声器让带支撑系统的音圈处于磁场中，以便使振动系统保持轴向运动，它当时主要用于继电器而不是扬声器领域。

人类真正知道电与声转换的神奇是在1876年2月14日，亚历山大·格雷厄姆·贝尔提出了“电话”专利之后，该项发明让人类的声音从此可以传到比叫喊更远的地方。电与声的转换关系从此后深入人心，研究的人也越来越多。

1877年，德国西门子公司的弗纳根据弗莱明左手定律，获得动圈喇叭的专利。

1877年12月14日，西门子申请了号筒专利，在一个移动的音圈上面附着一个羊皮纸作为声音辐射器，羊皮纸可以制成指数型锥体形状，这是第一个留声机时代的号筒实型。

1898年，英国的奥利弗·洛奇(Oliver Lodge)爵士进一步按照电话传声器的原理创造了锥盆喇叭，它与我们所熟知的现代喇叭非常类似，洛奇爵士称它为“怒吼的电话”(图22-4)，它包含了与所有扬声器相同的基本设计：由音圈振动隔膜发出声音，然后经由喇叭放大。[③]但这个创造无法使用，因为直到1906年李·德·福雷斯特(Lee De Forest)才创造了三级真空管，而制成可用的功率放大器又是好几年以后的事，所以锥盆喇叭要到20世纪30年代才逐步普及起来。

图22-4 洛奇爵士的“怒吼的电话”[④]

---

① 陈小平.扬声器和传声器原理与应用[M].北京：中国广播电视出版社，2005：77.

② 陈小平.扬声器和传声器原理与应用[M].北京：中国广播电视出版社，2005：77-78.

③ 睿铭声光.扩声系统的演变史：从碳麦克风到线阵列[EB/OL].(2022-04-22)[2023-08-18].https：//www.sohu.com/a/673933110_121687423.

④ MaxDigital.动圈VS动铁：不一样的单元技术[EB/OL].(2018-02-01)[2024-02-20].http：//erji.net/forum.php?mod=viewthread&tid=2096989.

1906年，李·德·福雷斯特发明了三极管的雏形，这是第一个能够放大电信号的设备。他通过使用一个两电极二极管用于检测电磁波，并添加了第三个电极，该电极可以将小电流施加到其中一个电极上，以控制两个电极上较大的电流——可以将信号电流添加到来自电源的电流以使其更大(信号由此得以放大)。第一个能够放大电信号的三极管雏形经过改进成为如今的三极管，最终演变成真空管或电子管，帮助人们开创了无线电、电话、电视和电子计算机的早期时代。

20世纪10年代埃德温·詹森和彼得·普里姆进行了一系列实验。这些实验中最早的一项是将麦克风和扬声器连接到12伏电池，随后第一次出现了声反馈。从那时起，现场音响工程师就一直在与声反馈进行抗争。他们通过将扬声器安装在实验室屋顶上来继续实验，做到了可以在一英里外听到声音。

20世纪20年代，无线电广播出现。切斯特·赖斯(Chester Rice)和爱德华·克劳格(Edward Kellogg)发表了划时代的论文《新型非号筒式单元》，详细介绍了直接辐射式扬声器，利用这个理论设计的Radiola 104音箱风靡美国。

针对膜片在大信号时撞击磁铁的问题，扬声器模仿人的口腔与舌头发音的原理，将金属片由外部移到U型磁铁夹住的线圈中央，就像人的舌头被巧妙地含在嘴里那样振动。由于窄长的簧片恰似人的舌头，故电磁式扬声器也被泛称为舌簧式或动铁式扬声器。后来人们又对磁路、振动系统与造型结构进行改进，发声纸筒也演化为锥形纸盆，簧片振动时不再撞击磁铁，音质也变得圆润多了。

1923年，贝尔实验室创造出完美的音乐再生体系，包含新式的唱机与喇叭，立体声录音与MC唱头、立体声刻片方法等。

1923年1月，西门子公司的肖特克(Schottky)和格拉赫(Gerlach)申请了第一个带式扬声器专利。带式扬声器主要应用于中高频段，由于其频响曲线平直，高频上限极高，有着非常好的瞬态效果，可以方便地形成线性声源。[①]

带式扬声器结构示意图如图22-5所示。

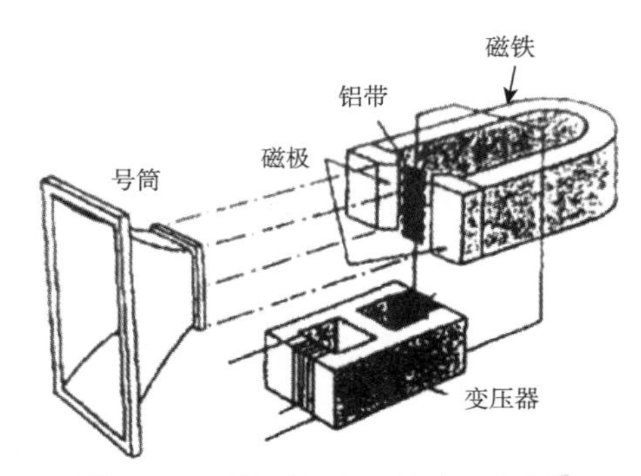

图22-5　带式扬声器结构示意图[②]

等电动平膜扬声器简称平膜扬声器，它是一种电动式扬声器，是在1923年由西门子发明的。平膜扬声器实际上是带式扬声器的改进型产品，振膜材料是覆盖有极薄铝合金箔的热稳定聚酯薄膜，导体是用印刷方式采用光刻技术制作而成的。当平膜线圈输入音频电流时，载流线圈受磁场力作用，同平膜一起振动辐射声波。

平膜扬声器结构示意图如图22-6所示。

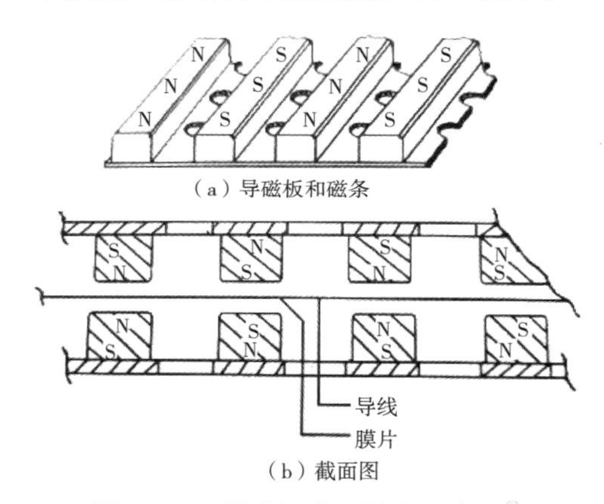

图22-6　平膜扬声器结构示意图[③]

1924年，电磁式扬声器一问世便轰动全球。它的灵敏度在各类扬声器中独领风骚，输入阻抗也非常高(8kΩ—10kΩ)，不需要传输变阻装置就可以直接作为各种放大器的负载或在有线广播线路中使用。这些非同凡响的本领受到世人的瞩目，20世纪20—30年代它被制成各式各样不同规格口径的匣子型、无盆架型或号筒式、艺术台灯式等，普遍用于收音机、唱片放大器与公众场合放音。

① 扬声器知识和发展史[EB/OL].[2023-08-18].https://www.360docs.net/doc/189590895-7.html.

② 陈小平.扬声器和传声器原理与应用[M].北京：中国广播电视出版社，2005：61.

③ 陈小平.扬声器和传声器原理与应用[M].北京：中国广播电视出版社，2005：62.

在今天看来，电磁式扬声器早已淘汰落伍，但它最显赫的成就是在世界各国的有线广播中建立了丰功伟绩。最早向全社会普及有线广播的是苏联，“二战”后俄罗斯人曾用几千万个电磁式扬声器在幅员辽阔的疆域建设了密集的城乡广播网。

1924年通用电气公司(General Electric Company)研究实验室的赖斯和克劳格获得扬声器专利，很多人认为赖斯和克劳格是扬声器的发明者(图22-7)。他们从众多款式中筛选出两种设计：锥盆式与静电式，这一决定使喇叭的发展方向从此一分为二：传统式与创新式。

图22-7 克劳格和赖斯出现在1925年的《大众广播》杂志上。他们拿着第一个动圈锥体扬声器①

1925 年，赖斯和克劳格的论文是建立现代扬声器基本原理的关键，他们在挡板中用一个小线圈驱动多方控制的隔膜，产生均匀宽广的中频响应。贝尔实验室的爱德华·温特独立发现了同样的原理，并于同年申请了专利。这些设计原理至今仍被应用着。

1926年，西电、西门子等公司从电动式话筒的电声双重可逆性上得到启发，同时研制出一种全新的扬声器——电动式扬声器，这种扬声器很快就达到实用的程度。

1927年3月，李·德·福雷斯特首先获得静电扬声器的美国专利。1928年，Toulon公司公开过一款圆形铝振膜和双圆形固定电极的静电扬声器。

1928年，温特(Wente)和塞拉斯(Thuras)生产了他们的高效率号筒式扬声器接收器。号筒式扬声器的原理是振膜推动位于号筒底部的空气而工作，因为声阻很大所以效率非常高，但由于号角的形状与长度都会影响音色，要重放低频也不太容易。今天，高效率的号筒主要应用于专业扩声领域，同时应用于广播，报警和远距离传播等场合。

号筒式扬声器大致分为圆锥形号筒、指数形号筒和双曲线形号筒三种类型。

三种类型号筒的截面图如22-8所示。

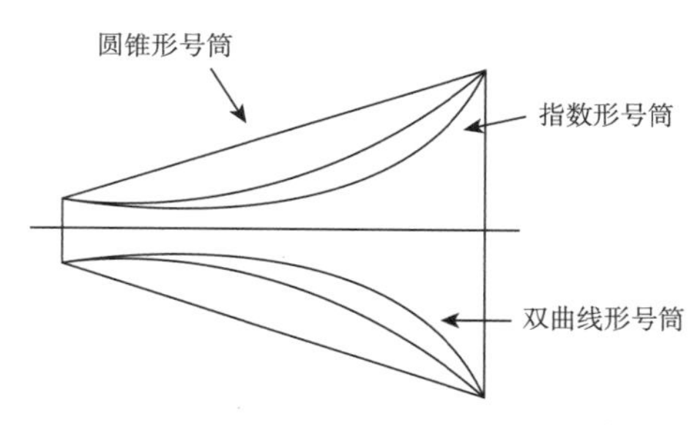

图22-8 三种类型号筒的截面图②

1929年，丹曼(Danman)在论文《关于扬声器及其发展》中，开启静电扬声器的学术讨论；同年，《无线电和无线电评论》对静电扬声器的结构作出分析。

20世纪30年代经济大萧条期间，爱迪生留声机公司开张了。“二战”后经济腾飞，各种新型音响配件成为抢手货，锥盆式喇叭再度遭到严重考验。这段时间因为强力合金磁铁开发成功，动圈式喇叭大都由电磁式变成永恒磁铁式。

1930年，汉纳(Hanna)提出静电扬声器的理论模型：由于稳定静电场的作用，静电扬声器振膜在每单位电压作用下所受的静电力，是电容和负电容的相似函数。

1931年，沃格特(Vogt)提出一种用铝锰合金制作的静电扬声器振膜结构；同时，Meyer公司报告了当时在谐振状况下的测量结果：电磁式扬声器的效率为7%—8%，电动式扬声器的效率为1%，静电式扬声器的效率为2%；格塞尔(Gesell)分析了静电扬声器等扬声器的生产成本。

20世纪30年代初，电子管放大技术进入成熟时期，鉴于当时问世的几种扬声器电声品质不佳，不少公司纷纷寻找新的出路，都在致力于开发出理想的扬声器。这些公司相继又研制出电容、静电、压电、气动、离子等类型的扬声器。这些五花八门

① 睿铭声光.扩声系统的演变史：从碳麦克风到线阵列[EB/OL].(2022-04-22)[2024-02-20].https://www.sohu.com/a/673933110_121687423.

② 陈小平.扬声器和传声器原理与应用[M].北京：中国广播电视出版社，2005：46.

的扬声器的性能各有所长，在历史上也有过一席之地，也曾经引起了人们极大的兴趣。但由于其自身的一些难以扭转的缺陷，它们中的大多数至今都未涉入广播电视及高保真音响领域。有些逐渐被抛弃了，有的仍在某些特殊场合应用。

20世纪30年代中期，根据电容传声器的原理，静电扬声器开始快速发展，并很快面世。由于静电单体质量轻且振动分散小，静电扬声器工作于中高频段，音质轻盈细致，富有特色，人们很容易得到清澈透明的中高音。但是它的效率不高，声压输出低，动态小，成本较为昂贵也是其弱项。

励磁扬声器在历史上曾有过一二十年的辉煌时期，如果沿着历史轨迹追寻，该扬声器正是当年一切扬声器的鼻祖。毫不夸张地说20世纪二三十年代甚至40年代，凡是功率、口径稍大点的扬声器几乎都是励磁扬声器，就连一些大口径的舌簧扬声器也是这种结构。励磁扬声器的最大优点是能提供强大的磁场，扬声器的功率可以做得相当大，阻尼特性也非常好。在声功率要求很大的厅堂广场、影院剧场等场所扩音，励磁扬声器在当时发挥着独当一面的作用。不足之处是要为它安装笨重的励磁整流电源，高达300V—400V的直流电压馈送到音头上很不安全。另外，由于励磁功耗大，音头发热严重，不利于提高输入功率。在远离励磁电源的场所或移动场所，使用管理励磁扬声器则更加麻烦与困难，并且它对于当时流行的直流式(电池式)电子管收音机、扩音机也无能为力。最致命的是这种扬声器最忌讳励磁电源断路，一旦扬声器失去固定磁场，音圈随之会被烧毁。由于种种弊端，大约在20世纪40年代初，随着强力永久磁铁面世，励磁扬声器便销声匿迹了。

在国内，20世纪50年代上海一些电器电讯厂家还在生产这种扬声器，它被用于当时的交流收音机。励磁是个电流很大的电感线圈，用它充当A类收、扩音机中的电源滤波元件，可以省去阻流圈BL，并且BL断路后，功放也失去电流而没有输出。这样既经济又安全，可谓一举多得。

在电动式扬声器、电磁式扬声器技术逐渐成形期间，人们开始使用可以通过电流的薄片振动膜，实现带式扬声器。

1940年年末，加拿大发明家吉尔伯特·霍布朗(Gilbert Hobrough)在使用扩大机时，一时大意在音乐播出中拆下喇叭线，并让发热的导线靠近电线的接地端。这是一个很危险的动作，但霍布朗惊讶地发现电线开始抖动，并发出音乐声。霍布朗进一步研究，才知道1910年左右已经有人提出这个问题，1925年在磁场内使用导电金属片的喇叭已经于德国取得专利，当时的人说这是带状喇叭。20世纪20年与20世纪30年代分别有两种带状喇叭上市，不过都很快就沉寂了。带状喇叭的原理是在两块磁铁中装一条可以振动的金属带膜，当金属带通过电流，就会产生磁场变化而振动发声。在霍布朗重新发现带状喇叭时，Quad公司创办人彼得·沃克(Peter Walker)也在英国推销一种号角负载的带状高音喇叭，但这个高音喇叭并不成功。

1947年年轻的海军军官亚瑟·约翰森(Arthur Janszen)受指派发展新的声呐探测设备，而这套设备需要很准确的喇叭。约翰森发现锥盆喇叭并不线性，于是他动手试做了静电喇叭，在塑料薄片上涂上导电漆当振膜。约翰森继续研究，发现将定极板(Stator)绝缘可避免毁坏作用的电弧效应。1952年，约翰森实现商业化生产的静电低音单体，与其他的低音单体搭配。

1949年奥尔森和普里斯顿提出的气垫式扬声器系统获得美国专利，他们将装有橡胶折环(或其他高顺性折环)扬声器装在闭箱中，该系统被称为空气悬置(气垫式)扬声器系统。

二、传统扬声器阶段(20世纪中叶)

将这一阶段命名为传统扬声器阶段，是因为在这一阶段，扬声器在早期技术基础上，加入了晶体管等小元器件，并逐渐系统化、科学化，形成了各类经典扬声器的原型，一直到今天都仍然适用。

而对于耳机来说，战后的社会环境赋予了耳机独特的外形和功能。

(一)隔绝世界的耳机

1958年，发明家约翰·科斯制造了第一副高保真立体声耳机，并展示它的便携式留声机的音质，这种留声机有一个创新的“隐私开关”，可以让个人安静地倾听。事实证明，这种耳机比立体声设备卖得更快，这种耳机可以让人们在家里安静地听立体声，它在从战场回来的军人中很受欢迎。科斯的第一套耳机采用了鲍德温海军耳机的基本设计，并通过更大的耳机杯和先进的立体声技术将声音放大。鲍德温的薄皮革耳机带保留了下来，并增加了填充物以保持舒适。进入20世纪60年代的喷气机时代，科斯的耳机发展出一种更前卫、高科技的外观，它更宽的头带、收音机转盘和隔音罩让人想起战斗机飞行员的头饰。[①]如图22-9所示。

图22-9 风靡一时的"飞行员"耳机[②]

在20世纪60年代和70年代，科斯的耳机营销紧跟流行文化的潮流。在广告中，从金刚到笑脸(最初的表情符号)，每个"人"都戴着它们。科斯的耳机不断推出新设计，比如牛仔边的"Easy Listening"耳机和模仿耳朵形状的Pneumalite耳罩。

科斯在品牌合作方面也遥遥领先。披头士耳机作为披头士乐队与科斯的联合品牌产品推出。披头士耳机是彩色的珐琅耳机，每个耳罩上都有披头士的贴纸。现在来看，披头士乐队的贴纸显得有些老土，但这款耳机的设计是20世纪60年代耳机技术的典型代表，它有一条宽的耳机带、有衬垫的海军蓝耳罩和金属硬件。披头士耳机的推出将耳机市场从高保真极客圈子扩展到大众，为未来主要针对年轻人的耳机发布奠定了基础。[③]

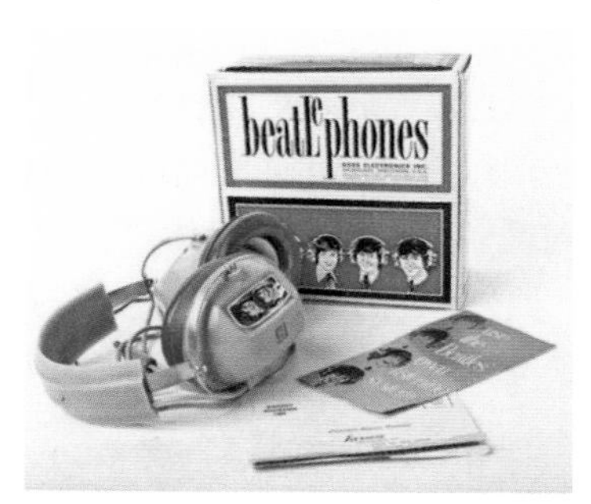

图22-10 "披头士"耳机[④]

1969年，在科斯把耳机作为一种打开立体声和隔绝外界的方式而流行起来之后，竞争对手森海塞尔发明了一种可以让一些声音进入的耳机设计。Sennheiser HD414(图22-11)是市场上第一款带有通风罩的开放式耳机，可以让外部声音通过，预示着未来耳机将在公共场合佩戴，而不是在家里或办公室的室内使用。HD414的亮黄色泡沫耳垫和商标为"Open-Aire"的耳机具有轻薄的20世纪80年代霓虹灯风格，预告了即将到来的移动技术时代。[⑤]

图22-11 HD414耳机[⑥]

随身听是第一款超轻便携式盒式立体声音响，1979年它的发布将耳机的存在功能从一种安静专注的技术转变为一种在公共空间中创造自由的个人自主权和无墙隐私的方式。"声音的进步还在继续，但人类呢?"20世纪80年代的一则随身听广告这样问道，并大肆宣传随身听是一种全新的科技与人类的混合体验。随身听及其耳机(由一根薄金属带连接两个泡沫覆盖的薄耳机组成)可以在公共场合以开或关模式佩戴，在任何地方都能产生一种移动私人空间的感觉。随身听有两个耳机插孔，用于共享聆听，这使得廉价的售后耳机市场繁荣起来，为未来专注于耳机技术的公司铺平了道路。[⑦]

图22-12为一款索尼随身听及其耳机。

(二)传统扬声器

20世纪50年代初，波切列里(C.V.Bocciarelli)提出了恒电荷定律。彼得·沃克在同一时期独立得出了相同理论，并将其应用到著名的Quad静电扬声器设计中。

①②③④⑤⑥⑦ LOSSE K.A history of headphone design [EB/OL].[2024-02-20].https://www.ssense.com/en-us/editorial/culture/a-history-of-headphone-design.

图22-12　索尼随身听①

在现场音乐表演中，人们使用扩声系统通常仅限于简单地放大声音，以便音乐可以扩大传播范围。为了正常工作，电子管会消耗大量功率并产生很高的热量，因此如果为了获得更大的放大效果而将它们放在一起，功率需求很快就会变得过高，并且存在放大器过热的风险。因此，这一时期的电子管(图22-13)放大器通常被限制在20W左右的输出功率。

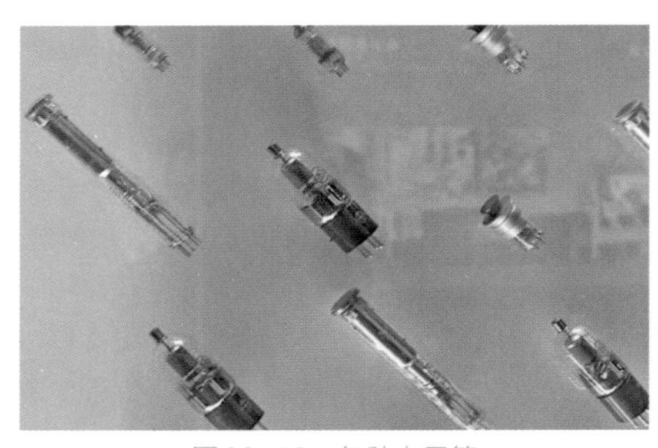
图22-13　各种电子管

在“二战”后的几年里，人们致力于开发一种更有效的放大方法。大多数研究是由电话公司进行的，它们希望能解决长途电话线路信号丢失的问题。半导体技术的进步似乎为人们指明了方向，但真正取得进展的是贝尔实验室的三人团队。

约翰·巴丁、沃尔特·布拉顿和威廉·肖克利(图22-14)拿起一条金箔，用剃须刀片将其切成两半，然后用回形针将其固定在一块塑料楔上，然后将其贴在一块锗上。施加在锗上的小电流改变了它的导电特性，更大的电流可以在两片金箔之间通过，从而产生功率增益——晶体管诞生了。后来锗被硅取代，设计继续改进。从音频的角度来看，晶体管的优点在于它们要小得多，并且不会像三极管那样产生那么多热量，因此可以构建更小、更高效的放大器。

图22-14　贝尔实验室的晶体管发明者威廉·肖克利(坐着)、约翰·巴丁(左)和沃尔特·布拉顿(右)②

我国的有线广播起步于20世纪50年代中叶，初期除国内自己生产外，还引进苏联的产品如“记录”“里加”等品牌的电磁式扬声器。有线广播普及速度最快的阶段是20世纪六七十年代，那时的口号是全民大办有线广播，凡是能架到广播的地方，几乎家家户户都安装了广播匣子。由于喇叭需求量相当大，各省(区、市)的喇叭厂都在生产8寸口径，0.1W功率的电磁式扬声器。③

1955年，彼得·沃克在英国的《无线电世界》一连发表多篇有关静电喇叭设计的文章，他认为静电喇叭与生俱来就有宽阔平直的响应，以及极低的失真等特点，失真度比当时的扩大机还低得多。1956年，彼得·沃克的理念在Quad ESL喇叭上实现了。

AR-3是第一台使用球顶高频扬声器的音箱，于1956年问世。类似的产品大约10年后才出现。

哈里·奥尔森在1957年首次发表了他关于线阵列式扬声器的研究成果，并将音柱扬声器的优势

① LOSSE K.A history of headphone design [EB/OL].[2024-02-20].https://www.ssense.com/en-us/editorial/culture/a-history-of-headphone-design.

② 睿铭声光.扩声系统的演变史:从碳麦克风到线阵列[EB/OL].(2022-04-22)[2024-02-20].https://www.sohu.com/a/673933110_121687423.

③ ycligang.沿着历史轨迹看扬声器及其振膜的革命[EB/OL].(2010-12-15)[2023-08-18].https://www.17bb.cn/thread/0MTc3aOC4w.

(单个箱体中垂直对齐的驱动器以宽水平角度和窄垂直角度产生中频输出)应用在 Shure Vocal Master PA之中。

平板扬声器是在1959年首次推出的，它采用了10毫米厚的发泡塑料作为振膜。平板扬声器的核心部分是平面振动板。平面振动板有两种基本形式，一种是采用轻且刚性大的蜂窝式平板制成，另一种是在刚性较大的金属锥形振膜中填充泡沫树脂制成。平板扬声器是一种声辐射面是一块平面振动板的电动式扬声器。这种扬声器的辐射振动在使用频率范围内完全是活塞式振动，因此其声压频率响应宽而平坦，谐波失真小。

1960年左右英国Decca公司推出了很成功的带状高音喇叭。另一种类似的带状喇叭Kelly Ribbon由艾文·弗里德(Irving Fried)引进美国，他将这种喇叭的高音配上传输线式低音而产生不错的效果。

1963年，英国声学制造公司(现名Quad声电公司)研制出全频带的ESL-63型静电扬声器。

1965年英国的哈贝斯(Harbeth)创造了真空成型塑料振膜，这是材料上的一大进步，这种柔软但阻尼系数高的产品，在KEF与一些英国喇叭上仍可见到。后来哈贝斯还创造了聚丙烯塑料振膜，这种新材料有更高的内部阻尼系数，质量更轻，目前仍被许多喇叭采用。

1967 年，克劳恩(Crown)公司发布了固态(晶体管)DC300放大器(图22-15)，之所以如此命名，是因为它采用了能够提供 300 W功率的直接耦合(DC)设计。DC300 在功率、清晰度和低失真方面取得成功的关键在于它的尺寸为 0.17米高，重量为20.41千克，不到同等功率电子管放大器的尺寸和重量的四分之一。

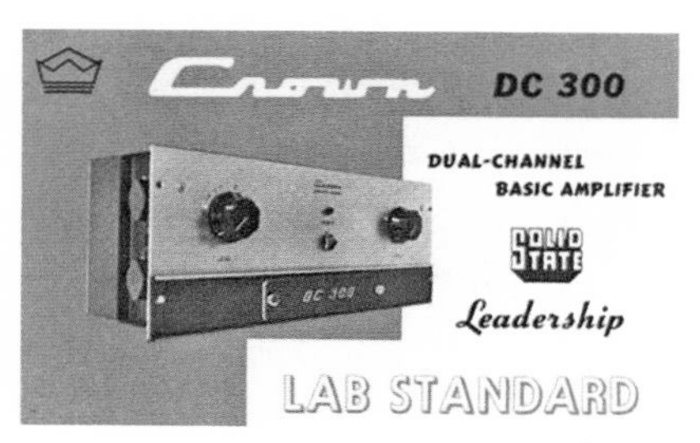

图22-15 Crown DC300[①]

1968年，燕飞利仕(Infinity)公司成立，在约翰森的帮助下，Koss、Acoustech、Dennesen等静电喇叭陆续问世，约翰森企业的首席设计师罗杰·韦斯特(Roger West)也自立创立了Sound Lab公司。

20世纪70年代，迪克·塞克拉(Dick Sequerra)为金字塔(Pyramid)发展的带状喇叭，首次放弃了号角的设计。

海尔式扬声器是1973年美国海尔博士研究和提出的第四种辐射方式，它是带状喇叭的变形体(图22-16)。它通过在两张塑料薄膜之间，上下往复地印刷铝薄膜导体。有如手风琴式的曲折皱褶，放置在与振膜垂直的强磁场中，不使振膜全体同相地作前后振动，而是作与声波辐射方向垂直的横方向振动，并与相邻导体作反方向的振动。对一个皱褶的振动进行研究，就可以知道在最初的半周进入皱褶之间的空气按非格原理被放出，下半周皱褶变宽，使空气进入其中，这就像将乒乓球放在手中按动时球就不会飞到远处，但将球夹在手指中间，上下挤使之弹出，就可以飞得很远一样。与这一原理相同，力阻抗低的(轻的)空气，在振膜处被前后推动，按非格原理，能被很好地吹跑。振膜小时，它可以有很高的效率，但对低音频重放较为困难，低频下限约为100Hz。

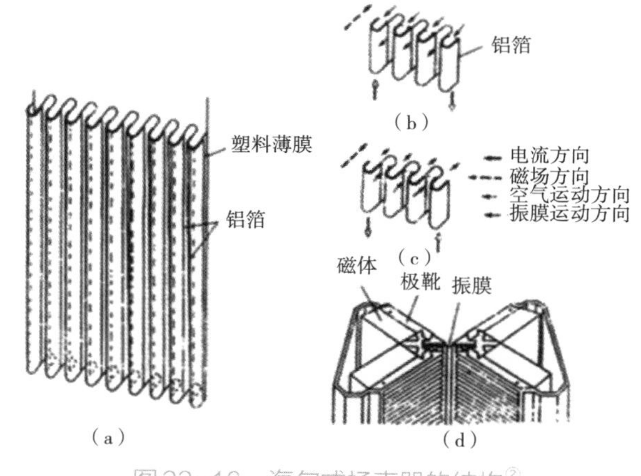

图22-16 海尔式扬声器的结构[②]

海尔扬声器制作工艺复杂，价格高昂，难以普及，只在国外少数著名的大品牌公司的高端产品中看到。

① 睿铭声光.扩声系统的演变史：从碳麦克风到线阵列[EB/OL].(2022-04-22)[2024-02-20].https://www.sohu.com/a/673933110_121687423.

② 海尔式扬声器[EB/OL].[2024-02-20].https://baike.baidu.com/item/海尔式扬声器/7554423?fr=ge_ala.

1973年澳大利亚悉尼大学的理查德·斯莫尔(Richard Small)发表了开口箱的系列论文，使开口箱的分析和研究系统化、科学化。他建立相应的数学模型，并利用公式、图表、计算机及软件设计，使开口箱的设计由经验型向理论与经验相结合的方式转变。

曼塔莱号筒(图22-17)是1978年问世的。这类号筒的主要特点是每个侧壁均由平面组成，喉颈厚度很小。窄缝设计是为了使号筒里的波阵面呈柱面，以改善号筒水平面的指向性。通过改变垂直方向的开口尺寸，可以控制垂直面的指向性。

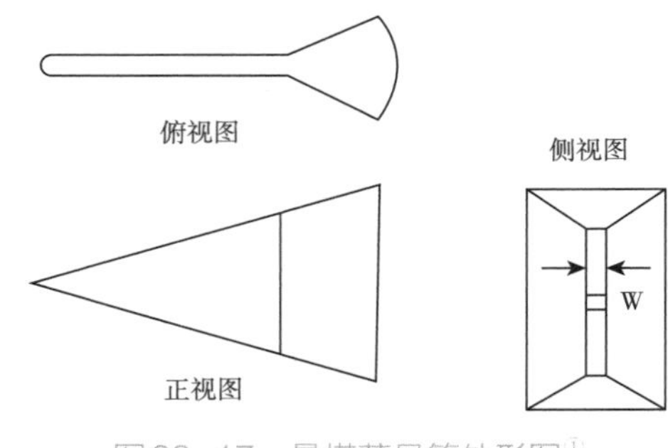

图22-17　曼塔莱号筒外形图[①]

三、新材料与多功能化阶段（20世纪末至今）

20世纪与21世纪之交，人们尝试使用各种新材料来改进扬声器，随着扬声器技术的成熟，生活中各处均可以见到它的身影。

与上一时期不同，这时的耳机已经多用于户外，人们从向内聆听转为向外探索、感受和交互。

（一）与世界交互的耳机

20世纪90年代便携式音乐技术的大量涌现导致了产品设计的更加多样化，结果是标志性的便携式设备减少了。设备向小型技术(如迷你播放器)的发展意味着耳机也变得更小、更便宜。塑料耳塞是市场上许多新音乐播放器的耳机类型。图22-18是一些便携式耳机也许是因为大众市场耳机的风格规格正在减弱，时尚界和音乐界开始使用20世纪70年代坚固的硬杯耳机作为普通耳塞的替代品。随着锐舞文化的兴起，人们开始把注意力集中在舞台上的明星唱片骑师(DJ)身上，这使耳机与大众社交和公共表演产生了新的联系。戴耳机的人不再一定是冷漠和矜持的——他们可能是聚会的中心。[②]

图22-18　便携式耳机[③]

2001年苹果公司推出的iPod对数字音乐聆听的影响，就像20世纪80年代随身听对便携式盒式音响的影响一样。凭借“口袋里装1000首歌”的承诺，iPod比以往任何产品都更小、更轻、速度更快，而它的标志性耳塞则是这种创新的视觉缩影。iPod轻薄、流畅的白色耳机是大多数便携式音乐播放器中不起眼的耳塞的升级版，这让人一眼就能认出它。苹果公司的iPod广告巧妙地在耳机和iPod本身之间创造了一种视觉识别方式描绘了罗伯特·朗戈(Robert Longo)戴着iPod跳舞的黑色剪影，高对比度的白色耳机线四处摆动(图22-19)。iPod发布的时候，苹果已经有很多年没有爆款产品了，但当时世界正迅速向数字媒体发展，iPod的运动朋克风格最终成为千禧一代现代性的新象征。[④]

---

① 陈小平.扬声器和传声器原理与应用[M].北京：中国广播电视出版社，2005：58.

②③④ LOSSE K.A history of headphone design [EB/OL].[2024-02-20].https://www.ssense.com/en-us/editorial/culture/a-history-of-headphone-design.

图22-19　iPod广告中的时尚剪影[①]

随着1999年蓝牙技术的发明，将耳机佩戴者连接到另一个信号源的耳机线终于变得不必要了。无线监听技术的第一批用户往往是商人，他们戴着尖尖的单耳耳机，用黑莓手机连接，这在早期给蓝牙带来了一种不时尚的感觉。早在德姆纳·格瓦萨里亚(Demna Gvasalia)为巴黎世家(Balenciaga)推出2017年办公室核心系列设计产品之前，这位穿着卡其布、居住在办公园区的商人就自豪地展示了他的反时尚耳机。然而，在21世纪后期和21世纪初，Bose和Beats等耳机制造商开始推出更经典、更时尚的蓝牙耳机(图22-20)，蓝牙最初的时尚诅咒被解除了。[②]

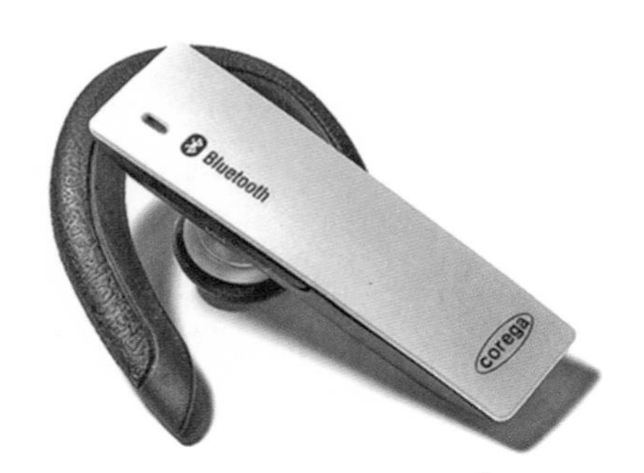

图22-20　蓝牙耳机[③]

到21世纪10年代iPhone等智能手机普及的时候，耳机已经无处不在。彩色的Beats耳机非常流行，大量新型耳塞和运动耳机提供了体积较小的设计，以服务于人们随时携带和使用移动设备的世界。连领口耳机也变得更加复杂和简约，比如Plantronics的Backbeat Fit耳机。20世纪90年代，领口耳机以滑稽的弯曲耳机为特色，引发了一种“极限”运动美学。像OPPO PM-3这样的新旋转技术使得戴在脖子上的耳机——几乎就像一种珠宝一样——更加舒适，增加了耳机作为时尚使用案例的便利性。新的内部技术，如平面磁性驱动器，扩大了声音规格的选择范围，使购买合适的耳机比以往任何时候都更加复杂。但长期畅销的耳机，如Bose QuietComfort，也在持续销售中。这种降噪耳机最初是由一位工程师于1989年发明的，目的是对抗飞机噪音。在21世纪10年代，有针对各种审美和场景的耳机，难点在于找到适合用户的技术和风格需求的样式。

AirPods是苹果公司在耳机设计上的最新尝试，本质上是两个支持蓝牙的白色耳塞，每个耳塞上都有一到两英寸的白色管，就像耳朵悬挂的潜望镜(图22-21)。2001年的iPod耳塞将其弯曲的白色耳机线作为其标志性卖点，而AirPods则是无绳耳机，使用附带的白色盒子进行存储和充电。AirPods似乎想要为商人的蓝牙耳机做点什么，就像苹果在20世纪90年代为默默无闻的耳机所做的那样。如果苹果公司的AirPods像最初的iPod耳塞一样抓住了我们的欲望——早期的销售数据表明它们可能会——我们可能正在接近耳机时尚的另一个巨大变化。[④]

图22-21　苹果耳机[⑤]

然而，经典耳机形状的持续流行表明，传统硬件并没有消失。在今天的开放式办公室工作环境中，耳机已经满足了人们对隐私的新需求，这种需求超越了第一款科斯耳机在家庭环境中安静聆听的方式。在没有隔间和墙壁的情况下，今天的员工需要发出他们很忙的信号，出于这个目的，耳机越大越好。工作和社交生活之间的界限逐渐消失，世界变得越来越拥挤。无论以何种方式出现，耳机都不会仅仅是声音的发射器，而是公共和私人空间的重要现代媒介。[⑥]

①②③④⑤⑥　LOSSE K.A history of headphone design [EB/OL].[2024-02-20].https: //www.ssense.com/en-us/editorial/culture/a-history-of-headphone-design.

（二）逐渐成熟的扬声器

霍布朗发明带状喇叭后的三十年中，他以经营空中绘图和靠着自动机械的专利贴补，持续进行研究，终于在1978年成功发明频率响应低至400Hz仍然平直的带状单体（当时产品只能到600Hz），它不会融化、破碎或变形，失真则只有1%。霍布朗与他的儿子提奥多拉·霍布朗（Theodore Hobrough）还获得一项专利：与带状高音搭配的多丙烯低音所使用的无谐振特殊音箱。

弯曲振动型薄板扬声器是一种与传统电动式扬声器工作原理、声辐射特性完全不同的新型扬声器，出现于1991年。目前国内外市场上销售的NXT扬声器就属于弯曲振动型薄板扬声器的一种，简称为薄板扬声器。在振动理论中，薄板被定义为厚度远小于长、宽尺寸的板，其振动以弯曲振动（分割振动）为主。

1993年，克里斯蒂安·海勒（Christian Heil）和他在一家名为L-Acoustics的法国公司的团队推出了V-DOSC系统，开启了"现代"线阵列时代。之所以称其"现代"，是因为线阵列背后的原理已经发展了很长一段时间（理论研究开始于1957年的奥尔森爵士）。

线阵列音箱如图22-22所示。

线阵列利用紧密对齐的扬声器引起的相干波来进一步将声能提高，并优化为更均匀的频率响应。将输出更多地集中在水平面，在垂直面浪费更少的能量，从而使声音在整个空间中分布更均匀。

图22-22　线阵列音箱[①]

如今，大型线阵列音箱已成为户外音乐节的首选，其中出色的系统如L-Acoustics的K系列，Adamson E系列，S系列，d&b的SL系列，Martin Audio的WP系列等，以及JBL等厂家的产品。众多厂商在线性耦合、波导、软件处理、吊挂系统等方面不断改进，声音的还原效果已取得长足的进步。

线阵列扬声器的主要优点是可以对指向性进行精确控制，能够最大限度地把声能集中到观众区，减少了投射到周围边界的声能，提高了声音的清晰度，同时声波随距离的衰减较普通扬声器系统慢，因此可以对大型会场进行集中式扩声，避免了分区式扩声系统安装调试工作量大、各声源之间的干涉和延时问题，大大提高了声音的质量。

1997年，HiVi惠威用钕铁硼磁体组成平面矩阵磁场推挽驱动，彻底改进了传统纯铝带式扬声器的振膜强度低，需配备阻抗变压器，输入功率低，寿命短等先天性缺点。

在这个阶段，扬声器可以实现无线连接、主动降噪、声音追踪等功能，大大丰富了扬声器的应用场景和用户体验。

条形音箱（Soundbar），也被称为音棒，是一个有立体声效的音箱，通常放置于屏幕的上方或下方，基于声学的考虑，此种音箱多为长条形的设计（图22-23）。奥特·蓝星（Altec Lansing）于1998年推出第一款名为"ADA106"的多声道条形音箱，内置4个7.6厘米全方位扬声器和两个2.5厘米高频扬声器，另外配置一个20厘米超低音扬声器，利用运算程式，使声音在墙壁上反弹，模拟出立体的效果，系统的优点是易于安装，免去传统喇叭拉线的烦恼。

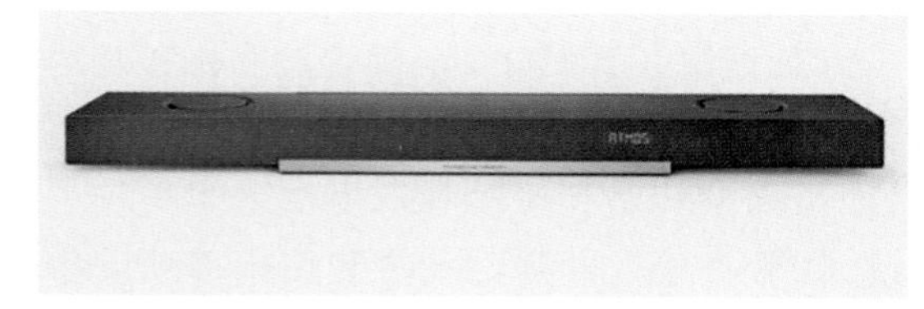

图22-23　条形音箱[②]

条形音箱的技术原理主要基于声学和电子技术。其设计目的是提供更加真实、沉浸式的音响体验。条形音箱通常由多个驱动单元组成，包括高音、中音和低音单元，这些驱动单元负责将电信号转换为声波，从而产生声音。条形音箱采用多个驱动单

① 睿铭声光.扩声系统的演变史：从碳麦克风到线阵列［EB/OL］.(2022-04-22)［2024-02-20］.https：//www.sohu.com/a/673933110_121687423.

② Tigerhood.Porsche Design亮相全新条形扬声器［EB/OL］.(2022-05-20)［2024-02-20］.https：//www.xiaohongshu.com/explore/628700630000000000102e9fe.

元，通过合理安排各个单元的位置和发声方向，实现较宽的频响范围和较好的音场效果。条形音箱内部装有电子电路，负责对输入的音频信号进行处理和放大。处理过程中可能包括对信号的降噪、调整频率响应、优化音质等操作。此外，条形音箱还需要提供蓝牙、Wi-Fi 等无线连接功能，方便与音源设备连接。

2001年，惠威开发了灵敏度高达103dB的专业扩声用带式扬声器“R2pro!”，并且推出了世界上第一款宽辐射角多单元专业系统“Pro1808!”，正式将带式扬声器引入专业扩声领域。带式扬声器主要应用于中高频段，由于其频响曲线平直，高频上限极高，有着非常好的瞬态效果，可以方便地形成线性声源。

本节执笔人：胡泽、王孙昭仪

第二节 放音技术

20世纪20年代至50年代，音乐播放主要采用单声道放音技术，即将所有声音信号混合成一个单一的声道进行播放。在那个时代，放音音源主要采用的是黑胶唱片或者磁带录音机。

单声道重放能够传递大多数重要的音乐元素：曲调、和声、音质、拍子和混响，但传递不了声场的宽度、深度或空间包围感。20世纪30年代，人们已经可以理解形成方向感和空间感的原理，但苦于技术和成本方面的局限无法将之实现。1931年申请的Blumlein-EM1专利中体现的智慧很有意思，它描述的双声道立体声技术在25年后才得以普及。导致立体声普及的推动力一部分是来自提升影院声音的需求。影院在多声道音频的发展中起到了中流砥柱的作用。贝尔电话实验室的斯坦伯格(Steinberg)和斯诺(Snow)在研究声音重放时认为，存在两种可行的方法：双耳方式和多声道方式。

“我们有两个耳朵，因此我们需要双声道。”唯一正确解决方法是双耳方式(人工头)的录音和耳机放音。我们所熟知的双声道立体声是最简单的多声道重放方式，但它并不是双耳方式的。[①]

一、立体声

20世纪60年代至70年代，立体声技术开始普及。立体声放音技术采用两个或多个声道，可以更准确地再现音乐演出的现场效果。在这个时代，放音主要采用的是立体声唱片或者磁带录音机。

多声道重放的每一个声道及其相关的扬声器都创造了一个独立可定位的声源，多个扬声器之间的相互作用创造了声源的“幻象”。因此，人们必然要回答“需要多少个声道”这个问题。贝尔实验室的科学家们假定必须采用许多声道来捕捉和再现舞台的方向性和空间感。他们的做法是通过横跨舞台前部的一排传声器记录一家音乐厅中的表演，然后在另外一家音乐厅中复制那个“波阵面”。重放时每一个扬声器都对应舞台前排列的传声器的位置。环境声音并不需要拾取，因为重放的大厅有自己的混响。凭借实际经验，他们研究了简化的可能性，他们得出结论：虽然两个声道可以被单个的听音者接受，但如果要为一群听众提供稳定的前方声场，最少需要三个声道(左、中和右)。

到了1953年，更加成熟的想法出现了，在一篇题为“立体声的基本原理”的文章中，斯诺将立体声系统描述为具有两个或多个声道和扬声器的系统。他说，声道的数量取决于舞台的大小和监听室的大小以及所需的定位精确度。如果用于家庭中的音乐播放，要求的是经济性，声源的准确放置并不是特别重要；如果保持声源的分离感，真正重要的是双声道重放。

因此，两声道被认为是一种折中选择，“对于家庭来说够用了”，这就是我们的最终结果。这个选择与科学理想无关，与技术现状有关。这个现状就是，在立体声实现商业化的时候，没有人知道如何在LP唱片上存储2个以上的声道。[②]

1974年Kodak公司、RCA公司与杜比实验室联合发布了双声道变积式立体声光学声迹(stereo variable area soundtracks，SVA)。

由于采用了Dolby A type降噪器，这种高密度声迹具备了实用价值，同时杜比实验室采用了日本Sansui公司的QS矩阵编码技术，将四声道信号编码

①② 图尔.声音的重现：理想听音环境构建指南[M].薛彦欢，周立，译.北京：人民邮电出版社，2016：240-254.

为两声道信号，还音时再将两声道信号解码为四声道信号，分别对应于前方LCR与后方Surround声道，这就是所谓的4-2-4立体声制式，即Dolby Stereo A。一系列影片进行了Dolby A立体声的制作实验，而真正使这一技术产生巨大影响力的是乔治·卢卡斯(George Lucas)的影片《星球大战》(*Star Wars*)。

20世纪80年代末，Dolby Stereo SR系统投入使用，采用了具有更好降噪效果的SR降噪器，置换了原有系统中的A型降噪器。SR系统采用了四个固定频段以及一个滑动频段的分段动态处理方式，它极大地提高了影片声迹的动态范围。SR也被称为频谱录音技术(spectral recording)。

二、环绕声

20世纪80年代至90年代，环绕声技术开始出现。环绕声采用多个声道，可以更加逼真地再现音乐演出的空间效果，使得听众仿佛置身于演出现场。在这个时代，主要采用的放音制式包括Dolby Surround、DTS等。

在声音重放方面，许许多多的扬声器设计昙花一现，都想给听音者带来更满意的空间感和包围感。有人谈到过一种系统能够包含各种方向性的扬声器，例如，全方向性、双方向同相(所谓的“双极”)、双方向反相(偶极)、主要向前辐射和主要向后辐射。这些不同的设计能够满足到达听音者耳朵的直达声和反射声的所有可能性。从这个角度上说，立体声似乎不太像是一个系统，而更像是个体实验的基础。Dynaco公司推出的使用四个扬声器的QD-1 Quadapter四维系统将左右两个声道信号之和用中央前置扬声器播放，而将左右之差输送给一个中央后置扬声器。发明人大卫·哈夫勒(David Hafler)建议采用四声道录音系统来完善这个方案。

“Sonic Hologram”是电子信号通路中的双耳串音抵消的简化模式，而Polk SDA-1扬声器在声音重放的末极对此做了尝试。莱斯康(Lexicon)公司的“全景”模式属于数字模式，通过设置调整，满足不同扬声器的几何学要求。这些系统的目标都是将声场的宽度扩大到立体声扬声器之外，最大可能可以扩展到±90°。所有人都试图为听音者提供更具包围感的聆听体验。在这一时期，数字“厅堂”效应和其他人工混响效应出现，它们被称为“DSP”效果。

(一)Ambiophonics

Ambiophonics是最大限度利用传统立体声录音的尝试。它经历了几个演变阶段，结合了双耳技术和空间效应，以提供最佳的声音传输效果。除了这些基本问题之外，还有听音位置的问题。因为有了这个问题，双声道立体声成了不适合大家共享的系统：只有一名听音者能完全欣赏到它所创造出来的效果。如果这名听音者稍微向左或向右倾斜，独唱或独奏的声音就会偏于左扬声器或右扬声器，声场就会被破坏。当我们朝前坐得很正的时候，会感觉到独唱独奏的虚声像漂浮在两个扬声器之间，经常会感觉在扬声器的后方一些，并伴有一些空间感的感觉，与声像放在左右扬声器时是不同的。

在立体声扬声器L和R的基础上，Ambiophonics的扬声器FL和FR重新创建了一个扩展到虚拟FL和FR的舞台，具有未着色的中心声音和最大的听众包围(LEV)。如图22-24所示。

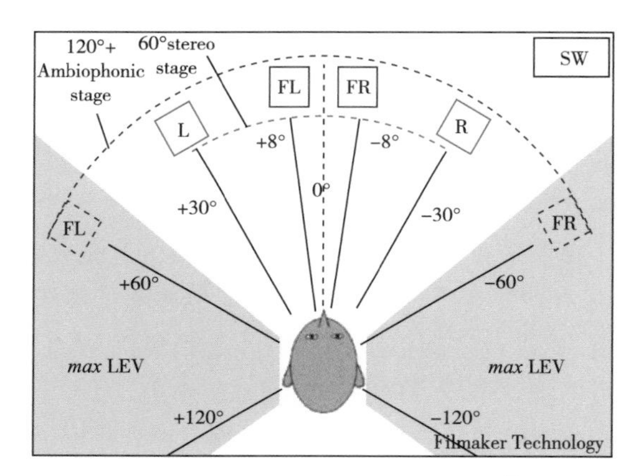

图22-24　Ambiophonics重放[①]

另外一个问题是声学串扰会改变声音质量，频率响应中显著的低谷是否容易听得出来，完全取决于有多少反射声来弱化这种效应。在典型录音控制室中，反射声被严格控制，这种效果很容易被听到。如果录音工程师或母版制作工程师试图用均衡来进行补偿，那么就会产生另外一个问题。当这种录音通过上混合算法播放，对白被输送到中置扬声器时，声音就会过于明亮。这一问题反映在中置声道，但问题其实出在录音过程中。

① VST plug-in for hearing great sound from loudspeakers[EB/OL].[2024-02-20].http://www.filmaker.com/products.htm.

在经过50年的实验之后，最佳的双声道立体声录音如果在适当的房间中的适当的扬声器上重放，确实会产生让人非常满意的效果。遗憾的是，这只是我们聆听体验中的一小部分。

(二)四方声：立体声乘以二

20世纪70年代，人们错误地将两声道分解成了四声道，称之为四方声，目的是能够传递更丰富的方向感和空间感。实现这一点的关键在于能否将四声道信息存储在当时的LP唱片上的两声道中，然后再把它们恢复。

当时有两大类系统：矩阵系统和离散系统。矩阵系统将四个信号塞入通常用于两个声道的带宽中。如此一来，必然会导致某些方面受影响，因此，所有声道都没有声道分离。换句话说，原本应该只在一个声道中的信息会出现在其他声道中。这种“串扰”的结果就是听音者搞不清声音来自何方，并且对听音者的位置也产生了过度的敏感性，向左、向右、向前或向后倾斜都会造成整个声像表现出朝那个方向的偏倚。

人们设计了各种形式的自适应信号处理方法来加强放音过程中的声音偏转，如CBS的SQ，Sansui的QS，ElectroVoice的E-V，等等。爱好技术的音乐家彼得·谢贝尔(Peter Scheiber)是矩阵设计领域的先驱，他设计的专利编码器和解码器方案被应用到了许多系统中。这些系统的优势在于，当一个声像被环绕着屋子做声像调整时，能够很好地产生完全分离的声道的幻象。然而，当要求几个分离声像同时产生时，这种清楚的分离就被破坏了。在极端情况下，会发生声音偏转失效，我们只能通过原始矩阵听到串音很大的声音。

因此，人们真正需要的是四个分离声道。然而，在LP唱片上实现这一点需要将录音带宽扩展到大约50kHz，这是一个不小的挑战。JVC用CD-4实现了这一点，但这种四方声格式只是昙花一现，为实现扩展带宽所研发的技术却使常规两声道LP唱片长久受益。半速切割工艺、更好的冲压件以及具有离顺性、轻质和异形唱针的放音唱头，这些综合起来达到了更宽的带宽，并且降低了循迹失真。所有这些因素都对音响行业产生了持续的积极影响。

当时音响行业已经可以实现分离的多声道磁带录音，但是开盘磁带的使用是比较麻烦的，而高质量的封装磁带格式(比如卡带)还没有能够用于真正的高保真多声道声音。

几年过去了，整个行业仍然没有统一的标准。单声道、立体声和广播兼容性存在问题，最终问题也没有得到解决。

回过头来看看音响行业历史上的这一段令人遗憾的往事，我们可以看出另外一个失败的原因：系统没有稳固的心理声学基础。由于缺乏基本的编解码原理，两声道立体声只是简单地混合而成。当时人们甚至提出了采用传统的利用幅度的Pan手段将声像从前往后“Pan”的想法，而拉特利夫(Ratliff)和其他人发现这种想法有问题。左右前后的四声道方阵列仍然是一种有着更加严格限制的不适用于多人欣赏的系统，同样最佳听音位置被限制在了一点上。

这种系统没有中央声道，而中央声道的存在是消除座位位置限制的基本要求。现在我们知道，将额外的声道对称地放在听音者身后不是产生包围感和空间感的最佳方法。放在侧面会更好。从后面发出的声音在一般的音乐作品中是极其少见的，但对空间感的需求是普遍的。1971年的一篇名为“多声道重放的主观评价”(Nakayama等撰写)的文章指出，听音者希望将环绕扬声器放在侧面，而不是放在身后，前者的主观评价分数比后者要高出两到四倍。所幸，有关四方声的大多数巧妙的技术创新都没有被浪费掉，而是被用在了电影中。

四方声的基本技术理念是：四个声道的信息存储在两个声道中，通过采用自适应性矩阵(电子增强偏转)能够以很好的分离度重建它们。杜比实验室将降噪系统应用到立体声光学声迹中。杜比实验室重新编排了声道结构，使之更适用于电影业：横跨前方的左、中、右声道，以及一个用来驱动观众旁边和身后的多个扬声器的环绕声道。所有这些都存储在两个音频带宽声道中。通过对编码矩阵以及解码矩阵中算法进行适当的调整，1976年，杜比公司发明了一种在影院中几乎普及的系统：杜比环绕声(DolbySurround)，也就是电影行业中所说的Dolby Stereo。

这个系统遵循一些基本规则，而这些基本规则为多声道电影声音设定了标准：对白放在屏幕的中心，音乐和音效横跨前方声道，也存在于环绕声道中。混响和其他环境声放在环绕声道中。有时，观众会被声音包围，就好像在足球比赛中；有时，观众又好像进入了一个巨大的空洞中或体育馆里，坐在追车场景中的车里，抑或聆听耳鬓厮磨的悄悄话。观众身临其境，场景仿佛触手可及。因为光学电影声迹相对有一些噪声，即使采用了杜比降噪技术，嘶嘶声也会进入环绕声道中被播放出来。因此，环绕声道在7kHZ以上被衰减，在消除了恼人的不良特性的同时，也损失了总体的频谱平衡。

为了实现空间感的动态范围，必须采用灵活的多声道系统、方向性可控的扬声器，并让重放环境的声学特征具有一定的可控度。如果很好地满足了这些要求，不但声音的娱乐性将大大增加，而且也会适合多人欣赏。房间里的座位虽然仍存在好坏之分，但是存在多个可以接受的好座位。

(三)杜比环绕声

随着家庭影院的普及，杜比环绕声自然就进入家庭中的录像带、激光影碟、电视。对于较小的环境，人们只需要对播放设备稍加调整，将环绕扬声器的数量减少到两个，使听音者能够接受。将这些扬声器放置在听音者的侧面，这样能够更有效地产生空间感和包围感。到达环绕扬声器的延时声利用了优先效应，人们即使在小房间里，从感知上也可以将环绕声与前面声道分离开来。

一开始，入门级的消费者系统使用的是简单的固定矩阵。固定矩阵系统的声道间串音比较严重，以至于听音者大多数时间被声音所包围，即使在不需要的时候也是如此。杜比环绕声示意图如图22-25所示。

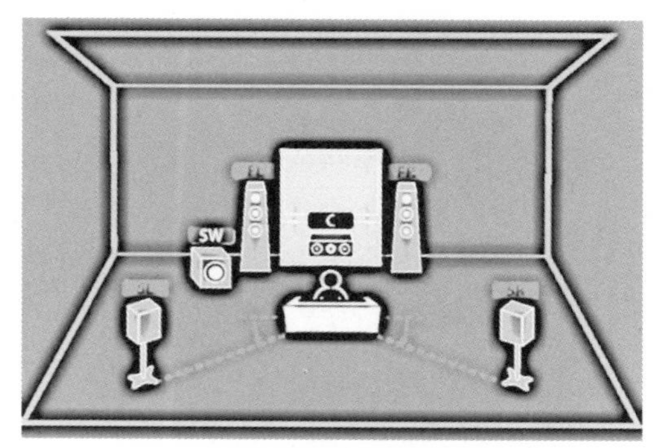

图22-25　杜比环绕声示意图[①]

Fosgate和Shure HTS将第一个有源矩阵解码器带给了家庭影院市场。朱尔斯特罗姆(Julstrom)在1987年描述了HTS设备，该设备具有一个创新特点："声像扩展技术，用来扩散后方声像，并防止较近的环绕扬声器被定位。"它还避免了坐在房间中心线上的听音者可能听到的单声道"头中定位"效应。这点通过互补梳状滤波器技术来实现，该技术在左右侧环绕扬声器之间产生差异，消除了会造成单声道环绕声的相关性。环绕声的去相关化是Home THX的一个特点。这些单独的部件，需要额外付费。当采用有源矩阵Dolby ProLogic解码器的低成本硅芯片进入市场后，家庭娱乐进入了一个全新的时代。

享受了电影中的空间感之后，听音者必然会通过Dolby ProLogic处理器来播放常规立体声录音。然而，结果好坏不一，一些录音的重放效果很好，而其他的则不然。将虚中转换为实体中置扬声器的效果有时欠佳。环绕声道中的高频滚降使得环绕声场变得很暗淡。有源矩阵的偏转处理有时会影响音乐本身。专门为杜比环绕声制作的录音会更好些，但这种录音并没有在音乐录音行业中成为主流。

(四)THX对声音的修饰处理

为了继承THX影院音响系统认证计划，1990年前后，卢卡斯电影公司针对某些功能特性建立了认证计划，这些特性旨在增强或者确保基于Dolby ProLogic解码器的家庭影院系统的性能表现。这项名为"Home THX"的认证计划给家庭影院系统中使用的基本的ProLogic处理器和扬声器规定了新的特性，也为电子设备和扬声器设定了一些最低的性能标准。当时市场充斥着小型、廉价的中央、环绕扬声器和功放，而THX明确表示这是无法接受的。所有声道都必须达到高标准。汤姆林森・霍尔曼(Tomlinson Holma)将这些新老特性组合到了家庭影院产品中，使产品成为家庭影院的早期标杆产品。或许零部件的认证计划对这个行业的贡献最积极的一点就是确保了零部件的规格满足实际家庭影院的需求，与环绕声处理器功能的完整性。

第一代THX认证的设备还体现了THX计划中

① Alistar.什么是环绕声？ 5.1，7.1，杜比全景声全解[EB/OL].(2023-01-21)[2024-02-20].https://zhuanlan.zhihu.com/p/600415022?utm_id=0.

的特性。大多数特性与初期相比已经发生了变化，最初的THX对声音的修饰处理中，并不是所有的都仍然适用，有一些已经被淘汰。[①]

（五）SDDS制式

20世纪90年代后，日本索尼电影设备公司研制开发出SDDS（Sony dynamic digital sound）制式，它是具有7.1声道的8路数字环绕声系统，其市场前景也颇具潜力。[②]

SDDS所采用的多组扬声器配置方案源于20世纪50年代初的大宽银幕西尼拉马（Cinerama）格式和70毫米ToddAO还音格式。这些还音格式都采用了银幕后面的5个全频带扬声器和1个环绕声声道，这样提供给观众6个声道。后面改型的70毫米还音格式为了节约，不采用左中（Lc）和右中（Rc）银幕扬声器，而把它们在影片上的两条声带用作分离的环绕声或立体声环绕声（左环绕Ls和右环绕Rs）。之后，在影院中添加了次低音扬声器，以获得高质量的低音。虽然增加了立体声环绕声和次低音是个改进，但少了左中（Lc）和右中（Rc）银幕扬声器，这对于想以横扫画面的声音来充满较大银幕的录音师来说，产生了问题。如今，SDDS采用5组银幕后扬声器，2个立体环绕声声道和1个次低音声道，采用了70毫米声音最有用的部分，并且恢复了之前取消的左中（Lc）和右中（Rc）的扬声器。

（六）数字时代

1990年，数字压缩编码技术使多声道音频信号记录于一条数字声带成为现实。

1990年6月15日，世界上首部5.1数字立体声电影《至尊神探》（*Dick Tracy*）上映，采用由位于纽约的伊斯曼柯达公司（Eastman Kodak）电影电视制作分部和位于加州阿苏萨市的光学辐射公司（Optical Radiation Corporation，ORC）联合开发的CDS（cinema digital sound）系统，分为左、中、右、左后、右后、次低频六个声道。

CDS是一种增量调制（adaptive delta modulation，ADM）的压缩编码方式，压缩比约4∶1。该系统最初是为70mm影片开发的，占用原来的模拟第4声迹位置来记录6条声轨的16比特PCM音频数据，是影像与声音单拷贝的影片。由于对影院还音系统精度要求过高，并且无法兼容模拟声迹，严重阻碍了其市场推广，很快便退出了市场。

1991年2月，华纳公司推出了采用杜比数字立体声Dolby Digital（Dolby SR-D）的影片《蝙蝠侠归来》（*Batman Returns*）。Dolby SR-D是一种5.1声道制式。

1993年5月，环球公司影片《侏罗纪公园》（*Jurassic Park*）问世。其采用了DTS（digital theater system）数字立体声格式，DTS使用CD-ROM作为数字声音的载体，是一种影像与声音双拷贝的影片。

1993年7月哥伦比亚公司影片《幻影英雄》（*Last Action Hero*）首映，SDDS问世。SDDS是一种7.1声道制式。

杜比实验室在1999年推出了杜比E编码器DP571和杜比E解码器DP572。这两个高度为1U的编解码单元，支持现有视频制式的帧同步标准，最多可以进行8个独立声道的音频压缩编码，因此，可以支持5.1声道附加2声道的方式传输。其线性PCM数字音频输入输出格式为16bit、20bit、24bit 3种。

1986年日本开始进行环绕声广播的实验，2003年德国开始利用两个立体声频道进行环绕声音乐直播，2004年中国开始进行环绕声现场音乐会录音实验，2005年中国陆续开展环绕声电视广播实验。[③]

三、3D音频重放技术

对于音频重放领域而言，声音重放技术已经由早期的单声道重放发展成为双声道立体声重放，进而再到四声道重放。20世纪90年代，国际电信联盟的电信标准化部门将5.1环绕声系统列为推荐的通用环绕声标准。近几十年来，基于5.1环绕声系统的研究基础，世界各大音频研究机构与声音科技企业不断推出自主研发的环绕声重放技术方案，研发人员对于声音重放的研究维度也由平面环绕声逐渐拓展到三维环绕声，即将重放方式拓展到三维空间中，进而实现真正意义上的“3D音频”。

---

① 图尔.声音的重现：理想听音环境构建指南［M］.薛彦欢，周立，译.北京：人民邮电出版社，2016：240-254.

② 胡泽，雷伟.计算机数字音频工作站［M］.北京：中国广播电视出版社，2005：总序3.

③ 甄钊.环绕声音乐制式录音：理论与实践［M］.北京：中国电影出版社，2009：152.

与此同时，伴随着消费类电子行业的不断发展，满足人们娱乐体验的新兴科学技术不断呈现出“微型集成化”“网络化”的趋势，如Dolby环绕声等声音编码技术及标准，逐渐与智能手机、移动电脑等终端设备融合，从而大大提升了受众对新兴音频技术的体验，为三维声重放技术的发展创造了崭新的推动力。

三维声重放是指通过使用电声系统还原声音中所包含的空间元素，使听众可以感知到某个特定声场的空间印象。三维声的重放来源于立体声重放，因此属于立体声重放系统之一。现行的主流三维声的理论技术研究主要是围绕着幅度矢量合成(HOA)技术、Ambisonics技术以及WFS技术展开。其中HOA主要专注于实现声像位置的生成；Ambisonics技术主要专注于通过将声场进行球谐函数分解，从而实现在时间环绕声场景下的立体声拾音；WFS技术则主要利用惠更斯原理，在声源波阵面上通过重构点声源的方式扩大环绕声的重放能量。

国内全景声重放的研究与发展是近20年来才逐渐开始的，而国外针对相关领域研究的时间较早。

(一)杜比全景声

杜比全景声是由美国杜比实验室推出的三维环绕声重放技术，其成果已广泛应用于影院设计与全景声创作，同时已经形成针对杜比全景声编码算法的标准以及相关配套硬件处理核心的解决方案。就目前看来，杜比全景声已形成一套较为完整的环绕声技术系统，并在全球电影、电视、游戏等领域形成一定的垄断地位。

杜比全景声在技术创新性方面的主要表现包括：该系统打破了传统平面环绕声基于“声道数量”重放的底层技术理论，实现以“声床”(即声源对象)为核心的多声道重放方式。对于声音创作者而言，基于“声源对象”的环绕声创作环境使得创作者可以在影院的三维空间里精确地部署发声物体的声像位置，而不会拘泥于先前传统环绕声制作的基于“声道”重放的框架，从而增加了创作者创作的自由度，有利于声音信息更加细腻、清晰地表达(如图22–26所示)。

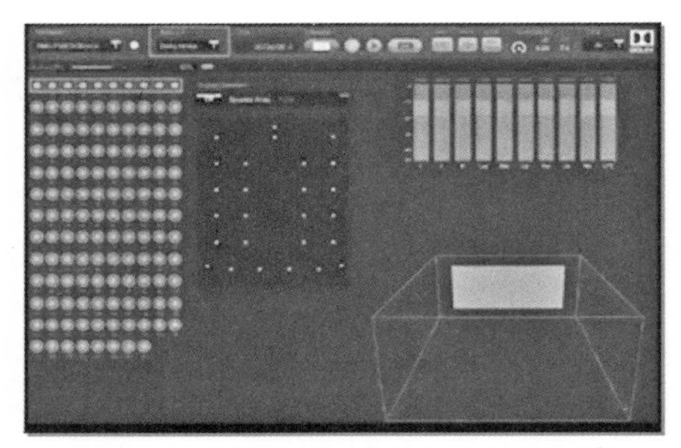

图22–26　基于“声床”的全景声渲染器[①]

杜比全景声在扬声器的摆位设置上较先前传统的重放模式也有了突破性创新。传统的环绕声音响系统，其扬声器一般由左、右、中央声道构成。其中，环绕声声道由壁挂式扬声器组进行处理，从而在声学上将其划分为两个或四个区域，同一个区域内的所有扬声器均会接收相同的音频信息。对于杜比全景声来说，环绕声扬声器的数量较传统的重放方式有了不少增加，这就为声音创作者在声学空间中自由地设置声源的精确位置奠定了基础。更为重要的是，在传统环绕声的基础上，杜比全景声增加了顶部扬声器的设置(如图22–27所示)，这样的创新突破了先前“平面环绕声”的局限，使声音信息可以在360度的环绕空间中定位，从而使声音“立体化”。通过这种重放方式，则可实现“3D音频”的重放效果，受众可以更加沉浸地体验银幕中情节发生地的声场效果。

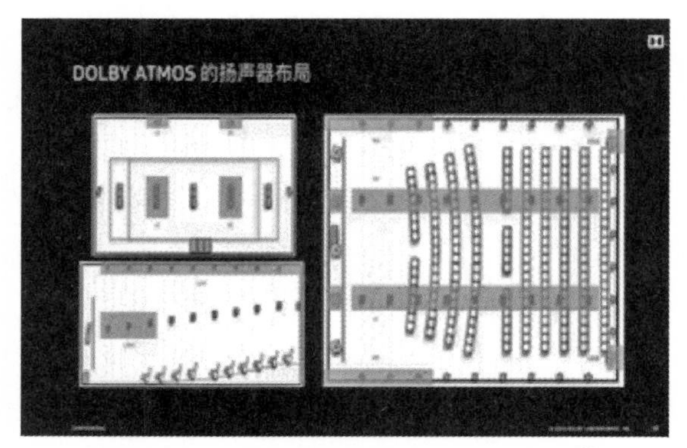

图22–27　杜比全景声重放扬声器摆位[②]

更进一步来讲，全景声对于声音形象细节的改善并不仅仅基于声道，而是增加顶部扬声器和环绕低频声道、声床和对象相结合以及对渲染这三种技

①② 图片来自杜比官网。

术手段来增加沉浸式体验。顶部增加的扬声器为用户营造了三维声场，使得声音真正以空间立体的方式呈现，犹如视觉上2D向3D的迈进。电影声音工程师可以使用杜比全景声安排极为精准的声源位置，赋予观众沉浸式电影声音体验。声源可以在整个观影厅空间内随意飘移、流动，包括在观众的头顶上空。通过上层扬声器，观众可以听到来自头顶上方的直达声和反射声，配合环绕低频声道和环绕低频管理系统，还能够在影院中构建适合于电影画面情景的封闭声场，以配合不同画面，增加观众的包围感。心理声学研究表示，来自各个方向的声音都会使观众获得明显的包围感，上层扬声器使整个影厅的声场均匀度与频响曲线更加平坦，进而获得更为自然的沉浸感。尤其是塑造室内环境，如教堂、音乐厅等环境声，或是战争画面中炮弹从空中坠落的场景声极具帮助，使人无须在脑海中构建虚拟声像。

杜比全景声系统最多可以支持对64个声道与128个音频对象进行相应的传输与播放，颠覆了将声音划分区域的传统概念。传统的多声道环绕声技术是通过扬声器矩阵来传输同样的信息，通过改变不同的声场位移来打造环绕声声场的。但在我们的现实生活中，声源都是独立存在的，杜比全景声可以将环境声、音乐等标记为声床，将移动的声源标记为对象，将声像剥离复合声场，并且独立控制对象，从而降低了修改的时间成本，并且能够使对象可以在空间中平滑地移动，提高声音的辨识度。混音师在终混时将声床与对象进行整合混音，调整声源对象的位置与相位信息，并利用调音台或音频工作站，将对象与声床渲染并分发到相应的扬声器中，达到声源在空间中自由移动的效果，如直升机在天空中飞过，除周围的环境声能够被扬声器均匀地播出外，包含直升机的对象元数据会依次传输给侧墙、顶部扬声器，在空间中形成移动的点声源。与传统的特定声道之间的传输相比，杜比全景声技术为观众提供了最接近真实声场的听觉体验。

(二)22.2声道环绕声重放系统

22.2声道环绕声重放系统，又名为Hamasaki 22.2(以NHK科学技术研究实验室的高级工程师Kimio Hamasaki的名字命名)，是一种由NHK STRL为Super Hi-Vision超高清视频的声音重放而开发的环绕声系统。设计22.2声道环绕声重放的初衷是将高临场感的声场与超高分辨率的视频一起制作、录制、传输和播放(如图22-28所示)。

图22-28　测试用22.2声道环绕声重放系统

22.2声道环绕声重放系统由上层、中层、下层三层扬声器组合，共24个扬声器构成。其中上层由9个声道组成，排列在屏幕的顶部或天花板的高度；中层由10个声道组成，排列在屏幕中心或持平于人耳的高度；下层由3个通道组成，排列在屏幕底部或地板的高度。另外，下层还包括2个超低频效果(LFE)通道。具体摆位详见图22-29。

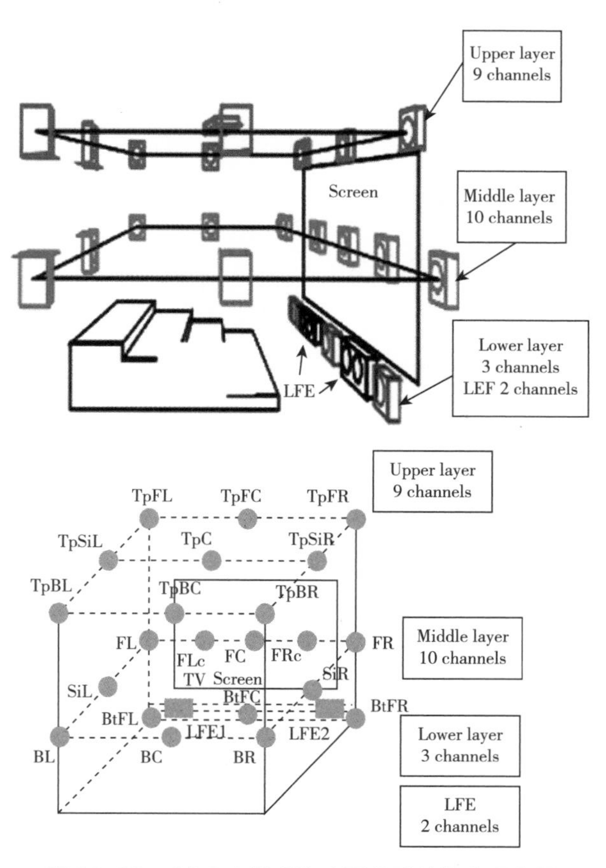

图22-29　22.2声道环绕声重放系统扬声器布置

通常情况下，22.2多声道音频格式需要22个宽频扬声器和2个LFE扬声器。然而，在条件受限的情况下，也可以使用较少的扬声器来实现(图22-30)所示的声场。但在这种配置下，最佳听音区的面积也要相应地缩小。

该系统的中间层通道重现了主声源。传统环绕声系统，如5.1、6.1和7.1等，其主要声道都在中间层。在此基础上，22.2多声道音频格式可以非常方便地为传统环绕声系统制作音频节目。在听众头部的左右两边各有三个声道(前、侧、后)，可以实现声像在前后方向的运动。侧声道可以重现前期录制时厅堂的反射声，使声学空间得到自然、高质量的重现。上层通道可以用于将声像定位在观众上方的任何位置，也可与中层或下层扬声器配合使用，使声像在垂直方向上产生运动。同时，上层声道也能够适当地重现早期反射和晚期的混响，可以在听音区域内重现良好的声学空间。另外，声音可以利用屏幕顶部的三个通道(TpFL、TpFC、TpFR)、屏幕底部的三个通道(BtFL、BtFC、BtFR)和中间层的五个前向通道(FL、FLc、FC、FRc、FR)定位在屏幕上的任何位置上。而位于屏幕底部的两个LFE声道也有效改善了空间听觉印象，产生了良好的宽度感与包围感。

在扬声器角度配置方面，NHK工作人员进行了大量探究实验，最终确定的扬声器布置角度(如图22-30所示)。其中α1为45°—60°，α2为α1/2，α3为110°—135°，α4为30°—90°，β1为0°—5°，β2为0°—15°，β3为30°—45°，β4为15°—25°。

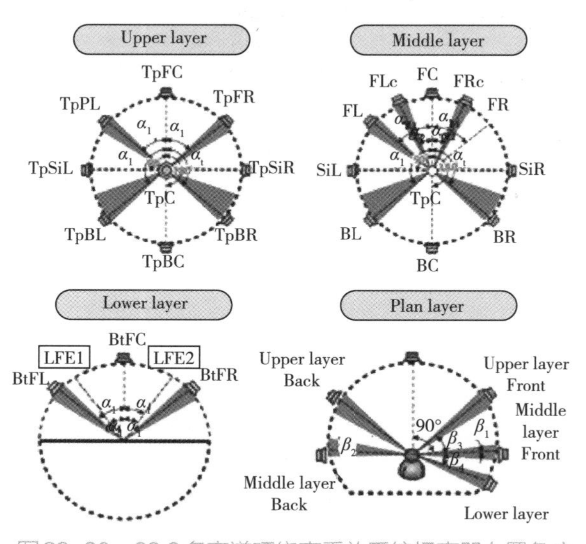

图22-30 22.2多声道环绕声重放系统扬声器布置角度

此外，22.2声道环绕声重放系统可以通过下变换的方式向下进行与5.1环绕声系统的兼容，从而提高该系统适配当今其他主流平面环绕声重放系统的兼容性，有利于技术的推广与普及。

(三)Auro 3D环绕声重放系统

Auro 3D环绕声重放系统的概念与格式是由Galaxy Studios和Auro Technologies的CEO与创始人威尔弗里德·范·贝伦(Wilfried Van Baelen)开发的。2011年，Auro 3D又与比利时的投影机硬件制造商Barco达成合作，将Auro 3D纳入影院硬件设置中。目前，Auro 3D环绕声重放系统已经被一些电影界和音乐界的知名人士所使用。卢卡斯影业制作的《红色机尾》(*Red Tails*)就是在11.1 Auro 3D平台上混合制作的；梦工厂动画工作室所有的电影都改用了这种格式；其他大型电影如《银翼杀手2049》(*Blade Runner 2049*)也使用了该格式，并因其使用沉浸式声音而被广为称赞。Auro 3D环绕声重放系统在音乐行业也有所发展。连环沉浸式音频制作人莫腾·林德伯格(Morten Lindberg)在2014年发布了他用Auro 3D录制的专辑*MAGNIFICAT*，并在此后继续尝试为Auro 3D混音。

Auro 3D环绕声重放系统其扬声器布局大体与22.2声道环绕声重放系统类似，但在顶层只设置了一个扬声器，该扬声器与听音者两耳连线中点垂直呈90°；高层(height layer)则采用多个扬声器布局，它们的角度与听音者两耳连线中点夹角均为40°；环绕层(Surround Layer)也采用多个扬声器，与听音者两耳位于同一平面上(如图22-31所示)。在其中，顶层扬声器主要用于还原飞过头顶的音效，如飞机或飞鸟划过天空的声音；高层扬声器组用于回放一些非常重要的反射声。在这些反射声的辅助下，聆听者可以更自然地建立起听觉上的空间感、真实感与沉浸感。下层环绕在人耳高度的扬声器组则主要重放水平面上的声音。

Auro 3D技术为商业影院提供了两种配置方案，分别是11.1和13.1。其中，11.1在我国的应用更多一些。11.1和13.1系统均是在5.1环绕声系统的基础上，加入上层扬声器系统和一个高度声道。13.1相对于11.1而言，分别在上层和环绕层扬声器组中各增加了一个位于后方的中置声道(如图22-32所示)。

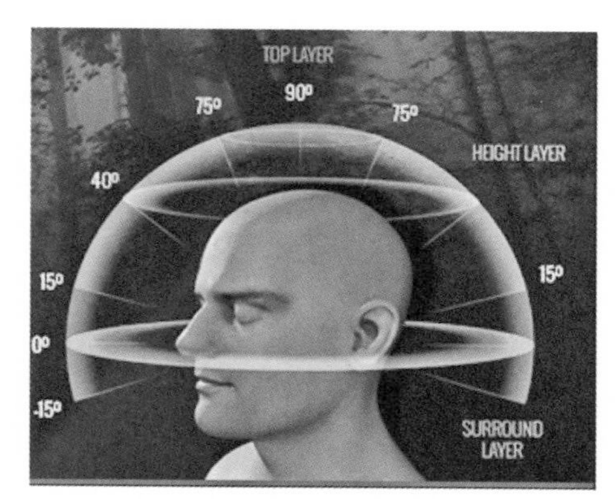

图22-31　Auro 3D环绕声重放系统三层扬声器层角度示意①

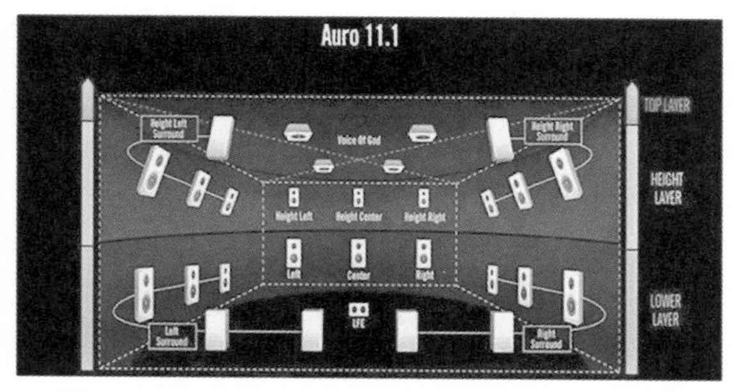

图22-32　Auro 3D 11.1环绕声配置示意图②

可以发现，无论是11.1还是13.1，都是在Auro 3D环绕声重放系统的基础上，向上增加上层扬声器组于顶层声道。因此，Auro 3D在设备与格式上都具有较强的兼容性。在格式上，Auro 3D系统依旧可以播放5.1或7.1声道格式的影片。在影院音频系统的改造中，人们只需要增加上层与顶层的扬声器组及相应的功率放大器，即可将电影声音系统从平面环绕声升级到空间三维声。

同时，Auro 3D技术不只面向专业音频市场，还考虑到了民用市场——家庭影院的商业推广。近年来，随着Netflix等流媒体平台的传播与发展，越来越多的观众选择在家庭中观看电影。为了获得接近于影院的听觉体验，小房间的三维声重放系统也就有了存在的必要。Auro 3D为家庭影院推出了4种重放方案：分别是9.1、10.1、11.1、13.1。其中，9.1和10.1是经济型的3D环绕声重放方案。Auro 9.1是家庭影院系统中最低配置(如图22-33所示)。它是在5.1系统的上方加入由4个扬声器组成的上层扬声器组。而10.1则是在9.1的基础上，再加入一个顶层扬声器，从而实现更自然的重放效果。11.1与13.1系统的配置则与商业影院的重放系统设置大同小异，其成本会比9.1与10.1高，但它们的效果也会相应地有所提升。

图22-33　家用型Auro 3D环绕声重放系统中9.1配置③

(四)中国三维声

中国多维声是我国自主研发的一种多声道3D环绕声系统。2014年，在国家新闻出版广电总局的领导下，由中国电影科学技术研究所、中广华夏影视科技有限公司、中影电影数字制作基地有限公司三家单位共同发明的具有自主知识产权的中国多维声技术，实现了电影声音科学技术从“中国制造”到“中国智造”。

中国多维声技术是一种完全基于声道的重放系统，采用13.1格式输出，每个声道都是真实独立的，没有经过任何上变换算法的运算与处理。该系统在经典的5.1环绕声系统的基础上，向上增加了一层上层扬声器组，形成了双层扬声器组的扬声器构建格局。在下层扬声器组中，总共有11个声道，其中前方银幕后有5个主声道，分别是左(L)、中(C)、右(R)、左中(LC)、右中(RC)；环绕声道除了传统的左环(Ls)和右环(Rs)之外，还增加了后部的左角(Ln)、右角(Rn)、左后环(Lsr)和右后环(Rsr)4个声道，共6个声道。而上层扬声器组中仅包括2个声道，分别是左顶(Lst)与右顶(Rst)通道。加上1个低频效果声道(SW)，共同组成13.1声道的三维环绕声系统(如图22-34所示)。在该系统的包围下，听众可以体验到沉浸式电影声音，突破现有平面环绕声的束缚。

①②③　图片来自Auro 3D官网。

图22-34　中国多维声扬声器层角度示意

中国多维声作为中国第一个通过认证的全景声制式,其最大的优势是拥有从影片制作、母版发行到电影放映的完整体系。它是为适应日益发展的3D巨幕电影而研发的、具有完全自主知识产权的多声道沉浸式电影立体声重放系统。

总体来说,随着技术的不断进步,放音制式也不断地演进和发展,从单声道到立体声、环绕声再到3D沉浸式,每一代技术都为广播电视用户及音乐爱好者们带来了更加真实、逼真的听觉体验。

本节执笔人:胡泽、王孙昭仪

第二十三章

终端显示技术

第一节 | CRT显示技术

一、引言

CRT是阴极射线管(cathode ray tube)的英文缩写，是一种特殊的真空管，是采用阴极射线管将电信号转换成光学图像的技术。

CRT显示技术利用电子束激发屏幕内表面的荧光粉来显示图像，核心器件是CRT显像管。CRT显像管由玻璃外壳、电子枪和荧光屏三大部分组成，玻璃外壳安装有磁偏转线圈，如图23-1所示。荧光屏内涂了荧光粉，对于彩色显像管，荧光屏内还有荫罩。

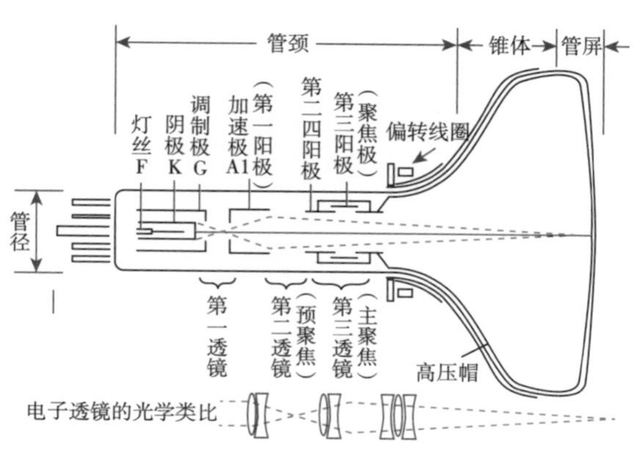

图23-1 黑白CRT显像管结构

CRT的基本工作原理：电子枪的阴极受灯丝加热发射出电子束，加速极等对发射出的电子束加速，使之以极高的速度轰击荧光屏上的荧光粉使其发光。荧光屏的亮度由电子束大小控制，而电子束大小受图像信号的调制，从而使荧光屏发光点的明暗程度随图像信号的幅度而变。为了提高图像清晰度，荧光屏需要聚焦成很细的电子束。电子束轰击显示屏位置是由偏转线圈来控制的，偏转线圈产生不同强度的水平和垂直方向磁场，以改变电子束的运动方向，使电子束完成从上到下、从左到右的图像扫描。

对于彩色显像管，需要有三束电子束分别去轰击荧光屏上的红、绿、蓝三基色荧光粉。为确保三束电子准确地轰击相应的荧光粉，采用了荫罩技术。荫罩是位于荧光屏后的薄金属障板，其上有很多小孔或细槽，它们与同一像素的荧光粉单元相对应。三束电子束经过小孔或细槽后只能击中同一像素的对应荧光粉单元，从而能保证正确重现彩色。

二、发展历史

显示器是电视系统不可或缺的部分，电子电视系统的发展基石是CRT。CRT显示器作为第一代电子电视系统唯一的显示器件，伴随了电视系统从黑白到彩色、从标清到高清的发展历程。

(一)黑白CRT显示器

黑白CRT显示器的发展历程可以分为：CRT显

示技术探索阶段、黑白CRT电视实验阶段和黑白CRT电视实用阶段。

1.CRT显示技术探索阶段

CRT显示器的核心部件是阴极射线管(又称显像管),是德国物理学家卡尔·费迪南德·布劳恩(Karl Ferdinand Braun)于1897年发明的,又称为布劳恩管。布劳恩指导仪器制造商通过添加限制性隔膜,改进了一种名为克鲁克斯放电管(Crookes tube)的真空管。该管包括现代CRT具有的基本功能:阴极发射电子束、阳极为加速极、放置在管颈内用于限制电子直径的铝膜片进行电子束聚焦、由涂有荧光粉的透明云母板构成荧光屏、使用带有磁性的线圈使阴极射线偏转。1897年2月他为此发明撰写了论文,称这种改进的真空管为阴极射线管。布劳恩的CRT是示波器的先驱,经改进的CRT后来被应用到了电视机和计算机显示器中。

1907年,俄国人鲍里斯·罗辛(Boris Rosing)首次运用布劳恩管将简单的几何图像显示到屏幕上,为CRT显示器的出现奠定基础。他改进了布劳恩管,用两个平行的金属板使电子束偏转,使它能够在CRT屏幕上绘制图形。罗辛还发明了一种光电管,在真空管中放入一种碱金属,以响应光发射电子,这实际上是实现摄像端的光电转换。这两项发明结合在一起,构成了一个原始的电视系统,也第一次将阴极射线管用于电视显示。其研究工作也为他的学生弗拉基米尔·科斯马·兹沃里金(Vladimir Kosma Zworykin)在美国和德国开创电视先河打下了基础。

1908年坎贝尔·斯温顿(Campbell Swinton)提出了采用全电子方法实现电视系统的理论基础。斯温顿提议对CRT进行修改,使其既可以用作光的发射器,又可以用作光接收器。后继者基本遵循此理论,并研究发明了CRT电视。

2.黑白CRT电视实验阶段

CRT技术虽然可以用于示波器显示了,但显示电视图像却是在1926年才实现的。1926年圣诞节,日本人高柳健次郎展示了一台40线的电视机,其电视信号仍使用尼普科夫圆盘扫描方式产生,但使用CRT显示接收信号。1927年9月7日,菲洛·法恩斯沃思(Philo Farnsworth)在旧金山演示了第一个全电子电视系统,即接收端采用CRT显示器,摄像端也不需要尼普科夫圆盘,它展示的第一幅图像是一条简单的直线。1929年,弗拉基米尔·科斯马·兹沃里金发明了一种称为显像管的阴极射线管,用于原始电视系统,并申请了专利。

1931年艾伦·巴尔科姆·杜蒙特(Allen Balcom DuMont)制造了第一种商业、实用、耐用的用于黑白电视的CRT。总的来说,这个时期的CRT电视还基本上属于实验室产品。直到1933年,兹沃里金发表论文《光电管:电子眼的全新版本》(*The Iconoscope-A New Version of the Electric Eye*),标志着电子电视时代的开始,也开启了CRT电视的实用阶段。

3.黑白CRT电视实用阶段

黑白CRT电视进入实用阶段是1933年。有文献指出,1933年10月,意大利米兰的第四届国家广播展上展出了本国的Safar电视接收机,该接收机采用了阴极射线管作为显示部分。

1934年,德国德律风根广播电视设备公司制造了第一台带有阴极射线管的商用电子黑白电视机:Model SE-III,是180线的电子电视,于1934年柏林广播展上首次展出。1936年,法国第一台CRT电视机问世,为Emyvisor- Model 95,这台95型电视接收机在4英寸阴极射线管上以25帧/秒的速度显示180行图像,如图23-2所示。它使用放大镜将图片的大小增加到大约8英寸。

图23-2 1936法国"Emyvisor"CRT电视机

美国商用的黑白CRT电视机问世并不早,他们最早的商用CRT电视机是1938年6月由杜蒙特(DuMont)公司制造并向公众销售的,名为DuMont 180型电视接收机,如图23-3所示。1938年英国最早的5英寸屏CRT电视机——HMV Model 904电视面世，如图23-4所示。此后，CRT电视机技术获得高速发展，主要从显示的清晰度，即电视线的数量和屏幕的尺寸方面进行突破。1938年德律风根公司推出型号为FE-VI的电视机，电视线达到441线。1939年日本生产了阴极射线电视原型接收机。

图23-3　美国第一款商用电子电视机——DuMont 180型[①]

图23-4　英国最早的商用5英寸CRT电视机——HMV Model 904型[②]

第二次世界大战影响了电视技术的发展，"二战"结束后，研究者对CRT显示技术的研究集中到彩色CRT，黑白CRT逐渐退出应用市场和研究领域。

（二）彩色CRT显示器

1.探索实验

在19世纪，人们就知道要传输一幅彩色图片，可以将其分解成红、绿、蓝三幅图像，但研究人员一直在探索实现之路。1925年，弗拉基米尔·科斯马·兹沃里金申请了一项采用CRT的彩色电视系统专利，使用白色荧光粉，覆盖彩色滤光片的棋盘显示彩色，但这种设计并不成功。

1939年，约翰·罗吉·贝尔德(John Logie Baird)展示了一种被称为混合色的系统，该系统使用阴极射线管，在阴极射线管前面旋转装有滤色器的圆盘，通过滤色器分解和合成彩色电视画面。1940年，美国哥伦比亚广播公司的工程师彼得·戈德马克(Peter Goldmark)，带领该公司的研究人员发明了一种与贝尔德实现彩色电视思路相似的场顺序制彩色电视系统。该系统于1940年8月29日首次进行演示。这种系统与当时的黑白电视标准不兼容。随着"兼容彩色电视"技术发展，这种系统很快被与黑白电视兼容的全电子彩色系统取代，这种顺序制CRT彩色电视机也就被淘汰。

1940年，贝尔德开始研制了一种他称为"Telechrome"的全电子系统。该设备使用青色和品红色荧光粉，并按一定形状排列，来自电子枪的电子按预定目标轰击准青色和品红色的荧光粉，使之发出相应的光，能够再现有限颜色的彩色图像，这也就是同时制彩色电视的运作原理。1944年8月，贝尔德在世界上首次演示了实用的全电子彩色电视显示器。实际上，贝尔德的"Telechrome"系统并没有得到推广应用，这是因为这种CRT显像管只有两把电子枪和两种颜色的荧光粉，因此，它显示的画面色域非常窄；在管壳内部，没有荫罩，容易出现不正确的颜色。还有一个更重要的因素是Telechrome的设计极其笨拙，显示的图像在显像管内部，而不是在管子末端，观众必须往显像管内部深入观看，才能看到画面。后来商用的大多数CRT彩色电视机是基于德国人沃纳·弗莱希格(Werner Flechsig)发明的荫罩显像管。

从前文可知，如果采用全电子方式显示红、绿、蓝三种颜色画面，需要设计电路让电子枪发射携带红、绿、蓝颜色明暗程度的电子束去轰击荧光屏上对应的红、绿、蓝荧光粉，倘若电子束瞄准得不够

① The National Museum of American History.Dumont model 180 television receiver [EB/OL].[2024-01-24]. https://americanhistory.si.edu/collections/nmah_713312.

② Early Television Museum.Early electronic television-HMV 904 [EB/OL].[2024-01-24]. https://www.earlytelevision.org/hmv_904.html.

精确，就可能会打到邻近的荧光粉涂层，就会产生不正确的颜色或轻微的重影，因此怎么保证电子束能精确击中目标荧光粉是个难题。弗莱希格研制的荫罩彩色电视基本上解决了这个问题。1938年7月，弗莱希格获得了该项发明专利，这项技术于1939年在柏林国际广播展上展出。他设计的电子枪发射红、绿、蓝三束电子束，在荧光屏前用一个垂直金属丝网作为荫罩，彩色荧光粉是屏幕内侧的点。这个荫罩起到分配器的作用：只有正确的电子束才能穿透荫罩的穿孔板使目标荧光粉发光。偏转电路将三束电子束从左扫到右，从上到下扫过屏幕，并不断击中对应的荧光粉，且每三个相邻的红、绿、蓝组成一个像素，如图23-5所示。这种方法的缺点是，掩模切断了绝大多数光束能量，使其只在15%的时间内照射到屏幕上，需要大幅增加光束功率以产生可接受的图像亮度，而且实际生产起来也面临诸多困难。

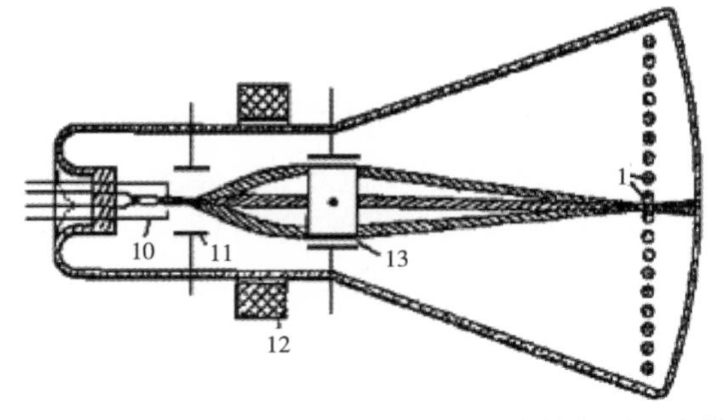

图23-5 沃纳·弗莱希格荫罩彩色显像管专利示意图[①]

1946年，美国无线电公司的工程师阿尔弗雷德·克里斯蒂安·施罗德(Alfred Christian Schroeder)也申请了荫罩CRT技术，并获得美国专利，但这项技术与弗莱希格的荫罩技术有明显不同。这个专利技术包括三个电子枪，它的掩模有一个蚀刻板，蚀刻板上有六边形的圆孔阵列，荧光屏上是圆形的红、绿、蓝荧光点，红、绿、蓝三色电子束通过共同偏转线圈的轰击对应荧光粉。

可见，在1950年之前，基本上是各种彩色显像管的实验探索阶段，其成果也基本上只是演示产品。

2.产品问世及规模化生产

1949年，RCA公司的洛(H.B.LAW)等人利用施罗德的荫罩CRT技术开发了全电子彩色系统，并于1950年12月成功展示了世界上第一个“兼容制”的电子彩色电视系统。该系统的接收机即第一款实用的“兼容制”CRT彩色电视机，由红、绿、蓝三个电子枪组成，屏幕依次由数十万个离散荧光粉组成的小三角形组成，小三角形在电子的轰击下能分别发出红、绿、蓝三种颜色。在每个电子管中，三个电子枪每1/60秒对准整个画面从左到右一行一行地发射电子束，击中相应的荧光粉，使涂在那里的荧光粉发出适当的颜色，最后屏幕上得到由这三种颜色图像合成的彩色画面。这种结构也被称为荫罩式三枪三束管。

由于此系统能够与当时的黑白电视系统兼容，成为1953年12月联邦通信委员会(FCC)选择的行业标准。这一早期设计于1953年年底作为商用型15GP22彩色显像管引入，它在一个直径40厘米的金属球中使用45°偏转角，内部有一个平面屏幕和对角线为30厘米的图像，如图23-6所示。这款显像管仅在1954年进行了有限生产，因为它采用45°的窄偏转角，管很长，而且必须通过曲面板观看平面内部画面。然而，第一套大批量生产的公司并不是RCA公司，而是由西屋公司制造，他们于1954年3月推出了型号为H840CK15的彩色电视机，使用的是RCA公司的显像管，屏幕为15英寸，如图23-7所示。RCA公司在随后几周将其首款全电子彩色电视机CTC-100投放市场，屏幕也为15英寸，内部采用的是15GP22显像管，如图23-8所示。

图23-6 RCA于1954年生产的15GP22彩色显像管[②]

① HAWES J T.Werner Flechsig: first practical color CRT, 1938 [EB/OL]. (2020-05) [2024-01-24]. http://www.hawestv.com/etv-crts/crt-flechsig/flechsig_1st_color_crt.htm.

② Early Television Museum.15GP22 Color CRT [EB/OL]. [2024-01-24]. https://www.earlytelevision.org/15gp22.html.

图23-7 第一款上市的彩色电视机——美国西屋公司生产的H840CK15①

图23-8 RCA公司第一款大规模生产的彩色电视CT100②

虽然厂商已经能生产彩色CRT显示器了，但是当时的显示器无论是图像质量、形状尺寸以及生产工艺都有很大的提升空间。1953年，CBS公司的费勒(Fyler)和他的同事取得了一项非常重要的实验进展，他们设计了一个弧形面罩管，在弧形面板的背面涂上荧光粉。这种管上的画面比RCA设计的内部平板看起来更舒服。有了曲面掩膜，每个荧光屏都能够通过其掩膜独立且独特地曝光，能够有效改善屏边缘部分图像的清晰度。这项技术一直沿用至后来的CRT显示器中。

在同时期，影响力较大的还有飞歌(Philco)公司于1955年左右研制的“苹果”管，该管又称为“束指引式”彩色显像管。其荧光屏用红、绿、蓝三色荧光粉成组涂成条状，采用单个电子枪发射一束电子束扫描荧光屏。电子束能量根据其扫描位置被调制，即当扫描到红色荧光条时，电子束被红色信号调制，扫描到绿色、蓝色时也一样分别被绿色、蓝色信号调制。这就需要一个指示系统提供电子束的扫描位置，以便将正确红、绿、蓝信号调制到电子束。实现这个指示系统的方法是：在荧光条背面涂敷铝膜，在铝膜上每个红荧光粉的地方又涂有氧化镁的介质条；当电子束扫过介质条时，由于二次发射系数不同，在阳极回路里就产生了一个信号，这个信号可以指示出电子束是处在某组红荧光粉的地方，从而控制颜色信号的传输，这就保证了颜色的重现。这种结构要比前面RCA公司的三枪荫罩管简单，图像质量也比较好，只是电路较复杂。由于当时RCA公司的荫罩管已经足够先进，“苹果管”最终没获得商业成功，不过该设计思想用在了后来的小型平面彩色显像管中。如图23-9所示。

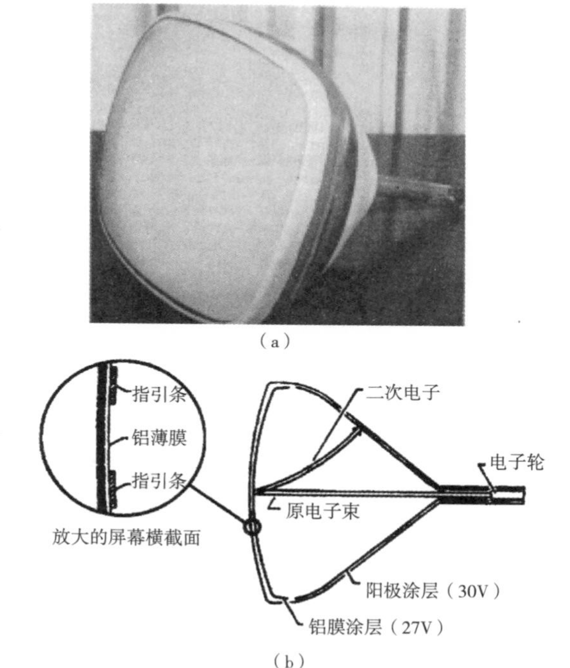

图23-9 飞歌公司研制的“苹果”管，图(a)为苹果管实物图；图(b)为苹果管横截面图③

① Early Television Museum.early color television–Westinghouse H840CK15［EB/OL］.［2024-01-24］. https://www.earlytelevision.org/westinghouse_color.html.

② Early Television Museum.Early color television– RCA CT-100［EB/OL］.［2024-01-24］. https://www.earlytelevision.org/rca_ct-100.html.

③ BARNETT G F, BINGLEY F J, PARSONS S L, et al. A beam-indexing color picture tube-the apple tube［J］.Proceedings of the IRE, 1956, 44(9): 1115-1119.作者将图(b)中的英文翻译成了中文。

当时还有另一个彩色显像管，使用荧光粉层和不同速度的电子束穿透三种不同颜色中的任何一种，被称为"穿透型显像管"。1961年，这种CRT管通过一种制造荧光粉颗粒的新方法得到了极大的改进。每一个微小的粒子都由一种颜色发射的内部核心组成，由其他两种颜色的层覆盖，中间有阻挡层。因此，荧光屏的沉积与黑白管的沉积一样简单，并制定了荧光屏和荧光管的设计原则。然而，设计能够发射三种不同速度的单束或三束电子束的电子枪，它与光栅匹配非常困难，因此它也没有得到广泛应用。

这一时期的另一个研发重点是试图通过改变电子束弯曲路径来获得一个平面显像管。在英国，有人探索了一种被称为"香蕉"管的投影管，这种管电子束可以急剧弯曲，电子枪在一侧。它的行扫描采用电子方式，垂直扫描采用机械方式。它是一个直径约10厘米的圆柱形玻壳，在玻壳的一端装有电子枪，电子束射出后进入偏转区，而红、绿、蓝三条荧光粉是涂在玻壳内的一个侧面上，经过偏转的电子束可以打到荧光粉上。为了保证电子束垂直地打到荧光粉上，设计者在圆柱形玻壳外面装有磁铁，建立一个均匀磁场，磁场方向与圆柱体的直径方向相吻合。偏转后的电子束在这个磁场内沿圆弧前进，可以垂直落到荧光粉上，这样就可以进行"行"扫描了。为了选择发光颜色，在偏转场附近再加入一个选择位置的线圈。帧扫描是用机械方法实现的。在管子的外面装有一个透镜鼓轮，鼓轮上有三个圆柱透镜。荧光粉发光经过圆柱形透镜投射到双曲面反射镜上，当鼓轮转动时就可以实现帧扫描了，如图23-10所示。

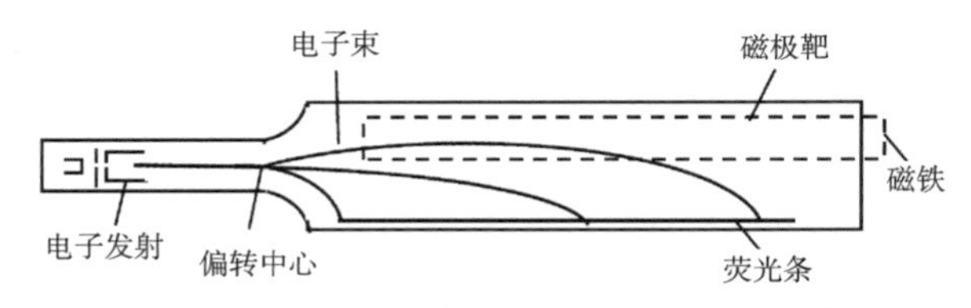

图23-10　"香蕉"管行扫描原理示意图[①]

1950年至1965年，CRT彩色电视机从实验室走到了公众面前，开启了商业化的第一阶段。美国RCA公司对此作出了重要的贡献，奠定了三枪三束荫罩式彩色显像管的理论基础，并解决和改进了一些比较重要的关键问题。比如：将荫罩由平面改成曲面，采用光学曝光法沉淀荧光粉点工艺，选择合适荧光粉等。虽然这个阶段也提出过如"束指引"管、穿透型管等其他彩色显像管方案，但荫罩管因在此阶段已经能够批量生产，且具有合格率高、成本低等优点，从而确定了彩色显像管的基本结构及此后的发展方向。为了进行规模化生产，制造商还不断改进生产工艺，解决了低熔点玻璃、聚乙烯醇(PVA)感光胶，曝光、涂屏、荫罩制造等工艺问题，建立了规模化自动生产流水线，大幅降低了成本。彩色显像管的屏幕由圆形逐渐改为矩形；偏转角扩大到90°；荧光粉的改进使亮度提高到了50%等。

3.大规模生产产品，提高产品质量

1965年至1975年彩色显像管在性能上和产量上都有飞跃进步。美国、日本、欧洲等多个国家都涌现了许多公司投入生产一种或多种形式的荫罩管。显像管的尺寸不断变大，类型也更加丰富。荧光粉的质量得以提升，从1965年到1975年彩色显像管的亮度提高了3倍。偏转角由90°增加到110°，缩短了管子长度。这期间还有重要创新的是荫罩管设计和黑底矩阵屏技术。

传统的荫罩管设计将三支枪按等边三角形(品字形)排列，并在荫罩中使用六边形圆孔阵列和圆形荧光点。美国通用电气公司于1966年推出了一款名为"Porta color"的11英寸便携式彩色接收器，它与传统荫罩管设计的一个不同之处是将三枪排成一条直线，仍采用相同类型的面罩，这也是市场上第一个"一字形"排列三枪CRT。

1968年，索尼推出了一个更重大的变化，称为特丽珑(Trinitron)管。该管采用单电子枪发射三束直排电子束，采用由垂直条格栅组成的荫罩，荧光粉以垂直线沉积，如图23-11所示。其显像管表面在水平方向仍然略微凸起，但是在垂直方向上是笔直的，呈圆柱状，故称之为"柱面管"(cylindrical flat panel)。柱面管由于在垂直方向上平坦，因此比球面管有更小的几何失真，并且能将屏幕上方的光线，反射到下方而不是直射入人眼中，因而大大减弱了眩光。另外，这种结构因为消除了纵向间距，透光率比普通显示器高约30%，加上荧光粉条垂

① 孙伯尧.电子束管的发展[J].真空电子技术，1962(5)：257-268。

直，所以亮度很高，色彩比其他的显像管系统的色彩亮丽细致。更为重要的是，这种单枪三束彩色显像管使会聚调整大大简化。然而，由于这种垂直栅条不像网状的栅格那样，中间有无数的连接点，而是从屏幕顶一直通到屏幕底的，如果中间没有任何支撑，就容易发生严重的变形，因此，索尼的解决方法是使用细铁丝来固定这些栅格，显然这种方法需要相对较重的框架和圆柱形的荫罩和面板。同年，索尼把特丽珑显像管应用在自家KV1310彩色电视机上，很快产品成为热销品。1973年，美国电视业最高荣誉奖“艾美奖”授予了索尼公司开发的特丽珑显像管，特丽珑成为第一个获此殊荣的电子产品。

特丽珑系列开始被用于具有90°偏转的较小尺寸显像管，后来被扩展为包括偏转角度高达122°的较大尺寸显像管。特丽珑管的性能卓越，但制造成本高昂。2008年3月，索尼宣布特丽珑显像管正式停产并停止销售，除特丽珑之外只有日本三菱公司采用了以上技术。

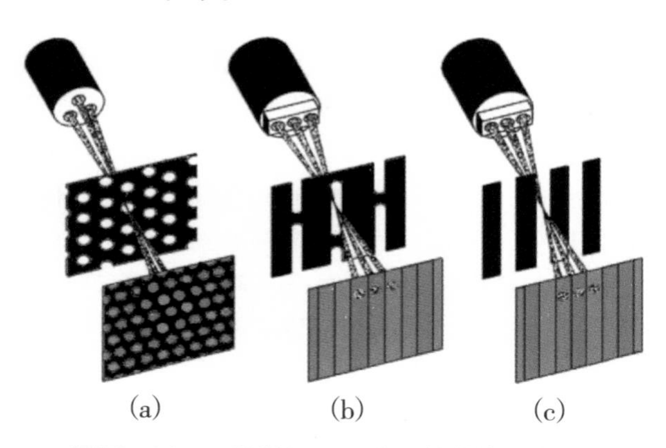

图23-11　三种彩色CRT电子枪结构示意图：(a)“品字形”三枪三束结构；(b)“一字形”三枪三束开槽结构；(c)单枪三束直列结构

黑底矩阵屏技术由RCA公司和真力时公司于1969年推出，它在荧光粉条四周涂上一层黑色膜，从而大大提高了彩色显像管的对比度，使对比度增加了30%，改进了白天观察电视的效果。该技术自发明后得到了广泛的应用，几乎所有的彩管都采用了黑底矩阵屏技术。

1971年，日本东芝公司生产了世界首款同时采用11种集成电路的大型集成电路化彩色电视20C60，并成为世界上第一批开始销售高集成电路化彩电的企业。

在这个阶段，还有一项重要成果是RCA公司于1972年首次提出自会聚彩色显像管，并成为彩色显像管的主流产品。

1954年，荷兰飞利浦公司的哈恩杰斯和吕本通过对偏转像差理论的分析，提出如果将品字形排列的电子枪改为一字形排列，则有可能利用强像散场抑制场曲的方法实现自会聚。1972年，RCA公司据此理论研制出自会聚管，其电子枪由品字形排列变成一字形排列，偏转线圈的磁场分布由近似均匀场改为枕形场(水平偏转)和桶形场(垂直偏转)，使R、G、B三电子束实现自动会聚，大大简化了彩管的安装和调试。此后，这种具有独特优点的自会聚管成了彩色CRT的主流。由于彩色显像管引入自会聚系统，电子枪的改善就提到日程上来了。因为自会聚场是非均匀的，使电子束在偏转时产生严重的偏转散焦，造成分辨率特别是屏边缘的分辨率变坏。此外，为了节能，该电子管采用细管颈，这使得分辨率更差了。为此，在自会聚偏转线圈发展的同时，电子枪的聚焦性能也进行了改进。改进电子枪的共同特点是使电子束在偏转场内的截面尽量小，预先改变电子束截面形状，以补偿由于偏转散焦引起的截面变化。

1975年，RCA公司发布了“过滤”荧光粉以提高对比度的技术，并进一步改进了黑底矩阵屏技术，其中红色和蓝色荧光粉吸收的波长不同于它们发射的波长；荧光粉现在不再像以前的白色荧光粉那样反光。荫罩管图像亮度的改善也非常显著，1950年的第一根管的平均亮度仅为约7cd/m^2，到1964年荫罩管的平均亮度已达到约50cd/m^2，而到1974年，常见的荫罩管的平均亮度基本可以达到350cd/m^2。

4.彩色显像管生产技术成熟

1975年后，彩色显像管大规模生产工艺基本成熟。但随着电视技术发展，人们对电视机的观看质量、舒适度要求越来越高，因此这个阶段除了进一步改进自会聚管的技术外，技术研发主要集中在全直角屏、高分辨率彩色显像管方面。

在此阶段，自会聚管在电子束聚焦、偏转线圈及荫罩的设计等方面取得许多新的进展：聚焦质量进一步提高，电子束间距不断减小；进一步简化偏转系统和降低会聚误差，在设计偏转线圈时采用计算机辅助设计技术，使线圈的质量参数显著提高。

1979年日本发布了一种完全不需要任何枕形光栅校正的90°自会聚管，通过研究，确定了荫罩槽孔的尺寸与槽间横向结(垂直方向上槽与槽连接的横隔)垂直高度的合适比例，并推出了超拱形变节距技术。这种技术可保证荫罩有均匀的透过率，同时色纯和白场均匀性亦能达到较佳水平。此时，日本的彩色显像管的管颈已能做到直径在22.5毫米以内，被称为超细管颈彩色显像管(co1or picture tube，CPT)。1982年，RCA公司推出COTY-29(combined optimized tube yoke)。通过计算辅助设计，把管子与线圈组合起来，使材料、偏转功率、成本最省，并通过扩展场透镜电子枪改进聚焦和会聚功能。

最初彩色显像管的屏是圆形的，只有中间部分显示面积接近矩阵的图像。20世纪60年代日本索尼公司首先提出了球面圆角矩形显像管，曲率半径在1 000毫米左右。到了70年代，RCA公司研制出柱面矩形显像管，曲率半径可达1 500毫米。1982年日本东芝公司首次开发出画面接近于平面、四角为直角的全矩形屏(FS)彩色显像管。这是采用计算机辅助设计(computer aided design，CAD)来设计的大型高真空玻壳形状显像管，使显像管不用再加保护强化玻璃，就能完全满足耐冲击的要求。紧接着，美国有的RCA公司、荷兰的飞利浦公司、日本的日立和松下公司等，也都研发出FS彩色显像管。1984年，RCA公司生产了平面直角形(SP)显像管。SP管属于FS管，只是SP管的屏面曲率半径是原来标准管的2倍，而FS管是标准管的1.7倍。随后的几年，日本的三菱、索尼公司都推出了超大屏幕的FS屏。到1988年，日本开发了HDTV用的宽屏幕显像管。

显示画面大型化使得像素粗化，电子束光点直径的增大就会引起分辨率的下降以及亮度、对比度等综合图像质量的下降。同时，当时计算机显示屏的需求增加，需要数字化的图文显示管，并且电视技术也向高清晰度电视发展，这些因素促使业界推出高分辨率彩色显像管。提高分辨率由多种因素决定，前文提到，RCA公司采用XL枪，即四极场透镜枪，改进四角聚焦。其他公司也提出了各种改进方法，索尼公司采用单点位聚焦枪，聚焦性能最好；东芝公司采用大孔径厚金属板单双电位聚焦枪，改进机械强度和加工方法，减小主透镜像差。这些方法提高了分辨率，使得这个阶段某些型号的彩色显像管分辨率能达到高清晰度电视的要求。

进入20世纪70年代后期，日本不少厂家又重新注意起束指引管来，因为束指引管确实是自会聚管的一个潜在对手。1981年索尼公司宣布做成30英寸的束指引管，从而打破了电子束指引管技术长期停留在小尺寸之上的僵局。

这期间，除技术的发展外，彩色显像管的生产经营也发生很大变化。1986年RCA公司被GE公司收购，之后又被转给法国的汤姆逊(Thomson)公司，美国的彩管工业逐步被日本等公司兼并。发展中国家彩电正在迅速普及，特别是中国彩电市场增长很快，因此，彩管产地很自然向东南亚地区转移。

5.薄平型、高分辨率显像管的研发与生产

1990年以后，受平板显示器件的冲击，彩色显像管研发的重点是薄平型的高分辨率显像管。

1990年以后，各厂商继续开发大型平板CRT显示器。1993年，松下公司推出曲率半径2R的33英寸超平面玻壳；1994年，飞利浦、东芝、索尼相继也采用超平面屏。1995年，松下开发出第一个全平面42厘米CRT；1996年，索尼开发出名为FD的单枪三束彩色显像管的全平面CRT；1998年，各公司相继采用全平面玻壳。平面CRT本身并没有提高图像质量，但它提供了低的环境反射和好看的外观设计，因此受到市场的认可。

CRT的最大缺点是屏面尺寸越大，管子的总长度越长。之前因为显示器件没有其他对手，这个缺点不突出。20世纪90年代，随着众多新型平板显示器件的发展，CRT的这个缺点更为突出。因此，实现CRT器件的平板化设计，成为这个时期的主要目标。

实现平板CRT的关键之一是减小CRT器件电子束的偏转空间，简单的办法就是加大偏转角，以缩短显像管的长度，但这会带来新的问题——屏幕四周像素的会聚和色纯问题。无论如何，这些难题都没有阻挡人类研发薄型CRT的道路。

早在20世纪50年代初，加州大学的艾肯博士和伦敦大学的加博尔博士几乎同时提出了结构相似的具有开创性历史意义的第一个扁平CRT模型，从而开创了CRT扁平化或平板化的研究开发工作。他们设计电子束平行于荧光屏射入，通过一串U形水平排列的偏转电极，使电子束偏转。在1964年左右，艾肯在视频色彩公司工作期间，研制了基于他专利的扁平CRT显示器，如图23-12所示。他们的设计都需要用高能电子束来获得足够的亮度，需要强偏转力，这增加了束弯折和扫描系统的复杂性，在当时的条件下未得到推广。20世纪五六十年代，飞利浦公司一直在对"香蕉管"进行改进，1978年发布了通道倍增的平板CRT，通过装入电子倍增器来分离管内的图像寻址和发光功能。这种分离功能能够达到以很低的束能和电流进行扫描，同时能向荧光屏传送大功率。1981年，索尼公司采用类似技术生产了单色显示屏，随后几年索尼和其他几家日本公司又推出了彩色显示屏。这种技术设计复杂，尤其是对大屏幕彩色显示来说难度非常大，因此，实际应用只局限在一些小屏幕了，如可视门铃、电视电话等电子装置中得到应用。

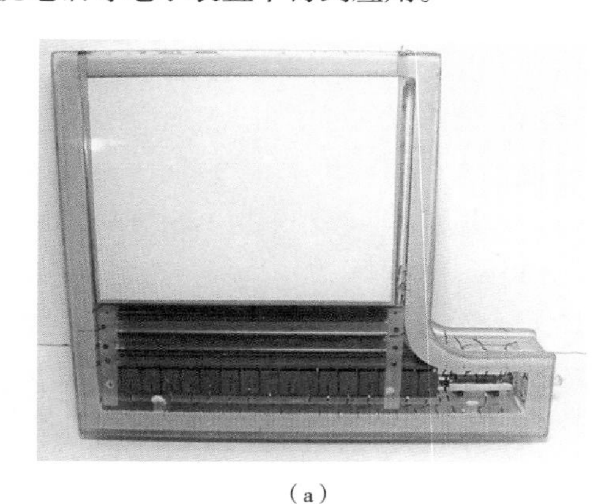

（a）

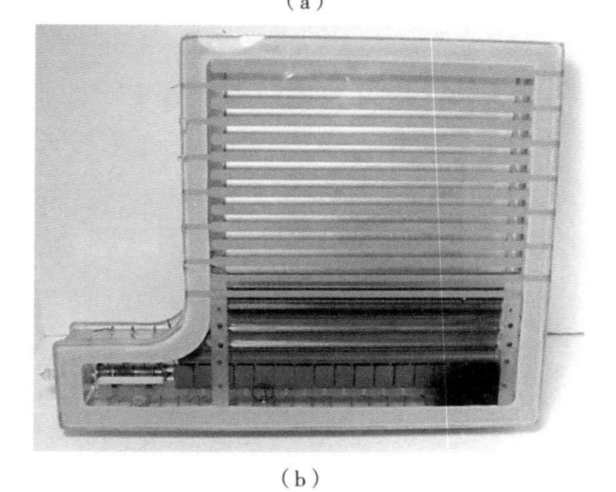

（b）

图23-12　1964年左右根据艾肯扁平管开发的实验产品，图(a)为正视图；图(b)为内部图[①]

还有一种解决思路是多枪阵列CRT，类似于将多个小CRT组合成一个大屏幕。整管屏幕尺寸是所有小CRT之和，厚度只有一个小CRT那么大。最早提出这种方案的是1982年的日本东芝公司，该公司提出，将两个CRT管水平排列组成一个显示屏。1983年，RCA公司的大面积模块结构是在这方面的一个发展。在该结构中，底部有一行垂直指向的电子枪，并用电子束偏转桥接邻近阴极间的空隙。垂直偏转是以选通法为基础，水平条电极上的导通电位将使电子束通过梯状导向极中的选择孔射出。1986年东芝公司又发明了一种扁平CRT结构显像管，12个小的CRT通过拼接，形成一个具有较大显示屏的扁平CRT。这种方案的主要障碍在于子单元边界能否获得优良的线性，使图像部分达到完美的匹配。

此外，还有采用线发射体的设计方案。这个方案在图像的下面有一列发射体，每一发射体输入一条扫描线。这种管子在垂直方向使用偏转寻址，选通排列提供水平信息。1985年日本松下公司展出了屏幕大小为10英寸的这种类型彩色管，采用线发射结构，装入15个分立的丝状阴极，每条输入图像的水平部分。松下的管子是用垂直偏转和水平方向混合选通/偏转复合寻址结构。然而，此产品并未投入市场。

由线发射体方案很容易联想到面发射体。要实现面发射就需要二维点源阵列，在整个表面发射电子，因此选择什么样的面发射体就非常关键。当时，采用此方案生产出产品的是日本双叶电子工业株式会社(之前也有其他公司采用此方案)。1986年，该公司用真空荧光显示器(vacuum fluorescent display，VFD，一种低压多发射体CRT)作为面发射体，用二维灯丝阵列作为面发射体并用像素寻址选通法制成了8英寸全色板。该方案的问题是亮度有限、灰度差，这限制了其应用。还有其他公司也在探索新方法，如，采用场致发射显示(field emission display，FED)作为面发射体。1993年10月1日，松下公司推出了14英寸平板CRT电视机，该产品被称为"Flat Vision"。其厚度只有9.9cm，分辨率为640×480，亮度可达300cd/m^2。它采用

① Reverse Time Page.Experimental flat CRT(cathode pay tube)［EB/OL］.(2012-08-02)［2024-01-24］. http: //uv201.com/Tube_Pages/flat_crt.htm.

线发射方式，横向放置的44条线阴极作为电子发射源，相当于许多个小CRT组成，利用电偏转进行扫描。此方法实际上是面阴极发射与多枪阵列相结合的结构。这款产品由于均匀性不好，加上真空管内电极无支撑，难以稳定，最终被放弃。

前文已提到，实现平板CRT的简单方法是大大增加电子束偏转的角度，使电子枪安放在非常靠近荧光屏的位置，以减小CRT的进深尺寸。这带来的后果是电子束和荧光屏之间的着屏角在靠近图像边角处变得极小，导致径向光点尺寸增大(分辨率不佳)，在彩色管中还存在色纯问题。1986年RCA公司提出了一个设计方案，其中心思想是设计装有一个附加聚焦电极以增大图像边缘处的着屏角，这种方法又称为后偏转技术。RCA公司生产的110°彩色CRT剖面图如图23-13所示。

图23-13　RCA公司生产的110°彩色CRT剖面图①

1996年，荷兰菲利浦公司成功研制出一款薄型CRT，称为电子束管平板(cathode rays plates，CRP)，并在1997国际信息显示会议上系统地介绍了这款新型薄平板CRT。CRP采用线状热阴极，通过绝缘体结构控制电子束传输，实现电子束的偏转扫描。CRP在玻壳内部采用机械支撑的方法使其能承受大气压力。不管屏面的大小如何，其厚度只有1cm，在实验室内已做成17英寸的显示面板，水平彩色点的节距为0.5mm，垂直节距为0.6mm，行驱动电压为200V，列驱动电压为15V，屏电压为4.5kV，峰值亮度为500cd/m^2，在100lx环境光下对比度为60：1，视角接近180°。

上述薄型CRT的设计理念都有各自的问题。最后作为电视接收机应用的CRT还是采用大偏转角的方式。2001年1月18日，松下公司正式发布两款新型的薄型CRT电视机——TH36-DHl00和TH36-D100(均为36英寸16：9宽屏幕高清晰度电视机)，成功地将原先541mm厚的机身降低到427mm，偏转角从102°增大到了120°，并首次在大屏幕电视机上采用了强度大、重量轻的镁合金材料作为电视机外壳框架。

2004年，三星、LG-菲利普、索尼和佳能皆声称已研制出超薄CRT，厚度在38cm左右，预计在2005至2008年逐步推向市场，其中三星公司更是提出了厚度仅为25cm的极薄CRT的概念并已开始着手研发。LG-菲利普公司的超薄CPT在当时已有3种产品：21英寸的4：3纯平超薄电视显像管，已经商品化并投入市场；32英寸和36英寸的16：9超薄CPT也有工程样管。LG-菲利普公司的超薄CPT采用独特的后偏转技术，使其只对屏幕边缘的电子束起作用，从而减小了屏边缘电子束通过荫罩的倾斜角，使荫罩的电子束通过量增加，着屏变好，同时也扩大了偏转角度。汤姆逊(Thomson)公司的16：9 超薄CPT 系列采用125°偏转角，可使厚度减小30%。

RCA公司研发的偏转角达140°的薄型CRT，是当年技术最先进、偏转角最大的超薄型CRT。它可以利用现有的生产线及传统的电子枪、荫罩、玻壳技术和工艺技术进行生产。它利用静电场透镜踢板，使电子束在靠近屏边缘时，产生向屏侧的弯曲，从而减小光点尺寸，并使偏转线圈和电子枪更易设计。但因为它采用管内电子踢板，一致性不好控制，整管成品率较低，成本降不下来，影响了产品的量产。RCA公司生产了140°彩色电视。W76 DOS 140是RCA公司在宾夕法尼亚州兰开斯特工厂制造的最后一个彩色显像管原型，该管具有难以置信的140°偏转角，如图23-14所示。但事实上，工程师们始终无法使其正确聚焦和会聚。

① Early Television Museum.Early color television-color picture tubes [EB/OL]. [2024-01-24]. https: //www.earlytelevision.org/images/26_inch_crt-cutaway-hd.jpg.

（a）

（b）

图23-14　RCA公司生产的W76 DOS 140是世界上最浅的彩色显像管，图(a)为显像管侧后视图；图(b)为显像管侧前视图[①]

2005年8月，三星SDI在我国生产了21英寸和29英寸超薄显像管，并向部分中国家电企业供应这种新型显像管。

总之，上述超薄型CRT电视机并没有取得CRT工作原理上的突破，只是靠加大偏转角来缩短CRT的长度来减少电视机的厚度。因偏转角过大，使边缘的会聚、聚焦、色纯度变差，轮廓失真加大，整机功率增加，使显示的图像质量下降。为此，需要增加校正补偿电路，从而增加了成本。与此同时，液晶和等离子显示技术在克服了其缺陷后，轻薄、平板的优势尤为突出，尽管CRT进行不断更新，但到2006年左右，CRT显示器在市场的销售仍远低于预期。到2008年，日本索尼公司宣布特丽珑显像管停产并停止销售，也就标志着CRT显示器的时代基本结束了。

本节执笔人：杨盈昀

第二节　液晶显示技术

一、引言

液晶显示技术是一种采用液晶控制透光度来实现电光转换的平板显示技术，通常按英文缩写为LCD(liquid crystal display)。

液晶具有电光效应，通过改变外加电场使液晶分子排列改变从而调制外来光，达到显示的目的，因此液晶显示是被动显示，必须有外来光源。

液晶显示器根据驱动方式可分为简单矩阵驱动(simple matrix)和有源矩阵驱动(active matrix)。其中，简单矩阵型又称为被动式(passive)，可分为扭转向列型(twisted nematic，TN)、超扭转式向列型(super twisted nematic，STN)以及双层超扭曲向列型(dual scan tortuosity nomograph，DSTN)等液晶显示器。有源矩阵型则以薄膜式晶体管型(thin film transistor，TFT)为目前主流。

TFT-LCD显示器件由背光板、偏光板(检偏器和起偏器)、玻璃基板、驱动电路、液晶层、滤色膜(片)等组成，如图23-15所示。经过起偏器的平行光(偏振光)依次透过玻璃基片、透明电极输入液晶分子层，液晶分子在外加电场的控制下改变排列方向，从而改变光的透射率，使透过液晶分子层的光的强度与外加电场(由图像信号形成)成正比，透过的光线再通过共通电极、滤色片、玻璃基板和检偏器输出。被动式液晶显示器件的结构与此相似，区别在于TFT-LCD的透明电极为FET晶体管，而被动式液晶显示器采用简单的矩阵电路提供电压。

显示彩色时，每个像素由三个液晶单元格构成，其中每一个单元格前面都分别有红、绿、蓝滤色片。通过不同单元格的光线，利用人眼的空间混色原理，就可以在屏幕上显示出不同的颜色。

图像的扫描由驱动电路提供的脉冲信号逐点寻址完成。

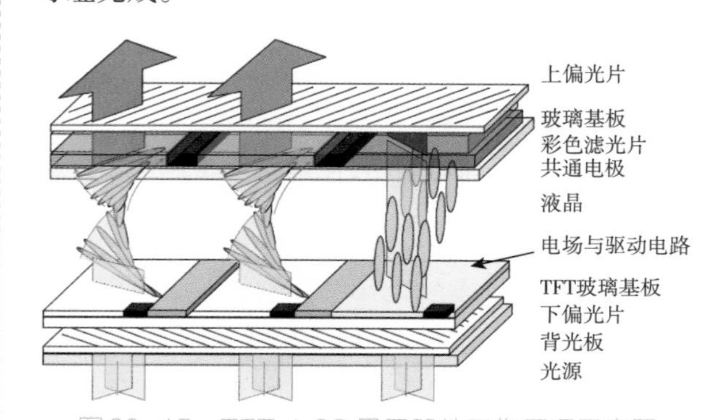

图23-15　TFT-LCD显示器件工作原理示意图

① Early Television Museum.Early color television-color picture tubes [EB/OL]. [2024-01-24]. https://www.earlytelevision.org/color_crts.html.

二、发展历史

液晶显示器自发明以来，主要经历了四个发展阶段：基础理论和应用研究阶段；产业化初始阶段；产业化研发与应用阶段；大尺寸液晶产品的成长阶段。

（一）基础理论和应用研究阶段

1888年至1972年为液晶材料基础理论和应用研究阶段。1888年，奥地利植物生理学家菲德烈·莱尼茨尔（Friedrich Reinitzer），发现加热安息香酸胆固醇脂时它会变成液体状，他向德国亚琛大学物理学教授奥托·雷曼（Otto Lehmann）请教。雷曼制造了一台具有加热功能的显微镜，去观察这些脂类化合物结晶的过程。此后，雷曼对这些物质进行系统性研究，发现了100多种类似性质的材料，这类白而浑浊的物质外观上虽然属于液体，但显示出异性晶体特有的双折射性。雷曼将这些物质称为晶态流体，并分为“晶状液体”和“液态晶体”两大类。这就是液晶名字的来历。

现代液晶显示技术的研究起源于美国。20世纪60年代，美国RCA公司的工程师理查德·威廉姆斯（Richard Williams）发现了液晶的电光特性。1965年年初，由乔治·海尔迈尔（George Heilmeier）领导的RCA公司小组正式启动了液晶研究项目，并于1968年5月28日召开了新闻发布会，介绍了LCD显示器的研究进展，展示了2×18像素的矩阵显示器样品和其他部件，这标志着世界上第一台液晶显示屏的诞生。这款显示屏采用动态散射模式（dynamic scattering mode，DSM）的液晶工艺，存在材料稳定性差、对比度低、扫描线数量限制等问题，难以进行批量工业化应用。1969年，RCA公司放弃了研制LCD电视显示器的计划。

1970年2月，从RCA公司离职的德国人沃尔夫冈·赫尔弗里希（Wolfgang Helfrich），加入了瑞士罗氏公司。他与瑞士人马丁·夏德特（Martin Schadt）针对DSM液晶的缺陷，提出了TN模式，利用电场强度控制液晶的扭曲向列相，来显示屏幕画面。1970年12月4日，两人申请了TN-LCD专利。TN液晶能起到快门的作用，通过使液晶分子在电场中移动，可以控制光的开/关。目前，几乎所有液晶显示屏都在采用这个工作原理。

1966年，在西屋公司研究液晶显示技术的弗格森离职，并于1970年创办了自己的公司，该公司成为最早生产TN-LCD液晶屏的企业之一。

1971年，美国莱希纳（Lechner）提出了应用有源矩阵驱动液晶的显示模式，这被认为是现在成为TFT-LCD的源头。这种驱动方法给各个像素附加了开关元件，其中有场效三极管或二极管和信号存储电容，以对液晶屏进行驱动。这项技术成为LCD显示器成功的关键技术。

（二）液晶显示产业化初始阶段

1973年至1988年为产业化初始阶段，TN-LCD液晶显示器开始产业化。

虽然DSM-LCD和TN-LCD两种模式液晶已经研发出来，但是液晶显示屏的实用化并不容易。当时，液晶的使用寿命和可靠性等基本问题都未能解决，使用不了多久显示就会消失。原因主要是将直流电压加载到液晶上时，液晶材料及电极会发生氧化还原反应而变质。虽然设计者也可以采用交流电来驱动液晶，但是这样做显示性能较差。最终解决这一问题的是夏普公司。他们在液晶材料中加入离子性杂质，使其导电率升高，再采用交流驱动，从而获得良好的显示特性。利用这项技术，1973年5月，夏普公司推出使用液晶显示屏作为显示部件的小型计算器EL-805。夏普公司的液晶计算器上采用的是RCA公司的动态散射模式（DSM）液晶技术，其点阵显示扫描线在数量方面存在一定的限制。不过全球首款成功应用LCD显示屏的计算器不是夏普公司的产品，是1972年北美罗克韦尔微电子公司（Rockwell Microelectronics）生产的Lloyd's Accumatic 100计算器，如图23-16所示，其液晶也是采用的DSM技术。

图23-16　首款液晶计算器（Lloyd's Accumatic 100）[①]

① Vintage Calculators Web Museum.Lloyd’s Accumatic 100［EB/OL］.［2024-01-24］http：//www.vintagecalculators.com/html/lloyd-s_accumatic_100.html.

日本精工(SEIKO)则从美国人弗格森手中买下了TN–LCD技术，并在1973年10月推出了其第一款LCD数字显示电子表(06LC型)，如图23–17所示，引发了数字电子表热潮。商业上取得的巨大成功，推动了日本企业在LCD研发领域的热情。1982年12月，精工宣布生产出世界第一块单色屏(TN–LCD)的腕表电视，其液晶屏采用主动矩阵工艺，以硅片为基材。1983年5月，精工在东京的一次记者招待会上，宣布研制成功1.2英寸的DXA001型微型彩色液晶电视手表(Seiko TV Watch)，引起业界轰动，如图23–18所示。

图23–17　第一款LCD数字显示电子表(06LC型)

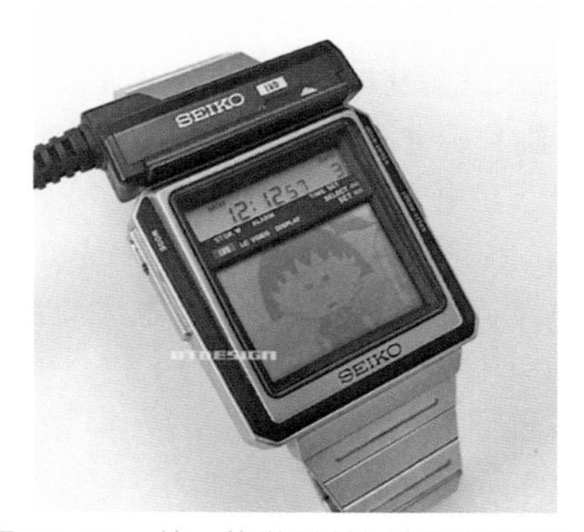

图23–18　第一款微型彩色液晶电视手表[①]

北京电子管厂是中国最早进行液晶显示技术研发的企业之一，1981年试制成功TN–LCD液晶屏，但由于缺乏资金而没能实现产业化。

技术人员继续改进液晶显示模式。他们发现TN模式显示的扫描线数增加到60条左右时，图像就会发生变形。日立制作所的川上英昭最先找到了原因并提出解决方案。他发现，扫描线的最大数量取决于电压–透过率曲线的上升沿。随后出现了将液晶的扭曲角从TN模式下的90°增大到270°的STN模式，以提高电压–透过率曲线的上升沿。1982年，英国皇家信号与雷达研究院发明了STN液晶。1985年，瑞士布朗勃法瑞(Brown Boveri)公司试制出扫描线数量达到135条的STN液晶显示屏。

1987年，夏普开始批量生产笔记本电脑用的小尺寸STN–LCD。1990年，“640×200超扭曲液晶显示项目”完成，这是中国大陆最早涉足的STN–LCD项目。

这个阶段的液晶显示技术还不能用于电视显示器中。

(三)液晶电视产业化研发与应用阶段

1989—2003年是TFT–LCD液晶的产业化研发与应用阶段。STN–LCD虽然性能有所提高，但仍然存在对比度较低、难以显示细微灰阶的问题。1979年英国邓迪大学成功研制出几乎满足TFT–LCD所有使用条件的a–Si TFT。接着，1981年斯内尔(Snell)等在世界上首次成功地试制了5×7点阵的TFT–LCD。这种技术在显示面板的各像素分别设置开关元件和信号存储电容，控制各像素的亮度，防止因受到周围像素的影响而产生的失真，使得显示画面层次鲜明、对比度高。1980年，德普(Depp)等成功研制出多晶硅TFT，它具有较小体积的薄膜晶体管及储存电容器，因此，具有更大的穿透区，从而获得更亮的显示画面，且更省电，后来成为制造高分辨率液晶显示器的最佳选择。由于p– Si TFT制备过程涉及高温条件下的工艺环节，该技术得以实用化已是十多年之后，且生产成本也较高，从而限制了其广泛应用。

TFT技术需要硅膜。若想制造TFT液晶电视，需要在大面积玻璃基板上形成硅膜的技术和彩色显示技术。当时非晶硅(a–Si)形成技术已经实用化。在彩色显示技术方面，日本东北大学的内田龙男于1981年发布了并置加法混色法，通过有序排列的三

① SEIKO/TV Watch DXA001，DXA002.[EB/OL].(2022–04–19)[2024–01–24]. https://utdesign.net/seiko–tvwatch/.

色滤光片来实现彩色显示，这就是彩色滤光片方式。

基于上述开发成果，1986年，松下电器产业公司首次把生产3英寸彩色LCD的电视商品化。1987年，夏普研制成功3C-E1型3英寸a-Si TFT彩色液晶电视，它是TFT液晶应用的鼻祖，如图23-19所示。1988年，业界开始开发用于14英寸电视的非晶硅TFT彩色液晶显示屏，夏普公司于当年推出14英寸液晶屏，验证了实现大屏幕非晶硅TFT液晶屏的可能性，引起众多厂商纷纷对此进行投资。1988年出现了用于IBM公司与东芝公司个人电脑产品的14英寸TFT液晶样机，并很快商业化生产与销售。至此，非晶硅TFT彩色液晶电视的理论研究和试制基本完成。

图23-19　TFT液晶彩色电视(3C-E1)①

1989年8月至1990年秋季，日本电气股份有限公司(NEC)、DTI(IBM与东芝制造联盟)和夏普，相继启动了各自的第一条大尺寸TFT-LCD量产线，拉开大尺寸液晶显示器产业的序幕。产业化过程充满艰辛，这些电子巨头从宣布建设生产线到开始批量生产，用了差不多三年的时间。1991年，第1代320mm×400mm基板生产线投产，开启了液晶显示屏一代又一代的更新之路。这种划分代际的标准是以液晶生产线的玻璃基板尺寸规格为基准，玻璃基板尺寸越大，能在同一块玻璃上切割出越大的液晶屏，可以有效降低生产成本。同年，夏普开发了世界上第一台配备8.6英寸TFT彩色液晶面板的壁挂式电视，它是当时业内最大的产品，它的厚度薄至10厘米，如图23-20所示。

图23-20　世界上第一台TFT彩色液晶壁挂式电视②

实际上，第一代产品量产的成品率远低于10%。通过研究，发现主要有两方面原因：一是厂房内存在过量的尘埃颗粒。与半导体相比，液晶面板在生产过程中对尘埃颗粒的敏感度更高，尤其是大面积液晶面板生产方面。二是制造TFT液晶面板的设备，原本用于制造对尘埃颗粒影响不敏感的非晶硅太阳能电池。为此，1991年，东芝和夏普找到美国应用材料公司(世界最大的半导体生产设备供应商)，该公司派出的工程师经实地考察分析后，从化学气相沉积(CVD)设备入手进行改进。两年后，1993年10月，该公司推出AKT-1600型CVD设备，宣称它能够使面板产出良率从10%上升至90%。至此，液晶显示器的生产效率得到极大提高。

1993年，日本电气股份有限公司、东芝、夏普三家公司开始采用第2代的360毫米×465毫米基板，在这种尺寸的基板上可以切割出4张9.4英寸的面板。紧随其后进入该产业的日立制作所、松下电器产业及三星电子等厂商则采用了370毫米×470毫米基板，在这种尺寸的基板上可以切割出4张更大的10.4英寸面板。此时，日本厂商都采用了AKT-1600型CVD设备。

1994年，夏普公司投产可切割出4张11.3英寸面板的400毫米×500毫米基板生产线(第2.5代)。1996年，DTI投产第一条可切割出6张12.1英寸面板的550毫米×650毫米左右的基板(第3代)生产线。1997年，LG率先投产3.5代生产线，即生产可获得6张13.3英寸面板的590毫米×670毫米基板，

① シャープが、3型液晶テレビ発売［EB/OL］.［2024-01-24］. https://jp.sharp/aquos/history/.

② 夢の壁掛けテレビの誕生［EB/OL］.［2024-01-24］. https://jp.sharp/aquos/history/.

并推出了全球第一片14.1英寸XGA等级的笔记本电脑面板。1998年，夏普推出了36英寸液晶彩色电视机。液晶显示器在市场普及的大幕也随之拉开。1999年，中国引进第一条TFT-LCD生产线，并开启试生产。

2000年9月和10月，随着夏普和三星分别投产680毫米×880毫米与730毫米×920毫米的第4代和第4.5代基板生产线，用于大屏幕显示器的液晶面板的生产效率得到大幅提高。在这样的发展态势下，显示器的成本不断降低，技术竞争也日趋激烈。同年，三星公司将61cm的UXGA TFT-LCD HDTV投入市场。2002年，LG建成世界第一条5代线，生产可切割出6张27英寸面板的1 000毫米×1 200毫米基板。

1998年，液晶显示器的出货量约为100万台，到2001年已增至1 000万台，2005年甚至突破了1亿台。这个时期的液晶电视还无法取代CRT，主要在响应速度等视频显示性能上存在较大的挑战。

与自发光型显示器件相比，LCD的最大问题是视角，在这个阶段，也出现了各种提高视角的技术。主流的宽视角技术有：宽视角补偿膜(TN+Film)技术、垂直取向(vertical alignment，VA)技术、平面转换(in plane switching，IPS)技术以及边缘场切换(fringe field switching，FFS)等技术。因此，出现了对应的几种主流液晶面板。

TN+Film技术是宽视角模式中最简单的一种，通过在TFT-TN液晶盒表面贴一层特殊薄膜，将水平视角扩展到90°—140°。这种模式良品率高，成本低，但对比度相对较低且响应时间较慢，主要用于中低端液晶市场。

VA型显示模式中，多畴垂直排列方式(multi-domain vertical alignment，MVA)的应用最广泛，是日本富士通于1996年推出的可兼顾视角和反应时间两方面的宽视角技术。MVA技术的液晶面板中液晶层包含一种凸起物质，该物质供液晶分子附着，当面板未加电场时，其液晶分子长轴沿垂直于液晶盒的方向排列；加上电场时，液晶分子依附在凸起物质上并朝不同方向偏转，这样在不同角度观察液晶屏幕都可以获得相应方向的补偿，从而达到改善可视角度的目的。MVA模式视角达到160°以上，对比度和分辨率高，响应速度快，成本低，是中高端液晶显示器的主力面板。

1973年，美国人索里夫(Soref)研究由平行电极所产生的横向电场下液晶的光电特性时，首次提出IPS模式的横向电场驱动概念。1992年，德国的鲍尔(Baur)等通过计算机仿真验证，指出IPS有助于改善LCD的视角特性。1996年，日立公司成功开发出第一块采用IPS的TFT-LCD面板。IPS技术通过同一基板上的正负电极产生横向水平电场，使得无论电场在开启或关闭状态下，均能让液晶分子始终保持在水平方向旋转，即液晶分子只在水平位置取向，因此，光学特性随视角的变化改变非常小，在大尺寸面板应用上仍具有广视角的显示特性。然而，IPS技术仍有响应时间较慢和对比度难以提高的缺点，因此自该技术推出后，企业又对其进行持续改进。

2003年，中吉等开发出AS-IPS(advanced super-IPS)技术的液晶面板，使其穿透率提升约30%。2006年，我国台湾瀚宇彩晶公司的林俊雄等在AS-IPS技术的基础上，成功开发出AS-NOOC(advanced super non-organic overcoat)的FPS面板，光透过率比AS-IPS提升约10.8%，视角超过176°，同时具有更佳的色彩性能。

FFS是IPS模式的一个分支，主要改进是采用透明电极以增加透光率。2010年6月，京东方公司的李文兵等发布了采用Advanced-FFS技术研制出32英寸LED背光源的LCD-TV，其色域达到了105%，对比度达到1 200：1，在对比度为100时，视角可达到140°；对比度为10时，视角可达到178°。由于FFS模式具有高透光率、宽视角、高亮度、高色彩还原性、响应速度快以及能耗低等诸多突出优点，它适合于液晶电视面板等高端应用。

(四)大尺寸液晶产品的成长阶段

2004年至今，是大尺寸液晶产品的成长期。

2004年1月，夏普建成第一条6代线，生产37英寸液晶电视，其玻璃基板大小为1.5米×1.8米。随后，三星于2005年和2006年连续建成当时世界第一的两条7代线，其玻璃基板尺寸为2.2米×1.87米。2006年，不甘落后的LG在坡州建成世界第一条7.5代线，同年下半年，夏普建成第一条8代线。2007 年，液晶电视在全球范围内首次超过了CRT 电视的销量。同年，三星建成第一条8.5代线。

到2009年，夏普建成了玻璃基板尺寸为3.05米×2.85米的10代线。2015年，中国京东方投建全球首条第10.5代TFT-LCD生产线，玻璃基板为3.37米×2.94米。

这个阶段液晶电视技术方面的发展主要集中在提高画质上。除了提高显示屏的分辨率外，还不断提高亮度的动态范围。2006年，LG推出了锐比(digital fine contrast, DFC)技术，实现了在不改变亮度的前提下，通过大幅降低最低亮度来提高对比度，达到优化显示效果的目的，解决了液晶显示器对比度不足的技术难题。该技术不仅有效地精准还原了不同色阶层次，还使得黑色更黑，暗部画面细节得到充分地挖掘，能够给用户带来更加清晰、逼真的视觉体验。

2006年9月，响应时间技术在各大显示器厂商的大力推动下达到了极限1ms。响应时间的缩短解决了拖影现象，但电视画质并非单纯由此决定。除了前文提及的高动态范围外，索尼公司在2007年推出了采用LED背光技术的液晶电视，取代传统的冷阴极荧光灯(cold cathode fluorescent lamp, CCFL)直下式、侧入式背光方式。还有厂家采用倍频刷新与画面插黑技术提高动态影像的品质。为追求自然色彩的完美体验，各厂家纷纷推出广色域液晶电视，通过采用新型的广色域背光灯管(W-CCFL)，或者LED背光光源来扩大画面显示的色域范围。

LCD显示器的优势在于采用低电压驱动，在功耗低、平板结构、显示尺寸相同的情况下，体积远小于CRT显示器。LCD显示器是被动显示的，无辐射，图像闪烁主要由背光源决定，因此不易引起人眼疲劳。LCD显示器的劣势是响应速度慢，因为液晶在外电场作用下，液晶分子排列发生变化、改变透光率有一定的响应时间。另外，由于LCD显示器采用偏振光，透射的光有一定的方向，因此显示视角受到影响。还有就是LCD显示器易出现坏点。不过，这些问题通过技术和工艺的提高已经基本解决。目前LCD显示技术正广泛应用于各种显示设备中。

本节执笔人：杨盈昀

第三节 等离子体显示技术

一、引言

等离子体显示技术是一种利用气体放电而发光的平板显示技术，通常按英文缩写为PDP(plasma display panel)。

PDP工作原理与日光灯类似。它将成千上万个极小的等离子管封装在两层玻璃之间构成屏幕。等离子管为发光单元，屏幕上每一个等离子管对应一个像素，管内充满了氖、氙等混合惰性气体。在两块玻璃基板的内侧面上涂有金属氧化物导电薄膜作激励电极。当向电极上加入电压，等离子管内的气体产生辉光放电，发射出真空紫外线，照射内壁上涂覆的荧光粉，使之产生可见光，若分别照射红、绿、蓝三种荧光粉，可实现彩色显示，如图23-21所示。

PDP发光亮度由放电时间的长短来控制，图像的扫描由驱动电路提供的脉冲信号逐点寻址完成。

彩色PDP按其工作方式的不同主要分为直流型(DC)和交流型(AC)两种类型。DC PDP电极和气体直接接触；AC PDP在电极上涂敷介质层，把电极和气体隔离开。根据电极结构的不同，AC PDP又可分为双向放电型和表面放电型两种。双向放电型的电极呈正交分布在上下两个基板上，放电发生在两基板之间；表面放电型的电极位于同一基板，放电发生在电极所在的基板表面，而荧光粉则在另一基板表面。

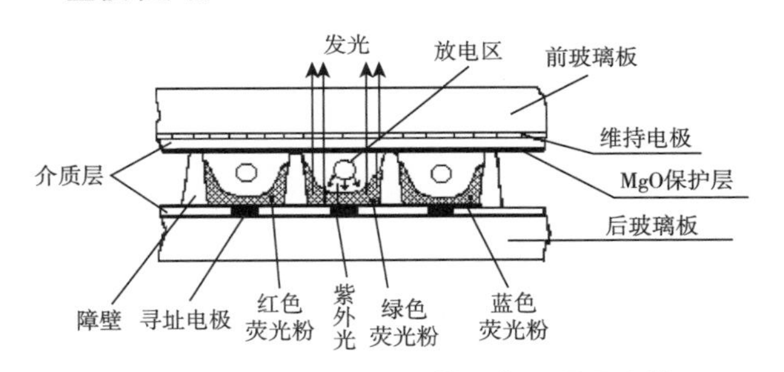

图23-21 PDP显示器件工作原理示意图

二、发展历史

(一)实验室研发阶段

PDP技术的历史可以追溯到20世纪50年代初美国巴勒斯(Burroughs)开发的冷阴极直流气体放电显示管，当时用于数码显示。它由一个网状阳极和一组做出0–9数字形状的阴极构成，内部充入0.5%的氖–氩(Ne–Ar)混合气体，在阳极与阴极间加上一定的直流电压时，利用放电产生的阴极负辉区发光来显示数码。虽然这种数码管已无应用，但它推动了PDP显示技术的发展。

PDP的真正发明要归功于伊利诺伊大学。1960年伊利诺伊大学启动了一个名为自动教学操作的编程逻辑(PLATO)的项目，以研究计算机在教育中的使用。经过几年探索，1964年伊利诺伊大学的教授唐纳德·比策(Donald Bitzer)、吉思·斯洛托(Gene Slottow)和其博士罗伯特·威尔逊(Robert Wilson)为满足计算机对全图形显示器的需求，发明了等离子体显示板，这是等离子体作为平板显示器的实质性开发，当时制作的显示板为1英寸×1英寸，只有一个放电单元。它采用的是与现在AC–PDP相同的交流维持电压，放电气体为Ne，采用玻璃介质保护电极。它在玻璃介质层上积累壁电荷，使之具有记忆效应。这点也同现在的AC–PDP完全相同。可以说，它是现在的AC–PDP的雏形。原始专利中出现的等离子显示器的细节如图23–22所示。它们由三个微片组成，外两片的外表面放置了非常薄且易碎的透明金属电极，内片的每个像素都有孔，每个小孔有氖气混合物，隔离孔壁上涂有荧光粉，三片用真空环氧树脂黏合在一起。

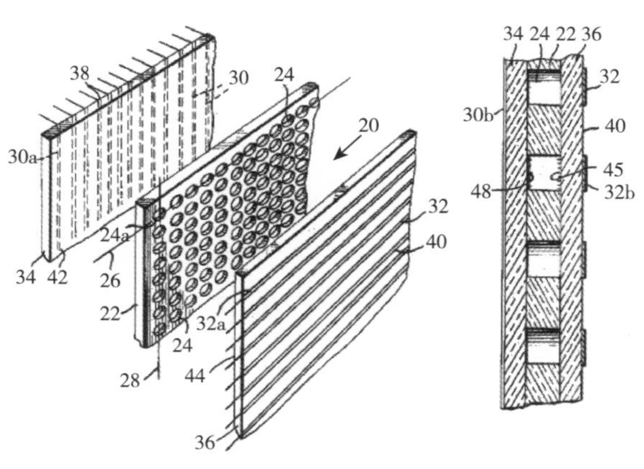

图23–22　伊利诺伊大学开发的等离子显示面板示意图[①]

早期的4×4像素面板如图23–23所示，由伊利诺伊大学在1966年秋季联合计算机会议上首次展示。该面板是第一个具有多个像素的面板，它首先采用矩阵寻址方式。该面板上的图像(图中为“N”)使用施加在电阻器的写入脉冲有选择地寻址，该电阻将交流维持电压输入发生放电的等离子单元。

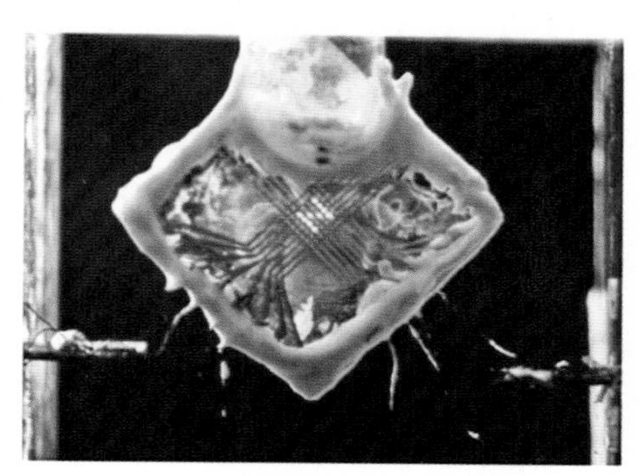

图23–23　早期的4×4像素面板[①]

1967年，伊利诺伊大学研究员采用氖–氙(Ne–Xe)混合气体，在放电单元中涂上红、绿荧光粉，制作了三个放电单元的显示屏，实现了最早的彩色PDP显示。如图23–24所示，其中，红色和绿色荧光粉由氙气放电激发，右侧的深蓝色单元格没有荧光粉。现在所有彩色PDP都采用与此相同的发光机理。

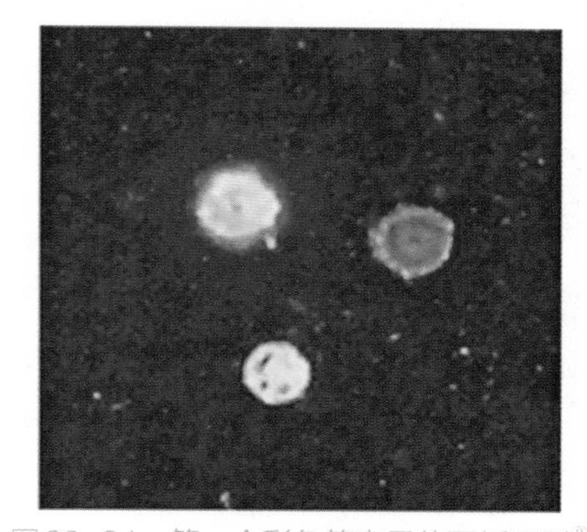

图23–24　第一个彩色等离子体面板原型[②]

(二)早期商业产品阶段

上述伊利诺伊大学研制的设备依然只是实验室产品，它证明了等离子显示的可行性，但这种结构非常脆弱，面板只能运行几个小时。从前文给出的专利可见，它们采用真空环氧树脂黏合在一起，这种方式不能烘烤到高于100℃的温度，否则环氧树脂会分解，另外还存在泄漏、破损和气体污染的问题。伊利诺伊大学等离子显示技术的早期授权商之一欧文斯–伊利诺伊(Owens–Illinois)公司，是

①② WEBER L F. History of the plasma display panel[J]. IEEE transactions on plasma science, 2006, 34(2): 268–278.

一家大型玻璃公司。1968年该公司的研究小组研制成功世界上第一块4英寸×4英寸、128×128像素的AC-PDP，如图23-25所示。这是一种实用且可生产的开孔结构。它采用两个由钠钙玻璃制成的坚固的6毫米厚玻璃基板。电极使用厚膜金/玻璃浆料，每个基板上进行丝网印刷和烧制，再涂上25μm的厚膜氧化铅基焊料玻璃介电层。然后，使用玻璃粉在各个板的周边将两个板密封在一起。这种结构可以在350℃的真空下烘烤以驱除污染物，然后填充由Ne加0.1%Ar的全惰性潘宁气体混合物。这种结构与现在PDP的前基板非常相似。等离子显示器在1968 年获得了久负盛名的 IR-100奖(The Industrial Research 100 Award)。

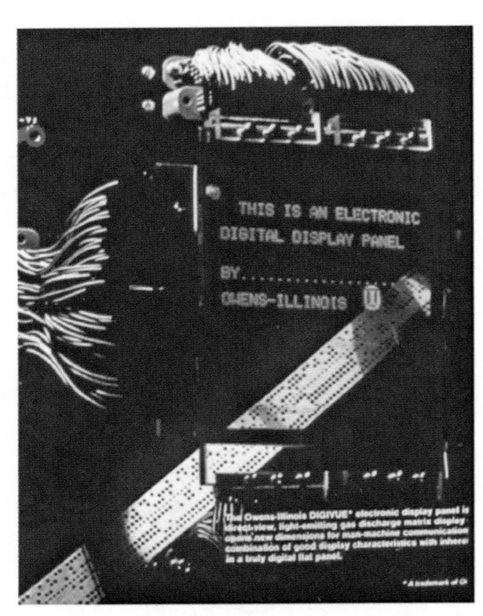

图23-25 Owens-Ilinois于1968年开发的128×128像素等离子显示器[①]

在接下来的几年里，许多工业公司继续致力于研制实用的等离子显示器，其中包括欧文斯-伊利诺伊公司，IBM公司，控制数据(Control Data)和富士通(Fujitsu)公司。欧文斯-伊利诺伊公司在这轮竞赛中拔得头筹，于 1971 年研制出第一台实用的PDP产品，屏幕为 12英寸，分辨率为512×512，主要用于连接计算机的图形显示，如图23-26所示。它使用了欧文斯-伊利诺伊公司1968年研制的开孔结构，第一个客户就是伊利诺伊大学PLATO项目。

图23-26 第一台实用PDP产品[②]

开孔结构的PDP显示器很实用，但当时寿命还有待增加。当时采用的氧化铅焊料玻璃电介质不是一个合适的气体放电阴极，因为阴极中的高能离子会溅射表面并改变表面结构。这将改变离子诱导的二次电子系数并导致电压漂移，并且被点亮像素的电压与关闭像素的电压的漂移速率不同。在需要为25万像素调整一个维持电压的显示器中，这种漂移是无法容忍的。

1971年，欧文斯-伊利诺伊公司、国际商业机器公司和富士通公司都独自研制成功采用MgO保护层的阴极PDP显示器。这种PDP显示器是在电介质玻璃烧制后，在前板和背板电介质上蒸发了500nm厚的MgO层。这种难熔氧化物在寿命测试中提供了非常稳定的电压，具有非常高的离子诱导二次电子发射特性，因此MgO面板具有非常低的95V维持电压，以至于后来所有等离子电视都使用了MgO阴极。国际商业机器公司于1973年11月推出了第一款含有MgO的等离子显示器产品。两个月后，广岛大学和富士通的一个团队发表了第一篇论文，提到了MgO在等离子体面板中的使用。多年来，美国法院一直在争论哪家公司发明了MgO阴极，最终，美国法院将MgO阴极专利授予欧文斯-伊利诺伊公司。

交流等离子面板的发明刺激了美国巴勒斯(Burroughs)公司的霍尔兹(Holz)和奥格尔(Ogle)探索新技术制作气体放电显示器。他们在1972年研制出具有自扫描功能的DC-PDP板，该显示器成功地利用了气体放电的内部逻辑能力，通过使显示器充当移位寄存器，大大减少了电路驱动器的数量，降低了电路成本。但DC-PDP板本身不具有存储特性，因此，早期DC-PDP采用刷新工作方式，导致DC-PDP板具

①② WEBER L F. History of the plasma display panel [J]. IEEE transactions on plasma science, 2006, 34(2): 268-278.

有发光效率低、亮度低的缺陷，限制了DC-PDP板的应用。

（三）早期PDP电视发展

等离子面板的固有内存非常适合制作黑白图形显示。然而，它给灰度图像带来了很大的问题，因为像素只有点亮和不点亮两种，并且每次放电都在瞬间完成，每次维持放电的强度都相同，所以无法像CRT那样通过调节电子束流来控制显示不同灰度。

1972年，日本三菱和日立公司各自解决了PDP显示的灰度问题。他们采取给定帧时间内多次写入和擦除每个像素的技术，以便根据在帧期间像素的点亮时间量来显示灰度。这是利用了人眼的视觉生理特性，在光脉冲的重复频率高于临界闪烁频率(50Hz)时，通过控制光脉冲的个数来显示不同的亮度。

灰度问题的解决为全彩色等离子电视的问世奠定了基础。虽然欧文斯-伊利诺伊公司在20世纪70年代初已经将荧光粉放入开孔结构的面板中，但是这种结构导致一个彩色子像素的紫外线会传播到不同颜色的相邻子像素，意味着不能很好地重现每个像素的颜色。这个问题的解决方案是在不同颜色的荧光粉之间放置阻隔肋(玻璃墙)，紫外线不会穿过阻隔肋，因此不同颜色的子像素之间没有紫外线串扰。对于DC-PDP和AC-PDP来说，阻隔肋更有利于DC-PDP，单色DC-PDP需要阻隔肋来限制放电。而单色AC-PDP可以使用前文所述的开孔结构，不需要阻隔肋。这是因为远离像素中心的区域中电介质玻璃上的横向负电荷会将放电限制在靠近中心的小区域内。显然，单色DC-PDP产品被迫开发实用的阻隔肋技术，而交流面板可以制造没有阻隔肋的实用的单色产品，这意味着DC-PDP实用产品在问世之初就具备开发彩色显示器所需的良好颜色纯度的基本结构。

1978年日本广播协会(NHK)利用DC-PDP技术开发了高质量的全彩16英寸等离子显示器原型机，其显示效果如图23-27所示，这激发了行业研制全彩电视等离子显示器的热情。但实际上，实用的彩色等离子电视产品在20年后才出现。

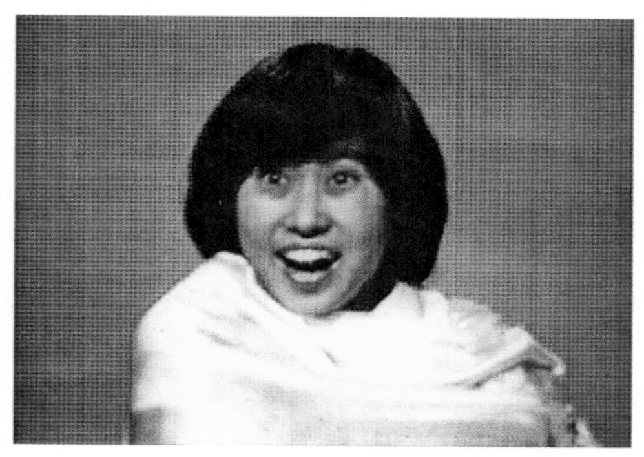

图23-27　NHK公司开发的全彩16英寸等离子显示器原型机显示效果[①]

这一时期，行业还面临的一个主要问题是阴极的磷光体溅射导致荧光粉亮度下降。显然，最好的解决方法是将荧光粉放置在远离阴极坠落的破坏性高能离子的位置。直流等离子显示器，则很容易将荧光粉放置在阳极附近。然而，对于交流等离子显示器，这个问题要困难得多，因为阳极和阴极每半个维持周期切换一次角色。

交流等离子体的关键突破来自富士通表面放电等离子显示器的开发，1979年富士通公司开发了矩阵表面放电彩色原型机，如图23-28所示。基本思想是将两个X和Y正交电极放置在单个玻璃基板上，它们之间放置交叉的介电层以防止短路。两组正交电极之间的边缘场延伸到气体中并激发气体放电，然后将荧光粉放置在远离第一基底阴极的第二基板上。后来所有彩色等离子显示器都采用了这种表面放电方法。

图23-28　富士通于1979年开发的矩阵表面放电彩色原型机[②]

①② WEBER L F. History of the plasma display panel [J]. IEEE transactions on plasma science, 2006, 34(2): 268-278.

这个阶段还需要解决的是功耗问题。早期的彩色面板不是很亮，且功耗很高。1984年，日立开发了新型面板，其效果如图23–29所示，其发光效率达到了1.5 lm/W。这个效率比1978年NHK开发的全彩等离子面板高5倍。其核心思想是认识到放电的积聚阶段比全部为直流电压的放电效率高得多。它使用了一种由非常短的高压脉冲激励的新型高效放电模式。这种方法很有效，但非常短的高压脉冲对于大屏幕等离子显示器是不切实际的，因为电极电感会使上升时间过长，会影响显示器的图像质量和响应速度。

图23–29 1984年日立公司开发的高发光效率面板[1]

这种直流等离子显示器的短脉冲放电模式与交流等离子面板的放电非常相似。在交流情况下，放电迅速增长，然后通过壁电压的积累而淬灭。基于这种工作原理，可以看到交流等离子体可以获得施加到气体上的短电压脉冲的效率优势，而没有面临从外部施加短脉冲的困难。因此，与传统直流等离子体相比，交流等离子体的发光效率更有优势。

虽然1978年已经开发了全彩色的PDP显示器，但是20世纪90年代之前主要推出的是单色PDP产品。1983 年IBM推出17英寸对角线产品线。这些显示器具有960×768像素，采用开孔交流等离子体显示结构。1986年世界上第一台便携式计算机就是使用10英寸级640×640线单色PDP显示屏，此时单色等离子体显示屏几乎占据了所有便携式计算机市场。1987年，美国光子(Photonics)公司研制出了第一台60英寸2 048×2 048像素的单色PDP显示器，拉开了PDP技术大屏幕显示的序幕(如图23–30所示)。这是在美国政府资助的一个项目下开发的，主要用于军事领域。如此大的面板具有非常大的电极电阻和电感，具有非常大的电容，需要通过高功率维持电路频繁充电和放电。面板中4万个像素中的每一个特性都需要严格的放电电压阈值容差，以便找到一个所有像素都能正常工作的维持电压电平。该显示器的成功研制，很好地证明了这种大型面板的电极电阻、电感、面板电容和可寻址性问题是可控的。

图23–30 1987年美国Photonics公司研制的第一台2048×2048像素的单色PDP显示器[1]

(四)彩色PDP电视

早期的等离子体显示研究主要集中在直流结构，尤其彩色PDP更是如此，这主要是因为直流结构制造工艺简单、灰度显示也比交流结构容易。然而，由于交流结构能很好提高发光效率，交流PDP的彩色电视是当时一直追求的目标。

1984年富士通公司开发了三电极面板。这是对表面放电设计的改进，其在正交电极和维持电极之间的介电交叉处设计了非常大的寄生电容。用高压脉冲驱动这个大电容会导致维持电路中很大的功耗。每个亚像素都有一个介电交叉，因此，电容量非常大。改进是通过使它们平行而不是正交来消除维持电极之间的介电交叉，来自平行维持

① WEBER L F. History of the plasma display panel [J]. IEEE transactions on plasma science, 2006, 34(2): 268–278.

电极的边缘场仍然可以延伸到气体中并激发放电。当然，矩阵显示不能仅用平行电极制作，因此，添加了第三个电极并与两个平行的维持电极正交放置。第三个电极现在被称为数据电极，它接收用于将图像信息或数据输入面板的地址脉冲。后来的所有等离子电视都使用具有两个平行维持电极和一个正交数据电极的三电极子像素。

然而，上述设计受到相当大的寄生电容的影响，不是在平行的维持电极之间，而是在正交数据电极与维持电极的交叉点之间。这个问题的关键解决方案是由AT&T贝尔实验室发明的。该结构于1986年推出，其专利图如图23-31所示。这使用了相同的基本三电极概念——两个平行的维持电极以及第三个正交数据电极。最大的区别是平行维持电极放置在后基板上，正交数据电极放置在前基板上。将正交数据电极放置在与维持电极不同的基板上，消除了对所有介电交叉的需要，并大大降低了面板电容。除了新的电极布置外，还将阻隔肋引入前基板，使其与维持电极正交并与前基板上的数据电极平行。这些阻隔肋可防止放电沿平行维持电极逆向行进。当然，它们对于防止不同颜色的子像素之间的紫外线串扰也非常有用。后来所有的等离子电视都在一个基板上有数据电极，在另一个基板上有平行维持电极。

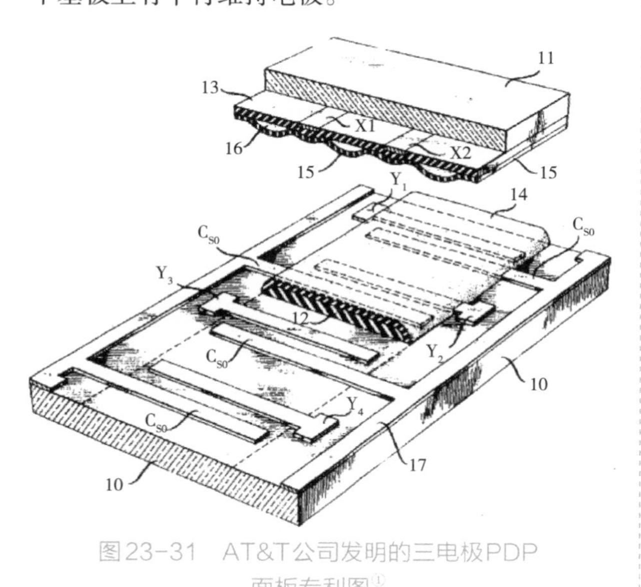

图23-31 AT&T公司发明的三电极PDP面板专利图[①]

即使面板电容减小，维持电路也会消耗大量功率。1986年，伊利诺伊大学的拉里·韦伯(Larry Weber)发明了能量恢复驱动方法，将无功维持功率降低了一个数量级。该方法通过与面板电容谐振的电感对面板电容充电。这个电感电容(LC)电路的Q值可以做得足够高，以恢复80%-90%的能量。该电路还具有低阻抗开关，这些开关在正确的时间闭合，因此，非常大的气体放电电流不会通过相对高阻抗的电感器发送。能量恢复维持电路用于后来所有的等离子电视。

交流彩色等离子显示器普及应用的最后一个重要步骤由富士通于1990年开发完成的，包括反射型结构和寻址与显示分离的驱动(address display-separation, ADS)技术。该面板设计如图23-32所示，将三色荧光粉(图中为28)放置在具有数据电极(图中为21)和阻隔肋(图中为22)的背板上(图中为29)。前板(图中为11)具有两个平行的维持电极：X和Y。这种设计提高了发光效率，因为荧光粉是在反射模式下观察的。前板产生的气体放电维持电极，这与前面AT&T公司的不同。与先前设计相比，这种反射模式大大减少了光损失。

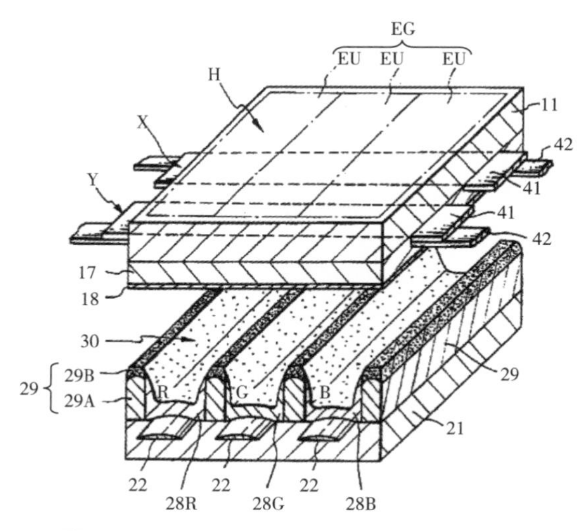

图23-32 富士通三电极反射型结构专利图

日本富士通公司也在1990年发明了ADS技术，其实现方法简单、工作稳定、寻址电压低，能实现256级灰度，是PDP彩色化关键技术上的重大突破，但会带来动态伪轮廓现象。即使如此，目前所有等离子电视都使用ADS方法，并将荧光粉放置在背板上。富士通于1990年开发的31英寸原型机如

① WEBER L F. History of the plasma display panel [J]. IEEE transactions on plasma science, 2006, 34(2): 268-278.

图23-33所示，它具有现代彩色等离子显示电视的所有元素：背板上带有荧光粉的三电极结构，ADS灰度和Ne-Xe气体。这种技术被世界上的其他PDP主要制造公司，如日本电气股份有限公司(NEC)、先锋、等离子(Plasmaco)等公司所采纳，成为制造AC-PDP的主流结构。

图23-33 富士通公司于1990年开发的31英寸原型机

1993年，富士通开始生产21英寸的彩色PDP显示器,彩色PDP显示器从此正式商品化。1994年，三菱电机公司开始20英寸640×480像素表面放电式彩色AC-PDP的生产。

(五)大尺寸高清晰度PDP电视

1994年，日本广播协会和松下公司在SID会议上展示了他们合作开发的对角线为102cm的彩色DC-PDP。它采用新的脉冲存储驱动方案，像素数为1 344×800，红绿蓝三基色有256级，厚度仅为6cm，显示的HDTV图像稳定。虽然还存在寿命较短、亮度不高的缺点，但由于这是当时世界上最大的彩色平板显示器，仍受到广泛好评。它的研制成功使DC-PDP朝着家用大屏幕壁挂式HDTV迈出了第一步。

1995年，日本广播协会和松下公司又合作开发了具有像素内阻抗结构的对角线为66cm的DC-PDP。后来，这两家公司利用此技术研制出107cm彩色高清晰度DC-PDP，峰值亮度能达到150cd/m^2，发光效率也有所提高。

DC-PDP在显示彩色方面有一些优势，但由于电路更复杂、寿命较短，无法有效控制产品质量，后期市场主要采纳的是AC-PDP。1995年8月，富士通推出了107厘米(42英寸)等离子体显示屏，它的像素数为852×480，可以显示16万种颜色。到1997年年底，日本电气股份有限公司(NEC)、先锋、松下、三菱等公司也相继实现了107cm彩色PDP的批量生产。

1999年等离子(Plasmaco)公司展示了60英寸的高清晰度PDP，具有1366×768像素，并显示非常高质量的HDTV图像。这一结果刺激了其他公司开发更大的等离子电视产品。2006年，等离子电视产品已有60、61、63、65、71和80英寸可供选择。产品中65、71和80的像素分辨率为1920×1080。2005年年初由三星公司首次展出102英寸PDP电视，松下于2006年年初首次展示了103英寸PDP电视。

在此阶段，等离子显示器着重在提高亮度、发光效率和显示对比度等显示性能上进行研发。如NEC在彩色AC-PDP结构中采用了彩色滤光膜(capsulated color filter, CCF)技术。富士通开发出Delta结构，Delta放电单元结构与“弯曲电极”组合使垂直分辨率荧光的涂敷面积扩大了20%，总发光率提高20%。

由于驱动技术的改进，显示质量也有了很大的提高。新的驱动方法主要包括：寻址并显示(address while display, AWD)，显示屏的结构特点是，导址电极分成上、下两部分，两部分同时扫描，使发光占空比高达90%；表面交替发光(alternate lightinf of surfaces, ALIS)，该驱动方法使PDP显示屏结构基本不变的情况下，行的分辨率提高1倍，且亮度也大幅度提高，适用于高清晰度电视显示；CLEAR (high-contrast, low energy address and reducation of false contour sequence)方法，即高对比度、低电力消耗的寻址驱动，降低动态伪轮廓的驱动方法。

直到2000年年初，等离子显示器都是大型平板高清电视最受欢迎的选择。不过因为等离子显示器容易出现图像残留，同时，由于材质和结构所限，它无法缩小尺寸，并不适用于电脑、平板和手机。这也是等离子显示器在市场竞争中失利的主要原因。

2013年，它被低成本的LCD超越，显示质量上则面临昂贵但对比度更高的OLED平板显示器的竞争。等离子显示器几乎失去了所有的市场份额。

美国零售市场的等离子显示器生产于2014年结束，中国市场等离子显示器的生产于2016年结束。

本节执笔人：杨盈昀

第四节 OLED显示技术

一、引言

OLED(organic light-emitting diode的英文缩写)中文含义是有机发光二极管，又称为有机电激光显示(organic electroluminescence display，OELD)，是一种通过电流激发有机半导体薄膜发光而实现电光转换的平板显示技术。

OLED是基于有机材料的一种电流型半导体发光器件。其典型结构包括：基板、阳极、空穴传输层、有机发光层、电子传输层和阴极等，如图23-34所示。基板用于支撑整个OLED，可以是透明塑料、玻璃或金属箔；阳极用于提供电流、注入空穴，典型材料为铟锡氧化物(ITO)；空穴传输层由有机塑料分子构成，用于传输由阳极而来的空穴；发光层由有机物分子或有机聚合物构成，发光过程在这一层进行；电子传输层由有机塑料分子(不同于空穴传输层)构成，传输从阴极而来的电子；阴极提供电流，注入电子。

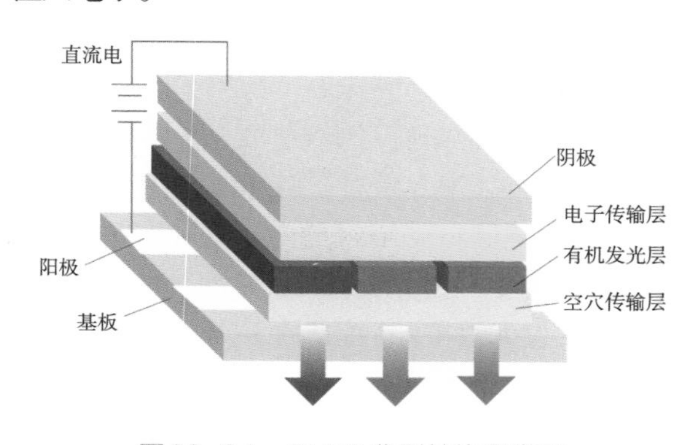

图23-34 OLED典型结构示意图

当阳极和阴极上加有电压时，由此产生的空穴和电子分别经过电子和空穴传输层迁移到界面(发光层)，并在发光层中相遇，形成激子。激子复合并将能量传递给发光材料，使发光分子中的电子被激发到激发态，激发态能量通过辐射产生光子，释放出光能，得到可见光。空穴传输层和电子传输层的目的为增强电子和空穴的注入和传输能力，以提高发光效率。

OLED显示全彩色图像有三种方法：第一，红、绿、蓝三基色独立发光，通过控制三基色不同亮度形成不同颜色；第二，OLED显示白色，采用类似LCD所用的彩色滤光膜，得到全彩色；第三，将蓝色显示作为色变换层，使其一部分转换成红色和绿色，从而得到红、绿、蓝三种颜色。

按照所采用有机发光材料的不同，OLED可分为两种不同类型：一种是基于小分子有机发光材料的SM-OLED(small molecular OLED)，另一种是基于共轭高分子发光材料的POLED(polymer OLED)。按照驱动方式不同，OLED可分为有源驱动OLED(active matrix OLED，AMOLED)和无源驱动OLED(passive matrix OLED，PMOLED)，它们又被称为主动式驱动和被动式驱动。有源驱动通常采用低温多晶硅薄膜晶体管(thin film transistor，TFT)技术，易于实现高亮度和高分辨率显示。

二、发展历史

(一)实验室研发阶段

20世纪五六十年代，人们发现在可见光区域有许多具有荧光的有机化合物，但在OLED问世之前，将这些有机化合物用于发光材料，人们面临低亮度、低效率和高电压等问题。

OLED的研究起源于一个偶然的发现。1979年的一天晚上，在美国伊士曼柯达公司从事科研工作的华裔科学家邓青云博士在回家的路上忽然想起有东西忘记在实验室里，回去以后，他发现黑暗中有个亮的东西。打开灯发现原来是一块做实验的有机蓄电池在发光。OLED研究就此开始，邓青云由此也被称为OLED之父。

1987年，伊士曼柯达公司的邓青云等人发明了第一个在足够低的电压下运行的OLED器件，这标志着OLED技术的突破。他们提出了制造小分子有机荧光材料发射层和传输层超薄多层材料的方法，当施加约2.5V的电压时，人们观察到有机材料的光发射(绿光)，并在小于10V的直流电压下获得高亮度(>1000cd/m^2)。尽管效率仍然很低，获得的外部量子效率(external quantum efficiency，EQE)低至约1%，功率效率低至1.5lm/W，但结果足以引起科学家和研究人员的巨大关注。1989年，邓青云等人再次宣告：对发光层进行掺杂，可得到黄、红、蓝等多种颜色的有机电致发光。

在接下来的几年里，研究人员继续完善OLED技术。他们尝试了不同的有机材料、加工方法和设计方法。他们面临的最大挑战是找到一种方法使显示器更高效、更持久。1990年，英国剑桥卡文迪什实验室弗兰德(Friend)领导的小组中巴勒斯(Burroughes)等人提出用聚苯乙烯制成聚合物有机EL器件，这种器件称为高分子(又称聚合物)有机发光二极管(polymer light-emitting diode，简称PLED或P-OLED)。该器件可在低电压条件下发出稳定的黄绿色光。这种技术与小分子材料技术相比，其化学性质更稳定，制造超薄多层材料的工艺更简单。后来研究人员还发现聚合物材料具有利用喷墨印刷方法加工的潜力，从而可以更有效、更经济地制造薄膜，而利用小分子材料技术制造薄膜，需要一个真空沉积过程。因此，该技术的问世证明了有机材料可用于构建实用高效的显示器，也为OLED显示器的发展铺平了道路。

1992年，诺贝尔化学奖得主黑格(Heeger)等人率先发明了基于塑料衬底的柔性器件，为OLED显示器的广泛应用打下了基础。1994年，日本山形大学的木户等人首次发表了关于发射白光OLED的论文。该论文指出，OLED技术可应用于照明应用，将OLED发射的白光与彩色滤光片相结合后还可以实现全彩OLED显示器。

1997年，先锋公司将世界上第一个OLED显示器商业化，这是一种无源矩阵绿色单色显示器(如图23-35所示)。该显示器使用小分子荧光有机材料进行真空蒸发技术制造，具有底部发射单色器件结构，大小为94.7毫米×21.1毫米，有16 384像素(64×256)，应用于汽车音响系统。从此开启OLED在显示领域的应用。

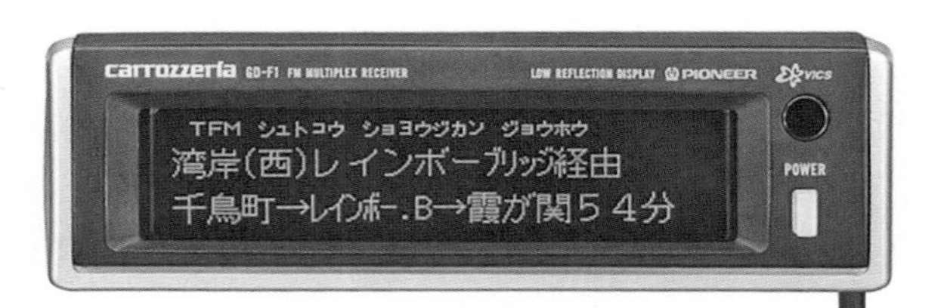

图23-35　先锋公司销售的世界上第一款OLED产品①

(二)OLED的试用阶段

1997—2001年是OLED的试用阶段。

1997年日本先锋公司在全球第一个商业化生产的OLED为无源驱动，采用互相垂直的条状阳极和阴极，每个阴极条和阳极条相重叠的部分，表示PMOLED的一个像素。它需要外加电路对其特定的阳极条阴极条输出电流，从而使像素点发光。在这种方式中，随着无源寻址显示器中像素数量的增加，可用于驱动每个像素的时间减少，每个像素点亮时间短，容易出现闪烁现象；并且由于点亮时间短，为达到一定亮度，需要更大的电流驱动OLED。为改善这些问题，不同厂家和研究人员都提出了有源矩阵驱动OLED。1998年，IEEE激光和电光学学会上美国道森(Dawson)等人宣布了采用TFT技术的AMOLED显示设计。这种方式采用整片阳极和阴极，在阴极和屏幕中间多了一层薄膜晶体管阵列，利用类似于AMLCD的制造技术，在玻璃衬底上制作CMOS多晶硅阵列。驱动电路通过寻址提供电流驱动各像素，并在寻址期之后继续提供电流，以保证各像素连续发光。这种技术可在整帧时间内为每个像素提供恒定电流，从而消除无源矩阵方法中遇到的高电流问题。AMOLED的发展是显示技术的一个重要里程碑，可以用于制造低功耗的高分辨率显示器。同年，柯达公司和三洋电机公司展示了全彩AMOLED显示器样机，其中TFT技术采用的是非晶硅TFT技术，延续了LCD的TFT技术。

1998年，普林斯顿大学汤普森和福雷斯特小组的巴尔多(Baldo)等人发布了磷光OLED技术，该技术在理论上能够实现100%的内部量子效率。磷光OLED也称为第二代发射器材料，它的出现大大提高了OLED的发光效率，其蓝光的工作寿命也比荧光OLED有大幅提高。

同年，赫布纳(Hebner)等发明了喷墨打印法制备OLED技术，将OLED从科学研究的小批量制备逐渐引领到商业化大规模生产。1999年，精工爱普生(Seiko Epson)开发了使用发光聚合物的AMOLED，展示了通过喷墨打印制造的全彩色聚合物AMOLED显示器原型。

① KODEN M.[J]. OLED displays and lighting[M]. New York: Wiley-IEEE Press, 2017: 1-11.

至此，OLED显示的主要技术基本成熟，为21世纪的高速发展和广泛应用打下了基础。

2001年，OLED显示器的研发实现了规模化发展。索尼展示了一款具有800×600像素(SVGA)的13英寸有源矩阵全彩OLED显示器，这对显示器行业产生了重大影响(如图23-36所示)。这款OLED显示器使用了几种新技术：顶部发射结构，具有用于增加亮度的微腔设计，并且它们实现了优异的颜色纯度；新颖具有4个TFT的电流驱动低温多晶硅(low temperature polycrystalline silicon，LTPS)TFT电路，用于在整个屏幕上实现均匀亮度，固体封装用于实现更薄的结构等。此外，该显示器是当时最大的OLED显示器，分辨率为：800×600(SVGA)；具有较宽的色域，三基色坐标为：R(0.66，0.34)、G(0.26，0.65)、B(0.16，0.06)；高亮度(>300cd/m^2)、高对比度和宽视角。这款显示器给OLED和显示领域的许多科学家和研究人员留下了深刻的印象。当年索尼与通用显示公司(Universal Display Corporation，UDC)宣布签订针对OLED电视监视器的联合开发协议。

图23-36 索尼开发的13英寸有源矩阵全彩OLED显示器显示效果[①]

同年，东芝开发出全球首款260 000色的聚合物OLED；三星公司研制出当时最大尺寸(15.1英寸)的全彩色AMOLED原型机。

(三)OLED电视显示器发展阶段

2002—2007年是OLED的发展阶段。

继1990年巴勒斯等人研制出聚合物OLED之后，飞利浦公司于2002年宣布推出业界首批商用基于聚合物的OLED模块。同年，东芝公司也展示了由喷墨制造的17英寸原型聚合物AMOLED显示器。

全彩色AMOLED于2002年开始上市，当时SK显示公司(SK Display Corporation，伊士曼柯达公司和三洋电机公司之间的合资公司)生产出15英寸显示器，性能可与TFT- LCD电视媲美，并开始了规模化生产。

2003年，中国台湾IDTECH展出了20英寸全彩色AMOLED显示器，分辨率提高到1 280×768。2003年柯达推出首款AMOLED数码相机——柯达EasyShare LS633，AMOLED显示屏尺寸为2.2英寸，分辨率为512×218。同年，索尼展示了24.2英寸OLED面板(由4块12英寸AMOLED面板拼接而成)。

2004年，爱普生(Epson)公司展出通过喷墨打印实现的40英寸全彩色OLED显示器，将OLED显示技术首次引入大尺寸屏幕领域。显示屏厚度为2.1mm，展示出OLED的超薄特性，寿命为1 000h—2 000h，与OLED显示屏、电视机寿命20 000h的基本要求尚有一定距离。

2005年，三星电子开发全球首款40英寸非晶硅OLED，具有1 280×800(WXGA)的宽屏幕像素格式，提供600尼特的最大屏幕亮度，对比度为5 000：1。由非晶硅AM背板驱动，可实现更快的视频响应时间和低功耗。同年6月，中国大陆首条大型OLED生产线奠基仪式在江苏昆山举行，采用来自清华大学和北京维信诺科技有限公司的技术。

2006年1月，中国台湾明基(BenQ)公司宣布推出全球首款 AMOLED 手机S88。该手机大小为2英寸，分辨率为176×220，有262 144 色，如图23-37所示。这表明OLED显示器可用于便携式设备。同年，夏普公司展示了通过喷墨打印制造的当时世界上最高分辨率202PPI(Pixels Per Inch，每英寸像素数)的聚合物AMOLED。同年10月，三星公司开发的17英寸LTPS-AMOLED 显示屏达到 UXGA(1 600×1 200)分辨率、亮度为400cd/m^2。

① KODEN M.[J].OLED displays and lighting[M]. New York：Wiley-IEEE Press，2017：1-11.

图23-37　世界上第一款采用AMOLED显示屏的S88手机[①]

2006年年底，OLED显示屏主要应用于小尺寸领域。在大尺寸领域，OLED还面临着材料寿命、制造成本等一系列问题，但随着众多重量级厂家投入的增加，到2007年OLED技术又迈上一个新台阶。

2007年，第一款OLED智能手机上市。世界上第一款使用OLED屏幕的手机是诺基亚的N85，同时期三星的OLED屏幕手机比诺基亚晚发布了4个月。

2007年10月，索尼发布了世界上第一台OLED电视(XEL-1)，如图23-38所示。它厚度仅3毫米、面板尺寸为11英寸，分辨率为960×540，具有1 000 000∶1对比度，采用LTPS AMOLED技术。采用的彩色化技术是RGB三基色自发光方案，使用小分子发光材料。这款电视的问世被业界认为开启了“OLED元年”。然而，这款电视机的良品率和寿命极低，到2010年2月索尼就宣布不再生产XEL-1电视。

图23-38　2007年索尼推出的世界上第一台商业化OLED-TV[②]

(四)OLED电视成熟阶段

到2007年，韩国三星和LG、日本先锋和索尼、中国台湾铼宝和悠景等十多家公司建设了OLED量产线，实现了批量生产和销售。这时，PMOLED技术已经比较成熟了，在小尺寸OLED产品中得到大量采用。2008年10月，维信诺和清华大学在江苏昆山开始了中国大陆第一条PMOLED大规模生产线的生产，新晶圆厂的产能达到每月约100万块面板。然而，PMOLED技术受扫描行数限制，不可能用于大尺寸显示，因此，技术的改进主要用于大尺寸的AMOLED驱动技术上。

2008、2009年，随着SONY和LG分别推出11英寸、15英寸AMOLED电视，市场对OLED显示器有良好反馈，各厂商加快了投资规模，不断改进生产工艺，建设、扩大生产线。2009年开始，全球AMOLED的产业规模已超过了PMOLED显示器，成为OLED市场增长的主要动力，AMOLED电视显示器逐渐成熟。

AMOLED显示要解决量产、大尺寸制造等问题，首先需要解决的就是TFT背板开发问题。OLED的有源驱动主要有三种解决方案：非晶硅TFT技术、低温多晶硅TFT技术和氧化物半导体TFT技术。非晶硅TFT是LCD的主流技术，可以延续液晶的技术，利用现有的液晶生产设备，工艺简单、成熟、成本低廉，但用于驱动OLED则存在迁移率低、器件性能稳定性差等缺点。低温多晶硅TFT拥有较高的载流子迁移率，这对电流驱动型的OLED器件来说非常有利，另外产品可制作得更轻薄，但生产工艺复杂、成本高，成品率较低。氧化物半导体TFT技术是与传统非晶硅TFT制程相近的技术，它将原本应用于非晶硅TFT的硅半导体材料部分置换成氧化物半导体来形成TFT半导体层，可应用于高频显示和高分辨率显示产品，且相对于低温多晶硅TFT制造领域具有设备投资成本低、运营保障成本低等优点。Oxide TFT技术的代表是金属氧化物(indium gallium zinc oxide，IGZO)TFT技术。

这三种驱动技术的特点使得在AMOLED显示器在前期主要采用非晶硅TFT技术，后来中小尺寸显示主要采用低温多晶硅TFT技术。从2012年开始的大尺寸OLED主要采用氧化物半导体TFT技术。

① OLED info. BenQ-Siemens S88［EB/OL］.(2006-01-18)［2024-01-24］. https://www.oled-info.com/mobile_phones/benq_siemens_s88.

② KODEN M.［J］.OLED displays and lighting［M］. New York：Wiley-IEEE Press，2017：1-11.

在CES 2012上，LG显示公司宣布推出新的55英寸OLED电视面板LG 55EM9700，这款显示器就使用了氧化物半导体TFT技术，全彩色采用的是白色带有彩色滤光片的方式，如图23-39所示。背板面板厚度仅为4毫米，具有100 000：1的对比度，分辨率为1 920×1 080，支持60Hz逐行扫描和宽色域。标志着氧化物半导体TFT技术在大尺寸AMOLED显示屏应用上具有极大的发展潜力。在同一个展会上，吸引眼球的还有三星公司推出的55英寸OLED电视(后更名为KN55F9500)，它是高清晰度电视，厚度为5毫米，最大亮点是采用了红、绿、蓝三基色独立发光，图像质量更加清晰，色彩更丰富，线条更干净。夏普在SID 2012上也展示了基于IGZO TFT的OLED面板样品，其中一个为13.5英寸3 840×2 160(QFHD)面板。该面板具有326PPI，全彩色也采用的是W-OLED(RGBW)架构。

图23-39 LG 55EM9700OLED电视[①]

2012年，在生产规模和工艺大幅提升之际，基础材料的研究也有了进一步突破。安达(Adachi)等宣告了第三代发光材料——热激活延迟荧光材料(Thermally activated delayed fluorescence，TADF)，打破了荧光材料只能利用单线态激子发光的束缚，使三重态激子热激活后再发光的过程。这种材料提高了发光效率，并降低了发光材料的成本，是实现高效率磷光OLED的替代技术。

2013年的SID上，中国台湾友达光电公司发表论文，宣布该公司开发了世界上最大的OLED面板：65英寸直接发射Oxide TFT面板。同年，LG在柏林国际消费电子品展(Internationale Funkausstellung Berlin，IFA)上推出了77英寸曲面UHD(4K)OLED电视原型机，该机融合了LG的专利WRGB 四色技术和UltraHD超高清屏幕分辨率(3 840×2 160)。这表明全球进入了大尺寸OLED时代。

2013年1月，LG显示正式在韩国销售55英寸OLED电视。6月，三星和LG显示在韩国销售55英寸曲面 OLED 电视。同年9月13日，LG显示在北京召开电视新品发布会，在中国推出第一款55英寸曲面OLED电视 LG55EA9800-CA。同期，三星公司在中国也推出了55英寸OLED电视。这标志着OLED电视时代正式来临。

OLED的生产与LCD技术一样，都是按世代线方式投产的。三星、LG在AMOLED生产的投入，从4.5代线、5.5代线，逐步扩展到8代线。中国在这方面也不断加大投入，从2008年开始4.5代线投产后，从5.5代线、6代线一路发展，2022年计划投产8代线。

(五)柔性OLED电视显示器发展

OLED因具有更高的对比度、更高的色饱和度和曲面显示，在替代部分中小尺寸显示屏市场方面具有优势，然而，它在高端大尺寸电视显示市场上与LCD相比优势并不明显，尤其是成本太高。OLED技术最令人兴奋的发展之一是引入了柔性和透明显示器。这些显示器有可能彻底改变人们与显示器交互的方式，使其更身临其境和友好。

1992年黑格等人研究了在透明柔性衬底上形成导电膜，并以此作为发光器件的透明电极。在此之后，柔性OLED电视技术的研发一直在进步。要实现柔性OLED显示，需要采用柔性衬底材料、柔性薄膜晶体管(TFT)材料、透明电极技术、柔性薄膜封装技术。1997年，李・德・福雷斯特等人发现基于小分子的有机半导体材料具有优异的机械性能，并制备了以氧化铟锡作为导电层、小分子材料为发光层的柔性有机小分子电致发光器件。

2003年，日本先锋公司报道了一种3英寸全彩色无源矩阵柔性OLED显示器，原型有160×120个像素点，亮度为70cd/m^2。如图23-40所示，厚度为0.2mm，包括IC的总重量仅为3g。

① OLED info. LG 55EM9700.[EB/OL].(2012-01-02)[2024-01-24].https://www.oled-info.com/lg-55em9700.

图23-40　先锋公司的3英寸全彩柔性OLED显示器[①]

2004年台湾交通大学有机发光二极管研究实验室的陈金鑫等人，将具有弹性的塑料基板取代传统的玻璃基板，开发出可挠曲式有机发光二极管，使屏幕更有弹性，卷曲度已达到1.5cm。2005年，查顿(Charton)、席勒(Schiller)等人尝试在柔性衬底上分别溅射了Al_2O_3层和有机与无机交替多层膜，以阻隔氧气和水汽对器件的影响。这种技术得到的柔性器件亮度与玻璃衬底器件十分接近。

在2007年的SID展会上，索尼展示了一种基于塑料基板的新型柔性OLED显示器样品。该样品能够显示16万色，大小为2.5英寸，显示120×169像素(169PPI)，仅重1.5克，如图23-41所示。2010年索尼在SID上展示了一款新的4.1英寸可卷曲OLED显示屏。新显示器具有423×240分辨率(121PPI)，具有16万种颜色和1 000：1的对比度，厚度仅80μm。

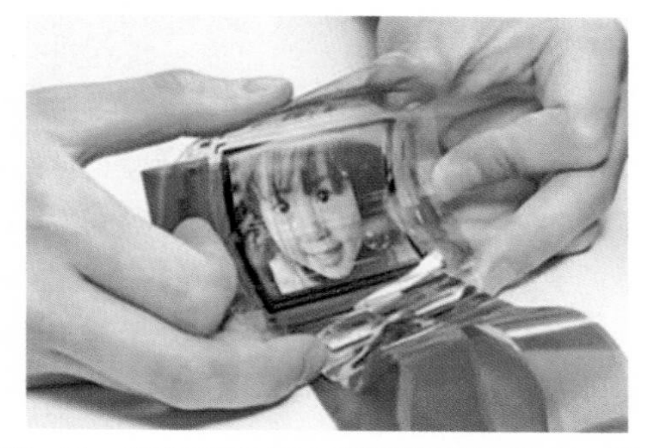

图23-41　2007年SONY展示的柔性OLED显示器

2012年，索尼和东芝公司分别发布了令人印象深刻的柔性有源矩阵全彩OLED显示器样品。索尼发布的柔性有源矩阵OLED显示器是由氧化物TFT驱动的9.9英寸QHD(960×540点)全彩显示器。该器件结构为顶发射型，分辨率为111PPI，厚度为110μm。东芝公司开发的柔性有源矩阵OLED显示器是11.7英寸的QHD(960×540点)全彩显示器，也采用了氧化物TFT驱动。结构为底部发射型，分辨率为94PPI。

2013年，世界上第一批柔性OLED显示器产品分别由三星显示器股份有限公司和LG显示器有限公司推向市场。这些柔性OLED显示器是曲面显示器，应用于智能手机。三星的一款是5.7英寸全高清柔性OLED显示器，具有弯曲形状；LG的一款是5.98英寸柔性OLED显示器，具有弯曲形状，厚度为0.44 mm，重量为7.2g。这些柔性OLED应用于智能手机。LG的柔性OLED显示器如图23-42所示。这批柔性显示器的问世既提升了消费热情，又推动了柔性OLED技术的高速发展。

图23-42　LG的柔性OLED显示器(2013年)[②]

2014年，LG和三星公司继续推出新颖的柔性OLED显示器，7月，LG公司宣布已经掌握引领大尺寸柔性透明显示器市场所需的基础技术，并开发了有史以来最大的柔性透明OLED：18英寸可卷曲OLED和18英寸透明OLED，如图23-43所示。它们的分辨率为1 200×810(80PPI)，曲率半径为30R，可以卷到半径为3厘米。透明面板的透光率为30%。

① KODEN M. Flexible OLEDs：fundamental and novel practical technologies［M］. Singapore：Springer Nature Singapore，2022：19–33.

② SHAH D. LG Display announces mass–production of world's first flexible OLED panel for smartphones［EB/OL］.(2013–10–07)［2024–01–24］. https：//fareastgizmos.com/mobile_phones/lg–display–announces–mass–production–of–worlds–first–flexible–oled–panel–for–smartphones.php.

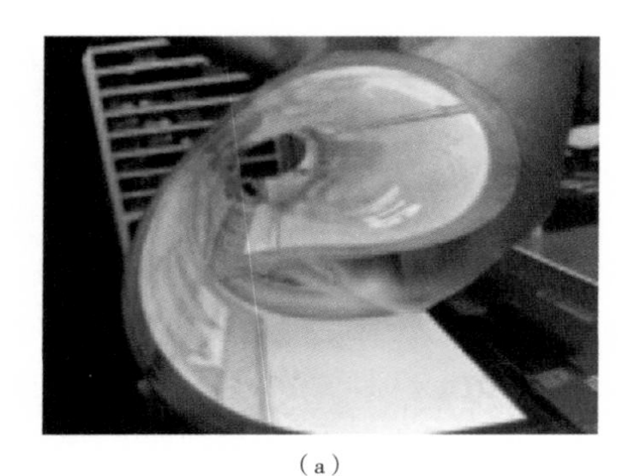

（a）

（b）

图23-43　LG公司的柔性透明OLED：图(a)18英寸可卷曲OLED；图(b)18英寸透明OLED[①]

日本半导体能源实验室有限公司(SEL)是柔性有源矩阵全彩OLED显示器的积极推动者。2014年，SEL报告了与尼基亚公司(Nikia Corporation)合作的侧滚式和顶滚式柔性OLED显示器，如图23-44所示。面板的规格为5.2英寸、960×1 280像素、302PPI。同年，它们还合作展示了图中所示的可折叠和三折叠柔性OLED显示器。显示器尺寸为5.9英寸，分辨率为1 280×720(249 PPI)，使用带有滤色片(WOLED-CF)设计的白色OLED。生产显示器时，SEL将有机发光材料和彩色滤光片层沉积在玻璃基板上，然后将其剥离并替换为柔性基板。显示器可以弯曲到 2 毫米(两倍)或 4 毫米(三折)的曲率，可以弯曲超过100 000次。

同年8月，中国柔宇科技公司在全球第一个发布了国际业界最薄、厚度仅0.01毫米的全彩AMOLED柔性显示屏，显示屏的厚度几乎是头发丝的1/5。由于其超薄的厚度，柔性显示屏的弯折半径可以小到1毫米，如图23-45所示。

（a）

（b）

图23-44　SEL公司开发的侧滚式和顶滚式柔性OLED显示器：图(a)侧滚式OLED；图(b)顶滚式OLED[②]

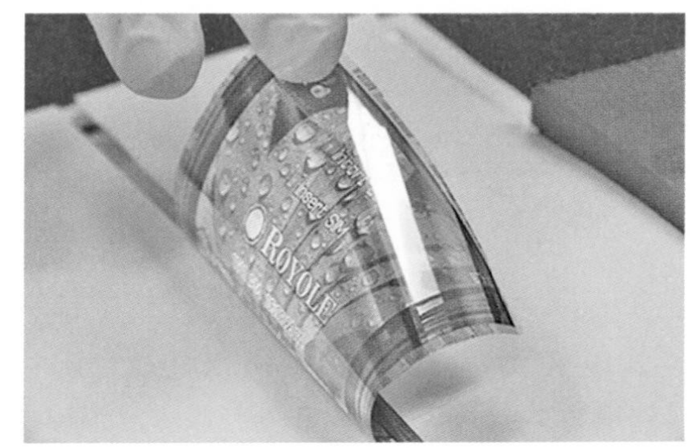

图23-45　柔宇公司发布的全彩AMOLED柔性显示屏(10微米厚)[③]

① ANTHONY S. LG's flexible and transparent OLED displays are the beginning of the e-paper revolution [EB/OL].(2014-07-14) [2024-01-24]. https: //www.extremetech.com/computing/186241-lgs-flexible-and-transparent-oled-displays-are-the-beginning-of-the-e-paper-revolution.

② KODEN M. Flexible OLEDs: fundamental and novel practical technologies [M].Singapore: Springer Nature Singapore, 2022: 19-33.

③ 柔宇科技.柔宇全球首条全柔性显示屏大规模量产线成功点亮投产 [EB/OL].(2018-06-06) [2024-01-24]. https: //www.royole.com/flexible-display.

2015年，SEL开发了8K格式(664 PPI)的13.3英寸柔性OLED显示器样机，8K格式的13.3英寸可折叠AM-OLED显示器的原型机如图23-46所示。此样机仍然使用带有滤色片(WOLED-CF)设计的白色OLED，采用氧化物TFT有源驱动。同年，LG显示公司宣布推出世界上第一台可弯曲电视EG9900，它只需按一下按钮即可从平面模式更改为弯曲模式。它采用4K曲面面板，77英寸，使用LG新的防眩光滤镜，运行WebOS2.0操作系统，如图23-47所示。

图23-46　8K格式13.3英寸可折叠AM-OLED显示器原型(SEL)①

图23-47　2015年世界上第一台77英寸可弯曲电视EG9900②

2019年，LG发布了可卷曲OLED电视65R1，如图23-48所示。该电视可以卷入其底座，并具有三种观看选项：全视图，线视图(仅显示屏幕的一部分)和零视图(显示器完全在底座中)。2020年10月，LG公司正式出售LG 65R1电视机。

至此，人类基本掌握了柔性OLED显示器的技术密码，后期的工作主要在如何提高产品合格率、降低生产成本等方面。

OLED技术的历史是快速发展和创新的历史之一。从简单的单色显示屏到最新的曲面和可折叠显示屏，OLED技术在短时间内取得了长足的进步。OLED从首次商业应用到成功推出55英寸电视屏仅仅用了16年时间，而LCD走过这段历程则花了32年时间，可见其商业化步伐也是跨越式向前的。

总之，凭借明亮、生动的显示屏，快速的响应时间和高对比度，OLED技术将在显示器行业继续发挥重要作用。

图23-48　LG可卷曲OLED电视65R1③

本节执笔人：杨盈昀

① KODEN M. OLED displays and lighting[M]. New York：Wiley-IEEE Press，2017：1-11.

② LARSEN R.LG's 2015 TV line-up-full overview[EB/OL].(2015-03-25)[2024-01-24]. https：//www.flatpanelshd.com/focus.php?subaction=showfull&id=1427260185.

③ 图片来自LG中国官网。

第五节｜激光显示

一、引言

激光显示技术(laser displays technology, LDT)是指以激光作为光源的图像信息终端显示技术，一般指激光投影显示技术。

在激光显示器中，光点以一定的速度扫过屏幕，产生对应的图像，利用视觉暂留效应使观众看到一幅幅图像。像所有显示技术一样，投射到屏幕的光点需要携带图像或视频信息，同时要实现扫描工作。

激光光源是利用激发态粒子在受激辐射作用下发光的电光源，具备良好的单色性、相干性、方向性及高亮度。激光器的实现方式有很多，用于激光扫描显示系统的激光器主要有三类：气体激光器、固体激光器和半导体激光器。对于彩色显示来说，也有采用单色、双色和三色激光器等多种实现方式。

激光显示的两种典型模式为扫描式和投影式。

扫描式激光显示模式的激光直接进行调制，又称为扫描式激光显示，它采用二极管电流进行内部调制，或使用电光或声光调制器进行外部调制。扫描技术有多面转镜、声光偏转器和检流计式振镜等方法，其中，多面转镜、声光偏转器由于扫描速度较快，多用于行扫描；而检流计式振镜速度不快，但是精度极高，是场扫描器的首选。这种类型显示器的图像形成与CRT中的电子枪非常相似，具有不需要用于图像形成的投影透镜组件的优点。扫描式激光显示基本结构如图23-49所示。其中，调制器的作用是将随时间变化的图像信号加到激光器上，使激光的强度随图像信号变化。

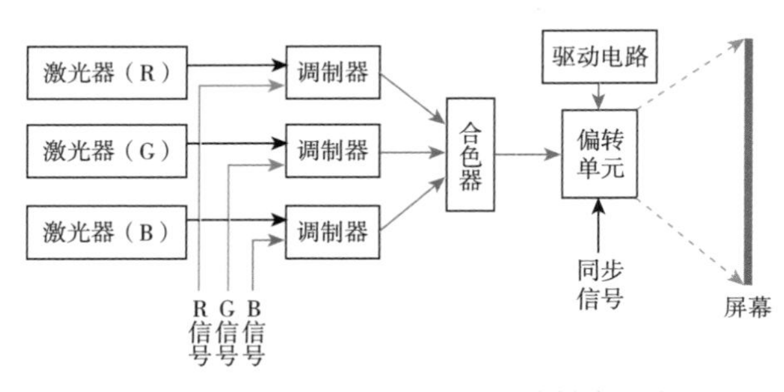

图23-49　扫描式激光显示模式基本结构

投影式激光显示系统主要由三基色激光光源、光学引擎和屏幕三部分组成，如图23-50所示。光学引擎是指图中的红、绿、蓝三个光阀，合束X棱镜、投影镜头和驱动光阀构成图像调制信号系统。激光器发射的红、绿、蓝三色激光分别经过扩束、匀场、消相干后入射到相对应的光阀上，光阀上加有图像调制信号，经调制后的三色激光由X棱镜合色后入射到投影物镜，最后经投影物镜投射到屏幕，得到激光显示图像。充当光阀及驱动源的可以是各种微型显示器系统，如透射式液晶光阀(liquid-crystal display, LCD)、反射式液晶光阀(liquid crystal on silicon, LCOS)、数字微镜光阀(digital micromirror devices, DMD)和光栅式光阀(Grating Light Valve, GLV)等，光阀及其驱动源包括一个高速运转、高分辨率、高对比度和高效率的线性像素阵列，是形成高画质图像的关键。

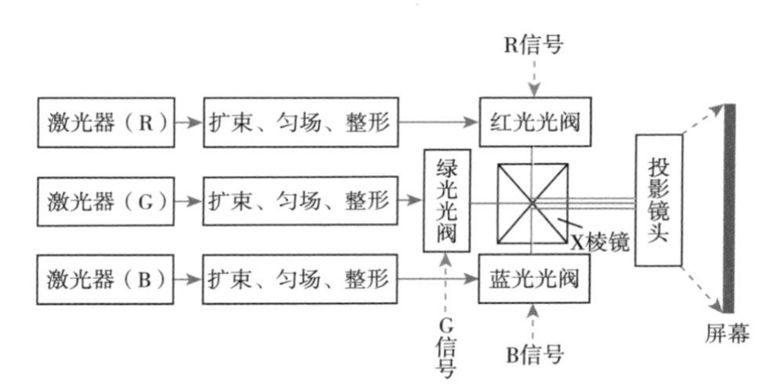

图23-50　投影式激光显示模式的基本结构

二、发展历程

(一)基于气体激光器的激光显示探索阶段

激光光源来源于激光器。激光器的想法始于1951年4月，纽约哥伦比亚大学的查尔斯·哈德·汤斯(Charles Hard Townes)坐在华盛顿公园的长椅上构思了他的微波激射器(通过受激辐射进行微波放大)。经过不断探索，1960年3月16日，加利福尼亚州马里布市休斯研究实验室的物理学家西奥多·迈曼(Theodore Maiman)使用直径2厘米、长7厘米的合成红宝石圆柱体构建了第一台激光器，末端镀银以使其反射并能够用作法布里-珀罗谐振器。迈曼使用摄影闪光灯(脉冲氙灯)作为激光的泵浦源。

自1960年激光器发明以来，人们在研制高性能激光器的同时一直在努力将激光器应用于各个领域，激光显示技术是激光器的应用之一。

早期的激光显示技术利用了激光方向性好的

特点，受阴极射线管技术的启发相关产品采取扫描式成像方式。这种方式可利用转镜、声光、电光等技术实现行扫描，转镜技术实现帧扫描，声光或电光技术进行信号调制，与传统电视的逐行逐点扫描模式类似。激光光源主要是氩离子激光/氪离子激光等气体激光器。

1964年年末美国得克萨斯(Texas)公司发布了525行单色激光扫描显示系统(如图23-51所示)，该系统采用50MW的He-Ne激光器的6328Å为光源，接收商业电视广播的视频信号显示出红黑图像。通过磷酸二氢钾(KDP)电光调制器让激光强度受普通电视信号的调制。高频水平偏转是由一个声学共振的章动镜扫描仪产生的。水平扫描仪首先生成圆形扫描，然后使用光纤圆线转换器将其整流为线性扫描。垂直扫描是用电流计驱动的移动镜完成的。视频和同步信号可以从传统电视机上获得，最后经过投影透镜投到屏幕上显像。随后构造了这种扫描和调制系统的改进版本，并使用一瓦氩离子激光器作为相干光源。该系统在1966年IEEE国际会议上进行了演示。

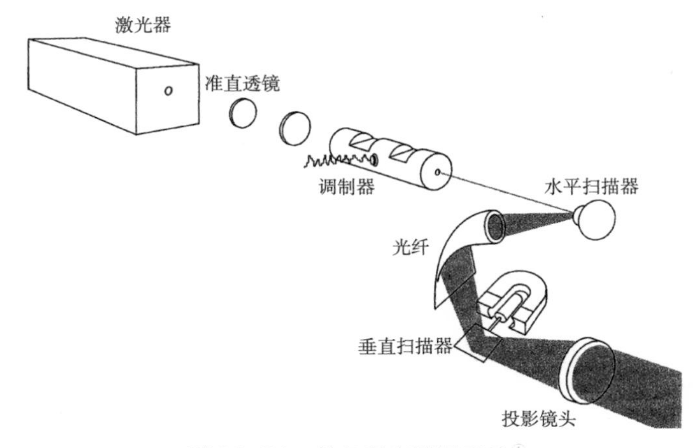

图23-51　单色激光显示系统[①]

1966年，美国真力时无线电公司发布了一种采用声光偏转技术，实现了电视显示装置。激光束进入装水的容器，该容器由图像信号调制41.5MHz超声波来造成介质的机械畸变，产生超声行波或驻波，使介质常数发生周期性的变化，从而使激光偏转面发生偏转而实现激光束的信息调制。已被调制的光束再送到偏转器，它与调制器同样是一个容器，在这里加入19MHz—35MHz的调频，衍射的一阶光束与零阶光束的夹角的正弦均与光栅间距成反比，改变声频就能改变夹角，实现光束偏转。当时该系统的分辨力约200行，并且图像对比度较差，但这是第一个使用了声光调制和偏转技术的激光显示系统，如图23-52所示。

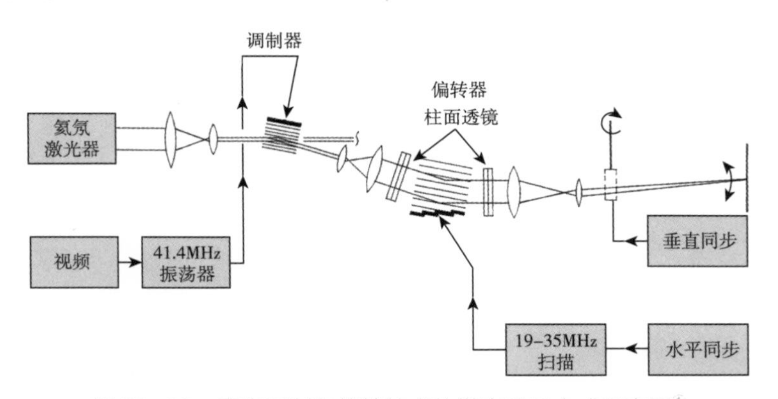

图23-52　声光调制和偏转技术的激光显示方式示意图[①]

① BAKER C E. Laser display technology [J]. IEEE spectrum, 1968, 5(12): 39-50.

1967年，美国德州仪器(Texas Instruments)公司的贝克(Baker)等人又宣布研制了彩色大屏幕激光电视，红色、绿色和蓝色激光线经过独立调制和组合，形成全色显示器，如图23-53所示。通过扫描单个、可变颜色、可变强度的光束，避免了在其他颜色显示器中遇到的会聚问题。扫描技术与第一款单色激光显示器相同。斯通(Stone)于1968年发布他开发的一种彩色激光显示器(图23-53)。氩离子激光器用于提供蓝色和绿色基色，氦氖激光器提供红色基色。使用压电驱动的多元件移动镜扫描仪进行水平和垂直扫描。KDP电光调制器控制亮度、色调和颜色饱和度。

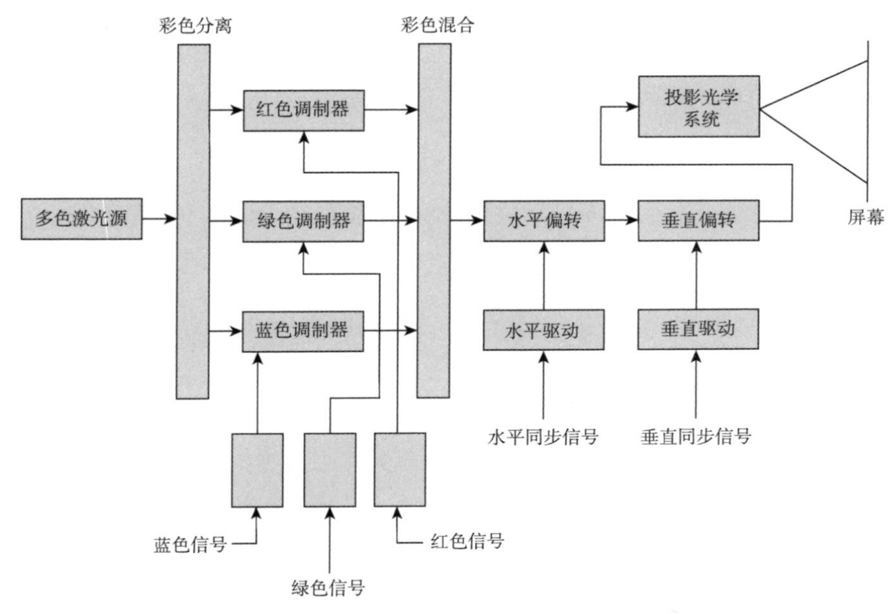

图23-53 1968年的一种彩色激光显示器[①]

1970年中国科学院物理研究所采用转镜扫描、电光调制技术，研制了62寸彩色激光电视，成功地显示了中央电视台播放的节目。同年，日本日立制作所研制成的激光彩色电视，屏幕达到4×3平方米。光源用氩离子激光器的4 880Å及5 145Å以及氪离子激光器的6 471Å光源。三基色光功率合计为15瓦，系统的对比度约100∶1。16面体由6万转/分高速磁滞同步马达带动，24面体由150转/分马达带动，分别进行水平和垂直扫描，优质的伺服系统，使图像的抖动率控制在0.1%。该系统的特点是实现了大屏幕彩色。

1970年日本广播协会研制了1 125线的高分辨率激光彩色显示系统，称为102型。该系统的特点是使用了高精密加工的旋转反光镜及节距校正光学系统，光栅均匀性好，节距误差几乎感觉不出。使用了气浮轴承马达，进一步提高了偏转系统的可靠性及精度。设计了带宽为30MHz的大功率视频放大器及宽带γ校正电路，保证了较满意的图像清晰度，采用了彩色校正电路及非线性放大器以及光学黑色电平自动固定电路，使色彩还原性能良好。

经过十几年的探索，虽然业界能够研发出性能较好的激光显示器，但这些激光显示器均采用气体激光器。由于气体激光器体积大、耗电高、寿命短，且易损坏，不能使激光显示技术实现产业化，在20世纪80年代，激光显示技术的研究陷入了低谷。

(二)基于固态激光器的激光显示研发与产品示范阶段

20世纪80年代末，大功率半导体激光技术，全固态激光(diode pumped solid state laser, DPL)技术和微型显示器系统技术的长足进展，使激光显示技术开始向实用化研发阶段迈进。同时激光调制技术和偏转技术也在不断进步。

1988年英国剑桥实验室的PA技术小组(PA Technology)利用Scophony系统，结合金属蒸汽脉冲

① BAKER C E. Laser display technology[J]. IEEE spectrum, 1968, 5(12): 39-50.

激光器和声光调制器，开发了一种新型激光电视投影显示器。在Scophony系统中，行视频信息调制声光调制器中的声信号幅度，使激光器产生脉冲。投影透镜使用帧扫描仪(一种小型电流计镜)将其成像到屏幕上，该扫描仪构建视频帧或场。如图23-54所示。由于该系统视频信号的大部分被照射，因此激光功率密度较低，声光耦合率较高。又因为它首次使用金属蒸汽脉冲激光器，使得该投影系统比类似的激光投影仪具有更大的光学简单性、更高的可靠性以及更低的功率和冷却要求。不过，生产的样机还只是单色(绿色)图像，画面还会出现不可避免的激光斑点。

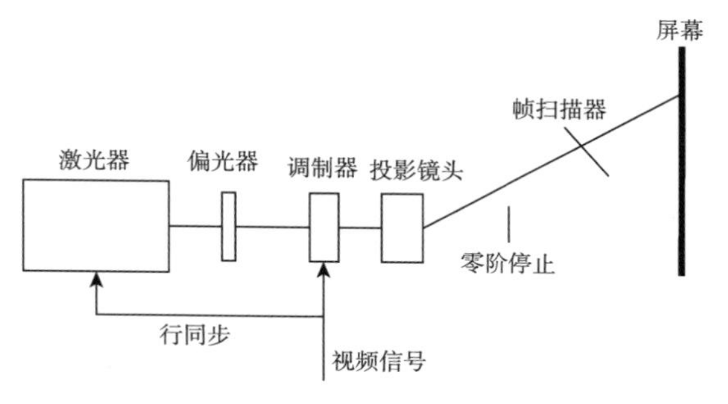

图23-54　脉冲Scophony投影仪示意图[①]

1997年德国柏林国际无线电设备展览会展出了激光电视系统，由德国激光显示技术公司(LDT GmbH)与施耐德广播股份公司(Schneider Rundfunkwerke)合资开发。该激光电视系统是根据红、绿、蓝三基色光点投影原理制成的。用光电调制法调制波长为630nm、532nm和450nm的连续波激光发射，并与扫描器的X-Y扫描同步，如图23-55所示。用转速最高为1 300rps的25或32面多棱镜完成水平扫描。竖直方向扫描用电流计扫描仪驱动光束移动。图像投影有几种方法可选择，最简单的方法是直接投影法，即用远距离照相镜头把图像投影到远场大屏幕上，采用可调光学系统，使图像尺寸在固定投影距离上变化比率为1∶3。另一种投影方式为后投影，图像投影到透射屏上。观看者在屏幕的前面，类似于观看普通电视机。为了保持电视系统的厚度尽可能小，用特殊的变换光学系统，放大扫描角，并提供无畸变的图像。这套系统成为后来激光电视的基本框架。这套系统的激光单元仍然是气体激光器，但研究者在1998年发表的论文中提到，未来它将被二极管泵浦的固态激光器所取代。

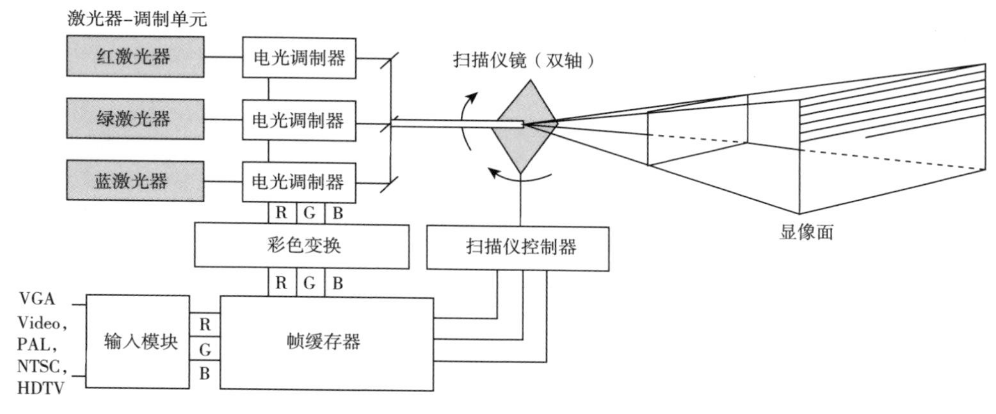

图23-55　LDT激光显示系统组件框图[②]

1997年韩国三星高等技术学院成功研制了全彩激光显示器，使用氪氩激光器(白色激光)作为光源，以声光器件作为光调制器，在大屏幕上实现全彩色激光投影显示。红色、绿色和蓝色的主要波长为647nm、515nm和488nm，由二向色镜隔开，分离的波束由三个声光调制器调制，由射频驱动器驱动，并再次由二向色镜重新组合。声光调制器在80MHz的视频带宽下满足超过50%的

① LOWEY J B, WELFORD W T, HUMHRRIES M R. Pulsed Scophony laser projection system[J]. Optics & Laser Technology, 1988, 20(5): 255-258.

② KRANERL J, DETER C, GESSNER T, et al. Laser display technology[C]//Proceedings MEMS 98. IEEE. Eleventh Annual International Workshop on micro electro mechanical systems. An investigation of micro structures, sensors, actuators, machines and systems. New York: IEEE, 1998: 99-104.

高衍射效率和小于5ns的快速上升时间。重新组合的三光束(RGB)包括多边形镜扫描水平线和振镜扫描垂直线。该系统采用光电二极管检测，用于监测旋转多边形镜，补偿机械扫描中的公差，防止图像在水平方向上点动。1998年该学院又宣布研制成功了200英寸的大屏幕激光投影显示系统。

全固态激光器的出现意味着激光器在小型化方面取得了突破。DPL是用LD泵浦的固体激光器，与氩离子、氪离子等气体激光器和灯泵浦固体激光器相比，DPL效率提高10倍，寿命增长100倍，体积减小10倍，可靠性提高100倍，并且光束质量好。以DPL为光源的激光显示技术成为激光显示的主流技术。

据文献记载，首次将固态激光器用于激光显示的是美国激光动力公司(Laser Power Corporation)。在20世纪90年代，该公司一直开发微型红色、绿色和蓝色二极管激光泵浦固态激光器。1998年，该公司与比邻星(Proxima)公司一起研制基于微激光的LCD投影仪样机。选择背光LCD，是因为当时只有反射式有源矩阵LCD技术器件才能在1 280 × 1 024像素的高像素分辨率下提供高吞吐效率和全视频帧速率。将三个激光源组合和调制到图像投影透镜中，如图23-56所示。投影样机利用一个绿色微激光模块、三个蓝色模块和一系列红色二极管激光器来产生500流明投影机所需的功率：457nm时为1.35W，532nm时为1.53W，650nm 时为 4.65W。投影机能够以最大700流明的发光输出产生可接受的全彩色图像。这也是首次将固体激光器用于空间光调制型的激光显示系统。

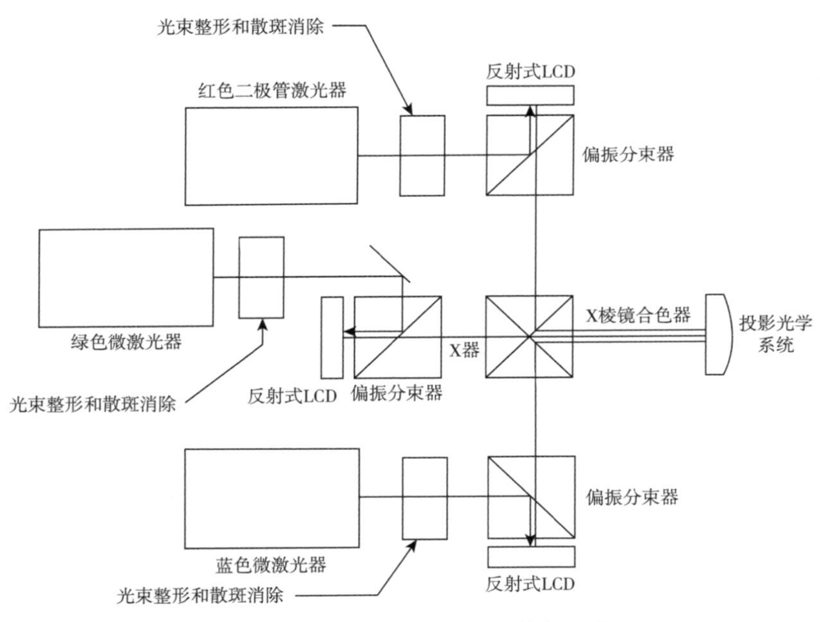

图23-56　使用反射LCD的激光照明投影仪的示意图[1]

2000年4月，激光显示技术公司展出了一个采用固态激光器的扫描式激光显示器。激光器功耗低于2.5kW，输出波长为446nm、532nm和629nm、功率为15W的RGB激光。激光显示系统由一个带有旋转多边形扫描仪(旋转频率高达2kHz)的扫描单元和一个用于行垂直偏转的电流计反射镜组成。该系统采用声光调制方式，允许将经过视频调制的RGB激光器与使用光纤的自由移动扫描单元分离。光纤以共线光束向扫描单元提供经视频调制后的RGB激光，如图23-57所示。该显示器能显示HDTV(像素数1 440 × 1250，场频为50Hz)和XGA(1 024 × 768，帧频为60Hz)格式的视频。

① HARGIS D E, BERGSTEDT R, EARMAN A M, et al. Diode-pumped microlasers for display applications [C]//Fabrication, testing, reliability, and applications of semiconductor lasers III. Bellingham: SPIE, 1998: 115-125.

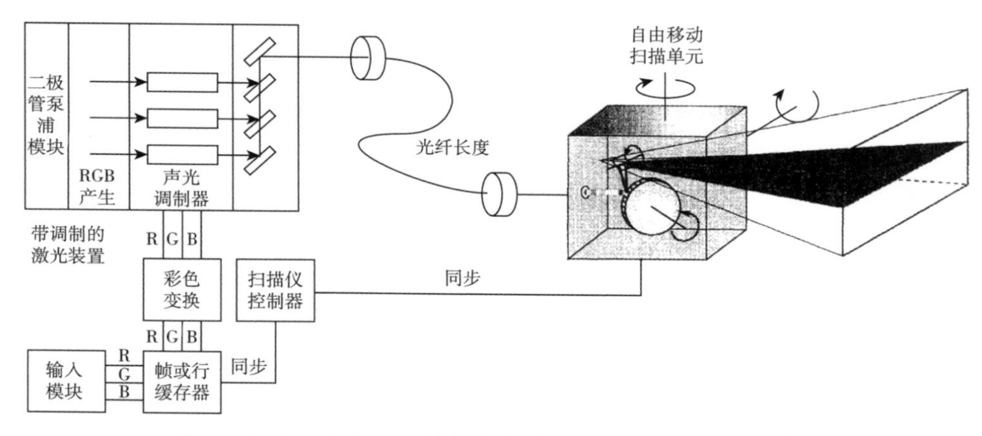

图23-57　采用固态激光器的扫描式激光显示器基本框架①

扫描式激光显示需要优质的扫描器件，随着固态激光器、高清晰度电视的发展，已有的扫描器件已经严重制约激光扫描显示的发展。同一时期，基于LCD、DMD、GLV、LCoS等的投影电视技术快速发展，也启发激光显示技术的研究投向了基于空间光调制器件的显示系统。空间光调制技术直接调制激光，对激光器发射的光束质量要求较低，且能效转换率较高。前文介绍的首次采用固态激光器的激光显示器就采用了LCD作为空间光调制器。后来采用空间光调制器的主流技术是DMD和LCD。

DMD是美国德州仪器公司的科学家霍恩贝克(Hornbeck)于1987年发明的，是一种微机电系统(optical micro-electrical-mechanical system，MEMS)，由许多小型铝制反射镜面组成，每个镜面被称为一个像素。每个镜面能够绕其对角线偏转±12°。通常正(+)状态向照明方向倾斜，被称为“开”状态；负(–)状态向远离照明方向倾斜，称为“关”状态。它应用MEMS的工艺将反射微镜阵列和CMOS SRAM集成在同一块芯片上。1996年TI公司研制的用于640×480像素VGA显示器的DMD投入商业生产。2001年美国通过DMD实现了高功率激光数字投影显示，其激光光源输出波段为628nm、524nm和449nm，可获得很好的大屏幕显示效果。

2000年7月，索尼宣布与美国硅光机公司(Silicon Light Machines)签订许可协议，获得利用光栅光阀开发、制造和销售显示及投影设备的独家授权。光栅光阀是基于MEMS技术的一种器件，由斯坦福大学教授大卫·布鲁姆(David Bloom)及其研究组于1992年发明。1994年成立了美国硅光机公司(现为Cypress公司的子公司)来推广这一技术的应用。光栅光阀的技术原理基于光的反射及衍射干涉效应。GLV(grating light valve，美国SLM公司发明的可用于投影仪和开关的技术)器件利用MEMS技术在硅晶圆上制成，基本结构是条状结构组成的器件单元。GLV设备在未启动时镜面全反射，此时为没有衍射光的暗状态。一旦启动，GLV器件单元表面成为一个相位光栅，此时处于有衍射光的亮状态。通过改变所施加的驱动电压，可以精确控制可动条的机械位移，从而控制光反射或衍射的比例，实现模拟调制。使用GLV技术调制后得到的是单行图像，然后在与行图像的长度正交的方向上扫描该单行图像，就构成完整的二维图像。2000年索尼公司得到授权后，一直致力于开发基于光栅光阀微机电系统的激光显示器。2002年秋索尼公司成功研制了基于GLV技术的1 920×1 080逐行扫描投影机，在同年日本高新技术博览会(Combined Exhibition of Advanced Technology，CEATEC)上展出。该投影机采用激光作为光源，其中红色激光波长642nm，绿色激光波长532nm，蓝色激光波长457nm。GLV器件响应速度快，批量制造时合格率较高，图像质量高，对比度可达3 000∶1。采用激光器件作为投影光源后，亮度更高，颜色更纯，色域也更广。

2002年9月12日，经中国科学院5个研究所联

① DETER C，KRAENERT J. High-resolution scanning laser projection display with diode-pumped solid state lasers[C]//Projection displays 2000：sixth in a series. Bellingham：SPIE，2000：175-184.

合研究，在国内首次实现基于全固态激光技术的全色激光投影显示。2003年实现投影式60寸激光家庭影院原理演示，获得了高肤色还原的清晰图像。2004年中国科学院物理研究所成功研制出采用全固态激光器的全色激光投影仪，这个投影仪的空间光调制单元使用的是LCD技术。

除了上述空间光调制器外，2004年6月，柯达在SID展会上首次展出可用作前投和背投电视的图像元件，称为栅电机系统(grating electromechanical system，GEMS)。这个GEMS的原理与GLV类似，都是在硅材料上形成可通过电控使光线发生衍射的线性光栅，在控制激光亮度的同时进行扫描，然后将图像投影到屏幕上。不过没有利用此器件生产的激光显示器。

在2005年日本爱知市世界博览会上Sony公司展示了长50米、高10米超宽屏幕的激光梦想剧院系统，这套系统有600万像素(1 080 × 5 760)，由三台GxL投影机和三台HDCAM录像机组成，GxL采用GLV的索尼投影显示技术。然而，GLV技术并未用于激光投影仪的产业化生产。

到21世纪初，激光显示技术的探索研发与产品示范阶段基本完成，业界也基本达成共识：激光器采用固态激光器，扫描式激光显示器的扫描器件还有待提高，因此，使用LCD、DMD、LCoS等空间光调制技术的投影式激光显示器。

(三)激光显示技术成熟、规模化生产阶段

从2006年开始，由于绿色激光器件取得了突破性进展，散斑、闪烁等问题有所减少，核心材料和器件实现了产业化生产以及相关配套产业得到了进一步的完善，激光显示技术正式进入了产业化阶段，在投影机和电视等领域与其他的显示产品展开竞争。

21世纪初，美国的诺瓦克斯(Novalux)公司以高功率垂直腔面发射扩展腔激光器为基础，通过周期极化的非线性光学晶体材料获得高功率、小体积红绿蓝三基色激光器，在半导体激光技术和非线性光学技术相结合发展激光显示技术方面进行了一次可喜的尝试。在消相干技术方面，诺瓦克斯公司同样取得了不错的进展。通过直接开关光源和数字光处理元件，向屏幕投影，使各种颜色的激光分别通过光纤，传播到光学引擎上，利用光纤内的多重反射，打乱光的波阵面，从而减轻激光器特有的光干涉导致的图像斑点。

2006年2月，三菱电机公司将美国诺瓦克斯公司研制的大功率红绿蓝三基色激光器应用于数字光学引擎(digital light processing，DLP)背投电视机中，宣布研制成功激光背投电视，能够支持大色域，色域覆盖率为NTSC色域的135倍，对比度为4 000：1，其图像质量可超过电影画质。三基色激光可以去掉传统投影中的色轮分色环节，没有色轮的单片DMD芯片也可以有上佳的色彩表现，成本和系统复杂程度大大下降。2007年三菱电机公司建设了生产线，推出了激光数字光学引擎背投电视产品。

2007年在美国拉斯维加斯CES展览会上，日本的索尼公司和美国的诺瓦克斯公司各自推出了基于投影式激光显示技术的多台激光显示试验样机，包括55英寸激光背投电视和小型、袖珍式前投影机以及激光数码影院等。

在此期间，美国的维视(Microvision)、讯宝(Symbol)等公司致力于研发用于手机的激光投影技术。它们分别开发了微型的红绿蓝三基色激光器和微型的光学引擎系统，并设计出一个完整的嵌入式微型投影系统模块。讯宝公司在2006年6月发布了一款商业化的扫描投影模块LPD(laser projection display)，该产品在XGA(1 024 × 768)分辨率下可以达到60帧/秒。维视公司也于2007年在CES展会上发布了一款嵌入式投影模块，将扫描式激光显示中的扫描单元小型化，并构建成微型MEMS扫描镜，这个模块大小和一枚硬币相当，可以嵌入手机、PDA中。在2008年的CES展会上，该公司又展示了基于该公司研发的PicoP™光学引擎的口袋式投影机，代号为“Show™”。该投影机可以投射10英寸—120英寸的大画面，分辨率为WVGA(848 × 480)，采用电池供电，一次充电可使用2.5小时。

还有采用硅上液晶(LCoS)技术来实现微型激光投影显示。LCoS是一种基于硅背板的反射式微显示技术，使用带有镜面背衬的液晶芯片，对输入的光进行反射，再利用液晶调制光的原理实现光调制。它使用标准CMOS工艺，可以用于制造具有极小像素和低成本的微显示器。2009年阿尔卡特朗讯公司推出了用于手机的微投影机，其微处理器使用单反射式

LCoS单元，通过采用180Hz的调制频率进行彩色顺序照明，分成三基色，从而产生60Hz的全色图像。该投影仪使用635 nm、532 nm和450 nm激光器，仅需要1.5 W的功耗。当然，基于LCoS的激光投影显示并不局限于微型显示器，更多的厂家如索尼、日本胜利公司用来生产大型激光投影仪。

中国虽然在激光显示技术的研究方面起步较晚，但进步很快。在中国科学研究院下属的几个研究所研究人员的努力下，2002年宣布实现DPL全色显示，随后的几年又纷纷推出了不同尺寸的样机。2005年成功研制出了60英寸激光家庭影院样机，84英寸、140英寸大屏幕激光显示（背投）样机，其中140 英寸样机使用了专门研制的大色域三基色DPL，即红光669nm、绿光515nm、蓝光440nm。在2006年5月研制成功200英寸大屏幕激光显示工程样机，形成当时最大的色域，可显示世界上最丰富的色彩。另外，在2007年深圳光峰科技公司（当时在美国硅谷）发明了先进的激光荧光粉显示（advanced laser fluorescent powder display，ALPD）技术。它采用激光激发稀土材料、混合多色激光的技术路线，包括三色、双色、单色激光等多色激光技术路线体系，既保留了激光的高亮度，又克服了传统激光显示技术的散斑缺陷，并通过不断进化，实现以激光作为光源应用到显示领域。

技术成熟后，各厂家开始规模化生产并投入市场。2006年，日本三菱电机公司推出激光电视样机后，高调进军美国市场，获得不错的反响。2008年三菱正式在美国市场推出最大65英寸的激光电视，2010年又推出了75英寸的激光电视。2012年1月，比利时巴可公司推出首款4K 激光数字电影放映机样机。日本索尼公司于2013年4月北京国际视听集成设备与技术展上发布 3LCD激光投影机，为世界上第一台3LCD纯激光光源的激光投影机，亮度达到4 000流明，分辨率为1 920×1 200，其工作寿命长达2万小时以上。

上述应用都采用了投影式激光显示模式，这种方式主要的问题是前投影时需要与屏幕保持一定距离，而后投影的激光电视又无法跟越来越薄的液晶电视和OLED电视竞争，为此超短距激光电视出现了。2013年，韩国LG公司在CES上展示了一款100英寸的超短距激光电视，可在56厘米之外的位置投射出100英寸分辨率为1 920×1 280的影像。2014年，中国海信公司宣布推出100英寸激光电视，该款电视可在距离墙面不到0.5米的空间内，投射出100英寸以上的显示画面。2014年11月，日本索尼推出 VPL-GTZ4K 激光短焦投影机，采用4K SXRD（一种LCoS）技术，能够获得4 096×2 160分辨率、2 000流明的色彩亮度，如图23-58所示。该投影机可将图像投射到最大约147英寸，这种情况下投影机距离屏幕的距离仅为170mm。另外，它采用了创新的一体式机柜设计，无须占用额外面积，且可以完美地与家庭装饰相融合，方便了家庭使用。从此，激光电视在市场的销售量逐年提升。

图23-58 索尼VPL-GTZ1 4K超短焦激光投影机现场展示①

海信、明基、米峰、爱普生、三星、LG、极米、索尼等国内外厂家，不断研发新技术、改进工艺，推出了从2K到4K、从单色到双色再到三色、从75、100到300英寸等各种型号的激光电视。在CES2022展会上，中国海信展出了首款8K激光电视120L9 Pro，不仅拥有120英寸的超大屏幕，还是业界首款实现BT.2020彩色覆盖率完全精准覆盖的全色激光电视，如图23-59所示。

目前，激光电视的定义是采用激光光源和超短焦投影技术的第四代电视。相比传统电视，激光电视有许多优势，比如节能省电、色域宽、大屏震撼、临场感强等，且比液晶电视的视觉舒适感更好。然而，激光屏的安装比较麻烦，并且普通尺寸的激光

① 第二届索尼4K论坛暨“4K杯”颁奖典礼在北京成功举办[EB/OL].(2015-03-31)[2024-01-24]. http://www.projector-window.com/projector/sony/sony-150331-s.htm.

图23-59 海信推出的8K 120L9 Pro激光电视[①]

电视价格还比较昂贵，这些因素影响了其销量。相信随着8K HDR电视时代的到来，其优势会更加突出，这会促使其更进一步发展。

本节执笔人：杨盈昀

① IT之家.海信发布全球首款120英寸全色激光电视，售价119999元[EB/OL].(2022-04-25)[2024-01-24]. https://www.ithome.com/0/614/962.htm.

终端技术篇参考文献

图书

[1]图尔.声音的重现:理想听音环境构建指南[M].薛彦欢,周立,译.北京:人民邮电出版社,2016.

[2]车晴,王京玲.卫星广播技术[M].北京:中国传媒大学出版社,2015.

[3]陈小平.扬声器和传声器原理与应用[M].北京:中国广播电视出版社,2005.

[4]胡泽,雷伟.计算机数字音频工作站[M].北京:中国广播电视出版社,2005.

[5]李桂苓.电视新技术——原理、器件、系统和设计[M].北京:电子工业出版社,1991.

[6]毛学军.液晶显示技术[M].北京:电子工业出版社,2008.

[7]田民波.电子显示[M].北京:清华大学出版社,2001.

[8]童林夙,屠彦,ENGELSEN D.数字电视显示技术[M].北京:电子工业出版社,2007.

[9]应根裕,胡文波,邱勇.平板显示技术[M].北京:人民邮电出版社,2004.

[10]于军胜,钟建.OLED显示技术导论[M].北京:科学出版社,2018.

[11]甄钊.环绕声音乐制式录音:理论与实践[M].北京:中国电影出版社,2009.

[12]钟玉琢,汤筠,孙立峰,等.数字电视机顶盒和多媒体家庭网关[M].北京:清华大学出版社,2008.

期刊

[1]佳星.高清晰度数字化电视≠数字电视[J].现代家电,1999(4):6-7.

[2]欧阳书平.DTMB地面数字电视产业发展概况[J].广播电视信息,2013(1):26-29.

[3]田辉.各种平板CRT的特色[J].光电子技术,1991(2):56-65.

[4]徐俭.DTMB地面数字电视广播技术与业务浅议[J].有线电视技术.2011(9):8-11.

[5]许春帆.激光显示技术的发展概况[J].激光与红外,1979(6):8-16.

[6]许祖彦.激光显示——新一代显示技术[J].激光与红外,2006(S1):737-741.

[7]AIKEN W R. History of the Kaiser—Aiken, thin cathode ray tube[J]. IEEE transactions on electron devices, 1984, 31(11).

[8]BAKER C E. Laser display technology[J]. IEEE spectrum, 1968, 5(12).

[9]BARNETT G F, BINGLEY F J, PARSONS S L, et al. A beam-indexing color picture tube-The apple tube[J]. Proceedings of the IRE, 1956, 44(9).

[10]BINGLEY F J. A half century of television reception[J]. Proceedings of the IRE, 1962, 50(5).

[11]BOEUF J P. Plasma display panels: physics, recent developments and key issues[J]. Journal of physics D: Applied physics, 2003, 36(6).

[12]LEMKE E. History of television receiver technology(1962 to present)[J]. IEEE transactions on consumer

electronics, 1984(2).

[13]HEROLD E W. A history of color television displays [J]. Proceedings of the IEEE, 1976, 64(9).

[14]HEROLD E W. The impact of receiving tubes on broadcast and TV receivers [J]. Proceedings of the IRE, 1962, 50(5).

[15]HONG G, GAN X, LEONHARDT C, et al. A brief history of OLEDs—emitter development and industry milestones [J]. Advanced Materials, 2021, 33(9).

[16]LOWRY J B, WELFORD W T, Humphries M R. Pulsed Scophony laser projection system [J]. Optics & Laser Technology, 1988, 20(5).

[17]KAWAMOTO H. The history of liquid-crystal displays [J]. Proceedings of the IEEE, 2002, 90(4).

[18]LAW H B. The shadow mask color picture tube: how it began: an eyewitness account of its early history [J]. IEEE Transactions on Electron Devices, 1976, 23(7).

[19]NISHIMURA I, TANMATSU K, HOSOYA N, et al. A new self-alignment system for television receivers in LSI era [J]. IEEE transactions on consumer electronics, 1983(3).

[20]PARKER N W. History of usage of active devices in radio a television receivers(1962 to present) [J]. IEEE transactions on consumer electronics, 1984(2).

[21]SZIKLAI G C, LOHMAN R D, HERZOG G B. A study of transistor circuits for television [J]. Proceedings of the IRE, 1953, 41(6).

[22]WEBER L F. History of the plasma display panel [J]. IEEE transactions on plasma science, 2006, 34(2).

英文会议

[1]HARGIS D E, BERGSTEDT R, EARMAN A M, et al. Diode-pumped microlasers for display applications [C]// Fabrication, testing, reliability, and applications of Semiconductor Lasers III. SPIE, 1998.

[2]KAWAMOTO H. The history of liquid-crystal display and its industry [C]//2012 Third IEEE History of Electro-Technology Conference. IEEE, 2012.

中文标准

[1]全国广播电影电视标准化技术委员会.高清晰度有线数字电视机顶盒技术要求和测量方法: GY/T 241-2009 [S].北京: 国家广播电影电视总局, 2009.11.

[2]全国广播电影电视标准化技术委员会.有线数字电视机顶盒技术要求和测量方法:GY/T 240-2009[S].北京: 国家广播电影电视总局, 2009.11.

图书在版编目(CIP)数据

广播电视技术发展史 / 刘剑波主编. -- 北京：中国传媒大学出版社，2024.9.

ISBN 978-7-5657-3803-6

Ⅰ. TN93；TN94

中国国家版本馆CIP数据核字第2024EB1813号

广播电视技术发展史

GUANGBO DIANSHI JISHU FAZHANSHI

主　　编　刘剑波

副 主 编　李鉴增　李　栋　史　萍　姜秀华　金立标　杨盈昀

策划编辑　李水仙

责任编辑　李水仙　蒋　倩　姜颖昳

特约编辑　李明远

封面设计　博创文化

责任印制　李志鹏

出版发行　中国传媒大学出版社

社　　址　北京市朝阳区定福庄东街1号　　**邮　　编**　100024

电　　话　86-10-6545052　865450532　　**传　　真**　65779405

网　　址　http://cucp.cuc.edu.cn

经　　销　全国新华书店

印　　刷　北京中科印刷有限公司

开　　本　889mm×1194mm　1/16

印　　张　36.75

字　　数　1087千字

版　　次　2024年9月第1版

印　　次　2024年9月第1次印刷

书　　号　ISBN 978-7-5657-3803-6/TN·3803　　**定　　价**　298.00元

本社法律顾问：北京嘉润律师事务所　郭建平